KB219084

오투

과학탐구

지구과학Ⅰ

STRUCTURE ••• 구성과 특징

❶ 핵심 개념만 쏙쏙 뽑은 내용 정리

내신 및 수능 대비에 핵심이 되는 내용을 개념과 도표를 이용하여 한눈에 들어오도록 쉽고 간결하게 정리하였습니다.

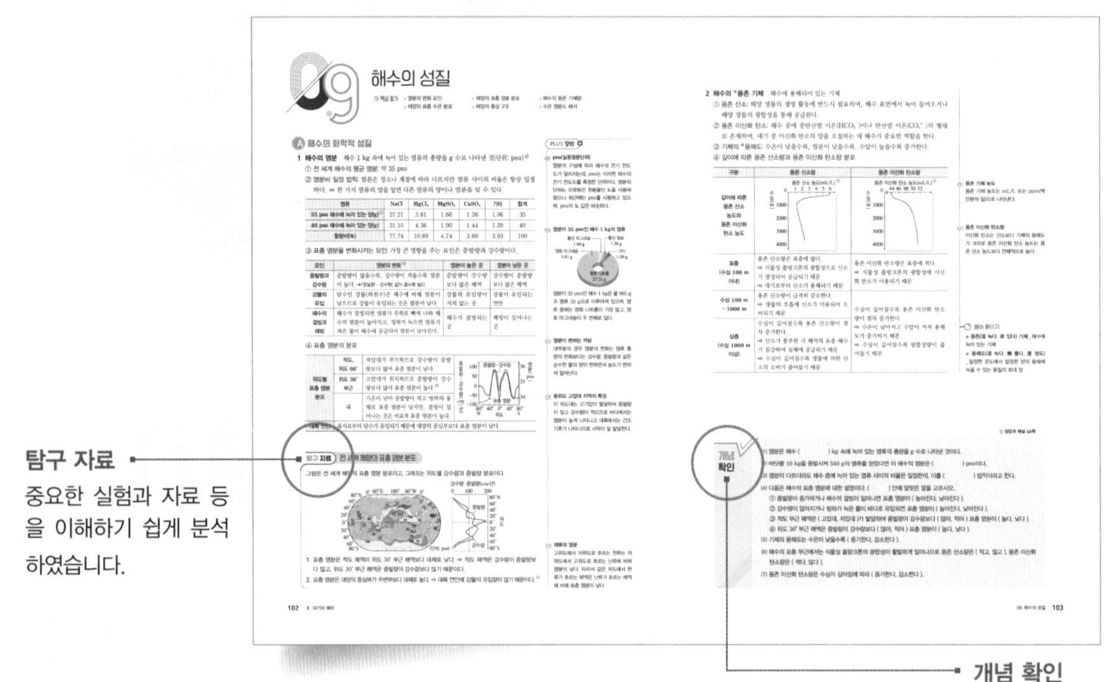

탐구 자료

중요한 실험과 자료 등을 이해하기 쉽게 분석하였습니다.

개념 확인

핵심 개념을 이해했는지 바로 바로 확인할 수 있습니다.

❷ 기출 자료를 통한 수능 자료 마스터

개념은 알지만 문제가 풀리지 않았던 것은 개념이 문제에 어떻게 적용되었는지 몰랐기 때문입니다. 수능 및 평가원 기출 자료 분석을 ○, × 문제로 구성하여 한눈에 파악하고 집중 훈련이 가능하도록 하였습니다.

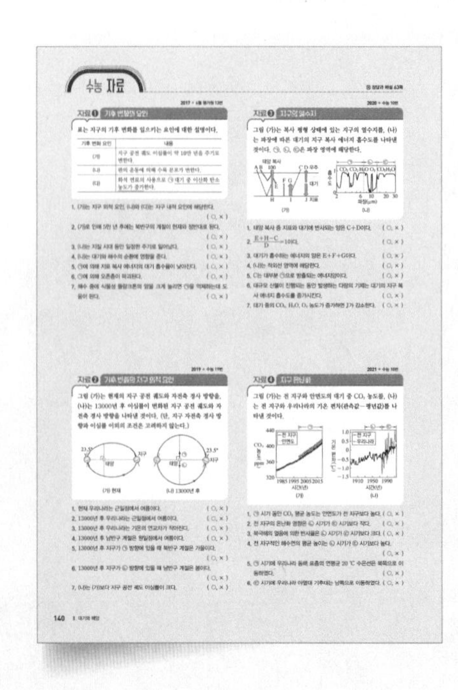

③ 수능 1점, 수능 2점, 수능 3점 문제까지!

기본 개념을 확인하는 수능 1점 문제와 수능에 출제되었던 2점·3점 기출 문제 및 이와 유사한 난이도의 예상 문제로 구성하였습니다.

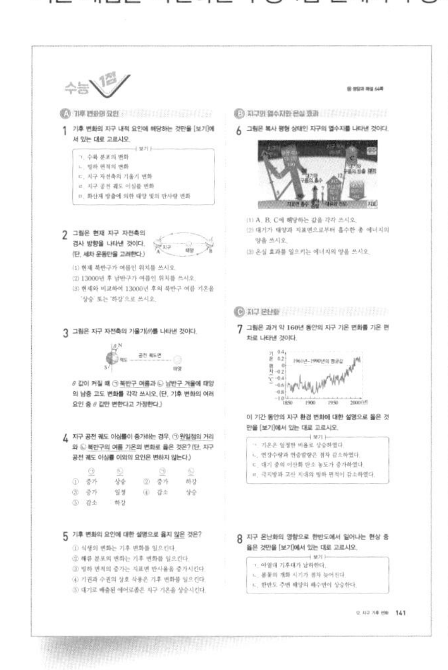

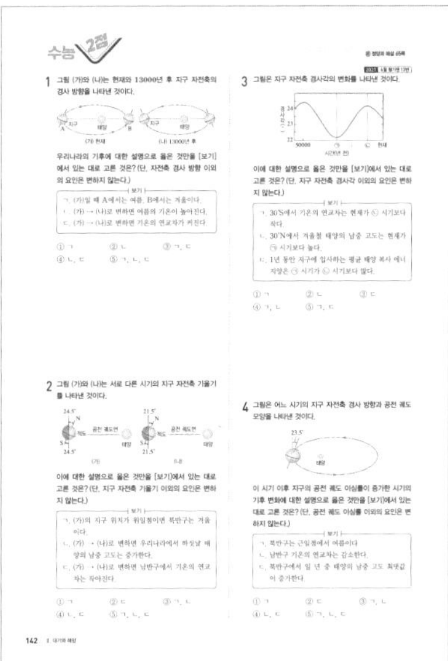

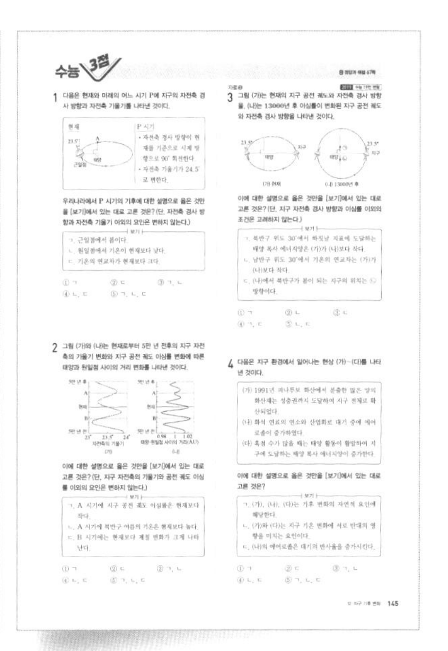

④ 정확하고 확실한 해설

각 보기에 대한 자세한 해설을 모두 제시하였습니다.
특히, [자료 분석]과 [선택지 분석]을 통해 해설만으로는 이해하기 어려웠던 부분을 완벽하게 이해할 수 있도록 하였습니다.

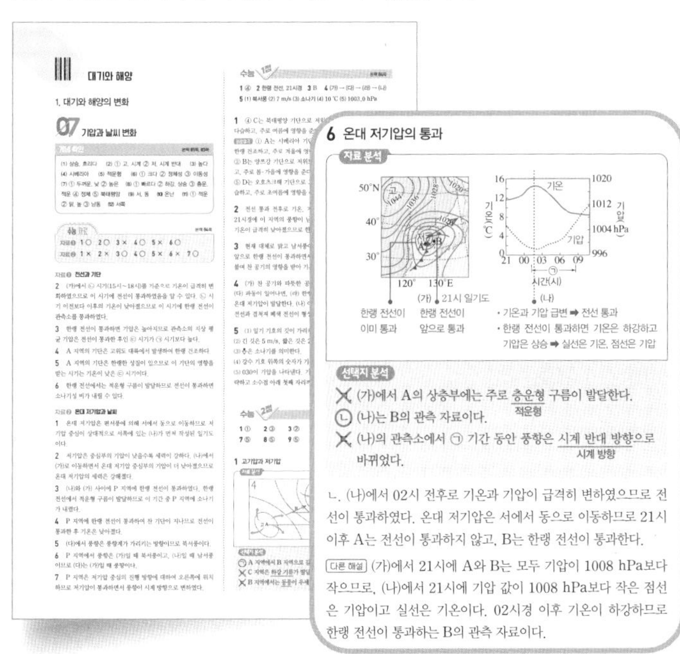

대수능 대비 특별자료

- **최근 4개년 수능 출제 경향**
- **대학수학능력시험 완벽 분석**
- **실전 기출 모의고사 2회**
  실전을 위해 최근 3개년 수능, 평가원 기출 문제로 모의고사를 구성하였습니다.
- **실전 예상 모의고사 3회**
  완벽한 마무리를 위해 실제 수능과 유사한 형태의 예상 문제로 구성하였습니다.

CONTENTS ••• 차례

I 고체 지구

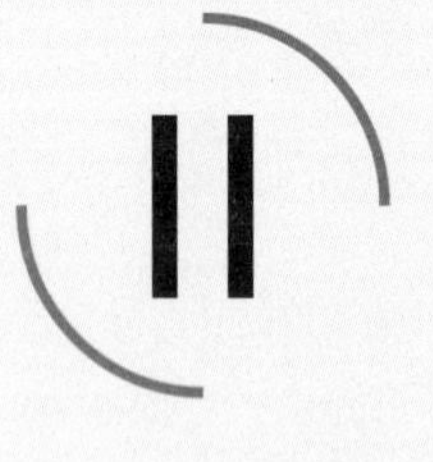

II 대기와 해양

III 우주

고체 지구

		학습 날짜	다시 확인할 개념 및 문제
1 지권의 변동	01 판 구조론의 정립 과정	/	
	02 대륙 분포의 변화	/	
	03 마그마 활동과 화성암	/	
2 지구의 역사	04 퇴적 구조와 지질 구조	/	
	05 지층의 나이	/	
	06 지질 시대 환경과 생물	/	

판 구조론의 정립 과정

≫ 핵심 짚기 › 대륙 이동설의 증거 › 음향 측심 자료를 이용한 해저 지형 추정 › 해양저 확장설의 증거 › 판 구조론의 정립 과정

Ⓐ 대륙 이동설과 맨틀 대류설

1 대륙 이동설 고생대 말~중생대 초에는 모든 대륙들이 한 덩어리로 모여 판게아라는 초대륙을 이루었으며, 약 2억 년 전부터 분리되어 현재와 같은 대륙 분포를 이루었다는 학설 ➡ 1912년, 베게너 주장[1]

▲ 판게아

① **베게너가 제시한 대륙 이동설의 증거:** 해안선 모양의 유사성, 고생물 화석 분포의 연속성, 지질 구조의 연속성, 과거 빙하의 흔적 분포 ➡ 과거에 대륙이 모여 있었다고 추정할 수 있다.

해안선 모양의 유사성		고생물 화석 분포의 연속성	
현재 서로 떨어져 있는 남아메리카 대륙 동해안과 아프리카 대륙 서해안의 해안선이 잘 들어맞는다.	아프리카, 남아메리카	현재 멀리 떨어져 있는 대륙에서 같은 종의 고생물 화석이 발견된다.	키노그나투스, 리스트로사우루스, 아프리카, 인도, 남아메리카, 남극, 오스트레일리아, 메소사우루스, 글로소프테리스
지질 구조의 연속성		**과거 빙하의 흔적 분포**	
현재 멀리 떨어져 있는 대륙의 산맥이나 습곡대가 이어진다.	그린란드, 스칸디나비아산맥, 애팔래치아 산맥, 피레네 산맥, 북아메리카, 아틀라스산맥, 남아메리카, 아프리카, 케이프 습곡대	과거 빙하의 흔적이 현재의 저위도 대륙에도 있고, 대륙을 모으면 빙하의 흔적이 남극을 중심으로 분포한다.	인도, 아프리카, 남극, 남아메리카, 오스트레일리아

② **대륙 이동설의 한계:** 대륙 이동의 원동력을 제대로 설명하지 못하여 발표 당시에는 지지를 받지 못하였다.

2 맨틀 대류설 맨틀 내에서 상부와 하부의 온도 차에 의해 발생한 열대류로 대륙이 분리되어 이동한다는 학설로, 맨틀 대류를 대륙 이동의 원동력이라고 주장하였다. ➡ 1920년대 후반, 홈스 주장[2]

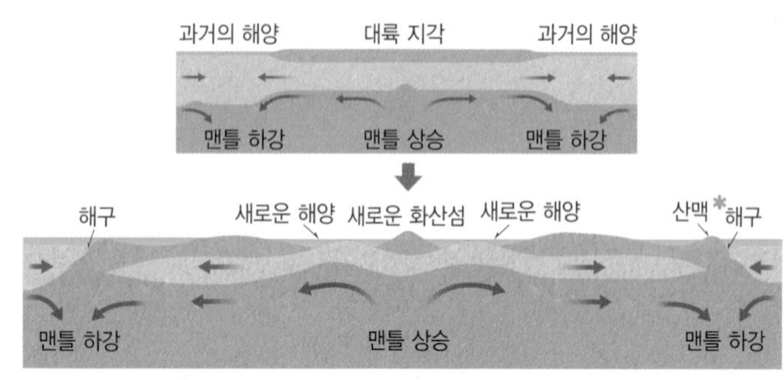

▲ 홈스의 맨틀 대류설

① **대륙 이동의 원동력:** 맨틀 대류

② **맨틀 대류의 상승부:** 장력에 의해 대륙이 분리되어 양쪽으로 이동하므로 새로운 지각이 생성된다.

③ **맨틀 대류의 하강부:** 지각이 소멸되고 횡압력이 작용하여 두꺼운 산맥이 형성된다.

④ **맨틀 대류설의 한계:** 학설을 뒷받침할 결정적인 증거를 제시하지 못하였다.

PLUS 강의

[1] **판게아**
지구 표면의 대륙들이 합쳐져서 형성된 하나의 대륙을 초대륙이라 하고, 판게아는 고생대 말에서 중생대 초까지 형성되었던 초대륙이다.

[2] **맨틀 상부와 하부의 온도 차**
맨틀 속에 있는 방사성 원소의 붕괴열과 지구 중심의 열에 의해 맨틀 상부보다 맨틀 하부의 온도가 높고, 이로 인해 열대류가 일어난다.

용어 돋보기

* **해구(海 바다, 溝 도랑)**_ 판이 다른 판 아래로 섭입되어 소멸하면서 형성된 수심 약 6 km 이상인 좁고 깊은 골짜기

B 해저 지형 탐사

1 해저 지형 탐사 20세기 중반, 음파를 이용한 수심 측정 기술이 발달하여 해저 지형의 정밀한 탐사가 이루어지면서 *해령, *열곡 등의 존재를 알게 되었다.

[음향 측심법]
해양 탐사선에서 발사한 음파가 해저면에 반사되어 되돌아오는 데 걸린 시간을 측정하여 수심을 측정하는 방법 ③

$d(\text{수심})=\frac{1}{2}t\times v$ (t: 음파의 왕복 시간, v: 물속에서 음파의 속도)

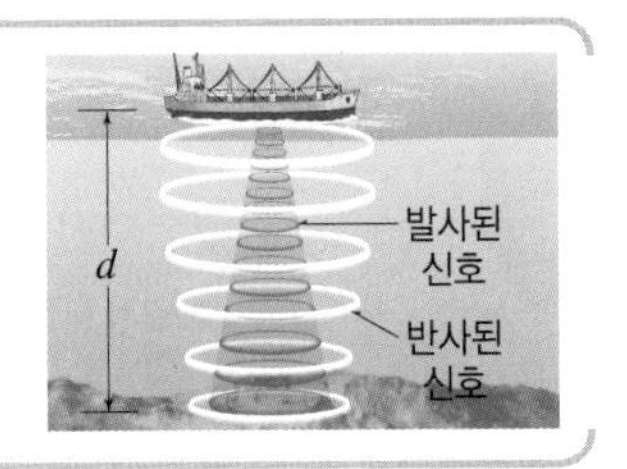

2 해저 지형의 구분과 특징

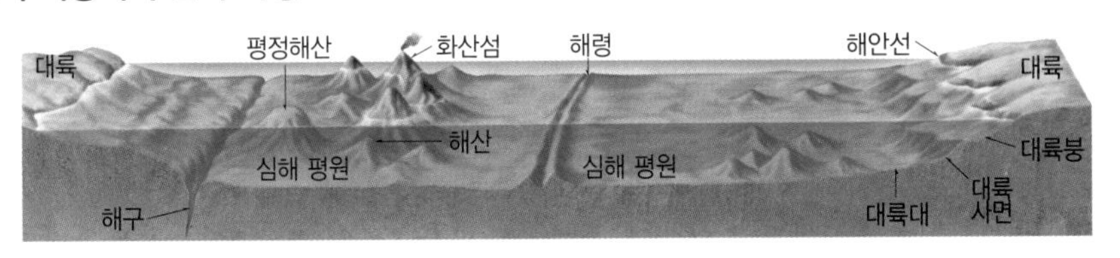

심해저 지형	대륙 주변부
• 심해 평원: 수심 3 km~6 km인 평탄한 지형, 해저 지형의 대부분을 차지 • 평정해산: 산 정상부가 깎여 평평해진 해산 • 화산섬: 화산 활동으로 형성된 섬 • 해령: 높이 2 km~4 km인 해저 산맥	• 대륙붕: 수심 200 m 이하로, 경사가 거의 없는 지형 • 대륙 사면: 대륙붕에서 이어진 경사가 비교적 급한 지형, *저탁류에 의해 해저 협곡 발달 • 대륙대: 경사가 완만한 지형, *저탁암 형성

탐구 자료 음향 측심 자료를 이용한 해저 지형 추정

그림은 태평양과 대서양의 어느 구간에서 음향 측심법으로 측정한 수심을 나타낸 자료이다.

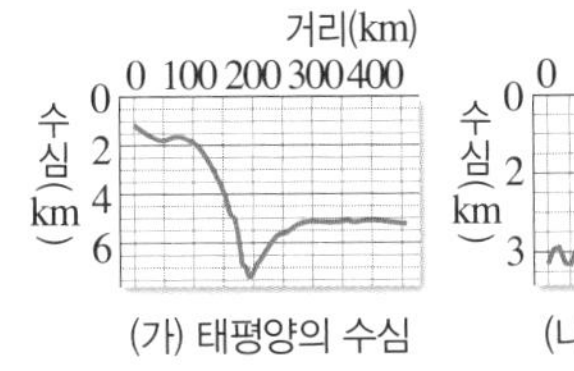

(가) 태평양의 수심

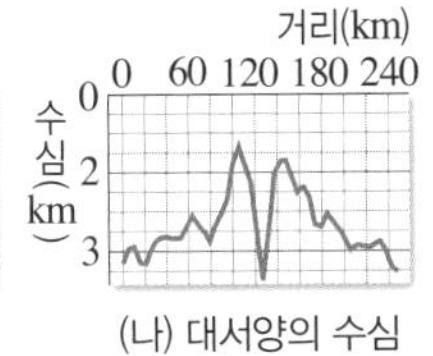

(나) 대서양의 수심

1. 물속에서 음파의 속도가 **1500 m/s**라고 할 때, 음파의 왕복 시간이 **10**초인 지점의 수심:
   $\frac{1}{2}\times 10\text{ s}\times 1500\text{ m/s}=7500\text{ m}$
2. (가): 수심 6000 m 이상인 해구가 나타난다.
3. (나): 해저에서 높이 솟은 해령이 나타난다.

③ **음파의 왕복 시간과 해저 지형**
음파의 왕복 시간이 길수록 수심이 깊다. 따라서 음파의 왕복 시간을 나타낸 그래프로 해저 지형을 파악할 때는 왕복 시간을 나타낸 그래프의 대칭적인 그림을 해저 지형으로 생각할 수 있다.

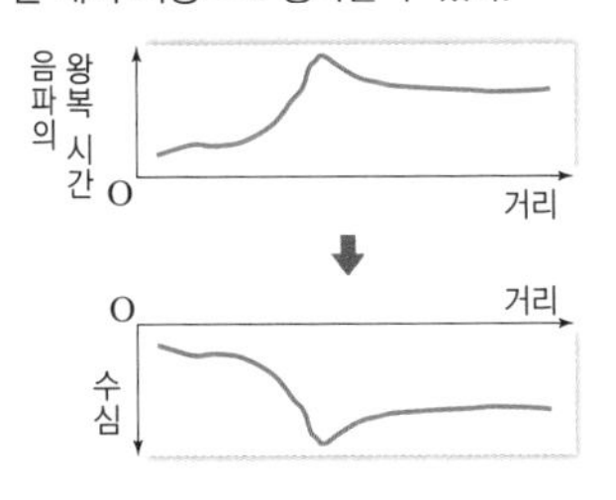

용어 돋보기

* **해령(海 바다, 嶺 산맥)**_해저에 발달한 거대한 산맥
* **열곡(裂 찢다, 谷 골짜기)**_해령 중심 부근에서 지각이 갈라지면서 발달한 V자 모양의 골짜기
* **저탁류(低 바닥, 濁 흐리다, 流 흐르다)**_경사가 급한 곳의 퇴적물이 빠르게 흘러내리는 흐름
* **저탁암(低 바닥, 濁 흐리다, 岩 바위)**_저탁류에 의해 운반되어 온 퇴적물이 입자가 큰 것부터 쌓여 만들어진 암석

정답과 해설 2쪽

개념 확인

(1) 베게너는 고생대 말~중생대 초에 모든 대륙들이 하나로 모여 (　　　　)라는 초대륙을 이루었다고 주장하였다.

(2) 대륙 이동의 증거에는 해안선 모양의 (　　　　), 지질 구조의 연속성, 고생물 화석 분포의 연속성 등이 있다.

(3) 대륙 이동설은 당시에 대륙 이동의 (　　　　)을 설명할 수 없었다.

(4) 홈스는 맨틀 내에서 상부와 하부의 온도 차로 열대류가 일어난다는 (　　　　)을 주장하였다.

(5) 다음은 맨틀 대류설에 대한 설명이다. (　　　) 안에 알맞은 말을 고르시오.
① 맨틀 대류가 상승하는 곳에서는 대륙이 (분리되어, 합쳐져) 새로운 지각이 생성된다.
② 홈스는 맨틀 대류설을 뒷받침할 수 있는 지질학적 증거를 (제시하였다, 제시하지 못하였다).

(6) 다음은 해저 지형 탐사에 대한 설명이다. (　　　) 안에 알맞은 말을 쓰시오.
① 해저 지형 탐사는 음파를 이용한 음향 측심법으로 (　　　　)을 측정하여 수행한다.
② 음파를 이용하여 수심을 측정할 때 음파의 왕복 시간이 길수록 수심은 (　　　　)진다.

판 구조론의 정립 과정

Ⓒ 해양저 확장설(해저 확장설)

1 해양저 확장설 해령 아래에서 고온의 맨틀 물질이 상승하여 새로운 해양 지각이 생성되고, 맨틀 대류를 따라 해령을 중심으로 해양 지각이 양쪽으로 멀어지면서 해저가 점점 확장된다는 학설로, 해저 지형 탐사로 밝혀진 해저 지형의 특징을 설명하기 위해 등장하였다.
➡ 1962년, 헤스와 디츠 주장

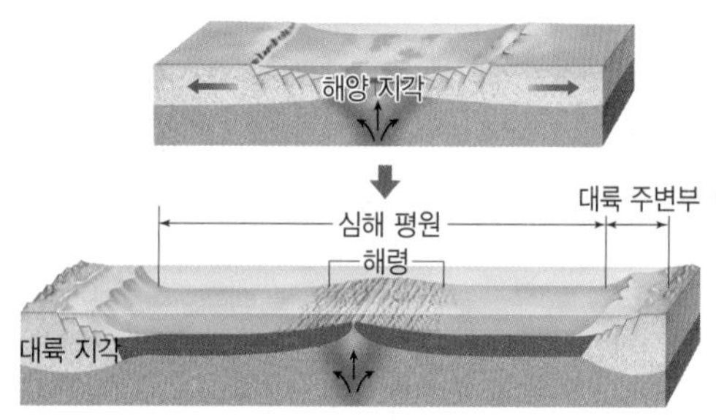

▲ 해령의 형성 과정

[해양저 확장설]
해령에서 맨틀 물질이 상승하여 생성된 해양 지각이 양쪽으로 이동하면서 해저가 점차 넓어지고, 해구에서 해양 지각이 맨틀로 섭입되어 소멸된다.

2 해양저 확장설의 증거 관측 기술이 발달하면서 해양저 확장설의 증거들이 발견되었다.

고지자기 줄무늬의 대칭적 분포	**[관측 기술]** 자력계로 고지자기를 측정하였다.[4] **[해양저 확장의 증거]** 해령에서 생성된 새로운 해양 지각이 양쪽으로 이동하여 지구 자기의 줄무늬가 해령을 축으로 대칭적으로 나타난다. ❶ 해령에서 해양 지각의 암석이 생성될 때 광물이 당시 지구 자기장 방향으로 배열되어 줄무늬가 생긴다. ❷ 해저가 확장되면서 암석이 양쪽으로 이동하고, 해령에서 새로운 해양 지각이 생성될 때 지구 자기장 방향이 ❶ 시기와 정반대로 되면 암석에는 역전된 줄무늬가 생긴다. ❸ 위 과정이 반복되면 해령을 축으로 고지자기 줄무늬가 대칭을 이룬다.	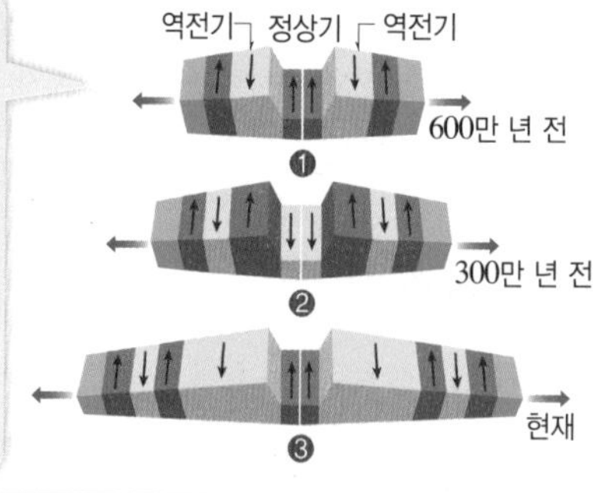
해양 지각의 나이와 퇴적물의 두께 분포	**[관측 기술]** 해양 시추선이 해양 지각의 시료를 채취하여 방사성 동위 원소로 해양 지각의 나이를 측정하였다. **[해양저 확장의 증거]** 해령에서 멀어질수록 해양 지각의 나이가 많아지고, 퇴적물의 두께가 두꺼워진다.	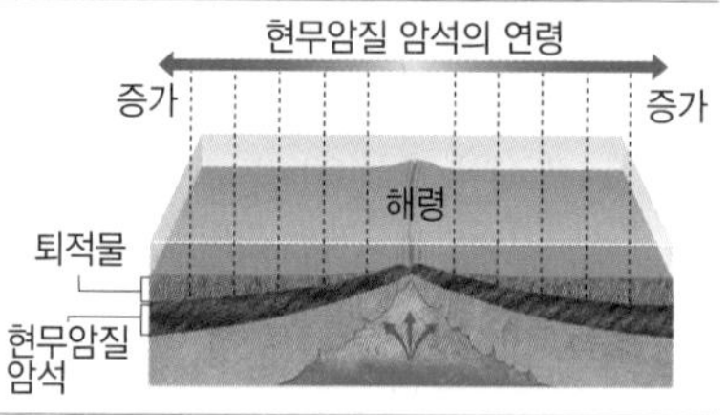
열곡과 변환 단층의 발견	**[해양저 확장의 증거]** 해령에서 맨틀 물질이 상승하여 해양 지각이 양쪽으로 확장되면서 열곡을 형성하고, 해양 지각이 확장하는 속도 차이에 의해 해령이 끊어져 해령과 해령 사이에 *변환 단층이 형성된다.[5] 윌슨이 발견	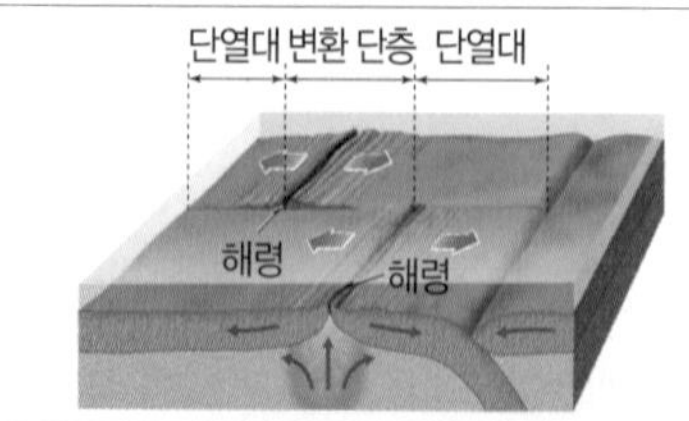
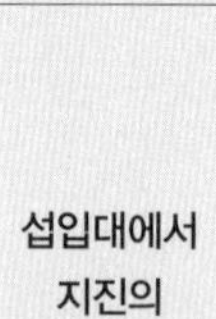섭입대에서 지진의 진원 깊이 분포	**[관측 기술]** 표준화된 지진 관측망이 구축되어 섭입대에서 지진 발생 위치와 깊이 분포가 알려졌다. **[해양저 확장의 증거]** 해구 부근에서 지진은 *섭입대(베니오프대)를 따라 발생하며 해구에서 대륙 쪽으로 갈수록 *진원의 깊이가 깊어진다. ➡ 해양 지각이 해구에서 섭입되어 소멸된다는 증거이다.	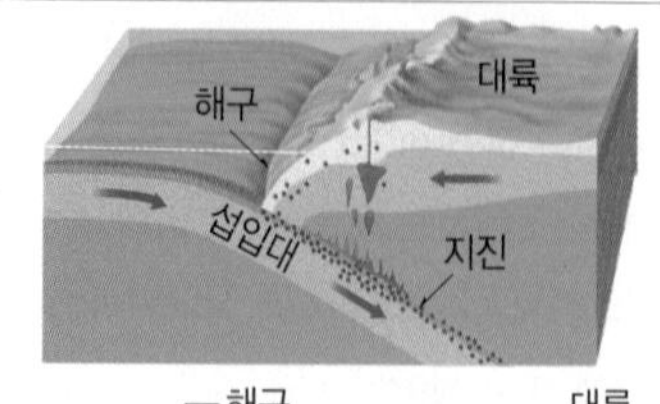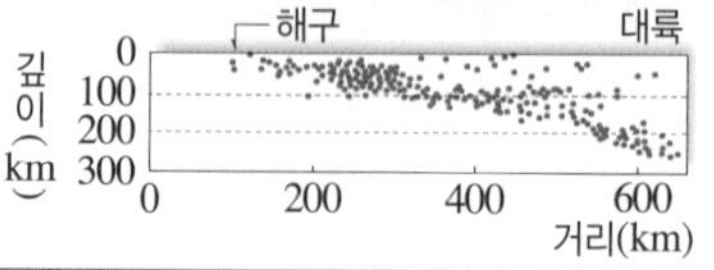

④ 고지자기 분석
- 고지자기: 암석 속에 보존되어 있는 과거의 지구 자기 흔적
  ➡ 마그마가 식어 암석이 생성될 때 자성을 띤 광물이 지구 자기장의 방향을 따라 배열된다. 이후 지구 자기장이 변해도 자성을 띠는 광물의 배열은 생성 당시 그대로 남아 있다.
- 고지자기 분석: 지구 자기장은 자북극과 자남극이 바뀌는 역전 현상이 반복되어 왔다. 암석의 잔류 자기를 분석하면 과거 지구 자기장의 역전 현상을 알 수 있다.
  - 정자극기(정상기): 지구 자기장의 방향이 현재와 같은 시기
  - 역자극기(역전기): 지구 자기장의 방향이 현재와 반대인 시기

⑤ 변환 단층에서의 지각 변동
- 해령과 해령 사이에서 발달한 변환 단층에서는 이웃한 판의 이동 방향이 달라 지진이 자주 발생한다.
- 단열대에서는 이웃한 판의 이동 방향이 같아 지진이 거의 발생하지 않는다.

용어 돋보기

* **변환 단층(變 변하다, 換 바꾸다, 斷 끊다, 層 층)**_ 해령과 해령 사이에 수직으로 발달한 단층

* **섭입대(攝 당기다, 入 들어가다, 帶 띠)**_ 밀도가 큰 지각이 밀도가 작은 지각 아래로 비스듬히 밀려 들어가는 부분

* **진원(震 지진, 源 근원)**_ 지구 내부에서 지진이 최초로 발생한 지점을 진원이라 하고, 진원의 연직 방향 위로 지표면과 만나는 지점을 진앙이라고 한다.

D 판 구조론의 정립 과정

1 판 구조론 지구의 표면은 10여 개의 크고 작은 판으로 이루어져 있으며, 판들의 상대적인 운동에 의해 지진, 화산 활동, 조산 운동 등의 지각 변동이 일어난다는 이론 ➡ 1960년대 후반까지 윌슨, 아이작스 등이 틀을 만들었고, 1970년대에 통합 이론으로 정립됨.

① 윌슨은 해령과 변환 단층으로 구분되는 땅덩어리에 판이라는 용어를 사용하였다.

② 아이작스는 판의 구조를 설명하였고, 모건과 매켄지는 판 구조론 용어를 도입하였다.

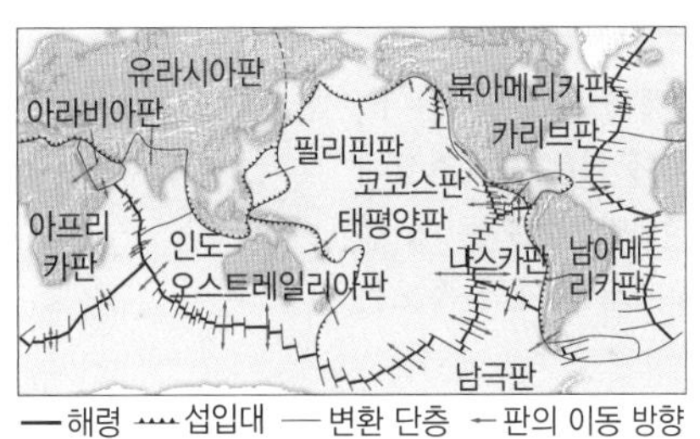

▲ 판의 분포와 이동

2 판의 구조

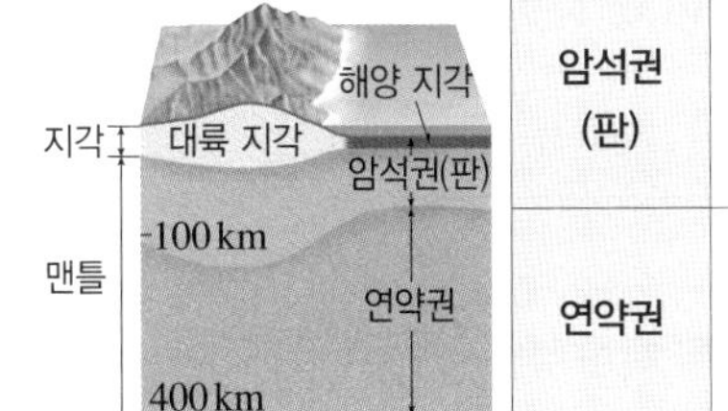		
	암석권(판)	지각과 상부 맨틀의 일부를 포함하는 두께 약 100 km의 단단한 부분으로, 암석권의 조각을 판이라고 한다. 판의 이동으로 판에 포함되어 있는 대륙이 이동한다.[6]
	연약권	깊이 약 100 km~400 km의 맨틀은 부분 용융에 의해 고체이지만 유동성이 있다. 이 영역을 연약권이라 하고, 이곳에서 일어나는 맨틀 대류에 의해 판이 움직인다.

[6] 판
대륙판과 해양판으로 구분한다.

대륙판	대륙 지각+상부 맨틀 일부
해양판	해양 지각+상부 맨틀 일부

- 두께: 대륙 지각이 해양 지각보다 두께가 두껍다. ➡ 대륙판>해양판
- 밀도: 대륙 지각(화강암질 암석)이 해양 지각(현무암질 암석)보다 밀도가 작다. ➡ 대륙판<해양판

3 판 구조론의 정립 과정

대륙 이동설 등장
- 대륙 이동의 증거 제시
- 대륙 이동의 원동력을 제대로 설명하지 못함

➡

맨틀 대류설 제안
- 대륙 이동의 원동력 설명 시도
- 맨틀 대류의 증거를 제시하지 못함

➡

해저 지형 탐사
- 음향 측심법 발달
- 해령, 해구 등 해저 지형이 밝혀짐

➡

해양저 확장설 등장
- 해령에서 해양 지각이 생성되고 이동하면서 해저가 확장된다는 해양저 확장설 등장
- 해양저 확장을 뒷받침하는 증거 등장

➡

판 구조론 정립
- 판의 개념 도입
- 판의 이동으로 지구 표면의 지각 변동을 통합적으로 설명

● 판이 해령에서 생성되고 해구에서 소멸되어 지구 전체의 부피는 변하지 않는다.

정답과 해설 2쪽

(7) 해양 지각은 해령에서 (생성되고, 소멸하고), 해구에서 (생성된다, 소멸한다).

(8) 해양 지각에 남아 있는 고지자기는 (   )에서 생성되었다.

(9) 다음은 해양저 확장설의 증거에 대한 설명이다. (   ) 안에 알맞은 말을 고르시오.

① 해령을 축으로 해양 지각에 나타나는 지구 자기 줄무늬는 (대칭, 비대칭)적으로 나타난다.

② 해양 지각의 나이는 해령에서 멀어질수록 (적어진다, 많아진다).

③ 해저 퇴적물의 두께는 해령에 가까울수록 (얇아진다, 두꺼워진다).

④ 해양 지각이 확장하는 속도 차이에 의해 해령과 해령 사이에서 (열곡대, 변환 단층)이 형성된다.

⑤ 해구 부근의 섭입대에서 발생하는 지진의 진원 깊이는 해구에서 대륙 쪽으로 갈수록 (얕아진다, 깊어진다).

(10) 다음은 판에 대한 설명이다. (   ) 안에 알맞은 말을 고르시오.

① 판은 (암석권, 연약권)의 조각으로, (암석권, 연약권)에서 대류가 일어나 판이 이동한다.

② 해양판은 대륙판보다 두께가 (얇고, 두껍고), 밀도는 (작다, 크다).

(11) 판 구조론은 대륙 이동설 → (   ) → 해양저 확장설 → 판 구조론의 순서로 정립되었다.

수능 자료

정답과 해설 2쪽

2021 • 6월 평가원 7번

자료❶ 음향 측심법

그림은 대서양의 해저면에서 판의 경계를 가로지르는 P_1-P_6 구간을, 표는 각 지점의 연직 방향에 있는 해수면상에서 음파를 발사하여 해저면에 반사되어 되돌아오는 데 걸리는 시간을 나타낸 것이다. (단, 해수에서 음파의 속도는 일정하다.)

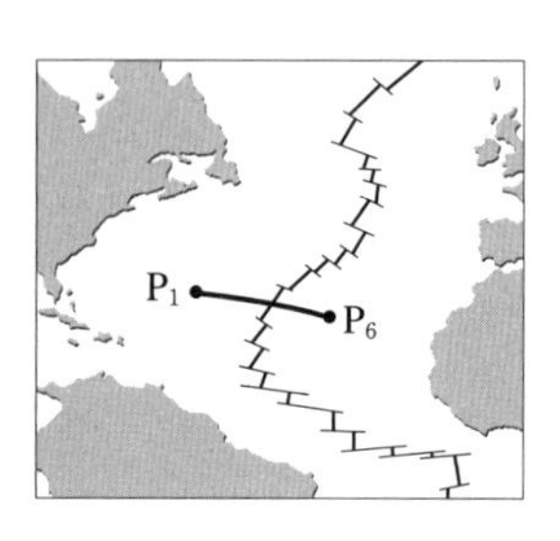

지점	P_1로부터의 거리(km)	시간(초)
P_1	0	7.70
P_2	420	7.36
P_3	840	6.14
P_4	1260	3.95
P_5	1680	6.55
P_6	2100	6.97

1. 음파의 속도가 1500 m/s일 때, P_1의 수심은 11550 m이다. (○, ×)
2. P_1~P_6 중 수심이 가장 얕은 지점은 P_4이다. (○, ×)
3. P_1-P_6 구간에는 해구가 발달해 있다. (○, ×)
4. P_2는 P_3보다 해양 지각의 나이가 많다. (○, ×)
5. P_5는 P_6보다 해저 퇴적물의 두께가 두껍다. (○, ×)

2017 • 9월 평가원 13번

자료❷ 해양저 확장설의 증거-해양 지각의 나이

그림은 같은 속력으로 이동하는 두 판의 경계를 나타낸 것이다.

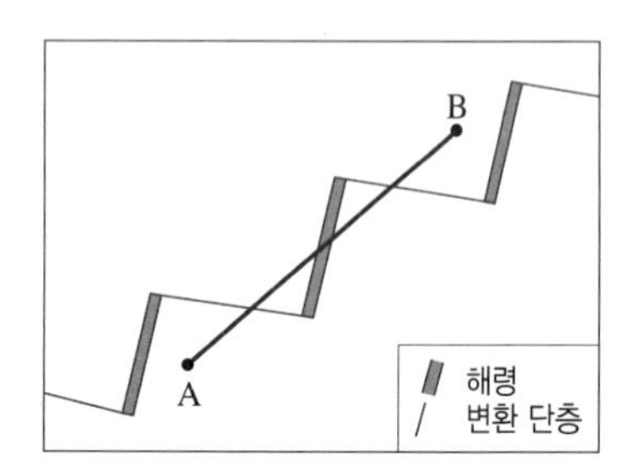

1. A와 B는 같은 판에 위치한다. (○, ×)
2. A가 속한 판은 해령의 오른쪽 방향으로, B가 속한 판은 해령의 왼쪽 방향으로 이동한다. (○, ×)
3. A－B 구간에서 해양 지각의 나이는 A점에서 변환 단층까지는 많아지고, 변환 단층에서 해령까지는 적어지며, 해령에서 변환 단층까지는 많아지고, 변환 단층에서 B점까지는 적어진다. (○, ×)
4. A－B 구간에서 해저 퇴적물의 두께 변화 양상은 해양 지각의 나이 변화 양상과 반대이다. (○, ×)

수능 1점

정답과 해설 2쪽

Ⓐ 대륙 이동설과 맨틀 대류설

1 베게너가 주장한 대륙 이동의 증거가 아닌 것은?

① 지질 구조의 연속성
② 해안선 모양의 유사성
③ 과거 빙하의 흔적 분포
④ 고생물 화석 분포의 연속성
⑤ 해령으로부터 거리에 따른 해양 지각의 나이 증가

Ⓑ 해저 지형 탐사

2 다음 해저 지형 중 음향 측심법으로 수심을 측정할 때 음파 왕복 시간의 평균값이 큰 것부터 나열하시오.

해구, 대륙붕, 심해 평원

Ⓒ 해양저 확장설(해저 확장설)

3 그림 (가)와 (나)는 서로 다른 시기의 어느 해령 부근에 형성된 지구 자기 줄무늬를 순서 없이 나타낸 것이다.

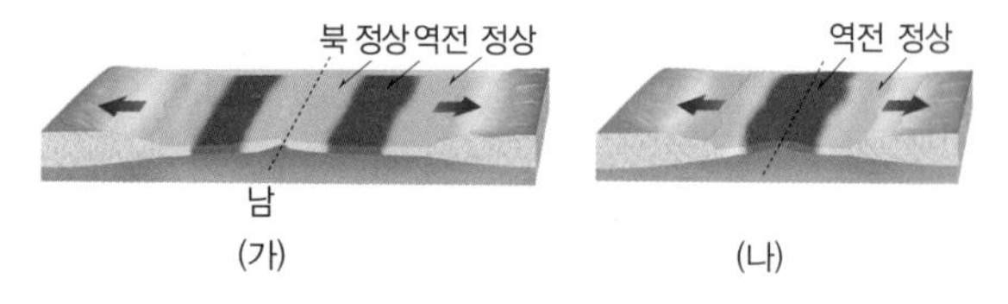

(가) (나)

시기가 빠른 것부터 순서대로 배열하시오.

4 그림은 어느 해양에서 해양 지각의 나이를 측정한 것이다. A~C 중 해령에 가장 가까운 지점을 쓰시오.

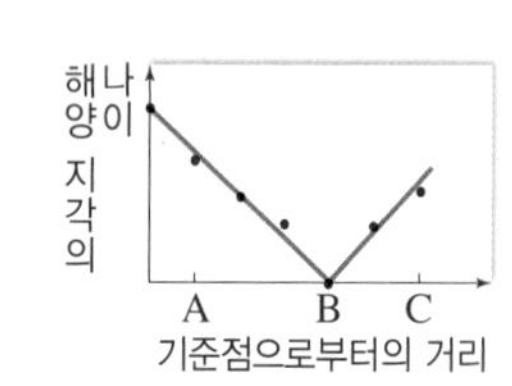

5 해양저 확장의 증거에 대한 설명으로 옳지 않은 것은?

① 해령에서 멀어지면서 해양 지각의 나이가 많아진다.
② 해령에서 멀어지면서 퇴적물의 두께가 얇아진다.
③ 고지자기 줄무늬가 해령을 중심으로 대칭적이다.
④ 해령과 해령 사이에 변환 단층이 형성된다.
⑤ 섭입대에서 발생하는 지진의 진원 깊이는 해구에서 대륙 쪽으로 갈수록 깊어진다.

Ⓓ 판 구조론의 정립 과정

6 판은 지각과 상부 ㉠(　　　)의 일부를 합친 두께 약 100 km인 암석권의 조각으로, 지구의 표면은 크고 작은 10여 개의 판으로 이루어져 있다. 판의 상대적인 이동에 의해 판의 경계를 따라 ㉡(　　　)이 일어난다.

2014 Ⅱ 6월 평가원 5번

1 그림은 대륙 이동을 뒷받침할 수 있는 자료를 지도에 나타낸 것이다.

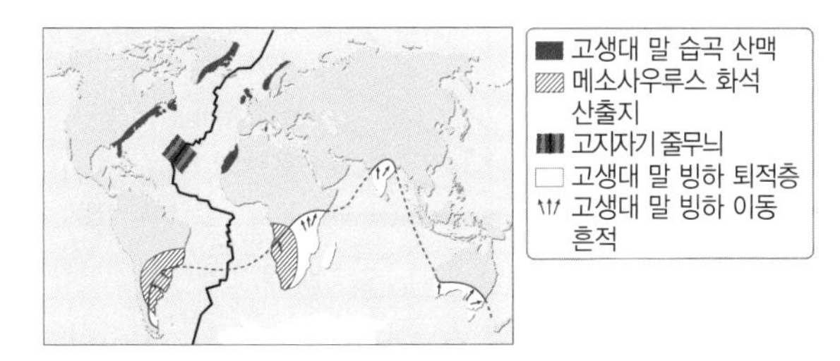

이 자료와 관련하여 베게너가 대륙 이동의 증거로 제시하지 않은 것은?

① 멀리 떨어져 있는 양쪽 대륙에서 발견된 고생대 말 습곡 산맥의 분포에 연속성이 있다.
② 여러 대륙에 나타나는 빙하 퇴적층의 분포에 연속성이 있다.
③ 멀리 떨어져 있는 양쪽 대륙에서 메소사우루스의 화석이 발견된다.
④ 대서양 중앙 해령을 중심으로 고지자기 줄무늬가 대칭적으로 나타난다.
⑤ 남아메리카 대륙의 동부 해안선과 아프리카 대륙의 서부 해안선의 형태가 유사하다.

2 그림은 현재 여러 대륙에 분포하는 고생대 말 빙하기에 형성된 빙하 퇴적층을 나타낸 것이다.

이에 대한 설명으로 옳은 것만을 [보기]에서 있는 대로 고른 것은?

보기
ㄱ. 빙하 퇴적층은 판게아 형성 시기에 생성되었다.
ㄴ. 고생대 말에는 빙하가 적도까지 분포하였다.
ㄷ. 고생대 말에 인도 대륙의 기후는 현재보다 한랭하였다.

① ㄱ ② ㄴ ③ ㄱ, ㄷ
④ ㄴ, ㄷ ⑤ ㄱ, ㄴ, ㄷ

3 그림은 홈스의 맨틀 대류설을 모식적으로 나타낸 것이다.

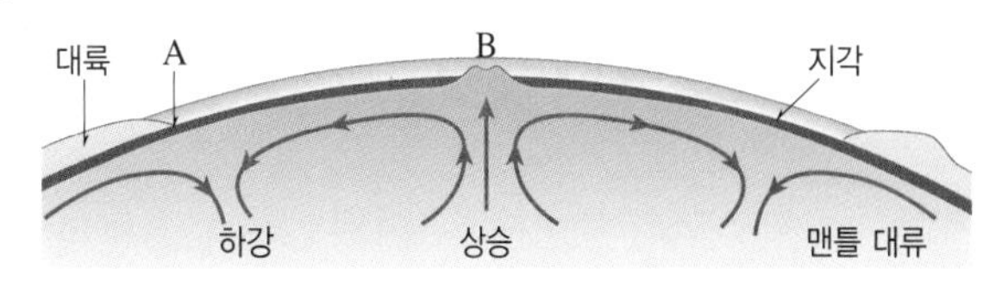

이에 대한 설명으로 옳은 것만을 [보기]에서 있는 대로 고른 것은?

보기
ㄱ. A에서는 대륙이 소멸된다.
ㄴ. B에서는 해양 지각이 생성된다.
ㄷ. 맨틀 대류의 증거를 제시하여 대륙 이동의 원동력 문제를 해결하는 데 기여하였다.

① ㄱ ② ㄴ ③ ㄱ, ㄷ
④ ㄴ, ㄷ ⑤ ㄱ, ㄴ, ㄷ

4 그림 (가)와 (나)는 대서양과 태평양에서 음향 측심법으로 측정한 수심 자료이다.

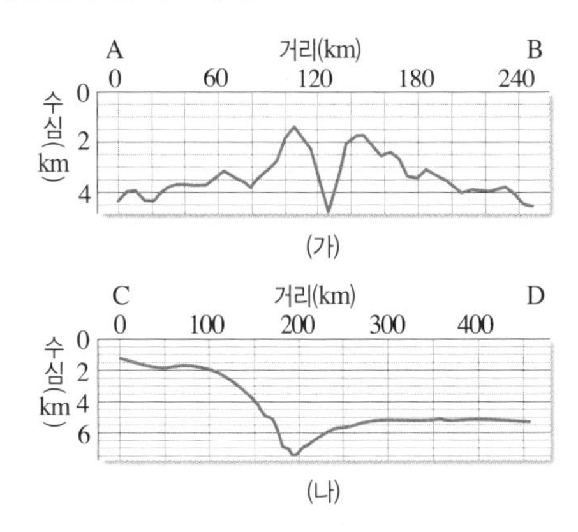

이에 대한 설명으로 옳은 것만을 [보기]에서 있는 대로 고른 것은?

보기
ㄱ. 구간 A－B 중앙의 깊은 협곡은 열곡이다.
ㄴ. 구간 C－D에서는 판이 소멸되는 지형이 발달한다.
ㄷ. 두 지역의 해저 지형은 해양저 확장설이 등장하는 데 바탕이 되었다.

① ㄱ ② ㄷ ③ ㄱ, ㄴ
④ ㄴ, ㄷ ⑤ ㄱ, ㄴ, ㄷ

자료❶

2021 6월 평가원 7번

5 그림은 대서양의 해저면에서 판의 경계를 가로지르는 P_1-P_6 구간을, 표는 각 지점의 연직 방향에 있는 해수면상에서 음파를 발사하여 해저면에 반사되어 되돌아오는 데 걸리는 시간을 나타낸 것이다.

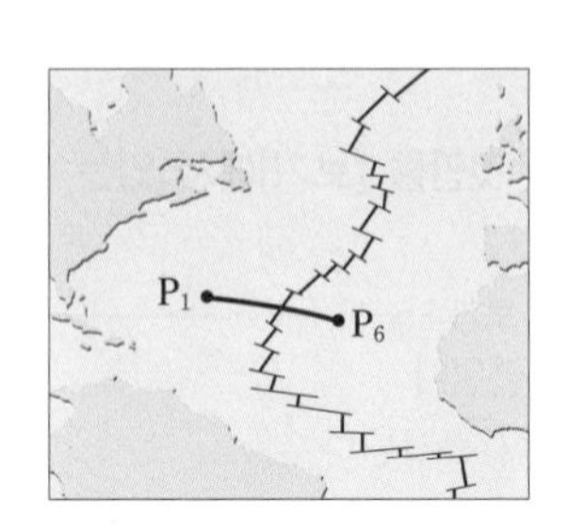

지점	P_1로부터의 거리(km)	시간(초)
P_1	0	7.70
P_2	420	7.36
P_3	840	6.14
P_4	1260	3.95
P_5	1680	6.55
P_6	2100	6.97

이 자료에 대한 설명으로 옳은 것만을 [보기]에서 있는 대로 고른 것은? (단, 해수에서 음파의 속도는 일정하다.)

보기

ㄱ. 수심은 P_6이 P_4보다 깊다.
ㄴ. P_3-P_5 구간에는 발산형 경계가 있다.
ㄷ. 해양 지각의 나이는 P_4가 P_2보다 많다.

① ㄱ ② ㄷ ③ ㄱ, ㄴ
④ ㄴ, ㄷ ⑤ ㄱ, ㄴ, ㄷ

6 그림은 대서양 중앙 해령 부근에서 조사한 고지자기 줄무늬 분포와 형성 과정을 모식적으로 나타낸 것이다.

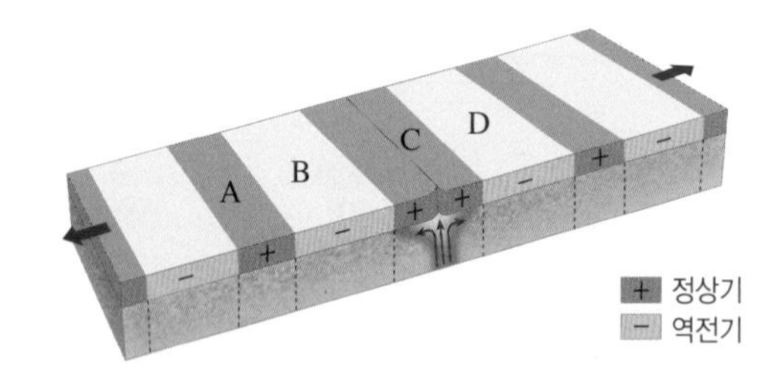

이에 대한 설명으로 옳은 것만을 [보기]에서 있는 대로 고른 것은?

보기

ㄱ. 고지자기 줄무늬는 해령을 중심으로 대칭으로 분포한다.
ㄴ. B와 D에 분포하는 해양 지각은 비슷한 시기에 해령에서 생성되었다.
ㄷ. A~D 중 해양 지각의 나이가 가장 많은 지점은 C이다.

① ㄱ ② ㄷ ③ ㄱ, ㄴ
④ ㄴ, ㄷ ⑤ ㄱ, ㄴ, ㄷ

7 그림은 여러 해양에서 고지자기 줄무늬와 해령으로부터의 거리에 따른 암석의 연령을 나타낸 것이다.

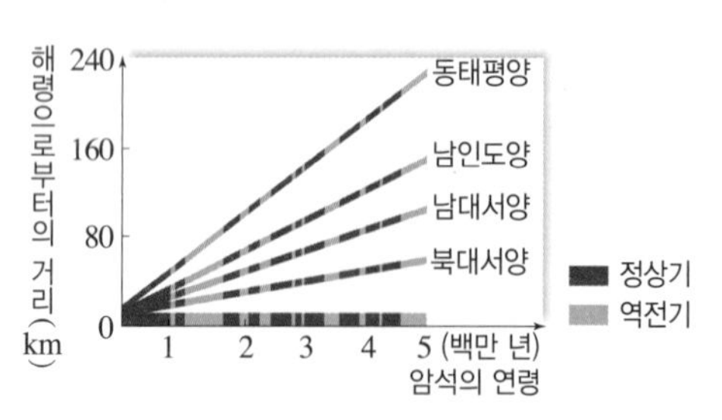

이에 대한 설명으로 옳은 것만을 [보기]에서 있는 대로 고른 것은?

보기

ㄱ. 해양 지각의 나이가 같으면 해령으로부터 거리가 같다.
ㄴ. 해양저 확장 속도는 남인도양보다 동태평양에서 빠르다.
ㄷ. 지구 자기는 일정한 주기로 정상기와 역전기가 반복된다.
ㄹ. 해양 지각의 나이가 같으면 고지자기 역전 여부는 같다.

① ㄱ, ㄴ ② ㄱ, ㄷ ③ ㄴ, ㄹ
④ ㄱ, ㄷ, ㄹ ⑤ ㄴ, ㄷ, ㄹ

2021 9월 평가원 8번

8 그림은 해양 지각의 연령 분포를 나타낸 것이다.

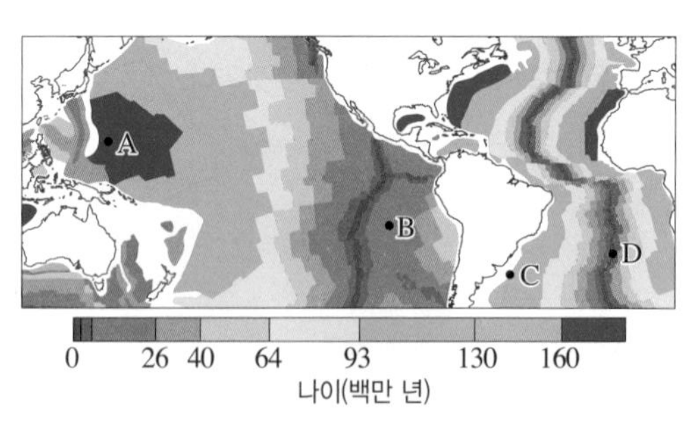

A~D 지점에 대한 설명으로 옳은 것만을 [보기]에서 있는 대로 고른 것은?

보기

ㄱ. 해저 퇴적물의 두께는 A가 B보다 두껍다.
ㄴ. 최근 4천만 년 동안 평균 이동 속력은 B가 속한 판이 C가 속한 판보다 크다.
ㄷ. 지진 활동은 C가 D보다 활발하다.

① ㄱ ② ㄷ ③ ㄱ, ㄴ
④ ㄴ, ㄷ ⑤ ㄱ, ㄴ, ㄷ

9 그림은 대서양 해저의 A~D 지점에서 측정한 해양 지각의 연령을 나타낸 것이다.

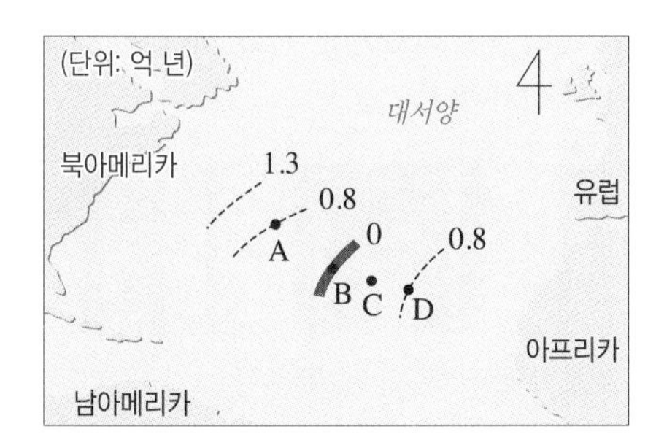

이에 대한 설명으로 옳은 것만을 [보기]에서 있는 대로 고른 것은?

보기
ㄱ. A에서 B로 갈수록 퇴적물 최하층의 나이는 적어진다. ㄴ. A와 C는 서로 같은 판에 위치한다. ㄷ. 앞으로 C와 D 지점 사이의 거리는 점점 멀어진다.

① ㄱ ② ㄴ ③ ㄱ, ㄷ
④ ㄴ, ㄷ ⑤ ㄱ, ㄴ, ㄷ

10 그림은 태평양에서 해양 지각의 연령을 측정하여 나타낸 것이다.

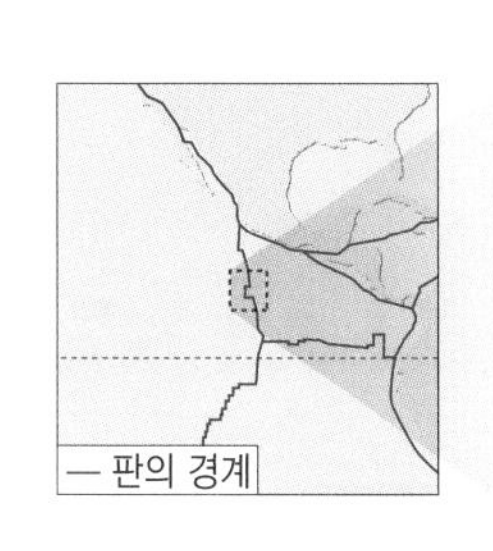

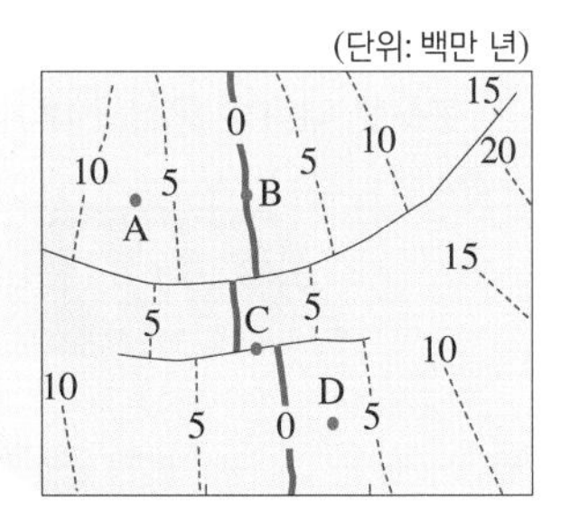

이에 대한 설명으로 옳은 것만을 [보기]에서 있는 대로 고른 것은?

보기
ㄱ. A~D 중 퇴적물의 두께가 가장 두꺼운 지점은 A이다. ㄴ. B에는 열곡이 발달한다. ㄷ. C에서는 해양 지각이 생성된다. ㄹ. C를 경계로 인접한 두 판은 서로 같은 방향으로 이동한다.

① ㄱ, ㄴ ② ㄴ, ㄹ ③ ㄷ, ㄹ
④ ㄱ, ㄴ, ㄷ ⑤ ㄱ, ㄷ, ㄹ

11 그림은 판의 구조를 나타낸 것이다.

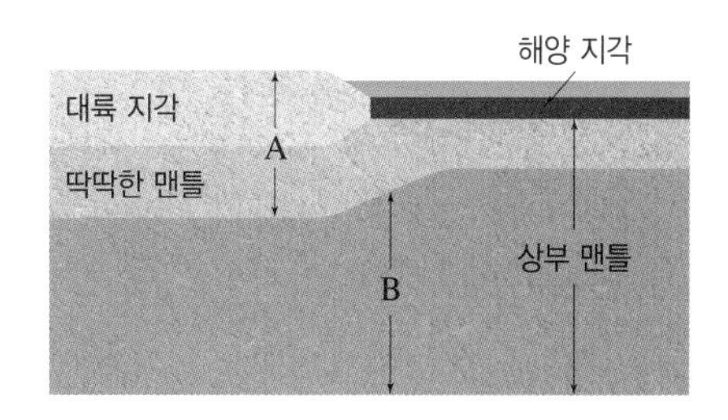

이에 대한 설명으로 옳은 것만을 [보기]에서 있는 대로 고른 것은?

보기
ㄱ. A는 판에 해당한다. ㄴ. 판의 평균 두께는 대륙보다 해양에서 두껍다. ㄷ. B는 A보다 밀도가 작기 때문에 물질의 대류가 일어난다.

① ㄱ ② ㄴ ③ ㄷ
④ ㄱ, ㄴ ⑤ ㄴ, ㄷ

12 그림은 판 구조론이 정립되기까지의 과정 중 일부 학설을 나타낸 것이다.

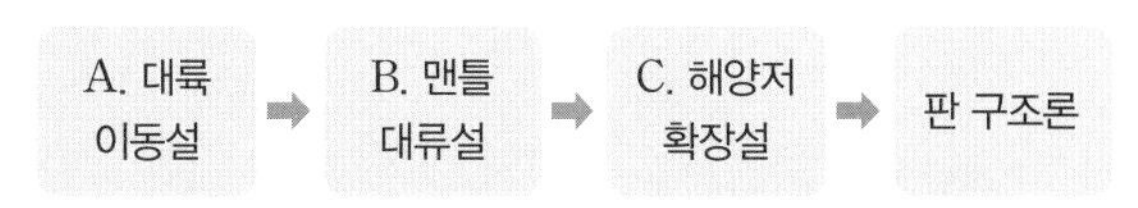

이에 대한 설명으로 옳은 것만을 [보기]에서 있는 대로 고른 것은?

보기
ㄱ. 베게너는 A를 주장하였다. ㄴ. B가 발표되면서 당시에 대륙 이동의 원동력 문제가 해결되었다. ㄷ. 해저 탐사 기술로 발견된 해저 지형은 C를 지지한다.

① ㄱ ② ㄴ ③ ㄱ, ㄷ
④ ㄴ, ㄷ ⑤ ㄱ, ㄴ, ㄷ

정답과 해설 5쪽

1 그림에서 A와 B는 중생대 초기에 서식했던 같은 종류의 파충류 화석이 발견되는 지역을 나타낸 것이다.

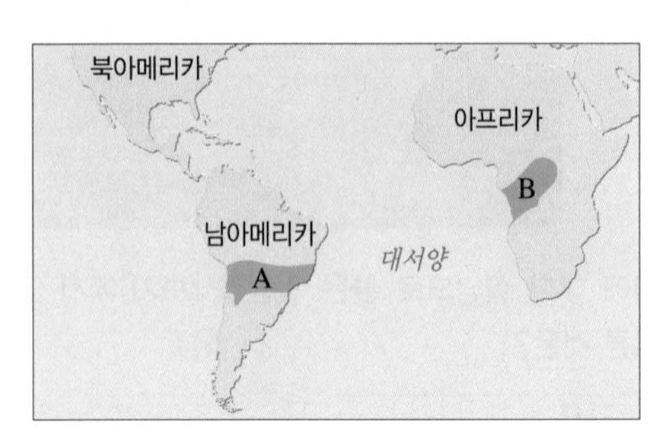

이에 대한 설명으로 옳은 것만을 [보기]에서 있는 대로 고른 것은?

보기

ㄱ. A, B 지역의 지질학적 특성은 비슷할 것이다.
ㄴ. 대서양은 A, B 지역에 파충류가 번성하기 전에 형성되었다.
ㄷ. 중생대 초기에 남아메리카와 아프리카 대륙은 붙어 있었을 것이다.

① ㄱ ② ㄴ ③ ㄱ, ㄷ
④ ㄴ, ㄷ ⑤ ㄱ, ㄴ, ㄷ

2 그림은 해안에서 멀어지면서 해수면에서 발사한 음파가 해저면에 반사되어 되돌아오는 데 걸린 시간을 측정하여 나타낸 것이다.

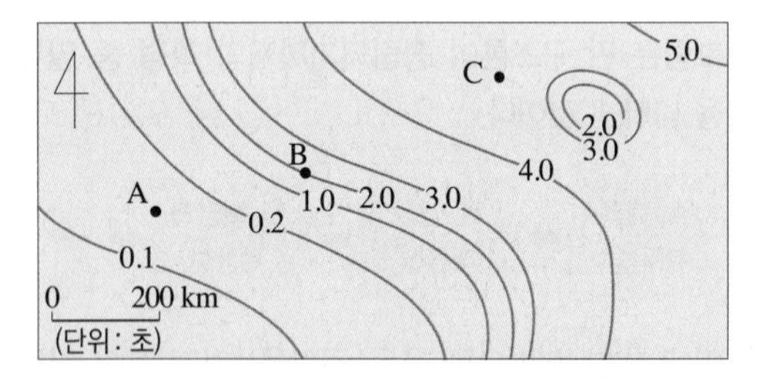

해저면에 위치한 A~C 지점에 대한 설명으로 옳은 것만을 [보기]에서 있는 대로 고른 것은? (단, 물속에서 음파의 속도는 약 1500 m/s 이다.)

보기

ㄱ. A → C로 갈수록 수심은 깊어진다.
ㄴ. B 지점의 수심은 약 3000 m이다.
ㄷ. 수심은 B보다 C 지점에서 급격히 깊어진다.

① ㄱ ② ㄴ ③ ㄷ
④ ㄱ, ㄴ ⑤ ㄴ, ㄷ

3 그림은 북반구에 위치한 어느 해령 주변의 고지자기 분포를 나타낸 모식도이다. 관측 지점 A, B, C 중 한 곳에 해령이 위치한다.

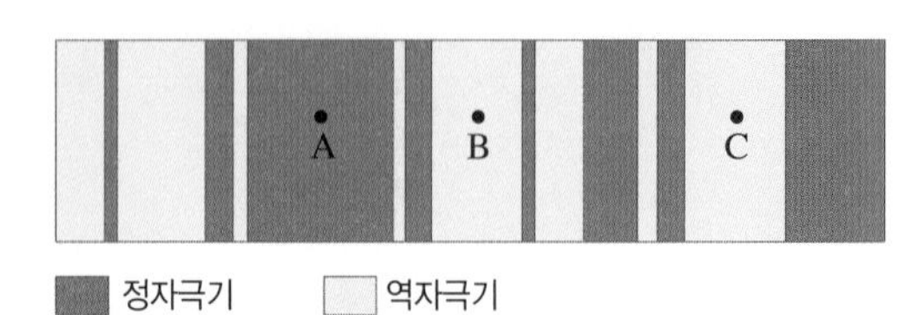

A, B, C에 대한 설명으로 옳은 것만을 [보기]에서 있는 대로 고른 것은? (단, 판의 이동 속도는 일정하다.)

보기

ㄱ. 해령은 A에 위치한다.
ㄴ. B의 잔류 자기는 생성된 이후 역전되었다.
ㄷ. B에서 C로 가면서 해저 퇴적물의 두께는 두꺼워진다.

① ㄱ ② ㄴ ③ ㄱ, ㄷ
④ ㄴ, ㄷ ⑤ ㄱ, ㄴ, ㄷ

4 그림 (가)와 (나)는 서로 다른 두 해령 부근의 고지자기 분포를 나타낸 모식도이다.

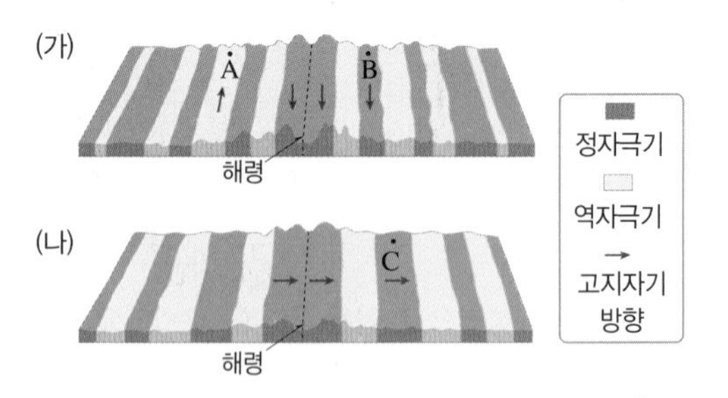

A, B, C 지역에 대한 설명으로 옳은 것만을 [보기]에서 있는 대로 고른 것은?

보기

ㄱ. A는 B보다 먼저 생성되었다.
ㄴ. B는 A와 반대 방향으로 이동한다.
ㄷ. C는 B와 같은 방향으로 이동한다.
ㄹ. C 지점 암석의 자화 방향은 2번 역전되었다.

① ㄱ, ㄴ ② ㄱ, ㄷ ③ ㄷ, ㄹ
④ ㄱ, ㄴ, ㄹ ⑤ ㄴ, ㄷ, ㄹ

5 그림은 서로 다른 두 해양 지각에서 해령으로부터의 거리에 따른 고지자기 분포를 나타내고, 연령이 같은 지점을 연결한 것이다.

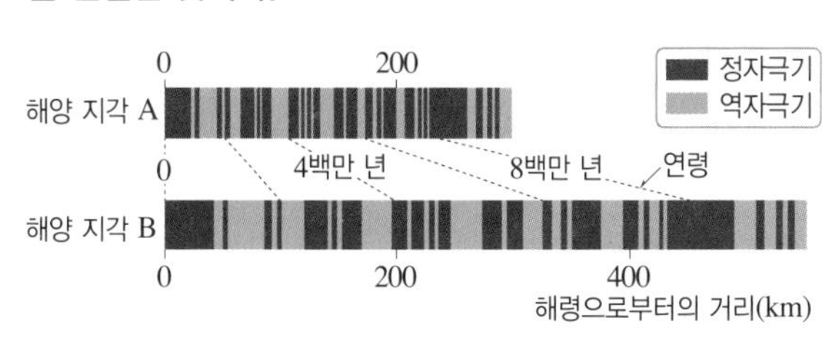

이에 대한 설명으로 옳은 것만을 [보기]에서 있는 대로 고른 것은?

보기

ㄱ. 고지자기의 역전 주기는 일정하다.
ㄴ. 8백만 년 전부터 현재까지 지구 자기 역전 양상은 A와 B에서 같다.
ㄷ. 해양 지각의 이동 속도는 A가 B보다 빠르다.

① ㄱ ② ㄴ ③ ㄱ, ㄴ
④ ㄱ, ㄷ ⑤ ㄴ, ㄷ

자료❷ **2017** 9월 평가원 13번

6 그림은 같은 속력으로 이동하는 두 판의 경계를 모식적으로 나타낸 것이다.

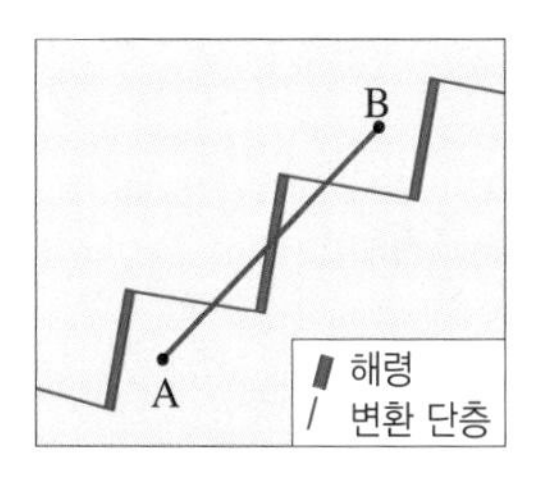

A－B 구간에서 측정한 해양 지각의 나이를 나타낸 것으로 가장 적절한 것은?

①
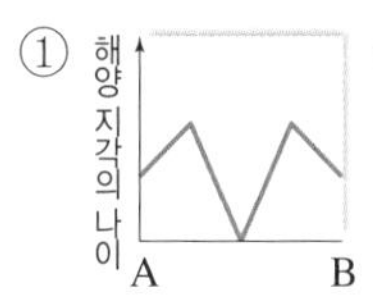

② 해양 지각의 나이 0 A B

③
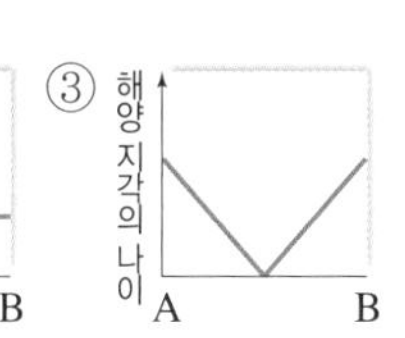

④
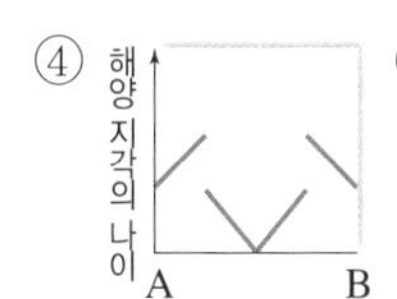

⑤
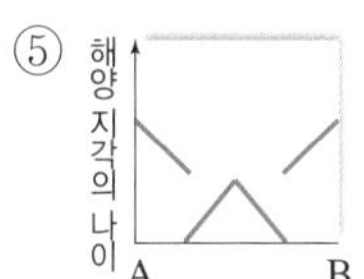

2018 6월 평가원 15번

7 그림은 남극 대륙 주변에서 발생한 지진의 진앙 분포를 나타낸 것이다.

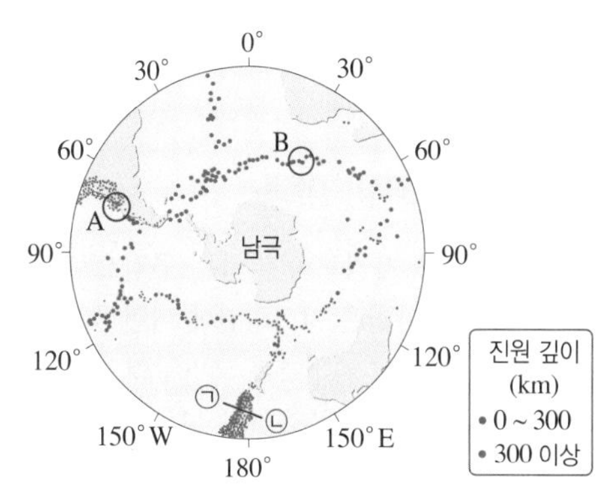

이에 대한 설명으로 옳은 것만을 [보기]에서 있는 대로 고른 것은?

보기

ㄱ. A에는 변환 단층이 분포한다.
ㄴ. B에는 새로운 해양 지각이 생성된다.
ㄷ. ㉠－㉡에서 판의 경계는 진원의 깊이가 깊은 쪽에 가깝다.

① ㄱ ② ㄴ ③ ㄷ
④ ㄱ, ㄴ ⑤ ㄴ, ㄷ

8 다음은 판 구조론이 정립되기까지 등장한 여러 가설이나 이론을 나타낸 것이다.

(가) 약 2억 년 전에 초대륙인 판게아가 분리되어 현재의 대륙 분포가 되었다.
(나) 판들의 상대적인 운동에 의해 지진, 화산 활동, 조산 운동 등의 지각 변동이 일어난다.
(다) 해령에서 새로운 해양 지각이 만들어지고 양쪽으로 멀어지면서 해저가 확장된다.

이에 대한 설명으로 옳은 것만을 [보기]에서 있는 대로 고른 것은?

보기

ㄱ. 해령 부근에서 나타나는 고지자기 줄무늬의 대칭성은 (다)의 증거가 될 수 있다.
ㄴ. 등장한 순서는 (가) → (다) → (나)이다.
ㄷ. (가)에서 판게아를 분리시킨 원동력은 맨틀 대류라고 주장하였다.

① ㄱ ② ㄷ ③ ㄱ, ㄴ
④ ㄴ, ㄷ ⑤ ㄱ, ㄴ, ㄷ

대륙 분포의 변화

≫ 핵심 짚기
- 지구 자기장과 복각
- 판 경계의 지각 변동 해석
- 고지자기 해석과 대륙의 이동 복원
- 지질 시대 대륙 분포의 변화

Ⓐ 고지자기와 대륙의 이동

1 지구 자기장 지구 자기력이 미치는 공간으로, 자기장을 나타내는 선을 자기력선이라고 한다. ➡ 나침반의 자침은 자기력선에 나란하게 배열된다.[1]

① **지리상 북극**: 지구의 자전축과 북반구의 지표면이 만나는 지점

② **복각**: 나침반의 자침이 수평면과 이루는 각

- 자북극: 복각이 $+90°$가 되는 지점
- 자남극: 복각이 $-90°$가 되는 지점

③ **편각**: 지구 표면의 한 수평면 위의 관측 지점에서 진북과 자북이 이루는 각

- 진북: 지리상 북극 방향
- 자북: 나침반 자침의 N극이 가리키는(●수평 성분) 방향[2]

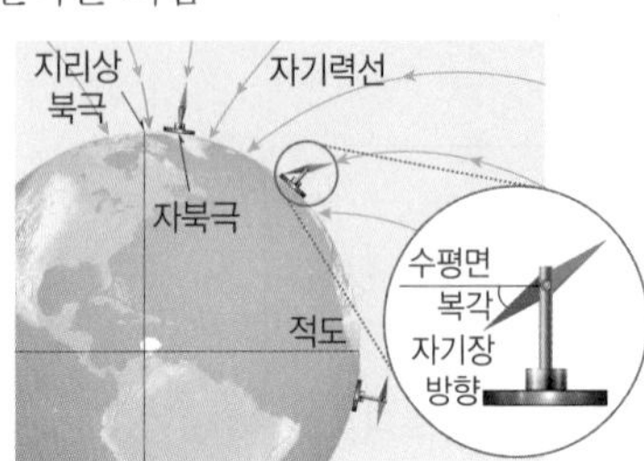

▲ 지구 자기장과 복각

[지구 자기장과 복각의 크기]

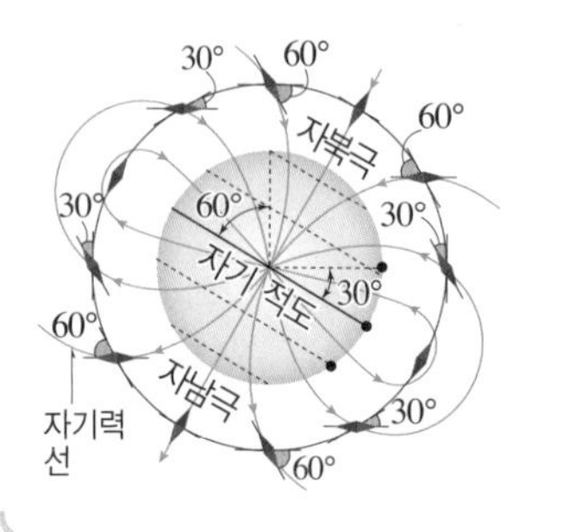

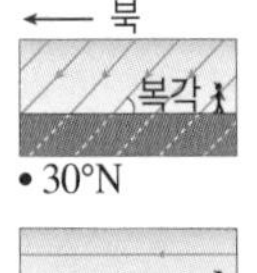

• 30°N

• 자기 적도

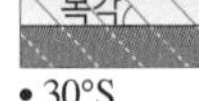

• 30°S

- 나침반의 자침은 지구 자기력선의 방향과 나란하게 배열되므로 지표상에서 자침은 수평면에 일정한 각도로 기울어진다.
- 북반구에서는 나침반의 N극이, 남반구에서는 나침반의 S극이 지표 쪽으로 기울어진다.
- 복각은 자기 적도에서 0°이며, 복각의 크기는 자북극(+90°)이나 자남극(−90°)으로 갈수록 커진다.

2 고지자기 이용 지질 시대에 생성된 암석 속에 남아 있는 *잔류 자기를 측정한다.

① 과거 지구 자기장의 방향과 자극의 위치를 알 수 있다.

② 편각을 측정하면, 과거 지리상 북극에서 자북극이 어느 방향에 있었는지 알 수 있다.

③ 암석의 나이와 복각을 측정하면, 암석 생성 당시의 위도를 추정할 수 있다.

3 고지자기와 대륙의 이동 복원

① 자북극의 이동 경로와 대륙의 이동: 유럽 대륙의 암석과 북아메리카 대륙의 암석의 고지자기를 분석하면, 자북극의 이동 경로가 서로 일치하지 않고 어긋나 있다.

- 지질 시대 동안 자북극은 하나뿐이었으므로 두 대륙이 이동하지 않았다면 자북극의 겉보기 이동 경로가 어긋나고 있는 현상을 설명할 수 없다.
- 과거의 대륙 분포 추정: 대륙을 이동시켜 시대별로 두 겉보기 이동 경로를 겹쳐 보면, 두 대륙이 과거 어느 시기에 서로 붙어 있었음을 알 수 있다.

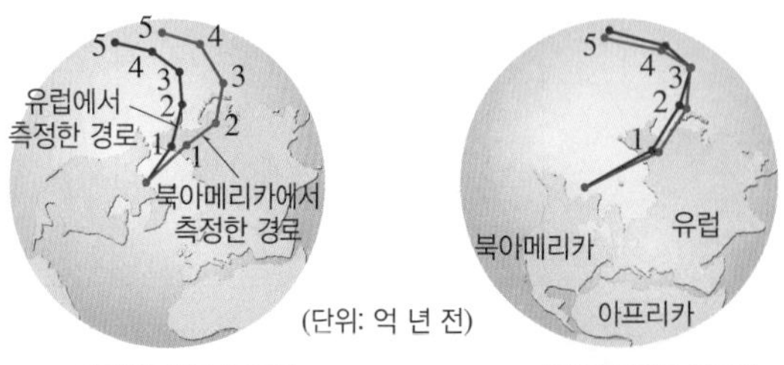

▲ 현재의 대륙 분포와 자북극의 이동 경로

▲ 대륙이 붙어 있을 때 자북극의 이동 경로

PLUS 강의

[1] **지구 자기장 모형**
지구 자기장은 지구 중심에 거대한 막대자석이 놓여 있다고 가정할 때 자기장의 모습과 비슷하며, 막대자석의 S극 방향 축과 지표가 만나는 지점을 지자기 북극이라고 한다. 지자기 북극은 지리상 북극과 일치하지 않는다.

[2] **편각과 복각**
어느 지점에서 나침반 자침의 N극에 작용하는 자기력의 세기를 전 자기력이라 한다. 나침반의 자침은 전 자기력을 따라 향하므로 편각과 복각을 표시하면 다음과 같다.

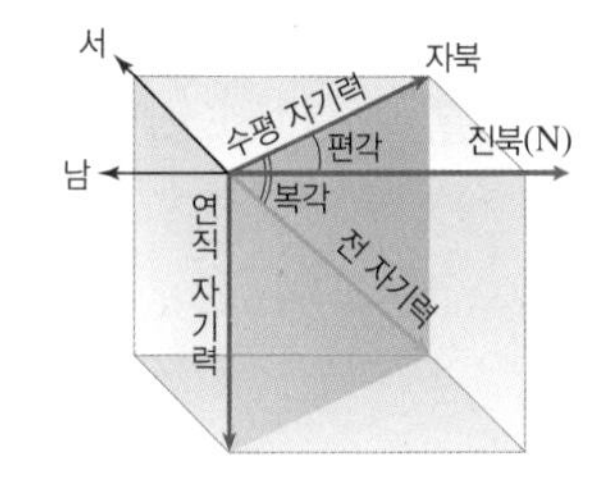

용어 돋보기

* **잔류(殘 남다, 留 머무르다) 자기**_지질 시대에 생성된 암석 속에 남아 있는 과거 지구 자기

② 복각으로 알아낸 인도 대륙의 이동: 지질 시대 동안 인도 대륙의 고지자기로부터 복각을 알아내고, 시대별로 위도를 추정하여 대륙의 이동을 복원하였다.[3]

[3] **복각으로 알아낸 한반도의 이동**
한반도는 고생대에 적도 부근에 있었다가 서서히 북쪽으로 이동하여 중생대에 현재의 위치(북반구)에 도달하였다.

탐구 자료 인도 대륙의 이동 경로 파악

그림 (가)는 지질 시대 동안 인도 대륙의 위치와 복각을 나타낸 것이고, (나)는 위도와 복각의 관계를 나타낸 그래프이다. (단, (가)와 (나)에서 복각은 정자극기일 때의 값이다.)

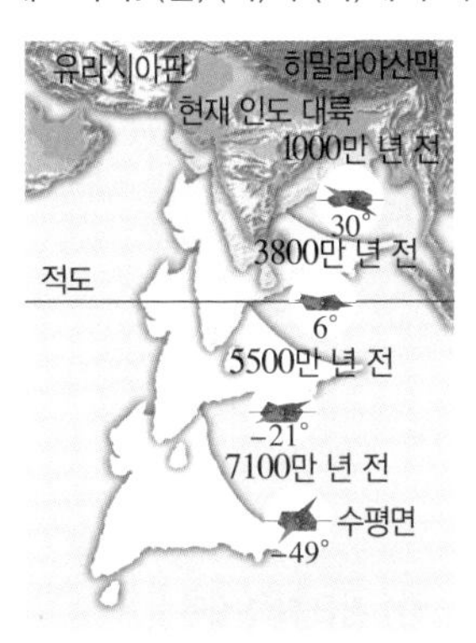

(가) 인도 대륙의 위치와 복각

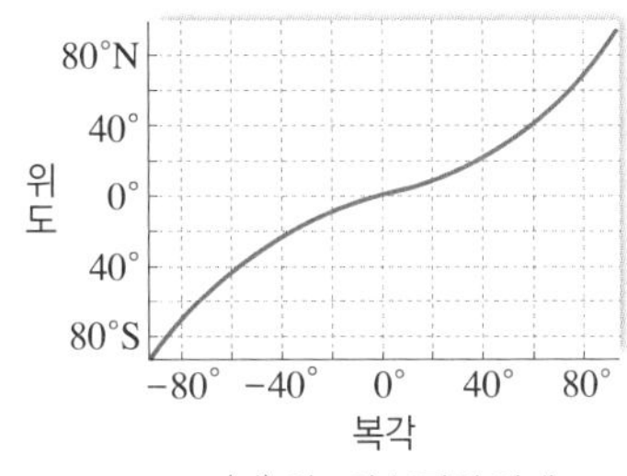

(나) 위도와 복각의 관계

1. **이동 경로:** 지질 시대 동안 동서 방향으로는 거의 이동하지 않고 남북 방향으로 이동하였다.
- 인도 대륙은 약 7100만 년 전에는 남반구에 있었다.
- 인도 대륙은 1년에 약 5 cm~15 cm씩 북쪽으로 이동하여 약 3800만 년 전에는 인도 대륙의 대부분이 북반구에 있었다.
- 이후 인도 대륙이 유라시아판과 충돌하여 히말라야산맥이 만들어졌다.

2. **위도 변화:** (가)의 시기별 복각을 이용하여 (나) 그래프에서 위도를 찾는다.

시기(만 년 전)	7100	5500	3800	1000	현재
복각	−49°	−21°	6°	30°	36°
위도	30°S	11°S	3°N	16°N	20°N

3. **이동 거리:** 위도 1° 사이의 거리가 110 km라고 할 때, 7100만 년 전부터 현재까지 위도상으로 50° 이동하였으므로 남북 방향으로 5500 km 이동하였다.

4. **평균 이동 속도:** $\frac{5500 \times 10^5 \text{ cm}}{71000000\text{년}} \fallingdotseq 7.7 \text{ cm/년}$

정답과 해설 7쪽

(1) 다음은 지구 자기장에 대한 설명이다. (   ) 안에 알맞은 말을 고르시오.
① 복각의 크기는 자기 적도에서 멀수록 (커진다, 작아진다).
② 복각의 크기는 자극에 가까이 갈수록 (커진다, 작아진다).
③ 고지자기는 생성된 이후 지구 자기장의 영향을 받아 (계속 변한다, 변하지 않는다).

(2) 암석에 기록된 고지자기의 복각을 측정하면 암석 생성 당시의 (경도, 위도)를 알 수 있다.

(3) 유럽 대륙과 북아메리카 대륙에서 각각 측정한 자북극의 이동 경로가 일치하지 않는 까닭은 두 대륙이 (   ) 하였기 때문이다.

(4) 다음은 인도 대륙의 이동에 대한 설명이다. (   ) 안에 알맞은 말을 고르시오.
① 고지자기 연구 결과, 인도 대륙은 처음에는 (북반구, 남반구)에 위치하였다.
② 인도 대륙의 이동은 고지자기의 (복각, 편각) 변화를 조사하여 알아내었다.
③ 인도 대륙이 (유라시아판, 아프리카판)과 충돌하여 히말라야산맥이 형성되었다.

대륙 분포의 변화

Ⓑ 판 경계와 대륙 분포의 변화

1 판 경계의 유형 여기서 잠깐! 22쪽

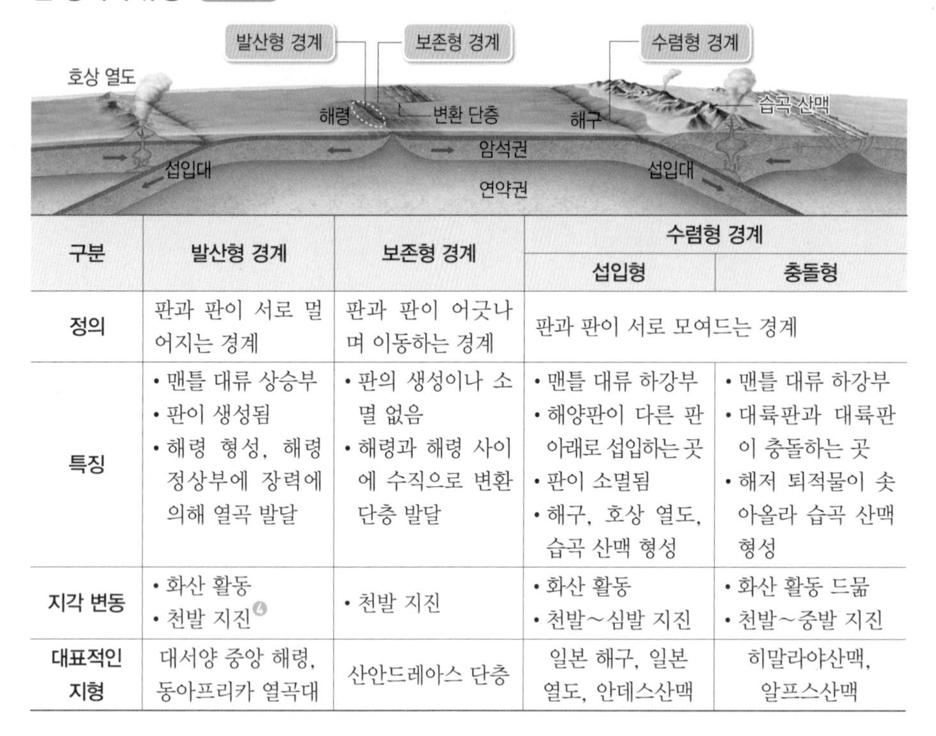

구분	발산형 경계	보존형 경계	수렴형 경계	
			섭입형	충돌형
정의	판과 판이 서로 멀어지는 경계	판과 판이 어긋나며 이동하는 경계	판과 판이 서로 모여드는 경계	
특징	• 맨틀 대류 상승부 • 판이 생성됨 • 해령 형성, 해령 정상부에 장력에 의해 열곡 발달	• 판의 생성이나 소멸 없음 • 해령과 해령 사이에 수직으로 변환 단층 발달	• 맨틀 대류 하강부 • 해양판이 다른 판 아래로 섭입하는 곳 • 판이 소멸됨 • 해구, 호상 열도, 습곡 산맥 형성	• 맨틀 대류 하강부 • 대륙판과 대륙판이 충돌하는 곳 • 해저 퇴적물이 솟아올라 습곡 산맥 형성
지각 변동	• 화산 활동 • 천발 지진[4]	• 천발 지진	• 화산 활동 • 천발~심발 지진	• 화산 활동 드묾 • 천발~중발 지진
대표적인 지형	대서양 중앙 해령, 동아프리카 열곡대	산안드레아스 단층	일본 해구, 일본 열도, 안데스산맥	히말라야산맥, 알프스산맥

2 지질 시대 대륙 분포의 변화

구분	지질 시대 대륙 분포	대륙 분포의 특징
로디니아에서 판게아까지	로디니아 12억 년 전 ↓ 4억 년 전 ↓ 로라시아 / 판게아 / 판탈라사 / 테티스해 / 곤드와나 2억4천만 년 전	• 약 12억 년 전 로디니아라는 초대륙이 존재하였다가 이후 몇 개의 대륙으로 분리되었다.[5] ➡ 대륙이 분리될 때 발산형 경계 발달 • 분리된 대륙들은 약 2억4천만 년 전(고생대 말)에 다시 모여 들어 판게아라는 초대륙을 형성하였다. ➡ 대륙이 모여들 때 수렴형 경계 발달 ➡ 판게아: 테티스해를 사이에 두고 북반구에 로라시아 대륙, 남반구에 곤드와나 대륙이 분포하였고, 판게아 주변의 바다를 판탈라사라고 한다. ➡ 습곡 산맥 형성: 판게아가 형성되면서 수렴형 경계에서 습곡 산맥이 형성되었다. 예 애팔래치아산맥[6]
판게아 이후	로라시아 / 테티스해 / 판탈라사 / 곤드와나 1억5천만 년 전 ↓ 5천만 년 전 ↓ 현재	• 약 2억 년 전(중생대 초)에 판게아가 분리되기 시작하여 로라시아 대륙이 북아메리카 대륙과 유라시아 대륙으로 분리되었다. • 약 1억5천만 년 전에 대서양이 부분적으로 열리면서 남아메리카 대륙과 아프리카 대륙이 분리되기 시작하였다. 또, 다른 대륙들이 남극 대륙에서 분리되어 북쪽으로 이동하였다. • 약 9천만 년 전에는 남대서양이 확장되고, 마다가스카르가 아프리카 대륙에서 분리되었다. • 오스트레일리아는 남극 대륙과 분리되고, 북쪽으로 이동하던 인도 대륙은 신생대 초기~중기에 유라시아판과 충돌하여 히말라야산맥을 형성하였다.

④ **지진 발생 깊이**
지진이 발생한 깊이에 따라 천발 지진, 중발 지진, 심발 지진으로 구분한다.
• 천발 지진: 70 km 미만
• 중발 지진: 70 km~300 km
• 심발 지진: 300 km 이상

⑤ **초대륙**

▲ 로디니아 대륙

로디니아 이전에도 여러 차례 초대륙이 있었다. 현재까지 알려진 가장 오래된 초대륙은 약 36억 년 전에 존재했던 발바라이다.

⑥ **애팔래치아산맥 형성**
애팔래치아산맥은 북아메리카 대륙이 아프리카 대륙 및 유럽 대륙과 충돌하여 형성되었고, 판게아 이후 대서양이 형성되면서 애팔래치아산맥과 칼레도니아산맥으로 분리되었다.

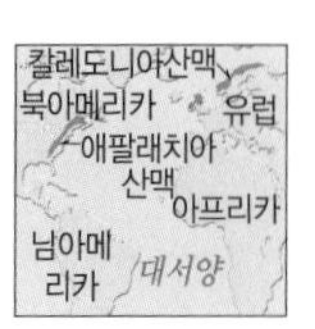

3 미래의 대륙 분포 변화 대륙이 합쳐지고 분리되는 과정이 반복될 것이다.

① 판의 운동을 따라 판이 모이면 충돌하여 합쳐지면서 초대륙을 형성한다.

② 초대륙에 열곡대가 발달하면 대륙이 분리되어 이동한다.

③ 초대륙이 형성되는 주기는 약 3억 년~5억 년으로 추정하고 있다.

④ 앞으로 약 2억 년~2.5억 년 후 새로운 초대륙이 형성될 것으로 예측된다.[7]

[초대륙의 형성과 분리]

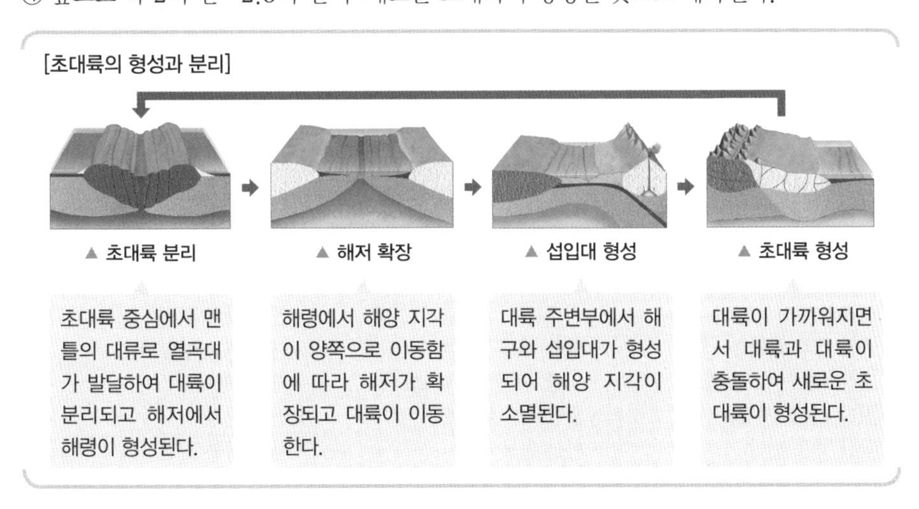

초대륙 분리	해저 확장	섭입대 형성	초대륙 형성
초대륙 중심에서 맨틀의 대류로 열곡대가 발달하여 대륙이 분리되고 해저에서 해령이 형성된다.	해령에서 해양 지각이 양쪽으로 이동함에 따라 해저가 확장되고 대륙이 이동한다.	대륙 주변부에서 해구와 섭입대가 형성되어 해양 지각이 소멸된다.	대륙이 가까워지면서 대륙과 대륙이 충돌하여 새로운 초대륙이 형성된다.

[7] **스코티지가 예측한 미래의 대륙 분포 변화**

- 태평양은 현재보다 좁아지다가 넓어지고, 대서양은 현재보다 넓어지다가 다시 좁아져 사라지며, 인도양은 대륙 사이에 갇혀 내해가 될 것으로 예측된다.

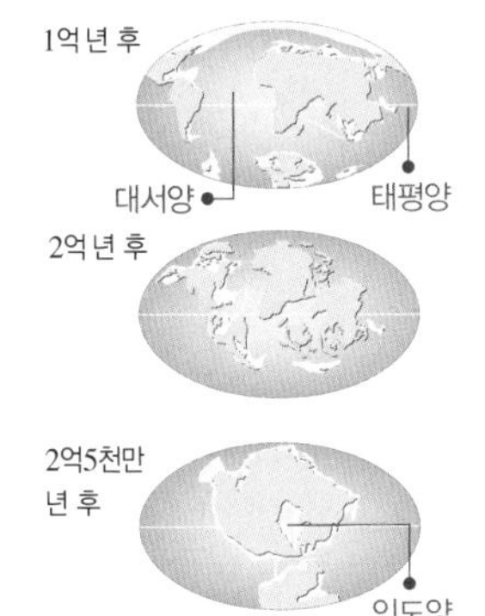

- 모든 대륙이 모여 초대륙(판게아울티마)이 형성될 것으로 예측된다.

정답과 해설 7쪽

(5) 그림은 판 경계 부근의 모식도이다. 발달한 지형의 이름과 판 경계의 종류를 옳게 연결하시오.

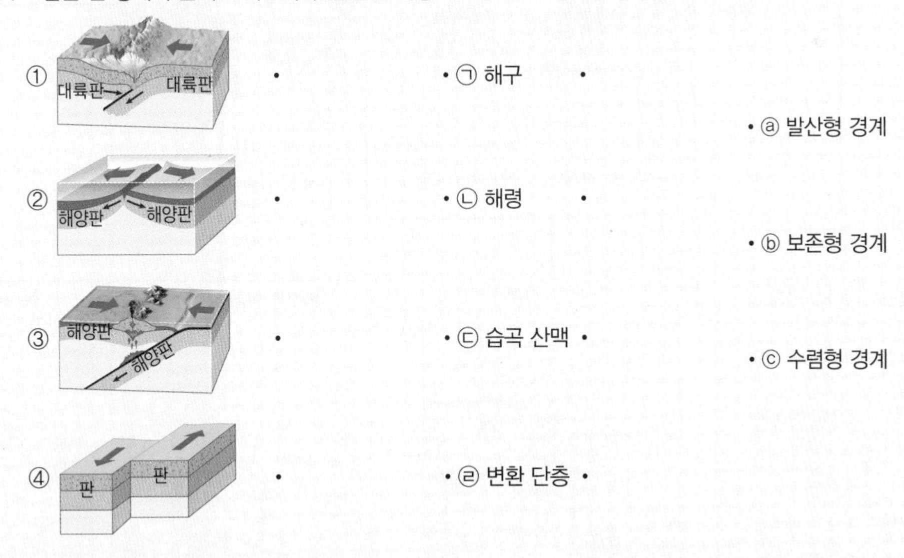

① •	• ㉠ 해구 •	• ⓐ 발산형 경계
② •	• ㉡ 해령 •	• ⓑ 보존형 경계
③ •	• ㉢ 습곡 산맥 •	• ⓒ 수렴형 경계
④ •	• ㉣ 변환 단층 •	

(6) 다음은 지질 시대 대륙 분포의 변화에 대한 설명이다. (　　) 안에 알맞은 말을 쓰시오.

① 약 12억 년 전에는 (　　　)라는 초대륙이 존재하였다. 이후 초대륙은 몇 개의 대륙으로 분리되고 이동하다가 약 2억4천만 년 전에 다시 모여 (　　　)라는 초대륙을 형성하였다.

② 판게아는 지질 시대 중 (　　　) 말에 형성되었다.

③ 판게아는 테티스해를 사이에 두고 북반구에 (　　　) 대륙, 남반구에 (　　　) 대륙이 분포하였다.

④ 판게아가 형성되면서 판의 (　　　)형 경계가 발달하여 습곡 산맥이 형성되었다.

(7) 판의 운동을 따라 판이 모이면 대륙이 충돌하여 합쳐지면서 (　　　)을 형성하고, 이후 맨틀의 대류로 초대륙에 (　　　)가 발달하면 대륙이 분리되어 이동한다.

전 세계의 판 경계와 지각 변동

전 세계의 판 경계 지도를 제시하고, 판 경계의 종류, 맨틀 대류, 형성되는 지형, 지진, 화산 활동, 생성되는 마그마의 종류, 생성되는 지질 구조 등을 물어보곤 합니다. 자, 그럼 자주 출제되는 지형들을 한눈에 정리해 볼까요?

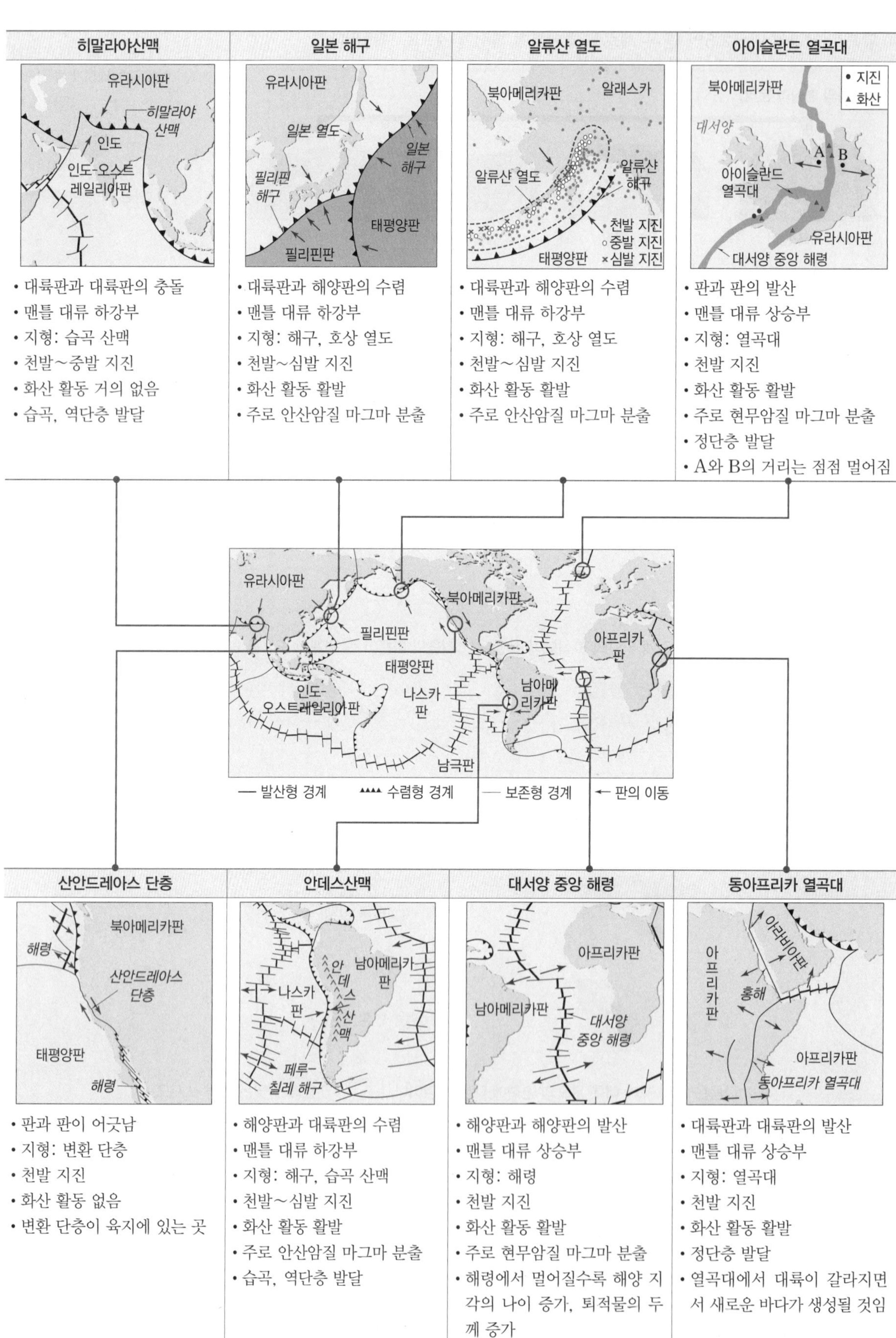

정답과 해설 7쪽

2019 ● Ⅱ 6월 평가원 15번

자료❶ 고지자기 해석

그림은 남반구에 위치한 어느 해령 주변의 고지자기 분포를 나타낸 모식도이다. (단, 진북의 위치는 변하지 않았다.)

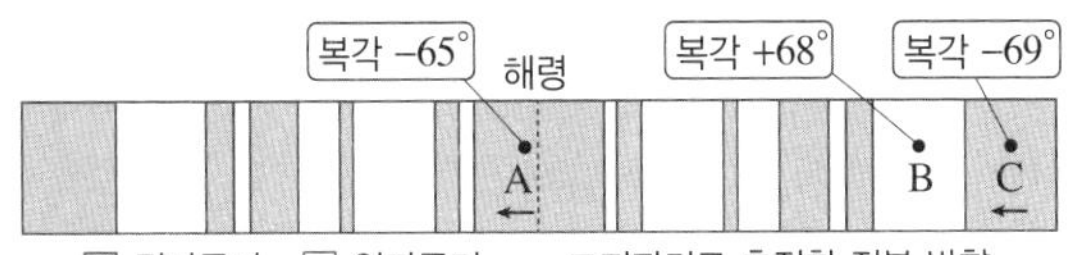

1. 이 해령은 현재 북반구에 위치하고 있다. (○, ×)
2. B의 해양 지각은 생성 당시 북반구에 있었다. (○, ×)
3. C의 해양 지각은 생성된 후 남쪽으로 이동하였다. (○, ×)
4. 생성 당시 자극에 가장 가까이 위치한 해양 지각은 C이다. (○, ×)
5. C는 A보다 저위도에서 생성되었다. (○, ×)

2016 ● Ⅱ 수능 1번

자료❸ 전 세계의 판 경계와 지각 변동

그림은 판의 경계와 대륙의 분포를 나타낸 것이다.

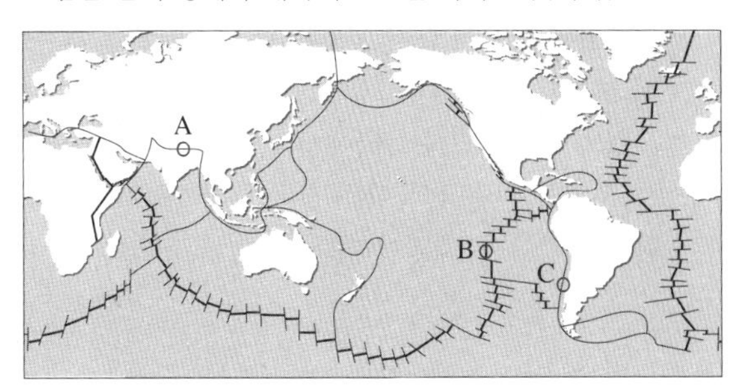

1. A와 C는 수렴형 경계, B는 발산형 경계이다. (○, ×)
2. A와 C는 맨틀 대류의 상승부이고, B는 맨틀 대류의 하강부이다. (○, ×)
3. A에서는 해양판과 대륙판이 충돌하여 습곡 산맥이 발달한다. (○, ×)
4. B에서는 해구가 발달하고, 해양 지각이 소멸한다. (○, ×)
5. C에서는 섭입대를 형성하고, 천발 지진 및 심발 지진이 발생한다. (○, ×)
6. C에서는 판 경계를 따라 해구가 발달하고, 해구의 서쪽에 습곡 산맥이 발달한다. (○, ×)

2019 ● Ⅱ 수능 19번

자료❷ 고지자기와 대륙의 이동

그림은 어느 지괴의 현재 위치와 시기별 고지자기극 위치를 나타낸 것이다. 고지자기극은 이 지괴의 고지자기 방향으로 추정한 지리상 북극이고, 실제 지리상 북극의 위치는 변하지 않았다.

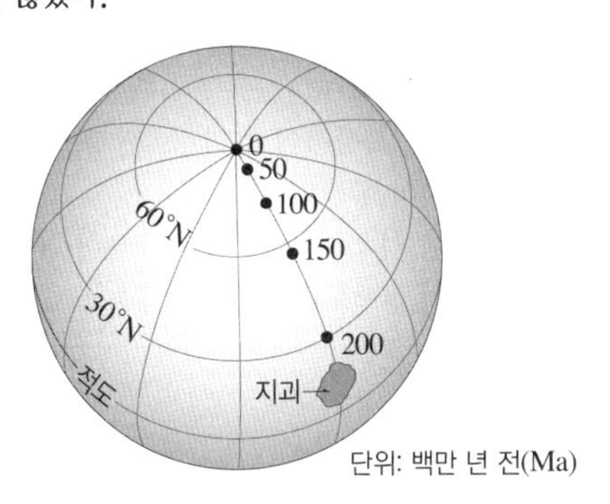

1. 200 Ma에 지괴는 남반구에 위치하였다. (○, ×)
2. 150 Ma~100 Ma 동안 지괴는 고위도에서 저위도로 이동하였다. (○, ×)
3. 150 Ma~100 Ma 동안 고지자기 복각은 감소하였다. (○, ×)
4. 200 Ma~150 Ma 동안보다 50 Ma~0 Ma 동안 지괴는 더 짧은 거리를 이동하였다. (○, ×)
5. 200 Ma~0 Ma 동안 지괴의 이동 속도는 점점 빨라졌다. (○, ×)

2020 ● 9월 평가원 14번

자료❹ 판의 이동과 판 경계의 지각 변동

그림은 중앙 아메리카 어느 지역의 판 경계와 진앙 분포를 나타낸 것이다.

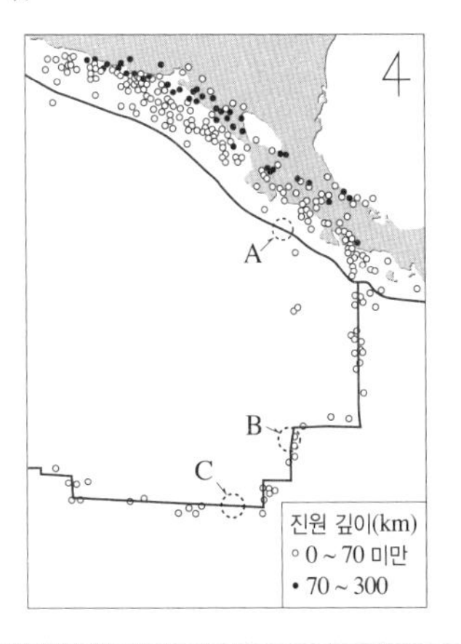

1. A는 대륙 쪽으로 갈수록 진원 깊이가 깊어지는 섭입형 수렴 경계이다. (○, ×)
2. A를 경계로 북쪽의 판보다 남쪽의 판에서 화산 활동이 활발하다. (○, ×)
3. C는 인접한 두 판이 멀어지는 발산형 경계이다. (○, ×)
4. 해양 지각의 나이는 A 지역이 C 지역보다 많다. (○, ×)
5. A는 해양판과 대륙판의 경계이고, C는 해양판과 해양판의 경계이다. (○, ×)
6. B에서는 판이 생성되거나 소멸하지 않는다. (○, ×)
7. 화산 활동은 B 지역이 C 지역보다 활발하다. (○, ×)

정답과 해설 7쪽

A 고지자기와 대륙의 이동

1 **고지자기에 대한 설명으로 틀린 곳을 찾아 옳게 고치시오.**

(1) 고지자기 복각이 0°인 암석은 과거에 자북극 부근에서 형성된 암석이다.

(2) 유럽과 북아메리카 대륙에서 각각 측정한 고지자기로 추정한 자북극의 이동 경로가 일치하지 않는 것은 자북극이 두 개였기 때문이다.

2 **그림은 인도 대륙 중앙의 한 지점에서 채취한 암석 A, B, C의 나이와 생성될 당시 고지자기의 방향과 복각을 나타낸 것이다. (단, A, B, C는 모두 정자극기에 생성되었다.)**

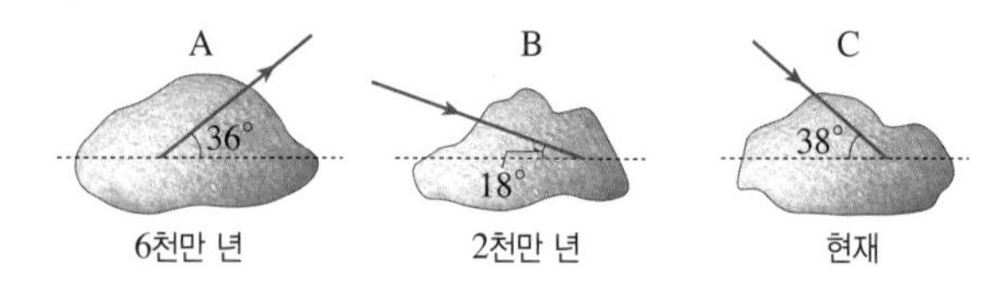

(1) A, B, C 중 인도 대륙이 과거에 남반구에 위치하였던 시기에 생성된 암석은?

(2) B와 C 암석이 생성될 당시 인도 대륙의 위치를 비교해 볼 때, 상대적으로 고위도에 위치한 시기는?

B 판 경계와 대륙 분포의 변화

3 **그림의 A~C는 판 경계를 모식적으로 나타낸 것이다.**

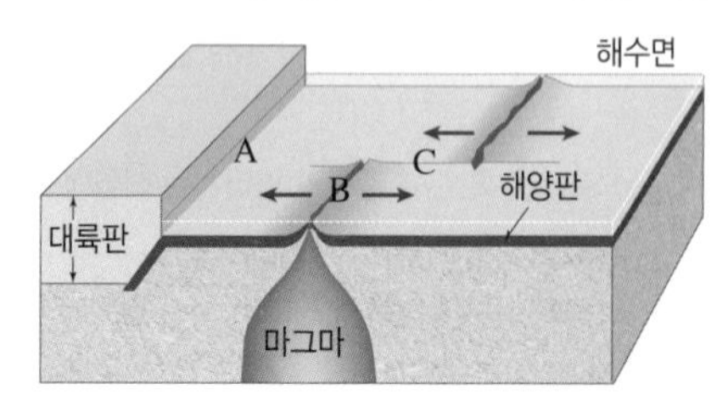

A~C 경계 부근에 발달할 수 있는 지형으로 옳지 않은 것은?

① A-해구
② A-습곡 산맥
③ B-해령
④ B-습곡 산맥
⑤ C-변환 단층

4 **그림 (가)~(다)는 판 경계를 나타낸 모형이다.**

(1) (가), (나), (다) 판 경계의 종류를 각각 쓰시오.

(2) (가)~(다) 중 화산 활동이 일어나는 판의 경계를 모두 고르시오.

(3) (가)~(다) 중 열곡이 발달하는 판 경계를 고르시오.

5 **태평양 가장자리를 따라 주로 발달한 판 경계의 종류는 무엇인가?**

① 열점
② 보존형 경계
③ 발산형 경계
④ 섭입형 수렴 경계
⑤ 충돌형 수렴 경계

6 **(가)~(다)의 대륙 분포를 일어난 순서대로 나열하시오.**

(가) 로라시아 대륙이 북아메리카 대륙과 유라시아 대륙으로 분리되었다.
(나) 인도 대륙은 북상하여 유라시아판과 충돌하여 히말라야산맥이 형성되었다.
(다) 남아메리카 대륙과 아프리카 대륙이 분리되면서 남대서양이 형성되었다.

7 **그림 (가)~(다)는 고생대 말 이후 수륙 분포를 순서 없이 나타낸 것이다.**

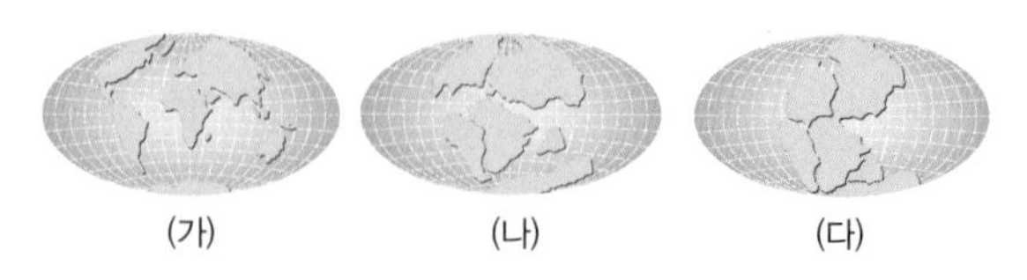

오래된 것부터 시간 순서대로 나열하시오.

정답과 해설 8쪽

1 그림은 지표상의 A～D 지점에서 자침의 기울어진 정도를 모식적으로 나타낸 것이다.

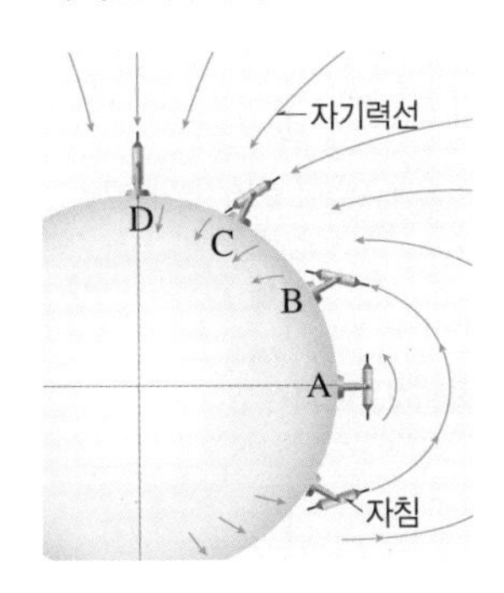

이에 대한 설명으로 옳은 것만을 [보기]에서 있는 대로 고른 것은?

[보기]
ㄱ. A 지점은 자기 적도 부근에 위치한다.
ㄴ. C 지점은 B 지점보다 복각이 크다.
ㄷ. D 지점은 지리상 북극에 위치한다.

① ㄱ ② ㄴ ③ ㄷ
④ ㄱ, ㄴ ⑤ ㄱ, ㄴ, ㄷ

2 그림은 자북극과 지리상 북극 및 지표면의 서로 다른 지점 A～C를 나타낸 것이다.

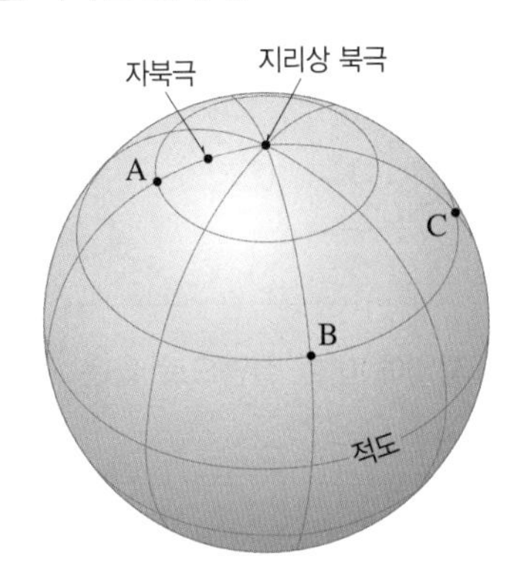

A～C 지점에서 복각의 크기를 옳게 비교한 것은?

① A>B>C ② A>B=C
③ B>C>A ④ B=C>A
⑤ C>B>A

3 그림은 우리나라와 주변 지역의 복각 분포를 나타낸 것이다.

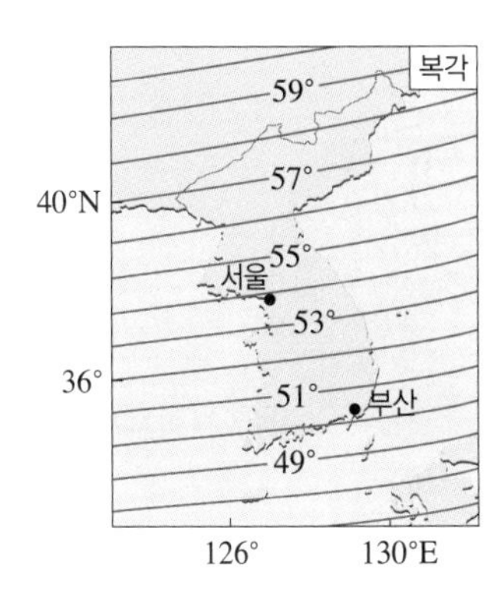

이에 대한 설명으로 옳은 것만을 [보기]에서 있는 대로 고른 것은?

[보기]
ㄱ. 고위도로 갈수록 복각은 커진다.
ㄴ. 서울이 부산보다 자북극에 가깝다.
ㄷ. 부산에서 자침의 N극은 지표면 쪽으로 약 50° 기울어진다.

① ㄱ ② ㄷ ③ ㄱ, ㄴ
④ ㄴ, ㄷ ⑤ ㄱ, ㄴ, ㄷ

자료❶ 2019 Ⅱ 6월 평가원 15번 변형

4 그림은 남반구에 위치한 어느 해령 주변의 고지자기 분포를 나타낸 모식도이다.

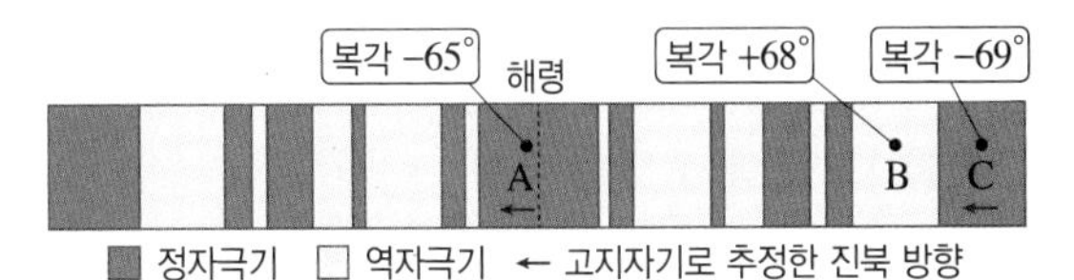

지점 A, B, C에 대한 설명으로 옳은 것만을 [보기]에서 있는 대로 고른 것은? (단, 진북의 위치는 변하지 않았다.)

[보기]
ㄱ. A의 해양 지각은 생성된 후 남쪽으로 이동하였다.
ㄴ. B 시기에는 해령이 북반구에 있었다.
ㄷ. A가 C보다 저위도에서 생성되었다.

① ㄱ ② ㄷ ③ ㄱ, ㄴ
④ ㄴ, ㄷ ⑤ ㄱ, ㄴ, ㄷ

5 그림 (가)는 유럽과 북아메리카 대륙에서 측정한 지자기 북극의 겉보기 이동 경로를, (나)는 두 대륙에서 측정한 지자기 북극의 이동 경로를 일치시켰을 때의 대륙 분포를 나타낸 것이다.

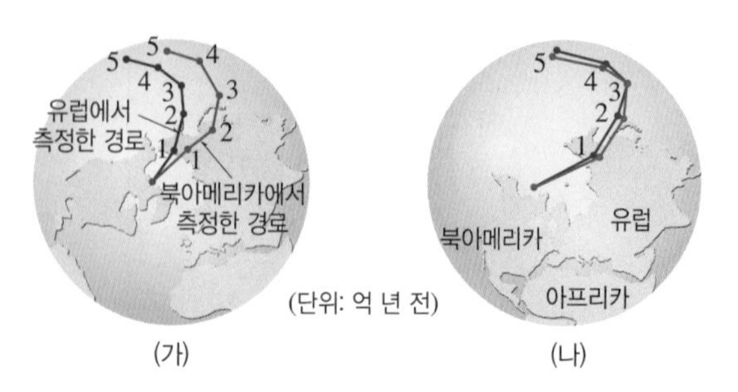

이에 대한 설명으로 옳은 것만을 [보기]에서 있는 대로 고른 것은?

보기
ㄱ. 지질 시대 동안 지자기 북극이 2개이었던 시기가 있었다.
ㄴ. 과거에 북아메리카 대륙과 유럽 대륙은 서로 붙어 있었다.
ㄷ. 약 3억 년 전 이후로 계속 북아메리카 대륙과 유럽 대륙 사이에는 수렴형 경계가 존재하였다.

① ㄱ ② ㄴ ③ ㄱ, ㄷ
④ ㄴ, ㄷ ⑤ ㄱ, ㄴ, ㄷ

6 그림은 약 7100만 년 전부터 현재까지 인도 대륙의 위치 변화를 나타낸 것이다. 이에 대한 설명으로 옳은 것만을 [보기]에서 있는 대로 고른 것은?

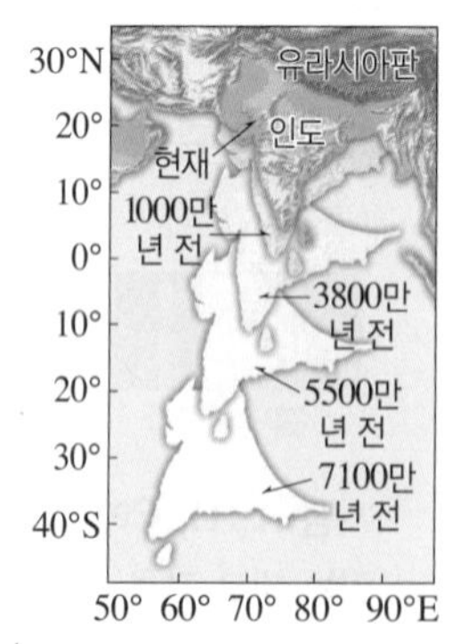

보기
ㄱ. 인도 대륙의 이동 속도는 점차 빨라졌다.
ㄴ. 판게아가 분리되는 과정에서 이동하였다.
ㄷ. 이 기간 동안 인도 대륙의 고지자기 복각의 크기는 계속 증가하였다.

① ㄱ ② ㄴ ③ ㄱ, ㄷ
④ ㄴ, ㄷ ⑤ ㄱ, ㄴ, ㄷ

7 그림은 서로 다른 판의 경계에 형성된 지형을 특징에 따라 분류한 흐름도이다.

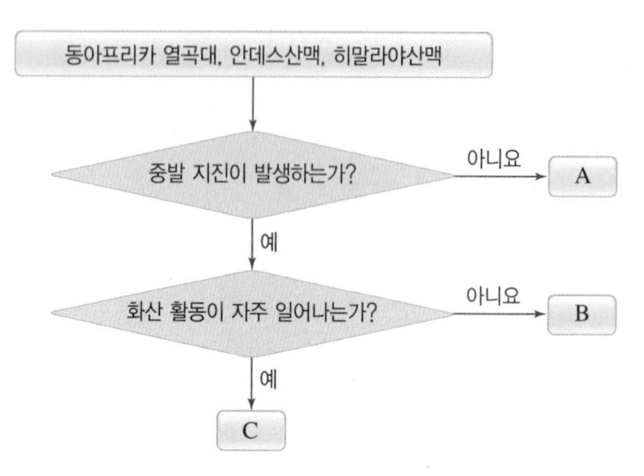

A~C 지형에 대한 설명으로 옳은 것만을 [보기]에서 있는 대로 고른 것은?

보기
ㄱ. A는 동아프리카 열곡대이다.
ㄴ. 해구와 나란하게 발달한 지형은 B이다.
ㄷ. B와 C는 수렴형 경계에 형성된 지형이다.

① ㄱ ② ㄴ ③ ㄱ, ㄷ
④ ㄴ, ㄷ ⑤ ㄱ, ㄴ, ㄷ

자료❸ 2016 Ⅱ수능 1번

8 그림은 판의 경계와 대륙의 분포를 나타낸 것이다.

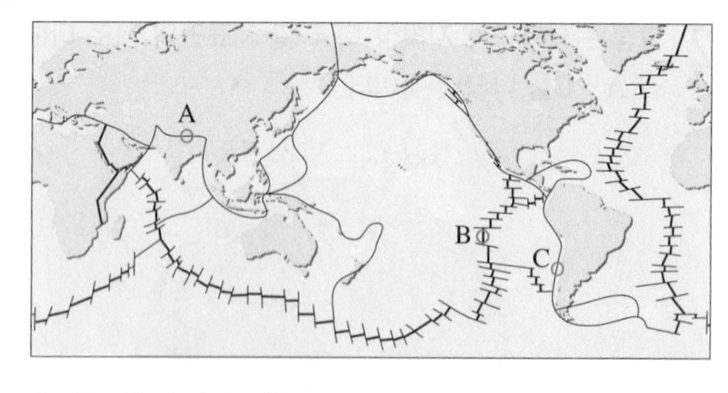

A, B, C 지역에 대한 설명으로 옳은 것만을 [보기]에서 있는 대로 고른 것은?

보기
ㄱ. A에서는 습곡 산맥이 발달한다.
ㄴ. B에서는 새로운 해양 지각이 생성된다.
ㄷ. C에서는 지진 활동이 활발하다.

① ㄱ ② ㄴ ③ ㄱ, ㄷ
④ ㄴ, ㄷ ⑤ ㄱ, ㄴ, ㄷ

2018 Ⅱ 6월 평가원 13번

9 그림 (가), (나), (다)는 판 경계부의 변화 과정을 순서 없이 나타낸 것이다.

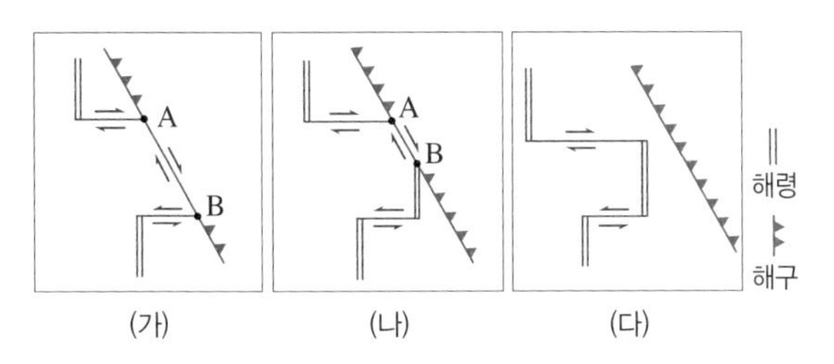

(가) (나) (다)

이에 대한 설명으로 옳은 것만을 [보기]에서 있는 대로 고른 것은?

보기

ㄱ. 변화 순서는 (가) → (나) → (다)이다.
ㄴ. (나)에서 해령의 일부가 섭입하여 소멸된다.
ㄷ. 구간 A－B는 발산형 경계이다.

① ㄱ ② ㄴ ③ ㄷ
④ ㄱ, ㄴ ⑤ ㄴ, ㄷ

10 그림은 서로 다른 시기에 형성된 두 초대륙을 나타낸 것이다.

(가) (나)

이에 대한 설명으로 옳은 것만을 [보기]에서 있는 대로 고른 것은?

보기

ㄱ. (가)가 (나)보다 먼저 형성되었다.
ㄴ. (나)가 형성되는 과정에서 습곡 산맥이 형성되었다.
ㄷ. (가)와 (나) 시기 사이에 대서양이 형성되었다.

① ㄱ ② ㄷ ③ ㄱ, ㄴ
④ ㄴ, ㄷ ⑤ ㄱ, ㄴ, ㄷ

11 그림은 중생대 서로 다른 시기의 대륙 분포의 모습을 순서 없이 나타낸 것이다.

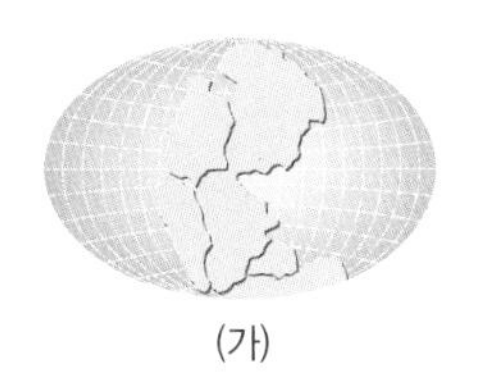
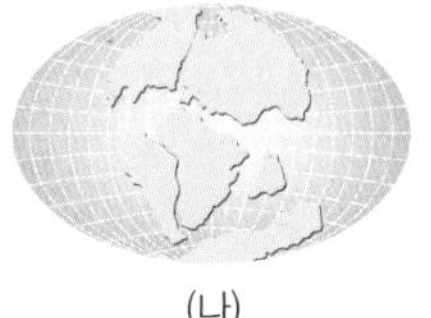
(가) (나)

이에 대한 설명으로 옳은 것만을 [보기]에서 있는 대로 고른 것은?

보기

ㄱ. (가)는 (나)보다 이전의 대륙 분포이다.
ㄴ. (나) 이후에 대서양의 면적은 더 넓어졌다.
ㄷ. (가)와 (나) 시기 사이에 발산형 경계보다 수렴형 경계가 많이 발달하였다.

① ㄱ ② ㄷ ③ ㄱ, ㄴ
④ ㄴ, ㄷ ⑤ ㄱ, ㄴ, ㄷ

12 그림 (가)~(다)는 초대륙의 형성과 분리 과정을 모식적으로 나타낸 것이다. 화살표는 판의 이동 방향이다.

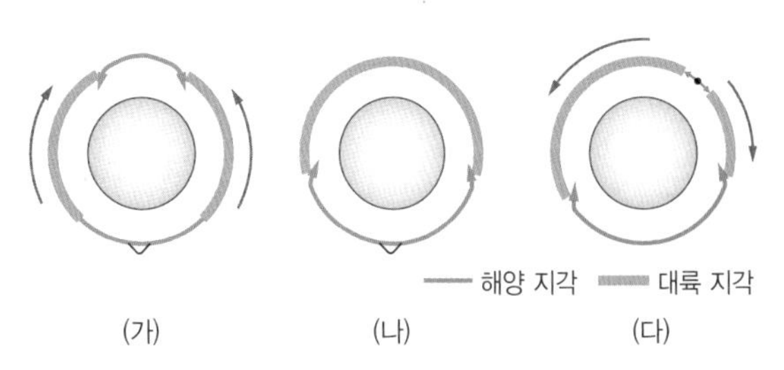

(가) (나) (다)

이에 대한 설명으로 옳은 것만을 [보기]에서 있는 대로 고른 것은?

보기

ㄱ. (가)~(나) 과정에서 대륙과 대륙의 충돌이 일어난다.
ㄴ. (나)에서 초대륙이 형성되었다.
ㄷ. (다)에서는 해령이 형성될 수 있다.

① ㄱ ② ㄷ ③ ㄱ, ㄴ
④ ㄴ, ㄷ ⑤ ㄱ, ㄴ, ㄷ

1 그림 (가)는 지구 자기의 분포를, (나)는 서로 다른 지점 A와 B에서 자기력선의 분포를 나타낸 것이다.

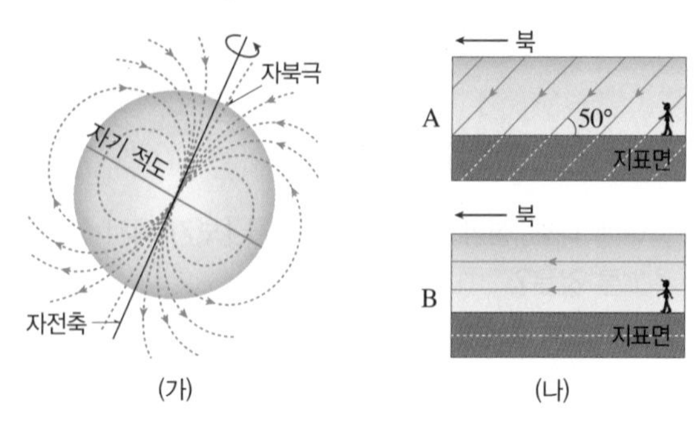

이에 대한 설명으로 옳은 것만을 [보기]에서 있는 대로 고른 것은?

보기
ㄱ. A는 남반구에 위치한다.
ㄴ. B는 자기 적도에 위치한다.
ㄷ. B에서 A로 가면 복각은 커진다.

① ㄱ ② ㄷ ③ ㄱ, ㄴ
④ ㄴ, ㄷ ⑤ ㄱ, ㄴ, ㄷ

2021 9월 평가원 20번

2 그림은 유럽과 북아메리카 대륙에서 측정한 5억 년 전부터 ㉢ 시기까지 고지자기극의 겉보기 이동 경로를 겹쳤을 때의 대륙 모습을 나타낸 것이다. 고지자기극은 고지자기 방향으로부터 추정한 지리상 북극이고, 실제 진북은 변하지 않았다.

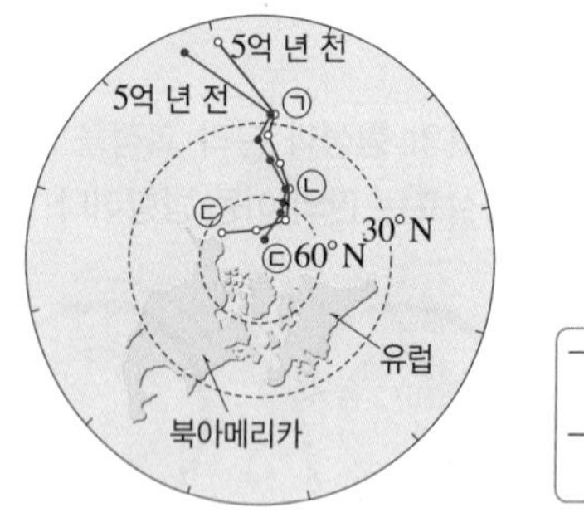

—유럽에서 측정한 겉보기 극 이동 경로
—북아메리카에서 측정한 겉보기 극 이동 경로

이 자료에 대한 설명으로 옳은 것만을 [보기]에서 있는 대로 고른 것은?

보기
ㄱ. 5억 년 전에 지자기 북극은 적도 부근에 위치하였다.
ㄴ. 북아메리카에서 측정한 고지자기 복각은 ㉡ 시기가 ㉠ 시기보다 크다.
ㄷ. 유럽은 ㉡ 시기부터 ㉢ 시기까지 저위도 방향으로 이동하였다.

① ㄱ ② ㄴ ③ ㄱ, ㄷ
④ ㄴ, ㄷ ⑤ ㄱ, ㄴ, ㄷ

3 그림 (가)는 현재 인도 대륙과 히말라야산맥의 위치를, (나)는 약 7100만 년 전부터 현재까지 인도 대륙의 위치 변화를 위도로 나타낸 것이다.

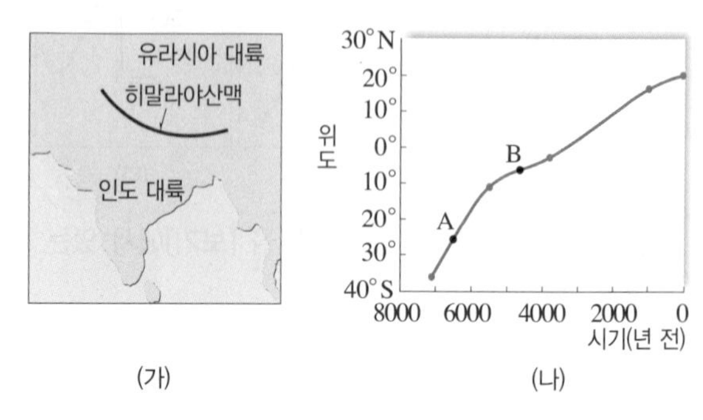

이에 대한 설명으로 옳은 것만을 [보기]에서 있는 대로 고른 것은?

보기
ㄱ. 인도 대륙의 잔류 자기 복각의 크기는 A보다 B에서 작다.
ㄴ. 히말라야산맥은 한때 적도 부근에 위치한 적이 있다.
ㄷ. 히말라야산맥은 판게아가 형성되는 과정에서 발달하였다.

① ㄱ ② ㄴ ③ ㄱ, ㄷ
④ ㄴ, ㄷ ⑤ ㄱ, ㄴ, ㄷ

2020 Ⅱ 6월 평가원 20번

4 그림은 동서 방향으로 이동하는 두 해양판의 경계와 이동 속도를 나타낸 것이다.

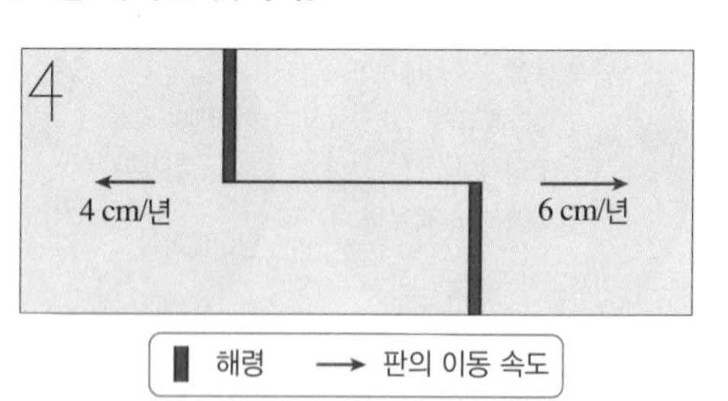

고지자기 줄무늬가 해령을 축으로 대칭일 때, 이에 대한 설명으로 옳은 것만을 [보기]에서 있는 대로 고른 것은?

보기
ㄱ. 두 해양판의 경계에는 변환 단층이 있다.
ㄴ. 해령에서 두 해양판은 1년에 각각 5 cm씩 생성된다.
ㄷ. 해령은 1년에 2 cm씩 동쪽으로 이동한다.

① ㄱ ② ㄷ ③ ㄱ, ㄴ
④ ㄴ, ㄷ ⑤ ㄱ, ㄴ, ㄷ

2017 수능 16번

5

그림은 같은 방향으로 이동하는 두 해양판 A와 B의 경계와 진앙의 분포를 모식적으로 나타낸 것이고, 표는 판의 이동 방향과 이동 속력이다.

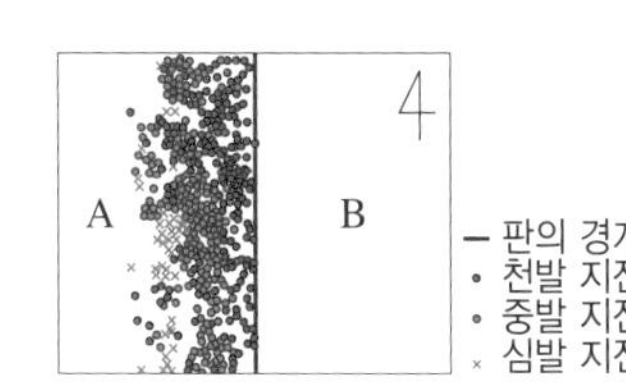

구분	A	B
이동 방향	서쪽	서쪽
이동 속력 (cm/년)	㉠	5

이에 대한 설명으로 옳은 것만을 [보기]에서 있는 대로 고른 것은?

보기

ㄱ. ㉠은 5보다 작다.
ㄴ. 판의 경계는 맨틀 대류의 하강부에 해당한다.
ㄷ. 판의 경계를 따라 습곡 산맥이 발달한다.

① ㄱ ② ㄷ ③ ㄱ, ㄴ
④ ㄴ, ㄷ ⑤ ㄱ, ㄴ, ㄷ

2019 수능 7번

7

그림 (가)는 어느 지역의 판 경계 부근에서 발생한 진앙 분포를, (나)는 (가)의 X−X′에 따른 지형의 단면을 나타낸 것이다.

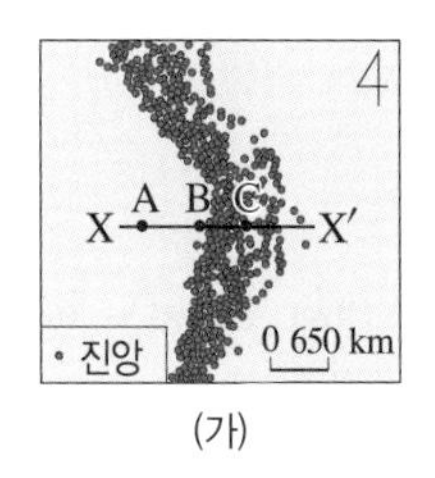

(가)

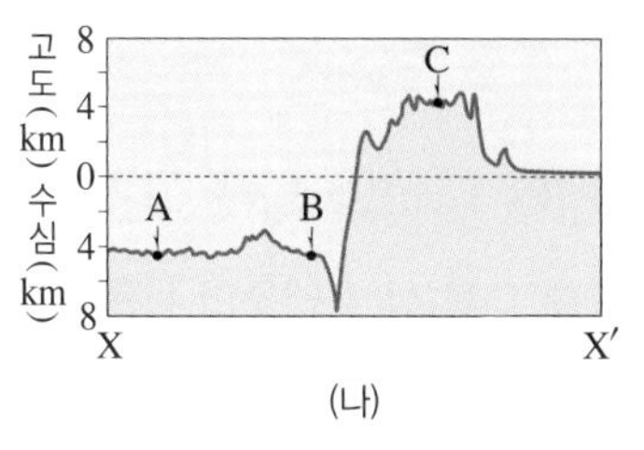

(나)

지역 A, B, C에 대한 설명으로 옳은 것만을 [보기]에서 있는 대로 고른 것은?

보기

ㄱ. 지각의 나이는 A가 B보다 많다.
ㄴ. B와 C 사이에는 수렴형 경계가 존재한다.
ㄷ. 화산 활동은 C가 A보다 활발하다.

① ㄱ ② ㄷ ③ ㄱ, ㄴ
④ ㄴ, ㄷ ⑤ ㄱ, ㄴ, ㄷ

자료❹ 2020 9월 평가원 14번

6

그림은 중앙 아메리카 어느 지역의 판 경계와 진앙 분포를 나타낸 것이다.

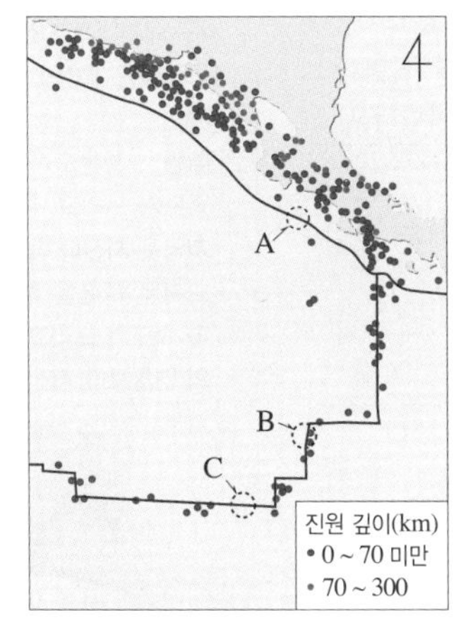

지역 A, B, C에 대한 설명으로 옳은 것만을 [보기]에서 있는 대로 고른 것은?

보기

ㄱ. C에서 인접한 두 판의 이동 방향은 대체로 동서 방향이다.
ㄴ. 인접한 두 판의 밀도 차는 A가 C보다 크다.
ㄷ. 인접한 두 판의 나이 차는 B가 C보다 크다.

① ㄱ ② ㄴ ③ ㄷ
④ ㄱ, ㄴ ⑤ ㄴ, ㄷ

8

그림은 초대륙이 분리되고 다시 형성되는 과정을 순서 없이 나타낸 것이다.

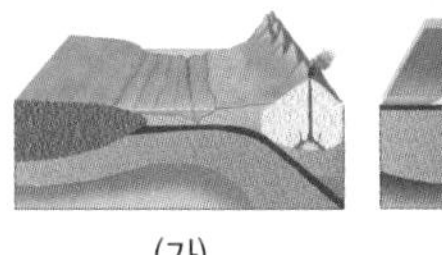
(가)

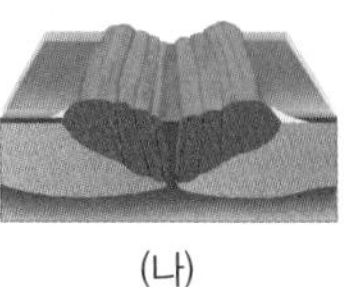
(나)

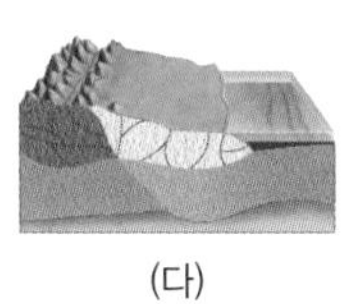
(다)

이에 대한 설명으로 옳은 것만을 [보기]에서 있는 대로 고른 것은?

보기

ㄱ. 과정이 일어난 순서는 (나) → (가) → (다)이다.
ㄴ. (나) 이후에 분리된 대륙 사이에서 해저 확장이 일어난다.
ㄷ. (가)와 (다) 과정에서 수렴형 경계가 형성된다.

① ㄱ ② ㄷ ③ ㄱ, ㄴ
④ ㄴ, ㄷ ⑤ ㄱ, ㄴ, ㄷ

마그마 활동과 화성암

≫ 핵심 짚기 › 판 이동의 원동력 › 마그마의 생성 조건 › 차가운 플룸과 뜨거운 플룸의 운동 › 화학 조성과 조직에 따른 화성암 분류 › 열점에서의 화산 활동 › 한반도의 화성암 지형

Ⓐ 맨틀 대류와 플룸 구조론

1 맨틀 대류(상부 맨틀의 운동) 맨틀 내에 존재하는 방사성 물질의 붕괴열과 맨틀 상하부의 깊이에 따른 온도 차에 의해 연약권에서 매우 느리게 일어나는 대류이다.

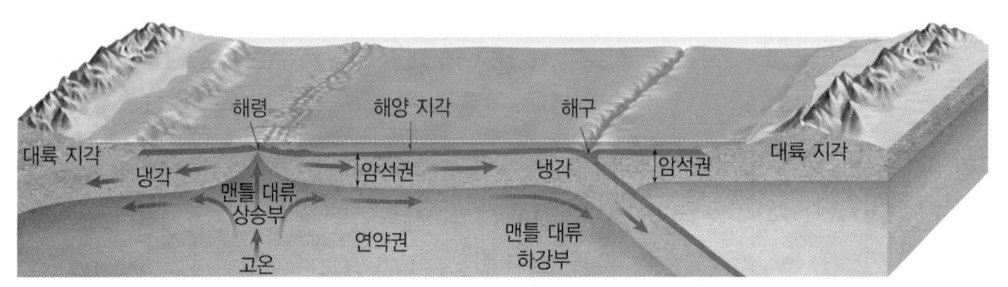

▲ 맨틀 대류와 판의 이동

맨틀 대류 형성	연약권은 상부 맨틀에서 물질의 부분 용융이 일어나 유동성을 띠는 부분으로, 뜨거운 물질은 상승하고, 차가워진 물질은 하강하여 대류가 일어난다.
판의 이동	연약권 위에 놓여 있는 판은 맨틀 대류를 따라 미끄러지면서 이동한다.
해저 지형 형성	맨틀 대류 상승부에서는 대륙이 갈라져 이동하면서 해령이 형성되고, 맨틀 대류 하강부에서는 해양판이 맨틀 속으로 들어가 소멸되는 해구가 형성된다.
판 이동의 원동력	판은 맨틀 대류를 따라 미끄러지면서 이동하며, 판 자체에서 만들어지는 물리적인 힘(해령에서 밀어내는 힘, 해구에서 잡아당기는 힘 등)에 의해서도 이동한다. • 해령에서 밀어내는 힘: 고온, 저밀도의 물질이 부력에 의해 상승하면서 판을 생성하고 분리시키는 과정에서 인접한 두 판을 밀어내는 힘이 작용한다. • 해구에서 잡아당기는 힘: 냉각된 저온, 고밀도의 판이 중력에 의해 침강하면서 판을 해구 쪽으로 잡아당기는 힘이 작용한다. ➡ 섭입대의 분포와 판의 이동: 판이 섭입되는 경계의 유무와 분포 면적 등에 따라서 판의 이동 속도가 달라진다. └● 판 경계에서 섭입이 일어나는 경우 해구에서 잡아당기는 힘이 작용하여 판이 더 빠르게 이동한다.
한계점	맨틀 대류로 판의 이동을 설명하는 판 구조론은 판 경계의 지각 변동은 잘 설명할 수 있지만, 하와이섬과 같이 판 내부에서 일어나는 지각 변동은 설명하기 어렵다.

2 플룸 구조론 맨틀 내부에서 온도 차이로 인한 밀도 변화 때문에 맨틀 물질이 기둥 모양으로 상승 또는 하강하는 *플룸이 발생하여 지구 내부의 변동을 일으킨다는 이론이다.

① 플룸의 생성과 운동

차가운 플룸	수렴형 경계에서 섭입된 판의 물질이 상부 맨틀과 하부 맨틀의 경계부에 쌓여 있다가 밀도가 커지면 가라앉아 맨틀과 외핵의 경계부까지 도달하는 하강류가 형성된다.[1]	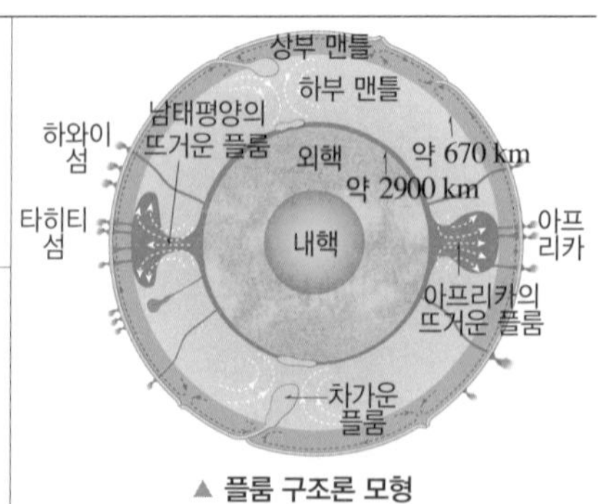
뜨거운 플룸	차가운 플룸이 가라앉아 맨틀 최하부에 도달하면 온도 교란과 물질을 밀어 올리는 작용이 일어나면서 뜨거운 상승류가 형성된다.	

▲ 플룸 구조론 모형

② 지구 내부의 플룸 운동: 현재 아시아 지역에는 거대한 차가운 플룸이 있고, 남태평양과 아프리카 등에 2개~3개의 거대한 뜨거운 플룸이 있어 맨틀 전반에 걸쳐서 원통 모양의 대류 운동이 일어나고 있다.

③ 플룸 구조의 조사 방법: 지진파 속도 분포를 이용한 지진파 단층 촬영 ➡ 맨틀의 온도 분포를 분석하여 플룸 구조를 알 수 있다.[2]

PLUS 강의 ⊕

① 섭입된 판의 변화
상부 맨틀의 최하단인 지하 약 670 km 부근까지 섭입된 판은 더 이상 지하 내부로 들어가지 못하고 쌓인다. 물질이 쌓이면서 냉각과 압축이 진행되어 밀도가 커지면, 외핵 쪽으로 가라앉아 하부 맨틀과 외핵의 경계까지 도달한다.

② 지진파 단층 촬영
지구 내부에서 지진파 전달 속도를 분석하여 지구 내부의 온도 분포를 알아내는 방법
• 주변보다 온도가 높은 지역은 지진파 속도가 느리고, 주변보다 온도가 낮은 지역은 지진파 속도가 빠르다.
• 뜨거운 플룸은 주변의 맨틀보다 지진파 속도가 느리고, 차가운 플룸은 주변의 맨틀보다 지진파 속도가 빠르다.

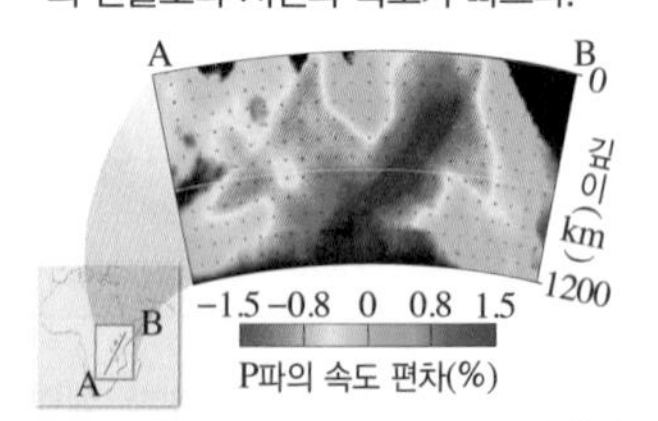

▲ 동아프리카 거대 플룸 지진파 단층 촬영 _뜨거운 플룸(빨간색 열기둥)

용어 돋보기
* 플룸(plume, 기둥)_맨틀 내에서 원통 모양으로 물질이 상승하거나 하강하는 흐름으로, 맨틀 하부에서 지표면까지 향하는 고온의 열기둥과 지표에서 맨틀 하부로 향하는 저온의 열기둥이 있다.

④ 열점: 뜨거운 플룸이 상승하여 지표면과 만나는 지점 아래에 마그마가 생성되어 있는 곳으로, 마그마가 지각을 뚫고 분출하여 화산섬, 해산 등을 형성한다.

열점과 화산섬의 분포	• 열점을 형성하는 뜨거운 플룸은 맨틀 하부에서 올라오기 때문에 판이 이동하여도 계속 같은 위치에서 마그마가 분출되어 새로운 화산섬이나 해산을 만든다. • 형성된 화산섬이나 해산은 판의 이동 방향으로 배열되어 열도를 이룬다. • 열점에서 멀어질수록 화산섬이나 해산의 나이가 많아진다.
열점과 판의 이동	• 판의 이동 방향: 나이가 적은 화산섬에서 나이가 많은 화산섬 방향으로 이동하였다. • 판의 이동 속도: 화산섬의 생성 시기와 열점으로부터의 거리로 추정할 수 있다.
열점의 분포	열점은 전 세계적으로 수십 개가 확인되었으며, 판 경계와 관계없이 해양판 내부뿐만 아니라 대륙판 내부에도 존재한다.[3]

탐구 자료 하와이 열도를 이루는 화산섬과 해산

그림은 하와이 열도를 이루는 화산섬과 해산의 생성 시기를 나타낸 것이다.

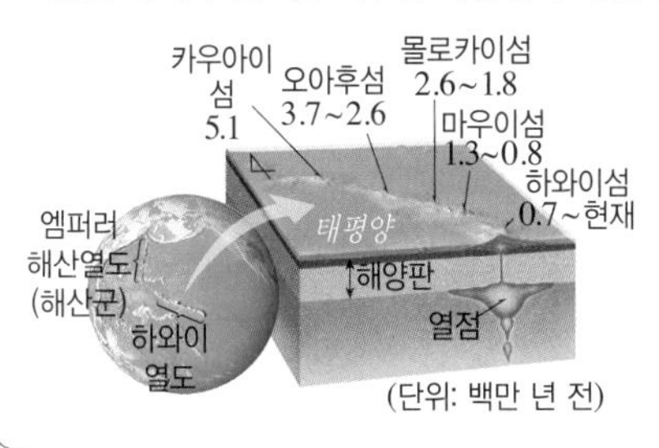

1. **하와이섬:** 열점에서 마그마가 분출하여 형성된 화산섬으로, 하와이 열도에서 나이가 가장 적다.
   ➡ 하와이섬 아래에 열점이 위치한다.
2. **하와이 열도를 이루는 화산섬과 해산의 나이:** 북서쪽으로 갈수록(열점에서 멀어질수록) 많아진다.
3. **판의 이동 방향:** 하와이 열도가 형성되는 동안 태평양판은 북서쪽으로 이동하였다.

3 맨틀 대류와 플룸 구조론 일반적으로 판이 생성되어 해구에서 소멸되기 전까지는 상부 맨틀의 대류를 포함한 판 구조론으로 설명한다. 판이 섭입된 이후 지구 내부에서의 변화는 플룸 구조론으로 설명할 수 있으며, 플룸 구조론은 판 운동의 원동력인 맨틀을 포함한 지구 내부 운동을 설명해 준다.[4]

③ 전 세계에 열점이 분포하는 곳

④ 맨틀 대류와 플룸 구조론 비교

구분	맨틀 대류 (상부 맨틀의 운동)	플룸 구조론
영역	연약권	맨틀 전체
원인	방사성 물질의 붕괴열, 맨틀의 온도 차로 일어나는 열대류	뜨거운 플룸과 차가운 플룸이 일으킨 거대 규모의 대류
운동	판의 섭입 전 수평 운동, 판의 섭입 후 수직 운동	지구 내부의 대규모 수직 운동
지형 예	대서양 중앙 해령, 해구, 변환 단층	하와이 열도

정답과 해설 12쪽

개념 확인

(1) 맨틀 대류는 (암석권, 연약권)에서 상하부의 온도 차이에 의해 일어난다.

(2) 해령에서는 고온 저밀도의 물질이 상승하면서 판을 생성하고 분리시키며 인접한 두 판을 (　　　　) 힘이, 해구에서는 냉각된 저온 고밀도의 판이 침강하면서 판을 해구 쪽으로 (　　　　) 힘이 작용하여 판을 이동시킨다.

(3) 다음은 플룸 구조론에 대한 설명이다. (　　) 안에 알맞은 말을 고르시오.
① 섭입대 하부에 쌓여 있는 지각 용융 물질이 외핵 쪽으로 침강하면서 (차가운, 뜨거운) 플룸이 형성된다.
② 맨틀과 외핵의 경계에서 맨틀 물질이 상승하면서 (차가운, 뜨거운) 플룸이 형성된다.
③ 차가운 플룸은 밀도가 (큰, 작은) 물질이 하강하는 것이다.
④ 뜨거운 플룸은 주변의 맨틀보다 지진파 속도가 (빠르다, 느리다).

(4) 뜨거운 플룸이 상승하여 지표면과 만나는 지점 아래에 마그마가 생성되어 있는 곳을 (　　　　)이라고 한다.

(5) 다음은 열점에 대한 설명이다. (　　) 안에 알맞은 말을 고르시오.
① 열점에서 만들어진 화산 열도에서는 열점으로부터 멀어질수록 화산섬의 나이가 (증가, 감소)한다.
② 뜨거운 플룸이 상승하여 만들어지는 열점의 위치는 판이 이동함에 따라 (변한다, 변하지 않는다).

(6) 판이 섭입된 이후 일어나는 지구 내부에서의 변화는 (판 구조론, 플룸 구조론)으로 설명할 수 있다.

마그마 활동과 화성암

B 마그마 활동

1 마그마 지구 내부에서 지각이나 맨틀의 암석이 부분 용융되어 생성된 물질[5,6]

2 마그마의 종류 일반적으로 화학 조성에 따라 현무암질 마그마, 안산암질 마그마, 유문암질 마그마(화강암질 마그마)로 구분

구분	현무암질 마그마	안산암질 마그마	유문암질 마그마
SiO_2 함량	52 % 이하	52 %~63 %	63 % 이상
온도	높다	중간	낮다
점성	작다(유동성이 크다)	중간	크다(유동성이 작다)
휘발 성분	적다 ➡ 조용히 분출	중간	많다 ➡ 폭발적 분출
화산체의 경사	완만하다 ▲ 용암 대지 예 철원 ▲ *순상 화산 예 한라산 점성이 작고 유동성이 커서 용암 대지나 경사가 완만한 순상 화산을 형성한다.	중간 ▲ 성층 화산 예 후지산	급하다 ▲ *종상 화산(용암 돔) 예 산방산, 피나투보 화산 점성이 크고 유동성이 작아서 경사가 급한 종상 화산을 형성하거나 산 정상부에 용암 돔을 형성하기도 한다.

3 마그마의 생성 조건

① 마그마가 생성되려면 지하 내부의 온도가 암석의 용융점보다 높아야 한다.

② 지하로 깊이 들어가면 온도가 상승하지만, 압력 증가로 암석의 용융점도 상승하므로 일반적인 조건에서는 지하에서 마그마가 생성될 수 없다.

③ 마그마의 생성 조건: 지하 내부 온도가 상승하거나, 압력이 감소하거나, 물이 공급되어 암석의 용융점이 지하 내부의 온도보다 낮아지면 물질이 부분 용융되어 마그마가 생성될 수 있다.

탐구 자료 마그마의 생성 조건

그림은 지하의 온도 분포와 깊이에 따른 암석의 용융 곡선을 나타낸 것이다.

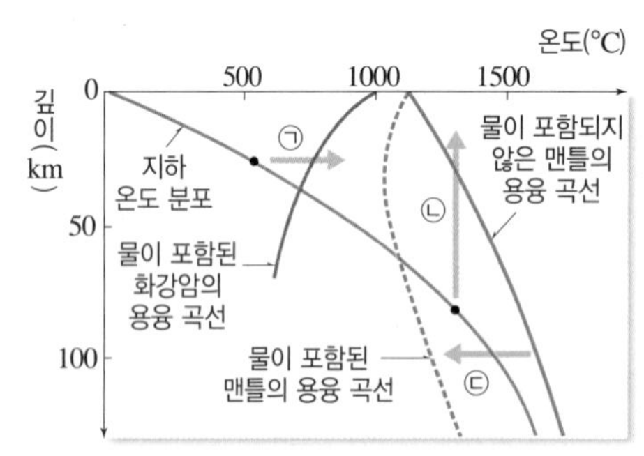

1. **지하 온도 분포:** 지하로 깊이 들어갈수록 온도와 압력이 높아진다.
2. **물이 포함되지 않은 맨틀의 용융 곡선:** 지하로 깊이 들어갈수록 맨틀의 용융점이 높아진다.
3. **일반적인 조건:** 지하 온도 분포와 맨틀의 용융 곡선이 만나지 않으므로 마그마가 생성되지 않는다.
4. **부분 용융이 일어나 마그마가 생성되는 조건**

- ㉠ 온도 상승: 대륙 지각 하부에서 온도가 상승하여 물이 포함된 화강암의 용융점에 도달하면 부분 용융이 일어난다.[7]
- ㉡ 압력 감소: 맨틀 물질이 상승하여 압력이 감소하면 맨틀의 용융점이 낮아져 부분 용융이 일어난다.
- ㉢ 물의 공급: 맨틀에 물이 공급되면 맨틀의 용융점이 낮아져 부분 용융이 일어난다.

⑤ **부분 용융**
암석이 용융되어 마그마가 생성될 때, 암석의 구성 광물 중 *용융점이 낮은 광물부터 부분적으로 녹아서 마그마가 만들어지는 과정으로, 부분 용융으로 만들어진 마그마는 주위 암석보다 밀도가 작기 때문에 위로 상승한다.

⑥ **마그마와 용암**
지각이나 맨틀의 암석이 녹은 물질과 기체가 혼합되어 있는 것이 마그마이고 마그마가 지표로 드러난 것이 용암으로, 이 과정에서 기체가 빠져나가 용암은 마그마에 비해 기체 함량이 적다.

⑦ **지하 깊은 곳의 대륙 지각 하부**
대륙 지각은 주로 화강암질 암석으로 이루어져 있다. 대륙 지각을 구성하는 화강암은 물을 포함하고 있으며, 지하로 깊이 들어갈수록 용융점이 낮아진다. 따라서 지하 깊은 곳의 대륙 지각 하부에서 온도가 용융점보다 높은 경우에는 마그마가 생성될 수 있다. 그러나 이보다 얕은 곳에서는 지하 내부 온도가 상승해야 마그마가 생성될 수 있다.

용어 돋보기

* **용융점(溶 녹다, 融 녹다, 點 점)**_물질이 고체에서 액체로 상태 변화가 일어날 때의 온도(=녹는점)
* **순상(楯 방패, 狀 모양) 화산**_방패 모양의 경사가 완만한 화산
* **종상(鐘 종, 狀 모양) 화산**_종을 엎은 모양의 경사가 급한 화산

4 변동대에서 마그마의 생성 과정

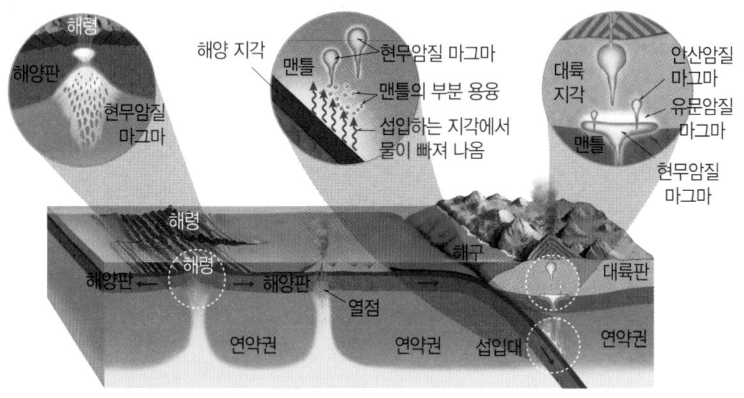

▲ 마그마의 생성 장소

① **해령:** 해령 하부에서 맨틀 대류의 상승류를 따라 맨틀 물질이 상승 → 상승하면서 압력이 감소하여 맨틀 물질의 부분 용융 발생 → 현무암질 마그마 생성

➡ 지표에서 주로 현무암질 마그마가 분출된다.

② **열점:** 뜨거운 플룸의 상승류를 따라 맨틀 물질이 상승 → 상승하면서 압력이 감소하여 맨틀 물질의 부분 용융 발생 → 현무암질 마그마 생성

➡ 지표에서 주로 현무암질 마그마가 분출된다.

③ **섭입대:** 해양 지각과 해양 퇴적물이 섭입할 때 온도와 압력이 높아져 퇴적물과 지각의 *함수 광물에서 배출되는 물이 맨틀(연약권)에 공급되면 맨틀의 용융점이 낮아져 부분 용융이 일어나 현무암질 마그마 생성 → 생성된 현무암질 마그마가 상승하여 대륙 지각 하부의 온도를 높여 암석의 부분 용융이 일어나면 유문암질 마그마 생성 → 현무암질 마그마와 유문암질 마그마가 혼합되거나 현무암질 마그마의 조성이 변하여 안산암질 마그마 생성

➡ 지표에서 주로 안산암질 마그마가 분출된다.[8]

[8] **마그마의 생성과 분출**
- 해령: 현무암질 마그마가 생성되어 현무암질 마그마가 분출된다.
- 열점: 현무암질 마그마가 생성되어 현무암질 마그마가 분출된다.
- 섭입대 부근: 섭입대에서 현무암질 마그마가 생성되어 상승하다가 대륙 지각 하부가 용융되면 유문암질 마그마가 생성된다. 섭입대의 지표에서는 주로 안산암질 마그마가 분출된다.

• 판이 섭입하면서 생기는 마찰열에 의해 마그마가 생성된다는 오개념을 갖지 않도록 한다. 섭입하는 해양 지각이 직접 녹아 마그마가 생성되는 경우는 거의 없다. 섭입대에서는 대부분 섭입대 위쪽의 맨틀(연약권)에 공급된 물에 의한 맨틀의 용융점 하강으로 마그마가 생성된다.

용어 돋보기

* **함수(含 머금다, 水 물) 광물**_광물 구조 내에 수산화 이온(OH^-)을 포함하고 있어 가열하면 물이 빠져나오는 광물

정답과 해설 12쪽

(7) 다음은 현무암질 마그마와 유문암질 마그마의 특징을 비교한 것이다. (　　) 안에 알맞은 말을 고르시오.

① 현무암질 마그마는 유문암질 마그마에 비해 SiO_2 함량이 (많다, 적다).

② 현무암질 마그마는 유문암질 마그마에 비해 온도가 (높다, 낮다).

③ 현무암질 마그마는 유문암질 마그마에 비해 점성이 (크다, 작다).

④ 현무암질 마그마는 유문암질 마그마에 비해 형성되는 화산체의 경사가(급하다, 완만하다).

(8) 암석이 용융되어 마그마가 생성될 수 있는 조건에는 온도 (　　　　), 압력 (　　　　), (　　　　)의 공급이 있다.

(9) 마그마의 생성 과정과 해당 과정으로 주로 생성되는 마그마의 종류를 옳게 연결하시오.

① 해령 하부에서 맨틀 물질이 상승하여 부분 용융이 일어나면서 생성 • 　　• ㉠ 현무암질 마그마

② 섭입대에서 생성된 마그마가 대륙 지각 하부를 부분 용융시켜 생성 • 　　• ㉡ 안산암질 마그마

③ 현무암질 마그마와 유문암질 마그마가 혼합되어 생성 • 　　• ㉢ 유문암질 마그마

(10) 열점에서는 맨틀 물질이 상승하여 압력이 (증가, 감소)하면서 맨틀 물질이 부분 용융되어 주로 (현무암질, 유문암질) 마그마가 생성된다.

(11) 섭입대가 발달하는 판의 수렴형 경계에서는 지표에서 주로 (　　　　) 마그마가 분출된다.

마그마 활동과 화성암

C 화성암

1 화성암 마그마가 냉각되어 만들어진 암석

2 화성암의 분류 화학 조성과 조직에 따라 구분

① 화학 조성(SiO_2 함량)에 따른 분류: 염기성암, 중성암, 산성암

➡ SiO_2 함량이 많을수록 고철질 광물의 함량이 적어지고 규장질 광물의 함량은 많아지며, 고철질 광물과 규장질 광물의 비율에 따라 암석의 색과 밝기가 달라진다.[9]

염기성암	중성암	산성암
• SiO_2 함량이 52 % 이하인 현무암질 마그마가 식어 만들어진 암석 • 철, 마그네슘을 많이 포함하여 고철질암이라고도 한다. • 유색 광물의 함량이 많아 어두운색을 띤다.	• SiO_2 함량이 52 %~63 %인 안산암질 마그마가 식어 만들어진 암석	• SiO_2 함량이 63 % 이상인 유문암질 마그마가 식어 만들어진 암석 • 규소, 알루미늄을 많이 포함하여 규장질암이라고도 한다. • 무색 광물의 함량이 많아 밝은색을 띤다.

② 조직(마그마의 냉각 속도, 산출 상태)에 따른 분류: 화산암, 반심성암, 심성암

화산암	• 마그마가 지표로 분출하여 빨리 냉각되어 생성된 암석 • 세립질 조직이나 유리질 조직이 나타난다.[10]
반심성암	• 마그마가 비교적 얕은 깊이에서 냉각되어 생성된 암석 • 반상 조직이 나타나며, 암상과 암맥 등으로 산출된다.[11]
심성암	• 마그마가 지하 깊은 곳에서 천천히 냉각되어 생성된 암석 • 조립질 조직이 나타난다.

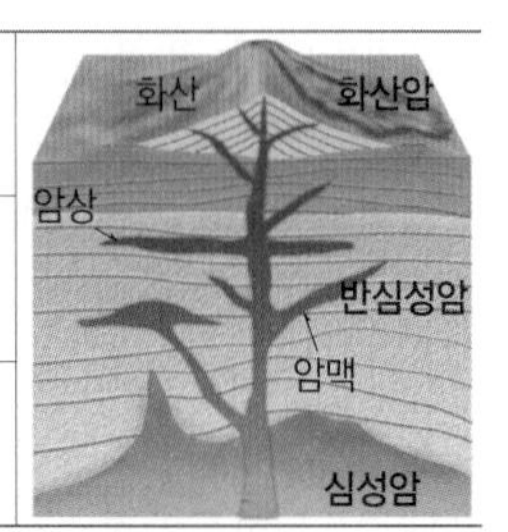

탐구 자료 화성암의 분류

조직에 따른 분류		화학 조성에 따른 분류	염기성암	중성암	산성암
	성질	SiO_2 함량	적음 ← 52 %	↔	63 % → 많음
		색	어두운색	↔	밝은색
		많은 원소	Ca, Fe, Mg	↔	Na, K, Si
	조직	냉각 속도 / 밀도	약 3.2 g/cm^3	↔	약 2.7 g/cm^3
화산암	세립질	빠름	현무암	안산암	유문암
반심성암	↕	↕	휘록암	섬록 반암	석영 반암
심성암	조립질	느림	반려암	섬록암	화강암

조암 광물의 함량(부피비) (%) 80, 60, 40, 20
□ 무색 광물
■ 유색 광물
감람석, 휘석, 각섬석, 흑운모, 사장석, 정장석, 석영

1. **현무암, 반려암**: 염기성암 ➡ Ca, Fe, Mg이 많아 어두운색을 띠고, 밀도가 크다.
2. **유문암, 화강암**: 산성암 ➡ Na, K, Si가 많아 밝은색을 띠고, 밀도가 작다.
3. **현무암, 유문암**: 화산암 ➡ 지표 부근에서 식어 마그마의 냉각 속도가 빠르므로 구성 광물 결정의 크기가 작은 세립질 조직을 보인다.
4. **반려암, 화강암**: 심성암 ➡ 지하 깊은 곳에서 식어 마그마의 냉각 속도가 느리므로 구성 광물 결정의 크기가 큰 조립질 조직을 보인다.

▲ 현무암

▲ 반려암

▲ 유문암

▲ 화강암

[9] **고철질 광물과 규장질 광물**
• 고철질 광물: 철과 마그네슘이 많은 조암 광물 예 감람석, 휘석, 각섬석, 흑운모 등
• 규장질 광물: 규소와 알루미늄이 많은 조암 광물 예 석영, 정장석, 백운모 등

[10] **암석의 조직**
• 조립질 조직: 마그마가 천천히 냉각되면서 결정이 자랄 시간이 충분하여 광물 결정이 크게 자란 경우
• 세립질 조직: 마그마가 빨리 냉각되면서 결정이 자랄 시간이 부족하여 광물 결정이 작게 자란 경우
• 유리질 조직: 마그마가 빨리 냉각되면서 결정을 형성하지 못하여 보이지 않는 경우
• 반상 조직: 큰 결정과 작은 결정이 섞여 있는 경우

[11] **암상과 암맥**
• 암상: 마그마가 층리와 나란하게 관입한 판상의 화성암체
• 암맥: 마그마가 층리를 절단하면서 관입한 화성암체

3 한반도의 화성암 지형

① 암석의 분포: 지질 시대를 거치며 다양한 암석이 분포한다. ➡ 선캄브리아 시대는 변성암, 고생대는 퇴적암, 중생대는 화강암, 신생대는 현무암이 주를 이룬다.

② 화성암의 분포: 화산암과 심성암이 모두 분포하며, 그중 중생대 화강암이 대부분을 차지한다.

화산암 지형		심성암 지형	
현무암	• 분포 지역: 백두산, 제주도, 울릉도, 독도, 한탄강 일대 • 형성 시기, 구성 암석: 대부분 신생대에 현무암질 마그마가 분출하여 형성된 현무암으로 이루어져 있다. • 주상 절리가 발달해 있기도 하다.⑫	화강암	• 분포 지역: 설악산, 북한산 등 우리나라 전역에 걸쳐 넓게 분포한다. • 형성 시기, 구성 암석: 대부분 중생대에 유문암질 마그마가 관입하여 형성된 화강암으로 이루어져 있다. • 판상 절리가 발달해 있기도 하다.⑫
안산암, 유문암	전라북도 변산반도와 제주 마라도에 안산암과 유문암이 소규모로 분포하고 있다.	반려암	부산 황령산에 반려암이 소규모로 분포하고 있다.
		섬록암	경북 양북면 해안에 섬록암이 소규모로 분포하고 있다.

▲ 제주도 용두암

▲ 한탄강 주상 절리

▲ 설악산 울산바위

▲ 북한산 인수봉⑬

⑫ **주상 절리와 판상 절리**
절리는 암석에 생긴 틈으로, 생성 과정에 따라 다른 모양으로 나타난다.
• 주상 절리: 마그마가 지표로 분출하여 급격히 식으면서 형성된 기둥 모양의 절리
• 판상 절리: 화강암과 같은 심성암이 지표로 노출되면서 압력이 감소하여 형성된 판 모양의 절리

⑬ **심성암이 지표에 드러나 있는 까닭**
지하 깊은 곳에서 형성된 심성암의 상부 지층이 풍화, 침식으로 깎여 나간 후, 융기하여 현재 지표로 드러나 있다.

정답과 해설 12쪽

개념 확인

(12) 화성암을 염기성암과 산성암으로 분류하는 기준은 (　　　　) 함량이다.

(13) 다음은 화산암과 심성암에 대한 설명이다. (　　　) 안에 알맞은 말을 쓰시오.

① 화산암과 심성암의 구성 광물 입자의 크기 차이는 마그마의 (　　　　)가 다르기 때문이다.

② 마그마가 지하 깊은 곳에서 천천히 식어서 굳으면 (　　　　)암이 되고, 마그마가 지표로 분출하여 빨리 식어서 굳으면 (　　　　)암이 된다.

③ 심성암은 구성 광물 입자의 크기가 (　　　　), 화산암은 구성 광물 입자의 크기가 (　　　　).

(14) 표는 화성암의 분류를 나타낸 것이다. (　　　) 안에 해당하는 암석의 이름을 쓰시오.

구분	염기성암	중성암	산성암
화산암	현무암	안산암	① (　　　)
심성암	② (　　　)	섬록암	화강암

(15) 다음은 화성암의 특징이다. (　　　) 안에 알맞은 말을 고르시오.

① 유문암질 마그마가 지하 깊은 곳에서 천천히 식어서 굳으면 (반려암, 유문암, 화강암, 현무암)이 된다.

② 현무암은 유문암보다 SiO_2 함량이 (많다, 적다).

③ 유문암은 반려암보다 구성 광물의 크기가 (크고, 작고), 색이 (밝다, 어둡다).

④ 화강암은 현무암보다 밀도가 (크고, 작고), 색이 (밝다, 어둡다).

(16) 다음은 한반도의 화성암 지형에 대한 설명이다. (　　　) 안에 알맞은 말을 쓰시오.

① 우리나라에 가장 많이 분포하고 있는 화성암은 (　　　　)이다.

② 북한산 인수봉은 (　　　　)에 생성되었고, 제주도 주상 절리는 (　　　　)에 생성되었다.

③ 설악산 화강암은 한탄강 일대의 현무암보다 암석의 연령이 (　　　　).

정답과 해설 12쪽

2021 ● 9월 평가원 9번

자료 ❶ 플룸 구조론

그림은 해양판이 섭입하면서 마그마가 생성되는 어느 해구 지역의 지진파 단층 촬영 영상을 나타낸 것이다.

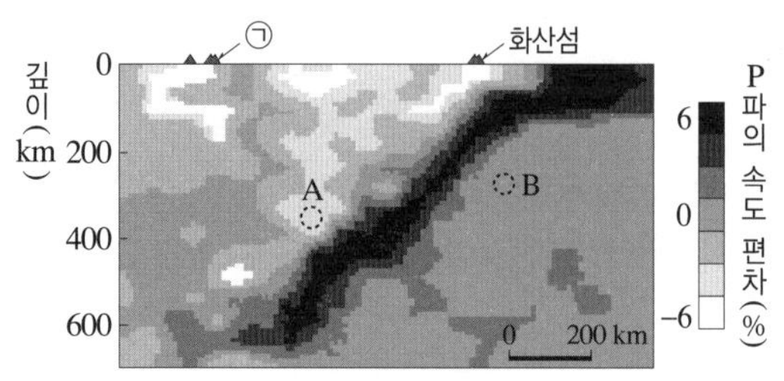

1. A 지점은 B 지점보다 지진파의 전파 속도가 느리다. (○, ×)
2. A 지점은 B 지점보다 고온 지역이다. (○, ×)
3. B 지점이 속한 판은 A 지점이 속한 판보다 밀도가 크다. (○, ×)
4. A 지점에서는 압력 감소에 의해 마그마가 생성된다. (○, ×)
5. A 지점에서는 주로 유문암질 마그마가 생성된다. (○, ×)
6. ㉠은 뜨거운 플룸에 의해 생성된 화산섬이다. (○, ×)
7. ㉠은 주로 안산암질 마그마가 분출하여 형성되었다. (○, ×)

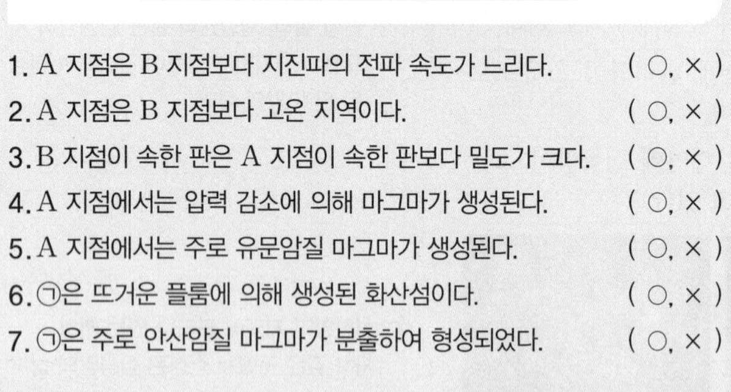

2018 ● Ⅱ 수능 3번

자료 ❸ 마그마의 화학 조성

그림은 마그마 A와 B의 화학 조성을 질량비(%)로 나타낸 것이다. A와 B는 각각 현무암질 마그마와 유문암질 마그마 중 하나이다.

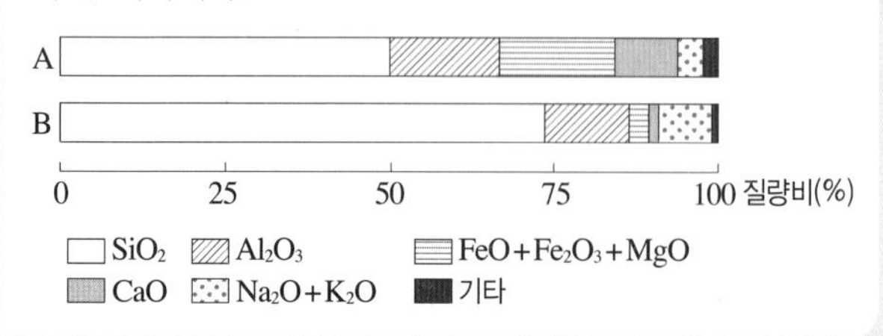

1. A는 유문암질 마그마에, B는 현무암질 마그마에 가깝다. (○, ×)
2. A가 굳으면 염기성암, B가 굳으면 산성암이 된다. (○, ×)
3. A는 B보다 Ca, Fe, Mg 등 금속 원소가 많이 포함된 광물이 정출된다. (○, ×)
4. A가 식어 생성된 암석은 B가 식어 생성된 암석보다 밝은색을 띠고, 밀도가 작다. (○, ×)
5. A와 같은 조성의 마그마는 해령, 열점, 섭입대에서 잘 생성된다. (○, ×)
6. B와 같은 조성의 마그마는 섭입대 부근의 대륙 지각 하부에서 잘 생성된다. (○, ×)

2021 ● 6월 평가원 6번

자료 ❷ 마그마의 생성 조건과 생성 장소

그림 (가)는 지하 온도 분포와 암석의 용융 곡선 ㉠, ㉡, ㉢을, (나)는 마그마가 분출되는 지역 A와 B를 나타낸 것이다.

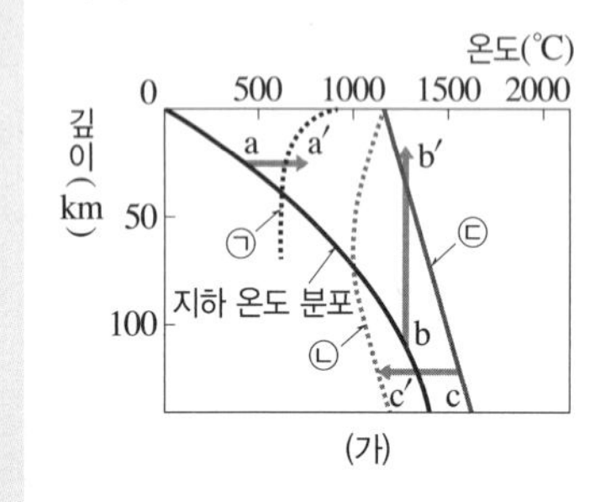

(가)

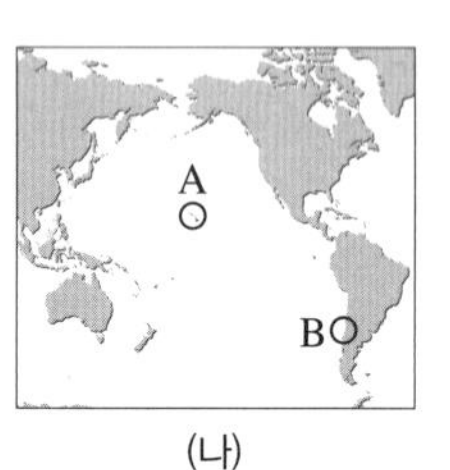

(나)

1. ㉠은 물이 포함된 화강암의 용융 곡선이다. (○, ×)
2. ㉡은 물이 포함되지 않은 맨틀의 용융 곡선이다. (○, ×)
3. 섭입대 부근의 대륙 지각 하부에서 생성되는 유문암질 마그마는 a → a′ 과정으로 생성된다. (○, ×)
4. A는 판의 발산형 경계에 위치한다. (○, ×)
5. A에서는 주로 현무암질 마그마가 분출된다. (○, ×)
6. B의 섭입대에서 마그마는 주로 b → b′ 과정으로 생성된다. (○, ×)

2019 ● 6월 평가원 5번

자료 ❹ 한반도의 화성암 지형

그림 (가), (나), (다)는 우리나라 지질 명소의 주요 암석을 나타낸 것이다.

(가) 북한산 화강암

(나) 백령도 규암

(다) 제주도 현무암

1. (가), (나), (다)는 마그마가 식어서 굳은 암석이다. (○, ×)
2. (가)는 유문암질 마그마가 지표로 분출하여 생성되었다. (○, ×)
3. (다)는 현무암질 마그마가 지하 깊은 곳에서 천천히 냉각되어 생성되었다. (○, ×)
4. (가)는 주상 절리가, (다)는 판상 절리가 나타난다. (○, ×)
5. (가)는 색이 밝고, 구성 광물 결정의 크기가 크다. (○, ×)
6. (다)는 염기성암이면서 화산암으로 분류된다. (○, ×)
7. (가)는 중생대에, (다)는 신생대에 생성되었다. (○, ×)

정답과 해설 13쪽

Ⓐ 맨틀 대류와 플룸 구조론

1 그림은 플룸 구조론을 나타낸 모식도이다.
A와 B 지역에서 형성되는 플룸의 종류를 각각 쓰시오.

2 뜨거운 플룸과 차가운 플룸의 특성을 비교한 것으로 옳지 않은 것은?

	뜨거운 플룸	차가운 플룸
① 상대적 온도	높다	낮다
② 상대적 밀도	작다	크다
③ 지진파 속도	느리다	빠르다
④ 연직 방향 흐름	상승	하강
⑤ 생성 장소	해구	해령

3 그림은 태평양판에 있는 하와이 열도를 이루는 섬의 위치와 화산섬의 생성 시기를 나타낸 것이다.

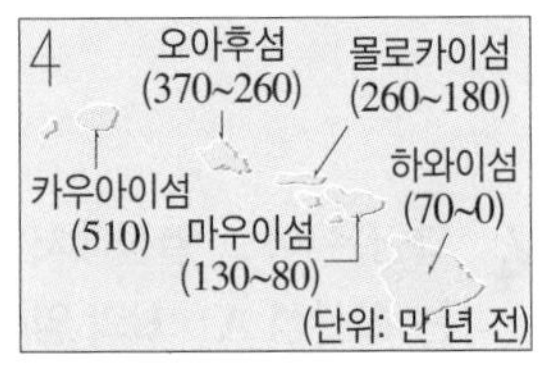

(1) 화산 활동이 가장 활발하게 일어나고 있는 섬을 쓰시오.
(2) 태평양판의 이동 방향을 쓰시오.

Ⓑ 마그마 활동

4 그림은 마그마가 생성되는 장소를 나타낸 것이다.

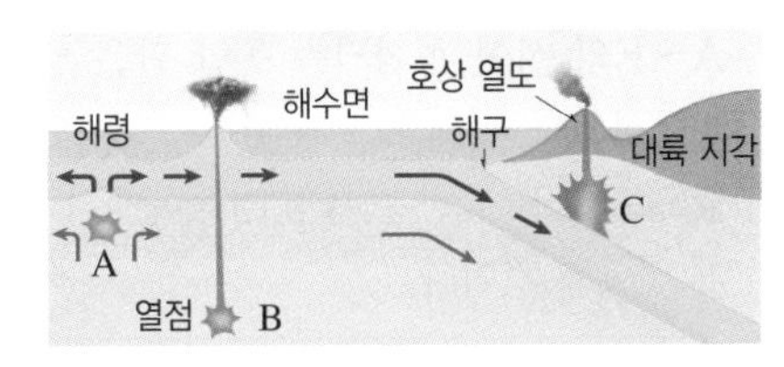

A~C 지역에서 공통적으로 생성되는 마그마의 종류를 쓰시오.

5 다음은 마그마 생성에 대한 설명이다. 틀린 곳을 찾아 옳게 고치시오.

(1) 해령 하부에서는 맨틀 물질이 상승하여 압력이 증가하면서 마그마가 생성된다.
(2) 섭입대에서 연약권에 물이 공급되면 맨틀의 용융점이 높아져 마그마가 생성된다.
(3) 섭입대에서 생성되어 상승하는 마그마가 공급하는 열로 해양 지각의 하부가 용융되어 유문암질 마그마가 생성된다.

Ⓒ 화성암

6 다음은 두 화성암 A와 B를 관찰한 결과이다.

> • A: 어두운색을 띠며, 구성 광물을 육안으로 구별할 수 있었다.
> • B: 밝은색을 띠며, 입자의 크기가 미세하여 입자 하나하나를 구별할 수 없었다.

A와 B에 대한 설명으로 옳은 것은?

① A와 B의 냉각 속도는 같다.
② A와 B의 구성 광물은 같다.
③ A는 B보다 깊은 곳에서 생성되었다.
④ A는 B보다 유색 광물의 함량이 낮다.
⑤ A는 B보다 SiO_2 함량이 높다.

7 다음과 같은 특징을 나타내는 화성암의 종류는?

> • 암석의 색이 대체로 어두운색이다.
> • 화학 성분은 SiO_2 함량이 약 50 %이다.
> • 광물 입자가 육안으로 관찰할 수 있을 정도로 크고 고르다.

① 현무암 ② 화강암 ③ 섬록암
④ 안산암 ⑤ 반려암

8 그림 (가)와 (나)에 분포하는 화성암의 이름을 각각 쓰시오.

(가) 북한산 인수봉

(나) 제주도 주상 절리

1 그림은 판을 움직이는 힘 A, B, C를 나타낸 것이다.

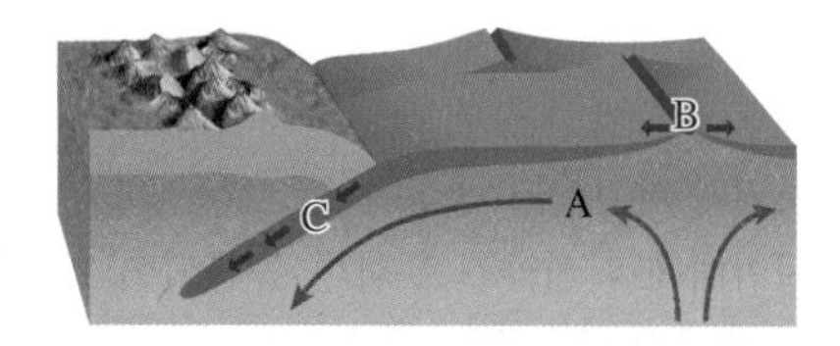

이에 대한 설명으로 옳은 것만을 [보기]에서 있는 대로 고른 것은?

보기
ㄱ. A는 맨틀 대류에 의해 생성된 힘이다.
ㄴ. B는 판이 소멸하는 경계에서 작용하는 힘이다.
ㄷ. C는 저온, 고밀도의 판에 의해 발생하는 힘이다.

① ㄱ ② ㄴ ③ ㄱ, ㄷ
④ ㄴ, ㄷ ⑤ ㄱ, ㄴ, ㄷ

2 그림은 플룸 구조론 모형을 나타낸 것이다. A와 B는 각각 뜨거운 플룸과 차가운 플룸 중 하나이다.

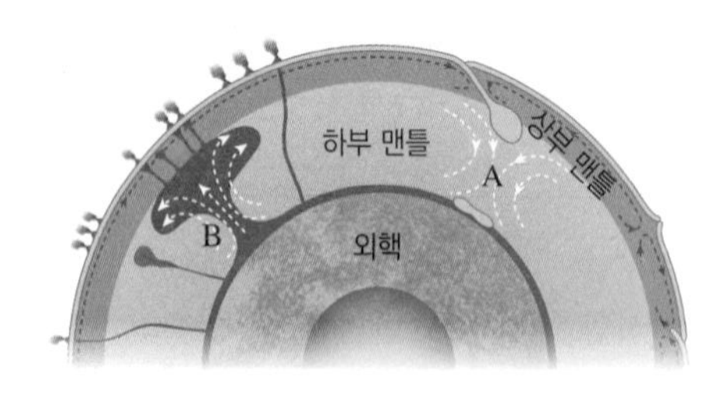

A, B의 물리량을 옳게 비교한 것만을 [보기]에서 있는 대로 고른 것은?

보기
ㄱ. 온도: A>B
ㄴ. 밀도: A>B
ㄷ. 지진파 속도: A<B

① ㄱ ② ㄴ ③ ㄱ, ㄷ
④ ㄴ, ㄷ ⑤ ㄱ, ㄴ, ㄷ

3 그림은 차가운 플룸이 형성되는 과정을 나타낸 것이다.

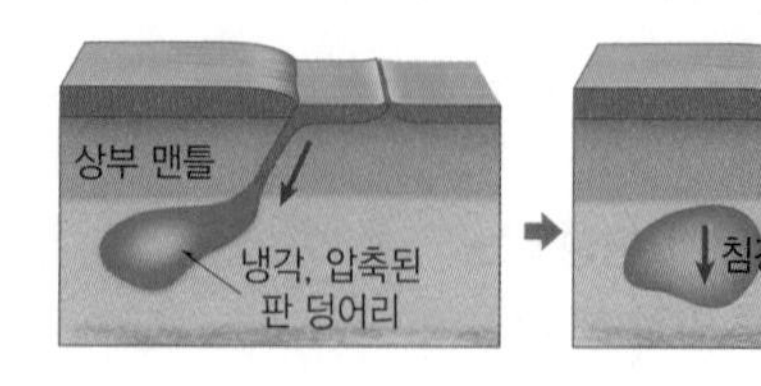

이에 대한 설명으로 옳은 것만을 [보기]에서 있는 대로 고른 것은?

보기
ㄱ. 섭입대 하부에서 형성된다.
ㄴ. 주로 대륙판이 냉각, 압축되어 형성된다.
ㄷ. 침강한 물질은 맨틀과 외핵의 경계면까지 도달한다.

① ㄱ ② ㄴ ③ ㄱ, ㄷ
④ ㄴ, ㄷ ⑤ ㄱ, ㄴ, ㄷ

4 그림은 어느 열점에서 형성된 후 이동하여 분포하고 있는 화산섬 A~E의 암석 연령을 조사한 것이다.

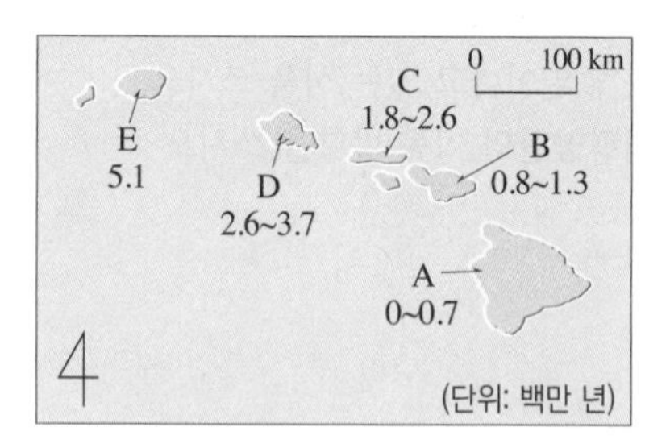

이에 대한 설명으로 옳은 것만을 [보기]에서 있는 대로 고른 것은?

보기
ㄱ. 열점 위에 위치한 섬은 A이다.
ㄴ. A~E의 섬이 형성되는 동안 판은 남동쪽으로 이동하였다.
ㄷ. 앞으로 화산 활동은 A의 남동쪽에서 더 활발하게 일어날 것이다.

① ㄱ ② ㄴ ③ ㄱ, ㄷ
④ ㄴ, ㄷ ⑤ ㄱ, ㄴ, ㄷ

5 그림은 남인도양 해령 부근의 지진파 단층 촬영 영상을 나타낸 것이다.

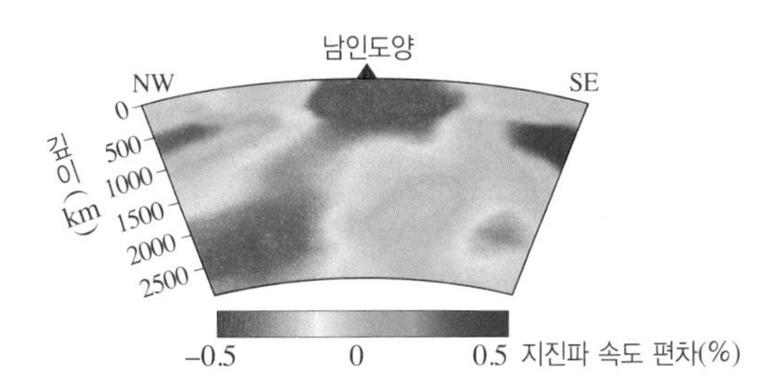

남인도양 해령에 대한 설명으로 옳은 것만을 [보기]에서 있는 대로 고른 것은?

보기

ㄱ. 해령 부근의 지진파 속도는 주변보다 느리다.
ㄴ. 차가운 플룸이 형성된 지역에 위치한다.
ㄷ. 플룸은 외핵과 맨틀의 경계 부근에서 상승하고 있다.

① ㄱ ② ㄴ ③ ㄷ
④ ㄱ, ㄴ ⑤ ㄱ, ㄷ

6 그림은 마그마 A와 B의 온도와 SiO_2 함량을 나타낸 것이다.

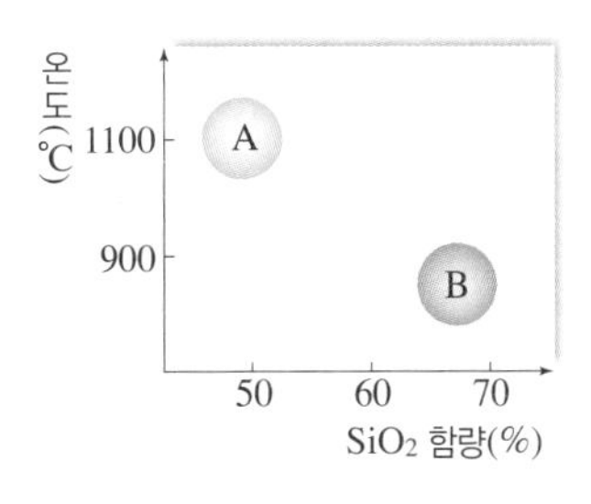

이에 대한 설명으로 옳은 것만을 [보기]에서 있는 대로 고른 것은?

보기

ㄱ. A는 B보다 조용히 분출한다.
ㄴ. A는 B보다 점성이 크다.
ㄷ. A는 B보다 경사가 급한 화산체를 형성한다.

① ㄱ ② ㄴ ③ ㄱ, ㄷ
④ ㄴ, ㄷ ⑤ ㄱ, ㄴ, ㄷ

7 그림은 지하에서 마그마가 생성되는 과정 A~C를 나타낸 것이다.

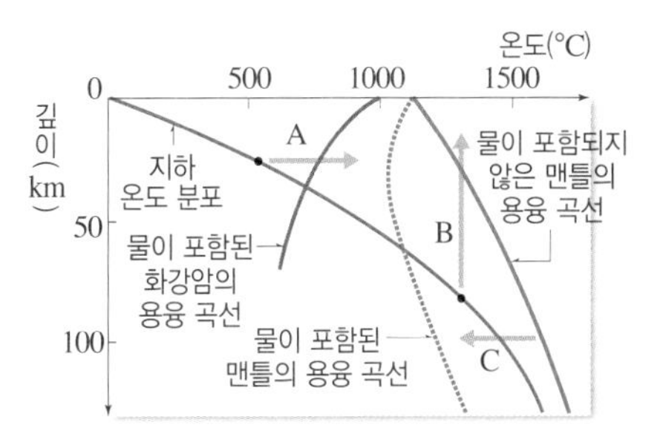

이에 대한 설명으로 옳은 것만을 [보기]에서 있는 대로 고른 것은?

보기

ㄱ. 열점에서 마그마는 A 과정으로 생성된다.
ㄴ. 해령에서 마그마는 B 과정으로 생성된다.
ㄷ. 섭입대에서 현무암질 마그마는 C 과정으로 생성된다.

① ㄱ ② ㄷ ③ ㄱ, ㄴ
④ ㄴ, ㄷ ⑤ ㄱ, ㄴ, ㄷ

8 그림은 섭입대 부근에서 생성된 마그마 A와 B의 위치를 나타낸 것이다.

이에 대한 설명으로 옳은 것만을 [보기]에서 있는 대로 고른 것은?

보기

ㄱ. A는 압력이 낮아지면서 맨틀 물질이 용융되어 생성된다.
ㄴ. B가 생성될 때, 물은 맨틀의 용융점을 낮추는 역할을 한다.
ㄷ. A는 B보다 SiO_2 함량이 높다.

① ㄱ ② ㄷ ③ ㄱ, ㄴ
④ ㄴ, ㄷ ⑤ ㄱ, ㄴ, ㄷ

자료❷ 2021 6월 평가원 6번

9 그림 (가)는 지하 온도 분포와 암석의 용융 곡선 ㉠, ㉡, ㉢을, (나)는 마그마가 분출되는 지역 A와 B를 나타낸 것이다.

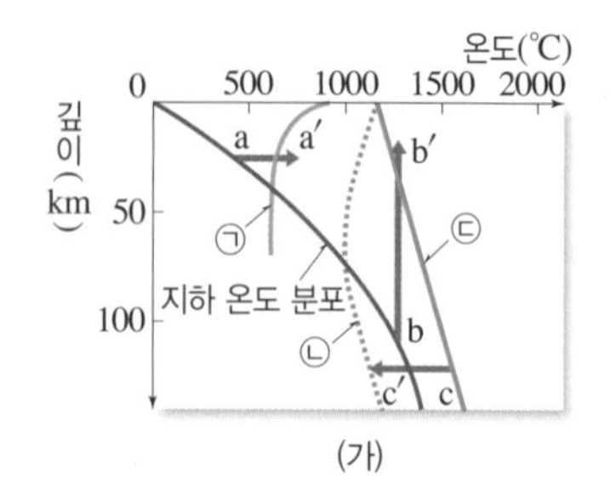

(가)

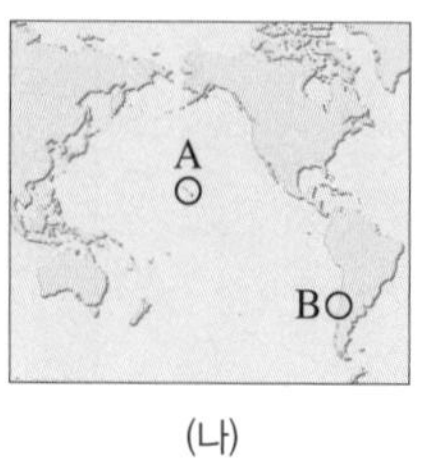

(나)

이에 대한 설명으로 옳은 것만을 [보기]에서 있는 대로 고른 것은?

보기
ㄱ. (가)에서 물이 포함된 암석의 용융 곡선은 ㉠과 ㉡이다.
ㄴ. B에서는 주로 현무암질 마그마가 분출된다.
ㄷ. A에서 분출되는 마그마는 주로 c → c′ 과정에 의해 생성된다.

① ㄱ ② ㄴ ③ ㄷ
④ ㄱ, ㄷ ⑤ ㄴ, ㄷ

10 그림은 화성암의 산출 상태를 나타낸 것이다.

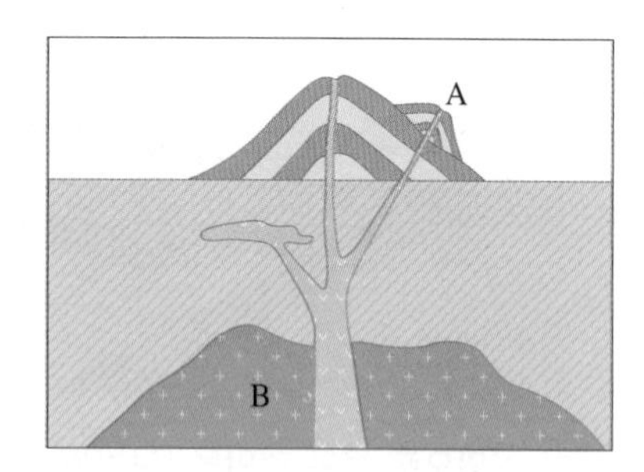

이에 대한 설명으로 옳은 것만을 [보기]에서 있는 대로 고른 것은?

보기
ㄱ. A는 화산암에 해당한다.
ㄴ. 암석이 생성될 당시 마그마의 냉각 속도는 A가 B보다 빨랐다.
ㄷ. 조립질 조직은 A보다 B에 잘 발달한다.

① ㄱ ② ㄷ ③ ㄱ, ㄴ
④ ㄴ, ㄷ ⑤ ㄱ, ㄴ, ㄷ

11 표는 화성암을 유색 광물의 함량과 조직으로 분류한 것이다.

조직 \ 유색 광물 함량	적다 ←		→ 많다
세립질	A	안산암	B
조립질	C	섬록암	D

A～D에 대한 설명으로 옳은 것만을 [보기]에서 있는 대로 고른 것은?

보기
ㄱ. A는 B보다 SiO_2의 함량이 많다.
ㄴ. A는 C보다 마그마가 천천히 냉각되었다.
ㄷ. C는 D보다 평균 밀도가 크다.

① ㄱ ② ㄷ ③ ㄱ, ㄴ
④ ㄴ, ㄷ ⑤ ㄱ, ㄴ, ㄷ

자료❹ 2019 6월 평가원 5번

12 그림 (가), (나), (다)는 우리나라 지질 명소의 주요 암석을 나타낸 것이다.

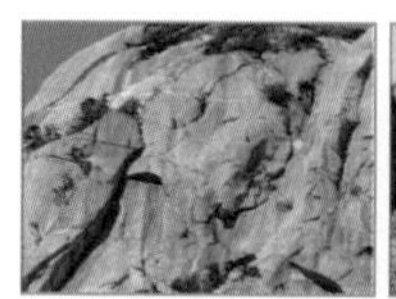
(가) 북한산 화강암

(나) 백령도 규암

(다) 제주도 현무암

이에 대한 설명으로 옳은 것만을 [보기]에서 있는 대로 고른 것은?

보기
ㄱ. (가)는 (다)보다 지하 깊은 곳에서 생성되었다.
ㄴ. (나)와 (다)는 모두 화성암이다.
ㄷ. (가), (나), (다) 모두 절리가 나타난다.

① ㄱ ② ㄴ ③ ㄱ, ㄷ
④ ㄴ, ㄷ ⑤ ㄱ, ㄴ, ㄷ

정답과 해설 15쪽

1 그림 (가)와 (나)는 각각 A판과 B판 주변의 판의 경계와 맨틀 대류를 나타낸 모식도이다.

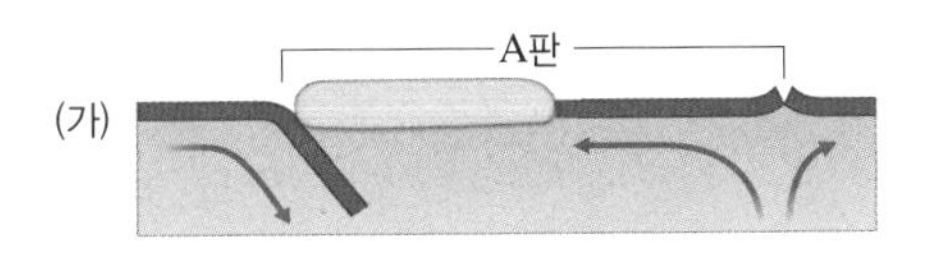

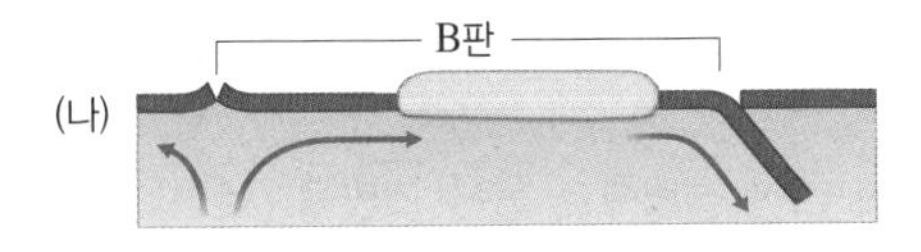

이에 대한 설명으로 옳은 것만을 [보기]에서 있는 대로 고른 것은?

보기

ㄱ. A판과 B판을 이동시키는 공통적인 힘은 맨틀 대류와 해령에서 밀어내는 힘이다.
ㄴ. 판의 이동 속도는 A판이 B판보다 빠르다.
ㄷ. 판의 이동 속도는 판이 섭입되는 판 경계의 유무에 따라 달라진다.

① ㄱ　② ㄴ　③ ㄱ, ㄷ　④ ㄴ, ㄷ　⑤ ㄱ, ㄴ, ㄷ

2021 6월 평가원 11번

2 그림 (가)는 지구의 플룸 구조 모식도이고, (나)는 판의 경계와 열점의 분포를 나타낸 것이다. (가)의 ㉠~㉣은 플룸이 상승하거나 하강하는 곳이고, 이들의 대략적 위치는 각각 (나)의 A~D 중 하나이다.

(가)

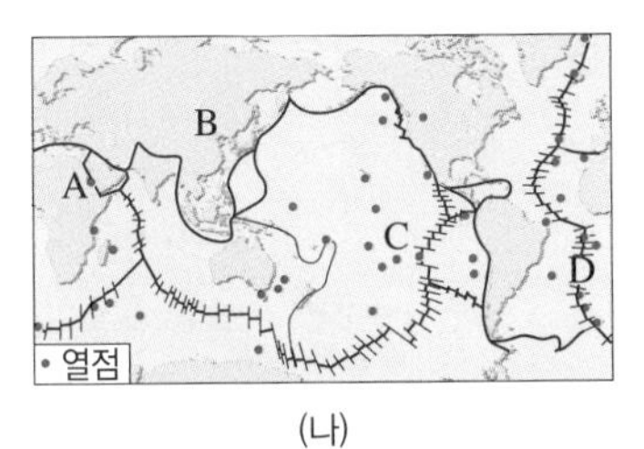

(나)

이에 대한 설명으로 옳은 것만을 [보기]에서 있는 대로 고른 것은?

보기

ㄱ. A는 ㉠에 해당한다.
ㄴ. 열점은 판과 같은 방향과 속력으로 움직인다.
ㄷ. 대규모의 뜨거운 플룸은 맨틀과 외핵의 경계부에서 생성된다.

① ㄱ　② ㄷ　③ ㄱ, ㄴ　④ ㄴ, ㄷ　⑤ ㄱ, ㄴ, ㄷ

자료❶　2021 9월 평가원 9번

3 그림은 해양판이 섭입하면서 마그마가 생성되는 어느 해구 지역의 지진파 단층 촬영 영상을 나타낸 것이다.

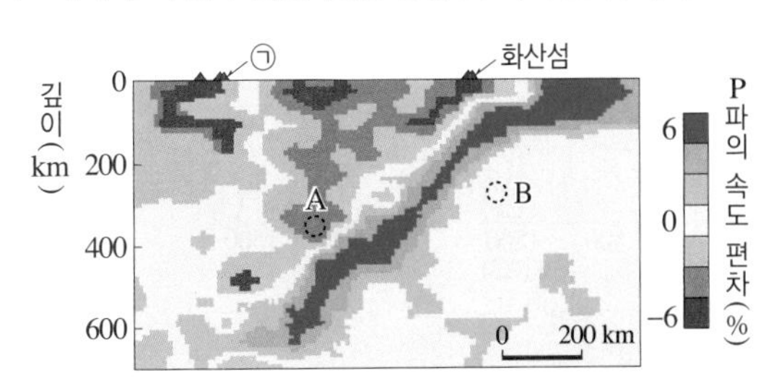

이에 대한 설명으로 옳은 것만을 [보기]에서 있는 대로 고른 것은?

보기

ㄱ. ㉠은 열점이다.
ㄴ. A 지점에서는 주로 SiO_2의 함량이 52 %보다 낮은 마그마가 생성된다.
ㄷ. B 지점은 맨틀 대류의 하강부이다.

① ㄱ　② ㄴ　③ ㄱ, ㄷ　④ ㄴ, ㄷ　⑤ ㄱ, ㄴ, ㄷ

4 그림은 태평양판 위에서 화산 활동에 의해 하와이섬이 형성되는 과정을 순서대로 나타낸 것이다.

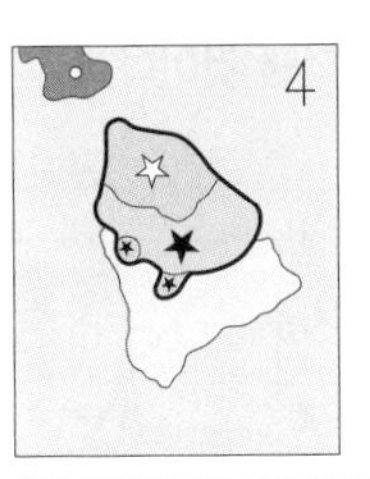

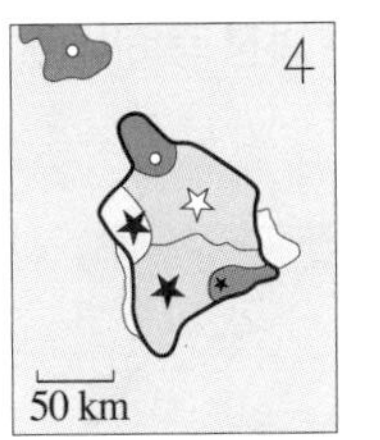

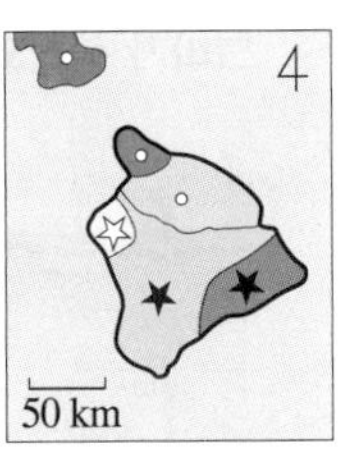

★ 격렬한 화산 활동 지역　☆ 약해진 화산 활동 지역　○ 휴화산 지역

이에 대한 설명으로 옳은 것만을 [보기]에서 있는 대로 고른 것은?

보기

ㄱ. 시간이 지나면서 격렬한 화산 활동 지역은 남동쪽으로 이동하였다.
ㄴ. 현재 태평양판은 북서쪽으로 이동하고 있다.
ㄷ. 앞으로 새로운 화산섬은 하와이섬의 북서쪽에서 생길 것이다.

① ㄱ　② ㄷ　③ ㄱ, ㄴ　④ ㄴ, ㄷ　⑤ ㄱ, ㄴ, ㄷ

5 그림 (가)와 (나)는 암석의 용융 곡선과 암석권의 두께 변화에 따른 지하 온도 분포 변화를 나타낸 것이다.

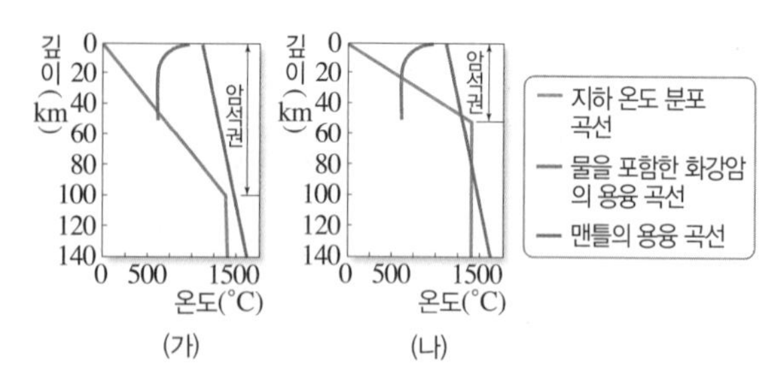

(가)에서 (나)로 암석권의 두께가 변할 때 일어나는 현상에 대한 설명으로 옳은 것만을 [보기]에서 있는 대로 고른 것은?

보기

ㄱ. 암석권에서의 깊이에 따른 온도 증가율은 작아졌다.
ㄴ. 화강암질 마그마가 더 얕은 곳에서 생성될 수 있다.
ㄷ. 지하 60 km 깊이에서 현무암질 마그마가 생성된다.

① ㄱ ② ㄴ ③ ㄱ, ㄷ
④ ㄴ, ㄷ ⑤ ㄱ, ㄴ, ㄷ

2021 수능 4번

6 그림 (가)는 마그마가 생성되는 지역 A~D를, (나)는 마그마가 생성되는 과정 중 하나를 나타낸 것이다.

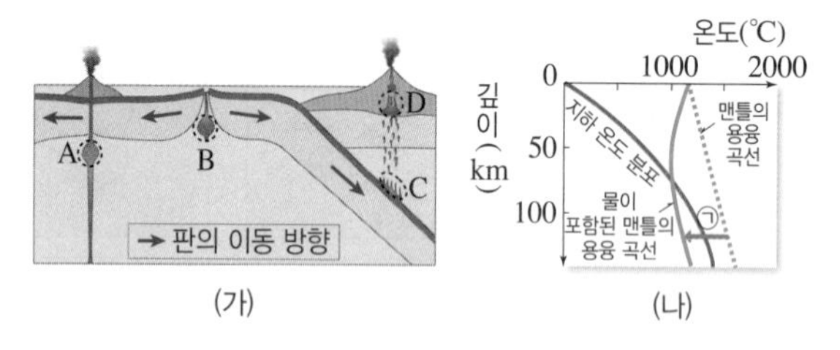

이에 대한 설명으로 옳은 것만을 [보기]에서 있는 대로 고른 것은?

보기

ㄱ. A의 하부에는 플룸 상승류가 있다.
ㄴ. (나)의 ㉠ 과정에 의해 마그마가 생성되는 지역은 B이다.
ㄷ. 생성되는 마그마의 SiO_2 함량(%)은 C에서가 D에서보다 높다.

① ㄱ ② ㄴ ③ ㄱ, ㄷ
④ ㄴ, ㄷ ⑤ ㄱ, ㄴ, ㄷ

7 그림은 판의 구조와 화성 활동이 일어나는 장소 A, B, C를 모식적으로 나타낸 것이다.

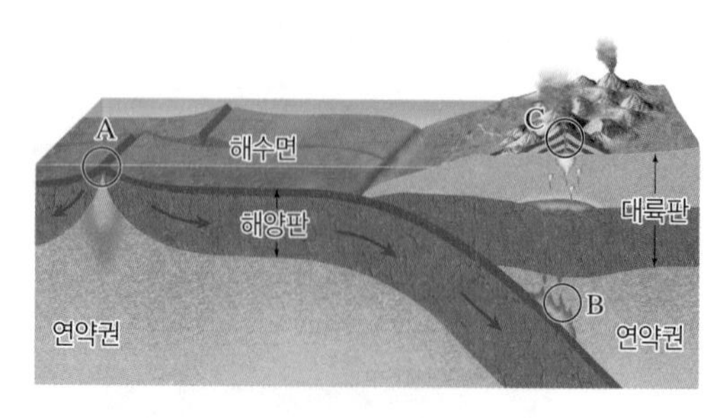

이에 대한 설명으로 옳은 것만을 [보기]에서 있는 대로 고른 것은?

보기

ㄱ. A~C 중 주로 현무암질 마그마가 생성되는 곳은 A, B이다.
ㄴ. A와 B에서 맨틀 물질의 용융점이 낮아지는 원인은 같다.
ㄷ. C에서 마그마가 지표로 분출하여 생성된 화성암은 반려암이다.

① ㄱ ② ㄷ ③ ㄱ, ㄴ
④ ㄴ, ㄷ ⑤ ㄱ, ㄴ, ㄷ

2020 수능 8번

8 그림은 태평양 어느 지역의 판 경계를 나타낸 것이다.

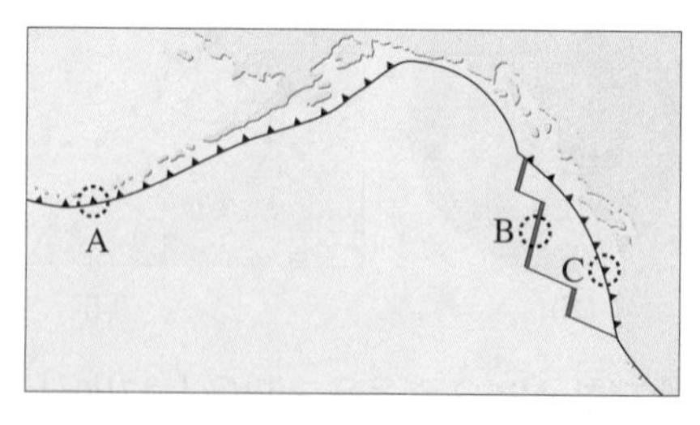

지역 A, B, C에 대한 설명으로 옳은 것만을 [보기]에서 있는 대로 고른 것은?

보기

ㄱ. 판의 두께가 가장 얇은 곳은 B이다.
ㄴ. 분출된 용암의 평균 점성은 B가 A보다 작다.
ㄷ. 인접한 두 판의 밀도 차는 C가 B보다 작다.

① ㄱ ② ㄷ ③ ㄱ, ㄴ
④ ㄴ, ㄷ ⑤ ㄱ, ㄴ, ㄷ

자료❸ 2018 Ⅱ수능 3번

9 그림은 마그마 A와 B의 화학 조성을 질량비(%)로 나타낸 것이다. A와 B는 각각 현무암질 마그마와 유문암질 마그마 중 하나이다.

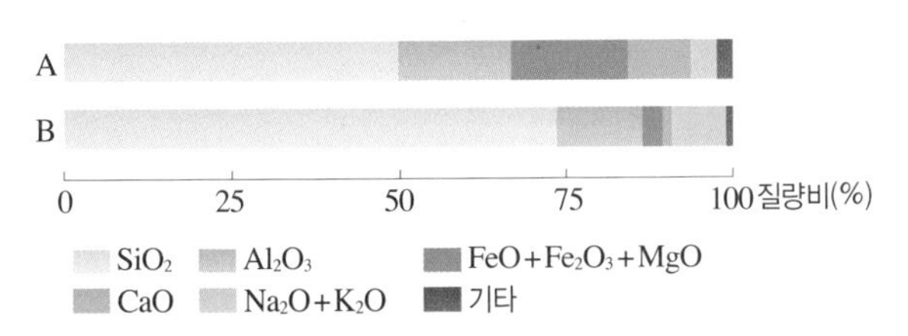

이에 대한 설명으로 옳은 것만을 [보기]에서 있는 대로 고른 것은?

보기
ㄱ. A는 유문암질 마그마이다.
ㄴ. CaO의 질량비는 A가 B보다 크다.
ㄷ. 유색 광물은 A보다 B에서 많이 정출된다.

① ㄱ ② ㄴ ③ ㄱ, ㄷ
④ ㄴ, ㄷ ⑤ ㄱ, ㄴ, ㄷ

10 그림 (가)는 마그마의 생성 장소 X와 Y를 나타낸 모식도이고, (나)는 마그마 A, B, C의 화학 조성을 나타낸 것이다.

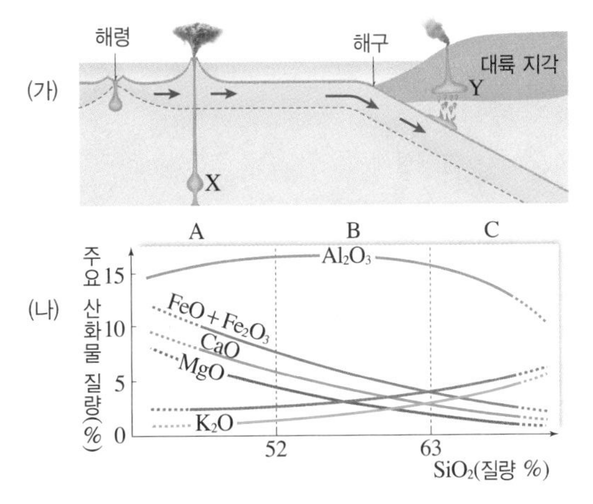

이에 대한 설명으로 옳은 것만을 [보기]에서 있는 대로 고른 것은?

보기
ㄱ. (가)에서 마그마의 생성 온도는 X보다 Y가 더 높다.
ㄴ. (가)에서 X의 마그마는 (나)의 A 조성을 갖는다.
ㄷ. Y보다 X의 마그마에서 Fe, Mg의 비율이 높다.

① ㄱ ② ㄴ ③ ㄷ
④ ㄱ, ㄴ ⑤ ㄴ, ㄷ

11 그림은 화성암 A와 B를 구성하는 광물의 부피비를 나타낸 것이다. A와 B는 각각 화강암과 현무암 중 하나이다.

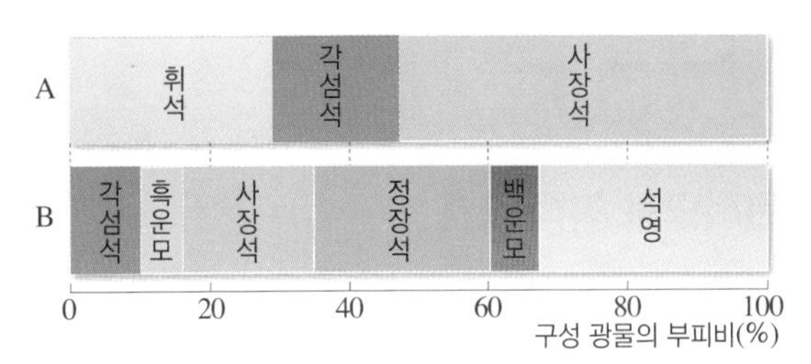

이에 대한 설명으로 옳은 것만을 [보기]에서 있는 대로 고른 것은?

보기
ㄱ. 유색 광물의 부피비는 A가 B보다 높다.
ㄴ. A는 염기성암, B는 산성암이다.
ㄷ. 구성 광물 결정의 크기는 A가 B보다 크다.

① ㄱ ② ㄷ ③ ㄱ, ㄴ
④ ㄴ, ㄷ ⑤ ㄱ, ㄴ, ㄷ

12 다음은 북한산 인수봉과 한탄강 주변에서 볼 수 있는 암석의 특징을 나타낸 것이다.

표면이 양파 껍질처럼 층상으로 벗겨진 판상 절리가 발견되고, 정상부는 돔 모양이다.

(가)

수직으로 발달한 주상 절리가 관찰되며, 주변에는 완만한 경사의 용암 대지가 분포한다.

(나)

이에 대한 설명으로 옳은 것만을 [보기]에서 있는 대로 고른 것은?

보기
ㄱ. (가)의 절리는 압력의 감소로 형성되었다.
ㄴ. (나)는 지하 깊은 곳에서 생성된 후 지표로 노출된 것이다.
ㄷ. (가)는 (나)보다 먼저 형성되었다.
ㄹ. 우리나라 전역에는 (가)보다 (나)와 같은 암석이 많이 분포한다.

① ㄱ, ㄴ ② ㄱ, ㄷ ③ ㄴ, ㄷ
④ ㄴ, ㄹ ⑤ ㄷ, ㄹ

퇴적 구조와 지질 구조

핵심 짚기
- 속성 작용의 특징
- 퇴적 구조의 구분과 특징
- 퇴적암의 기원에 따른 분류
- 지질 구조의 종류와 특징

Ⓐ 퇴적암과 퇴적 구조

1 퇴적암 퇴적물이 쌓인 후 단단하게 굳어져 만들어진 암석

① 퇴적암의 형성 과정: 지표의 암석 → 풍화·침식·운반 작용 → 퇴적물[1] → 퇴적 작용 → 속성 작용 → 퇴적암

② 속성 작용: 퇴적물이 퇴적암으로 되는 모든 과정으로, 다짐 작용과 교결 작용이 있다.

[다짐 작용(압축 작용)] 두껍게 쌓인 퇴적물이 압력에 의해 입자들이 치밀하게 다져지는 작용 ➡ 밀도 증가, *공극률 감소

*[교결 작용] 퇴적물 내 공극 속에 녹아 있는 교결 물질(석회 물질, 규질, 산화 철 등)이 침전하면서 입자들을 단단히 연결시키는 작용

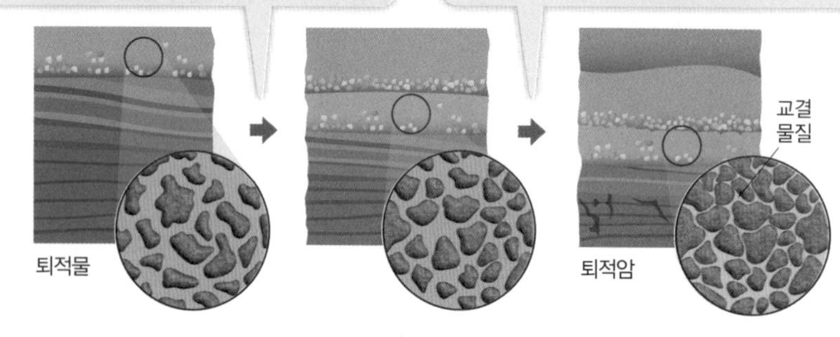

2 퇴적암의 종류 퇴적물의 기원에 따라 쇄설성, 화학적, 유기적 퇴적암으로 분류

구분	쇄설성 퇴적암					화학적 퇴적암			유기적 퇴적암		
생성 원인	지표에서 암석이 풍화, 침식을 받아 생긴 암석 조각이나 화산 분출물이 쌓여 형성[2]					물에 녹아 있던 물질이 화학적으로 침전하거나 물의 증발로 침전하여 형성			생물의 유해 등 유기물이 쌓여서 형성		
퇴적물	점토	모래, 점토	자갈, 모래, 점토	화산재	화산 암괴	탄산 칼슘 ($CaCO_3$)	규질	염화 나트륨 (NaCl)	식물체	산호, 조개 껍데기	규질 생물체
퇴적암	이암 (*셰일)	사암	역암, 각력암	응회암	화산 각력암	석회암	처트	암염	석탄	석회암	처트, 규조토

3 퇴적 구조 퇴적암이 생성될 당시의 장소와 환경에 따라 퇴적암에 나타나는 특징적인 구조로, 퇴적 환경을 추정하고 지층의 역전 여부를 알 수 있다.

구분	점이 층리	사층리	연흔	건열
특징	퇴적물이 심해저에 쌓일 때 위로 갈수록 입자의 크기가 점점 작아지는 퇴적 구조	지층이 경사진 상태로 쌓인 구조 ➡ 물이 흐른 방향, 바람이 불었던 방향을 알 수 있다.	수심이 얕은 물 밑에서 물결의 작용으로 퇴적물의 표면에 생긴 물결 자국	건조한 환경에서 점토와 같이 입자가 작은 퇴적물 표면이 갈라져 틈이 생긴 구조
원인	빠른 흐름, 저탁류[3]	흐르는 물, 바람	잔물결, 파도	건조한 환경
환경	대륙대, 심해저, 깊은 호수	하천이나 사막	수심이 얕은 곳	건조 기후 지역

PLUS 강의

[1] **퇴적물의 특징**
- 분급: 퇴적물 입자의 크기가 고른 정도 ➡ 입자의 크기가 고를수록 분급이 좋다.
- 원마도: 퇴적물의 모서리가 마모된 정도 ➡ 같은 종류의 퇴적물인 경우 퇴적될 때까지의 이동 거리가 멀수록 대체로 원마도가 좋다.

[2] **쇄설성 퇴적암의 퇴적물 입자 크기**
- 실트, 점토: $\frac{1}{16}$ mm 이하
- 모래: $\frac{1}{16}$ mm~2 mm
- 자갈: 2 mm 이상

[3] **저탁류**
대륙붕의 끝에 쌓인 퇴적물이 해저 화산 활동이나 지진 등에 의해 갑자기 무너져 해저 경사면을 따라 흘러내리는 흐름을 저탁류라 하고, 저탁류에 의해 형성된 암석을 저탁암이라고 한다.

용어 돋보기
* **공극(孔 구멍, 隙 틈)**_퇴적물 입자 사이의 틈으로, 퇴적물 전체 부피 중 공극이 차지하는 부피비를 공극률이라고 한다.
* **교결(膠 붙다, 結 엉기다) 작용**_퇴적물 입자 사이를 단단히 연결하게 해 주는 작용
* **셰일**_이암 중 쪼개짐이 발달한 암석

4 퇴적 환경 퇴적물이 쌓이는 곳으로, 육상 환경, 연안 환경, 해양 환경으로 구분

육상 환경	육지 내에 주로 쇄설성 퇴적물이 퇴적되는 곳 예 빙하(역암), 선상지, 호수(점이 층리, 건열, 연흔), 강, 범람원(사층리, 건열), 사막(사층리, 사암)④
연안 환경	육상 환경과 해양 환경 사이에 있는 곳 예 삼각주(사층리), 사주, 석호, 해빈
해양 환경	가장 넓은 면적을 차지하는 퇴적 환경 예 대륙붕(연흔), 대륙대(점이 층리), 대륙 사면, 심해저(점이 층리)

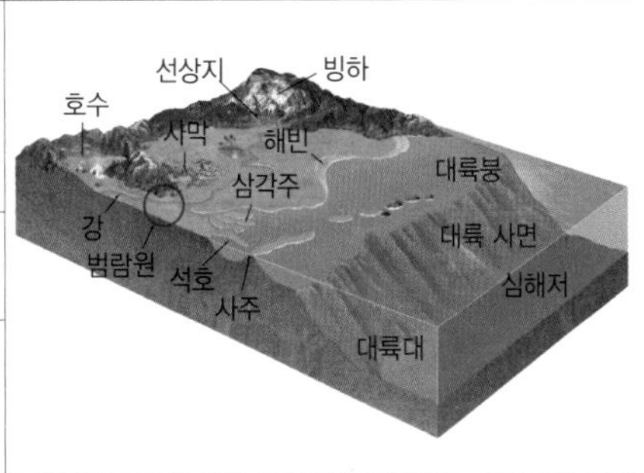

④ **다양한 퇴적 환경**
- 선상지: 경사가 급한 계곡이 평탄한 지역과 만나 급격한 퇴적이 일어나 형성된 부채꼴 모양의 지형으로, 퇴적물의 분급이 불량하다.
- 범람원: 홍수 발생으로 하천의 물이 제방을 넘어 퇴적물이 쌓이는 곳
- 삼각주: 강이나 호수의 하구에서 유수의 흐름이 느려져 입자가 작은 물질이 퇴적되어 형성된 삼각형 모양의 지형
- 사주: 해안이나 하구 부근에 발달하는 모래나 자갈로 이루어진 지형
- 석호: 연안에서 사주와 같은 장애물로 바다와 분리된 호수
- 해빈: 해안선에서 모래나 자갈이 쌓여 있는 지형

5 우리나라의 대표적 퇴적 지형

구분	형성 시대	퇴적 환경	주요 퇴적암	특징
강원도 태백시 구문소	고생대 전기	바다	석회암, 셰일	연흔, 건열, 삼엽충 화석 (사진: 삼엽충 화석)
전라북도 부안군 채석강	중생대 후기	호수	역암, 사암	연흔, *층리, 단층, 습곡, 해식 절벽, 해식 동굴 (사진: 층리)
전라북도 진안군 마이산	중생대 후기	호수, 호수 주변부	역암	융기 후 차별 침식으로 형성된 지형, *타포니가 많다. (사진: 타포니)
경상남도 고성군 덕명리 해안	중생대 후기	호수, 호수 주변부	셰일, 사암	연흔, 건열, 공룡 발자국, 새 발자국 화석 (사진: 공룡 발자국 화석)
제주도 한경면 수월봉	신생대 후기	수성 화산 활동	응회암	층리, 화산탄에 의해 퇴적층이 눌린 구조 (사진: 층리)
강원도 삼척시, 영월군	고생대	바다	석회암	석회동굴, 종유석, 석순, 석주

용어 돋보기

* 층리(層 층, 理 결)_ 색, 크기, 모양 등이 서로 다른 퇴적물이 층층이 쌓여 만들어진 층상 구조
* 타포니(tafoni)_ 암벽에 벌집처럼 생긴 구멍 형태의 지형으로, 풍화 작용으로 자갈 등이 떨어져 나가 구멍이 생긴다.

정답과 해설 19쪽

(1) 퇴적물이 퇴적암이 되는 데 거치는 과정을 (속성, 다짐) 작용이라고 한다.

(2) 물속에 녹아 있던 교결 물질의 침전으로 퇴적물의 입자들을 단단히 결합시키는 작용을 (압축, 교결) 작용이라고 한다.

(3) 물에 녹아 있는 성분이 물의 증발에 의해 침전되면 (쇄설성, 화학적, 유기적) 퇴적암이 형성된다.

(4) 점이 층리는 수심이 (얕은, 깊은) 바다에서, 연흔은 수심이 (얕은, 깊은) 바다에서 잘 형성된다.

(5) 사층리를 이용하면 바람이 불거나 물이 흐른 (   )을 추정할 수 있다.

(6) 그림은 어느 지층에 형성된 퇴적 구조이다. (   ) 안에 알맞은 말을 고르시오.

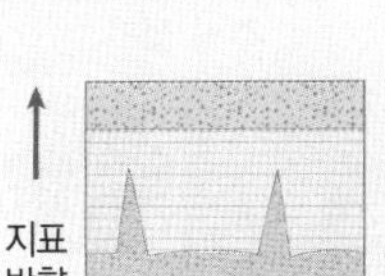

① 퇴적 구조의 이름은 (건열, 연흔)이다.

② 이 퇴적 구조는 (건조한, 습한) 기후 환경에서 형성되었다.

③ 퇴적 구조를 보면 지층은 퇴적된 후 (역전되었다, 역전되지 않았다).

(7) (육상, 연안, 해양) 환경에는 삼각주, 사주, 석호 등이 있다.

(8) 대륙대에서는 저탁류에 의해 저탁암이 형성되고, 위로 갈수록 입자의 크기가 점점 작아지는 (사층리, 점이 층리)가 잘 나타난다.

(9) 전라북도 진안군의 마이산을 이루고 있는 주요 퇴적암은 (역암, 응회암)이다.

퇴적 구조와 지질 구조

B 지질 구조

1 지질 구조 지층이나 암석이 지각 변동을 받아 변형된 상태

2 습곡 지층이 *횡압력을 받아 휘어진 지질 구조

① 습곡의 형성: 고온, 고압 환경인 지하 깊은 곳에서 주로 형성된다.[5]

② 습곡의 구조와 종류

습곡의 구조	습곡의 종류: 습곡축면의 기울기에 따라 구분		
	정습곡	경사 습곡	횡와 습곡
배사, 습곡축, 향사, 수평면, 습곡축면	습곡축		
• 습곡축: 가장 많이 휘어진 중앙 축 • 습곡축면: 습곡축을 포함하는 면 • 배사: 지층이 위로 볼록하게 휘어진 부분 • 향사: 지층이 아래로 오목하게 휘어진 부분	습곡축면이 수평면에 대해 거의 수직인 습곡	습곡축면이 수평면에 대해 기울어진 습곡	습곡축면이 거의 수평으로 누운 습곡

3 단층 지층이 힘을 받아 끊어지면서 단층면을 따라 양쪽의 지층이 상대적으로 이동하여 서로 어긋난 지질 구조

① 단층의 형성: 온도가 낮은 지표 근처에서 형성된다.

② 단층의 구조와 종류

단층의 구조	단층의 종류: 상반과 하반의 상대적인 이동에 따라 구분		
	정단층	역단층	주향 이동 단층[6]
하반, 단층면, 상반			
• 단층면: 지층이 끊어진 면 • 상반: 단층면 위쪽에 놓인 암반 • 하반: 단층면 아래쪽에 놓인 암반	*장력이 작용하여 상대적으로 상반이 아래로 이동한 단층	횡압력이 작용하여 상대적으로 상반이 위로 이동한 단층	단층면을 경계로 양쪽의 지층이 수평 방향으로 이동한 단층[7]

4 절리 암석 내에 형성된 틈이나 균열 ➡ 단층과 달리 틈을 따라 암석의 이동이 없다.

① 절리의 형성: 마그마나 용암이 빠르게 냉각되거나 지하 깊은 곳의 암석이 융기하여 암석에 가해지는 압력이 변화할 때 만들어진다.

② 절리의 종류

주상 절리	판상 절리
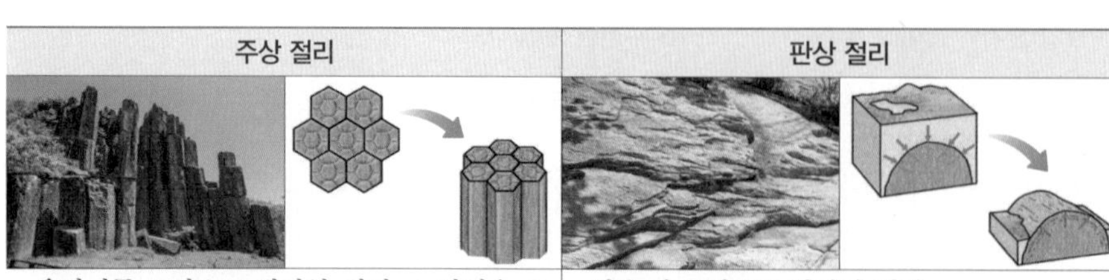	
• 육각기둥 모양으로 발달한 절리 ➡ 단면은 오각형이나 육각형 모양이 잘 나타난다. • 화산암에서 잘 나타난다. • 용암이 급격히 식을 때, 가장자리부터 빠르게 냉각되어 수축하면서 화산암 내부가 다각형으로 갈라진다.	• 얇은 판 모양으로 발달한 절리 • 심성암에서 잘 나타난다. • 지하 깊은 곳에서 생성된 심성암이 지표로 노출될 때, 외부 압력이 감소하여 암석이 서서히 팽창하면서 쪼개진다. ➡ *박리 현상이 잘 나타난다.

5) **습곡의 형성 깊이**
온도가 높을 때는 끊어지기보다 휘어지기 쉽기 때문에 습곡은 단층보다 깊은 곳에서 형성되기 쉽다.

6) **주향 이동 단층과 변환 단층**
주향 이동 단층은 단층면을 경계로 양쪽의 지층이 수평 방향으로 반대로 이동한 단층이다. 변환 단층은 주향 이동 단층의 일종으로, 해령과 해령 사이의 구간에서만 서로 반대 방향으로 이동한다.

7) **판 경계에 발달한 지질 구조**

판 경계	지질 구조	예
발산형 경계	정단층	동아프리카 열곡대, 대서양 중앙 해령
수렴형 경계	역단층, 습곡	히말라야산맥, 알프스산맥
보존형 경계	습곡, 주향 이동 단층	산안드레아스 단층

용어 돋보기

* **횡압력(橫 가로, 壓 누르다, 力 힘)**_양쪽에서 밀어 압축하는 힘
* **장력(張 넓히다, 力 힘)**_양쪽에서 잡아당기는 힘
* **박리(剝 벗겨지다, 離 떨어지다) 현상**_기반암에서 암괴가 양파껍질처럼 떨어져 나오는 현상

5 부정합 *조륙 운동이나 *조산 운동에 의해 퇴적이 오랫동안 중단되어 시간적으로 불연속적인 상하 두 지층 사이의 관계를 부정합이라 하고, 그 경계면을 부정합면이라고 한다.

① 부정합의 형성 과정: 퇴적 → 융기 → 침식 → 침강 → 퇴적

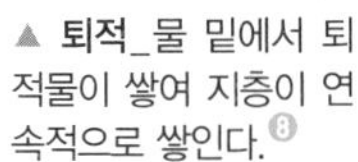

▲ **퇴적**_물 밑에서 퇴적물이 쌓여 지층이 연속적으로 쌓인다.⑧

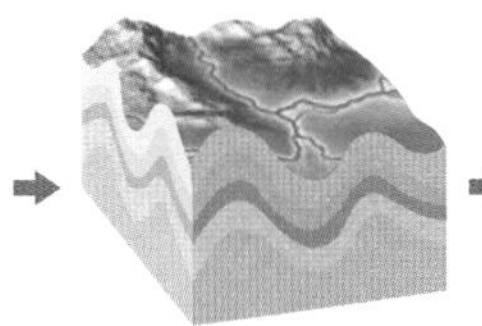

▲ **융기**_지각 변동으로 지층이 융기하여 수면 위로 노출된다.(습곡 → 융기)

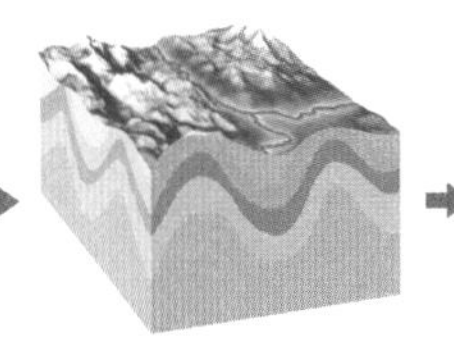

▲ **침식**_수면 위로 노출된 지층이 풍화, 침식 작용을 받아 깎인다.

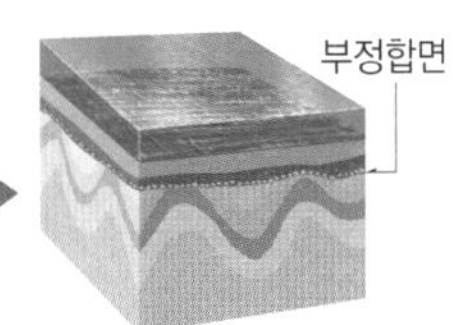

▲ **침강 및 퇴적**_지각 변동으로 지층이 다시 물 밑으로 침강하여 새로운 지층이 쌓인다.⑨

② 부정합의 종류

평행 부정합	경사 부정합	난정합
부정합면	부정합면	부정합면 심성암
부정합면을 경계로 상하 지층의 층리가 나란한 부정합으로, 대부분 조륙 운동만 받은 지층에서 잘 나타난다.	부정합면을 경계로 상하 지층의 층리가 서로 경사진 부정합으로, 대부분 조산 운동을 받은 지층에서 잘 나타난다.	부정합면의 아래에 심성암이나 변성암이 분포하는 부정합으로, 부정합면을 경계로 상하 지층의 평행 여부를 판단할 수 없다.

6 관입과 포획

① **관입**: 마그마가 지층이나 암석을 뚫고 들어가는 것으로, 관입한 마그마가 굳어서 생성된 암석을 관입암이라고 한다.⑩ ─ 관입한 마그마의 열에 의해 주변 암석이 변성되기도 한다.

② **포획**: 마그마가 관입할 때 주위의 암석이나 지층의 일부가 파괴되어 마그마 속에 암편으로 들어가는 것으로, 이때 마그마에 포획된 암석을 포획암이라고 한다.

③ 관입암과 포획암으로 지구 내부 물질 연구나 지층과 암석의 생성 순서를 판별할 수 있다.

관입 당한 암석이 관입한 암석(관입암)보다 먼저 생성되었다.

포획된 암석(포획암)이 포획한 암석보다 먼저 생성되었다.

⑧ **정합**
지층이 연속적으로 퇴적될 때 상하 두 지층 사이의 관계를 정합이라고 한다.

⑨ **부정합의 특징**
부정합면을 경계로 위아래 지층 사이의 화석의 종류와 지질 구조가 크게 다르고, 부정합면 위에는 *기저 역암이 쌓이는 경우도 있다.

⑩ **관입암**
관입한 마그마는 차가운 주변 암석의 영향으로 급격히 식기도 한다.
- 관입암상: 마그마가 주변 암석의 층상 구조와 평행하게 흘러 들어가 식어 굳은 것
- 암맥: 마그마가 주변 암석의 층상 구조를 가로질러 관입한 후 식어 굳은 것

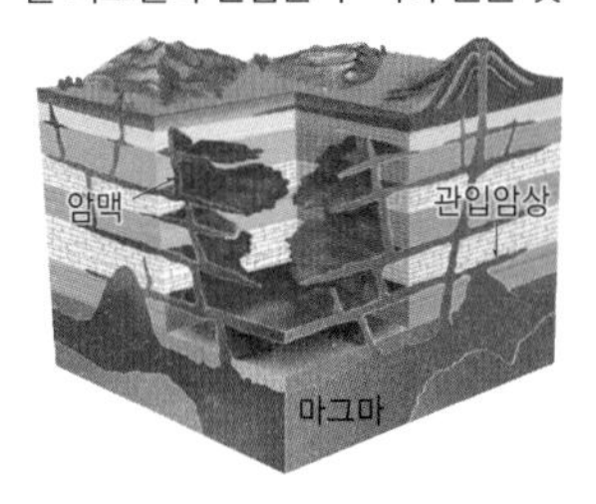

용어 돋보기

* **조륙 운동**_넓은 범위에 걸쳐 지각이 서서히 융기하거나 침강하는 운동
* **조산 운동**_거대한 습곡 산맥을 형성하는 지각 변동
* **기저(基 기초, 低 밑) 역암**_부정합이 형성되는 과정에서 생성된 역암으로, 부정합면 위에 분포한다.

정답과 해설 19쪽

(10) 습곡에서 지층이 위로 볼록하게 휘어진 부분은 (배사, 향사)이다.

(11) 지층에 장력이 작용하면 (역단층, 정단층)이 형성된다.

(12) 습곡과 역단층은 지층이 (장력, 횡압력)을 받아 형성된 지질 구조이다.

(13) 암석 내에 형성된 틈이나 균열로, 틈을 따라 암석의 이동이 없으면 (단층, 절리)(이)라고 한다.

(14) 지하 깊은 곳에 있던 화성암이 융기하여 지표로 드러날 때는 (주상 절리, 판상 절리)가 형성되기 쉽다.

(15) 퇴적이 오랫동안 중단되어 시간적으로 불연속적인 상하 두 지층 사이의 관계를 (   )이라고 한다.

(16) 부정합은 퇴적 → 융기 → (   ) → 침강 → 퇴적의 과정을 거치면서 형성된다.

(17) 부정합이 나타나는 지층에서는 (   )을 경계로 상하 지층 사이의 지질 구조나 화석의 종류가 급격하게 변한다.

(18) 마그마가 관입할 때 주위 암석의 일부가 파괴되어 암편이 마그마 속으로 들어가 생성된 암석을 (관입암, 포획암)이라고 한다.

수능 자료

정답과 해설 19쪽

2017 ● Ⅱ 9월 평가원 1번

자료❶ 퇴적 구조-그림

그림 (가), (나), (다)는 퇴적 구조를 나타낸 것이다.

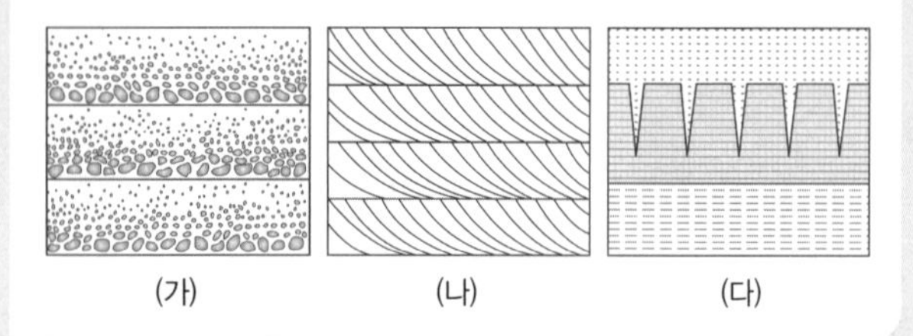

(가) (나) (다)

1. (가)는 퇴적물 입자의 크기가 아래에서 위로 갈수록 점점 작아지는 점이 층리이다. (○, ×)
2. (가)는 퇴적물 입자의 크기에 따른 퇴적 속도 차이에 의해 생성된다. (○, ×)
3. (가)는 천해 환경에서 잘 형성된다. (○, ×)
4. (나)에서는 바람이 부는 방향이나 물이 흐른 방향을 알 수 있다. (○, ×)
5. (나)로부터 퇴적물이 공급된 방향을 알 수 있다. (○, ×)
6. (나)는 사막에서도 형성될 수 있다. (○, ×)
7. (다)는 습한 기후 환경에서 잘 생성된다. (○, ×)
8. (가), (나), (다)로부터 지층의 상하를 판단할 수 있다. (○, ×)
9. (가), (나), (다)는 모두 지층이 역전되었다. (○, ×)

2019 ● Ⅱ 6월 평가원 5번

자료❸ 지질 구조-단층

그림은 어느 지역의 단층 구조를 모식적으로 나타낸 것이다.

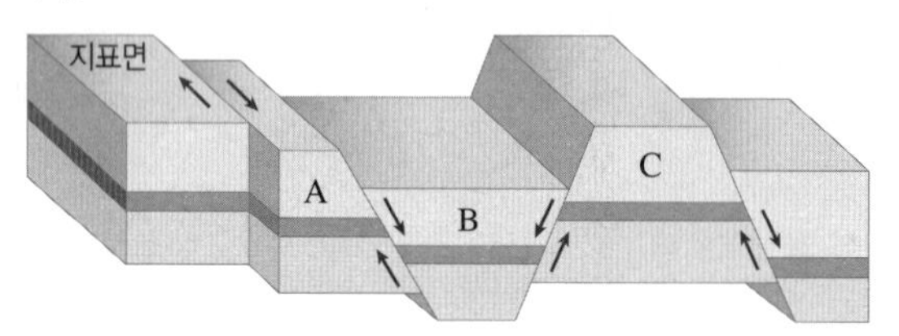

1. A와 C는 상반이고, B는 하반이다. (○, ×)
2. 가장 왼쪽에 있는 단층은 주향 이동 단층이다. (○, ×)
3. 이 지역에는 역단층이 나타난다. (○, ×)
4. A와 B 사이의 단층은 횡압력에 의해 형성되었다. (○, ×)
5. A와 B 사이의 단층은 정단층이다. (○, ×)
6. C의 양쪽으로 발달한 단층은 정단층이다. (○, ×)
7. C의 양쪽으로 발달한 단층은 장력에 의해 형성되었다. (○, ×)

2020 ● Ⅱ 수능 1번

자료❷ 퇴적 구조-사진

그림 (가), (나), (다)는 어느 지역에서 관찰되는 건열, 사층리, 연흔을 순서 없이 나타낸 것이다.

(가)

(나)

(다)

1. (가)는 수심이 깊은 곳에서 주로 생성된다. (○, ×)
2. (가)는 퇴적물 입자의 크기에 따른 퇴적 속도 차이에 의해 생성된다. (○, ×)
3. (가)는 연흔이고, (나)는 건열이다. (○, ×)
4. (나)가 생성되는 동안 건조한 대기에 노출된 시기가 있었다. (○, ×)
5. (나)는 셰일보다 역암에서 잘 나타나는 구조이다. (○, ×)
6. (다)에서는 바람이나 물에 의해 퇴적물이 공급된 방향을 알 수 있다. (○, ×)
7. (다)는 지층의 상하 판단에 이용될 수 없다. (○, ×)

2021 ● 6월 평가원 2번

자료❹ 지질 구조-습곡, 절리, 포획

그림 (가), (나), (다)는 습곡, 포획, 절리를 순서 없이 나타낸 것이다.

(가)

(나)

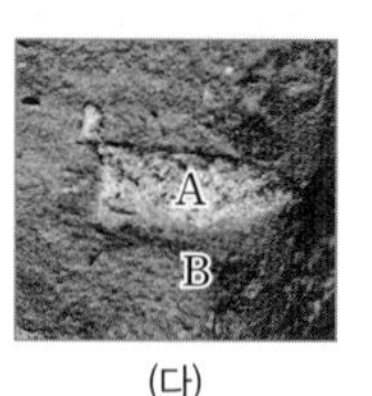

(다)

1. (가)는 횡압력을 받아 형성되었다. (○, ×)
2. (가)는 (나)보다 깊은 곳에서 형성되었다. (○, ×)
3. (나)는 용암이 급격히 냉각·수축하는 과정에서 형성되었다. (○, ×)
4. (나)는 판상 절리이다. (○, ×)
5. (다)에서 A와 B 중 포획암은 B이다. (○, ×)
6. (다)에서 A는 B보다 먼저 생성되었다. (○, ×)

정답과 해설 19쪽

A 퇴적암과 퇴적 구조

1 표는 퇴적물의 기원에 따른 퇴적암의 종류를 나타낸 것이다.

구분	A		쇄설성 퇴적암	
주요 퇴적물	식물체	규질 생물체	모래	자갈
퇴적암	석탄	처트	㉠	㉡

(1) A에 들어갈 퇴적암의 종류를 쓰시오.
(2) ㉠과 ㉡에 들어갈 퇴적암의 이름을 쓰시오.

2 그림은 퇴적암에 나타나는 어느 퇴적 구조를 나타낸 것이다. 이 퇴적 구조와 퇴적 구조로부터 추정되는 퇴적 환경을 옳게 짝 지은 것은?

	퇴적 구조	퇴적 환경
①	건열	얕은 바다
②	건열	건조 기후
③	연흔	얕은 바다
④	연흔	습윤 기후
⑤	점이 층리	깊은 바다

3 그림은 경상남도 고성군 덕명리 해안에서 공룡 발자국이 발견되는 퇴적층을 나타낸 것이다.

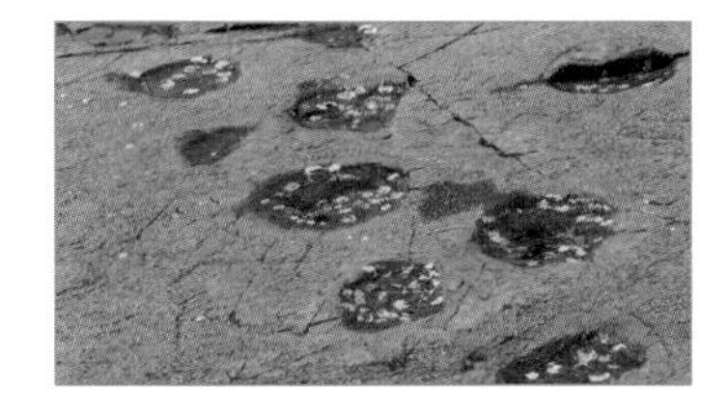

이 지역에 분포하는 퇴적암의 종류와 퇴적암 생성 당시의 퇴적 환경을 쓰시오.

B 지질 구조

4 지층에 횡압력이 작용한 경우 형성될 수 있는 지질 구조를 모두 골라 쓰시오.

> 습곡, 역단층, 정단층, 평행 부정합

5 그림은 어느 지질 구조를 나타낸 것이다.

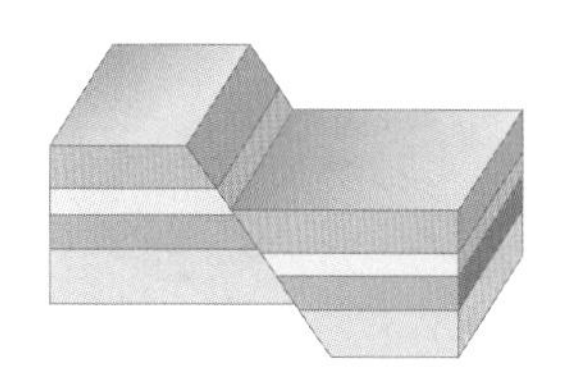

이 지질 구조의 이름과 형성될 때 작용되는 힘의 종류를 옳게 짝 지은 것은?

	이름	힘의 종류
①	정단층	장력
②	정단층	횡압력
③	역단층	장력
④	역단층	횡압력
⑤	주향 이동 단층	장력

6 그림 (가)와 (나)는 서로 다른 지질 구조를 나타낸 것이다.

(가) (나)

(가)와 (나)의 지질 구조의 이름을 쓰고, 생성 깊이를 비교하시오.

7 다음은 부정합의 형성 과정을 나타낸 것이다. (　　) 안에 알맞은 말을 쓰시오.

> 퇴적 → 융기 → 풍화·침식 → (　　) → 퇴적

8 그림은 어느 지역의 지질 단면도를 나타낸 것이다.

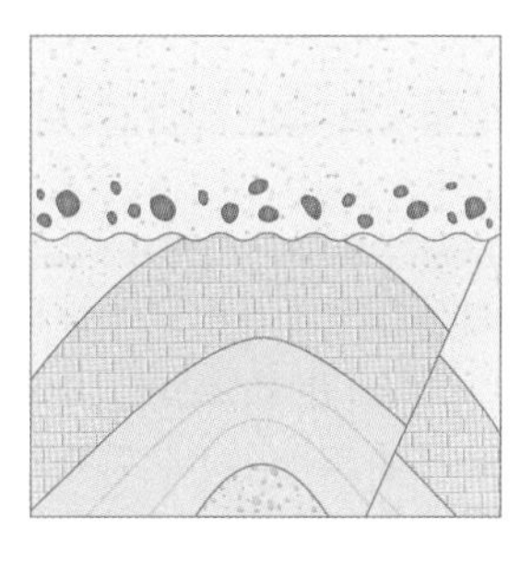

이 지역에 나타난 지질 구조를 모두 골라 쓰시오.

> 습곡, 역단층, 정단층, 평행 부정합, 경사 부정합

1 그림은 퇴적물이 퇴적암으로 되는 과정을 나타낸 것이다.

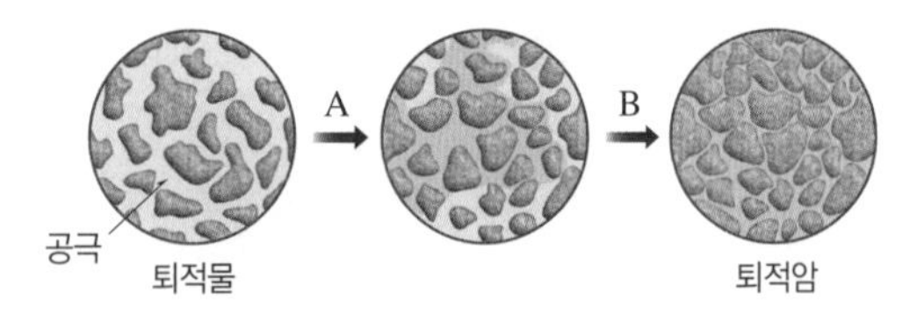

A와 B 과정에 대한 설명으로 옳은 것만을 [보기]에서 있는 대로 고른 것은?

보기
ㄱ. A 과정에서 퇴적물 사이의 공극의 부피는 증가한다.
ㄴ. A 과정을 교결 작용, B 과정을 다짐 작용이라고 한다.
ㄷ. B 과정은 석회 물질이나 규질 성분이 침전하면서 일어난다.
ㄹ. A와 B 과정을 거치는 동안 퇴적물의 밀도는 증가한다.

① ㄱ, ㄴ ② ㄴ, ㄷ ③ ㄷ, ㄹ
④ ㄱ, ㄴ, ㄷ ⑤ ㄴ, ㄷ, ㄹ

2 그림은 세 가지 퇴적암을 특징에 따라 구분하는 과정을 나타낸 것이다.

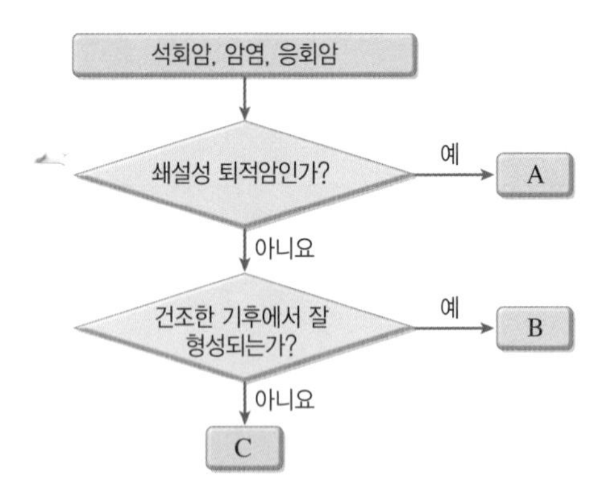

이에 대한 설명으로 옳은 것만을 [보기]에서 있는 대로 고른 것은?

보기
ㄱ. A는 화산 활동의 분출물로 형성된다.
ㄴ. B는 바다에서만 형성된다.
ㄷ. C는 유기적 퇴적암이나 화학적 퇴적암으로 분류된다.

① ㄱ ② ㄴ ③ ㄱ, ㄷ
④ ㄴ, ㄷ ⑤ ㄱ, ㄴ, ㄷ

2021 수능 6번

3 그림 (가)는 해수면이 하강하는 과정에서 형성된 퇴적층의 단면이고, (나)는 (가)의 퇴적층에서 나타나는 퇴적 구조 A와 B이다.

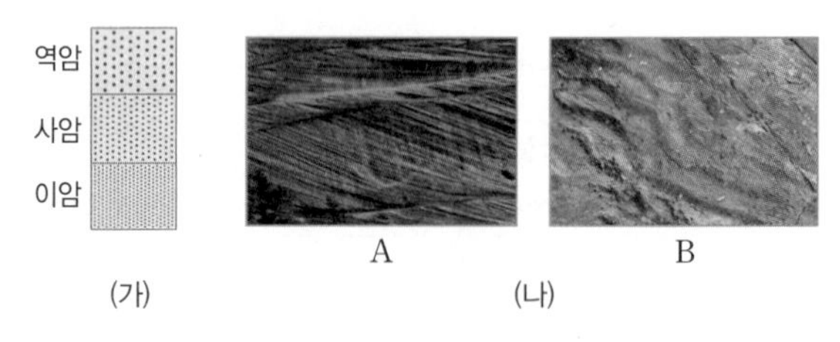

이 자료에 대한 설명으로 옳은 것만을 [보기]에서 있는 대로 고른 것은?

보기
ㄱ. (가)의 퇴적층 중 가장 얕은 수심에서 형성된 것은 이암층이다.
ㄴ. (나)의 A와 B는 주로 역암층에서 관찰된다.
ㄷ. (나)의 A와 B 중 층리면에서 관찰되는 퇴적 구조는 B이다.

① ㄱ ② ㄴ ③ ㄷ
④ ㄱ, ㄷ ⑤ ㄴ, ㄷ

4 그림은 어느 지역에 쌓인 여러 지층과 퇴적 구조를 나타낸 것이다.

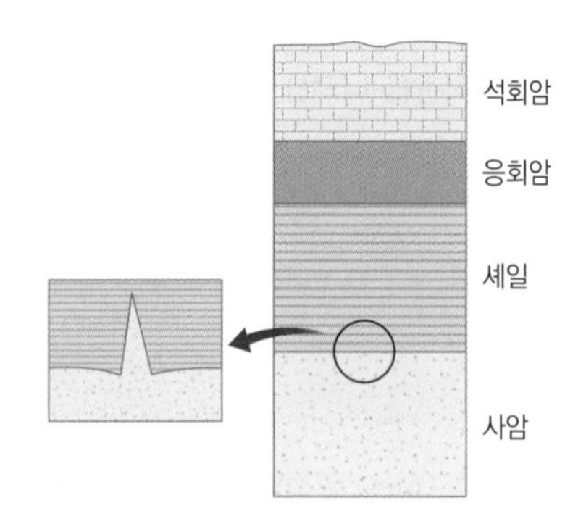

이에 대한 설명으로 옳은 것만을 [보기]에서 있는 대로 고른 것은?

보기
ㄱ. 사암층은 셰일층보다 먼저 퇴적되었다.
ㄴ. 셰일층이 퇴적된 후 건조한 대기 중에 노출된 적이 있다.
ㄷ. 이 지역 부근에서 화산 활동이 일어난 적이 있다.

① ㄱ ② ㄴ ③ ㄱ, ㄷ
④ ㄴ, ㄷ ⑤ ㄱ, ㄴ, ㄷ

자료❷ 2020 Ⅱ수능 1번

5 그림 (가), (나), (다)는 어느 지역에서 관찰되는 건열, 사층리, 연흔을 순서 없이 나타낸 것이다.

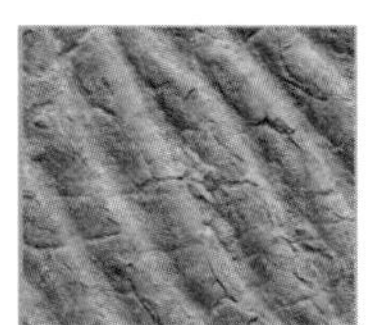
(가)

(나)

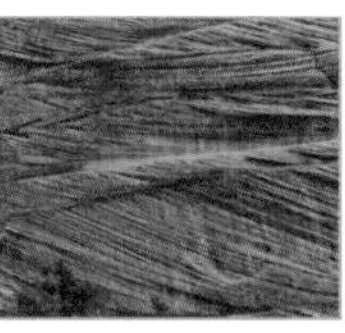
(다)

이에 대한 설명으로 옳은 것만을 [보기]에서 있는 대로 고른 것은?

보기
ㄱ. (가)는 연흔이다.
ㄴ. (나)는 심해 환경에서 생성된다.
ㄷ. (다)에서는 퇴적물의 공급 방향을 알 수 있다.

① ㄱ ② ㄴ ③ ㄱ, ㄷ
④ ㄴ, ㄷ ⑤ ㄱ, ㄴ, ㄷ

6 그림은 다양한 퇴적 환경을 나타낸 것이다.

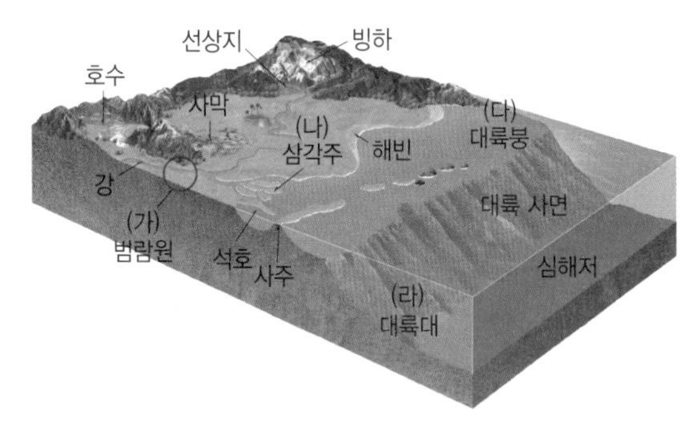

(가)~(라)에 대한 설명으로 옳은 것만을 [보기]에서 있는 대로 고른 것은?

보기
ㄱ. (가)와 (나)는 육상 환경이다.
ㄴ. (다)의 얕은 물 밑에서 사층리가 잘 형성된다.
ㄷ. (라)에서 잘 형성되는 퇴적 구조는 퇴적물 입자의 크기가 위로 갈수록 작아진다.

① ㄱ ② ㄷ ③ ㄱ, ㄴ
④ ㄴ, ㄷ ⑤ ㄱ, ㄴ, ㄷ

7 그림 (가)와 (나)는 각각 제주도 수월봉의 응회암과 강원도 태백 지역의 석회암층에서 발견된 삼엽충 화석을 나타낸 것이다.

(가)

(나)

이에 대한 설명으로 옳은 것만을 [보기]에서 있는 대로 고른 것은?

보기
ㄱ. (가)에는 층리가 발달해 있다.
ㄴ. (나)의 지층은 화산 쇄설물이 쌓여 형성되었다.
ㄷ. 지층의 형성 시기는 (가)가 (나)보다 먼저이다.

① ㄱ ② ㄷ ③ ㄱ, ㄴ
④ ㄴ, ㄷ ⑤ ㄱ, ㄴ, ㄷ

8 다음은 우리나라 (가), (나), (다) 지역의 지질과 지형을 설명한 것이다.

(가) 전라북도 진안군 마이산	자갈과 소량의 모래, 진흙으로 이루어진 육상 기원의 역암이 주로 분포한다. 암반 표면에는 타포니가 발달해 있다.
(나) 경상남도 고성군 덕명리 해안	주로 셰일로 이루어져 있고, 다양한 공룡 발자국 화석과 새 발자국 화석이 발견된다.
(다) 강원도 영월군의 석회암 지대	석회암이 지하수에 녹아 형성된 석회 동굴이 발달해 있다.

이에 대한 설명으로 옳은 것만을 [보기]에서 있는 대로 고른 것은?

보기
ㄱ. 세 지역은 모두 퇴적암으로 이루어져 있다.
ㄴ. (가)~(다) 중 암석이 형성될 당시에 해양 환경이었던 지역은 (다)이다.
ㄷ. (나) 지역의 암석보다 (다) 지역의 암석이 먼저 형성되었다.

① ㄱ ② ㄷ ③ ㄱ, ㄴ
④ ㄴ, ㄷ ⑤ ㄱ, ㄴ, ㄷ

9 그림 (가), (나), (다)는 지질 구조의 연직 단면을 나타낸 것이다.

(가) (나) (다)

이에 대한 설명으로 옳은 것만을 [보기]에서 있는 대로 고른 것은?

보기
ㄱ. (가)는 정단층이다. ㄴ. (나)는 장력을 받아 형성되었다. ㄷ. (다)에서 A는 배사이다. ㄹ. (나)와 (다)는 판의 충돌대에서 잘 발달한다.

① ㄱ, ㄴ ② ㄴ, ㄷ ③ ㄷ, ㄹ
④ ㄱ, ㄴ, ㄹ ⑤ ㄱ, ㄷ, ㄹ

자료❸ 2019 Ⅱ 6월 평가원 5번

10 그림은 어느 지역의 단층 구조를 모식적으로 나타낸 것이다.

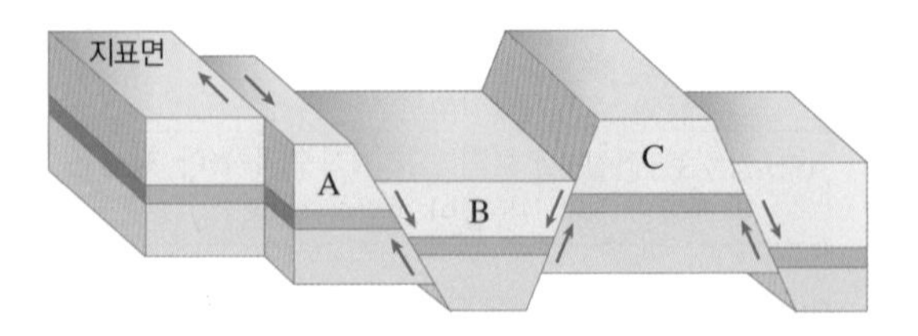

이 지역에 대한 설명으로 옳은 것만을 [보기]에서 있는 대로 고른 것은?

보기
ㄱ. A와 B 사이의 단층은 장력에 의해 형성되었다. ㄴ. C는 상반이다. ㄷ. 주향 이동 단층, 정단층, 역단층이 모두 나타난다.

① ㄱ ② ㄴ ③ ㄱ, ㄷ
④ ㄴ, ㄷ ⑤ ㄱ, ㄴ, ㄷ

11 그림은 화성암에 나타나는 서로 다른 절리를 나타낸 것이다.

(가)

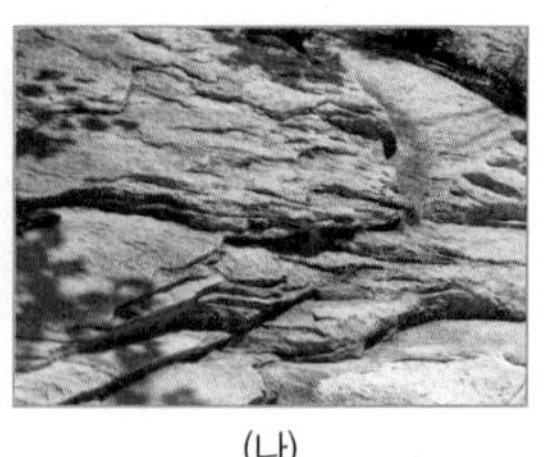
(나)

이에 대한 설명으로 옳은 것만을 [보기]에서 있는 대로 고른 것은?

보기
ㄱ. (가)는 주상 절리이다. ㄴ. (나)는 주로 심성암이 지표로 노출되면서 형성된다. ㄷ. 암석이 생성된 깊이는 (가)가 (나)보다 깊다.

① ㄱ ② ㄷ ③ ㄱ, ㄴ
④ ㄴ, ㄷ ⑤ ㄱ, ㄴ, ㄷ

12 그림은 부정합의 형성 과정을 순서대로 나타낸 것이다.

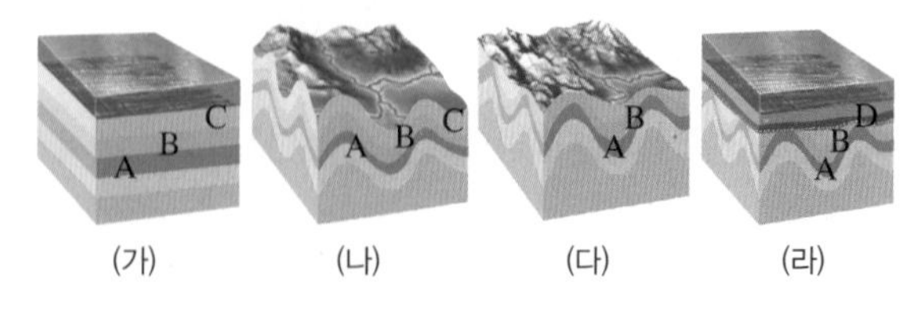

(가) (나) (다) (라)

이에 대한 설명으로 옳지 <u>않은</u> 것은?

① (가)와 (나) 사이에 지층의 융기가 있었다.
② (나)에서 지층이 습곡 작용을 받았다.
③ (다)에서 풍화와 침식 작용이 일어났다.
④ (라)에서 B층과 D층 사이에 긴 시간 간격이 있다.
⑤ 평행 부정합이 형성되는 과정이다.

13 그림 (가), (나), (다)는 여러 가지 지질 구조를 나타낸 것이다.

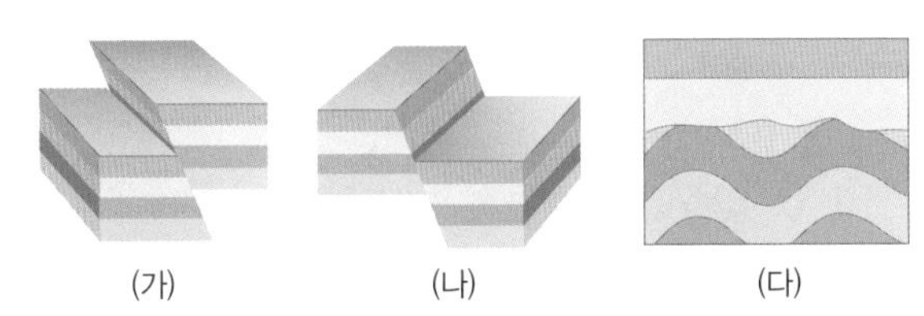

이에 대한 설명으로 옳은 것만을 [보기]에서 있는 대로 고른 것은?

보기
ㄱ. (가)는 역단층이다. ㄴ. (나)가 생성될 때 작용한 힘은 횡압력이다. ㄷ. (다)에 나타난 부정합은 평행 부정합이다.

① ㄱ ② ㄴ ③ ㄱ, ㄷ
④ ㄴ, ㄷ ⑤ ㄱ, ㄴ, ㄷ

14 그림은 여러 가지 지질 구조를 나타낸 것이다.

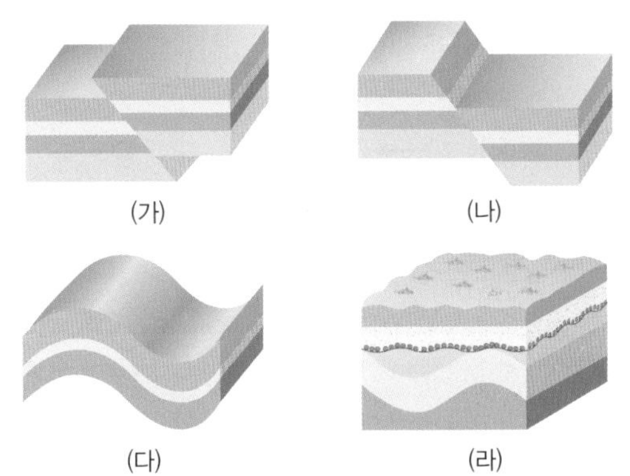

이에 대한 설명으로 옳은 것만을 [보기]에서 있는 대로 고른 것은?

보기
ㄱ. (가)는 열곡대에서 잘 발달한다. ㄴ. (나)와 (다)는 습곡 산맥에서 잘 발견된다. ㄷ. (라)는 지층이 융기한 후 침식을 받고 침강한 다음 새로운 지층이 쌓이면서 형성된다.

① ㄱ ② ㄷ ③ ㄱ, ㄴ
④ ㄴ, ㄷ ⑤ ㄱ, ㄴ, ㄷ

15 그림은 마그마가 관입하여 형성된 암석의 모습이다.

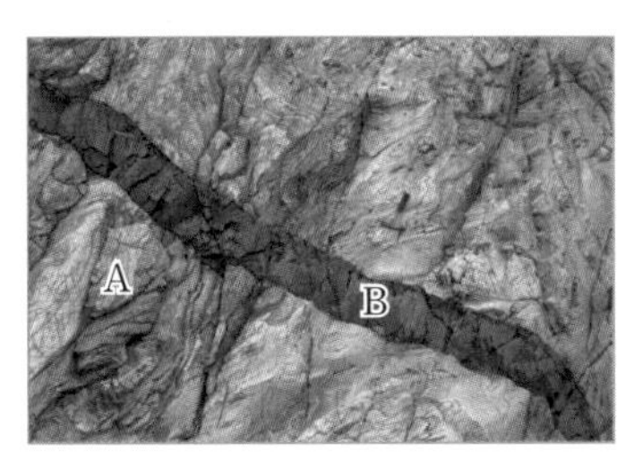

이에 대한 설명으로 옳은 것만을 [보기]에서 있는 대로 고른 것은?

보기
ㄱ. 관입암은 A이다. ㄴ. A는 B보다 먼저 형성되었다. ㄷ. B는 퇴적암이다.

① ㄴ ② ㄷ ③ ㄱ, ㄴ
④ ㄱ, ㄷ ⑤ ㄱ, ㄴ, ㄷ

16 그림은 제주도에서 관찰되는 포획암을 나타낸 것이다.

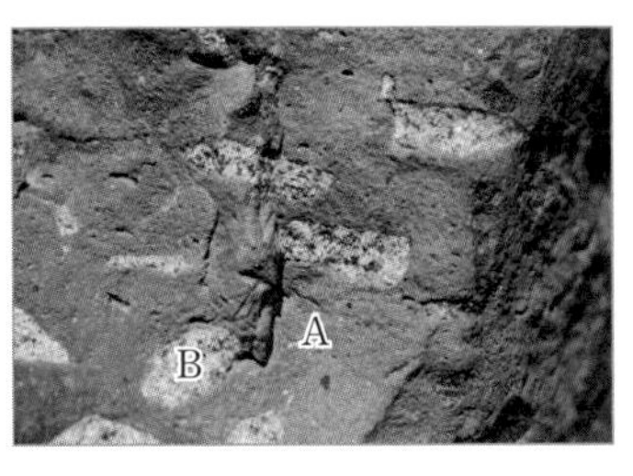

(가) A와 B 중 포획암에 해당하는 것과 (나) 두 암석의 나이를 비교한 것을 옳게 짝 지은 것은?

	(가)	(나)
①	A	A>B
②	A	A<B
③	B	A>B
④	B	A<B
⑤	B	A=B

정답과 해설 22쪽

2019 Ⅱ 6월 평가원 3번

1 그림은 퇴적암 중 역암, 규조토, 암염을 구분하는 과정을 나타낸 것이다. A와 B는 각각 역암과 규조토 중 하나이다.

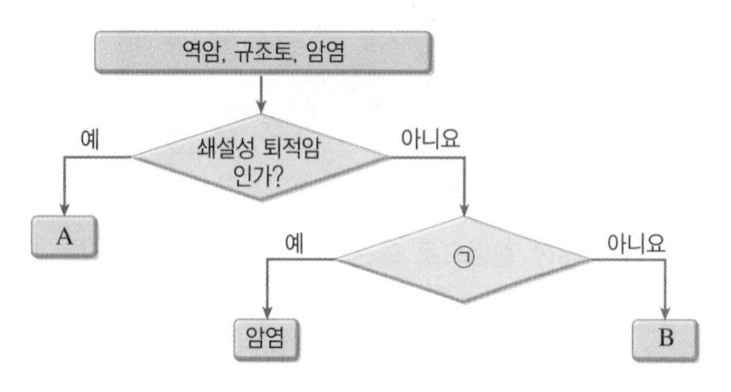

이에 대한 설명으로 옳은 것만을 [보기]에서 있는 대로 고른 것은?

보기

ㄱ. A는 직경 2 mm 이상의 입자를 포함한다.
ㄴ. '화학적 퇴적암인가?'는 ㉠에 해당한다.
ㄷ. B는 주로 규질 생물체가 퇴적되어 생성된다.

① ㄱ ② ㄷ ③ ㄱ, ㄴ
④ ㄴ, ㄷ ⑤ ㄱ, ㄴ, ㄷ

2 그림은 퇴적암이 형성되는 과정의 일부를 나타낸 것이다.

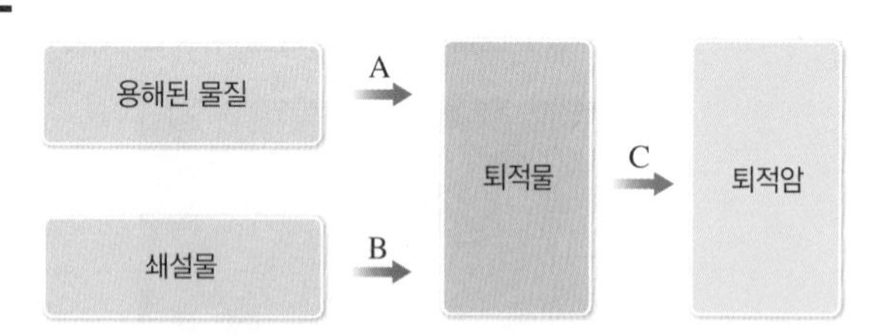

과정 A～C에 대한 설명으로 옳은 것만을 [보기]에서 있는 대로 고른 것은?

보기

ㄱ. 화학적 기원의 석회암은 A와 C를 거쳐 형성된 암석이다.
ㄴ. B와 C를 거쳐 형성된 암석은 퇴적물 입자의 크기에 따라 분류한다.
ㄷ. C에서는 퇴적물의 화학 성분과 밀도가 변화한다.

① ㄱ ② ㄷ ③ ㄱ, ㄴ
④ ㄴ, ㄷ ⑤ ㄱ, ㄴ, ㄷ

3 그림 (가), (나), (다)는 서로 다른 퇴적암을 나타낸 것이다.

(가) 역암 (나) 사암 (다) 셰일

이에 대한 설명으로 옳은 것만을 [보기]에서 있는 대로 고른 것은?

보기

ㄱ. (가), (나), (다)는 모두 쇄설성 퇴적암에 해당한다.
ㄴ. (다)는 구성 입자의 평균 크기가 가장 작다.
ㄷ. (나)는 (다)보다 수심이 깊은 환경에서 생성된다.

① ㄱ ② ㄷ ③ ㄱ, ㄴ
④ ㄴ, ㄷ ⑤ ㄱ, ㄴ, ㄷ

4 그림은 A, B, C 지층에서 발견된 여러 가지 퇴적 구조를 나타낸 것이다.

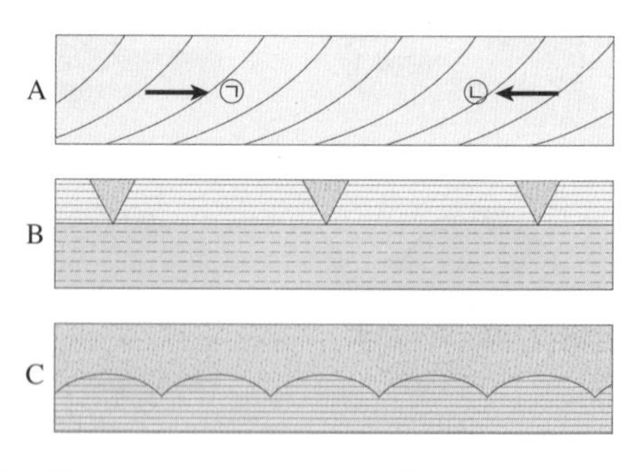

이에 대한 설명으로 옳은 것만을 [보기]에서 있는 대로 고른 것은?

보기

ㄱ. A가 형성될 당시 퇴적물은 ㉠ 방향으로 운반되었다.
ㄴ. B는 건조 기후에서 형성되었다.
ㄷ. C는 퇴적된 후에 역전되었다.

① ㄱ ② ㄷ ③ ㄱ, ㄴ
④ ㄴ, ㄷ ⑤ ㄱ, ㄴ, ㄷ

5 그림 (가)와 (나)는 수평으로 쌓인 지층이 지각 변동을 받아 서로 다른 지질 구조가 형성된 것을 나타낸 것이다.

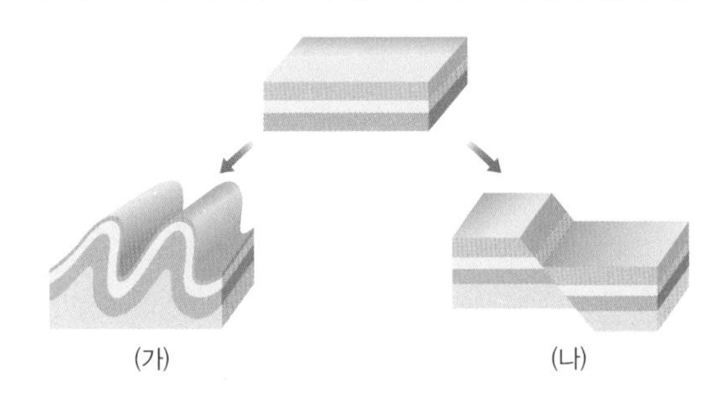

이에 대한 설명으로 옳은 것만을 [보기]에서 있는 대로 고른 것은?

보기

ㄱ. (가)는 정습곡, (나)는 정단층이다.
ㄴ. (가)를 형성한 힘에 의해 지층이 끊어지면 (나)가 형성된다.
ㄷ. 판의 발산형 경계에는 (가)보다 (나)가 잘 발달한다.

① ㄱ ② ㄷ ③ ㄱ, ㄴ
④ ㄴ, ㄷ ⑤ ㄱ, ㄴ, ㄷ

6 그림은 어느 지역에 발달한 지질 구조를 나타낸 것이다.

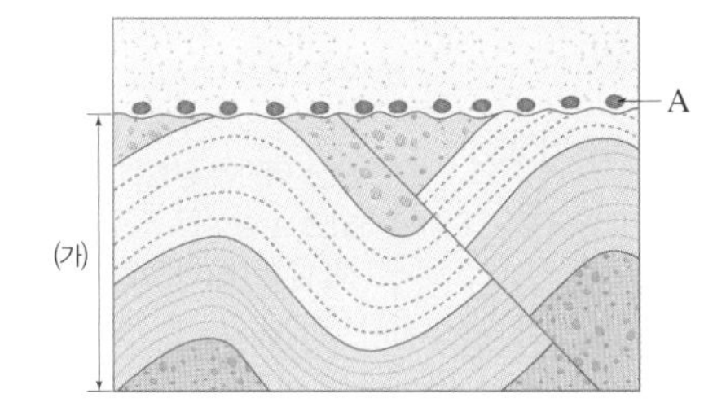

이에 대한 설명으로 옳은 것만을 [보기]에서 있는 대로 고른 것은?

보기

ㄱ. (가) 지층에 형성된 지질 구조는 판의 수렴형 경계에서 발달할 수 있다.
ㄴ. A는 포획암에 해당한다.
ㄷ. 이 지역에 형성된 부정합은 난정합이다.

① ㄱ ② ㄴ ③ ㄱ, ㄷ
④ ㄴ, ㄷ ⑤ ㄱ, ㄴ, ㄷ

2019 9월 평가원 2번

7 다음은 영희가 제주도 서귀포시의 어느 지질 명소에 대하여 조사한 탐구 활동의 일부이다.

[탐구 과정]
(가) 암석의 특징을 관찰하여 기록한다.
(나) 암석 기둥의 윗면에서 나타나는 다각형의 모양을 분류하고 모양에 따른 빈도수를 기록한다.
(다) (나)의 결과를 그래프로 나타낸다.

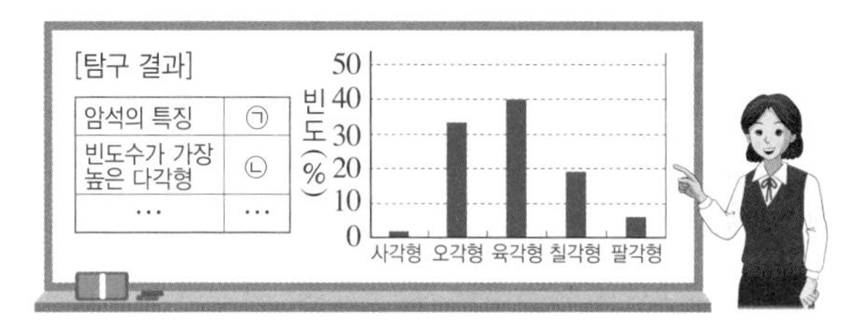

이에 대한 설명으로 옳은 것만을 [보기]에서 있는 대로 고른 것은?

보기

ㄱ. '색이 어둡고 입자의 크기가 매우 작다.'는 ㉠에 해당한다.
ㄴ. ㉡은 '육각형'이다.
ㄷ. 기둥 모양을 형성하는 절리는 용암이 급격히 냉각 수축하는 과정에서 만들어진다.

① ㄱ ② ㄷ ③ ㄱ, ㄴ
④ ㄴ, ㄷ ⑤ ㄱ, ㄴ, ㄷ

자료❹ 2021 6월 평가원 2번

8 그림 (가), (나), (다)는 습곡, 포획, 절리를 순서 없이 나타낸 것이다.

(가)

(나)

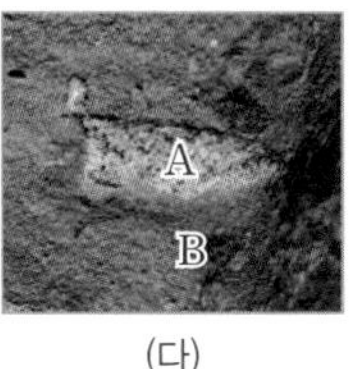

(다)

이에 대한 설명으로 옳은 것만을 [보기]에서 있는 대로 고른 것은?

보기

ㄱ. (가)는 (나)보다 깊은 곳에서 형성되었다.
ㄴ. (나)는 수축에 의해 형성되었다.
ㄷ. (다)에서 A는 B보다 먼저 생성되었다.

① ㄱ ② ㄷ ③ ㄱ, ㄴ
④ ㄴ, ㄷ ⑤ ㄱ, ㄴ, ㄷ

지층의 나이

≫ 핵심 짚기 > 지사학 법칙 > 지사학 법칙을 적용한 상대 연령 결정 > 암석과 화석을 이용한 지층의 대비 > 반감기를 이용한 절대 연령 측정

A 지사학 법칙과 지층의 대비

PLUS 강의

1 * 지사학 법칙

① **동일 과정의 원리**: 현재 지각에서 발생하는 지질학적 사건들은 과거에도 동일하게 일어났다고 가정한다. ➡ 지사학 연구의 기본 원리[1]

② **수평 퇴적의 법칙**: 퇴적물은 일반적으로 중력의 영향을 받아 수평으로 쌓인다. ➡ 현재 지층이 기울어져 있거나 휘어져 있으면 과거에 지각 변동을 받았다는 것을 의미한다.

③ **지층 누중의 법칙**: 지층의 역전이 없었다면 아래 지층이 위 지층보다 먼저 생성되었다. ➡ 지층의 역전 여부는 점이 층리, 사층리, 연흔, 건열 등의 퇴적 구조나 표준 화석을 이용하여 판단할 수 있다.

④ **동물군 *천이의 법칙**: 진화 계열상 먼저 출현한 생물의 화석이 산출되는 지층은 나중에 출현한 생물의 화석이 산출되는 지층보다 오래되었다.[2]

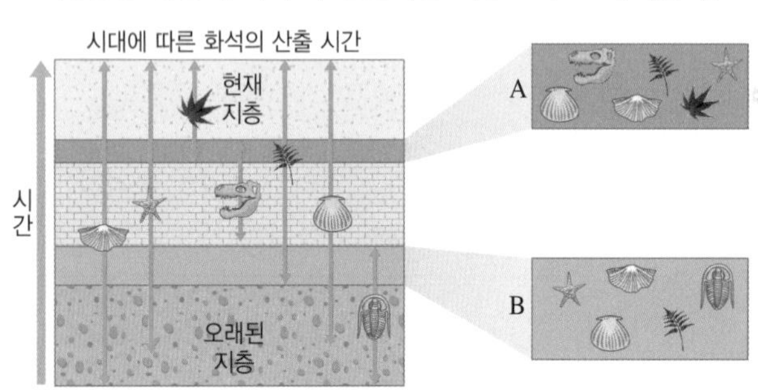

- 지층이 퇴적되었던 당시에 생존했던 생물들이 화석으로 발견될 수 있다.
- 지층 A보다 오래된 지층 B에서 지층 A보다 먼저 출현했던 생물의 화석이 발견된다.

▲ 동물군 천이의 법칙

⑤ **부정합의 법칙**: 부정합면을 경계로 상하 지층 사이에는 긴 시간 간격이 있다.

- 부정합면을 경계로 구성 암석의 종류, 지질 구조, 산출되는 화석의 종류가 급격히 달라진다. ➡ 부정합은 '퇴적 → 융기 → 침식 → 침강 → 퇴적' 과정을 거치기 때문에 침식된 지층만큼 시간적 차이가 생긴다.
- 부정합면 위쪽에는 기저 역암이 분포하기도 하므로 지층의 역전 여부를 판단할 수도 있다.[3]

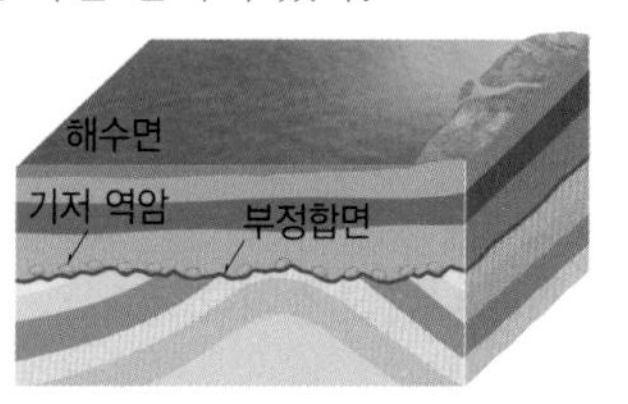

▲ 부정합의 법칙

⑥ **관입의 법칙**: 관입한 암석은 관입 당한 암석보다 나중에 생성되었다. ➡ 관입한 경우와 분출한 경우 지층의 생성 순서가 달라진다.

관입한 경우	분출한 경우
변성 부분 / 화성암 C, B, A, 포획암	변성 부분 / 화성암 C, 기저 역암, B, A
• 마그마가 기존의 암석을 뚫고 관입하면, 화성암 주변에 마그마의 열에 의해 변성 작용을 받은 흔적이 분포한다. • 기존의 암석 조각이 화성암 속에 포획암으로 발견될 수 있다. • 생성 순서: A → C → B	• 마그마가 지표로 분출하여 식은 후 새로운 지층이 퇴적되면, 화성암 위쪽에는 변성 작용의 흔적이 없다. • 화성암의 위쪽에 침식 흔적이 발견되거나 화성암의 조각이 기저 역암으로 발견될 수 있다. • 생성 순서: A → B → C

[1] **동일 과정의 원리**
동일 과정의 원리를 처음 주장한 사람은 영국의 지질학자 허턴으로, 현재 일어나고 있는 자연 현상을 이해하면 과거에 일어났던 일을 연구하여 알 수 있다는 의미로 '현재는 과거를 푸는 열쇠'라고 하였다.

[2] **동물군 천이의 법칙**
- 연속된 상하 지층의 퇴적 순서를 알 수 있다.
- 멀리 떨어져 있는 지층의 선후 관계를 알 수 있다.

[3] **기저 역암**
지각의 일부가 융기되면서 퇴적이 중단되고 이전에 형성된 암석의 일부가 침식되면서 형성된 자갈 크기 정도의 입자로, 침식 작용이 있었다는 것을 알려 준다.

용어 돋보기

* **지사학(地 땅, 史 역사, 學 학문)**_지층과 암석에 기록된 지구의 역사를 연구하는 학문

* **천이(遷 옮기다, 移 옮기다)**_일정한 지역의 생물 군락이나 군락을 구성하고 있는 종들이 시간에 따라 변해가는 현상

2 지층의 대비 여러 지역에 분포하는 지층들을 서로 비교하여 생성 시대나 퇴적 순서를 밝히는 것

① **암상에 의한 대비**: 지층을 구성하는 암석의 성분, 조직, 색, 퇴적 구조 등의 특징과 건층 등을 이용하여 지층의 선후 관계를 판단하는 방법 ➡ 비교적 가까운 거리에 있는 지층을 비교하는 데 이용한다.

- 건층(열쇠층): 비교적 넓은 지역에 분포하여 지층의 대비에 기준이 되는 지층
- 건층의 조건: 비교적 짧은 시간 동안 퇴적되었으면서도 넓은 지역에 걸쳐 분포하는 퇴적층이어야 한다. ➡ 응회암층, 석탄층 등이 좋은 건층이 될 가능성이 크다.[4]

② **화석에 의한 대비**: 같은 종류의 표준 화석이 발견되는 지층을 연결하여 지층의 선후 관계를 판단하는 방법[5]

- 가까운 거리뿐만 아니라 비교적 먼 거리에 있는 지층을 비교하는 데도 이용할 수 있다.
- 동물군 천이의 법칙이 적용되고, 표준 화석이 이용된다.

암상에 의한 대비	화석에 의한 대비
건층이 있는 지층은 비슷한 시기에 퇴적되었다.	같은 종류의 표준 화석이 발견된 지층은 암석의 종류가 달라도 같은 시대에 퇴적되었다.
응회암층 / 석탄층 A 지역 B 지역 C 지역 D 지역 ➡ 응회암층과 석탄층이 각각 퇴적된 시기 사이에 부정합이 형성되었을 가능성이 가장 작은 지역: B 지역 ➡ 가장 오래된 지층이 있는 지역: C 지역	E 지역 F 지역 G 지역 H 지역 ➡ 암모나이트 화석이 발견된 지층: 중생대 지층 ➡ 삼엽충 화석이 발견된 지층: 고생대 지층 ➡ 중생대 지층이 발견되지 않는 지역: G 지역

④ **응회암층과 석탄층**
- 응회암층: 화산재는 비교적 짧은 시간 동안 넓은 지역에 동시에 퇴적될 수 있다.
- 석탄층: 육상 식물이 번성한 지역에서 형성된다.

⑤ **표준 화석**
특정 시대에만 생존했던 생물의 화석으로, 퇴적층의 퇴적 시기를 알려 준다.

시대	기간	표준 화석
고생대	약 5.41억 년 전~약 2.522억 년 전	삼엽충, 방추충
중생대	약 2.522억 년 전~약 6600만 년 전	암모나이트, 공룡
신생대	약 6600만 년 전~	화폐석, 매머드

정답과 해설 24쪽

(1) 다음은 지사학 법칙에 대한 설명이다. (　　) 안에 알맞은 말을 쓰시오.

① (　　　　)의 원리: 현재 일어나는 자연 현상을 통해 과거를 해석하는 지사학 연구의 기본 원리이다.

② (　　　　)의 법칙: 현재 지층이 기울어져 있거나 휘어져 있으면 지각 변동을 받은 적이 있다.

③ 지층 누중의 법칙: 지층의 역전이 없다면 아래 지층이 위 지층보다 (　　　　) 생성되었다.

④ (　　　　)의 법칙: 나중에 생성된 지층일수록 더 진화된 생물 화석이 산출된다.

⑤ (　　　　)의 법칙: 부정합면을 경계로 상하 지층 사이에는 긴 시간 간격이 있다.

⑥ 관입의 법칙: 관입 당한 지층이 관입암보다 (　　　　) 생성되었다.

(2) 그림은 어느 지역의 지질 단면도이다. (　　) 안에 알맞은 말을 쓰시오.

변성 부분　화성암
C
B
A
포획암

① A~C의 생성 순서는 (　　　　) → (　　　　) → (　　　　)이다.

② 지층의 생성 순서를 정하는 데에는 지층 누중의 법칙과 (　　　　)의 법칙이 적용된다.

(3) (　　　　)는 여러 지역에 분포하는 지층들을 서로 비교하여 시간적인 선후 관계를 밝히는 것이다.

(4) 서로 가까운 거리에 있는 지층을 비교할 때 (　　　　)을 이용하여 암상에 의한 대비를 한다.

(5) 서로 멀리 떨어져 있는 지층의 경우, 같은 종류의 (　　　　) 화석이 발견되는 지층을 연결하여 지층의 선후 관계를 판단한다.

지층의 나이

B 상대 연령과 절대 연령

1 상대 연령 지층이나 암석의 생성 시기, 지질학적 현상의 발생 순서를 상대적으로 나타내는 것 ➡ 지사학 법칙이나 지층의 대비를 이용하여 생성 순서를 정할 수 있다.

탐구 자료 상대 연령: 지층의 생성과 지각 변동의 발생 순서 결정

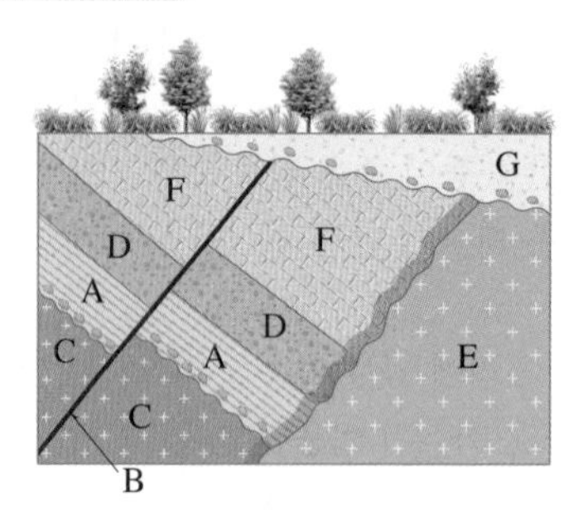

1. 지층과 암석의 생성 순서: 화성암 C 생성 → 부정합 형성 → 지층 A 퇴적 → 지층 D 퇴적 → 지층 F 퇴적 → 화성암 E 관입 → 단층 B 형성(또는 단층 B 형성 → 화성암 E 관입) → 부정합 형성 → 지층 G 퇴적 → 융기

2. 상대 연령 측정에 이용된 지사학 법칙

- 수평 퇴적의 법칙: 지층 A 퇴적 → 지층 D 퇴적 → 지층 F 퇴적 후 지각 변동을 받아 지층이 기울어졌다.
- 지층 누중의 법칙: '지층 A → 지층 D → 지층 F' 순서로 퇴적되었다.
- 관입의 법칙: 화성암 E는 암석 C의 생성, 지층 A, D, F의 퇴적보다 나중에 관입하여 생성되었다.
- 부정합의 법칙: 암석 C와 지층 A 사이, 암석 E와 지층 G 사이에 부정합이 형성(융기, 침식, 침강)되었다.

2 절대 연령 암석의 생성 시기, 지질학적 현상의 발생 시기를 구체적인 수치로 나타낸 것 ➡ *방사성 동위 원소의 반감기를 이용하여 측정한다.[6]

① **방사성 동위 원소:** 자연 상태에서 불안정하기 때문에 원자핵이 일정한 속도로 붕괴하여 방사선을 방출하면서 안정한 원소로 변해가는 원소 ➡ 붕괴하는 원래의 방사성 동위 원소를 **모원소**라 하고, 붕괴에 의해 새로 생성되는 원소를 **자원소**라고 한다.

② **방사성 동위 원소의 반감기:** 방사성 동위 원소가 붕괴하여 처음 양의 절반으로 줄어드는 데 걸리는 시간 ➡ 반감기는 온도나 압력의 영향을 받지 않으므로 암석이 생성된 후 지각 변동을 받았더라도 반감기를 이용하면 암석의 절대 연령을 측정할 수 있다.[7]

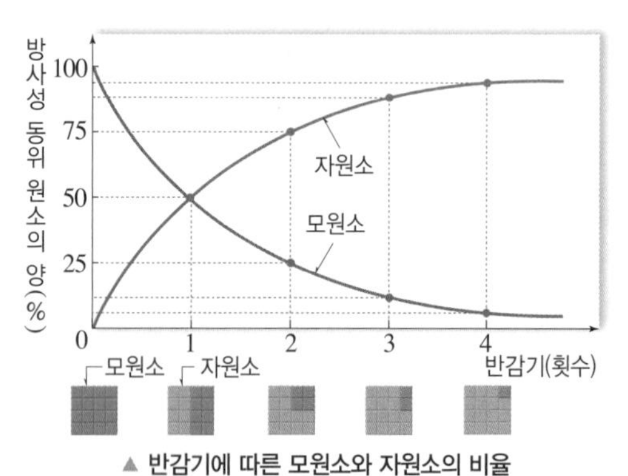

▲ 반감기에 따른 모원소와 자원소의 비율

시간이 지남에 따라 모원소의 양은 지속적으로 감소하고, 자원소의 양은 지속적으로 증가한다.

③ 반감기와 절대 연령의 관계

$$N = N_0 \times \left(\frac{1}{2}\right)^{\frac{t}{T}}$$

(N: t년 후 모원소의 양, N_0: 처음 모원소의 양, T: 반감기, t: 절대 연령)

④ 주요 방사성 동위 원소의 반감기

방사성 동위 원소		반감기	방사성 동위 원소		반감기
모원소	자원소		모원소	자원소	
^{238}U(우라늄)	^{206}Pb(납)	약 45억 년	^{40}K(칼륨)	^{40}Ar(아르곤)	약 13억 년
^{235}U(우라늄)	^{207}Pb(납)	약 7억 년	^{87}Rb(루비듐)	^{87}Sr(스트론튬)	약 492억 년
^{232}Th(토륨)	^{208}Pb(납)	약 141억 년	^{14}C(탄소)	^{14}N(질소)	약 5730년

[6] **동위 원소**
원자핵을 이루는 양성자수가 같아서 원자 번호가 같지만, 중성자수는 달라서 질량수가 다른 원소이다. 같은 종류의 원소여도 중성자수가 다르면 원소의 물리적 성질이 달라진다. 동위 원소 중에서 방사성이 있는 원소가 방사성 동위 원소이다.

[7] **모원소의 비율과 반감기 횟수로 알아내는 절대 연령**

모원소의 비율	나중 모원소의 양 / 처음 모원소의 양	반감기 횟수
50 %	$\frac{1}{2}$	1회
25 %	$\frac{1}{4}$	2회
12.5 %	$\frac{1}{8}$	3회

➡ 반감기×반감기 횟수=절대 연령
예 어떤 암석에 ^{235}U이 처음 양의 50 % 남아 있다면, 반감기가 1회 지났으므로 암석의 절대 연령은 약 7억 년이다.

용어 돋보기
* **방사성(放 내놓다, 射 쏘다, 性 성질)** _ 원자핵으로부터 방사선을 방출하면서 붕괴하는 성질

⑤ 암석의 종류에 따른 절대 연령 측정

화성암	화성암의 절대 연령은 마그마에서 광물이 정출된 시기를 나타낸다.
변성암	변성암의 절대 연령은 변성 작용이 일어난 시기를 나타낸다.
쇄설성 퇴적암	퇴적암의 구성 입자는 퇴적암보다 먼저 생성된 근원암에서 유래된 것이기 때문에 퇴적암의 절대 연령은 퇴적암의 생성 시기가 아니라 퇴적물 근원암의 생성 시기를 나타낸다. 따라서 쇄설성 퇴적암의 절대 연령은 측정하지 않는다.

⑥ 반감기에 따른 방사성 동위 원소의 이용[8]

- 오래된 지질 시대의 절대 연령: 반감기가 긴 방사성 동위 원소를 이용한다.
- 가까운 지질 시대의 절대 연령: 반감기가 짧은 방사성 동위 원소를 이용한다.

  예 ^{14}C는 반감기가 약 5730년으로 짧아 비교적 젊은 지층이나 고고학 연구에 이용된다.
  ➡ 가까운 지질 시대 생물(동물의 뼈, 조개껍데기, 나무 등)의 절대 연령은 죽은 식물이나 동물의 조직에 들어 있는 방사성 탄소(^{14}C)의 양을 측정하여 알아낸다.

[방사성 탄소(^{14}C)의 생성 과정]

대기 중 CO_2를 이루고 있는 탄소는 대부분 ^{12}C로 존재하지만, 극히 일부는 방사성 탄소 ^{14}C로 존재한다.

❶ **^{14}C의 생성:** 대기 중 ^{14}N가 우주에서 오는 중성자와 충돌하여 ^{14}C가 생성된다.

❷ **대기에서 탄소의 비율:** 대기 중 ^{14}C는 다시 붕괴하여 ^{14}N로 변하므로 대기 중에 존재하는 ^{12}C와 ^{14}C의 비율은 일정하게 유지된다.

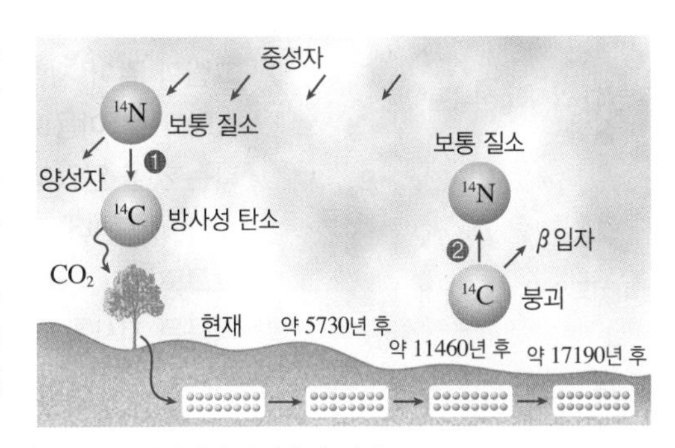

❸ **생물체 내에서 탄소의 비율:** 광합성과 호흡에 의해 대기에서의 비율과 같다.

❹ **죽은 생물체에서 탄소의 비율:** 탄소의 공급이 중단되고, 생물체 속에서 ^{12}C는 붕괴하지 않지만, ^{14}C는 붕괴하여 ^{14}N로 변하므로 ^{12}C와 ^{14}C의 비율이 변한다. 따라서 죽은 생물체 내의 ^{12}C와 ^{14}C의 비율과 대기 중의 ^{12}C와 ^{14}C의 비율을 비교하면 생물이 죽은 후 현재까지 경과한 시간, 즉 절대 연령을 알 수 있다.

[8] 절대 연령을 측정할 때 시료(방사성 동위 원소)의 조건
- 모원소를 많이 포함할수록, 자원소를 적게 포함할수록 유리하다.
- 모원소의 반감기가 시료의 나이와 비교하여 적절해야 한다.

정답과 해설 24쪽

(6) 지질학적 현상이 발생한 선후 관계를 정하는 것은 (   ) 연령에 해당하고, 지질학적 현상의 발생 시기를 구체적인 수치로 나타내는 것을 (   ) 연령이라고 한다.

(7) 서로 멀리 떨어져 있는 지층을 대비하면 지층 사이의 (상대, 절대) 연령을 정할 수 있다.

(8) 붕괴하는 원래의 방사성 동위 원소를 (   ), 붕괴에 의해 새로 생성되는 원소를 (   )라고 한다.

(9) 방사성 동위 원소의 반감기는 온도나 압력 변화에 따라 (변한다, 변하지 않는다). 그러므로 반감기를 이용하면 암석의 (   ) 연령을 측정할 수 있다.

(10) 시간이 지남에 따라 모원소의 양은 지속적으로 (증가, 감소)하고, 자원소의 양은 지속적으로 (증가, 감소)한다.

(11) 그림은 어떤 암석 속에 들어 있는 방사성 동위 원소 X의 시간에 따른 변화량을 나타낸 것이다. (   ) 안에 알맞은 말을 쓰시오.

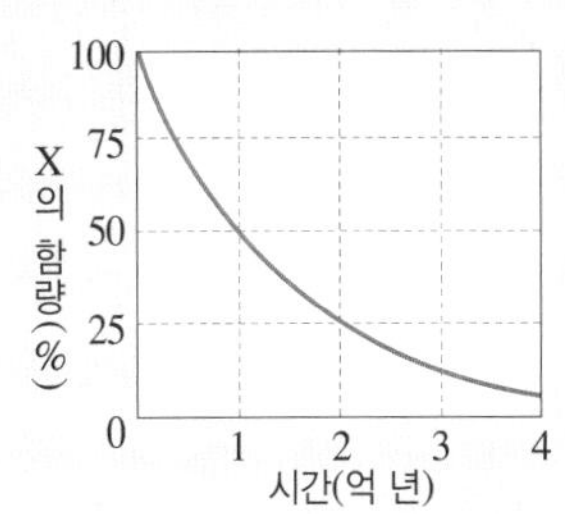

① X의 반감기는 (   ) 년이다.
② 반감기가 2번 지났다면 자원소 양은 모원소 양의 (   )배가 된다.
③ 어떤 암석에 포함된 모원소(X)와 자원소의 함량비가 1 : 7이면 반감기가 (   )번 지났고, 이 암석의 절대 연령은 (   ) 년이다.

(12) 오래된 지질 시대의 절대 연령은 반감기가 (짧은, 긴) 방사성 동위 원소를 이용하고, 반감기가 짧은 방사성 탄소는 상대적으로 (짧은, 긴) 절대 연령 측정에 유리하다.

수능 자료

정답과 해설 24쪽

2019 ● Ⅱ 수능 2번

자료 ❶ 지사학 법칙과 지층의 대비

그림은 서로 다른 두 지역의 지질 단면과 지층에서 관찰된 퇴적 구조를 나타낸 것이다. 두 지역에서 화강암의 절대 연령은 같다.

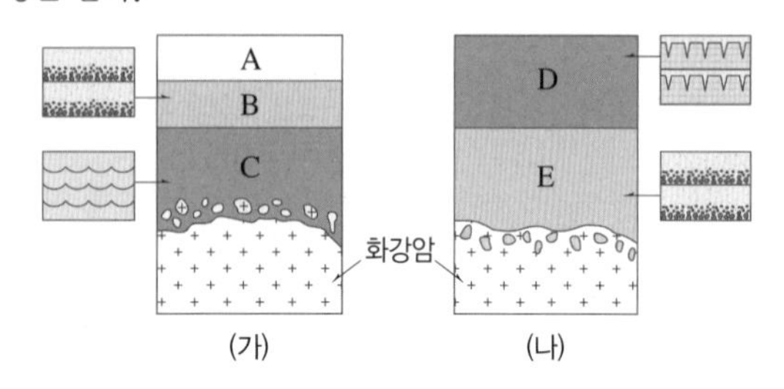

1. C는 B보다 먼저 퇴적되었다. (○, ×)
2. (가) 지역의 퇴적층은 해수면이 상승하는 동안 생성되었다. (○, ×)
3. (가) 지역에서 C는 화강암보다 먼저 생성되었다. (○, ×)
4. (가) 지역의 지층과 암석의 생성 순서 결정에 관입의 법칙이 적용된다. (○, ×)
5. A～E 지층은 모두 역전되지 않았다. (○, ×)
6. E는 D보다 먼저 퇴적되었다. (○, ×)
7. (나) 지역의 퇴적층은 해수면이 상승하는 동안 퇴적되었다. (○, ×)
8. (나) 지역에서 E는 화강암보다 나중에 생성되었다. (○, ×)
9. (나) 지역의 지층과 암석의 생성 순서 결정에 지층 누중의 법칙, 관입의 법칙이 적용된다. (○, ×)
10. E는 C보다 나중에 퇴적되었다. (○, ×)

2021 ● 수능 19번

자료 ❷ 상대 연령과 절대 연령

그림 (가)는 어느 지역의 지표에 나타난 화강암 A, B와 셰일 C의 분포를, (나)는 화강암 A, B에 포함된 방사성 원소의 붕괴 곡선 X, Y를 순서 없이 나타낸 것이다. A는 B를 관입하고 있고, B와 C는 부정합으로 접하고 있다. A, B에 포함된 방사성 원소의 양은 각각 처음 양의 20 %와 50 %이다.

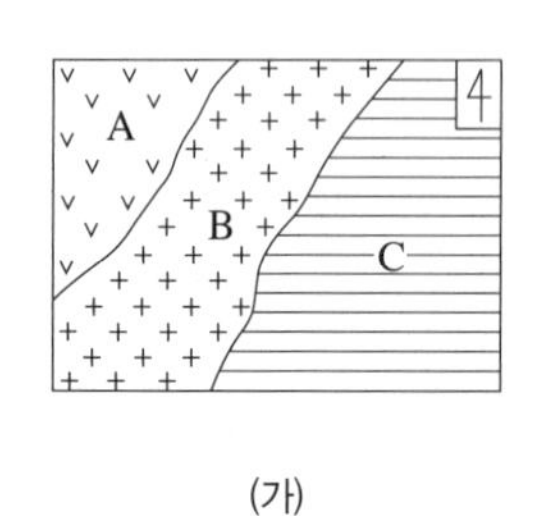

(가)

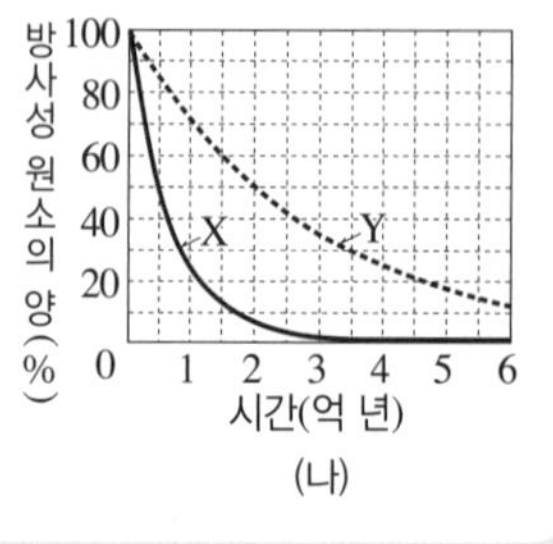

(나)

1. B는 A보다 먼저 생성되었다. (○, ×)
2. C는 B보다 먼저 생성되었다. (○, ×)
3. 방사성 원소의 반감기는 Y가 X의 4배이다. (○, ×)
4. 화강암 A에는 방사성 원소 X가 포함되어 있다. (○, ×)
5. B는 고생대에 생성되었다. (○, ×)

정답과 해설 24쪽

Ⓐ 지사학 법칙과 지층의 대비

1 그림은 어느 지역의 지질 단면도이다. 이 지역의 지층과 암석의 생성 순서를 알아보는 데 적용된 지사학 법칙이 아닌 것은?

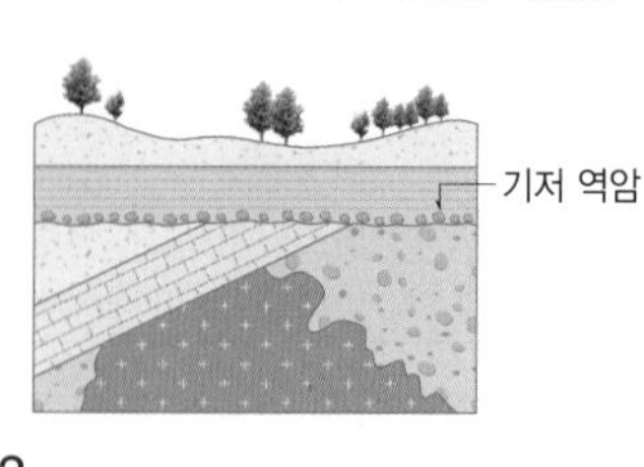

① 부정합의 법칙 ② 관입의 법칙
③ 수평 퇴적의 법칙 ④ 지층 누중의 법칙
⑤ 동물군 천이의 법칙

2 그림과 같이 지층에서 산출되는 화석 A와 B를 이용하여 지층이 역전되었다는 것을 알았다.
A와 B 중 더 진화된 생물의 화석을 고르고, 지층의 역전을 결정하는 데 적용된 지사학 법칙을 쓰시오.

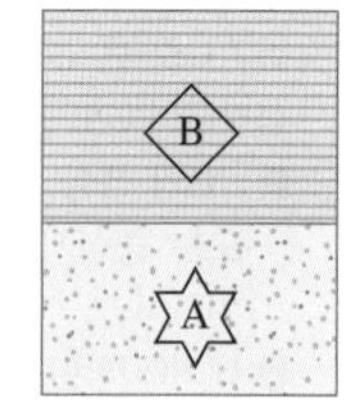

3 멀리 떨어진 지역의 지층을 대비하기 위한 방법으로 화석을 이용할 때 가장 적당하지 않은 화석은?

① 삼엽충 ② 암모나이트 ③ 화폐석
④ 고사리 ⑤ 공룡

Ⓑ 상대 연령과 절대 연령

4 그림은 어느 지역의 지질 단면도를 나타낸 것이다.

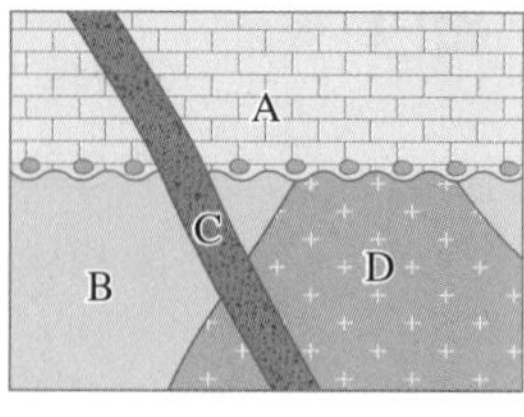

(1) A～D의 생성 순서를 쓰시오.
(2) 생성 순서를 판단하는 데 적용된 지사학 법칙을 모두 쓰시오.

5 선사 시대의 유물에서 유기물을 채취하여 ^{14}C의 함량을 측정한 결과 처음 양의 $\frac{1}{16}$로 줄었다는 사실을 알았다. 이 유물의 연령은? (단, ^{14}C의 반감기는 5730년이다.)

① 11460년 ② 22920년 ③ 45840년
④ 91680년 ⑤ 114600년

정답과 해설 25쪽

1 그림은 어느 지역의 지질 단면도를 나타낸 것이다.

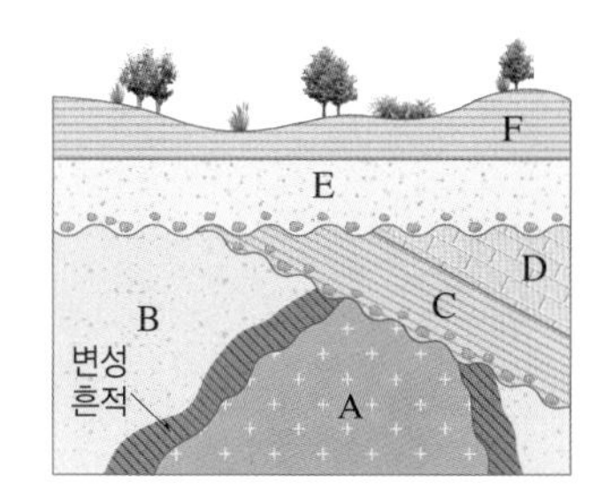

지층이나 암석의 생성 순서를 판단하는 데 적용된 지사학 법칙으로 옳은 것만을 [보기]에서 있는 대로 고른 것은?

보기

ㄱ. B가 A보다 먼저 생성되었다. – 지층 누중의 법칙
ㄴ. C와 D는 지각 변동을 받았다. – 수평 퇴적의 법칙
ㄷ. D와 E는 생성 시기에 차이가 크다. – 부정합의 법칙

① ㄱ ② ㄴ ③ ㄱ, ㄷ
④ ㄴ, ㄷ ⑤ ㄱ, ㄴ, ㄷ

2 그림은 인접한 세 지역 A, B, C의 지질 단면도를 나타낸 것이고, 이 지역에는 동일한 시기에 분출된 화산재가 쌓여 만들어진 암석이 있다.

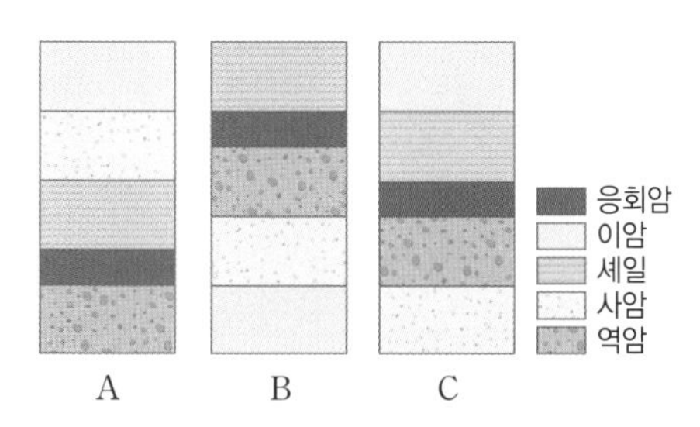

이에 대한 설명으로 옳은 것만을 [보기]에서 있는 대로 고른 것은? (단, 지층의 역전은 없었다.)

보기

ㄱ. A와 C 지역의 사암층은 같은 시기에 퇴적되었다.
ㄴ. 가장 오래된 암석층은 B 지역에 있다.
ㄷ. 이 지역에는 화학적 퇴적암이 존재하지 않는다.

① ㄱ ② ㄴ ③ ㄱ, ㄷ
④ ㄴ, ㄷ ⑤ ㄱ, ㄴ, ㄷ

3 그림은 인접한 세 지역 A, B, C의 지질 단면도를 나타낸 것이다.

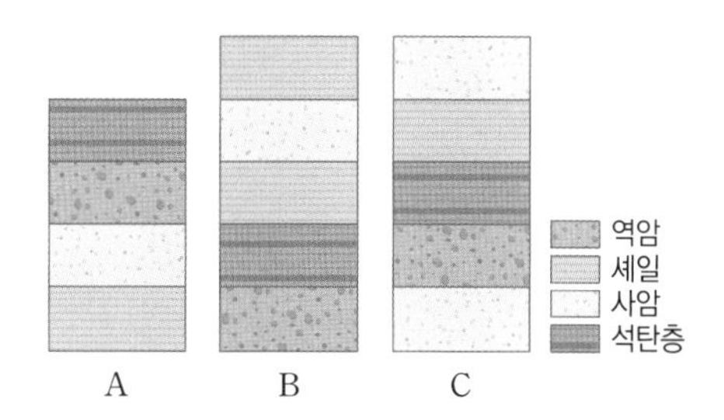

이에 대한 설명으로 옳은 것만을 [보기]에서 있는 대로 고른 것은? (단, 지층의 역전은 없었다.)

보기

ㄱ. A, B, C 지역에는 7개의 서로 다른 시기에 퇴적된 지층이 분포한다.
ㄴ. A와 B 지역의 사암층은 다른 시기에 생성되었다.
ㄷ. C 지역에서는 퇴적 중간에 부정합이 형성되었다.

① ㄱ ② ㄷ ③ ㄱ, ㄴ
④ ㄴ, ㄷ ⑤ ㄱ, ㄴ, ㄷ

4 그림은 (가), (나), (다) 지역의 지층 단면 모습과 각 지층에서 산출되는 화석을 나타낸 것이다.

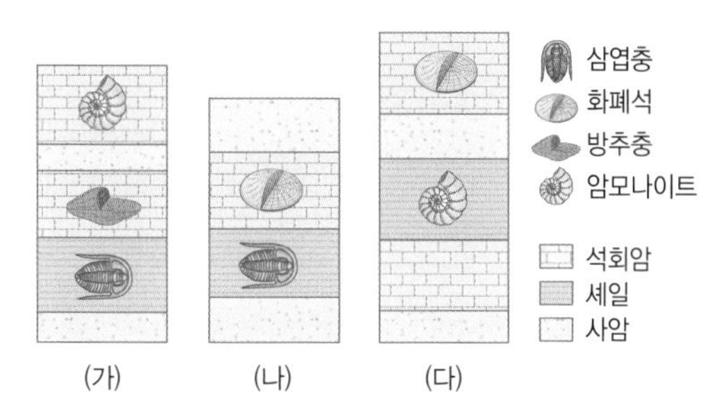

이에 대한 설명으로 옳은 것만을 [보기]에서 있는 대로 고른 것은?

보기

ㄱ. 가장 젊은 지층은 (나) 지역에 분포한다.
ㄴ. 세 지역의 셰일층은 서로 비슷한 시기에 퇴적되었다.
ㄷ. 화폐석 화석이 산출되는 석회암층의 생성 전후로 사암층이 퇴적되었다.

① ㄱ ② ㄴ ③ ㄱ, ㄷ
④ ㄴ, ㄷ ⑤ ㄱ, ㄴ, ㄷ

5 그림은 A~D 지역의 지층 단면과 각 지층에서 산출되는 표준 화석을 나타낸 것이다.

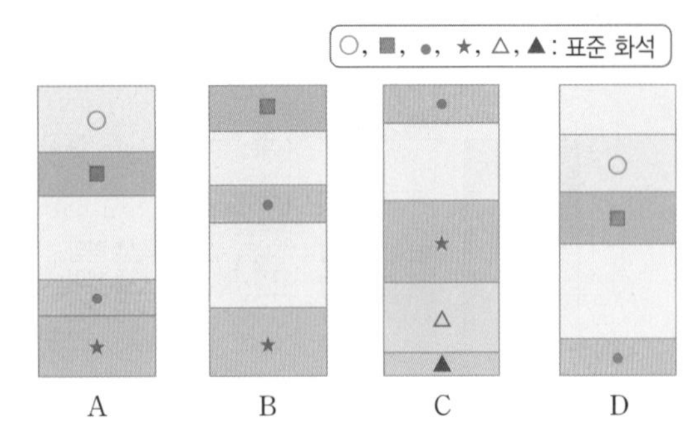

이에 대한 설명으로 옳은 것만을 [보기]에서 있는 대로 고른 것은? (단, 지층의 역전은 없었다.)

보기

ㄱ. 가장 나중에 퇴적된 지층은 A 지역에서 나타난다.
ㄴ. 가장 먼저 퇴적된 지층은 C 지역에서 나타난다.
ㄷ. A~D 지역에서 산출되는 표준 화석 중 가장 최근에 살았던 생물의 화석은 ○이다.

① ㄱ ② ㄴ ③ ㄱ, ㄷ
④ ㄴ, ㄷ ⑤ ㄱ, ㄴ, ㄷ

6 그림은 어느 지역의 지질 단면도를 나타낸 것이다.

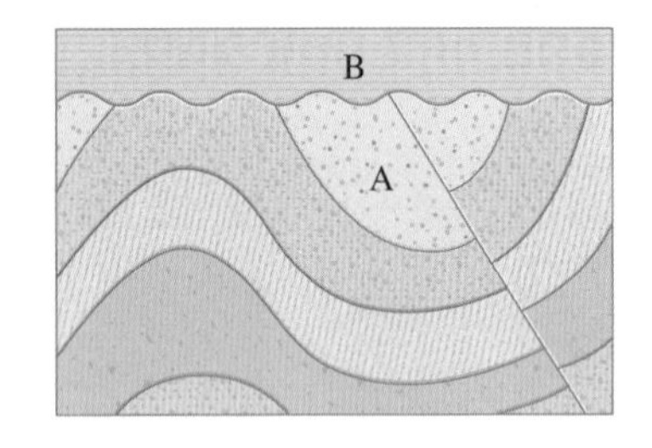

이 지역에 나타난 지질학적인 현상을 순서대로 옳게 나열한 것은?

① A 퇴적 → B 퇴적 → 습곡 → 역단층 → 부정합(융기, 침강)
② A 퇴적 → B 퇴적 → 습곡 → 정단층 → 부정합(융기, 침강)
③ A 퇴적 → 정단층 → 습곡 → 부정합(융기, 침강) → B 퇴적
④ A 퇴적 → 습곡 → 역단층 → 부정합(융기, 침강) → B 퇴적
⑤ A 퇴적 → 습곡 → 부정합(융기, 침강) → 역단층 → B 퇴적

7 그림은 어느 지역의 지질 단면도를 나타낸 것이다.

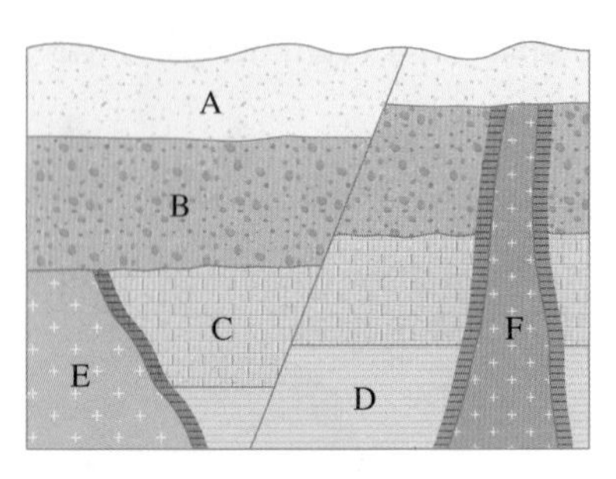

이에 대한 설명으로 옳은 것만을 [보기]에서 있는 대로 고른 것은?

보기

ㄱ. A가 퇴적된 후 횡압력이 작용하여 단층이 형성되었다.
ㄴ. B의 퇴적 시기는 E와 F의 관입 시기 사이이다.
ㄷ. 이 지역의 지층이 퇴적되는 기간 동안 지반의 융기와 침강이 1회 있었다.

① ㄱ ② ㄴ ③ ㄱ, ㄷ
④ ㄴ, ㄷ ⑤ ㄱ, ㄴ, ㄷ

2019 Ⅱ 6월 평가원 1번

8 그림은 어느 지역의 지질 단면도와 산출되는 화석을 나타낸 것이다.

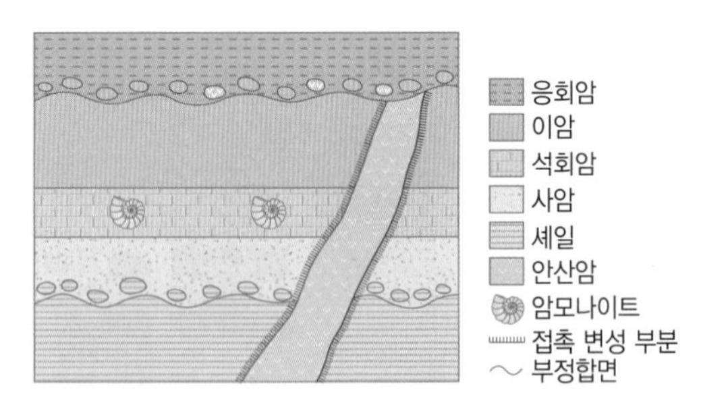

이 자료에 대한 설명으로 옳은 것만을 [보기]에서 있는 대로 고른 것은?

보기

ㄱ. 석회암층은 고생대에 퇴적되었다.
ㄴ. 안산암은 응회암층보다 먼저 생성되었다.
ㄷ. 셰일층과 사암층 사이에 퇴적이 중단된 시기가 있었다.

① ㄱ ② ㄴ ③ ㄷ
④ ㄱ, ㄴ ⑤ ㄴ, ㄷ

9 표는 화성암 A, B에 포함된 방사성 동위 원소 X와 X가 붕괴되어 생성된 원소 Y의 함량비를, 그림은 시간에 따른 X의 함량 변화를 나타낸 것이다.

구분	X의 함량비	Y의 함량비
A	12.5 %	87.5 %
B	25 %	75 %

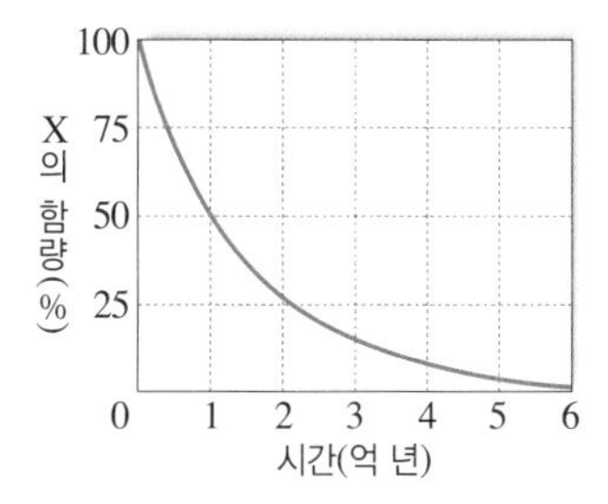

이에 대한 설명으로 옳은 것만을 [보기]에서 있는 대로 고른 것은?

보기

ㄱ. 화성암 B의 절대 연령은 2억 년이다.
ㄴ. 화성암 A는 중생대에 생성되었다.
ㄷ. 암석의 나이는 A가 B보다 많다.

① ㄱ ② ㄴ ③ ㄱ, ㄷ
④ ㄴ, ㄷ ⑤ ㄱ, ㄴ, ㄷ

자료❶ 2019 Ⅱ수능 6번

10 그림은 서로 다른 두 지역의 지질 단면과 지층에서 관찰된 퇴적 구조를 나타낸 것이다. (가)와 (나)의 퇴적층은 각각 해수면이 상승하는 동안과 하강하는 동안에 생성된 것 중 하나이다. 두 지역에서 화강암의 절대 연령은 같다.

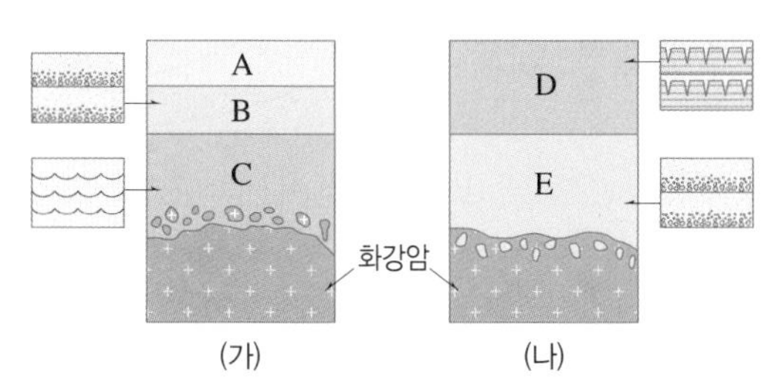

(가) (나)

이에 대한 설명으로 옳은 것만을 [보기]에서 있는 대로 고른 것은?

보기

ㄱ. (가)는 해수면이 상승하는 경우에 해당한다.
ㄴ. 지층 D는 생성 과정 중 대기에 노출된 적이 있다.
ㄷ. 지층 A~E 중 가장 오래된 것은 지층 E이다.

① ㄱ ② ㄴ ③ ㄱ, ㄷ
④ ㄴ, ㄷ ⑤ ㄱ, ㄴ, ㄷ

11 그림은 시간에 따른 방사성 동위 원소의 양과 자원소 양의 변화를 나타낸 것이다.

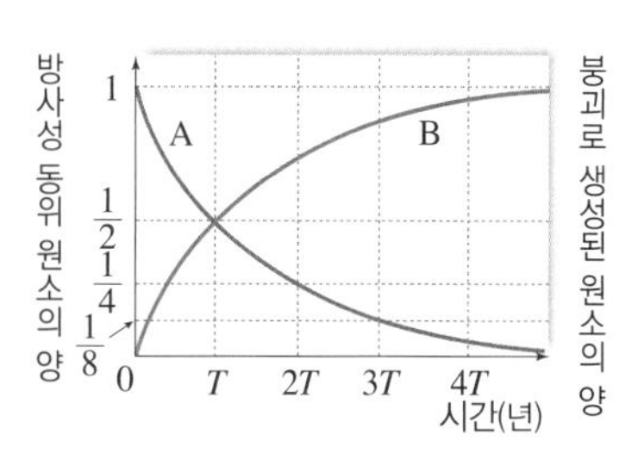

이에 대한 설명으로 옳은 것만을 [보기]에서 있는 대로 고른 것은?

보기

ㄱ. A는 방사성 동위 원소, B는 자원소이다.
ㄴ. 방사성 동위 원소의 반감기는 T이다.
ㄷ. $\frac{A}{A+B}$의 값이 $\frac{1}{8}$인 화성암의 절대 연령은 $3T$이다.

① ㄱ ② ㄷ ③ ㄱ, ㄴ
④ ㄴ, ㄷ ⑤ ㄱ, ㄴ, ㄷ

12 그림 (가)는 어느 지역의 지질 단면도이고, (나)는 화성암 A와 B에 들어 있는 방사성 동위 원소 X의 붕괴 곡선이다.

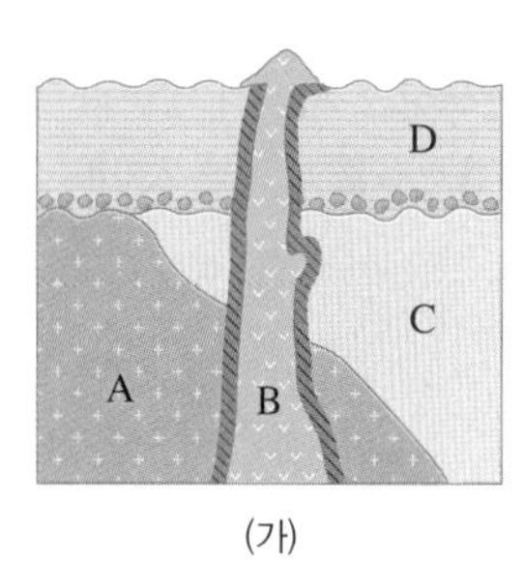

(가)

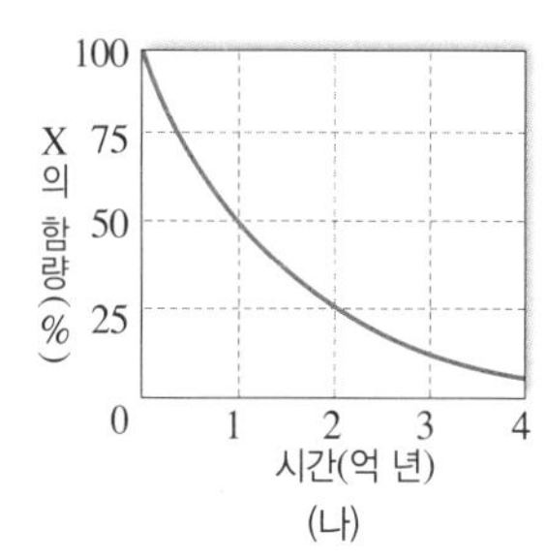

(나)

이에 대한 설명으로 옳은 것만을 [보기]에서 있는 대로 고른 것은? (단, A와 B에는 방사성 동위 원소 X가 각각 처음 양의 $\frac{1}{4}$, $\frac{1}{2}$이 들어 있다.)

보기

ㄱ. 지층과 암석의 생성 순서는 A → C → B → D이다.
ㄴ. X의 반감기는 0.5억 년이다.
ㄷ. D의 절대 연령은 1억 년과 2억 년 사이이다.

① ㄱ ② ㄷ ③ ㄱ, ㄴ
④ ㄴ, ㄷ ⑤ ㄱ, ㄴ, ㄷ

정답과 해설 27쪽

1 그림은 (가)와 (나) 지역의 지질 단면도를 각각 나타낸 것이다. 두 지역에서 화성암의 절대 연령은 같다.

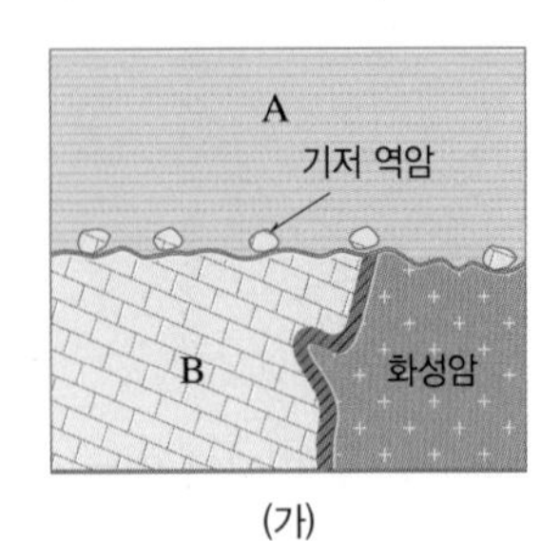

(가)

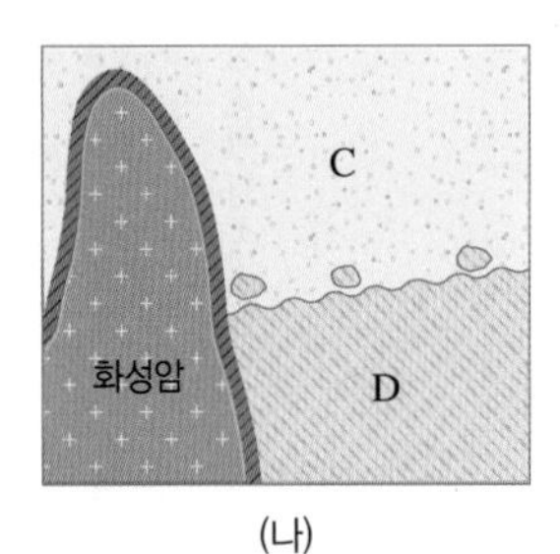

(나)

이에 대한 설명으로 옳은 것만을 [보기]에서 있는 대로 고른 것은?

보기

ㄱ. (가)에서는 화성암이 생성된 후 융기, 침강 작용이 일어났다.
ㄴ. A~D 중 가장 나중에 퇴적된 지층은 A이다.
ㄷ. 두 지역이 융기하여 침식을 받은 시기는 같다.

① ㄱ ② ㄷ ③ ㄱ, ㄴ
④ ㄴ, ㄷ ⑤ ㄱ, ㄴ, ㄷ

2 그림은 (가)~(라) 지역에 분포하는 지층의 단면과 각 지층에서 산출되는 표준 화석 A~G를 나타낸 것이다.

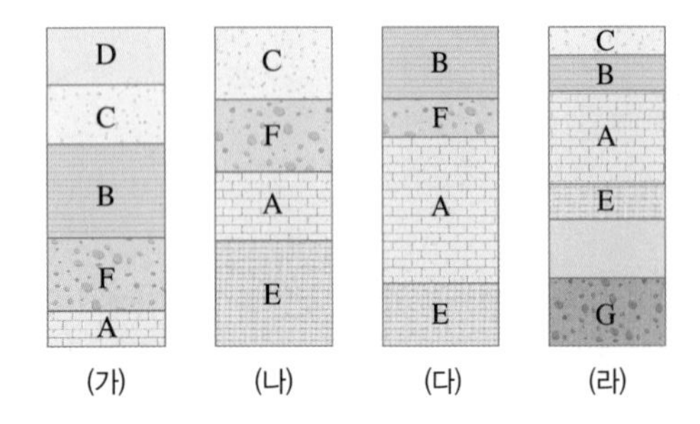

(가) (나) (다) (라)

이에 대한 설명으로 옳은 것만을 [보기]에서 있는 대로 고른 것은? (단, 지층은 역전되지 않았다.)

보기

ㄱ. 나이가 가장 젊은 지층은 D가 산출되는 지층이다.
ㄴ. (가) 지역에는 부정합이 발견된다.
ㄷ. 가장 오래된 표준 화석은 G이다.

① ㄱ ② ㄴ ③ ㄱ, ㄷ
④ ㄴ, ㄷ ⑤ ㄱ, ㄴ, ㄷ

3 그림은 어느 지역의 지질 단면도이다.

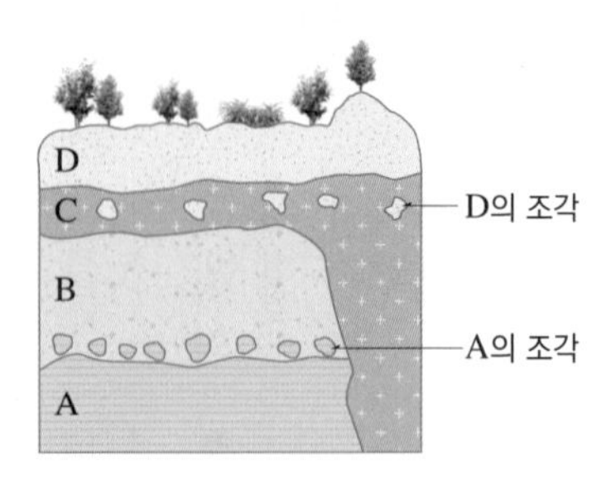

이에 대한 설명으로 옳은 것만을 [보기]에서 있는 대로 고른 것은?

보기

ㄱ. A는 과거에 침식 작용을 받았다.
ㄴ. 지층의 생성 순서는 A → B → D → C이다.
ㄷ. C는 용암이 지표로 분출하여 생긴 화산암이다.

① ㄱ ② ㄴ ③ ㄷ
④ ㄱ, ㄴ ⑤ ㄴ, ㄷ

2019 Ⅱ 9월 평가원 2번

4 그림은 서로 다른 방사성 원소 A, B, C의 붕괴 곡선을 나타낸 것이다.

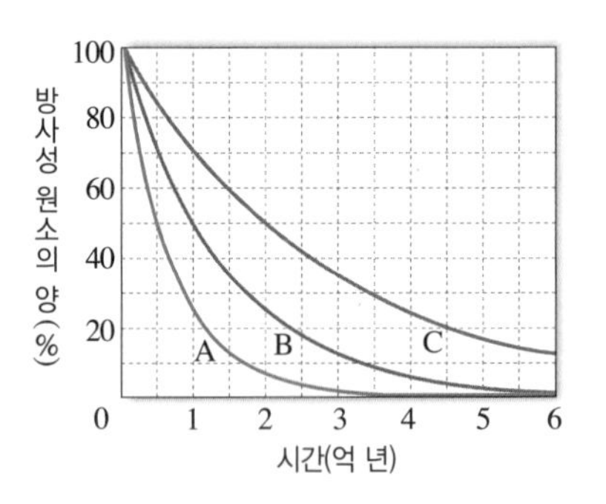

이에 대한 설명으로 옳은 것만을 [보기]에서 있는 대로 고른 것은?

보기

ㄱ. 반감기는 C가 A의 3배이다.
ㄴ. A가 두 번의 반감기를 지나는 데 걸리는 시간은 1억 년이다.
ㄷ. 암석에 포함된 B의 양이 처음의 $\frac{1}{8}$로 감소하는 데 걸리는 시간은 3억 년이다.

① ㄱ ② ㄴ ③ ㄱ, ㄷ
④ ㄴ, ㄷ ⑤ ㄱ, ㄴ, ㄷ

자료❷ 2021 수능 19번

5 그림 (가)는 어느 지역의 지표에 나타난 화강암 A, B와 셰일 C의 분포를, (나)는 화강암 A, B에 포함된 방사성 원소의 붕괴 곡선 X, Y를 순서 없이 나타낸 것이다. A는 B를 관입하고 있고, B와 C는 부정합으로 접하고 있다. A, B에 포함된 방사성 원소의 양은 각각 처음 양의 20 %와 50 %이다.

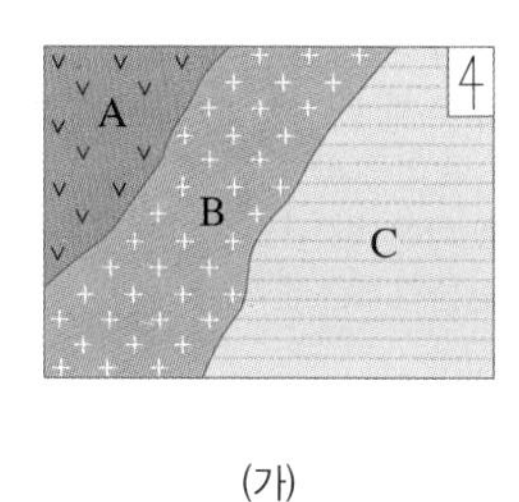

(가)

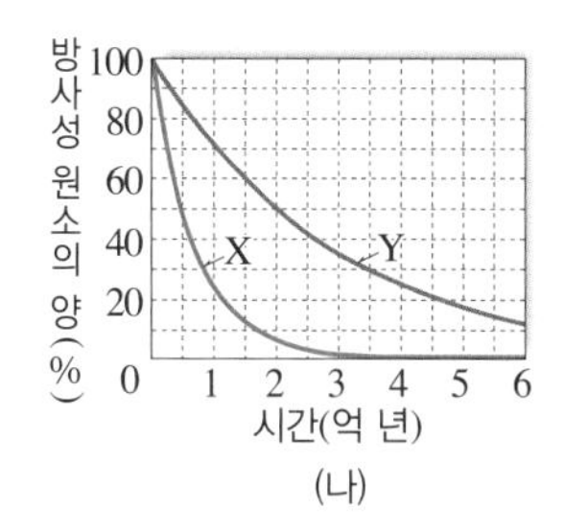

(나)

A, B, C에 대한 설명으로 옳은 것만을 [보기]에서 있는 대로 고른 것은?

보기
ㄱ. A에 포함된 방사성 원소의 붕괴 곡선은 X이다.
ㄴ. 가장 오래된 암석은 B이다.
ㄷ. C는 고생대 암석이다.

① ㄱ ② ㄷ ③ ㄱ, ㄴ
④ ㄴ, ㄷ ⑤ ㄱ, ㄴ, ㄷ

6 그림 (가)는 어느 지역의 지질 단면과 산출 화석을, (나)는 화성암 A에 들어 있는 방사성 동위 원소 X의 붕괴 곡선을 나타낸 것이다.

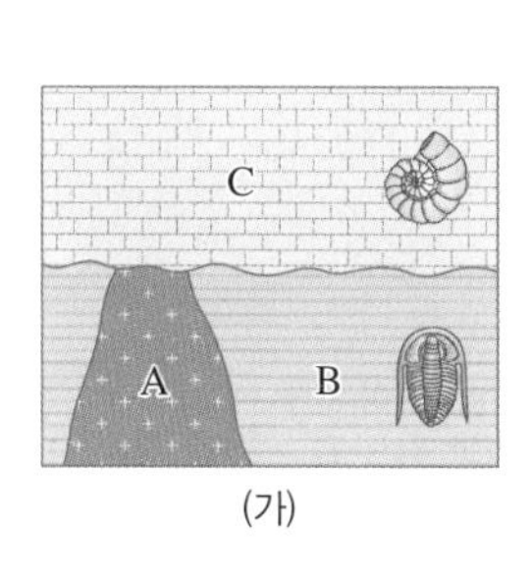

(가)

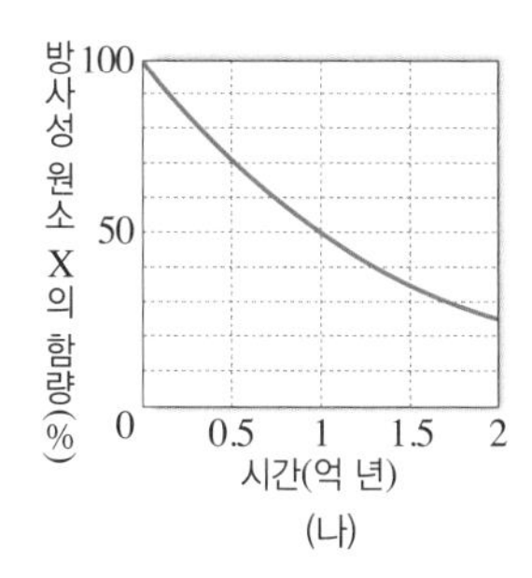

(나)

이에 대한 설명으로 옳은 것만을 [보기]에서 있는 대로 고른 것은?

보기
ㄱ. 화성암 A 속에는 B의 암석 조각이 포획암으로 나타날 수 있다.
ㄴ. B층과 C층의 퇴적 시기 사이에 퇴적이 중단된 적이 있다.
ㄷ. 화성암 A에는 방사성 동위 원소 X의 함량이 처음 양의 75 % 이상 들어 있을 것이다.

① ㄱ ② ㄷ ③ ㄱ, ㄴ
④ ㄴ, ㄷ ⑤ ㄱ, ㄴ, ㄷ

7 그림은 가까운 거리에 위치한 (가)와 (나) 두 지역의 지질 단면도이다.

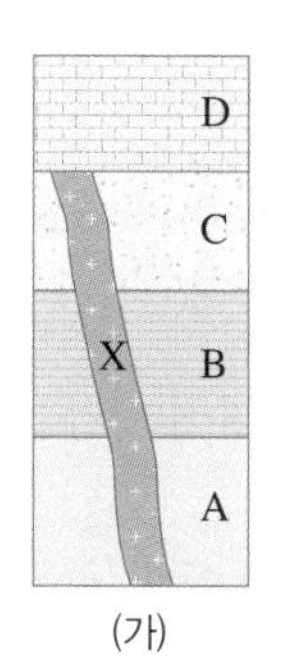

(가)

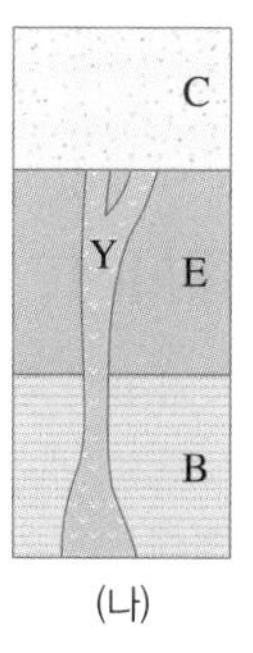

(나)

이에 대한 설명으로 옳은 것만을 [보기]에서 있는 대로 고른 것은? (단, 관입암 X의 절대 연령은 1억 년이다.)

보기
ㄱ. (가)의 B층과 C층은 정합 관계이다.
ㄴ. 관입암 Y의 절대 연령은 1억 년보다 많다.
ㄷ. (나)의 E층에서는 신생대의 화석이 산출될 수 있다.

① ㄱ ② ㄴ ③ ㄷ
④ ㄱ, ㄴ ⑤ ㄴ, ㄷ

2018 Ⅱ 6월 평가원 15번

8 그림은 어느 지층의 A－B 구간에 해당하는 각 암석의 연령을 나타낸 것이다.
이에 해당하는 지질 단면도로 가장 적절한 것은?

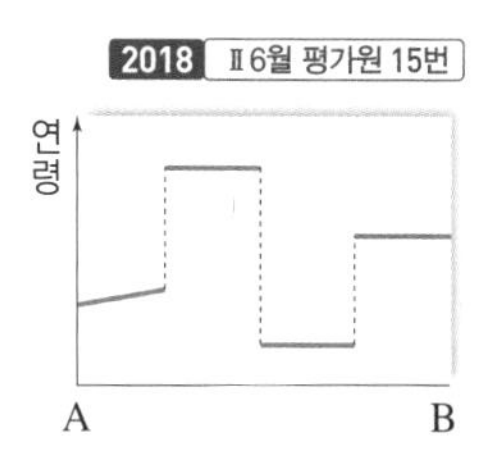

① 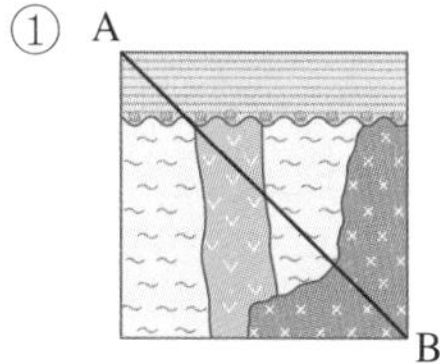

② 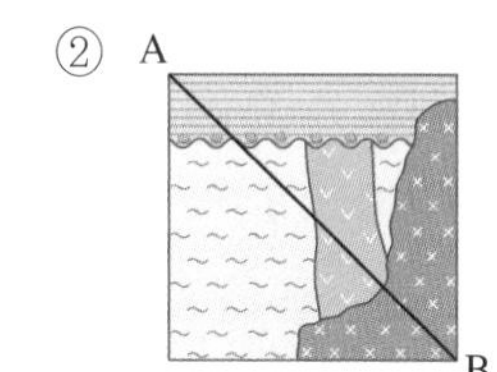

③ 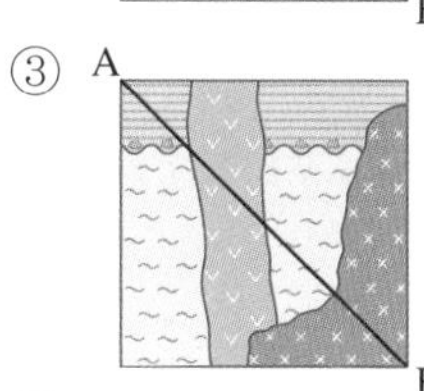

④ 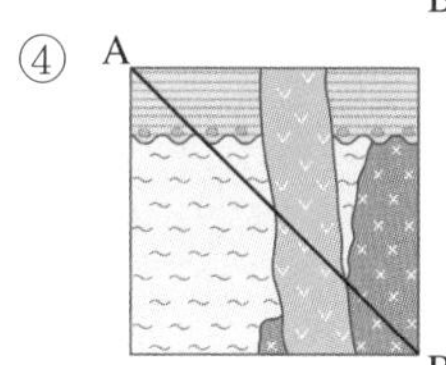

⑤ 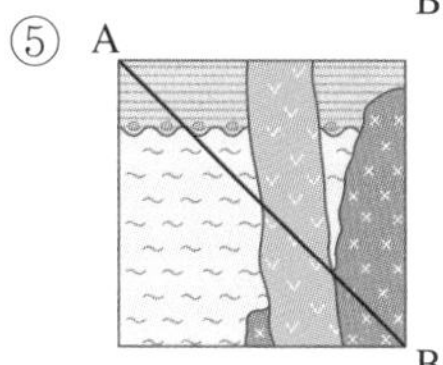

지질 시대 환경과 생물

≫ 핵심 짚기
- 표준 화석과 시상 화석의 조건
- 고기후 연구 방법의 특징 및 해석
- 지질 시대의 구분과 길이 비교
- 지질 시대별 환경과 생물

A 화석과 지질 시대

1 화석 고생물의 유해나 활동 흔적이 지층 속에 보전되어 있는 것[1]

① 화석의 생성 조건
- 뼈나 이빨, 껍데기와 같이 단단한 부분이 있어야 한다.
- 생물체가 죽은 후 미생물에 의해 분해되기 전에 퇴적물에 빨리 묻혀야 한다.
- 원래의 성분이 재결정, 치환, 탄화 작용 등의 화석화 작용을 받아야 한다.

② 표준 화석과 시상 화석

구분	표준 화석		시상 화석	
정의	지층이 생성된 시기를 알려 주는 화석		생물이 살던 당시의 환경을 알려 주는 화석	
조건	생존 기간이 짧고, 분포 면적이 넓으며, 개체 수가 많아야 한다.	(그래프: 생존 기간–분포 면적, 표준 화석)	생존 기간이 길고, 분포 면적이 좁으며, 환경 변화에 민감해야 한다.	(그래프: 생존 기간–분포 면적, 시상 화석)
예	• 삼엽충, 방추충: 고생대 • 암모나이트, 공룡: 중생대 • 화폐석, 매머드: 신생대		• 산호: 따뜻하고 얕은 바다 환경 • 고사리: 온난 다습한 육지 환경	
이용	지층의 대비, 지질 시대 구분 및 결정		지질 시대 기후 및 퇴적 환경 추론	

2 지질 시대의 구분

① 지질 시대: 지구가 탄생한 약 46억 년 전부터 현재까지의 기간

② 지질 시대 구분의 기준: 생물계의 급격한 변화, 대규모 지각 변동(부정합) 등[2]
- 화석으로 남아 있는 많은 종류의 고생물이 멸종하거나 출현한 시기를 경계로 구분한다.
- 상하 지층의 시간 차이가 크고, 화석의 종류가 뚜렷하게 달라지는 부정합면을 경계로 구분한다.

③ 지질 시대의 구분 단위: *누대 → 대 → 기로 구분
- 누대: 지질 시대를 구분하는 가장 큰 단위 ➡ 화석이 거의 발견되지 않는 선캄브리아 시대(시생 누대, 원생 누대)와 화석이 풍부하게 산출되는 현생 누대로 구분한다.
- 대: 누대를 세분하는 단위
- 기: 대를 세분하는 단위

④ 지질 시대의 길이: 선캄브리아 시대 > 고생대 > 중생대 > 신생대[3]

지질 시대			절대 연대 (백만 년 전)
	누대	대	
	현생 누대	신생대	66.0
		중생대	252.2
		고생대	541.0
선캄브리아 시대	원생 누대	신원생대	
		중원생대	
		고원생대	2500
	시생 누대	신시생대	
		중시생대	
		고시생대	
		초시생대	4000

지질 시대		절대 연대 (백만 년 전)
대	기	
신생대	제4기	2.58
	네오기	23.03
	팔레오기	66.0
중생대	백악기	145.0
	쥐라기	201.3
	트라이아스기	252.2
고생대	페름기	298.9
	석탄기	358.9
	데본기	419.2
	실루리아기	443.8
	오르도비스기	485.4
	캄브리아기	541.0

PLUS 강의

[1] **체화석과 생흔 화석**
- 체화석: 뼈, 이빨, 껍데기 등 생물의 골격으로 이루어진 화석
- 생흔 화석: 발자국, 기어간 흔적, 구멍 등 생물의 활동 흔적이 암석에 남아 있는 경우

[2] **지질 시대 이름**
지질 시대 구분은 큰 지각 변동이 일어난 시기를 기준으로도 하지만, 실제로는 생물의 대량 멸종과 같은 생물계의 급격한 변화가 일어난 시기를 기준으로 구분한다. 이와 같은 까닭으로 고생대, 중생대, 신생대와 같이 지질 시대 이름에 '생'이 들어간다.

[3] **지질 시대의 길이 비교**
지구의 나이 46억 년을 하루의 길이인 24시간으로 할 때, 1분은 약 319만 년에 해당한다.

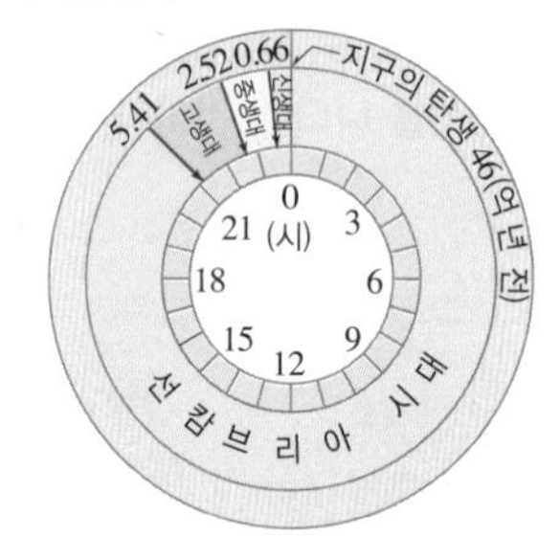

선캄브리아 시대 (약 88.2 %)	0시 ~21시 11분
고생대 (약 6.3 %)	21시 11분 ~22시 41분
중생대 (약 4.1 %)	22시 41분 ~23시 39분
신생대 (약 1.4 %)	23시 39분 ~자정
인류의 출현 (약 300만 년 전)	23시 59분 4초

용어 돋보기

* 누대(累 묶다, 代 시대)_지질학에서 사용하는 여러 대를 묶은 수십억 년의 기간

3 지질 시대의 기후

① 고기후 연구 방법

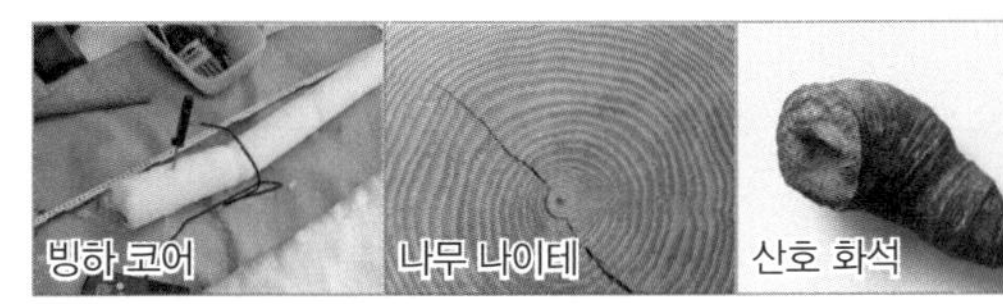

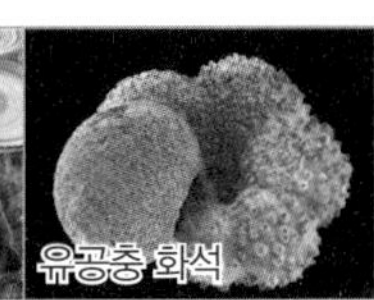

유공충 화석

빙하 시추물 (빙하 코어) 연구	• 빙하에 포함된 작은 공기 방울로부터 과거 대기 조성을 파악할 수 있다. • 빙하에 포함된 꽃가루로 당시 환경을 추정할 수 있다. • 빙하를 이루는 산소 안정 동위 원소비로 과거의 기온을 추정할 수 있다.[4]
나무 나이테 연구	• 기온이 높고 강수량이 많을수록 나이테 사이의 폭이 넓고, 밀도가 작아진다. • 나이테의 개수와 폭을 연구하여 과거의 기온과 강수량 변화를 추정할 수 있다.
산호 골격 연구	• 산호는 하루에 하나씩 성장선을 만드는데, 수온이 높을수록 성장 속도가 빠르다. • 산호의 성장률을 조사하여 과거의 수온을 추정할 수 있다.
석순, 종유석 연구	• 탄소 방사성 동위 원소를 분석하여 생성 시기를 알아낸다. • 산소 안정 동위 원소비로 생성 당시 기온을 추정할 수 있다.
지층의 퇴적물	• 퇴적물 속에 있는 꽃가루 화석, 미생물을 조사하여 기후 변화를 추정할 수 있다. • 바다 생물인 유공충 화석의 산소 안정 동위 원소비로 해수 온도를 추정할 수 있다.
화석 연구	시상 화석의 종류와 분포로부터 과거의 기후를 추정할 수 있다.

④ 산소 안정 동위 원소비$\left(\frac{^{18}O}{^{16}O}\right)$
- 기온이 높을수록 빙하 속 산소 안정 동위 원소비$\left(\frac{^{18}O}{^{16}O}\right)$는 높다. ➡ 산소 안정 동위 원소비가 높은 수증기가 눈으로 내려 빙하를 이루기 때문
- 수온이 높을수록 해양 생물체 화석 속 산소 안정 동위 원소비$\left(\frac{^{18}O}{^{16}O}\right)$는 낮다. ➡ 해수 속 산소 안정 동위 원소비가 낮기 때문

② 지질 시대의 기후 변화[5]

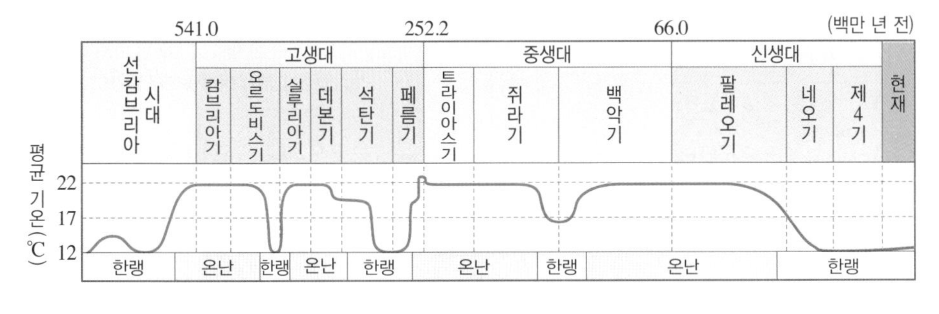

⑤ 지질 시대별 기후
- 선캄브리아 시대: 대체로 온난하였고, 후기에 한랭한 시기가 있었다고 추정된다.
- 고생대: 대체로 온난하였고, 오르도비스기에 한랭하였으며, 석탄기와 페름기에 빙하기가 있었다.
- 중생대: 전반적으로 온난하였고, 빙하기가 없었다.
- 신생대: 후기에 한랭하여 제4기에는 여러 번의 빙하기가 있었다.

정답과 해설 29쪽

(1) 그림은 A와 B 생물의 분포 면적과 생존 기간을 나타낸 것이다. ( ) 안에 A와 B 중에서 알맞은 것을 골라 쓰시오.

생존 기간 / 분포 면적 / O / A / B

① 표준 화석으로 적합한 화석은 ( )이고, 시상 화석으로 적합한 화석은 ( )이다.

② 지질 시대의 구분과 지층 대비에 유용한 화석은 ( )이다.

③ 생물이 살던 당시의 환경을 알려 주는 화석은 ( )이다.

(2) 다음은 지질 시대의 구분에 대한 설명이다. ( ) 안에 알맞은 말을 쓰시오.

① 지질 시대는 ( )의 급격한 변화와 대규모 지각 변동을 기준으로 구분할 수 있다.

② 지질 시대는 누대 → ( ) → 기 단위로 세분한다.

③ 누대는 시생 누대, ( ) 누대, 현생 누대로 구분한다.

④ 현생 누대는 크게 ( )개의 대로 구분한다.

(3) 지질 시대(선캄브리아 시대, 고생대, 중생대, 신생대) 중 지속 시간이 가장 긴 시대는 ( )이다.

(4) 다음은 고기후 연구 방법에 대한 설명이다. ( ) 안에 알맞은 말을 고르시오.

① 기온이 높을수록 빙하 속 산소 안정 동위 원소비$\left(\frac{^{18}O}{^{16}O}\right)$는 (높다, 낮다).

② 기온이 높을수록 나무의 나이테 폭이 (좁다, 넓다).

(5) (고생대, 중생대, 신생대)에는 빙하기가 없이 전반적으로 온난한 기후가 지속되었다.

지질 시대 환경과 생물

B 지질 시대 환경과 생물

1 선캄브리아 시대 생물이 많지 않았고, 여러 차례의 지각 변동을 받았으므로 이 시대의 생물과 환경을 추정하기 어렵다.

구분		내용	
환경	기후	초기에 석회암이, 후기에 빙하 퇴적물이 발견되므로 초기에 온난하였다가 후기에 한랭한 시기가 있었다고 추정된다.	
	수륙 분포	초대륙의 형성과 분리가 반복되었고, 후기에 로디니아가 분리되기 시작하였다.	
생물	시대	특징	주요 화석
	시생 누대	• 강한 자외선이 지표에 도달하여 최초의 생명체는 바다에서 출현하였고, 대기에 산소가 거의 없었다. • 원핵생물인 남세균 출현 ➡ 남세균의 광합성 작용으로 해양과 대기에 산소가 축적되기 시작하였다.⑥ • 스트로마톨라이트: 남세균이 얕은 바다에서 층상으로 쌓여 만들어진 화석	스트로마톨라이트
	원생 누대	• 대기에 산소가 점점 축적되면서 진핵생물을 비롯한 더 많은 생물 등장 • 후기에 최초의 다세포 생물 출현 ➡ 일부가 에디아카라 동물군 화석으로 남아 있다.⑦	에디아카라 동물군 화석

⑥ **남세균(사이아노박테리아)**
현미경으로 관찰할 수 있을 정도의 크기로, 광합성으로 원시 지구 대기에 산소를 공급하였을 것으로 추정된다.

⑦ **에디아카라 동물군 화석**
약 6억 년 전~7억 년 전의 원생 누대 후기의 다세포 동물 화석이다. 해파리와 비슷한 동물, 해면동물 등이 단단한 골격이나 껍데기가 없는 생흔 화석으로 산출된다. 처음 발견된 오스트레일리아의 에디아카라 언덕의 지명을 따서 이름 붙였으며, 세계 여러 곳에서 발견되고 있다.

▲ 에디아카라 동물군 복원도

2 고생대 다양한 생물이 폭발적으로 증가하였다.

구분		내용	
환경	기후	• 전기에 석회암과 증발암이 두껍게 나타나는 것으로 보아 온난하고 건조한 기후로 추정된다. • 후기(석탄기와 페름기)에 빙하기가 있었다.	판게아 ▲ 고생대 말기
	수륙 분포	• 말기에 여러 대륙이 모여 판게아를 형성하였다. • 애팔래치아산맥, 우랄산맥 형성	
생물	시대	특징	주요 화석
	캄브리아기	• 삼엽충, *완족류 등 해양 무척추동물 번성 ➡ 삼엽충의 시대	삼엽충
	오르도비스기	• 삼엽충, 완족류, 필석류, 산호, *두족류 번성 • 최초의 척추동물인 어류 출현	
	실루리아기	• 필석류, 산호, 완족류, 갑주어, 바다 전갈 번성 • 육상 식물과 육상 동물 출현 ➡ 오존층이 자외선을 막아 주었기 때문	필석류
	데본기	• 갑주어를 비롯한 어류 번성 ➡ 어류의 시대 • 양서류 출현	갑주어
	석탄기	• 방추충, 산호류, 완족류, 대형 곤충류, 양서류 번성 • 육상에서 *양치식물이 거대한 삼림을 이루고 퇴적되어 여러 곳에 석탄층 형성 • 말기에 원시 파충류 출현	
	페름기	• 겉씨식물 출현 • 말기에 삼엽충, 바다 전갈, 방추충 등 해양 생물종의 90 % 이상 멸종	방추충(푸줄리나)

3 중생대 고생대 말 생물의 대량 멸종 이후 더욱 다양한 생물들이 출현하였고, 파충류가 전 기간에 걸쳐 크게 번성하여 '파충류의 시대'라고 불린다.

구분		내용	
환경	기후	• 산호초가 고위도에서도 발견될 정도로 전반적으로 온난하였고, 빙하기가 없었다. • 화산 활동으로 대기 중 이산화 탄소 농도가 증가하였다.	▲ 중생대
	수륙 분포	• 트라이아스기 말에 판게아가 분리되기 시작하였다. • 대서양과 인도양 형성 및 확장 • 로키산맥, 안데스산맥 형성	

용어 돋보기

* **완족류**_두 장의 껍데기를 가지고 바닷속의 단단하거나 딱딱한 물체에 부착하여 사는 무척추동물

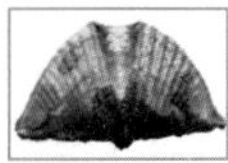

* **두족류**_앵무조개 등과 같은 연체동물의 한 강
* **양치(羊 양, 齒 이빨)식물**_관다발 식물 중에서 꽃이 피지 않고 홀씨로 번식하는 식물

	시대	특징	주요 화석
생물	트라이아스기	• 바다에서 암모나이트 번성 • 육지에서 파충류 번성 예 공룡 • 말기에 원시 포유류 출현 • 소철류, 은행류 등의 겉씨식물 번성	암모나이트
	쥐라기	• 암모나이트, 공룡이 크게 번성 • 시조새 출현[8]	공룡
	백악기	• 암모나이트, 공룡의 전성기였으나 말기에 멸종 • 속씨식물 출현	

4 신생대 포유류, 조류, 속씨식물이 크게 번성하였다.

환경	기후	팔레오기와 네오기에는 온난하였고, 제4기에 한랭해져서 4회의 빙하기와 3회의 간빙기가 있었다.	▲ 신생대
	수륙 분포	• 현재와 비슷한 수륙 분포를 형성하였다. • 알프스산맥, 히말라야산맥 형성	
	시대	특징	주요 화석
생물	팔레오기	• 바다에서 유공충에 속하는 화폐석이 번성하였다가 멸종 • 사슴, 말 등 다양한 종류의 포유류 번성	화폐석
	네오기	• 조류 및 영장류 출현 • 속씨식물이 번성하여 초원과 삼림 형성	
	제4기	• 대형 포유류가 널리 분포 • 매머드가 넓은 지역에 분포하였다가 말기에 멸종 • 최초의 인류 출현 • 단풍나무, 참나무 등의 속씨식물 번성	매머드

5 지질 시대 생물의 대멸종 현생 누대에 약 5번의 대멸종이 있었다.

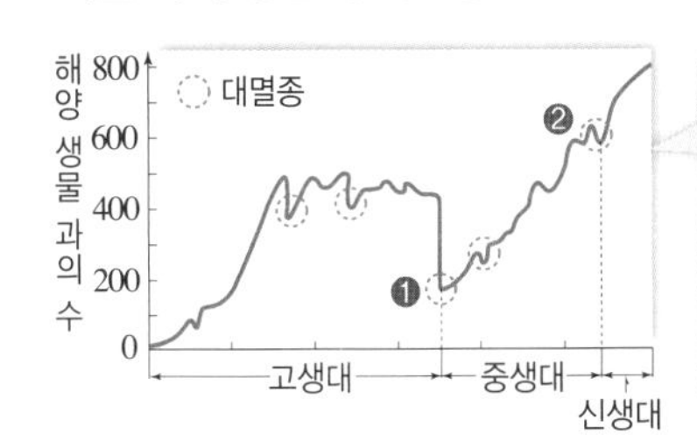

❶ 고생대 말 대멸종: 규모가 가장 큰 멸종
- 바다 생물종의 90 % 이상, 육상 척추동물의 70 % 이상 멸종
- 원인: 판게아 형성, 화산 활동, 빙하의 발달, 운석 충돌 등

❷ 중생대 말 대멸종
- 바다 생물종의 80 %~90 %, 육상 생물의 50 % 이상 멸종
- 원인: 운석 충돌에 의한 기후 변화(가장 유력) 등

[8] 시조새
독일 남부의 졸른호펜 지역에 분포하는 석회암에서 발견되었다. 이 시조새 화석은 파충류의 특징인 이빨, 4개의 다리, 꼬리뼈와 새의 특징인 깃털을 가지고 있다.

정답과 해설 29쪽

개념 확인

(6) 다음은 지질 시대의 생물에 대한 설명이다. (　　　) 안에 알맞은 말을 고르시오.
① 삼엽충은 (고생대, 중생대, 신생대) 전 기간에 걸쳐 생존하였다.
② 고생대 석탄기에 (양치, 겉씨)식물이 퇴적되어 석탄층을 형성하였다.
③ 암모나이트가 번성한 지질 시대에는 (겉씨, 속씨)식물이 번성하였다.
④ 중생대에는 공룡을 비롯한 (파충류, 포유류)가 크게 번성하였다.
⑤ (고생대, 중생대, 신생대)에는 매머드를 비롯한 대형 포유류가 넓은 지역에 분포하였다.

(7) 말기에 가장 규모가 큰 생물의 멸종이 일어난 지질 시대는 (고생대, 중생대, 신생대)이다.

(8) 각 지질 시대의 특징과 해당 지질 시대를 옳게 연결하시오.
① 말기에 기후가 한랭해져서 4회의 빙하기가 있었다. • 　　　• ㉠ 시생 누대
② 판게아가 분리되어 대서양이 형성되기 시작하였다. • 　　　• ㉡ 고생대
③ 남세균이 출현하여 대기에 산소를 공급하였다. • 　　　• ㉢ 중생대
④ 육상에 생물이 처음으로 출현하였다. • 　　　• ㉣ 신생대

(9) 지질 시대 동안 동물들이 출현한 순서는 무척추동물 → (　　　　　) → 양서류 → (　　　　　) → 포유류이다.

정답과 해설 29쪽

2017 ● Ⅱ 9월 평가원 5번

자료 ❶ 표준 화석과 지층의 대비

그림은 인접한 두 지역 (가)와 (나)의 지질 주상도와 지층에서 산출되는 화석을 나타낸 것이다.

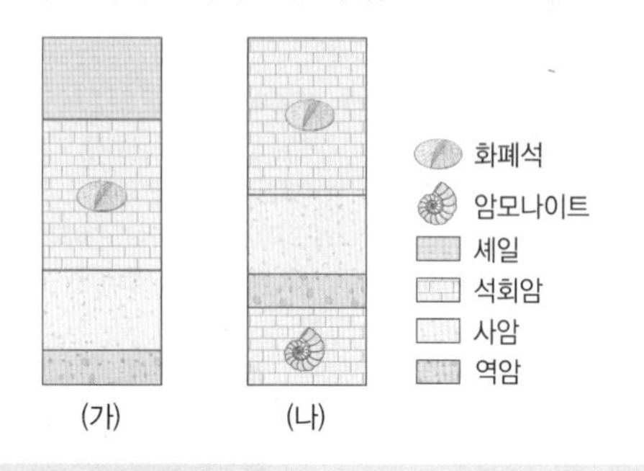

1. 지층의 생성 순서는 석회암층(암모나이트 화석 산출) → 역암층 → 사암층 → 석회암층(화폐석 화석 산출) → 셰일층이다. (○, ×)
2. (가)의 석회암층은 중생대에 퇴적되었다. (○, ×)
3. (가)에서 역암층은 중생대와 신생대 사이에 퇴적되었다. (○, ×)
4. (나)는 중생대와 신생대에 걸쳐 지층이 퇴적된 지역이다. (○, ×)
5. (가)와 (나)의 석회암층은 모두 육지 환경에서 퇴적된 육성층이다. (○, ×)

2017 ● Ⅱ 수능 1번

자료 ❸ 지질 시대 환경과 생물

그림은 현생 누대 동안 해양 무척추동물과 육상 식물의 과의 수 변화를 나타낸 것이다.

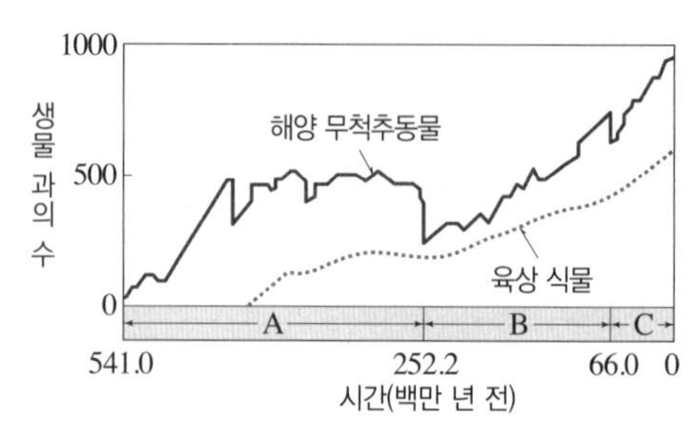

1. A는 고생대, B는 중생대, C는 신생대이다. (○, ×)
2. 해양 무척추동물의 가장 큰 멸종은 고생대 말에 있었다. (○, ×)
3. B 시기 말에는 삼엽충, 방추충 등이, C 시기 말에는 암모나이트, 공룡 등이 멸종하였다. (○, ×)
4. 생물은 육지보다 자외선이 차단되는 바다에서 먼저 출현하였다. (○, ×)
5. 지질 시대를 구분하는 데는 해양 무척추동물보다 육상 식물이 유용하다. (○, ×)

자료 ❷ 지질 시대의 수륙 분포 변화

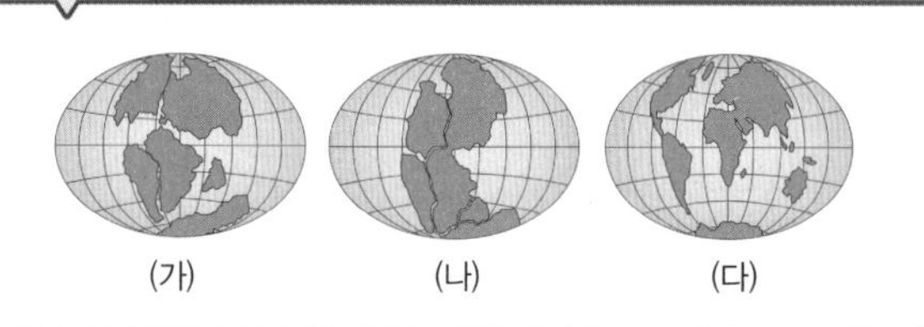

(가) (나) (다)

1. (가)는 판게아가 분리되는 고생대의 수륙 분포이다. (○, ×)
2. (나)는 판게아가 형성된 고생대 말~중생대 초의 수륙 분포이다. (○, ×)
3. (나) 시기에 공룡이 전멸하였다. (○, ×)
4. (다)는 현재와 비슷한 수륙 분포이므로 신생대의 수륙 분포이다. (○, ×)

[지질 시대 수륙 분포 및 주요 사건]

지질 시대	고생대	중생대	신생대
수륙 분포	판게아 형성	판게아 분리	현재와 비슷함
지각 변동	애팔래치아산맥 형성	안데스산맥 형성	히말라야산맥 형성
기후	말기에 빙하기	전반적으로 온난	제4기에 4번의 빙하기
번성한 생물	무척추동물, 어류, 양서류, 양치식물	파충류, 겉씨식물	포유류, 조류, 속씨식물
표준 화석	삼엽충, 방추충	암모나이트, 공룡	화폐석, 매머드

2019 ● Ⅱ 6월 평가원 13번

자료 ❹ 지질 시대 생물과 대멸종

그림 (가)는 현생 누대 동안 완족류와 삼엽충의 과의 수 변화를, (나)는 현생 누대 동안 생물 과의 멸종 비율을 나타낸 것이다. A와 B는 각각 완족류와 삼엽충 중 하나이다.

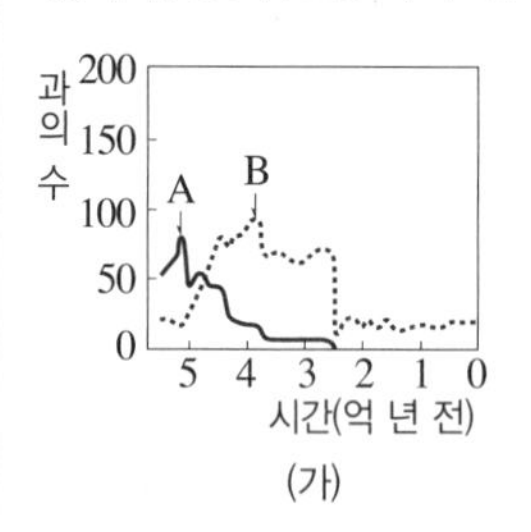

(가)

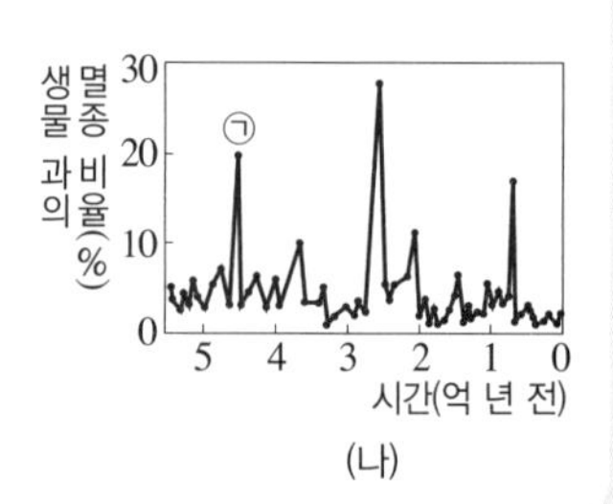

(나)

1. (가)에서 B는 삼엽충이다. (○, ×)
2. (나)에서 ㉠ 시기에 방추충이 멸종하였다. (○, ×)
3. B의 과의 수는 공룡이 멸종한 시기에 가장 많이 감소하였다. (○, ×)
4. 고생대에는 3번의 생물 과의 대량 멸종이 있었다. (○, ×)
5. A와 B는 고생대의 표준 화석이 될 수 있다. (○, ×)
6. 고생대 말, 중생대 말에는 생물의 대량 멸종이 있었다. (○, ×)

Ⓐ 화석과 지질 시대

1 그림은 어느 지역의 지층 A～F에서 산출되는 서로 다른 종의 화석 a～f의 분포를 나타낸 것이다.

	지층＼화석	a	b	c	d	e	f
위	F			○	○		
↑	E			○	○		
	D		○	○		○	○
	C		○	○		○	
↓	B	○		○		○	
아래	A	○		○			

어느 지층 사이를 경계로 지질 시대를 구분하는 것이 가장 타당한가?

① 지층 A～B ② 지층 B～C
③ 지층 C～D ④ 지층 D～E
⑤ 지층 E～F

2 다음 지질 시대 중 지질 시대의 구분 단위가 가장 큰 것은?

① 원생 누대 ② 고생대 ③ 중생대
④ 석탄기 ⑤ 트라이아스기

[3~4] 그림은 지질 시대에서 선캄브리아 시대, 고생대, 중생대, 신생대가 차지하는 비율을 순서 없이 나타낸 것이다.

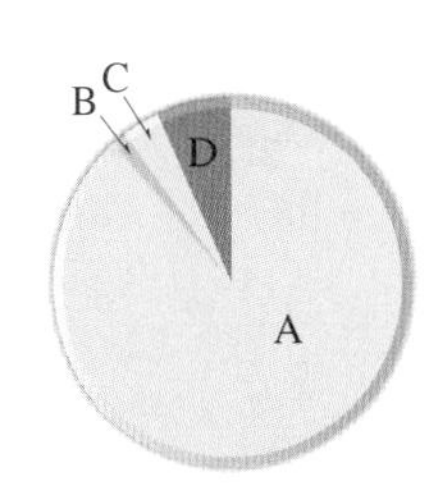

3 A～D 시대를 오래된 것부터 순서대로 나열하시오.

4 A～D 시대의 환경과 생물에 대한 설명으로 옳지 않은 것은?

① A 시대에는 화석이 거의 발견되지 않는다.
② B 시대에는 화폐석이 번성하였다.
③ C 시대에는 빙하기가 존재하지 않았다.
④ D는 고생대에 해당한다.
⑤ D 시대 말에 판게아가 분리되기 시작하였다.

Ⓑ 지질 시대 환경과 생물

5 그림 (가), (나), (다)는 서로 다른 지층에서 발견된 화석을 나타낸 것이다.

(가) 삼엽충

(나) 화폐석

(다) 암모나이트

지질 시대 동안 각 생물이 번성한 시기를 오래된 것부터 순서대로 나열하시오.

6 그림은 어느 지질 시대에 형성된 수륙 분포의 모습을 나타낸 것이다. (   ) 안에 들어갈 알맞은 말을 쓰시오.

> 이러한 수륙 분포가 형성된 지질 시대는 (   ) 말이고, 이 수륙 분포가 형성되는 과정에서 생물종의 수는 (   )하였다.

7 그림은 어느 지질 시대의 환경을 복원하여 나타낸 것이다. 이 지질 시대의 이름을 쓰시오.

8 다음은 서로 다른 '대' 단위에 해당하는 지질 시대에 대한 설명이다.

> (가) 겉씨식물과 파충류가 번성하였다.
> (나) 화폐석과 포유류가 번성하였다.
> (다) 육상 식물이 출현하였다.

(가), (나), (다)의 시기를 오래된 시대부터 순서대로 나열하시오.

9 생물 대멸종의 원인을 설명한 것으로 옳지 않은 것은?

① 운석 충돌
② 급격한 기후 변화
③ 대규모 화산 폭발
④ 대기와 해양의 산소량 증가
⑤ 대륙 이동에 따른 수륙 분포 및 해수면의 높이 변화

1 표는 화석 A, B, C의 특징을 조사한 것이다.

특징 화석	지리적 분포	화석의 수	생존 기간
A	넓은 지역	많다	짧다
B	넓은 지역	적다	길다
C	좁은 지역	많다	길다

이에 대한 설명으로 옳은 것만을 [보기]에서 있는 대로 고른 것은?

보기

ㄱ. 표준 화석으로 가장 적합한 화석은 A이다.
ㄴ. B가 C보다 시상 화석으로 적합하다.
ㄷ. C의 생물은 다양한 환경에 살 수 있다.

① ㄱ ② ㄷ ③ ㄱ, ㄴ
④ ㄴ, ㄷ ⑤ ㄱ, ㄴ, ㄷ

2 그림은 어느 지역의 지질 단면과 각 지층에서 산출되는 화석을 나타낸 것이다.

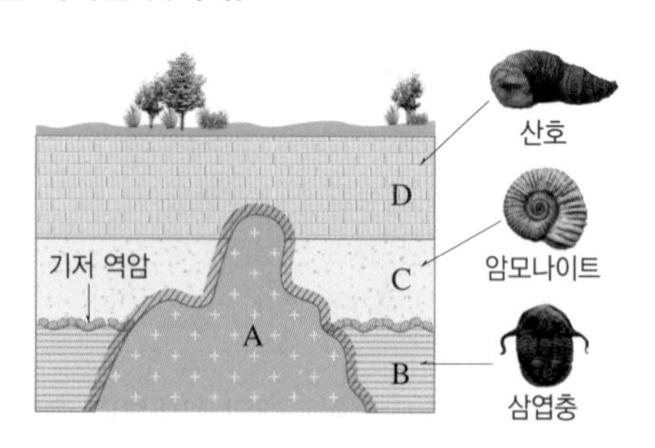

이에 대한 설명으로 옳은 것만을 [보기]에서 있는 대로 고른 것은?

보기

ㄱ. 화성암 A는 고생대에 관입하였다.
ㄴ. B층과 C층은 퇴적 시기에 차이가 거의 없다.
ㄷ. D층은 따뜻하고 얕은 바다에서 퇴적되었다.

① ㄱ ② ㄷ ③ ㄱ, ㄴ
④ ㄴ, ㄷ ⑤ ㄱ, ㄴ, ㄷ

2020 Ⅱ 9월 평가원 1번

3 그림은 서로 다른 지역 (가)와 (나)의 지질 주상도와 각 지층에서 산출되는 화석을 나타낸 것이다.

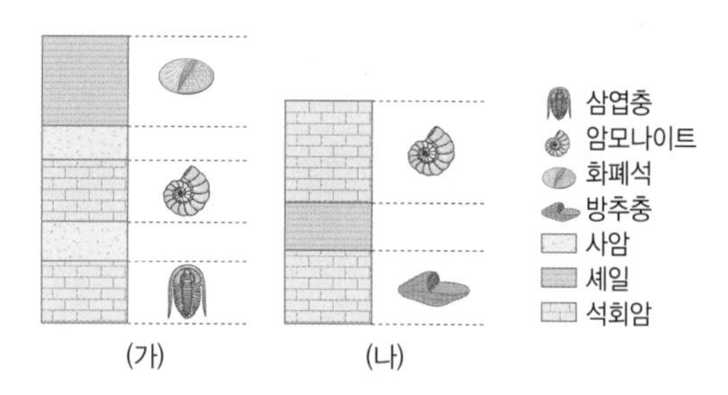

이 자료에 대한 설명으로 옳은 것만을 [보기]에서 있는 대로 고른 것은?

보기

ㄱ. 두 지역의 셰일은 동일한 시대에 퇴적되었다.
ㄴ. 가장 젊은 지층은 (가)에 나타난다.
ㄷ. 화석이 산출되는 지층은 모두 해성층이다.

① ㄱ ② ㄷ ③ ㄱ, ㄴ
④ ㄴ, ㄷ ⑤ ㄱ, ㄴ, ㄷ

4 그림은 46억 년인 지질 시대 길이를 하루의 길이 24시간과 비교하여 나타낸 것이다.

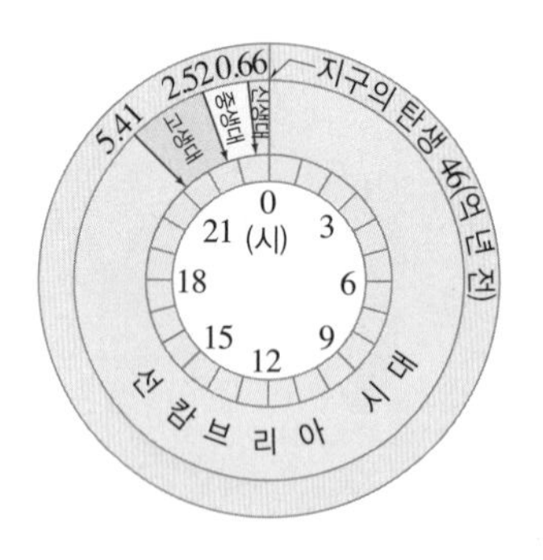

이에 대한 해석으로 옳은 것만을 [보기]에서 있는 대로 고른 것은?

보기

ㄱ. 1억 년의 기간은 하루 길이 중 약 31분에 해당한다.
ㄴ. 전체 지질 시대 중 선캄브리아 시대가 차지하는 비율은 80 %보다 크다.
ㄷ. 육상 생물이 처음 출현한 시기는 21시 이전이다.

① ㄱ ② ㄷ ③ ㄱ, ㄴ
④ ㄴ, ㄷ ⑤ ㄱ, ㄴ, ㄷ

5 그림 (가), (나), (다)는 과거의 기후를 추정하는 데 이용된 자료를 나타낸 것이다.

(가) 나무의 나이테

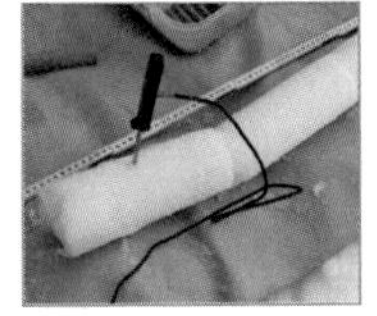
(나) 빙하 시추물

(다) 산호

이에 대한 설명으로 옳은 것만을 [보기]에서 있는 대로 고른 것은?

보기
ㄱ. (가)의 폭이 좁은 시기는 고온 다습한 기후였다.
ㄴ. (나)를 이루는 물 분자의 산소 안정 동위 원소비$\left(\frac{^{18}O}{^{16}O}\right)$는 빙하기가 간빙기보다 높다.
ㄷ. (다) 화석이 산출되는 지역은 과거에 따뜻한 바다 환경이었다.

① ㄱ ② ㄷ ③ ㄱ, ㄴ ④ ㄴ, ㄷ ⑤ ㄱ, ㄴ, ㄷ

6 다음은 산소 안정 동위 원소 ^{16}O와 ^{18}O에 대한 설명이다.

산소는 원자량이 16인 것(^{16}O)과 18인 것(^{18}O)이 있다. 기온이 높을 때는 고위도 지역의 대기 중에 무거운 산소(^{18}O)를 포함한 물의 비율이 증가하고, 해수 속에 무거운 산소(^{18}O)를 포함한 물의 비율이 감소한다. 따라서 과거의 빙하나 해양 생물 화석에 포함된 산소 안정 동위 원소비$\left(\frac{^{18}O}{^{16}O}\right)$를 측정하면 과거의 기후를 추정할 수 있다.

이에 대한 설명으로 옳은 것만을 [보기]에서 있는 대로 고른 것은?

보기
ㄱ. 기온이 높을 때보다 낮을 때 고위도 지역에서 구름 속의 $\frac{^{18}O}{^{16}O}$ 값이 더 크다.
ㄴ. 수온이 낮아지면 해양 생물 화석 속의 $\frac{^{18}O}{^{16}O}$ 값은 커진다.
ㄷ. 빙하 속의 $\frac{^{18}O}{^{16}O}$ 값이 작을수록 빙하 형성 당시 기온은 낮았다.

① ㄱ ② ㄷ ③ ㄱ, ㄴ ④ ㄴ, ㄷ ⑤ ㄱ, ㄴ, ㄷ

7 그림은 현생 누대의 기후 변화를 나타낸 것이다.

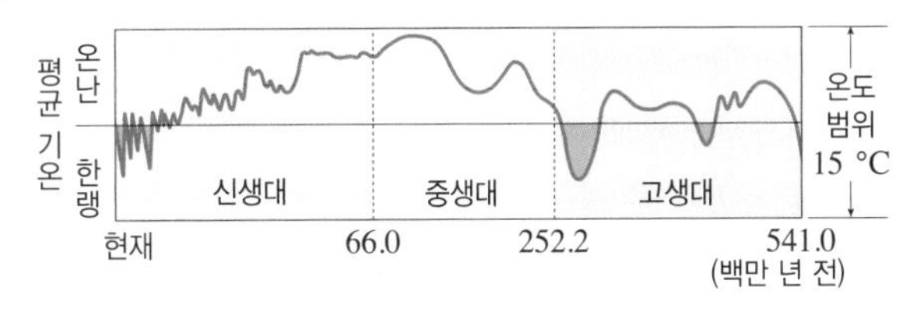

이에 대한 설명으로 옳은 것만을 [보기]에서 있는 대로 고른 것은?

보기
ㄱ. 중생대는 온난한 기후가 지속되었다.
ㄴ. 신생대에 평균 해수면의 높이는 전기보다 후기에 높았다.
ㄷ. 고생대에는 말기에 빙하기가 있었다.

① ㄱ ② ㄴ ③ ㄱ, ㄷ ④ ㄴ, ㄷ ⑤ ㄱ, ㄴ, ㄷ

8 그림 (가)는 어느 시기에 형성된 판게아의 모습을, (나)는 어느 지역의 세 지층 A, B, C에서 산출된 화석을 나타낸 것이다.

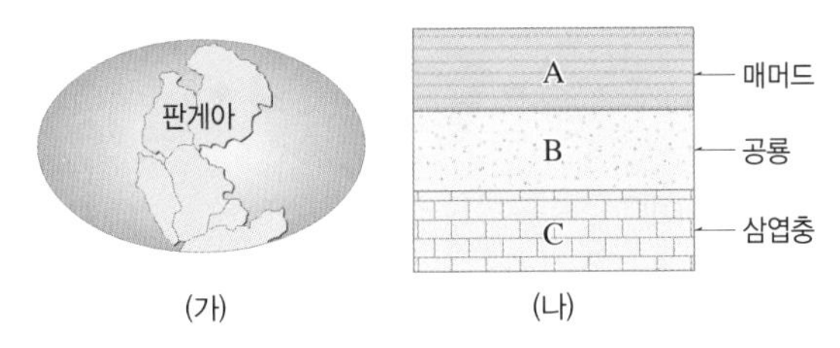

(가) (나)

이에 대한 설명으로 옳은 것만을 [보기]에서 있는 대로 고른 것은?

보기
ㄱ. 판게아가 형성되면서 지층 C에서 산출된 화석 생물이 크게 번성하였다.
ㄴ. 판게아는 지층 A가 퇴적된 지질 시대에 분리되기 시작하였다.
ㄷ. (나)의 지층 B에서는 암모나이트 화석이 산출될 수 없다.

① ㄱ ② ㄷ ③ ㄱ, ㄴ ④ ㄴ, ㄷ ⑤ ㄱ, ㄴ, ㄷ

9 다음은 서로 다른 지질 시대에 대한 설명이다.

(가) 화폐석이 크게 번성하였다.
(나) 양치식물이 번성하면서 큰 숲을 이루었고, 석탄층을 형성하였다.
(다) 원시적인 다세포 생물이 출현하였고, 에디아카라 동물군 화석을 형성하였다.

(가), (나), (다)의 시기를 오래된 시대부터 순서대로 옳게 나열한 것은?

① (가) → (나) → (다)
② (나) → (가) → (다)
③ (나) → (다) → (가)
④ (다) → (가) → (나)
⑤ (다) → (나) → (가)

자료❷

10 그림은 현생 누대의 어느 시기 동안 수륙 분포를 시간 순서대로 나타낸 것이고, 표는 주요 지질학적 사건을 시간 순서 없이 나타낸 것이다.

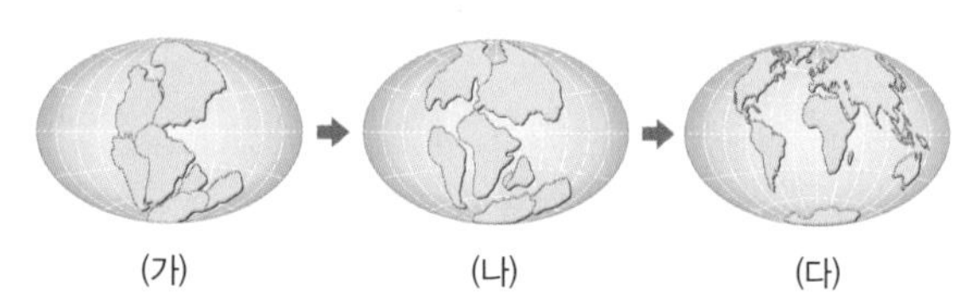
(가) (나) (다)

사건	내용
A	육상 식물 출현
B	대서양 형성 시작
C	인류의 출현

이에 대한 설명으로 옳은 것만을 [보기]에서 있는 대로 고른 것은?

보기
ㄱ. (가)는 고생대 말~중생대 초의 수륙 분포이다.
ㄴ. B 사건은 (다) 시기에 일어났다.
ㄷ. 사건이 일어난 순서는 A → C → B이다.

① ㄱ ② ㄷ ③ ㄱ, ㄴ
④ ㄴ, ㄷ ⑤ ㄱ, ㄴ, ㄷ

11 그림은 같은 지질 시대에 번성하였던 생물의 화석을 나타낸 것이다.

(가)

(나)

두 화석의 공통점으로 옳은 것만을 [보기]에서 있는 대로 고른 것은?

보기
ㄱ. 표준 화석에 해당한다.
ㄴ. 중생대 말에 멸종되었다.
ㄷ. 바다에서 퇴적된 지층에서 발견된다.

① ㄱ ② ㄷ ③ ㄱ, ㄴ
④ ㄴ, ㄷ ⑤ ㄱ, ㄴ, ㄷ

12 그림 (가)와 (나)는 서로 다른 지질 시대의 생물과 환경을 복원한 것이다.

(가)

(나)

이에 대한 설명으로 옳은 것만을 [보기]에서 있는 대로 고른 것은? (단, '대' 단위의 지질 시대를 비교한다.)

보기
ㄱ. (가) 시대에 육상 생물이 처음으로 출현하였다.
ㄴ. (나) 시대는 전반적으로 온난한 기후가 지속되었다.
ㄷ. (가)보다 (나)의 시대가 더 오래 지속되었다.

① ㄱ ② ㄷ ③ ㄱ, ㄴ
④ ㄴ, ㄷ ⑤ ㄱ, ㄴ, ㄷ

2018 Ⅱ 6월 평가원 2번

13 그림은 지구에서 일어난 주요 사건을 시간 순으로 나타낸 것이다.

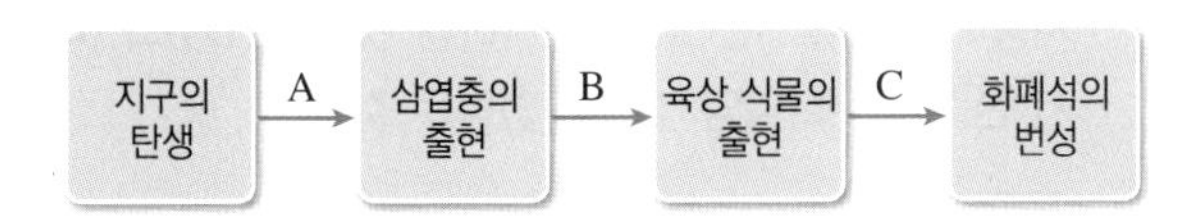

A, B, C 기간에 대한 설명으로 옳은 것만을 [보기]에서 있는 대로 고른 것은?

보기
ㄱ. A는 B보다 짧다.
ㄴ. 히말라야산맥은 B 동안에 형성되었다.
ㄷ. 중생대는 C에 포함된다.

① ㄱ ② ㄷ ③ ㄱ, ㄴ
④ ㄴ, ㄷ ⑤ ㄱ, ㄴ, ㄷ

14 그림은 판게아가 분리되어 수륙 분포가 (가)에서 (나)로 변하는 모습을 나타낸 것이다.

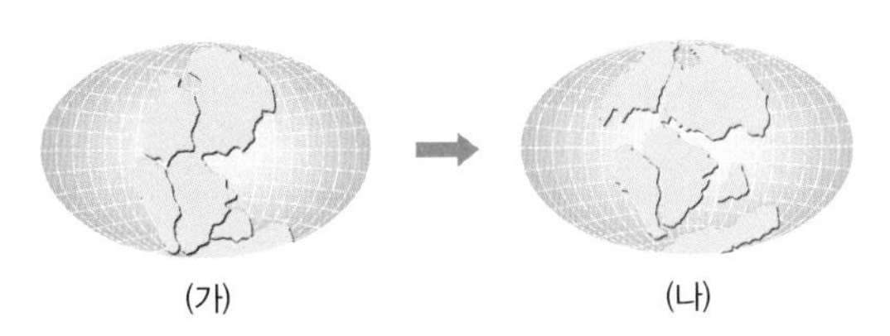

(나)의 지질 시대에 대한 설명으로 옳은 것만을 [보기]에서 있는 대로 고른 것은?

보기
ㄱ. 전반적으로 온난하였으며 빙하기는 없었다.
ㄴ. 대서양과 인도양이 형성되기 시작하였다.
ㄷ. 화폐석과 매머드가 번성하였다.

① ㄱ ② ㄷ ③ ㄱ, ㄴ
④ ㄴ, ㄷ ⑤ ㄱ, ㄴ, ㄷ

2020 Ⅱ 수능 17번

15 그림은 현생 누대 동안의 해수면 높이와 해양 생물 과의 수를 나타낸 것이다.

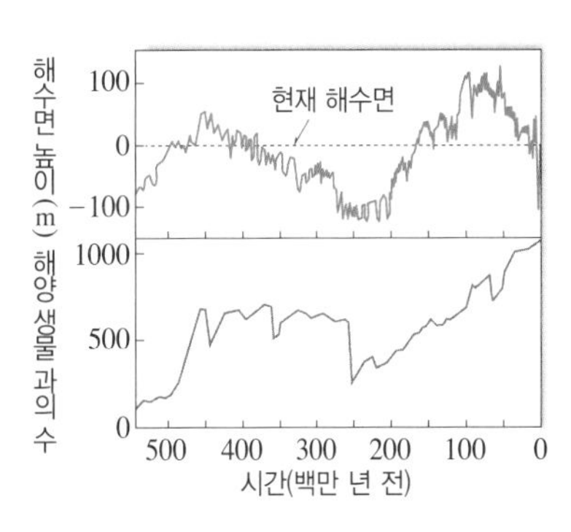

이에 대한 설명으로 옳은 것만을 [보기]에서 있는 대로 고른 것은?

보기
ㄱ. 최초의 다세포 생물은 캄브리아기 전에 출현하였다.
ㄴ. 중생대 말에 감소한 해양 생물 과의 수는 고생대 말보다 크다.
ㄷ. 판게아가 분리되기 시작했을 때의 해수면은 현재보다 높았다.

① ㄱ ② ㄷ ③ ㄱ, ㄴ
④ ㄴ, ㄷ ⑤ ㄱ, ㄴ, ㄷ

자료 ❸ 2017 Ⅱ 수능 1번

16 그림은 현생 누대 동안 해양 무척추동물과 육상 식물의 과의 수 변화를 나타낸 것이다.

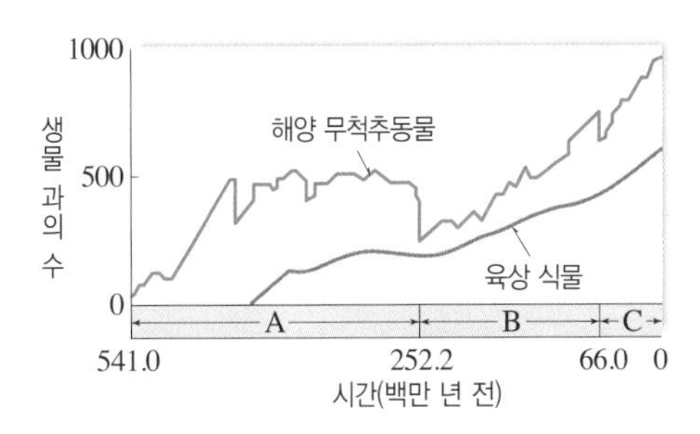

이에 대한 설명으로 옳은 것만을 [보기]에서 있는 대로 고른 것은?

보기
ㄱ. 육상 식물이 해양 무척추동물보다 먼저 출현하였다.
ㄴ. 해양 무척추동물의 과의 수는 A 시기 말이 B 시기 말보다 적었다.
ㄷ. C 시기에는 화폐석이 번성하였다.

① ㄱ ② ㄷ ③ ㄱ, ㄴ
④ ㄴ, ㄷ ⑤ ㄱ, ㄴ, ㄷ

1 다음은 어느 지역의 지층과 각 지층에서 산출되는 화석을 나타낸 것이다.

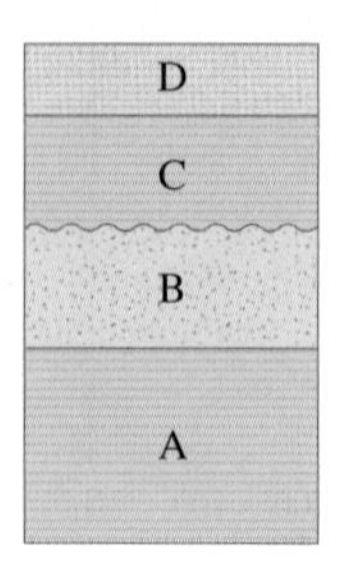

지층	산출 화석
D	고사리
C	공룡 발자국
B	방추충, 완족류
A	삼엽충, 필석

이에 대한 설명으로 옳은 것만을 [보기]에서 있는 대로 고른 것은?

보기
ㄱ. A와 B는 고생대에 퇴적되었다.
ㄴ. C는 육지에서 퇴적되었다.
ㄷ. D가 퇴적될 당시에 이 지역에 빙하가 형성되었다.

① ㄱ ② ㄷ ③ ㄱ, ㄴ
④ ㄴ, ㄷ ⑤ ㄱ, ㄴ, ㄷ

2 그림은 서로 다른 두 지역의 지질 단면과 산출되는 화석을 나타낸 것이다.

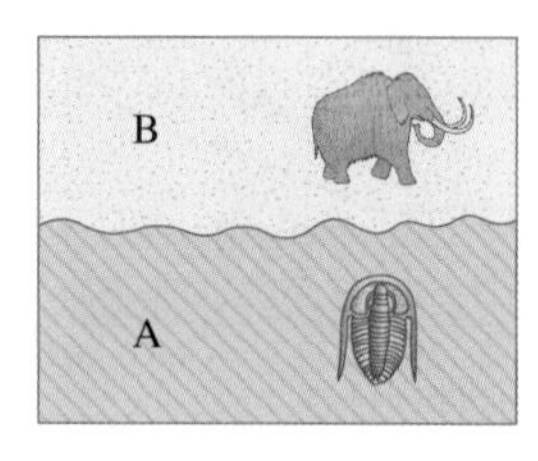

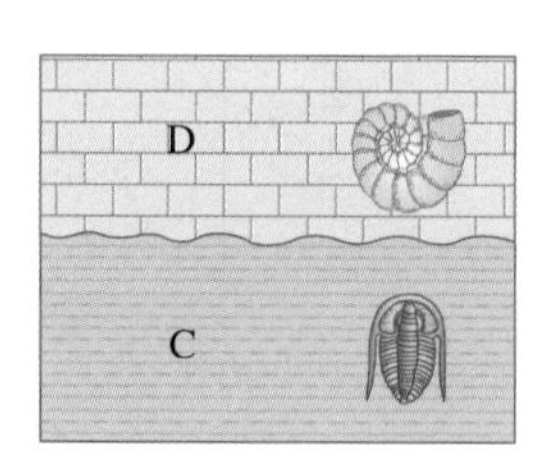

이에 대한 설명으로 옳은 것만을 [보기]에서 있는 대로 고른 것은?

보기
ㄱ. A와 C는 고생대에 퇴적되었다.
ㄴ. B와 D의 화석은 지질 시대를 알아내는 데 이용된다.
ㄷ. 퇴적 시기의 간격은 A와 B 사이가 C와 D 사이보다 크다.

① ㄱ ② ㄷ ③ ㄱ, ㄴ
④ ㄴ, ㄷ ⑤ ㄱ, ㄴ, ㄷ

3 그림은 인접한 (가), (나), (다) 지역의 지질 단면도와 각 지층에서 산출되는 화석을 나타낸 것으로, (가)와 (다)에서 산출되는 화강암의 절대 연령은 같다.

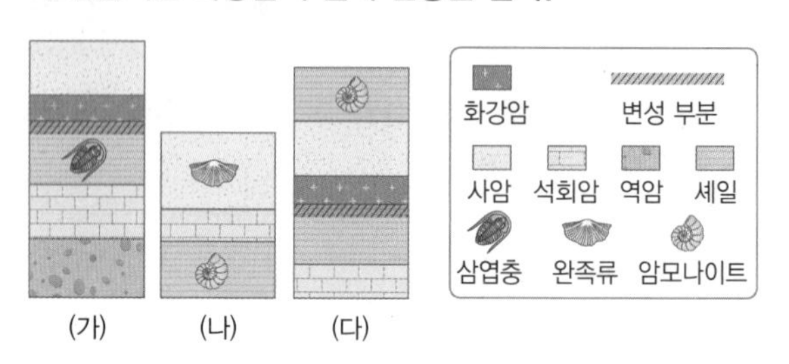

이에 대한 설명으로 옳은 것만을 [보기]에서 있는 대로 고른 것은?

보기
ㄱ. 가장 먼저 퇴적된 지층은 (가)의 역암이다.
ㄴ. (다)의 아래쪽 셰일층은 고생대에 퇴적되었다.
ㄷ. 화강암은 신생대에 생성되었다.

① ㄱ ② ㄷ ③ ㄱ, ㄴ
④ ㄴ, ㄷ ⑤ ㄱ, ㄴ, ㄷ

2017 수능 17번

4 다음은 빙하 코어를 이용한 고기후 연구 방법을, 그림은 그린란드 빙하 코어를 분석하여 알아낸 산소 동위 원소비를 나타낸 것이다.

○ ㉠ 빙하 코어에 포함된 공기 방울의 이산화 탄소 농도와 얼음의 ㉡ 산소 동위 원소비를 측정한다.
○ ㉠의 농도와 얼음의 ㉡이 높을 때 기온이 높다고 추정한다.

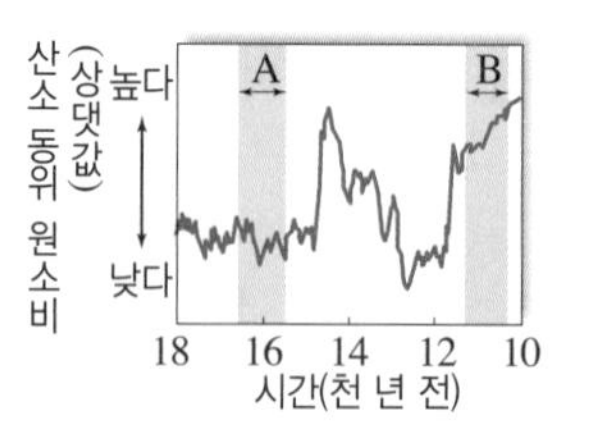

이에 대한 설명으로 옳은 것만을 [보기]에서 있는 대로 고른 것은?

보기
ㄱ. ㉠은 빙하가 형성되는 과정에서 포함된다.
ㄴ. 해수에서 증발하는 수증기의 ㉡은 A 시기가 B 시기보다 높다.
ㄷ. 대륙 빙하의 면적은 A 시기가 B 시기보다 좁다.

① ㄱ ② ㄷ ③ ㄱ, ㄴ
④ ㄴ, ㄷ ⑤ ㄱ, ㄴ, ㄷ

5 그림은 지질 시대 생물의 화석을 나타낸 것이다.

(가)

(나)

이에 대한 설명으로 옳은 것만을 [보기]에서 있는 대로 고른 것은?

보기

ㄱ. (가)가 번성한 시대에 속씨식물이 번성하였다.
ㄴ. (가)와 (나)가 발견되는 지층은 모두 바다에서 퇴적되었다.
ㄷ. (가)보다 (나)의 생물종이 지구상에 더 오랜 기간 동안 분포하였다.

① ㄱ ② ㄴ ③ ㄱ, ㄷ
④ ㄴ, ㄷ ⑤ ㄱ, ㄴ, ㄷ

6 그림 (가)는 현생 누대의 수륙 분포를 순서 없이 나타낸 것이고, (나)는 현생 누대 동안 주요 생물종의 번성 정도를 나타낸 것이다.

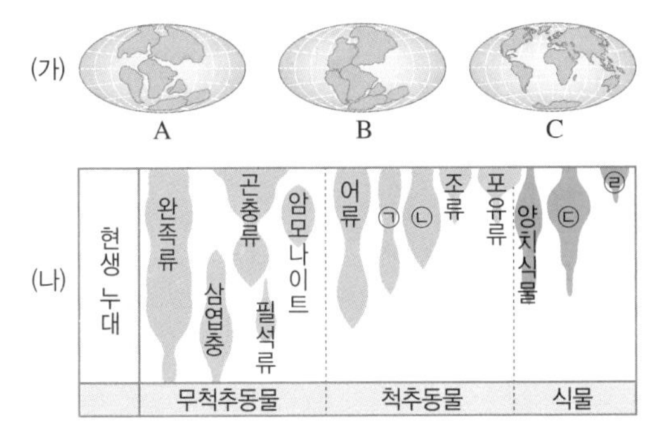

이 자료에 대한 설명으로 옳은 것만을 [보기]에서 있는 대로 고른 것은?

보기

ㄱ. 수륙 분포의 변화 순서는 C → B → A이다.
ㄴ. 매머드가 번성한 시기의 수륙 분포는 C이다.
ㄷ. ㉠은 양서류이고, ㉡은 파충류이다.
ㄹ. ㉢은 속씨식물이고, ㉣은 겉씨식물이다.

① ㄱ, ㄴ ② ㄱ, ㄹ ③ ㄴ, ㄷ
④ ㄱ, ㄷ, ㄹ ⑤ ㄴ, ㄷ, ㄹ

2021 9월 평가원 2번

7 그림은 현생 누대 동안 동물 과의 수를 현재 동물 과의 수에 대한 비로 나타낸 것이다.

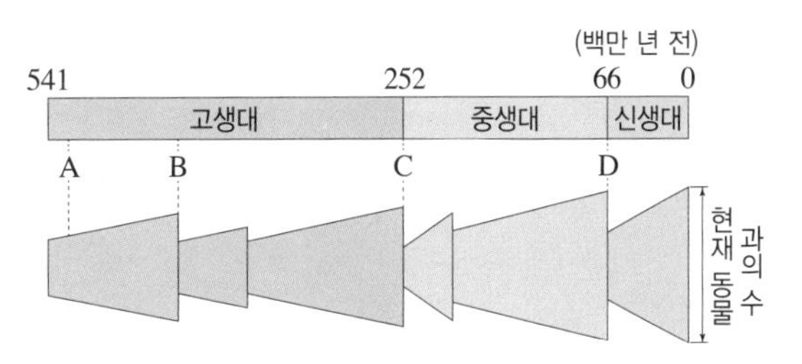

이에 대한 설명으로 옳은 것만을 [보기]에서 있는 대로 고른 것은?

보기

ㄱ. A 시기에 육상 동물이 출현하였다.
ㄴ. 동물 과의 멸종 비율은 B 시기가 C 시기보다 크다.
ㄷ. D 시기에 공룡이 멸종하였다.

① ㄱ ② ㄴ ③ ㄷ
④ ㄱ, ㄴ ⑤ ㄱ, ㄷ

8 그림은 현생 누대 동안에 번성했던 생물의 대량 멸종 시기를 나타낸 것이다.

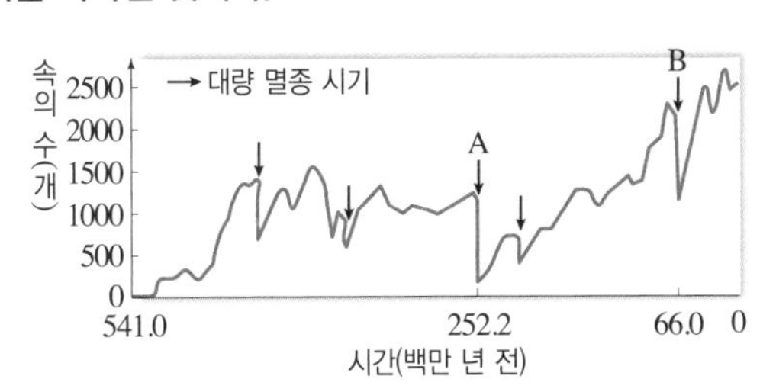

이에 대한 설명으로 옳은 것만을 [보기]에서 있는 대로 고른 것은?

보기

ㄱ. 현생 누대 동안 생물의 대량 멸종은 5회 있었다.
ㄴ. A 시기에 판게아가 분리되기 시작하였다.
ㄷ. B 시기는 중생대와 신생대의 경계이다.

① ㄱ ② ㄴ ③ ㄱ, ㄷ
④ ㄴ, ㄷ ⑤ ㄱ, ㄴ, ㄷ

대기와 해양

		학습 날짜	다시 확인할 개념 및 문제
1 대기와 해양의 변화	07 기압과 날씨 변화	/	
	08 태풍과 우리나라의 주요 악기상	/	
	09 해수의 성질	/	
2 대기와 해양의 상호 작용	10 해수의 순환	/	
	11 대기와 해양의 상호 작용	/	
	12 지구 기후 변화	/	

기압과 날씨 변화

≫ 핵심 짚기
- 고기압과 저기압에서의 날씨
- 전선의 종류와 특징
- 우리나라 주변 기단과 일기도 해석
- 온대 저기압의 날씨와 일기도 해석

A 기압과 날씨

1 고기압과 저기압

구분	정의	바람		날씨
고기압	주위보다 기압이 높은 곳	하강 기류, 고	북반구 지상에서 바람이 시계 방향으로 불어나간다.	지상에서 고기압 중심부의 공기가 발산 → 하강 기류 발달 → 단열 압축으로 기온 상승 → 상대 습도 감소 → 구름 소멸 → 맑음❶
저기압	주위보다 기압이 낮은 곳	상승 기류, 저	북반구 지상에서 바람이 시계 반대 방향으로 불어 들어온다.	지상에서 저기압 중심부로 공기가 수렴 → 상승 기류 발달 → 단열 팽창으로 기온 하강 → 상대 습도 증가 → 구름 형성 → 흐리거나 비

2 기단과 날씨

① *기단: 넓은 지역에 걸쳐 있는 성질(기온, 습도 등)이 비슷한 큰 공기 덩어리❷
- 기온: 고위도에서 형성된 기단은 한랭하고, 저위도에서 형성된 기단은 따뜻하다.
- 습도: 대륙에서 형성된 기단은 건조하고, 해양에서 형성된 기단은 다습하다.

② 우리나라에 영향을 미치는 기단

구분	기단의 성질	영향을 주는 계절
시베리아 기단	한랭 건조	겨울
오호츠크해 기단	한랭 다습	초여름, 가을
북태평양 기단	고온 다습	여름
양쯔강 기단	온난 건조	봄, 가을

오호츠크해 기단(한랭 다습) 오호츠크해 기단(한랭 다습)

영향을 주는 기단	시베리아 기단(한랭 건조)	양쯔강 기단(온난 건조)	북태평양 기단(고온 다습)	양쯔강 기단(온난 건조)	시베리아 기단(한랭 건조)

월	1	2	3	4	5	6	7	8	9	10	11	12
계절	겨울		봄			여름			가을			겨울
주요 기상 현상	폭설·한파		황사, 온난			장마, 무더위, 태풍, 호우			온난			폭설·한파
	건조					다습			건조			

③ 기단의 변질: 기단이 발원지를 떠나 이동하면 지표면의 영향을 받아 성질이 변한다.

찬 기단이 따뜻한 해양을 통과할 때	따뜻한 기단이 차가운 해양을 통과할 때
(그림: 차고 건조한 기단 → 적란운 / 한랭한 육지, 따뜻한 바다, 따뜻한 육지)	(그림: 따뜻한 기단 → 층운 또는 안개 / 따뜻한 바다, 찬 바다, 한랭한 육지)
따뜻한 바다에 의해 기단 하층이 가열되고, 수증기를 공급 받음 → 기층이 불안정해짐 → 강한 상승 기류 발달 → *적운형 구름 발생 예 시베리아 기단의 확장으로 공기가 황해를 지나면서 서해안에 폭설 발생	찬 바다에 의해 기단 하층이 냉각됨 → 기층이 안정해짐 → 상승 기류 약화 → *층운형 구름이나 안개 발생 예 북태평양 기단의 확장으로 공기가 북쪽으로 이동하여 남해안에 바다 안개 발생

PLUS 강의

❶ 단열 압축과 단열 팽창
- 단열 압축: 공기 덩어리가 외부와 열교환 없이 압축되는 현상으로, 부피가 감소하면서 기온이 상승한다.
- 단열 팽창: 공기 덩어리가 외부와 열교환 없이 팽창하는 현상으로, 부피가 팽창하면서 열이 소모되어 기온이 하강한다.

❷ 기단의 발원지
기단은 지표면의 성질이 비교적 균질한 넓은 바다, 평원, 사막 등에서 잘 발생한다. 기단의 물리적 성질이 같으려면 넓은 지역 외에도 고기압 구역 내와 같이 공기가 발산하는 곳이어야 하므로 기단은 고기압의 형태로 존재한다.

용어 돋보기
* 기단(氣 공기, 團 모이다)_성질이 균일한 공기가 모여 있는 덩어리
* 적운형(積 쌓다, 雲 구름, 形 모양) 구름_연직으로 높이 발달한 구름으로, 적란운은 소나기나 뇌우를 동반하기도 한다.
* 층운형(層 층, 雲 구름, 形 모양) 구름_수평으로 넓게 발달한 층 모양의 구름

3 고기압과 날씨
이동 상태에 따라 정체성 고기압과 이동성 고기압으로 구분

① **정체성 고기압**: 한자리에 머무르면서 수축과 확장을 하며 주위 지역에 영향을 미치는 규모가 큰 고기압 예 북태평양 고기압, 시베리아 고기압[3]

② **이동성 고기압**: 시베리아 기단에서 일부가 떨어져 나오거나 양쯔강 기단에서 발달하는 비교적 규모가 작은 고기압 ➡ 우리나라 봄, 가을에는 양쯔강 유역에서 발달한 이동성 고기압과 저기압이 교대로 통과하여 날씨가 자주 변한다.

③ **계절별 일기도와 날씨 특징**

여름철 일기도	겨울철 일기도	봄철, 가을철 일기도
• 북태평양 고기압의 영향 • 고온 다습한 남동 계절풍 • 무더위, 열대야 현상	• 시베리아 고기압의 영향 • 한랭 건조한 북서 계절풍 • 한파	• 이동성 고기압의 영향으로 날씨 변화가 심함 • 봄철에 황사, 꽃샘추위

4 기상 영상 해석과 날씨[4]

기상 위성 영상	가시 영상	• 구름과 지표면에서 반사된 햇빛의 세기에 따라 나타낸 영상 • 구름이 두꺼울수록 햇빛을 강하게 반사하여 밝게 보인다. ➡ 구름의 두께 추정 • 햇빛을 받지 못하는 야간에는 가시 영상을 이용할 수가 없다.
	적외 영상	• 물체가 방출하는 적외선의 에너지양에 따라 나타낸 영상 • 대체로 구름의 고도가 높을수록 온도가 낮아 밝게 보인다. ➡ 구름의 고도 추정 • 낮과 밤에 관계없이 24시간 관측이 가능하다.
기상 레이더 영상		• 대기 중에 전파를 발사해 구름이나 물방울에 반사 및 산란된 전파를 수신한 영상 • 기상 레이더에 수신되는 신호의 강도는 구름 속의 물방울 크기와 수에 따라 다르고, 일반적으로 물방울이 크거나 많으면 강하게 나타난다. ➡ 강수 구역 추정

③ 온난 고기압과 한랭 고기압

• 온난 고기압: 중위도 지역의 상층에서 대기 대순환에 의해 수렴한 공기가 하강하여 형성되어 단열 압축으로 중심부의 온도가 높은 고기압 ➡ 대기 대순환에 의해 형성되어 상층에 이르기까지 고기압이 분포하므로 '키 큰 고기압'이라고도 불린다. 예 북태평양 고기압

• 한랭 고기압: 고위도 지역에서 지표면의 냉각으로 공기가 침강하여 형성되어 중심부의 온도가 낮은 고기압 ➡ 지표의 냉각으로 형성되어 상층에는 저기압이 분포하므로 '키 작은 고기압'이라고도 불린다. 예 시베리아 고기압

④ 기상 위성 영상과 기상 레이더 영상

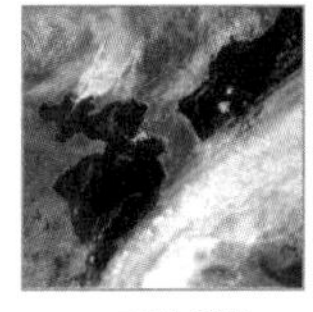
▲ 가시 영상

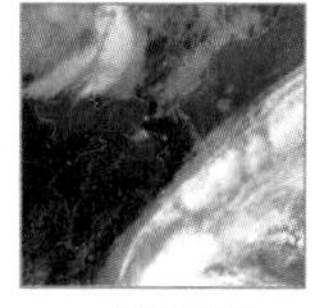
▲ 적외 영상

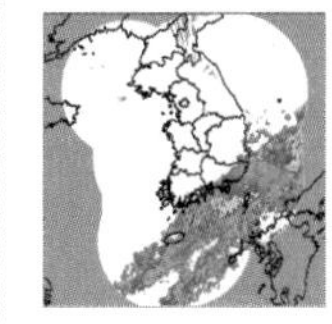
▲ 기상 레이더 영상

정답과 해설 35쪽

(1) 저기압 지역에서는 (상승, 하강) 기류가 나타나면서 날씨가 대체로 (맑다, 흐리다).

(2) 그림은 두 지역에서 기압 차에 의한 공기의 흐름을 나타낸 것이다.

① A: (   )기압, 바람이 (   ) 방향으로 불어나간다.

② B: (   )기압, 바람이 (   ) 방향으로 불어 들어간다.

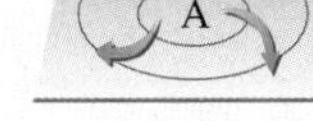

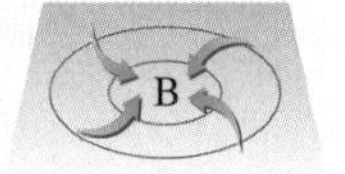

(3) 해양에서 형성된 기단은 대륙에서 형성된 기단보다 습도가 (   ).

(4) 우리나라 겨울철에는 (   ) 기단의 영향을 받아 춥고 건조하다.

(5) 한랭 건조한 기단이 따뜻한 바다 위를 통과하면 기층이 불안정하여 (층운형, 적운형) 구름이 형성된다.

(6) 다음은 고기압과 날씨에 대한 설명이다. (   ) 안에 알맞은 말을 쓰시오.

① 정체성 고기압은 이동성 고기압보다 규모가 (   ).

② 우리나라에 영향을 주는 북태평양 고기압은 (   ) 고기압이다.

③ 우리나라 봄과 가을에는 주로 (   ) 고기압과 저기압이 교대로 통과하여 날씨가 자주 변한다.

(7) 다음은 기상 영상에 대한 설명이다. (   ) 안에 알맞은 말을 고르시오.

① 가시 영상에서는 (얇은, 두꺼운) 구름일수록 밝게 보이고, 가시 영상은 (낮, 밤)에만 관측이 가능하다.

② 적외 영상에서는 고도가 (높은, 낮은) 구름일수록 밝게 보인다.

기압과 날씨 변화

B 온대 저기압과 날씨

1 전선

① 전선과 전선면: 성질(기온, 습도 등)이 크게 다른 두 기단의 경계면을 전선면이라 하고, 전선면과 지표면이 만나서 이루는 경계선을 전선이라고 한다.

② 전선의 종류: 한랭 전선, 온난 전선, 정체 전선, 폐색 전선

구분		한랭 전선	온난 전선
모식도		적란운, 따뜻한 공기, 찬 공기, 소나기	고층운, 권층운, 권운, 난층운, 따뜻한 공기, 찬 공기, 지속적인 비
정의		찬 공기가 따뜻한 공기를 밀어 올리면서 형성된 전선	따뜻한 공기가 찬 공기 위를 타고 올라가면서 형성된 전선
전선의 이동 속도		빠르다 ⑤	느리다
전선면의 기울기		급하다	완만하다
구름		적운형(적운, 적란운)	층운형(권운, 권층운, 고층운, 난층운)
강수 구역		전선 뒤쪽의 좁은 범위 ⑥	전선 앞쪽의 넓은 범위
강수 형태		소나기성 비	지속적인 비
전선 통과 후	기온	하강	상승
	기압	상승	하강
	풍향	남서풍 → 북서풍	남동풍 → 남서풍
구분		정체 전선	폐색 전선
정의		전선을 형성하는 두 기단의 세력이 비슷하여 한곳에 오랫동안 머물러 형성된 전선 예 장마 전선 ⑦	한랭 전선이 온난 전선과 만나 겹쳐지면서 형성된 전선으로, 넓은 지역에 걸쳐 구름이 많고 강수량도 많아진다.

2 온대 저기압

중위도 온대 지방에서 발생하여 전선을 동반하는 저기압

① 구조: 대체로 저기압 중심의 남서쪽에 한랭 전선, 남동쪽에 온난 전선을 동반한다.

② 세력: 저기압의 중심 기압이 낮을수록 세력이 강하다.

③ 이동: *편서풍의 영향으로 서에서 동으로 이동한다.

탐구 자료 온대 저기압의 구조와 날씨

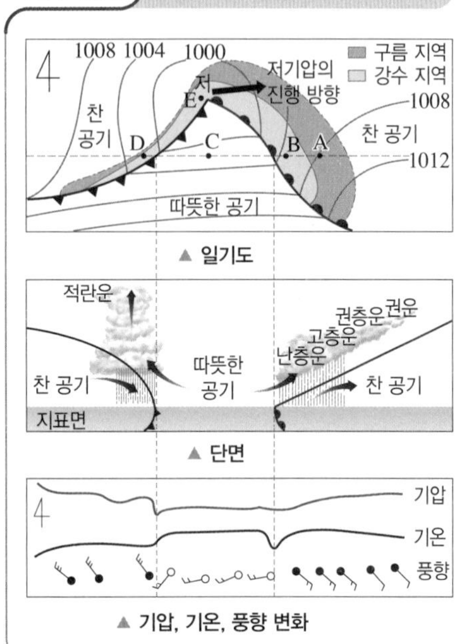

▲ 일기도

▲ 단면

▲ 기압, 기온, 풍향 변화

1. 온대 저기압 주변의 날씨

지역	위치	풍향	특징
A	온난 전선 앞쪽	남동풍	권층운 (*햇무리)
B	온난 전선 앞쪽	남동풍	넓은 지역에 지속적인 비
C	온난 전선과 한랭 전선 사이	남서풍	기온이 높고, 대체로 맑음
D	한랭 전선 뒤쪽	북서풍	좁은 지역에 소나기성 비
E	저기압 중심	북풍 계열	흐리고 비

2. 온대 저기압이 서쪽에서 다가와 통과할 때 날씨 변화: A → B → C → D 순으로 나타난다.

- 기압, 기온: 온난 전선 통과 후 기압 하강, 기온 상승, 한랭 전선 통과 후 기압 상승, 기온 하강
- 풍향: 남동풍 → 남서풍 → 북서풍(시계 방향) ⑧

---

⑤ **전선의 이동 속도 차이**
한랭 전선은 밀도가 큰 찬 공기가 밀도가 작은 따뜻한 공기를 밀면서 이동하므로 속도가 빠르다.

⑥ **전선을 나타내는 기호와 강수 구역**
강수는 주로 한랭 전선의 뒤쪽, 온난 전선의 앞쪽에서 발생한다.

한랭 전선	온난 전선
강수 구역, 찬 공기, 따뜻한 공기	찬 공기, 따뜻한 공기
정체 전선	**폐색 전선**
찬 공기, 따뜻한 공기	찬 공기, 찬 공기

⑦ **장마 전선**
초여름에 우리나라 부근에서 남쪽의 따뜻한 공기(북태평양 기단)와 북쪽의 찬 공기가 만나 장마 전선이 형성된다. 남쪽 기단의 세력이 강해지면 장마 전선이 북상하여 강수 지역이 변한다.

⑧ **저기압이 통과할 때 풍향 변화(북반구)**

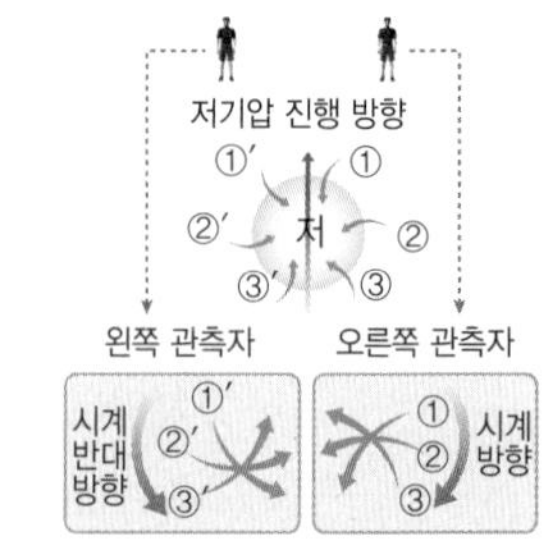

- 진행 방향의 왼쪽: 풍향이 시계 반대 방향으로 변화(①′ → ②′ → ③′)
- 진행 방향의 오른쪽: 풍향이 시계 방향으로 변화(① → ② → ③)

용어 돋보기

* **편서풍**_위도 30°~60°에서 서에서 동으로 부는 바람
* **햇무리**_햇빛이 구름을 이루는 빙정에 굴절 및 반사되어 태양 주위에 나타나는 둥근 빛의 띠

④ 온대 저기압의 발생과 소멸: 발생에서 소멸까지 대체로 5일~7일이 걸린다.

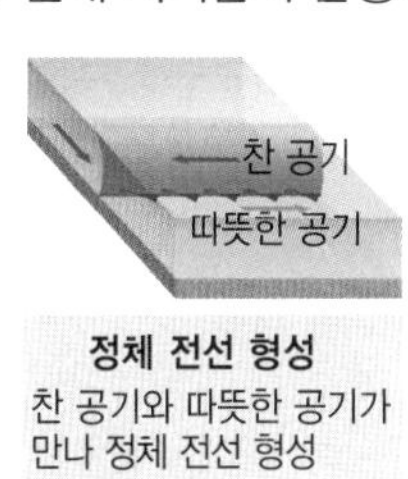

정체 전선 형성
찬 공기와 따뜻한 공기가 만나 정체 전선 형성

파동 형성
남북 간의 기온 차이로 불안정해져 파동 형성[9]

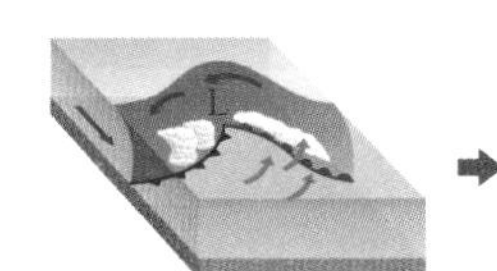

온대 저기압 발달
한랭 전선과 온난 전선이 형성되면서 발달

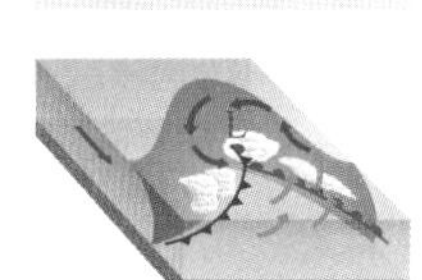

폐색 시작
이동 속도가 빠른 한랭 전선이 온난 전선과 겹쳐져 폐색 전선 형성

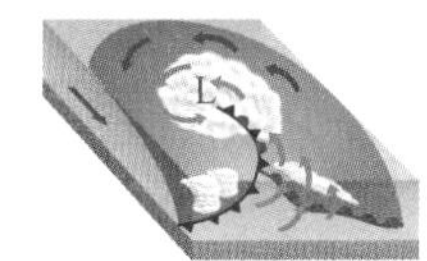

폐색 전선 발달
폐색 전선이 뚜렷하게 나타남

온대 저기압 소멸
따뜻한 공기는 위쪽으로, 찬 공기는 아래쪽으로 분리되어 소멸

⑨ **온대 저기압의 에너지원**
기층의 위치 에너지 감소로 전환된 운동 에너지 ➡ 찬 공기와 따뜻한 공기가 만나 섞이면서 감소한 위치 에너지가 운동 에너지로 전환되어 온대 저기압의 에너지원이 된다.

C 일기 예보와 일기도 해석

1 일기 예보 과정 기상 관측 자료 수집 → 일기도 작성 → 예상 일기도 작성 및 분석(슈퍼컴퓨터) → 예보 협의 → 일기 예보 및 통보[10]

⑩ **수치 예보**
대기의 운동을 설명하는 여러 법칙을 바탕으로 수치 예보 모델을 만들고, 슈퍼컴퓨터로 자세한 예상 일기도를 작성하여 일기 예보를 하는 방법을 수치 예보라고 한다.

2 일기도 작성 수집된 자료로 등압선을 그리고, 일기 요소를 기호나 숫자로 표시한다.

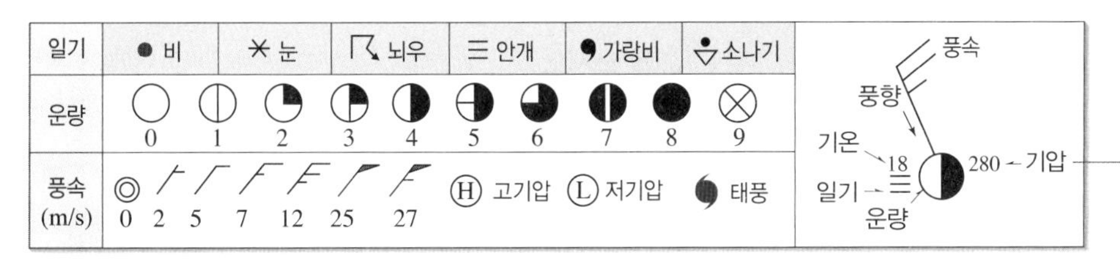

• 천의 자리와 백의 자리를 생략하고 소수점 첫째 자리까지 나타낸다.

3 일기도 해석 방법
① 바람은 고기압에서 저기압으로 불고, 등압선의 간격이 좁을수록 강하게 분다.
② 전선 부근에서 풍향, 풍속, 기온, 기압이 급변하며, *기압골에서 비가 오는 경우가 많다.
③ 우리나라는 편서풍대에 속하므로 일기 상태가 서에서 동으로 이동한다.

용어 돋보기
* **기압골**_일기도상에 나타나는 고기압과 고기압 사이의 기압이 낮은 부분으로, 기압을 등압선으로 나타낼 때 골짜기에 해당하는 부분

정답과 해설 35쪽

(8) 다음은 전선에 대한 설명이다. ( ) 안에 알맞은 말을 쓰시오.
① 한랭 전선은 온난 전선보다 이동 속도가 ( ).
② 한랭 전선이 통과하면 기온은 ( )하고, 기압은 ( )한다.
③ 온난 전선 주변에는 ( )형 구름이, 한랭 전선 주변에는 ( )형 구름이 형성된다.
④ 전선을 형성하는 두 기단의 세력이 비슷할 때 ( ) 전선이 형성되어 한곳에 오랫동안 머무른다.
⑤ 우리나라 초여름에는 남쪽의 ( ) 기단과 북쪽의 찬 기단이 만나 장마 전선을 형성한다.

(9) 우리나라 부근에서 온대 저기압은 ( )쪽에서 ( )쪽으로 이동한다.

(10) 온대 저기압이 통과할 때 (온난, 한랭) 전선이 먼저 통과한다.

(11) 그림은 북반구 어느 지역의 온대 저기압과 공기의 이동 방향을 나타낸 것이다.
① A 지역에는 ( )형 구름이 발달한다.
② B 지역은 대체로 날씨가 ( )고, 기온이 ( )다.
③ C 지역에는 주로 ( )풍이 분다.

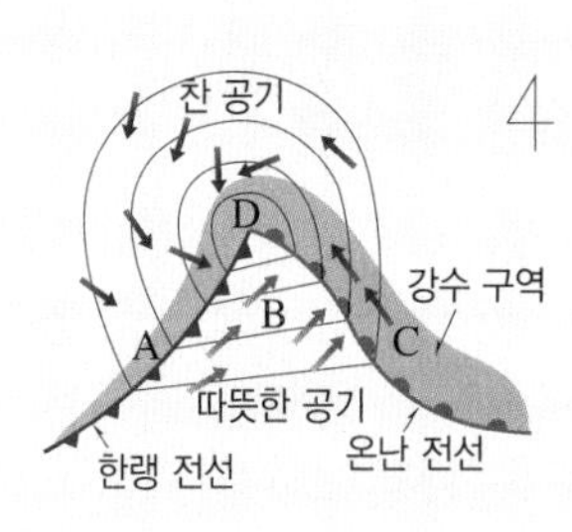

(12) 우리나라에서 앞으로의 날씨를 예측하려면 (동쪽, 서쪽)의 날씨를 관측해야 한다.

수능 자료

정답과 해설 35쪽

2019 • 수능 10번

자료 ❶ 전선과 기단

그림 (가)는 어느 날 06시부터 21시간 동안 우리나라 어느 관측소에서 높이에 따른 기온을, (나)는 이날 06시의 우리나라 주변 지상 일기도를 나타낸 것이다. 관측 기간 동안 온난 전선과 한랭 전선 중 하나가 이 관측소를 통과하였다.

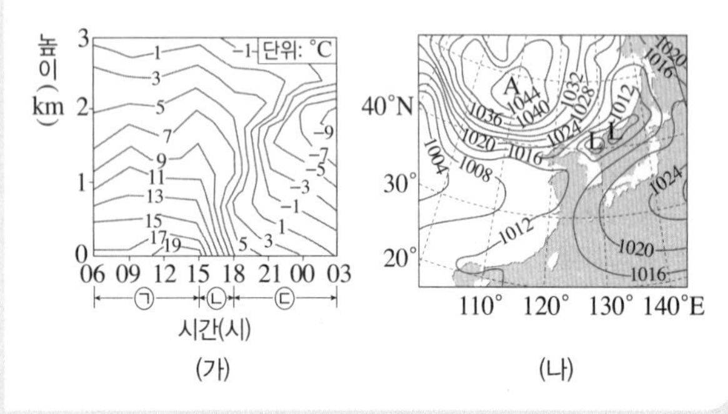

(가) (나)

1. ㉢ 시기에는 ㉠ 시기보다 찬 기단이 관측소를 지난다. (○, ×)
2. ㉡ 시기에 한랭 전선이 관측소를 통과하였다. (○, ×)
3. 관측소의 지상 평균 기압은 ㉢ 시기가 ㉠ 시기보다 낮다. (○, ×)
4. (나)에서 A 지역 기단의 성질은 한랭 건조하다. (○, ×)
5. A 지역 기단의 영향을 받는 시기는 ㉠이다. (○, ×)
6. 전선이 통과하면서 강한 강수 현상이 일어날 수 있다. (○, ×)

2018 • 9월 평가원 5번

자료 ❷ 온대 저기압과 날씨

그림 (가)와 (나)는 5월 중 어느 날 12시간 간격의 지상 일기도를 순서 없이 나타낸 것이고, (다)는 이 기간 중 어느 시점에 P에서 관측된 풍향계의 모습이다.

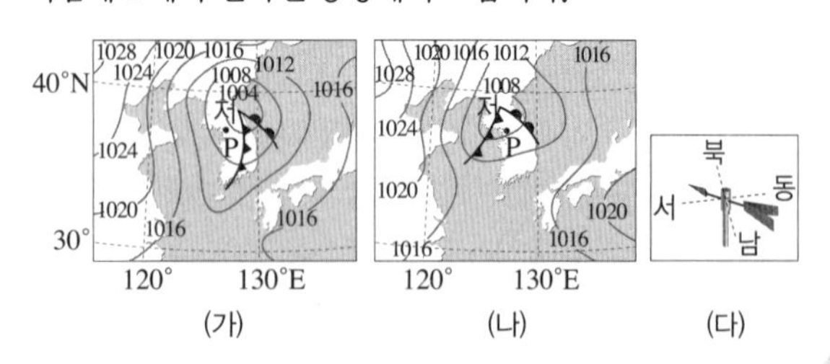

(가) (나) (다)

1. (가)가 먼저 작성된 일기도이다. (○, ×)
2. 시간이 지나면서 온대 저기압의 세력은 약해졌다. (○, ×)
3. 이 기간 중 P 지역에는 소나기가 내렸다. (○, ×)
4. P 지역에 전선이 통과한 후 기온은 낮아졌다. (○, ×)
5. (다)의 풍향은 남동풍이다. (○, ×)
6. (다)의 풍향은 (나)일 때이다. (○, ×)
7. 이 기간 동안 P 지역의 풍향은 시계 방향으로 변하였다. (○, ×)

수능 1점

정답과 해설 35쪽

Ⓐ 기압과 날씨

1 그림은 우리나라에 영향을 주는 기단을 나타낸 것이다.
A~D 기단의 성질과 우리나라에 주로 영향을 미치는 계절을 옳게 짝 지은 것은?

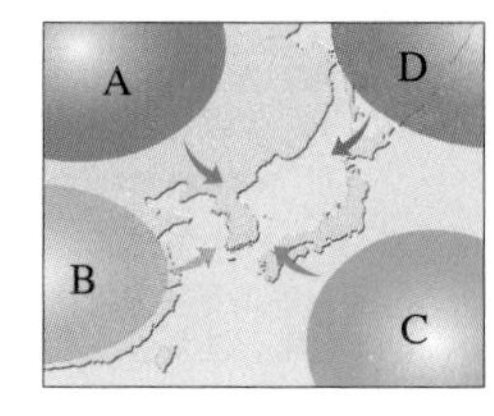

① A－한랭 건조, 봄·가을
② B－한랭 건조, 겨울
③ C－온난 건조, 여름
④ C－고온 다습, 여름
⑤ D－한랭 건조, 초여름

Ⓑ 온대 저기압과 날씨

2 그림은 우리나라 어느 지역에서 전선 통과 전후의 기온과 풍향을 나타낸 것이다.
통과한 전선의 종류와 시간을 쓰시오.

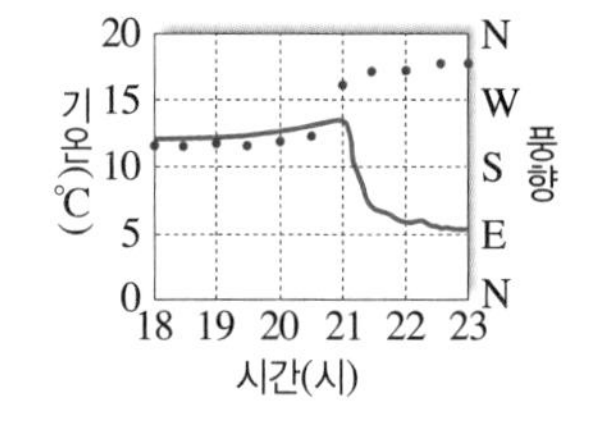

3 그림은 온대 저기압 주변을 나타낸 것이다.
A~E 중 다음과 같은 날씨 특징을 나타내는 지점을 고르시오.

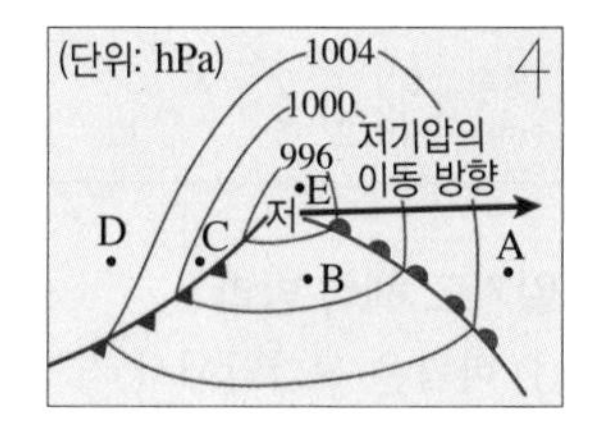

- 현재 대체로 맑고, 남서풍이 불고 있다.
- 앞으로 강한 소나기가 내릴 것이다.
- 앞으로 북서풍이 불고, 기온은 내려갈 것이다.

4 그림은 온대 저기압의 일생을 순서 없이 나타낸 것이다.

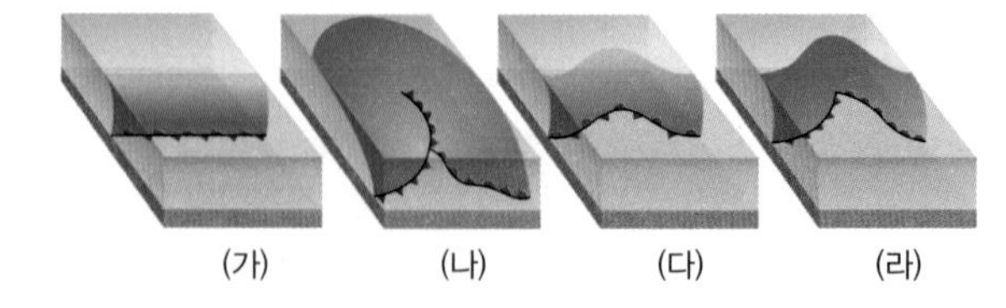
(가) (나) (다) (라)

(가)~(라) 과정을 발달한 순서대로 나열하시오.

Ⓒ 일기 예보와 일기도 해석

5 그림의 일기 기호를 해석하여 쓰시오.

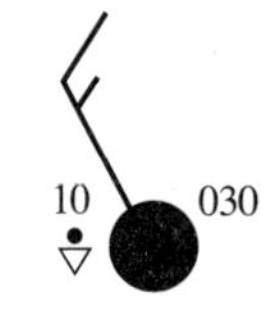

(1) 풍향: ________ (2) 풍속: ________
(3) 강수: ________ (4) 기온: ________
(5) 기압: ________

정답과 해설 35쪽

1 그림은 북반구 어느 지역의 지상 일기도에서 바람의 방향을 나타낸 것이다.

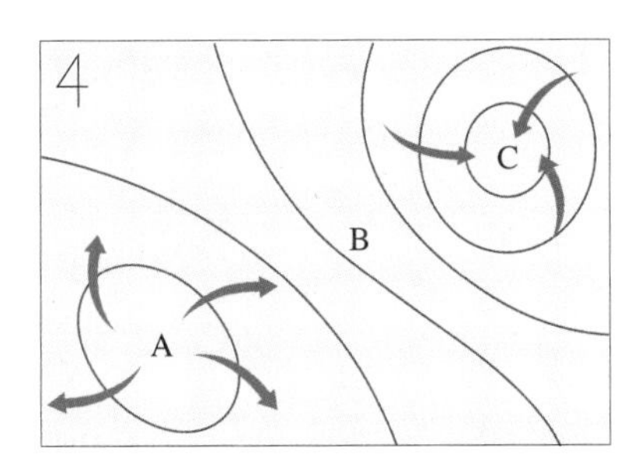

이에 대한 설명으로 옳은 것만을 [보기]에서 있는 대로 고른 것은?

보기
ㄱ. A 지역에서 B 지역으로 갈수록 기압이 낮아진다.
ㄴ. C 지역은 하강 기류가 발달한다.
ㄷ. B 지역에서는 동풍이 우세하게 불 것이다.

① ㄱ ② ㄷ ③ ㄱ, ㄴ
④ ㄴ, ㄷ ⑤ ㄱ, ㄴ, ㄷ

2 그림은 우리나라에 영향을 주는 기단을 월별로 나타낸 것이다.

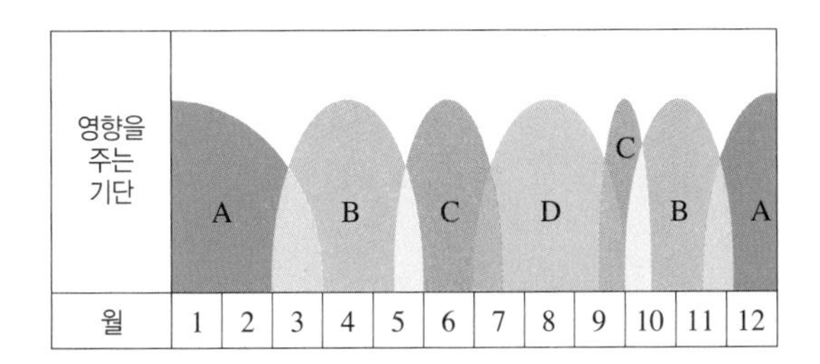

이에 대한 설명으로 옳은 것은?

① A는 양쯔강 기단이다.
② B는 한랭 건조한 특성을 나타낸다.
③ C는 차가운 바다에서 형성된다.
④ D가 영향을 미치는 시기에는 우리나라에 이동성 고기압이 자주 통과한다.
⑤ A와 D는 육지에서 형성된 기단이다.

3 그림은 차고 건조한 기단이 따뜻한 바다 위를 통과하는 모습을 나타낸 것이다.

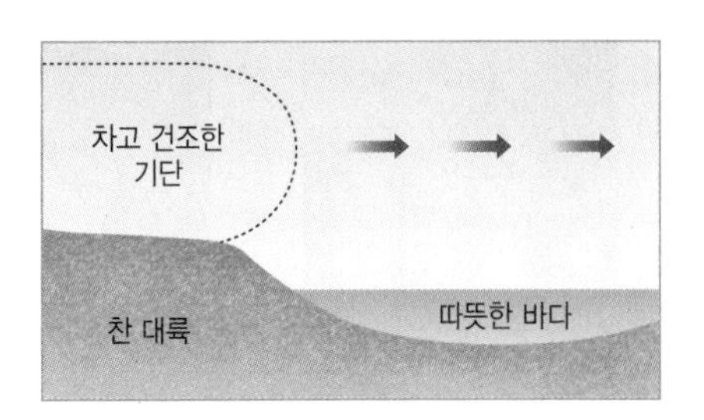

이 과정에서 나타나는 기단의 성질 변화와 기상 현상에 대한 설명으로 옳은 것만을 [보기]에서 있는 대로 고른 것은?

보기
ㄱ. 전선이 만들어지면서 풍속이 강해진다.
ㄴ. 공기의 상하 혼합이 활발해지고 적운형 구름이 발달한다.
ㄷ. 북태평양 기단이 북상할 때 잘 나타나는 현상이다.

① ㄱ ② ㄴ ③ ㄷ
④ ㄱ, ㄴ ⑤ ㄴ, ㄷ

4 그림 (가)와 (나)는 어느 해 8월 같은 시각에 기상 위성으로 촬영한 가시 영상과 적외 영상을 나타낸 것이다.

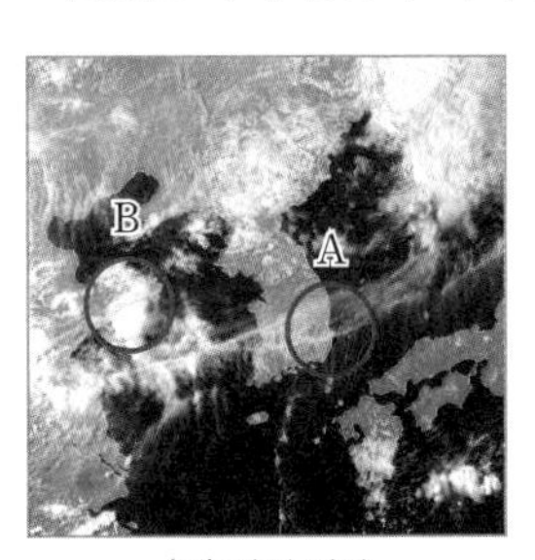

(가) 가시 영상

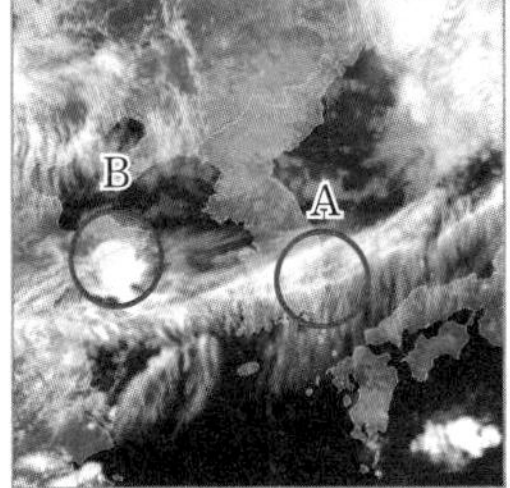

(나) 적외 영상

이에 대한 설명으로 옳은 것만을 [보기]에서 있는 대로 고른 것은?

보기
ㄱ. 두 영상은 밤에 촬영한 것이다.
ㄴ. A 지역의 구름은 고도가 낮고 두껍다.
ㄷ. B 지역의 구름은 적란운에 가깝다.

① ㄱ ② ㄴ ③ ㄷ
④ ㄱ, ㄴ ⑤ ㄴ, ㄷ

2021 수능 8번

5 그림 (가)와 (나)는 어느 날 같은 시각 우리나라 부근의 가시 영상과 지상 일기도를 각각 나타낸 것이다.

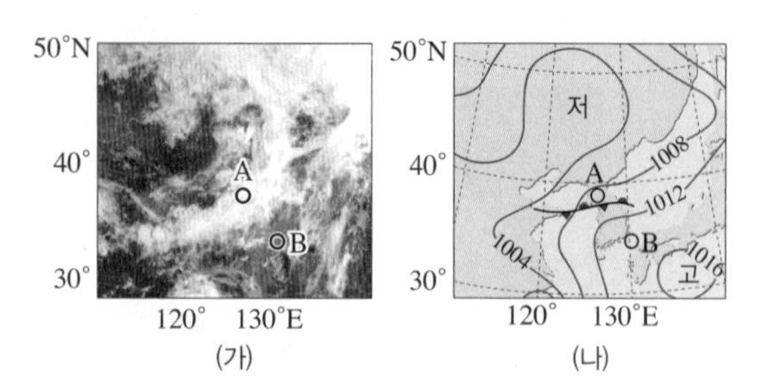

(가) (나)

이 자료에 대한 설명으로 옳은 것만을 [보기]에서 있는 대로 고른 것은?

보기

ㄱ. 구름의 두께는 A 지역이 B 지역보다 두껍다.
ㄴ. A 지역의 구름을 형성하는 수증기는 주로 전선의 남쪽에 위치한 기단에서 공급된다.
ㄷ. B 지역의 지상에서는 남풍 계열의 바람이 분다.

① ㄱ ② ㄴ ③ ㄱ, ㄷ
④ ㄴ, ㄷ ⑤ ㄱ, ㄴ, ㄷ

6 그림은 성질이 다른 두 기단이 만나서 형성된 전선을 나타낸 것이다.

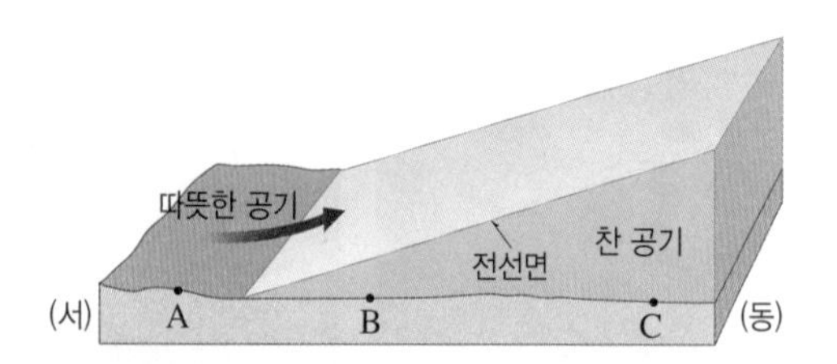

A~C 지점에 대한 설명으로 옳은 것만을 [보기]에서 있는 대로 고른 것은?

보기

ㄱ. A 지점은 날씨가 맑고, 기온이 가장 높다.
ㄴ. B 지점에서는 층운형 구름이 발달하고, 비가 내린다.
ㄷ. 전선이 동쪽으로 이동하면, 앞으로 비가 내릴 가능성은 A보다 C 지점이 크다.

① ㄱ ② ㄷ ③ ㄱ, ㄴ
④ ㄴ, ㄷ ⑤ ㄱ, ㄴ, ㄷ

7 그림 (가)와 (나)는 우리나라에 접근하는 온대 저기압에 동반된 두 종류의 전선을 나타낸 것이다.

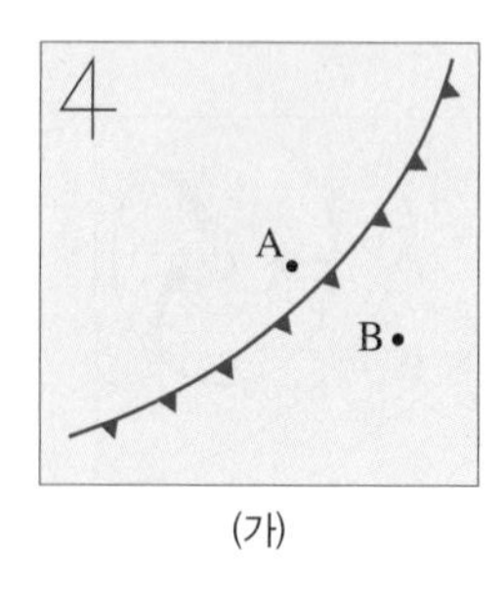

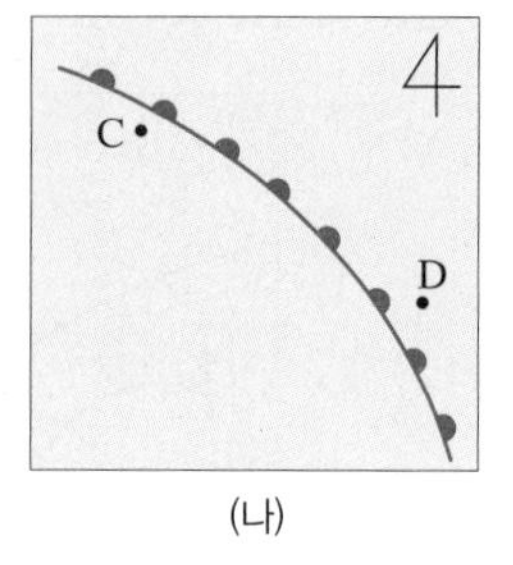

(가) (나)

이에 대한 설명으로 옳은 것만을 [보기]에서 있는 대로 고른 것은?

보기

ㄱ. 기온은 B가 A보다 높다.
ㄴ. A와 D에는 강수 현상이 있다.
ㄷ. 기압은 C가 D보다 낮다.

① ㄱ ② ㄷ ③ ㄱ, ㄴ
④ ㄴ, ㄷ ⑤ ㄱ, ㄴ, ㄷ

8 그림 (가)는 우리나라 부근의 일기도이고, (나)는 (가)의 A~D 중 두 지점의 날씨를 일기 기호로 나타낸 것이다.

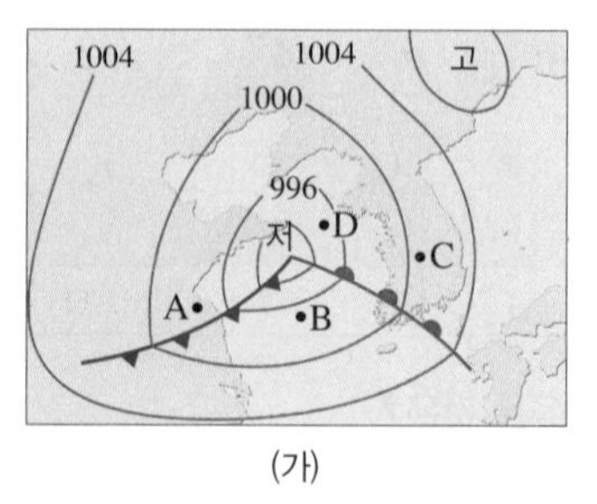

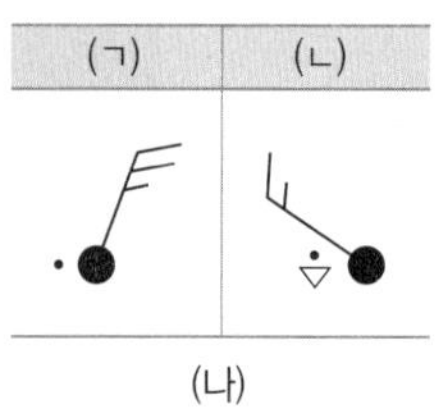

(가) (나)

(ㄱ)과 (ㄴ)의 날씨가 나타나는 지점을 옳게 짝 지은 것은?

	(ㄱ)	(ㄴ)		(ㄱ)	(ㄴ)
①	A	C	②	B	A
③	B	D	④	C	B
⑤	D	A			

2018 6월 평가원 16번

9

그림 (가)와 (나)는 우리나라를 지나는 온대 저기압의 위치를 12시간 간격으로 나타낸 것이다.

(가) (나)

이에 대한 설명으로 옳은 것만을 [보기]에서 있는 대로 고른 것은?

보기

ㄱ. 저기압의 세력은 (가)가 (나)보다 약하다.
ㄴ. (가)에서 (나)로 변하는 동안 A에서는 비가 지속적으로 내렸다.
ㄷ. 우리나라를 지나는 온대 저기압은 봄철이 여름철보다 형성되기 쉽다.

① ㄱ ② ㄴ ③ ㄷ
④ ㄱ, ㄴ ⑤ ㄱ, ㄷ

10

그림 (가)와 (나)는 24시간 간격으로 작성된 일기도를 순서 없이 나타낸 것이다.

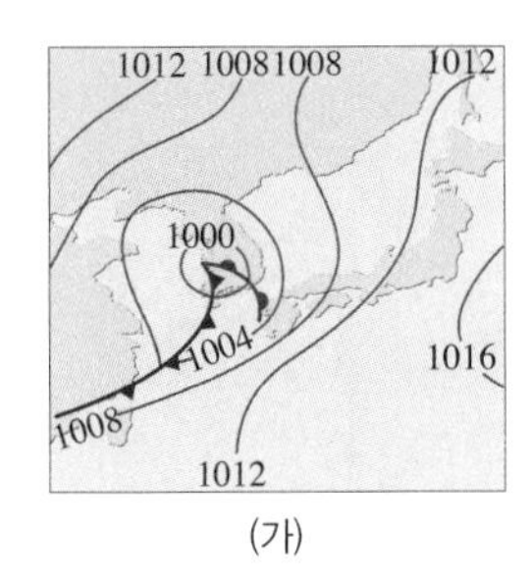

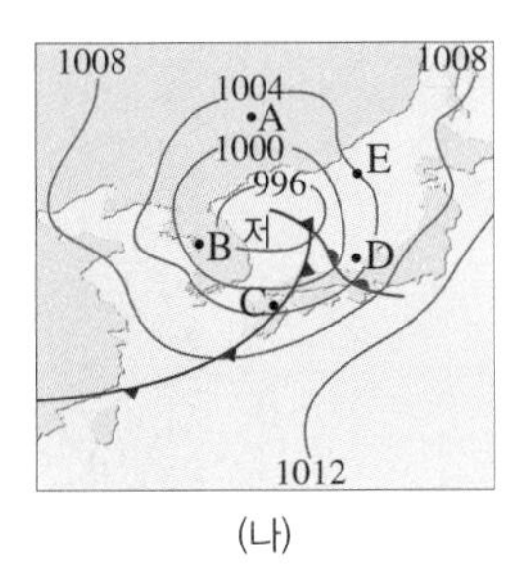

(가) (나)

이에 대한 설명으로 옳은 것만을 [보기]에서 있는 대로 고른 것은?

보기

ㄱ. (가)는 (나)보다 먼저 작성된 일기도이다.
ㄴ. (나)에서 A~E 중 소나기성 비가 내릴 가능성이 가장 큰 지점은 D이다.
ㄷ. 이 기간 동안 저기압의 세력은 약화되었다.

① ㄱ ② ㄴ ③ ㄱ, ㄷ
④ ㄴ, ㄷ ⑤ ㄱ, ㄴ, ㄷ

2021 6월 평가원 15번

11

그림 (가)와 (나)는 어느 온대 저기압이 우리나라를 지날 때 12시간 간격으로 작성한 지상 일기도를 순서대로 나타낸 것이다. 일기 기호는 A 지점에서 관측한 기상 요소를 표시한 것이다.

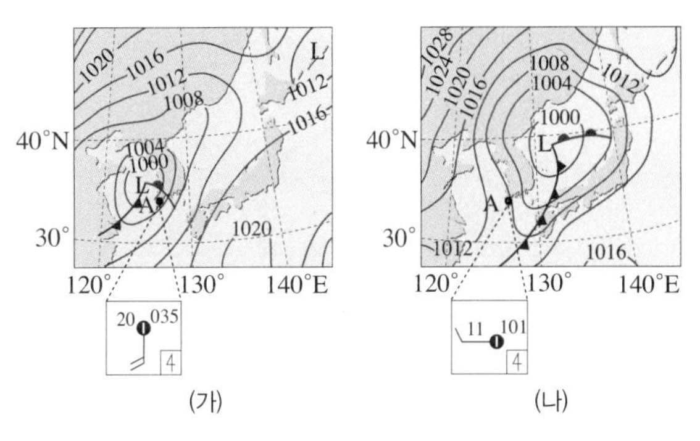

이 자료에 대한 설명으로 옳은 것만을 [보기]에서 있는 대로 고른 것은?

보기

ㄱ. A 지점의 풍향은 시계 방향으로 바뀌었다.
ㄴ. 한랭 전선이 통과한 후에 A에서의 기온은 9 ℃ 하강하였다.
ㄷ. 온난 전선면과 한랭 전선면은 각각 전선으로부터 지표상의 공기가 더 차가운 쪽에 위치한다.

① ㄱ ② ㄷ ③ ㄱ, ㄴ
④ ㄴ, ㄷ ⑤ ㄱ, ㄴ, ㄷ

12

그림은 어느 해 4일 동안 우리나라 부근을 지나는 온대 저기압의 이동 경로를 나타낸 것이다.

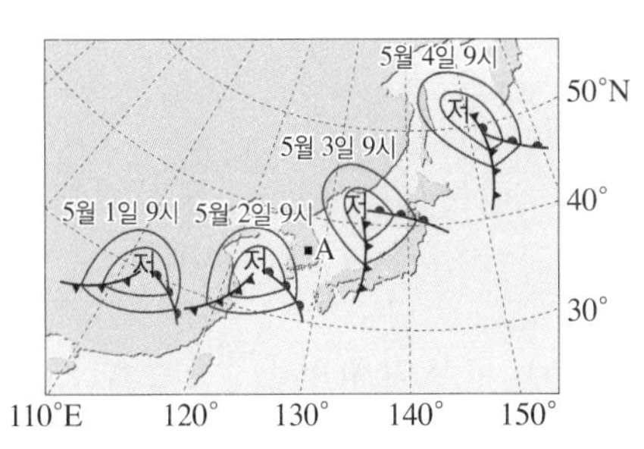

이에 대한 해석으로 옳은 것만을 [보기]에서 있는 대로 고른 것은?

보기

ㄱ. 저기압의 이동 방향과 속력은 일정하게 유지되었다.
ㄴ. A 지점의 풍향은 시간에 따라 시계 방향으로 변하였다.
ㄷ. 5월 2일 9시부터 5월 3일 9시까지 A 지점은 맑은 날씨가 지속되었다.

① ㄱ ② ㄴ ③ ㄱ, ㄷ
④ ㄴ, ㄷ ⑤ ㄱ, ㄴ, ㄷ

정답과 해설 38쪽

1 그림은 고위도의 대륙에서 발원한 기단의 이동 경로를 나타낸 것이다.

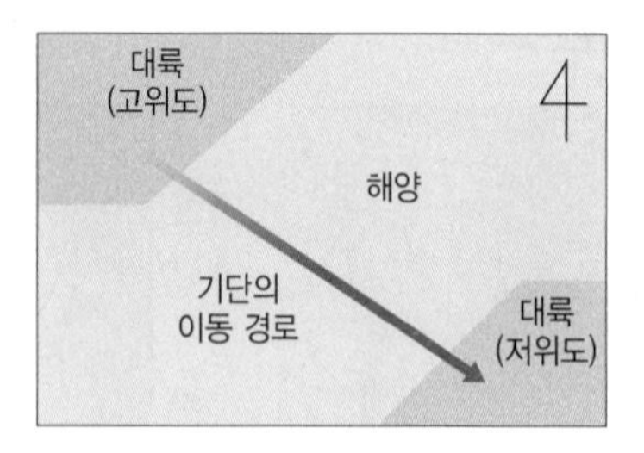

기단이 이동할 때 나타나는 변화로 옳은 것만을 [보기]에서 있는 대로 고른 것은?

보기
ㄱ. 기단 내에서 대류가 활발해진다.
ㄴ. 층운형 구름이 형성된다.
ㄷ. 강한 강수 현상이 나타난다.

① ㄱ ② ㄴ ③ ㄱ, ㄷ
④ ㄴ, ㄷ ⑤ ㄱ, ㄴ, ㄷ

자료❶ 2019 수능 10번

2 그림 (가)는 어느 날 06시부터 21시간 동안 우리나라 어느 관측소에서 높이에 따른 기온을, (나)는 이날 06시의 우리나라 주변 지상 일기도를 나타낸 것이다. 관측 기간 동안 온난 전선과 한랭 전선 중 하나가 이 관측소를 통과하였다.

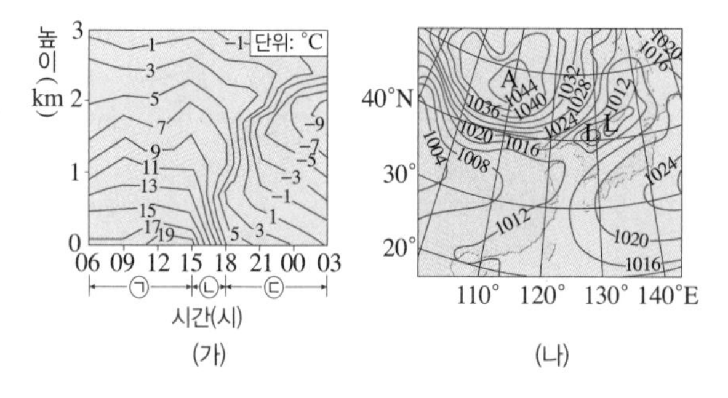

(가) (나)

이에 대한 설명으로 옳은 것만을 [보기]에서 있는 대로 고른 것은?

보기
ㄱ. 관측소를 통과한 전선은 온난 전선이다.
ㄴ. 관측소의 지상 평균 기압은 ㉢ 시기가 ㉠ 시기보다 높다.
ㄷ. ㉢ 시기에 관측소는 A 지역 기단의 영향을 받는다.

① ㄱ ② ㄴ ③ ㄱ, ㄷ
④ ㄴ, ㄷ ⑤ ㄱ, ㄴ, ㄷ

2020 수능 12번

3 표의 (가)는 1일 강수량 분포를, (나)는 지점 A의 1일 풍향 빈도를 나타낸 것이다. $D_1 \rightarrow D_2$는 하루 간격이고 이 기간 동안 우리나라는 정체 전선의 영향권에 있었다.

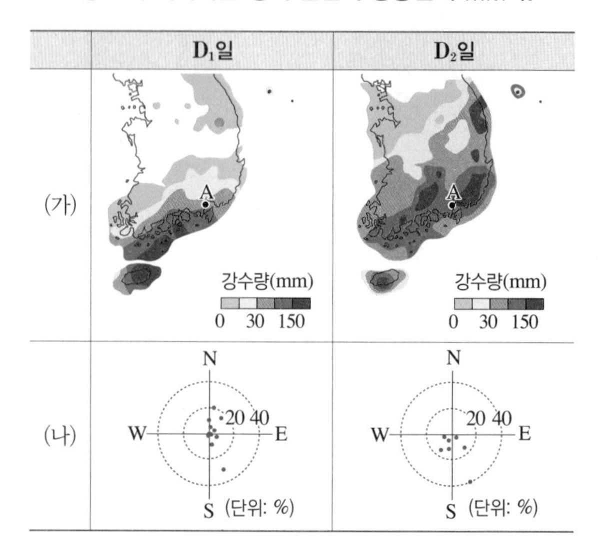

지점 A에 대한 설명으로 옳은 것만을 [보기]에서 있는 대로 고른 것은?

보기
ㄱ. D_1일 때 정체 전선의 위치는 D_2일 때보다 북쪽이다.
ㄴ. D_2일 때 남동풍의 빈도는 남서풍의 빈도보다 크다.
ㄷ. D_1일 때가 D_2일 때보다 북태평양 기단의 영향을 더 받는다.

① ㄱ ② ㄴ ③ ㄱ, ㄷ ④ ㄴ, ㄷ ⑤ ㄱ, ㄴ, ㄷ

4 그림은 어느 날 우리나라 주변의 지상 일기도이다.

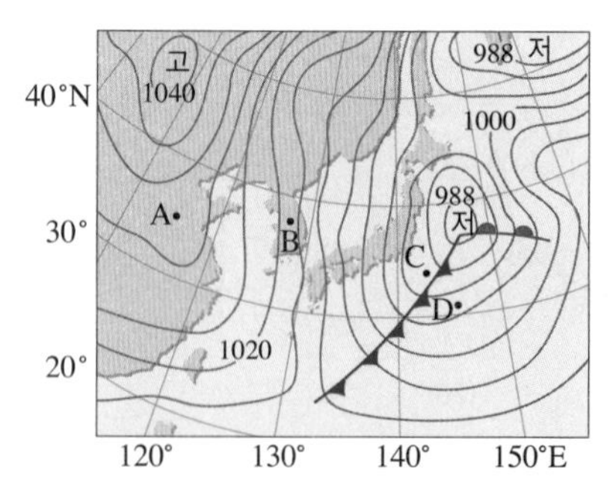

이에 대한 설명으로 옳은 것만을 [보기]에서 있는 대로 고른 것은?

보기
ㄱ. A~D 지점 중 풍속은 A 지점에서 가장 작다.
ㄴ. 우리나라 여름철에 잘 나타나는 일기도이다.
ㄷ. D 지점은 앞으로 전선이 통과한 후 북서풍이 불 것이다.

① ㄱ ② ㄴ ③ ㄱ, ㄷ ④ ㄴ, ㄷ ⑤ ㄱ, ㄴ, ㄷ

5 그림은 어느 날 우리나라 부근에 발달한 온대 저기압을 나타낸 것이다.
A, B, C 지역의 풍향과 풍속을 나타낸 것으로 가장 적절한 것은?

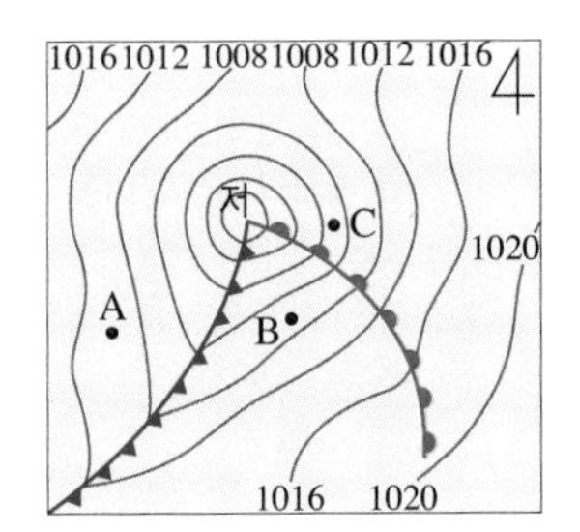

①
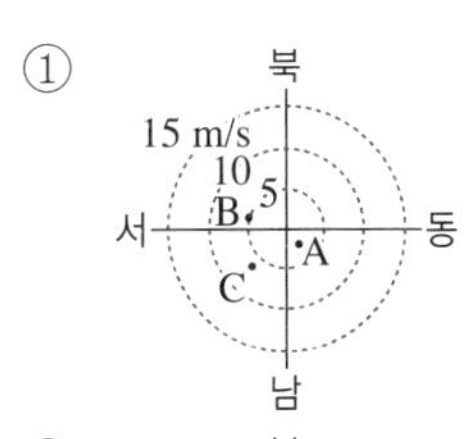

②
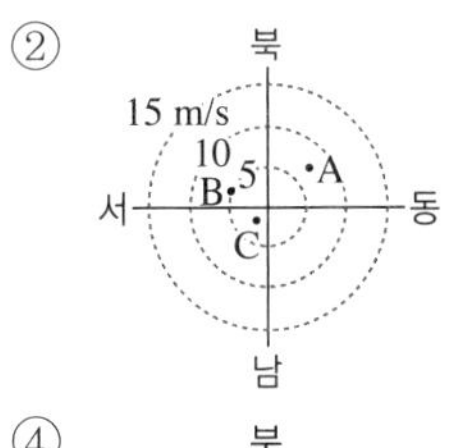

③
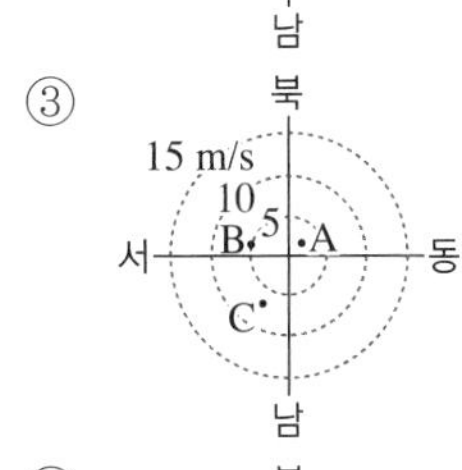

④
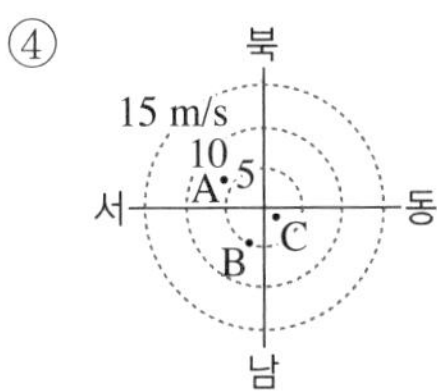

⑤ 북 / 15 m/s / 10 / 5 / 서 / A / 동 / B / C / 남

2021 9월 평가원 4번

6 그림 (가)는 어느 날 **21**시 우리나라 주변의 지상 일기도를, (나)는 (가)의 **21**시부터 **14**시간 동안 관측소 **A**와 **B** 중 한 곳에서 관측한 기온과 기압을 나타낸 것이다.

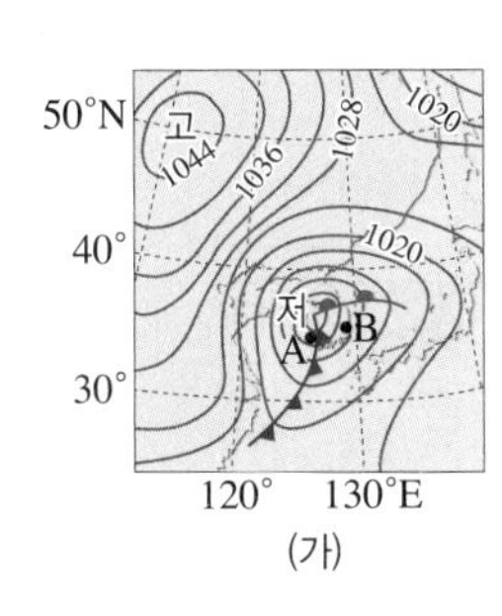

(가)

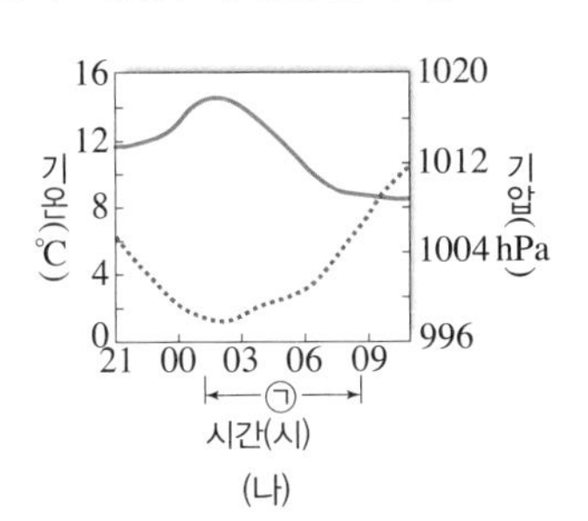

(나)

이 자료에 대한 설명으로 옳은 것만을 [보기]에서 있는 대로 고른 것은?

보기
ㄱ. (가)에서 A의 상층부에는 주로 층운형 구름이 발달한다.
ㄴ. (나)는 B의 관측 자료이다.
ㄷ. (나)의 관측소에서 ㉠ 기간 동안 풍향은 시계 반대 방향으로 바뀌었다.

① ㄱ ② ㄴ ③ ㄱ, ㄷ
④ ㄴ, ㄷ ⑤ ㄱ, ㄴ, ㄷ

7 그림은 어느 온대 저기압의 영향을 받는 우리나라의 **A**, **B** 관측소에서 전선이 통과하기 전후의 기온 변화와 풍향 변화를 나타낸 것이다.

기온(°C): 20, 15, 10, 5 / A / B / 시간(시): 0 1 2 3 4 5
풍향: N, W, S, E, N / B / A / 시간(시): 0 1 2 3 4 5

이에 대한 설명으로 옳은 것만을 [보기]에서 있는 대로 고른 것은?

보기
ㄱ. B 관측소에는 1시~2시에 온난 전선이 통과하였다.
ㄴ. 전선이 통과한 시기는 A 관측소보다 B 관측소가 빠르다.
ㄷ. A 관측소에는 2시경에 흐리거나 비가 내렸다.

① ㄱ ② ㄴ ③ ㄱ, ㄷ
④ ㄴ, ㄷ ⑤ ㄱ, ㄴ, ㄷ

8 그림은 어느 온대 저기압이 우리나라를 통과하기 전과 통과한 후의 모습을 순서 없이 나타낸 것이다.

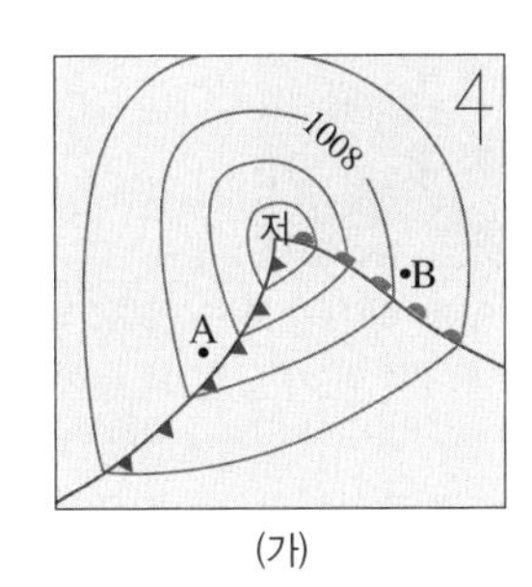

(가)

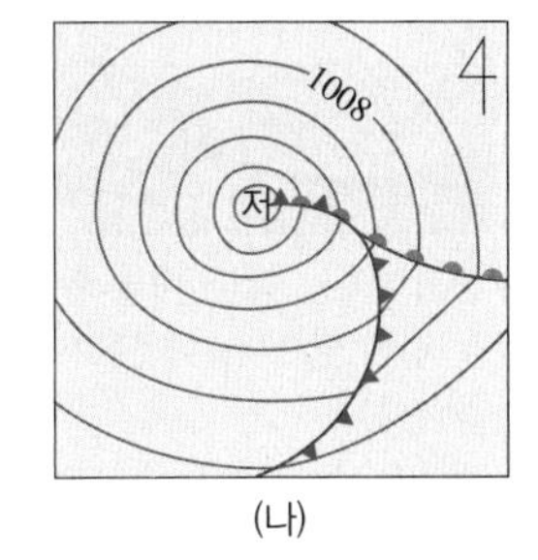

(나)

이에 대한 설명으로 옳은 것만을 [보기]에서 있는 대로 고른 것은?

보기
ㄱ. (가)는 온대 저기압이 통과하기 전의 모습이다.
ㄴ. (가)에서 뇌우가 발생할 가능성은 B 지점보다 A 지점이 크다.
ㄷ. (나)에서 정체 전선이 형성되면서 넓은 지역에 비가 내린다.

① ㄱ ② ㄷ ③ ㄱ, ㄴ
④ ㄱ, ㄷ ⑤ ㄱ, ㄴ, ㄷ

태풍과 우리나라의 주요 악기상

핵심 짚기 › 태풍의 구조, 풍속과 기압 분포 › 태풍의 이동에 따른 안전 반원과 위험 반원 › 뇌우의 발생과 발달 과정 › 황사의 발생과 이동

Ⓐ 태풍

1 태풍 중심 부근의 최대 풍속이 17 m/s 이상인 열대 저기압

① 에너지원: 수증기가 응결될 때 방출하는 *숨은열

② 발생 지역: 수증기 공급이 충분한 수온 26 ℃ ~27 ℃ 이상인 위도 5°~25° 열대 해상

③ 태풍이 적도 부근에서 발생하지 않는 까닭: 열대 소용돌이가 태풍으로 발달하는데, 적도 부근에서는 소용돌이를 만드는 데 필요한 *전향력이 약하기 때문

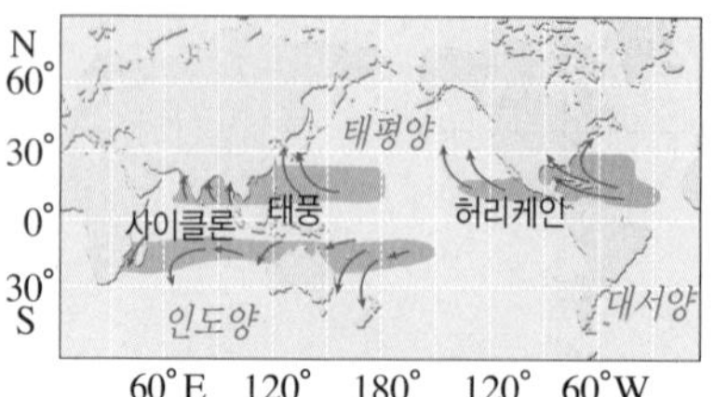

▲ 태풍의 발생 지역❶

④ 태풍의 발생 과정

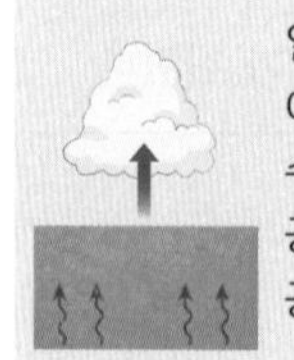

열대 해상에서 열과 수증기를 공급받은 공기 상승 ➡

수증기의 숨은열 방출로 가열된 공기 상승 → 주변 공기 회전 → 상승 기류 강화 ➡

더 많은 양의 수증기가 응결하여 적란운 발달, 풍속이 강해지면 태풍 발생

2 태풍의 구조 전체적으로 상승 기류가 발달하여 중심 부근으로 갈수록 두꺼운 적운형 구름이 형성되어 있다.

태풍의 구조	태풍의 풍속과 기압 분포
태풍의 눈, 하강 기류, 눈벽, 상승 기류, 500, 0 (km), 공기의 수렴, 500	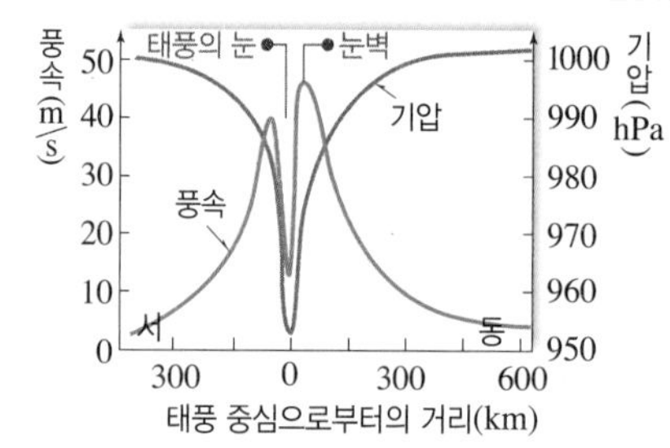
• 중심부에는 강한 대류 활동이 있는 벽(태풍의 눈벽)이 있으며, 이곳에서 풍속과 강수가 가장 강하다. • 태풍의 눈: 태풍 중심으로부터 반경 약 50 km로, 약한 하강 기류가 나타나고, 날씨가 맑으며, 바람이 약하다.	• 풍속: 태풍의 중심부로 갈수록 강해지며, 태풍의 눈에서는 약하다. • 기압: 태풍의 중심으로 갈수록 낮아지며, 태풍의 중심에서 가장 낮다.

태풍에서 공기는 시계 반대 방향으로 회전하면서 불어들어가며 상승하고, 상승한 공기는 상층에서 대부분 시계 방향으로 불어 나가며, 일부가 중심부로 모여 약한 하강 기류가 나타난다.

3 태풍의 이동

① 발생 초기에는 무역풍의 영향으로 북서쪽으로 진행하다가 *전향점인 위도 25°~30° 부근부터 편서풍의 영향으로 북동쪽으로 진행하는 포물선 궤도를 그린다.❷

② 북태평양 고기압이 발달할 때에는 고기압의 가장자리를 따라 이동한다.

③ 우리나라는 주로 7월~9월 사이에 태풍의 영향을 받는다.❸

50°N, 40°, 30°, 20°, 편서풍, 무역풍, 6월, 7월, 8월, 9월, 10월, 120° 130° 140°E

▲ 태풍의 이동 경로

PLUS 강의

❶ **태풍의 발생 지역과 이름**
북서 태평양에서 발생하는 것은 태풍, 북대서양과 북태평양 동부에서 발생하는 것은 허리케인, 인도양과 오스트레일리아 북부 해역에서 발생하는 것은 사이클론이라고 한다. 국제 협약에 따라 열대 해역 상공에서 발생하는 모든 태풍형 폭풍을 열대 저기압이라 하고 편의상 태풍 또는 허리케인으로 혼용하며 사용한다.

❷ **전향점을 지난 후 태풍의 이동 속도**
태풍이 전향점을 지나 편서풍대에서 이동하면 태풍의 진행 경로와 편서풍의 방향이 일치하므로 이동 속도가 빨라진다.

❸ **온대 저기압과 태풍 비교**

저기압	온대 저기압	태풍 (열대 저기압)
등압선	타원형	원형, 간격이 조밀함
전선	있음	없음
에너지원	위치 에너지 감소	수증기의 숨은열
발생 지역	중위도 온대 지방	5°~25° 열대 해상
이동 방향	서 → 동	남 → 북 (포물선)

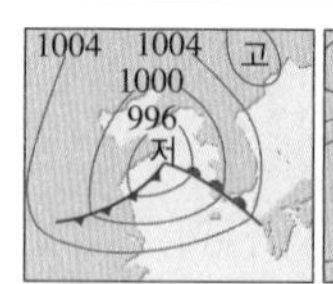

▲ 온대 저기압

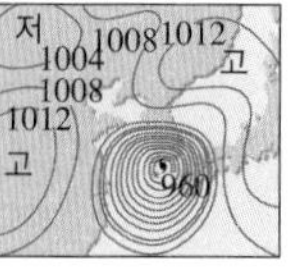

▲ 태풍

용어 돋보기

* **숨은열(잠열)**_ 일정한 온도에서 온도 변화를 일으키지 않고 드나드는 열로, 숨은열에는 물질의 상태가 변할 때 드나드는 응결열, 융해열, 기화열 등이 있다.

* **전향력(轉 바꾸다, 向 방향, 力 힘)**_ 지구 자전에 의해 지상에서 운동하는 물체의 방향을 바꾸는 가상의 힘으로, 적도에서는 작용하지 않고 고위도로 갈수록 크게 작용한다.

* **전향점(轉 바꾸다, 向 방향, 點 지점)**_ 태풍이 진행 방향을 바꾸는 지점

④ 안전 반원과 위험 반원

안전 반원(가항 반원)	대기 대순환과 태풍의 바람	위험 반원
• 태풍 진행 방향의 왼쪽 부분 • 풍속: 태풍 내 바람 방향이 태풍의 진행 방향 및 대기 대순환의 바람 방향과 반대이므로 상쇄되어 풍속이 비교적 약하다. ➡ 위험 반원에 비해 피해가 작다. • 풍향: 태풍이 통과하면서 시계 반대 방향으로 변한다.④	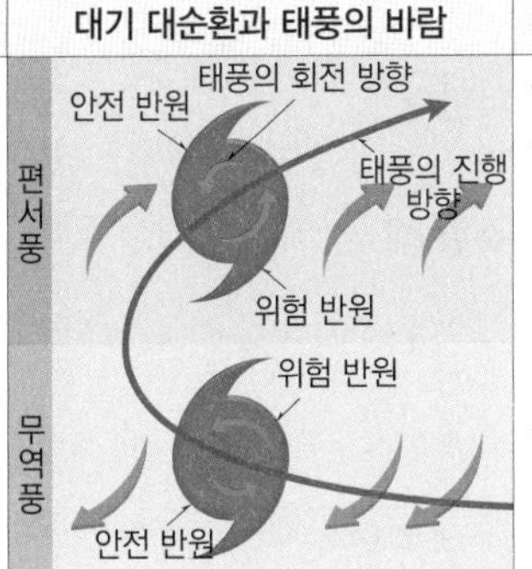	• 태풍 진행 방향의 오른쪽 부분 • 풍속: 태풍 내 바람 방향이 태풍의 진행 방향 및 대기 대순환의 바람 방향과 같으므로 합쳐져 풍속이 강하다. ➡ 피해가 크다. • 풍향: 태풍이 통과하면서 시계 방향으로 변한다.④

④ 저기압의 이동에 따른 풍향 변화(북반구)

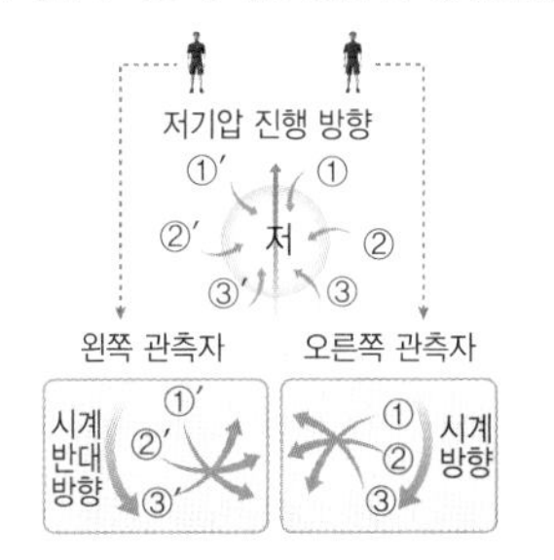

• 진행 방향의 왼쪽 관측자(안전 반원): 풍향이 시계 반대 방향으로 변화
• 진행 방향의 오른쪽 관측자(위험 반원): 풍향이 시계 방향으로 변화

4 태풍의 소멸

① 세력 약화: 태풍이 수온이 낮은 해역을 통과하거나 육지에 상륙하면, 열과 수증기의 공급이 감소하여 세력이 약해진다. 또한, 지표면과의 마찰로 약해진 바람이 태풍 중심 방향으로 불어들어가 중심 기압이 상승하면서 세력이 약해진다.

② 소멸: 태풍은 세력이 약해지다가 온대 저기압으로 변질되어 소멸한다.

탐구 자료 태풍의 발생, 이동, 소멸

그림은 2012년 8월에 발생한 태풍 볼라벤의 이동 경로와 중심 기압을 나타낸 것이다.

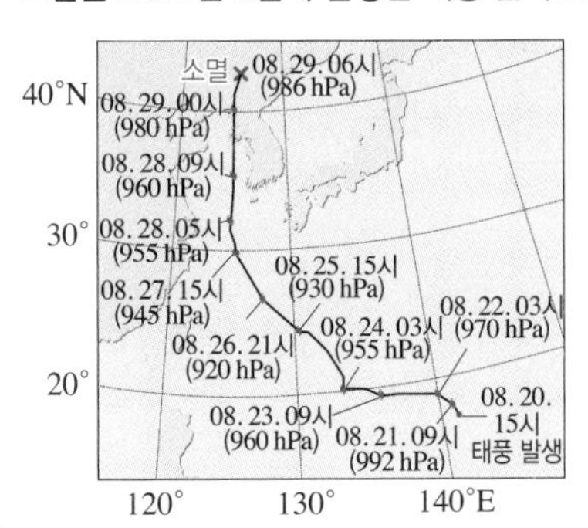

1. 태풍은 위도 5°~25° 사이의 열대 해상에서 발생하였다.
2. 중심 기압이 가장 낮은 26일에 세력이 가장 강하였다.
3. 우리나라 대부분의 지역은 태풍의 위험 반원에 위치하여 풍속이 강했고, 피해가 컸다.⑤
4. 태풍이 전향점을 지난 후, 고위도로 이동하면서 수온이 낮아져 수증기 공급이 감소하여 세력이 약해지고, 육지에 상륙하면서 수증기의 공급 감소와 육지와의 마찰로 세력이 약해지다가 소멸하였다.

⑤ 태풍의 피해
• 홍수, 침수, 강풍에 의한 피해가 있다.
• 태풍에 의해 발생한 폭풍 해일이 해안가의 만조와 겹치면 해안 지역의 침수 피해가 커진다.

정답과 해설 40쪽

(1) 다음은 태풍에 대한 설명이다. (   ) 안에 알맞은 말을 쓰시오.
① 중심 부근의 최대 풍속이 (   ) m/s 이상이다.
② 태풍의 에너지원은 수증기가 응결될 때 방출하는 (   )이다.
③ 주로 수증기 공급이 충분한 (   ) 해상에서 발생한다.
④ 태풍은 등압선이 원형이고, 등압선 간격이 매우 (   )하다.
⑤ 온대 저기압과 다르게 (   )을 동반하지 않는다.

(2) 다음은 태풍의 구조에 대한 설명이다. (   ) 안에 알맞은 말을 쓰시오.
① 태풍은 전체적으로 (   ) 기류가 발달하여 (   ) 구름이 형성되어 있다.
② 태풍의 중심부로 갈수록 기압이 (   )지고, 풍속은 (   )진다.
③ 태풍의 눈에서는 약한 (   ) 기류가 나타나므로 날씨가 맑고 바람이 약하다.

(3) 태풍은 전향점을 지난 후 편서풍의 영향을 받아 이동 속도가 (빨라, 느려)진다.

(4) 태풍 진행 방향의 오른쪽 반원을 (안전, 위험) 반원이라 하고, 이 지역에서는 태풍이 통과하면서 풍향이 (시계, 시계 반대) 방향으로 변한다.

(5) 태풍이 육지에 상륙하면 세력이 (약해, 강해)지면서 중심 기압이 (낮아, 높아)진다.

태풍과 우리나라의 주요 악기상

B 우리나라의 주요 악기상

1 뇌우 강한 상승 기류에 의해 적란운이 발달하면서 천둥, 번개와 함께 소나기가 내리는 현상 ➡ 일기도상에 나타나지 않는 국지적인 현상으로, 예측하기가 어렵다.[6]
(국지적인 현상 → 수 분~수 시간 지속)

① **발생:** 대기가 매우 불안정할 때 발생
- 여름철 강한 햇빛으로 인해 국지적으로 가열된 공기가 빠르게 상승할 때
- 온대 저기압이나 태풍에 의해 강한 상승 기류가 발달할 때
- 한랭 전선에서 따뜻한 공기가 찬 공기 위로 빠르게 상승할 때

② **발달 과정:** 적운 단계 → 성숙 단계 → 소멸 단계

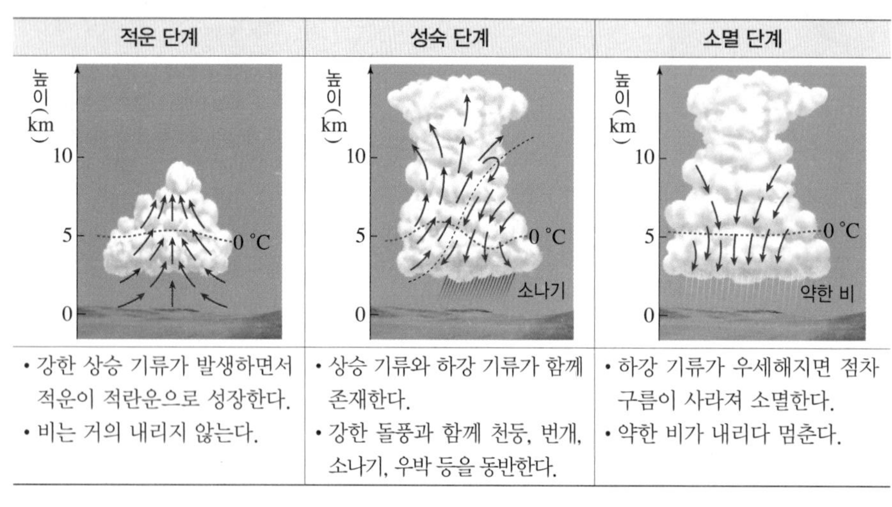

적운 단계	성숙 단계	소멸 단계
• 강한 상승 기류가 발생하면서 적운이 적란운으로 성장한다. • 비는 거의 내리지 않는다.	• 상승 기류와 하강 기류가 함께 존재한다. • 강한 돌풍과 함께 천둥, 번개, 소나기, 우박 등을 동반한다.	• 하강 기류가 우세해지면 점차 구름이 사라져 소멸한다. • 약한 비가 내리다 멈춘다.

③ **피해:** 국지성 호우, 천둥, 번개, 우박을 동반하여 침수, 인명 피해, 농작물 피해 발생

④ **대책:** 번개로 발생하는 피해를 줄이기 위해 피뢰침 설치

⑥ **낙뢰(벼락)**
낙뢰는 번개와 천둥을 동반하는 급격한 방전 현상이다.
- 번개: 뇌우의 성숙 단계에서 발생하는 방전 현상으로, 번개의 대부분은 구름 내에서 일어나며 약 20 %가 구름과 지면 사이에서 일어난다.
- 천둥: 번개가 치면 전기가 지나는 곳의 공기는 가열되어 기온이 약 3만 ℃까지 상승하고, 이 엄청난 열에 의해 대기가 폭발적으로 팽창하면서 충격파를 일으켜 큰 소리(천둥)가 발생한다.

2 우박 눈의 결정 주위에 차가운 물방울이 얼어붙어 땅 위로 떨어지는 얼음 덩어리
(→ 피해 면적이 비교적 좁다.)

① **발생:** 적란운 내에서 생성된 얼음 덩어리가 강한 상승 기류를 타고 상승과 하강을 반복하면서 크기가 커지고, 무거워지면 지표면으로 떨어져 발생[7]

② **구조:** 불투명한 핵을 중심으로 투명한 얼음층과 불투명한 얼음층이 번갈아 둘러싸고 있는 층상 구조이며, 보통 지름이 1 cm 미만이지만, 그보다 훨씬 큰 것도 있다.

③ **피해:** 농작물 파손, 비닐하우스와 같은 시설물 파괴

얼음 핵(싸라기눈) 우박의 생성 경로 0 °C 하강 기류 상승 기류 우박

▲ 우박의 생성 과정

우박 단면 ▶

⑦ **우박의 발생 시기**
우리나라에서 우박은 초여름이나 가을에 주로 발생하며, 농작물 수확 시기와 맞물려 우박으로 인한 피해가 크다.

3 국지성 호우(집중 호우) 짧은 시간 동안 좁은 지역에 많은 비가 내리는 현상 ➡ 일반적으로 1시간에 30 mm 이상 또는 하루에 80 mm 이상의 비가 내리거나 연 강수량의 10 % 정도의 비가 하루 동안 내리는 경우를 말한다.[8]

① **발생:** 주로 강한 상승 기류에 의해 적란운이 발달할 때, 장마 전선 또는 태풍의 영향을 받거나 대기가 불안정할 때 발생 → 지형의 영향을 많이 받는다.

② **규모:** 수십 분~수 시간 지속되며, 반경 10 km~20 km의 좁은 지역에 내린다.

③ **피해:** 가옥과 농경지 및 도로 침수, 산사태 발생

④ **대책:** 저지대나 상습 침수 지역에서는 신속히 대피, 사전에 배수로나 하수구 정비

⑧ **호우와 집중 호우**
시간 및 공간에 관계없이 많은 양의 비가 내리는 현상을 호우라 하고, 짧은 시간 동안 좁은 지역에 많은 비가 내리는 현상을 집중 호우라고 한다.

4 강풍 10분 동안의 평균 풍속이 14 m/s 이상인 바람

① **발생:** 겨울철 시베리아 고기압의 영향을 받을 때, 여름철 태풍의 영향을 받을 때 등

② **피해:** 농작물 낙과, 시설물 파괴, 높은 파도로 인한 선박 파괴, 양식장 피해

③ **대책:** 가급적 외출 자제, 건물의 유리창이 파손되지 않도록 주의, 해안가에서는 파도에 휩쓸릴 위험이 있으므로 바닷가에 접근 자제[9]

⑨ **강풍 주의보와 강풍 경보**

구분	강풍 주의보	강풍 경보
육상	풍속 14 m/s 이상 또는 순간 풍속 20 m/s 이상이 예상될 때	풍속 21 m/s 이상 또는 순간 풍속 26 m/s 이상이 예상될 때
산지	풍속 17 m/s 이상 또는 순간 풍속 25 m/s 이상이 예상될 때	풍속 24 m/s 이상 또는 순간 풍속 30 m/s 이상이 예상될 때

5 폭설 짧은 시간에 많은 양의 눈이 내리는 현상

① **발생:** 차가운 대륙 고기압의 확장으로 인한 기단의 변질, 산악에서 생성된 눈구름, 온대 저기압에서 생성된 눈구름 등에 의해 발생[10]

▲ 겨울철, 찬 고기압의 확장에 의한 서해안 폭설 과정과 위성 영상

② **피해:** 도로 교통 마비, 시설물 붕괴 등으로 인한 재산 피해 및 인명 피해

③ **대책:** 신속한 제설 작업, 눈의 무게를 견딜 수 있는 튼튼한 구조의 시설물 설치, 도로변에 모래나 염화 칼슘 준비, 대중교통 이용[11]

6 황사 중국과 몽골의 사막 지대, 황하 중류의 황토 지대에서 발생한 모래 먼지가 상승하여 상층의 편서풍을 타고 이동하다가 서서히 내려오는 현상[12]

① **발생:** 발원지에서 강풍이 불거나 햇빛이 강하게 비추어 저기압이 형성될 때 발생

[황사의 발생과 이동]

- **발원지:** 고비 사막, 타클라마칸 사막, 황토고원 등
- **이동 경로:** 편서풍을 따라 서에서 동으로 이동한다.
  - ➡ 발원지에 저기압이 형성되고 한반도에 고기압이 형성될 때 황사가 우리나라에 유입될 가능성이 크다.
  - ➡ 중국 내륙의 사막화가 진행되면 황사 발생량이 증가한다.
- **발생 시기:** 건조한 토양에서 모래 먼지가 잘 발생하므로 황사는 토양이 얼었다 녹는 3월~5월(봄철)에 많이 발생한다.

② **피해:** 일사량 감소, 천식 등 호흡기 질환 증가, 항공기 운항 지연 및 결항, 정밀 산업 기계 고장 및 제품 품질 저하, 농작물 생장 장애 등

③ **대책:** 황사 예보, 외출할 때 황사 마스크 착용, 실외 활동 자제[13]

(10) **폭설이 발생하는 경우**
- 서해안 폭설: 겨울철 시베리아 고기압의 확장으로 찬 공기가 상대적으로 따뜻한 황해를 지나면서 눈구름 생성
- 동해안 폭설: 2월경 찬 고기압이 약해질 때 남쪽에 저기압이 형성되면서 북동풍이 불어 찬 공기가 태백산맥에 부딪치면서 눈구름 생성

(11) **대설 주의보와 대설 경보**

대설 주의보	대설 경보
24시간 동안의 신적설이 5 cm 이상이 예상될 때	24시간 동안의 신적설이 20 cm 이상, 산지에서는 30 cm 이상이 예상될 때

(12) **황사 입자의 크기**
발원지에서 황사 입자의 크기는 1 μm ~1000 μm이다. 황사 입자가 큰 것은 발원지 부근에서 내려오고, 황사 입자가 작은 것은 대기 중에 오래 떠 있으면서 멀리 이동한다.

(13) **황사 주의보(경보)**
황사가 발생한 후 1시간 평균 미세 먼지 농도가 400 μg/m^3(800 μg/m^3) 이상이 2시간 이상 지속될 때 발표

미세 먼지는 지름이 10 μm보다 작고 여러 가지 성분을 포함하여 대기 중에 떠 있는 물질로, 이중 지름이 2.5 μm보다 작은 것을 초미세 먼지라고 한다. 최근 황사 주의보 대신 미세 먼지 경보로 대체하기도 한다.

정답과 해설 40쪽

개념 확인

(6) 다음은 뇌우가 발생하는 경우에 대한 설명이다. (   ) 안에 알맞은 말을 고르시오.
① 저기압에 의해 강한 (상승, 하강) 기류가 발달할 때
② (온난, 한랭) 전선을 따라 공기가 급격히 상승할 때
③ 여름철 지표면이 국지적으로 (냉각, 가열)되어 공기가 빠르게 상승할 때

(7) 뇌우는 (적운, 성숙, 소멸) 단계에서 상승 기류만 나타나고, (적운, 성숙, 소멸) 단계에서 소나기나 돌풍이 발생한다.

(8) 우박은 뇌우에 동반되어 나타나기도 하며, 피해를 입는 면적이 비교적 (좁다, 넓다).

(9) 국지성 호우는 1시간에 (   ) mm 이상 또는 하루에 (   ) mm 이상의 비가 내리는 현상으로, 대기가 불안정하여 (   )이 발달할 때 잘 나타난다.

(10) 태풍은 뇌우, 국지성 호우, (   ) 등을 동반한다.

(11) 시베리아 고기압이 남쪽으로 확장되어 강한 눈구름이 만들어지면 우리나라 서해안에 (   )이 발생할 수 있다.

(12) 우리나라의 황사는 주로 (봄철, 여름철)에 발생하며, 중국이나 몽골의 사막이 확대되면 우리나라의 황사 발생 횟수는 (감소, 증가)한다.

2020 • 수능 13번

자료❶ 태풍의 이동과 관측소의 기온, 기압, 풍향 변화

그림 (가)와 (나)는 태풍의 영향을 받은 우리나라 관측소 A와 B에서 $T_1 \sim T_5$ 동안 측정한 기온, 기압, 풍향을 순서 없이 나타낸 것이다.

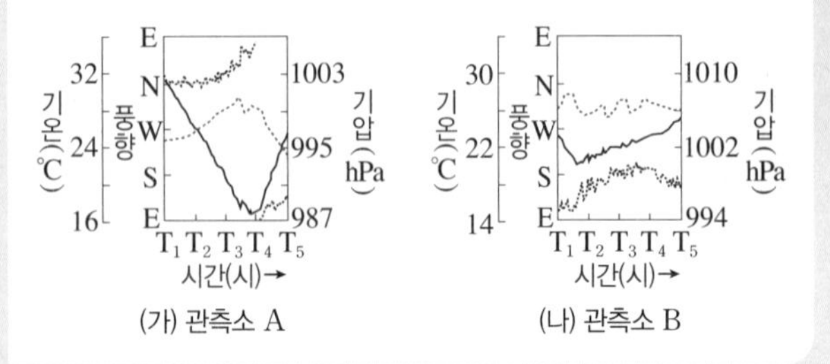

1. (가)에서 기압은 T_4에 가장 낮았다. (○, ×)
2. (나)에서 $T_3 \sim T_4$ 사이에 태풍의 중심이 가장 가까이 접근하였다. (○, ×)
3. (가)에서 풍향은 북풍 → 북동풍 → 동풍으로 변하였다. (○, ×)
4. (나)에서 태풍이 접근하여 지나가는 동안 풍향은 시계 반대 방향으로 변하였다. (○, ×)
5. (가)는 태풍의 위험 반원, (나)는 태풍의 안전 반원에서 관측한 것이다. (○, ×)
6. T_1일 때 기온은 (나)가 (가)보다 높았다. (○, ×)

2021 • 수능 11번

자료❷ 태풍의 이동과 세력 변화

그림 (가)는 우리나라의 어느 해양 관측소에서 관측된 풍속과 풍향 변화를, (나)는 이 관측소의 표층 수온 변화를 나타낸 것이다. A와 B는 서로 다른 두 태풍의 영향을 받은 기간이다.

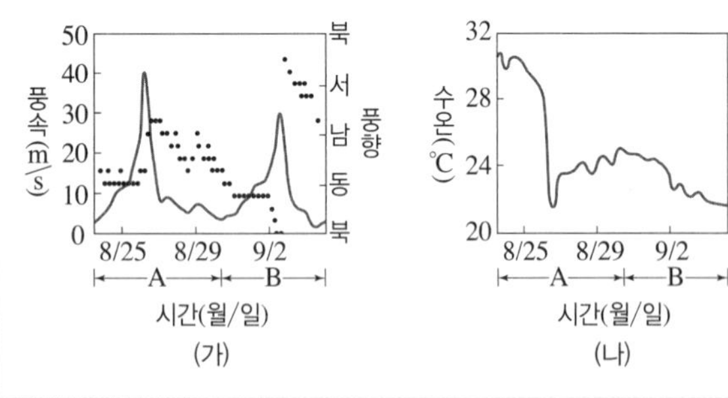

1. A 시기와 B 시기에 태풍의 눈이 관측소를 통과하였다. (○, ×)
2. A 시기에서 최대 풍속이 나타난 직후에 맑고 약한 하강 기류가 나타났을 것이다. (○, ×)
3. A 시기에 관측소는 태풍의 위험 반원에 있었다. (○, ×)
4. B 시기에 관측소는 태풍의 위험 반원에 위치하였다. (○, ×)
5. B 시기에 태풍은 관측소의 오른쪽 지역을 통과하였다. (○, ×)
6. 두 태풍 중 관측소를 가장 가까이 통과할 때 중심 기압이 상대적으로 낮은 것은 B 시기에 통과한 것이다. (○, ×)
7. (나)에서 A 시기의 급격한 수온 하강은 B 시기에 통과하는 태풍을 약화시켰다. (○, ×)

2019 • 수능 5번

자료❸ 뇌우와 우박

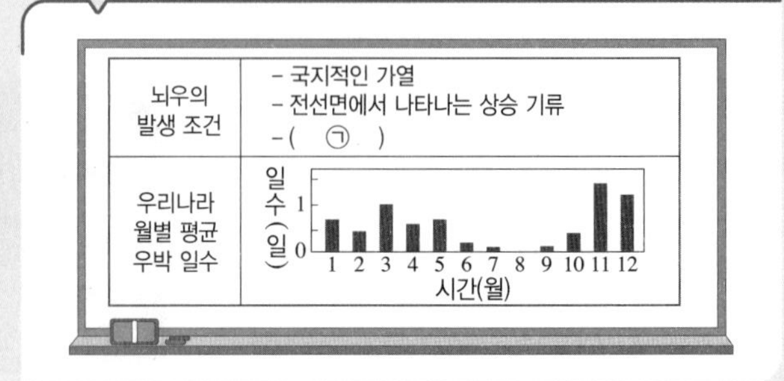

1. 태풍의 강한 상승 기류는 ㉠에 해당한다. (○, ×)
2. 북태평양 고기압의 북상에 따른 대기의 안정도 변화는 ㉠에 해당한다. (○, ×)
3. 우리나라 여름철의 집중 호우는 대부분 우박을 동반한다. (○, ×)
4. 뇌우는 우박을 동반할 수 없다. (○, ×)

2017 • 9월 평가원 14번

자료❹ 황사

그림 (가)는 어느 해 우리나라에 영향을 미친 황사가 발원한 3월 4일의 일기도를, (나)는 3월 4일부터 8일까지 백령도에서 관측된 황사 농도를 나타낸 것이다.

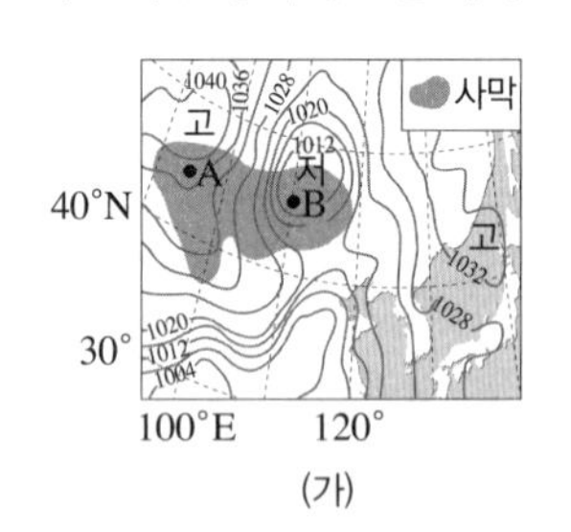

(가)

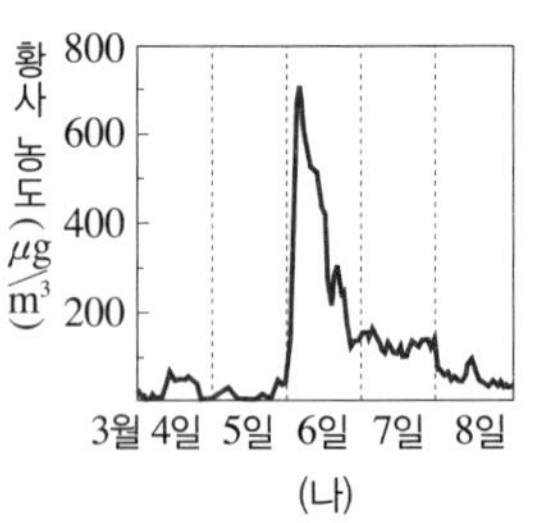

(나)

1. A 지역보다 B 지역에서 발생한 황사가 상층으로 올라가기 쉽다. (○, ×)
2. 발원지에서 상층으로 올라간 모래 먼지는 무역풍을 타고 우리나라로 이동한다. (○, ×)
3. 우리나라에 고기압보다 저기압이 발달할 때 황사가 일어날 가능성이 크다. (○, ×)
4. 3월 4일에 발원한 황사는 6일경에 백령도에 도달하였다. (○, ×)
5. A와 B 지역의 사막이 확장되면 우리나라의 황사 발생 횟수가 증가할 것이다. (○, ×)

정답과 해설 40쪽

Ⓐ 태풍

1 태풍에 대한 설명으로 틀린 곳을 찾아 옳게 고치시오.

(1) 태풍의 눈에서는 약한 상승 기류가 나타나므로 맑고 바람이 약하다.
(2) 태풍은 수온이 높은 바다를 지나면 세력이 약해지고, 중심 기압은 높아진다.
(3) 태풍이 육지에 상륙하면 세력이 약해지고, 중심 기압은 낮아진다.
(4) 북반구에서 태풍은 왼쪽으로 휘어진 포물선 궤도를 따라 이동한다.

2 그림은 태풍의 인공위성 사진을 나타낸 것이다.

태풍의 특징에 대한 설명으로 옳지 않은 것은?

① 전선을 동반하지 않는다.
② 등압선이 원형에 가깝다.
③ 육지에 상륙하면 세력이 더 강해진다.
④ 수온이 높은 열대 해상에서 발생한다.
⑤ 태풍의 눈에서는 구름이 발생하지 않는다.

3 그림은 북반구에서 북상하는 태풍의 단면을 나타낸 것이다.

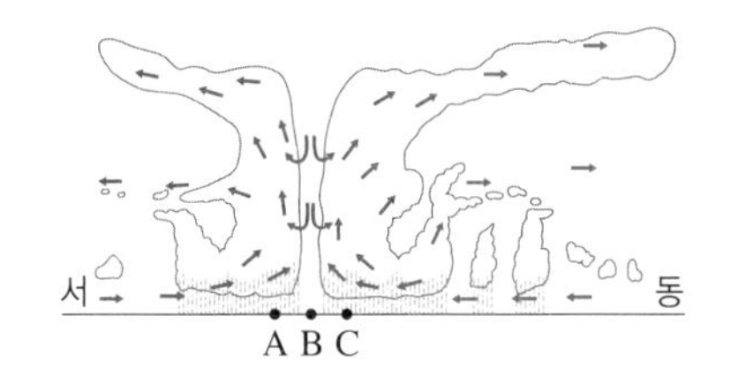

(1) A~C 중 기압이 가장 낮은 곳은 (　　　)이다.
(2) A와 C 중 안전 반원에 해당하는 곳은 (　　　)이다.
(3) A~C 중 바람이 가장 강한 곳은 (　　　)이다.

4 그림은 태풍이 우리나라를 지나는 동안 어느 지점에서 관측한 기압, 풍속, 풍향을 나타낸 것이다.

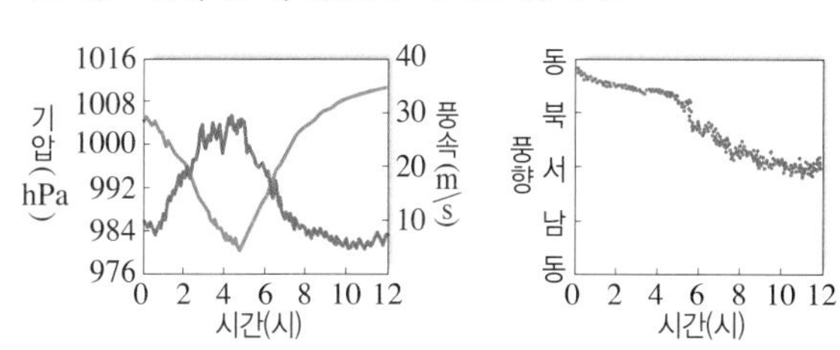

(1) 태풍의 중심이 관측 지점에 가장 가까이 접근한 시간을 쓰시오.
(2) 관측 지점이 태풍의 위험 반원에 위치하는지 안전 반원에 위치하는지 쓰시오.

Ⓑ 우리나라의 주요 악기상

5 악기상에 대한 설명으로 틀린 곳을 찾아 옳게 고치시오.

(1) 집중 호우는 대기가 안정할 때 잘 나타난다.
(2) 뇌우의 발달 단계 중 적운 단계에서는 하강 기류만 나타난다.
(3) 우리나라의 사막화가 진행되면 중국과 몽골에 황사가 발생하는 횟수는 증가한다.

6 그림은 뇌우의 발달 과정을 순서 없이 나타낸 것이다.

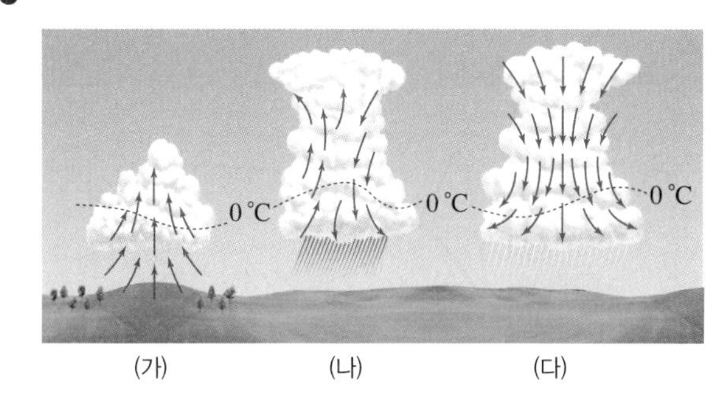

(가)~(다)를 발달 순서대로 나열하시오.

7 뇌우에 동반되어 일어날 수 있는 기상 현상이 아닌 것은?

① 천둥, 번개　② 강한 강수 현상
③ 안개　④ 우박
⑤ 돌풍

1 그림은 태풍의 발생 지역(▇)과 평균 진로(→)를 나타낸 것이다.

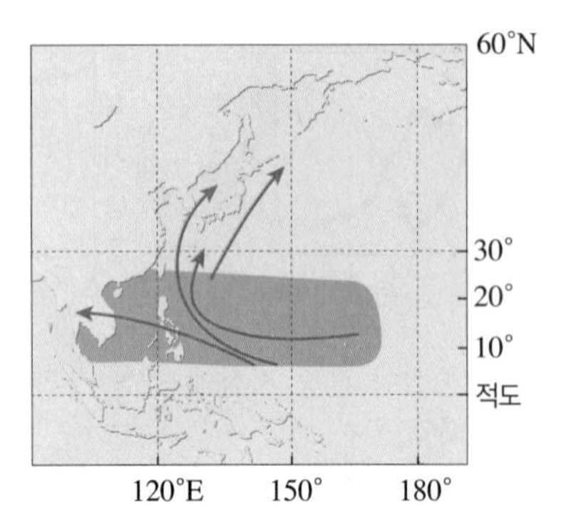

이에 대한 설명으로 옳은 것만을 [보기]에서 있는 대로 고른 것은?

보기
ㄱ. 태풍은 위도 5°~25° 사이의 열대 해상에서 발생한다.
ㄴ. 편서풍대에서 태풍은 북동쪽으로 이동한다.
ㄷ. 적도 부근의 해역에서는 수온이 높기 때문에 태풍이 발생하지 않는다.

① ㄱ ② ㄷ ③ ㄱ, ㄴ
④ ㄴ, ㄷ ⑤ ㄱ, ㄴ, ㄷ

2 그림은 태풍 중심으로부터의 거리에 따른 풍속과 기압 분포를 나타낸 것이다.

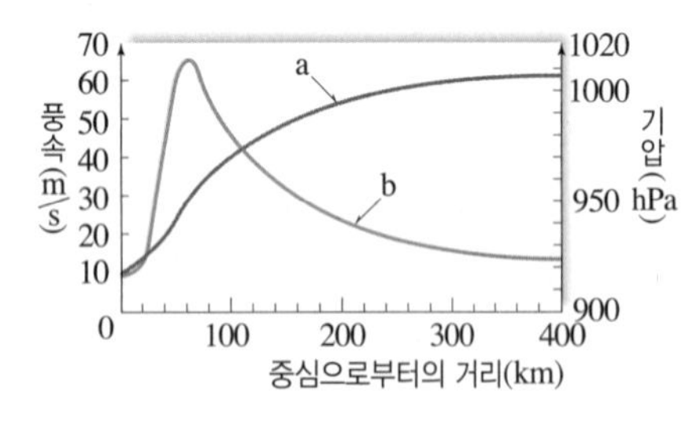

이에 대한 설명으로 옳은 것만을 [보기]에서 있는 대로 고른 것은?

보기
ㄱ. a는 기압이다.
ㄴ. 태풍의 눈에서 풍속이 가장 강하다.
ㄷ. 태풍이 육지에 상륙하면 b의 최댓값은 더 커진다.

① ㄱ ② ㄴ ③ ㄱ, ㄷ
④ ㄴ, ㄷ ⑤ ㄱ, ㄴ, ㄷ

3 그림은 눈이 발달한 태풍이 다가오고 있는 우리나라 부근 지상 일기도이다.

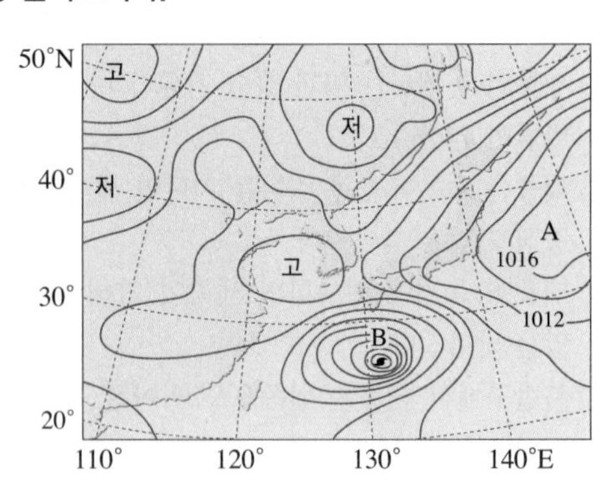

이에 대한 설명으로 옳은 것만을 [보기]에서 있는 대로 고른 것은?

보기
ㄱ. 중심 기압은 A보다 B가 낮다.
ㄴ. B는 A의 해역으로 이동할 것이다.
ㄷ. A와 B의 중심에는 하강 기류가 발달한다.

① ㄱ ② ㄴ ③ ㄱ, ㄷ
④ ㄴ, ㄷ ⑤ ㄱ, ㄴ, ㄷ

4 그림은 우리나라를 통과한 태풍 중심의 이동 경로를 나타낸 것이다.

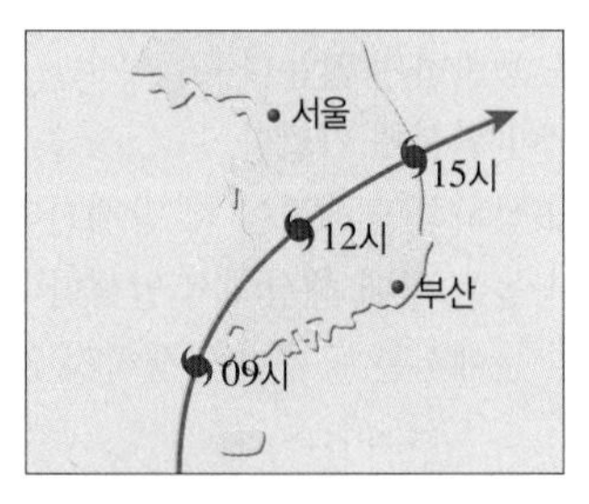

이에 대한 설명으로 옳은 것만을 [보기]에서 있는 대로 고른 것은? (단, 태풍의 중심은 서울과 부산에서 거리가 같은 지점을 지난다고 가정한다.)

보기
ㄱ. 우리나라를 통과하는 태풍의 이동 방향은 무역풍의 영향을 받는다.
ㄴ. 태풍 통과 시 최대 풍속은 서울이 부산보다 약하다.
ㄷ. 서울의 풍향은 시계 방향으로 바뀐다.
ㄹ. 태풍의 눈이 지나는 지역은 바람이 약하고 날씨가 맑다.

① ㄱ, ㄴ ② ㄱ, ㄷ ③ ㄴ, ㄷ
④ ㄴ, ㄹ ⑤ ㄷ, ㄹ

5 그림은 우리나라에 영향을 준 태풍 A~C의 이동 경로와 (가)~(마) 중 어느 한 지점에서 태풍 A~C가 통과할 때 관측한 풍속과 풍향의 변화를 나타낸 것이다.

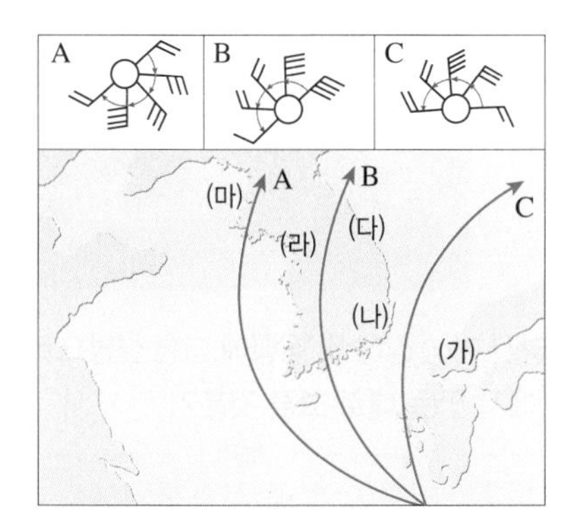

(가)~(마) 중 태풍이 지나갈 때 이와 같은 풍향 변화가 나타나는 지점은?

① (가)　② (나)　③ (다)　④ (라)　⑤ (마)

2019 6월 평가원 11번

6 그림 (가)는 어느 태풍의 위치를 6시간 간격으로 나타낸 것이고, (나)는 이 태풍이 이동하는 동안 관측소 a와 b 중 한 곳에서 관측한 풍향, 풍속, 기압 자료의 일부를 나타낸 것이다. ㉠과 ㉡은 각각 풍속과 기압 중 하나이다.

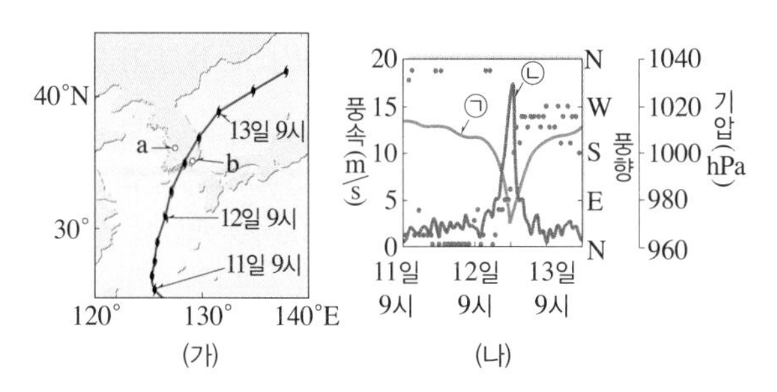

이에 대한 설명으로 옳은 것만을 [보기]에서 있는 대로 고른 것은?

보기
ㄱ. 9시~21시 동안 태풍의 이동 속도는 12일이 11일보다 빠르다.
ㄴ. (나)는 a의 관측 자료이다.
ㄷ. (나)에서 12일에 측정된 기압은 9시가 21시보다 낮다.

① ㄱ　② ㄷ　③ ㄱ, ㄴ　④ ㄴ, ㄷ　⑤ ㄱ, ㄴ, ㄷ

자료❶ 2020 수능 13번

7 그림 (가)와 (나)는 태풍의 영향을 받은 우리나라 관측소 A와 B에서 T_1~T_5 동안 측정한 기온, 기압, 풍향을 순서 없이 나타낸 것이다.

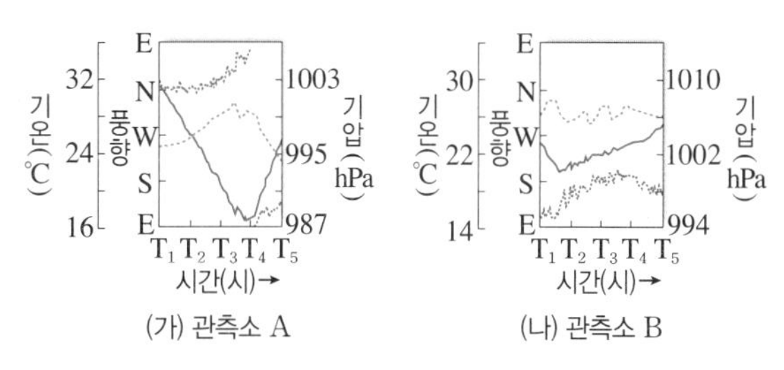

이 자료에 대한 설명으로 옳은 것만을 [보기]에서 있는 대로 고른 것은?

보기
ㄱ. T_1~T_4 동안 A는 위험 반원, B는 안전 반원에 위치한다.
ㄴ. 태풍의 중심이 가장 가까이 통과한 시각은 A가 B보다 늦다.
ㄷ. T_4~T_5 동안 A와 B의 기온은 상승한다.

① ㄱ　② ㄴ　③ ㄱ, ㄷ　④ ㄴ, ㄷ　⑤ ㄱ, ㄴ, ㄷ

2019 9월 평가원 19번

8 그림 (가)는 어느 해 7월에 관측된 태풍의 위치를 24시간 간격으로 표시한 이동 경로이고, (나)는 이 시기의 해양 열용량 분포를 나타낸 것이다. 해양 열용량은 태풍에 공급할 수 있는 해양의 단위 면적당 열량이다.

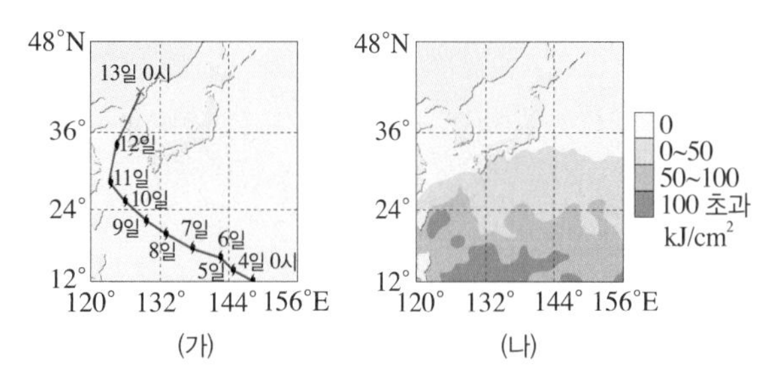

이에 대한 설명으로 옳은 것만을 [보기]에서 있는 대로 고른 것은?

보기
ㄱ. 12일 0시에 태풍은 편서풍의 영향을 받는다.
ㄴ. 11일 0시부터 13일 0시까지 제주도에서는 풍향이 시계 반대 방향으로 변한다.
ㄷ. 해양에서 이 태풍으로 공급되는 에너지양은 12일이 10일보다 적다.

① ㄱ　② ㄴ　③ ㄱ, ㄷ　④ ㄴ, ㄷ　⑤ ㄱ, ㄴ, ㄷ

2019 수능 13번

9 그림 (가)는 어느 태풍의 중심 기압을 22일부터 24일까지 3시간 간격으로, (나)는 이 태풍의 위치를 6시간 간격으로 나타낸 것이다.

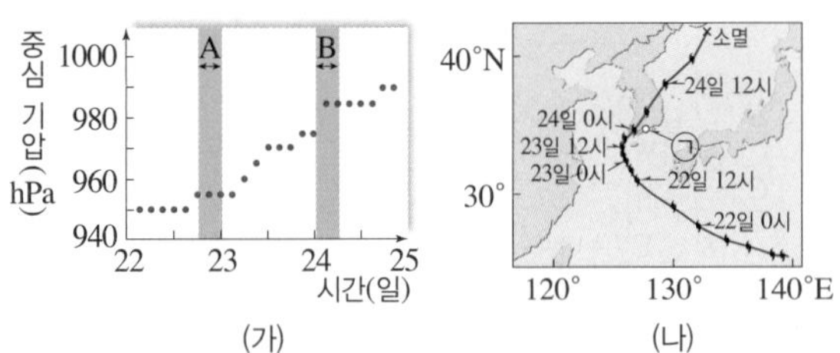

(가) (나)

이에 대한 설명으로 옳은 것만을 [보기]에서 있는 대로 고른 것은?

[보기]
ㄱ. 태풍의 세력은 A 시기가 B 시기보다 강하다.
ㄴ. 태풍의 평균 이동 속도는 A 시기가 B 시기보다 빠르다.
ㄷ. 23일 18시부터 24일 06시까지 ㉠ 지점에서 풍향은 시계 반대 방향으로 변한다.

① ㄱ ② ㄷ ③ ㄱ, ㄴ
④ ㄴ, ㄷ ⑤ ㄱ, ㄴ, ㄷ

10 그림은 뇌우의 발달 단계를 나타낸 것이다.

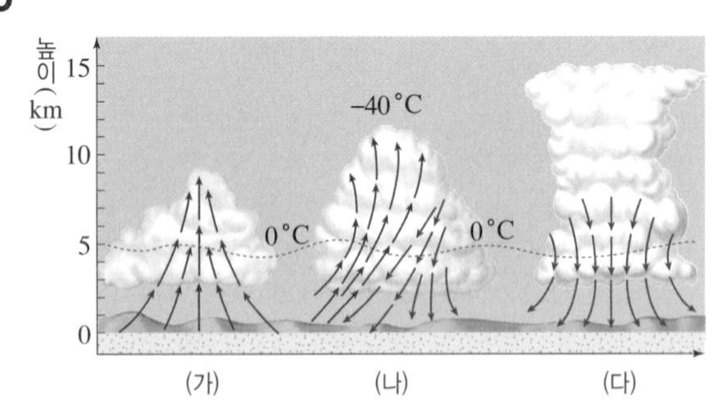

이에 대한 설명으로 옳은 것만을 [보기]에서 있는 대로 고른 것은?

[보기]
ㄱ. (가) 단계에서 (다) 단계까지 보통 수 일이 걸린다.
ㄴ. 뇌우는 겨울철 새벽보다 여름철 한낮에 잘 발생한다.
ㄷ. (다) 단계에서는 강수 현상이 나타나지 않는다.

① ㄱ ② ㄴ ③ ㄱ, ㄷ
④ ㄴ, ㄷ ⑤ ㄱ, ㄴ, ㄷ

11 그림은 어느 지역에서 뇌우에 동반된 우박에 의한 피해 모습이다.

피해 당시 기상 상태 및 상황에 대한 설명으로 옳은 것만을 [보기]에서 있는 대로 고른 것은?

[보기]
ㄱ. 뇌우는 발달 단계 중 성숙 단계였을 것이다.
ㄴ. 피해 지역이 수백 km 정도로 넓었을 것이다.
ㄷ. 우박이 떨어진 때는 무더운 여름철의 한낮이었을 가능성이 크다.

① ㄱ ② ㄴ ③ ㄱ, ㄷ
④ ㄴ, ㄷ ⑤ ㄱ, ㄴ, ㄷ

자료③ 2019 수능 5번

12 다음은 뇌우와 우박에 대하여 학생 A, B, C가 나눈 대화를 나타낸 것이다.

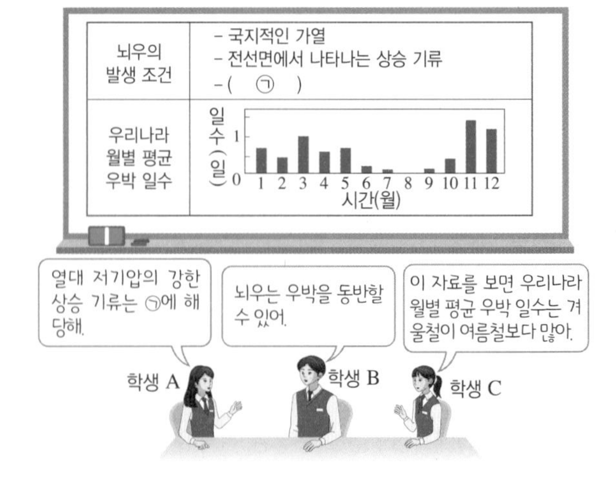

제시한 내용이 옳은 학생만을 있는 대로 고른 것은?

① A ② B ③ A, C
④ B, C ⑤ A, B, C

13 그림 (가)와 (나)는 악기상에 따른 기상 재해를 나타낸 것이다.

(가) 국지성 호우

(나) 폭설

이에 대한 설명으로 옳은 것만을 [보기]에서 있는 대로 고른 것은?

보기
ㄱ. (가)로 인해 산사태가 발생할 가능성이 커진다.
ㄴ. (가)는 반경 수백 km의 넓은 지역에 내린다.
ㄷ. (나)의 발생이 예상될 때 신속한 제설 작업이 필요하다.

① ㄱ ② ㄴ ③ ㄱ, ㄷ
④ ㄴ, ㄷ ⑤ ㄱ, ㄴ, ㄷ

14 그림은 우리나라 서해안에 폭설이 내릴 때 인공 위성에서 촬영한 가시 영상이다.

이에 대한 설명으로 옳은 것만을 [보기]에서 있는 대로 고른 것은?

보기
ㄱ. 시베리아 고기압이 남쪽으로 확장되었다.
ㄴ. 기단이 황해를 지나면서 불안정해졌다.
ㄷ. 우리나라에는 남동풍이 우세하게 불었다.

① ㄱ ② ㄷ ③ ㄱ, ㄴ
④ ㄴ, ㄷ ⑤ ㄱ, ㄴ, ㄷ

15 그림은 어느 해 서울에서 발생한 황사를 나타낸 것이다.

우리나라에 황사가 발생하기 위한 조건으로 옳은 것만을 [보기]에서 있는 대로 고른 것은?

보기
ㄱ. 발원지의 지표면에 식물 군락 등이 형성되어 있어야 한다.
ㄴ. 발원지 부근에서 강한 상승 기류가 있어야 한다.
ㄷ. 상공에 강한 편서풍이 불어야 한다.
ㄹ. 고기압이 한반도에 위치하여 하강 기류가 발생해야 한다.

① ㄱ, ㄴ ② ㄱ, ㄹ ③ ㄷ, ㄹ
④ ㄱ, ㄴ, ㄷ ⑤ ㄴ, ㄷ, ㄹ

2015 수능 14번

16 그림 (가)는 지난 40년 동안 서울과 부산에서 관측된 월별 황사 일수를, (나)는 우리나라에 영향을 미치는 황사의 발원지를 나타낸 것이다.

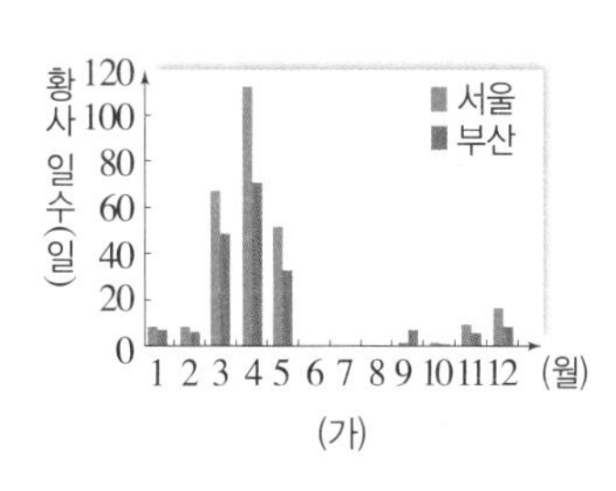

(가)

(나)

이 자료에 대한 설명으로 옳은 것만을 [보기]에서 있는 대로 고른 것은?

보기
ㄱ. 봄철 황사 일수는 서울보다 부산이 많다.
ㄴ. 황사의 발생은 지권과 기권의 상호 작용에 해당한다.
ㄷ. 황사는 발원지가 한랭 건조한 기단의 영향을 받는 계절에 주로 관측된다.

① ㄱ ② ㄴ ③ ㄷ
④ ㄱ, ㄷ ⑤ ㄴ, ㄷ

정답과 해설 44쪽

1 그림은 우리나라의 어느 관측소에서 태풍이 지나갈 때 풍속과 풍향의 변화를 측정한 것이다.

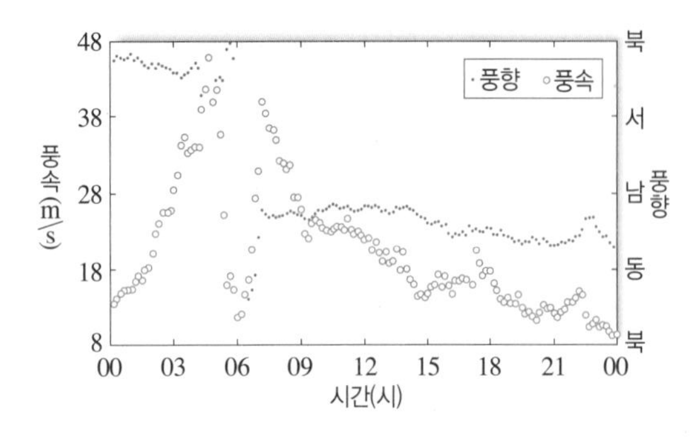

이에 대한 설명으로 옳은 것만을 [보기]에서 있는 대로 고른 것은?

보기

ㄱ. 태풍의 중심이 이 관측소를 통과하였다.
ㄴ. 06시경에 강한 강수 현상이 있었다.
ㄷ. 08시 이후로 이 관측소의 기압은 낮아졌다.

① ㄱ ② ㄷ ③ ㄱ, ㄴ
④ ㄴ, ㄷ ⑤ ㄱ, ㄴ, ㄷ

2021 6월 평가원 18번

2 그림은 북반구 해상에서 관측한 태풍의 하층(고도 2 km 수평면) 풍속 분포를 나타낸 것이다.

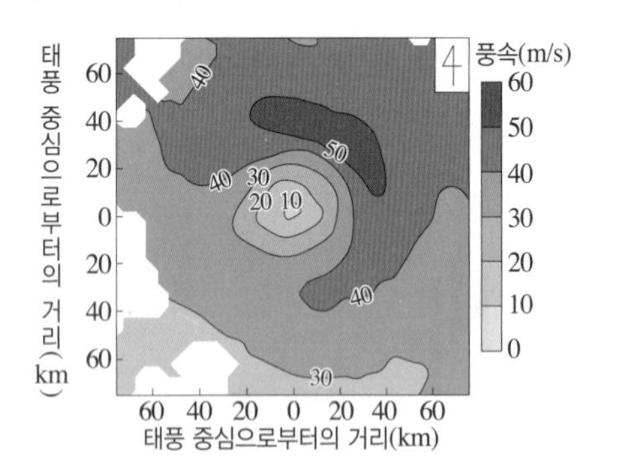

이에 대한 설명으로 옳은 것만을 [보기]에서 있는 대로 고른 것은? (단, 등압선은 태풍의 이동 방향 축에 대해 대칭이라고 가정한다.)

보기

ㄱ. 태풍은 북동 방향으로 이동하고 있다.
ㄴ. 태풍 중심 부근의 해역에서 수온 약층의 차가운 물이 용승한다.
ㄷ. 태풍의 상층 공기는 반시계 방향으로 불어 나간다.

① ㄱ ② ㄴ ③ ㄷ
④ ㄱ, ㄴ ⑤ ㄴ, ㄷ

3 표는 어떤 태풍이 북상할 때 관측된 중심 기압과 중심 최대 풍속 및 이동 방향을 날짜별로 정리한 것이다.

날짜	중심 기압	중심 최대 풍속	이동 방향
1일	995 hPa	19 m/s	서북서
2일	992 hPa	21 m/s	북서
3일	970 hPa	36 m/s	북서
4일	945 hPa	44 m/s	북북서
5일	920 hPa	51 m/s	북
6일	935 hPa	43 m/s	북동
7일	950 hPa	41 m/s	북동
8일	960 hPa	35 m/s	동북동

이에 대한 설명으로 옳은 것만을 [보기]에서 있는 대로 고른 것은? (단, 이 태풍의 전향점은 위도 30°N이다.)

보기

ㄱ. 중심 기압이 낮을수록 중심 최대 풍속이 크다.
ㄴ. 5일 이후 태풍의 이동 속도는 빨라졌을 것이다.
ㄷ. 6일~8일 동안 태풍은 수온이 더 높은 바다를 지나갔다.

① ㄱ ② ㄷ ③ ㄱ, ㄴ ④ ㄴ, ㄷ ⑤ ㄱ, ㄴ, ㄷ

2018 수능 10번

4 그림 (가)는 어느 해 9월 9일부터 18일까지 태풍 중심의 위치와 기압을 1일 간격으로 나타낸 것이고, (나)는 12일, 14일, 16일에 관측한 이 태풍 중심의 이동 방향과 이동 속도를 ㉠, ㉡, ㉢으로 순서 없이 나타낸 것이다. 화살표의 방향과 길이는 각각 이동 방향과 속도를 나타낸다.

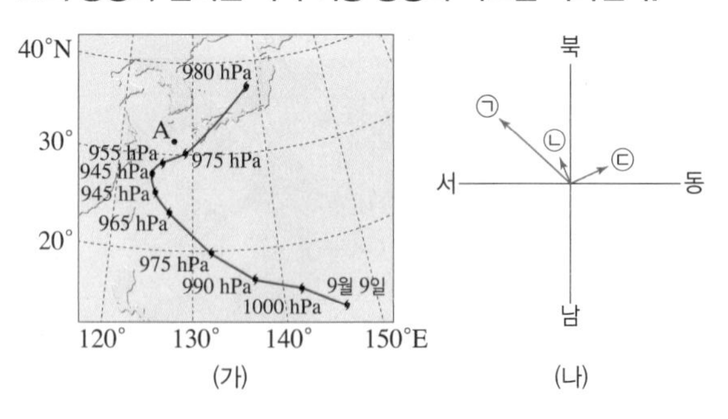

(가) (나)

이에 대한 설명으로 옳은 것만을 [보기]에서 있는 대로 고른 것은?

보기

ㄱ. 태풍의 세력은 10일이 16일보다 약하다.
ㄴ. 14일 태풍 중심의 이동 방향과 이동 속도는 ㉡에 해당한다.
ㄷ. 16일과 17일 사이에는 A 지점의 풍향이 반시계 방향으로 변한다.

① ㄱ ② ㄴ ③ ㄱ, ㄷ ④ ㄴ, ㄷ ⑤ ㄱ, ㄴ, ㄷ

5 그림은 어느 태풍이 A → B → C 경로를 따라 북상한 후 P 부근을 통과할 때 P 지점의 풍향 변화를, 표는 태풍이 A, B, C 지점과 P 부근에 위치할 때의 중심 기압과 중심 최대 풍속을 나타낸 것이다.

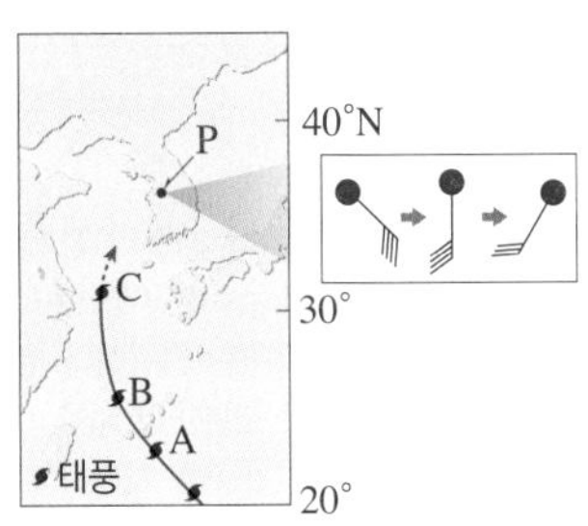

위치	중심 기압 (hPa)	중심 최대 풍속 (m/s)
A	992	21
B	970	36
C	980	31
P 부근	995	19

이에 대한 설명으로 옳은 것만을 [보기]에서 있는 대로 고른 것은?

보기

ㄱ. A → B로 이동하는 동안 편서풍의 영향을 받았다.
ㄴ. 전향점 통과 후 태풍의 세기는 점점 강해졌다.
ㄷ. 태풍은 P의 북쪽을 통과하였다.

① ㄱ ② ㄷ ③ ㄱ, ㄴ
④ ㄴ, ㄷ ⑤ ㄱ, ㄴ, ㄷ

자료❷ 2021 수능 11번

6 그림 (가)는 우리나라의 어느 해양 관측소에서 관측된 풍속과 풍향 변화를, (나)는 이 관측소의 표층 수온 변화를 나타낸 것이다. A와 B는 서로 다른 두 태풍의 영향을 받은 기간이다.

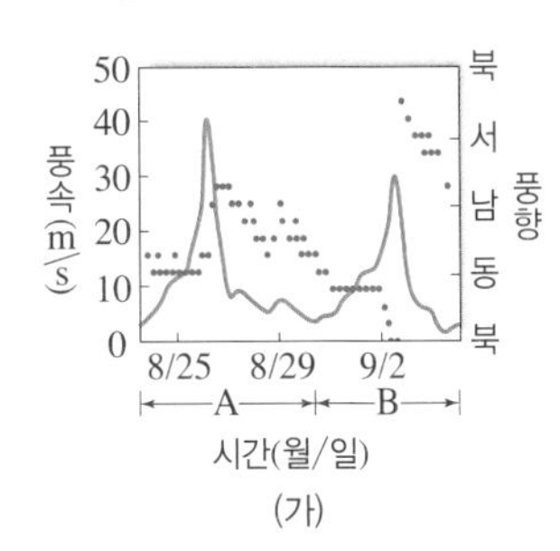

(가)

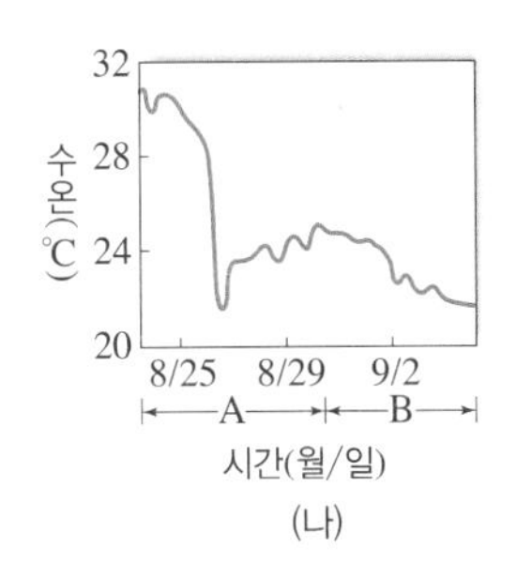

(나)

이 자료에 대한 설명으로 옳은 것만을 [보기]에서 있는 대로 고른 것은?

보기

ㄱ. A 시기에 태풍의 눈은 관측소를 통과하였다.
ㄴ. B 시기에 관측소는 태풍의 안전 반원에 위치하였다.
ㄷ. A 시기의 급격한 수온 하강은 B 시기에 통과하는 태풍을 강화시켰다.

① ㄱ ② ㄴ ③ ㄷ
④ ㄱ, ㄴ ⑤ ㄴ, ㄷ

7 그림 (가), (나)는 우리나라에서 일상생활에 피해를 주는 악기상이다.

(가) 황사

(나) 뇌우

이에 대한 설명으로 옳은 것만을 [보기]에서 있는 대로 고른 것은?

보기

ㄱ. (가)는 편서풍을 타고 이동해 온다.
ㄴ. 피해 범위는 (나)가 (가)보다 넓다.
ㄷ. (가)와 (나)는 우리나라에 강한 상승 기류가 발달할 때 일어난다.

① ㄱ ② ㄷ ③ ㄱ, ㄴ
④ ㄴ, ㄷ ⑤ ㄱ, ㄴ, ㄷ

자료❹ 2017 9월 평가원 14번

8 그림 (가)는 어느 해 우리나라에 영향을 미친 황사가 발원한 3월 4일의 일기도를, (나)는 3월 4일부터 8일까지 백령도에서 관측된 황사 농도를 나타낸 것이다.

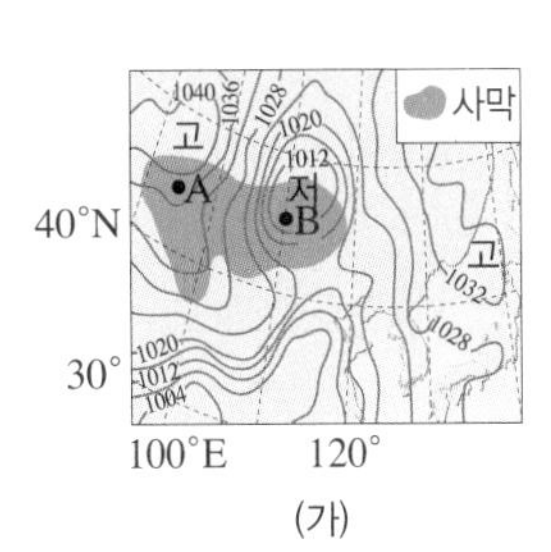

(가)

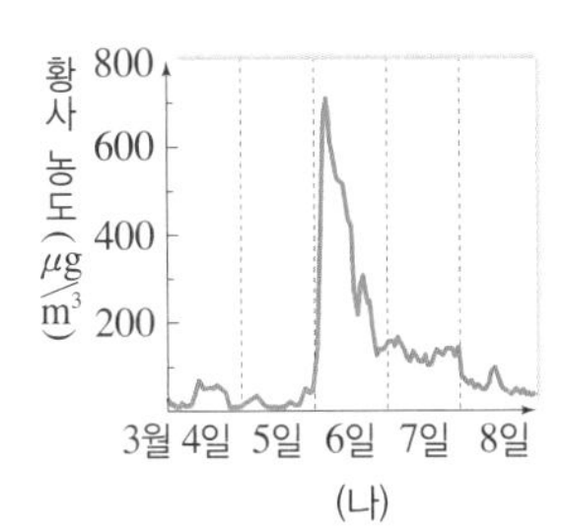

(나)

이에 대한 설명으로 옳은 것만을 [보기]에서 있는 대로 고른 것은?

보기

ㄱ. (가)에서 황사의 발원지는 B 지역보다 A 지역일 가능성이 크다.
ㄴ. 3월 6일에 백령도에는 하강 기류가 상승 기류보다 강했을 것이다.
ㄷ. 사막의 면적이 줄어들면 황사의 발생 횟수는 감소할 것이다.

① ㄱ ② ㄴ ③ ㄱ, ㄷ
④ ㄴ, ㄷ ⑤ ㄱ, ㄴ, ㄷ

해수의 성질

≫ 핵심 짚기 › 염분의 변화 요인 › 해양의 표층 염분 분포 › 해수의 용존 기체량 › 해양의 표층 수온 분포 › 해양의 층상 구조 › 수온 염분도 해석

Ⓐ 해수의 화학적 성질

1 해수의 염분 해수 1 kg 속에 녹아 있는 염류의 총량을 g 수로 나타낸 것(단위: psu)[1]

① 전 세계 해수의 평균 염분: 약 35 psu

② 염분비 일정 법칙: 염분은 장소나 계절에 따라 다르지만 염류 사이의 비율은 항상 일정하다. ➡ 한 가지 염류의 양을 알면 다른 염류의 양이나 염분을 알 수 있다.

염류	NaCl	$MgCl_2$	$MgSO_4$	$CaSO_4$	기타	합계
35 psu 해수에 녹아 있는 양(g)[2]	27.21	3.81	1.66	1.26	1.06	35
40 psu 해수에 녹아 있는 양(g)	31.10	4.36	1.90	1.44	1.20	40
함량비(%)	77.74	10.89	4.74	3.60	3.03	100

③ 표층 염분을 변화시키는 요인: 가장 큰 영향을 주는 요인은 증발량과 강수량이다.

요인	염분의 변화[3]	염분이 높은 곳	염분이 낮은 곳
증발량과 강수량	증발량이 많을수록, 강수량이 적을수록 염분이 높다. →(증발량－강수량) 값이 클수록 높다.	증발량이 강수량보다 많은 해역	강수량이 증발량보다 많은 해역
강물의 유입	담수인 강물(하천수)은 해수에 비해 염분이 낮으므로 강물이 유입되는 곳은 염분이 낮다.	강물의 유입량이 거의 없는 곳	강물이 유입되는 연안
해수의 결빙과 해빙	해수가 결빙되면 염류가 주위로 빠져 나와 해수의 염분이 높아지고, 빙하가 녹으면 염류가 적은 물이 해수에 공급되어 염분이 낮아진다.	해수가 결빙되는 곳	해빙이 일어나는 곳

④ 표층 염분의 분포

구분		내용
위도별 표층 염분 분포	적도, 위도 60°	저압대가 위치하므로 강수량이 증발량보다 많아 표층 염분이 낮다.
	위도 30° 부근	고압대가 위치하므로 증발량이 강수량보다 많아 표층 염분이 높다.[4]
	극	기온이 낮아 증발량이 적고 빙하의 융해로 표층 염분이 낮지만, 결빙이 일어나는 곳은 비교적 표층 염분이 높다.
대륙 연안		육지로부터 담수가 유입되기 때문에 대양의 중심부보다 표층 염분이 낮다.

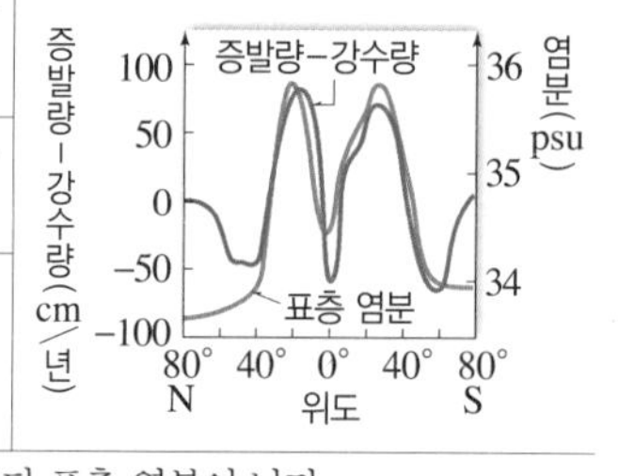

탐구 자료 전 세계 해양의 표층 염분 분포

그림은 전 세계 해양의 표층 염분 분포이고, 그래프는 위도별 강수량과 증발량 분포이다.

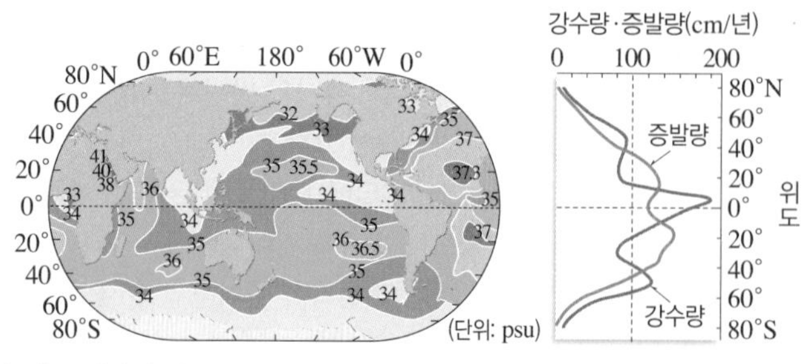

1. 표층 염분은 적도 해역이 위도 30° 부근 해역보다 대체로 낮다. ➡ 적도 해역은 강수량이 증발량보다 많고, 위도 30° 부근 해역은 증발량이 강수량보다 많기 때문이다.
2. 표층 염분은 대양의 중심부가 주변부보다 대체로 높다. ➡ 대륙 연안에 강물의 유입량이 많기 때문이다.[5]

PLUS 강의

[1] **psu(실용염분단위)**
염분의 구성에 따라 해수의 전기 전도도가 달라지는데, psu는 이러한 해수의 전기 전도도를 측정한 단위이다. 염분의 단위는 오랫동안 천분율인 ‰을 사용해 왔으나 최근에는 psu를 사용하고 있으며, psu와 ‰ 값은 비슷하다.

[2] **염분이 35 psu인 해수 1 kg의 염류**

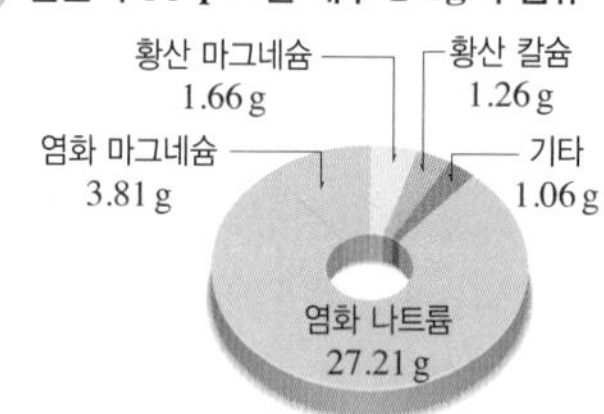

염분이 35 psu인 해수 1 kg은 물 965 g과 염류 35 g으로 이루어져 있으며, 염류 중에는 염화 나트륨이 가장 많고, 염화 마그네슘이 두 번째로 많다.

[3] **염분이 변하는 까닭**
대부분의 경우 염분의 변화는 염류 총량의 변화보다는 강수량, 증발량과 같은 순수한 물의 양이 변하면서 농도가 변하여 일어난다.

[4] **중위도 고압대 지역의 특징**
이 위도대는 고기압이 발달하여 증발량이 많고 강수량이 적으므로 바다에서는 염분이 높게 나타나고 대륙에서는 건조 기후가 나타나므로 사막이 잘 발달한다.

[5] **해류와 염분**
고위도에서 저위도로 흐르는 한류는 저위도에서 고위도로 흐르는 난류에 비해 염분이 낮다. 따라서 같은 위도에서 한류가 흐르는 해역은 난류가 흐르는 해역에 비해 표층 염분이 낮다.

2 해수의 *용존 기체 해수에 용해되어 있는 기체

① 용존 산소: 해양 생물의 생명 활동에 반드시 필요하며, 해수 표면에서 녹아 들어오거나 해양 생물의 광합성을 통해 공급된다.

② 용존 이산화 탄소: 해수 중에 중탄산염 이온(HCO_3^-)이나 탄산염 이온(CO_3^{2-})의 형태로 존재하며, 대기 중 이산화 탄소의 양을 조절하는 데 해수가 중요한 역할을 한다.

③ 기체의 *용해도: 수온이 낮을수록, 염분이 낮을수록, 수압이 높을수록 증가한다.

④ 깊이에 따른 용존 산소량과 용존 이산화 탄소량 분포

구분	용존 산소량	용존 이산화 탄소량
깊이에 따른 용존 산소 농도와 용존 이산화 탄소 농도	용존 산소 농도(mL/L)⑥ 0 1 2 3 4 5 6 수심(m) 0 1000 2000 3000 4000	용존 이산화 탄소 농도(mL/L)⑦ 0 44 46 48 50 52 수심(m) 0 1000 2000 3000 4000
표층 (수심 100 m 이내)	용존 산소량은 표층에 많다. ➡ 식물성 플랑크톤의 광합성으로 산소가 생성되어 공급되기 때문 ➡ 대기로부터 산소가 용해되기 때문	용존 이산화 탄소량은 표층에 적다. ➡ 식물성 플랑크톤의 광합성에 이산화 탄소가 이용되기 때문
수심 100 m ~1000 m	용존 산소량이 급격히 감소한다. ➡ 생물의 호흡에 산소가 이용되어 소비되기 때문	수심이 깊어질수록 용존 이산화 탄소량이 점차 증가한다. ➡ 수온이 낮아지고 수압이 커져 용해도가 증가하기 때문 ➡ 수심이 깊어질수록 광합성량이 줄어들기 때문
심층 (수심 1000 m 이상)	수심이 깊어질수록 용존 산소량이 점차 증가한다. ➡ 산소가 풍부한 극 해역의 표층 해수가 침강하여 심해에 공급되기 때문 ➡ 수심이 깊어질수록 생물에 의한 산소의 소비가 줄어들기 때문	

⑥ **용존 기체 농도**
용존 기체 농도는 mL/L 또는 ppm(백만분의 일)으로 나타낸다.

⑦ **용존 이산화 탄소량**
이산화 탄소는 산소보다 기체의 용해도가 크므로 용존 이산화 탄소 농도는 용존 산소 농도보다 전체적으로 높다.

용어 돋보기

* **용존(溶 녹다, 存 있다) 기체**_해수에 녹아 있는 기체

* **용해도(溶 녹다, 解 풀다, 度 정도)**_일정한 온도에서 일정한 양의 용매에 녹을 수 있는 용질의 최대 양

정답과 해설 46쪽

(1) 염분은 해수 (   ) kg 속에 녹아 있는 염류의 총량을 g 수로 나타낸 것이다.

(2) 바닷물 10 kg을 증발시켜 340 g의 염류를 얻었다면 이 해수의 염분은 (   ) psu이다.

(3) 염분이 다르더라도 해수 중에 녹아 있는 염류 사이의 비율은 일정한데, 이를 (   ) 법칙이라고 한다.

(4) 다음은 해수의 표층 염분에 대한 설명이다. (   ) 안에 알맞은 말을 고르시오.

① 증발량이 증가하거나 해수의 결빙이 일어나면 표층 염분이 (높아진다, 낮아진다).

② 강수량이 많아지거나 빙하가 녹은 물이 바다로 유입되면 표층 염분이 (높아진다, 낮아진다).

③ 적도 부근 해역은 (고압대, 저압대)가 발달하여 증발량이 강수량보다 (많아, 적어) 표층 염분이 (높다, 낮다).

④ 위도 30° 부근 해역은 증발량이 강수량보다 (많아, 적어) 표층 염분이 (높다, 낮다).

(5) 기체의 용해도는 수온이 낮을수록 (증가한다, 감소한다).

(6) 해수의 표층 부근에서는 식물성 플랑크톤의 광합성이 활발하게 일어나므로 용존 산소량은 (적고, 많고), 용존 이산화 탄소량은 (적다, 많다).

(7) 용존 이산화 탄소량은 수심이 깊어짐에 따라 (증가한다, 감소한다).

09 해수의 성질

B 해수의 물리적 성질

1 해수의 수온

① **해수의 표층 수온**: 가장 큰 영향을 미치는 요인은 태양 복사 에너지이다.

- 저위도에서 고위도로 갈수록 표층 수온이 낮아진다. ➡ 저위도 지역이 고위도 지역보다 더 많은 양의 태양 복사 에너지를 받기 때문[8]
- 계절에 따른 수온 변화의 폭은 육지의 영향을 받는 연안보다 대양의 중심부에서 작다.[9]

탐구 자료 전 세계 해양의 표층 수온 분포

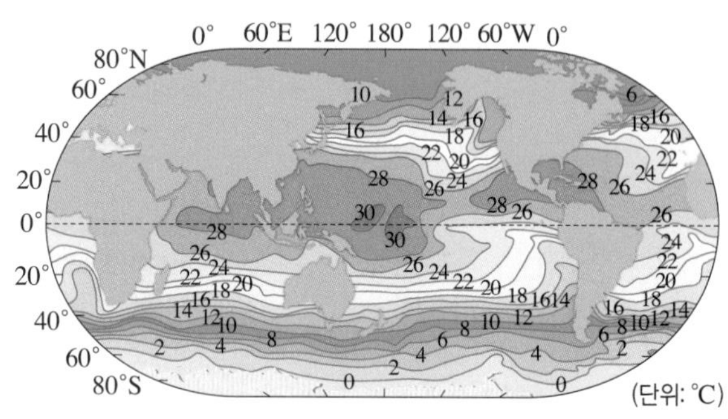

1. 등온선은 대체로 위도와 나란하게 나타나며, 북반구보다 대륙이 적은 남반구에서 더 나란하다.
2. 등온선이 위도와 나란하지 않은 곳은 해류나 *용승의 영향을 받는 곳이다.
3. 같은 위도에서는 난류의 영향을 받는 대양의 서안이 한류의 영향을 받는 동안보다 수온이 더 높다.

② **해수의 연직 수온 분포**: 해수 표면에 들어온 태양 복사 에너지는 수심 10 m 이내에서 대부분 흡수되어 해수가 가열되기 때문에 바람의 영향을 받지 않는다면 표층의 수온이 가장 높고, 수심이 깊어질수록 수온이 낮아져야 한다.

- 해양의 층상 구조: 깊이에 따른 수온 변화에 따라 혼합층, 수온 약층, 심해층으로 구분

구분	특징
혼합층	• 태양 복사 에너지에 의해 가열되어 수온이 높고, 바람의 혼합 작용을 받아 깊이에 관계없이 수온이 일정한 층 • 바람이 강하게 불수록 혼합층의 두께가 두껍다.
*수온 약층	• 혼합층 아래로 깊어질수록 수온이 급격히 낮아지는 층 • 혼합층과 심해층 사이의 물질과 에너지 교환을 차단한다. ➡ 위쪽에는 따뜻하고 가벼운 해수가 있고 아래쪽에는 차고 무거운 해수가 있어 매우 안정하기 때문
심해층	• 수온 약층 아래로 깊이에 따른 수온 변화가 거의 없는 층 • 태양 복사 에너지가 도달하지 않아 수온은 약 4 ℃ 이하이고, 계절이나 위도에 따른 수온 변화가 거의 없다.[10]

- 위도별 해양의 층상 구조: 저위도에서 고위도로 갈수록 표층의 수온이 낮아지고, 심해층의 수온은 위도에 관계없이 거의 일정하다. 또한, 저위도 지역보다 중위도 지역의 바람이 강하여 위도에 따라 층상 구조가 다르게 나타난다.

구분	특징
저위도	바람이 약해 혼합층의 두께가 얇고, 표층 수온이 높아 수온 약층이 잘 발달한다.[11]
중위도	바람이 강해 혼합층의 두께가 가장 두껍고, 수온 약층이 깊게 발달한다.
고위도	해수의 층상 구조가 나타나지 않는다.

2 해수의 밀도

① **해수의 밀도에 영향을 주는 요인**: 수온이 낮을수록, 염분이 높을수록, 수압이 클수록 밀도가 증가한다. ➡ 주로 수온과 염분에 의해 결정된다.

[8] **위도별 표층 수온 분포**
지구가 둥글기 때문에 극에서 적도로 갈수록 단위 면적당 입사하는 태양 복사 에너지양이 많아져 해수의 표층 수온이 높아진다.

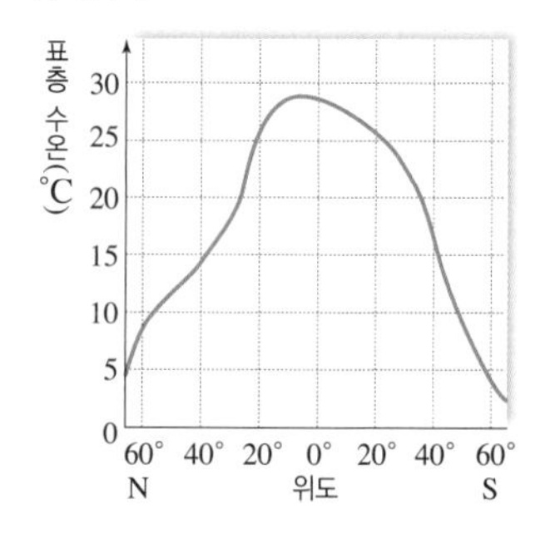

[9] **수온 변화의 폭**
대륙은 해양보다 열용량이 작기 때문에 빨리 가열되고 빨리 식는다. 따라서 대륙의 영향을 많이 받는 연안보다 대양의 중심부가 계절에 따른 수온 변화의 폭이 작다.

[10] **계절에 따른 해양의 층상 구조**
- 겨울철은 여름철보다 바람이 강하여 혼합층이 두껍게 나타난다.
- 여름철은 겨울철보다 표층 수온이 높아 표층과 심층의 수온 차가 크므로 수온 약층이 뚜렷하게 나타난다.

[11] **수온 약층의 발달**
중위도와 저위도에서는 표층과 심층의 수온 차이가 크기 때문에 수온 약층이 잘 발달해 있지만, 고위도에서는 흡수하는 태양 복사 에너지양이 매우 적어 표층과 심층의 수온 차이가 거의 없기 때문에 수온 약층이 거의 발달하지 못한다.

용어 돋보기
* **용승(涌 샘솟다, 昇 오르다)**_심층의 찬 해수가 표층으로 올라오는 현상
* **수온 약층(水 물, 溫 온도, 躍 뛰어오르다, 層 층)**_수심이 깊어질수록 수온이 급격히 낮아지는 층

② 해수의 밀도 분포: 밀도 분포는 대체로 수온 분포와 반대로 나타난다.

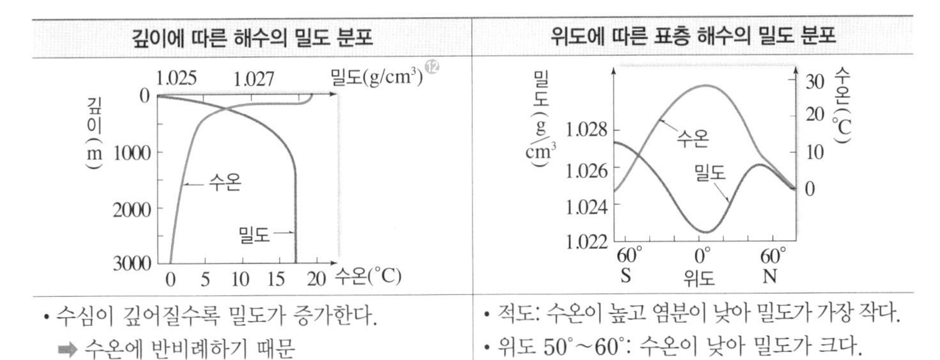

깊이에 따른 해수의 밀도 분포	위도에 따른 표층 해수의 밀도 분포
• 수심이 깊어질수록 밀도가 증가한다. ➡ 수온에 반비례하기 때문 • 수온 약층에서 밀도가 급격히 증가한다. • 심해층에서는 밀도 변화가 거의 없다.	• 적도: 수온이 높고 염분이 낮아 밀도가 가장 작다. • 위도 50°~60°: 수온이 낮아 밀도가 크다. • 북반구 위도 60° 이상: 빙하의 융해로 염분이 낮아 밀도가 작다.[13]

3 수온 염분도(T-S도) 해수의 수온(T)을 세로축, 염분(S)을 가로축으로 하여 해수의 수온, 염분, 밀도를 함께 나타낸 그래프 ➡ 같은 등밀도선 위에 놓인 두 점은 수온과 염분은 달라도 밀도가 같은 해수를 의미한다.

수온 염분도 ▶

탐구 자료 우리나라 주변 해역의 표층 염분과 표층 수온 분포

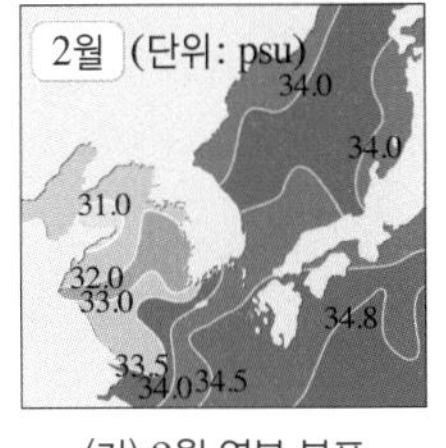

(가) 2월 염분 분포

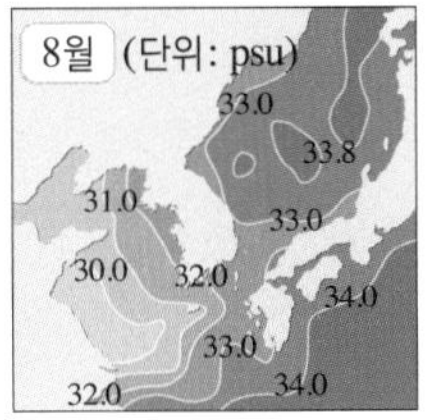

(나) 8월 염분 분포

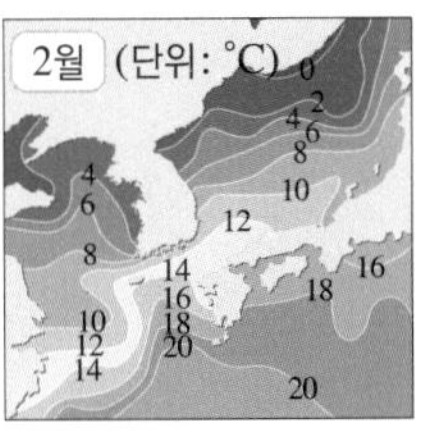

(다) 2월 수온 분포

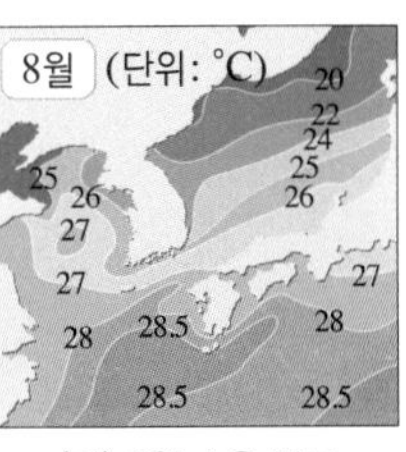

(라) 8월 수온 분포

1. **염분:** 8월이 2월보다 강수량이 많아 염분이 낮고, 황해는 강물의 유입량이 많아 염분이 낮다.
2. **수온:** 남해는 연평균 수온이 가장 높고, 황해는 수온의 연교차가 가장 크며, 동해는 남북 간의 수온 차가 가장 크다.[14]

[12] **해수의 밀도**
해수에는 다양한 염류가 녹아 있으므로 해수의 밀도는 순수한 물보다 약간 큰 값(약 1.025 g/cm³~1.028 g/cm³)을 갖는다.

[13] **위도별 해수의 밀도에 영향을 주는 요인**
• 고위도 해양: 수온 변화가 거의 없으므로 밀도는 염분의 영향을 크게 받는다.
• 열대나 아열대 해양: 깊이에 따른 수온 변화가 크므로 염분보다는 수온의 영향을 크게 받는다.

[14] **우리나라 주변 해역의 표층 수온 분포**
• 남해: 연중 난류가 흐르므로 연평균 수온이 가장 높다.
• 황해: 대륙의 영향을 크게 받으므로 동해보다 수온의 연교차가 크다.
• 동해: 한류와 난류가 만나므로 남북 간의 수온 차가 크며, 여름에는 동해 남부 연안에서 저층의 찬 해수가 올라와 주변보다 수온이 낮은 영역이 나타나기도 한다.

정답과 해설 46쪽

(8) 전 세계 해양의 표층 수온 분포에서 등온선은 대체로 (　　　　)에 나란하다.

(9) 같은 위도에서는 난류의 영향을 받는 대양의 서안이 한류의 영향을 받는 대양의 동안보다 수온이 (　　　　).

(10) 다음은 해양의 층상 구조에 대한 설명이다. (　　) 안에 알맞은 말을 쓰시오.

① 혼합층은 바람이 강할수록 두께가 (　　　　)진다.
② 수온 약층은 표층 수온이 (　　　　)수록 뚜렷하게 나타난다.
③ (　　　　)은 계절이나 위도에 관계없이 수온이 거의 일정한 층이다.

(11) 위도에 따른 해양의 층상 구조에 대한 설명과 해당하는 위도를 옳게 연결하시오.

① 혼합층의 두께가 얇고, 표층 수온이 높아 수온 약층이 잘 발달한다. • 　　• ㉠ 저위도
② 해수의 층상 구조가 나타나지 않는다. • 　　• ㉡ 중위도
③ 바람이 강해 혼합층의 두께가 가장 두껍고, 수온 약층이 깊게 발달한다. • 　　• ㉢ 고위도

(12) 해수의 밀도는 수온이 높을수록 (　　　　)하고, 염분이 높을수록 (　　　　)한다.

2018 ● Ⅱ 9월 평가원 4번

자료❶ 해수의 화학적 성질 - 표층 염분

그림은 태평양 표층 염분의 연평균 분포를 나타낸 것이다.

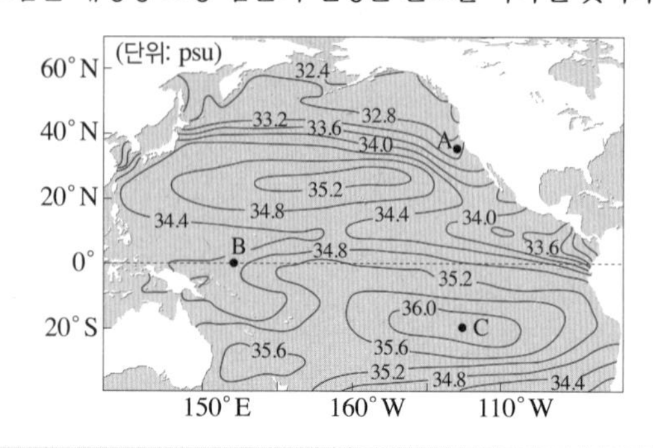

1. A 해역은 난류의 영향으로 같은 위도의 다른 해역보다 염분이 낮다. (○, ×)
2. (증발량−강수량) 값은 C 해역보다 B 해역에서 크다. (○, ×)
3. 대륙의 연안보다 대양의 중앙부 해역의 표층 염분이 높다. (○, ×)
4. A, B, C 해역의 해수에 녹아 있는 주요 염류의 질량비를 조사하면 C에서 가장 클 것이다. (○, ×)
5. 표층 해수의 밀도는 B 해역보다 C 해역에서 클 것이다. (○, ×)

2020 ● Ⅱ 9월 평가원 4번

자료❸ 해수의 물리적 성질 - 수온, 염분, 밀도

그림은 어느 해역에서 깊이에 따른 수온과 염분을 수온 염분도에 나타낸 것이다.

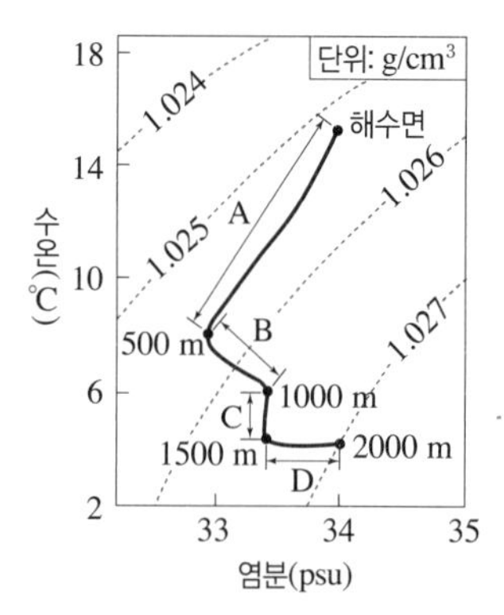

1. 이 해역에서 A 구간에는 수온 약층이 분포한다. (○, ×)
2. D 구간은 A 구간보다 태양 복사 에너지의 영향이 크다. (○, ×)
3. 깊이 500 m의 해수의 밀도는 약 1.0256 g/cm³이다. (○, ×)
4. B 구간에서 해수의 밀도 변화는 수온 변화와 변화 양상이 비슷하다. (○, ×)
5. C 구간에서 깊이에 따른 해수의 밀도 변화는 수온보다 염분의 영향이 더 크다. (○, ×)
6. D 구간에서 해수의 밀도는 염분이 증가하면서 커진다. (○, ×)

2016 ● Ⅱ 수능 2번

자료❷ 해수의 화학적 성질 - 용존 기체

그림은 해수에 녹아 있는 두 기체 A와 B의 수심에 따른 농도를 나타낸 것이다. A와 B 중 하나는 산소이고 다른 하나는 이산화 탄소이다.

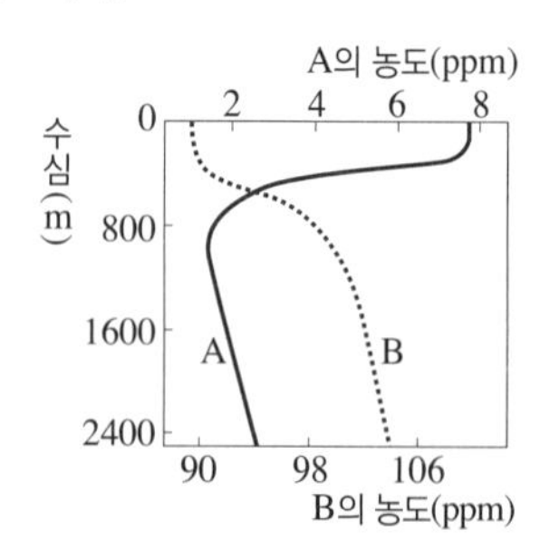

1. A는 이산화 탄소, B는 산소에 해당한다. (○, ×)
2. 표층에서 A의 농도가 높은 것은 광합성과 대기로부터의 공급 때문이다. (○, ×)
3. 표층에서 B의 농도가 낮은 것은 생물의 호흡량이 적기 때문이다. (○, ×)
4. 표층에서 A의 농도는 B의 농도보다 높다. (○, ×)
5. 이산화 탄소의 농도는 수심이 깊어지면서 계속 증가한다. (○, ×)
6. 심해층의 A는 극지방의 표층 해수로부터 공급된다. (○, ×)

2019 ● Ⅱ 수능 4번

자료❹ 해수의 물리적, 화학적 성질

그림은 동해에서 측정한 수괴 A, B, C의 성질을 나타낸 것이다. (가)는 수온과 염분 분포이고, (나)는 수온과 용존 산소량 분포이다.

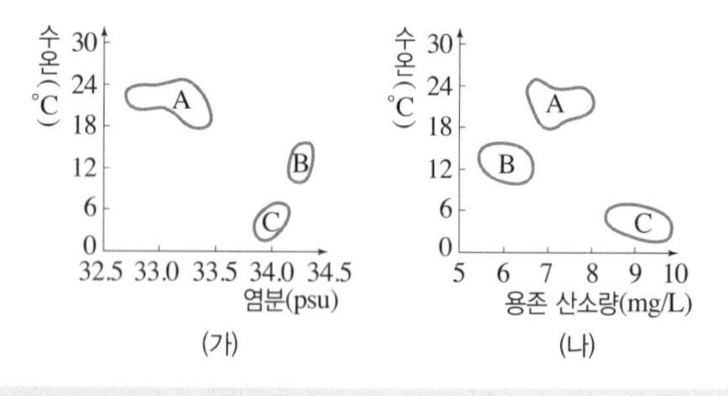

1. 해수의 수온은 A가 가장 높고, 염분은 B가 가장 높다. (○, ×)
2. 해수의 밀도는 A가 가장 크다. (○, ×)
3. A는 B보다 수온이 높아서 용존 산소량이 많다. (○, ×)
4. 용존 산소량은 밀도가 작은 수괴일수록 많다. (○, ×)
5. A~C 중 용존 산소량이 가장 많은 C가 가장 해수 표면 가까이에 분포한다. (○, ×)

정답과 해설 46쪽

A 해수의 화학적 성질

1 수현이는 해수의 염분 변화를 알아보기 위하여 다음과 같은 실험을 하였다.

> [실험 과정]
> Ⅰ. 같은 해역에서 염분이 36 psu인 해수를 1 kg씩 채취하여 비커 A, B에 각각 담는다.
> Ⅱ. A 비커에는 순수한 증류수 500 g을 넣고 염분을 측정한다.
> Ⅲ. B 비커는 가열하여 물을 증발시켜 해수의 총 질량을 500 g으로 만든 다음 염분을 측정한다.

Ⅱ와 Ⅲ에서 측정한 해수 A와 B의 염분을 쓰시오.

2 그림은 먼 바다에 위치한 A~D 해역에서의 연평균 증발량과 강수량을 나타낸 것이다.

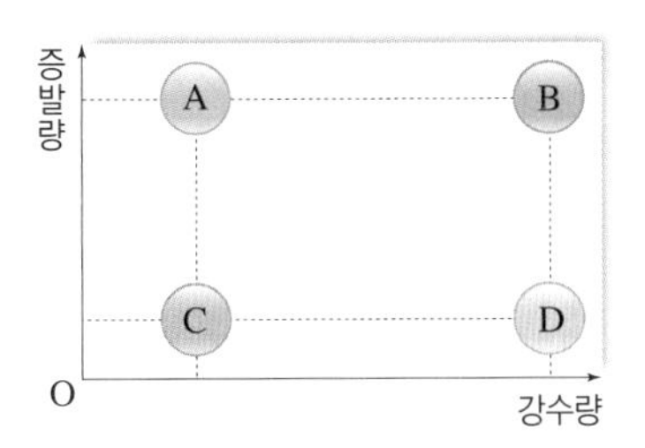

증발량과 강수량 외의 다른 염분 변화 요인은 없다고 가정할 때, A~D 중 표층 염분이 가장 높을 것으로 예상되는 해역을 고르시오.

3 그림은 깊이에 따른 이산화 탄소와 산소의 용존 기체 농도 변화를 순서 없이 나타낸 것이다. (가)와 (나)에 해당하는 기체를 각각 쓰시오.

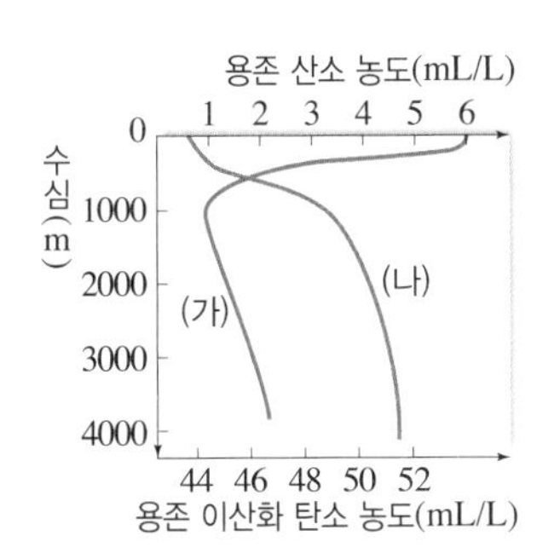

B 해수의 물리적 성질

4 해수의 표층 수온 분포에 대한 설명으로 옳지 <u>않은</u> 것은?

① 표층 수온 분포에 가장 큰 영향을 미치는 요인은 태양 복사 에너지이다.
② 등온선은 대체로 경도와 나란하게 나타난다.
③ 표층 수온은 적도보다 고위도 해역에서 낮다.
④ 표층 수온의 분포는 계절에 따라 달라진다.
⑤ 같은 위도에서는 한류보다 난류가 흐르는 해역의 수온이 높다.

5 그림의 A~C는 저위도, 중위도, 고위도 해역에서의 수온의 연직 분포를 순서 없이 나타낸 것이다.

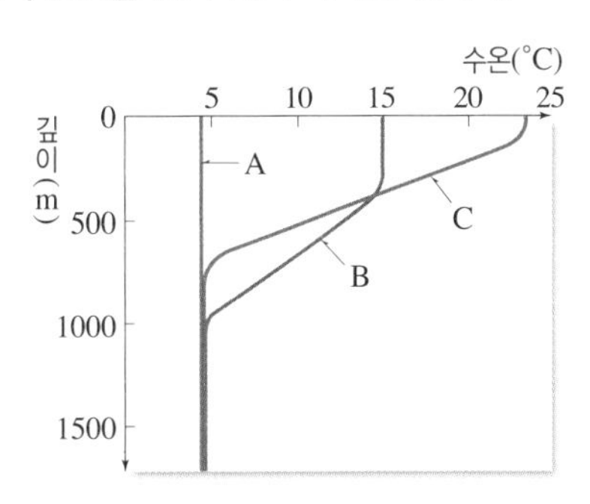

적도에 가장 가까운 해역과 바람이 가장 강하게 부는 해역을 순서대로 옳게 짝 지은 것은?

① A, B ② A, C ③ B, A
④ C, A ⑤ C, B

6 그림은 A~E 해역의 해수를 염분과 수온에 따라 구분하여 나타낸 것이다.

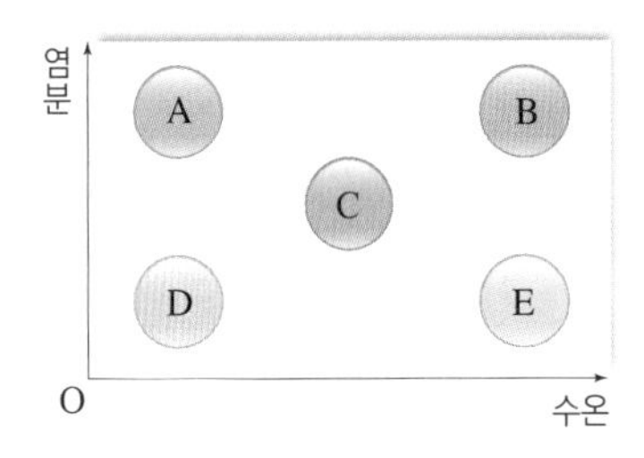

A~E 중 밀도가 가장 큰 해수를 고르시오.

7 해수 A~C를 밀도가 큰 것부터 순서대로 나열하시오.

> • 해수 A: 수온이 가장 높고, 염분이 가장 낮다.
> • 해수 B: 수온이 가장 낮고, 염분이 가장 높다.
> • 해수 C: 수온이 가장 높고, 염분이 가장 높다.

8 그림은 위도에 따른 표층 해수의 밀도, 수온, 염분의 분포를 순서 없이 나타낸 것이다.

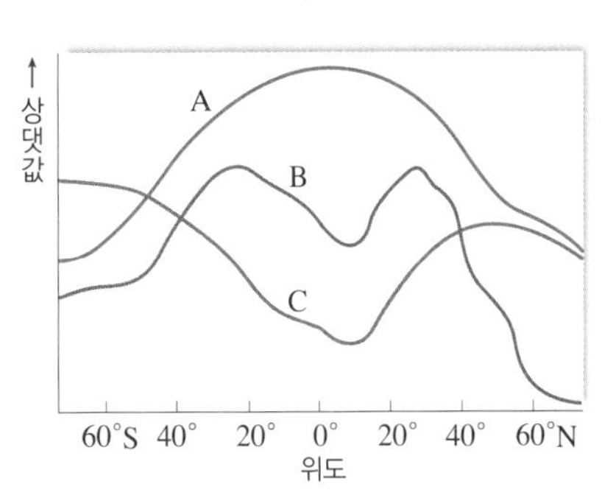

A, B, C에 해당하는 것을 각각 쓰시오.

1 그림과 같이 염분이 34 psu인 해수 2 kg을 채취하여 비커에 담은 다음 물을 증발시켜서 해수의 양을 1 kg으로 만들었다.

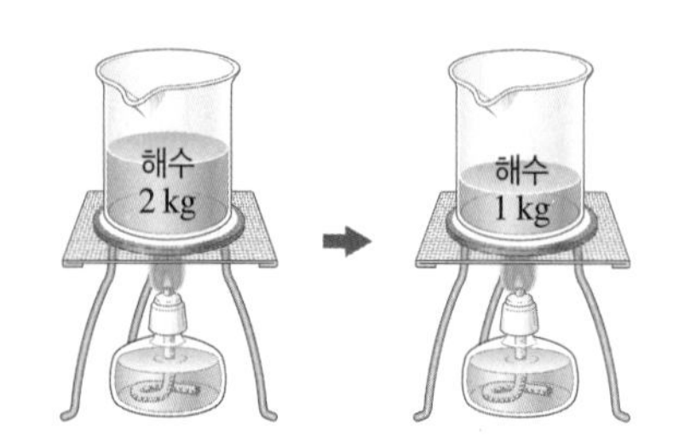

비커에 남은 해수에 대한 설명으로 옳은 것만을 [보기]에서 있는 대로 고른 것은?

보기
ㄱ. 해수에 녹아 있는 총 염류의 양은 34 g이다.
ㄴ. 가열 후 해수의 염분은 34 psu이다.
ㄷ. 해수에 녹아 있는 각 염류 사이의 비율은 가열 전과 같다.

① ㄱ ② ㄴ ③ ㄷ
④ ㄱ, ㄴ ⑤ ㄱ, ㄷ

2 그림의 A와 B는 위도별 증발량과 강수량을 순서 없이 나타낸 것이다.

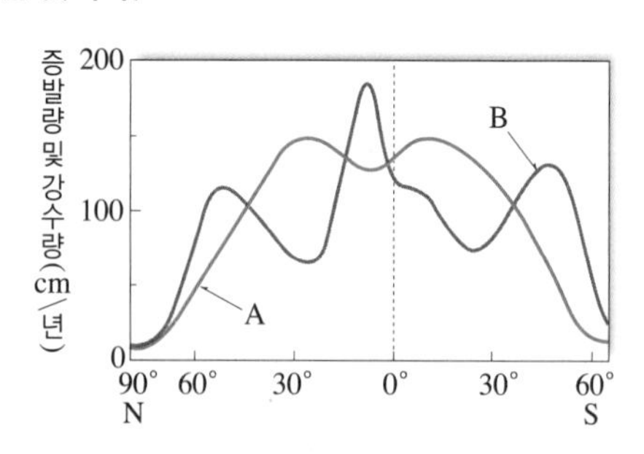

이에 대한 설명으로 옳은 것만을 [보기]에서 있는 대로 고른 것은?

보기
ㄱ. A는 증발량에 해당한다.
ㄴ. (증발량−강수량) 값은 적도에서 가장 크다.
ㄷ. 위도 30° 해역이 적도 해역보다 표층 염분이 높다.

① ㄱ ② ㄴ ③ ㄱ, ㄷ
④ ㄴ, ㄷ ⑤ ㄱ, ㄴ, ㄷ

3 그림은 북태평양에서 (증발량−강수량) 값의 분포를 나타낸 것이다.

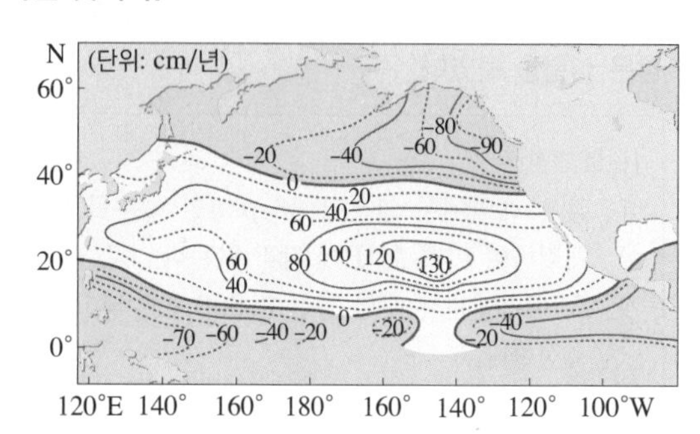

이에 대한 설명으로 옳은 것만을 [보기]에서 있는 대로 고른 것은?

보기
ㄱ. 적도 지역은 증발량이 강수량보다 많다.
ㄴ. 표층 염분은 적도보다 중위도 해역에서 높을 것이다.
ㄷ. 표층 염분이 높은 해역의 위도대에 위치한 육지에는 사막이 잘 발달할 것이다.

① ㄱ ② ㄴ ③ ㄱ, ㄴ
④ ㄱ, ㄷ ⑤ ㄴ, ㄷ

자료❶ 2018 Ⅱ 9월 평가원 4번

4 그림은 태평양 표층 염분의 연평균 분포를 나타낸 것이다.

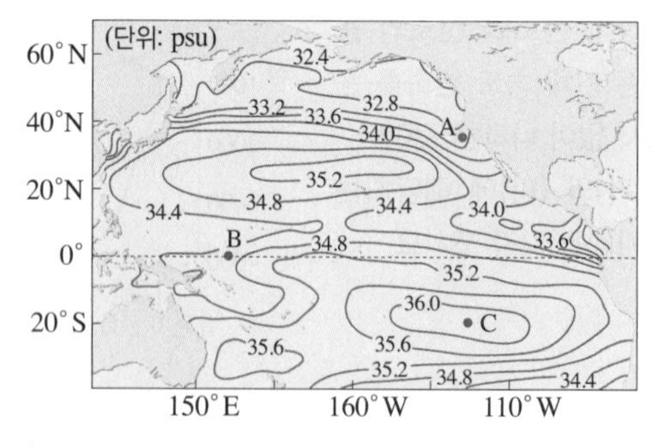

해역 A, B, C에 대한 설명으로 옳은 것만을 [보기]에서 있는 대로 고른 것은?

보기
ㄱ. A는 한류의 영향을 받는다.
ㄴ. (증발량−강수량) 값은 B가 C보다 작다.
ㄷ. A, B, C의 해수에 녹아 있는 주요 염류의 질량비는 일정하다.

① ㄱ ② ㄴ ③ ㄱ, ㄷ
④ ㄴ, ㄷ ⑤ ㄱ, ㄴ, ㄷ

5 그림은 깊이에 따른 용존 산소와 용존 이산화 탄소의 농도 변화를 나타낸 것이다.

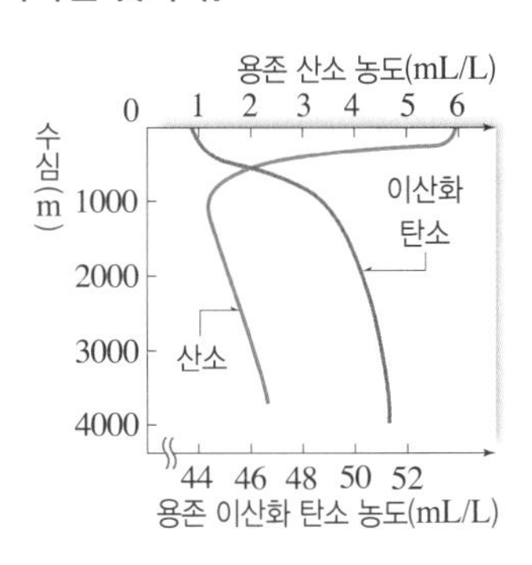

이에 대한 설명으로 옳은 것만을 [보기]에서 있는 대로 고른 것은?

보기

ㄱ. 용존 산소의 농도는 해수의 표층 부근에서 가장 높다.
ㄴ. 1000 m 이상의 깊이에서 용존 산소의 농도가 증가하는 까닭은 광합성량의 증가 때문이다.
ㄷ. 표층 해수에서 용존 이산화 탄소의 농도가 낮은 까닭은 생물의 호흡 작용이 활발하기 때문이다.

① ㄱ ② ㄷ ③ ㄱ, ㄴ
④ ㄴ, ㄷ ⑤ ㄱ, ㄴ, ㄷ

6 그림은 8월의 전 세계 해양의 표층 수온 분포를 나타낸 것이다.

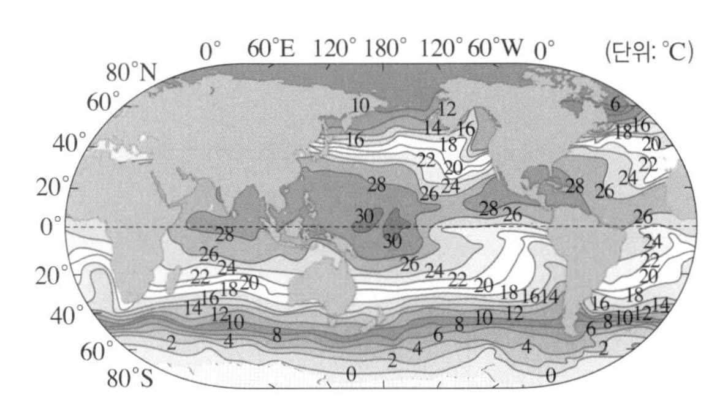

이에 대한 설명으로 옳은 것만을 [보기]에서 있는 대로 고른 것은?

보기

ㄱ. 표층 수온은 저위도에서 고위도로 갈수록 대체로 낮아진다.
ㄴ. 등온선은 북반구보다 남반구 해양에서 더 위도와 나란하게 분포한다.
ㄷ. 적도 부근의 표층 수온은 동태평양이 서태평양보다 높다.

① ㄱ ② ㄷ ③ ㄱ, ㄴ
④ ㄴ, ㄷ ⑤ ㄱ, ㄴ, ㄷ

2019 Ⅱ 9월 평가원 1번

7 그림은 겨울철 동해의 혼합층 두께를 나타낸 것이다.

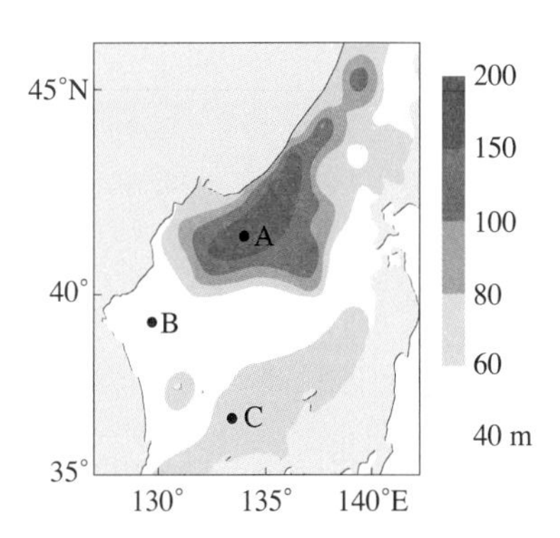

이 자료에서 해역 A, B, C에 대한 설명으로 옳은 것만을 [보기]에서 있는 대로 고른 것은?

보기

ㄱ. 바람의 세기는 A가 B보다 강하다.
ㄴ. 혼합층 두께는 B가 C보다 두껍다.
ㄷ. A의 혼합층 두께는 겨울이 여름보다 얇다.

① ㄱ ② ㄴ ③ ㄱ, ㄷ
④ ㄴ, ㄷ ⑤ ㄱ, ㄴ, ㄷ

8 그림은 해양에서 깊이에 따른 수온, 염분, 밀도 변화를 나타낸 것이다.

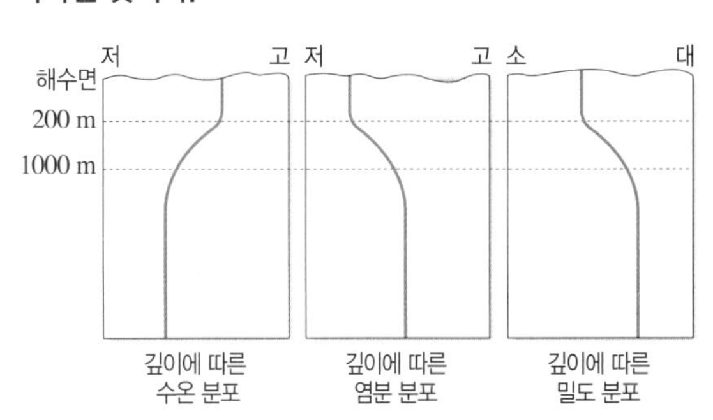

이에 대한 설명으로 옳은 것만을 [보기]에서 있는 대로 고른 것은?

보기

ㄱ. 해수의 밀도는 수온에 반비례한다.
ㄴ. 깊이에 따른 밀도 변화는 혼합층에서 가장 크다.
ㄷ. 200 m~1000 m 구간에서는 수심이 깊어질수록 밀도가 증가한다.

① ㄱ ② ㄴ ③ ㄱ, ㄷ
④ ㄴ, ㄷ ⑤ ㄱ, ㄴ, ㄷ

자료❸ 2020 Ⅱ 9월 평가원 4번

9 그림은 어느 해역에서 깊이에 따른 수온과 염분을 수온 염분도에 나타낸 것이다.

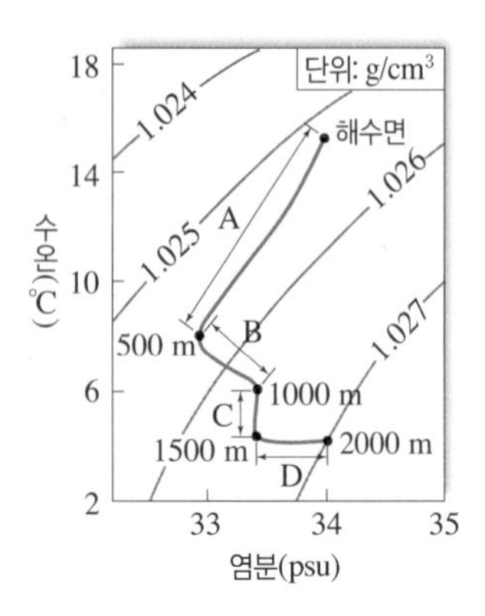

이 자료에 대한 설명으로 옳은 것만을 [보기]에서 있는 대로 고른 것은?

보기
ㄱ. A 구간은 혼합층이다.
ㄴ. 해수의 밀도 변화는 C 구간이 B 구간보다 크다.
ㄷ. D 구간에서 해수의 밀도 변화는 수온보다 염분의 영향이 더 크다.

① ㄱ ② ㄴ ③ ㄷ
④ ㄱ, ㄴ ⑤ ㄱ, ㄷ

자료❹ 2019 Ⅱ 수능 4번

10 그림은 동해에서 측정한 수괴 A, B, C의 성질을 나타낸 것이다. (가)는 수온과 염분 분포이고, (나)는 수온과 용존 산소량 분포이다.

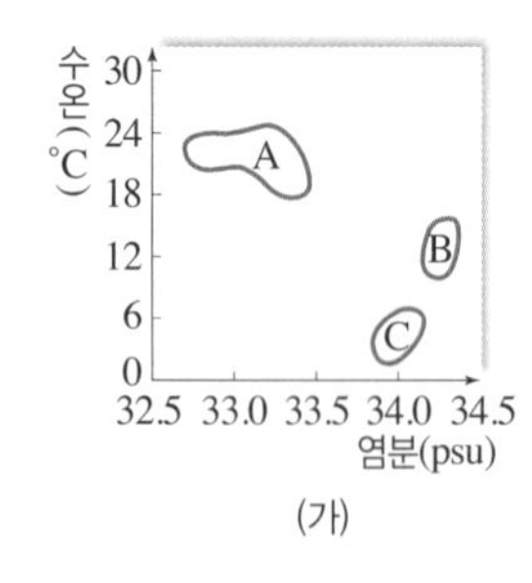

(가)

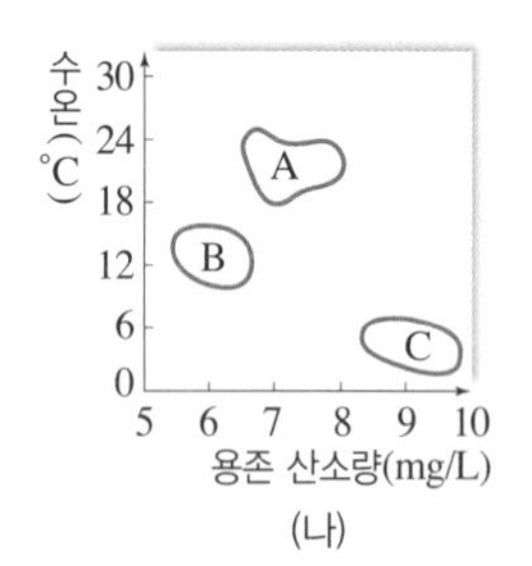

(나)

A, B, C에 대한 설명으로 옳은 것만을 [보기]에서 있는 대로 고른 것은?

보기
ㄱ. 밀도는 A가 가장 낮다.
ㄴ. 염분이 높은 수괴일수록 용존 산소량이 많다.
ㄷ. B는 A와 C가 혼합되어 형성되었다.

① ㄱ ② ㄴ ③ ㄱ, ㄷ
④ ㄴ, ㄷ ⑤ ㄱ, ㄴ, ㄷ

11 그림 (가)와 (나)는 겨울철과 여름철에 우리나라 주변 해수의 표층 수온 분포를 순서 없이 나타낸 것이다.

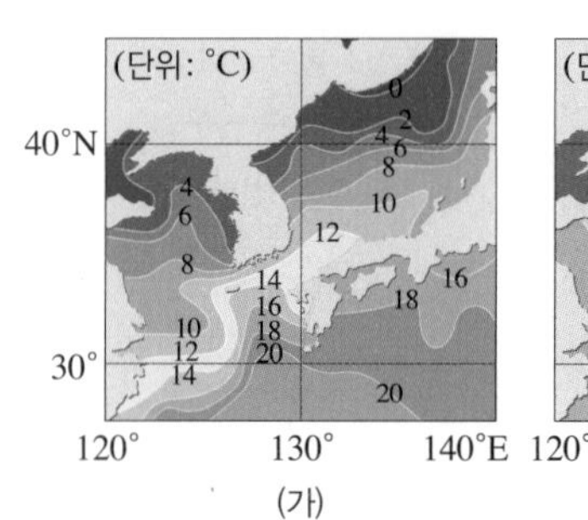

(가)

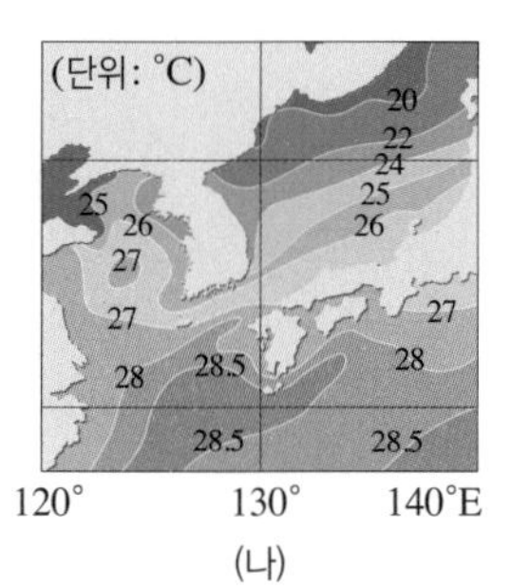

(나)

이에 대한 설명으로 옳은 것만을 [보기]에서 있는 대로 고른 것은?

보기
ㄱ. (가)는 겨울철에 해당한다.
ㄴ. 연평균 수온은 남해가 가장 높다.
ㄷ. 수온의 연교차는 황해가 동해보다 작다.

① ㄱ ② ㄷ ③ ㄱ, ㄴ
④ ㄴ, ㄷ ⑤ ㄱ, ㄴ, ㄷ

2021 9월 평가원 5번

12 그림 (가)는 우리나라 주변 해역 A, B, C를, (나)는 세 해역 표층 해수의 수온과 염분을 수온 염분도에 나타낸 것이다. B와 C의 수온과 염분 분포는 각각 ㉠과 ㉡ 중 하나이다.

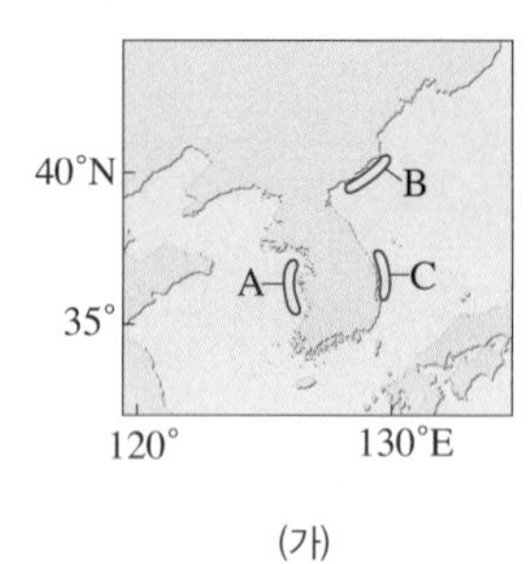

(가)

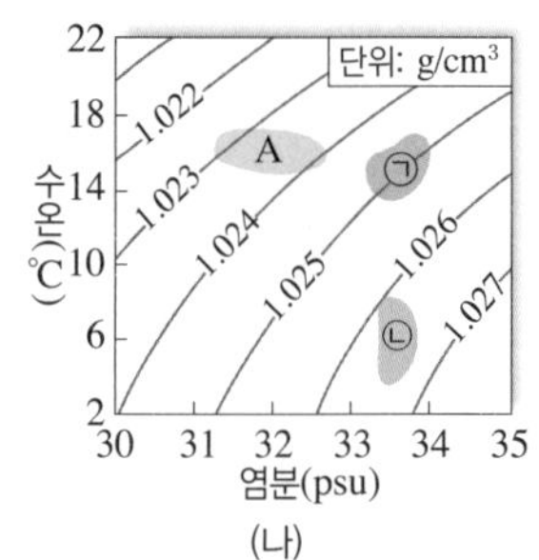

(나)

이 자료에 대한 설명으로 옳은 것만을 [보기]에서 있는 대로 고른 것은?

보기
ㄱ. ㉡은 B에 해당한다.
ㄴ. 해수의 밀도는 A가 C보다 크다.
ㄷ. B와 C의 해수 밀도 차이는 수온보다 염분의 영향이 더 크다.

① ㄱ ② ㄴ ③ ㄱ, ㄷ
④ ㄴ, ㄷ ⑤ ㄱ, ㄴ, ㄷ

1 표는 서로 다른 세 해역에서 같은 양의 해수에 포함된 염류의 양을 측정한 자료이고, 단위는 g이다.

해역 \ 염류	NaCl	$MgCl_2$	$MgSO_4$	$CaSO_4$	기타	계
A	24.5	3.4	1.5	1.1	1.0	31.5
B	27.2	3.8	1.7	1.2	1.1	35.0
C	29.9	4.2	1.9	1.3	1.2	38.5

이에 대한 설명으로 옳은 것만을 [보기]에서 있는 대로 고른 것은?

보기
ㄱ. 세 해역 해수의 염분은 모두 같다.
ㄴ. 세 해역 해수에 녹아 있는 염류들의 성분비는 일정하다.
ㄷ. 해수 1 kg을 증발시키면 C 해역 해수에서 가장 많은 양의 염류를 얻을 수 있다.

① ㄱ ② ㄴ ③ ㄷ
④ ㄱ, ㄴ ⑤ ㄴ, ㄷ

2 그림은 전 세계 해양의 표층 염분 분포를 나타낸 것이다.

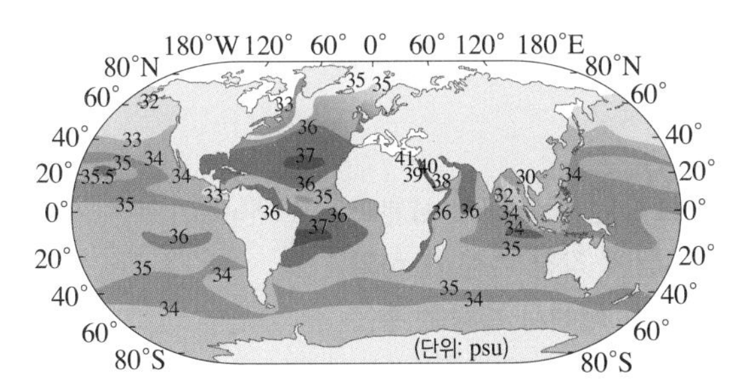

이에 대한 설명으로 옳은 것만을 [보기]에서 있는 대로 고른 것은?

보기
ㄱ. 북반구 중위도 해역의 표층 염분은 태평양보다 대서양에서 높다.
ㄴ. (증발량−강수량) 값은 위도 30°N 부근 지역보다 적도 지역에서 클 것이다.
ㄷ. 해수 중에 녹아 있는 염류 중 NaCl의 비율은 중위도 해역에서 가장 높다.

① ㄱ ② ㄴ ③ ㄷ
④ ㄱ, ㄴ ⑤ ㄴ, ㄷ

3 그림은 어느 해양에서 깊이에 따른 용존 산소량과 용존 이산화 탄소량을 나타낸 것이다. 이에 대한 설명으로 옳은 것만을 [보기]에서 있는 대로 고른 것은?

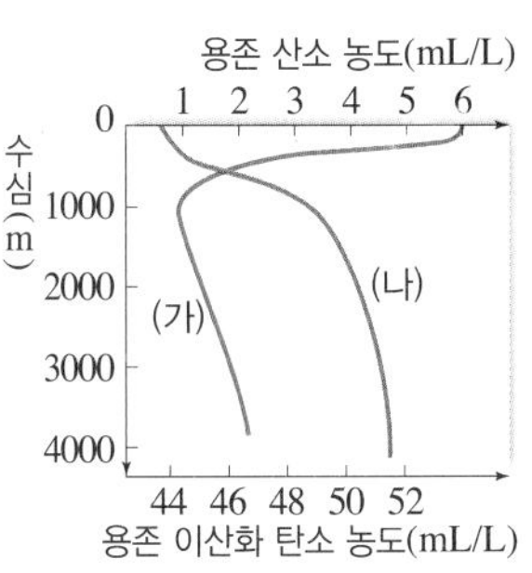

보기
ㄱ. (가)는 용존 산소량에 해당한다.
ㄴ. 해수 표층에서는 용존 산소량이 용존 이산화 탄소량보다 많다.
ㄷ. 수심 약 1000 m에서 깊어질수록 (가)가 증가하는 까닭은 생물의 광합성 때문이다.

① ㄱ ② ㄷ ③ ㄱ, ㄴ
④ ㄴ, ㄷ ⑤ ㄱ, ㄴ, ㄷ

4 그림은 경도 180° 지역의 위도와 수심에 따른 용존 산소량 분포를 나타낸 것이다.

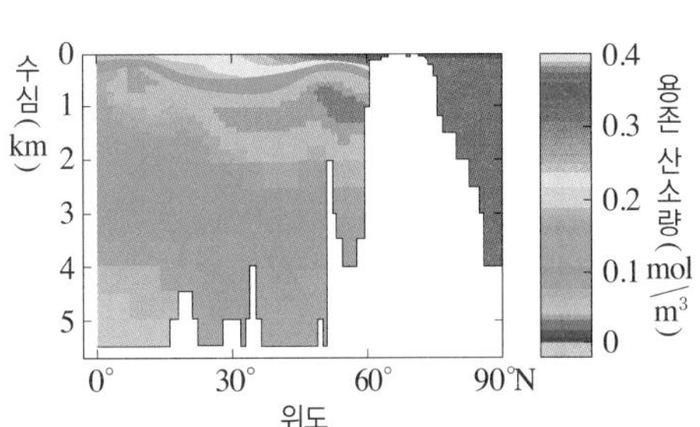

이에 대한 설명으로 옳은 것만을 [보기]에서 있는 대로 고른 것은?

보기
ㄱ. 30°N에서 용존 산소량은 수심이 깊어지면서 감소하다가 증가한다.
ㄴ. 3 km 깊이의 용존 산소량은 극 주변이 적도 주변보다 많다.
ㄷ. 북극해의 심해에서 용존 산소량이 많은 것은 심해 생물의 광합성 때문이다.

① ㄱ ② ㄷ ③ ㄱ, ㄴ
④ ㄴ, ㄷ ⑤ ㄱ, ㄴ, ㄷ

5 그림은 북태평양 표층 해수의 평균 수온 분포를 나타낸 것이다.

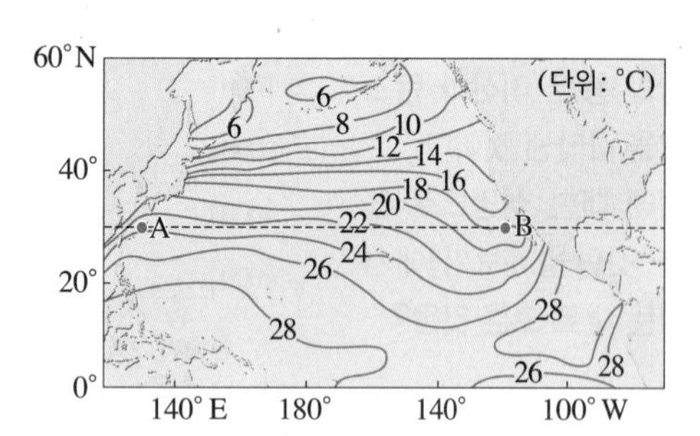

이에 대한 설명으로 옳은 것만을 [보기]에서 있는 대로 고른 것은?

보기

ㄱ. 대양의 중심부에서 등온선은 대체로 위도와 나란하다.
ㄴ. 해수면에 도달하는 태양 복사 에너지의 양은 B 해역보다 A 해역에서 많다.
ㄷ. 표층 염분은 A 해역이 B 해역보다 높다.

① ㄱ ② ㄴ ③ ㄱ, ㄷ
④ ㄴ, ㄷ ⑤ ㄱ, ㄴ, ㄷ

6 그림은 어느 해역의 깊이 0 m~100 m 구간에서 깊이에 따른 수온의 연 변화를 측정하여 나타낸 것이다.

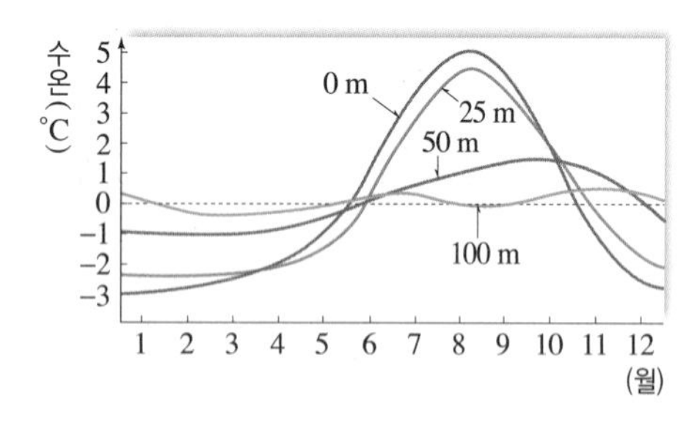

이에 대한 설명으로 옳은 것만을 [보기]에서 있는 대로 고른 것은?

보기

ㄱ. 이 해역은 북반구에 위치하고 있다.
ㄴ. 수온 변화에 따른 해수 밀도의 연 변화는 수심이 깊어질수록 크다.
ㄷ. 8월에는 해수의 연직 혼합이 전 수심에 걸쳐 활발하게 일어난다.

① ㄱ ② ㄴ ③ ㄷ
④ ㄱ, ㄴ ⑤ ㄴ, ㄷ

2019 Ⅱ 6월 평가원 9번

7 그림은 어느 열대 해역의 깊이에 따른 해수의 물리량을 나타낸 것이고, A, B, C는 각각 수온, 염분, 밀도 중 하나이다.

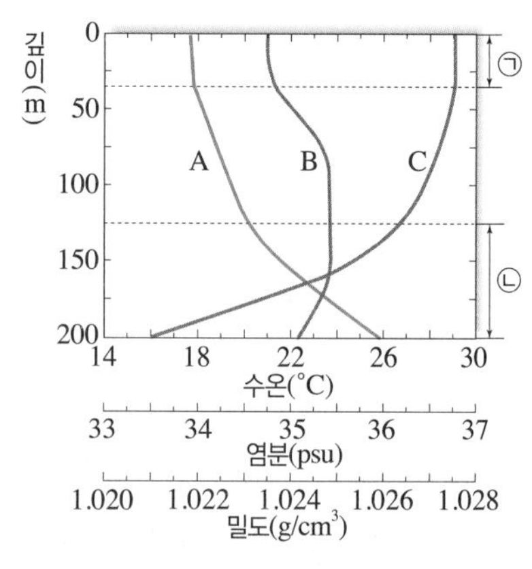

이에 대한 설명으로 옳은 것만을 [보기]에서 있는 대로 고른 것은?

보기

ㄱ. A는 염분이다.
ㄴ. 해수 표면의 바람이 강해지면 ㉠층의 두께가 증가한다.
ㄷ. ㉡층에서 깊이에 따른 밀도 변화는 수온 변화보다 염분 변화에 더 큰 영향을 받는다.

① ㄱ ② ㄴ ③ ㄱ, ㄷ
④ ㄴ, ㄷ ⑤ ㄱ, ㄴ, ㄷ

8 그림은 동해에서 2월과 8월에 각각 수심 0 m와 300 m에서 측정한 수온과 염분을 나타낸 것이다. 이에 대한 설명으로 옳은 것만을 [보기]에서 있는 대로 고른 것은?

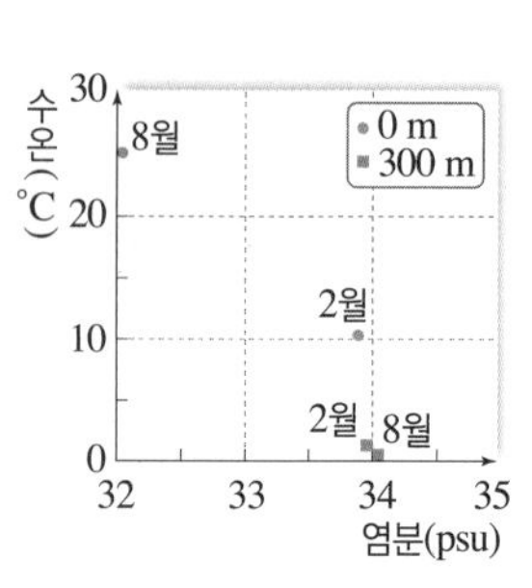

보기

ㄱ. 표층 해수의 밀도는 8월보다 2월에 크다.
ㄴ. 수온 약층은 2월보다 8월에 더 뚜렷하게 발달한다.
ㄷ. 계절에 따른 염분 차이는 수심 0 m보다 300 m에서 작다.

① ㄱ ② ㄷ ③ ㄱ, ㄴ
④ ㄴ, ㄷ ⑤ ㄱ, ㄴ, ㄷ

9 그림은 수온 염분도에 A, B, C 해역의 표층 해수의 수온과 염분을 표시한 것이다.

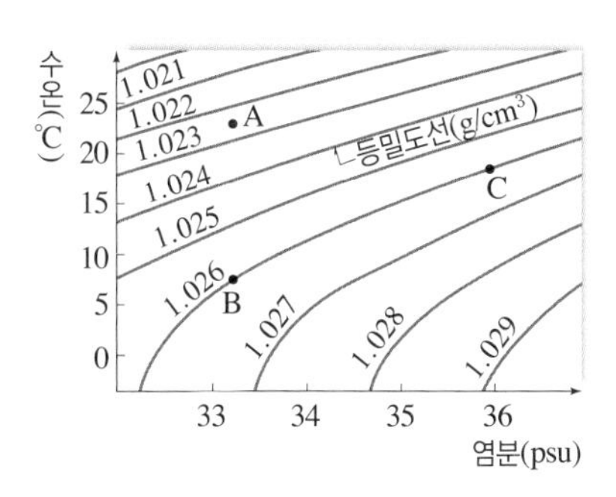

이에 대한 설명으로 옳은 것만을 [보기]에서 있는 대로 고른 것은? (단, 증발과 강수 이외의 염분 변화 요인은 고려하지 않는다.)

보기

ㄱ. A와 B의 밀도 차이는 염분보다 수온의 영향이 더 크다.

ㄴ. 같은 부피의 B와 C의 해수를 혼합하면 밀도는 1.026 g/cm³보다 커진다.

ㄷ. (증발량－강수량) 값은 C에서 가장 크다.

① ㄱ ② ㄷ ③ ㄱ, ㄴ
④ ㄴ, ㄷ ⑤ ㄱ, ㄴ, ㄷ

2017 Ⅱ 6월 평가원 13번

10 그림 (가)는 어느 해역의 깊이에 따른 수온과 염분을, (나)는 수온 염분도를 나타낸 것이다.

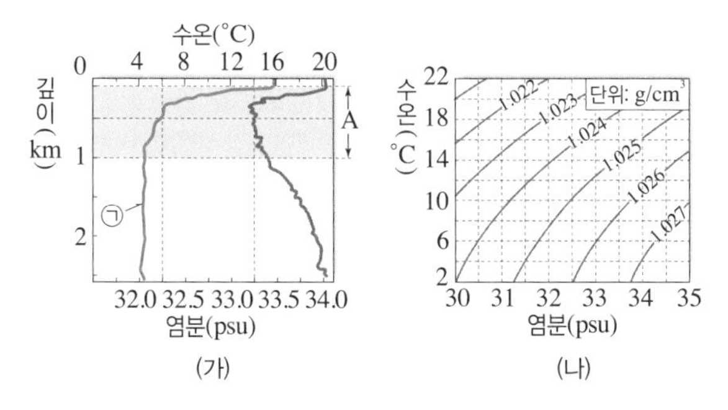

이 자료에 대한 설명으로 옳은 것만을 [보기]에서 있는 대로 고른 것은?

보기

ㄱ. ㉠은 염분을 나타낸다.

ㄴ. 깊이 500 m의 해수 밀도는 1.026 g/cm³보다 크다.

ㄷ. 구간 A에서 해수의 밀도 변화는 수온보다 염분에 더 영향을 받는다.

① ㄱ ② ㄴ ③ ㄷ
④ ㄱ, ㄴ ⑤ ㄴ, ㄷ

2020 Ⅱ 수능 13번

11 그림은 같은 시기에 관측한 두 해역의 표층에서 심층까지의 수온과 염분을 수온 염분도에 나타낸 것이다. A와 B는 각각 저위도와 고위도 해역 중 하나이고, ㉠과 ㉡은 밀도가 같은 해수이다.

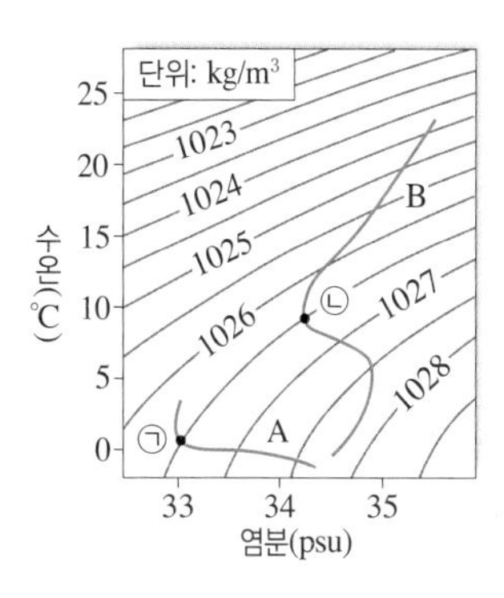

이 자료에 대한 설명으로 옳은 것만을 [보기]에서 있는 대로 고른 것은?

보기

ㄱ. A는 저위도 해역이다.

ㄴ. 같은 부피의 ㉠과 ㉡이 혼합되어 형성된 해수의 밀도는 ㉠보다 크다.

ㄷ. 염분이 일정할 때, 수온 변화에 따른 밀도 변화는 수온이 높을 때가 낮을 때보다 크다.

① ㄱ ② ㄴ ③ ㄷ
④ ㄱ, ㄷ ⑤ ㄴ, ㄷ

12 그림 (가)는 동해에서 각각 난류와 한류의 영향을 받는 두 해역의 표층 수온과 염분을 나타낸 것이고, (나)는 수온과 염분에 따른 등밀도 곡선이다.

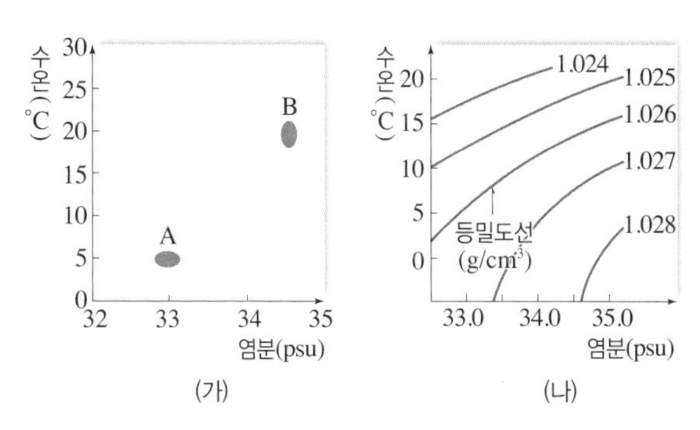

A와 B 해역의 해수에 대한 해석으로 옳은 것만을 [보기]에서 있는 대로 고른 것은?

보기

ㄱ. A 해역 해수의 밀도는 약 1.026 g/cm³이다.

ㄴ. 두 해역의 해수가 만나면, A 해역의 해수가 B 해역의 해수 아래로 가라앉는다.

ㄷ. A 해역은 난류의 영향을 받는다.

① ㄱ ② ㄴ ③ ㄷ
④ ㄱ, ㄴ ⑤ ㄴ, ㄷ

해수의 순환

≫ 핵심 짚기
- 대기 대순환의 특징
- 표층 해류의 발생과 표층 순환의 특징
- 심층 순환의 발생과 대서양 심층 순환의 특징
- 심층 순환과 표층 순환의 관계

A 대기 대순환

1 위도에 따른 에너지 불균형 지구가 구형이므로 위도에 따라 태양 복사 에너지 흡수량이 다르다.

① 적도~위도 약 38°: 태양 복사 에너지 흡수량 > 지구 복사 에너지 방출량 ➡ 에너지 과잉

② 위도 약 38°~극: 태양 복사 에너지 흡수량 < 지구 복사 에너지 방출량 ➡ 에너지 부족[1]

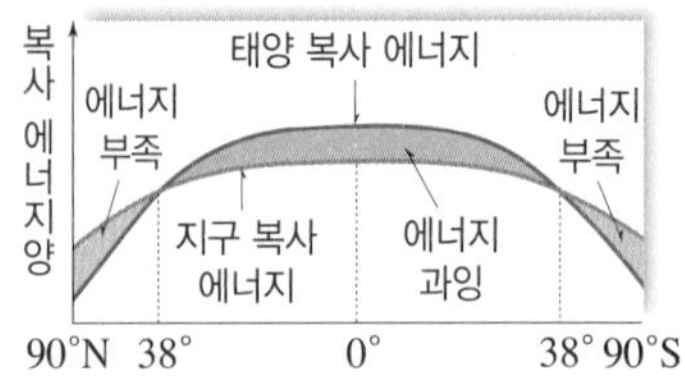

▲ 위도에 따른 복사 에너지 분포

2 대기 대순환 지구 전체적인 규모로 일어나는 대기의 순환

① 발생 원인: 위도에 따른 에너지 불균형과 지구 자전에 의한 전향력의 영향으로 발생한다.

② 영향: 위도에 따른 에너지 불균형을 해소하고, 해수의 표층 순환을 일으킨다.

③ 순환 세포: 지구 자전의 영향으로 3개의 순환 세포를 형성한다.[2]

모형	순환 세포	순환 및 지표에서 부는 바람[3]
극고압대, 60°N, 극동풍, 극순환, 한대 전선대, 30°, 페렐 순환, 편서풍, 아열대 고압대, 북동 무역풍, 해들리 순환, 0°, 적도 저압대, 30°S, 남동 무역풍, 편서풍	해들리 순환	• 적도에서 가열된 공기가 상승하여 고위도로 이동하다가 위도 30°에서 하강하는 순환 • 지표에서는 무역풍이 형성된다.
	페렐 순환	• 위도 30°에서 하강한 공기의 일부가 고위도로 이동하여 위도 60°에서 상승하는 순환 • 지표에서는 편서풍이 형성된다.
	극순환	• 극에서 냉각된 공기가 하강하여 저위도로 이동하다가 위도 60°에서 상승하는 순환 • 지표에서는 극동풍이 형성된다.

B 해수의 표층 순환

1 표층 해류 수온 약층 위에서 대기 대순환에 의해 생기는 해수의 지속적인 흐름

① 발생 원인: 대기 대순환에 의해 발생하며, 대륙 분포와 지구 자전의 영향을 받는다.

② 대기 대순환과 표층 해류: 대기 대순환에 의해 동서 방향으로 흐르는 해류가 대륙에 막히면 남북 방향으로 흐른다.

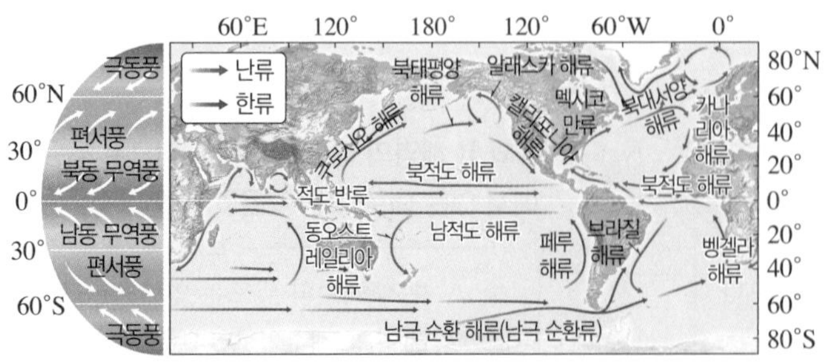

▲ 대기 대순환과 표층 해류

동서 방향	무역풍대	북적도 해류, 남적도 해류가 동에서 서로 흐른다.
	편서풍대	북태평양 해류, 북대서양 해류, 남극 순환 해류가 서에서 동으로 흐른다.[4]
남북 방향	대양의 서안	쿠로시오 해류, 멕시코만류, 동오스트레일리아 해류 등의 난류가 고위도로 흐른다.
	대양의 동안	캘리포니아 해류, 카나리아 해류, 페루 해류 등의 한류가 저위도로 흐른다.[5]

PLUS 강의

[1] **위도별 에너지 불균형 해소**
- 위도 약 38°에서는 흡수하는 태양 복사 에너지양과 방출하는 지구 복사 에너지양이 같아 복사 평형을 이룬다.
- 위도 약 38°보다 저위도의 남는 에너지는 대기와 해수에 의해 고위도로 이동하며, 위도 약 38° 부근에서 에너지 이동량이 가장 많다.

[2] **대기 순환 세포**
지구가 자전하지 않는 경우에는 적도에서 가열되어 상승한 공기가 극으로 이동하고, 극에서 냉각되어 하강한 공기가 적도로 이동하는 단일 순환 세포를 형성할 것이다.

[3] **기압대**
대기 대순환의 상승 기류나 하강 기류가 발달하는 곳에서 기압대가 형성된다.

기압대	위치
적도 저압대	적도 부근
아열대 고압대 (중위도 고압대)	위도 30° 부근
한대 전선대	위도 60° 부근
극고압대	극 부근

➡ 저압대에서는 상승 기류가 발달하여 강수량이 많고, 고압대에서는 하강 기류가 발달하여 강수량이 적다.

[4] **남극 순환 해류**
대륙에 막히지 않고 서에서 동으로 남극 대륙 주변을 순환하는 해류이다.

[5] **난류와 한류의 성질 비교**

구분	난류	한류
이동 방향	저위도 → 고위도	고위도 → 저위도
수온	높다	낮다
염분	높다	낮다
용존 산소량	적다	많다
영양 염류	적다	많다

2 표층 순환 동서 방향과 남북 방향의 표층 해류가 형성하는 큰 순환

① 위도별 표층 순환: 열대 순환(저위도), 아열대 순환(중위도), 아한대 순환(고위도) ➡ 아열대 순환의 규모가 가장 크고 뚜렷하다.[6]

② 특징: 적도를 경계로 북반구와 남반구에서 표층 순환 분포가 대칭을 이룬다.[7]

③ 역할: 표층 순환은 위도별 에너지 불균형을 해소하고, 주변 기후에 영향을 준다.[8]

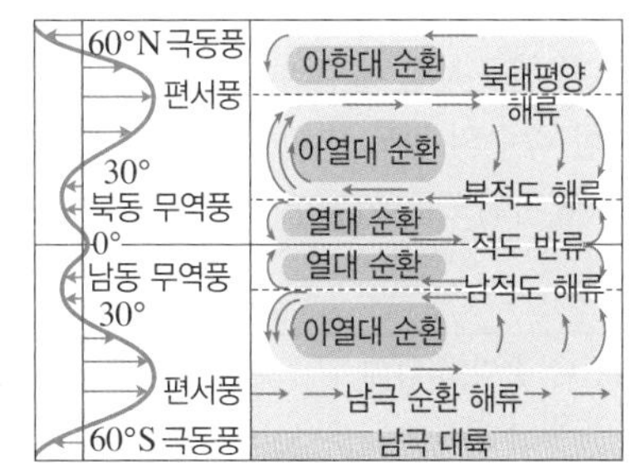

▲ 위도별 표층 순환

3 우리나라 주변의 해류

난류	쿠로시오 해류의 일부가 우리나라 주변 해양으로 유입되어 황해 난류, 동한 난류, 쓰시마 난류를 이룬다.	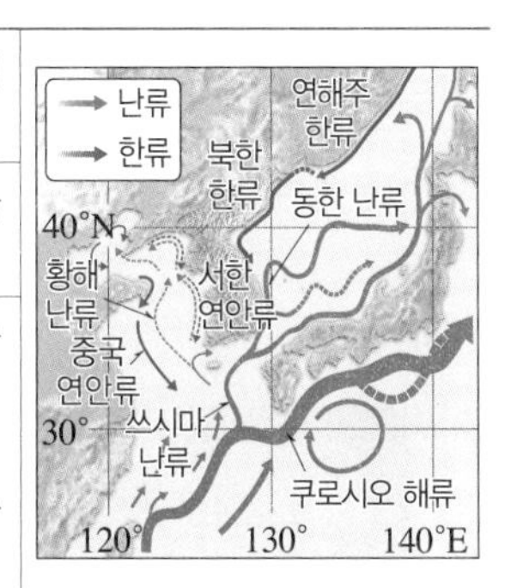
한류	연해주를 따라 남하하는 연해주 한류의 일부가 동해안을 따라 남하하여 북한 한류를 이룬다.	
조경 수역	• 난류와 한류가 만나는 해역으로, 동한 난류와 북한 한류가 만나는 동해에 형성된다. • 영양 염류와 플랑크톤이 풍부해 좋은 어장을 형성한다. • 난류가 강해지는 여름에는 조경 수역이 북상하고, 한류가 강해지는 겨울에는 조경 수역이 남하한다.	

탐구 자료 우리나라 주변 해역의 해류

그림은 1993년부터 2014년까지 평균한 우리나라 동해의 수온 분포와 해류의 유속을 나타낸 것이다.

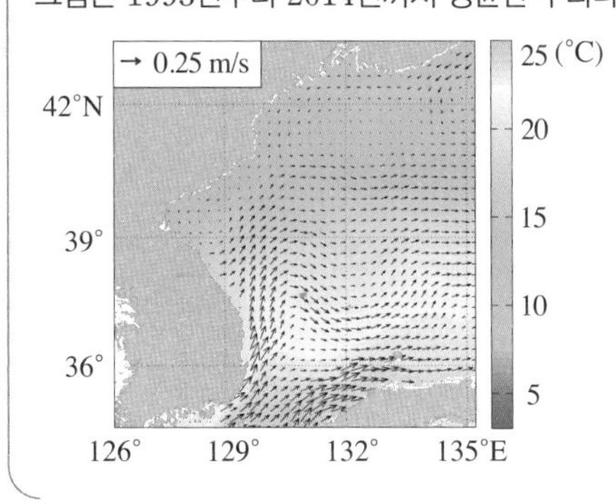

1. **난류:** 대한해협을 통과한 해수 중 일부는 동해안을 따라 북상하는 동한 난류가 된다.
2. **한류:** 연해주를 따라 남하하는 해수 중 일부는 동해안을 따라 남하하는 북한 한류가 된다.
3. **수온:** 동한 난류가 북한 한류보다 높다.
4. **유속:** 동한 난류가 북한 한류보다 빠르다.
5. **조경 수역의 위치:** 동한 난류와 북한 한류가 만나는 동해의 중부 연안 해역

[6] **위도별 표층 순환**
- 열대 순환: 무역풍대의 해류와 적도 반류로 이루어지는 순환
- 아열대 순환: 무역풍대와 편서풍대의 해류로 이루어지는 순환
- 아한대 순환: 편서풍대와 극동풍대의 해류로 이루어지는 순환 ➡ 남반구에서는 아한대 순환이 형성되지 않는다.

[7] **북반구와 남반구의 아열대 순환**
- 북반구 (시계 방향)

북태평양	북적도 해류 → 쿠로시오 해류 → 북태평양 해류 → 캘리포니아 해류
북대서양	북적도 해류 → 멕시코만류 → 북대서양 해류 → 카나리아 해류

- 남반구 (시계 반대 방향)

남태평양	남적도 해류 → 동오스트레일리아 해류 → 남극 순환 해류 → 페루 해류
남대서양	남적도 해류 → 브라질 해류 → 남극 순환 해류 → 벵겔라 해류

[8] **표층 순환의 역할**
- 위도별 에너지 불균형 해소: 난류는 저위도에서 고위도로 열에너지를 수송한다.
- 해류와 기후: 난류는 주변 대기로 열을 공급하여 난류가 흐르는 주변 해역은 기후가 온난하다. 한류는 주변 대기의 열을 흡수하여 한류가 흐르는 주변 해역은 기후가 서늘하다.

정답과 해설 52쪽

(1) 대기 대순환의 순환 세포와 지표에서 부는 바람을 옳게 연결하시오.

① 해들리 순환 • • ㉠ 편서풍
② 페렐 순환 • • ㉡ 무역풍
③ 극순환 • • ㉢ 극동풍

(2) 편서풍에 의해 흐르는 해류는 'W', 무역풍에 의해 흐르는 해류는 'T', 남북 방향의 해류는 'N'으로 구분하시오.

① 북적도 해류: (   ) ② 북태평양 해류: (   ) ③ 멕시코만류: (   )
④ 남적도 해류: (   ) ⑤ 쿠로시오 해류: (   ) ⑥ 남극 순환 해류: (   )

(3) 다음은 해수의 표층 순환에 대한 설명이다. (   ) 안에 알맞은 말을 고르시오.

① 적도를 경계로 북반구와 남반구의 표층 순환은 (대칭, 비대칭)으로 분포한다.
② 북반구에서 아열대 순환의 방향은 (시계, 시계 반대) 방향이다.
③ 열대 순환은 아열대 순환보다 규모가 (크다, 작다).

(4) 동한 난류와 황해 난류의 근원 해류는 (   )이고, 북한 한류의 근원 해류는 (   )이다.

해수의 순환

C 해수의 심층 순환

1 심층 순환 해양의 심층에서 일어나는 전 지구적인 해수의 순환

① **발생 원인:** 수온과 염분의 변화에 의한 해수의 밀도 변화[9]

② **발생 과정:** 극 해역에서 침강한 해수가 저위도로 이동한 후 용승하여 표층 순환과 이어져 고위도로 이동한다.

*침강	• 극 해역에서 표층 해수가 냉각되거나 결빙에 의해 염분이 높아지면 밀도가 커져 침강이 일어난다. • 침강한 해수는 매우 느린 속도로 저위도로 이동한다.[10]	적도, 가열, 냉각, 극, 표층류, 수온 약층, 심해 확산, 침강
용승	• 저위도로 이동한 심층 해수는 온대나 열대 해역에서 천천히 용승한다. • 용승한 해수는 표층을 따라 극 해역으로 이동한다.	

③ **특징:** 수온 약층 아래에서 매우 느리게 이동하며, 해양 전체 수심에 걸쳐 일어난다.

> [9] **심층 순환**
> 수온과 염분의 변화에 의해 일어나므로 열염 순환이라고도 한다.

> [10] **심층 해수의 이동**
> 수심이 깊어질수록 수온이 낮아지므로 해수의 밀도는 대체로 커진다. 극 해역에서 밀도가 커진 해수는 침강하는데, 침강하는 해수가 해저에 도달하거나 주위 해수와 밀도가 같은 수심에 도달하면 수평 방향으로 흐르게 된다.

탐구 자료 심층 순환의 발생 원리

그림 (가)와 (나)는 심층 순환의 발생 원리를 알아보기 위한 실험 장치를 나타낸 것이다.

(가) 얼음물을 부을 때

(나) 소금물을 부을 때

1. **(가):** 얼음물은 가라앉은 후 바닥을 따라 천천히 퍼져 나간다. ➡ 해수의 냉각으로 밀도가 커지는 경우
2. **(나):** 소금물은 가라앉은 후 바닥을 따라 천천히 퍼져 나간다. ➡ 해수의 결빙으로 염분이 증가하여 밀도가 커지는 경우
3. **심층 순환의 발생 원리:** 극 해역에서 해수가 냉각되거나 결빙으로 염분이 증가하여 밀도가 커지면, 침강이 일어나 심층 순환이 발생한다.

2 심층 순환의 관측

① 심층 순환은 매우 느리게 일어나므로 직접 관측하기 어려우며, 수온 염분도(T−S도)를 이용한 *수괴 분석을 통해 간접적으로 흐름을 알아낸다.[11]

② 심층 순환을 이루는 해수의 수온과 염분을 지속적으로 조사하여 수온 염분도에 나타내면 심층 순환의 기원과 이동 경로를 알아낼 수 있다.

> [11] **CTD**
> 해양에서 수심에 따른 수온과 염분을 측정하는 데 이용되는 장치로, 이를 이용하면 수괴를 분석할 수 있다.

탐구 자료 대서양 해수의 성질과 수온 염분도

그림 (가)는 대서양(9°S)의 수심에 따른 해수의 성질을, (나)는 대서양 수괴의 수온 염분도를 나타낸 것이다.

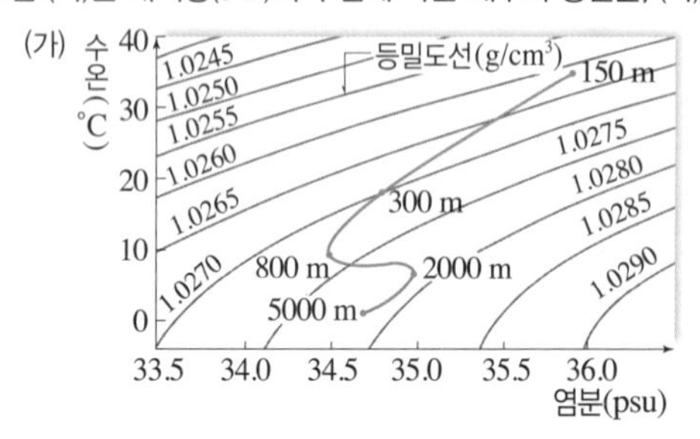

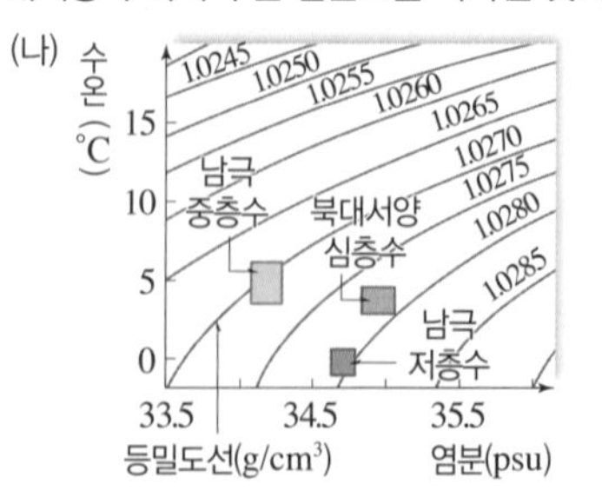

1. **(가) 대서양(9°S)의 수심에 따른 해수의 성질**
   - 수심 150 m → 800 m: 수온과 염분이 낮아진다. ➡ 수온 하강으로 밀도 증가
   - 수심 800 m → 2000 m: 수온이 거의 일정하고, 염분이 높아진다. ➡ 염분 증가로 밀도 증가
   - 수심 2000 m → 5000 m: 수온과 염분이 낮아진다. ➡ 밀도 변화가 크지 않음
2. **(나) 대서양 수괴의 평균 밀도:** 남극 저층수 > 북대서양 심층수 > 남극 중층수 ➡ 세 수괴 중 남극 저층수가 가장 아래에서 흐르고, 남극 중층수가 가장 위에서 흐른다.[12]

> [12] **대서양 수괴의 밀도**
> 표층 해수의 밀도는 1.022 g/cm³~1.027 g/cm³로 순수한 물의 밀도보다는 크고, 대서양 수괴의 밀도는 1.027 g/cm³~1.028 g/cm³로 표층 해수의 밀도보다 크다.

용어 돋보기

* **침강(沈 가라앉다, 降 내리다)**_표층에서 해수가 수렴하여 심층으로 가라앉는 현상
* **수괴(水 물, 塊 덩어리)**_수온, 염분 등의 분포가 거의 균일한 해수의 덩어리

3 대서양의 심층 순환

① 침강 해역: 남극 대륙 주변의 웨델해, 그린란드 남쪽의 래브라도해와 동쪽의 노르웨이해

② 수괴: 남극 저층수, 북대서양 심층수, 남극 중층수가 위나 아래에서 흐른다.

남극 저층수	• 웨델해에서 결빙에 의해 밀도가 커진 해수가 침강하여 북쪽으로 이동한다.[13] • 밀도가 가장 큰 해수로, 해저를 따라 위도 30°N 부근까지 흐른다.
북대서양 심층수	• 그린란드 부근 해역에서 침강한 해수가 남쪽으로 이동한다. • 남극 저층수보다 밀도가 작아 남극 저층수 위에서 위도 60°S 부근까지 흐른다.
남극 중층수	• 위도 50°S~60°S 해역에서 형성되어 북쪽으로 이동한다. • 북대서양 심층수보다 밀도가 작아 북대서양 심층수 위에서 흐른다.

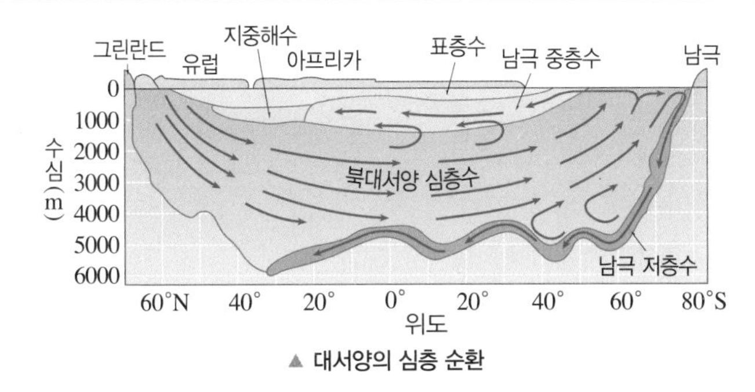

▲ 대서양의 심층 순환

[13] **결빙과 해수의 밀도**
결빙이 일어나면 해수의 염분이 증가하므로 해수의 밀도가 커진다.

4 심층 순환과 표층 순환

심층 순환과 표층 순환은 컨베이어 벨트와 같이 연결되어 전 지구를 순환하고 있으며, 한 번 순환하는 데 약 1000년이 걸린다.

① 전 세계 해수의 순환: 그린란드 주변 해역에서 침강한 북대서양 심층수가 대서양 서쪽을 따라 남하한다. → 북대서양 심층수가 남극 주변에서 남극 저층수와 만나 뒤섞이고, 남극 주위를 돌다가 인도양과 태평양으로 유입된다. → 인도양과 태평양에서 상승한 해수는 표층 순환을 거쳐 북대서양으로 흘러간다.

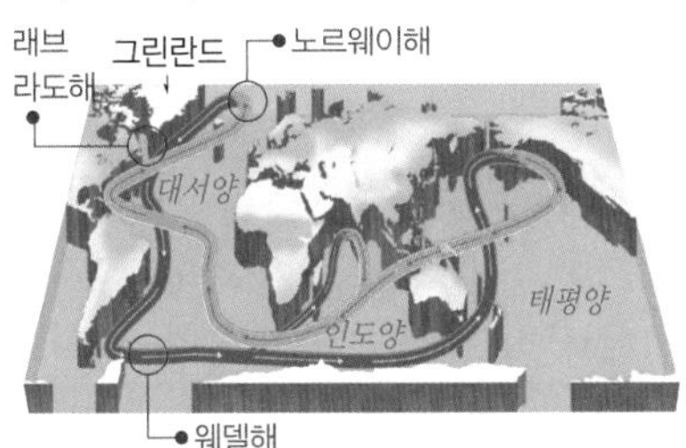

▲ 전 세계 해수의 순환 모식도

② 심층 순환의 역할

- 거의 전 수심과 위도에 걸쳐 일어나므로 해수의 물질과 에너지를 순환시킨다.
- 표층 순환과 연결되어 저위도의 열에너지를 고위도로 수송한다.
- 심층 순환이 약해지면 표층 순환도 약해져 전 지구의 기후에 영향을 준다.[14]

[14] **심층 순환과 빙하기**
마지막 빙하기 이후, 약 13000년 전에 '영거 드라이아스(Younger Dryas)'라는 소빙하기가 나타났다. 이는 북극의 빙하가 녹아서 생긴 담수가 내륙에 거대한 호수를 형성하였다가 북대서양으로 한꺼번에 유입되어 심층 순환이 약해졌기 때문에 일어난 것으로 알려져 있다. 심층 순환이 약해지면 고위도로 이동하는 해수의 흐름이 약해지기 때문에 고위도의 기온이 낮아져 빙하기가 나타날 수 있다.

정답과 해설 52쪽

개념 확인

(5) 심층 순환은 수온과 염분 변화에 의한 해수의 (   ) 변화로 일어난다.

(6) 북반구와 남반구의 극 해역에서 (용승, 침강)한 해수가 저위도로 이동하면서 심층 순환을 형성한다.

(7) 심층 순환은 표층 순환에 비해 해수의 이동 속도가 매우 (느리다, 빠르다).

(8) 대서양의 심층 순환을 이루는 수괴와 그 특징을 옳게 연결하시오.

① 남극 저층수 •　　• ㉠ 그린란드 부근 해역에서 침강하여 위도 60°S 부근까지 흐른다.

② 남극 중층수 •　　• ㉡ 밀도가 가장 큰 해수로, 해저를 따라 위도 30°N 부근까지 흐른다.

③ 북대서양 심층수 •　　• ㉢ 위도 50°S~60°S 해역에서 형성되어 북대서양 심층수 위에서 흐른다.

(9) 그린란드 부근에서 침강한 (   )는 남극 주변에서 (   )와 만나 뒤섞인 후 인도양과 태평양으로 이동하여 상승하며, 표층 순환을 따라 다시 북대서양으로 흘러 들어간다.

(10) 심층 순환이 약해지면 이와 연결된 표층 순환은 (약해진다, 강해진다).

정답과 해설 52쪽

2020 ● 9월 평가원 16번

자료 ❶ 대기 대순환

그림은 대기 대순환에 의해 지표 부근에서 부는 동서 방향 바람의 연평균 풍속을 위도에 따라 나타낸 것이다.

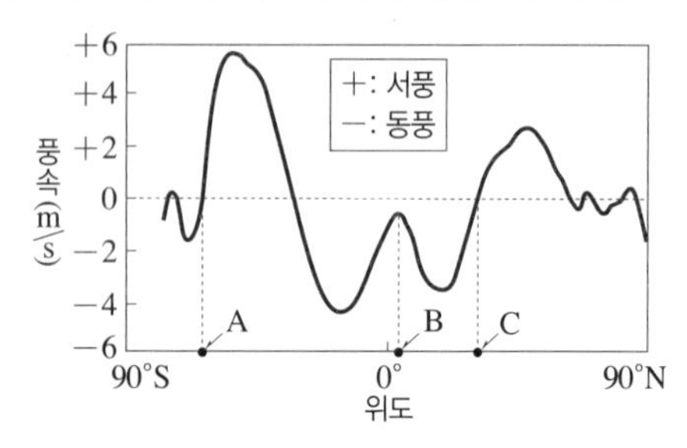

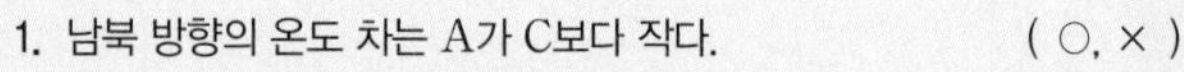

1. 남북 방향의 온도 차는 A가 C보다 작다. (○, ×)
2. B에서는 해들리 순환의 상승 기류가 나타난다. (○, ×)
3. C에 생성되는 고기압은 지표면 냉각에 의한 것이다. (○, ×)
4. B와 C 사이의 지표 부근에서는 무역풍이 분다. (○, ×)
5. 지표 부근의 공기는 A와 B에서 발산하고, C에서 수렴한다. (○, ×)
6. (증발량−강수량) 값은 B보다 C에서 크다. (○, ×)
7. A보다 고위도에서 지표 부근의 바람은 북풍보다 남풍 계열이 우세하게 분다. (○, ×)

2017 ● 수능 3번

자료 ❷ 해수의 표층 순환

그림은 1492년~1493년에 콜럼버스가 바람과 해류를 이용하여 북대서양을 왕복 항해한 경로와 지점 A, B, C를 나타낸 것이다.

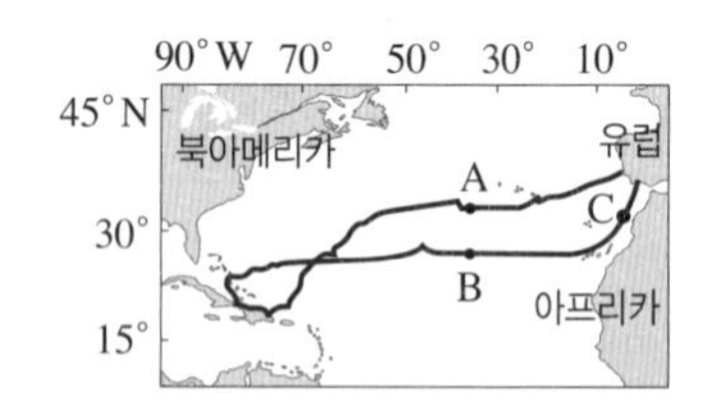

1. A 지점은 북대서양 해류의 영향을 받는다. (○, ×)
2. B 지점을 향해할 때는 편서풍을 이용하였다. (○, ×)
3. C 지점을 항해할 때는 고위도에서 저위도로 항해하였다. (○, ×)
4. 유럽에서 출발한 항해 경로는 A → B → C 순서로 통과하였다. (○, ×)
5. C 지점은 같은 위도의 다른 지역에 비해 따뜻한 기후가 나타난다. (○, ×)

2019 ● Ⅱ 9월 평가원 9번

자료 ❸ 대서양의 심층 순환

그림 (가)는 대서양의 염분 분포와 수괴를 나타낸 것이고, (나)는 (가)의 9°S에서 깊이에 따른 수온과 염분의 분포를 수온 염분도에 나타낸 것이다. (나)의 A와 B는 각각 남극 저층수와 북대서양 심층수 중 하나이다.

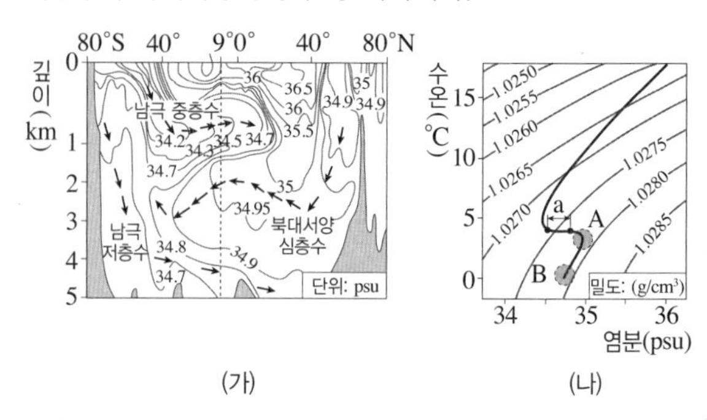

(가) (나)

1. A는 북대서양 심층수, B는 남극 저층수이다. (○, ×)
2. 남극 중층수는 A와 B가 혼합하여 형성된다. (○, ×)
3. (나)의 a 구간에서 밀도 변화는 수온보다 염분에 더 영향을 받는다. (○, ×)
4. (가)에서 대서양의 심층 순환을 이루는 수괴 중 밀도가 가장 큰 것은 남극 중층수이다. (○, ×)
5. 대서양 북반구와 남반구에 모두 침강 해역이 있다. (○, ×)

2021 ● 6월 평가원 10번

자료 ❹ 심층 순환과 표층 순환

그림 (가)는 대서양의 해수 순환의 모식도를, (나)는 ㉠과 ㉡에서 형성되는 각각의 수괴를 수온 염분도에 A와 B로 순서 없이 나타낸 것이다.

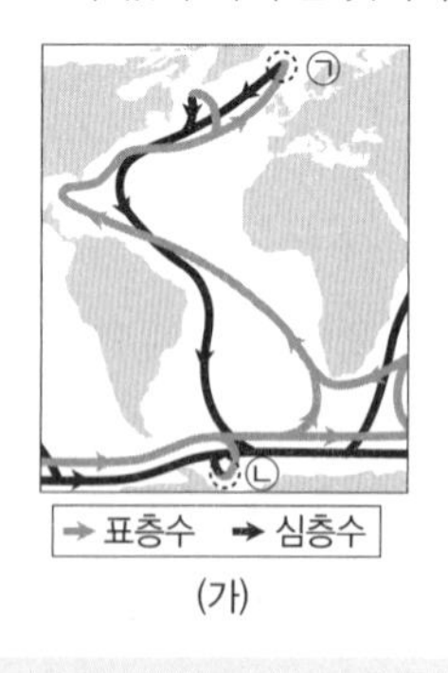

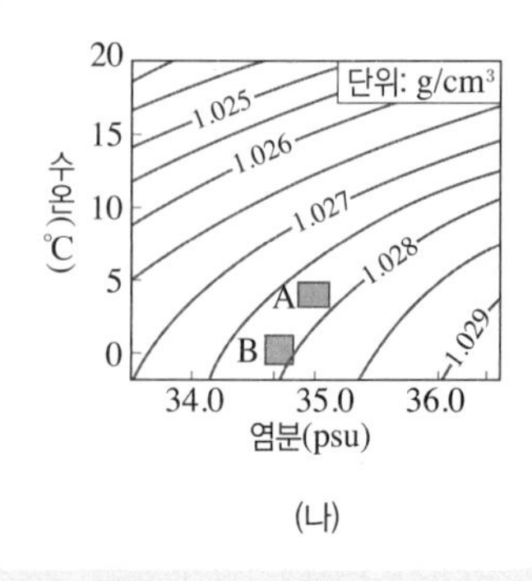

(가) (나)

1. ㉠에서는 해수가 침강하여 북대서양 심층수가 형성된다. (○, ×)
2. A는 B보다 밀도가 작은 수괴로, B의 위에서 흐른다. (○, ×)
3. A는 ㉡에서, B는 ㉠에서 형성된 수괴이다. (○, ×)
4. ㉠에서 해수의 침강이 약해지면 심층 순환이 약화되고, 표층 순환은 강화된다. (○, ×)
5. ㉠에서 침강한 해수가 전 지구를 순환하는 데 수 년이 걸린다. (○, ×)

정답과 해설 52쪽

Ⓐ 대기 대순환

1 그림은 위도에 따른 태양 복사 에너지와 지구 복사 에너지의 양을 나타낸 것이다.

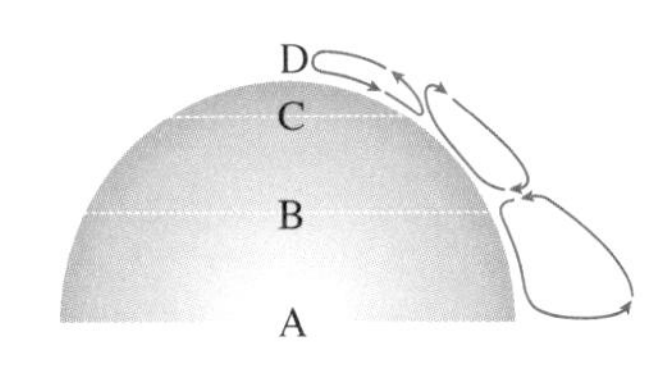

(1) A, B, C 지점의 '태양 복사 에너지 − 지구 복사 에너지'를 부등호로 비교하시오.

(2) 북반구와 남반구에서 복사 에너지 평형을 이루는 곳의 위도를 쓰시오.

[2~3] 그림은 북반구의 대기 대순환을 나타낸 것이다.

2 ㉠ A와 B 사이, ㉡ B와 C 사이, ㉢ C와 D 사이 위도 범위에 형성된 대기 순환 세포의 이름을 각각 쓰시오.

3 대기 대순환에 대한 설명으로 옳지 않은 것은?

① 위도에 따른 복사 에너지 불균형에 의해 생긴다.
② 지구 자전의 영향으로 3개의 순환 세포가 생긴다.
③ A와 B 사이의 지표에는 무역풍이 분다.
④ B와 C 사이의 지표에는 편서풍이 분다.
⑤ B에서는 저압대가 형성된다.

Ⓑ 해수의 표층 순환

4 표층 해류에 대한 설명으로 옳은 것은?

① 북적도 해류는 서 → 동으로 흐른다.
② 캘리포니아 해류는 동 → 서로 흐른다.
③ 북태평양 해류는 무역풍에 의해 형성된다.
④ 쿠로시오 해류는 대양의 동안에서 흐른다.
⑤ 멕시코만류는 남 → 북으로 흐르는 난류이다.

5 그림은 북반구 대양에서 표층 순환을 이루는 해류 A와 B를 나타낸 것이다.
동일한 위도에서 비교할 때, 해류 A의 값이 B의 값보다 더 큰 것을 모두 골라 쓰시오.

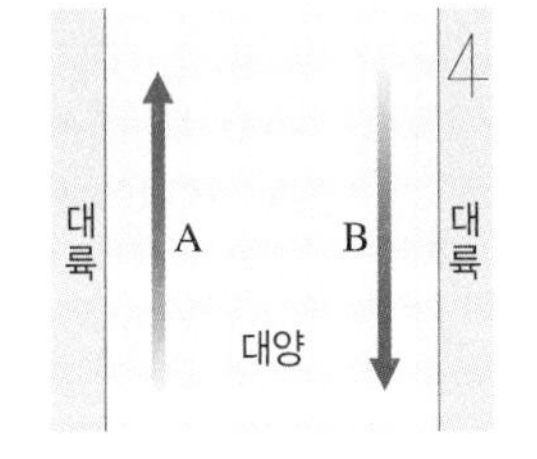

수온, 염분, 영양 염류, 용존 산소량

6 그림은 해수의 표층 순환을 모식적으로 나타낸 것이다.

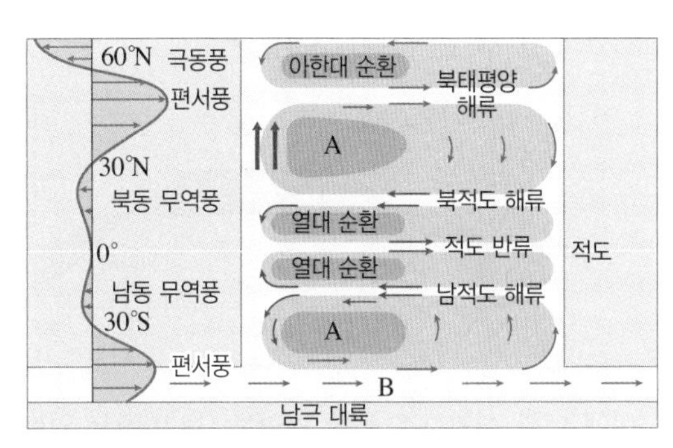

이에 대한 설명으로 옳지 않은 것은?

① A는 아열대 순환이다.
② B는 남극 순환 해류이다.
③ 적도 반류는 무역풍을 따라 형성된다.
④ 표층 순환은 대기 대순환에 의해 일어난다.
⑤ 표층 순환의 방향은 적도에 대해 대칭적이다.

Ⓒ 해수의 심층 순환

7 그림은 해수의 심층 순환을 나타낸 모식도이다.
극에서 해수의 침강이 일어날 수 있는 환경을 [보기]에서 있는 대로 고르시오.

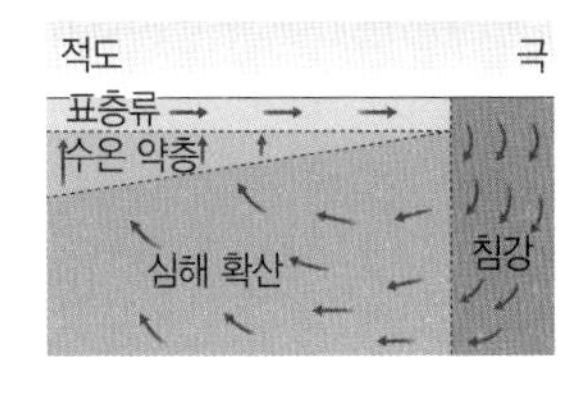

보기
ㄱ. 표층 해수가 냉각될 때
ㄴ. 표층 해수의 결빙이 일어날 때
ㄷ. 대륙으로부터 하천수가 유입될 때

8 그림은 대서양의 심층 순환을 나타낸 것이다.

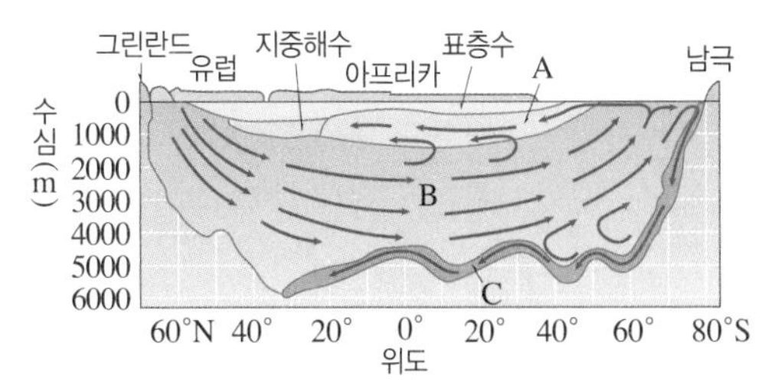

(1) 수괴 A, B, C의 이름을 각각 쓰시오.

(2) 수괴 A, B, C의 밀도를 부등호로 나타내시오.

9 심층 순환에 대한 설명으로 옳은 것은?

① 유속계를 이용하여 직접 해수의 흐름을 관측한다.
② 북태평양의 고위도에 2개의 침강 해역이 존재한다.
③ 심층 순환은 표층 순환보다 시간적 규모가 크다.
④ 심층 순환과 표층 순환은 연결되지 않는다.
⑤ 심층 순환이 약해지면 고위도로의 열에너지 수송이 활발해진다.

정답과 해설 53쪽

1 그림은 위도에 따른 태양 복사 에너지의 흡수량과 지구 복사 에너지의 방출량을 나타낸 것이다.

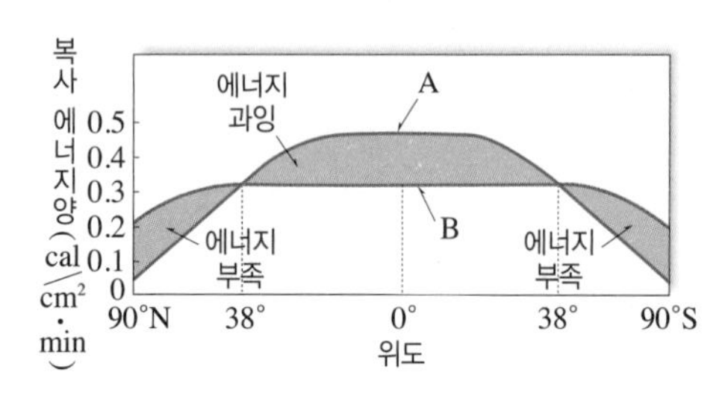

이에 대한 설명으로 옳은 것만을 [보기]에서 있는 대로 고른 것은?

보기

ㄱ. 위도에 따라 A의 양이 다른 것은 지구가 구형이기 때문이다.
ㄴ. 위도 약 38°에서는 저위도나 고위도로 에너지 이동이 일어나지 않는다.
ㄷ. 대기나 해수의 순환이 없다면 적도 지역은 실제보다 연평균 기온이 높을 것이다.

① ㄱ ② ㄴ ③ ㄱ, ㄷ ④ ㄴ, ㄷ ⑤ ㄱ, ㄴ, ㄷ

2 그림은 북반구에서 대기 대순환의 순환 세포가 형성된 위도 범위를 A, B, C로 구분하여 나타낸 것이다.

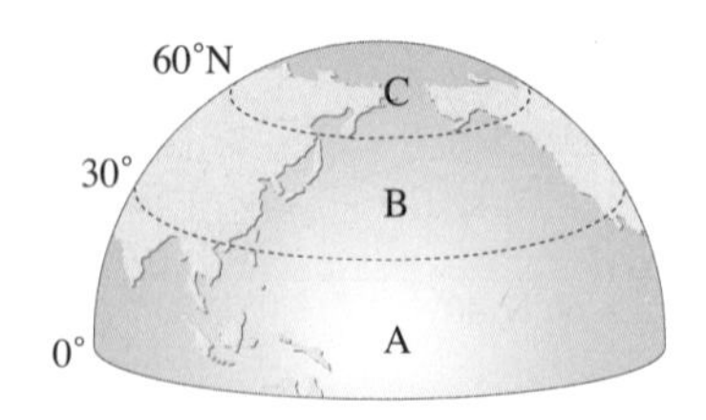

이에 대한 설명으로 옳은 것만을 [보기]에서 있는 대로 고른 것은?

보기

ㄱ. A에서 해들리 순환, C에서 극순환이 형성된다.
ㄴ. B의 지표면 부근에서는 편서풍이 형성된다.
ㄷ. B와 C 사이에서는 하강 기류가 우세하게 나타난다.

① ㄱ ② ㄷ ③ ㄱ, ㄴ ④ ㄴ, ㄷ ⑤ ㄱ, ㄴ, ㄷ

3 그림은 대기 대순환에 의해 지표 부근에서 부는 바람의 평균적인 풍향을 동일 경도상의 위도에 따라 나타낸 것이다.

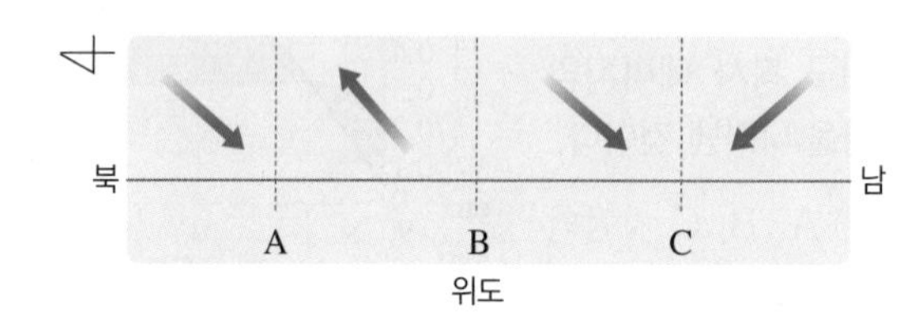

이에 대한 설명으로 옳은 것만을 [보기]에서 있는 대로 고른 것은?

보기

ㄱ. A-B 구간은 북반구, B-C 구간은 남반구이다.
ㄴ. A-B 구간에는 페렐 순환이 나타난다.
ㄷ. 해수면 평균 기압은 B보다 C에서 높다.

① ㄱ ② ㄴ ③ ㄱ, ㄷ ④ ㄴ, ㄷ ⑤ ㄱ, ㄴ, ㄷ

2021 수능 2번

4 그림 (가)는 태평양의 해역 A, B, C를, (나)는 이 세 해역에서 관측한 수온과 염분을 수온 염분도에 ㉠, ㉡, ㉢으로 순서 없이 나타낸 것이다.

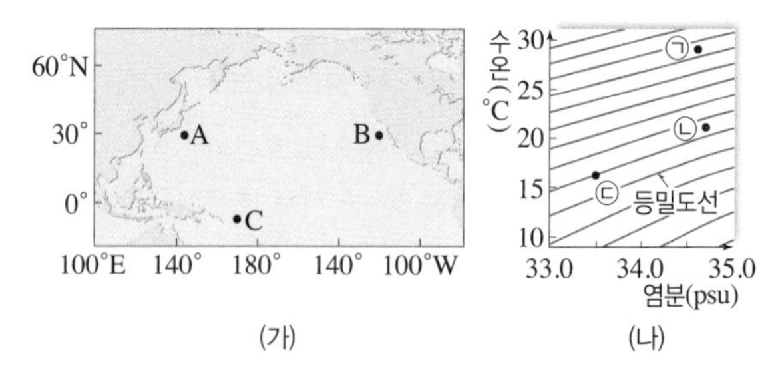

(가) (나)

이에 대한 설명으로 옳은 것만을 [보기]에서 있는 대로 고른 것은?

보기

ㄱ. A의 관측값은 ㉡이다.
ㄴ. A, B, C 중 해수의 밀도가 가장 큰 해역은 B이다.
ㄷ. C에 흐르는 해류는 무역풍에 의해 형성된다.

① ㄱ ② ㄷ ③ ㄱ, ㄴ ④ ㄴ, ㄷ ⑤ ㄱ, ㄴ, ㄷ

5 그림은 북반구에서 표층 해류가 흐르는 해역 A~D를 나타낸 것이다.

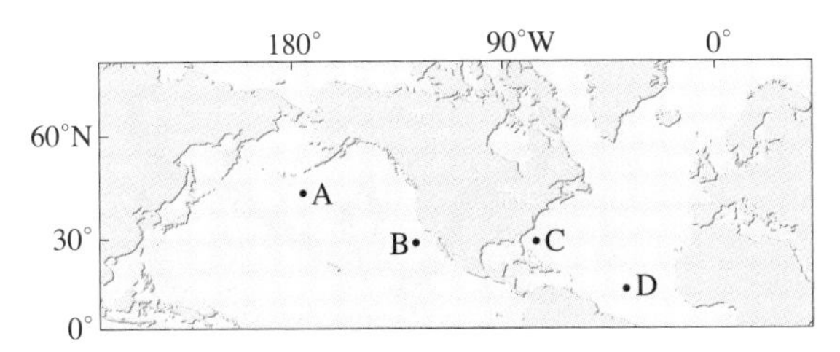

이에 대한 설명으로 옳은 것만을 [보기]에서 있는 대로 고른 것은?

보기
ㄱ. A의 해류는 무역풍, D의 해류는 편서풍의 영향으로 형성된다.
ㄴ. 남극 순환 해류의 방향은 A의 해류의 방향과 반대이다.
ㄷ. 해수면에서 대기로 단위 면적당 방출되는 숨은 열의 양은 B보다 C에서 많다.

① ㄱ ② ㄷ ③ ㄱ, ㄴ
④ ㄴ, ㄷ ⑤ ㄱ, ㄴ, ㄷ

6 그림은 북반구 대양의 표층 순환을 모식적으로 나타낸 것이다.

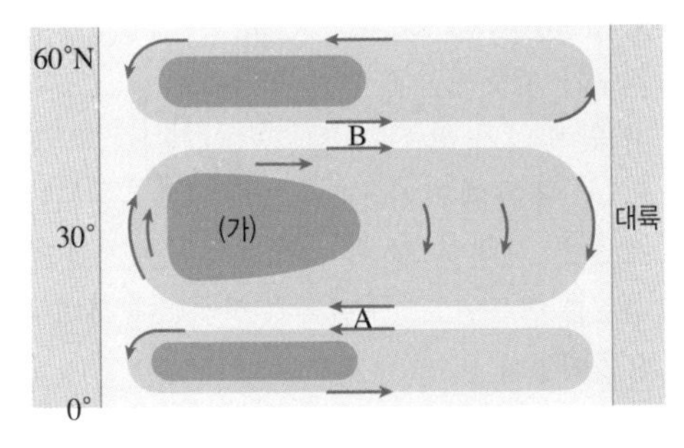

이에 대한 설명으로 옳은 것만을 [보기]에서 있는 대로 고른 것은?

보기
ㄱ. A는 북적도 해류이다.
ㄴ. B는 극동풍에 의해 형성된 해류이다.
ㄷ. 남반구에서 (가)의 순환은 시계 방향으로 일어난다.

① ㄱ ② ㄷ ③ ㄱ, ㄴ
④ ㄴ, ㄷ ⑤ ㄱ, ㄴ, ㄷ

7 그림은 우리나라 부근과 북태평양 서쪽 연안의 표층 해류 분포를 나타낸 것이다.

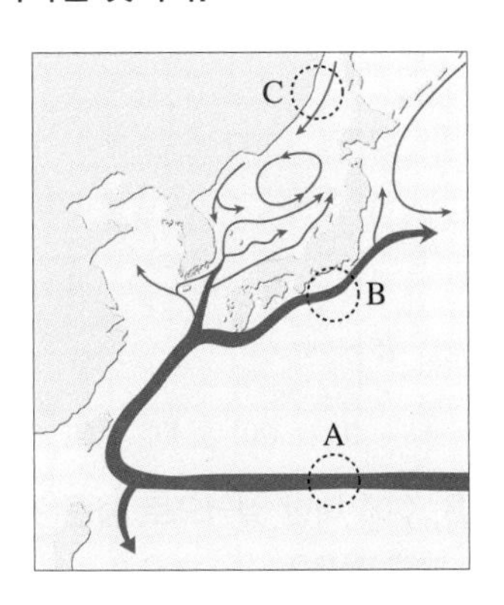

A~C 해류에 대한 설명으로 옳은 것만을 [보기]에서 있는 대로 고른 것은?

보기
ㄱ. A는 편서풍에 의해 형성된 해류이다.
ㄴ. B의 해수는 C의 해수보다 염분이 높다.
ㄷ. C는 북태평양 해류에서 갈라진 해류이다.

① ㄱ ② ㄴ ③ ㄱ, ㄷ
④ ㄴ, ㄷ ⑤ ㄱ, ㄴ, ㄷ

8 그림은 해수의 침강이 일어나는 현상을 이해하기 위한 실험 장치를 나타낸 것이다. 이 실험에서 소금물의 수온을 A, B와 같이 변화시켰다.

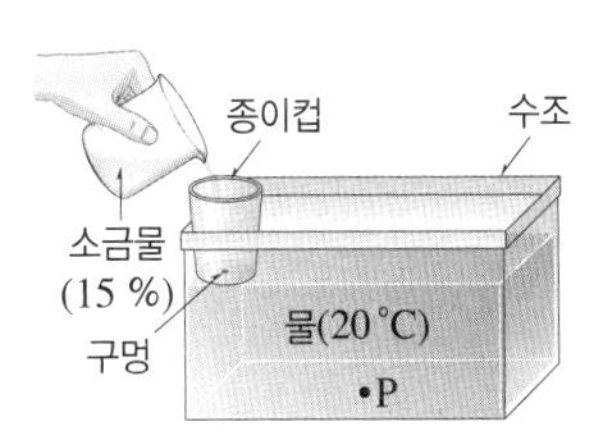

소금물	A	B
수온(℃)	15	10

이에 대한 설명으로 옳은 것만을 [보기]에서 있는 대로 고른 것은? (단, P는 수조 바닥의 지점이다.)

보기
ㄱ. P에 도달하는 시간은 A가 B보다 짧다.
ㄴ. B의 소금물 농도를 20 %로 높이면 P에 도달하는 시간이 짧아질 것이다.
ㄷ. 침강 해역에서 해빙이 일어나면 해수의 침강이 활발해질 것이다.

① ㄱ ② ㄴ ③ ㄱ, ㄷ
④ ㄴ, ㄷ ⑤ ㄱ, ㄴ, ㄷ

9 그림은 북대서양에서 심층 순환의 일부를 나타낸 것이다.

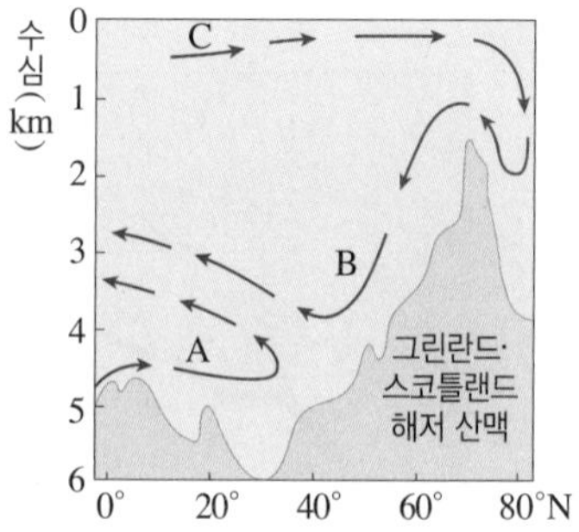

수괴 A, B, C에 대한 설명으로 옳은 것만을 [보기]에서 있는 대로 고른 것은?

보기

ㄱ. A는 B보다 밀도가 크다.
ㄴ. A와 B는 중위도에서 혼합되어 고위도로 흐른다.
ㄷ. 북대서양의 침강 해역에서 해수의 냉각이 일어나면 C의 흐름은 강해진다.

① ㄱ ② ㄴ ③ ㄱ, ㄷ
④ ㄴ, ㄷ ⑤ ㄱ, ㄴ, ㄷ

10 그림은 수심 4000 m 해수의 연령 분포를 나타낸 것이다.

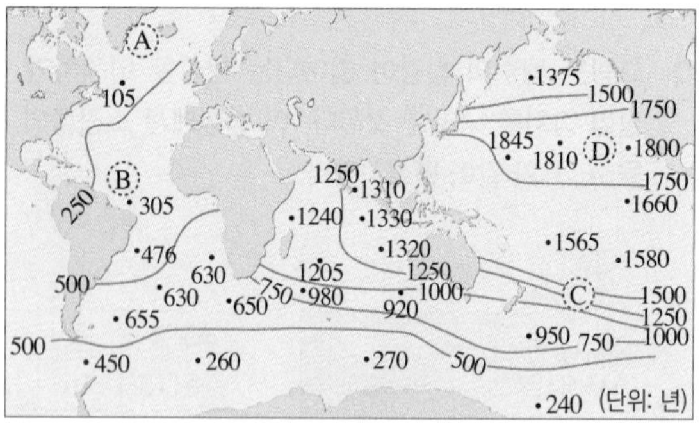

A~D 해역에 대한 설명으로 옳은 것만을 [보기]에서 있는 대로 고른 것은? (단, 해수의 연령은 해수가 표층에서 침강한 이후부터 현재까지 경과한 시간이다.)

보기

ㄱ. A~D 중 해수의 침강이 활발한 해역은 A이다.
ㄴ. 수심 4000 m에서 해수는 A에서 B 방향으로 이동하였다.
ㄷ. 수심 4000 m에서 해수의 흐름은 C가 D보다 빠르다.

① ㄱ ② ㄴ ③ ㄷ
④ ㄱ, ㄴ ⑤ ㄴ, ㄷ

2014 Ⅱ 6월 평가원 1번

11 그림은 전 지구적인 해수 순환을 모식적으로 나타낸 것이다.

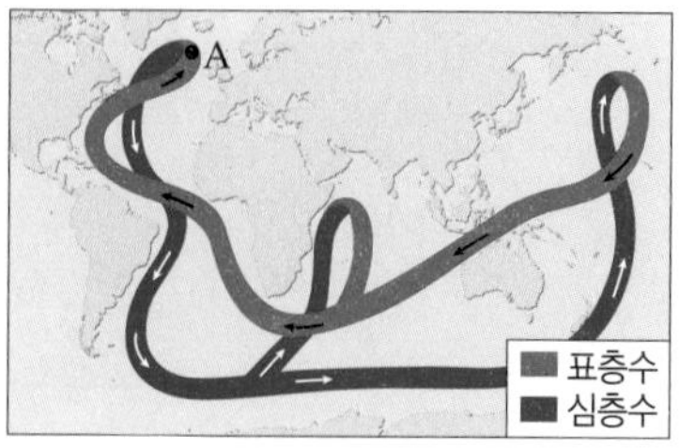

이에 대한 설명으로 옳은 것만을 [보기]에서 있는 대로 고른 것은?

보기

ㄱ. A 해역에서 침강이 강해지면 이 순환이 약화된다.
ㄴ. 이 순환은 열에너지를 고위도로 수송한다.
ㄷ. 이 순환의 변화는 지구의 기후에 영향을 준다.

① ㄱ ② ㄴ ③ ㄷ
④ ㄱ, ㄴ ⑤ ㄴ, ㄷ

12 다음은 그린란드 빙하 코어로부터 구한 과거의 기온 변화와 A 시기 직전에 북아메리카 대륙의 환경을 설명한 것이다.

약 13000년 전, 지구가 따뜻해짐에 따라 빙하가 녹은 물이 북아메리카 대륙에 거대한 담수호를 만들었고, ㉠ 담수가 한꺼번에 북대서양으로 유입되었다.

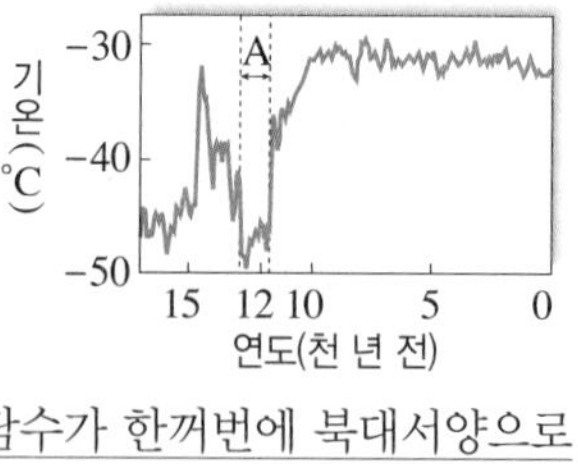

㉠에 의해 일어난 현상으로 옳은 것만을 [보기]에서 있는 대로 고른 것은?

보기

ㄱ. 북대서양 해수의 밀도가 증가하였다.
ㄴ. 북대서양에서 해수의 침강이 약해졌다.
ㄷ. 북대서양으로 수송되는 저위도의 열에너지가 감소하였다.

① ㄱ ② ㄴ ③ ㄱ, ㄷ
④ ㄴ, ㄷ ⑤ ㄱ, ㄴ, ㄷ

2019 6월 평가원 13번

1 그림은 대기와 해양에서 남북 방향으로의 연평균 에너지 수송량을 위도별로 나타낸 것이다.

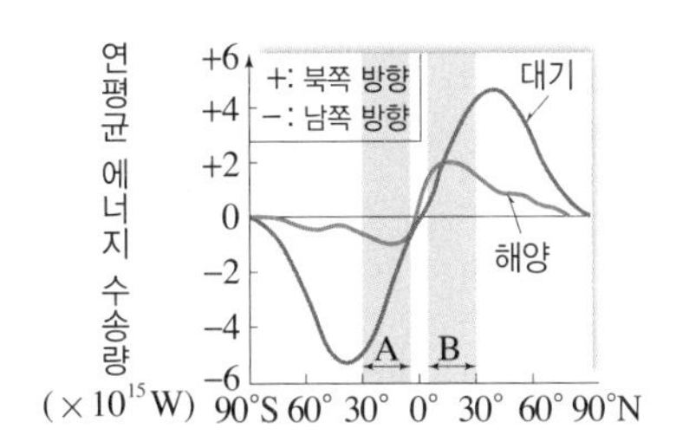

이에 대한 설명으로 옳은 것만을 [보기]에서 있는 대로 고른 것은?

보기

ㄱ. 흡수하는 태양 복사 에너지양과 방출하는 지구 복사 에너지양의 차는 38°S가 0°보다 크다.

ㄴ. $\frac{\text{대기에 의한 에너지 수송량}}{\text{해양에 의한 에너지 수송량}}$은 A 지역이 B 지역보다 크다.

ㄷ. 위도별 에너지 불균형은 대기와 해양의 순환을 일으킨다.

① ㄱ ② ㄷ ③ ㄱ, ㄴ ④ ㄴ, ㄷ ⑤ ㄱ, ㄴ, ㄷ

2 그림은 대기 대순환에서 일어나는 위도 A~D에서 공기의 연직 운동을 나타낸 것이다. A~D는 각각 적도, 위도 30°, 위도 60°, 극 중 하나이다.

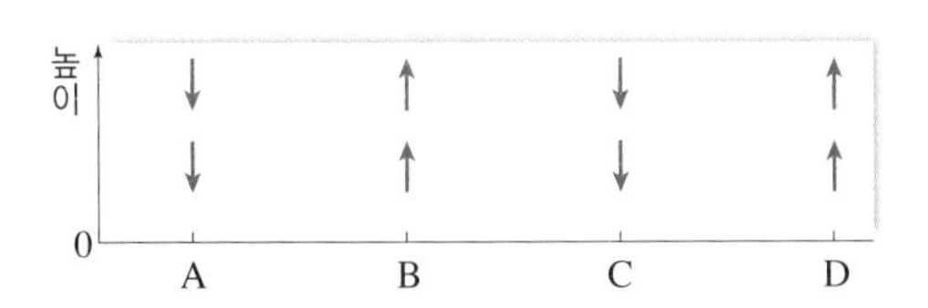

이에 대한 설명으로 옳은 것만을 [보기]에서 있는 대로 고른 것은?

보기

ㄱ. A에서 D로 갈수록 위도가 높아진다.

ㄴ. B와 C 사이의 지표 부근에서는 서풍 계열의 바람이 분다.

ㄷ. 북태평양 고기압은 C 부근에서 형성된다.

① ㄱ ② ㄴ ③ ㄷ ④ ㄱ, ㄴ ⑤ ㄴ, ㄷ

3 그림 (가)는 북서태평양의 해역을, (나)는 A−B 선을 따라 관측한 해류의 평균 유속(10 cm/s 간격의 등치선)과 해류의 동서 방향을 나타낸 것이다.

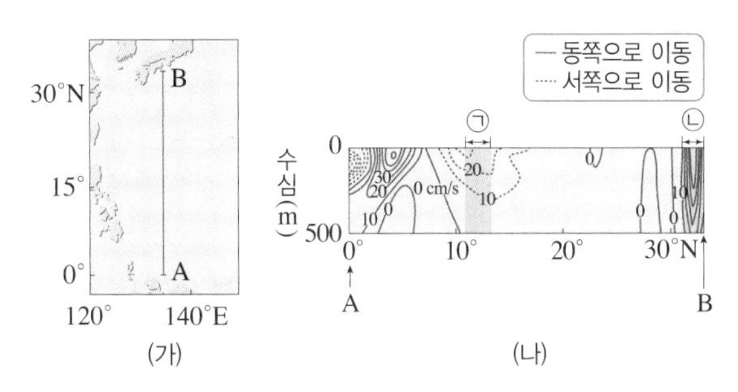

이에 대한 설명으로 옳은 것만을 [보기]에서 있는 대로 고른 것은?

보기

ㄱ. 무역풍에 의한 해류 유속의 영향은 ㉠ 구간보다 ㉡ 구간에서 크다.

ㄴ. ㉡ 구간의 표층 해류는 저위도의 열에너지를 고위도로 수송한다.

ㄷ. 쿠로시오 해류는 북적도 해류보다 유속이 작다.

① ㄱ ② ㄴ ③ ㄱ, ㄷ ④ ㄴ, ㄷ ⑤ ㄱ, ㄴ, ㄷ

2021 9월 평가원 10번

4 그림은 어느 해 태평양에서 유실된 컨테이너에 실려 있던 운동화가 발견된 지점과 표층 해류 A와 B의 일부를 나타낸 것이다.

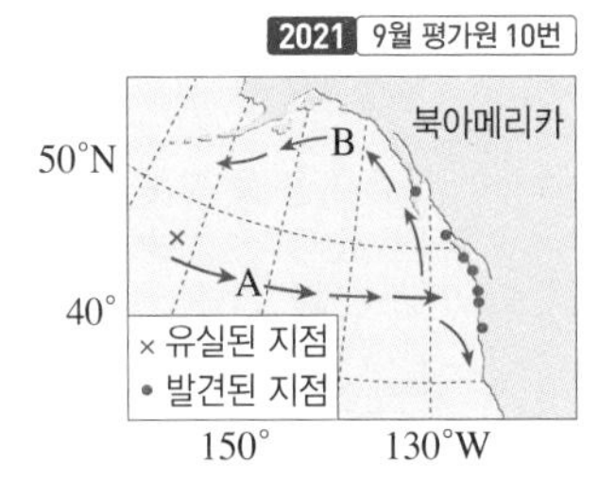

이에 대한 설명으로 옳은 것만을 [보기]에서 있는 대로 고른 것은?

보기

ㄱ. A는 편서풍의 영향을 받는다.

ㄴ. B는 아열대 순환의 일부이다.

ㄷ. 북아메리카 해안에서 발견된 운동화는 북태평양 해류의 영향을 받았다.

① ㄱ ② ㄴ ③ ㄱ, ㄷ ④ ㄴ, ㄷ ⑤ ㄱ, ㄴ, ㄷ

자료❷ 2017 수능 3번

5 그림은 1492년~1493년에 콜럼버스가 바람과 해류를 이용하여 북대서양을 왕복 항해한 경로와 지점 A, B, C를 나타낸 것이다.

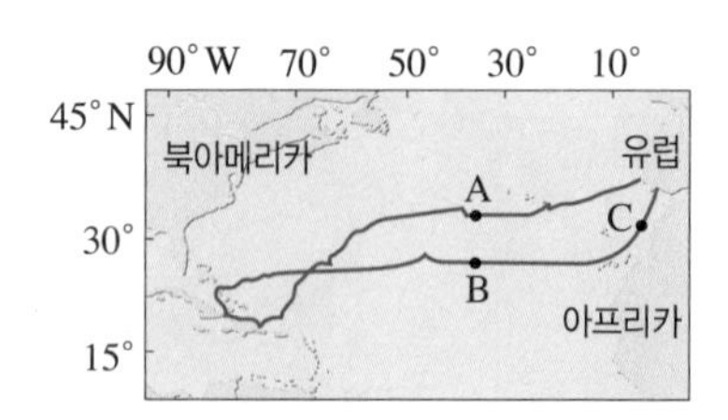

이에 대한 설명으로 옳은 것만을 [보기]에서 있는 대로 고른 것은?

보기
ㄱ. A를 항해할 때는 무역풍을 이용하였다.
ㄴ. B를 통과할 때는 동쪽에서 서쪽으로 항해하였다.
ㄷ. C에 흐르는 해류는 난류이다.

① ㄱ ② ㄴ ③ ㄷ
④ ㄱ, ㄷ ⑤ ㄴ, ㄷ

6 그림 (가)는 북대서양에 분포한 해류 A와 두 지점 P, Q의 위치를, (나)는 P, Q 지점의 월별 평균 기온 분포를 나타낸 것이다.

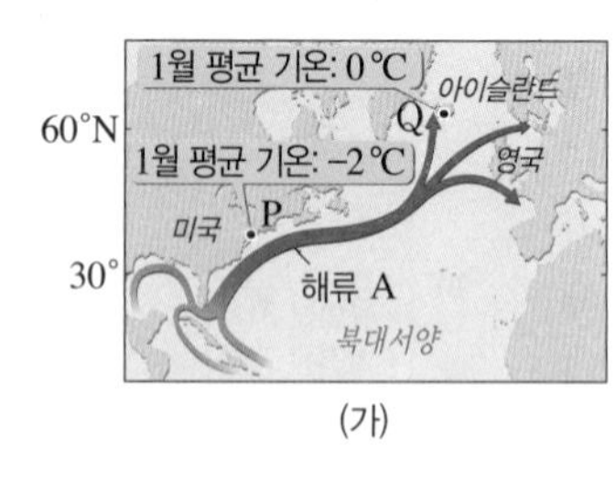

(가)

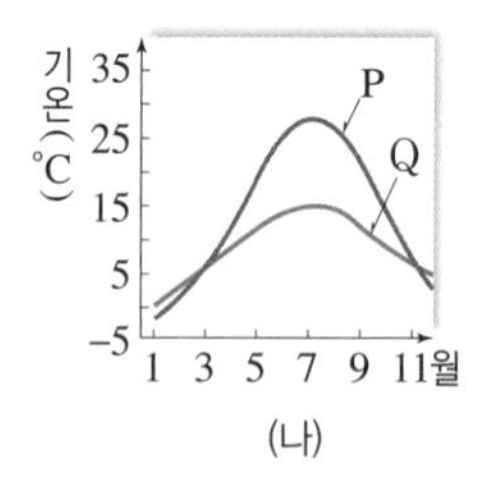

(나)

이에 대한 설명으로 옳은 것만을 [보기]에서 있는 대로 고른 것은?

보기
ㄱ. 기온의 연교차는 P가 Q보다 크다.
ㄴ. 해류 A는 Q에 열에너지를 전달한다.
ㄷ. 해류 A는 무역풍에 의해 발생한 북적도 해류이다.

① ㄱ ② ㄷ ③ ㄱ, ㄴ
④ ㄴ, ㄷ ⑤ ㄱ, ㄴ, ㄷ

7 그림은 우리나라 동해의 수온 분포와 표층 해류의 유속 분포를 나타낸 것이다.

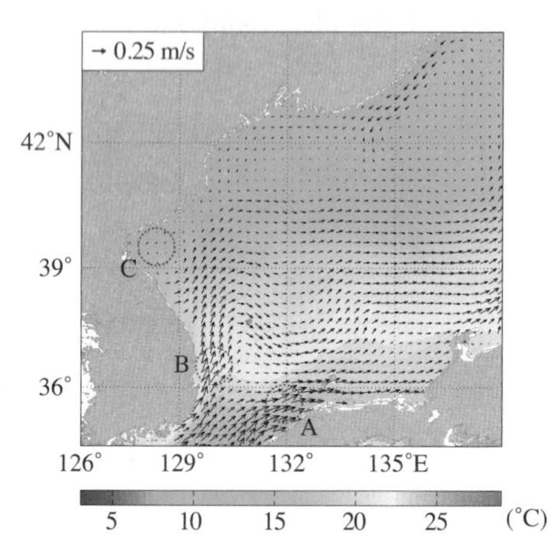

이에 대한 설명으로 옳은 것만을 [보기]에서 있는 대로 고른 것은?

보기
ㄱ. A와 B의 근원은 쿠로시오 해류이다.
ㄴ. B와 C에 의해 조경 수역이 형성된다.
ㄷ. 동해에서 난류는 한류보다 유속이 빠르다.

① ㄱ ② ㄴ ③ ㄱ, ㄷ
④ ㄴ, ㄷ ⑤ ㄱ, ㄴ, ㄷ

2018 수능 6번

8 그림은 우리나라 동해와 그 주변의 표층 해류 분포를 나타낸 것이다.
해류 A, B, C에 대한 설명으로 옳은 것만을 [보기]에서 있는 대로 고른 것은?

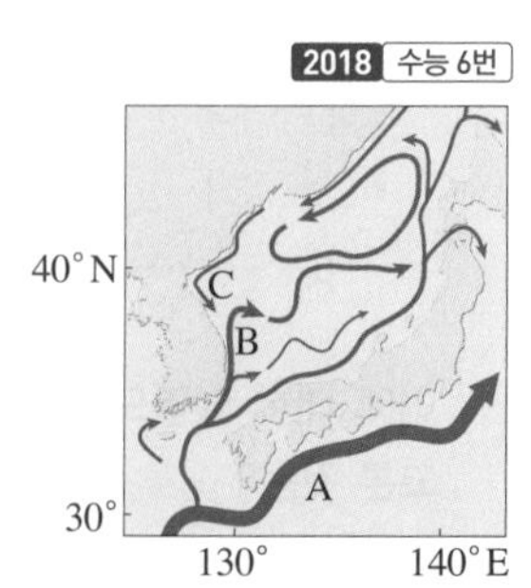

보기
ㄱ. A는 북태평양 아열대 표층 순환의 일부이다.
ㄴ. B는 겨울에 주변 대기로 열을 공급한다.
ㄷ. 용존 산소량은 C가 B보다 적다.

① ㄱ ② ㄷ ③ ㄱ, ㄴ
④ ㄴ, ㄷ ⑤ ㄱ, ㄴ, ㄷ

9 다음은 심층 순환에서 염분이 해수의 침강 속도에 미치는 영향을 알아보기 위한 실험이다.

[실험 Ⅰ]
(가) 수조 바닥의 중앙에 P점을 표시하고, 밑면에 구멍이 뚫린 종이컵을 수조 가장자리에 부착한다.
(나) 수조에 상온의 물을 종이컵의 아랫면이 잠길 때까지 채운다.
(다) 4 ℃의 물 100 mL에 소금 3.0 g을 완전히 녹인 후 붉은색 잉크를 몇 방울 떨어뜨린다.
(라) (다)의 소금물을 수조의 종이컵에 천천히 부으면서 소금물이 P점에 도달하는 시간을 측정한다.

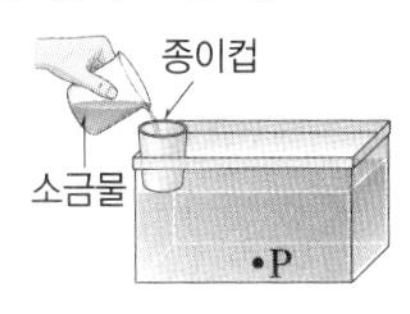

[실험 Ⅱ]
실험 Ⅰ의 (다) 과정에서 소금의 양을 1.0 g으로 바꾸어 (가)~(라) 과정을 반복한다.

[실험 결과]

실험	P점에 소금물이 도달하는 시간(초)
Ⅰ	8
Ⅱ	(㉠)

이에 대한 설명으로 옳은 것만을 [보기]에서 있는 대로 고른 것은?

보기
ㄱ. 실험 결과에서 ㉠은 8보다 크다.
ㄴ. 소금물은 극지방의 침강하는 표층 해수에 해당한다.
ㄷ. 실험 Ⅱ에서 소금물의 농도를 낮춘 것은 극지방 표층 해수가 결빙되는 경우에 해당한다.

① ㄱ ② ㄷ ③ ㄱ, ㄴ ④ ㄴ, ㄷ ⑤ ㄱ, ㄴ, ㄷ

10 그림은 북대서양 심층수, 남극 저층수, 남극 중층수의 수온과 염분을 수온 염분도에 A, B, C로 순서 없이 나타낸 것이다.

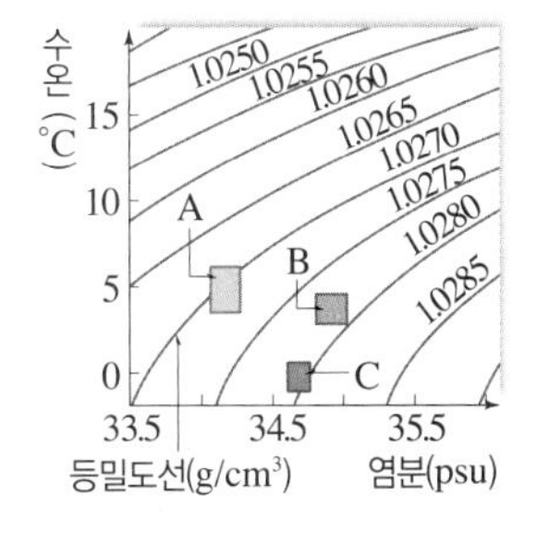

이에 대한 설명으로 옳은 것만을 [보기]에서 있는 대로 고른 것은?

보기
ㄱ. A는 남극 중층수이다.
ㄴ. C는 웨델해에서 결빙에 의해 침강하였다.
ㄷ. 남극 저층수는 북대서양 심층수보다 염분이 높다.

① ㄱ ② ㄷ ③ ㄱ, ㄴ ④ ㄴ, ㄷ ⑤ ㄱ, ㄴ, ㄷ

11 그림 (가)는 대서양의 해수 순환의 모식도를, (나)는 ㉠과 ㉡에서 형성되는 각각의 수괴를 수온 염분도에 A와 B로 순서 없이 나타낸 것이다.

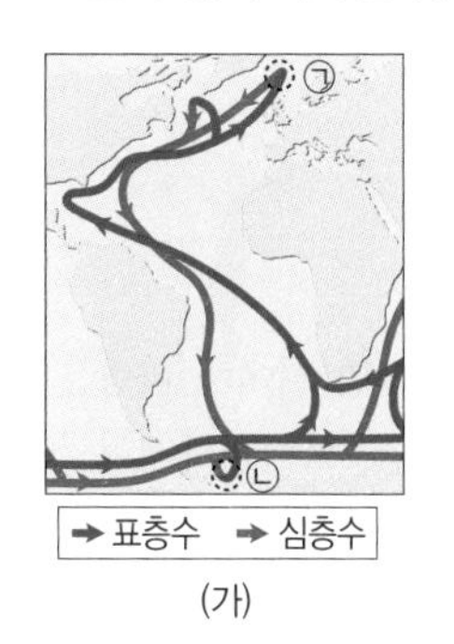

(가)

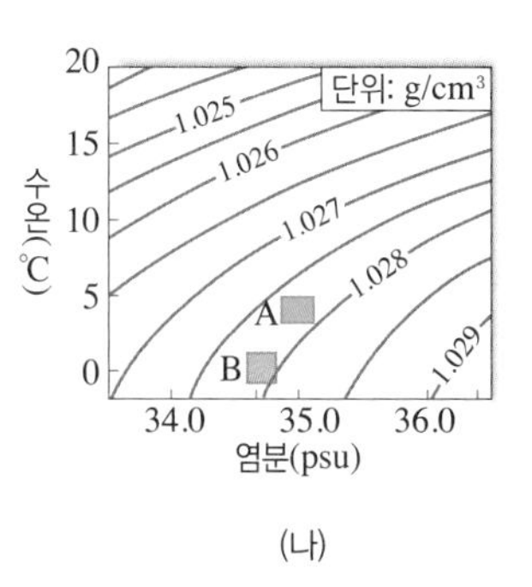

(나)

이에 대한 설명으로 옳은 것만을 [보기]에서 있는 대로 고른 것은?

보기
ㄱ. ㉡에서 형성되는 수괴는 A에 해당한다.
ㄴ. A와 B는 심층 해수에 산소를 공급한다.
ㄷ. 심층 순환은 표층 순환보다 느리다.

① ㄱ ② ㄴ ③ ㄱ, ㄷ
④ ㄴ, ㄷ ⑤ ㄱ, ㄴ, ㄷ

12 그림은 약 17000년 전부터 현재까지 그린란드의 기온 분포를 나타낸 것이다. B 시기에는 영거 드라이아스 빙하기가 있었다.

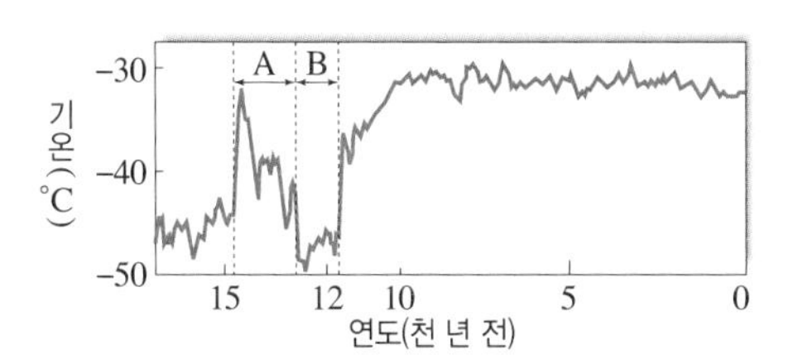

이에 대한 설명으로 옳은 것만을 [보기]에서 있는 대로 고른 것은?

보기
ㄱ. 그린란드 주변 해역에서 해수의 평균 밀도는 A 시기가 B 시기보다 컸다.
ㄴ. A 시기는 온난하여 해수의 심층 순환이 강해졌다.
ㄷ. B 시기에 빙하기가 생긴 것은 해수의 표층 순환이 약해졌기 때문이다.

① ㄱ ② ㄷ ③ ㄱ, ㄴ
④ ㄴ, ㄷ ⑤ ㄱ, ㄴ, ㄷ

대기와 해양의 상호 작용

핵심 짚기
- 용승과 침강의 원리
- 엘니뇨와 라니냐 시기의 해양의 변화
- 용승과 침강의 영향
- 엘니뇨 남방 진동과 기상 변화

Ⓐ 용승과 침강

1 표층 해수의 이동

① 표면에서 해수의 이동 방향: 해수면 위에서 바람이 한 방향으로 지속적으로 불면, 북반구에서는 풍향의 오른쪽 45° 방향으로 해수가 흐른다.[1]

② 수심에 따른 해수의 이동 방향: 수심이 깊어짐에 따라 해수의 유속은 느려지고, 이동 방향은 점차 오른쪽으로 바뀐다.

③ 평균적인 표층 해수의 이동 방향: 북반구에서는 풍향의 오른쪽 직각 방향으로 흐르고, 남반구에서는 풍향의 왼쪽 직각 방향으로 흐른다.

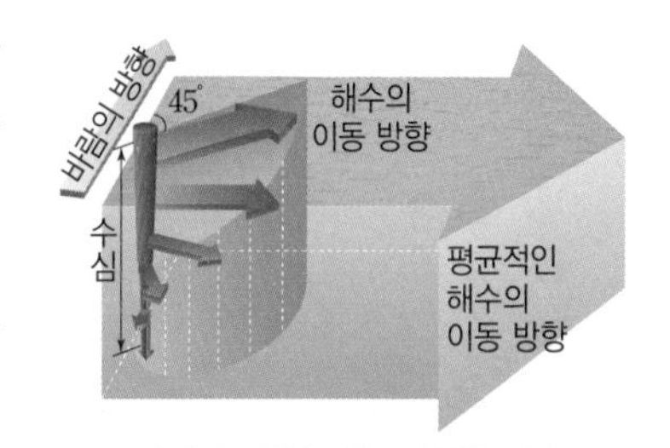

▲ 바람의 영향을 받는 마찰층 내에서 표층 해수의 이동 방향(북반구)

PLUS 강의

[1] **해수의 이동 방향**
표층 해수의 이동 방향은 전향력의 영향을 받는다. 북반구에서 전향력은 운동 방향의 오른쪽으로 작용하므로 해수는 풍향에 대해 오른쪽으로 편향되어 흐른다. 남반구에서는 이와 반대로 전향력이 운동 방향의 왼쪽으로 작용하므로 해수가 풍향에 대해 왼쪽으로 편향되어 흐른다.

2 용승과 침강

① 용승: 바람이 일정한 방향으로 계속 불면 풍향의 직각 방향으로 해수가 이동하는데, 이때 빈 자리를 채우기 위해 심층의 찬 해수가 표층으로 올라오는 현상

② 침강: 용승과 반대로 바람에 의해 이동한 해수가 계속 쌓여 표층의 해수가 심층으로 가라앉는 현상

③ 용승과 침강의 원리

연안 용승(북반구)	연안 침강(북반구)
대륙 / 바람이 지속적으로 분다. / 해양 / 풍향의 오른쪽 직각 방향으로 표층 해수가 흐른다.	대륙 / 해양 / 바람이 지속적으로 분다. / 풍향의 오른쪽 직각 방향으로 표층 해수가 흐른다.
❶ 연안을 따라 바람이 한 방향으로 지속적으로 분다. ❷ 풍향의 오른쪽 직각 방향인 먼 바다 쪽으로 표층 해수가 흐른다. ❸ 연안 해수의 빈자리를 채우기 위해 심층의 해수가 표층으로 올라온다.	❶ 연안을 따라 바람이 한 방향으로 지속적으로 분다. ❷ 풍향의 오른쪽 직각 방향인 연안 쪽으로 표층 해수가 흐른다. ❸ 표층 해수가 연안 쪽에 계속 쌓여 심층으로 가라앉는다.[2]

[2] **용승과 침강의 해수면 높이와 연직 수온 분포**
수온은 $T_1>T_2>T_3>T_4$이다.

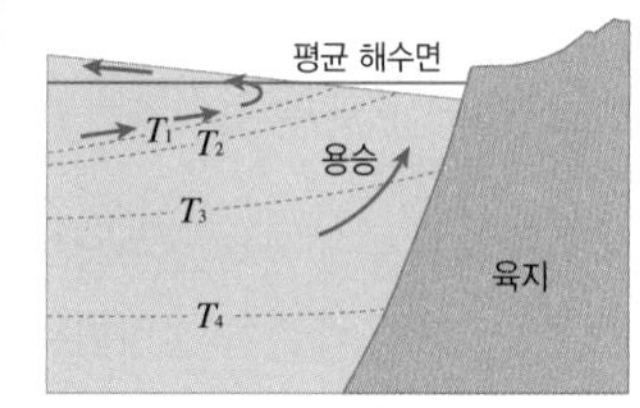

▲ 용승

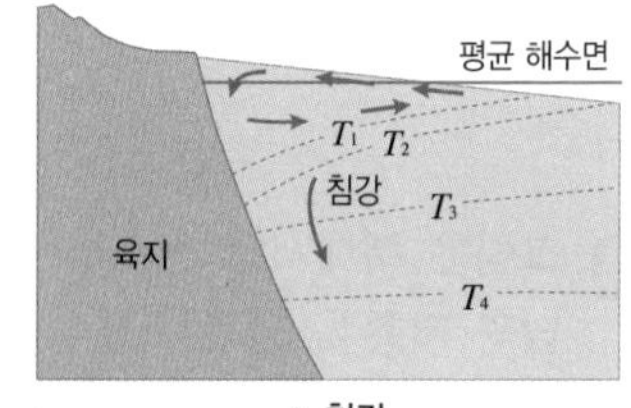

▲ 침강

3 용승과 침강의 종류

① 연안 용승과 연안 침강: 한 방향으로 지속적으로 부는 바람에 의해 표층의 해수가 먼 바다 쪽이나 연안 쪽으로 이동하여 용승 또는 침강이 일어난다.

연안 용승(북반구)		연안 침강(북반구)	
대륙의 서안	대륙의 동안	대륙의 서안	대륙의 동안
해수의 이동 / 북풍 / 용승	남풍 / 해수의 이동 / 용승	해수의 이동 / 남풍 / 침강	해수의 이동 / 북풍 / 침강
북풍이 지속적으로 불면 표층 해수가 서쪽으로 이동하여 용승	남풍이 지속적으로 불면 표층 해수가 동쪽으로 이동하여 용승	남풍이 지속적으로 불면 표층 해수가 동쪽으로 이동하여 침강	북풍이 지속적으로 불면 표층 해수가 서쪽으로 이동하여 침강[3]

[3] **남반구의 연안 용승과 침강**

연안 용승		연안 침강	
대륙의 서안	대륙의 동안	대륙의 서안	대륙의 동안
남풍이 불 때	북풍이 불 때	북풍이 불 때	남풍이 불 때

② 적도 용승: 적도 해역에서 무역풍에 의해 일어나는 용승

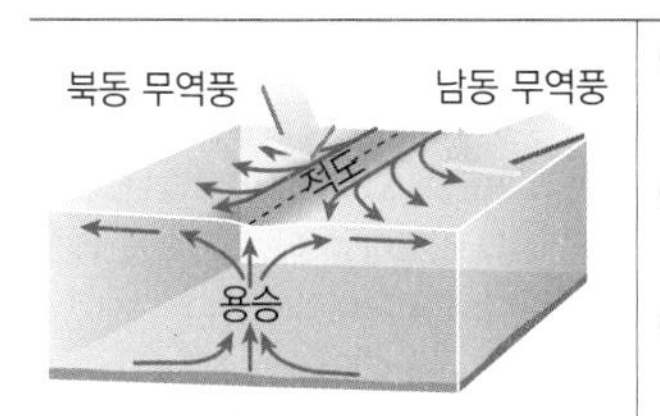	❶ 북반구에서는 북동 무역풍에 의해 표층 해수가 북쪽으로(풍향의 오른쪽) 이동한다. ❷ 남반구에서는 남동 무역풍에 의해 표층 해수가 남쪽으로(풍향의 왼쪽) 이동한다. ❸ 적도를 기준으로 표층 해수가 발산하므로 심층의 찬 해수가 용승하여 부족해진 해수를 채운다.

③ 저기압과 고기압에 의한 용승과 침강

저기압에 의한 용승(예 태풍)④		고기압에 의한 침강⑤	
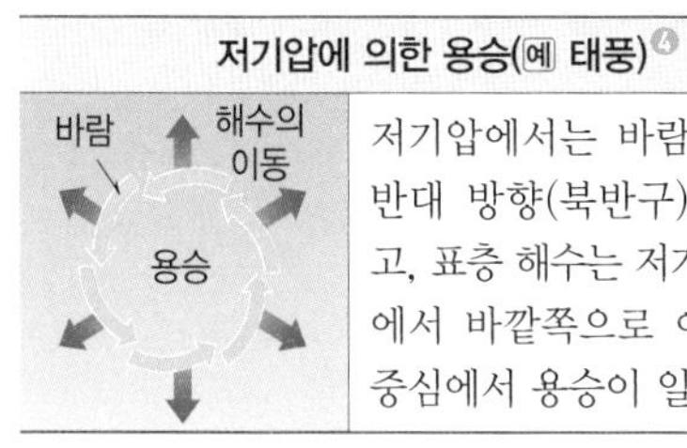	저기압에서는 바람이 시계 반대 방향(북반구)으로 불고, 표층 해수는 저기압 중심에서 바깥쪽으로 이동하여 중심에서 용승이 일어난다.	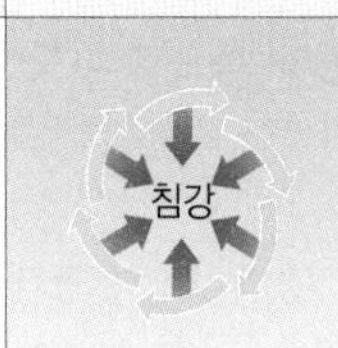	고기압에서는 바람이 시계 방향(북반구)으로 불고, 표층 해수는 고기압 중심 쪽으로 이동하여 침강이 일어난다.

④ 저기압에서 용승

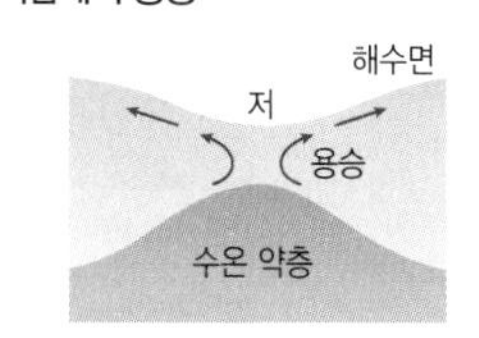

표층 해수의 발산으로 찬 해수가 용승하여 수온 약층의 깊이는 얕아진다.

⑤ 고기압에서 침강

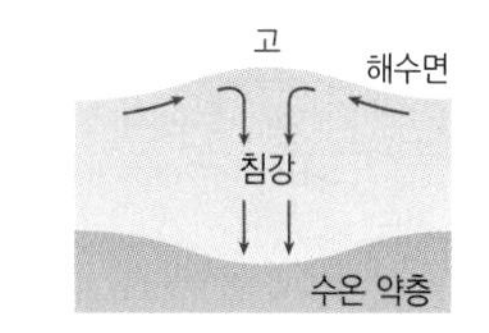

표층 해수가 수렴하여 침강하므로 수온 약층의 깊이는 깊어진다.

4 용승과 침강의 영향

용승	침강
• 어장 형성: 심층 해수에 포함된 영양 염류가 표층에 공급되어 물고기의 먹이가 되는 플랑크톤이 번성하므로 좋은 어장이 형성된다. • 안개 발생: 해수면 온도가 낮아져 기후가 서늘하고, 안개가 자주 발생한다.	• 용존 산소 공급: 표층의 용존 산소가 심층으로 이동하여 해양 생물에 공급된다. • 수온 약층 변화: 따뜻한 해수가 모여 표층 수온이 상승하고, 수온 약층의 깊이가 깊어진다.

탐구 자료 전 세계 주요 용승 지역

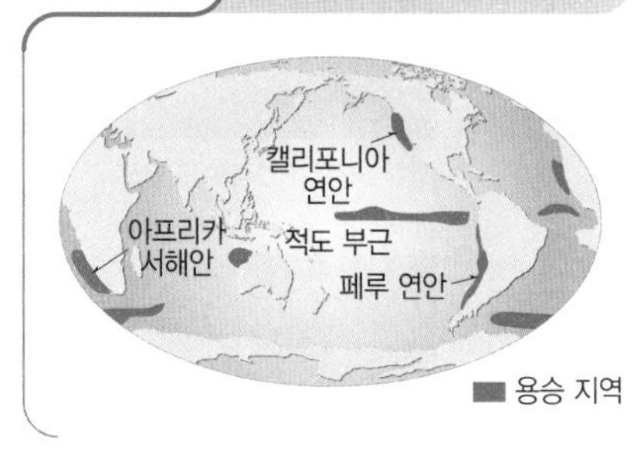

1. 적도 지역에서는 북동 무역풍과 남동 무역풍에 의해 적도 용승이 일어난다.
2. 연안 용승은 주로 대륙의 서쪽 해안에서 발생한다.
➡ 북반구에서는 주로 북풍에 의해, 남반구에서는 주로 남풍에 의해 발생한다.

정답과 해설 58쪽

개념 확인

(1) 북반구의 해수면 위에서 바람이 한 방향으로 계속 불면, 표면에서 해수는 풍향의 오른쪽 (   )로 흐르고, 평균적인 표층 해수의 이동 방향은 풍향의 오른쪽 (   ) 방향이다.

(2) 표층 해수가 먼 바다 쪽으로 계속 이동할 때 연안에서 (   )이 일어난다.

(3) 그림은 대륙의 서안 모습이다. (   ) 안에 알맞은 말을 고르시오.

① 북반구에서 남풍이 지속적으로 불 때 표층 해수가 (연안, 먼 바다) 쪽으로 이동하여 연안에서 (용승, 침강)이 일어난다.

② 남반구에서 남풍이 지속적으로 불 때 표층 해수가 (연안, 먼 바다) 쪽으로 이동하여 연안에서 (용승, 침강)이 일어난다.

(4) 적도 부근에서 표층 해수는 북동 무역풍에 의해 (북쪽, 남쪽)으로 이동하고, 남동 무역풍에 의해 (북쪽, 남쪽)으로 이동하므로 적도 해역에서는 (용승, 침강)이 일어난다.

(5) 북반구 저기압에서 표층 해수는 (중심 쪽, 바깥쪽)으로 이동하여 중심에서 (용승, 침강)이 일어난다.

대기와 해양의 상호 작용

B 엘니뇨 남방 진동

1 엘니뇨와 라니냐
무역풍의 변화로 적도 부근 태평양의 표층 수온이 변하는 현상[6]

① 엘니뇨: 적도 부근 동태평양에서 중앙태평양까지의 표층 수온이 평년보다 높아진다.

② 라니냐: 적도 부근 동태평양에서 중앙태평양까지의 표층 수온이 평년보다 낮아진다.

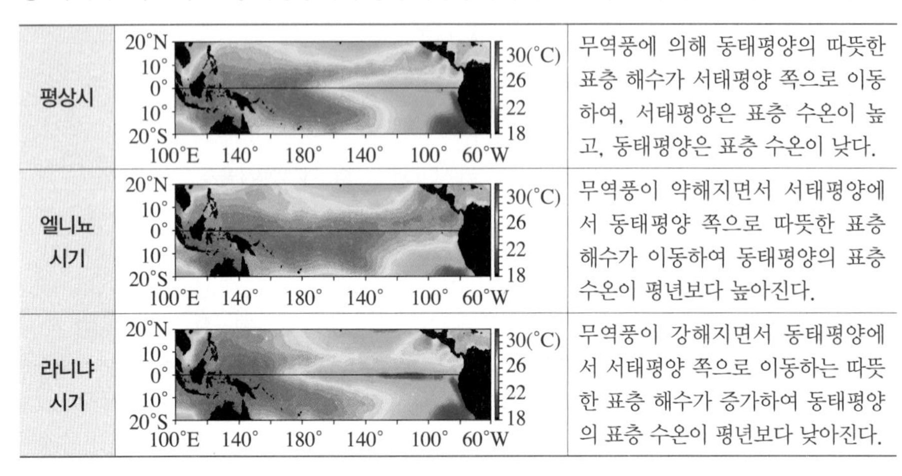

구분	설명
평상시	무역풍에 의해 동태평양의 따뜻한 표층 해수가 서태평양 쪽으로 이동하여, 서태평양은 표층 수온이 높고, 동태평양은 표층 수온이 낮다.
엘니뇨 시기	무역풍이 약해지면서 서태평양에서 동태평양 쪽으로 따뜻한 표층 해수가 이동하여 동태평양의 표층 수온이 평년보다 높아진다.
라니냐 시기	무역풍이 강해지면서 동태평양에서 서태평양 쪽으로 이동하는 따뜻한 표층 해수가 증가하여 동태평양의 표층 수온이 평년보다 낮아진다.

③ 엘니뇨와 라니냐 시기의 해양 변화

구분	평상시	엘니뇨 시기	라니냐 시기
모형	적도, 무역풍, 한랭 수역, 온난 수역, 수온 약층, 용승	적도, 무역풍 약화, 한랭 수역, 온난 수역, 수온 약층, 용승	적도, 무역풍 강화, 한랭 수역, 온난 수역, 수온 약층, 용승
서태평양	표층 수온이 높고, 온난 수역의 두께가 두껍다.	표층 수온이 낮아지고, 온난 수역의 두께가 얇아진다.	표층 수온이 높아지고, 온난 수역의 두께가 두꺼워진다.
동태평양	용승이 일어나 표층 수온이 낮고, 서태평양에 비해 온난 수역이 얇다.	용승이 약화되어 표층 수온이 높아지고, 온난 수역의 두께가 두꺼워진다.	용승이 강화되어 표층 수온이 낮아지고, 온난 수역의 두께가 얇아진다.[7]

2 엘니뇨 남방 진동

① 워커 순환: 평상시에는 적도 부근 서태평양에서 저기압이 발달하여 따뜻한 공기가 상승하고, 동태평양에서는 고기압이 발달하여 찬 공기가 하강하는 동서 방향의 거대한 순환을 형성하는데, 이를 워커 순환이라고 한다.

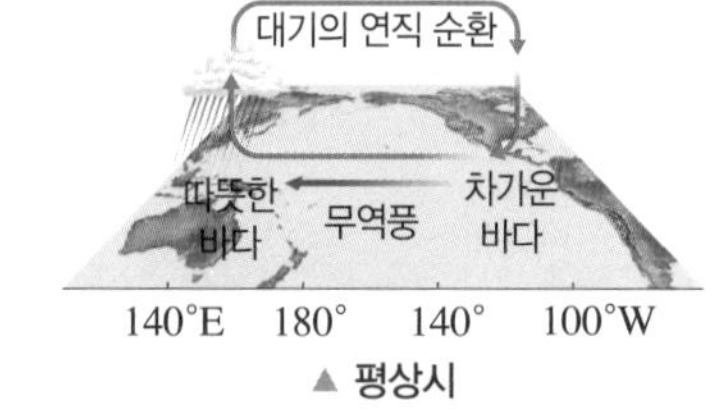

▲ 평상시

② 엘니뇨 시기와 라니냐 시기의 대기 순환[8]

구분	엘니뇨 시기	라니냐 시기
모형	평상시보다 차가워진 바다, 무역풍 (평상시보다 약함), 평상시보다 따뜻해진 바다 (140°E 180° 140° 100°W)	평상시보다 따뜻해진 바다, 무역풍 (평상시보다 강함), 평상시보다 차가워진 바다 (140°E 180° 140° 100°W)
대기 순환	• 서태평양에는 고기압이, 동태평양에는 저기압이 발달한다. • 서태평양에서는 건조한 날씨에 의해 가뭄이 발생하고, 동태평양에서는 강수량이 증가하여 홍수 피해가 생긴다.	• 평상시보다 서태평양에는 더 강한 저기압이, 동태평양에는 더 강한 고기압이 발달한다. • 서태평양에서는 수온 상승으로 홍수나 태풍이 자주 발생하고, 동태평양에서는 가뭄이 발생한다.

③ *남방 진동: 엘니뇨 시기와 라니냐 시기에 동태평양과 서태평양 사이의 기압 변화가 시소와 같이 서로 반대로 나타나는 현상을 남방 진동이라고 한다.

---

[6] **엘니뇨와 라니냐**
동태평양에서 중앙태평양까지의 표층 수온이 평년보다 0.5 ℃ 이상 높은 상태, 낮은 상태로 5개월 이상 지속될 때를 각각 엘니뇨, 라니냐라고 한다.

[7] **온난 수역의 두께와 수온 약층의 깊이**
온난 수역의 두께가 두꺼워지면 수온 약층의 깊이가 깊어지고, 온난 수역의 두께가 얇아지면 수온 약층의 깊이가 얕아진다.

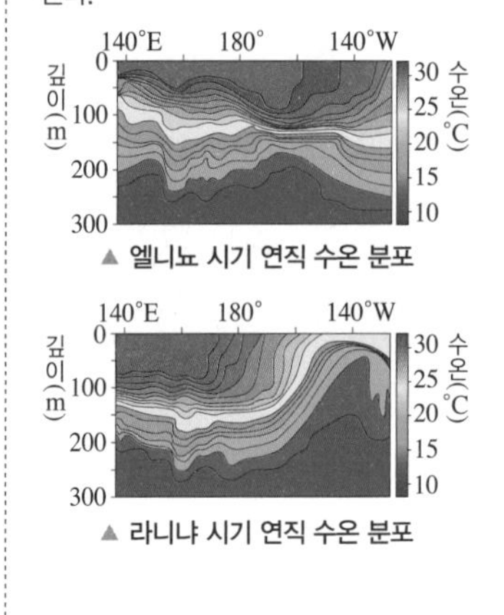

▲ 엘니뇨 시기 연직 수온 분포

▲ 라니냐 시기 연직 수온 분포

[8] **적도 부근 태평양의 기압 분포 변화**

구분	평상시	엘니뇨	라니냐
서태평양	저기압	고기압	강한 저기압
동태평양	고기압	저기압	강한 고기압

용어 돋보기

* **남방 진동(南 남녘, 方 방향, 振 떨치다, 動 움직이다)**_엘니뇨와 라니냐의 영향으로 동태평양과 서태평양의 기압 분포가 시소와 같이 바뀌는 현상

④ **엘니뇨 남방 진동:** 엘니뇨와 라니냐는 해수면의 온도 변화이고, 남방 진동은 대기의 기압 분포 변화인데, 이들은 대기와 해양의 상호 작용으로 연관되어 있으므로 엘니뇨 남방 진동 또는 엔소(ENSO)라고 한다.

⑤ **남방 진동 지수:** 남방 진동의 강도를 나타내는 값

탐구 자료 남방 진동 지수 해석

그림은 적도 태평양의 동쪽과 서쪽에 있는 타히티와 다윈의 위치 및 해면 기압 차를 나타낸 것이다.

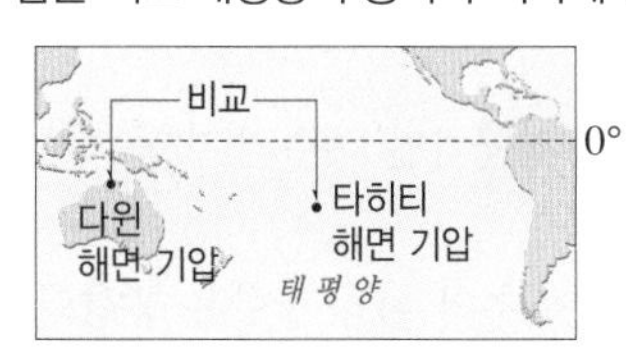

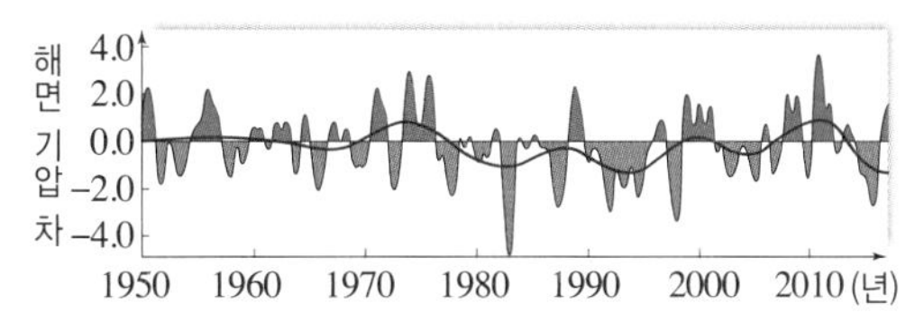

1. 남방 진동 지수는 (타히티의 해면 기압−다윈의 해면 기압) 값으로 나타낸다.
2. 엘니뇨 시기에는 평상시보다 타히티의 수온이 상승하여 기압이 낮아지므로 타히티의 해면 기압이 다윈의 해면 기압보다 낮다. ➡ 남방 진동 지수가 (−) 값이다.[9] • 평상시에 남방 진동 지수는 (+) 값이다.
3. 라니냐 시기에는 평상시보다 타히티의 수온이 하강하여 기압이 높아지므로 타히티의 해면 기압이 다윈의 해면 기압보다 높다. ➡ 남방 진동 지수가 평상시보다 큰 (+) 값이다.

⑨ **엘니뇨와 라니냐 시기의 남방 진동 지수**

구분	남방 진동 지수	해면 기압
엘니뇨	(−)	타히티<다윈
라니냐	(+)	타히티>다윈

3 엘니뇨와 라니냐의 영향 수온의 변화, 해양 생물의 감소 등의 해양 환경이 변하고, 기압 배치의 변화로 가뭄, 홍수, 태풍 등의 기상 변화가 일어난다.

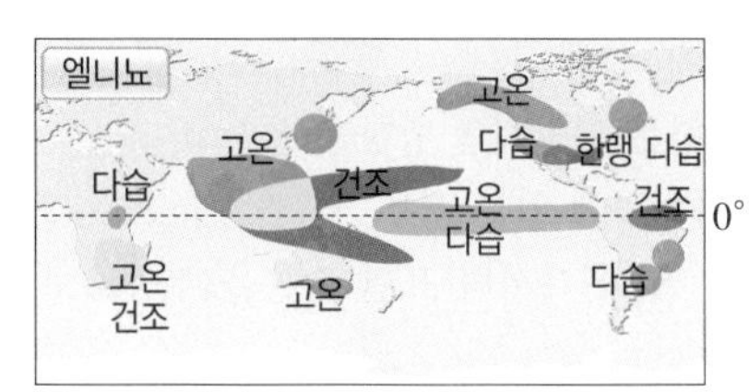

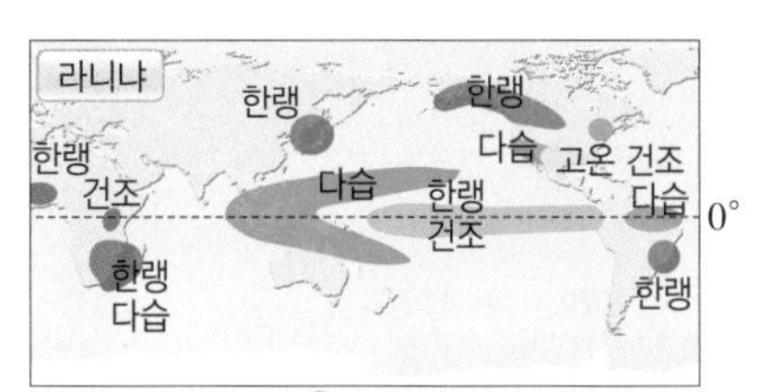

▲ 엘니뇨와 라니냐 시기의 기후 변화(겨울철)[10]

엘니뇨 시기	서태평양의 필리핀, 인도네시아, 오스트레일리아 동북부 지역에서는 가뭄이 심해지고, 중앙태평양, 멕시코 북부, 미국 남부 등지에서는 홍수가 일어나는 경향이 있다.
라니냐 시기	인도네시아, 필리핀 등의 동남아시아에서는 장마가 일어나고, 페루 등의 남아메리카에서는 가뭄이 일어난다.

⑩ **우리나라에서 엘니뇨와 라니냐의 영향**
겨울에 엘니뇨의 영향을 받으면 평년보다 따뜻하고 강수량이 많아진다. 그러나 겨울에 라니냐의 영향을 받으면 한파가 생기기도 한다.

정답과 해설 58쪽

(6) 평상시에 적도 부근 태평양의 따뜻한 표층 해수는 무역풍에 의해 (   )태평양에서 (   )태평양 쪽으로 이동한다.

(7) 평상시보다 무역풍이 약해질 때 (엘니뇨, 라니냐)가 발생한다.

(8) 평상시보다 무역풍이 약해지면, 적도 부근 태평양의 따뜻한 표층 해수의 이동이 약해져 동태평양의 표층 수온이 (상승, 하강)하고, 동태평양에서 용승이 (강하게, 약하게) 일어나 수온 약층의 깊이가 (깊어진다, 얕아진다.)

(9) 평상시에 적도 부근 태평양에서 형성되는 동서 방향의 거대한 대기 순환을 (   )이라고 한다.

(10) 엘니뇨 시기에는 서태평양에 (   )기압이, 동태평양에 (   )기압이 발달한다.

(11) 라니냐 시기에는 서태평양에 (   )기압이, 동태평양에 (   )기압이 발달한다.

(12) 그림은 시간에 따른 남방 진동 지수의 변화를 나타낸 것이다. A와 B 중 엘니뇨가 발생한 시기는 (   )이고, 라니냐가 발생한 시기는 (   )이다.

남방 진동 지수 (+), 0, (−) / A, B / 시간(년)

(13) 라니냐 시기에 적도 부근 서태평양 연안에서는 (가뭄, 홍수)가 발생하기 쉽다.

수능 자료

정답과 해설 58쪽

2020 ● Ⅱ 9월 평가원 6번

자료❶ 용승과 침강

그림은 동태평양의 7월 평균 표층 수온 분포를 나타낸 것이다.

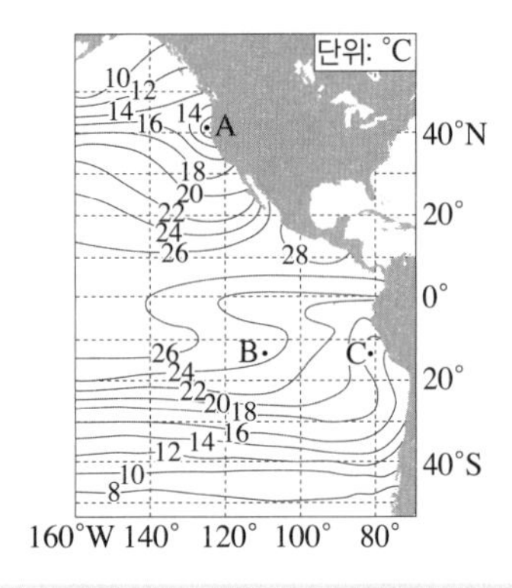

1. A 해역에서는 침강이, C 해역에서는 용승이 나타난다. (○, ×)
2. A 해역에서는 먼 바다에서 대륙 쪽으로 갈수록 플랑크톤의 농도가 증가한다. (○, ×)
3. C 해역에서는 표층의 해수가 먼 바다 쪽으로 이동한다. (○, ×)
4. C 해역에서는 남풍 계열의 바람이 계속 불고 있다. (○, ×)
5. B 해역에서 C 해역으로 갈수록 수온 약층이 나타나는 깊이가 깊어진다. (○, ×)

2020 ● 수능 9번

자료❷ 엘니뇨와 라니냐

그림 (가)는 적도 부근 해역에서 동태평양과 서태평양의 해수면 기압 차(동태평양 기압－서태평양 기압)를, (나)는 태평양 적도 부근 해역에서 ㉠과 ㉡ 중 한 시기에 관측된 따뜻한 해수층의 두께 편차(관측값－평년값)를 나타낸 것이다. ㉠과 ㉡은 각각 엘니뇨와 라니냐 시기 중 하나이다.

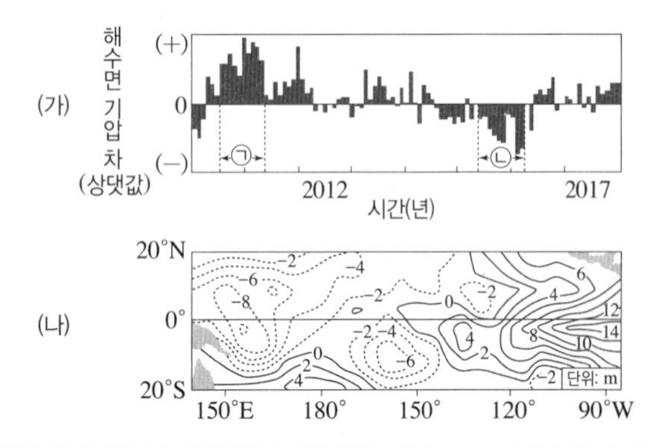

1. ㉠ 시기에 동태평양은 서태평양보다 기압이 높다. (○, ×)
2. ㉠ 시기에 동태평양은 서태평양보다 표층 수온이 낮다. (○, ×)
3. ㉠은 엘니뇨 시기이다. (○, ×)
4. ㉠ 시기는 ㉡ 시기보다 무역풍이 강하다. (○, ×)
5. (나)는 라니냐 시기이다. (○, ×)
6. (나)에서 동태평양의 해수면 높이는 평년보다 높다. (○, ×)
7. (나)에서 서태평양은 평년보다 강수량이 증가한다. (○, ×)

수능 1점

정답과 해설 58쪽

Ⓐ 용승과 침강

1 **해수면 위에서 지속적으로 부는 바람에 의해 일어나는 표층 해수의 이동에 대한 설명으로 옳지 않은 것은?**

① 해수의 유속은 수심이 깊어질수록 느려진다.
② 해수의 이동은 전향력의 영향을 받는다.
③ 북반구에서 표면의 해수는 풍향의 오른쪽 45° 방향으로 흐른다.
④ 북반구와 남반구에서 평균적인 해수의 이동 방향은 서로 반대이다.
⑤ 남반구에서 평균적인 해수의 이동 방향은 풍향의 오른쪽 직각 방향이다.

2 **그림은 어느 연안 해역에서 지속적으로 부는 바람의 방향을 나타낸 것이다.**

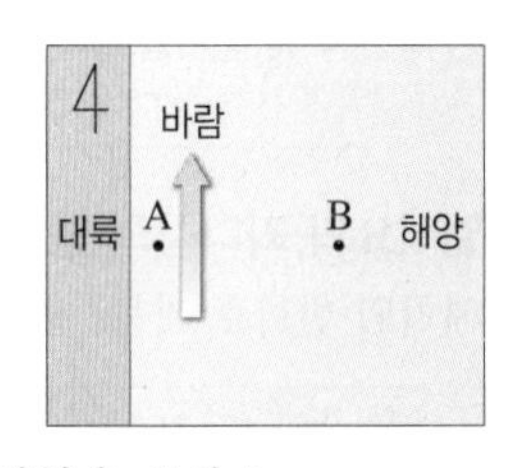

(1) 이 해역이 남반구에 있는 경우, 바람에 의해 표층 해수가 이동하는 평균적인 방향을 쓰시오.
(2) 이 해역이 북반구에 있는 경우, 연안 용승 또는 연안 침강에 의한 A, B에서의 표면 수온을 부등호로 비교하시오.

Ⓑ 엘니뇨 남방 진동

3 **그림은 적도 부근 태평양의 두 해역 A, B를 나타낸 것이다.**

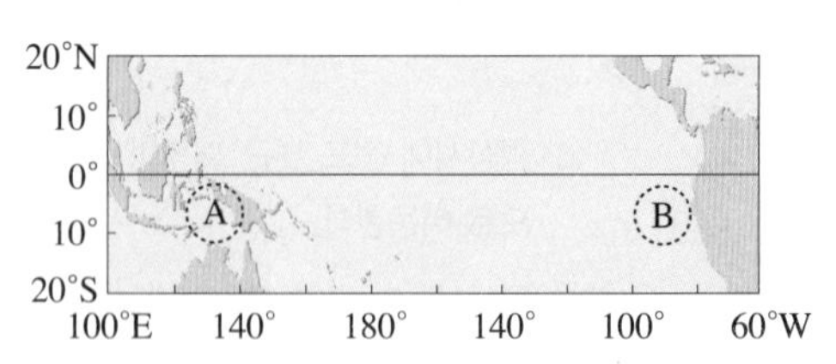

(1) 평상시와 비교할 때 라니냐 시기에 B 해역의 표층 수온을 '상승' 또는 '하강'으로 쓰시오.
(2) 평상시와 비교할 때 라니냐 시기에 B 해역에서 일어나는 용승을 '강화' 또는 '약화'로 쓰시오.
(3) 평상시와 비교할 때 엘니뇨 시기에 A 해역의 해수면 높이를 '상승' 또는 '하강'으로 쓰시오.
(4) 평상시와 비교할 때 엘니뇨 시기에 A 해역의 해수면 기압을 '상승' 또는 '하강'으로 쓰시오.
(5) 평상시와 비교할 때 엘니뇨 시기에 B 해역의 강수량을 '증가' 또는 '감소'로 쓰시오.

정답과 해설 59쪽

1 그림은 어느 해양에서 바람이 한 방향으로 지속적으로 불 때 해수의 이동 방향을 나타낸 것이다. A~C는 이동하는 해수를 나타낸다.

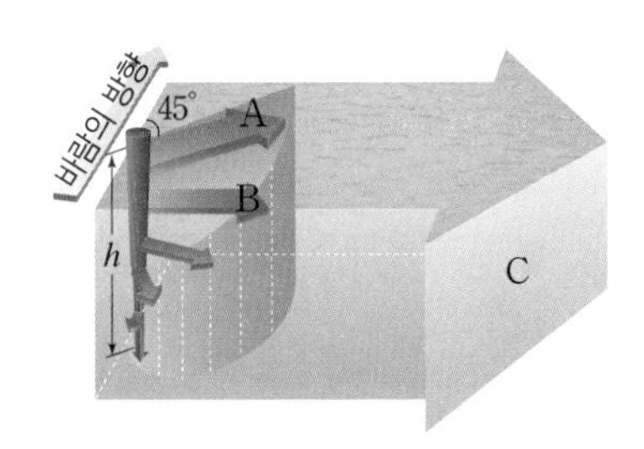

이에 대한 설명으로 옳은 것만을 [보기]에서 있는 대로 고른 것은?

보기
ㄱ. 북반구의 해양이다.
ㄴ. A와 B의 방향 차이는 지구의 자전 때문에 생긴다.
ㄷ. 깊이 h까지의 해수는 평균적으로 C의 방향으로 흐른다.

① ㄱ ② ㄴ ③ ㄱ, ㄷ
④ ㄴ, ㄷ ⑤ ㄱ, ㄴ, ㄷ

자료❶ 2020 Ⅱ 9월 평가원 6번

3 그림은 동태평양의 7월 평균 표층 수온 분포를 나타낸 것이다.
이 자료에 대한 설명으로 옳은 것만을 [보기]에서 있는 대로 고른 것은?

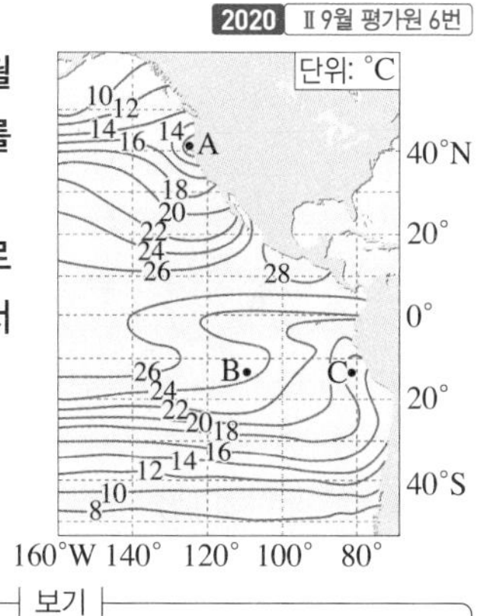

보기
ㄱ. A 해역에서는 용승이 나타난다.
ㄴ. B 해역에서 C 해역으로 갈수록 수온 약층이 나타나는 깊이는 얕아진다.
ㄷ. C 해역에서는 북풍 계열의 바람이 지속적으로 불고 있다.

① ㄱ ② ㄷ ③ ㄱ, ㄴ
④ ㄴ, ㄷ ⑤ ㄱ, ㄴ, ㄷ

2 그림 (가)와 (나)는 서로 다른 해양에서 지속적으로 부는 바람에 의한 표층 해수의 이동 방향을 나타낸 것이다.

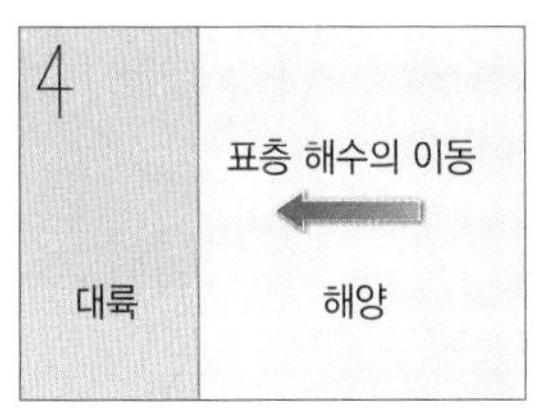

(가) 북반구

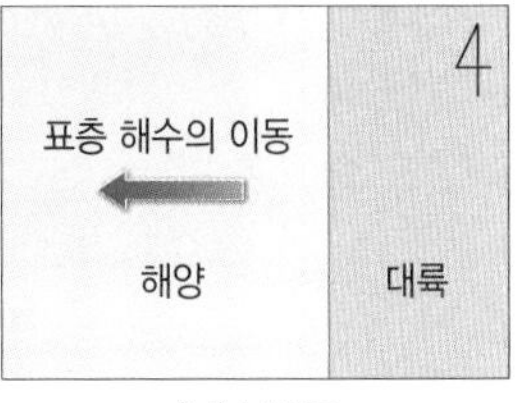

(나) 남반구

이에 대한 설명으로 옳은 것만을 [보기]에서 있는 대로 고른 것은?

보기
ㄱ. (가)와 (나)에서 풍향은 서로 반대이다.
ㄴ. (가)에서 수온 약층의 깊이는 평상시보다 깊어진다.
ㄷ. (나)에서 연안의 표층 수온은 평상시보다 낮아진다.

① ㄱ ② ㄷ ③ ㄱ, ㄴ
④ ㄴ, ㄷ ⑤ ㄱ, ㄴ, ㄷ

4 그림 (가)는 북반구에서 등압선이 원형일 때의 풍향을, (나)는 적도 부근에서의 풍향을 나타낸 것이다.

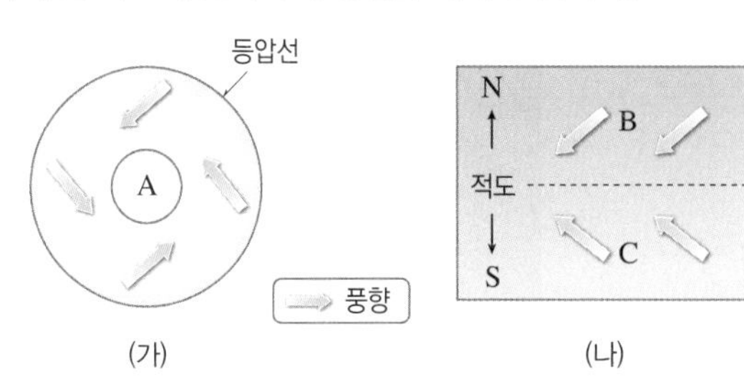

(가) (나)

이에 대한 설명으로 옳은 것만을 [보기]에서 있는 대로 고른 것은?

보기
ㄱ. A에서는 침강이 일어난다.
ㄴ. B와 C에서 표층 해수가 이동하는 방향은 서로 같다.
ㄷ. B에서 C로 가면 표층 수온은 낮아지다가 높아진다.

① ㄱ ② ㄷ ③ ㄱ, ㄴ
④ ㄴ, ㄷ ⑤ ㄱ, ㄴ, ㄷ

5 그림은 전 세계 주요 용승 해역을 나타낸 것이다.

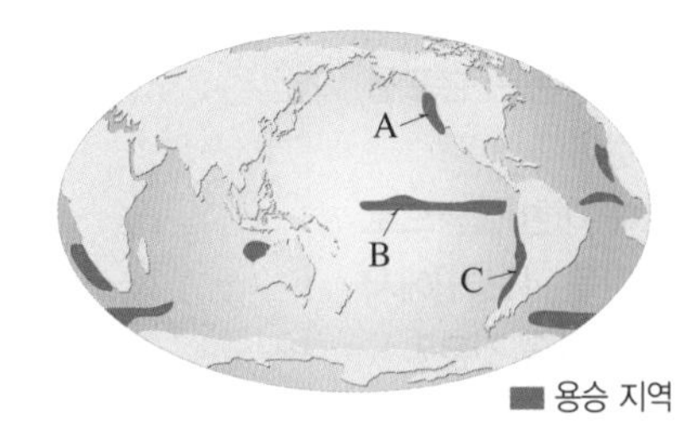

A~C 해역에 대한 설명으로 옳은 것만을 [보기]에서 있는 대로 고른 것은?

보기
ㄱ. A에서는 북풍 계열의 바람이 불 때 용승이 일어난다.
ㄴ. B에서는 북동 무역풍과 남동 무역풍에 의해 용승이 일어난다.
ㄷ. 표층 해수의 플랑크톤 농도는 C가 먼 바다보다 높게 나타난다.

① ㄱ ② ㄷ ③ ㄱ, ㄴ
④ ㄴ, ㄷ ⑤ ㄱ, ㄴ, ㄷ

6 그림은 어느 시기에 측정한 우리나라 동남부 해양의 표층 수온 분포를 나타낸 것이다.

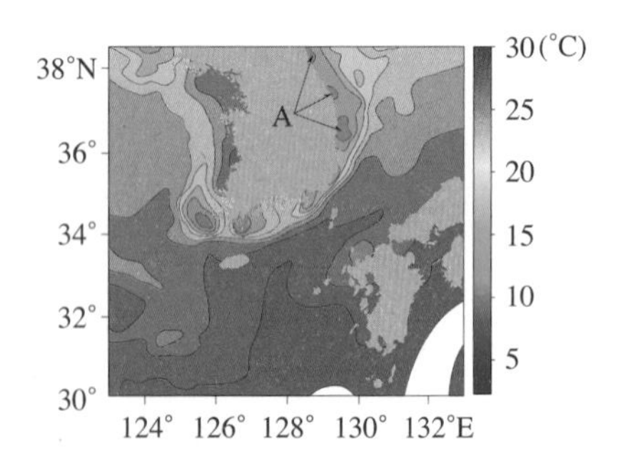

이 시기의 A 해역에 대한 설명으로 옳은 것만을 [보기]에서 있는 대로 고른 것은?

보기
ㄱ. 북서풍이 우세하게 분다.
ㄴ. 해수면 부근에 안개가 자주 발생하였을 것이다.
ㄷ. 주변 해역보다 수온 약층의 깊이가 얕았을 것이다.

① ㄱ ② ㄷ ③ ㄱ, ㄴ
④ ㄴ, ㄷ ⑤ ㄱ, ㄴ, ㄷ

7 그림 (가)와 (나)는 엘니뇨 시기와 라니냐 시기에 적도 부근 태평양의 표층 수온 분포를 순서 없이 나타낸 것이다.

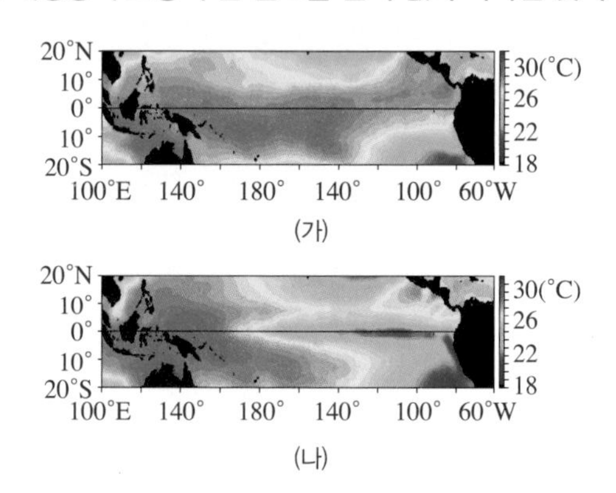

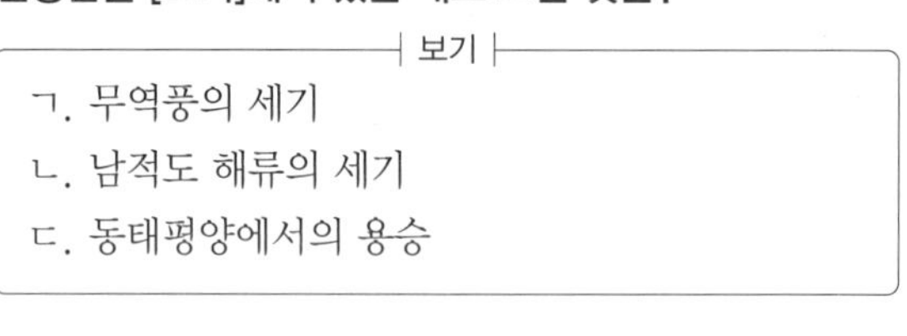

(나)

(가)와 (나)를 비교할 때 (나) 시기에 더 강하게 일어나는 현상만을 [보기]에서 있는 대로 고른 것은?

보기
ㄱ. 무역풍의 세기
ㄴ. 남적도 해류의 세기
ㄷ. 동태평양에서의 용승

① ㄱ ② ㄷ ③ ㄱ, ㄴ
④ ㄴ, ㄷ ⑤ ㄱ, ㄴ, ㄷ

8 그림 (가)와 (나)는 엘니뇨와 라니냐 시기의 연직 수온 분포를 순서 없이 나타낸 것이다.

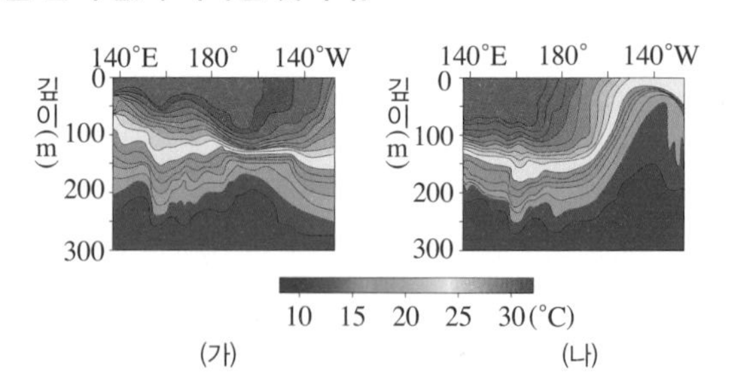

이에 대한 설명으로 옳은 것만을 [보기]에서 있는 대로 고른 것은?

보기
ㄱ. (가)는 엘니뇨 시기이다.
ㄴ. 동태평양의 수온 약층 깊이는 (가)보다 (나)에서 깊다.
ㄷ. 동태평양에서 플랑크톤의 농도는 (가)보다 (나)에서 높을 것이다.

① ㄱ ② ㄴ ③ ㄱ, ㄷ
④ ㄴ, ㄷ ⑤ ㄱ, ㄴ, ㄷ

9 그림은 평상시의 워커 순환을 나타낸 것이다.

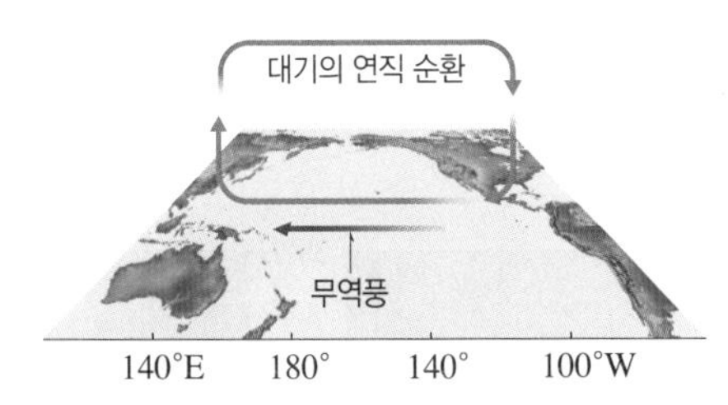

이에 대한 설명으로 옳은 것만을 [보기]에서 있는 대로 고른 것은?

보기
ㄱ. 서태평양에 고기압, 동태평양에 저기압이 형성된다. ㄴ. 무역풍이 강해지면 워커 순환의 상승 영역은 동쪽으로 이동한다. ㄷ. 무역풍이 약해지면 서태평양에서는 가뭄 피해가 생길 수 있다.

① ㄱ ② ㄷ ③ ㄱ, ㄴ
④ ㄴ, ㄷ ⑤ ㄱ, ㄴ, ㄷ

10 그림은 남방 진동 지수(타히티의 해면 기압－다윈의 해면 기압)를 관측하는 두 지점을 나타낸 것이다.

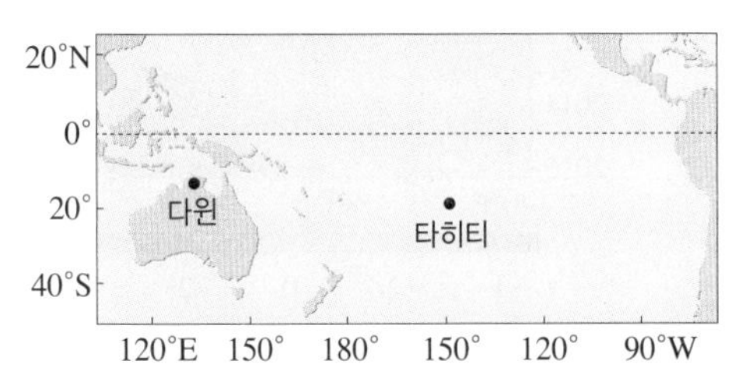

평상시와 비교하여 남방 진동 지수가 평상시보다 큰 (+) 값인 시기에 대한 설명으로 옳은 것만을 [보기]에서 있는 대로 고른 것은?

보기
ㄱ. 무역풍이 약하다. ㄴ. 서태평양에서 상승 기류가 강하다. ㄷ. 적도 부근 동서 방향의 해수면 높이 차이가 작다.

① ㄱ ② ㄴ ③ ㄱ, ㄷ
④ ㄴ, ㄷ ⑤ ㄱ, ㄴ, ㄷ

11 그림은 2000년부터 2017년까지의 남방 진동 지수(타히티의 해면 기압－다윈의 해면 기압)를 나타낸 것이다.

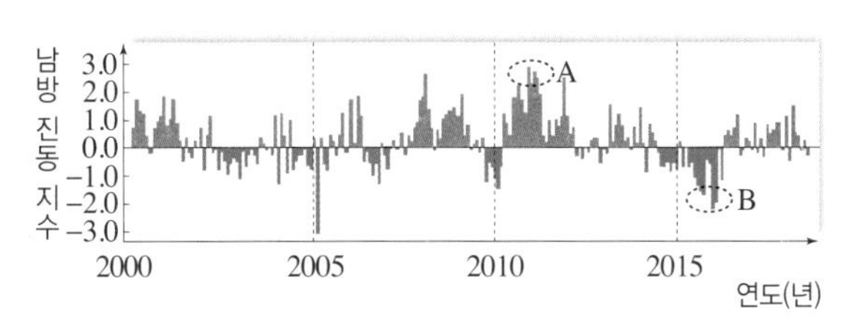

A 시기와 비교할 때, B 시기의 대기와 해수에 대한 설명으로 옳은 것만을 [보기]에서 있는 대로 고른 것은?

보기
ㄱ. 동태평양에서 용승이 활발하다. ㄴ. 서태평양에서 강수량이 증가한다. ㄷ. 서태평양과 동태평양의 해수면 높이 차이가 작다.

① ㄱ ② ㄷ ③ ㄱ, ㄴ
④ ㄴ, ㄷ ⑤ ㄱ, ㄴ, ㄷ

12 그림은 어느 해에 발생한 라니냐의 영향을 나타낸 것이다.

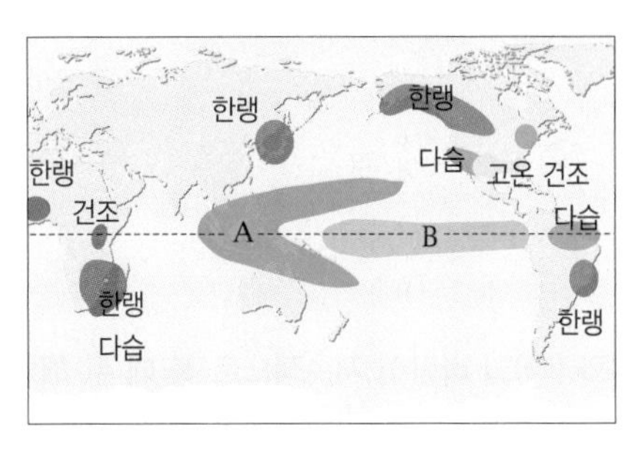

이에 대한 설명으로 옳은 것만을 [보기]에서 있는 대로 고른 것은?

보기
ㄱ. A 지역에서는 홍수 피해가 생긴다. ㄴ. B 지역은 평상시보다 서늘한 기후가 된다. ㄷ. 라니냐는 적도 부근 지역의 기후에만 영향을 미친다.

① ㄱ ② ㄷ ③ ㄱ, ㄴ
④ ㄴ, ㄷ ⑤ ㄱ, ㄴ, ㄷ

1 그림은 남반구 어느 대륙의 서쪽 연안 해역에서 관측한 표층 수온 변화를 나타낸 것이다. 관측 기간 중 이 연안 해역에서는 용승 또는 침강이 일어났다.

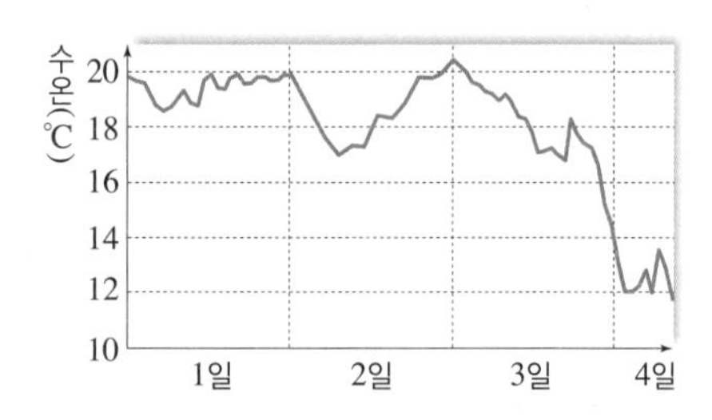

관측 기간 중 4일에 대한 설명으로 옳은 것만을 [보기]에서 있는 대로 고른 것은?

보기

ㄱ. 연안 용승이 일어났다.
ㄴ. 남풍 계열의 바람이 우세하게 불었다.
ㄷ. 연안에서 먼 바다로 갈수록 해수면 높이가 높아졌다.

① ㄱ ② ㄷ ③ ㄱ, ㄴ
④ ㄴ, ㄷ ⑤ ㄱ, ㄴ, ㄷ

2 그림 (가)와 (나)는 북반구 해수면에 형성된 고기압과 저기압의 풍향을 동서 방향 단면으로 순서 없이 나타낸 것이다.

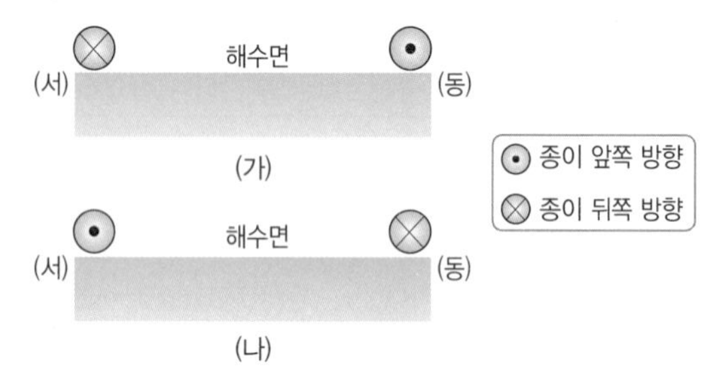

(가)와 (나)의 바람이 지속적으로 불 때 두 해역에서 일어나는 현상에 대한 설명으로 옳은 것만을 [보기]에서 있는 대로 고른 것은?

보기

ㄱ. (가)에서 표층 해수는 기압 중심에서 멀어지는 방향으로 이동한다.
ㄴ. (가)에서는 용승, (나)에서는 침강이 일어난다.
ㄷ. (나)에서 해수면 온도는 기압 중심이 주변보다 낮다.

① ㄱ ② ㄷ ③ ㄱ, ㄴ
④ ㄴ, ㄷ ⑤ ㄱ, ㄴ, ㄷ

3 그림 (가)와 (나)는 어느 시기에 북아메리카 대륙 서해안의 표층 수온 분포와 식물성 플랑크톤의 농도 분포를 나타낸 것이다.

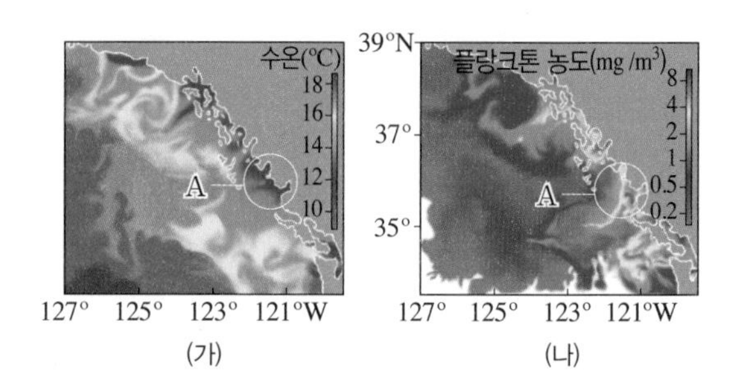

이 시기에 A 해역에 대한 설명으로 옳은 것만을 [보기]에서 있는 대로 고른 것은?

보기

ㄱ. 먼 바다보다 해수면 높이가 낮았다.
ㄴ. 북풍 계열의 바람이 지속적으로 불었다.
ㄷ. 먼 바다로부터 연안 쪽으로 영양 염류가 공급되었다.

① ㄱ ② ㄷ ③ ㄱ, ㄴ
④ ㄴ, ㄷ ⑤ ㄱ, ㄴ, ㄷ

4 그림은 2006년부터 2016년까지 적도 부근 태평양에서 관측한 해수면 온도 편차(관측값−평균값)를 나타낸 것이다.

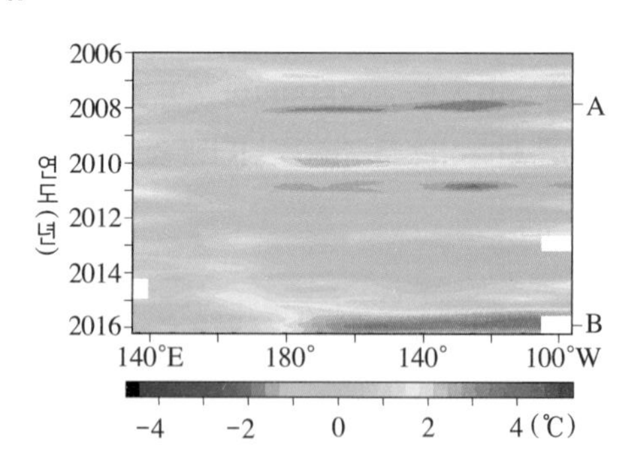

이에 대한 설명으로 옳은 것만을 [보기]에서 있는 대로 고른 것은?

보기

ㄱ. 동태평양의 용승은 B보다 A 시기에 강하였다.
ㄴ. A 시기에 동태평양의 해면 기압은 평상시보다 낮았다.
ㄷ. 관측 해역에서 동서 방향의 해수면 기울기는 B보다 A 시기에 컸다.

① ㄱ ② ㄴ ③ ㄱ, ㄷ
④ ㄴ, ㄷ ⑤ ㄱ, ㄴ, ㄷ

2021 9월 평가원 7번

5 그림은 태평양 적도 부근 해역에서의 대기 순환 모습을 나타낸 것이다. (가)와 (나)는 각각 엘니뇨와 라니냐 시기 중 하나이다.

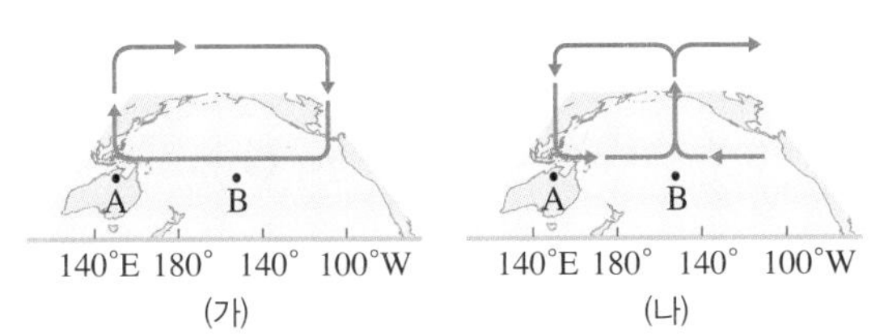

이에 대한 설명으로 옳은 것만을 [보기]에서 있는 대로 고른 것은?

보기

ㄱ. 서태평양 적도 부근 무역풍의 세기는 (가)가 (나)보다 강하다.
ㄴ. 동태평양 적도 부근 해역의 용승은 (가)가 (나)보다 강하다.
ㄷ. (B 지점 해면 기압−A 지점 해면 기압)의 값은 (가)가 (나)보다 크다.

① ㄱ ② ㄷ ③ ㄱ, ㄴ
④ ㄴ, ㄷ ⑤ ㄱ, ㄴ, ㄷ

2021 수능 20번

6 그림 (가)는 서태평양 적도 부근 해역의 표층에 도달하는 태양 복사 에너지 편차(관측값−평년값)를, (나)는 태평양 적도 부근 해역에서 A와 B 중 한 시기에 1년 동안 관측한 20 °C 등수온선의 깊이 편차를 나타낸 것이다. A와 B는 각각 엘니뇨와 라니냐 시기 중 하나이다.

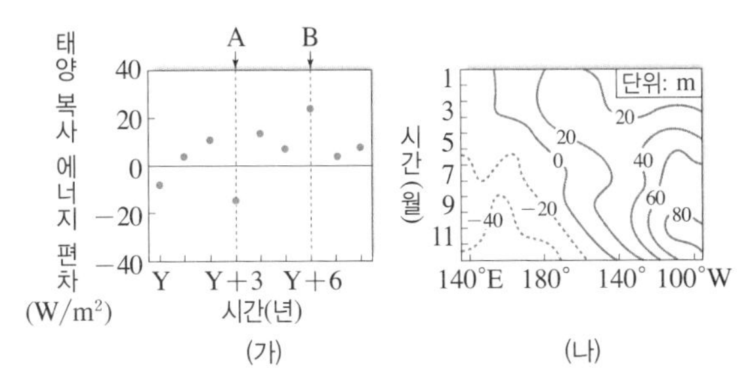

이에 대한 설명으로 옳은 것만을 [보기]에서 있는 대로 고른 것은?

보기

ㄱ. (나)는 A에 해당한다.
ㄴ. B일 때는 서태평양 적도 부근 해역이 평년보다 건조하다.
ㄷ. 적도 부근에서 $\frac{\text{서태평양 해면 기압}}{\text{동태평양 해면 기압}}$은 A가 B보다 작다.

① ㄱ ② ㄴ ③ ㄱ, ㄷ
④ ㄴ, ㄷ ⑤ ㄱ, ㄴ, ㄷ

7 그림은 엘니뇨와 라니냐 중 어느 한 시기에 관측한 해면 기압의 편차(관측값−평년값)를 나타낸 것이다.

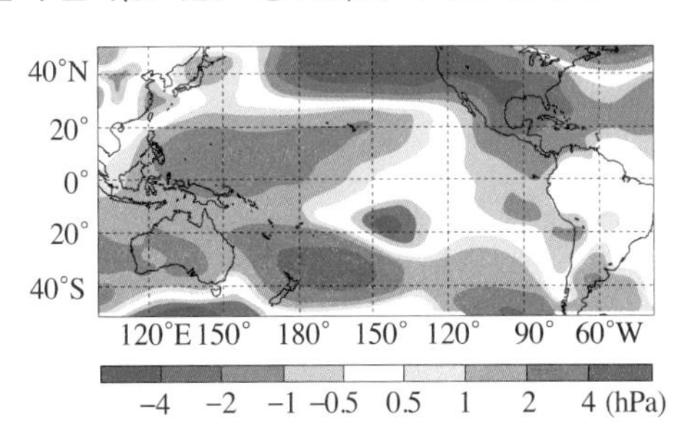

이에 대한 설명으로 옳은 것만을 [보기]에서 있는 대로 고른 것은?

보기

ㄱ. 엘니뇨 시기이다.
ㄴ. 동태평양에서 가뭄의 피해가 증가하였다.
ㄷ. 서태평양에서 상승 기류가 평상시보다 강하였다.

① ㄱ ② ㄷ ③ ㄱ, ㄴ
④ ㄴ, ㄷ ⑤ ㄱ, ㄴ, ㄷ

자료❷ 2020 수능 9번

8 그림 (가)는 적도 부근 해역에서 동태평양과 서태평양의 해수면 기압 차(동태평양 기압−서태평양 기압)를, (나)는 태평양 적도 부근 해역에서 ㉠과 ㉡ 중 한 시기에 관측된 따뜻한 해수층의 두께 편차(관측값−평년값)를 나타낸 것이다. ㉠과 ㉡은 각각 엘니뇨와 라니냐 시기 중 하나이다.

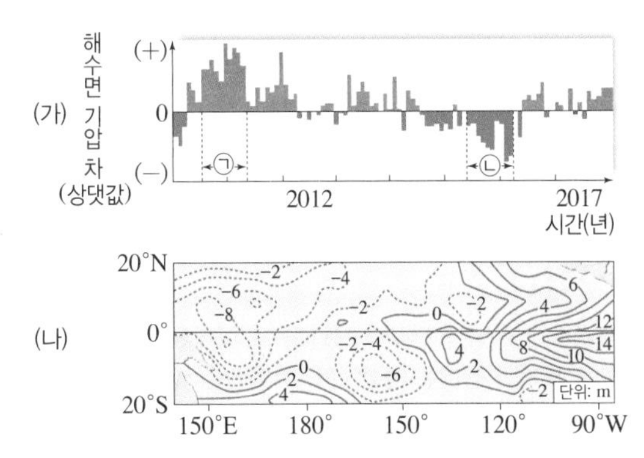

이에 대한 설명으로 옳은 것만을 [보기]에서 있는 대로 고른 것은?

보기

ㄱ. (나)는 ㉠에 해당한다.
ㄴ. 서태평양 적도 해역과 동태평양 적도 해역 사이의 해수면 높이 차는 ㉠이 ㉡보다 크다.
ㄷ. 동태평양 적도 부근 해역에서 구름양은 ㉠이 ㉡보다 많다.

① ㄱ ② ㄴ ③ ㄷ
④ ㄱ, ㄴ ⑤ ㄴ, ㄷ

지구 기후 변화

핵심 짚기
- 기후 변화의 지구 외적 요인에 따른 기온 변화
- 기후 변화의 지구 내적 요인에 따른 기온 변화
- 지구의 열수지 해석
- 지구 온난화와 한반도의 기후 변화

A 기후 변화의 요인

1 기후 변화의 자연적 요인-지구 외적 요인[1]

① **세차 운동:** 지구 자전축이 약 26000년을 주기로 팽이처럼 회전하는 현상

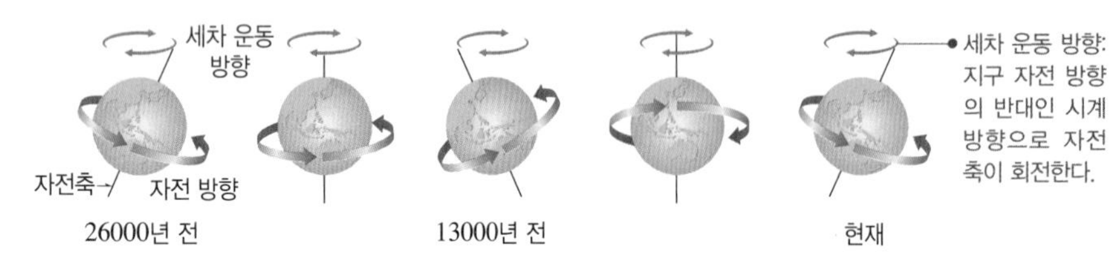

- 자전축 경사 방향의 변화로 계절이 변하여 기후 변화가 일어난다.
- 13000년 후에는 지구 자전축의 경사 방향이 현재와 정반대로 된다. ➡ *근일점과 *원일점에서 계절이 현재와 반대가 된다.

현재	13000년 후
지구 / 여름 / 겨울 / 원일점 / 태양 / 겨울 / 여름 / 근일점	지구 / 겨울 / 여름 / 원일점 / 태양 / 여름 / 겨울 / 근일점
• 현재 북반구는 원일점에서 여름이고, 근일점에서 겨울이다.[2] • 남반구의 계절은 북반구와 반대이다. • 북반구는 기온의 연교차가 작은 시기이고, 남반구는 기온의 연교차가 큰 시기이다.[3]	• 13000년 후에 북반구는 원일점에서 겨울이 되고, 근일점에서 여름이 된다. • 북반구는 기온의 연교차가 현재보다 커진다. ➡ 지구가 여름에 태양과 가까워지고 겨울에 태양에서 멀어지기 때문

② **지구 자전축의 기울기 변화:** 지구 자전축의 기울기(경사각)가 약 41000년을 주기로 21.5°~24.5° 사이에서 변한다. ➡ 현재 지구 자전축의 기울기: 약 23.5°

자전축의 기울기가 커질 때	자전축의 기울기가 작아질 때
24.5° N (최대 기울기) 적도 공전 궤도면 태양 S 24.5°	21.5° N (최소 기울기) 적도 공전 궤도면 태양 S 21.5°
기울기가 커지면 북반구와 남반구 모두 태양의 남중 고도가 여름에는 높아지고, 겨울에는 낮아지므로 기온의 연교차가 커진다.	기울기가 작아지면 북반구와 남반구 모두 태양의 남중 고도가 여름에는 낮아지고, 겨울에는 높아지므로 기온의 연교차가 작아진다.

③ **지구 공전 궤도 이심률 변화:** 지구 공전 궤도는 약 10만 년을 주기로 원에 가까운 모양에서 긴 타원 모양으로 변한다. ➡ 이심률이 변하면 태양에서 원일점, 근일점까지의 거리가 변하여 태양 복사 에너지의 입사량이 변한다.[4]
- 이심률이 클수록 긴 타원 모양이고, 이심률이 작을수록 원 궤도에 가깝다.

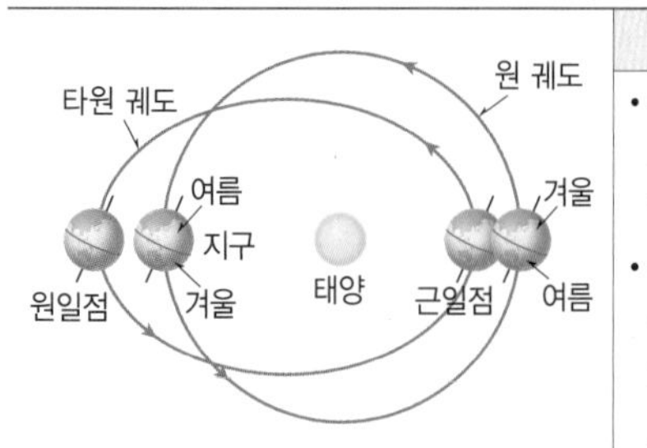

이심률이 커질 때	이심률이 작아질 때
• 원일점의 거리는 더 멀어지고, 근일점의 거리는 더 가까워진다. • 북반구는 여름일 때 기온이 낮아지고, 겨울일 때 기온이 높아져 기온의 연교차가 작아진다.	• 원일점의 거리는 가까워지고, 근일점의 거리는 멀어진다. • 북반구는 여름일 때 기온이 높아지고, 겨울일 때 기온이 낮아져 기온의 연교차가 커진다.

PLUS 강의

[1] **기후 변화 요인**
기후 변화 요인은 크게 자연적 요인과 인위적 요인으로 구분할 수 있으며, 자연적 요인은 지구 외적 요인(주기적인 천문학적 요인과 태양 활동의 변화)과 지구 내적 요인으로 구분할 수 있다.

[2] **남중 고도와 계절**
태양의 남중 고도는 태양이 정남쪽에 있을 때의 고도를 말하며, 이때 태양은 하루 중 고도가 가장 높은 위치에 있다. 태양의 남중 고도가 높을수록 단위 면적에 입사되는 태양 복사 에너지양이 많다.
- 태양 빛의 입사각이 클 때 태양의 남중 고도가 높아 여름이 된다.
- 태양 빛의 입사각이 작을 때 태양의 남중 고도가 낮아 겨울이 된다.

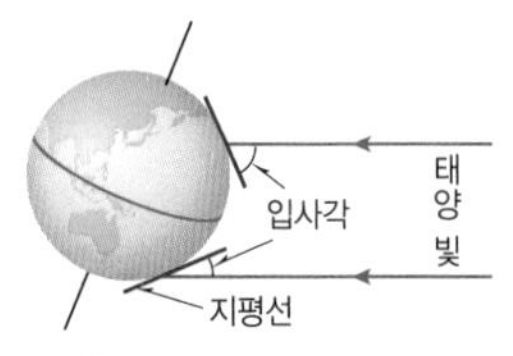

▲ **자전축이 기울어져 있을 때 태양 빛의 입사각** _ 자전축의 경사 방향이 그림과 같을 때 북반구는 여름, 남반구는 겨울이 된다.

[3] **기온의 연교차**
현재 북반구는 원일점에서 여름이고 근일점에서 겨울이므로 태양으로부터의 거리가 여름에는 멀고 겨울에는 가깝다. 따라서 다른 시기에 비해 여름은 덜 덥고 겨울은 덜 추워서 기온의 연교차가 작다. 현재 남반구는 근일점에서 여름이고 원일점에서 겨울이므로 태양으로부터의 거리가 여름에는 가깝고 겨울에는 멀다. 따라서 다른 시기에 비해 여름은 더 덥고 겨울은 더 추워서 기온의 연교차가 크다.

[4] **밀란코비치 이론**
세차 운동, 지구 자전축의 기울기 변화, 지구 공전 궤도 이심률 변화가 복합적으로 작용하여 지구의 기후가 일정한 주기로 변한다는 이론이다.

용어 돋보기
* **근일점(近 가깝다, 日 날, 點 점)**_공전 궤도에서 태양과 가장 가까운 지점
* **원일점(遠 멀다, 日 날, 點 점)**_공전 궤도에서 태양으로부터 가장 먼 지점

④ **태양 활동의 변화**: 흑점 수가 많은 시기에는 태양 활동이 활발하여 지구에 도달하는 태양 복사 에너지양이 증가한다. ➡ 1600년대에 흑점 수가 적었던 시기에 소빙하기가 있었다.

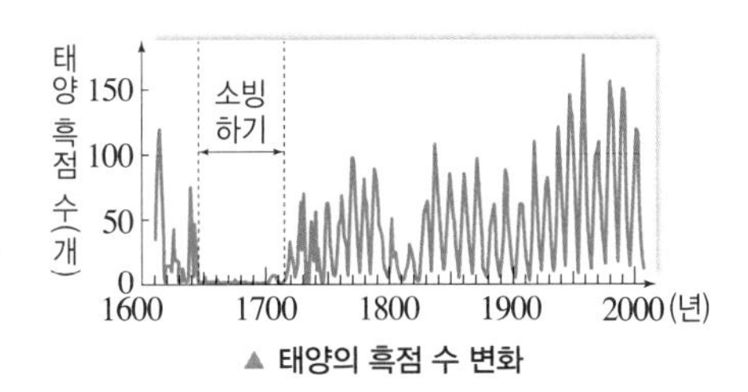

▲ 태양의 흑점 수 변화

2 기후 변화의 자연적 요인-지구 내적 요인

지표면의 상태 변화	지표면의 반사율이 변하면 흡수하는 태양 복사 에너지양이 변한다.[5] • 빙하 면적 변화: 빙하 면적이 감소하면 지표면 반사율이 감소한다. ➡ 기온 상승 • 식생 변화: 숲이 감소하면 지표면 반사율이 증가한다. ➡ 기온 하강
대기의 투과율 변화	대규모 화산 분출로 방출된 화산재는 태양 빛을 반사시켜 대기의 투과율을 감소시킨다. ➡ 지표에 도달하는 태양 복사 에너지양이 감소하여 기온이 하강한다.
수륙 분포의 변화	수륙 분포가 변하면 육지와 해양의 열용량 차이, 반사율 차이, 해류 분포의 변화로 기후가 변한다.
기권과 수권의 상호 작용	엘니뇨와 라니냐에 의해 수온이 평상시와 다르게 나타나고, 적도 지역의 대기 순환이 변하여 전 지구적인 기후 변동이 일어난다.

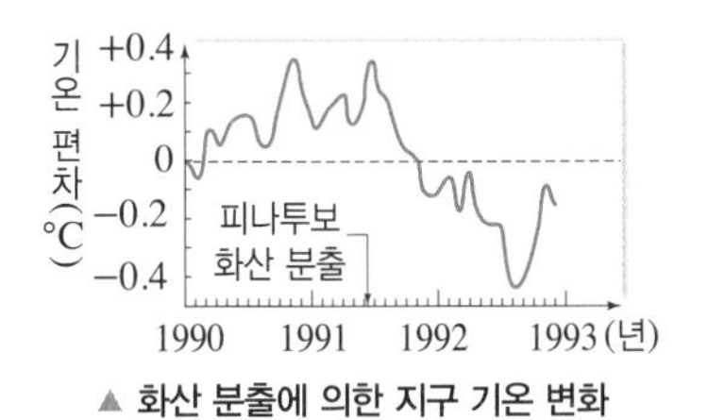

▲ 화산 분출에 의한 지구 기온 변화

판게아

판게아의 분리[6]

▲ 수륙 분포의 변화

3 기후 변화의 인위적 요인

① **온실 기체 배출**: 화석 연료의 사용 과정에서 대기로 배출된 온실 기체에 의해 지구 온난화가 일어난다.

② ***에어로졸 배출**: 대기로 배출된 에어로졸은 태양 빛을 차단하여 지구 기온을 낮춘다.

③ **과도한 토지 이용**: 농경지 확장을 위한 산림 훼손, 포장 도로 건설, 고층 건물 신축, 도시화 등에 의해 지표면 반사율이 변하여 기후가 변한다.

5 반사율

입사된 태양 복사 에너지의 양 중 흡수되지 않고 반사하는 양의 비율이다. 반사율은 지표면의 상태에 따라 다르다.

지표면의 상태	반사율(%)
빙하	50~70
침엽수림	8~15
토양	5~40
아스팔트	4~12
콘크리트	17~20

6 판게아 분리와 기후 변화

• 판게아의 대륙 내에서는 건조한 대륙성 기후가 발달한다.
• 판게아가 분리되면서 겨울에 온난하고 여름에 시원한 해양성 기후 지역이 늘어났고, 난류와 한류의 흐름이 복잡해져 다양한 기후가 나타났다.
• 해령에서 판이 벌어질 때 열과 이산화 탄소가 대기로 방출되어 기후를 변화시켰다.
• 판의 이동으로 형성된 습곡 산맥은 주변 지역의 기후를 변화시켰다.

용어 돋보기

* **에어로졸(aerosol)**_ 대기에 퍼져 있는 1 nm~100 μm의 작은 액체나 고체 입자로, 태양 복사 에너지를 산란시키고 응결핵으로 작용하여 구름의 양을 늘려 지구의 반사율을 증가시킨다.

정답과 해설 63쪽

개념 확인

(1) 지구 자전축의 경사 방향이 주기적으로 변하는 현상을 (　　　　)(이)라고 한다.

(2) 지구 자전축의 (　　　　)이(가) 변하여 태양의 남중 고도가 약 41000년을 주기로 변한다.

(3) 지구 공전 궤도 (　　　　)이 변하여 태양과 근일점 사이의 거리가 약 10만 년을 주기로 변한다.

(4) 다음은 기후 변화의 지구 외적 요인에 대한 설명이다. (　　) 안에 알맞은 말을 고르시오.

① 현재 북반구는 근일점에서 (여름, 겨울)이다.
② 지구 자전축의 기울기 방향이 반대로 변하면 근일점에서 계절은 현재와 (같다, 반대가 된다).
③ 지구 자전축의 기울기(경사각)가 커지면 여름철 태양의 남중 고도는 (낮아진다, 높아진다).
④ 지구 공전 궤도 이심률이 증가하면 태양과 근일점 사이 거리는 (멀어진다, 가까워진다).
⑤ 태양 표면의 흑점 수가 증가하면 대체로 지구의 기온은 (상승, 하강)한다.

(5) 빙하 면적이 감소하면 지표면 반사율이 (　　　　)하여 기온이 (　　　　)한다.

(6) 다량의 화산재가 대기로 방출되면 태양 빛의 대기 투과율이 (　　　　)하여 기온이 (　　　　)한다.

(7) 숲을 개간하여 농경지를 만들면 지표면 반사율이 (　　　　)하여 기온이 (　　　　)한다.

지구 기후 변화

B 지구의 열수지와 온실 효과

1 지구의 열수지 지구에 도달하는 태양 복사 에너지의 일부는 대기와 지표에서 반사되고, 나머지는 흡수되며, 지구는 흡수한 양만큼 에너지를 우주 공간으로 재방출한다.

① **태양 복사 에너지:** 주로 파장이 짧은 가시광선으로, 지구 대기에 일부만 흡수된다.

② **지구 복사 에너지:** 주로 파장이 긴 적외선으로, 지구 대기에 대부분 흡수된다.[7]

③ **지구의 복사 평형:** 지구는 태양 복사 에너지를 흡수한 양만큼 지구 복사 에너지를 방출하여 복사 평형을 이룬다. ➡ 지구의 연평균 기온이 일정하게 유지된다.

[7] 태양 복사와 지구 복사의 파장
물체의 온도가 높을수록 표면에서 방출하는 복사 에너지의 파장이 짧아진다. 태양은 표면 온도가 약 5800 K으로 높고, 지구는 표면 온도가 약 288 K으로 낮으므로 태양 복사 에너지의 파장이 지구 복사 에너지의 파장보다 짧다.

탐구 자료 복사 평형 상태의 지구 열수지 해석

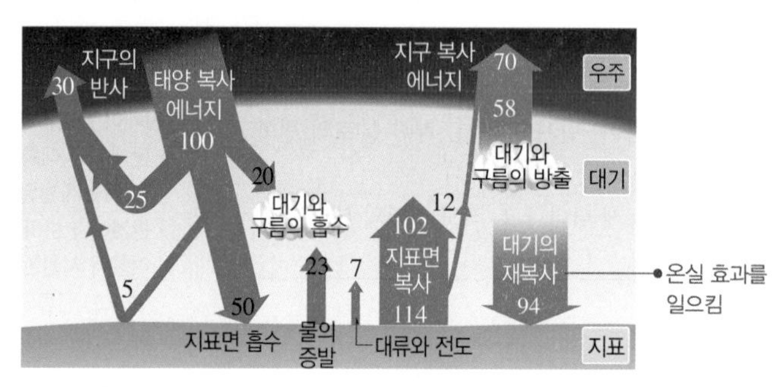

1. **지구의 반사율:** 대기 반사(25)+지표 반사(5)=30 %
2. **지구의 복사 평형:** 태양 복사 에너지 흡수량(100−30=70)=지구 복사 에너지 방출량(12+58=70)
3. **각 영역에서 복사 에너지의 흡수와 방출:** 흡수량과 방출량은 같다.

지표	흡수량	태양 복사 지표면 흡수(50)+대기의 재복사(94)=144
	방출량	물의 증발(23)+대류와 전도(7)+지표면 복사(114)=144[8]
대기	흡수량	태양 복사 대기와 구름의 흡수(20)+물의 증발(23)+대류와 전도(7)+지표면 복사(102)=152
	방출량	대기와 구름의 방출(58)+대기의 재복사(94)=152

[8] 물의 증발과 숨은열(잠열)
물이 증발하여 수증기로 될 때는 물에 가해 준 열이 온도를 높이지 않고 액체에서 기체로 물의 상태를 변화시키는 데 쓰인다. 이러한 열을 숨은열(잠열)이라고 하며, 물이 증발하는 과정에서 지표에서 대기로 이동한다.

2 온실 효과 온실 기체가 지표에서 방출되는 복사 에너지의 일부를 흡수하였다가 재복사하여 지표 온도가 높아지는 현상

① **온실 기체:** 온실 효과를 일으키는 기체, 주로 적외선 흡수[9]

② **온실 효과의 영향:** 지구의 평균 기온을 약 15 ℃로 유지시키고, 기온의 일교차와 연교차를 줄인다.

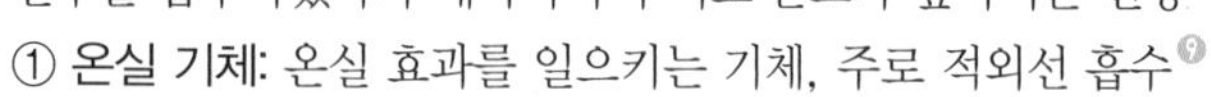

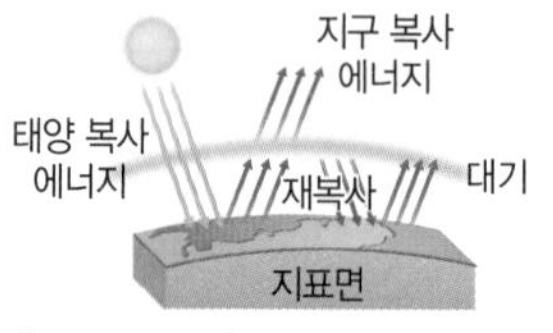

▲ 온실 효과

[9] 온실 기체의 온실 효과 기여도
- 온실 기체: 수증기(H_2O), 이산화 탄소(CO_2), 메테인(CH_4), 산화 이질소(N_2O), 오존(O_3) 등
- 주요 온실 기체의 온실 효과 기여도: 수증기를 제외한 온실 기체 중 이산화 탄소의 기여도가 가장 크다.

온실 기체	기여도(%)
수증기	36~70
이산화 탄소	9~26
메테인	4~9
오존	3~7

C 지구 온난화

1 지구 온난화 지구의 평균 기온이 점점 상승하는 현상

① **지구 온난화의 원인:** 대기 중의 온실 기체 농도 증가
- 산업 혁명 이후 화석 연료의 사용량이 증가함에 따라 온실 기체 농도가 증가하였다.
- 산림 파괴와 가축의 사육 증가에 의해 온실 기체 농도가 증가하였다.[10]

② **지구 온난화의 경향성:** 최근 온실 기체 농도 증가가 뚜렷하고, 기온이 상승하고 있다.

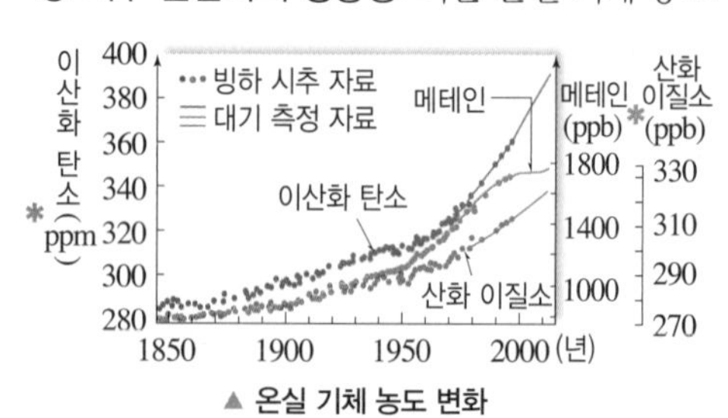

▲ 온실 기체 농도 변화

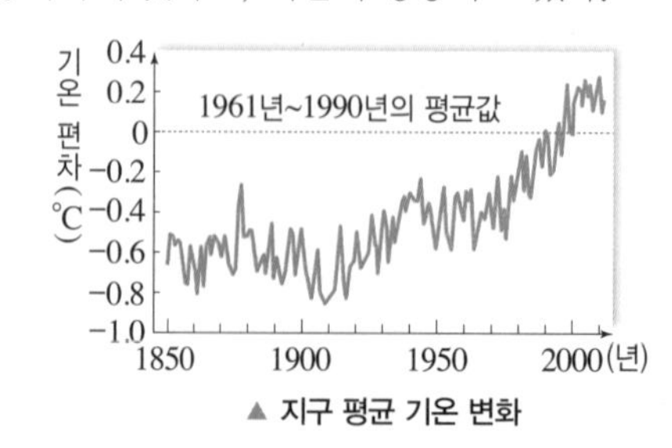

▲ 지구 평균 기온 변화

[10] 산림 파괴와 가축의 사육
산림을 파괴하면 나무에 의한 광합성량이 감소한다. 가축의 사육이 증가하면 소화 과정에서 메테인의 방출량이 증가한다.

용어 돋보기
* ppm(parts per million)_100만분의 1
* ppb(parts per billion)_10억분의 1

③ 지구 온난화의 영향

해수면 상승	• 빙하의 융해와 수온 상승에 의한 해수의 부피 팽창으로 해수면이 상승한다. • 해안 지역의 침수, 경작지 면적 감소, 해안 침식 등의 피해가 생긴다.
기후대 변화	• 식생대가 고위도로 이동하고, 생태계가 교란된다. • 열대성 질병이 고위도로 이동한다.
이상 기후 발생	강수량과 증발량이 증가한다. ➡ 지역적으로 편중되어 홍수와 가뭄 피해 발생
해수 순환 변화	엘니뇨 남방 진동이 강해지고, 대서양 심층 순환이 약해진다.[11]

2 한반도의 기후 변화 경향성

① 연평균 기온 상승: 최근 100년 동안 지속적으로 기온이 상승하였고, 열대야 일수가 증가하였다. ➡ 한반도의 기온 상승률은 전 지구의 기온 상승률보다 크게 나타난다.

② 강수량 증가: 강수량이 대체로 증가하였다. ➡ 강수 일수 감소, 호우 일수 증가

③ 계절의 길이 변화: 겨울이 짧아지고 있으며, 봄꽃의 개화 시기가 빨라졌다.

④ 수온 상승과 해수면 상승: 한반도 주변 해양의 수온과 해수면 상승률은 전 지구의 평균보다 높은 것으로 관측되었다.

⑤ 아열대 기후 확대: 대체로 온대 기후이지만, 아열대 기후 지역이 확대되고 있다.

3 기후 변화의 대응 방안

① 지구 온난화의 과학적 해결 방법

온실 기체 배출량 감소	• 화석 연료 사용을 억제하고, 신재생 에너지 사용을 확대한다. • 에너지 효율성을 개선한다.
대기 중의 이산화 탄소 제거	• 산업 시설에서 발생하는 이산화 탄소를 포집하여 지층 속에 저장한다.[12] • 해양에 영양분을 공급하여 식물성 플랑크톤의 양을 늘린다.(해양 비옥화) ➡ 광합성량을 늘려 대기 중의 이산화 탄소를 해수에 흡수시킨다.
태양 복사 에너지의 흡수량 감소	• 성층권에 에어로졸을 뿌려 태양 복사 에너지의 반사율을 높인다. • 우주에 반사막을 설치하여 태양 복사 에너지를 반사시킨다.

② 기후 변화에 대비한 국제 협약

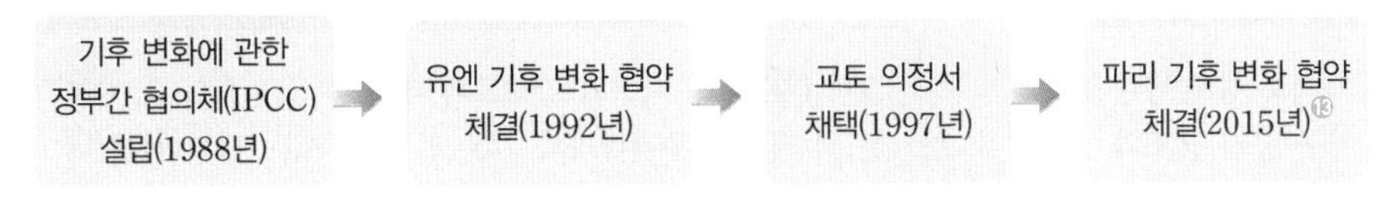

[11] **대서양 심층 순환의 약화**
고위도의 표층 수온이 상승하면 해수의 밀도가 감소하므로 해수가 침강하기 어려워져 심층 순환이 약화된다. 심층 순환이 약해지면 이와 연결된 표층 순환도 약해지므로 고위도로 수송되는 열에너지가 감소하여 기후 변화가 일어난다.

[12] **이산화 탄소의 저장**

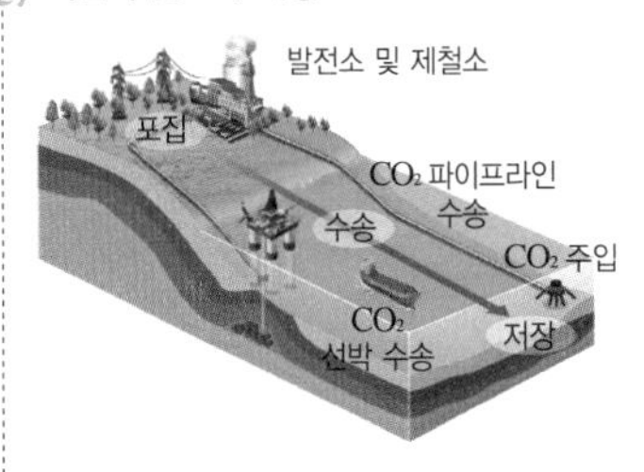

[13] **파리 기후 변화 협약의 주요 내용**
산업화 이전과 대비하여 지구 평균 기온의 상승 폭을 2 ℃보다 낮은 수준으로 유지하기로 합의하였다.

정답과 해설 63쪽

(8) 태양 복사 에너지는 주로 파장이 짧은 (   )이고, 지구 복사 에너지는 대부분 파장이 긴 (   )이다.

(9) 지구는 에너지의 흡수량과 방출량이 같아서 복사 평형을 이루며, 지구의 반사율은 약 (   ) %이다.

(10) 지구 대기 중의 온실 기체는 (태양 복사, 지구 복사) 에너지를 잘 흡수한다.

(11) 대기 중의 이산화 탄소 농도가 증가하면 지구의 평균 기온은 (상승, 하강)한다.

(12) 다음은 지구 온난화의 영향에 대한 설명이다. (   ) 안에 알맞은 말을 고르시오.

① 해수의 부피가 (증가, 감소)하고, 해수면이 (상승, 하강)한다.

② 지구의 총 강수량과 증발량이 (증가, 감소)한다.

(13) 다음은 한반도의 기후 변화 경향성에 대한 설명이다. (   ) 안에 알맞은 말을 고르시오.

① 한반도의 기온 상승률은 전 지구의 기온 상승률보다(과) (작다, 같다, 크다).

② 열대야 일수가 (증가, 감소)하고 있으며, 여름의 길이가 (길어, 짧아)지고 있다.

③ 강수량이 대체로 (증가, 감소)하고 있으며, 강수 일수는 대체로 (증가, 감소)하고 있다.

2017 • 6월 평가원 13번

자료❶ 기후 변화의 요인

표는 지구의 기후 변화를 일으키는 요인에 대한 설명이다.

기후 변화 요인	내용
(가)	지구 공전 궤도 이심률이 약 10만 년을 주기로 변한다.
(나)	판의 운동에 의해 수륙 분포가 변한다.
(다)	화석 연료의 사용으로 ㉠ 대기 중 이산화 탄소 농도가 증가한다.

1. (가)는 지구 외적 요인, (나)와 (다)는 지구 내적 요인에 해당한다. (○, ×)
2. (가)로 인해 5만 년 후에는 북반구의 계절이 현재와 정반대로 된다. (○, ×)
3. (나)는 지질 시대 동안 일정한 주기로 일어났다. (○, ×)
4. (나)는 대기와 해수의 순환에 영향을 준다. (○, ×)
5. ㉠에 의해 지표 복사 에너지의 대기 흡수율이 낮아진다. (○, ×)
6. ㉠에 의해 오존층이 파괴된다. (○, ×)
7. 해수 중에 식물성 플랑크톤의 양을 크게 늘리면 ㉠을 억제하는데 도움이 된다. (○, ×)

2019 • 수능 19번

자료❷ 기후 변화의 지구 외적 요인

그림 (가)는 현재의 지구 공전 궤도와 자전축 경사 방향을, (나)는 13000년 후 이심률이 변화된 지구 공전 궤도와 자전축 경사 방향을 나타낸 것이다. (단, 지구 자전축 경사 방향과 이심률 이외의 조건은 고려하지 않는다.)

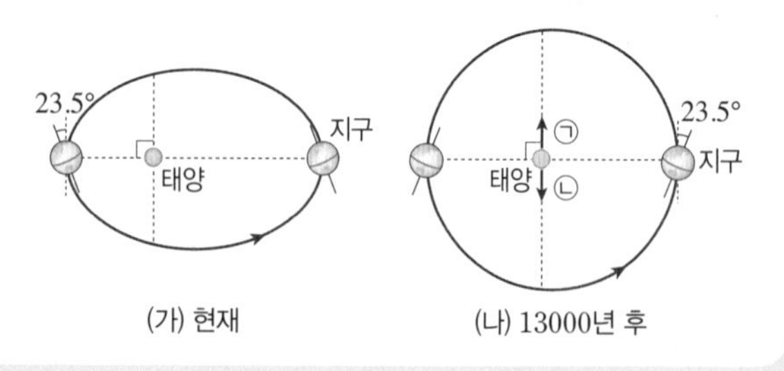

(가) 현재 (나) 13000년 후

1. 현재 우리나라는 근일점에서 여름이다. (○, ×)
2. 13000년 후 우리나라는 근일점에서 여름이다. (○, ×)
3. 13000년 후 우리나라는 기온의 연교차가 작아진다. (○, ×)
4. 13000년 후 남반구 계절은 원일점에서 여름이다. (○, ×)
5. 13000년 후 지구가 ㉠ 방향에 있을 때 북반구 계절은 가을이다. (○, ×)
6. 13000년 후 지구가 ㉡ 방향에 있을 때 남반구 계절은 봄이다. (○, ×)
7. (나)는 (가)보다 지구 공전 궤도 이심률이 크다. (○, ×)

2020 • 수능 10번

자료❸ 지구의 열수지

그림 (가)는 복사 평형 상태에 있는 지구의 열수지를, (나)는 파장에 따른 대기의 지구 복사 에너지 흡수도를 나타낸 것이다. ㉠, ㉡, ㉢은 파장 영역에 해당한다.

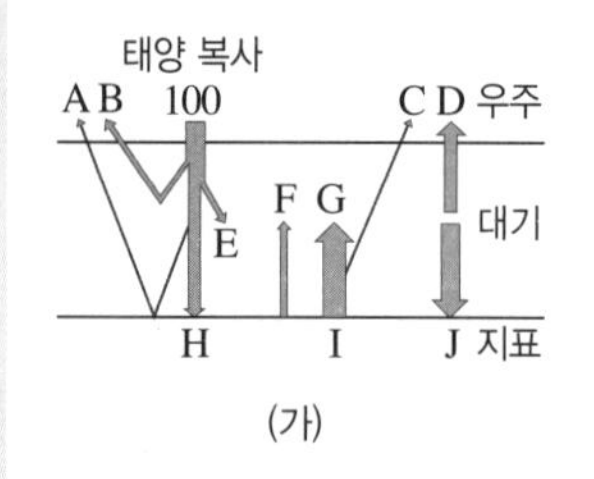

(가)

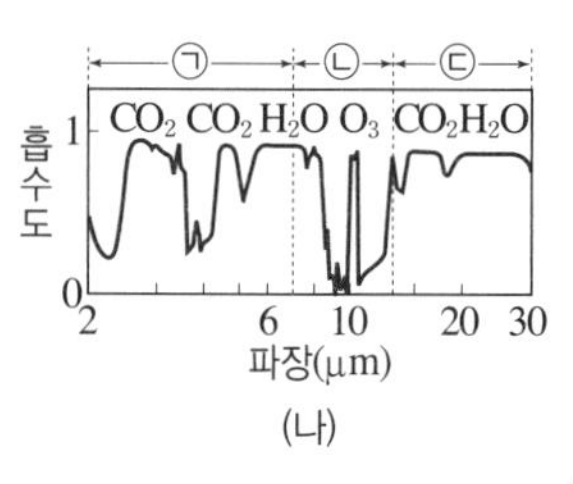

(나)

1. 태양 복사 중 지표와 대기에 반사되는 양은 C+D이다. (○, ×)
2. $\frac{E+H-C}{D}=1$이다. (○, ×)
3. 대기가 흡수하는 에너지의 양은 E+F+G이다. (○, ×)
4. (나)는 적외선 영역에 해당한다. (○, ×)
5. C는 대부분 ㉠으로 방출되는 에너지양이다. (○, ×)
6. 대규모 산불이 진행되는 동안 발생하는 다량의 기체는 대기의 지구 복사 에너지 흡수도를 증가시킨다. (○, ×)
7. 대기 중의 CO_2, H_2O, O_3 농도가 증가하면 J가 감소한다. (○, ×)

2021 • 수능 10번

자료❹ 지구 온난화

그림 (가)는 전 지구와 안면도의 대기 중 CO_2 농도를, (나)는 전 지구와 우리나라의 기온 편차(관측값－평년값)를 나타낸 것이다.

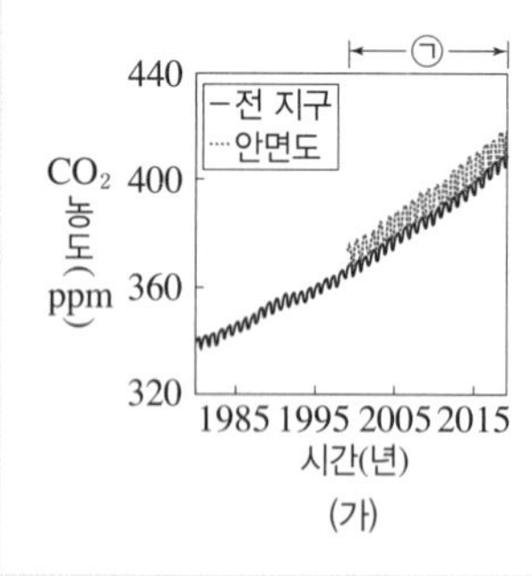

(가)

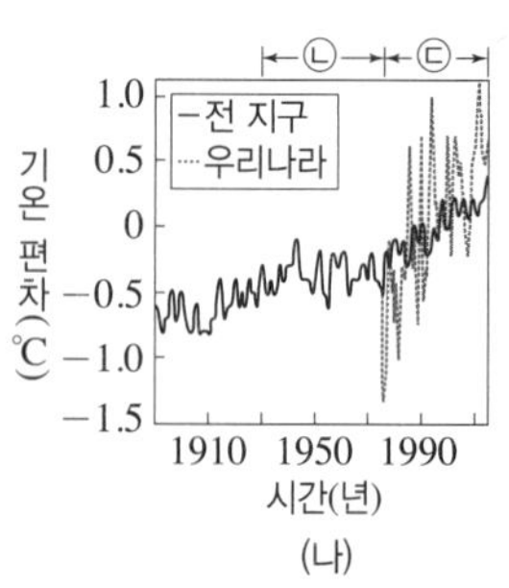

(나)

1. ㉠ 시기 동안 CO_2 평균 농도는 안면도가 전 지구보다 높다. (○, ×)
2. 전 지구의 온난화 영향은 ㉡ 시기가 ㉢ 시기보다 작다. (○, ×)
3. 북극해의 얼음에 의한 반사율은 ㉡ 시기가 ㉢ 시기보다 크다. (○, ×)
4. 전 지구적인 해수면의 평균 높이는 ㉡ 시기가 ㉢ 시기보다 높다. (○, ×)
5. ㉠ 시기에 우리나라 동해 표층의 연평균 20 ℃ 수온선은 북쪽으로 이동하였다. (○, ×)
6. ㉢ 시기에 우리나라 아열대 기후대는 남쪽으로 이동하였다. (○, ×)

정답과 해설 64쪽

Ⓐ 기후 변화의 요인

1 기후 변화의 지구 내적 요인에 해당하는 것만을 [보기]에서 있는 대로 고르시오.

보기
ㄱ. 수륙 분포의 변화
ㄴ. 빙하 면적의 변화
ㄷ. 지구 자전축의 기울기 변화
ㄹ. 지구 공전 궤도 이심률 변화
ㅁ. 화산재 방출에 의한 태양 빛의 반사량 변화

2 그림은 현재 지구 자전축의 경사 방향을 나타낸 것이다. (단, 세차 운동만을 고려한다.)

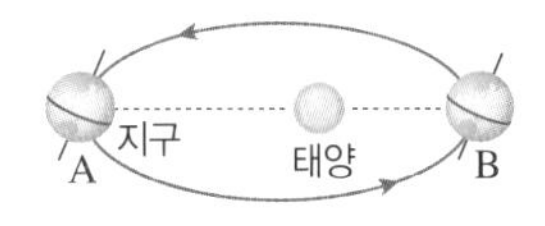

(1) 현재 북반구가 여름인 위치를 쓰시오.
(2) 13000년 후 남반구가 여름인 위치를 쓰시오.
(3) 현재와 비교하여 13000년 후의 북반구 여름 기온을 '상승' 또는 '하강'으로 쓰시오.

3 그림은 지구 자전축의 기울기(θ)를 나타낸 것이다.

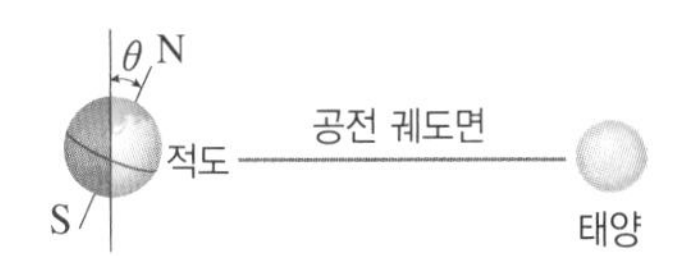

θ 값이 커질 때 ㉠ 북반구 여름과 ㉡ 남반구 겨울에 태양의 남중 고도 변화를 각각 쓰시오. (단, 기후 변화의 여러 요인 중 θ 값만 변한다고 가정한다.)

4 지구 공전 궤도 이심률이 증가하는 경우, ㉠ 원일점의 거리와 ㉡ 북반구의 여름 기온의 변화로 옳은 것은? (단, 지구 공전 궤도 이심률 이외의 요인은 변하지 않는다.)

	㉠	㉡		㉠	㉡
①	증가	상승	②	증가	하강
③	증가	일정	④	감소	상승
⑤	감소	하강			

5 기후 변화의 요인에 대한 설명으로 옳지 않은 것은?

① 식생의 변화는 기후 변화를 일으킨다.
② 해류 분포의 변화는 기후 변화를 일으킨다.
③ 빙하 면적의 증가는 지표면 반사율을 증가시킨다.
④ 기권과 수권의 상호 작용은 기후 변화를 일으킨다.
⑤ 대기로 배출된 에어로졸은 지구 기온을 상승시킨다.

Ⓑ 지구의 열수지와 온실 효과

6 그림은 복사 평형 상태인 지구의 열수지를 나타낸 것이다.

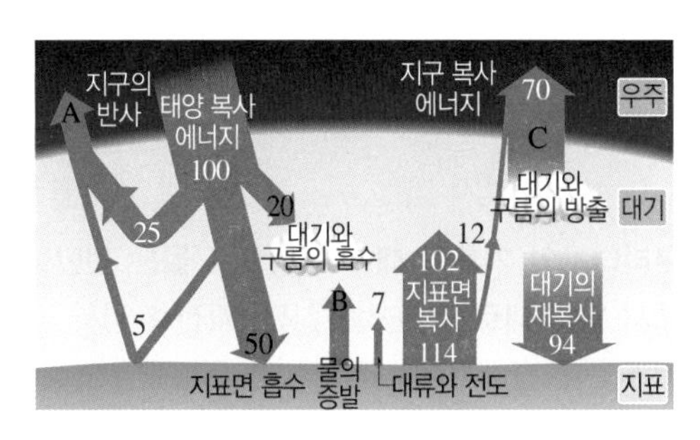

(1) A, B, C에 해당하는 값을 각각 쓰시오.
(2) 대기가 태양과 지표면으로부터 흡수한 총 에너지의 양을 쓰시오.
(3) 온실 효과를 일으키는 에너지의 양을 쓰시오.

Ⓒ 지구 온난화

7 그림은 과거 약 160년 동안의 지구 기온 변화를 기온 편차로 나타낸 것이다.

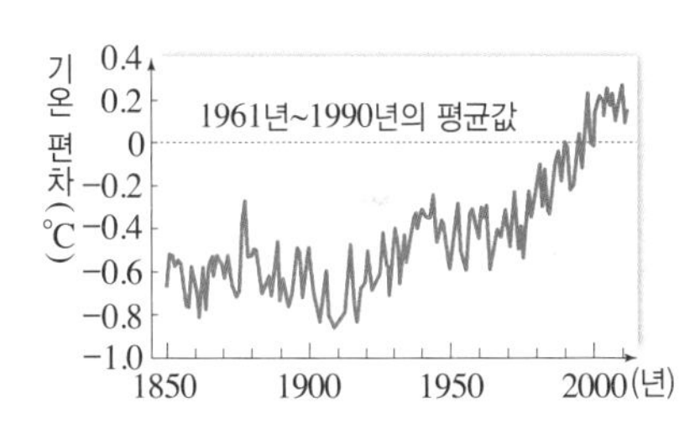

이 기간 동안의 지구 환경 변화에 대한 설명으로 옳은 것만을 [보기]에서 있는 대로 고르시오.

보기
ㄱ. 기온은 일정한 비율로 상승하였다.
ㄴ. 연강수량과 연증발량은 점차 감소하였다.
ㄷ. 대기 중의 이산화 탄소 농도가 증가하였다.
ㄹ. 극지방과 고산 지대의 빙하 면적이 감소하였다.

8 지구 온난화의 영향으로 한반도에서 일어나는 현상 중 옳은 것만을 [보기]에서 있는 대로 고르시오.

보기
ㄱ. 아열대 기후대가 남하한다.
ㄴ. 봄꽃의 개화 시기가 점차 늦어진다.
ㄷ. 한반도 주변 해양의 해수면이 상승한다.

1 그림 (가)와 (나)는 현재와 13000년 후 지구 자전축의 경사 방향을 나타낸 것이다.

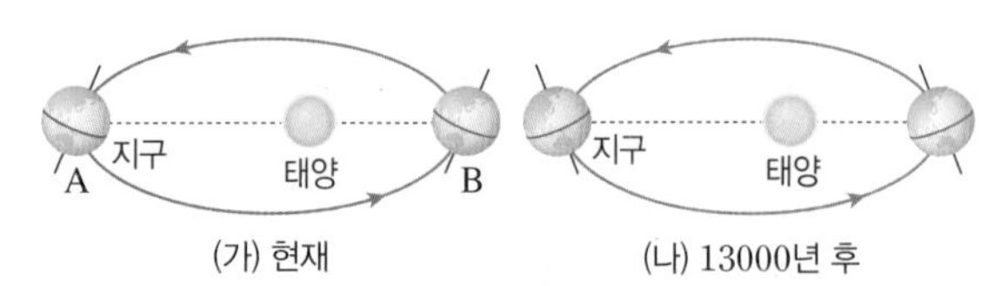

우리나라의 기후에 대한 설명으로 옳은 것만을 [보기]에서 있는 대로 고른 것은? (단, 자전축 경사 방향 이외의 요인은 변하지 않는다.)

보기
ㄱ. (가)일 때 A에서는 여름, B에서는 겨울이다.
ㄴ. (가) → (나)로 변하면 여름의 기온이 높아진다.
ㄷ. (가) → (나)로 변하면 기온의 연교차가 커진다.

① ㄱ ② ㄴ ③ ㄱ, ㄷ
④ ㄴ, ㄷ ⑤ ㄱ, ㄴ, ㄷ

2 그림 (가)와 (나)는 서로 다른 시기의 지구 자전축 기울기를 나타낸 것이다.

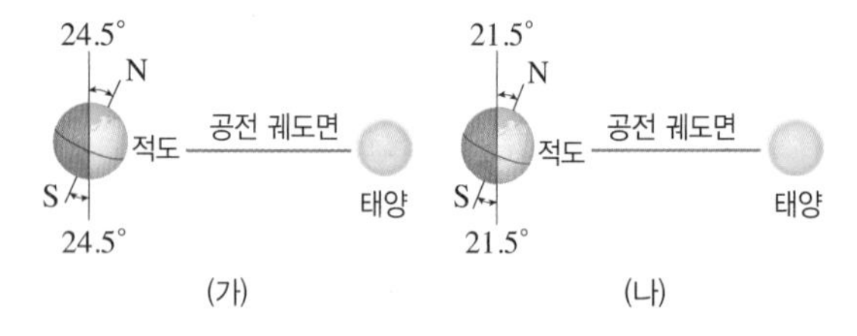

이에 대한 설명으로 옳은 것만을 [보기]에서 있는 대로 고른 것은? (단, 지구 자전축 기울기 이외의 요인은 변하지 않는다.)

보기
ㄱ. (가)의 지구 위치가 원일점이면 북반구는 겨울이다.
ㄴ. (가) → (나)로 변하면 우리나라에서 하짓날 태양의 남중 고도는 증가한다.
ㄷ. (가) → (나)로 변하면 남반구에서 기온의 연교차는 작아진다.

① ㄱ ② ㄷ ③ ㄱ, ㄴ
④ ㄴ, ㄷ ⑤ ㄱ, ㄴ, ㄷ

2021 6월 평가원 13번

3 그림은 지구 자전축 경사각의 변화를 나타낸 것이다.

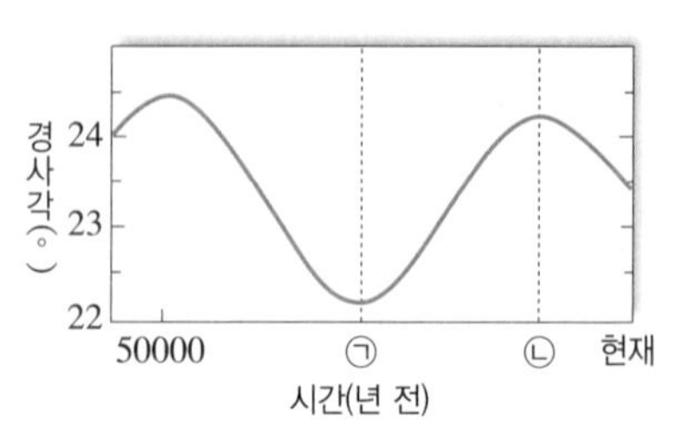

이에 대한 설명으로 옳은 것만을 [보기]에서 있는 대로 고른 것은? (단, 지구 자전축 경사각 이외의 요인은 변하지 않는다.)

보기
ㄱ. 30°S에서 기온의 연교차는 현재가 ㉡ 시기보다 작다.
ㄴ. 30°N에서 겨울철 태양의 남중 고도는 현재가 ㉠ 시기보다 높다.
ㄷ. 1년 동안 지구에 입사하는 평균 태양 복사 에너지양은 ㉠ 시기가 ㉡ 시기보다 많다.

① ㄱ ② ㄴ ③ ㄷ
④ ㄱ, ㄴ ⑤ ㄱ, ㄷ

4 그림은 어느 시기의 지구 자전축 경사 방향과 공전 궤도 모양을 나타낸 것이다.

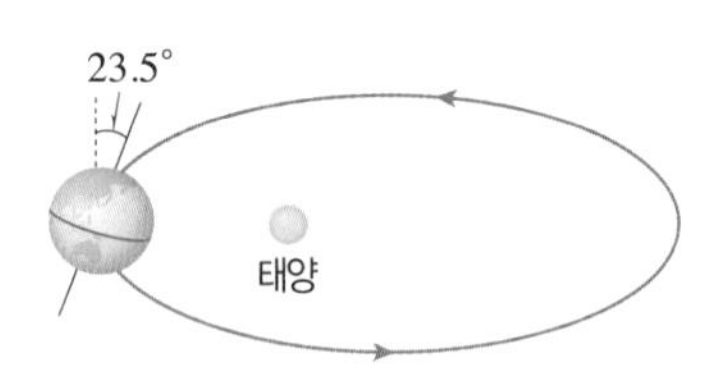

이 시기 이후 지구의 공전 궤도 이심률이 증가한 시기의 기후 변화에 대한 설명으로 옳은 것만을 [보기]에서 있는 대로 고른 것은? (단, 공전 궤도 이심률 이외의 요인은 변하지 않는다.)

보기
ㄱ. 북반구는 근일점에서 여름이다.
ㄴ. 남반구 기온의 연교차는 감소한다.
ㄷ. 북반구에서 일 년 중 태양의 남중 고도 최댓값이 증가한다.

① ㄱ ② ㄷ ③ ㄱ, ㄴ
④ ㄴ, ㄷ ⑤ ㄱ, ㄴ, ㄷ

5 그림은 과거 약 400년 동안의 태양 흑점 수 변화를 나타낸 것이다.

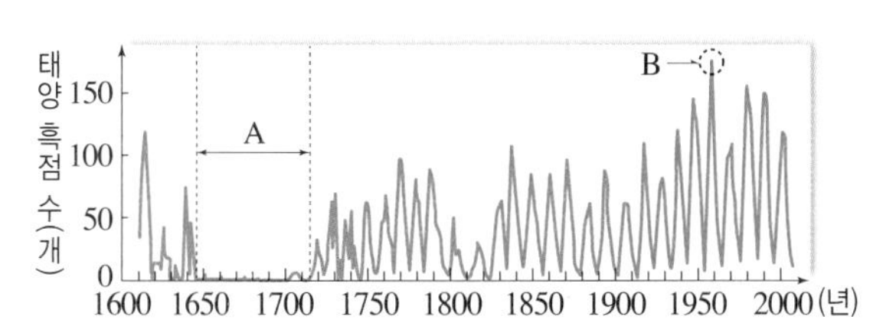

B 시기와 비교하여 A 시기에 대한 설명으로 옳은 것만을 [보기]에서 있는 대로 고른 것은?

보기

ㄱ. 태양 활동이 약했다.
ㄴ. 태양에서 방출되는 복사 에너지양이 많았다.
ㄷ. 지구 기온이 상승하여 빙하 면적이 감소하였다.

① ㄱ ② ㄴ ③ ㄱ, ㄷ
④ ㄴ, ㄷ ⑤ ㄱ, ㄴ, ㄷ

6 그림은 피나투보 화산 폭발 전후의 기온 변화를 나타낸 것이다.

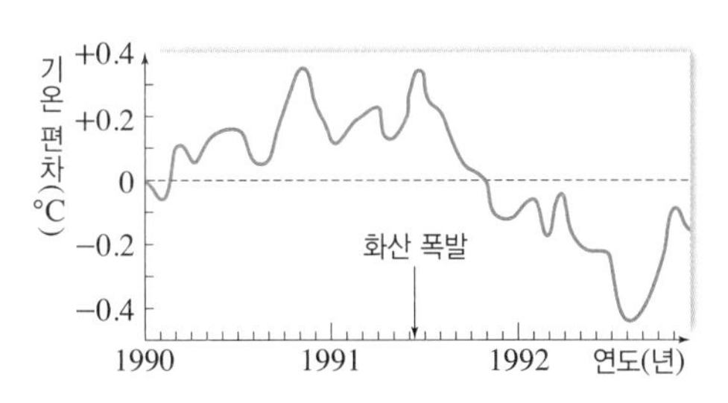

이에 대한 설명으로 옳은 것만을 [보기]에서 있는 대로 고른 것은?

보기

ㄱ. 화산 폭발은 일시적으로 지구의 기온을 낮춘다.
ㄴ. 화산 폭발로 태양 복사 에너지의 대기 투과율이 감소하였다.
ㄷ. 화산 폭발에 의해 기온 변화를 일으킨 주된 요인은 이산화 탄소의 방출이다.

① ㄱ ② ㄷ ③ ㄱ, ㄴ
④ ㄴ, ㄷ ⑤ ㄱ, ㄴ, ㄷ

7 다음은 기후 변화의 여러 가지 원인을 나타낸 것이다.

(가) 극지방에서 빙하 면적이 감소한다.
(나) 판게아가 분리되어 대륙이 이동한다.
(다) 밀림 지역이 농경지로 변하면서 지표면 반사율이 증가한다.

이에 대한 설명으로 옳은 것만을 [보기]에서 있는 대로 고른 것은?

보기

ㄱ. (가)는 극지방의 지표면 반사율을 증가시키는 요인이다.
ㄴ. (나)에 의한 해류 분포 변화로 기후가 변한다.
ㄷ. (다)는 기온을 상승시키는 요인이다.

① ㄱ ② ㄴ ③ ㄱ, ㄷ
④ ㄴ, ㄷ ⑤ ㄱ, ㄴ, ㄷ

8 그림은 기후 변화의 자연적 요인과 인위적 요인에 의한 두 가지 기온 변화 모델을 실제 기온 변화와 비교하여 나타낸 것이다.

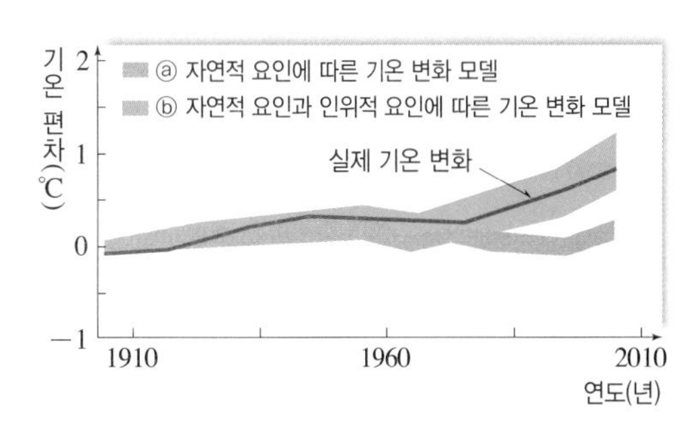

이에 대한 설명으로 옳은 것만을 [보기]에서 있는 대로 고른 것은?

보기

ㄱ. 지구 자전축의 세차 운동은 ⓐ에 영향을 준다.
ㄴ. 인위적 요인에는 지구 기온을 상승시키는 요인이 있다.
ㄷ. 미래의 기후 변화를 예측하기 위해 인위적 요인만을 고려해야 한다.

① ㄱ ② ㄷ ③ ㄱ, ㄴ
④ ㄴ, ㄷ ⑤ ㄱ, ㄴ, ㄷ

2019 수능 16번

9 그림은 복사 평형 상태에 있는 지구의 열수지를 나타낸 것이다.

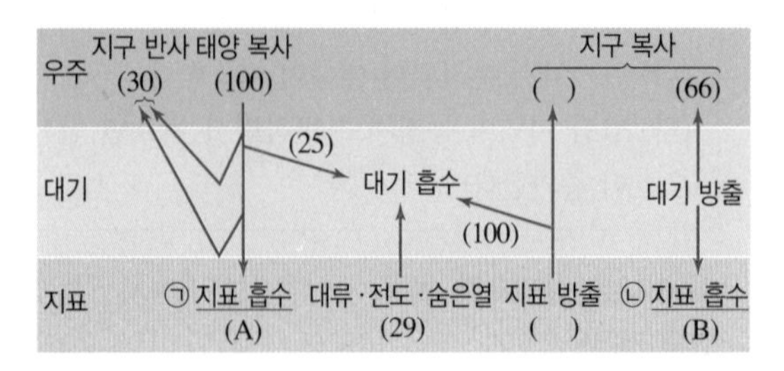

이에 대한 설명으로 옳은 것만을 [보기]에서 있는 대로 고른 것은?

보기

ㄱ. A<B이다.
ㄴ. (A+B)는 지표가 방출하는 복사 에너지양과 같다.
ㄷ. $\frac{\text{가시광선 영역 에너지의 양}}{\text{적외선 영역 에너지의 양}}$은 ㉠이 ㉡보다 작다.

① ㄱ ② ㄷ ③ ㄱ, ㄴ
④ ㄴ, ㄷ ⑤ ㄱ, ㄴ, ㄷ

자료❹ 2021 수능 10번

10 그림 (가)는 전 지구와 안면도의 대기 중 CO_2 농도를, (나)는 전 지구와 우리나라의 기온 편차(관측값−평년값)를 나타낸 것이다.

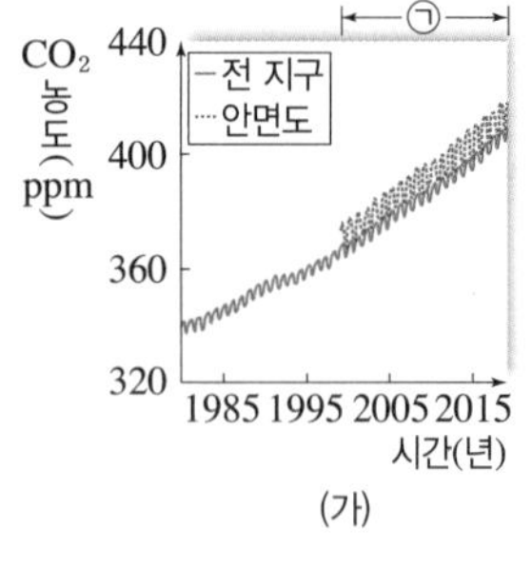

(가)

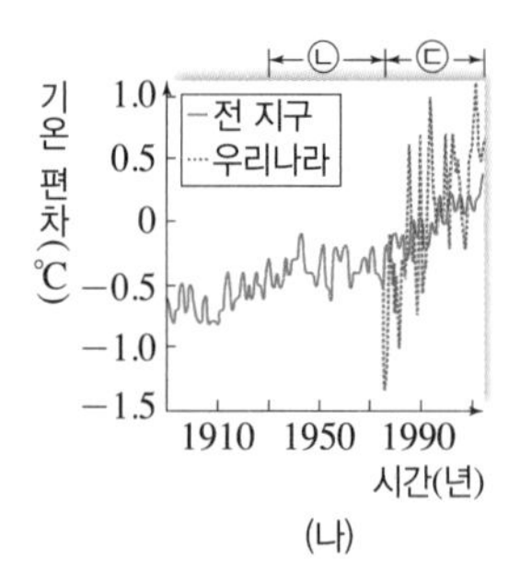

(나)

이 자료에 대한 설명으로 옳은 것만을 [보기]에서 있는 대로 고른 것은?

보기

ㄱ. ㉠ 시기 동안 CO_2 평균 농도는 안면도가 전 지구보다 낮다.
ㄴ. ㉢ 시기 동안 기온 상승률은 전 지구가 우리나라보다 작다.
ㄷ. 전 지구 해수면의 평균 높이는 ㉡ 시기가 ㉢ 시기보다 낮다.

① ㄱ ② ㄷ ③ ㄱ, ㄴ
④ ㄴ, ㄷ ⑤ ㄱ, ㄴ, ㄷ

11 그림은 우리나라 2000년의 아열대 기후 지역 경계와 2100년의 아열대 기후 지역 경계의 변화를 예상하여 나타낸 것이다.

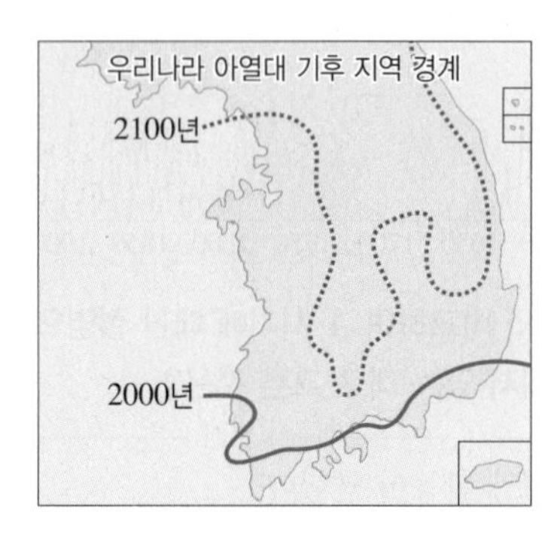

이와 관련하여 우리나라의 기후 변화에 대한 설명으로 옳은 것만을 [보기]에서 있는 대로 고른 것은?

보기

ㄱ. 4계절의 변화가 뚜렷해진다.
ㄴ. 난류성 어류의 서식지가 북상한다.
ㄷ. 아열대 기후의 영향은 내륙 지역이 해안 지역보다 크다.

① ㄱ ② ㄴ ③ ㄱ, ㄷ
④ ㄴ, ㄷ ⑤ ㄱ, ㄴ, ㄷ

12 다음은 지구 온난화의 문제점을 해결하기 위한 과학적 방법을 설명한 것이다.

(가) 성층권에 에어로졸을 뿌린다.
(나) 해양에 식물성 플랑크톤의 양을 늘린다.
(다) 대기로 배출되는 이산화 탄소를 포집하여 지층 속에 저장한다.

이에 대한 설명으로 옳은 것만을 [보기]에서 있는 대로 고른 것은?

보기

ㄱ. (가)는 태양 복사 에너지의 대기 투과율을 높이는 방법이다.
ㄴ. (나)는 기권에서 수권으로 이동하는 이산화 탄소의 양을 증가시킬 수 있다.
ㄷ. (다)는 이산화 탄소를 지속적으로 생성하는 산업 시설에 설치하는 것이 효율적이다.

① ㄱ ② ㄷ ③ ㄱ, ㄴ
④ ㄴ, ㄷ ⑤ ㄱ, ㄴ, ㄷ

정답과 해설 67쪽

1 다음은 현재와 미래의 어느 시기 P에 지구의 자전축 경사 방향과 자전축 기울기를 나타낸 것이다.

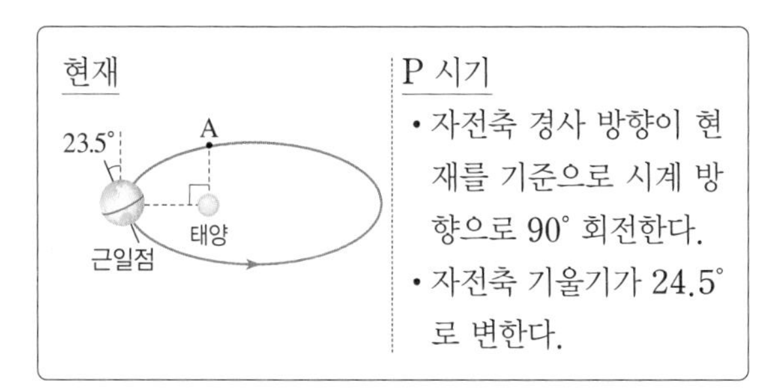

P 시기
- 자전축 경사 방향이 현재를 기준으로 시계 방향으로 90° 회전한다.
- 자전축 기울기가 24.5°로 변한다.

우리나라에서 P 시기의 기후에 대한 설명으로 옳은 것만을 [보기]에서 있는 대로 고른 것은? (단, 자전축 경사 방향과 자전축 기울기 이외의 요인은 변하지 않는다.)

보기

ㄱ. 근일점에서 봄이다.
ㄴ. 원일점에서 기온이 현재보다 낮다.
ㄷ. 기온의 연교차가 현재보다 크다.

① ㄱ ② ㄷ ③ ㄱ, ㄴ
④ ㄴ, ㄷ ⑤ ㄱ, ㄴ, ㄷ

2 그림 (가)와 (나)는 현재로부터 5만 년 전후의 지구 자전축의 기울기 변화와 지구 공전 궤도 이심률 변화에 따른 태양과 원일점 사이의 거리 변화를 나타낸 것이다.

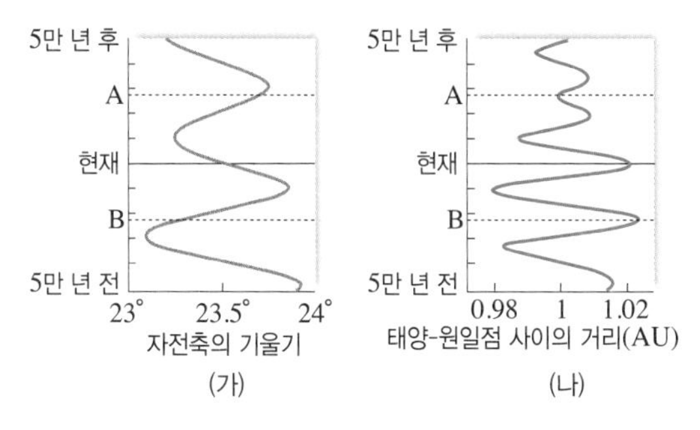

이에 대한 설명으로 옳은 것만을 [보기]에서 있는 대로 고른 것은? (단, 지구 자전축의 기울기와 공전 궤도 이심률 이외의 요인은 변하지 않는다.)

보기

ㄱ. A 시기에 지구 공전 궤도 이심률은 현재보다 작다.
ㄴ. A 시기에 북반구 여름의 기온은 현재보다 높다.
ㄷ. B 시기에는 현재보다 계절 변화가 크게 나타난다.

① ㄱ ② ㄷ ③ ㄱ, ㄴ
④ ㄴ, ㄷ ⑤ ㄱ, ㄴ, ㄷ

자료❷ 2019 수능 19번 변형

3 그림 (가)는 현재의 지구 공전 궤도와 자전축 경사 방향을, (나)는 13000년 후 이심률이 변화된 지구 공전 궤도와 자전축 경사 방향을 나타낸 것이다.

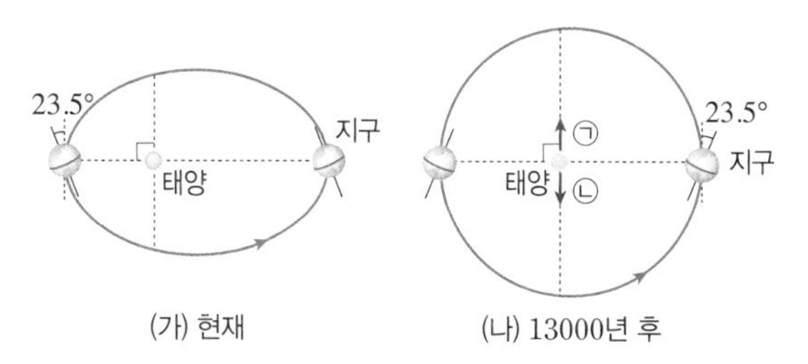

(가) 현재 (나) 13000년 후

이에 대한 설명으로 옳은 것만을 [보기]에서 있는 대로 고른 것은? (단, 지구 자전축 경사 방향과 이심률 이외의 조건은 고려하지 않는다.)

보기

ㄱ. 북반구 위도 30°에서 하짓날 지표에 도달하는 태양 복사 에너지양은 (가)가 (나)보다 작다.
ㄴ. 남반구 위도 30°에서 기온의 연교차는 (가)가 (나)보다 작다.
ㄷ. (나)에서 북반구가 봄이 되는 지구의 위치는 ㉡ 방향이다.

① ㄱ ② ㄴ ③ ㄷ
④ ㄱ, ㄷ ⑤ ㄴ, ㄷ

4 다음은 지구 환경에서 일어나는 현상 (가)~(다)를 나타낸 것이다.

(가) 1991년 피나투보 화산에서 분출한 많은 양의 화산재는 성층권까지 도달하여 지구 전체로 확산되었다.
(나) 화석 연료의 연소와 산업화로 대기 중에 에어로졸이 증가하였다.
(다) 흑점 수가 많을 때는 태양 활동이 활발하여 지구에 도달하는 태양 복사 에너지양이 증가한다.

이에 대한 설명으로 옳은 것만을 [보기]에서 있는 대로 고른 것은?

보기

ㄱ. (가), (나), (다)는 기후 변화의 자연적 요인에 해당한다.
ㄴ. (가)와 (다)는 지구 기온 변화에 서로 반대의 영향을 미치는 요인이다.
ㄷ. (나)의 에어로졸은 대기의 반사율을 증가시킨다.

① ㄱ ② ㄷ ③ ㄱ, ㄴ
④ ㄴ, ㄷ ⑤ ㄱ, ㄴ, ㄷ

5 그림 (가)는 판게아가 형성된 시기의 수륙 분포를, (나)는 현재의 수륙 분포를 나타낸 것이다.

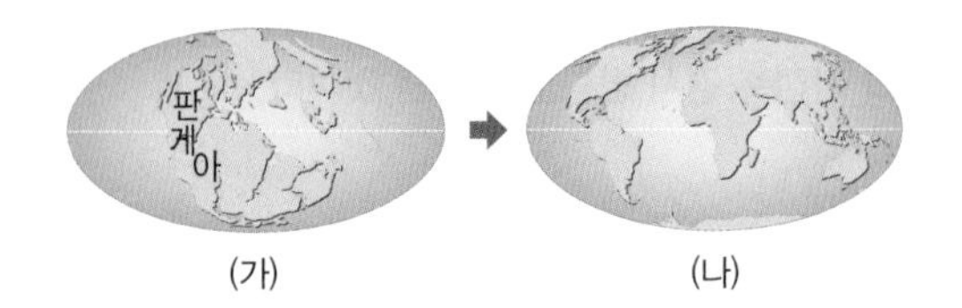

(가) (나)

(가) → (나)의 변화에 대한 설명으로 옳은 것만을 [보기]에서 있는 대로 고른 것은?

보기
ㄱ. 건조한 기후 지역이 증가한다.
ㄴ. 난류와 한류의 흐름이 복잡해진다.
ㄷ. 해령이 형성되면서 방출되는 화산 기체는 기후 변화를 일으킨다.

① ㄱ ② ㄷ ③ ㄱ, ㄴ
④ ㄴ, ㄷ ⑤ ㄱ, ㄴ, ㄷ

2018 수능 18번

6 그림은 지구에 도달하는 태양 복사 에너지의 양을 100이라고 할 때 복사 평형 상태에 있는 지구의 열수지를 나타낸 것이다.

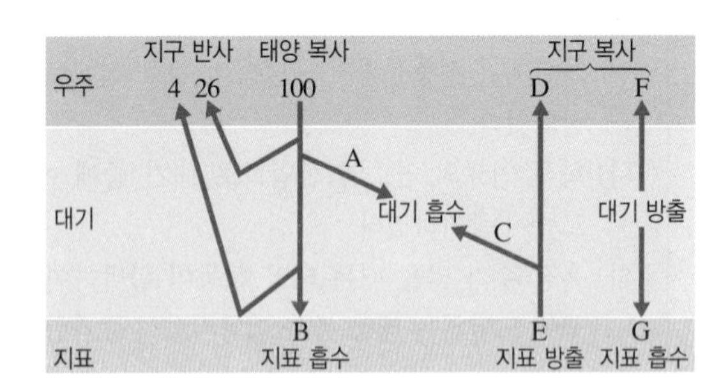

이에 대한 설명으로 옳은 것만을 [보기]에서 있는 대로 고른 것은?

보기
ㄱ. A+E=D+F+G이다.
ㄴ. D는 지표에서 우주로 직접 방출되는 에너지양이다.
ㄷ. 적외선 영역에서 대기가 흡수하는 에너지양은 방출하는 에너지양과 같다.

① ㄱ ② ㄷ ③ ㄱ, ㄴ
④ ㄴ, ㄷ ⑤ ㄱ, ㄴ, ㄷ

7 그림 (가)는 대기가 없는 경우, (나)는 대기가 있는 경우 지구의 복사 평형을 나타낸 것이다.

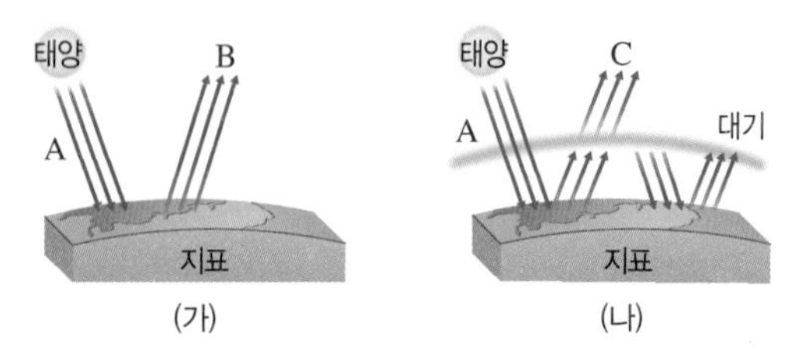

(가) (나)

이에 대한 설명으로 옳은 것만을 [보기]에서 있는 대로 고른 것은? (단, 지표에 도달하는 태양 복사 에너지의 양은 (가)와 (나)가 같다고 가정한다.)

보기
ㄱ. 복사 에너지 파장은 주로 A가 B보다 길다.
ㄴ. B는 C보다 복사 에너지의 양이 적다.
ㄷ. 지표의 온도는 (가)보다 (나)의 경우가 높다.

① ㄱ ② ㄷ ③ ㄱ, ㄴ
④ ㄴ, ㄷ ⑤ ㄱ, ㄴ, ㄷ

8 그림 (가)는 최근 약 60년 동안의 대기 중 이산화 탄소 농도와 메테인 농도의 변화를, (나)는 같은 기간의 기온 편차를 나타낸 것이다.

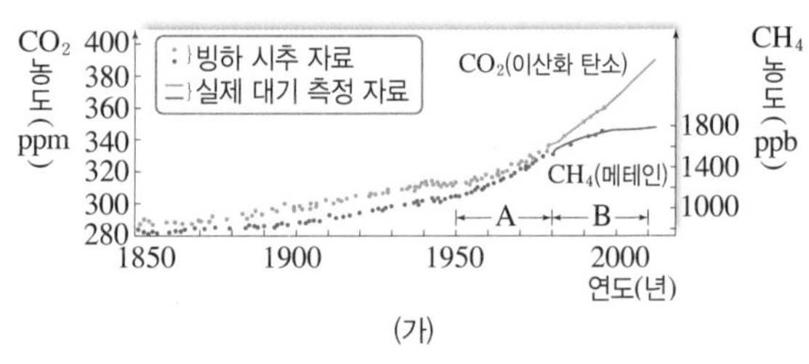

(가)

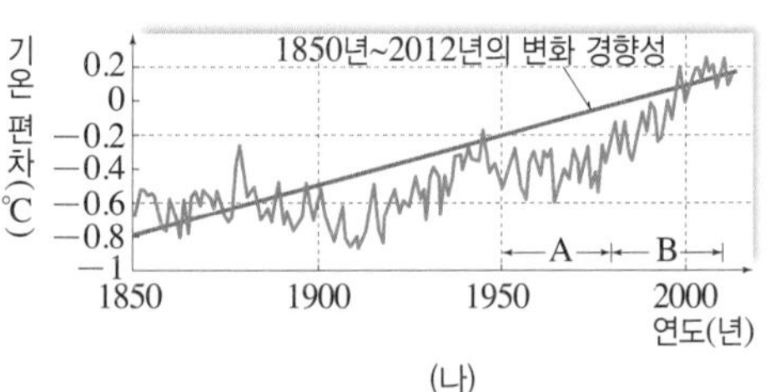

(나)

이에 대한 설명으로 옳은 것만을 [보기]에서 있는 대로 고른 것은?

보기
ㄱ. A 시기보다 B 시기에 지구 온난화의 영향을 크게 받았다.
ㄴ. B 시기의 기체 농도 증가율은 이산화 탄소가 메테인보다 컸다.
ㄷ. B 시기의 기온 상승은 메테인보다 이산화 탄소의 영향이 컸다.

① ㄱ ② ㄷ ③ ㄱ, ㄴ
④ ㄴ, ㄷ ⑤ ㄱ, ㄴ, ㄷ

2021 9월 평가원 14번

9 그림은 기후 변화 요인 ㉠과 ㉡을 고려하여 추정한 지구 평균 기온 편차(추정값−기준값)와 관측 기온 편차(관측값−기준값)를 나타낸 것이다. ㉠과 ㉡은 각각 온실 기체와 자연적 요인 중 하나이고, 기준값은 1880년~1919년의 평균 기온이다.

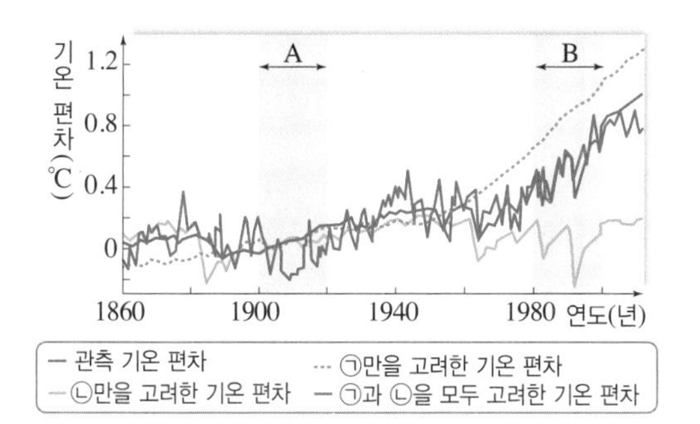

이에 대한 설명으로 옳은 것만을 [보기]에서 있는 대로 고른 것은?

보기
ㄱ. 지구 해수면의 평균 높이는 B 시기가 A 시기보다 높다.
ㄴ. 대기권에 도달하는 태양 복사 에너지양의 변화는 ㉡에 해당한다.
ㄷ. B 시기의 관측 기온 변화 추세는 자연적 요인보다 온실 기체에 의한 영향이 더 크다.

① ㄱ ② ㄷ ③ ㄱ, ㄴ ④ ㄴ, ㄷ ⑤ ㄱ, ㄴ, ㄷ

10 그림은 최근 3년 동안 전 세계의 지표면 온도 편차(관측값−기준값)를 나타낸 것이다.

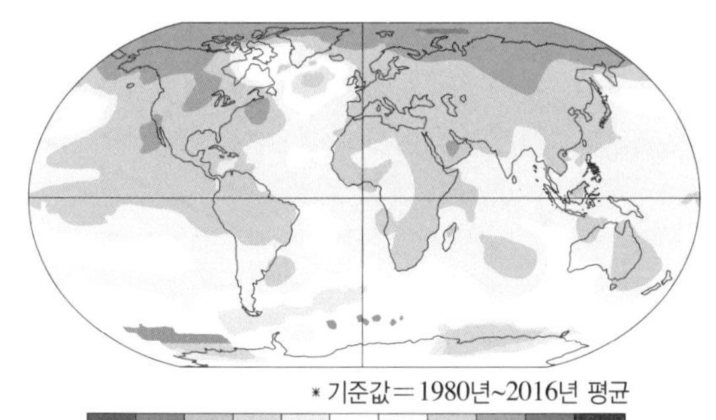

이에 대한 설명으로 옳은 것만을 [보기]에서 있는 대로 고른 것은?

보기
ㄱ. 육지보다 해양에서 온도가 더 크게 상승하였다.
ㄴ. 지구 온난화의 영향은 북반구가 남반구보다 크게 받았다.
ㄷ. 지표면 반사율의 변화는 남극 주변이 북극 주변보다 더 클 것이다.

① ㄴ ② ㄷ ③ ㄱ, ㄴ ④ ㄱ, ㄷ ⑤ ㄱ, ㄴ, ㄷ

11 그림 (가)와 (나)는 한반도의 기후 변화 경향을 나타낸 것이다. (가)는 연평균 기온이고, (나)는 우리나라 14개 관측 지점의 연간 강수 일수와 호우 일수를 나타낸 것이다.

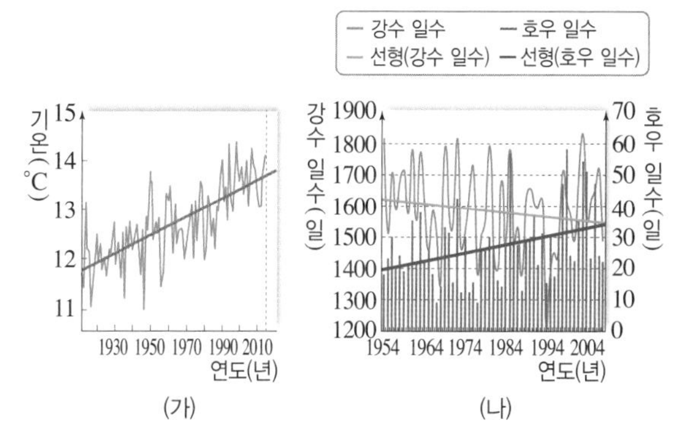

한반도 기후 변화로 나타나는 현상에 대한 설명으로 옳은 것만을 [보기]에서 있는 대로 고른 것은?

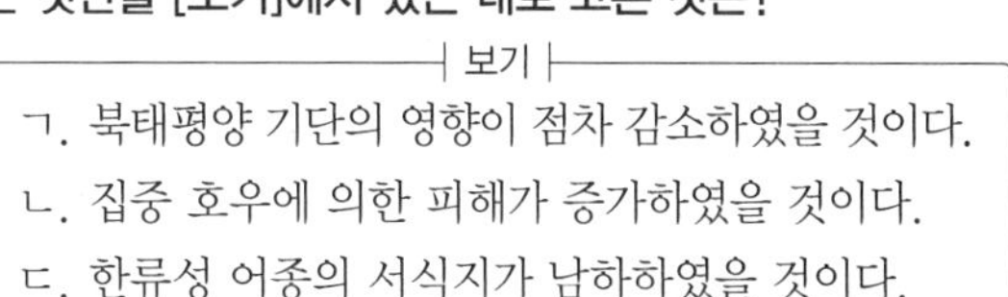
보기
ㄱ. 북태평양 기단의 영향이 점차 감소하였을 것이다.
ㄴ. 집중 호우에 의한 피해가 증가하였을 것이다.
ㄷ. 한류성 어종의 서식지가 남하하였을 것이다.

① ㄱ ② ㄴ ③ ㄱ, ㄷ ④ ㄴ, ㄷ ⑤ ㄱ, ㄴ, ㄷ

12 그림은 전 지구의 인위적 이산화 탄소 배출량을 나타낸 것이다.

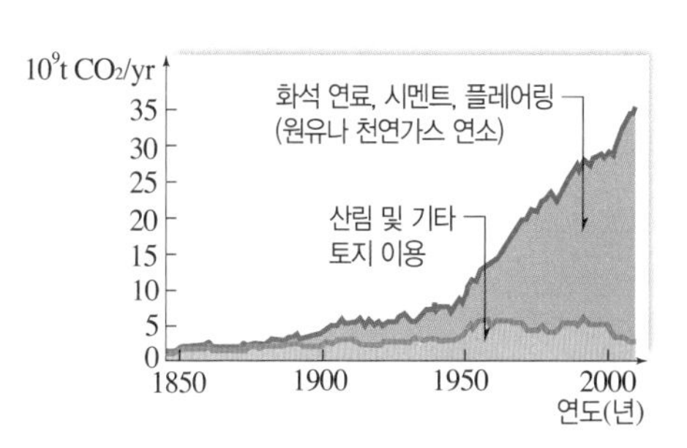

이에 대한 설명으로 옳은 것만을 [보기]에서 있는 대로 고른 것은?

보기
ㄱ. 지구의 평균 기온은 1950년 이전보다 이후에 더 크게 상승하였을 것이다.
ㄴ. 이러한 추세가 지속된다면 지구 전체의 강수량은 감소할 것이다.
ㄷ. 지구 온난화의 억제 방안은 자연 환경의 이용 활동보다 산업 생산 활동을 조절하는 것이 효율적이다.

① ㄱ ② ㄴ ③ ㄱ, ㄷ ④ ㄴ, ㄷ ⑤ ㄱ, ㄴ, ㄷ

우주

		학습 날짜	다시 확인할 개념 및 문제
1 별과 외계 행성계	13 별의 특성과 H-R도	/	
	14 별의 진화와 에너지원	/	
	15 외계 행성계와 외계 생명체 탐사	/	
2 외부 은하와 우주 팽창	16 외부 은하	/	
	17 빅뱅 우주론	/	

별의 특성과 H-R도

핵심 짚기
- 별의 색지수 및 분광형과 표면 온도 관계
- 별의 표면 온도, 광도, 크기 관계
- H-R도에서 별의 종류와 물리량 해석

A 별의 특성

1 별의 색과 표면 온도

① 별의 색: 표면 온도에 따라 다양하게 나타난다. ➡ 색으로 별의 표면 온도 추정 가능

- 표면 온도가 높은 별: 최대 에너지를 방출하는 파장이 짧아 파란색을 띤다.
- 표면 온도가 낮은 별: 최대 에너지를 방출하는 파장이 길어 붉은색을 띤다.

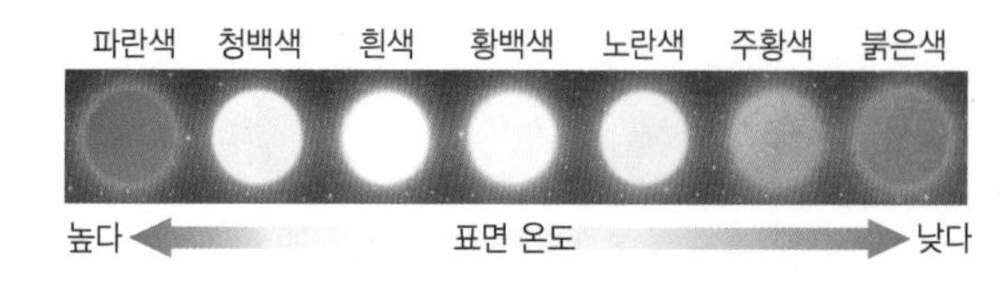

[흑체 복사]❶

- 플랑크 곡선: *흑체가 복사하는 파장에 따른 복사 에너지 세기를 나타낸 곡선이다.
- 빈의 변위 법칙: 흑체의 표면 온도(T)가 높을수록 최대 에너지를 방출하는 파장(λ_{max})이 짧아진다.

$$\lambda_{max}=\frac{a}{T} \quad (a\text{: 빈의 상수})$$

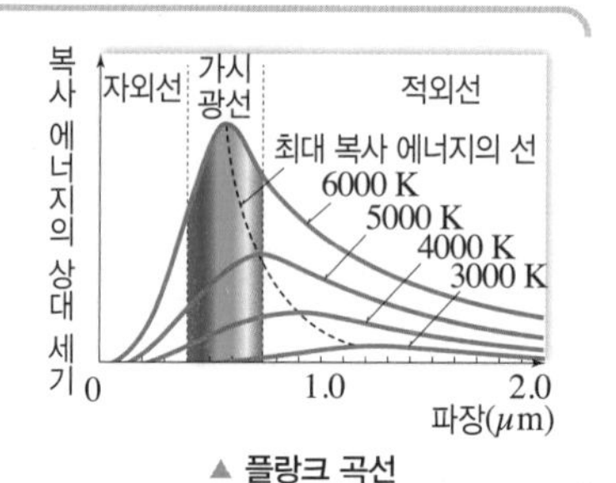

▲ 플랑크 곡선

② 별의 색지수 : 서로 다른 파장대의 U, B, V 필터로 관측한 별의 겉보기 등급 차이로, 짧은 파장대의 등급에서 긴 파장대의 등급을 뺀 값으로 정의한다. 보통 (B−V)를 색지수로 활용한다. ➡ 별의 표면 온도가 높을수록 색지수가 작다.❷❸

표면 온도	색	등급 비교	색지수
고온의 별	파란색	B 등급<V 등급	(−)
저온의 별	붉은색	B 등급>V 등급	(+)

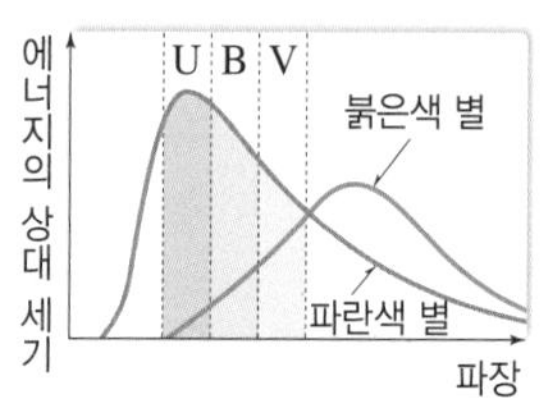

▲ U, B, V 등급과 색지수

2 별의 분광형과 표면 온도

① 스펙트럼의 종류

종류	관측 대상	특징	스펙트럼의 모습
연속 스펙트럼	고온의 광원에서 방출되는 빛	전 파장에서 연속적인 띠로 나타난다.	광원, 슬릿, 연속 스펙트럼
방출 스펙트럼	고온·저밀도의 기체가 방출하는 빛 예 가열된 성운	특정한 파장에서 밝은 색의 방출선이 나타난다.	고온의 기체, 방출 스펙트럼
흡수 스펙트럼	고온의 광원에서 방출되어 저온·저밀도의 기체를 통과한 빛	연속 스펙트럼에 검은색의 흡수선이 나타난다.	광원, 저온의 기체, 흡수 스펙트럼

② 별의 스펙트럼: 흡수 스펙트럼이 나타나며, 별마다 흡수 스펙트럼이 다르다. ➡ 별의 표면 온도에 따라 원소들이 이온화되는 정도가 다르고, 각각 가능한 이온화 단계에서 특정한 파장의 흡수선을 형성하기 때문

PLUS 강의

❶ **흑체 복사**
- 별은 거의 흑체와 같이 복사한다.
- 구성 물질의 종류에 관계없이 온도에 의해서만 특성이 결정된다.

❷ **U, B, V 필터의 투과 영역**
- U 필터: 보라색 빛(0.36 μm 부근)을 통과시키는 필터
- B 필터: 파란색 빛(0.42 μm 부근)을 통과시키는 필터
- V 필터: 노란색 빛(0.54 μm 부근)을 통과시키는 필터

❸ **별의 색지수 기준**
표면 온도가 약 10000 K인 흰색의 별(분광형 A0)은 B 등급과 V 등급이 같아서 색지수가 0이다.

용어 돋보기
* **흑체**_입사된 모든 에너지를 흡수하고, 흡수된 만큼 완전히 에너지를 재방출하는 이상적인 물체로, 별은 흑체에 가깝다.

③ 별의 분광형(스펙트럼형): 별의 표면 온도에 따라 스펙트럼에 나타나는 흡수선의 종류와 세기를 기준으로 하여 고온에서 저온 순으로 O, B, A, F, G, K, M형으로 분류하고, 각 분광형은 고온의 0에서 저온의 9까지 세분한다. ➡ 분광형으로 별의 표면 온도 추정 가능

분광형	스펙트럼	표면 온도(K)		색	색지수
O	30000 K (H선, He선)	높다	30000 이상	파란색	작다(−)
B	20000 K (He선, C선)	↑	10000~30000	청백색	↑
A	10000 K (Ca선, Fe선)		7500~10000	흰색	
F	7000 K (Fe선, O선, Mg선, Na선)		6000~7500	황백색	
G	6000 K (O선)		5000~6000	노란색	
K	4000 K (여러 가지 분자선)	↓	3500~5000	주황색	↓
M	3000 K (여러 가지 분자선)	낮다	3500 이하	붉은색	크다(+)

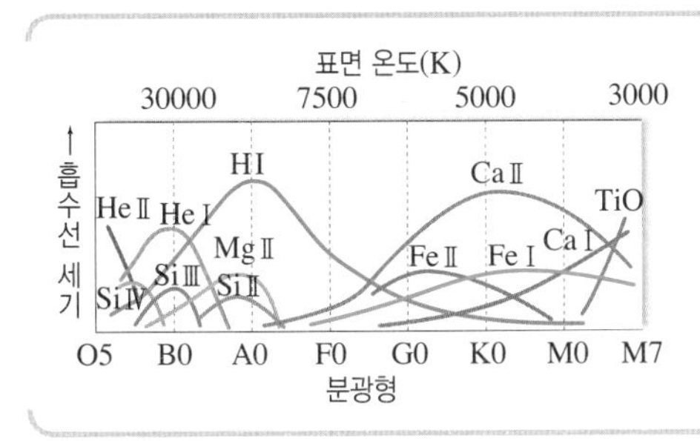

[별의 분광형과 원소들의 흡수선 세기][4]

- O형: 이온화된 헬륨(HeⅡ) 흡수선이 강하다.
- A형: 중성 수소(HI) 흡수선이 가장 강하다.
- G형(예 태양): 이온화된 칼슘(CaⅡ) 흡수선이 강하다.
- G, K, M형: 금속 원소들, 분자들에 의한 흡수선이 강하다.

④ **중성 원자와 이온의 표현**

- 중성 원자: 이온화되지 않은 원자로, 원소 기호 뒤에 로마자 Ⅰ을 붙여 표시한다.
  예 He I(중성 헬륨)
- 이온: 원소 기호 뒤에 로마자 Ⅱ, Ⅲ… 등을 붙여 표시한다.
  예 CaⅡ(Ca^{+}), SiⅢ(Si^{2+})

3 별의 광도와 크기 여기서 잠깐 154쪽

① 별의 광도: 별이 단위 시간 동안 방출하는 총 에너지양 ➡ 별의 실제 밝기에 해당

(별의 광도는 지구에서 별까지의 거리와 관계가 없다.)

- 별의 광도는 별의 절대 등급을 태양의 절대 등급과 비교하여 구할 수 있다.[5]

슈테판·볼츠만 법칙	흑체가 단위 시간 동안 단위 면적에서 방출하는 에너지양(E)은 표면 온도(T)의 4제곱에 비례한다. $E=\sigma T^4$ (σ: 슈테판·볼츠만 상수)
별의 광도(L)	별의 표면적×별이 단위 시간 동안 단위 면적에서 방출하는 에너지양 $L=4\pi R^2\cdot\sigma T^4$ (R: 별의 반지름)

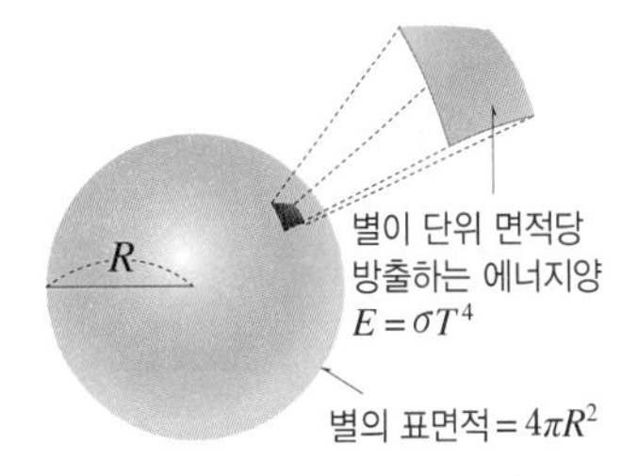

② 별의 크기: 별의 광도(L)와 표면 온도(T)를 알면, 별의 반지름(R)을 구할 수 있다.[6]

⑤ **별의 광도 구하는 방법**

① 절대 등급 구하기: 별의 거리와 등급의 관계 이용

$$m-M=5\log r-5$$

별의 거리(r)와 겉보기 등급(m)을 알면 절대 등급(M)을 구할 수 있다.

② 광도 구하기: 포그슨 공식 이용

$$M-M_{*}=-2.5\log\frac{L}{L_{*}}$$

태양의 절대 등급(M_{*})과 광도(L_{*})는 이미 알려져 있으므로 별의 절대 등급(M)을 알면, 별의 광도(L)를 구할 수 있다.

⑥ **별의 광도, 반지름, 표면 온도 관계**

- 반지름이 같은 두 별의 광도 비교: 표면 온도가 높은 별의 광도가 더 크다.
- 표면 온도(분광형)가 같은 두 별의 광도 비교: 반지름이 큰 별의 광도가 더 크다.

정답과 해설 70쪽

(1) 별의 표면 온도가 높을수록 (파란, 붉은)색을 띠고, 별의 표면 온도가 낮을수록 (파란, 붉은)색을 띤다.

(2) 별의 표면 온도가 높을수록 색지수는 (커, 작아)진다.

(3) 스펙트럼은 연속 스펙트럼, (　　　　) 스펙트럼, 방출 스펙트럼으로 구분한다.

(4) 분광형 O, B, A, F, G, K, M형은 별의 표면 온도가 (　　　　) 것부터 (　　　　) 것 순으로 정렬한 것이다.

(5) A형 별에서는 (　　　　) 흡수선이 가장 강하게 나타난다.

(6) 별의 광도는 (　　　　)의 제곱과 (　　　　)의 4제곱에 비례한다.

(7) 별의 광도와 (　　　　)를(을) 알면 별의 반지름을 구할 수 있다.

(8) 별의 광도가 같을 때, 표면 온도가 높을수록 반지름이 (크다, 작다).

별의 특성과 H-R도

Ⓑ H-R도

1 H-R도 별의 표면 온도를 나타내는 분광형(스펙트럼형)과 별의 광도를 나타내는 절대 등급을 축으로 별의 분포를 나타낸 그래프

① 가로축과 세로축의 물리량

- 가로축 물리량: 별의 표면 온도, 색지수, 분광형으로 나타낸다.
- 세로축 물리량: 절대 등급, 광도(태양의 광도와 비교한 단위)로 나타낸다.

② H-R도의 특징

H-R도	물리량	물리량의 변화
가로축	표면 온도	오른쪽으로 갈수록 낮아진다.
	색	오른쪽으로 갈수록 붉은색을 띤다.
	색지수	오른쪽으로 갈수록 커진다.
	분광형	오른쪽으로 갈수록 M형에 가까워진다.
세로축	광도	위로 갈수록 커진다.
	절대 등급	위로 갈수록 작아진다.
대각선 방향	반지름	오른쪽 위로 갈수록 커진다.[7]
	밀도	오른쪽 위로 갈수록 작아진다.

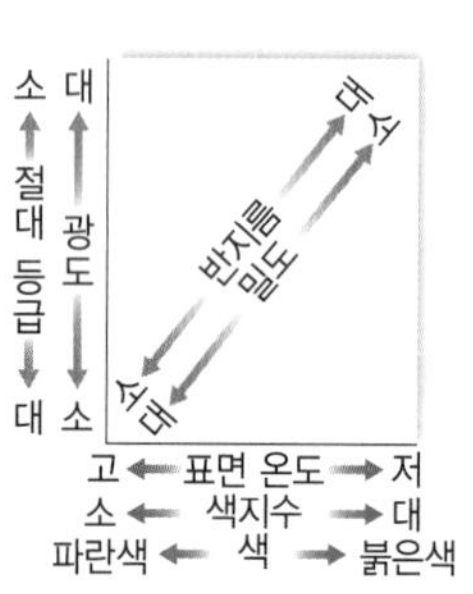

⑦ H-R도에서 별의 반지름
H-R도의 오른쪽 위에 있는 별은 표면 온도는 낮지만, 광도가 크다. 별의 광도를 나타내는 관계식 $L=4\pi R^2\cdot\sigma T^4$에서 별의 표면 온도($T$)가 낮은데도 불구하고 광도($L$)가 크다는 것은 별의 반지름($R$)이 매우 크다는 것을 의미한다.

⑧ H-R도에 나타나지 않는 별
중성자별이나 블랙홀과 같이 광도가 너무 작거나 가시광선을 거의 방출하지 않는 별들은 H-R도에 나타나지 않는다.

2 H-R도와 별의 종류[8]

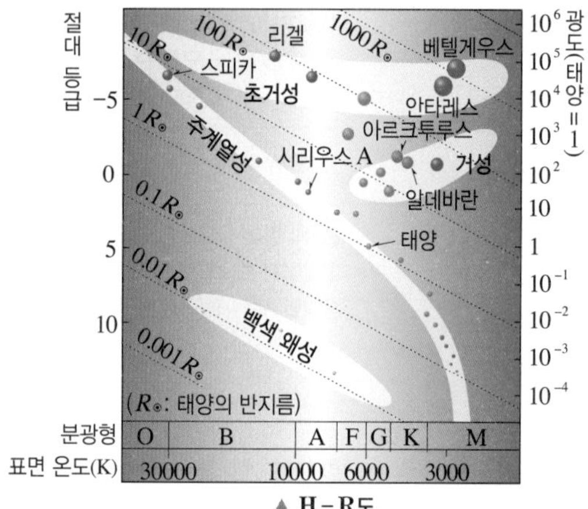

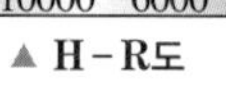
▲ H-R도

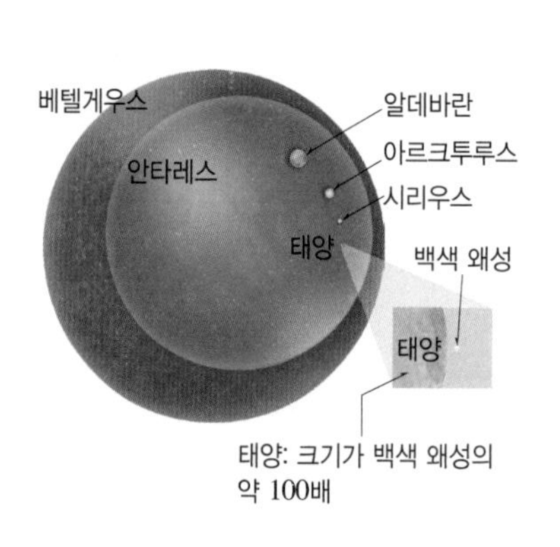

▲ 별의 크기 비교

⑨ 주계열성의 질량-광도 관계
주계열성은 질량(M)이 클수록 중심핵의 온도가 높고, 에너지를 생성하는 핵이 크므로 단위 시간 동안에 많은 양의 에너지를 방출하여 광도(L)가 크다.
➡ $L\propto M^{2.3\sim4}$

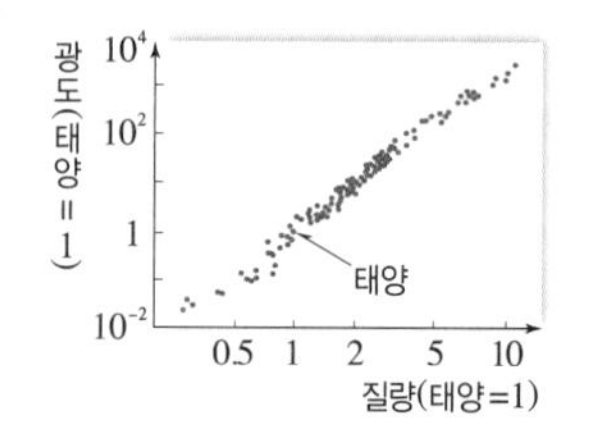

별의 종류	H-R도에서 위치	특징	대표적인 별
* 주계열성	왼쪽 위에서 오른쪽 아래로 이어지는 대각선의 좁은 띠 영역에 분포	• 주계열성은 H-R도에서 왼쪽 위에 분포할수록 표면 온도가 높고, 광도가 크며, 질량과 반지름이 크고, 수명이 짧다.[9] • 별의 약 90 %가 주계열성에 속한다.	스피카, 시리우스 A, 태양 등
* 거성	주계열성의 오른쪽 위에 분포	• 표면 온도가 낮아 대부분 붉은색을 띤다. • 표면 온도가 낮지만, 반지름이 태양의 10배~100배로 매우 커서 광도가 크다. ─• 태양 광도의 10배~1000배 • 평균 밀도가 주계열성보다 작다.	알데바란, 아르크투루스 등
* 초거성	거성보다 위쪽에 분포	• 반지름이 태양의 수백 배~수천 배로 매우 커서 광도가 거성보다 크다. ─• 태양 광도의 수만 배~수십만 배 • 평균 밀도가 거성보다 작다.	베텔게우스, 안타레스 등
* 백색 왜성	주계열성의 왼쪽 아래에 분포	• 표면 온도가 높아 흰색을 띤다. • 표면 온도가 높지만, 반지름이 매우 작기 때문에 광도가 작다. • 크기는 지구와 비슷하지만, 질량은 태양과 비슷하여 평균 밀도가 매우 크다.	시리우스 B, 프로키온 B 등

용어 돋보기

* **주계열성(主 주인, 系 묶다, 列 줄짓다, 星 별)**_H-R도에서 왼쪽 위에서 오른쪽 아래로 이어지는 대각선(주계열)에 분포하는 별로, 별의 일생에서 가장 긴 시간을 차지하는 단계
* **거성(巨 크다, 星 별)**_표면 온도가 낮지만, 반지름이 크고 밝은 별
* **초거성(超 뛰어넘다, 巨星 거성)**_반지름이 거성보다 훨씬 크고 밝은 별
* **백색 왜성(白色 백색, 矮 작다, 星 별)**_표면 온도가 높아 흰색을 띠고, 반지름이 작으며, 광도가 작은 별

3 광도 계급 별들을 광도에 따라 분류하여 계급으로 나타낸 것[10]

① 광도 계급의 구분: 별을 광도가 큰 I에서부터 광도가 작은 Ⅶ까지 구분한다.
- 초거성은 밝기에 따라 Ia와 Ib로 나눈다.
- 백색 왜성은 Ⅶ 또는 D로 나타낸다.

② 별의 분광형과 광도 계급: 스펙트럼을 분석하여 분류된 별의 분광형과 광도 계급을 알면 별의 표면 온도, 별의 종류나 크기에 대한 정보를 알 수 있다.
예 태양: G2V로 분류 ➡ G2는 태양이 표면 온도가 5000 K~6000 K에 해당하는 노란색 별이라는 의미이고, V는 주계열성이라는 의미이다.

③ 별의 분광형, 광도, 반지름: 분광형이 동일해도 광도 계급에 따라 별의 광도와 반지름이 다르다.
- 두 별의 분광형이 같을 경우, 광도 계급의 숫자가 작은 별의 반지름이 더 크다. ➡ 별의 반지름이 클수록 광도가 크기 때문

광도 계급	Ia	Ib	Ⅱ	Ⅲ	Ⅳ	V	Ⅵ	Ⅶ(=D)
별의 종류	밝은 초거성	덜 밝은 초거성	밝은 거성	거성	준거성	주계열성	준왜성	백색 왜성
광도	크다 ⟵							⟶ 작다
반지름	크다 ⟵							⟶ 작다

④ H-R도와 광도 계급: 별의 분광형과 절대 등급을 2차원 그래프에 나타내면 별의 표면 온도, 광도, 반지름을 동시에 비교할 수 있다.

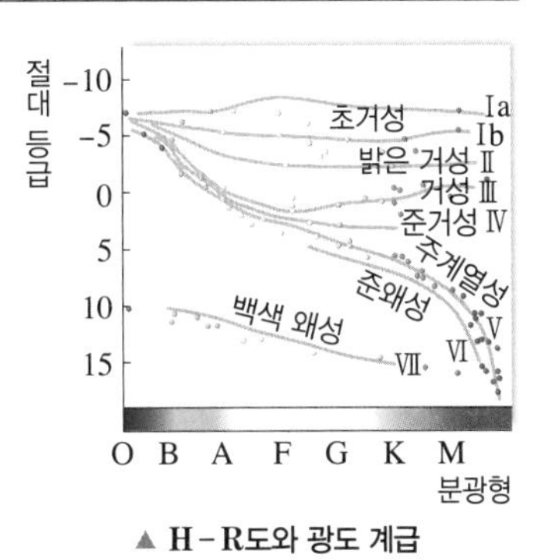

▲ H-R도와 광도 계급

[10] **M-K 분류법**
분광형이 같은 별들의 스펙트럼에 나타나는 흡수선의 선폭을 비교하여 별의 크기를 알 수 있고, 이를 이용하여 별의 광도를 결정할 수 있다. 여키스 천문대의 모건과 키넌은 별의 스펙트럼에 나타난 흡수선의 선폭을 분석하여 분광형과 광도 계급을 고려한 별의 분류법을 고안하였는데, 이를 M-K 분류법이라고 한다.

정답과 해설 70쪽

(9) 다음은 H-R도에서의 별의 물리량 변화에 대한 설명이다. ( ) 안에 알맞은 말을 고르시오.
① 가로축의 왼쪽으로 갈수록 표면 온도가 (낮, 높)은 별이다.
② 가로축의 오른쪽으로 갈수록 (O형, M형)에 가까운 별이다.
③ 세로축의 위로 갈수록 광도가 (작은, 큰) 별이다.
④ 세로축의 위로 갈수록 절대 등급이 (작은, 큰) 별이다.
⑤ 오른쪽 위로 갈수록 반지름이 (작은, 큰) 별이다.
⑥ 왼쪽 아래로 갈수록 밀도가 (작은, 큰) 별이다.

(10) H-R도의 왼쪽 위에서 오른쪽 아래로 대각선을 따라 분포하는 별들을 (　　　)이라고 한다.

(11) 주계열성은 H-R도에서 왼쪽 위에 분포할수록 표면 온도가 (　　　), 광도가 (　　　), 질량과 반지름이 크고, 수명이 (　　　).

(12) 거성은 별이 주계열 단계에 있을 때보다 표면 온도가 (낮고, 높고), 반지름이 (작다, 크다).

(13) 적색 거성은 백색 왜성에 비해 표면 온도가 (낮고, 높고), 평균 밀도가 (작다, 크다).

(14) 광도 계급이 V인 별은 (　　　)에 해당한다.

(15) 태양의 광도 계급은 (　　　)이다.

(16) 별의 분광형이 같을 때, 광도 계급의 숫자가 작을수록 광도가 (작고, 크고), 반지름이 (작다, 크다).

별의 밝기와 거리

별의 밝기와 거리는 중학교에서 배운 내용이지만, 광도 등 다양한 별의 물리량을 해석할 때 기본이 되므로 이에 대한 기초를 탄탄히 다져 놓으면 고난도 문제를 푸는 데 한 단계 더 나아갈 수 있어요.

정답과 해설 70쪽

1 > 별의 밝기와 등급

❶ 별의 등급: 별의 밝기는 등급으로 나타내며, 밝은 별일수록 등급의 숫자가 작다.

❷ 1등급 간의 밝기 비: 1등급인 별은 6등급인 별보다 100배 밝다. 따라서 1등급 간의 밝기 비는 $\sqrt[5]{100}=10^{\frac{2}{5}}$배, 즉 약 2.5배이다.

❸ 겉보기 등급과 절대 등급

겉보기 등급	우리 눈에 보이는 별의 밝기를 나타낸 등급
절대 등급	별을 10 pc의 거리에 옮겨 놓았다고 가정했을 때의 밝기를 나타낸 등급 ➡ 별의 실제 밝기를 의미하므로 별의 광도를 비교할 수 있다.

[한 단계 up]

❶ 별의 밝기와 등급의 관계(포그슨 공식): 등급이 각각 m_1, m_2인 두 별의 밝기가 각각 l_1, l_2일 때, 두 별의 등급 차와 밝기 비의 관계는 다음과 같다.

$$\frac{l_1}{l_2}=10^{\frac{2}{5}(m_2-m_1)} \quad \therefore m_2-m_1=-2.5\log\frac{l_2}{l_1}$$

❷ 별의 밝기와 등급의 관계를 별의 절대 등급(M)과 태양의 절대 등급($M_\odot$)에 적용할 경우, 별의 광도(L)와 태양의 광도($L_\odot$) 비의 관계는 다음과 같다.

$$M-M_\odot=-2.5\log\frac{L}{L_\odot}$$

Q1 별 A는 절대 등급이 −3.5등급, 별 B는 절대 등급이 1.5등급일 때, 별 A는 별 B보다 실제로 몇 배 더 밝은가?

2 > 별의 등급과 별까지의 거리

❶ 가까운 별까지의 거리는 연주 시차$\left(\text{지구의 공전 궤도 양쪽 끝에서 별을 바라 본 각도의 }\frac{1}{2}\right)$로 구할 수 있다. ➡ 별까지의 거리($r$)가 멀수록 연주 시차($p''$)가 작다.

$$r(\text{pc})=\frac{1}{p''}$$

❷ 별의 밝기와 거리 관계: 별까지의 거리가 멀어지면 겉보기 밝기는 어두워진다.

❸ 별의 등급과 거리: '겉보기 등급(m)−절대 등급(M)'이 클수록 별까지의 거리가 멀다.

$m<M(m-M<0)$	별까지의 거리가 10 pc보다 가깝다.
$m=M(m-M=0)$	별까지의 거리가 10 pc이다.
$m>M(m-M>0)$	별까지의 거리가 10 pc보다 멀다.

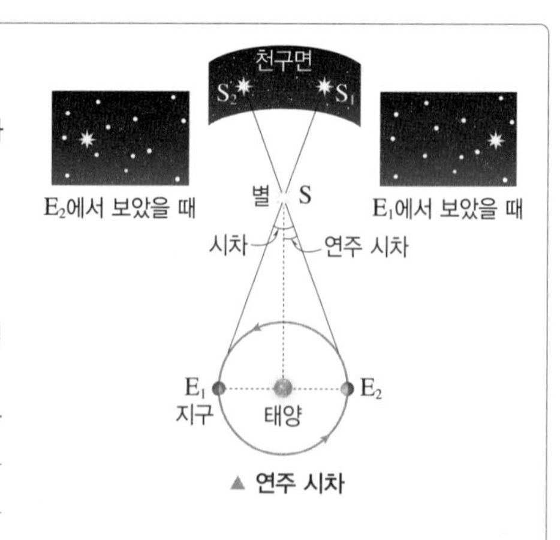

▲ 연주 시차

[한 단계 up]

❶ 별의 등급과 거리의 관계: $m-M=5\log r-5$ 관계가 성립한다. ➡ 별의 겉보기 등급(m)과 절대 등급(M)을 알면 별까지의 거리를 구할 수 있다.

Q2 어떤 별은 겉보기 등급이 6등급, 절대 등급이 1등급이다. 별까지의 거리는 몇 pc인가?

정답과 해설 70쪽

2021 ● 6월 평가원 3번

자료 ❶ 별의 분광형과 흡수선의 세기

그림은 별의 분광형에 따른 흡수선의 상대적 세기를 나타낸 것이다.

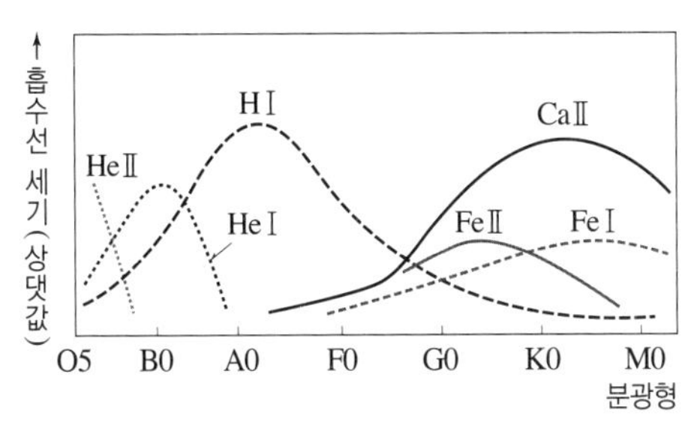

1. 흡수선은 별의 대기를 구성하는 원소에 의해 나타난다. (○, ×)
2. 저온의 별일수록 이온의 흡수선이 강하게 나타난다. (○, ×)
3. 고온의 별일수록 금속 원소의 흡수선이 강하게 나타난다. (○, ×)
4. 중성 수소의 흡수선이 가장 강하게 나타나는 분광형은 A0형이다. (○, ×)
5. 태양에서는 Ca Ⅱ 흡수선이 가장 강하게 나타난다. (○, ×)

2019 ● Ⅱ 수능 13번

자료 ❸ H-R도와 별의 물리량

그림은 같은 성단의 별 a~d를 H-R도에 나타낸 것이다.

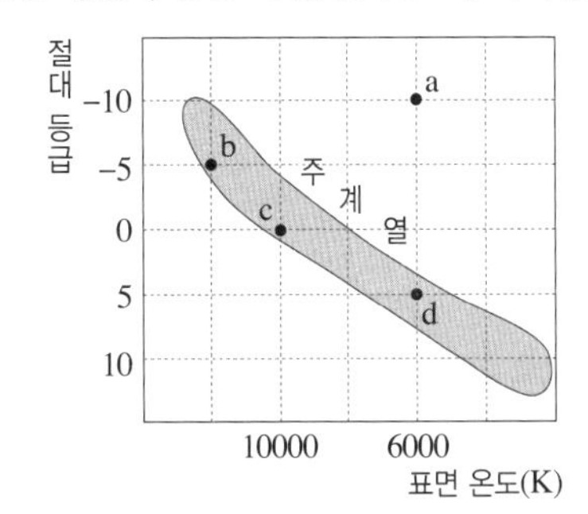

1. 광도는 a가 d보다 작다. (○, ×)
2. 반지름은 a가 d보다 크다. (○, ×)
3. 색지수가 가장 작은 별은 b이다. (○, ×)
4. b는 c보다 질량과 반지름이 크다. (○, ×)
5. c는 d보다 수명이 길다. (○, ×)

2021 ● 수능 9번

자료 ❷ 별의 물리량

표는 별 (가), (나), (다)의 분광형과 절대 등급을 나타낸 것이다.

별	분광형	절대 등급
(가)	G	0.0
(나)	A	+1.0
(다)	K	+8.0

1. 표면 온도가 가장 높은 별은 (가)이다. (○, ×)
2. 광도가 가장 큰 별은 (다)이다. (○, ×)
3. (가)는 (나)보다 반지름이 크다. (○, ×)
4. 태양과 표면 온도가 가장 비슷한 별은 (가)이다. (○, ×)
5. 세 별은 모두 주계열성이다. (○, ×)
6. 최대 에너지를 방출하는 파장이 가장 긴 별은 (다)이다. (○, ×)
7. 단위 시간에 단위 면적당 방출하는 에너지양이 가장 많은 별은 (가)이다. (○, ×)

2021 ● 6월 평가원 12번

자료 ❹ 별의 물리량과 H-R도

표는 질량이 서로 다른 별 A~D의 물리적 성질을, 그림은 별 A와 D를 H-R도에 나타낸 것이다. $L_{\odot}$는 태양 광도이다.

별	표면 온도 (K)	광도 ($L_{\odot}$)
A	( )	( )
B	3500	100000
C	20000	10000
D	( )	( )

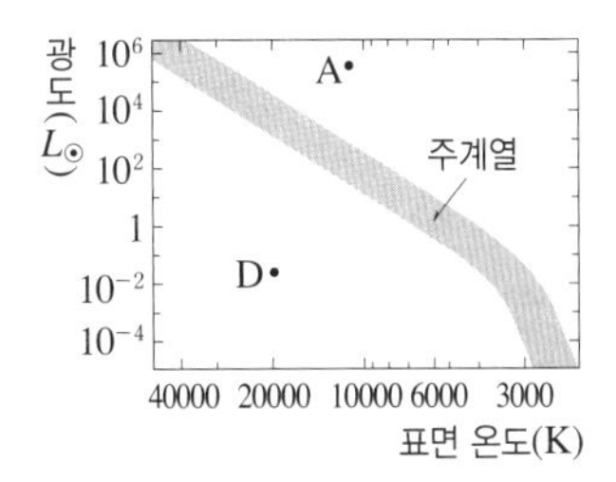

1. A는 D보다 광도가 크고, 표면 온도가 높다. (○, ×)
2. A와 B는 초거성이다. (○, ×)
3. 반지름은 B가 C보다 크다. (○, ×)
4. C는 주계열성이고, D는 백색 왜성이다. (○, ×)
5. C는 태양보다 질량이 크다. (○, ×)
6. C는 태양보다 주계열에 머무는 시간이 길다. (○, ×)
7. 진화가 가장 많이 진행된 별은 D이다. (○, ×)

정답과 해설 70쪽

Ⓐ 별의 특성

1 별의 표면 온도와 관련 있는 물리량을 모두 골라 쓰시오.

색, 거리 지수, 분광형, 색지수

2 다음 분광형을 별의 표면 온도가 높은 것부터 낮은 순서대로 나열하시오.

A형, B형, G형, K형, F형, O형, M형

3 별의 분광형에 대한 설명으로 옳은 것은?

① 분광형은 별의 질량에 따라 달라진다.
② K형 별은 태양보다 표면 온도가 높다.
③ 분광형으로 별의 표면 온도를 추정할 수 있다.
④ O형 별은 M형 별보다 붉은색으로 보인다.
⑤ 별은 표면 온도에 관계없이 흡수선의 종류가 거의 같다.

4 슈테판·볼츠만 법칙을 이용하여 별의 크기(반지름)를 구하고자 할 때 알아야 할 물리량을 모두 골라 쓰시오.

절대 등급, 표면 온도, 거리 지수, 질량

5 표는 별 A, B의 겉보기 등급과 거리, 표면 온도를 나타낸 것이다.

별	겉보기 등급	거리(pc)	표면 온도(K)
A	−2	100	6000
B	−2	10	3000

(1) (　　) 안에 들어갈 알맞은 값을 쓰시오.

별 A는 B보다 거리가 10배 더 멀리 있지만 겉보기 등급이 같다. 따라서 A의 광도는 B의 (　　)배이다.

(2) '별의 반지름$\propto\frac{\sqrt{광도}}{(표면\ 온도)^2}$'를 이용하여 A의 반지름은 B의 몇 배인지 구하시오.

6 표면 온도가 태양의 2배이고, 반지름은 태양의 $\frac{1}{4}$인 별의 광도는 태양의 몇 배인지 구하시오.

Ⓑ H-R도

7 H-R도에서 가로축에 해당하는 물리량을 모두 골라 쓰시오.

광도, 분광형, 색지수, 절대 등급, 표면 온도

[8~9] 그림은 분광형과 절대 등급을 기준으로 별을 (가)~(라)의 집단으로 분류한 H-R도이다.

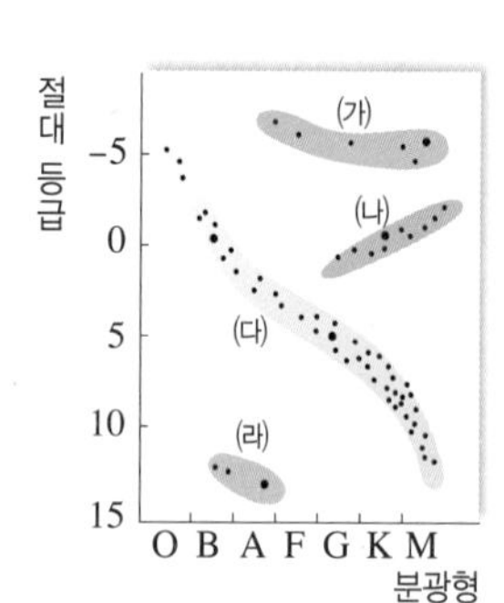

8 (가)~(라)에 해당하는 별의 종류를 각각 쓰시오.

(가): (　　　　)　(나): (　　　　)
(다): (　　　　)　(라): (　　　　)

9 (가)~(라)에 대한 설명으로 옳은 것은?

① (나)는 (가)에 비해 광도가 크다.
② (나)는 (라)보다 표면 온도가 높다.
③ 별은 대부분 (다)에 속한다.
④ (라)는 대체로 태양보다 색지수가 크다.
⑤ (라)는 (나)에 비해 평균 밀도가 작다.

10 표는 별 A, B, C의 분광형과 광도 계급을 나타낸 것이다.

별	분광형	광도 계급
A	K5	Ⅱ
B	G2	Ⅰ
C	G2	Ⅴ

(1) A와 B의 표면 온도를 비교하시오.
(2) B와 C의 반지름을 비교하시오.

1 그림은 주계열성 a와 b가 방출하는 에너지 세기를 파장별로 나타낸 것이다.

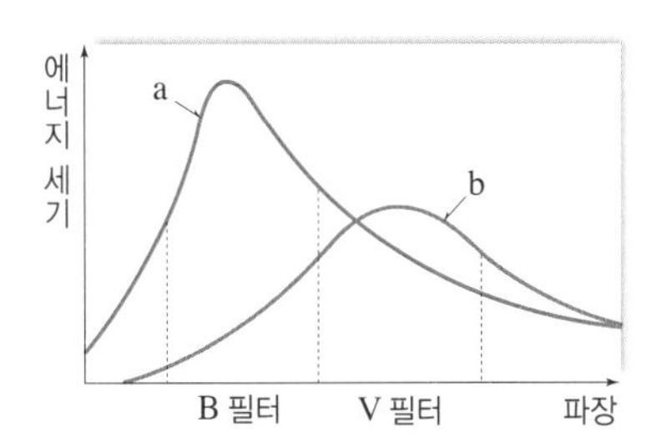

a가 b보다 큰 값을 갖는 것만을 [보기]에서 있는 대로 고른 것은?

보기

ㄱ. 표면 온도 ㄴ. 절대 등급 ㄷ. 색지수
ㄹ. 반지름 ㅁ. 질량 ㅂ. 수명

① ㄱ, ㅁ ② ㄴ, ㄹ ③ ㄷ, ㅂ
④ ㄱ, ㄹ, ㅁ ⑤ ㄴ, ㄷ, ㅂ

2 그림은 두 종류의 스펙트럼이 생성되는 원리를 나타낸 것이다.

(가) (나)

이에 대한 설명으로 옳은 것만을 [보기]에서 있는 대로 고른 것은?

보기

ㄱ. (가)에서는 특정 파장의 에너지가 기체에 흡수되어 스펙트럼이 불연속적으로 나타난다.
ㄴ. (나)는 별의 분광형을 분류하는 데 이용된다.
ㄷ. (가)와 (나)에 있는 기체의 원소가 같다면, 흡수선이나 방출선이 같은 파장에서 나타난다.

① ㄱ ② ㄴ ③ ㄱ, ㄷ
④ ㄴ, ㄷ ⑤ ㄱ, ㄴ, ㄷ

2021 9월 평가원 15번

3 그림은 별의 스펙트럼에 나타난 흡수선의 상대적 세기를 온도에 따라 나타낸 것이고, 표는 별 A, B, C의 물리량과 특징을 나타낸 것이다.

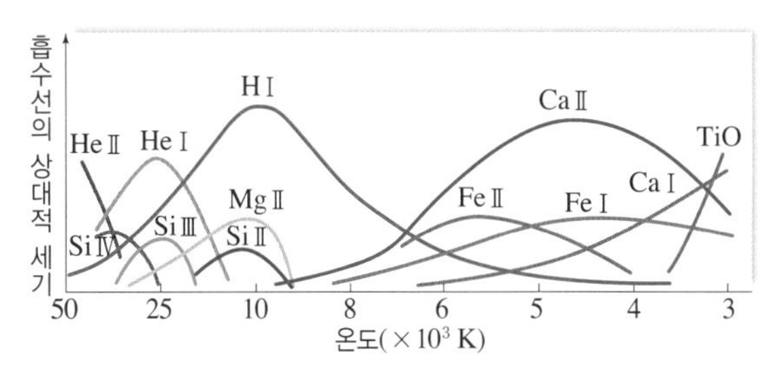

별	표면 온도(K)	절대 등급	특징
A	( )	11.0	별의 색깔은 흰색이다.
B	3500	( )	반지름이 C의 100배이다.
C	6000	6.0	( )

이에 대한 설명으로 옳은 것은?

① 반지름은 A가 C보다 크다.
② B의 절대 등급은 −4.0보다 크다.
③ 세 별 중 Fe Ⅰ 흡수선은 A에서 가장 강하다.
④ 단위 시간당 방출하는 복사 에너지양은 C가 B보다 많다.
⑤ C에서는 Fe Ⅱ 흡수선이 Ca Ⅱ 흡수선보다 강하게 나타난다.

4 그림은 두 별 A, B의 표면 온도와 절대 등급을 나타낸 것이다.

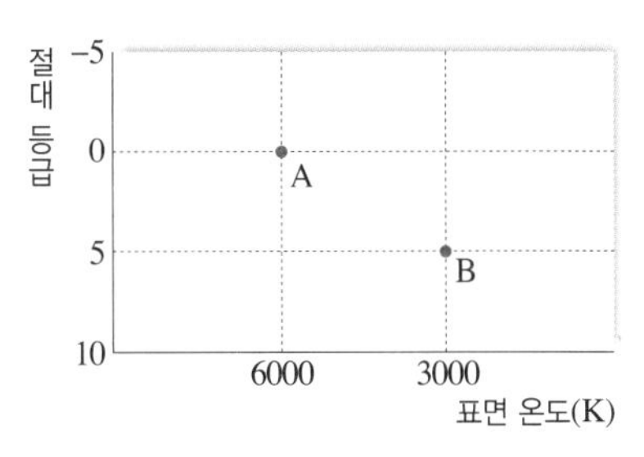

이에 대한 설명으로 옳은 것만을 [보기]에서 있는 대로 고른 것은?

보기

ㄱ. 최대 세기의 에너지를 방출하는 파장은 A가 B보다 2배 길다.
ㄴ. 별이 단위 시간 동안 표면에서 방출하는 에너지의 총량은 A가 B보다 100배 많다.
ㄷ. 별의 반지름은 A가 B보다 4배 크다.

① ㄱ ② ㄴ ③ ㄱ, ㄷ
④ ㄴ, ㄷ ⑤ ㄱ, ㄴ, ㄷ

5 표는 표면 온도가 같은 별 A와 B의 특성을 나타낸 것이다.

별	A	B
반지름(태양=1)	2	1
절대 등급	( )	−4.0
겉보기 등급	+1.0	+1.0

이에 대한 설명으로 옳은 것만을 [보기]에서 있는 대로 고른 것은?

보기
ㄱ. 광도는 A가 B보다 2배 크다.
ㄴ. A의 절대 등급은 −4.0보다 작다.
ㄷ. 별까지의 거리는 A가 B보다 가깝다.

① ㄱ ② ㄴ ③ ㄱ, ㄷ
④ ㄴ, ㄷ ⑤ ㄱ, ㄴ, ㄷ

2017 Ⅱ수능 7번

6 표는 별 A, B, C의 물리적 특성을 나타낸 것이다.

별	겉보기 등급	절대 등급	색지수(B−V)
A	−1.5	1.4	0.00
B	1.3	−7.2	0.09
C	1.0	−3.6	−0.23

이에 대한 설명으로 옳은 것은?

① 거리가 가장 먼 별은 A이다.
② 가장 밝게 보이는 별은 B이다.
③ 표면 온도가 가장 낮은 별은 C이다.
④ 광도는 B가 C보다 작다.
⑤ 반지름은 A가 B보다 작다.

7 그림은 여러 별들의 절대 등급과 분광형을 나타낸 것이다.

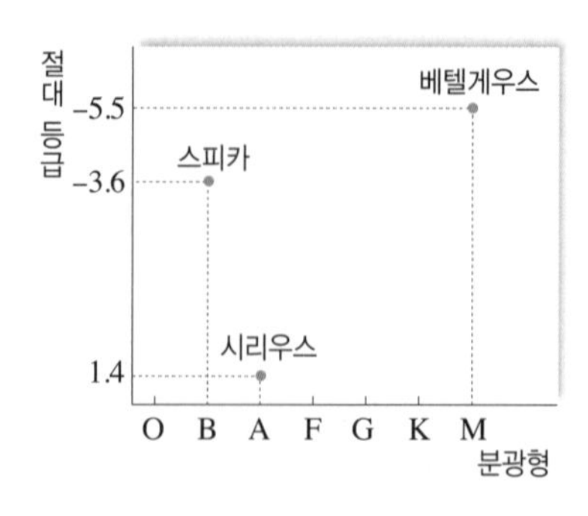

이에 대한 설명으로 옳은 것만을 [보기]에서 있는 대로 고른 것은?

보기
ㄱ. 광도가 가장 큰 별은 시리우스이다.
ㄴ. 반지름이 가장 큰 별은 베텔게우스이다.
ㄷ. 표면 온도가 가장 높은 별은 스피카이다.

① ㄱ ② ㄷ ③ ㄱ, ㄴ
④ ㄴ, ㄷ ⑤ ㄱ, ㄴ, ㄷ

8 그림은 H−R도상에 세 별 ㉠~㉢의 위치를 나타낸 것이다.

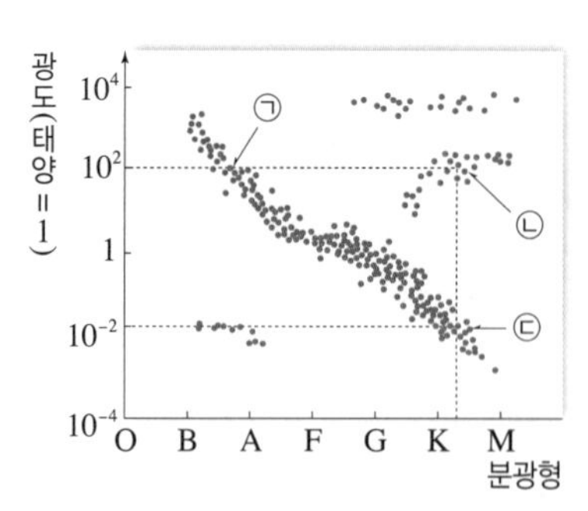

이에 대한 설명으로 옳은 것만을 [보기]에서 있는 대로 고른 것은?

보기
ㄱ. 별의 색지수는 ㉠이 가장 크다.
ㄴ. 별의 반지름은 ㉡이 ㉢보다 100배 크다.
ㄷ. ㉠은 ㉢보다 질량이 크다.

① ㄱ ② ㄴ ③ ㄷ
④ ㄱ, ㄴ ⑤ ㄴ, ㄷ

2021 9월 평가원 3번

9 그림은 분광형과 광도를 기준으로 한 H-R도이고, 표의 (가), (나), (다)는 각각 H-R도에 분류된 별의 집단 ㉠, ㉡, ㉢의 특징 중 하나이다.

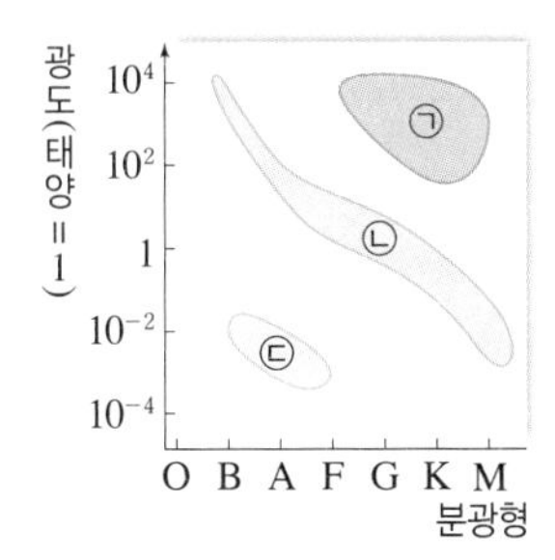

구분	특징
(가)	별이 일생의 대부분을 보내는 단계로, 정역학 평형 상태에 놓여 별의 크기가 거의 일정하게 유지된다.
(나)	주계열을 벗어난 단계로, 핵융합 반응을 통해 무거운 원소들이 만들어진다.
(다)	태양과 질량이 비슷한 별의 최종 진화 단계로, 별의 바깥층 물질이 우주로 방출된 후 중심핵만 남는다.

(가), (나), (다)에 해당하는 별의 집단으로 옳은 것은?

	(가)	(나)	(다)		(가)	(나)	(다)
①	㉠	㉡	㉢	②	㉡	㉠	㉢
③	㉡	㉢	㉠	④	㉢	㉠	㉡
⑤	㉢	㉡	㉠				

10 그림 (가)는 주계열성의 질량-광도 관계를, (나)는 주계열성의 H-R도를 나타낸 것이다.

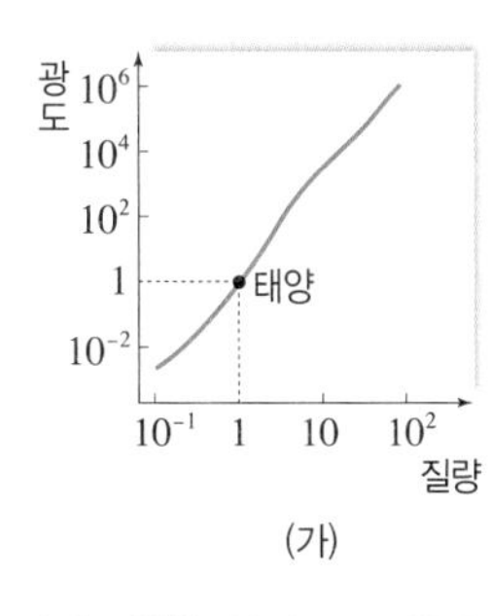

(가)

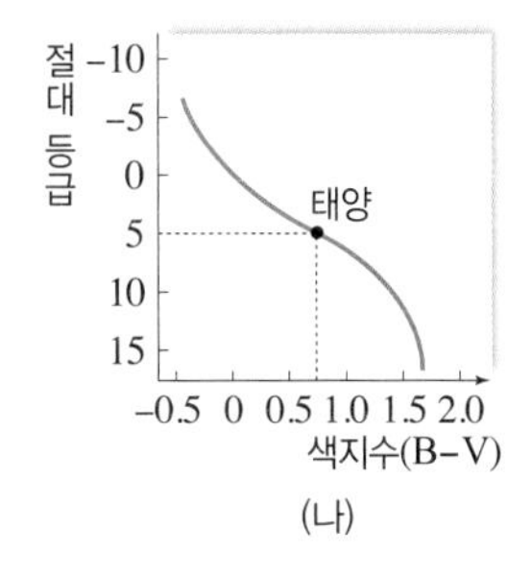

(나)

이에 대한 설명으로 옳은 것만을 [보기]에서 있는 대로 고른 것은?

보기

ㄱ. 질량이 큰 주계열성일수록 실제 밝기가 밝다.
ㄴ. 질량이 큰 주계열성일수록 표면 온도가 높다.
ㄷ. 절대 등급이 0등급이고, 색지수가 1.5인 별은 주계열성에 속한다.

① ㄱ　② ㄷ　③ ㄱ, ㄴ　④ ㄴ, ㄷ　⑤ ㄱ, ㄴ, ㄷ

11 그림은 별의 광도 계급 Ⅰ~Ⅴ를 H-R도에 나타낸 것이다.

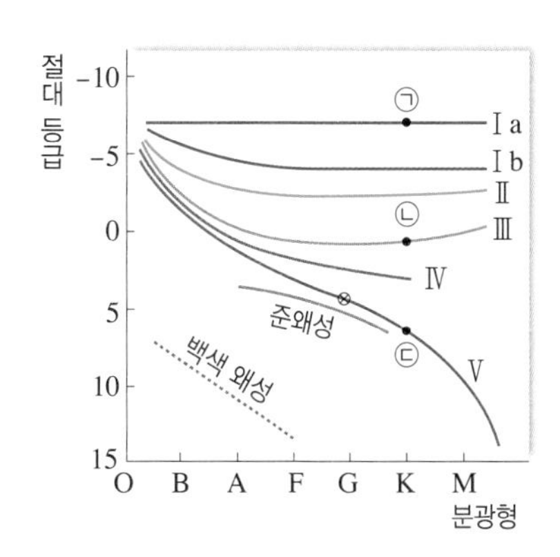

별 ㉠, ㉡, ㉢에 대한 설명으로 옳은 것만을 [보기]에서 있는 대로 고른 것은?

보기

ㄱ. 광도는 ㉢이 가장 크다.
ㄴ. 표면 온도는 ㉡이 ㉢보다 높다.
ㄷ. 반지름은 ㉠이 가장 크다.

① ㄱ　② ㄷ　③ ㄱ, ㄴ　④ ㄴ, ㄷ　⑤ ㄱ, ㄴ, ㄷ

12 표는 (가), (나) 두 별을 분광형과 광도 계급을 기준으로 2차원적으로 분류한 것이다.

별	분광 분류
(가)	B2Ⅴ
(나)	G9Ⅲ

이에 대한 설명으로 옳은 것만을 [보기]에서 있는 대로 고른 것은?

보기

ㄱ. (가)는 (나)보다 표면 온도가 높다.
ㄴ. (가)는 B형 별 중에서 주계열성에 해당한다.
ㄷ. (나)는 G형 별 중에서 표면 온도가 가장 높다.

① ㄱ　② ㄷ　③ ㄱ, ㄴ　④ ㄴ, ㄷ　⑤ ㄱ, ㄴ, ㄷ

1 그림 (가)는 주계열성 a, b의 파장에 따른 상대적 에너지 세기를, (나)는 H−R도상에 별 a, b의 위치를 P, Q로 순서 없이 나타낸 것이다.

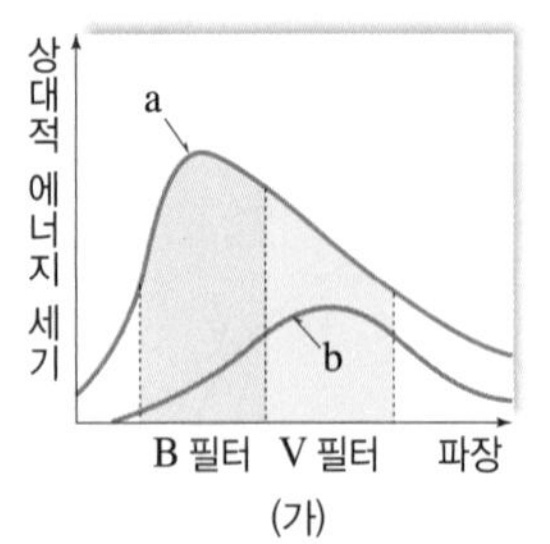

(가)

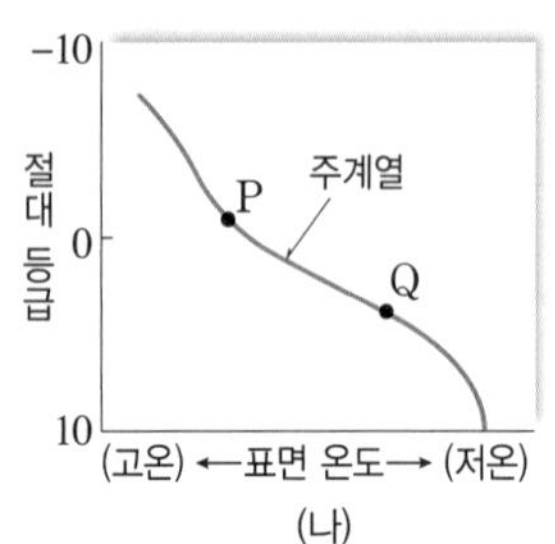

(나)

이에 대한 설명으로 옳은 것만을 [보기]에서 있는 대로 고른 것은?

보기
ㄱ. (가)에서 a의 색지수(B−V)는 0보다 작다.
ㄴ. (나)에서 a의 위치는 P이다.
ㄷ. a는 b보다 수명이 길다.

① ㄱ ② ㄷ ③ ㄱ, ㄴ
④ ㄴ, ㄷ ⑤ ㄱ, ㄴ, ㄷ

2 그림은 별 (가), (나), (다)의 표면 온도와 색지수(B−V) 관계를 나타낸 것이다.

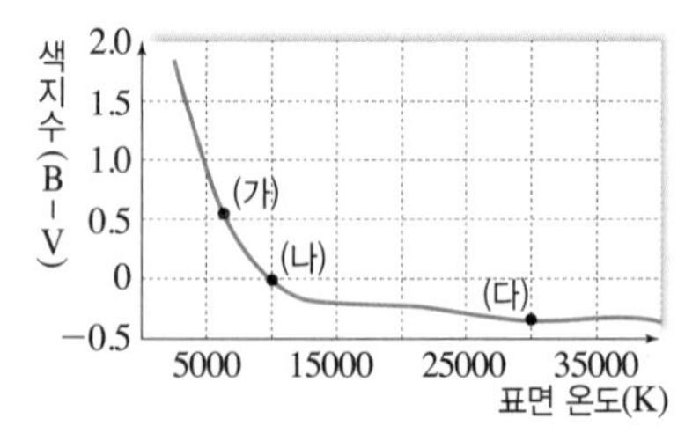

이에 대한 설명으로 옳은 것만을 [보기]에서 있는 대로 고른 것은? (단, B는 파란색, V는 노란색 영역의 등급이다.)

보기
ㄱ. (가)는 노란색 영역보다 파란색 영역에서 밝게 보인다.
ㄴ. (나)는 B 등급과 V 등급이 같다.
ㄷ. (다)는 (가)보다 붉은색으로 보인다.

① ㄱ ② ㄴ ③ ㄱ, ㄷ
④ ㄴ, ㄷ ⑤ ㄱ, ㄴ, ㄷ

3 그림은 별의 분광형과 수소와 헬륨 흡수선의 상대적 세기를 나타낸 것이다.

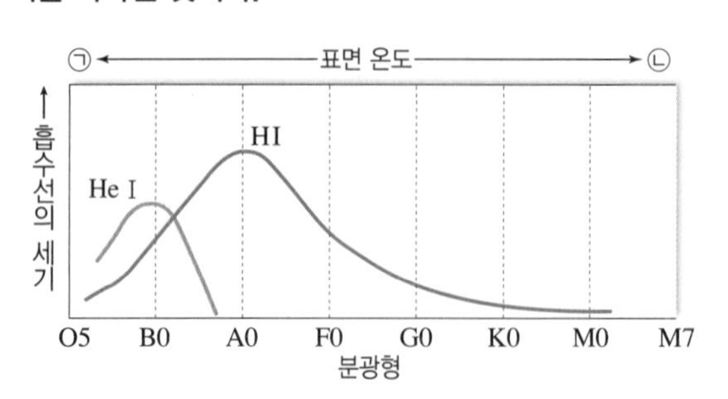

이에 대한 설명으로 옳은 것만을 [보기]에서 있는 대로 고른 것은?

보기
ㄱ. 별의 표면 온도는 ㉠ 쪽으로 갈수록 높다.
ㄴ. 수소 흡수선은 A형에서 가장 세다.
ㄷ. 태양보다 저온인 별에서는 헬륨 흡수선이 나타나지 않는다.

① ㄱ ② ㄷ ③ ㄱ, ㄴ
④ ㄴ, ㄷ ⑤ ㄱ, ㄴ, ㄷ

4 표는 별 A, B, C의 반지름과 표면 온도를 나타낸 것이다.

별	반지름(태양=1)	표면 온도(태양=1)
A	1	1.00
B	10	0.84
C	10	1.00

별 A, B, C에 대한 설명으로 옳은 것만을 [보기]에서 있는 대로 고른 것은? (단, 태양의 절대 등급은 4.8등급이다.)

보기
ㄱ. 색지수는 A가 B보다 작다.
ㄴ. A와 C의 분광형은 서로 같다.
ㄷ. B의 광도가 가장 크다.
ㄹ. C의 절대 등급은 −0.2등급이다.

① ㄱ, ㄷ ② ㄱ, ㄹ ③ ㄴ, ㄷ
④ ㄱ, ㄴ, ㄹ ⑤ ㄴ, ㄷ, ㄹ

5 그림은 여러 별들을 H－R도에 나타낸 것이다.

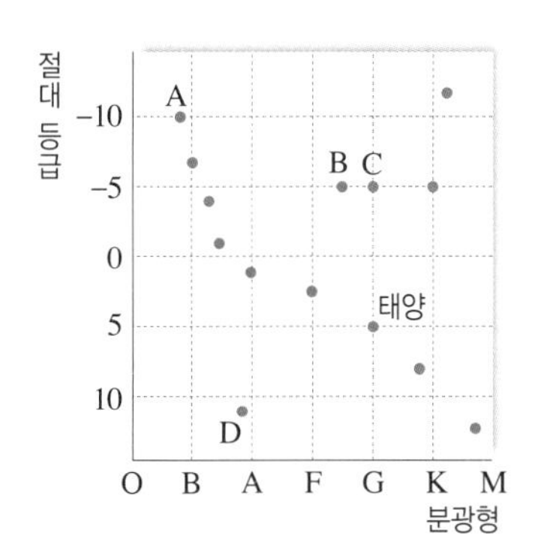

별 A~D에 대한 설명으로 옳은 것은?

① A는 초거성이다.
② B는 태양보다 광도가 100배 크다.
③ B는 C보다 반지름이 크다.
④ C는 태양보다 반지름이 약 100배 크다.
⑤ D는 태양보다 표면 온도가 낮다.

자료❸ 2019 Ⅱ 수능 13번

6 그림은 같은 성단의 별 a~d를 H－R도에 나타낸 것이다.

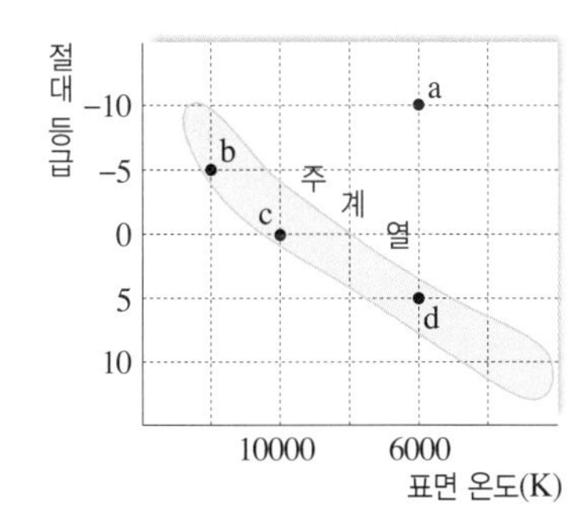

a~d에 대한 설명으로 옳은 것만을 [보기]에서 있는 대로 고른 것은?

보기
ㄱ. 반지름은 a가 d의 1000배이다.
ㄴ. 중심 온도가 가장 높은 별은 b이다.
ㄷ. 수소 흡수선이 가장 강한 별은 c이다.

① ㄱ ② ㄴ ③ ㄱ, ㄷ
④ ㄴ, ㄷ ⑤ ㄱ, ㄴ, ㄷ

2021 수능 14번

7 그림은 별 A, B, C의 반지름과 절대 등급을 나타낸 것이다. A, B, C는 각각 초거성, 거성, 주계열성 중 하나이다.

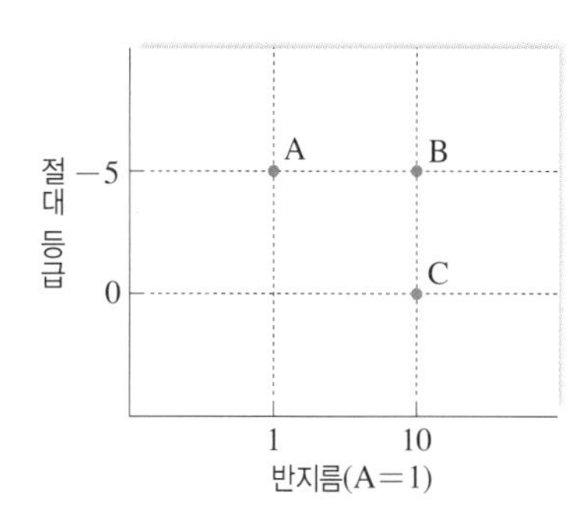

A, B, C에 대한 설명으로 옳은 것만을 [보기]에서 있는 대로 고른 것은?

보기
ㄱ. 표면 온도는 A가 B의 $\sqrt{10}$배이다.
ㄴ. 복사 에너지를 최대로 방출하는 파장은 B가 C보다 길다.
ㄷ. 광도 계급이 Ⅴ인 것은 C이다.

① ㄱ ② ㄷ ③ ㄱ, ㄴ
④ ㄴ, ㄷ ⑤ ㄱ, ㄴ, ㄷ

자료❹ 2021 6월 평가원 12번

8 표는 질량이 서로 다른 별 A~D의 물리적 성질을, 그림은 별 A와 D를 H－R도에 나타낸 것이다. $L_{\odot}$는 태양 광도이다.

별	표면 온도 (K)	광도 ($L_{\odot}$)
A	(　　)	(　　)
B	3500	100000
C	20000	10000
D	(　　)	(　　)

광도($L_{\odot}$) 10^6 10^4 10^2 1 10^{-2} 10^{-4}
A• 주계열 D•
40000 20000 10000 6000 3000
표면 온도(K)

이 자료에 대한 설명으로 옳은 것만을 [보기]에서 있는 대로 고른 것은?

보기
ㄱ. A와 B는 적색 거성이다.
ㄴ. 반지름은 B＞C＞D이다.
ㄷ. C의 나이는 태양보다 적다.

① ㄱ ② ㄷ ③ ㄱ, ㄴ
④ ㄴ, ㄷ ⑤ ㄱ, ㄴ, ㄷ

별의 진화와 에너지원

≫ 핵심 짚기 › 별의 탄생과 진화 과정 › 별의 에너지원 파악 › 별의 내부 구조 파악

A 별의 진화

1 별의 탄생

① 별: 내부에서 핵융합 반응으로 생성된 에너지를 방출하여 빛을 내는 천체

② 별의 탄생: *성간 물질이 모여 있는 *성운 중 밀도가 높고 온도가 낮은 영역에서 생성

원시별[1]	전주계열 단계의 별	주계열성(별)[2]
성간 물질이 밀집된 성운에서 밀도가 높은 부분이 중력에 의해 수축하여 중심핵을 이루며 성장하여 고밀도 기체 덩어리인 원시별이 된다.	원시별은 주위 물질을 끌어당겨 밀도가 커지고, 중력 수축으로 표면 온도가 높아져 1000 K 정도에 이르면 빛(가시광선)을 방출하는 전주계열 단계가 된다.	전주계열 단계에서 중력 수축이 일어나 중심부의 온도가 약 1000만 K에 이르면 중심핵에서 수소 핵융합 반응이 시작되어 별이 탄생한다.

③ 주계열성: 중심핵에서 수소 핵융합 반응으로 에너지를 방출하고, 크기가 일정한 별 ➡ 별은 일생의 대부분을 주계열성으로 보낸다.

별의 에너지원	수소 핵융합 반응 ➡ 중심부의 수소 감소, 헬륨 증가
별의 크기	별의 크기가 일정하다. ➡ 수소 핵융합 반응으로 온도가 상승하여 내부 압력이 커지면서 내부 기체 압력 차이로 발생한 힘과 중력이 평형을 이루기 때문
별의 질량과 수명	주계열성은 질량이 클수록 주계열에 머무는 기간이 짧아진다. ➡ 질량이 클수록 방출하는 에너지양이 많아 연료를 빨리 소모하기 때문[3]

탐구 자료 질량에 따른 원시별의 진화 경로와 주계열에 도달하는 데 걸리는 시간

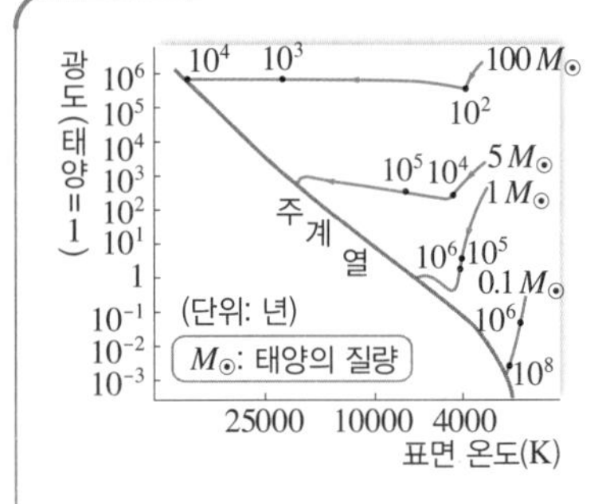

1. **태양보다 질량이 큰 원시별:** H-R도에서 수평 방향으로 진화하고, 주계열 단계에 빨리 도달한다.
2. **태양과 질량이 비슷하거나 태양보다 질량이 작은 원시별:** H-R도에서 수직 방향으로 진화하고, 주계열 단계에 느리게 도달한다.
3. **질량에 따른 원시별의 진화:** 원시별의 질량이 클수록 광도가 크고, 표면 온도가 높은 주계열성이 된다.
4. **주계열에 도달하는 데 걸리는 시간:** 원시별의 질량이 클수록 주계열에 빨리 도달한다.

2 별의 진화 별은 질량에 따라 진화 과정이 달라진다.

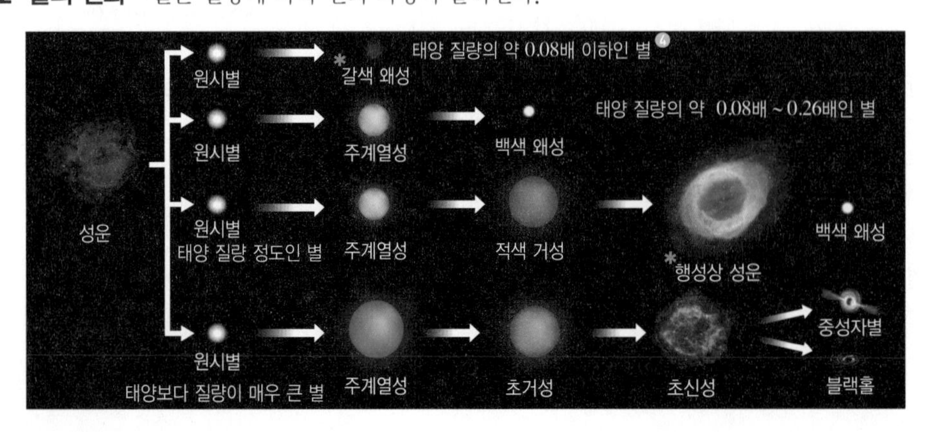

PLUS 강의

[1] **원시별**
밀도가 높은 성운은 자체의 중력으로 서서히 수축하며, 중력 수축이 일어나면 위치 에너지가 감소하면서 중력 수축 에너지가 발생하여 온도가 높아지고 스스로 빛을 내기 시작한다. 빛을 내는 에너지원이 핵융합 반응이 아니라 중력 수축 에너지이기 때문에 별이라 하지 않고, 원시별이라고 한다.

[2] **별(주계열성)의 탄생 과정**

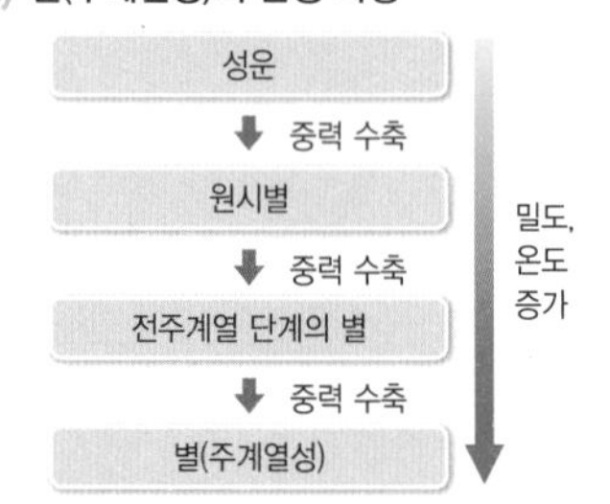

[3] **주계열성으로 지내는 기간**
질량이 클수록 주계열성으로 머무는 기간이 짧아진다. 태양 질량 정도인 별은 약 100억 년, 태양 질량의 10배 정도인 별은 약 1000만 년을 주계열성으로 보낸다.

[4] **태양 질량의 약 0.08배 이하인 별**
중심 온도가 1000만 K에 이르지 못해 수소 핵융합 반응이 일어나지 않으므로 행성과 비슷한 갈색 왜성이 된다.

용어 돋보기

* **성간(星 별, 間 사이) 물질**_별과 별 사이를 이루는 가스, 먼지 등의 물질
* **성운(星 별, 雲 구름)**_성간 물질이 모여 구름처럼 보이는 것으로, 수소가 약 70 %를 차지한다.
* **갈색 왜성(褐 갈색, 色 색, 矮 작다, 星 별)**_중력 수축으로 증가하는 내부의 열에너지를 적외선으로 방출하여 붉은 색을 띠는 천체
* **행성상 성운(行星 행성, 狀 모양, 星雲 성운)**_적색 거성이 팽창하여 형성된 행성 모양의 성운

① 태양 질량 정도인 별: 주계열성 → 적색 거성 → 행성상 성운, 백색 왜성

적색 거성

- 주계열성 중심에서 수소가 모두 헬륨으로 바뀌면, 수소 핵융합 반응을 멈추고 헬륨 핵이 수축하여 온도 상승 → 헬륨 핵 바깥의 수소층이 가열되어 수소 핵융합 반응이 일어나면 바깥층이 팽창하면서 광도는 증가하고 표면 온도가 낮아져 적색 거성 형성
- 중력 수축으로 중심의 온도가 상승하면 헬륨 핵융합 반응이 일어나 탄소, 산소 생성[5]

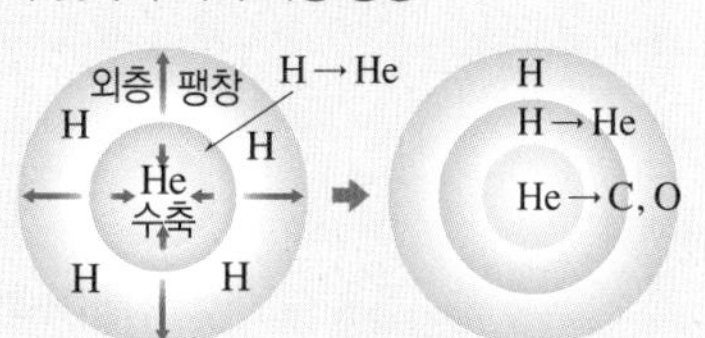

➡

행성상 성운, 백색 왜성

- 적색 거성 중심부의 헬륨이 모두 탄소, 산소로 바뀌면 바깥층이 우주 공간으로 방출되어 행성상 성운 형성, 중심핵은 수축하여 백색 왜성 형성[6]
- 백색 왜성에서는 핵융합 반응이 일어나지 않음

② 태양보다 질량이 매우 큰 별: 주계열성 → 초거성 → 초신성 → 중성자별 또는 블랙홀

초거성

- 주계열성이 적색 거성보다 더욱 팽창하여 초거성 형성
- 중심 온도가 계속 높아져 탄소, 네온, 산소, 규소 핵융합 반응이 차례로 일어나 철까지 만들면 핵융합 반응 중지 ➡ 철이 가장 안정한 원소이기 때문

➡

초신성

- 초거성 중심부의 규소가 모두 철로 바뀌면 바깥층이 급격히 중력 수축하는 과정에서 중심핵과 충돌하면서 폭발하여 초신성 형성
- 생성 원소: 초신성 폭발 과정에서 철보다 무거운 원소 생성 예 금, 납, 우라늄 등[7]

➡

중성자별, 블랙홀

- 중성자별: 초신성 폭발 후 중심핵이 남아 밀도가 매우 높은 중성자별 형성
- 블랙홀: 태양 질량의 약 25배 이상인 별은 중심핵이 남아 중력이 매우 큰 블랙홀 형성

탐구 자료 H-R도상에서 태양의 진화 과정

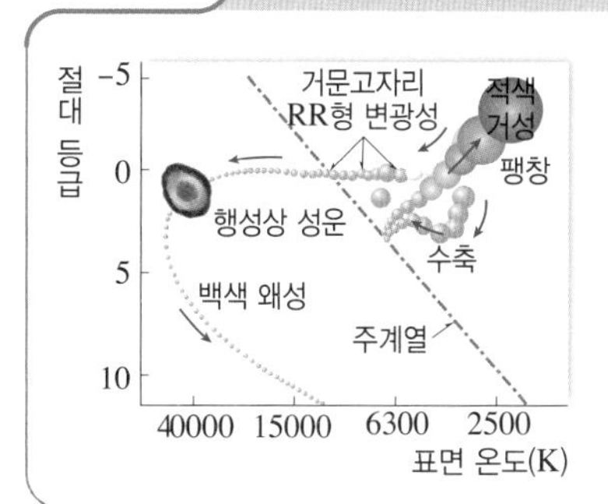

1. **태양의 진화 과정:** 현재 주계열성이고, 앞으로 적색 거성을 거쳐 행성상 성운과 백색 왜성으로 진화한다.
2. **주계열성 → 적색 거성:** 반지름이 커지고, 광도가 증가한다. ➡ 표면 온도와 밀도는 감소한다.
3. **적색 거성 → 백색 왜성:** 반지름이 작아져 광도가 감소한다. ➡ 표면 온도와 밀도는 증가한다.
4. **백색 왜성:** 점차 표면 온도가 감소하여 광도가 작아진다.

[5] 별의 온도에 따른 핵융합 반응

원자핵이 무거울수록 핵 사이에 작용하는 전기적 반발력이 커서 핵융합 반응에 필요한 온도가 증가한다.

온도	반응 원소	생성 원소
저온	수소(H)	헬륨(He)
	헬륨(He)	탄소(C), 산소(O)
	탄소(C)	산소(O), 네온(Ne), 마그네슘(Mg)
	네온(Ne)	마그네슘(Mg)
↓	산소(O)	규소(Si), 황(S)
고온	규소(Si)	철(Fe)

[6] 적색 거성 이후

태양 질량의 0.4배~3배인 별은 적색 거성 중심에서 헬륨 핵융합 반응이 멈추면, 중심핵은 수축하고 바깥쪽은 팽창하다가 팽창과 수축을 반복하는 불안정한 상태(맥동 변광성 단계)를 거쳐 바깥쪽 물질이 우주로 방출되어 행성상 성운이 된다.

[7] 별에서 생성되는 원소

별에서 생성된 원소들은 행성상 성운, 초신성 폭발 과정에서 우주로 방출되어 새로운 별, 행성, 생명체의 재료가 된다.

주계열성	헬륨
적색 거성	헬륨, 탄소, 산소
초거성	헬륨~철
초신성	철보다 무거운 원소

정답과 해설 77쪽

개념 확인

(1) 성간 물질의 밀도가 (　　　　) 온도가 (　　　　) 영역에서 별이 탄생한다.

(2) 원시별이 수축하여 중심부에서 수소 핵융합 반응이 일어나면 (　　　　)이(가) 된다.

(3) 원시별에서 주계열성이 되는 데 걸리는 시간은 질량이 큰 별일수록 (짧다, 길다).

(4) 주계열성은 주로 (　　　　) 반응에 의해 에너지를 얻는다.

(5) 주계열성은 별의 중심 쪽으로 향하는 (　　　　)과 바깥쪽으로 향하는 기체 압력 차로 발생한 힘이 평형을 이룬다.

(6) 별의 일생에서 가장 오랜 시간을 보내는 단계는 (　　　　) 단계이다.

(7) 주계열 단계 이후의 별의 진화 경로는 별의 (　　　　)에 따라 달라진다.

(8) 질량이 태양 정도인 별은 '주계열성 → (　　　　) → 행성상 성운 → (　　　　)'으로 진화한다.

(9) 태양보다 질량이 매우 큰 별은 마지막 단계에서 중력 수축을 하다가 (　　　　) 폭발을 한다.

(10) 초신성 폭발 과정에서 철보다 (가벼운, 무거운) 원소가 생성된다.

(11) 초신성 폭발 이후 중심핵은 질량에 따라 (　　　　)이나 (　　　　)로 진화한다.

별의 진화와 에너지원

B 별의 에너지원과 내부 구조

1 별의 에너지원[8]

① 원시별의 에너지원: 중력 수축 에너지

- 중력 수축 에너지: 물질이 중력에 의해 수축할 때 위치 에너지의 감소로 생기는 에너지
- 원시별에서 중력 수축에 의해 발생된 에너지 중 일부는 복사 에너지로 방출되고, 나머지는 원시별 내부의 온도를 높이는 데 사용된다.

② 주계열성의 주요 에너지원: 수소 핵융합 반응

- 수소 핵융합 반응: 수소 원자핵 4개가 융합하여 헬륨 원자핵 1개를 만드는 반응 ➡ 핵융합 반응 과정에서 줄어든 질량(약 0.7 %)이 에너지로 전환된다.[9]

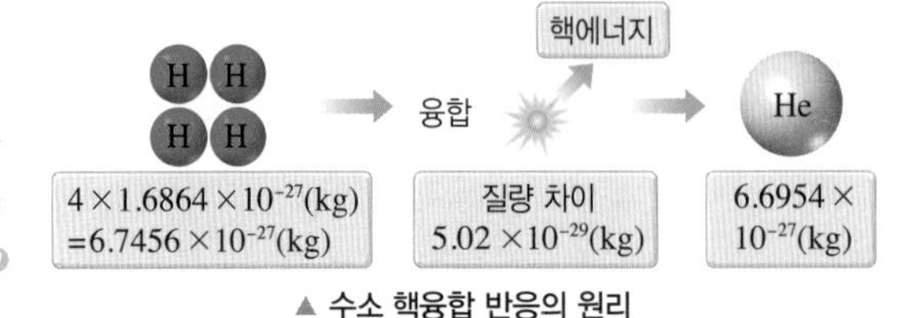

▲ 수소 핵융합 반응의 원리

- 중심부 온도가 약 1000만 K 이상인 주계열성에서 수소 핵융합 반응으로 에너지를 생성하여 빛을 낸다.[10]
- 수소 핵융합 반응의 종류: 주계열성 중심부의 온도에 따라 일어나는 반응이 다르다.

구분	양성자·양성자 반응(P-P 반응)	탄소·질소·산소 순환 반응(CNO 순환 반응)
조건	질량이 태양과 비슷하여 중심부 온도가 약 1800만 K 이하인 별에서 우세하다.	질량이 태양의 약 2배 이상이고, 중심부 온도가 약 1800만 K 이상인 별에서 우세하다.
반응	수소 원자핵 6개가 융합하여 1개의 헬륨 원자핵을 생성하고, 2개의 수소 원자핵이 방출된다.	수소 원자핵 4개가 반응에 참여하여 헬륨 원자핵을 생성하고, 탄소, 질소, 산소는 촉매 역할을 한다.
모형	^1H, ^2H, ^3He, ^4He, ν / ●양성자 ●중성자 ● 전자 ν 중성미자 〰 감마선	^1H, ^4He, ^{12}C, ^{13}N, ^{13}C, ^{14}N, ^{15}O, ^{15}N, ν / ●양성자 ●중성자 ● 전자 ν 중성미자 〰 감마선

③ 적색 거성과 초거성의 주요 에너지원: 수소보다 무거운 원소의 핵융합 반응

적색 거성	헬륨 핵의 중력 수축으로 중심부 온도가 약 1억 K에 이르면, 헬륨 핵융합 반응으로 에너지를 생성한다.
초거성	중심부의 온도가 매우 높아서 점점 더 무거운 원소의 핵융합 반응이 일어나 에너지를 생성한다.

2 별의 내부 구조

① 주계열성의 내부 구조: 수소 핵융합 반응으로 에너지를 생성하는 중심부 영역과 중심에서 생성된 에너지를 표면으로 전달하는 부분으로 구분된다.

- 정역학 평형: 별 내부의 기체 압력 차이로 발생한 힘과 별의 중력이 평형을 이루고 있는 상태 ➡ 주계열성은 정역학 평형 상태를 유지하므로 모양과 크기가 일정하다.

탐구 자료 주계열성의 정역학 평형

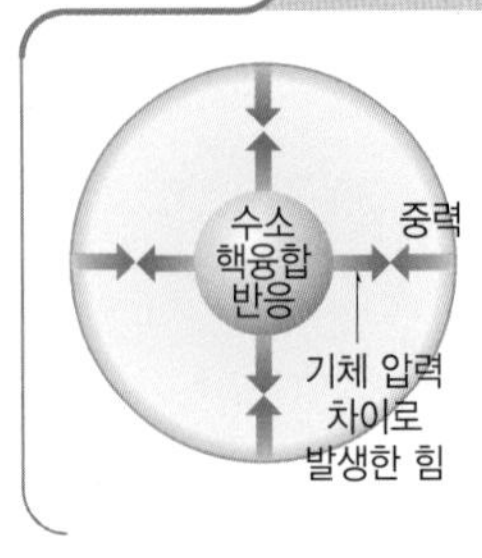

1. **기체 압력 차이로 발생한 힘:** 핵융합 반응으로 내부 온도가 상승하면 기체 압력의 차이로 바깥쪽으로 팽창하려는 힘이 발생한다.
2. **중력:** 별을 이루는 물질에 의해 중심 쪽으로 중력이 작용하여 별은 중력에 의해 수축하려고 한다.
3. **주계열성:** 기체 압력 차이로 발생한 힘=중력 ➡ 모양과 크기 일정
4. 정역학 평형이 깨지면 별이 수축하거나 팽창한다.

[8] 별의 주요 에너지원

원시별의 에너지원	중력 수축 에너지
주계열성의 에너지원	수소 핵융합 반응에 의한 에너지

[9] **질량·에너지 등가 원리**
물질은 질량의 크기에 해당하는 에너지를 가지고 있으며, 줄어든 질량은 에너지(E)로 전환된다.

$$E=\Delta mc^2$$

(Δm: 줄어든 질량, c: 광속)

[10] **수소 핵융합 반응의 온도**
수소 핵융합 반응이 일어나기 위해서는 양전하를 띠는 수소 원자핵 사이의 강한 전기적 반발력을 이길 수 있을 만큼 충분한 운동 에너지가 필요하므로, 별의 내부 온도가 약 1000만 K 이상이 되어야 한다.

- 주계열성의 에너지 전달 방식: 주계열성의 질량에 따라 에너지를 전달하는 방식이 다르다.[11]

질량이 태양과 비슷한 별	질량이 태양의 약 2배 이상인 별
중심핵 / 복사층 / 대류층	대류핵 / 복사층
별의 중심부에서 생성된 에너지가 반지름의 약 70 %에 이르는 거리까지 복사로 전달되고, 그 바깥층으로는 대류로 표면까지 전달된다.	별의 중심부와 표면의 온도 차이가 매우 크기 때문에 중심부에서 대류로 에너지가 전달되고, 그 바깥층에서는 복사로 에너지가 전달된다.

② 주계열성에서 거성(초거성)으로 진화하는 단계의 내부 구조: 중심부의 수소가 모두 소모되어 수소 핵융합 반응이 끝나면, 헬륨 핵은 중력에 의해 수축하고, 헬륨 핵을 둘러싼 수소층에서는 온도가 높아져 수소 핵융합 반응이 일어나며, 이때 발생한 열에 의해 별 외곽의 수소층은 팽창하여 거성 또는 초거성으로 진화한다.[12]

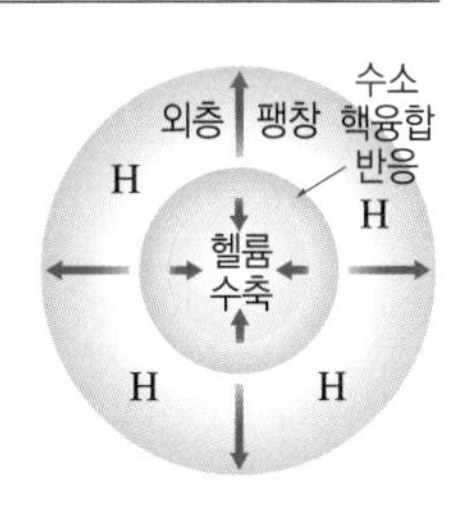

③ 별의 마지막 단계의 내부 구조

질량이 태양과 비슷한 별	질량이 태양보다 매우 큰 별
H / He / C+O	H / He / C+O / O+Ne+Mg / S+Si / Fe
별의 중심부에서 헬륨 핵융합 반응까지 일어나서 탄소와 산소로 구성된 중심핵이 만들어진다.	별의 중심부 온도가 높아 더 많은 핵융합 반응을 거쳐 최종적으로 철로 구성된 중심핵이 만들어진다. ➡ 중심으로 갈수록 더 무거운 원소로 이루어진 양파 껍질 같은 내부 구조를 이룬다.

⑪ **에너지 전달 방식**
에너지가 전달되는 방식에는 전도, 대류, 복사가 있다. 별은 주로 복사와 대류로 에너지를 전달한다.

복사	물질의 이동 없이 에너지가 빛과 같은 전자기파의 형태로 전달된다.
대류	물질이 직접 이동하거나 순환에 의해 에너지가 전달된다. 대류는 별 내부의 온도 차이가 클 때 에너지를 효과적으로 전달한다.

⑫ **수소각**
주계열성 중심에서 수소 핵융합 반응이 멈춘 후, 헬륨 핵을 둘러싼 수소층을 껍질에 비유하여 수소각이라 하고, 수소각에서 일어나는 핵융합 반응을 수소각 연소라고 한다.

정답과 해설 77쪽

(12) 원시별의 주요 에너지원은 ( ) 에너지이다.

(13) 주계열성의 중심부에서는 ( ) 핵융합 반응에 의해 에너지가 생성된다.

(14) 수소 핵융합 반응이 일어나면 4개의 ( ) 원자핵이 1개의 ( ) 원자핵을 만들면서 줄어든 질량이 질량·에너지 등가 원리에 의해 ( )로 전환된다.

(15) 질량이 태양과 비슷하여 중심부 온도가 약 1800만 K 이하인 주계열성에서는 ( )이 우세하게 일어난다.

(16) 탄소, 질소, 산소가 촉매 역할을 하여 수소 원자핵이 헬륨 원자핵으로 바뀌면서 에너지를 생성하는 수소 핵융합 반응은 ( )이다.

(17) 주계열성은 기체 압력 차로 발생한 힘과 ( )이 평형을 이루는 ( ) 상태에 있다.

(18) 질량이 태양의 약 2배 이상인 별은 중심부와 표면의 온도 차이가 매우 크기 때문에 중심부에서 ( )로 에너지가 전달되고, 그 바깥층에서는 ( )로 에너지가 전달된다.

(19) 주계열성이 거성(초거성)으로 진화할 때 중심의 ( ) 핵은 수축하고 별의 바깥층은 팽창한다.

(20) 질량이 태양보다 매우 큰 별은 계속적인 핵융합 반응을 거쳐 최종적으로 ( )로 된 중심핵이 만들어진다.

정답과 해설 77쪽

2019 • Ⅱ수능 8번

자료❶ 별의 진화

표는 질량이 서로 다른 별 (가)와 (나)의 진화 과정을 나타낸 것이다.

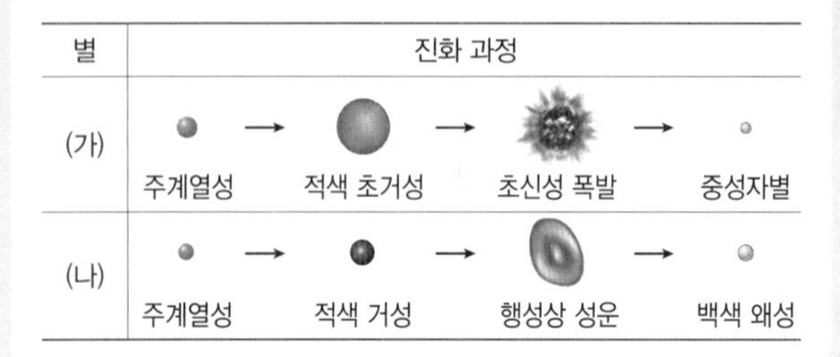

별	진화 과정			
(가)	주계열성 →	적색 초거성 →	초신성 폭발 →	중성자별
(나)	주계열성 →	적색 거성 →	행성상 성운 →	백색 왜성

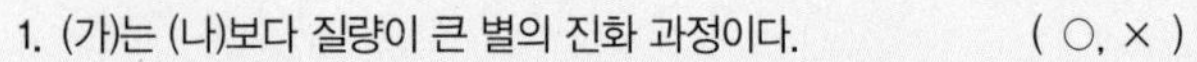

1. (가)는 (나)보다 질량이 큰 별의 진화 과정이다. (○, ×)
2. 주계열 단계에 머무르는 기간은 (가)가 (나)보다 길다. (○, ×)
3. (가)와 (나) 모두 주계열성의 중심부에서 수소 핵융합 반응이 일어난다. (○, ×)
4. 주계열성 중심부의 온도는 (가)보다 (나)에서 더 높다. (○, ×)
5. (가)보다 (나) 과정을 통해 더 무거운 원소가 생성된다. (○, ×)
6. 중성자별은 백색 왜성보다 밀도가 크다. (○, ×)

2021 • 9월 평가원 11번

자료❷ 주계열성의 에너지원

그림 (가)의 A와 B는 분광형이 G2인 주계열성의 중심으로부터 표면까지 거리에 따른 수소 함량 비율과 온도를 순서 없이 나타낸 것이고, ㉠과 ㉡은 에너지 전달 방식이 다른 구간을 표시한 것이다. (나)는 별의 중심 온도에 따른 P-P 반응과 CNO 순환 반응의 상대적 에너지 생산량을 비교한 것이다.

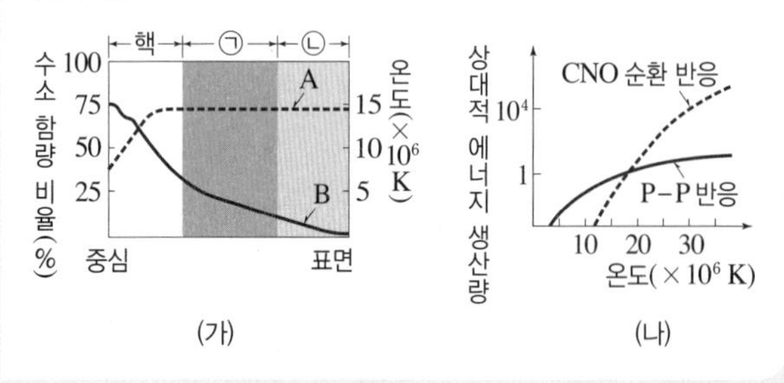

(가) (나)

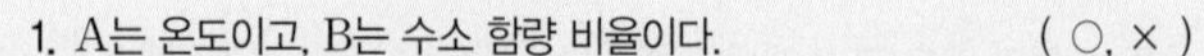

1. A는 온도이고, B는 수소 함량 비율이다. (○, ×)
2. ㉠은 복사층이고, ㉡은 대류층이다. (○, ×)
3. (가)의 별은 태양보다 표면 온도가 매우 높다. (○, ×)
4. (가)의 별은 태양보다 광도가 매우 크다. (○, ×)
5. 태양은 CNO 순환 반응보다 P-P 반응에 의해 생성되는 에너지의 양이 많다. (○, ×)

2020 • Ⅱ수능 12번

자료❸ H-R도와 별의 내부 구조

그림 (가)는 어느 성단의 H-R도를, (나)는 별 A, B, C 중 하나의 내부 구조를 나타낸 것이다.

광도(태양=1): 10000, 100, 1, 0.01
A, B, C
표면 온도(K): 10000, 6000, 3000

(가)

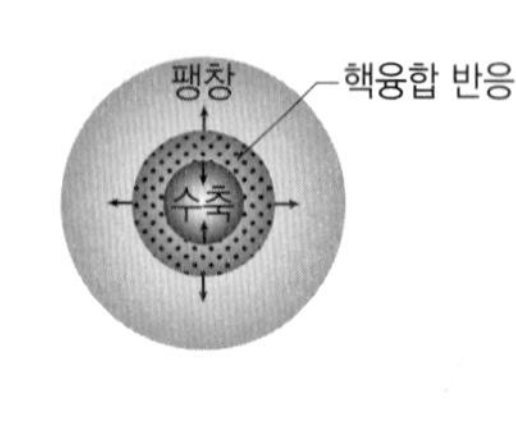

(나)

1. 색지수는 A가 B보다 크다. (○, ×)
2. 절대 등급은 B가 C보다 작다. (○, ×)
3. C의 중심핵에서는 수소 핵융합 반응이 일어난다. (○, ×)
4. (나)는 C의 내부 구조이다. (○, ×)
5. (나)의 내부는 정역학 평형 상태이다. (○, ×)

2020 • Ⅱ9월 평가원 14번

자료❹ H-R도와 별의 내부 구조

그림 (가)는 별 ㉠~㉣의 분광형과 절대 등급을 H-R도에 나타낸 것이고, (나)는 중심핵에서 수소 핵융합 반응을 하는 어느 별의 내부 구조를 나타낸 것이다.

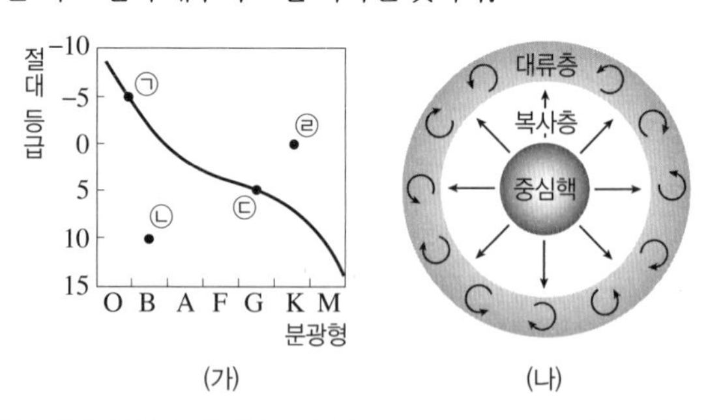

(가) (나)

1. ㉠과 ㉢은 주계열성, ㉡은 백색 왜성, ㉣은 거성이다. (○, ×)
2. 주계열에 머무는 기간은 ㉠이 ㉢보다 짧다. (○, ×)
3. ㉠은 ㉢보다 질량과 반지름이 크다. (○, ×)
4. ㉡은 ㉣보다 밀도가 작다. (○, ×)
5. (나)는 질량이 태양 질량의 약 2배보다 큰 주계열성의 내부 구조이다. (○, ×)

정답과 해설 77쪽

A 별의 진화

1 원시별이 수축하여 주계열성이 될 때 증가하는 물리량을 모두 골라 쓰시오.

밀도, 반지름, 중심부 온도

2 별의 탄생부터 마지막 단계까지 진화의 경로를 결정짓는 가장 중요한 물리량은?

① 질량 ② 반지름 ③ 절대 등급
④ 평균 밀도 ⑤ 표면 온도

3 태양 정도의 질량을 가진 별들이 일생 동안 거치지 않는 진화 단계는?

① 주계열성 ② 적색 거성 ③ 행성상 성운
④ 초신성 ⑤ 백색 왜성

4 다음 설명에 해당하는 별의 진화 단계는?

• 헬륨 핵 바깥쪽에서 수소 핵융합 반응이 일어난다.
• 중심부는 수축하고, 바깥층은 팽창한다.
• 표면 온도가 낮아져 붉은색을 띤다.

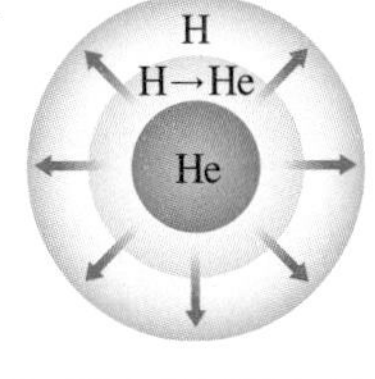

① 원시별 → 주계열성 ② 주계열성 → 적색 거성
③ 적색 거성 → 행성상 성운 ④ 초거성 → 초신성
⑤ 초신성 → 블랙홀

5 우주에 존재하는 각 원소에 대한 설명으로 옳은 것만을 [보기]에서 있는 대로 고르시오.

보기

ㄱ. 수소: 가장 높은 온도에서 일어나는 핵융합 반응에 사용되는 원소
ㄴ. 철: 별의 내부에서 핵융합 반응으로 생성되는 가장 무거운 원소
ㄷ. 헬륨: 주계열성 중심부에서 핵융합 반응으로 생성되는 원소
ㄹ. 우라늄: 질량이 매우 큰 별의 내부에서 핵융합 반응으로 생성되는 원소

6 다음은 별의 마지막 진화 단계에서 형성된 천체들이다.

블랙홀, 백색 왜성, 중성자별

세 천체의 밀도를 옳게 비교하시오.

B 별의 에너지원과 내부 구조

7 다음은 서로 다른 진화 단계에 있는 두 별 (가)와 (나)의 특징을 설명한 것이다.

(가) 크기가 계속 감소하면서 광도가 줄어들고, 중심부의 온도는 상승한다.
(나) 중력과 기체 압력 차에 의한 힘이 평형을 이루고 있어 별의 크기가 일정하게 유지된다.

(가)와 (나)의 주요 에너지원을 각각 쓰시오.

8 수소 핵융합 반응에 대한 설명으로 옳은 것만을 [보기]에서 있는 대로 고르시오.

보기

ㄱ. 수소 원자핵 4개가 융합하여 헬륨 원자핵 1개를 생성한다.
ㄴ. 핵융합 반응에서 융합에 의해 증가한 질량이 에너지로 변한다.
ㄷ. 질량이 태양과 비슷한 별들은 양성자·양성자 반응(P－P 반응)보다 탄소·질소·산소 순환 반응(CNO 순환 반응)이 우세하게 일어난다.

9 그림 (가)와 (나)는 서로 다른 질량을 가진 두 별의 마지막 단계에서의 내부 구조를 나타낸 것이다.

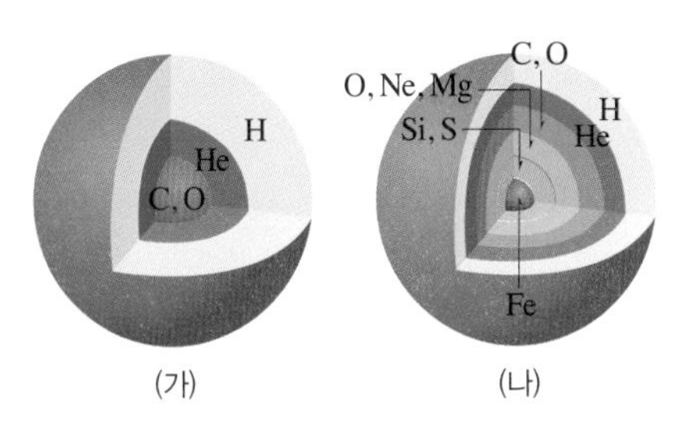

별 (가)와 (나)의 질량을 비교하시오.

1 그림은 질량이 다른 여러 원시별의 진화 경로를 나타낸 것이다.

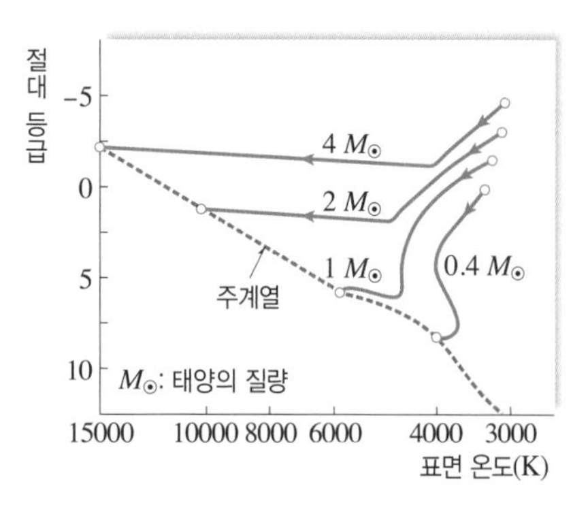

이에 대한 설명으로 옳은 것만을 [보기]에서 있는 대로 고른 것은?

보기

ㄱ. 질량이 큰 원시별일수록 광도가 큰 주계열성이 된다.
ㄴ. 질량이 1 $M_⊙$인 원시별이 주계열에 도달하는 동안 표면 온도는 낮아진다.
ㄷ. 원시별이 주계열에 도달하는 과정에서 중력 수축이 일어난다.

① ㄱ ② ㄴ ③ ㄱ, ㄷ
④ ㄴ, ㄷ ⑤ ㄱ, ㄴ, ㄷ

자료❶ 2019 Ⅱ 수능 8번

2 표는 질량이 서로 다른 별 (가)와 (나)의 진화 과정을 나타낸 것이다.

별	진화 과정
(가)	주계열성 → 적색 초거성 → 초신성 폭발 → 중성자별
(나)	주계열성 → 적색 거성 → 행성상 성운 → 백색 왜성

이에 대한 설명으로 옳은 것만을 [보기]에서 있는 대로 고른 것은?

보기

ㄱ. 주계열 단계에 머무르는 기간은 (가)가 (나)보다 길다.
ㄴ. 주계열 단계의 수소 핵융합 반응 중에서 CNO 순환 반응이 차지하는 비율은 (가)가 (나)보다 크다.
ㄷ. (가)의 진화 과정에서 철보다 무거운 원소가 생성된다.

① ㄱ ② ㄷ ③ ㄱ, ㄴ
④ ㄴ, ㄷ ⑤ ㄱ, ㄴ, ㄷ

3 그림은 어떤 별의 나이에 따른 모습을 모식적으로 나타낸 것이다.

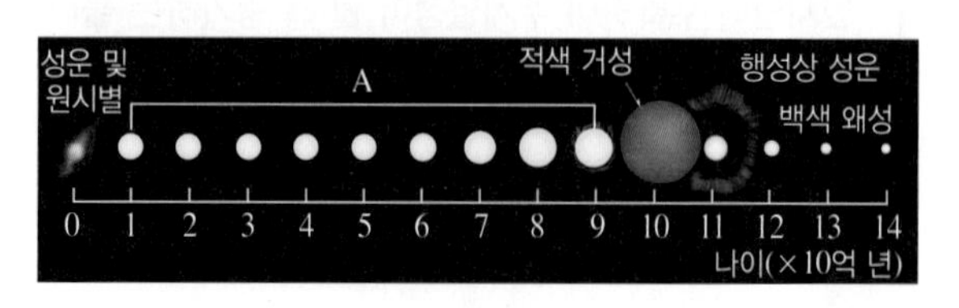

이에 대한 설명으로 옳은 것만을 [보기]에서 있는 대로 고른 것은? (단, 별의 크기는 실제 비율과 다르다.)

보기

ㄱ. 이 별의 질량은 태양의 10배 이상이다.
ㄴ. A는 주계열성이다.
ㄷ. 별의 나이가 약 50억 년일 때 중심부에서는 헬륨 핵융합 반응이 일어난다.

① ㄱ ② ㄴ ③ ㄱ, ㄷ
④ ㄴ, ㄷ ⑤ ㄱ, ㄴ, ㄷ

4 그림은 태양의 진화 경로를 H－R도에 나타낸 것이다.

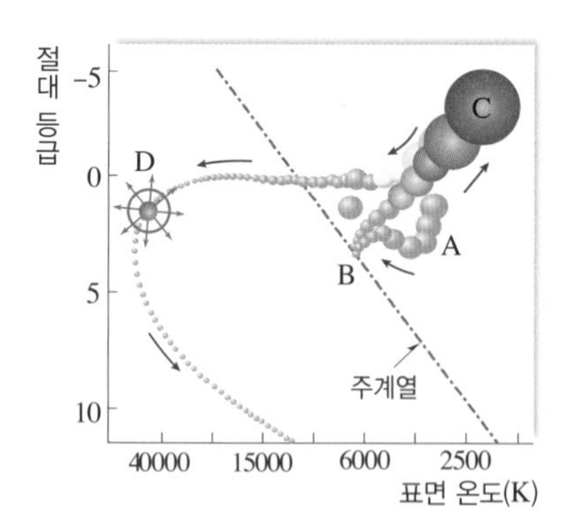

이에 대한 설명으로 옳지 않은 것은?

① A→B 과정에서는 중력 수축에 의해 중심부 온도가 높아진다.
② B에서는 수소 핵융합 반응이 일어난다.
③ B→C 과정에서 중심부는 수축하고, 바깥층은 팽창한다.
④ 태양의 일생 중 가장 오랫동안 머무르는 단계는 C이다.
⑤ D에서는 행성상 성운이 형성된다.

5 그림은 질량이 서로 다른 두 별의 진화 과정 중 일부를 나타낸 것이다.

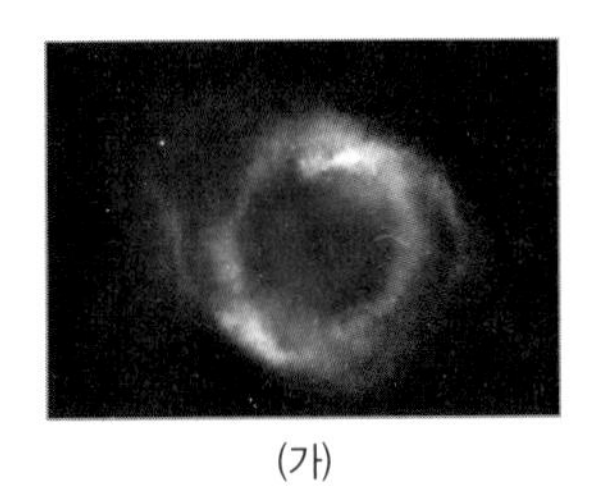
(가)

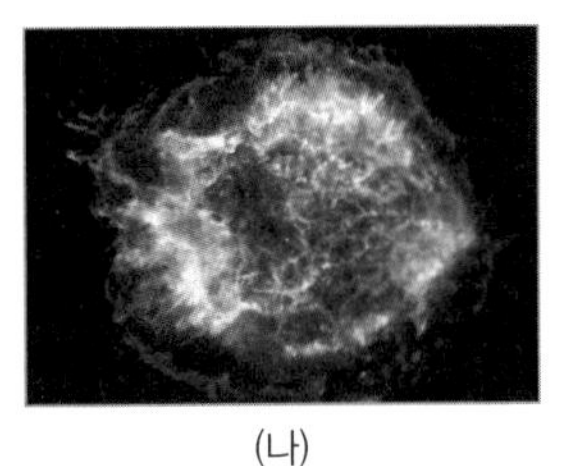
(나)

이에 대한 설명으로 옳은 것만을 [보기]에서 있는 대로 고른 것은?

보기
ㄱ. (가)의 중심핵은 블랙홀로 진화한다. ㄴ. (나)에서는 철보다 무거운 원소가 만들어진다. ㄷ. (나)는 (가)보다 질량이 큰 별에서 진화하였다.

① ㄱ ② ㄴ ③ ㄷ
④ ㄱ, ㄴ ⑤ ㄴ, ㄷ

2021 6월 평가원 19번

6 그림 (가)와 (나)는 주계열에 속한 별 A와 B에서 우세하게 일어나는 핵융합 반응을 각각 나타낸 것이다.

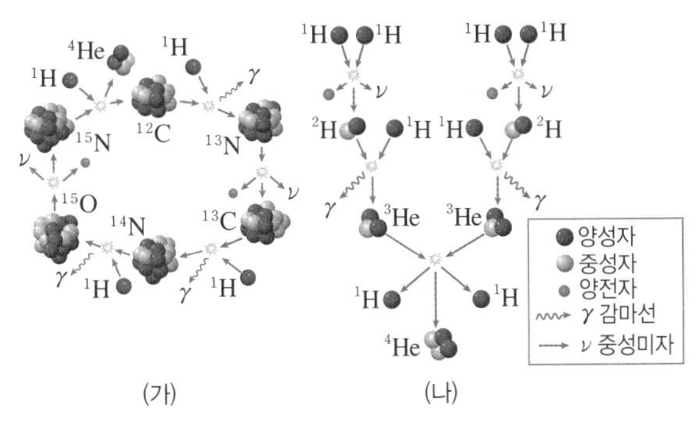

이에 대한 설명으로 옳은 것만을 [보기]에서 있는 대로 고른 것은?

보기
ㄱ. 별의 내부 온도는 A가 B보다 높다. ㄴ. (가)에서 ^{12}C는 촉매이다. ㄷ. (가)와 (나)에 의해 별의 질량은 감소한다.

① ㄱ ② ㄷ ③ ㄱ, ㄴ
④ ㄴ, ㄷ ⑤ ㄱ, ㄴ, ㄷ

자료❷ 2021 9월 평가원 11번

7 그림 (가)의 A와 B는 분광형이 G2인 주계열성의 중심으로부터 표면까지 거리에 따른 수소 함량 비율과 온도를 순서 없이 나타낸 것이고, ㉠과 ㉡은 에너지 전달 방식이 다른 구간을 표시한 것이다. (나)는 별의 중심 온도에 따른 P－P 반응과 CNO 순환 반응의 상대적 에너지 생산량을 비교한 것이다.

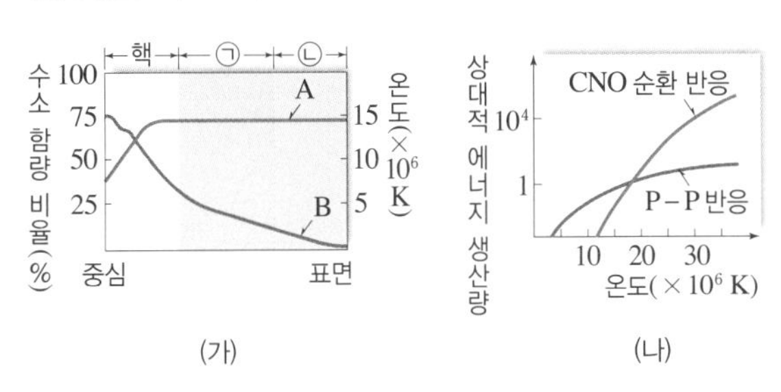

이에 대한 설명으로 옳은 것만을 [보기]에서 있는 대로 고른 것은?

보기
ㄱ. A는 온도이다. ㄴ. (가)의 핵에서는 CNO 순환 반응보다 P－P 반응에 의해 생성되는 에너지의 양이 많다. ㄷ. 대류층에 해당하는 것은 ㉡이다.

① ㄱ ② ㄴ ③ ㄱ, ㄷ
④ ㄴ, ㄷ ⑤ ㄱ, ㄴ, ㄷ

8 그림은 태양 정도의 질량을 가지는 별의 진화 과정을 단계별로 나타낸 것이다.

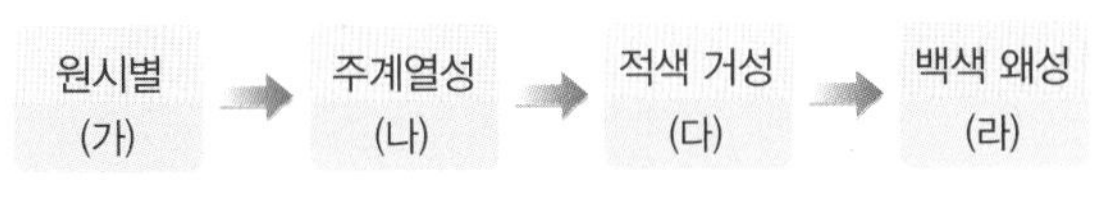

이에 대한 설명으로 옳은 것만을 [보기]에서 있는 대로 고른 것은?

보기
ㄱ. (가)의 에너지원은 중력 수축 에너지이다. ㄴ. (나)의 중심에서는 헬륨 핵융합 반응이 일어난다. ㄷ. (다)의 내부에서는 핵융합 반응에 의해 철이 생성된다. ㄹ. (라)는 크기가 작지만, 밀도는 매우 크다.

① ㄱ, ㄴ ② ㄱ, ㄹ ③ ㄴ, ㄷ
④ ㄱ, ㄷ, ㄹ ⑤ ㄴ, ㄷ, ㄹ

2019 Ⅱ 9월 평가원 12번

9 그림 (가)는 원시별 A와 B가 주계열성으로 진화하는 경로를, (나)의 ㉠과 ㉡은 A와 B가 주계열 단계에 있을 때의 내부 구조를 순서 없이 나타낸 것이다.

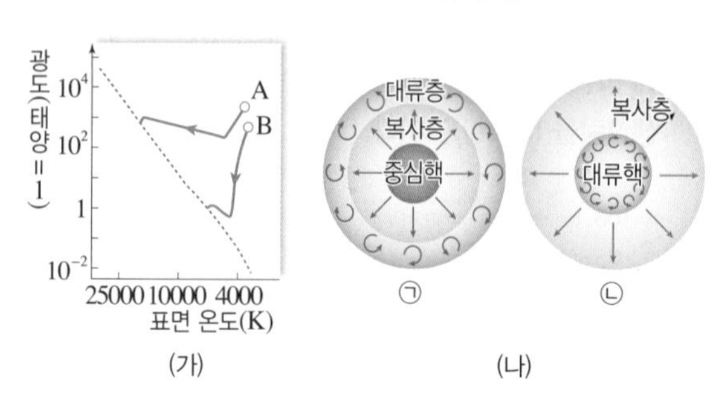

이에 대한 설명으로 옳은 것만을 [보기]에서 있는 대로 고른 것은?

> 보기
> ㄱ. 주계열성이 되는 데 걸리는 시간은 A가 B보다 길다.
> ㄴ. A가 주계열 단계에 있을 때의 내부 구조는 ㉡이다.
> ㄷ. 핵에서의 CNO 순환 반응은 ㉠이 ㉡보다 우세하다.

① ㄱ ② ㄴ ③ ㄷ
④ ㄱ, ㄴ ⑤ ㄴ, ㄷ

자료❸ 2020 Ⅱ 수능 12번

10 그림 (가)는 어느 성단의 H-R도를, (나)는 별 A, B, C 중 하나의 내부 구조를 나타낸 것이다.

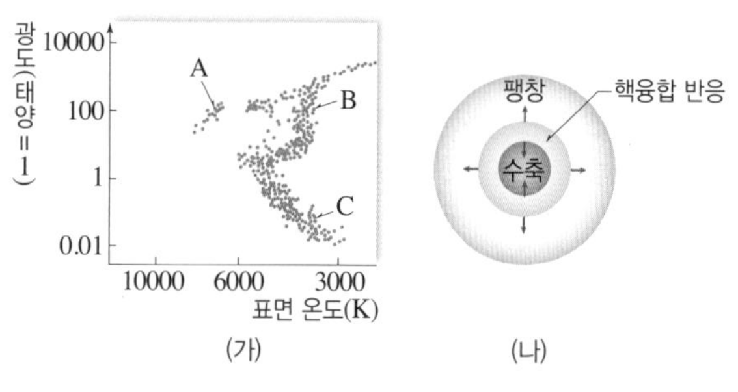

이 자료에 대한 설명으로 옳은 것만을 [보기]에서 있는 대로 고른 것은?

> 보기
> ㄱ. 주계열 단계에 머무르는 기간은 A가 B보다 짧다.
> ㄴ. (나)의 내부는 정역학 평형 상태이다.
> ㄷ. (나)는 C의 내부 구조이다.

① ㄱ ② ㄷ ③ ㄱ, ㄴ
④ ㄴ, ㄷ ⑤ ㄱ, ㄴ, ㄷ

11 그림 (가)와 (나)는 질량이 다른 두 별의 진화 마지막 단계에서의 내부 구조를 나타낸 것이다.

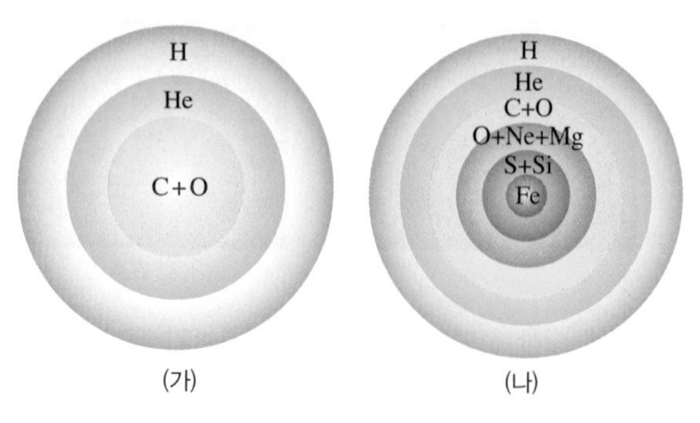

(나)가 (가)보다 더 큰 값을 갖는 것만을 [보기]에서 있는 대로 고른 것은?

> 보기
> ㄱ. 질량
> ㄴ. 중심부의 온도
> ㄷ. 진화 속도

① ㄱ ② ㄷ ③ ㄱ, ㄴ
④ ㄴ, ㄷ ⑤ ㄱ, ㄴ, ㄷ

12 그림은 어떤 별의 내부에서 일어나는 핵융합 반응의 종류와 내부 구성 물질을 나타낸 것이다.

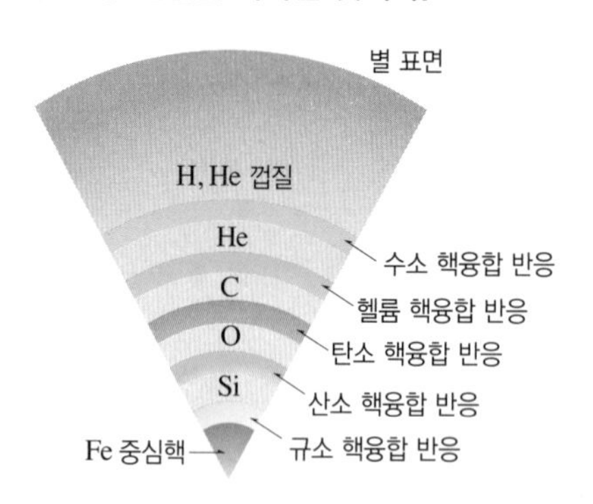

이에 대한 설명으로 옳은 것만을 [보기]에서 있는 대로 고른 것은?

> 보기
> ㄱ. 이 별은 질량이 태양보다 매우 크다.
> ㄴ. 이 별은 초신성 폭발 후 행성상 성운을 만들 것이다.
> ㄷ. 규소 핵융합 반응은 탄소 핵융합 반응보다 더 높은 온도에서 일어난다.

① ㄱ ② ㄴ ③ ㄱ, ㄷ
④ ㄴ, ㄷ ⑤ ㄱ, ㄴ, ㄷ

정답과 해설 81쪽

2016 Ⅱ수능 14번

1 그림 (가)와 (나)는 질량이 다른 두 별 A와 B의 진화 경로 일부를 주계열 이전과 이후로 나누어 H－R도에 각각 나타낸 것이다. $L_{\odot}$는 태양 광도이다.

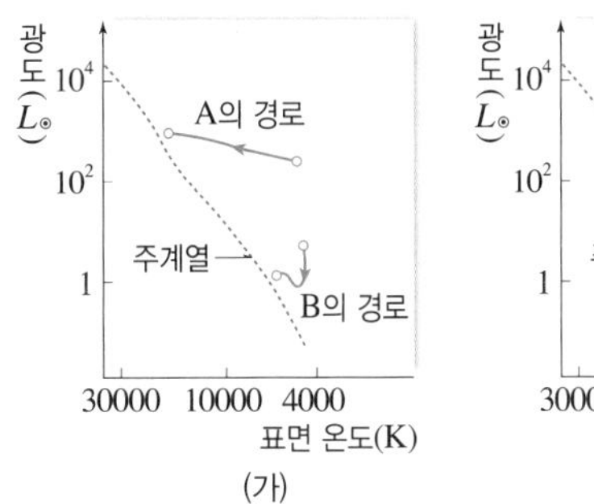

(가)

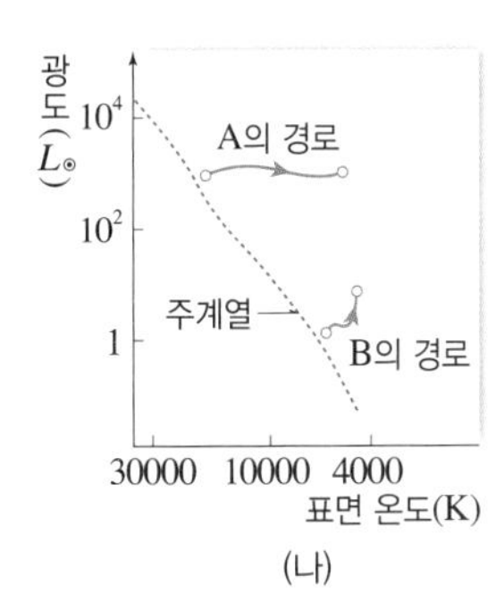

(나)

이에 대한 설명으로 옳은 것만을 [보기]에서 있는 대로 고른 것은?

보기
ㄱ. 주계열에 머무르는 시간은 B보다 A가 길다. ㄴ. (가)에서 A가 진화하는 동안의 주요 에너지원은 핵융합 반응이다. ㄷ. (나)에서 B가 진화하는 동안 중심부는 수축한다.

① ㄱ ② ㄷ ③ ㄱ, ㄴ
④ ㄴ, ㄷ ⑤ ㄱ, ㄴ, ㄷ

2018 Ⅱ수능 5번

2 그림은 주계열성 A와 B가 각각 거성 C와 D로 진화하는 경로를 H－R도에 나타낸 것이다.

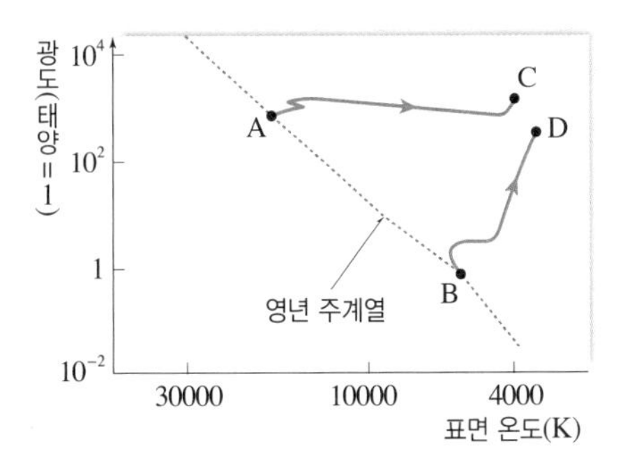

이에 대한 설명으로 옳은 것은?

① 색지수는 A가 C보다 크다.
② 질량은 B가 A보다 크다.
③ 절대 등급은 D가 B보다 크다.
④ 주계열에 머무는 기간은 B가 A보다 길다.
⑤ B의 중심핵에서는 헬륨 핵융합 반응이 일어난다.

3 그림은 태양 정도의 질량을 가지는 별들의 내부에서 일어나는 구성 원소의 비율 변화를 시간에 따라 나타낸 이론적 모형이다.

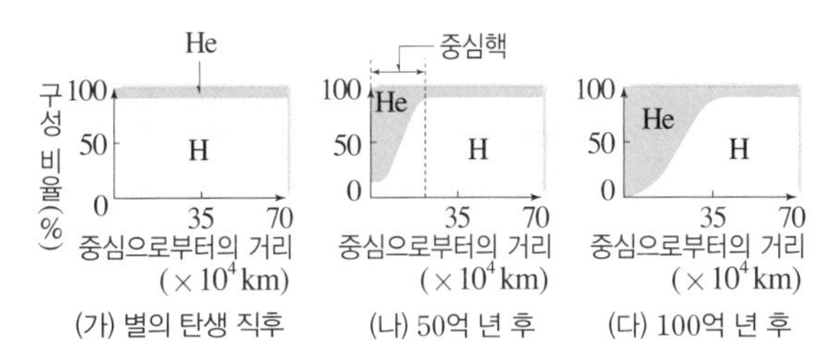

이에 대한 설명으로 옳은 것만을 [보기]에서 있는 대로 고른 것은?

보기
ㄱ. (가)~(다)의 시기는 주계열성 단계이다. ㄴ. (나)~(다) 시기에는 별의 표면 온도가 낮아지고, 반지름이 증가한다. ㄷ. (다) 이후 중심핵에서는 내부의 압력보다 중력이 더 커진다.

① ㄱ ② ㄴ ③ ㄱ, ㄷ
④ ㄴ, ㄷ ⑤ ㄱ, ㄴ, ㄷ

2016 Ⅱ9월 평가원 18번

4 그림은 어느 성단의 H－R도를 나타낸 것이다.

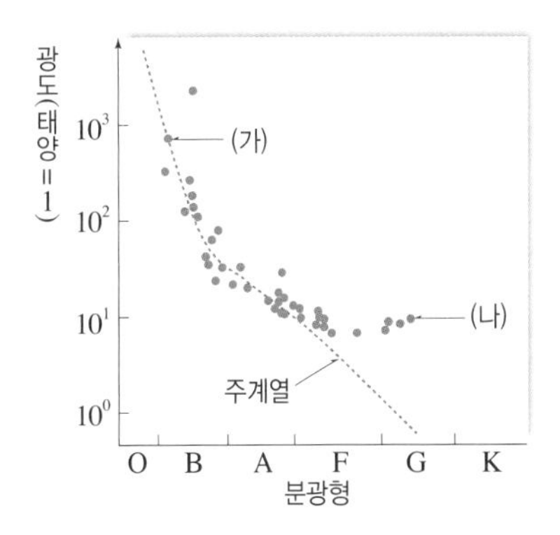

별 (가)와 (나)에 대한 설명으로 옳은 것만을 [보기]에서 있는 대로 고른 것은?

보기
ㄱ. (가)의 중심에서는 CNO 순환 반응이 나타난다. ㄴ. (나)는 정역학적 평형 상태에 있다. ㄷ. 중심부의 온도는 (가)보다 (나)가 높다.

① ㄱ ② ㄴ ③ ㄱ, ㄷ
④ ㄴ, ㄷ ⑤ ㄱ, ㄴ, ㄷ

2015 Ⅱ 9월 평가원 15번

5 그림은 어느 성단의 **H－R**도이다.

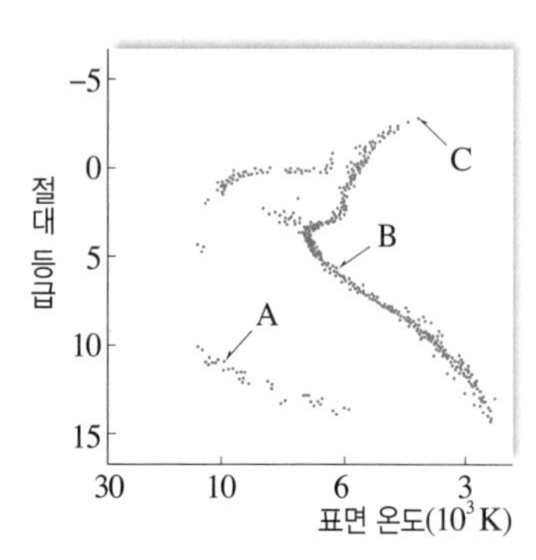

별 **A, B, C**에 대한 설명으로 옳은 것은?

① A의 중심핵은 철(Fe)로 이루어져 있다.
② B의 중심핵에서는 P－P 반응이 일어나고 있다.
③ 색지수는 C가 가장 작다.
④ 밀도는 B보다 A가 작다.
⑤ 겉보기 등급은 C보다 B가 작다.

6 그림 (가)와 (나)는 태양 정도의 질량을 가진 별이 진화하는 과정에서 나타나는 별의 내부 구조를 순서 없이 나타낸 것이다.

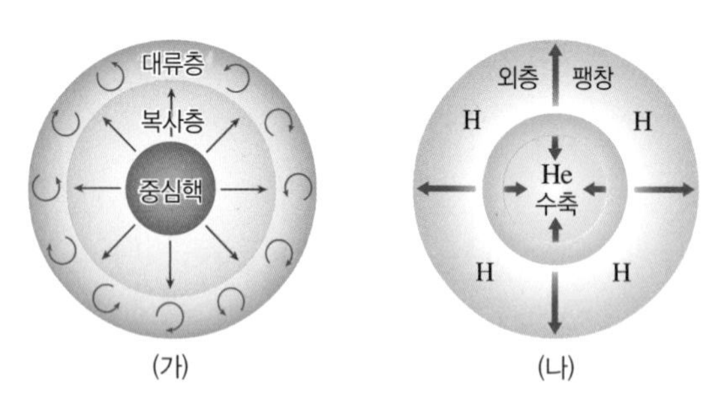

이에 대한 설명으로 옳은 것만을 [보기]에서 있는 대로 고른 것은?

보기

ㄱ. (가) → (나)의 순서로 진화한다.
ㄴ. (가)는 (나)보다 표면 온도가 낮고, 광도가 크다.
ㄷ. (가)와 (나)는 모두 별의 내부에서 수소 핵융합 반응이 일어난다.

① ㄱ ② ㄴ ③ ㄱ, ㄷ
④ ㄴ, ㄷ ⑤ ㄱ, ㄴ, ㄷ

7 그림 (가)는 주계열성 **A, B**를 **H－R**도에 나타낸 것이고, (나)는 **A**와 **B** 중 하나의 내부 구조를 나타낸 것이다.

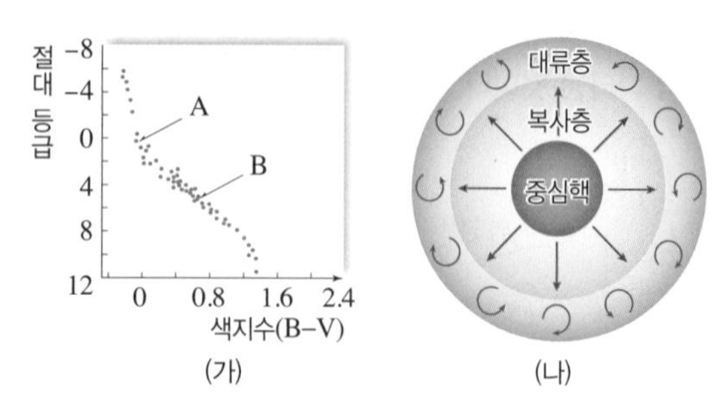

이에 대한 설명으로 옳은 것만을 [보기]에서 있는 대로 고른 것은?

보기

ㄱ. 주계열에 머무는 시간은 B가 A보다 길다.
ㄴ. (나)는 A의 내부 구조를 나타낸 것이다.
ㄷ. B의 중심핵에서는 양성자·양성자 반응(P－P 반응)이 우세하게 일어난다.

① ㄱ ② ㄴ ③ ㄱ, ㄷ
④ ㄴ, ㄷ ⑤ ㄱ, ㄴ, ㄷ

8 그림 (가)는 어느 성단의 **H－R**도이고, (나)는 별이 진화하는 과정에서 나타날 수 있는 내부 구조를 나타낸 것이다.

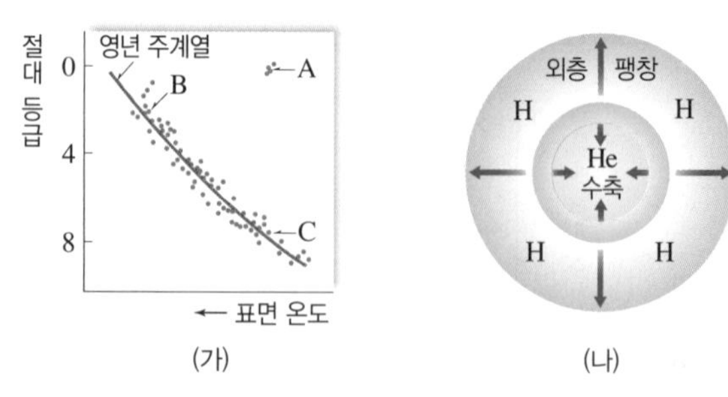

이에 대한 설명으로 옳은 것만을 [보기]에서 있는 대로 고른 것은?

보기

ㄱ. 별 A는 C보다 광도와 반지름이 모두 크다.
ㄴ. 별 B는 C보다 수명이 짧다.
ㄷ. (나)와 같은 내부 구조가 나타나는 별은 C이다.

① ㄱ ② ㄷ ③ ㄱ, ㄴ
④ ㄴ, ㄷ ⑤ ㄱ, ㄴ, ㄷ

2014 Ⅱ 9월 평가원 14번

9 표는 주계열성 (가), (나), (다)의 질량(M)과 최종 진화 단계를 나타낸 것이다.

주계열성	질량(태양=1)	최종 진화 단계
(가)	$0.26 \le M \le 1.5$	A
(나)	$8 \le M < 25$	중성자별
(다)	$M \ge 25$	블랙홀

이에 대한 설명으로 옳은 것만을 [보기]에서 있는 대로 고른 것은?

[보기]
ㄱ. 주계열성 단계에 머무는 시간은 (가)가 (나)보다 짧다.
ㄴ. (다)의 중심부에서는 CNO 순환 반응이 일어난다.
ㄷ. A는 백색 왜성이다.

① ㄱ ② ㄷ ③ ㄱ, ㄴ
④ ㄴ, ㄷ ⑤ ㄱ, ㄴ, ㄷ

10 그림은 고리 성운과 그 중심부에 위치한 별 S의 모습을 나타낸 것이고, 표는 별 S의 특징을 나타낸 것이다.

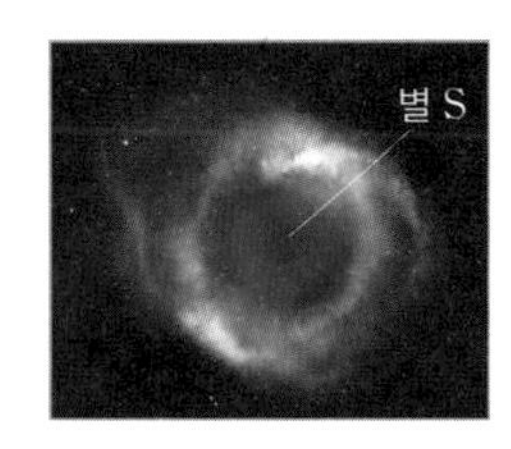

질량(태양=1)	0.6
중심핵의 구성 성분	탄소, 산소

이에 대한 설명으로 옳은 것만을 [보기]에서 있는 대로 고른 것은?

[보기]
ㄱ. 성운은 초신성 폭발의 잔해이다.
ㄴ. 별 S의 밀도는 태양보다 클 것이다.
ㄷ. 별 S 내부에서는 현재 탄소 핵융합 반응이 활발하다.

① ㄱ ② ㄴ ③ ㄱ, ㄷ
④ ㄴ, ㄷ ⑤ ㄱ, ㄴ, ㄷ

11 그림 (가)는 질량이 매우 큰 별의 진화 과정을, (나)의 A, B는 각각 (가)의 진화 과정 단계 중 어느 단계의 내부 구조를 나타낸 것이다.

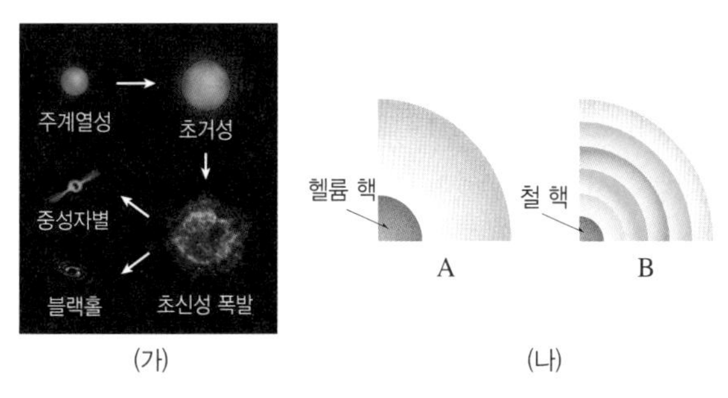

이에 대한 설명으로 옳은 것만을 [보기]에서 있는 대로 고른 것은? (단, A와 B의 실제 크기 차이는 고려하지 않는다.)

[보기]
ㄱ. B는 주계열성이다.
ㄴ. 중심부의 온도는 A가 B보다 높다.
ㄷ. 초신성이 폭발할 때, 철보다 무거운 원소가 만들어진다.

① ㄱ ② ㄷ ③ ㄱ, ㄴ
④ ㄴ, ㄷ ⑤ ㄱ, ㄴ, ㄷ

12 그림 (가)는 질량이 다른 주계열성이 거성과 초거성으로 진화하는 경로를, (나)는 어떤 별의 내부 구조를 나타낸 것이다.

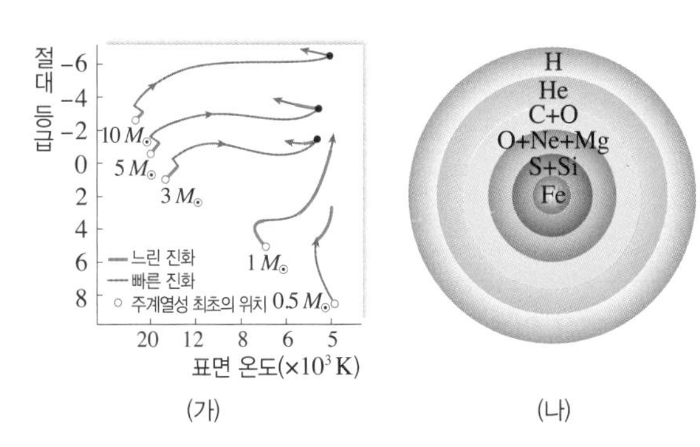

이에 대한 설명으로 옳은 것만을 [보기]에서 있는 대로 고른 것은? (단, $M_\odot$은 태양의 질량이다.)

[보기]
ㄱ. 질량이 큰 별일수록 진화 속도가 빠르다.
ㄴ. 태양보다 질량이 큰 별은 광도보다는 표면 온도가 크게 변하는 진화를 한다.
ㄷ. $0.5\,M_\odot$의 별은 진화 과정에서 (나)와 같은 내부 구조가 나타난다.

① ㄱ ② ㄷ ③ ㄱ, ㄴ
④ ㄴ, ㄷ ⑤ ㄱ, ㄴ, ㄷ

외계 행성계와 외계 생명체 탐사

핵심 짚기
- 외계 행성계 탐사 방법
- 외계 생명체가 존재하기 위한 행성의 조건
- 외계 행성계의 탐사 결과 해석

A 외계 행성계 탐사

1 외계 행성계와 외계 행성

① 외계 행성계: 태양이 아닌 다른 별(항성) 주위를 공전하는 행성들이 이루는 계

② 외계 행성: 태양이 아닌 다른 별 주위를 공전하고 있는 행성

2 외계 행성계 탐사 방법

① 직접 촬영: 외계 행성의 거리가 가까운 경우에는 직접 촬영할 수 있다.

원리	중심별의 밝기가 행성에 비해 매우 밝기 때문에 중심별을 가리고 행성을 찾는다.
특징	행성의 존재를 사진으로 확인할 수 있고, 대기 성분을 분광 관측으로 알 수 있다.
한계점	지구에서 중심별까지의 거리가 멀면 직접 촬영하여 행성을 관측하기 어렵다.

② 중심별의 *시선 속도 변화 이용: 행성과 중심별은 공통 질량 중심 주위를 회전하므로, 별빛의 도플러 효과가 나타난다.[1] ➡ 중심별의 스펙트럼에서 나타나는 흡수선의 파장 변화로 외계 행성의 존재를 알아낸다.

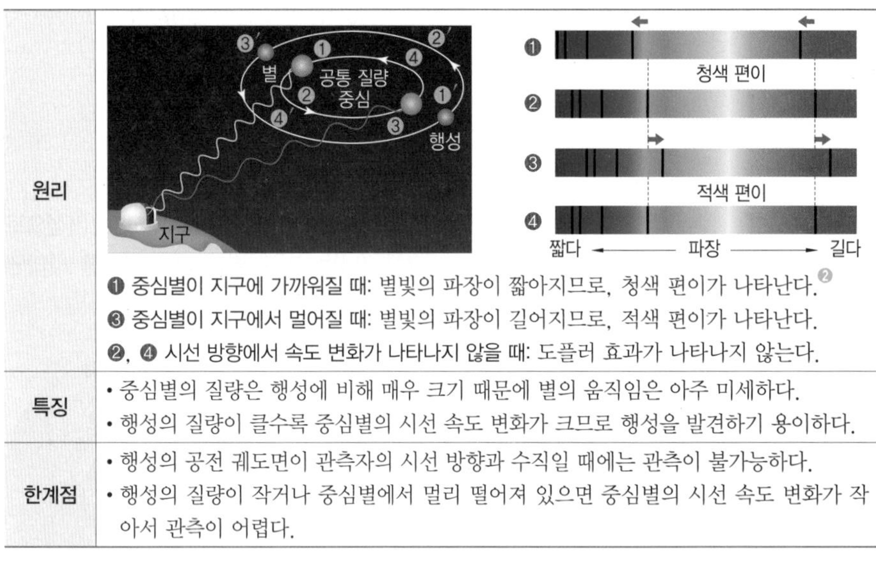

원리	❶ 중심별이 지구에 가까워질 때: 별빛의 파장이 짧아지므로, 청색 편이가 나타난다.[2] ❸ 중심별이 지구에서 멀어질 때: 별빛의 파장이 길어지므로, 적색 편이가 나타난다. ❷, ❹ 시선 방향에서 속도 변화가 나타나지 않을 때: 도플러 효과가 나타나지 않는다.
특징	• 중심별의 질량은 행성에 비해 매우 크기 때문에 별의 움직임은 아주 미세하다. • 행성의 질량이 클수록 중심별의 시선 속도 변화가 크므로 행성을 발견하기 용이하다.
한계점	• 행성의 공전 궤도면이 관측자의 시선 방향과 수직일 때에는 관측이 불가능하다. • 행성의 질량이 작거나 중심별에서 멀리 떨어져 있으면 중심별의 시선 속도 변화가 작아서 관측이 어렵다.

③ *식 현상 이용(횡단법): 중심별 주위를 공전하는 행성이 중심별의 앞을 통과하면 별의 밝기가 감소한다. ➡ 중심별의 주기적인 밝기 변화로 외계 행성의 존재를 알아낸다.

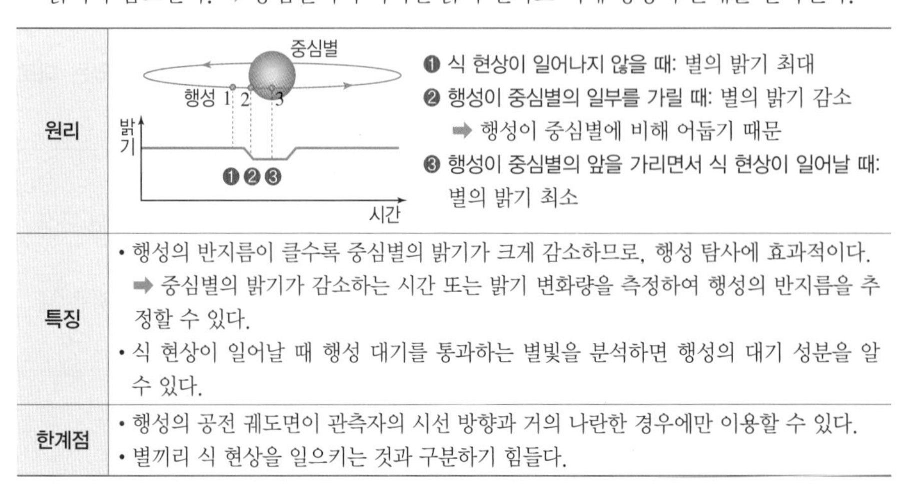

원리	❶ 식 현상이 일어나지 않을 때: 별의 밝기 최대 ❷ 행성이 중심별의 일부를 가릴 때: 별의 밝기 감소 ➡ 행성이 중심별에 비해 어둡기 때문 ❸ 행성이 중심별의 앞을 가리면서 식 현상이 일어날 때: 별의 밝기 최소
특징	• 행성의 반지름이 클수록 중심별의 밝기가 크게 감소하므로, 행성 탐사에 효과적이다. ➡ 중심별의 밝기가 감소하는 시간 또는 밝기 변화량을 측정하여 행성의 반지름을 추정할 수 있다. • 식 현상이 일어날 때 행성 대기를 통과하는 별빛을 분석하면 행성의 대기 성분을 알 수 있다.
한계점	• 행성의 공전 궤도면이 관측자의 시선 방향과 거의 나란한 경우에만 이용할 수 있다. • 별끼리 식 현상을 일으키는 것과 구분하기 힘들다.

PLUS 강의

[1] **도플러 효과**
소리나 빛과 같은 파동이 관측자의 시선 방향에서 멀어지면 파장이 길어지고, 가까워지면 파장이 짧아지는 현상

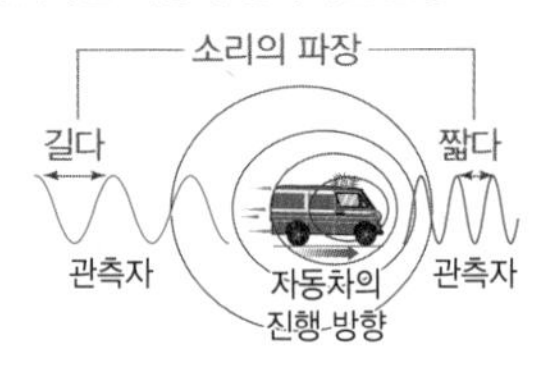

[2] **청색 편이와 적색 편이**

청색 편이	스펙트럼에서 흡수선이 원래 파장보다 파란색 쪽으로 이동하는 현상
적색 편이	스펙트럼에서 흡수선이 원래 파장보다 붉은색 쪽으로 이동하는 현상

• 시선 속도의 변화가 클수록 편이가 크게 일어난다.

용어 돋보기

* **시선 속도(視 보다, 線 줄, 速 빠르다, 度 정도)**_물체가 관측자의 시선 방향으로 가까워지거나 멀어지는 속도

* **식 현상(蝕 좀먹다, 現 나타나다, 象 모양)**_한 천체가 다른 천체를 가려서 보이지 않게 하거나 어두워 보이게 하는 현상

④ **미세 중력 렌즈 현상 이용:** 배경별의 별빛이 관측자와 배경별 사이에 위치한 별의 중력에 의해 미세하게 굴절되는 현상이 나타난다. ➡ 별이 행성을 거느릴 경우, 행성의 중력에 의해 배경별의 밝기 변화가 추가로 나타나 행성의 존재를 확인할 수 있다.[3]

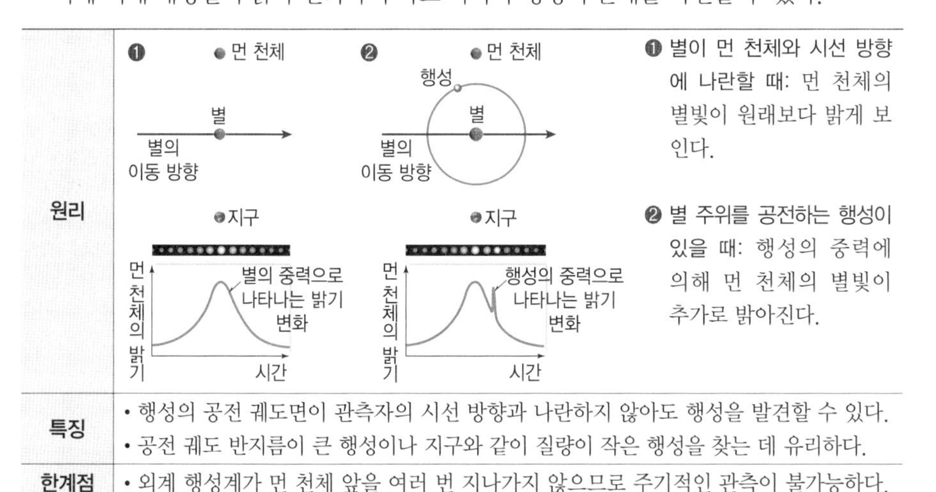

구분	내용
원리	❶ 별이 먼 천체와 시선 방향에 나란할 때: 먼 천체의 별빛이 원래보다 밝게 보인다. ❷ 별 주위를 공전하는 행성이 있을 때: 행성의 중력에 의해 먼 천체의 별빛이 추가로 밝아진다.
특징	• 행성의 공전 궤도면이 관측자의 시선 방향과 나란하지 않아도 행성을 발견할 수 있다. • 공전 궤도 반지름이 큰 행성이나 지구와 같이 질량이 작은 행성을 찾는 데 유리하다.
한계점	• 외계 행성계가 먼 천체 앞을 여러 번 지나가지 않으므로 주기적인 관측이 불가능하다.

3 외계 행성계의 탐사 결과 탐사 초기에는 질량이 크고 중심별과 가까운 행성이 주로 발견되었지만, 우주 망원경 발사 이후 지구와 크기, 질량이 비슷한 행성이 많이 발견되었다.[4,5]

탐구 자료 외계 행성계의 탐사 결과

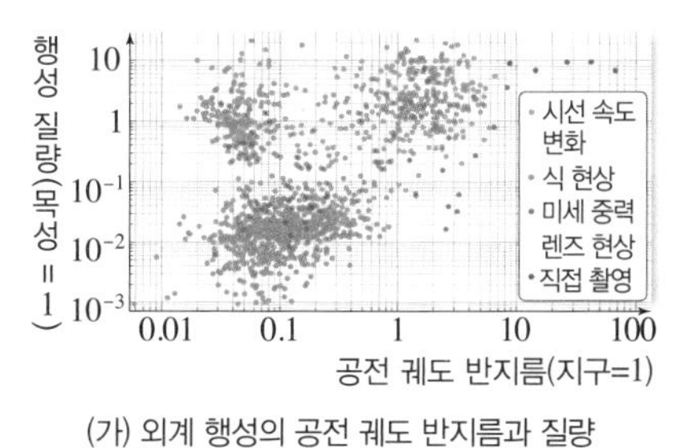

(가) 외계 행성의 공전 궤도 반지름과 질량

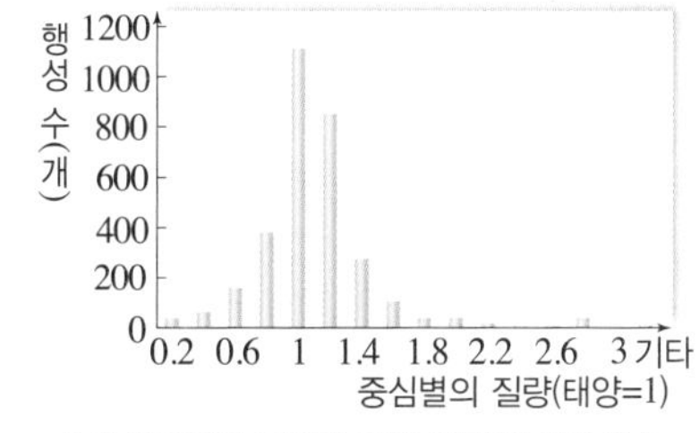

(나) 중심별의 질량에 따른 외계 행성의 개수

1. **(가) 외계 행성의 수:** 식 현상으로 발견된 것이 가장 많고, 직접 촬영으로 발견된 것이 가장 적다.
2. **(가) 외계 행성의 공전 궤도 반지름과 질량:** 시선 속도 변화로 발견한 외계 행성은 공전 궤도 반지름과 질량이 크다. 미세 중력 렌즈 현상으로 발견한 외계 행성은 공전 궤도 반지름이 크고, 질량이 작다.
3. **(나) 중심별의 질량과 외계 행성의 관계:** 태양 정도의 질량을 가진 별 주변에서 외계 행성이 가장 많이 발견된다. ➡ 우리은하에는 태양과 비슷한 질량을 가진 별이 가장 많기 때문

[3] 미세 중력 렌즈 현상
중력 렌즈 현상은 가까운 천체의 중력에 의해 먼 천체의 빛의 경로가 휘어져 보이는 현상이다. 중력 렌즈 현상은 주로 은하들의 집단인 은하단에 의해 나타나지만, 하나의 별 또는 행성에 의해서도 미세하게 나타날 수 있는데, 이를 미세 중력 렌즈 현상이라고 한다.

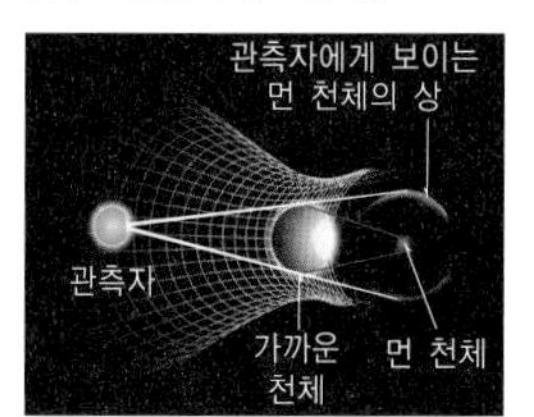

▲ 중력 렌즈 현상

[4] 케플러 우주 망원경
외계 행성을 탐사할 목적으로 2009년에 발사된 우주 망원경이다. 외계 행성 중 지구와 비슷한 행성을 찾고 있다.

[5] 발견된 외계 행성의 크기 분포

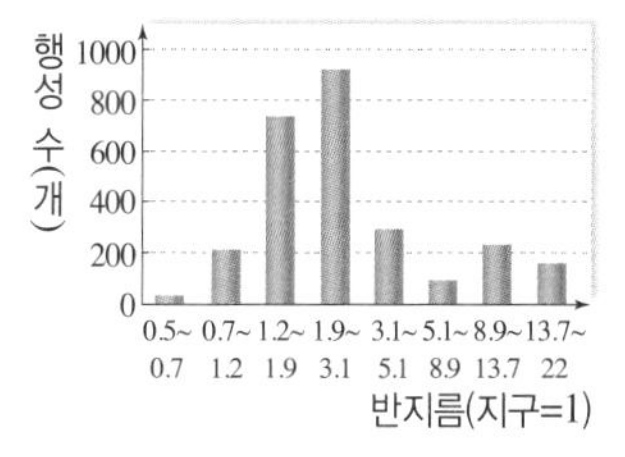

가장 많이 발견된 외계 행성의 반지름은 지구 반지름의 1.2배~3.1배 정도이다.

정답과 해설 84쪽

(1) 중심별이 시선 방향으로 가까워지면 중심별의 스펙트럼은 (   ) 편이가 나타난다.

(2) 중심별에 대해 행성의 질량이 (작을, 클)수록 중심별의 시선 속도 변화가 (작으, 크)므로 행성을 발견하기 용이하다.

(3) 중심별의 시선 속도 변화를 이용하여 외계 행성을 탐사하는 방법은 행성의 공전 궤도면이 관측자의 시선 방향과 수직일 때 이용할 수 (없다, 있다).

(4) 행성이 중심별 앞을 지나갈 때 별의 밝기가 (감소, 증가)하는 현상을 이용하는 외계 행성 탐사 방법은 (식 현상, 미세 중력 렌즈 현상)을 이용한 것이다.

(5) 거리가 다른 두 개의 별이 같은 방향에 있을 경우, (앞쪽, 뒤쪽) 별빛이 (앞쪽, 뒤쪽) 별의 중력에 의해 미세하게 굴절하는 현상이 일어나는데, 이 현상을 (   ) 현상이라고 한다.

(6) 미세 중력 렌즈 현상을 이용하여 외계 행성을 발견하려면 별빛의 (파장, 밝기) 변화를 관측한다.

(7) 식 현상으로 발견된 외계 행성은 대부분 공전 궤도 반지름이 지구보다 (작다, 크다).

외계 행성계와 외계 생명체 탐사

B 외계 생명체 탐사

1 외계 생명체 존재의 필수 요소 액체 상태의 물[6]

① 물은 *비열이 커서 많은 양의 열을 오래 보존할 수 있다.
② 다양한 물질을 녹일 수 있다.
→ 생명체가 탄생하고 진화하기에 유리한 환경을 제공한다.

2 생명 가능 지대 중심별의 주변 공간에서 물이 액체 상태로 존재할 수 있는 거리의 범위

➡ 중심별의 광도에 따라 생명 가능 지대의 거리와 폭이 달라진다.

① **중심별의 광도:** 중심별의 광도가 클수록 생명 가능 지대의 거리는 중심별에서 멀어지고, 폭은 넓어진다.

- 주계열성: 주계열성은 질량이 클수록 광도가 크므로, 질량이 클수록 생명 가능 지대의 거리는 중심별에서 멀어지고, 폭은 넓어진다.

탐구 자료 주계열성인 중심별의 질량에 따른 생명 가능 지대

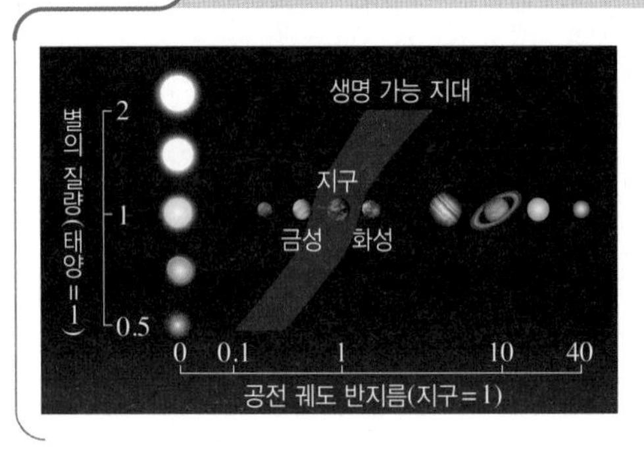

1. **생명 가능 지대의 거리:** 태양 질량의 2배인 별>태양(1 AU)>태양 질량의 0.5배인 별
2. **생명 가능 지대의 폭:** 태양 질량의 2배인 별>태양>태양 질량의 0.5배인 별
3. **태양계에서 생명 가능 지대:** 금성의 공전 궤도와 화성의 공전 궤도 사이 ➡ 지구가 생명 가능 지대에 위치한다.[7]

- 주계열성이 적색 거성으로 진화할 경우: 별의 광도가 커지므로 생명 가능 지대가 주계열성일 때보다 먼 거리에서 형성되며, 생명 가능 지대의 폭이 넓어질 것이다.

▲ 태양의 진화에 따른 생명 가능 지대의 변화

② **중심별과 행성 사이의 거리:** 중심별과 행성 사이의 거리가 너무 가까우면 행성의 표면 온도가 높아 물이 모두 증발하고, 거리가 너무 멀면 행성의 표면 온도가 낮아 얼음이 된다.

3 외계 생명체가 존재하기 위한 행성의 조건 행성이 생명 가능 지대에 위치해도 여러 조건을 만족해야 생명체가 존재할 수 있다.

조건	내용
생명 가능 지대에 위치	액체 상태의 물이 존재할 수 있도록 행성의 표면 온도가 적절하게 유지될 수 있는 생명 가능 지대에 위치해야 한다.
적당한 중심별(주계열성)의 질량	생명체가 탄생하여 진화하기까지는 상당히 긴 시간이 필요하므로, 행성의 환경이 안정적으로 유지되기 위해 중심별의 질량이 너무 크거나 작지 않아야 한다. - 중심별의 질량이 매우 큰 경우: 중심부에서 많은 에너지를 만들면서 별의 수명이 짧아지므로 행성에서 생명체가 탄생하고 진화할 시간이 부족하다. - 중심별의 질량이 매우 작은 경우: 생명 가능 지대가 별에서 가까운 곳에 형성되어 행성이 별의 중력을 크게 받기 때문에 행성의 자전 주기가 길어져 공전 주기와 같아지므로 낮과 밤의 변화가 없어진다.
적절한 두께의 대기 존재	• 대기는 우주에서 오는 생명체에 해로운 자외선을 차단한다. • 적절한 두께의 대기는 온실 효과를 일으켜 행성의 온도를 알맞게 유지하고, 낮과 밤의 온도 차를 줄여 생명체가 살 수 있는 환경을 만든다.
자기장의 존재	자기장은 우주에서 들어오는 고에너지 입자와 중심별에서 들어오는 *항성풍을 막아 준다.
적당한 자전축의 경사	자전축의 기울기가 적당해야 계절 변화가 너무 심하지 않아 생명체가 살 수 있다.
위성의 존재	위성은 행성의 자전축이 안정적으로 유지될 수 있도록 한다.

[6] **액체 상태의 물이 생명체에게 중요한 까닭**
① 물은 비열이 매우 크다.
➡ 온도 변화가 쉽게 일어나지 않기 때문에 생명체의 항상성을 유지하는 데 중요한 역할을 한다.
② 다양한 물질이 물에 잘 녹는다.
➡ 생명체가 물을 통해 생명 활동에 필요한 물질들을 쉽게 흡수할 수 있다.
③ 물은 고체가 될 때 밀도가 작아진다.
➡ 온도 하강으로 표면의 물이 얼더라도 얼음 아래쪽에 수중 생태계가 유지된다.

[7] **금성, 화성 표면에 액체 상태의 물이 존재할 수 없는 까닭**

행성	까닭
금성	태양과 거리가 가깝기 때문에 온도가 높아 물이 증발한다.
화성	태양과 거리가 멀기 때문에 온도가 낮아 물이 얼어 있다.

용어 돋보기

* **비열(比 견주다, 熱 열)**_어떤 물질 1 kg의 온도를 1 ℃ 높이는 데 필요한 열량
* **항성풍(恒 항상, 星 별, 風 바람)**_별(항성)의 상층부 대기에서 분출되는 전하를 띤 입자의 흐름

탐구 자료 별(주계열성)의 표면 온도와 광도에 따른 생명 가능 지대 추정

그림 (가)는 주계열성인 별의 질량, 광도, 표면 온도, 수명을 나타낸 H-R도이고, (나)는 지구의 형성과 지구에서 생명 진화의 역사를 간단히 나타낸 것이다.

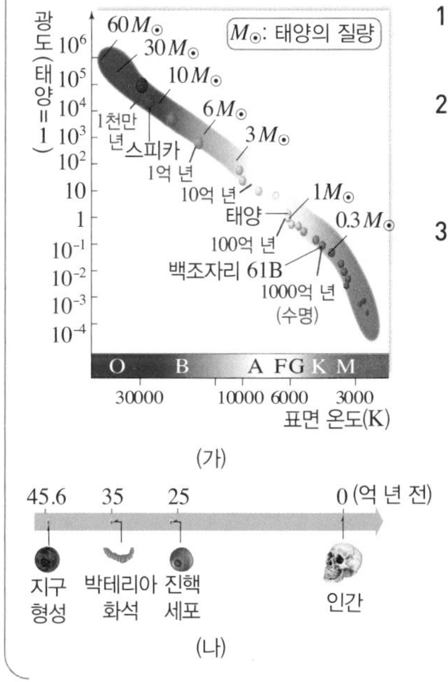

(가)

(나)

1. **(가) 별(주계열성)의 물리량:** 별의 질량이 클수록 표면 온도가 높고, 반지름과 광도가 크지만, 수명은 짧다.
2. **(나) 생명 진화:** 지구가 형성된 지 약 10억 년 후에 생명체가 등장하였고, 약 45억 년 후에 지적 생명체가 등장하였다.
3. **생명체가 존재하기 가장 적합한 중심별의 분광형**

O형, B형	광도가 커서 생명 가능 지대가 별에서 멀고 폭이 넓지만, 별의 수명이 짧아 생명체가 탄생하여 진화할 수 있는 시간이 부족하다. 예 스피카
A형, F형, G형	중심별의 표면 온도(광도)가 적당하여 생명체가 존재할 가능성이 높다. 예 태양
K형, M형	중심별의 수명은 길지만, 광도가 작아 생명 가능 지대가 별에 가까이 위치하므로 행성이 별에서 받는 중력이 커져 결국 행성의 공전 주기와 자전 주기가 같아진다. 따라서 낮과 밤의 변화가 없어져 생명체가 살기 어렵다. 예 백조자리 61B

4 외계 생명체 탐사 활동과 탐사 의의

① 외계 생명체 탐사 활동

태양계 내의 생명체 탐사	• 행성이나 위성에 직접 탐사정을 보내 탐사한다. 예 큐리오시티(화성 탐사) • 지구의 극한 환경에 사는 생명체를 연구하여 생명체가 생존할 수 있는 조건을 연구한다.
태양계 밖의 생명체 탐사	• *전파 망원경을 이용하여 탐사한다. 예 세티(SETI) 프로젝트[8] • *우주 망원경으로 생명 가능 지대에 속한 외계 행성을 찾고, 행성의 대기 성분을 분석하여 생명체가 존재할 수 있는 환경인지 파악하는 연구가 진행되고 있다.

② 외계 생명체 탐사의 의의: 우주와 생명에 대한 이해의 폭을 넓힐 수 있으며, 연구 과정에서 획득한 새로운 과학 기술은 산업 발전에 실용적인 도움을 준다.

[8] **세티(SETI) 프로젝트**
외계 지적 생명체가 전파로 신호를 보낸다는 가정 아래 전파 망원경에서 수신한 전파를 분석하여 인공적인 전파를 찾는 활동이다. 1960년에 미국의 전파 천문학자 드레이크(Frank Drake)가 주창한 외계 지적 생명체 탐사 프로젝트로, 처음에는 국가 프로젝트로 시작하였으나 현재는 민간 중심으로 진행되고 있다.

▲ 전파 망원경(ATA)

용어 돋보기

* **전파 망원경**_우주 공간에 있는 천체가 내보내는 전파를 관측하기 위한 장치
* **우주 망원경**_지구 대기권 바깥 우주 공간에 올려져서 천문 관측을 수행하는 일체의 과학 기기

정답과 해설 84쪽

개념 확인

(8) 별의 주위에서 물이 액체 상태로 존재할 수 있는 거리의 범위를 (   ) 지대라고 한다.

(9) 중심별의 광도가 클수록 생명 가능 지대는 중심별에서 (가까워지고, 멀어지고), 폭은 (좁아진다, 넓어진다).

(10) 주계열성인 중심별의 질량이 클수록 생명 가능 지대의 거리는 중심별에서 (가까워지고, 멀어지고), 생명 가능 지대의 폭은 (좁아진다, 넓어진다).

(11) 태양계에서 생명 가능 지대에 속해 있는 행성은 (   )가(이) 유일하다.

(12) 외계 생명체가 존재하기 위해서는 행성에 액체 상태의 (   )이 존재해야 하고, 적절한 두께의 (   )가 존재해야 한다.

(13) 행성의 (   )은(는) 우주에서 들어오는 고에너지 입자와 중심별에서 들어오는 항성풍을 막아 준다.

(14) 분광형이 O형인 주계열성은 K형인 주계열성보다 수명이 (   )고, 생명 가능 지대가 별에서 멀다.

(15) 세티(SETI) 프로젝트에서 탐사에 이용되는 망원경의 종류는 (   )이다.

정답과 해설 84쪽

2021 • 6월 평가원 8번

자료 ❶ 외계 행성 탐사 방법-식 현상, 시선 속도 변화

그림은 어느 외계 행성과 중심별이 공통 질량 중심을 중심으로 공전하는 모습을 나타낸 것이다. 행성은 원 궤도를 따라 공전하며, 공전 궤도면은 관측자의 시선 방향과 나란하다.

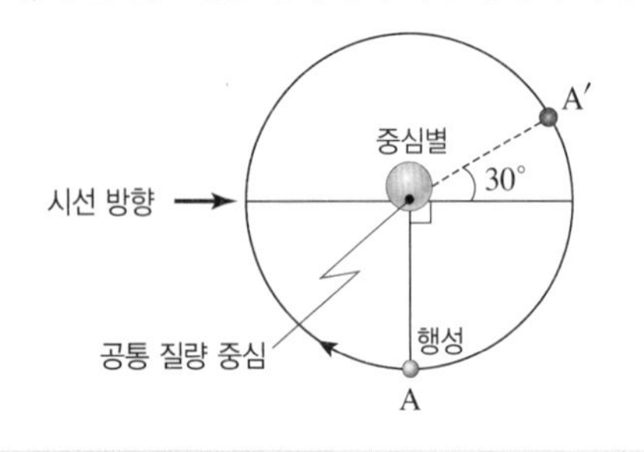

1. 행성의 반지름이 클수록 중심별의 밝기 변화가 크다. (○, ×)
2. 행성이 A를 지날 때 중심별의 적색 편이가 관측된다. (○, ×)
3. 중심별의 겉보기 밝기가 최소일 때 중심별의 스펙트럼에서 나타나는 흡수선의 파장이 가장 짧게 관측된다. (○, ×)
4. 행성이 A′를 지날 때 중심별의 공전 속도 방향은 시선 방향과 30°를 이룬다. (○, ×)
5. 중심별의 시선 속도는 행성이 A를 지날 때가 A′를 지날 때의 2배이다. (○, ×)

2021 • 수능 18번

자료 ❸ 외계 행성 탐사 방법-미세 중력 렌즈 현상

그림 (가)는 별 A와 B의 상대적 위치 변화를 시간 순서로 배열한 것이고, (나)는 (가)의 관측 기간 동안 이 중 한 별의 밝기 변화를 나타낸 것이다. 이 기간 동안 B는 A보다 지구로부터 멀리 있고, 별과 행성에 의한 미세 중력 렌즈 현상이 관측되었다.

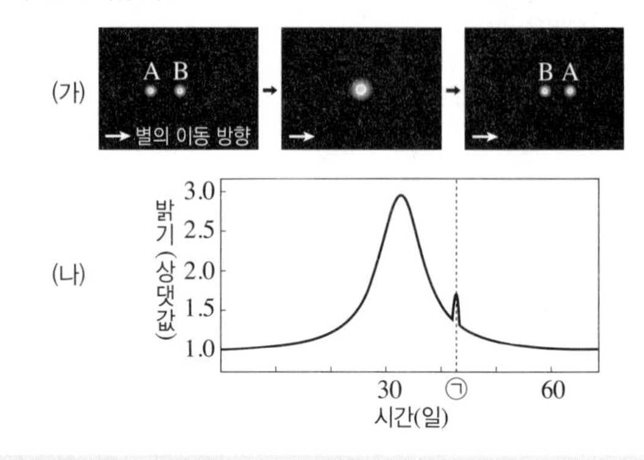

1. (가)에서 A는 B의 앞을 주기적으로 지나간다. (○, ×)
2. (나)는 B의 밝기 변화를 나타낸다. (○, ×)
3. (가)에서 관측자와 A, B가 일직선상에 위치할 때 B의 밝기는 최대가 된다. (○, ×)
4. (나)의 ㉠ 시기에 나타나는 밝기 변화는 B에 행성이 있기 때문에 나타난다. (○, ×)
5. 행성의 공전 궤도면이 관측자의 시선 방향에 수직인 경우에는 행성의 존재를 탐사할 수 없다. (○, ×)

2019 • 9월 평가원 18번

자료 ❷ 외계 행성 탐사 방법-시선 속도 변화, 식 현상

그림 (가)와 (나)는 어느 외계 행성에 의한 중심별의 시선 속도 변화와 겉보기 밝기 변화를 관측하여 각각 나타낸 것이다.

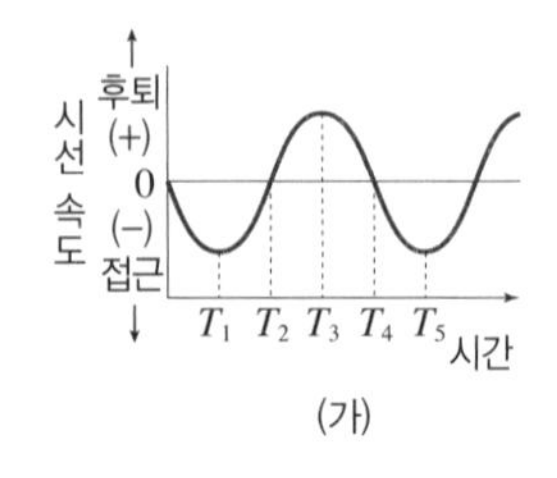

(가)

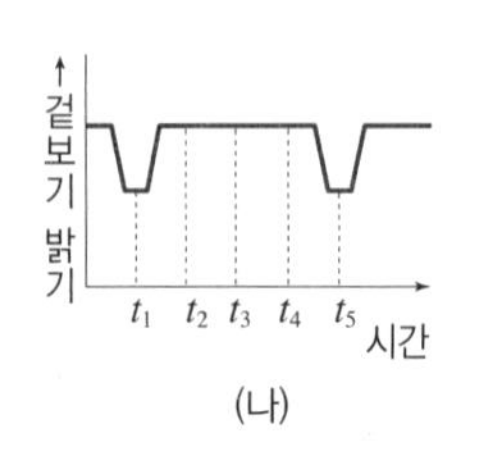

(나)

1. (가)에서 T_1일 때 중심별의 청색 편이가 관측된다. (○, ×)
2. (가)에서 T_2일 때가 T_4일 때보다 지구로부터 중심별까지의 거리가 멀다. (○, ×)
3. (나)에서 t_2일 때 행성은 지구에 가까워지고 있다. (○, ×)
4. (나)에서 (t_5-t_1)은 행성의 공전 주기에 해당한다. (○, ×)
5. (가)와 (나)의 탐사 방법은 행성의 공전 궤도면이 관측자의 시선 방향과 수직에 가까울수록 행성의 존재를 확인하는 데 유리하다. (○, ×)

2020 • 6월 평가원 5번

자료 ❹ 생명 가능 지대

그림은 주계열성인 외계 항성 S를 공전하는 5개 행성과 생명 가능 지대를 나타낸 것이다.

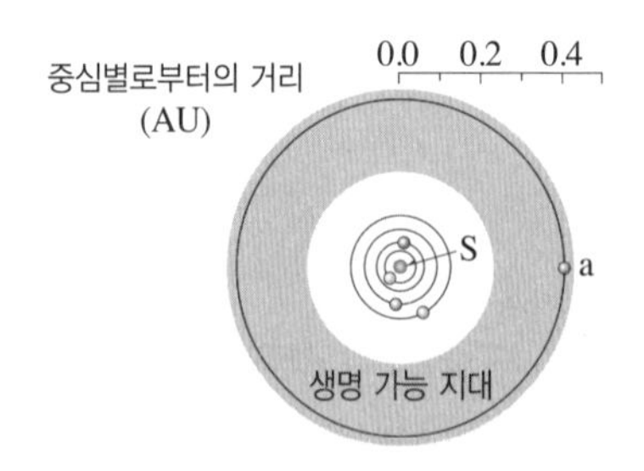

1. S의 질량은 태양보다 작다. (○, ×)
2. S의 광도는 태양보다 크다. (○, ×)
3. a에서는 물이 액체 상태로 존재할 수 있다. (○, ×)
4. 태양계보다 생명 가능 지대의 폭이 좁다. (○, ×)
5. 별의 수명은 S가 태양보다 길다. (○, ×)
6. a는 지구보다 생명 가능 지대에 머물 수 있는 기간이 짧다. (○, ×)

정답과 해설 84쪽

Ⓐ 외계 행성계 탐사

1 다음 설명에 해당하는 용어를 각각 쓰시오.

(1) 태양이 아닌 다른 별 주위를 공전하고 있는 행성
(2) 소리나 빛과 같은 파동이 관측자로부터 멀어지거나 가까워지면서 파장이 변하는 현상
(3) 스펙트럼에서 흡수선의 파장이 원래보다 짧아지는 현상
(4) 한 천체가 다른 천체를 가려서 보이지 않게 하거나 어두워 보이게 하는 현상
(5) 관측자의 시선 방향에 두 별이 앞뒤로 놓일 때, 앞쪽 별의 중력 때문에 뒤에서 오는 별빛이 휘어져 보이는 현상

2 외계 행성을 탐사하는 방법으로 옳지 않은 것은?

① 중심별의 표면 온도와 광도를 측정한다.
② 천체 망원경을 이용하여 직접 행성을 촬영한다.
③ 행성에 의한 중심별의 시선 속도 변화를 측정한다.
④ 행성의 식 현상에 의한 중심별의 밝기 변화를 측정한다.
⑤ 중심별과 행성의 중력에 의한 배경별의 밝기 변화를 측정한다.

3 그림 (가)는 외계 행성 탐사 방법 중 한 가지를, (나)는 A 위치부터 1회 공전하는 동안 일정한 시간 간격으로 관측한 중심별의 스펙트럼 변화를 나타낸 것이다.

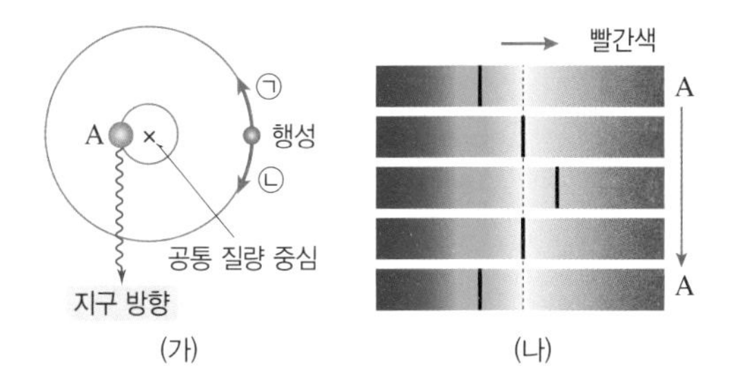

(가) (나)

㉠과 ㉡ 중에서 외계 행성의 공전 방향을 골라 쓰시오.

4 그림 (가)는 어느 외계 행성이 별 주위를 공전하는 모습을, (나)는 이 별의 겉보기 밝기를 시간에 따라 나타낸 것이다.

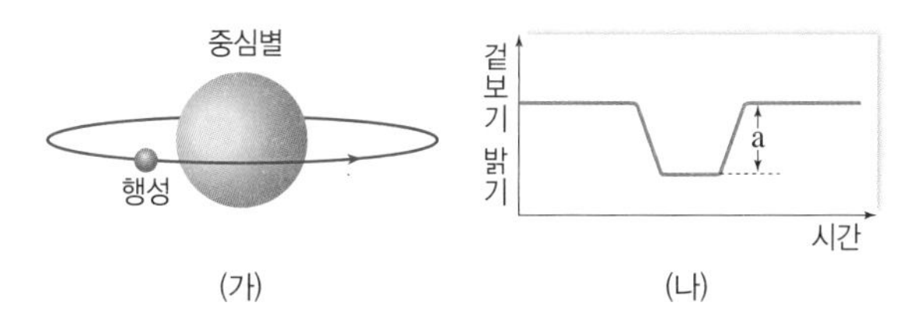

(가) (나)

행성의 반지름이 2배가 되면 a는 몇 배가 되는지 쓰시오.

5 그림은 외계 행성을 탐사하는 방법을 나타낸 것이다.

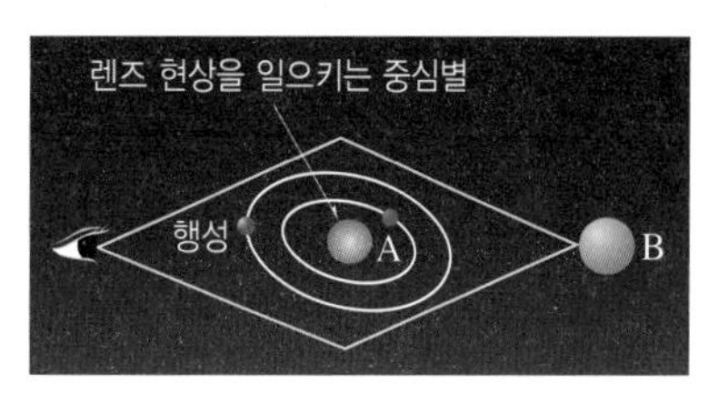

(1) 이 탐사 방법에서 이용하는 현상을 쓰시오.
(2) A와 B 중 외계 행성의 존재를 파악하기 위해 밝기 변화를 측정해야 하는 별을 골라 쓰시오.

Ⓑ 외계 생명체 탐사

6 생명 가능 지대를 결정하는 가장 중요한 기준은?

① 산소의 존재　② 오존층의 존재
③ 자기장의 존재　④ 자전축의 기울기
⑤ 액체 상태의 물의 존재

7 주계열성인 중심별의 생명 가능 지대에 대한 설명으로 옳은 것만을 [보기]에서 있는 대로 고르시오.

보기
ㄱ. 얼음 상태의 물이 존재할 수 있는 영역이다.
ㄴ. 별의 광도가 클수록 생명 가능 지대의 폭이 넓다.
ㄷ. 별의 질량이 클수록 생명 가능 지대는 별에서 먼 곳에 위치한다.

8 외계 생명체가 존재하기 위한 행성의 조건에 대한 설명으로 옳은 것만을 [보기]에서 있는 대로 고르시오.

보기
ㄱ. 행성이 중심별에 가까울수록 생명체가 존재할 가능성이 크다.
ㄴ. 액체 상태의 물이 존재해야 한다.
ㄷ. 중심별의 진화 속도가 빨라야 한다.
ㄹ. 적절한 두께의 대기가 있어야 한다.
ㅁ. 자기장이 형성되어 있어야 한다.

9 세티(SETI) 프로젝트에 대한 설명으로 옳은 것만을 [보기]에서 있는 대로 고르시오.

보기
ㄱ. 외계의 지적 생명체를 찾는 활동이다.
ㄴ. 우주 망원경이 주로 이용된다.
ㄷ. 외계에서 오는 신호 중 인공적인 전파를 찾는다.

정답과 해설 85쪽

2019 수능 18번

1 그림 (가)는 어느 외계 행성과 중심별이 공통 질량 중심을 중심으로 공전하는 모습을, (나)는 도플러 효과를 이용하여 측정한 이 중심별의 시선 속도 변화를 나타낸 것이다.

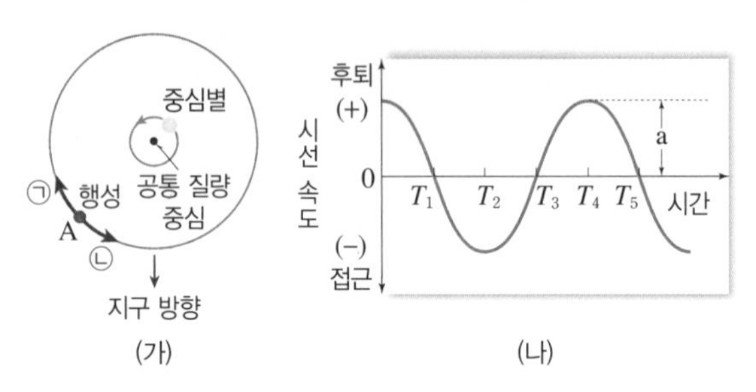

(가) (나)

이에 대한 설명으로 옳은 것만을 [보기]에서 있는 대로 고른 것은?

보기

ㄱ. 공통 질량 중심에 대한 행성의 공전 방향은 ㉠이다.
ㄴ. 행성의 질량이 클수록 (나)에서 a가 커진다.
ㄷ. 행성이 A에 위치할 때 (나)에서는 T_3~T_4에 해당한다.

① ㄱ ② ㄴ ③ ㄱ, ㄷ
④ ㄴ, ㄷ ⑤ ㄱ, ㄴ, ㄷ

2 그림 (가)는 외계 행성이 별 주위를 공전하는 모습을, (나)는 이 별의 겉보기 밝기를 시간에 따라 나타낸 것이다.

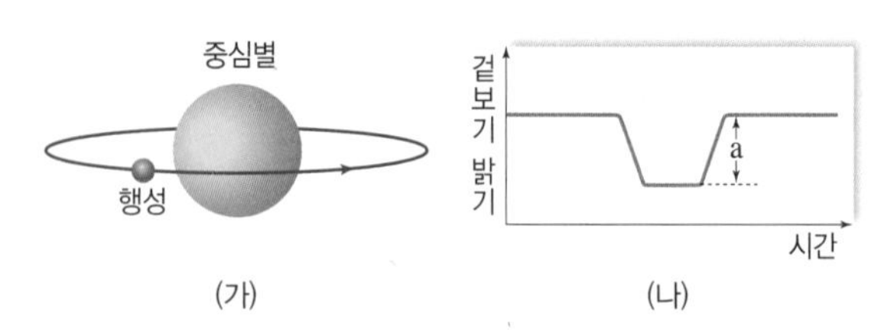

(가) (나)

이에 대한 설명으로 옳은 것만을 [보기]에서 있는 대로 고른 것은?

보기

ㄱ. (나)는 관측자의 시선 방향이 행성의 공전 궤도면과 나란할 때 관측할 수 있는 현상이다.
ㄴ. 행성이 중심별의 앞을 지날 때 겉보기 밝기가 최대이다.
ㄷ. 행성의 반지름이 커지면 a는 작아진다.

① ㄱ ② ㄴ ③ ㄷ
④ ㄱ, ㄴ ⑤ ㄱ, ㄴ, ㄷ

3 그림 (가)와 (나)는 외계 행성을 탐사하는 방법을 나타낸 것이다.

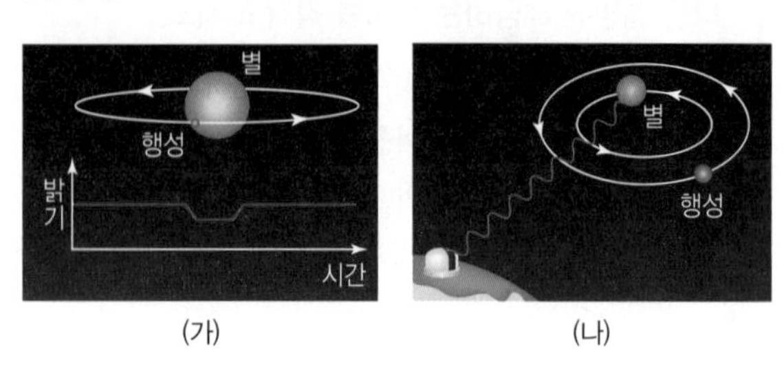

(가) (나)

이에 대한 설명으로 옳은 것만을 [보기]에서 있는 대로 고른 것은?

보기

ㄱ. (가)에서 외계 행성의 반지름이 작을수록 외계 행성 탐사에 유리하다.
ㄴ. (나)에서 외계 행성의 질량이 클수록 외계 행성 탐사에 유리하다.
ㄷ. 외계 행성의 공전 궤도면이 시선 방향에 나란할 때는 (가) 방법만 이용할 수 있다.

① ㄱ ② ㄴ ③ ㄱ, ㄷ
④ ㄴ, ㄷ ⑤ ㄱ, ㄴ, ㄷ

2018 9월 평가원 10번

4 그림은 외계 행성을 탐사하는 두 가지 방법이다.

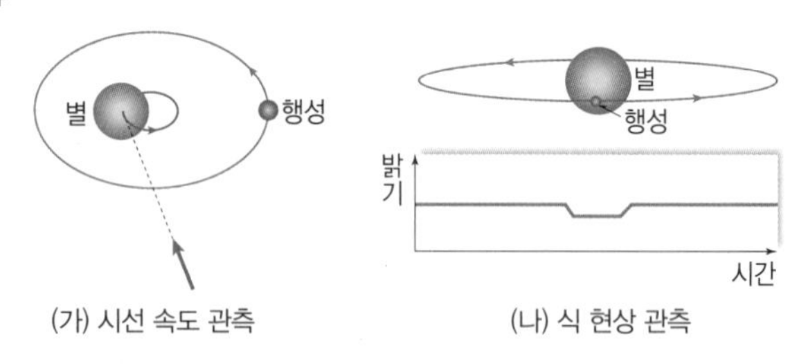

(가) 시선 속도 관측 (나) 식 현상 관측

이에 대한 설명으로 옳은 것만을 [보기]에서 있는 대로 고른 것은?

보기

ㄱ. (가)와 같이 별과 행성이 위치하면 청색 편이가 나타난다.
ㄴ. (가)와 (나) 모두 행성의 공전 주기를 구할 수 있다.
ㄷ. (가)와 (나) 모두 행성의 공전 궤도면이 시선 방향과 수직일 때 이용할 수 있다.

① ㄱ ② ㄷ ③ ㄱ, ㄴ
④ ㄴ, ㄷ ⑤ ㄱ, ㄴ, ㄷ

5 그림 (가)는 별 S와 지구 사이를 행성을 가진 별 A가 지나갈 때 시간에 따른 위치 변화를, (나)는 이때 관측되는 별 S의 밝기 변화를 나타낸 것이다.

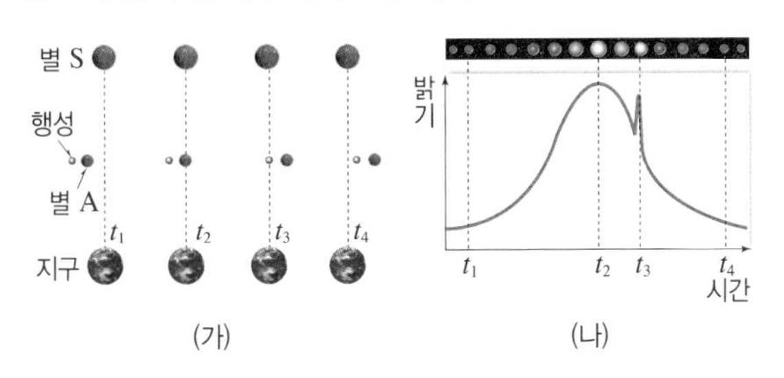

이에 대한 설명으로 옳은 것만을 [보기]에서 있는 대로 고른 것은?

보기
ㄱ. 별 A의 빛에 대해 별 S의 미세 중력 렌즈 현상이 나타난 것이다.
ㄴ. (나)에서 t_3일 때 나타나는 추가적인 밝기 변화는 행성의 중력에 의한 것이다.
ㄷ. 별 A에 속한 행성의 질량이 더 크면 t_3일 때 별 S의 밝기가 더 밝아질 것이다.

① ㄱ ② ㄷ ③ ㄱ, ㄴ
④ ㄴ, ㄷ ⑤ ㄱ, ㄴ, ㄷ

6 그림 (가), (나), (다)는 외계 행성을 탐사하는 방법을 나타낸 것이다.

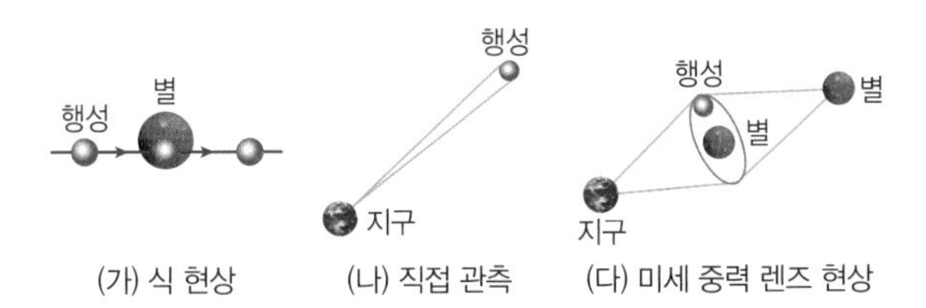

(가) 식 현상 (나) 직접 관측 (다) 미세 중력 렌즈 현상

이에 대한 설명으로 옳은 것만을 [보기]에서 있는 대로 고른 것은?

보기
ㄱ. (가)는 행성의 반지름이 클수록 행성을 탐사하기에 유리하다.
ㄴ. (나)는 가시광선보다 적외선 영역의 관측이 효과적이다.
ㄷ. (다)에서는 뒤쪽 별의 밝기 변화를 관측한다.

① ㄱ ② ㄷ ③ ㄱ, ㄴ
④ ㄴ, ㄷ ⑤ ㄱ, ㄴ, ㄷ

2020 9월 평가원 15번

7 그림은 여러 탐사 방법을 이용하여 최근까지 발견한 외계 행성의 특징을 나타낸 것이다.

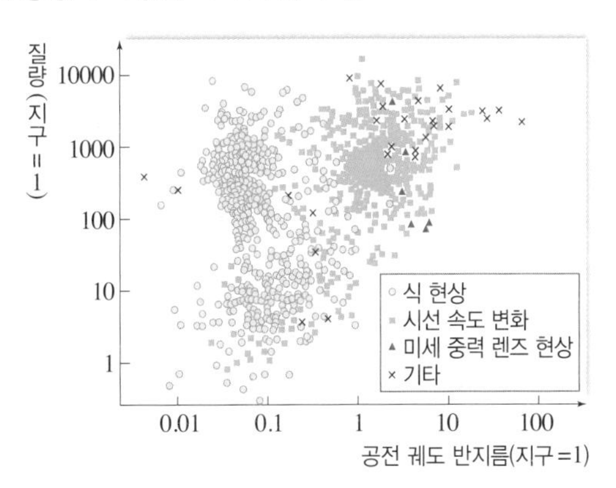

이 자료에 대한 설명으로 옳은 것만을 [보기]에서 있는 대로 고른 것은?

보기
ㄱ. 시선 속도 변화 방법은 도플러 효과를 이용한다.
ㄴ. 중력에 의한 빛의 굴절 현상을 이용하여 발견한 행성의 수가 가장 많다.
ㄷ. 행성의 공전 궤도 반지름의 평균값은 식 현상을 이용한 방법이 시선 속도를 이용한 방법보다 크다.

① ㄱ ② ㄷ ③ ㄱ, ㄴ
④ ㄴ, ㄷ ⑤ ㄱ, ㄴ, ㄷ

8 그림은 중심별의 질량에 따른 외계 행성의 개수를, 표는 케플러 우주 망원경을 이용하여 발견한 외계 행성의 크기에 따른 개수를 나타낸 것이다.

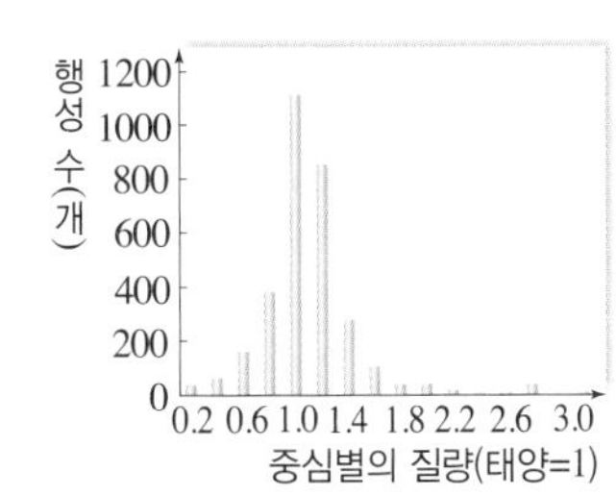

반지름(지구=1)	개수
1.25 미만	808
1.25~2	1233
2~6	1542
6~15	260
15~25	49

이에 대한 설명으로 옳은 것만을 [보기]에서 있는 대로 고른 것은? (단, 외계 행성의 밀도는 일정하다.)

보기
ㄱ. 외계 행성은 대부분 태양과 비슷한 질량을 가진 별에서 발견되었다.
ㄴ. 중심별의 질량이 클수록 외계 행성의 존재를 확인하기가 쉽다.
ㄷ. 발견된 외계 행성은 대부분 지구보다 질량이 작다.

① ㄱ ② ㄷ ③ ㄱ, ㄴ
④ ㄴ, ㄷ ⑤ ㄱ, ㄴ, ㄷ

자료④ **2020** 6월 평가원 5번

9 그림은 주계열성인 외계 항성 S를 공전하는 5개 행성과 생명 가능 지대를 나타낸 것이다.

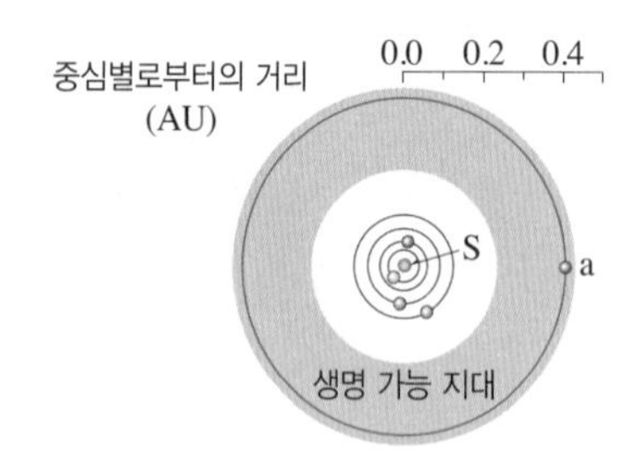

이에 대한 설명으로 옳은 것만을 [보기]에서 있는 대로 고른 것은?

[보기]
ㄱ. S의 광도는 태양의 광도보다 작다.
ㄴ. a는 액체 상태의 물이 존재할 수 있다.
ㄷ. 생명 가능 지대에 머물 수 있는 기간은 지구가 a보다 짧다.

① ㄱ ② ㄷ ③ ㄱ, ㄴ
④ ㄴ, ㄷ ⑤ ㄱ, ㄴ, ㄷ

10 그림은 지구와 외계 행성 A~D의 중심별로부터의 거리와 중심별의 질량을 나타낸 것이다.

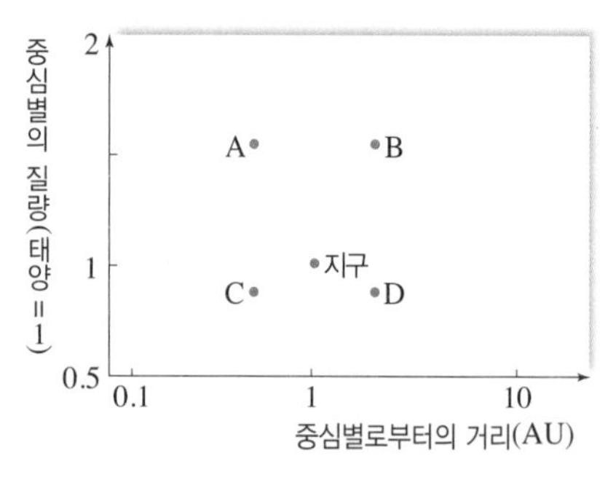

이에 대한 설명으로 옳은 것만을 [보기]에서 있는 대로 고른 것은? (단, 중심별은 주계열성이다.)

[보기]
ㄱ. 생명체가 존재할 가능성은 A보다 C가 크다.
ㄴ. 액체 상태의 물이 존재할 가능성은 C보다 D가 크다.
ㄷ. B의 중심별 수명은 D의 중심별 수명보다 길다.

① ㄱ ② ㄷ ③ ㄱ, ㄴ
④ ㄴ, ㄷ ⑤ ㄱ, ㄴ, ㄷ

11 그림은 어느 별의 탄생 시점 t_0와 어느 정도 시간이 지난 시점 t_1일 때 별 주변의 생명 가능 지대와 행성 A, B, C의 위치를 나타낸 것이다.

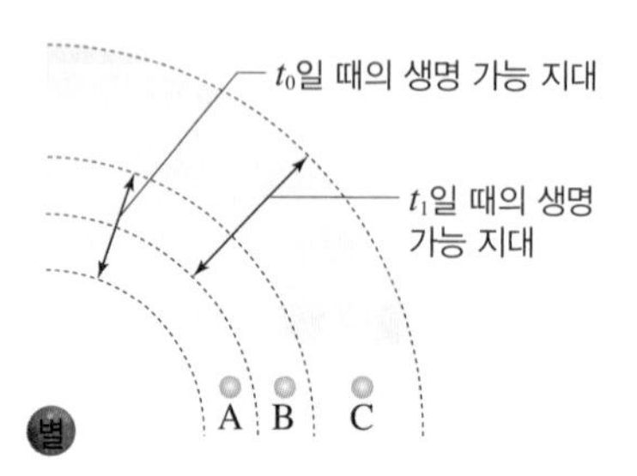

이에 대한 설명으로 옳은 것만을 [보기]에서 있는 대로 고른 것은?

[보기]
ㄱ. t_0~t_1 동안 별의 광도는 증가하였다.
ㄴ. t_0일 때, 행성 C에서 물은 대부분 기체 상태로 존재한다.
ㄷ. 생명체가 탄생하여 진화할 수 있는 가장 유리한 시간 조건을 가진 행성은 A이다.

① ㄱ ② ㄷ ③ ㄱ, ㄴ
④ ㄴ, ㄷ ⑤ ㄱ, ㄴ, ㄷ

12 표는 주계열성에 속하는 별들의 분광형별 물리적 특징을 나타낸 것이다.

분광형	O	B	A	F	G	K	M
질량	크다 ←						→ 작다
지름	크다 ←						→ 작다
표면 온도	높다 ←						→ 낮다
광도(밝기)	밝다 ←						→ 어둡다

이에 대한 설명으로 옳은 것만을 [보기]에서 있는 대로 고른 것은? (단, 태양의 분광형은 G형이다.)

[보기]
ㄱ. O형에서 M형으로 갈수록 별의 수명이 길다.
ㄴ. O형 별의 행성은 지적 생명체가 존재할 가능성이 매우 크다.
ㄷ. O형에서 M형으로 갈수록 생명 가능 지대가 중심별에 가까워진다.

① ㄱ ② ㄴ ③ ㄱ, ㄷ
④ ㄴ, ㄷ ⑤ ㄱ, ㄴ, ㄷ

정답과 해설 88쪽

1 그림 (가)는 외계 행성을 탐사하는 방법 중 한 가지를, (나)는 (가)의 별이 A 위치부터 1회 공전하는 동안 일정한 시간 간격으로 관측한 중심별의 스펙트럼 A → B → C → D → A를 나타낸 것이다.

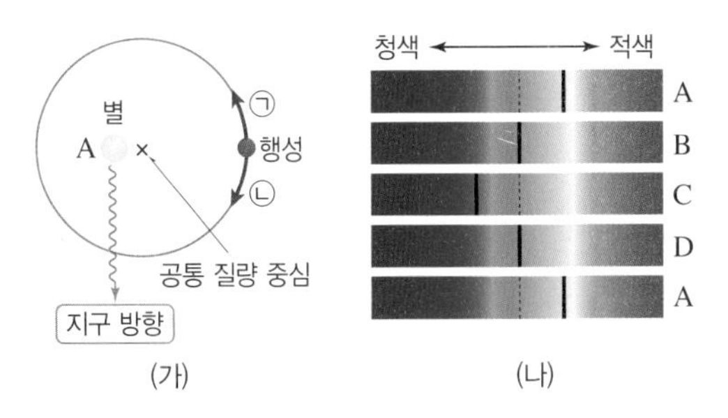

(가) (나)

이에 대한 설명으로 옳은 것만을 [보기]에서 있는 대로 고른 것은? (단, 행성의 공전 궤도면은 관측자의 시선 방향과 나란하다.)

보기

ㄱ. 행성의 공전 방향은 ㉠이다.
ㄴ. 중심별의 겉보기 밝기는 B보다 D일 때 밝다.
ㄷ. 중심별의 질량이 더 컸다면, 스펙트럼의 편이량은 더 작았을 것이다.

① ㄱ ② ㄴ ③ ㄱ, ㄷ
④ ㄴ, ㄷ ⑤ ㄱ, ㄴ, ㄷ

2 그림은 행성의 공전으로 인해 나타나는 어느 별의 시선 속도 변화를 나타낸 것이다.

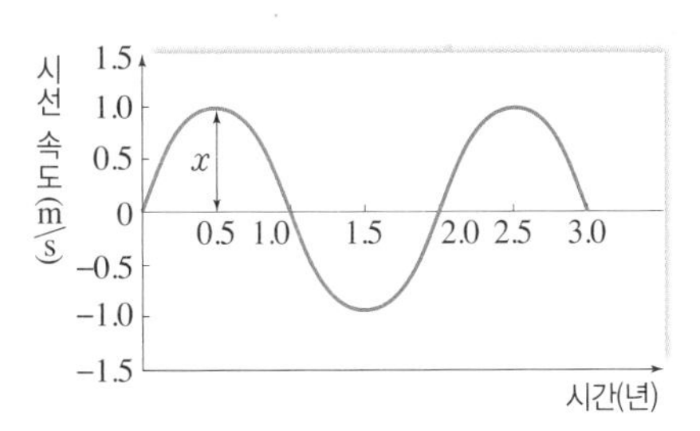

이에 대한 설명으로 옳은 것만을 [보기]에서 있는 대로 고른 것은?

보기

ㄱ. 행성의 공전 주기는 2년이다.
ㄴ. 관측 시작 후 6개월이 되는 날 행성은 지구에 가까워지고 있다.
ㄷ. 행성의 질량이 더 컸다면, x는 더 커질 것이다.

① ㄱ ② ㄷ ③ ㄱ, ㄴ
④ ㄴ, ㄷ ⑤ ㄱ, ㄴ, ㄷ

3 그림 (가)는 시선 속도 변화를 이용하여 외계 행성계를 탐사하는 원리를, (나)는 외계 행성계 A, B를 관측하여 알아낸 중심별의 스펙트럼 변화를 나타낸 것이다.

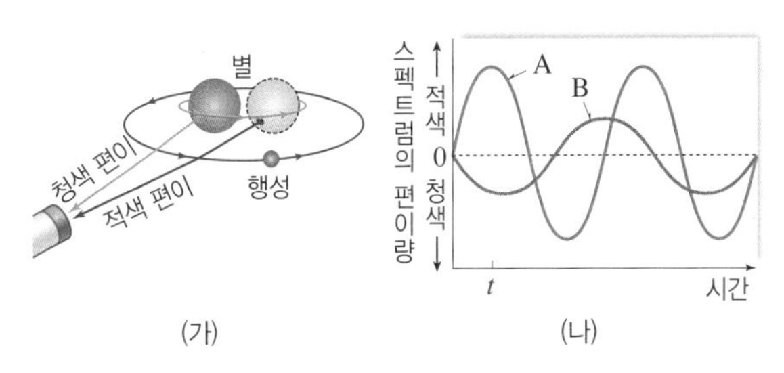

(가) (나)

이에 대한 설명으로 옳은 것만을 [보기]에서 있는 대로 고른 것은? (단, 외계 행성계 A, B의 중심별은 질량이 같다.)

보기

ㄱ. t일 때, A의 행성은 지구에 가까워지고 있다.
ㄴ. A의 행성이 B의 행성보다 공전 주기가 짧다.
ㄷ. A의 행성이 B의 행성보다 질량이 크다.

① ㄱ ② ㄷ ③ ㄱ, ㄴ
④ ㄴ, ㄷ ⑤ ㄱ, ㄴ, ㄷ

2021 9월 평가원 13번

4 그림 (가)는 어느 외계 행성계에서 식 현상을 일으키는 행성 A, B, C에 의한 시간에 따른 중심별의 겉보기 밝기 변화를, (나)는 A, B, C 중 두 행성에 의한 중심별의 겉보기 밝기 변화를 나타낸 것이다. 세 행성의 공전 궤도면은 관측자의 시선 방향과 나란하다.

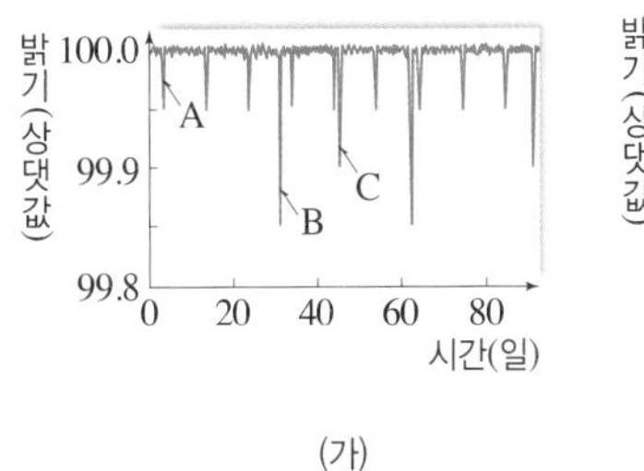

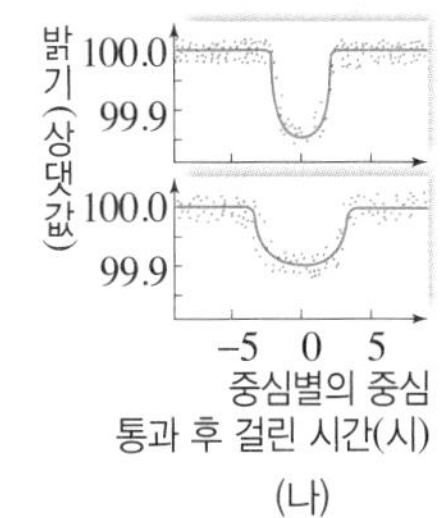

(가) (나)

이 자료에 대한 설명으로 옳은 것만을 [보기]에서 있는 대로 고른 것은?

보기

ㄱ. 행성의 반지름은 B가 A의 3배이다.
ㄴ. 행성의 공전 주기는 C가 가장 길다.
ㄷ. 행성이 중심별을 통과하는 데 걸리는 시간은 C가 B보다 길다.

① ㄱ ② ㄴ ③ ㄱ, ㄷ
④ ㄴ, ㄷ ⑤ ㄱ, ㄴ, ㄷ

자료❶ 2021 6월 평가원 8번

5 그림은 어느 외계 행성과 중심별이 공통 질량 중심을 중심으로 공전하는 모습을 나타낸 것이다. 행성은 원 궤도를 따라 공전하며, 공전 궤도면은 관측자의 시선 방향과 나란하다.

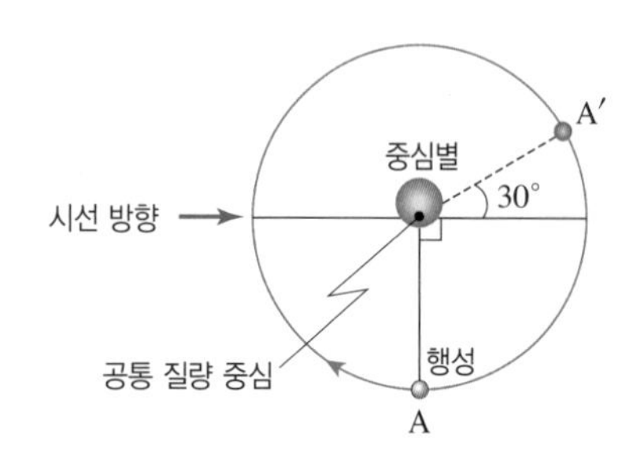

이에 대한 설명으로 옳은 것만을 [보기]에서 있는 대로 고른 것은?

보기

ㄱ. 식 현상을 이용하여 행성의 존재를 확인할 수 있다.
ㄴ. 행성이 A를 지날 때 중심별의 청색 편이가 나타난다.
ㄷ. 중심별의 어느 흡수선의 파장 변화 크기는 행성이 A를 지날 때가 A′를 지날 때의 2배이다.

① ㄱ ② ㄴ ③ ㄱ, ㄷ
④ ㄴ, ㄷ ⑤ ㄱ, ㄴ, ㄷ

자료❷ 2019 9월 평가원 18번

6 그림 (가)와 (나)는 어느 외계 행성에 의한 중심별의 시선 속도 변화와 겉보기 밝기 변화를 관측하여 각각 나타낸 것이다.

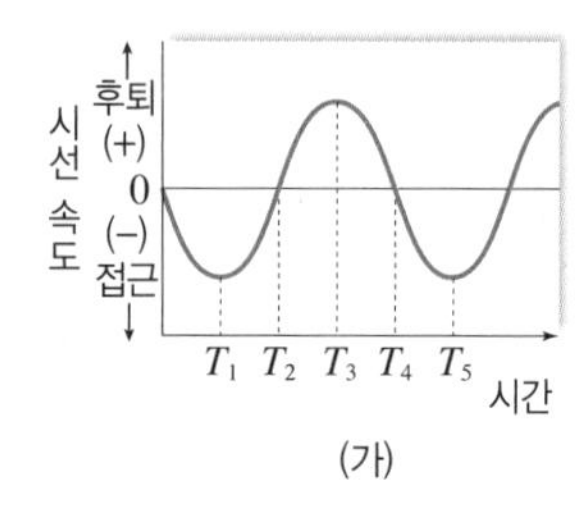

(가)

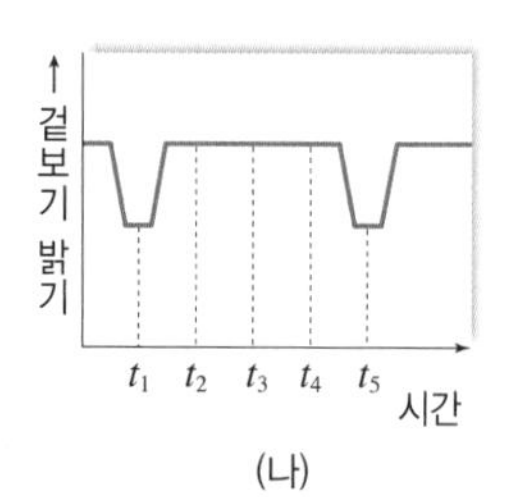

(나)

이에 대한 설명으로 옳은 것만을 [보기]에서 있는 대로 고른 것은?

보기

ㄱ. (가)에서 T_1일 때 (나)에서 겉보기 밝기는 최소이다.
ㄴ. (가)에서 지구로부터 중심별까지의 거리는 T_2일 때가 T_3일 때보다 가깝다.
ㄷ. (나)에서 t_4일 때 외계 행성은 지구로부터 멀어지고 있다.

① ㄱ ② ㄴ ③ ㄱ, ㄷ
④ ㄴ, ㄷ ⑤ ㄱ, ㄴ, ㄷ

7 그림 (가)는 행성을 거느린 별 B가 별 A 앞을 지나가는 모습을, (나)는 별 A의 밝기 변화를 나타낸 것이다.

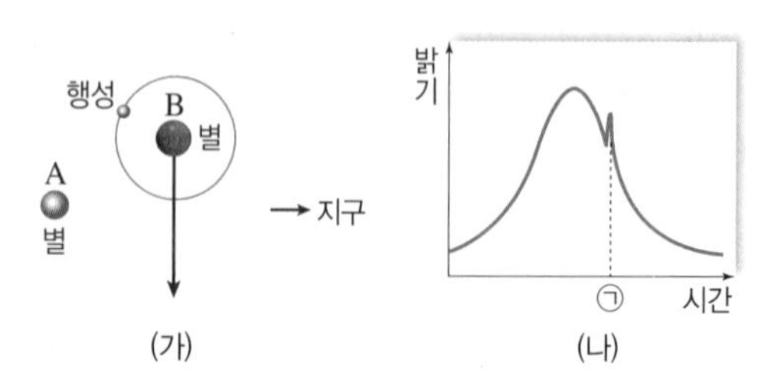

이에 대한 설명으로 옳은 것만을 [보기]에서 있는 대로 고른 것은?

보기

ㄱ. 행성의 질량이 클수록 행성을 탐사하는 데 유리하다.
ㄴ. ㉠ 시기에 나타난 별 A의 밝기 변화는 별 B에 의한 미세 중력 렌즈 현상 때문이다.
ㄷ. 행성의 공전 궤도면이 관측자의 시선 방향에 수직인 경우에는 행성의 존재를 탐사할 수 없다.

① ㄱ ② ㄷ ③ ㄱ, ㄴ
④ ㄴ, ㄷ ⑤ ㄱ, ㄴ, ㄷ

2017 수능 13번

8 표는 주계열성 A, B, C의 질량, 생명 가능 지대, 생명 가능 지대에 위치한 행성의 공전 궤도 반지름을 나타낸 것이다.

주계열성	질량 (태양=1)	생명 가능 지대 (AU)	행성의 공전 궤도 반지름 (AU)
A	2.0	( )	4.0
B	( )	0.3~0.5	0.4
C	1.2	1.2~2.0	1.6

이에 대한 설명으로 옳은 것만을 [보기]에서 있는 대로 고른 것은?

보기

ㄱ. 별의 광도는 A가 B보다 크다.
ㄴ. A에서 생명 가능 지대의 폭은 0.8 AU보다 크다.
ㄷ. 생명 가능 지대에 머무르는 기간은 B의 행성이 C의 행성보다 길다.

① ㄱ ② ㄷ ③ ㄱ, ㄴ
④ ㄴ, ㄷ ⑤ ㄱ, ㄴ, ㄷ

2018 9월 평가원 16번

9 그림은 중심별이 주계열인 별의 생명 가능 지대에 위치한 외계 행성 A와 B를 지구와 함께 나타낸 것이다.

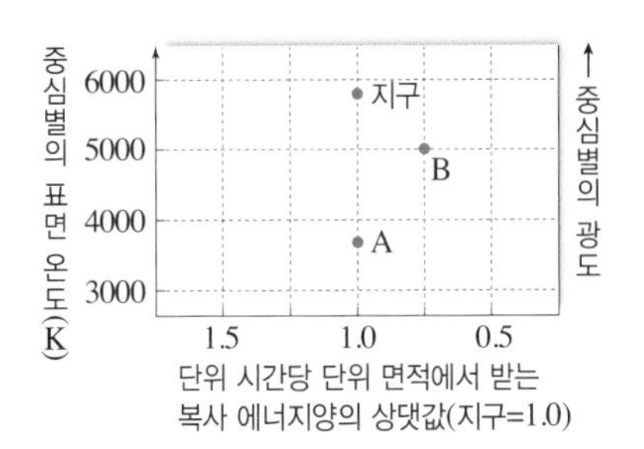

이에 대한 설명으로 옳은 것만을 [보기]에서 있는 대로 고른 것은?

보기

ㄱ. 단위 시간당 단위 면적에서 받는 복사 에너지양은 B가 A보다 많다.
ㄴ. A의 공전 궤도 반지름은 1 AU보다 작다.
ㄷ. 생명 가능 지대의 폭은 B 행성계가 태양계보다 좁다.

① ㄱ ② ㄴ ③ ㄷ
④ ㄱ, ㄴ ⑤ ㄴ, ㄷ

10 그림 (가)는 태양의 연령에 따른 광도를, (나)는 태양 탄생 직후와 현재의 생명 가능 지대를 순서 없이 나타낸 것이다.

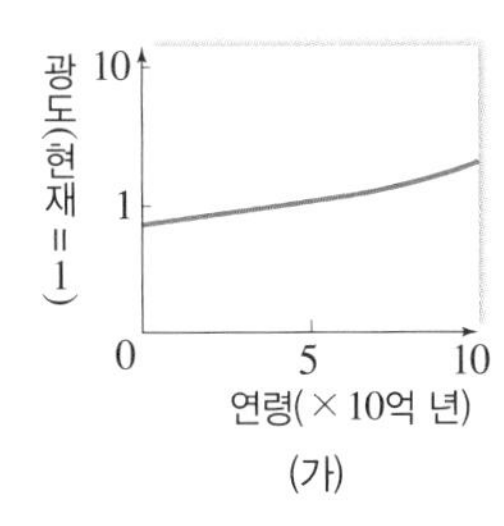

(가)

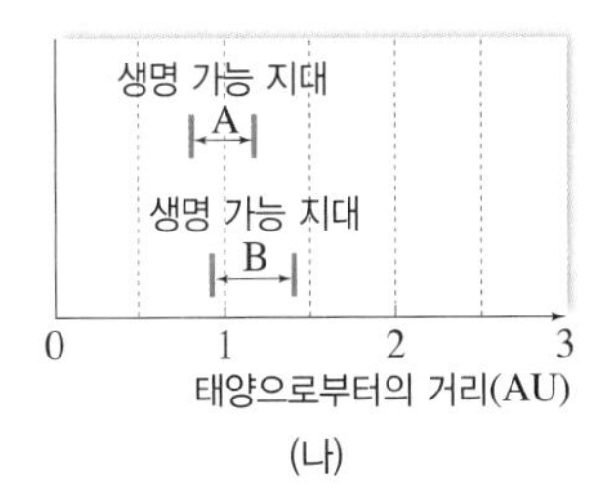

(나)

이에 대한 설명으로 옳은 것만을 [보기]에서 있는 대로 고른 것은?

보기

ㄱ. 태양의 광도는 태양 탄생 직후가 현재보다 작았다.
ㄴ. (나)에서 태양 탄생 직후의 생명 가능 지대는 B이다.
ㄷ. 지구는 태양 탄생 직후부터 현재까지 생명 가능 지대에 속한다.

① ㄱ ② ㄴ ③ ㄱ, ㄷ
④ ㄴ, ㄷ ⑤ ㄱ, ㄴ, ㄷ

2020 수능 15번

11 그림은 태양보다 질량이 작은 주계열성이 중심별인 어느 외계 행성계를 나타낸 것이다. 각 행성의 위치는 중심별로부터 행성까지의 거리에 해당하고, S 값은 그 위치에서 단위 시간당 단위 면적이 받는 복사 에너지이다. 생명 가능 지대에 존재하는 행성은 A이다.

A

100 10 5 2 1 0.5 0.25

단위 시간당 단위 면적이 받는 복사 에너지 S(지구=1) ● 행성

이 행성계가 태양계보다 큰 값을 가지는 것만을 [보기]에서 있는 대로 고른 것은?

보기

ㄱ. 중심별로부터 생명 가능 지대 안쪽 경계까지의 행성 수
ㄴ. S=1인 위치에서 중심별까지의 거리
ㄷ. 생명 가능 지대에 존재하는 행성의 S 값

① ㄱ ② ㄷ ③ ㄱ, ㄴ
④ ㄴ, ㄷ ⑤ ㄱ, ㄴ, ㄷ

12 표는 외계 행성 (가)~(다)에서 중심별의 분광형과 행성의 공전 궤도 반지름을 나타낸 것이다.

행성	(가)	(나)	(다)
중심별의 분광형	A0	G2	K3
행성의 공전 궤도 반지름(지구=1)	0.1	1.1	8.0

이에 대한 설명으로 옳은 것만을 [보기]에서 있는 대로 고른 것은? (단, 세 행성은 모두 생명 가능 지대에 위치하고, (가)~(다)의 중심별은 주계열성, 거성, 백색 왜성 중 하나이다.)

보기

ㄱ. (가)의 중심별은 주계열성이다.
ㄴ. 생명 가능 지대의 폭은 (나)가 (다)보다 좁다.
ㄷ. 앞으로 (나)는 (다)보다 생명 가능 지대에 오래 머문다.

① ㄱ ② ㄷ ③ ㄱ, ㄴ
④ ㄴ, ㄷ ⑤ ㄱ, ㄴ, ㄷ

외부 은하

≫ 핵심 짚기
- 허블의 외부 은하 분류
- 외부 은하의 종류와 특징
- 특이 은하의 종류와 특징

Ⓐ 은하의 분류

1 외부 은하 우리은하 밖에 존재하는 은하

2 허블의 은하 분류 은하의 모양(형태)에 따라 타원 은하, 나선 은하, 불규칙 은하로 분류[1]
➡ 허블의 은하 분류는 은하의 진화와는 상관이 없는 형태학적 분류 체계이다.

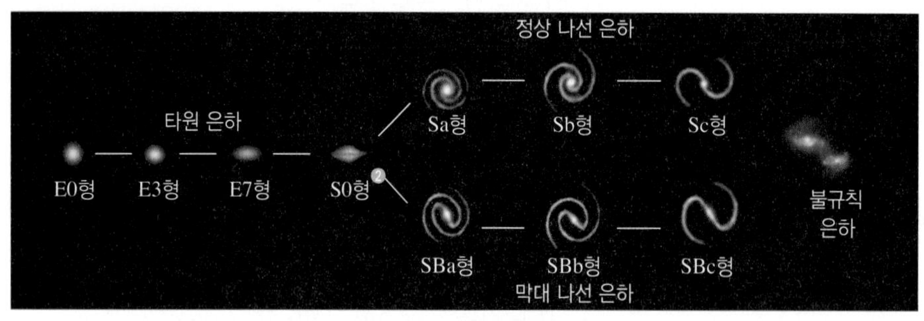

▲ 허블의 은하 분류 체계

3 외부 은하의 종류와 특징

구분	특징
타원 은하	• 매끄러운 타원 모양이고, *나선팔이 없는 은하 • 편평도에 따라 모양이 구에 가까운 것은 E0, 가장 납작한 것은 E7로 세분하였다.[3] • 타원 은하를 구성하는 대부분의 별들은 질량이 작고, 나이가 많아 대체로 붉은색을 띤다. • 성간 물질이 매우 적어 새로운 별의 탄생은 거의 없다. • 별의 개수가 약 10억 개 이하인 은하부터 약 1조 개 이상인 은하까지 크기가 매우 다양하다.
나선 은하	• 은하 중심부를 나선팔이 감싸고 있는 은하 • 은하핵을 가로지르는 막대 모양 구조의 유무에 따라 정상 나선 은하(S)와 막대 나선 은하(SB)로 구분한다. **정상 나선 은하(S)**: 은하핵에서 나선팔이 직접 뻗어 나온 모양 예 안드로메다은하 (NGC628) **막대 나선 은하(SB)**: 은하핵을 가로지르는 막대 구조의 양 끝에서 나선팔이 뻗어 나온 모양 예 우리은하 (NGC1300) • 나선팔이 감긴 정도와 은하핵의 상대적인 크기에 따라 a, b, c로 세분한다. ➡ a에서 c로 가면서 은하 전체에 대한 은하 중심부의 비율이 작아지고 나선팔의 감김이 느슨해진다. • 나선팔에는 성간 물질이 많아 젊고 파란색의 별들이 주로 분포한다. • 은하핵에는 늙고 붉은색의 별들이 주로 분포한다.
불규칙 은하	• 모양이 일정하지 않고, 규칙적인 구조가 없는 은하 예 대마젤란은하, 소마젤란은하 • 보통 규모가 작고, 성간 물질이 많으며, 젊은 별을 많이 포함하고 있다.

PLUS 강의

① 은하 분류 기준

구분	있다	없다
모양의 규칙성	타원 은하, 정상 나선 은하, 막대 나선 은하	불규칙 은하

구분	있다	없다
나선팔	정상 나선 은하, 막대 나선 은하	타원 은하

구분	있다	없다
막대 모양 구조	막대 나선 은하	정상 나선 은하

② 렌즈형 은하(S0)
타원 은하와 나선 은하의 중간 형태로, 나선팔은 없으나 원반이 존재하는 은하를 렌즈형 은하라고 한다.

③ 편평도(e)
타원체의 편평한 정도를 나타내는 값으로, e 값이 0에 가까울수록 구형에 가깝다.

$$e=\frac{a-b}{a}$$

(a: 타원체의 긴반지름, b: 타원체의 짧은 반지름)

용어 돋보기
* 나선(螺 소라, 旋 돌다)팔_나선 은하의 중심부에서 소용돌이 모양으로 뻗어 나오는 두 갈래 혹은 그 이상의 팔과 같은 구조

Ⓑ 특이 은하와 충돌 은하

1 특이 은하[4]

▲ 전파 은하

▲ 세이퍼트은하

▲ 퀘이사

전파 은하	• 일반 은하보다 수백~수백만 배 이상의 강한 전파를 방출하는 은하 • 전파 영역에서 보면, 중심핵 양쪽에 강력한 전파를 방출하는 로브(lobe)라고 하는 둥근 돌출부가 있고 중심핵에서 로브로 이어지는 제트가 대칭적으로 관측된다.[5] • 가시광선 영역에서 대부분 타원 은하로 관측된다.
세이퍼트은하	• 보통 은하에 비해 아주 밝은 핵과 넓은 방출선을 보이는 은하 • 은하 중심부가 예외적으로 밝고 파란색을 띠고 있다. • 은하 전체의 광도에 대한 중심부의 광도가 매우 크고, 스펙트럼상에 넓은 방출선이 보인다. ➡ 넓은 방출선이 보인다는 것은 은하 내의 가스 구름이 매우 빠른 속도로 움직이고 있다는 것을 의미한다. 또, 은하 중심부에 거대 블랙홀이 있을 것으로 추정된다. • 가시광선 영역에서 대부분 나선 은하로 관측된다.
퀘이사	• 수많은 별들로 이루어진 은하이지만 매우 멀리 있어서 하나의 별처럼 보이는 은하 • 적색 편이가 매우 크게 나타난다. ➡ 매우 먼 거리에 있으며, 우주 탄생 초기의 천체이다. • 은하 전체의 광도에 대한 중심부의 광도가 세이퍼트은하보다 크다. • 모든 파장 영역에서 막대한 양의 에너지가 방출되지만 크기는 태양계 정도이다. ➡ 퀘이사의 중심에 질량이 매우 큰 거대 블랙홀이 있을 것으로 추정된다.

2 충돌 은하 은하가 충돌하는 과정에서 형성되는 은하

① 은하가 충돌하더라도 내부의 별들이 서로 충돌할 가능성은 거의 없다. ➡ 별의 크기보다 별 사이의 공간이 훨씬 크기 때문

② 은하가 충돌할 때는 거대한 분자 구름이 충돌하면서 많은 별이 한꺼번에 탄생하기도 하고, 은하의 형태가 변하기도 한다.[6]

▲ 충돌 은하

④ 특이 은하
모양은 허블의 은하 분류에 따라 나뉘지만 일반적인 은하에 비해 스펙트럼, 에너지의 세기, 적색 편이 정도 등이 크게 특징적인 은하들을 말한다.

⑤ 전파 은하의 구조

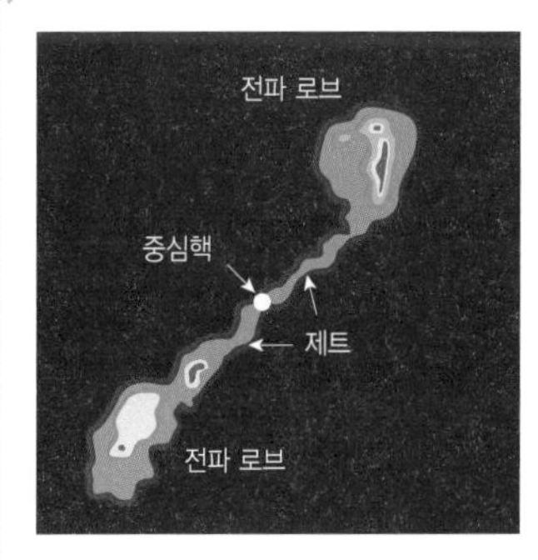

⑥ 우리은하와 안드로메다은하의 충돌
현재 약 250만 광년 떨어져 있는 안드로메다은하는 우리은하를 향해 110 km/s의 속력으로 접근하고 있으며, 약 40억 년이 지나면 충돌할 것으로 예상된다. ➡ 약 60억 년 후에는 두 나선 은하가 합쳐져 거대 타원 은하가 될 것으로 예측된다.

정답과 해설 91쪽

(1) 허블은 많은 외부 은하를 관측하여 (   )에 따라 은하를 분류하였다.

(2) 타원 은하를 구성하는 대부분의 별들은 나이가 많아 대체로 (붉은색, 파란색)을 띤다.

(3) 나선 은하는 은하핵을 가로지르는 막대 모양 구조의 유무에 따라 (   ) 은하와 (   ) 은하로 구분한다.

(4) 은하의 종류와 특징을 서로 옳게 연결하시오.
① 타원 은하 • • ㉠ 일정한 모양을 갖추지 않는다.
② 나선 은하 • • ㉡ 편평도에 따라 세분할 수 있다.
③ 불규칙 은하 • • ㉢ 은하핵과 원반이 존재한다.

(5) 특이 은하의 종류와 특징을 서로 옳게 연결하시오.
① 전파 은하 • • ㉠ 중심에 핵이 있고 양쪽에 로브가 있으며, 로브와 핵은 제트로 연결되어 있다.
② 퀘이사 • • ㉡ 보통의 은하에 비하여 아주 밝은 핵과 넓은 방출선을 보인다.
③ 세이퍼트은하 • • ㉢ 은하이지만 하나의 별처럼 보인다.

(6) 은하가 서로 충돌하더라도 내부에 있는 별들이 서로 충돌하는 일은 (거의 없다, 매우 많다).

2019 ● Ⅱ 수능 15번

자료❶ 은하의 분류

그림 (가)는 은하 A와 B의 가시광선 영상을, (나)는 A와 B의 특성을 나타낸 것이다.

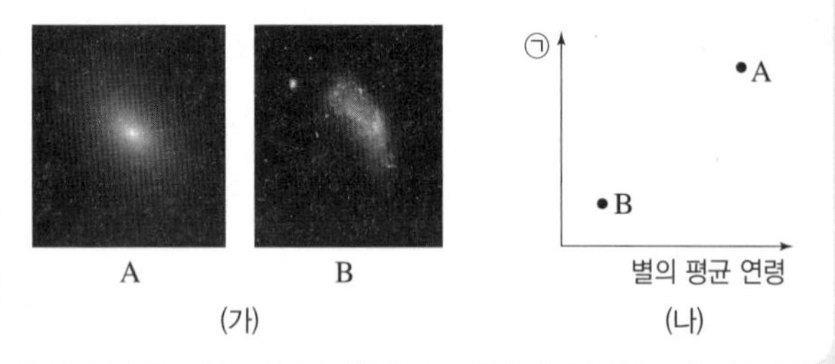

(가) (나)

1. A는 타원 은하이고, B는 불규칙 은하이다. (○, ×)
2. 은하는 보통 A에서 B로 진화한다. (○, ×)
3. 우리은하의 모습과 비슷한 은하는 A이다. (○, ×)
4. B는 A에 비해 성간 물질의 비율이 높다. (○, ×)
5. 젊은 별의 비율은 B가 A보다 높다. (○, ×)
6. 색지수는 (나)의 ㉠에 적합한 물리량이다. (○, ×)

2021 ● 6월 평가원 9번

자료❷ 특이 은하

그림 (가), (나), (다)는 각각 세이퍼트은하, 퀘이사, 전파 은하의 영상을 나타낸 것이다. (가)와 (나)는 가시광선 영상이고, (다)는 가시광선과 전파로 관측하여 합성한 영상이다.

(가)

(나)

(다)

1. (가)는 허블의 은하 분류에서 타원 은하에 해당한다. (○, ×)
2. (나)는 매우 멀리 있어 별처럼 보이는 은하이다. (○, ×)
3. (다)는 보통 은하에 비해 강한 전파를 방출한다. (○, ×)
4. (가)는 다른 은하에 비해 매우 밝은 핵을 가지며, 넓은 방출선을 보인다. (○, ×)
5. (나)는 스펙트럼상에 나타나는 방출선의 적색 편이량이 매우 작다. (○, ×)
6. (다)에서는 제트가 관측된다. (○, ×)
7. (가), (나), (다)는 모두 특이 은하에 속한다. (○, ×)

Ⓐ 은하의 분류

1 그림 (가)~(라)는 여러 종류의 은하들을 나타낸 것이다.

(가) (나) (다) (라)

(1) (가)~(라)는 각각 어느 집단에 속하는지 쓰시오.
(2) 다음 설명에 해당하는 은하를 골라 기호를 쓰시오.

> ㉠ 성간 물질이 거의 없으며, 주로 나이가 많은 별들로 이루어져 있는 은하
> ㉡ 규칙적인 형태가 없고, 주로 젊은 별과 성간 물질로 이루어져 있어 새로운 별의 탄생이 매우 활발한 은하
> ㉢ 은하 중심부를 나선팔이 감싸고 있는 은하로, 은하핵을 가로지르는 막대 구조의 양 끝에서 나선팔이 뻗어 나온 모양의 은하

2 나선 은하에 대한 설명으로 옳은 것은?

① 나선팔에는 성간 물질이 거의 없다.
② 편평도에 따라 E0에서 E7까지 나눈다.
③ 새로운 별이 거의 탄생하지 않는다.
④ 은하들의 크기는 대부분 비슷하다.
⑤ 은하핵을 가로지르는 막대 모양 구조의 유무에 따라 막대 나선 은하와 정상 나선 은하로 구분한다.

Ⓑ 특이 은하와 충돌 은하

3 그림은 특이 은하를 특징에 따라 분류하는 과정을 나타낸 것이다. A, B, C는 무엇인지 쓰시오.

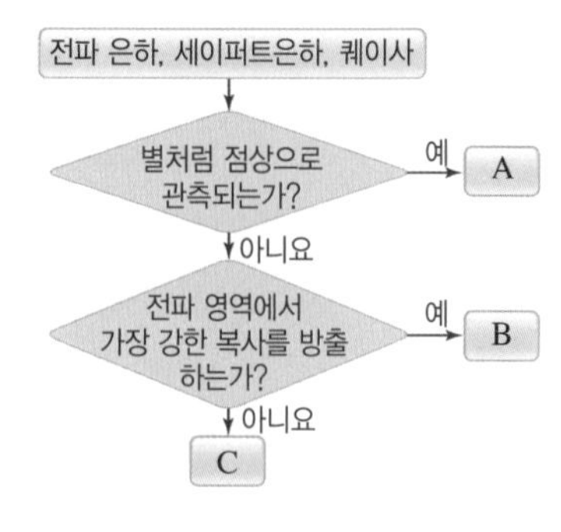

4 다음 설명에서 틀린 곳을 찾아 옳게 고치시오.

(1) 퀘이사는 은하 전체의 광도에 대한 중심부의 광도가 세이퍼트은하보다 작고, 매우 큰 적색 편이가 나타난다.
(2) 퀘이사는 보통 은하에 비해 아주 밝은 핵과 넓은 방출선을 보인다.

정답과 해설 91쪽

2021 수능 7번

1 표는 허블의 은하 분류 기준과 이에 따라 분류한 은하의 종류를 나타낸 것이고, 그림은 은하 A의 가시광선 영상이다. (가)~(라)는 각각 타원 은하, 정상 나선 은하, 막대 나선 은하, 불규칙 은하 중 하나이고, A는 (가)~(라) 중 하나에 해당한다.

분류 기준	(가)	(나)	(다)	(라)
규칙적인 구조가 있는가?	○	○	×	○
나선팔이 있는가?	○	○	×	×
중심부에 막대 구조가 있는가?	○	×	×	×

(○: 있다, ×: 없다)

A

이 자료에 대한 설명으로 옳은 것만을 [보기]에서 있는 대로 고른 것은?

보기

ㄱ. 은하의 질량에 대한 성간 물질의 질량비는 (가)가 (다)보다 작다.
ㄴ. 은하를 구성하는 별의 평균 표면 온도는 (나)가 (라)보다 높다.
ㄷ. A는 (라)에 해당한다.

① ㄱ ② ㄷ ③ ㄱ, ㄴ
④ ㄴ, ㄷ ⑤ ㄱ, ㄴ, ㄷ

2 그림은 허블의 분류 체계에 따라 여러 종류의 외부 은하를 분류한 것이다.

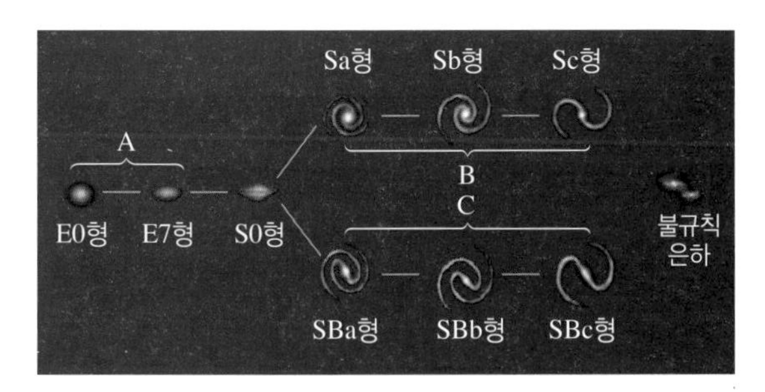

이에 대한 설명으로 옳은 것만을 [보기]에서 있는 대로 고른 것은?

보기

ㄱ. A는 B보다 붉은색 별의 비율이 높다.
ㄴ. A는 C보다 나이가 많은 별들의 비율이 높다.
ㄷ. B에는 은하핵이 있지만, C에는 은하핵이 없다.

① ㄱ ② ㄷ ③ ㄱ, ㄴ
④ ㄴ, ㄷ ⑤ ㄱ, ㄴ, ㄷ

3 그림 (가)와 (나)는 종류가 서로 다른 은하의 모습이다.

(가)

(나)

이에 대한 설명으로 옳은 것만을 [보기]에서 있는 대로 고른 것은?

보기

ㄱ. (가)는 타원 은하에 해당한다.
ㄴ. (나)의 나선팔에는 중심부보다 파란색 별이 많다.
ㄷ. 젊은 별들의 비율은 (가)가 (나)보다 높다.

① ㄱ ② ㄷ ③ ㄱ, ㄴ
④ ㄴ, ㄷ ⑤ ㄱ, ㄴ, ㄷ

4 표는 일부 은하들을 모양에 따라 (가)~(라)의 집단으로 구분한 것이다.

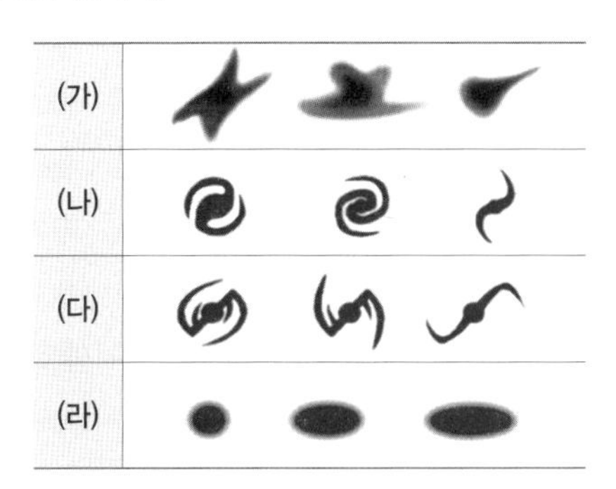

이에 대한 설명으로 옳지 않은 것은?

① 우리은하는 (다)에 속한다.
② (가)는 규칙적인 모양을 갖지 않는다.
③ (나)는 은하의 진화 정도에 따라 세분화된다.
④ (나)와 (다)는 막대 구조의 유무에 따라 구분된다.
⑤ (라)는 편평도에 따라 세분화된다.

5 그림 (가), (나), (다)는 모양이 서로 다른 외부 은하의 모습이다.

(가) (나) (다)

이에 대한 설명으로 옳은 것만을 [보기]에서 있는 대로 고른 것은?

보기
ㄱ. (다)는 나선 은하이다.
ㄴ. (가)는 시간이 지나면 (나)로 진화한다.
ㄷ. 나선팔의 유무에 따라 (가)와 (다)를 (나)와 구분할 수 있다.

① ㄱ ② ㄷ ③ ㄱ, ㄴ
④ ㄴ, ㄷ ⑤ ㄱ, ㄴ, ㄷ

6 그림은 지구에서 관측되는 은하들을 모양에 따라 분류하고 각각의 비율과 표시 기호를 나타낸 것이다.

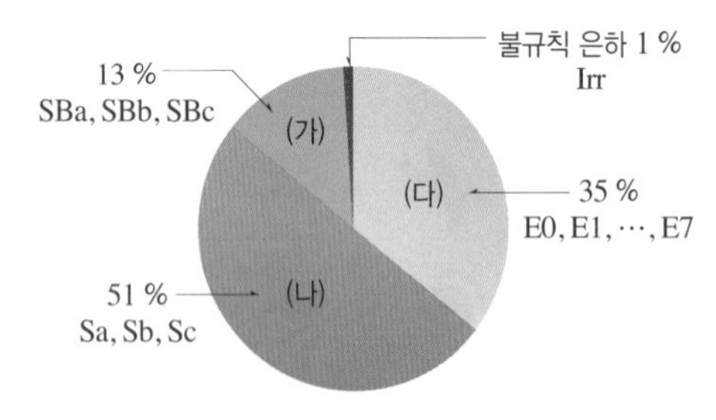

이에 대한 설명으로 옳은 것만을 [보기]에서 있는 대로 고른 것은?

보기
ㄱ. 우리은하는 (가)에 속한다.
ㄴ. (나)에서 Sa는 Sc보다 나선팔이 은하핵에 가깝게 감겨 있다.
ㄷ. (다)에서 E0은 E7보다 편평도가 크다.

① ㄱ ② ㄷ ③ ㄱ, ㄴ
④ ㄴ, ㄷ ⑤ ㄱ, ㄴ, ㄷ

7 그림 (가)는 은하를 모양에 따라 구분한 것이고, (나)는 각 은하에 속한 별들의 분광형 분포를 나타낸 것이다.

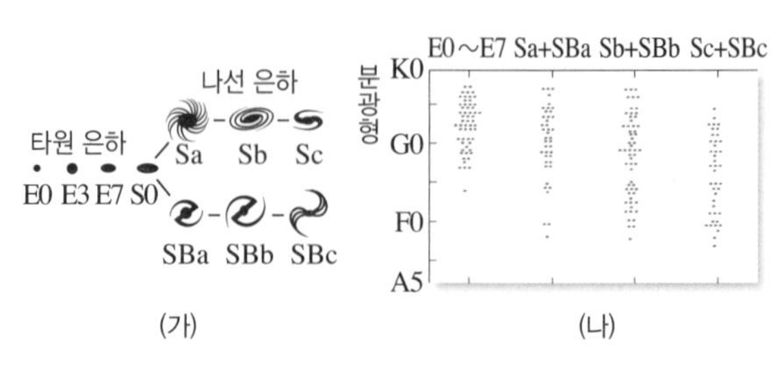

(가) (나)

이에 대한 설명으로 옳은 것만을 [보기]에서 있는 대로 고른 것은?

보기
ㄱ. 타원 은하에는 나선 은하보다 파란색을 띠는 별의 비율이 높다.
ㄴ. 나선 은하는 a형 → b형 → c형으로 갈수록 붉은색을 띠는 별들이 많다.
ㄷ. 나선 은하는 a형 → b형 → c형으로 갈수록 은하 전체에 대한 은하핵의 비율이 작다.

① ㄱ ② ㄷ ③ ㄱ, ㄴ
④ ㄴ, ㄷ ⑤ ㄱ, ㄴ, ㄷ

8 표에서 (가)는 우주에 존재하는 몇 가지 특이 은하를, (나)는 이 은하들의 특징을 순서 없이 나타낸 것이다.

	(가)
A	전파 은하
B	퀘이사
C	세이퍼트은하

	(나)
㉠	은하이지만 너무 멀리 있어 하나의 별처럼 보인다.
㉡	스펙트럼상에 넓은 방출선이 나타난다.
㉢	제트로 연결된 로브가 핵의 양쪽에 대칭으로 나타난다.

(가)의 은하와 (나)의 특징을 옳게 짝 지은 것은?

	A	B	C
①	㉠	㉡	㉢
②	㉠	㉢	㉡
③	㉡	㉠	㉢
④	㉡	㉢	㉠
⑤	㉢	㉠	㉡

2020 Ⅱ수능 8번

9 그림 (가)는 가시광선 영역에서 관측된 어느 세이퍼트은하를, (나)는 이 은하에서 관측된 스펙트럼을 나타낸 것이다.

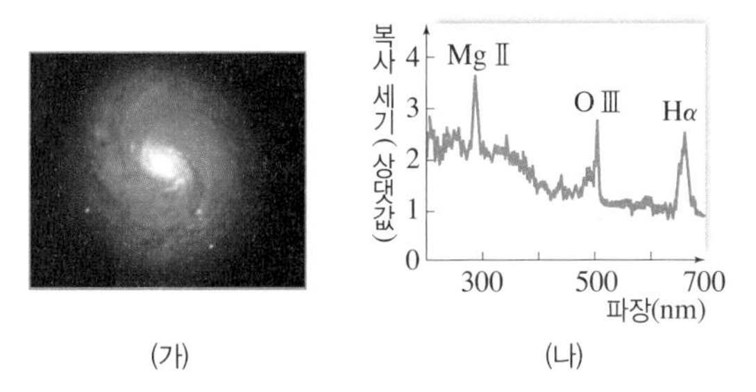

(가) (나)

이에 대한 설명으로 옳은 것만을 [보기]에서 있는 대로 고른 것은?

보기

ㄱ. (가)는 허블의 은하 분류에서 나선 은하에 해당한다.
ㄴ. (나)는 전파 영역에서 관측된 스펙트럼이다.
ㄷ. (나)에는 폭이 넓은 수소 방출선이 나타난다.

① ㄱ ② ㄴ ③ ㄱ, ㄷ
④ ㄴ, ㄷ ⑤ ㄱ, ㄴ, ㄷ

10 그림 (가)와 (나)는 전파 은하 M87을 각각 가시광선과 전파로 관측한 영상이다.

(가) 가시광선 영상

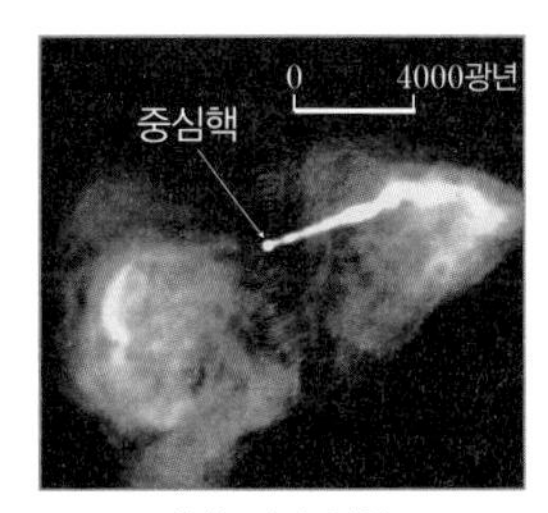

(나) 전파 영상

이에 대한 설명으로 옳은 것만을 [보기]에서 있는 대로 고른 것은?

보기

ㄱ. 이 은하는 강한 전파를 방출한다.
ㄴ. 중심핵에서는 물질이 분출되고 있다.
ㄷ. 이 은하를 모양에 따라 분류하면 나선 은하에 해당한다.

① ㄱ ② ㄷ ③ ㄱ, ㄴ
④ ㄴ, ㄷ ⑤ ㄱ, ㄴ, ㄷ

11 그림 (가)는 퀘이사 3C 273과 별들을 촬영한 사진이고, (나)는 이 퀘이사의 스펙트럼과 수소 선 스펙트럼을 비교하여 나타낸 것이다.

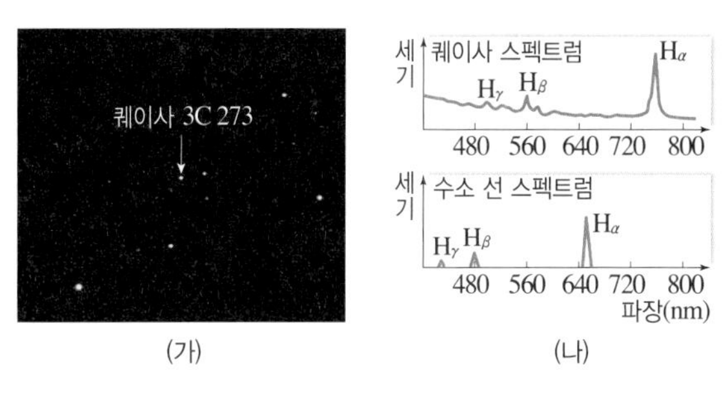

(가) (나)

이에 대한 설명으로 옳은 것만을 [보기]에서 있는 대로 고른 것은?

보기

ㄱ. (가)에서 퀘이사 3C 273은 별처럼 보인다.
ㄴ. 퀘이사는 매우 먼 거리에 있는 천체이다.
ㄷ. (나)의 퀘이사 스펙트럼에는 수소 방출선이 청색 편이 되어 있다.
ㄹ. 퀘이사는 우리은하 밖에 있는 천체이다.

① ㄱ, ㄴ ② ㄱ, ㄷ ③ ㄷ, ㄹ
④ ㄱ, ㄴ, ㄹ ⑤ ㄴ, ㄷ, ㄹ

12 그림 (가)는 세이퍼트은하, (나)는 전파 은하, (다)는 충돌 은하의 모습이다.

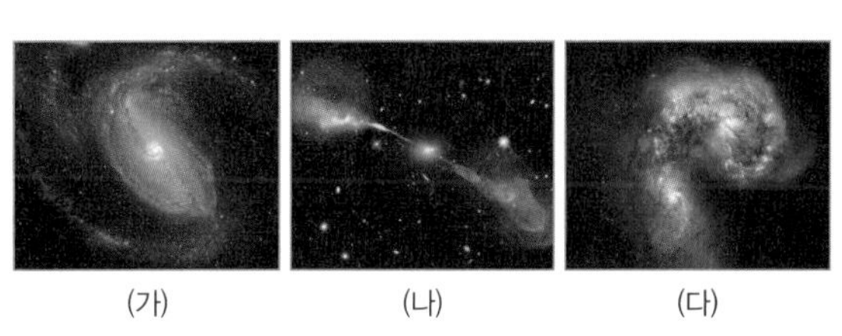

(가) (나) (다)

이에 대한 설명으로 옳은 것만을 [보기]에서 있는 대로 고른 것은?

보기

ㄱ. 허블의 은하 분류에 의하면 (가)는 나선 은하에 해당한다.
ㄴ. (가)와 (나)는 특이 은하에 해당한다.
ㄷ. (다)에서는 수많은 별들이 충돌하여 새로운 별이 한꺼번에 탄생한다.

① ㄱ ② ㄷ ③ ㄱ, ㄴ
④ ㄴ, ㄷ ⑤ ㄱ, ㄴ, ㄷ

정답과 해설 94쪽

2021 9월 평가원 12번

1 다음은 세 학생이 다양한 외부 은하를 형태에 따라 분류하는 탐구 활동의 일부를 나타낸 것이다.

〔탐구 과정〕
(가) 다양한 형태의 은하 사진을 준비한다.
(나) '규칙적인 구조가 있는가?'에 따라 은하를 분류한다.
(다) (나)의 조건을 만족하는 은하를 '(㉠)이/가 있는가?'에 따라 A와 B 그룹으로 분류한다.
(라) A와 B 그룹에 적용할 추가 분류 기준을 만든다.

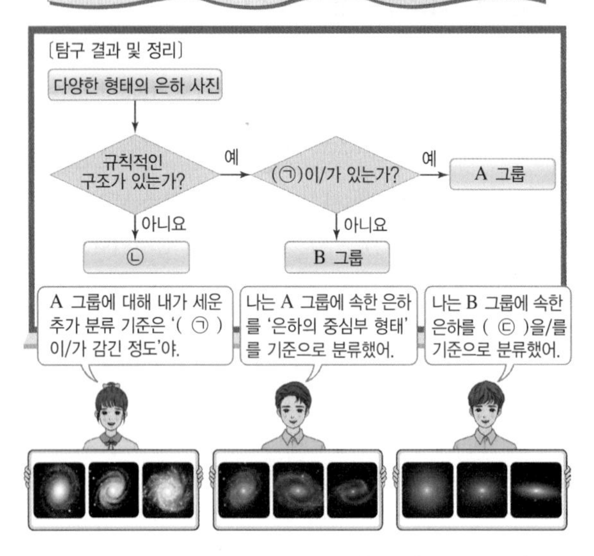

이에 대한 설명으로 옳은 것만을 [보기]에서 있는 대로 고른 것은?

보기
ㄱ. 나선팔은 ㉠에 해당한다.
ㄴ. 허블의 분류 체계에 따르면 ㉡은 불규칙 은하이다.
ㄷ. '구에 가까운 정도'는 ㉢에 해당한다.

① ㄱ ② ㄴ ③ ㄱ, ㄷ ④ ㄴ, ㄷ ⑤ ㄱ, ㄴ, ㄷ

2 표는 은하의 형태에 따른 특징을 요약한 것이다.

구분	타원 은하	나선 은하	불규칙 은하
질량 (태양=1)	$10^5 \sim 10^{10}$	$10^9 \sim 4\times10^{11}$	$10^8 \sim 3\times10^{10}$
절대 등급	$-9 \sim -23$	$-15 \sim -21$	$-13 \sim -18$
지름(kpc)	$1 \sim 200$	$2 \sim 20$	1
구성 별	늙은 별이 많음	젊은 별과 늙은 별	젊은 별과 늙은 별

이에 대한 설명으로 옳은 것만을 [보기]에서 있는 대로 고른 것은?

보기
ㄱ. 거대한 규모의 은하는 주로 불규칙한 모양을 띠고 있다.
ㄴ. 나선 은하에서 젊은 별은 주로 나선팔에 분포한다.
ㄷ. 타원 은하는 성간 물질이 다른 은하에 비해 많다.

① ㄱ ② ㄴ ③ ㄷ ④ ㄱ, ㄴ ⑤ ㄴ, ㄷ

2017 Ⅱ 9월 평가원 13번

3 그림 (가)는 은하의 형태에 따른 분류를, (나)는 각 은하에 속한 별들의 색지수 분포를 나타낸 것이다.

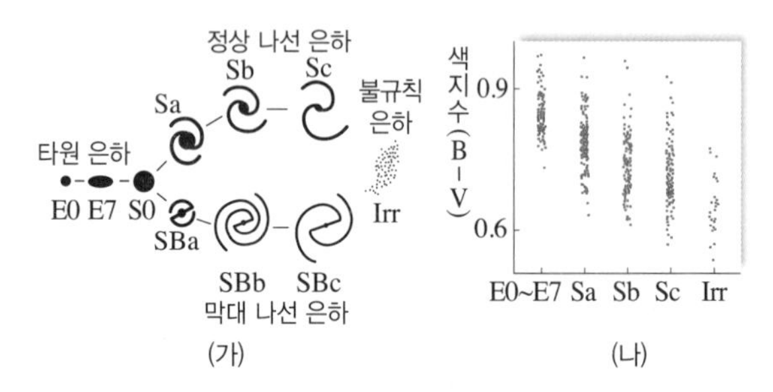

(가) (나)

이에 대한 설명으로 옳은 것만을 [보기]에서 있는 대로 고른 것은?

보기
ㄱ. 붉은 별의 비율은 타원 은하가 불규칙 은하보다 높다.
ㄴ. 젊은 별의 비율은 Sa형 은하가 Sc형 은하보다 높다.
ㄷ. 타원 은하에서 별의 탄생은 현재가 은하 형성 초기보다 활발하다.

① ㄱ ② ㄷ ③ ㄱ, ㄴ
④ ㄴ, ㄷ ⑤ ㄱ, ㄴ, ㄷ

자료❶ 2019 Ⅱ 수능 15번

4 그림 (가)는 은하 A와 B의 가시광선 영상을, (나)는 A와 B의 특성을 나타낸 것이다.

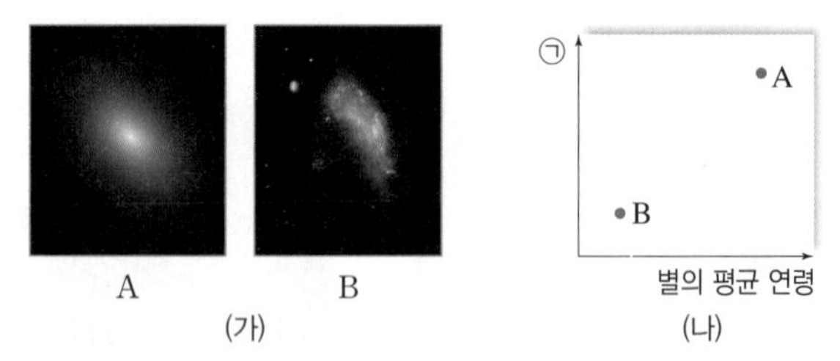

(가) (나)

이에 대한 설명으로 옳은 것만을 [보기]에서 있는 대로 고른 것은?

보기
ㄱ. 허블의 은하 분류에 의하면 A는 E0에 해당한다.
ㄴ. 은하는 B의 형태에서 A의 형태로 진화한다.
ㄷ. 은하의 질량에 대한 성간 물질의 비는 A가 B보다 작다.
ㄹ. 색지수는 (나)의 ㉠에 해당한다.

① ㄱ, ㄴ ② ㄱ, ㄷ ③ ㄱ, ㄹ
④ ㄴ, ㄷ ⑤ ㄷ, ㄹ

5 표는 보통의 은하와는 다른 특징을 보이는 두 은하 (가), (나)에 대한 설명이다.

(가)	• 형태상 나선 은하에 속하며, 특별히 밝은 핵을 가진다. • 은하의 중심부에 거대한 블랙홀이 있을 것으로 추정된다. • 스펙트럼상에 ㉠넓은 방출선이 나타난다.
(나)	• 스펙트럼상에 나타나는 방출선의 적색 편이량이 매우 크다. • 은하가 방출하는 에너지가 보통 은하의 수백 배나 되지만, 크기가 작은 별처럼 보인다.

이에 대한 설명으로 옳은 것만을 [보기]에서 있는 대로 고른 것은?

보기

ㄱ. (가)의 ㉠은 회전 속도가 빠르기 때문에 나타나는 현상이다.
ㄴ. (나)는 주로 우리은하로부터 가까운 거리에서 발견된다.
ㄷ. (나)는 비교적 우주 생성 초기에 형성되었다.

① ㄱ ② ㄴ ③ ㄱ, ㄷ
④ ㄴ, ㄷ ⑤ ㄱ, ㄴ, ㄷ

2016 Ⅱ수능 6번

6 다음은 특이 은하 (가)와 (나)의 스펙트럼과 특징을 나타낸 것이다. (가)와 (나) 중 하나는 퀘이사이고 다른 하나는 세이퍼트은하이다.

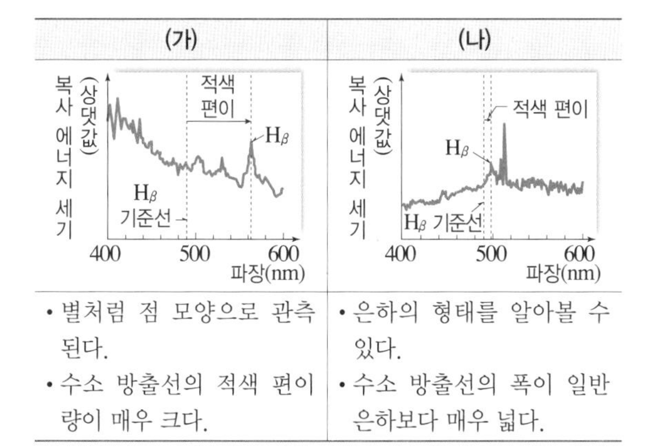

(가)	(나)
• 별처럼 점 모양으로 관측된다. • 수소 방출선의 적색 편이량이 매우 크다.	• 은하의 형태를 알아볼 수 있다. • 수소 방출선의 폭이 일반 은하보다 매우 넓다.

이에 대한 설명으로 옳은 것만을 [보기]에서 있는 대로 고른 것은?

보기

ㄱ. (가)는 퀘이사이다.
ㄴ. (나)는 우리은하로부터 멀어지고 있다.
ㄷ. 우리은하로부터의 거리는 (가)보다 (나)가 멀다.

① ㄱ ② ㄷ ③ ㄱ, ㄴ
④ ㄴ, ㄷ ⑤ ㄱ, ㄴ, ㄷ

7 그림 (가)는 퀘이사 3C 273과 별들을 촬영한 사진이고, (나)는 이 퀘이사의 스펙트럼을 비교 스펙트럼과 함께 나타낸 것이다.

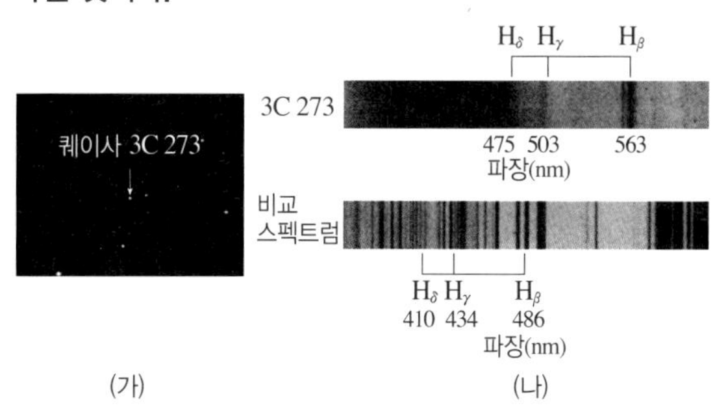

(가) (나)

이 퀘이사에 대한 설명으로 옳은 것만을 [보기]에서 있는 대로 고른 것은? (단, 적색 편이량(z)은 $z=\frac{\Delta\lambda}{\lambda_0}$이며, λ_0는 비교 스펙트럼의 파장, $\Delta\lambda$는 파장의 변화량이다.)

보기

ㄱ. (가)에서 하나의 별처럼 보이는 것은 방출하는 에너지가 적기 때문이다.
ㄴ. 우리은하에 빠르게 접근하고 있다.
ㄷ. 스펙트럼의 적색 편이량은 0.1보다 크다.

① ㄱ ② ㄷ ③ ㄱ, ㄴ
④ ㄴ, ㄷ ⑤ ㄱ, ㄴ, ㄷ

자료❷ 2021 6월 평가원 9번

8 그림 (가), (나), (다)는 각각 세이퍼트은하, 퀘이사, 전파 은하의 영상을 나타낸 것이다. (가)와 (나)는 가시광선 영상이고, (다)는 가시광선과 전파로 관측하여 합성한 영상이다.

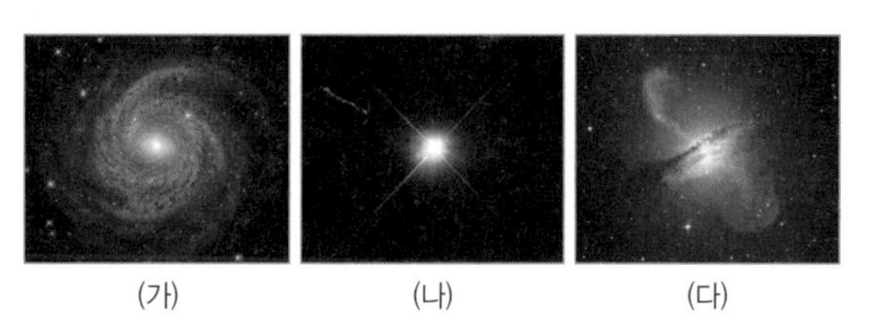

(가) (나) (다)

이 자료에 대한 설명으로 옳은 것만을 [보기]에서 있는 대로 고른 것은?

보기

ㄱ. (가)와 (다)의 은하 중심부 별들의 회전축은 관측자의 시선 방향과 일치한다.
ㄴ. 각 은하의 $\frac{\text{중심부의 밝기}}{\text{전체의 밝기}}$는 (나)의 은하가 가장 크다.
ㄷ. (다)의 제트는 은하의 중심에서 방출되는 별들의 흐름이다.

① ㄱ ② ㄴ ③ ㄷ
④ ㄱ, ㄴ ⑤ ㄴ, ㄷ

빅뱅 우주론

핵심 짚기
- 허블 법칙과 우주의 팽창
- 빅뱅 우주론의 관측적 증거
- 암흑 물질과 암흑 에너지의 특징

A 허블 법칙과 우주 팽창

1 외부 은하의 관측과 후퇴 속도

① **외부 은하의 스펙트럼 관측:** 허블은 거리가 알려진 외부 은하의 스펙트럼을 조사한 결과 대부분의 은하에서 적색 편이를 관측하였다. ➡ 외부 은하들이 우리은하로부터 멀어지고 있음을 의미한다.[1]

② **적색 편이량과 후퇴 속도의 관계:** 외부 은하의 스펙트럼에 나타난 흡수선의 파장 변화량($\Delta\lambda$)을 측정하여 은하의 후퇴 속도(v)를 구할 수 있다.[2]

$$v=c\times\frac{\Delta\lambda}{\lambda_0}$$ (c: 광속, λ_0: 원래의 흡수선 파장, $\Delta\lambda$: 흡수선의 파장 변화량)

➡ 적색 편이량이 큰 은하일수록 후퇴 속도가 빠르다.

탐구 자료 거리에 따른 외부 은하의 적색 편이

다음은 외부 은하의 거리, 스펙트럼, 적색 편이량, 후퇴 속도를 나타낸 것으로, 화살표의 길이는 흡수선의 적색 편이량을 의미한다.(단, 표 안의 적색 편이량은 $\Delta\lambda$이다.)

외부 은하	거리(Mpc)[3]	스펙트럼	적색 편이량(nm)	후퇴 속도(km/s)
처녀자리	19		3.8	2885
큰곰자리	300		20.6	15642
북쪽왕관자리	430		31.9	24222

1. 외부 은하의 거리가 멀수록 적색 편이량이 크다.
2. 적색 편이량이 클수록 후퇴 속도가 빠르다. ➡ 외부 은하의 거리가 멀수록 후퇴 속도가 빠르다.

2 허블 법칙

허블 법칙 은하의 후퇴 속도(v)는 그 은하까지의 거리(r)에 비례한다는 법칙 ➡ $v=H\cdot r$ (H: 허블 상수)

① **허블 상수:** 외부 은하의 후퇴 속도와 거리 사이의 관계를 나타내는 비례 상수 ➡ 우주가 얼마나 빠르게 팽창하는지를 나타낸다.

- 그래프에서 기울기$\left(\frac{\text{후퇴 속도}}{\text{거리}}\right)$는 허블 상수($H$)를 의미한다. ➡ 기울기가 클수록 허블 상수가 크다.
- 허블 상수의 측정값은 관측의 정확도에 따라 달라지는데, 최근 플랑크 위성의 관측 결과는 약 68 km/s/Mpc이다. ➡ 1 Mpc 거리에 있는 은하는 약 68 km/s로 후퇴하고, 10 Mpc 거리에 있는 은하는 약 68 km/s×10=680 km/s로 후퇴하고 있음을 의미한다.

후퇴 속도(×10^4 km/s) / 거리(Mpc)

▲ 허블 법칙

② **허블 법칙의 의미:** 멀리 있는 은하일수록 더 빠른 속도로 멀어진다. ➡ 우주가 팽창하고 있다는 확실한 증거이다.

PLUS 강의

[1] **허블의 외부 은하 스펙트럼 관측**
20세기 초 허블은 대부분의 외부 은하 스펙트럼에서 흡수선의 파장이 원래보다 길게 나타난다는 사실을 발견하였다.

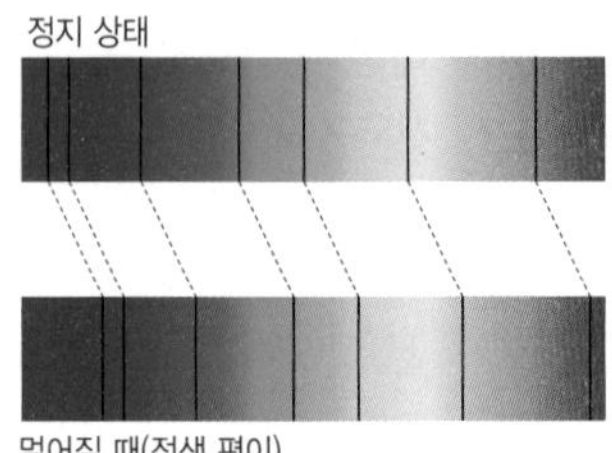

[2] **후퇴 속도**
우리은하에 대해 외부 은하들이 멀어져 가는 속도이다.

[3] **거리의 단위**
- 1 Mpc(메가 파섹)$=10^6$ pc(파섹)
- 1 pc ≒ 3.26광년
- 1광년 ≒ 9.5×10^{12} km

3 우주의 팽창

① **우주 팽창의 의미:** 우주가 팽창할 때 각각의 은하가 움직이는 것이 아니라 은하와 은하 사이의 우주 공간이 팽창하면서 은하들 사이의 거리가 멀어지는 것이다. 즉, 우주의 팽창은 공간 자체의 팽창이다.[4]

② **우주 팽창의 중심:** 우리은하가 아닌 다른 은하에서 관측하더라도 은하는 서로 멀어지고 있으므로, 우리은하가 우주의 중심이 아니며 팽창하는 우주의 중심을 정할 수 없다.

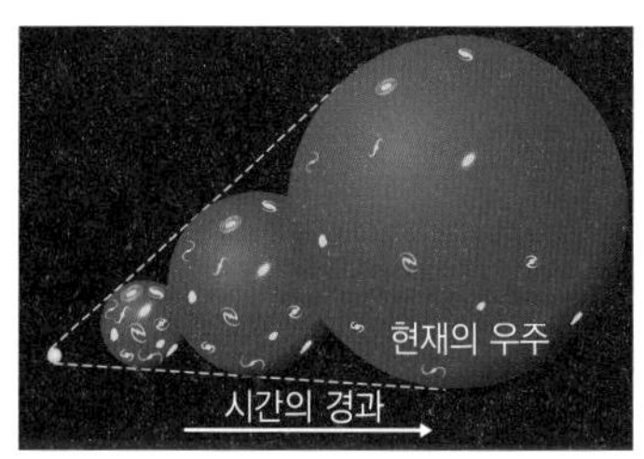

▲ 우주의 팽창

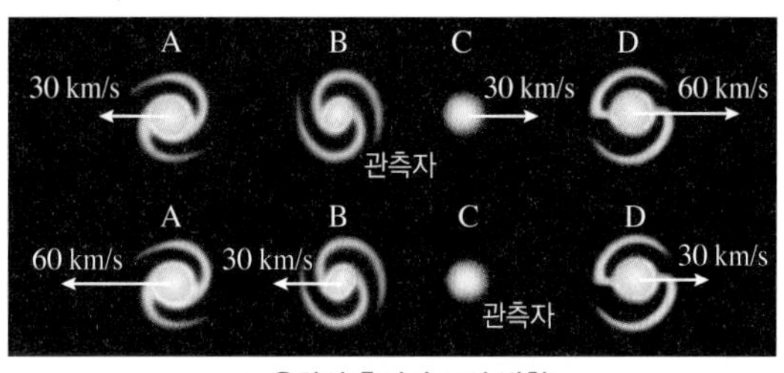

▲ 은하의 후퇴 속도와 방향

③ 팽창하는 우주의 시간을 거꾸로 돌리면 먼 과거에 우주는 한 점에 모여 있었다고 추측할 수 있다. ➡ 우주는 초고온, 초고밀도 상태의 한 점에서 팽창하여 현재의 저온, 저밀도 상태로 되었다는 빅뱅 우주론의 근거가 되었다.

탐구 자료 우주 팽창의 원리

1. 풍선 표면은 우주, 스티커는 은하를 의미한다.
2. 풍선이 팽창하여 스티커 사이의 거리가 멀어진다.
   ➡ 우주가 팽창하여 은하 사이의 거리가 멀어진다.
3. 스티커 사이의 거리가 멀수록 늘어난 거리가 길다.
   ➡ 거리가 먼 은하일수록 빨리 멀어진다.
4. 스티커(은하)가 서로 멀어지므로 팽창의 중심을 정할 수 없다.

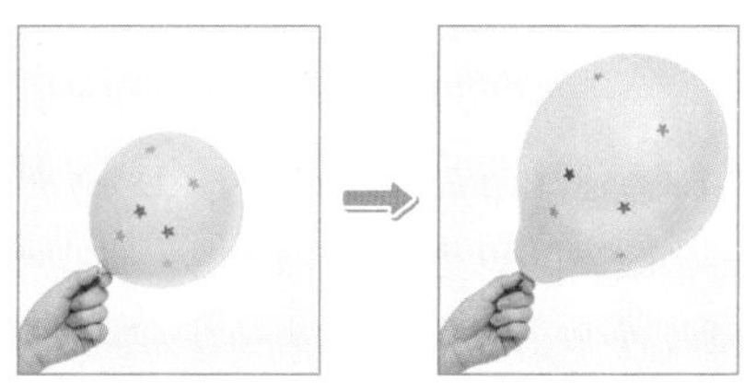

4 우주의 나이와 크기

허블 상수가 클수록 우주의 나이는 적어지고, 크기는 작아진다.[5]

우주의 나이(t)	관측 가능한 우주의 크기[6]
우주가 일정한 속도(v)로 후퇴하여 현재의 거리(r)만큼 멀어지는 데 걸리는 시간이 우주의 나이에 해당한다. ➡ 허블 상수(H)의 역수 $t=\frac{r}{v}=\frac{r}{H\cdot r}=\frac{1}{H}$	은하의 후퇴 속도는 광속을 넘을 수 없으므로 관측할 수 있는 우주의 크기는 빛의 속도(c)로 멀어지는 은하까지의 거리에 해당한다. $c=H\cdot r$ ➡ $r=\frac{c}{H}$

④ **우주의 팽창**
우주가 팽창하기 때문에 은하 내 별과 별 사이의 거리가 점점 멀어진다고 생각하기 쉽다. 은하 내의 별들은 서로 간의 인력에 의해 큰 영향을 받고 있으므로, 우주 팽창으로 별들 사이의 간격이 넓어져 은하가 커지는 것은 아니다.

⑤ **허블 상수로 알 수 있는 것**
- 은하까지의 거리
- 은하의 후퇴 속도
- 우주의 나이
- 우주의 크기

⑥ **관측 가능한 우주의 크기**
우리가 관측할 수 있는 가장 빠른 속도는 빛의 속도이므로, 관측할 수 있는 우주의 범위는 빛이 현재까지 이동해 온 약 138억 광년까지이다. 따라서 이 경계까지를 우주의 지평선이라고 하며, 그 이상은 관측할 수 없고, 존재 여부도 알 수 없다.

정답과 해설 96쪽

개념 확인

(1) 허블은 거리가 알려진 외부 은하의 스펙트럼을 조사한 결과 대부분의 은하에서 (   ) 편이를 관측하였다.

(2) 멀리 있는 은하일수록 적색 편이가 (작게, 크게) 나타난다.

(3) 외부 은하의 후퇴 속도는 그 은하까지의 거리에 (비례, 반비례)한다.

(4) 허블 법칙은 우주가 (수축, 팽창)하고 있음을 의미한다.

(5) 허블 상수가 클수록 우주가 (느리게, 빠르게) 팽창한다.

(6) 은하 사이의 거리가 멀어지는 것은 우주가 (   )하기 때문이다.

(7) 우주의 팽창으로 인해 은하가 방출한 빛의 파장이 (짧아, 길어)진다.

(8) 팽창하는 우주의 중심을 정할 수 (없다, 있다).

(9) 허블 상수 값이 클수록 우주의 나이는 (작은, 큰) 값으로 계산된다.

빅뱅 우주론

Ⓑ 빅뱅(대폭발) 우주론

1 빅뱅 우주론과 정상 우주론 허블 법칙으로 우주가 팽창하고 있다는 것이 밝혀졌으므로, 이후의 우주론은 우주 팽창의 개념을 포함한 빅뱅 우주론과 정상 우주론으로 발전하였다.

구분		빅뱅 우주론 ⑦	정상 우주론
모형			
내용		우주의 모든 물질과 에너지가 온도와 밀도가 매우 높은 한 점에 모여 있다가 빅뱅(대폭발)을 일으켜 팽창하면서 냉각되어 현재와 같은 우주가 되었다는 이론	우주가 팽창하여도 우주의 온도와 밀도는 변하지 않고 항상 일정한 상태를 유지한다는 이론 ➡ 은하들이 후퇴하면서 생겨난 공간에 새로운 물질이 꾸준히 만들어진다.
주창자		가모, 알퍼, 베테 등	호일, 본디, 골드 등
특징	질량	빅뱅 이후 우주가 팽창하는 과정에서 우주의 총 질량에는 변화가 없다.	우주가 팽창하면서 새로 생긴 공간에 물질이 계속 생성되어 우주의 총 질량이 증가한다.
	밀도	팽창을 통해 부피는 커지고 질량은 변화가 없으므로 우주의 평균 밀도는 감소한다.	우주의 평균 밀도는 일정하게 유지된다.
	온도	우주의 온도는 감소한다.	우주의 온도는 일정하다.

⑦ **빅뱅(Big Bang)**
빅뱅이란 용어는 20세기 중반 빅뱅 우주론에 반대하는 과학자들이 이 이론을 조롱하는 의미로 처음 사용하였다.

2 빅뱅 우주론의 증거 빅뱅 우주론에서 예측했던 우주 배경 복사와 우주에서 수소와 헬륨의 질량비 등이 최근에 관측된 결과와 거의 일치한다.

① **우주 배경 복사**: 빅뱅 이후 우주의 온도가 약 3000 K일 때 물질로부터 빠져나와 우주 전체에 균일하게 퍼져 있는 빛으로, 우주의 부피가 팽창하여 온도가 낮아지면서 파장이 길어졌다. ⑧

- 빅뱅 우주론에서 예측한 우주 배경 복사: 물질로부터 빠져나온 빛이 현재는 파장이 길어진 상태로 우주 전체에서 관측되어야 한다.
- 펜지어스와 윌슨의 관측: 온도가 약 2.7 K인 물체에서 가장 세게 방출되는 복사파의 파장과 일치하는 복사파가 우주 모든 방향에서 관측되었다.
- 결론: 우주 배경 복사는 빅뱅 우주론의 증거가 된다.
- 우주 배경 복사의 분포: 위성으로 우주 배경 복사를 관측한 결과 우주의 온도 분포가 대체로 균일하지만, 미세하게 불균일함을 알 수 있다. ➡ 초기 우주에 미세한 밀도 차이가 있었으며, 이로 인해 중력 차이가 생겨 물질이 모일 수 있었고, 밀도가 높은 곳에서 별과 은하가 탄생하였다.

복사 에너지의 세기 / 관측값 / 2.7 K 흑체 복사 곡선 / 0 0.1 1 10 100 7.3 파장(cm)

▲ 우주 배경 복사 스펙트럼

⑧ **우주 배경 복사**
우주가 맑게 개었을 때 우주에는 약 3000 K의 빛이 가득 차 있었다. 이 빛은 우주 팽창에 의해 파장이 길어져 현재 약 2.7 K 우주 배경 복사로 관측된다.

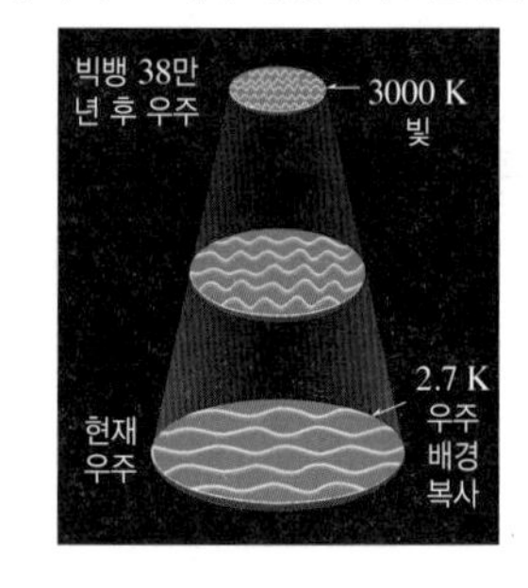

[위성에서 관측한 우주 배경 복사] ⑨

▲ 펜지어스, 윌슨 관측(1965년)

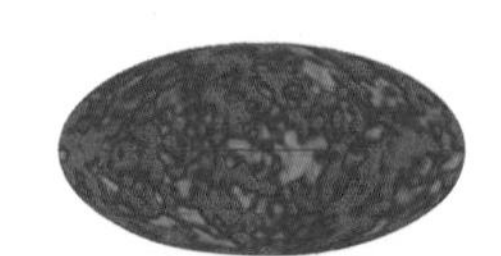
▲ 코비(COBE) 위성 관측(1992년)

▲ 더블유맵(WMAP) 위성 관측(2003년)

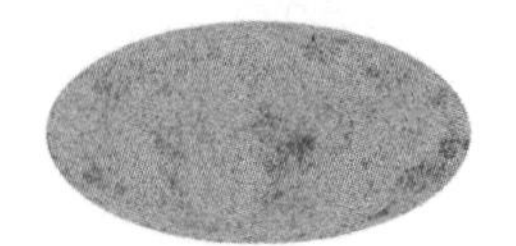
▲ 플랑크(PLANK) 위성 관측(2013년)

- 관측의 정밀도: 코비 위성 < 더블유맵 위성 < 플랑크 위성
- 평균 온도는 초록색, 평균 온도보다 온도가 높은 곳은 노란색이나 붉은색, 평균 온도보다 온도가 낮은 곳은 파란색으로 표현하였다.

⑨ **우주 배경 복사의 관측**
1965년 펜지어스와 윌슨은 통신 위성용 전파 안테나를 이용하여 최초로 우주 배경 복사를 관측하였다. 그 후 코비(COBE) 위성과 더블유맵(WMAP) 위성, 플랑크(PLANK) 위성을 이용하여 정밀한 관측이 이루어졌다.

② 우주에 존재하는 수소와 헬륨의 질량비

- 빅뱅 우주론에서 예측한 수소와 헬륨의 질량비: 빅뱅으로부터 약 3분 후, 양성자와 중성자의 개수비는 약 7 : 1이었다. ➡ 2개의 양성자와 2개의 중성자가 결합하여 1개의 헬륨 원자핵이 생성되고, 수소 원자핵과 헬륨 원자핵의 질량비는 약 3 : 1이다.[10]

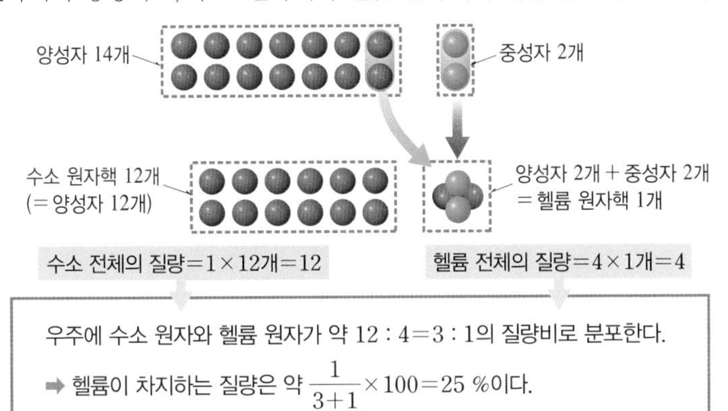

우주에 수소 원자와 헬륨 원자가 약 12 : 4=3 : 1의 질량비로 분포한다.

➡ 헬륨이 차지하는 질량은 약 $\frac{1}{3+1}\times100=25$ %이다.

- 흡수 스펙트럼으로 확인한 수소와 헬륨의 질량비: 스펙트럼 분석 결과 우주는 대부분 수소(약 74 %)와 헬륨(약 23 %)으로 이루어져 있고, 수소와 헬륨의 질량비는 약 3 : 1임을 알아내었다. ➡ 빅뱅 우주론에서 계산한 값과 일치한다.[11]
- 결론: 수소와 헬륨의 질량비 3 : 1은 빅뱅 우주론의 증거가 된다.

3 빅뱅 우주론의 한계

① 우주의 지평선 문제[12]: 우주 배경 복사는 모든 방향에서 매우 균일하게 관측된다. ➡ 빅뱅 우주론에 의하면 우주 지평선의 반대쪽 양 끝 지역은 서로 정보를 교환할 수 없는 위치에 있어 우주 배경 복사가 균일할 수 있는 까닭을 설명하기 어렵다.

② 우주의 편평성 문제: 관측 결과 현재 우주는 거의 편평하다. 편평한 우주가 되기 위해서는 초기 우주에서 우주 밀도가 어떤 특정 값을 가져야 하는데, 빅뱅 우주론에서는 그 까닭을 제대로 설명하지 못한다.

③ 자기 홀극 문제: 자석은 항상 N극과 S극이 동시에 존재하는데, 하나의 극만 존재하는 이론적인 입자를 자기 홀극이라고 한다. 빅뱅 우주론에 따르면 빅뱅 초기에 많은 양의 자기 홀극이 생성되었다고 하는데, 아직까지 자기 홀극이 발견되지 않는 까닭을 설명하기 어렵다.

(10) **원자핵과 원자의 질량**
원자는 원자핵과 전자로 이루어져 있는데 전자의 질량은 원자핵에 비해 매우 작으므로 원자의 질량과 원자핵의 질량은 거의 같다. 따라서 원자핵의 질량비는 원자의 질량비와 거의 같다.

(11) **스펙트럼과 원소의 종류**
원소마다 나타나는 방출선 및 흡수선이 다르므로 스펙트럼을 분석하면 원소의 종류를 알 수 있다.

▲ 수소의 방출선

▲ 헬륨의 방출선

(12) **우주의 지평선**
우주가 광속으로 팽창한다고 가정할 때의 우주의 크기이며, 우주 지평선의 반지름은 광속과 우주 나이를 곱한 값이다. 우주의 지평선 밖에서 방출된 빛은 지구에서 관측할 수 없다.

정답과 해설 96쪽

(10) 우주가 초고온, 초고밀도의 한 점으로부터 팽창하였다는 우주론은 (빅뱅 우주론, 정상 우주론)이다.

(11) 빅뱅(대폭발) 우주론과 정상 우주론을 비교한 것이다. (   ) 안에 알맞은 말을 고르시오.

① 빅뱅(대폭발) 우주론에 따르면 우주가 탄생한 후 시간이 지나면서 우주의 질량은 (증가, 일정, 감소)하였지만, 평균 밀도와 온도는 (증가, 일정, 감소)하였다.

② 정상 우주론에 따르면 우주가 팽창하면서 우주의 질량은 (증가, 일정, 감소)하였지만, 평균 밀도와 온도는 (증가, 일정, 감소)하였다.

(12) 우주 배경 복사는 빅뱅 우주론의 증거가 (된다, 안 된다).

(13) 우주 배경 복사는 우주의 온도가 약 (   ) K일 때 방출되었던 복사이다.

(14) 현재 관측되는 우주 배경 복사는 온도 약 (   ) K인 흑체 복사와 같은 에너지 분포를 보인다.

(15) 빅뱅 우주론에 따르면 초기 우주에서 형성된 수소와 헬륨의 질량비는 약 (   )이다.

(16) 빅뱅 우주론이 설명하지 못하는 세 가지 문제점에는 우주의 (   ) 문제, 우주의 편평성 문제, 자기 홀극 문제가 있다.

빅뱅 우주론

Ⓒ 급팽창 우주, 가속 팽창 우주, 암흑 물질과 암흑 에너지

1 급팽창 이론(인플레이션 이론)

① 빅뱅 직후 매우 짧은 시간 동안 우주가 급격히 팽창했다는 이론으로, 1979년 미국의 천문학자 앨런 구스가 제안하였다.[13]

② 우주의 크기가 급팽창 이전에는 우주의 지평선보다 작았고, 급팽창 이후에는 우주의 지평선보다 커졌다고 설명한다.

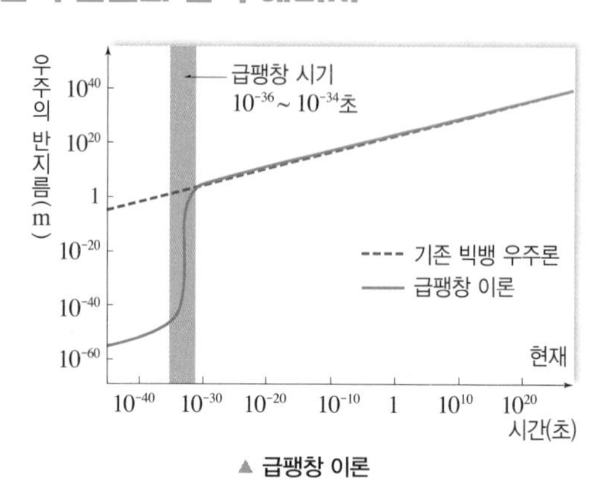

▲ 급팽창 이론

[기존 빅뱅 우주론과 급팽창 이론의 우주 팽창 모형]

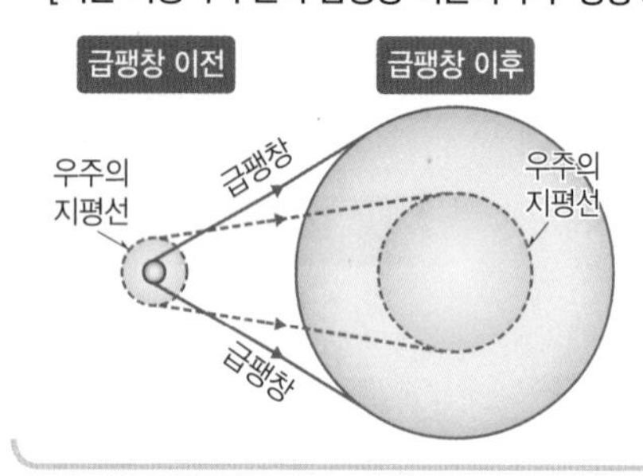

빅뱅 우주론	• 팽창 속도: 광속 • 우주 크기: 우주의 지평선과 같다.
급팽창 이론	• 팽창 속도: 광속보다 빠르다. • 우주 크기: 우주의 지평선보다 크다.

---→ 기존 빅뱅 우주론에서 우주의 크기 변화
──→ 급팽창 이론에서 우주의 크기 변화

③ 기존 빅뱅 우주론의 문제점(지평선 문제, 편평성 문제, 자기 홀극 문제)을 해결하였다.

우주의 지평선 문제 해결	우주 탄생 초기에 급팽창이 일어나기 전에는 우주의 크기가 작아 정보를 충분히 교환할 수 있었다.
우주의 편평성 문제 해결	빅뱅 순간의 우주가 편평하지 않았다 하더라도 급팽창으로 인해 현재 관측 가능한 우주는 편평하다.
자기 홀극 문제 해결	우주가 급격히 팽창하여 자기 홀극의 밀도가 크게 감소하여 발견하기 어려운 것이다.

2 가속 팽창 우주론

① 우주의 가속 팽창: 우주를 구성하는 물질의 중력 때문에 시간에 따라 우주의 팽창 속도가 감소할 것이라고 예상되었으나 수십 개의 초신성을 관측하여 분석한 결과, 현재 우주는 팽창 속도가 점점 빨라지는 가속 팽창을 하고 있음을 알게 되었다.

우주 크기 / 가속 팽창 우주 / 대폭발 / 현재 / 시간

▲ 가속 팽창 우주

② Ia형 초신성과 가속 팽창 우주

- Ia형 초신성은 거의 일정한 질량에서 폭발하므로 절대 등급이 거의 일정하여 겉보기 등급을 측정하면 초신성까지의 거리를 구할 수 있다.[14]
- Ia형 초신성들의 겉보기 밝기는 적색 편이량을 이용하여 이론적으로 계산된 값(우주가 일정한 비율로 팽창해 왔다고 가정했을 때의 예상값)보다 더 어둡게 관측되었다. 즉, 초신성들이 예상했던 것보다 더 멀리 있다는 의미이다. 초신성이 예상보다 더 어둡다는 것은 우주의 팽창 속도가 예상보다 더 빠르다는 것, 즉 우주의 가속 팽창을 의미한다.
- Ia형 초신성의 관측 결과는 가속 팽창하는 우주를 나타내는 그래프와 잘 일치한다. 따라서 현재 우주는 가속 팽창하고 있다.

겉보기 등급 (14–24) / 적색 편이량(z) (0–1.0) / 가속 팽창하는 우주 / 감속 팽창하는 우주 / • 초신성 관측 결과

▲ Ia형 초신성의 밝기와 우주 팽창

[13] **우주의 팽창 속도**
우주 공간 내에서 어떤 물체가 광속보다 빠르게 운동하는 것은 불가능하지만, 공간 자체의 팽창 속도는 광속을 넘을 수 있다.

[14] **Ia형 초신성**
백색 왜성이 동반성의 물질을 끌어들여 질량이 커질 수 있는 최대 한계는 태양 질량의 1.4배 정도이다.

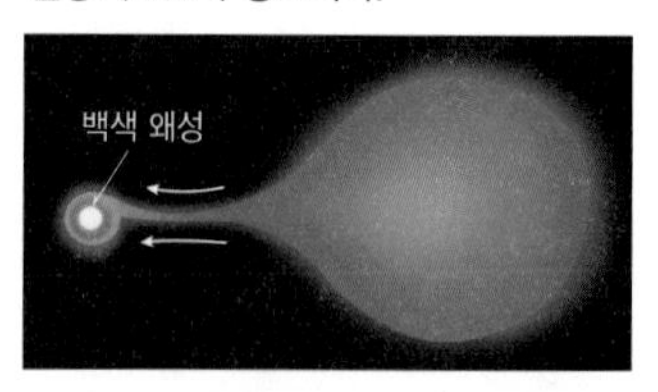

만약 질량 한계 이상이 되면 중력 붕괴가 일어나 초신성이 되는데, 이를 Ia형 초신성이라고 한다. Ia형 초신성은 거의 일정한 질량에서 폭발하기 때문에 최대 밝기(절대 등급)가 거의 일정하여 겉보기 등급을 측정하면 거리를 쉽게 구할 수 있다.

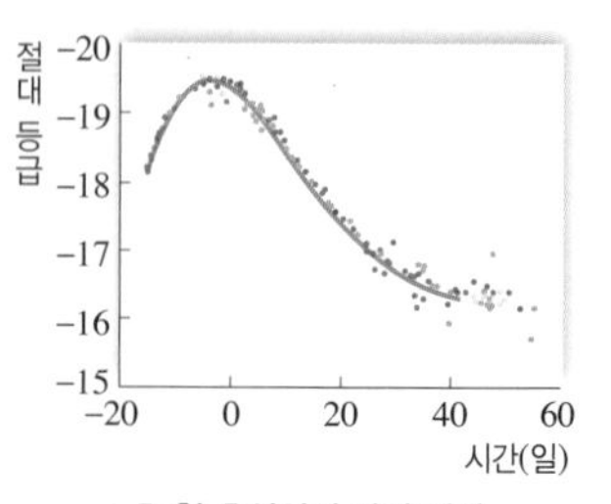

▲ Ia형 초신성의 밝기 변화

3 암흑 물질과 암흑 에너지

① 암흑 물질과 암흑 에너지

암흑 물질	• 빛을 방출하지 않아 보이지 않지만 질량이 있으므로 중력적인 방법으로 그 존재를 추정할 수 있는 물질 • 역할: 눈에는 보이지 않지만 중력의 작용으로 물질을 끌어당기기 때문에 우주 초기에 별과 은하가 생기는 데 중요한 역할을 하였다.[15]
암흑 에너지	• 중력과 반대인 척력으로 작용하면서 우주 팽창을 가속시키는 우주의 성분 • 역할: 빈 공간에서 나오는 에너지이기 때문에 우주 크기가 작았던 초기에는 거의 존재하지 않았지만, 우주가 팽창하여 공간이 커지면서 차츰 암흑 물질을 이기고 우주를 가속 팽창시키고 있다.

② **우주의 미래**: 암흑 에너지를 고려하지 않을 때 우주의 미래는 우주의 밀도에 따라 결정된다.

구분	우주의 밀도	우주의 미래	곡률[17]	우주의 크기 변화
열린 우주	우주의 밀도 <임계 밀도[16]	우주는 계속해서 팽창한다.	음(−) (말안장 모양)	우주의 크기 / 시간 / 현재 / 열린 우주 / 평탄 우주 / 닫힌 우주
평탄 우주	우주의 밀도 =임계 밀도	팽창 속도가 점점 감소하여 0에 수렴한다.	0 (평탄한 평면)	
닫힌 우주	우주의 밀도 >임계 밀도	팽창 속도가 점점 감소하다가 결국 수축한다.	양(+) (공 모양)	

③ **표준 우주 모형**: 급팽창 이론을 포함한 빅뱅 우주론에 암흑 물질과 암흑 에너지의 개념을 포함한 우주 모형

- 우주를 구성하는 요소들의 분포비: 암흑 에너지 >암흑 물질>보통 물질
- 팽창 초기에는 암흑 에너지보다 중력의 영향이 커서 우주가 감속 팽창한다.
- 우주가 팽창함에 따라 우주의 밀도가 작아지면 중력보다 암흑 에너지의 영향이 커지면서 가속 팽창한다.

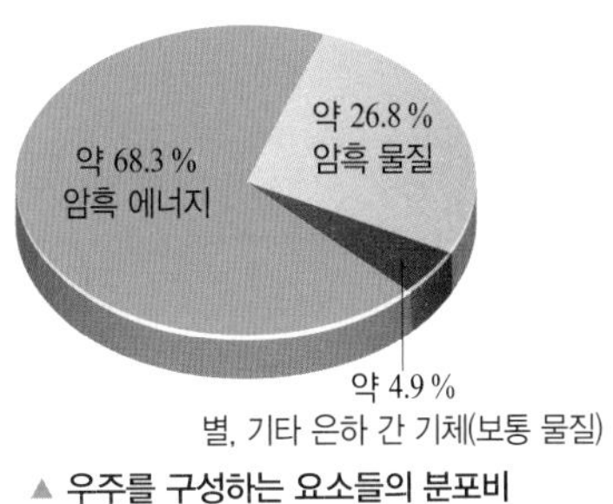

▲ 우주를 구성하는 요소들의 분포비

[15] **암흑 물질의 존재를 추정할 수 있는 현상들**
- 나선 은하의 회전 속도 곡선: 은하 중심에서 멀어져도 회전 속도가 줄어들지 않고 거의 일정하다.
- 중력 렌즈 현상: 암흑 물질이 분포하는 곳에서는 그 중력의 효과로 빛의 경로가 휘어지기도 하고, 주변의 별이나 은하의 운동이 교란되기도 한다.
- 은하단에 속한 은하들의 이동 속도: 은하들의 이동 속도는 매우 빠르기 때문에 은하단에서 탈출해야 할 것으로 생각되지만 실제로는 은하들이 은하단에 묶여 있다.
- 기타: 광학적 관측으로 추정한 은하의 질량이 역학적인 방법으로 계산한 은하의 질량보다 작다.

[16] **임계 밀도**
암흑 에너지가 없는 우주가 팽창하다가 서서히 감속되어 팽창을 멈추고 일정한 크기가 유지될 때의 밀도

[17] **우주의 곡률**

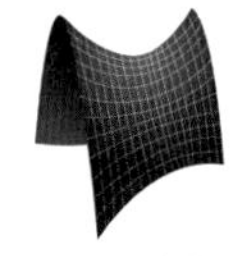
▲ 열린 우주

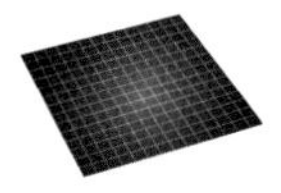
▲ 평탄 우주

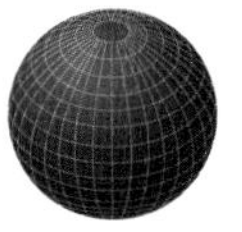
▲ 닫힌 우주

정답과 해설 96쪽

(17) 우주론에 관련된 여러 이론과 그에 대한 설명을 옳게 연결하시오.

① 가속 팽창 우주론 •　　• ㉠ 우주의 팽창 속도는 일정하지 않고 현재 증가하고 있다는 이론
② 표준 우주 모형 •　　• ㉡ 빅뱅 직후 매우 짧은 시간 동안 우주가 빛보다 빠른 속도로 급격히 팽창했다는 이론
③ 급팽창 이론 •　　• ㉢ 급팽창 이론을 포함한 빅뱅 우주론에 암흑 물질과 암흑 에너지의 개념을 포함한 우주 모형

(18) Ia형 초신성 관측을 통해 현재 우주는 (감속, 등속, 가속) 팽창하고 있다는 사실이 밝혀졌다.

(19) 물질의 중력으로 인해 빛의 경로가 휘는 중력 렌즈 효과를 이용하여 (암흑 물질, 암흑 에너지)의 존재를 추정할 수 있다.

(20) 암흑 에너지가 없다고 가정할 때, 우주의 밀도가 임계 밀도보다 크면 우주는 (닫힌 우주, 열린 우주, 평탄 우주)가 된다.

(21) 현재 우주를 구성하는 요소 중 차지하는 비율이 가장 큰 것은 (보통 물질, 암흑 물질, 암흑 에너지)이다.

정답과 해설 96쪽

2021 • 수능 17번

자료❶ 외부 은하의 후퇴 속도와 적색 편이

다음은 우리은하와 외부 은하 A, B에 대한 설명이다. 세 은하는 일직선상에 위치하며, 허블 법칙을 만족한다.

- 우리은하에서 A까지의 거리는 20 Mpc이다.
- B에서 우리은하를 관측하면, 우리은하는 2800 km/s의 속도로 멀어진다.
- A에서 B를 관측하면, B의 스펙트럼에서 500 nm의 기준 파장을 갖는 흡수선이 507 nm로 관측된다.

1. 허블 상수를 70 km/s/Mpc라고 할 때, 우리은하에서 관측한 A의 후퇴 속도는 1000 km/s보다 크다. (○, ×)
2. 우리은하에서 관측한 B의 후퇴 속도는 2800 km/s이다. (○, ×)
3. 은하의 스펙트럼에서 기준 파장이 동일한 흡수선의 파장 변화량은 은하의 후퇴 속도가 빠를수록 크다. (○, ×)
4. 우리은하로부터의 거리는 A가 B의 2배이다. (○, ×)
5. A에서 관측한 B의 후퇴 속도는 4200 km/s이다. (○, ×)
6. A와 B 사이의 거리는 20 Mpc이다. (○, ×)
7. A와 B는 동일한 시선 방향에 위치한다. (○, ×)

2020 • Ⅱ 수능 15번

자료❷ 우주 팽창

그림 (가)와 (나)는 허블의 법칙에 따라 팽창하는 어느 대폭발 우주를 풍선 모형으로 나타낸 것이다. 풍선 표면에 고정시킨 단추 A, B, C는 은하에, 물결 무늬(~)는 우주 배경 복사에 해당한다.

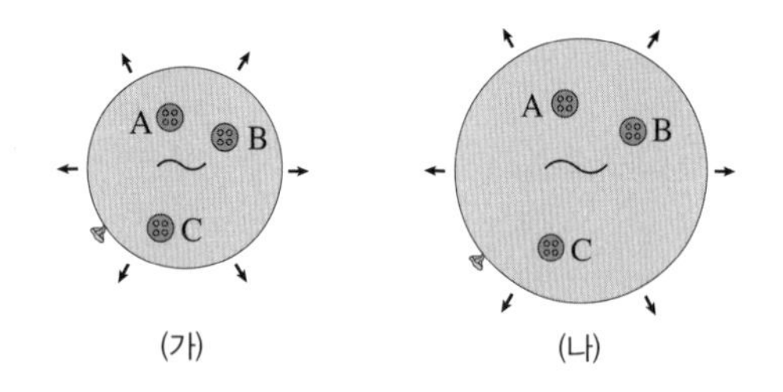

1. A를 중심으로 팽창하는 우주를 나타낸 것이다. (○, ×)
2. B로부터 멀어지는 속도는 A가 C보다 크다. (○, ×)
3. 우주가 팽창해도 우주의 밀도는 일정하다. (○, ×)
4. 우주가 팽창하면 우주 배경 복사의 파장은 길어진다. (○, ×)
5. 우주의 팽창으로 은하 내 별들 사이의 거리가 증가한다. (○, ×)

2021 • 9월 평가원 18번

자료❸ 빅뱅 우주론의 증거

그림은 여러 외부 은하를 관측해서 구한 은하 A~I의 성간 기체에 존재하는 원소의 질량비를 나타낸 것이다.

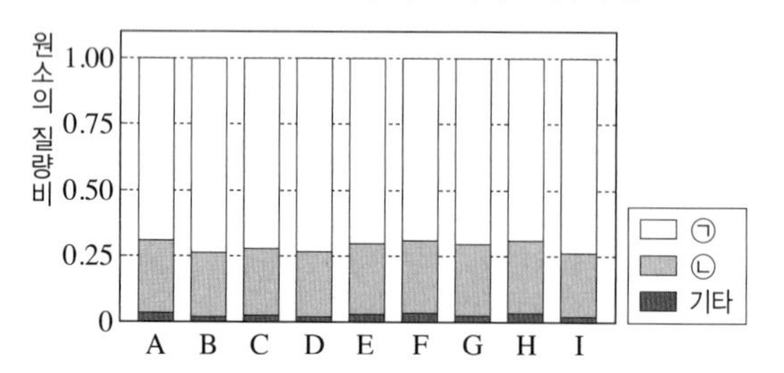

1. ㉠은 수소이다. (○, ×)
2. ㉡은 헬륨 핵융합으로부터 만들어지는 원소이다. (○, ×)
3. ㉠과 ㉡의 질량비는 약 3 : 1이다. (○, ×)
4. 이 관측 결과는 빅뱅 우주론의 증거가 된다. (○, ×)
5. 이 관측 결과는 우주의 온도가 시간에 관계없이 일정하다고 주장하는 우주론의 증거가 된다. (○, ×)

2021 • 6월 평가원 17번

자료❹ 우주론

그림 (가)는 우주론 A에 의한 우주의 크기를, (나)는 우주론 B에 의한 우주의 온도를 나타낸 것이다. A와 B는 우주 팽창을 설명한다.

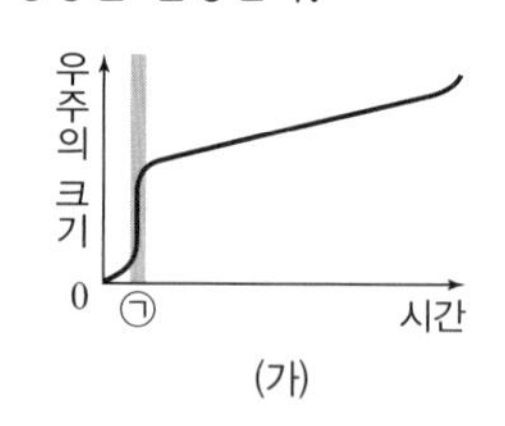

(가)

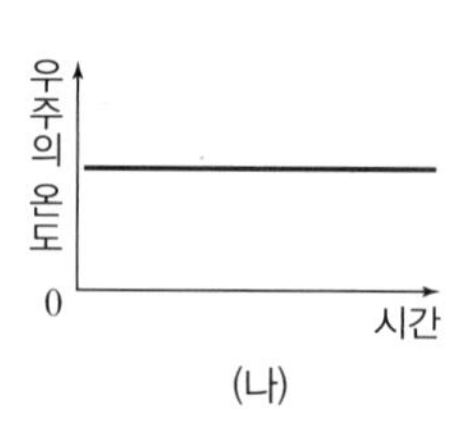

(나)

1. A는 급팽창 이론, B는 정상 우주론이다. (○, ×)
2. B에서는 우주의 밀도가 일정하다. (○, ×)
3. B에서는 우주의 질량이 변하지 않는다. (○, ×)
4. 대폭발 우주론의 문제점인 우주의 지평선 문제는 (가)의 ㉠ 시기에 일어난 급팽창으로 설명된다. (○, ×)
5. 우주 배경 복사는 B를 지지해 주는 증거이다. (○, ×)

정답과 해설 97쪽

A 허블 법칙과 우주 팽창

1 허블 법칙과 우주 팽창에 대한 설명으로 옳은 것은?

① 우주는 우리은하를 중심으로 팽창하고 있다.
② 우주가 팽창함에 따라 은하 자체도 팽창하고 있다.
③ 거리가 가까운 은하일수록 적색 편이 현상이 더 크게 나타난다.
④ 은하의 적색 편이량을 측정하면 은하의 후퇴 속도를 구할 수 있다.
⑤ 은하의 거리가 멀어짐에 따라 후퇴 속도는 일정한 값으로 수렴한다.

2 그림은 어느 외부 은하의 스펙트럼을 관측한 결과로, 원래 400 nm인 흡수선의 파장이 440 nm로 나타났다.

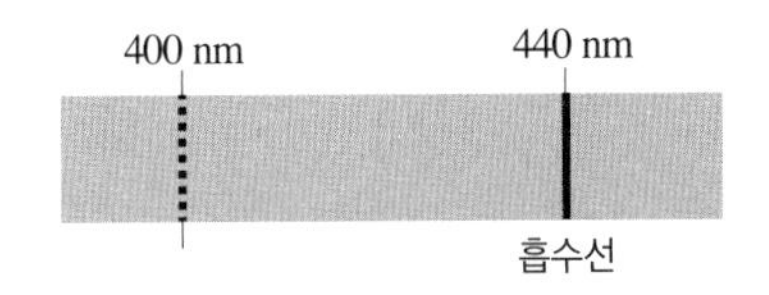

(1) 이 외부 은하의 후퇴 속도는 몇 km/s인지 구하시오. (단, 빛의 속도는 3×10^5 km/s이다.)
(2) 이 외부 은하까지의 거리는 몇 Mpc인지 구하시오. (단, 허블 상수는 70 km/s/Mpc이다.)

3 그림의 A, B는 두 천문학자가 각각 관측한 은하의 거리와 후퇴 속도의 관계를 나타낸 것이다. 이 자료를 근거로 계산된 A와 B의 ㉠ 허블 상수와 ㉡ 우주의 나이를 비교하시오.

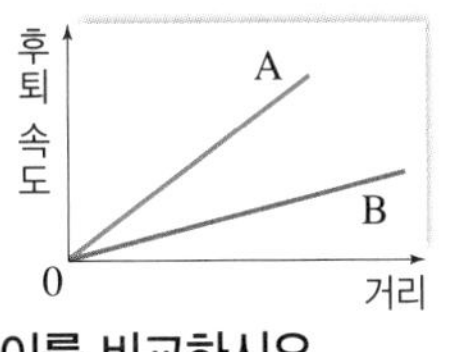

B 빅뱅(대폭발) 우주론

4 그림은 어떤 우주론에 근거하여 시간에 따른 우주의 변화 모습을 나타낸 것이다.

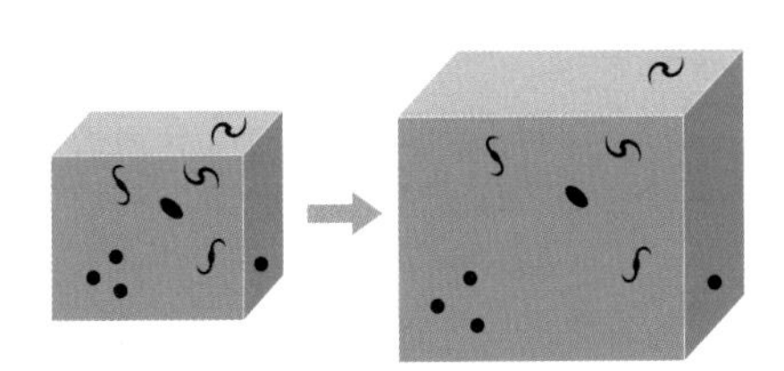

이 우주론에 대한 설명으로 옳은 것은?

① 우주의 밀도는 감소하고 있다.
② 우주의 크기는 감소하고 있다.
③ 우주의 온도는 증가하고 있다.
④ 우주 팽창의 중심은 우리은하이다.
⑤ 모든 은하의 후퇴 속도는 일정하다.

5 우주 배경 복사에 대한 설명으로 옳은 것만을 [보기]에서 있는 대로 고르시오.

보기

ㄱ. 빅뱅(대폭발) 우주론의 증거가 된다.
ㄴ. 우주 배경 복사의 공간 분포는 완전히 균일하다.
ㄷ. 우주의 온도가 약 3000 K일 때 형성된 복사 에너지의 흔적을 관측한 것이다.

6 기존의 빅뱅 우주론이 설명하지 못하는 세 가지 문제점을 쓰시오.

C 급팽창 우주, 가속 팽창 우주, 암흑 물질과 암흑 에너지

7 그림은 우주를 구성하는 요소의 분포비를 나타낸 것이다.

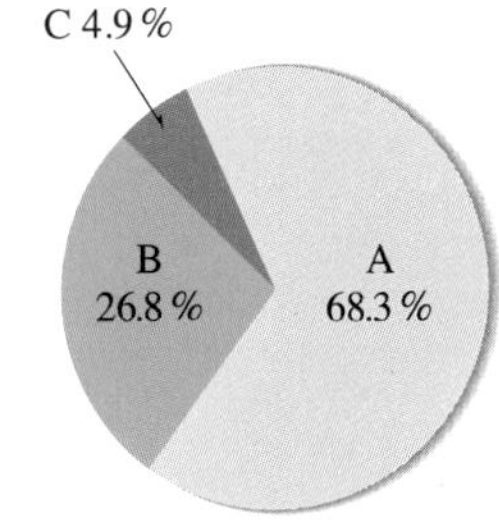

(1) A~C 중 광학적으로 관측 가능한 것은 무엇인지 쓰시오.
(2) A~C 중 중력과 반대인 척력으로 작용하면서 우주 팽창을 가속시키는 것은 무엇인지 쓰시오.
(3) A~C 중 나선 은하의 회전 속도 곡선이나 중력 렌즈 현상 등을 통해 그 존재를 추정할 수 있는 것은 무엇인지 쓰시오.

8 암흑 에너지를 고려하지 않을 때, 우주의 미래 모습을 결정하는 데 가장 중요한 물리량은?

① 우주의 크기　② 우주의 질량
③ 우주의 나이　④ 우주의 밀도
⑤ 우주의 화학 조성

1 그림은 외부 은하 A, B와 이들의 스펙트럼, 거리를 나타낸 것이다.

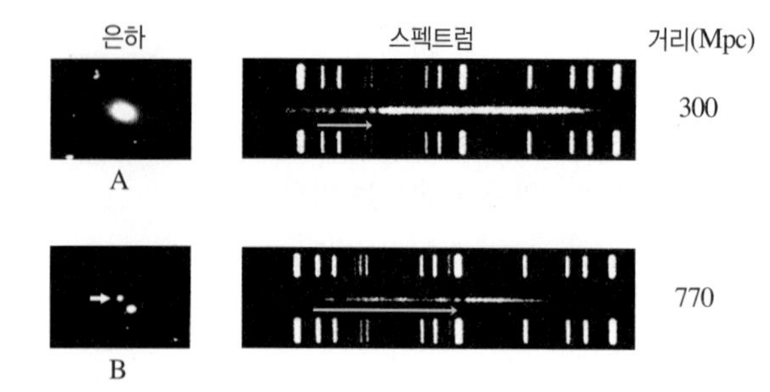

이에 대한 설명으로 옳은 것만을 [보기]에서 있는 대로 고른 것은? (단, 스펙트럼에서 화살표는 칼슘에 의해 나타나는 흡수선의 적색 편이량이다.)

보기
ㄱ. A, B 모두 적색 편이가 나타난다.
ㄴ. A는 B보다 빠른 속도로 멀어진다.
ㄷ. 이로부터 우주의 크기는 일정하게 유지됨을 알 수 있다.

① ㄱ ② ㄷ ③ ㄱ, ㄴ
④ ㄴ, ㄷ ⑤ ㄱ, ㄴ, ㄷ

2 그림은 외부 은하들의 거리와 후퇴 속도를 나타낸 것이다.

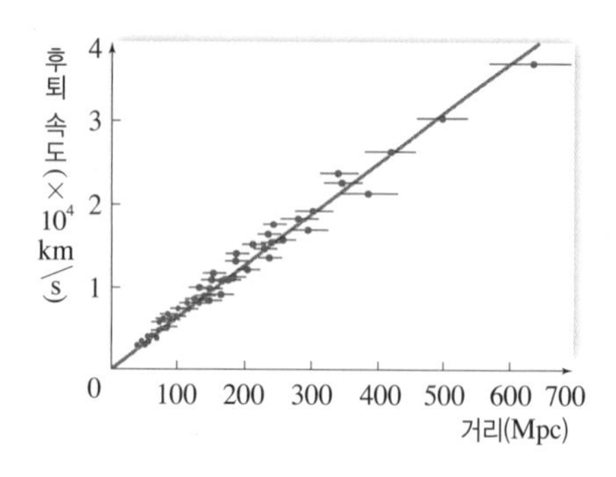

이에 대한 설명으로 옳지 않은 것은?

① 그래프에서 기울기는 허블 상수에 해당한다.
② 기울기가 클수록 우주의 나이는 적어진다.
③ 멀리 있는 외부 은하일수록 후퇴 속도가 빠르다.
④ 후퇴 속도가 빠른 은하일수록 적색 편이가 크다.
⑤ 이 자료에 의하면 우리은하를 중심으로 우주가 팽창하고 있다.

3 그림은 외부 은하 A, B, C의 거리에 따른 후퇴 속도를 나타낸 것이다.

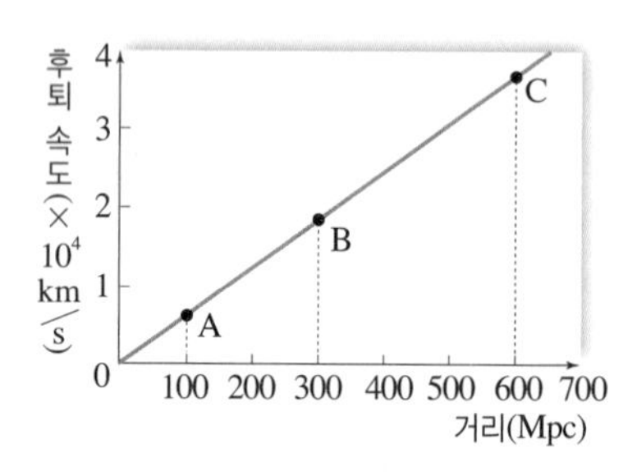

이에 대한 설명으로 옳은 것만을 [보기]에서 있는 대로 고른 것은?

보기
ㄱ. 멀리 있는 외부 은하일수록 후퇴 속도가 느리게 나타난다.
ㄴ. B에서 관측하면 A와 C는 모두 후퇴한다.
ㄷ. 20억 년 전 우리은하에서 본 C의 후퇴 속도는 현재와 동일하다.

① ㄱ ② ㄴ ③ ㄷ
④ ㄱ, ㄴ ⑤ ㄴ, ㄷ

4 그림은 한 직선상에 있는 외부 은하 A, B, C의 거리와 후퇴 속도를 나타낸 것이다.

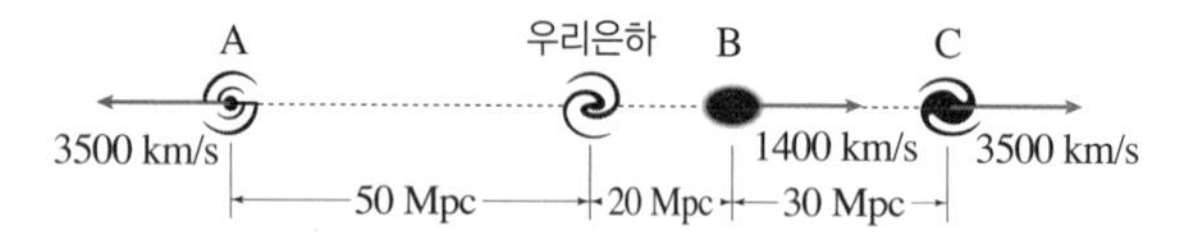

이에 대한 설명으로 옳은 것만을 [보기]에서 있는 대로 고른 것은?

보기
ㄱ. 우리은하가 우주의 중심이다.
ㄴ. 우리은하에서 측정한 적색 편이 값은 B가 C보다 작다.
ㄷ. C에서 측정한 후퇴 속도는 A가 우리은하의 2배이다.
ㄹ. 은하까지의 거리가 멀수록 후퇴 속도가 느리다.

① ㄱ, ㄴ ② ㄱ, ㄷ ③ ㄴ, ㄷ
④ ㄴ, ㄹ ⑤ ㄷ, ㄹ

5 그림은 은하 간의 거리가 변화하는 가상의 두 상황을 나타낸 것이다. a, b는 공간상의 두 점을 의미하고, 노란색 점(○)은 은하를 의미한다.

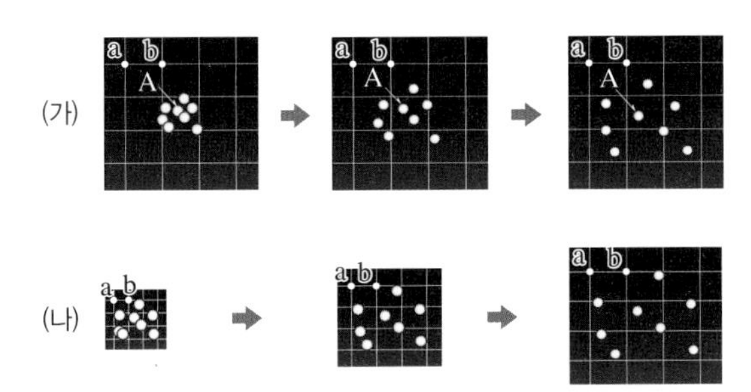

이에 대한 설명으로 옳은 것만을 [보기]에서 있는 대로 고른 것은?

보기

ㄱ. (가)의 은하 A에서 관측한 다른 은하의 스펙트럼에서는 청색 편이가 나타난다.

ㄴ. (나)는 은하와 은하 사이의 공간이 확장하는 것이다.

ㄷ. (가)와 (나) 중에서 실제 우주의 팽창은 (나)에 해당한다.

① ㄱ ② ㄴ ③ ㄱ, ㄷ
④ ㄴ, ㄷ ⑤ ㄱ, ㄴ, ㄷ

2019 Ⅱ 수능 1번

6 그림은 우주의 물리량을 시간에 따라 나타낸 것이다.

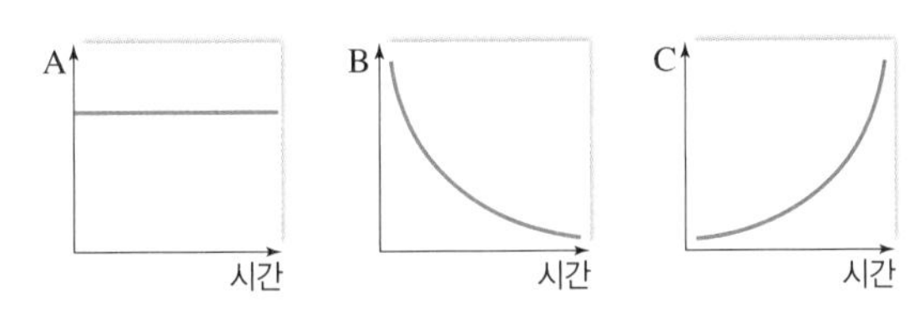

빅뱅 우주론에서 A, B, C에 해당하는 물리량으로 가장 적절한 것은?

	A	B	C
①	부피	밀도	온도
②	부피	온도	질량
③	온도	질량	부피
④	질량	온도	부피
⑤	질량	밀도	온도

2016 Ⅱ 9월 평가원 5번

7 그림은 우주 배경 복사의 파장에 따른 복사 강도를 나타낸 것이다.

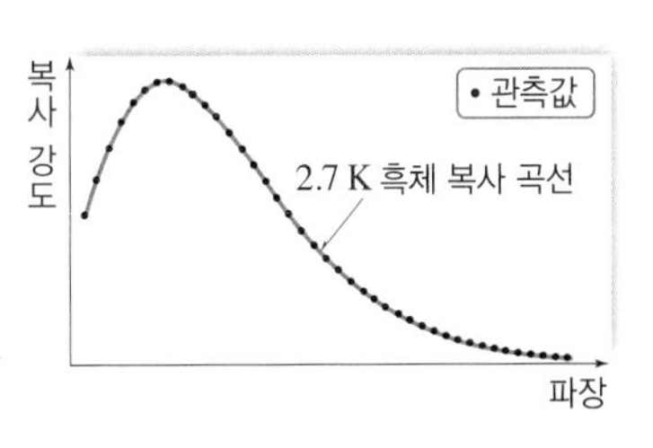

이에 대한 설명으로 옳은 것만을 [보기]에서 있는 대로 고른 것은?

보기

ㄱ. 우주 배경 복사는 빅뱅 우주론의 증거가 된다.

ㄴ. 우주 배경 복사가 방출되었던 시기에 우주의 온도는 약 2.7 K이었다.

ㄷ. 복사 강도가 최대인 파장은 우주 탄생 초기보다 현재가 길다.

① ㄱ ② ㄴ ③ ㄷ
④ ㄱ, ㄴ ⑤ ㄱ, ㄷ

자료❹

2021 6월 평가원 17번

8 그림 (가)는 우주론 A에 의한 우주의 크기를, (나)는 우주론 B에 의한 우주의 온도를 나타낸 것이다. A와 B는 우주 팽창을 설명한다.

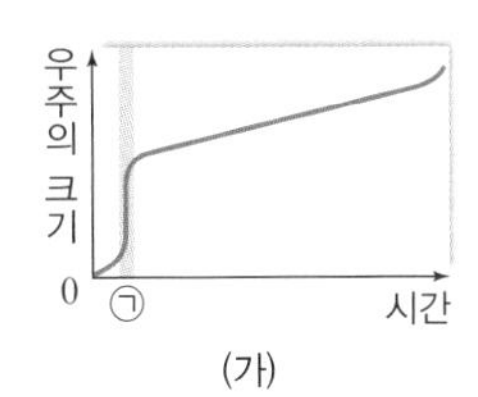

(가)

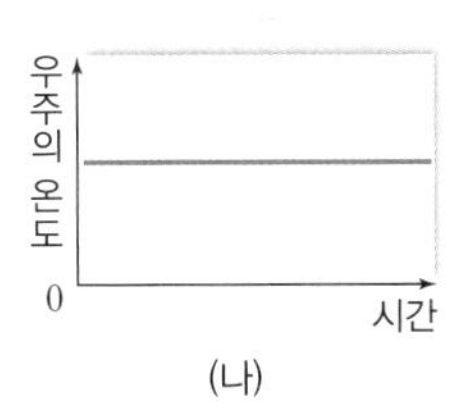

(나)

이에 대한 설명으로 옳은 것만을 [보기]에서 있는 대로 고른 것은?

보기

ㄱ. 우주 배경 복사가 우주의 양쪽 반대편 지평선에서 거의 같게 관측되는 것은 (가)의 ㉠ 시기에 일어난 팽창으로 설명된다.

ㄴ. A는 수소와 헬륨의 질량비가 거의 3 : 1로 관측되는 결과와 부합된다.

ㄷ. 우주의 밀도 변화는 B가 A보다 크다.

① ㄱ ② ㄷ ③ ㄱ, ㄴ
④ ㄴ, ㄷ ⑤ ㄱ, ㄴ, ㄷ

9 그림은 빅뱅 이후 시간에 따른 우주의 크기 변화를 기존 빅뱅 우주론과 급팽창 이론에 따라 나타낸 것이다.

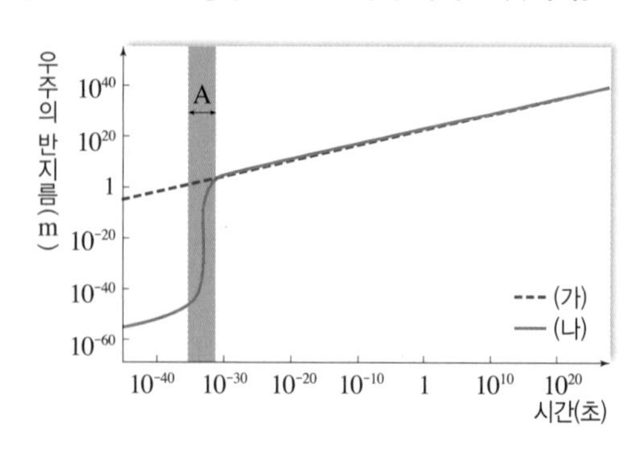

이에 대한 설명으로 옳은 것만을 [보기]에서 있는 대로 고른 것은?

보기

ㄱ. (가) 이론은 (나) 이론의 문제점인 우주의 지평선 문제를 설명할 수 있다.
ㄴ. (나) 이론에서 A 시기에 우주의 밀도는 증가한다.
ㄷ. 우주 배경 복사의 파장은 점점 길어진다.

① ㄱ ② ㄷ ③ ㄱ, ㄴ
④ ㄴ, ㄷ ⑤ ㄱ, ㄴ, ㄷ

2021 9월 평가원 17번

10 그림 (가)는 표준 우주 모형에서 시간에 따른 우주의 크기 변화를, (나)는 플랑크 망원경의 우주 배경 복사 관측 결과로부터 추론한 현재 우주를 구성하는 요소의 비율을 나타낸 것이다.

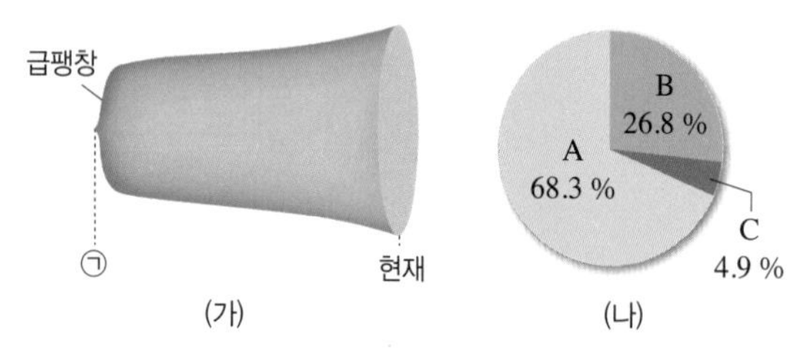

(가) (나)

이에 대한 설명으로 옳은 것만을 [보기]에서 있는 대로 고른 것은?

보기

ㄱ. 우주 배경 복사는 ㉠ 시기에 방출된 빛이다.
ㄴ. 현재 우주를 가속 팽창시키는 역할을 하는 것은 A이다.
ㄷ. B에서 가장 큰 비율을 차지하는 것은 중성자이다.

① ㄱ ② ㄴ ③ ㄷ
④ ㄱ, ㄴ ⑤ ㄱ, ㄷ

11 그림은 Ia형 초신성들의 적색 편이와 겉보기 등급의 관계를 나타낸 것이다.

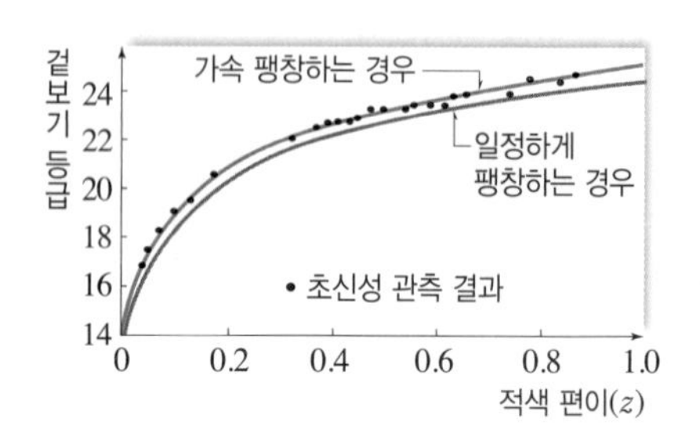

이에 대한 설명으로 옳은 것만을 [보기]에서 있는 대로 고른 것은?

보기

ㄱ. 먼 거리의 Ia형 초신성일수록 빠른 속도로 멀어진다.
ㄴ. Ia형 초신성은 일정하게 팽창하는 경우에서 예상했던 밝기보다 밝게 관측되었다.
ㄷ. 현재 우주는 감속 팽창하고 있다.

① ㄱ ② ㄷ ③ ㄱ, ㄴ
④ ㄴ, ㄷ ⑤ ㄱ, ㄴ, ㄷ

2017 Ⅱ 9월 평가원 17번

12 그림은 어느 가속 팽창 우주 모형에서 시간에 따른 우주 구성 요소 A, B, C의 밀도를 나타낸 것이다. A, B, C는 각각 보통 물질, 암흑 물질, 암흑 에너지 중 하나이다.

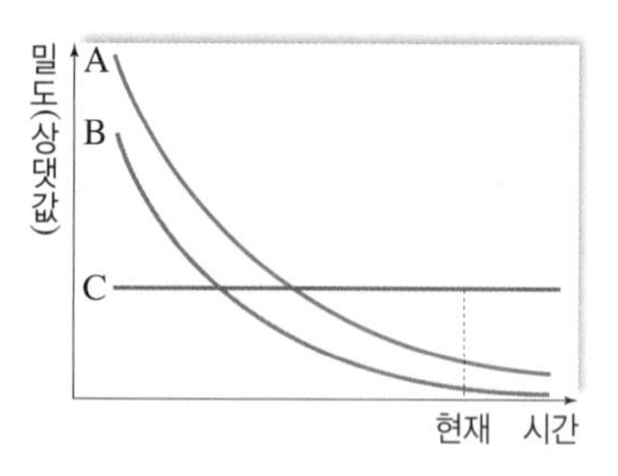

이에 대한 설명으로 옳은 것만을 [보기]에서 있는 대로 고른 것은?

보기

ㄱ. A는 암흑 물질이다.
ㄴ. 우주에 존재하는 암흑 에너지의 총량은 시간에 따라 증가한다.
ㄷ. 보통 물질이 차지하는 비율은 시간에 따라 감소한다.

① ㄱ ② ㄴ ③ ㄱ, ㄷ
④ ㄴ, ㄷ ⑤ ㄱ, ㄴ, ㄷ

정답과 해설 101쪽

2018 Ⅱ 9월 평가원 18번

1 그림은 외부 은하 X의 스펙트럼을 비교 선 스펙트럼과 함께 나타낸 것이고, 표는 파장이 **4000 Å**(λ_0)인 흡수선의 적색 편이가 일어난 양($\varDelta\lambda$)과 X까지의 거리를 나타낸 것이다.

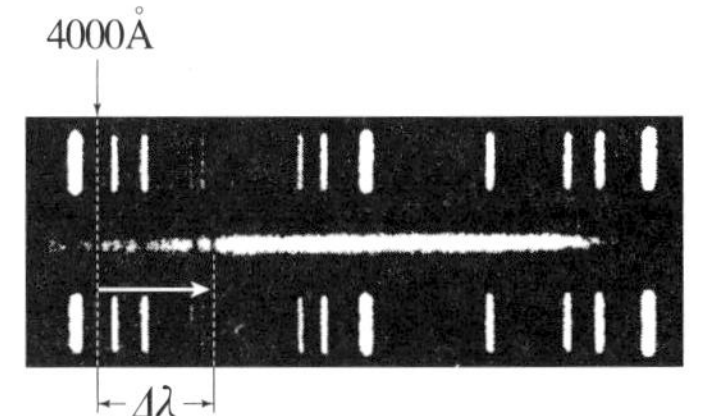

$\varDelta\lambda$ (Å)	X까지의 거리 (Mpc)
200	300

이에 대한 설명으로 옳은 것만을 [보기]에서 있는 대로 고른 것은? (단, 빛의 속도는 3×10^5 km/s이다.)

보기

ㄱ. 멀리 있는 외부 은하일수록 $\varDelta\lambda$는 작아진다.
ㄴ. X의 후퇴 속도는 15000 km/s이다.
ㄷ. X를 이용하여 구한 허블 상수는 75 km/s/Mpc 이다.

① ㄱ ② ㄴ ③ ㄷ
④ ㄱ, ㄴ ⑤ ㄴ, ㄷ

2 그림은 광도가 같은 외부 은하의 거리에 따른 후퇴 속도를 나타낸 것이다.

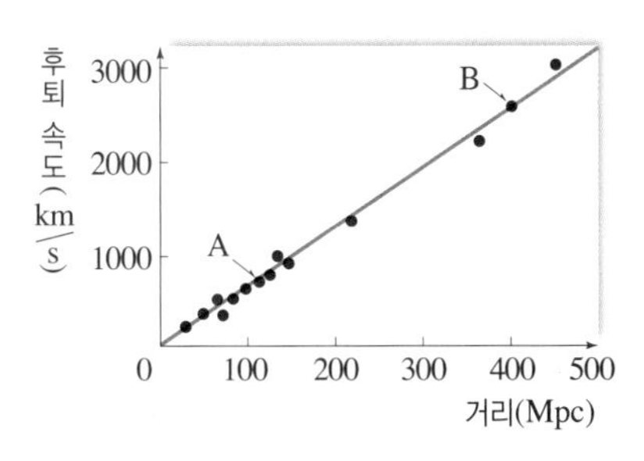

이에 대한 설명으로 옳은 것만을 [보기]에서 있는 대로 고른 것은?

보기

ㄱ. 멀리 있는 은하일수록 후퇴 속도가 빠르다.
ㄴ. A에서 B를 관측하면 청색 편이가 나타난다.
ㄷ. 겉보기 등급은 A가 B보다 크다.

① ㄱ ② ㄷ ③ ㄱ, ㄴ
④ ㄴ, ㄷ ⑤ ㄱ, ㄴ, ㄷ

2019 Ⅱ 9월 평가원 17번

3 그림은 은하 A와 B의 관측 스펙트럼에서 방출선 (가)와 (나)가 각각 적색 편이된 것을 비교 스펙트럼과 함께 나타낸 것이다. 은하 A와 B는 동일한 시선 방향에 위치하고, 허블 법칙을 만족한다.

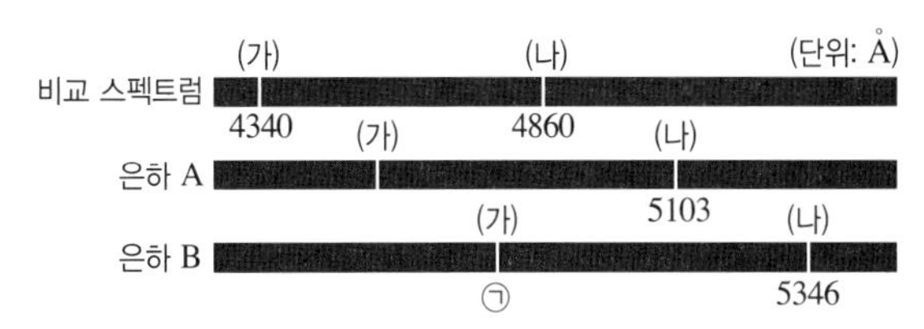

이에 대한 설명으로 옳은 것만을 [보기]에서 있는 대로 고른 것은? (단, 빛의 속도는 3×10^5 km/s이다.)

보기

ㄱ. 은하 A의 후퇴 속도는 1.5×10^4 km/s이다.
ㄴ. ㉠은 4826이다.
ㄷ. 은하 B에서 A를 관측한다면, 방출선 (가)의 파장은 4991 Å으로 관측된다.

① ㄱ ② ㄴ ③ ㄱ, ㄷ
④ ㄴ, ㄷ ⑤ ㄱ, ㄴ, ㄷ

자료❷ 2020 Ⅱ 수능 15번

4 그림 (가)와 (나)는 허블의 법칙에 따라 팽창하는 어느 대폭발 우주를 풍선 모형으로 나타낸 것이다. 풍선 표면에 고정시킨 단추 A, B, C는 은하에, 물결 무늬(~)는 우주 배경 복사에 해당한다.

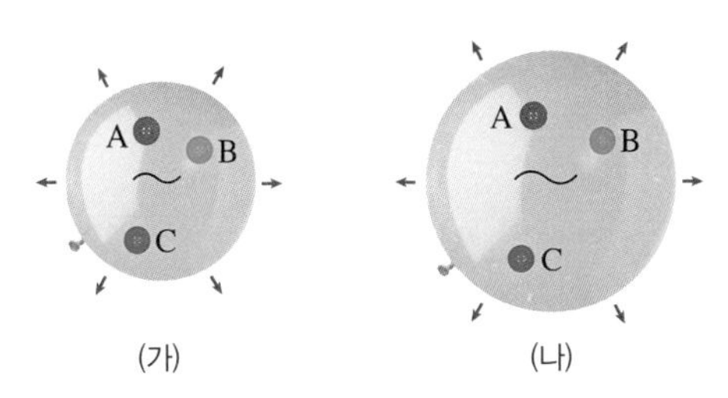

(가) (나)

이에 대한 설명으로 옳은 것만을 [보기]에서 있는 대로 고른 것은?

보기

ㄱ. A로부터 멀어지는 속도는 B가 C보다 크다.
ㄴ. 우주 배경 복사의 온도는 (가)에 해당하는 우주가 (나)보다 높다.
ㄷ. 우주의 밀도는 (가)에 해당하는 우주가 (나)보다 크다.

① ㄱ ② ㄷ ③ ㄱ, ㄴ
④ ㄴ, ㄷ ⑤ ㄱ, ㄴ, ㄷ

5 그림은 빅뱅 후 38만 년일 때 B 지점을 출발한 우주 배경 복사의 빛이 138억 년이 지난 현재 관측자 A에게 도달하는 과정을 나타낸 것이다. 우주 배경 복사의 빛이 진행하는 동안 우주 팽창에 의해 A와 B 사이의 공간도 일정하게 늘어났다.

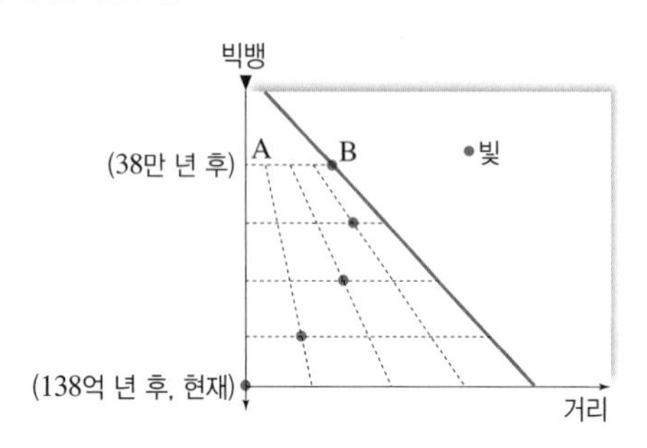

이에 대한 설명으로 옳은 것만을 [보기]에서 있는 대로 고른 것은?

보기
ㄱ. 공간의 팽창에 의해 빛의 파장이 길어졌다. ㄴ. 공간의 팽창에 의해 빛의 속도가 느려졌다. ㄷ. 빅뱅 후 38만 년에 A 지점을 출발한 우주 배경 복사는 현재 B 관측자에게 도달했을 것이다.

① ㄱ ② ㄴ ③ ㄱ, ㄴ
④ ㄱ, ㄷ ⑤ ㄴ, ㄷ

6 그림은 서로 다른 우주론 (가)와 (나)에서 설명하는 미래 우주의 물리량을 현재 우주와 비교하여 나타낸 것이다. (가)와 (나)는 각각 빅뱅 우주론과 정상 우주론 중 하나이다.

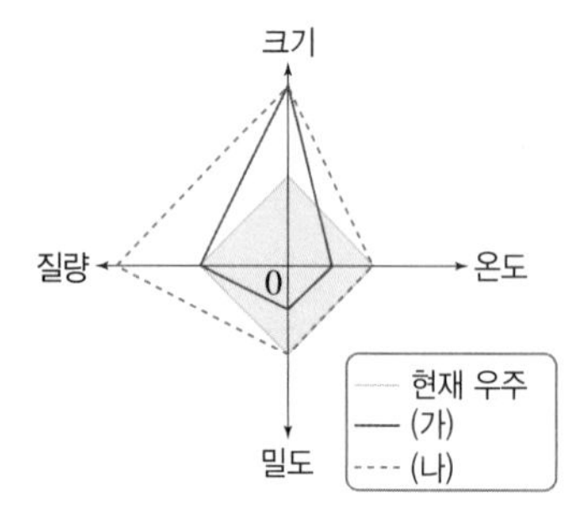

이에 대한 설명으로 옳은 것만을 [보기]에서 있는 대로 고른 것은?

보기
ㄱ. 우주 배경 복사는 (가)의 근거가 된다. ㄴ. (나)에서는 은하들 사이의 간격이 일정하므로 적색 편이가 나타나지 않는다. ㄷ. 허블 법칙은 (가)와 (나) 모두에서 적용된다.

① ㄱ ② ㄴ ③ ㄱ, ㄷ
④ ㄴ, ㄷ ⑤ ㄱ, ㄴ, ㄷ

7 그림은 급팽창(인플레이션) 이론에서 시간에 따른 우주의 크기 변화를 모식적으로 나타낸 것이다.

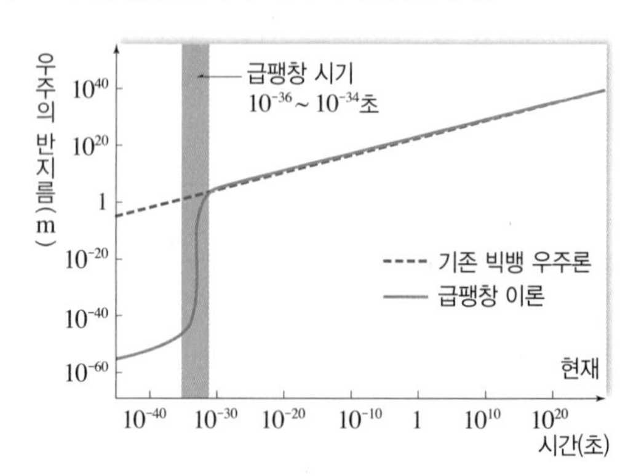

급팽창 이론에 대한 설명으로 옳은 것만을 [보기]에서 있는 대로 고른 것은?

보기
ㄱ. 매우 짧은 시간 동안 우주는 급격히 팽창했다. ㄴ. 급팽창 이전에 우주는 전체적으로 정보를 교환하기 어려웠다. ㄷ. 급팽창 이후 우주의 곡률은 거의 평탄해졌다.

① ㄱ ② ㄴ ③ ㄱ, ㄷ
④ ㄴ, ㄷ ⑤ ㄱ, ㄴ, ㄷ

2021 6월 평가원 16번

8 그림 (가)는 현재 우주를 구성하는 요소 A, B, C의 상대적 비율을 나타낸 것이고, (나)는 빅뱅 이후 현재까지 우주의 팽창 속도를 추정하여 나타낸 것이다. A, B, C는 각각 보통 물질, 암흑 물질, 암흑 에너지 중 하나이다.

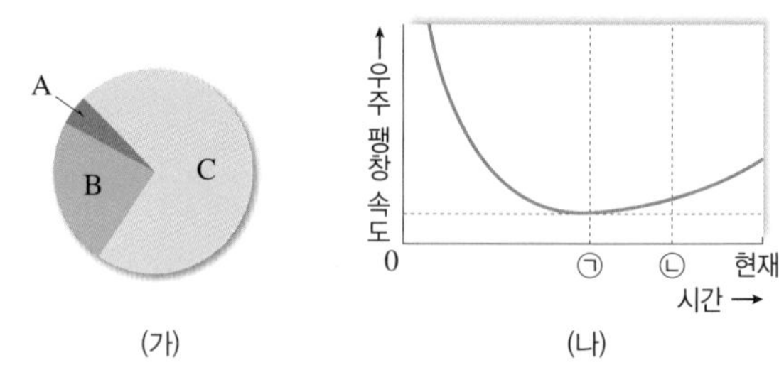

(가) (나)

이에 대한 설명으로 옳은 것만을 [보기]에서 있는 대로 고른 것은?

보기
ㄱ. 우주가 팽창하는 동안 C가 차지하는 비율은 증가한다. ㄴ. ㉠ 시기에 우주는 팽창하지 않았다. ㄷ. 우주 팽창에 미치는 B의 영향은 ㉡ 시기가 ㉠ 시기보다 크다.

① ㄱ ② ㄴ ③ ㄷ
④ ㄱ, ㄴ ⑤ ㄱ, ㄷ

9 그림은 중력을 이용하여 계산한 우리은하의 질량과 관측한 질량을 나타낸 것이다. 관측한 질량은 빛을 방출하는 물질의 양을 나타낸 것이다.

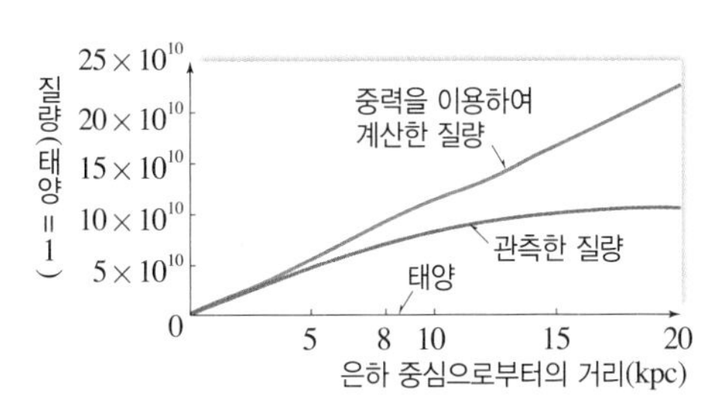

이에 대한 설명으로 옳은 것만을 [보기]에서 있는 대로 고른 것은?

[보기]

ㄱ. 계산한 질량과 관측한 질량의 차이는 은하 중심으로부터 멀어질수록 커진다.
ㄴ. 암흑 물질은 주로 태양계 바깥쪽에 분포한다.
ㄷ. 태양계 외곽으로 갈수록 은하의 회전 속도는 급격히 감소할 것이다.

① ㄱ ② ㄷ ③ ㄱ, ㄴ
④ ㄴ, ㄷ ⑤ ㄱ, ㄴ, ㄷ

10 그림 (가)는 Ia형 초신성 관측 결과 얻어진 은하들의 거리와 후퇴 속도의 관계를 우주의 팽창 속도가 일정한 경우와 함께 나타낸 것이고, (나)는 우주의 미래에 대한 세 가지 모형을 분류하는 과정이다.

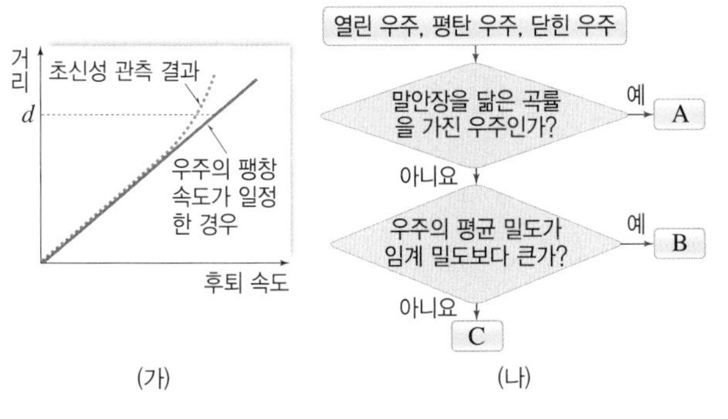

이에 대한 설명으로 옳은 것만을 [보기]에서 있는 대로 고른 것은? (단, 적색 편이량은 $\frac{\text{흡수선의 파장 변화량}}{\text{원래의 흡수선 파장}}$이다.)

[보기]

ㄱ. 거리 d인 Ia형 초신성의 적색 편이량은 우주의 팽창 속도가 일정할 때보다 크게 관측되었다.
ㄴ. (가)에서 팽창 속도가 일정한 경우의 우주는 (나)의 A~C 중 A에 해당한다.
ㄷ. Ia형 초신성 관측 결과에 따르면 우주의 팽창 속도는 현재가 과거보다 빠르다.

① ㄱ ② ㄷ ③ ㄱ, ㄴ
④ ㄴ, ㄷ ⑤ ㄱ, ㄴ, ㄷ

2016 Ⅱ 수능 8번

11 그림은 어느 팽창 우주 모형에서 시간에 따른 우주의 크기와 우주를 구성하는 요소의 상대량을 나타낸 것이다.

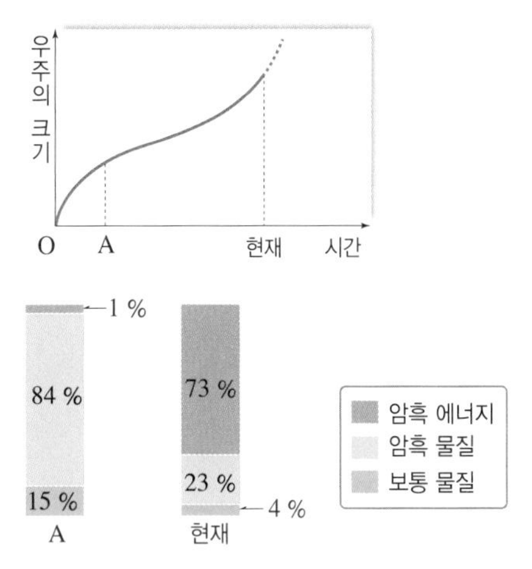

이에 대한 설명으로 옳은 것만을 [보기]에서 있는 대로 고른 것은?

[보기]

ㄱ. 현재 시점에서 우주의 팽창 속도는 증가하고 있다.
ㄴ. 암흑 에너지의 비율은 A 시점보다 현재가 크다.
ㄷ. 우주의 평균 밀도는 A 시점보다 현재가 크다.

① ㄱ ② ㄷ ③ ㄱ, ㄴ
④ ㄴ, ㄷ ⑤ ㄱ, ㄴ, ㄷ

12 그림 (가)는 가속 팽창하는 우주와 감속 팽창하는 우주에서 Ia형 초신성들의 적색 편이량과 겉보기 등급 변화를, (나)는 빅뱅 우주론에서 시간에 따른 물질과 암흑 에너지의 밀도 변화를 나타낸 것이다.

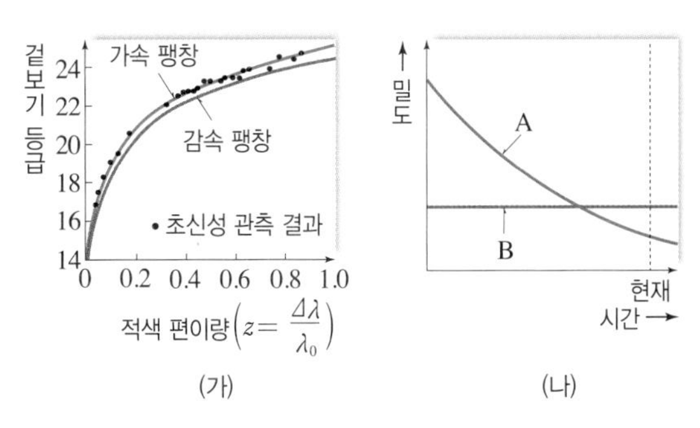

이에 대한 설명으로 옳은 것만을 [보기]에서 있는 대로 고른 것은?

[보기]

ㄱ. 현재 우주는 가속 팽창하고 있다.
ㄴ. 현재 우주의 팽창 속도는 A보다 B의 영향을 많이 받는다.
ㄷ. 앞으로 우주 전체에서 B의 양은 일정하게 유지된다.

① ㄱ ② ㄷ ③ ㄱ, ㄴ
④ ㄴ, ㄷ ⑤ ㄱ, ㄴ, ㄷ

Memo

생생한 과학의 즐거움!
과학은 역시!

오투

대수능 대비 특별자료
+ 정답과 해설

ABOVE IMAGINATION

우리는 남다른 상상과 혁신으로
교육 문화의 새로운 전형을 만들어
모든 이의 행복한 경험과 성장에 기여한다

지구과학 I

대수능 대비 특별자료

최근 4개년

수능 출제 경향

수능을 효과적으로 대비하는 방법은 과거의 수능 문제를 분석하여 유형에 익숙해지는 것입니다. 오투 과학탐구에서는 최근 4개년 간 평가원 모의고사와 수능에 출제된 문제들을 정리하여 수능 문제의 유형과 개념에 대한 빈출 정도를 파악할 수 있도록 하였습니다.

고체 지구

단원	개념	출제
01 판 구조론의 정립 과정 (지 Ⅱ에서 이동)	대륙 이동설과 맨틀 대류설	24 평가원
	해저 지형 탐사	25 평가원
	해양저 확장설	22 평가원 | 24 평가원 | 24 수능
02 대륙 분포의 변화	고지자기와 대륙의 이동 (지 Ⅱ에서 이동)	22 평가원 | 22 수능 | 23 평가원 | 24 평가원 | 24 수능 | 25 평가원 | 25 수능
	판 경계	23 수능 | 24 평가원 | 25 평가원 | 25 수능
	대륙 분포의 변화 (New 개념)	23 평가원
03 마그마 활동과 화성암	맨틀 대류와 플룸 구조론 (New 개념)	22 평가원 | 23 평가원 | 23 수능 | 24 평가원 | 25 평가원 | 25 수능
	마그마 활동	22 평가원 | 23 평가원 | 23 수능 | 24 평가원 | 24 수능 | 25 평가원 | 25 수능
	화성암 (지 Ⅱ에서 이동)	22 평가원 | 22 수능
04 퇴적 구조와 지질 구조 (지 Ⅰ+지 Ⅱ에서 이동)	퇴적암과 퇴적 구조	22 평가원 | 22 수능 | 23 평가원 | 23 수능 | 24 평가원 | 24 수능 | 25 평가원 | 25 수능
	지질 구조	22 평가원 | 23 평가원
05 지층의 나이 (지 Ⅱ에서 이동)	지사학 법칙과 지층의 대비	
	상대 연령과 절대 연령	22 평가원 | 22 수능 | 23 평가원 | 23 수능 | 24 평가원 | 24 수능 | 25 평가원 | 25 수능
06 지질 시대 환경과 생물	화석과 지질 시대 (지 Ⅱ에서 이동)	24 평가원
	고기후 연구 방법 (지 Ⅱ에서 이동)	
	지질 시대 환경과 생물	22 평가원 | 22 수능 | 23 평가원 | 23 수능 | 24 평가원 | 24 수능 | 25 평가원 | 25 수능

대기와 해양

단원	주제	출제
07 | 기압과 날씨 변화	기압과 날씨	22 평가원
	온대 저기압과 날씨	22 수능 | 23 평가원 | 23 수능 | 24 평가원 | 24 수능 | 25 평가원
	일기 예보와 일기도 해석	22 평가원 | 24 평가원 | 25 수능
08 | 태풍과 우리나라의 주요 악기상	태풍	22 평가원 | 23 평가원 | 23 수능 | 24 평가원 | 24 수능 | 25 평가원 | 25 수능
	우리나라의 주요 악기상	22 평가원 | 22 수능 | 23 평가원 | 25 평가원
지 II에서 이동 09 | 해수의 성질	해수의 화학적 성질	22 평가원
	해수의 물리적 성질	22 평가원 | 22 수능 | 23 평가원 | 23 수능 | 24 평가원 | 24 수능 | 25 평가원 | 25 수능
10 | 해수의 순환	대기 대순환	22 평가원 | 22 수능 | 23 평가원 | 24 평가원 | 25 평가원
	해수의 표층 순환	23 평가원 | 23 수능 | 24 수능 | 25 평가원 | 25 수능
	해수의 심층 순환	22 평가원 | 23 평가원 | 23 수능 | 24 평가원 | 24 수능
11 | 대기와 해양의 상호 작용	지 II에서 이동 / 지 II에서 이동 용승과 침강	
	엘니뇨 남방 진동	22 평가원 | 22 수능 | 23 평가원 | 23 수능 | 24 평가원 | 24 수능 | 25 평가원 | 25 수능
12 | 지구 기후 변화	지 I+지 II에서 이동 기후 변화의 요인	22 평가원 | 22 수능 | 23 평가원 | 24 평가원 | 24 수능 | 25 평가원 | 25 수능
	지구의 열수지와 온실 효과	
	지구 온난화	22 평가원 | 23 수능

우주

단원	주제	출제
지 II에서 이동 13 | 별의 특성과 H-R도	별의 특성	22 평가원 | 22 수능 | 23 평가원 | 23 수능 | 24 평가원 | 25 평가원 | 25 수능
	H-R도	22 평가원 | 23 평가원 | 24 평가원 | 24 수능
지 II에서 이동 14 | 별의 진화와 에너지원	별의 진화	23 수능 | 24 평가원 | 25 평가원
	별의 에너지원과 내부 구조	22 평가원 | 23 평가원 | 24 평가원 | 25 평가원 | 25 수능
15 | 외계 행성계와 외계 생명체 탐사	외계 행성계 탐사	22 평가원 | 22 수능 | 23 평가원 | 23 수능 | 24 평가원 | 24 수능 | 25 평가원 | 25 수능
	외계 생명체 탐사	22 평가원 | 22 수능 | 23 평가원 | 23 수능 | 24 평가원 | 24 수능 | 25 평가원 | 25 수능
지 II에서 이동 16 | 외부 은하	은하의 분류	22 평가원 | 23 평가원 | 24 평가원 | 24 수능 | 25 평가원
	특이 은하와 충돌 은하	22 평가원 | 22 수능 | 23 수능 | 25 평가원 | 25 수능
지 II에서 이동 17 | 빅뱅 우주론	허블 법칙과 우주 팽창	22 수능 | 23 평가원 | 24 평가원 | 24 수능 | 25 수능
	빅뱅 우주론	22 평가원 | 23 수능 | 24 수능 | 25 평가원
	급팽창 우주, 가속 팽창 우주, 암흑 물질과 암흑 에너지	22 평가원 | 22 수능 | 23 평가원 | 23 수능 | 24 평가원 | 24 수능 | 25 평가원 | 25 수능

2025 대학수학능력시험 완벽 분석

2025 수능 과학탐구 영역 지구과학Ⅰ은 지난해 수능보다 어렵게 출제되었다. 초반 문항에는 지난해와 난이도가 비슷한 문제가 주로 출제되었다. 그러나 후반 문항에는 이전에 자주 출제되었던 익숙한 주제이지만 다른 방식으로 접근하거나 자료 해석과 계산에 시간이 걸리는 문제가 출제되어 전체적인 난이도가 지난해보다 상승하였다. 특히 기본 개념을 확인하는 문제가 줄어들고 다양한 자료를 분석하여 풀어야 하는 문제가 늘어났다. 연계 교재나 기출 문제의 자료와 비슷하지만 다른 각도로 변형된 자료들이 출제되었다.

오투 연계 수능 문항 예시

2025 대학수학능력시험 [1번]

1. 그림은 건열, 사층리, 연흔이 나타나는 지층의 단면을 나타낸 것이다.

지층 A, B, C에 대한 설명으로 옳은 것만을 <보기>에서 있는 대로 고른 것은?

<보기>

ㄱ. A에서는 건열이 관찰된다.
ㄴ. B의 퇴적 구조를 통해 지층의 역전 여부를 판단할 수 있다.
ㄷ. C가 형성되는 동안 건조한 환경에 노출된 시기가 있었다.

① ㄱ ② ㄴ ③ ㄱ, ㄷ ④ ㄴ, ㄷ ⑤ ㄱ, ㄴ, ㄷ

오투 [54쪽 4번]

4 그림은 A, B, C 지층에서 발견된 여러 가지 퇴적 구조를 나타낸 것이다.

이에 대한 설명으로 옳은 것만을 [보기]에서 있는 대로 고른 것은?

보기

ㄱ. A가 형성될 당시 퇴적물은 ㉠ 방향으로 운반되었다.
ㄴ. B는 건조 기후에서 형성되었다.
ㄷ. C는 퇴적된 후에 역전되었다.

① ㄱ ② ㄷ ③ ㄱ, ㄴ
④ ㄴ, ㄷ ⑤ ㄱ, ㄴ, ㄷ

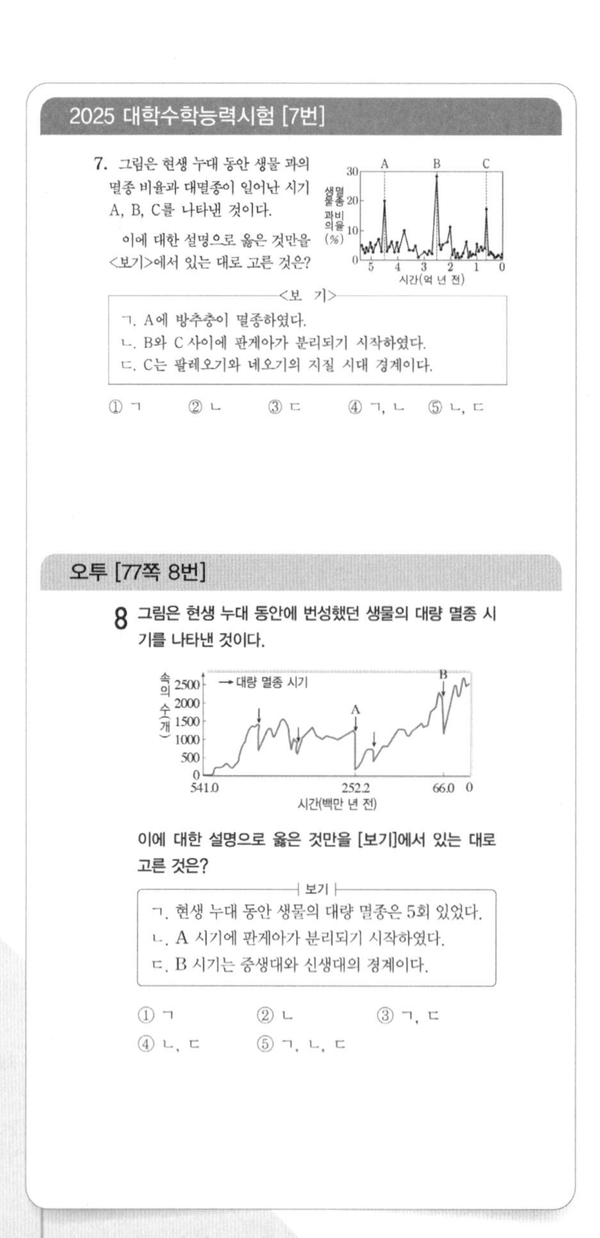
2025 대학수학능력시험 [7번]

7. 그림은 현생 누대 동안 생물 과의 멸종 비율과 대멸종이 일어난 시기 A, B, C를 나타낸 것이다.

이에 대한 설명으로 옳은 것만을 <보기>에서 있는 대로 고른 것은?

<보기>

ㄱ. A에 방추충이 멸종하였다.
ㄴ. B와 C 사이에 판게아가 분리되기 시작하였다.
ㄷ. C는 팔레오기와 네오기의 지질 시대 경계이다.

① ㄱ ② ㄴ ③ ㄷ ④ ㄱ, ㄴ ⑤ ㄴ, ㄷ

오투 [77쪽 8번]

8 그림은 현생 누대 동안에 번성했던 생물의 대량 멸종 시기를 나타낸 것이다.

이에 대한 설명으로 옳은 것만을 [보기]에서 있는 대로 고른 것은?

보기

ㄱ. 현생 누대 동안 생물의 대량 멸종은 5회 있었다.
ㄴ. A 시기에 판게아가 분리되기 시작하였다.
ㄷ. B 시기는 중생대와 신생대의 경계이다.

① ㄱ ② ㄴ ③ ㄱ, ㄷ
④ ㄴ, ㄷ ⑤ ㄱ, ㄴ, ㄷ

자료와 유형이 비슷해요

대수능 1번은 여러 가지 퇴적 구조의 생성 환경을 묻는 문제이다. 오투에서 제시된 자료와 유형이 일치하며, 퇴적 구조를 보고 지층의 역전을 판단하거나 건열의 생성 환경을 묻는 보기 내용이 일치하였다.

자료와 유형이 비슷해요

대수능 7번은 생물의 대멸종 시기에 일어난 사건을 묻는 문제이다. 오투에서 제시된 자료와 유형이 유사하며, 대멸종과 판게아 분리의 관련성 및 대멸종이 지질 시대의 경계가 됨을 알고 있는지 묻는 보기 내용이 일치하였다.

2025 대학수학능력시험 [8번]

8. 그림은 지구의 공전 궤도 이심률과 자전축 경사각의 변화를 나타낸 것이다.

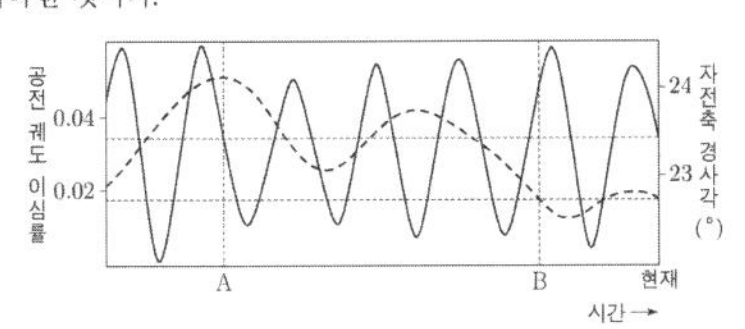

이 자료에 대한 설명으로 옳은 것만을 <보기>에서 있는 대로 고른 것은? (단, 지구의 공전 궤도 이심률과 자전축 경사각 이외의 요인은 변하지 않는다고 가정한다.)

<보 기>

ㄱ. 30°N에서 기온의 연교차는 A 시기가 현재보다 작다.
ㄴ. 근일점과 원일점에서 지구에 도달하는 태양 복사 에너지양의 차는 B 시기가 현재보다 크다.
ㄷ. 30°S에서 겨울철 평균 기온은 B 시기가 현재보다 낮다.

① ㄱ ② ㄴ ③ ㄱ, ㄷ ④ ㄴ, ㄷ ⑤ ㄱ, ㄴ, ㄷ

오투 [145쪽 2번]

2 그림 (가)와 (나)는 현재로부터 5만 년 전후의 지구 자전축의 기울기 변화와 지구 공전 궤도 이심률 변화에 따른 태양과 원일점 사이의 거리 변화를 나타낸 것이다.

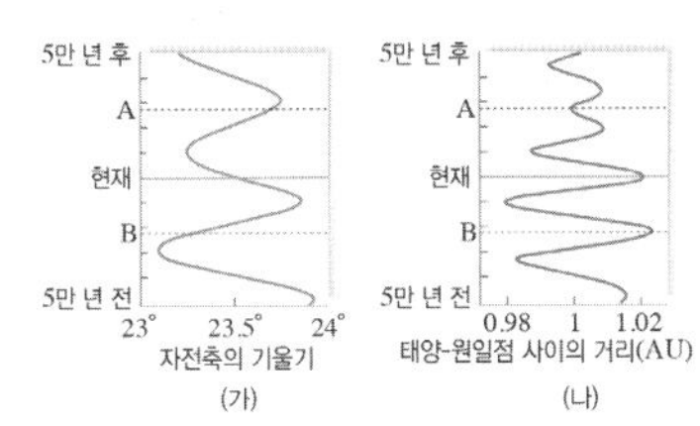

이에 대한 설명으로 옳은 것만을 [보기]에서 있는 대로 고른 것은? (단, 지구 자전축의 기울기와 공전 궤도 이심률 이외의 요인은 변하지 않는다.)

보기

ㄱ. A 시기에 지구 공전 궤도 이심률은 현재보다 작다.
ㄴ. A 시기에 북반구 여름의 기온은 현재보다 높다.
ㄷ. B 시기에는 현재보다 계절 변화가 크게 나타난다.

① ㄱ ② ㄷ ③ ㄱ, ㄴ
④ ㄴ, ㄷ ⑤ ㄱ, ㄴ, ㄷ

2025 대학수학능력시험 [16번]

16. 그림 (가)는 어느 지역의 지질 단면을, (나)는 방사성 원소 X의 함량(%)에 대한 방사성 원소 Y의 함량(%)을 시간에 따라 나타낸 것이다. 화성암 A와 B는 각각 X와 Y를 모두 포함하며, 현재 A에 포함된 Y의 함량은 처음 양의 $\frac{3}{8}$이고, B에 포함된 X의 함량은 처음 양의 $\frac{1}{4}$이다. X의 반감기는 0.5억 년이다.

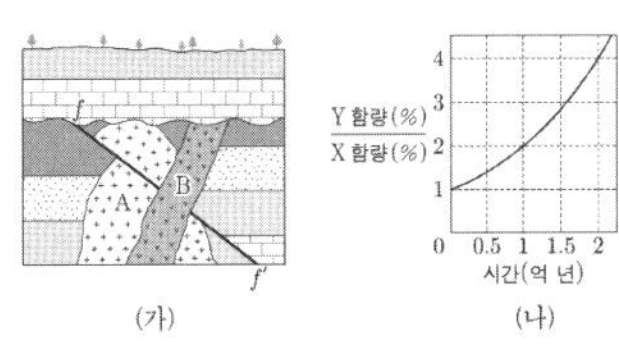

이에 대한 설명으로 옳은 것만을 <보기>에서 있는 대로 고른 것은? (단, X와 Y의 자원소는 모두 각각의 모원소가 붕괴하여 생성되었다.) [3점]

<보 기>

ㄱ. 반감기는 X가 Y의 $\frac{1}{2}$배이다.
ㄴ. 현재로부터 2억 년 후, B에 포함된 Y의 자원소 함량은 Y 함량의 7배이다.
ㄷ. (가)에서 단층 $f-f'$은 중생대에 형성되었다.

① ㄱ ② ㄴ ③ ㄱ, ㄷ ④ ㄴ, ㄷ ⑤ ㄱ, ㄴ, ㄷ

오투 [63쪽 12번]

12 그림 (가)는 어느 지역의 지질 단면도이고, (나)는 화성암 A와 B에 들어 있는 방사성 동위 원소 X의 붕괴 곡선이다.

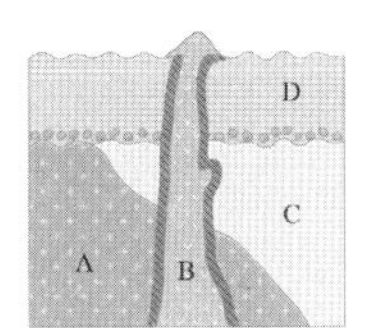

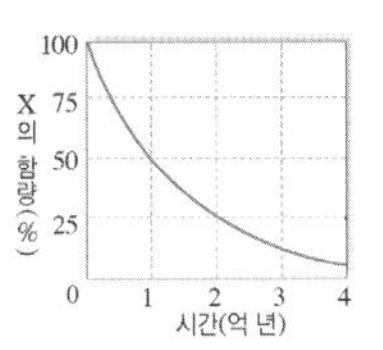

이에 대한 설명으로 옳은 것만을 [보기]에서 있는 대로 고른 것은? (단, A와 B에는 방사성 동위 원소 X가 각각 처음 양의 $\frac{1}{4}$, $\frac{1}{2}$이 들어 있다.)

보기

ㄱ. 지층과 암석의 생성 순서는 A → C → B → D이다.
ㄴ. X의 반감기는 0.5억 년이다.
ㄷ. D의 절대 연령은 1억 년과 2억 년 사이이다.

① ㄱ ② ㄷ ③ ㄱ, ㄴ
④ ㄴ, ㄷ ⑤ ㄱ, ㄴ, ㄷ

자료와 유형이 비슷해요

대수능 8번은 지구의 공전 궤도 이심률과 자전축 경사각의 변화가 지구 기후 변화에 미치는 영향을 묻는 문제이다. 오투에서 제시된 자료와 유형이 유사하며, 특정 시기의 평균 기온을 현재와 비교하는 보기 내용이 일치하였다.

자료와 개념이 비슷해요

대수능 16번은 지질 단면도를 보고 절대 연령을 이용하여 지질 구조가 형성된 시기를 알아보는 문제이다. 오투에서 제시된 자료와 개념이 유사하며, 원소의 반감기를 알아내는 보기 내용이 일치하였다.

2026 수능 대비 전략

개념을 정확하게 이해하고, 핵심 자료를 꼼꼼히 분석한다.

과학탐구 영역은 개념을 확실하게 이해하고 있다면 어떤 형태의 문제가 출제되어도 해결할 수 있다.

다양한 보기와 신유형 문제를 연습한다.

자료가 동일하더라도 물어보는 방향과 방식은 다를 수 있으므로 단순히 암기보다는 핵심을 이해하고 이를 문제에 적용하는 방법을 익혀야 한다. 또한, 새로운 자료에도 당황하지 않도록 다양한 유형의 문제를 풀어보아야 한다.

2024.6 평가원 1번

1. 다음은 판 구조론이 정립되는 과정에서 등장한 이론에 대하여 학생 A, B, C가 나눈 대화를 나타낸 것이다. ㉠과 ㉡은 각각 대륙 이동설과 해양저 확장설 중 하나이다.

이론	내용
㉠	과거에 하나로 모여 있던 초대륙 판게아가 분리되고 이동하여 현재와 같은 수륙 분포가 되었다.
㉡	해령을 축으로 해양 지각이 생성되고 양쪽으로 멀어짐에 따라 해양저가 확장된다.

제시한 내용이 옳은 학생만을 있는 대로 고른 것은?

① A ② C ③ A, B
④ B, C ⑤ A, B, C

2025 수능 11번

2. 그림 (가)는 판 A와 B의 경계 주변과 시추 지점 ㉠~㉣을, (나)는 각 지점에서 가장 오래된 퇴적물 하부의 암석 연령을 판 경계로부터 최단 거리에 따라 나타낸 것이다.

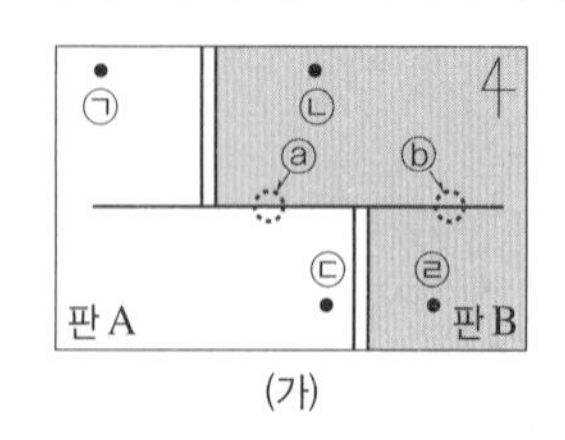

(가)

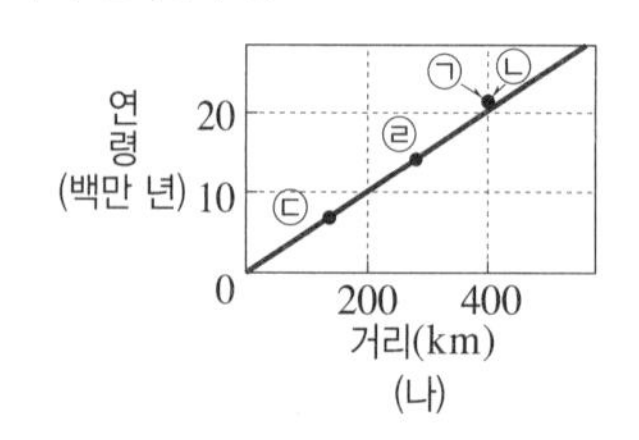

(나)

이 자료에 대한 설명으로 옳은 것만을 〈보기〉에서 있는 대로 고른 것은? [3점]

〈 보기 〉
ㄱ. 지진은 지역 ⓐ가 지역 ⓑ보다 활발하게 일어난다.
ㄴ. 가장 오래된 퇴적물 하부의 암석에 기록된 고지자기 방향은 ㉠과 ㉡이 같다.
ㄷ. ㉢은 ㉣에 대하여 2 cm/년의 속도로 멀어진다.

① ㄱ ② ㄷ ③ ㄱ, ㄴ
④ ㄴ, ㄷ ⑤ ㄱ, ㄴ, ㄷ

2023.6 평가원 4번

3. 다음은 어느 플룸의 연직 이동 원리를 알아보기 위한 실험이다.

| 실험 목표 |
○ (A)의 연직 이동 원리를 설명할 수 있다.

| 실험 과정 |
(가) 비커에 5 ℃ 물 800 mL를 담는다.
(나) 그림과 같이 비커 바닥에 수성 잉크 소량을 스포이트로 주입한다.
(다) 비커 바닥의 물이 고르게 착색된 후, 비커 바닥 중앙을 촛불로 30초간 가열하면서 착색된 물이 움직이는 모습을 관찰한다.

| 실험 결과 |
○ 그림과 같이 착색된 물이 밀도 차에 의해 (B)하는 모습이 관찰되었다.

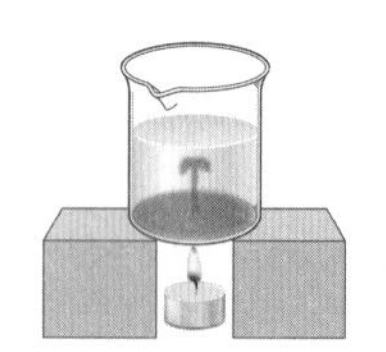

이에 대한 설명으로 옳은 것만을 〈보기〉에서 있는 대로 고른 것은? [3점]

〈 보기 〉
ㄱ. '뜨거운 플룸'은 A에 해당한다.
ㄴ. '상승'은 B에 해당한다.
ㄷ. 플룸은 내핵과 외핵의 경계에서 생성된다.

① ㄱ ② ㄷ ③ ㄱ, ㄴ
④ ㄴ, ㄷ ⑤ ㄱ, ㄴ, ㄷ

2024 수능 2번

4. 그림 (가), (나), (다)는 사층리, 연흔, 점이층리를 순서 없이 나타낸 것이다.

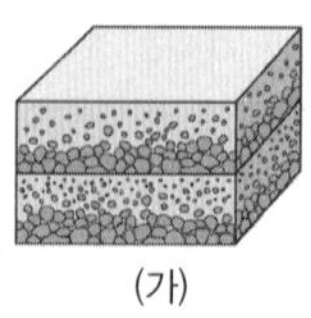
(가)

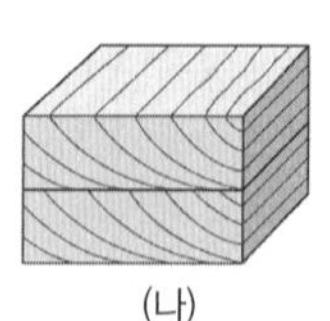
(나)

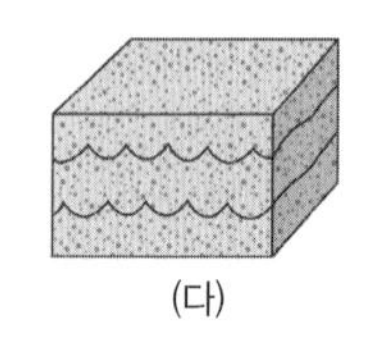
(다)

이에 대한 설명으로 옳은 것만을 〈보기〉에서 있는 대로 고른 것은?

〈 보기 〉
ㄱ. (가)는 점이층리이다.
ㄴ. (나)는 지층의 역전 여부를 판단할 수 있는 퇴적 구조이다.
ㄷ. (다)는 역암층보다 사암층에서 주로 나타난다.

① ㄱ ② ㄷ ③ ㄱ, ㄴ
④ ㄴ, ㄷ ⑤ ㄱ, ㄴ, ㄷ

2024.6 평가원 19번

5. 그림은 방사성 동위 원소 X의 붕괴 곡선의 일부를 나타낸 것이다. 화성암에 포함된 X의 자원소 Y는 모두 X가 붕괴하여 생성되었다.

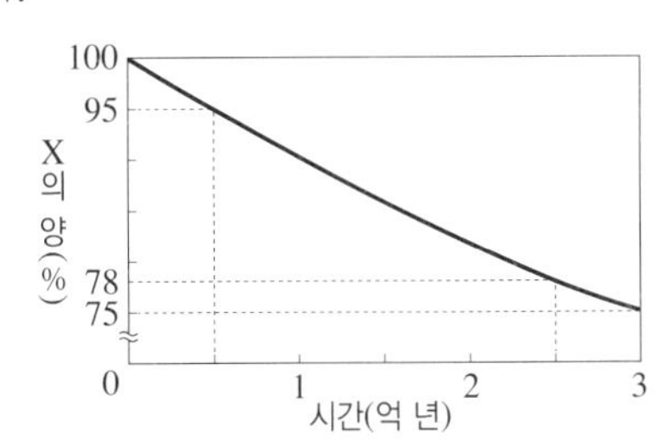

이 자료에 대한 설명으로 옳은 것만을 〈보기〉에서 있는 대로 고른 것은? (단, 모든 화성암에는 X가 포함되어 있으며, X의 양(%)은 화성암 생성 당시 X의 함량에 대한 남아 있는 X의 함량의 비율이고, Y의 양(%)은 붕괴한 X의 양과 같다.) [3점]

〈 보기 〉

ㄱ. 현재의 X의 양이 95 %인 화성암은 속씨식물이 존재하던 시기에 생성되었다.
ㄴ. X의 반감기는 6억 년보다 길다.
ㄷ. 중생대에 생성된 모든 화성암에서는 현재의 $\frac{\text{X의 양(\%)}}{\text{Y의 양(\%)}}$이 4보다 크다.

① ㄱ ② ㄷ ③ ㄱ, ㄴ
④ ㄴ, ㄷ ⑤ ㄱ, ㄴ, ㄷ

2025 수능 7번

6. 그림은 현생 누대 동안 생물 과의 멸종 비율과 대멸종이 일어난 시기 A, B, C를 나타낸 것이다.

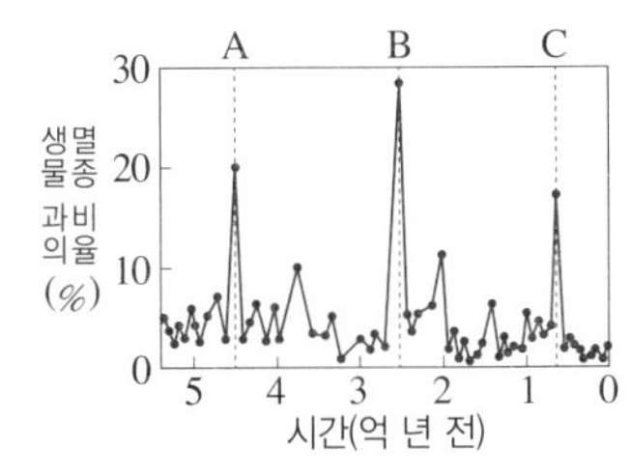

이에 대한 설명으로 옳은 것만을 〈보기〉에서 있는 대로 고른 것은?

〈 보기 〉

ㄱ. A에 방추충이 멸종하였다.
ㄴ. B와 C 사이에 판게아가 분리되기 시작하였다.
ㄷ. C는 팔레오기와 네오기의 지질 시대 경계이다.

① ㄱ ② ㄴ ③ ㄷ
④ ㄱ, ㄴ ⑤ ㄴ, ㄷ

2023 수능 8번

7. 그림은 어느 온대 저기압이 우리나라를 지나는 3시간($T_1 \rightarrow T_4$) 동안 전선 주변에서 발생한 번개의 분포를 1시간 간격으로 나타낸 것이다. 이 기간 동안 온난 전선과 한랭 전선 중 하나가 A 지역을 통과하였다.

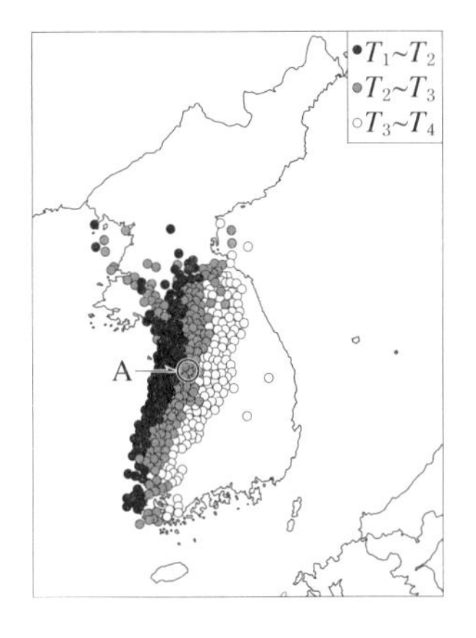

이 자료에 대한 설명으로 옳은 것만을 〈보기〉에서 있는 대로 고른 것은? [3점]

〈 보기 〉

ㄱ. 이 기간 중 A의 상공에는 전선면이 나타났다.
ㄴ. T_2~T_3 동안 A에서는 적운형 구름이 발달하였다.
ㄷ. 전선이 통과하는 동안 A의 풍향은 시계 반대 방향으로 바뀌었다.

① ㄱ ② ㄷ ③ ㄱ, ㄴ
④ ㄴ, ㄷ ⑤ ㄱ, ㄴ, ㄷ

2024.6 평가원 13번

8. 그림은 태풍의 영향을 받은 우리나라 어느 관측소에서 24시간 동안 관측한 표층 수온과 기상 요소를 시간에 따라 나타낸 것이다.

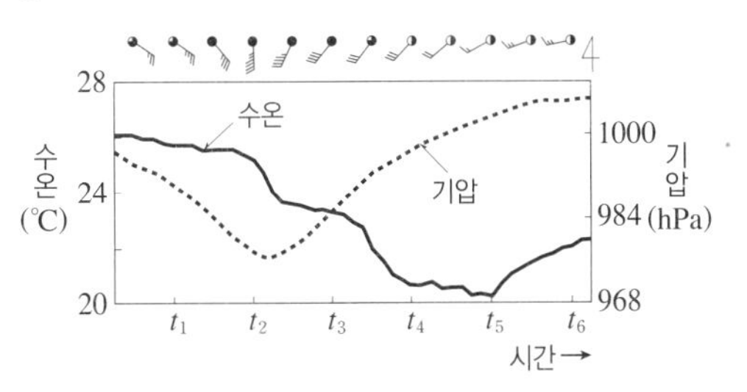

이 자료에 대한 설명으로 옳은 것만을 〈보기〉에서 있는 대로 고른 것은? [3점]

〈 보기 〉

ㄱ. 이 기간 동안 관측소는 태풍의 위험 반원에 위치하였다.
ㄴ. 관측소와 태풍 중심 사이의 거리는 t_2가 t_4보다 가깝다.
ㄷ. $t_1 \rightarrow t_4$ 동안 수온 변화는 태풍에 의한 해수 침강에 의해 발생하였다.

① ㄱ ② ㄷ ③ ㄱ, ㄴ
④ ㄴ, ㄷ ⑤ ㄱ, ㄴ, ㄷ

2025 수능 13번

9. 그림은 북상하는 어느 태풍의 영향을 받은 어느 날 우리나라 관측소 A와 B에서 01시부터 23시까지 관측한 풍향과 기압을 나타낸 것이다.

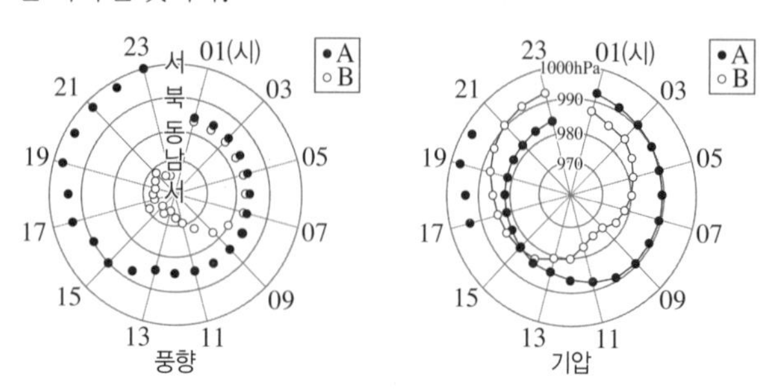

이 자료에 대한 설명으로 옳은 것만을 〈보기〉에서 있는 대로 고른 것은? [3점]

〈 보기 〉
ㄱ. 13~19시 동안 A는 위험 반원에 위치하였다.
ㄴ. 01~ 23시 동안 기압의 변화 폭은 A가 B보다 작다.
ㄷ. 09시에 태풍 중심까지의 최단 거리는 A가 B보다 가깝다.

① ㄱ ② ㄴ ③ ㄷ
④ ㄱ, ㄷ ⑤ ㄴ, ㄷ

2023 수능 14번

10. 그림은 1월과 7월의 지표 부근의 평년 바람 분포 중 하나를 나타낸 것이다. A, B, C는 주요 표층 해류가 흐르는 해역이다.

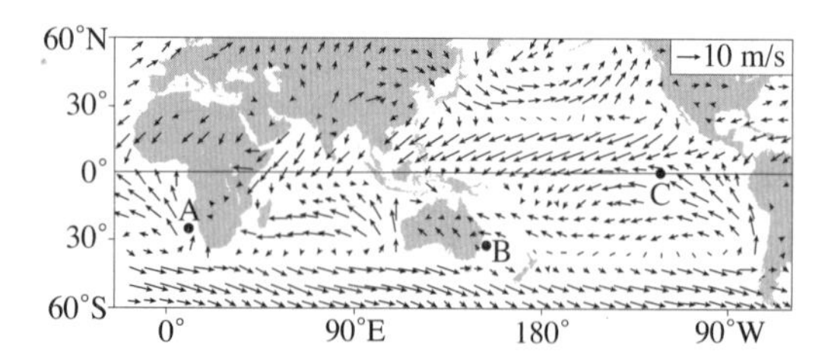

이에 대한 설명으로 옳은 것만을 〈보기〉에서 있는 대로 고른 것은? [3점]

〈 보기 〉
ㄱ. 이 평년 바람 분포는 1월에 해당한다.
ㄴ. A와 B의 표층 해류는 모두 고위도 방향으로 흐른다.
ㄷ. C에서는 대기 대순환에 의해 표층 해수가 수렴한다.

① ㄱ ② ㄴ ③ ㄷ
④ ㄱ, ㄴ ⑤ ㄱ, ㄷ

2024 수능 4번

11. 다음은 담수의 유입과 해수의 결빙이 해수의 염분에 미치는 영향을 알아보기 위한 실험이다.

| 실험 과정 |

(가) 수온이 15 ℃, 염분이 35 psu인 소금물 600 g을 만든다.
(나) (가)의 소금물을 비커 A와 B에 각각 300 g씩 나눠 담는다.
(다) A의 소금물에 수온이 15 ℃인 증류수 50 g을 섞는다.
(라) B의 소금물을 표층이 얼 때까지 천천히 냉각시킨다.
(마) A와 B에 있는 소금물의 염분을 측정하여 기록한다.

| 실험 결과 |

비커	A	B
염분(psu)	(㉠)	(㉡)

| 결과 해석 |
○ 담수의 유입이 있는 해역에서는 해수의 염분이 감소한다.
○ 해수의 결빙이 있는 해역에서는 해수의 염분이 (㉢).

이에 대한 설명으로 옳은 것만을 〈보기〉에서 있는 대로 고른 것은?

〈 보기 〉
ㄱ. (다)는 담수의 유입에 의한 해수의 염분 변화를 알아보기 위한 과정에 해당한다.
ㄴ. ㉠은 ㉡보다 크다.
ㄷ. '감소한다'는 ㉢에 해당한다.

① ㄱ ② ㄴ ③ ㄷ ④ ㄱ, ㄴ ⑤ ㄱ, ㄷ

2024.6 평가원 3번

12. 그림은 해수의 심층 순환을 나타낸 모식도이다. A와 B는 각각 표층 해류와 심층 해류 중 하나이다.

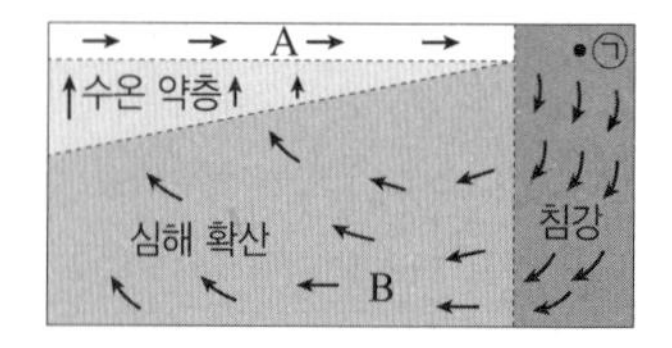

이에 대한 설명으로 옳은 것만을 〈보기〉에서 있는 대로 고른 것은? [3점]

〈 보기 〉
ㄱ. A에 의해 에너지가 수송된다.
ㄴ. ㉠ 해역에서 해수가 침강하여 심해층에 산소를 공급한다.
ㄷ. 평균 이동 속력은 A가 B보다 느리다.

① ㄱ ② ㄴ ③ ㄷ
④ ㄱ, ㄴ ⑤ ㄱ, ㄷ

2024.9 평가원 16번

13. 그림은 지구 자전축의 경사각과 세차 운동에 의한 자전축의 경사 방향 변화를 나타낸 것이다.

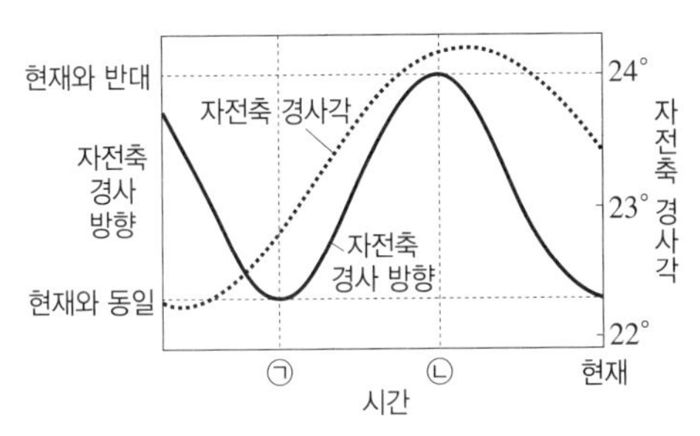

이에 대한 설명으로 옳은 것만을 〈보기〉에서 있는 대로 고른 것은? (단, 지구 자전축 경사각과 세차 운동 이외의 요인은 변하지 않는다고 가정한다.)

〈 보기 〉

ㄱ. 우리나라의 겨울철 평균 기온은 ㉠ 시기가 현재보다 높다.
ㄴ. 우리나라에서 기온의 연교차는 ㉡ 시기가 현재보다 크다.
ㄷ. 지구가 근일점에 위치할 때 우리나라에서 낮의 길이는 ㉠ 시기가 ㉡ 시기보다 길다.

① ㄱ ② ㄷ ③ ㄱ, ㄴ
④ ㄴ, ㄷ ⑤ ㄱ, ㄴ, ㄷ

2025 수능 20번

14. 표는 별 (가), (나), (다)의 물리량을 나타낸 것이다. (가), (나), (다) 중 주계열성은 2개이고, 태양의 절대 등급은 +4.8, 태양의 표면 온도는 5800 K이다.

별	표면 온도 (K)	반지름 (상댓값)	겉보기 등급
(가)	16000	0.025	8
(나)	8000	2.5	10
(다)	4000	1	13

이 자료에 대한 설명으로 옳은 것만을 〈보기〉에서 있는 대로 고른 것은?

〈 보기 〉

ㄱ. 복사 에너지를 최대로 방출하는 파장은 (나)가 (다)의 2배이다.
ㄴ. 지구로부터의 거리는 (다)가 (가)의 20배보다 멀다.
ㄷ. (가)의 절대 등급은 +12보다 크다.

① ㄱ ② ㄴ ③ ㄷ
④ ㄱ, ㄷ ⑤ ㄴ, ㄷ

2024.9 평가원 2번

15. 그림은 서로 다른 별의 집단 (가)~(라)를 H−R도에 나타낸 것이다. (가)~(라)는 각각 거성, 백색 왜성, 주계열성, 초거성 중 하나이다.

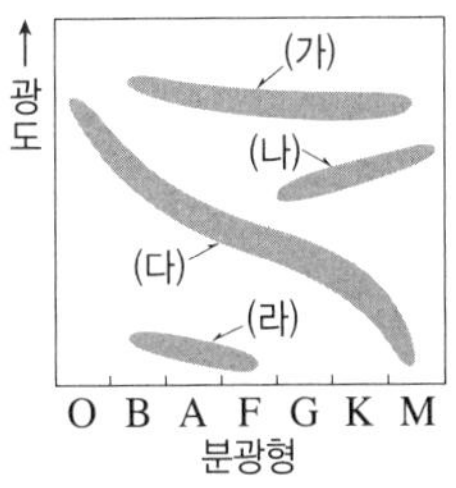

(가)~(라)에 대한 설명으로 옳은 것만을 〈보기〉에서 있는 대로 고른 것은?

〈 보기 〉

ㄱ. 평균 광도는 (가)가 (라)보다 작다.
ㄴ. 평균 표면 온도는 (나)가 (라)보다 낮다.
ㄷ. 평균 밀도는 (라)가 가장 크다.

① ㄱ ② ㄴ ③ ㄷ
④ ㄱ, ㄴ ⑤ ㄴ, ㄷ

2023.6 평가원 20번

16. 그림 (가)는 중심별과 행성이 공통 질량 중심에 대하여 공전하는 원 궤도를, (나)는 중심별의 시선 속도를 시간에 따라 나타낸 것이다. 행성이 A에 위치할 때 중심별의 시선 속도는 −60 m/s이고, 행성의 공전 궤도면은 관측자의 시선 방향과 나란하다.

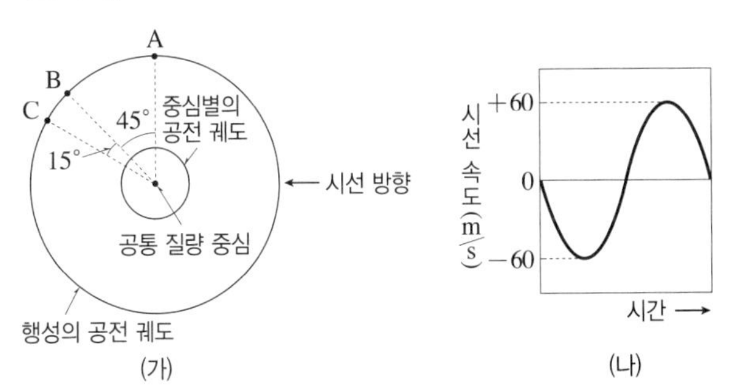

이에 대한 설명으로 옳은 것만을 〈보기〉에서 있는 대로 고른 것은? (단, 빛의 속도는 3×10^{8} m/s이다.) [3점]

〈 보기 〉

ㄱ. 행성의 공전 방향은 A → B → C이다.
ㄴ. 중심별의 스펙트럼에서 500 nm의 기준 파장을 갖는 흡수선의 최대 파장 변화량은 0.001 nm이다.
ㄷ. 중심별의 시선 속도는 행성이 B를 지날 때가 C를 지날 때의 $\sqrt{2}$배이다.

① ㄱ ② ㄴ ③ ㄱ, ㄷ
④ ㄴ, ㄷ ⑤ ㄱ, ㄴ, ㄷ

2023 수능 5번

17. 표는 주계열성 A와 B의 질량, 생명 가능 지대에 위치한 행성의 공전 궤도 반지름, 생명 가능 지대의 폭을 나타낸 것이다.

주계열성	질량 (태양=1)	행성의 공전 궤도 반지름 (AU)	생명 가능 지대의 폭 (AU)
A	5	(㉠)	(㉢)
B	0.5	(㉡)	(㉣)

이에 대한 설명으로 옳은 것만을 〈보기〉에서 있는 대로 고른 것은?

〈 보기 〉

ㄱ. 광도는 A가 B보다 크다.
ㄴ. ㉠은 ㉡보다 크다.
ㄷ. ㉢은 ㉣보다 크다.

① ㄱ ② ㄷ ③ ㄱ, ㄴ
④ ㄴ, ㄷ ⑤ ㄱ, ㄴ, ㄷ

2025 수능 5번

18. 그림은 은하 (가)와 (나)의 스펙트럼을 나타낸 것이다. (가)와 (나)는 각각 세이퍼트은하와 타원 은하 중 하나이다.

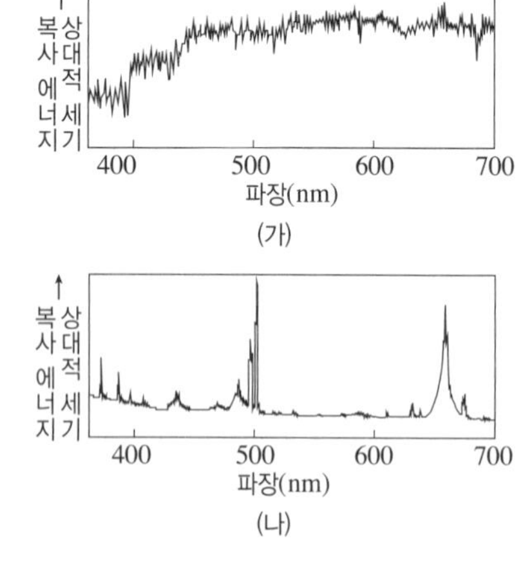

이에 대한 설명으로 옳은 것만을 〈보기〉에서 있는 대로 고른 것은?

〈 보기 〉

ㄱ. (가)는 세이퍼트은하이다.
ㄴ. (나)의 스펙트럼에는 방출선이 나타난다.
ㄷ. 은하를 구성하는 주계열성의 평균 표면 온도는 (가)가 우리 은하보다 낮다.

① ㄱ ② ㄴ ③ ㄱ, ㄷ
④ ㄴ, ㄷ ⑤ ㄱ, ㄴ, ㄷ

2024.6 평가원 15번

19. 그림 (가)는 은하에 의한 중력 렌즈 현상을, (나)는 T 시기 이후 우주 구성 요소의 밀도 변화를 나타낸 것이다. A, B, C는 각각 보통 물질, 암흑 물질, 암흑 에너지 중 하나이다.

(가)

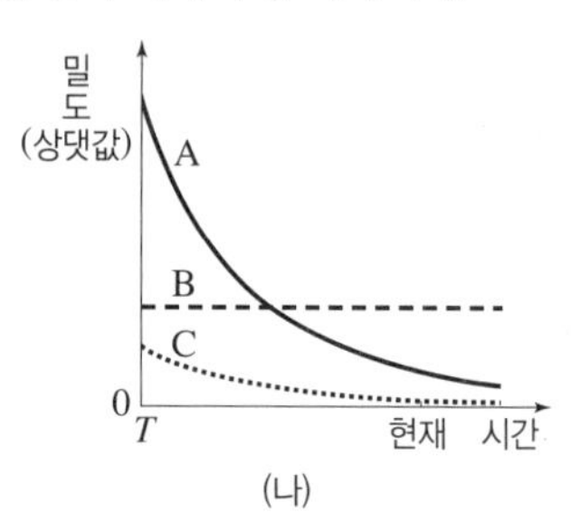

(나)

이에 대한 설명으로 옳은 것만을 〈보기〉에서 있는 대로 고른 것은?

〈 보기 〉

ㄱ. (가)를 이용하여 A가 존재함을 추정할 수 있다.
ㄴ. B에서 가장 많은 양을 차지하는 것은 양성자이다.
ㄷ. T 시기부터 현재까지 우주의 팽창 속도는 계속 증가하였다.

① ㄱ ② ㄴ ③ ㄱ, ㄷ
④ ㄴ, ㄷ ⑤ ㄱ, ㄴ, ㄷ

2024 수능 12번

20. 다음은 외부 은하 A, B, C에 대한 설명이다.

○ A와 B 사이의 거리는 30 Mpc이다.
○ A에서 관측할 때 B와 C의 시선 방향은 90°를 이룬다.
○ A에서 측정한 B와 C의 후퇴 속도는 각각 2100 km/s와 2800 km/s이다.

이 자료에 대한 설명으로 옳은 것만을 〈보기〉에서 있는 대로 고른 것은? (단, 빛의 속도는 3×10^5 km/s이고, 세 은하는 허블 법칙을 만족한다.) [3점]

〈 보기 〉

ㄱ. 허블 상수는 70 km/s/Mpc이다.
ㄴ. B에서 측정한 C의 후퇴 속도는 3500 km/s이다.
ㄷ. B에서 측정한 A의 $\left(\frac{\text{관측 파장}-\text{기준 파장}}{\text{기준 파장}}\right)$은 0.07이다.

① ㄱ ② ㄷ ③ ㄱ, ㄴ
④ ㄴ, ㄷ ⑤ ㄱ, ㄴ, ㄷ

실전 기출 모의고사 2회

2024 수능 20번

1. 그림은 지괴 A와 B의 현재 위치와 ㉠ 시기부터 ㉡ 시기까지 시기별 고지자기극의 위치를 나타낸 것이다. A와 B는 동일 경도를 따라 일정한 방향으로 이동하였으며, ㉠부터 현재까지의 어느 시기에 서로 한 번 분리된 후 현재의 위치에 있다.

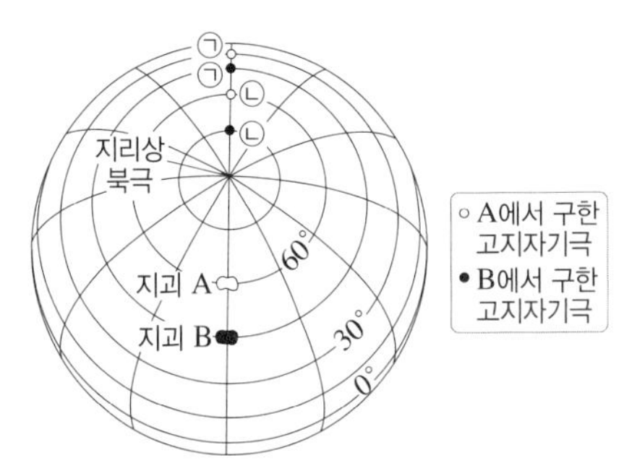

이 자료에 대한 설명으로 옳은 것만을 〈보기〉에서 있는 대로 고른 것은? (단, 고지자기극은 고지자기 방향으로 추정한 지리상 북극이고, 지리상 북극은 변하지 않았다.) [3점]

〈 보기 〉
ㄱ. A에서 구한 고지자기 복각의 절댓값은 ㉠이 ㉡보다 작다.
ㄴ. A와 B는 북반구에서 분리되었다.
ㄷ. ㉡부터 현재까지의 평균 이동 속도는 A가 B보다 빠르다.

① ㄱ ② ㄷ ③ ㄱ, ㄴ
④ ㄴ, ㄷ ⑤ ㄱ, ㄴ, ㄷ

2024.6 평가원 9번

2. 그림은 플룸 구조론을 나타낸 모식도이다. A와 B는 각각 뜨거운 플룸과 차가운 플룸 중 하나이다.

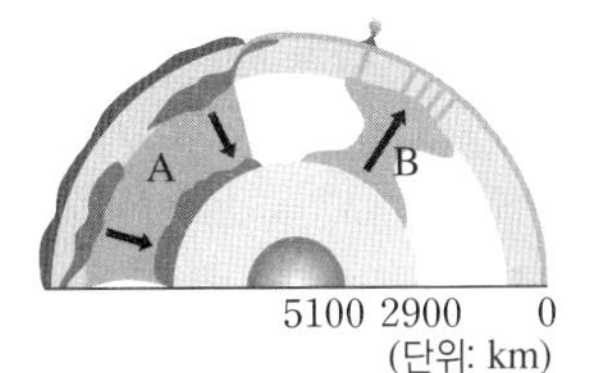

이에 대한 설명으로 옳은 것만을 〈보기〉에서 있는 대로 고른 것은?

〈 보기 〉
ㄱ. A는 뜨거운 플룸이다.
ㄴ. B에 의해 여러 개의 화산이 형성될 수 있다.
ㄷ. B는 내핵과 외핵의 경계에서 생성된다.

① ㄱ ② ㄴ ③ ㄷ
④ ㄱ, ㄴ ⑤ ㄴ, ㄷ

2024 수능 5번

3. 그림 (가)는 판 경계 주변에서 마그마가 생성되는 모습을, (나)는 깊이에 따른 지하 온도 분포와 암석의 용융 곡선을 나타낸 것이다. ㉠과 ㉡은 안산암질 마그마와 현무암질 마그마를 순서 없이 나타낸 것이다.

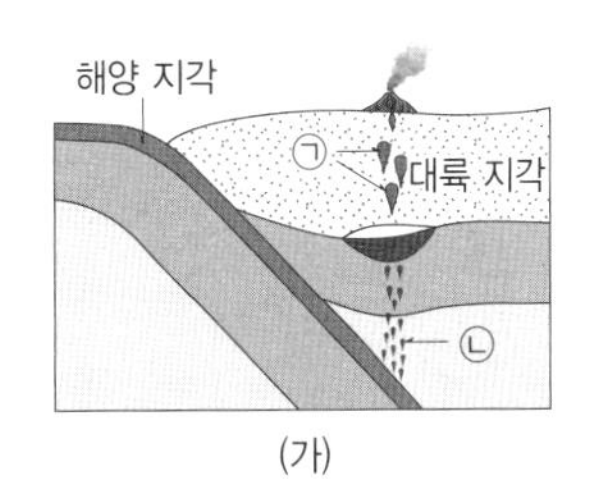

(가)

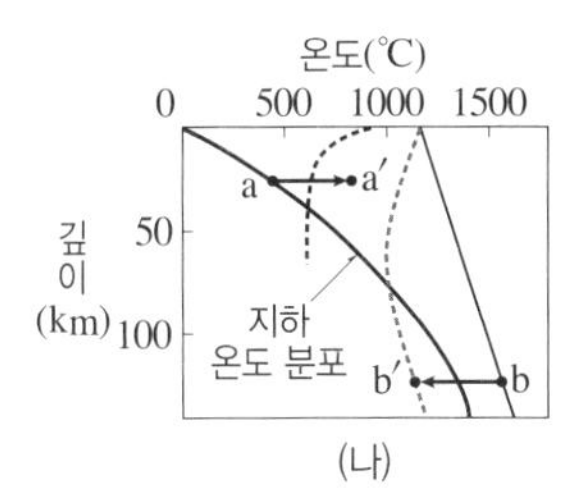

(나)

이에 대한 설명으로 옳은 것만을 〈보기〉에서 있는 대로 고른 것은? [3점]

〈 보기 〉
ㄱ. ㉠이 분출하여 굳으면 섬록암이 된다.
ㄴ. ㉡은 a → a′ 과정에 의해 생성된다.
ㄷ. SiO_2 함량(%)은 ㉠이 ㉡보다 높다.

① ㄱ ② ㄴ ③ ㄷ
④ ㄱ, ㄴ ⑤ ㄴ, ㄷ

2025 수능 1번

4. 그림은 건열, 사층리, 연흔이 나타나는 지층의 단면을 나타낸 것이다.

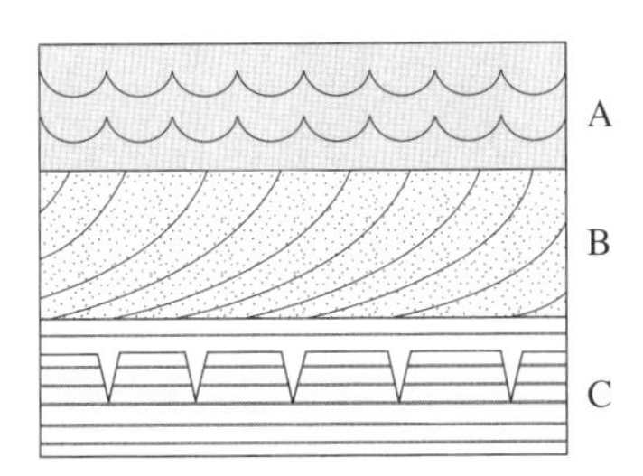

지층 A, B, C에 대한 설명으로 옳은 것만을 〈보기〉에서 있는 대로 고른 것은?

〈 보기 〉
ㄱ. A에서는 건열이 관찰된다.
ㄴ. B의 퇴적 구조를 통해 지층의 역전 여부를 판단할 수 있다.
ㄷ. C가 형성되는 동안 건조한 환경에 노출된 시기가 있었다.

① ㄱ ② ㄴ ③ ㄱ, ㄷ
④ ㄴ, ㄷ ⑤ ㄱ, ㄴ, ㄷ

2024.9 평가원 17번

5. 그림은 어느 지역의 지질 단면을 나타낸 것이다.

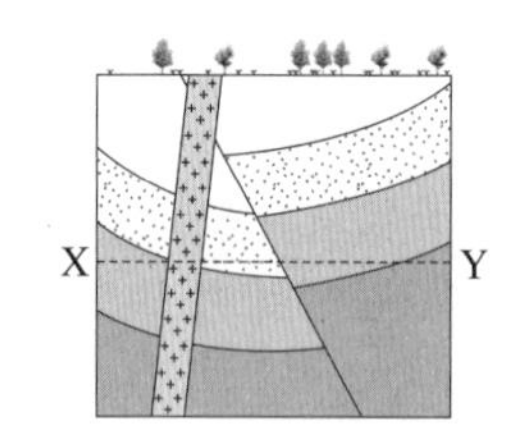

구간 X－Y에 해당하는 지층의 연령 분포로 가장 적절한 것은? [3점]

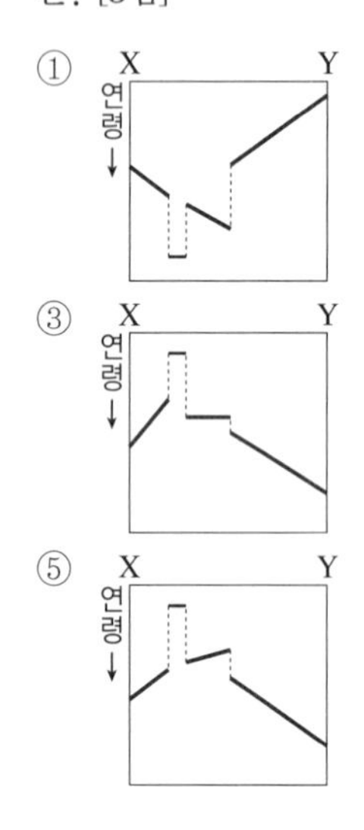

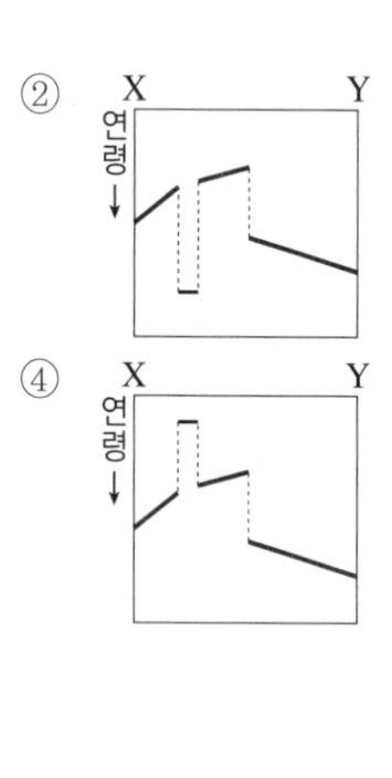

2023 수능 19번

6. 그림 (가)와 (나)는 어느 두 지역의 지질 단면을, (다)는 시간에 따른 방사성 원소 X와 Y의 붕괴 곡선을 나타낸 것이다. 화강암 A와 B에는 한 종류의 방사성 원소만 존재하고, X와 Y 중 서로 다른 한 종류만 포함한다. 현재 A와 B에 포함된 방사성 원소의 함량은 각각 처음 양의 25 %, 12.5 % 중 서로 다른 하나이다. 두 지역의 셰일에서는 삼엽충 화석이 산출된다.

(가)

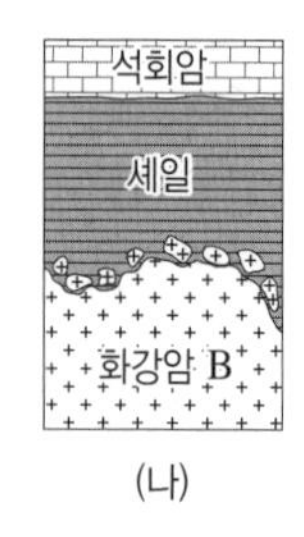

(나)

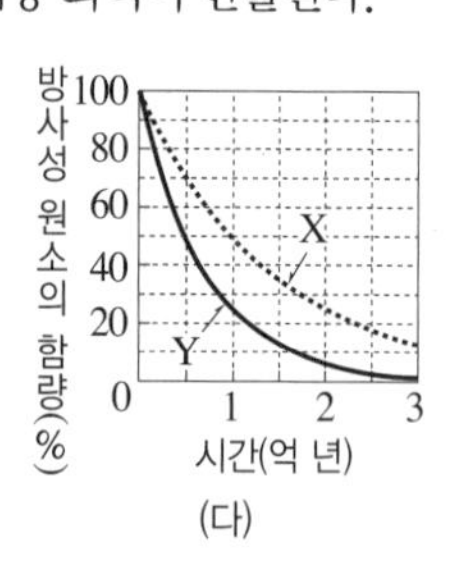

(다)

이 자료에 대한 설명으로 옳은 것만을 〈보기〉에서 있는 대로 고른 것은? [3점]

〈 보기 〉

ㄱ. (가)에서는 관입이 나타난다.

ㄴ. B에 포함되어 있는 방사성 원소는 X이다.

ㄷ. 현재의 함량으로부터 1억 년 후의 $\frac{\text{A에 포함된 방사성 원소 함량}}{\text{B에 포함된 방사성 원소 함량}}$은 1이다.

① ㄱ ② ㄷ ③ ㄱ, ㄴ ④ ㄴ, ㄷ ⑤ ㄱ, ㄴ, ㄷ

2024.9 평가원 10번

7. 그림은 40억 년 전부터 현재까지 지질 시대 A～E의 지속 기간을 비율로 나타낸 것이다.

A～E에 대한 설명으로 옳은 것만을 〈보기〉에서 있는 대로 고른 것은? [3점]

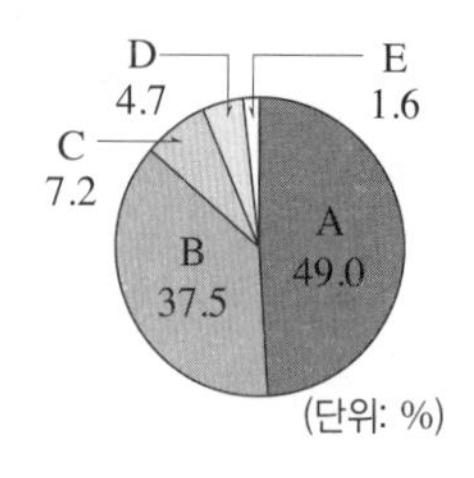

〈 보기 〉

ㄱ. 최초의 다세포 동물이 출현한 시기는 B이다.

ㄴ. 최초의 척추동물이 출현한 시기는 C이다.

ㄷ. 히말라야 산맥이 형성된 시기는 E이다.

① ㄱ ② ㄷ ③ ㄱ, ㄴ ④ ㄴ, ㄷ ⑤ ㄱ, ㄴ, ㄷ

2025 수능 6번

8. 그림 (가)는 어느 날 21시의 지상 일기도를, (나)는 다음 날 09시의 가시 영상을 나타낸 것이다. 이 기간 동안 온난 전선과 한랭 전선 중 하나가 관측소 A를 통과하였다.

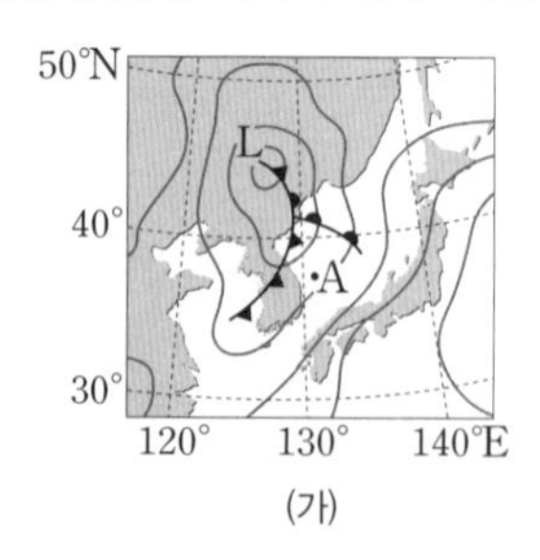

(가)

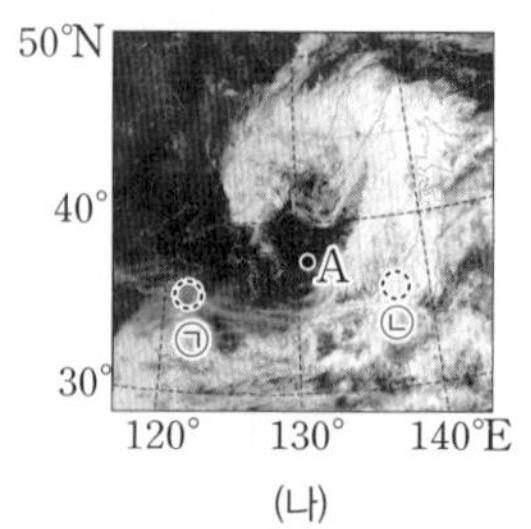

(나)

이에 대한 설명으로 옳은 것만을 〈보기〉에서 있는 대로 고른 것은?

〈 보기 〉

ㄱ. (가)에서 A의 상공에는 온난 전선면이 나타난다.

ㄴ. 전선이 통과하는 동안 A의 풍향은 시계 방향으로 변한다.

ㄷ. (나)에서 구름이 반사하는 태양 복사 에너지의 세기는 영역 ㉠이 영역 ㉡보다 강하다.

① ㄱ ② ㄴ ③ ㄷ ④ ㄱ, ㄷ ⑤ ㄴ, ㄷ

2025.6 평가원 9번

9. 그림 (가)와 (나)는 어느 뇌우의 발달 과정 중 성숙 단계와 적운 단계를 순서 없이 나타낸 것이다.

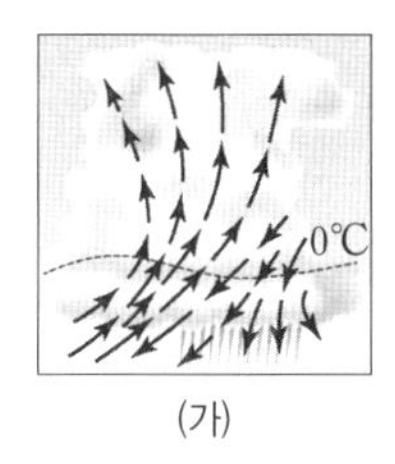

(가)

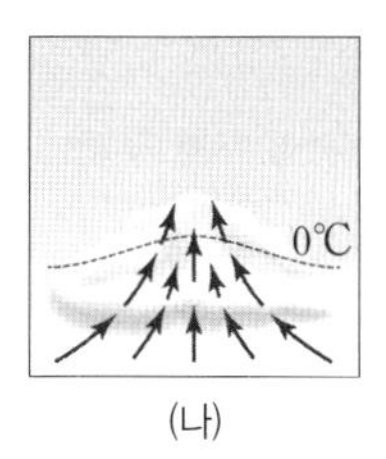

(나)

이에 대한 설명으로 옳은 것만을 〈보기〉에서 있는 대로 고른 것은? [3점]

〈 보기 〉
ㄱ. (나)는 성숙 단계이다.
ㄴ. 번개 발생 빈도는 대체로 (가)가 (나)보다 높다.
ㄷ. 구름의 최상부가 단위 시간당 단위 면적에서 방출하는 적외선 복사 에너지양은 (가)가 (나)보다 적다.

① ㄱ ② ㄴ ③ ㄱ, ㄷ
④ ㄴ, ㄷ ⑤ ㄱ, ㄴ, ㄷ

2023 수능 9번

10. 그림 (가)는 북대서양의 해역 A와 B의 위치를, (나)와 (다)는 A와 B에서 같은 시기에 측정한 물리량을 순서 없이 나타낸 것이다. ㉠과 ㉡은 각각 수온과 용존 산소량 중 하나이다.

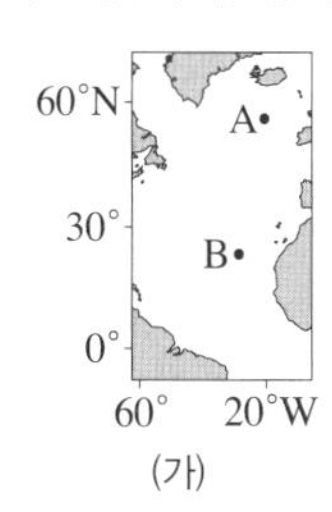

(가)

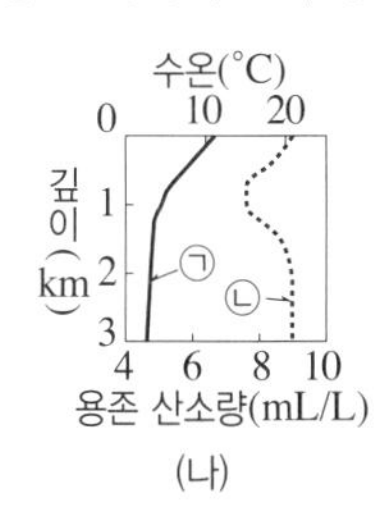

(나)

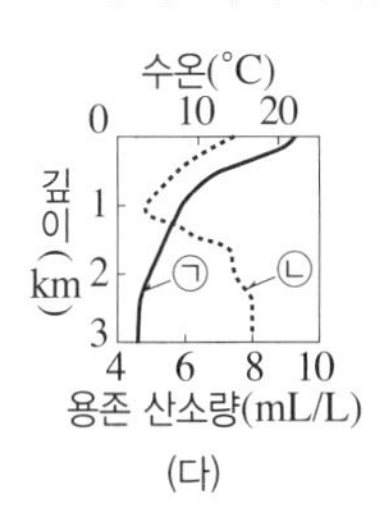

(다)

이 자료에 대한 설명으로 옳은 것만을 〈보기〉에서 있는 대로 고른 것은? [3점]

〈 보기 〉
ㄱ. (나)는 A에 해당한다.
ㄴ. 표층에서 용존 산소량은 A가 B보다 작다.
ㄷ. 수온 약층은 A가 B보다 뚜렷하게 나타난다.

① ㄱ ② ㄴ ③ ㄷ
④ ㄱ, ㄴ ⑤ ㄱ, ㄷ

2024.6 평가원 5번

11. 그림은 위도에 따른 연평균 증발량과 강수량을 순서 없이 나타낸 것이다.

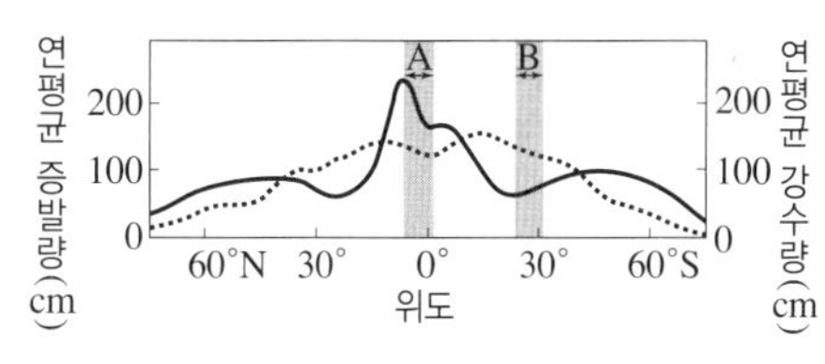

이 자료에 대한 설명으로 옳은 것만을 〈보기〉에서 있는 대로 고른 것은?

〈 보기 〉
ㄱ. 표층 해수의 평균 염분은 A 해역이 B 해역보다 높다.
ㄴ. A에서는 해들리 순환의 상승 기류가 나타난다.
ㄷ. 캘리포니아 해류는 B 해역에서 나타난다.

① ㄱ ② ㄴ ③ ㄷ
④ ㄱ, ㄴ ⑤ ㄴ, ㄷ

2023 수능 12번

12. 그림 (가)와 (나)는 어느 해역의 수온과 염분 분포를 각각 나타낸 것이고, (다)는 수온-염분도이다. A, B, C는 수온과 염분이 서로 다른 해수이고, ㉠과 ㉡은 이 해역의 서로 다른 수괴이다.

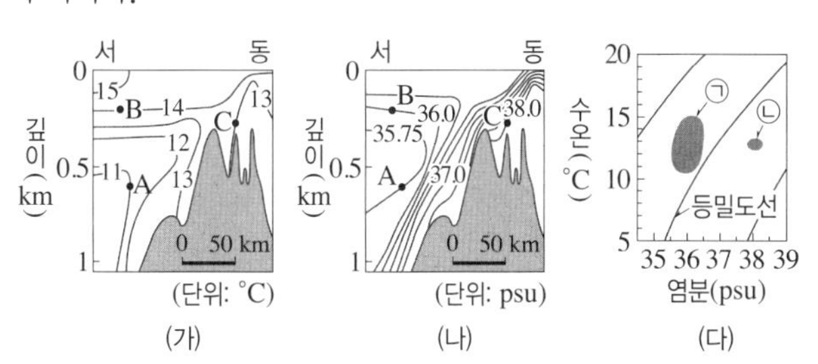

(가) (나) (다)

이 자료에 대한 설명으로 옳은 것만을 〈보기〉에서 있는 대로 고른 것은?

〈 보기 〉
ㄱ. B는 ㉡에 해당한다.
ㄴ. A와 B의 수온에 의한 밀도 차는 A와 B의 염분에 의한 밀도 차보다 크다.
ㄷ. C의 수괴가 서쪽으로 이동하면, C의 수괴는 B의 수괴 아래쪽으로 이동한다.

① ㄱ ② ㄴ ③ ㄱ, ㄷ
④ ㄴ, ㄷ ⑤ ㄱ, ㄴ, ㄷ

2024 수능 17번

13. 그림 (가)는 기상 위성으로 관측한 서태평양 적도 부근의 수증기량 편차를, (나)는 A와 B 중 한 시기에 관측한 태평양 적도 부근 해역의 해수면 높이 편차를 나타낸 것이다. A와 B는 각각 엘니뇨와 라니냐 시기 중 하나이고, 편차는 (관측값−평년값)이다.

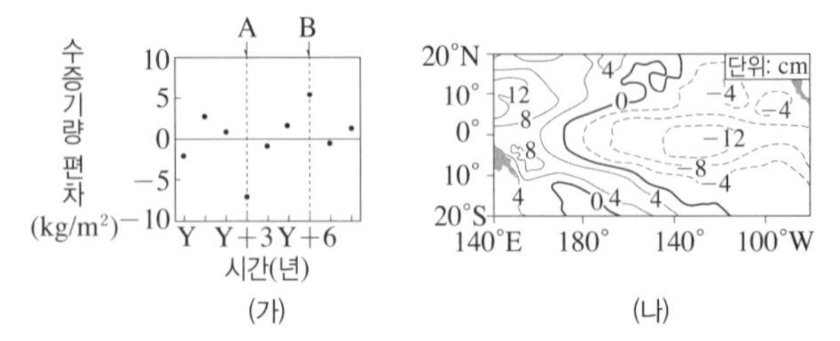

이에 대한 설명으로 옳은 것만을 〈보기〉에서 있는 대로 고른 것은?

〈 보기 〉

ㄱ. (나)는 B에 해당한다.

ㄴ. 동태평양 적도 부근 해역에서 수온 약층이 나타나기 시작하는 깊이는 A가 B보다 깊다.

ㄷ. 적도 부근 해역에서 (동태평양 해면 기압 편차−서태평양 해면 기압 편차) 값은 A가 B보다 크다.

① ㄱ ② ㄷ ③ ㄱ, ㄴ ④ ㄴ, ㄷ ⑤ ㄱ, ㄴ, ㄷ

2023.6 평가원 3번

14. 그림은 1750년 대비 2011년의 지구 기온 변화를 요인별로 나타낸 것이다.

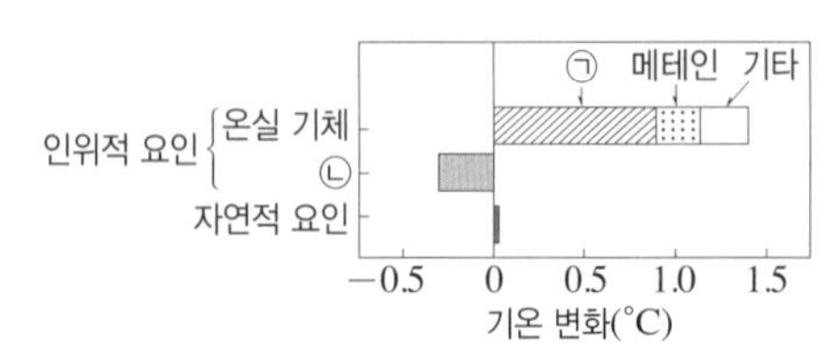

이 자료에 대한 설명으로 옳은 것만을 〈보기〉에서 있는 대로 고른 것은?

〈 보기 〉

ㄱ. 기온 변화에 대한 영향은 ㉠이 자연적 요인보다 크다.

ㄴ. 인위적 요인 중 ㉡은 기온을 상승시킨다.

ㄷ. 자연적 요인에는 태양 활동이 포함된다.

① ㄱ ② ㄴ ③ ㄷ ④ ㄱ, ㄷ ⑤ ㄴ, ㄷ

2023 수능 16번

15. 표는 태양과 별 (가), (나), (다)의 물리량을 나타낸 것이다. (가), (나), (다) 중 주계열성은 2개이고, (나)와 (다)의 겉보기 밝기는 같다.

별	복사 에너지를 최대로 방출하는 파장(μm)	절대 등급	반지름 (태양=1)
태양	0.50	+4.8	1
(가)	(㉠)	−0.2	2.5
(나)	0.10	(　　)	4
(다)	0.25	+9.8	(　　)

이 자료에 대한 설명으로 옳은 것만을 〈보기〉에서 있는 대로 고른 것은?

〈 보기 〉

ㄱ. ㉠은 0.125이다.

ㄴ. 중심핵에서의 $\frac{\text{p−p 반응에 의한 에너지 생성량}}{\text{CNO 순환 반응에 의한 에너지 생성량}}$은 (나)가 태양보다 작다.

ㄷ. 지구로부터의 거리는 (나)가 (다)의 1000배이다.

① ㄱ ② ㄴ ③ ㄷ ④ ㄱ, ㄴ ⑤ ㄴ, ㄷ

2025 수능 14번

16. 표는 중심핵에서 핵융합 반응이 일어나고 있는 별 (가), (나), (다)의 물리량을 나타낸 것이다.

별	질량 (태양=1)	광도 (태양=1)	광도 계급
(가)	1	60	(　　)
(나)	4	100	V
(다)	1	1	V

이 자료에 대한 설명으로 옳은 것만을 〈보기〉에서 있는 대로 고른 것은? [3점]

〈 보기 〉

ㄱ. $\frac{\text{표면 온도}}{\text{중심핵 온도}}$는 (가)가 (나)보다 작다.

ㄴ. 단위 시간당 에너지 생성량은 (가)가 (다)보다 많다.

ㄷ. 주계열 단계 동안, 별의 질량의 평균 감소 속도는 (나)가 (다)보다 빠르다.

① ㄱ ② ㄷ ③ ㄱ, ㄴ ④ ㄴ, ㄷ ⑤ ㄱ, ㄴ, ㄷ

2024 수능 19번

17. 그림은 어느 외계 행성과 중심별이 공통 질량 중심을 중심으로 공전하는 원 궤도를, 표는 행성이 A, B, C에 위치할 때 중심별의 어느 흡수선 관측 결과를 나타낸 것이다. 행성의 공전 궤도면은 관측자의 시선 방향과 나란하다.

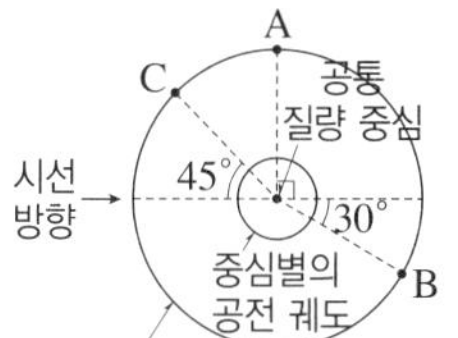

기준 파장 (nm)	관측 파장(nm)		
	A	B	C
λ_0	499.990	500.005	(㉠)

이 자료에 대한 설명으로 옳은 것만을 〈보기〉에서 있는 대로 고른 것은? (단, 빛의 속도는 3×10^5 km/s이고, 중심별의 시선 속도 변화는 행성과의 공통 질량 중심에 대한 공전에 의해서만 나타난다.) [3점]

〈 보기 〉

ㄱ. 행성 B에 위치할 때, 중심별의 스펙트럼에서 적색 편이가 나타난다.

ㄴ. ㉠은 499.995보다 작다.

ㄷ. 중심별의 공전 속도는 6 km/s이다.

① ㄱ ② ㄷ ③ ㄱ, ㄴ
④ ㄴ, ㄷ ⑤ ㄱ, ㄴ, ㄷ

2023.9 평가원 18번

18. 그림 (가)는 중심별이 주계열성인 어느 외계 행성계의 생명 가능 지대와 행성의 공전 궤도를, (나)는 (가)의 행성이 식 현상을 일으킬 때 중심별의 상대적 밝기 변화를 시간에 따라 나타낸 것이다.

(가)

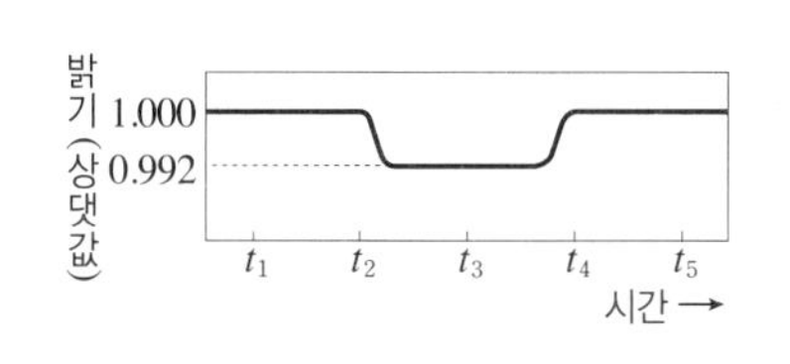

(나)

이 자료에 대한 설명으로 옳은 것만을 〈보기〉에서 있는 대로 고른 것은? (단, 중심별의 시선 속도 변화는 행성과의 공통 질량 중심에 대한 공전에 의해서만 나타나고, 행성은 원 궤도를 따라 공전하며, 행성의 공전 궤도면은 관측자의 시선 방향과 나란하다.) [3점]

〈 보기 〉

ㄱ. 생명 가능 지대의 폭은 이 외계 행성계가 태양계보다 좁다.

ㄴ. $\dfrac{\text{행성의 반지름}}{\text{중심별의 반지름}}$은 $\dfrac{1}{125}$이다.

ㄷ. 중심별의 흡수선 파장은 t_2가 t_1보다 짧다.

① ㄱ ② ㄴ ③ ㄷ
④ ㄱ, ㄴ ⑤ ㄱ, ㄷ

2024 수능 8번

19. 표는 허블의 은하 분류 기준과 이에 따라 분류한 은하의 종류를 나타낸 것이다. (가), (나), (다)는 각각 막대 나선 은하, 불규칙 은하, 타원 은하 중 하나이다.

분류 기준	(가)	(나)	(다)
(㉠)	○	○	×
나선팔이 있는가?	○	×	×
편평도에 따라 세분할 수 있는가?	×	○	×

(○: 있다, ×: 없다)

이에 대한 설명으로 옳은 것만을 〈보기〉에서 있는 대로 고른 것은?

〈 보기 〉

ㄱ. '중심부에 막대 구조가 있는가?'는 ㉠에 해당한다.

ㄴ. 주계열성의 평균 광도는 (가)가 (나)보다 크다.

ㄷ. 은하의 질량에 대한 성간 물질의 질량비는 (나)가 (다)보다 크다.

① ㄱ ② ㄴ ③ ㄷ
④ ㄱ, ㄴ ⑤ ㄴ, ㄷ

2023 수능 18번

20. 표 (가)는 외부 은하 A와 B의 스펙트럼 관측 결과를, (나)는 우주 구성 요소의 상대적 비율을 T_1, T_2 시기에 따라 나타낸 것이다. T_1, T_2는 관측된 A, B의 빛이 각각 출발한 시기 중 하나이고, a, b, c는 각각 보통 물질, 암흑 물질, 암흑 에너지 중 하나이다.

은하	기준 파장	관측 파장
A	120	132
B	150	600

(단위: nm)

(가)

우주 구성 요소	T_1	T_2
a	62.7	3.4
b	31.4	81.3
c	5.9	15.3

(단위: %)

(나)

이 자료에 대한 설명으로 옳은 것만을 〈보기〉에서 있는 대로 고른 것은? (단, 빛의 속도는 3×10^5 km/s이다.)

〈 보기 〉

ㄱ. 우리은하에서 관측한 A의 후퇴 속도는 3000 km/s이다.

ㄴ. B는 T_2 시기의 천체이다.

ㄷ. 우주를 가속 팽창시키는 요소는 b이다.

① ㄱ ② ㄴ ③ ㄷ
④ ㄱ, ㄴ ⑤ ㄴ, ㄷ

1. 그림 (가)는 어느 해양의 A 지점에서 C 지점까지 측정한 해저 암석의 고지자기 줄무늬를, (나)는 해양 지각의 나이를 나타낸 것이다.

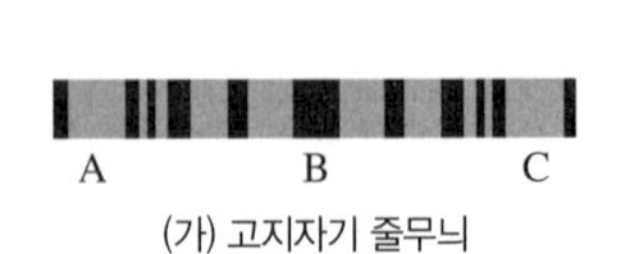

(가) 고지자기 줄무늬

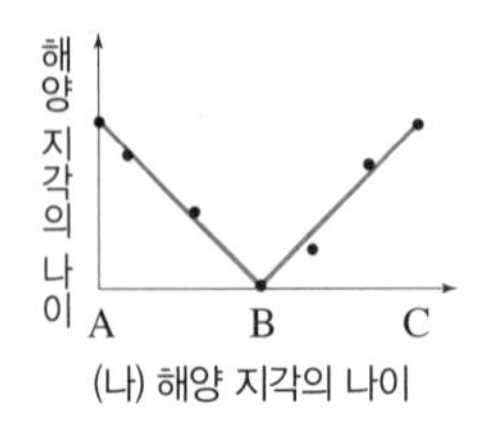

(나) 해양 지각의 나이

이에 대한 설명으로 옳은 것만을 〈보기〉에서 있는 대로 고른 것은?

〈 보기 〉
ㄱ. A의 해양판은 C 쪽으로 이동한다.
ㄴ. 지질 시대 동안 B에서 생성된 암석의 잔류 자기는 항상 현재와 같았다.
ㄷ. 고지자기 줄무늬가 대칭성을 보이는 것은 해양저가 확장되었기 때문이다.

① ㄱ ② ㄷ ③ ㄱ, ㄴ ④ ㄴ, ㄷ ⑤ ㄱ, ㄴ, ㄷ

2. 그림은 플룸 구조론을 모식적으로 나타낸 것이다.

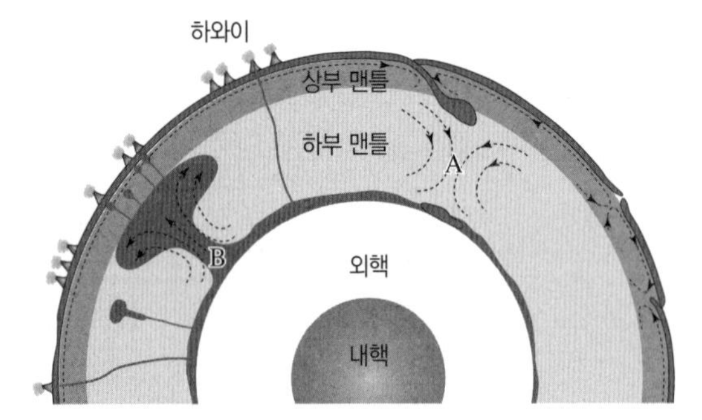

이에 대한 설명으로 옳은 것만을 〈보기〉에서 있는 대로 고른 것은?

〈 보기 〉
ㄱ. 차가운 플룸은 섭입대에서 형성된다.
ㄴ. 뜨거운 플룸은 핵과 맨틀의 경계 부근에서 생성된다.
ㄷ. 지진파의 속도는 A보다 B에서 빠르게 나타난다.

① ㄱ ② ㄷ ③ ㄱ, ㄴ ④ ㄴ, ㄷ ⑤ ㄱ, ㄴ, ㄷ

3. 그림은 지하의 온도 분포 곡선과 어느 판의 경계에서 마그마가 생성될 때 맨틀의 용융 곡선 변화(⟵)를 나타낸 것이다.

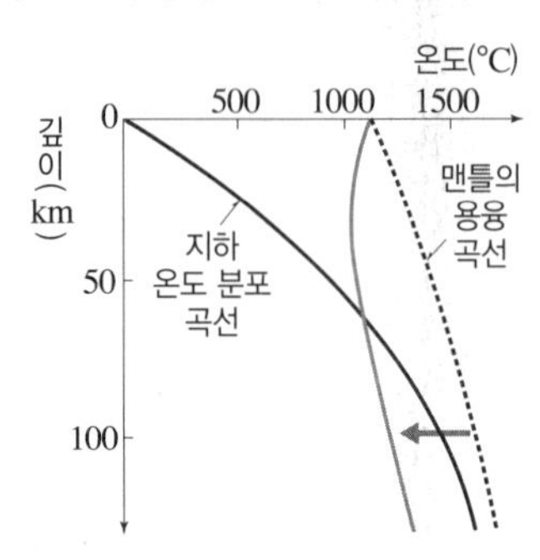

이에 대한 설명으로 옳은 것만을 〈보기〉에서 있는 대로 고른 것은?

〈 보기 〉
ㄱ. 맨틀의 용융점이 낮아져서 마그마가 생성되는 경우이다.
ㄴ. 맨틀의 용융점이 변화한 것은 압력 감소 때문이다.
ㄷ. 깊이 50 km 지점에서는 현무암질 마그마가 생성된다.

① ㄱ ② ㄴ ③ ㄱ, ㄷ ④ ㄴ, ㄷ ⑤ ㄱ, ㄴ, ㄷ

4. 그림 (가)와 (나)는 물속에서 형성된 퇴적암에 발달한 사층리와 점이 층리를 나타낸 것이다.

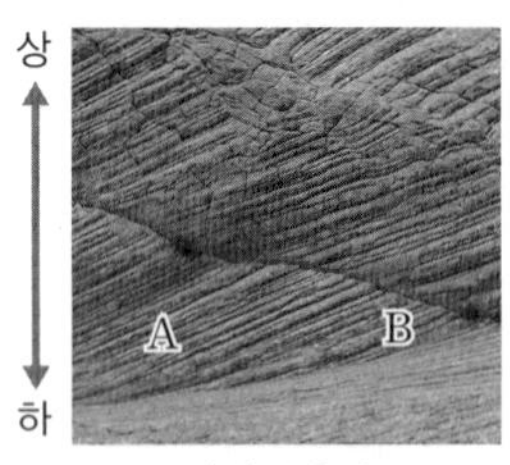

(가) 사층리

(나) 점이 층리

이에 대한 설명으로 옳은 것만을 〈보기〉에서 있는 대로 고른 것은?

〈 보기 〉
ㄱ. (가)는 (나)보다 깊은 물속에서 형성되었다.
ㄴ. (가)가 형성될 당시 퇴적물은 A → B 방향으로 운반되었다.
ㄷ. (나)의 퇴적층은 퇴적된 후에 역전되었다.

① ㄱ ② ㄷ ③ ㄱ, ㄴ ④ ㄴ, ㄷ ⑤ ㄱ, ㄴ, ㄷ

5. 그림은 인접한 두 지역 (가)와 (나)의 지질 주상도와 지층에서 산출되는 화석을 나타낸 것이고, 두 지역 모두 지층의 역전은 일어나지 않았다.

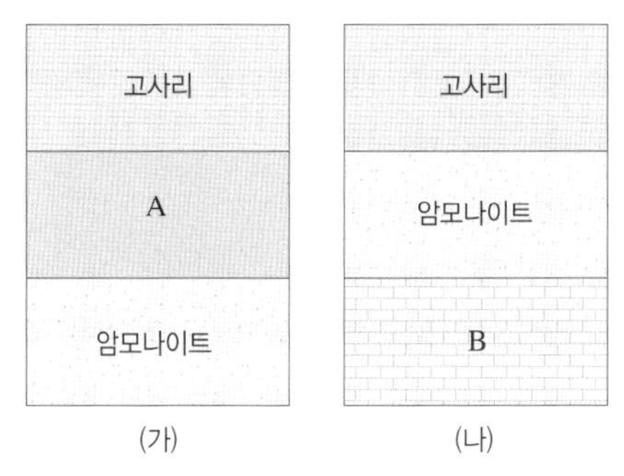

(가) (나)

이에 대한 설명으로 옳은 것만을 〈보기〉에서 있는 대로 고른 것은?

〈 보기 〉

ㄱ. 가장 먼저 퇴적된 층은 B층이다.
ㄴ. A층에서는 삼엽충 화석이 산출될 수 있다.
ㄷ. 화석이 산출된 (가)와 (나) 지역의 지층은 모두 바다에서 퇴적되었다.

① ㄱ ② ㄷ ③ ㄱ, ㄴ
④ ㄴ, ㄷ ⑤ ㄱ, ㄴ, ㄷ

6. 그림은 현생 누대 동안 생물계의 변화를 나타낸 것이다.

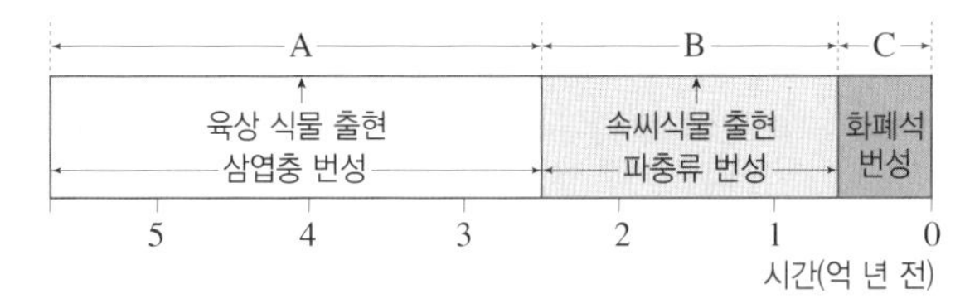

A, B, C 시기에 대한 설명으로 옳은 것만을 〈보기〉에서 있는 대로 고른 것은?

〈 보기 〉

ㄱ. 오존층이 두껍게 형성되어 자외선으로부터 생물을 보호하기 시작한 시기는 A이다.
ㄴ. 대륙 빙하의 분포 범위가 가장 확대된 시기는 B이다.
ㄷ. B와 C의 경계 시기에 가장 큰 생물의 대멸종이 있었다.

① ㄱ ② ㄷ ③ ㄱ, ㄴ
④ ㄴ, ㄷ ⑤ ㄱ, ㄴ, ㄷ

7. 그림은 온대 저기압이 통과한 어느 지역에서 전선 통과 전후의 기온과 바람의 관측 결과를 나타낸 것이다.

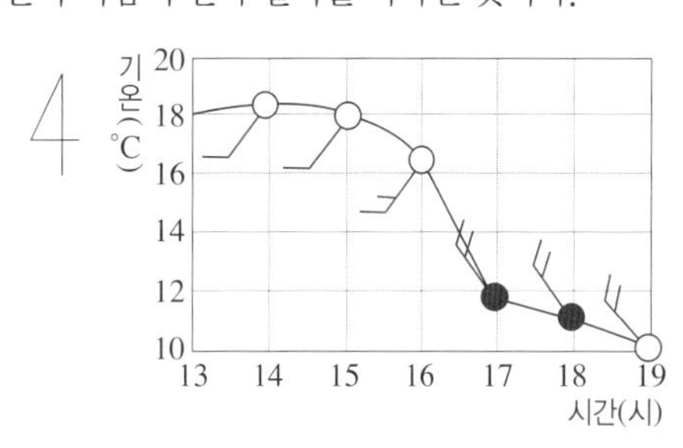

이 지역에 대한 설명으로 옳은 것만을 〈보기〉에서 있는 대로 고른 것은?

〈 보기 〉

ㄱ. 16시~17시에 온난 전선이 통과하였다.
ㄴ. 17시경에 소나기가 내렸을 것이다.
ㄷ. 17시 이후로 기압은 이전보다 낮아졌을 것이다.

① ㄱ ② ㄴ ③ ㄱ, ㄷ
④ ㄴ, ㄷ ⑤ ㄱ, ㄴ, ㄷ

8. 그림 (가)와 (나)는 기상 현상을 나타낸 것이다.

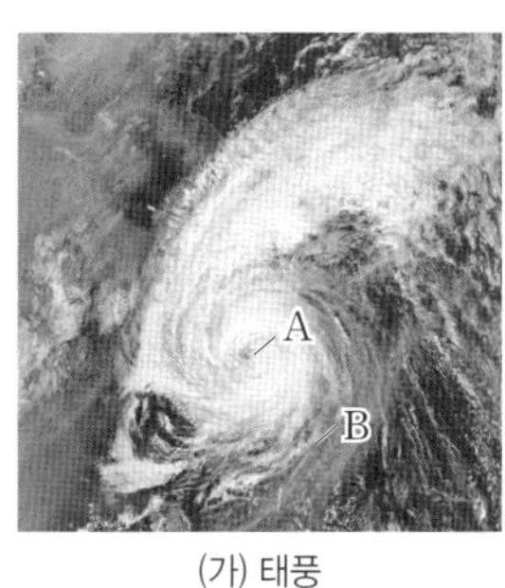

(가) 태풍 (나) 뇌우

이에 대한 설명으로 옳은 것만을 〈보기〉에서 있는 대로 고른 것은?

〈 보기 〉

ㄱ. (가)에서 A는 B보다 기압이 높다.
ㄴ. (가)와 (나)에서 모두 강수 현상이 나타난다.
ㄷ. (가)와 (나)에서 모두 적란운이 발달한다.
ㄹ. (나)는 (가)에 동반되어 나타날 수 있다.

① ㄱ, ㄴ ② ㄱ, ㄷ ③ ㄴ, ㄹ
④ ㄱ, ㄷ, ㄹ ⑤ ㄴ, ㄷ, ㄹ

9. 그림은 태평양의 표층 수온 분포를 나타낸 것이다.

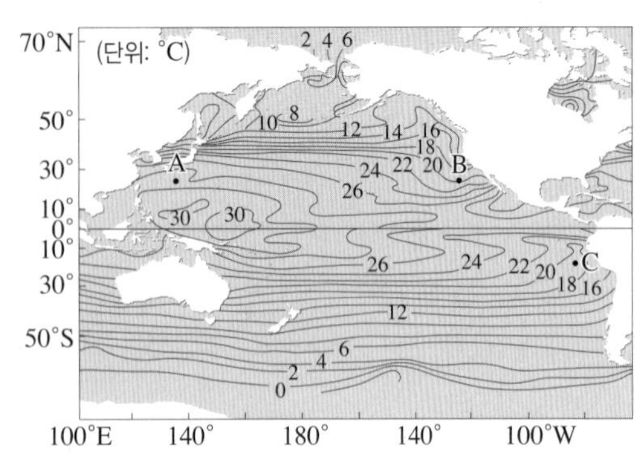

이에 대한 설명으로 옳은 것만을 〈보기〉에서 있는 대로 고른 것은?

〈 보기 〉

ㄱ. A 해역은 B 해역보다 용존 산소량이 많을 것이다.
ㄴ. B와 C 해역의 수온 분포는 한류의 영향을 받는다.
ㄷ. 등온선이 대체로 위도와 나란한 것은 태양 복사 에너지양의 영향 때문이다.

① ㄱ ② ㄴ ③ ㄱ, ㄷ
④ ㄴ, ㄷ ⑤ ㄱ, ㄴ, ㄷ

10. 그림 (가)는 북태평양의 세 해역 A, B, C를, (나)는 세 해역에서 측정한 표층 수온과 염분을 수온 염분도에 나타낸 것이다. ㉠, ㉡, ㉢은 각각 A, B, C의 관측값 중 하나이다.

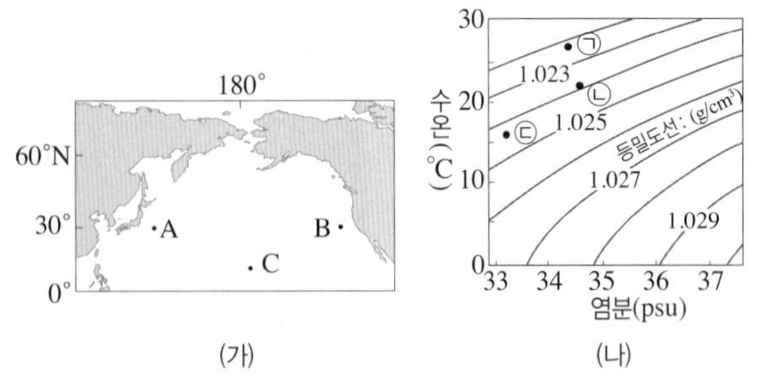

(가) (나)

이에 대한 설명으로 옳은 것만을 〈보기〉에서 있는 대로 고른 것은?

〈 보기 〉

ㄱ. 표층 염분이 가장 낮은 해역은 B이다.
ㄴ. 표층 해수가 B에서 C로 이동하면 밀도는 작아진다.
ㄷ. 고위도로의 열에너지 수송량은 ㉡의 해역이 ㉢의 해역보다 많다.

① ㄱ ② ㄴ ③ ㄱ, ㄷ
④ ㄴ, ㄷ ⑤ ㄱ, ㄴ, ㄷ

11. 그림은 어느 적도 부근 해역에서 부는 대기 대순환의 바람을 남북 방향의 단면에 나타낸 것이다.

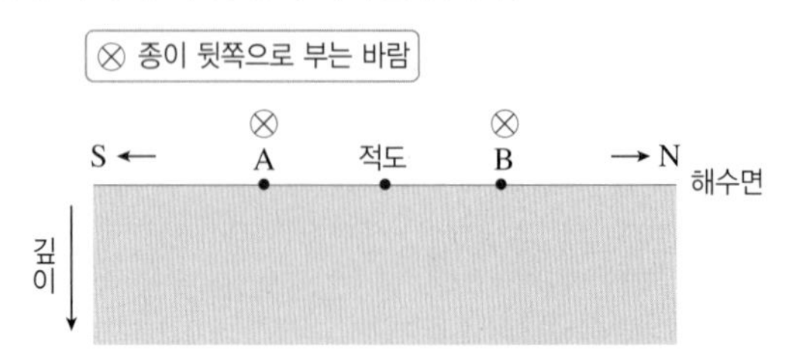

이에 대한 설명으로 옳은 것만을 〈보기〉에서 있는 대로 고른 것은?

〈 보기 〉

ㄱ. A에서 표층 해수의 평균적인 이동 방향은 남쪽이다.
ㄴ. 수온 약층의 깊이는 적도에서 가장 깊다.
ㄷ. 표층 해수의 용존 산소량은 적도가 B보다 많다.

① ㄱ ② ㄴ ③ ㄱ, ㄷ
④ ㄴ, ㄷ ⑤ ㄱ, ㄴ, ㄷ

12. 그림 (가)와 (나)는 적도 부근 태평양에서 서로 다른 시기에 관측한 표층 수온의 편차(관측값 − 평년값)를 나타낸 것이다. (가)와 (나)는 각각 엘니뇨와 라니냐 시기 중 하나이다.

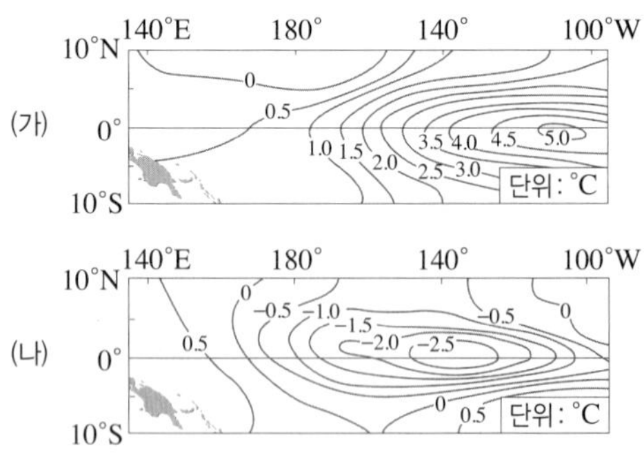

적도 부근 동태평양과 서태평양에 대한 설명으로 옳은 것만을 〈보기〉에서 있는 대로 고른 것은?

〈 보기 〉

ㄱ. 동태평양에서 수온 약층의 깊이는 (가)보다 (나)에서 깊다.
ㄴ. 동태평양과 서태평양의 해수면 기압 차(동태평양 − 서태평양)는 (가)보다 (나)에서 크다.
ㄷ. 동태평양과 서태평양의 해수면 높이 차는 (가)보다 (나)에서 크다.

① ㄱ ② ㄷ ③ ㄱ, ㄴ
④ ㄴ, ㄷ ⑤ ㄱ, ㄴ, ㄷ

13. 그림 (가)는 우리나라 근해의 연평균 수온 변화를, (나)는 우리나라 14개 관측 지점의 연간 강수 일수와 호우 일수의 변화를 나타낸 것이다.

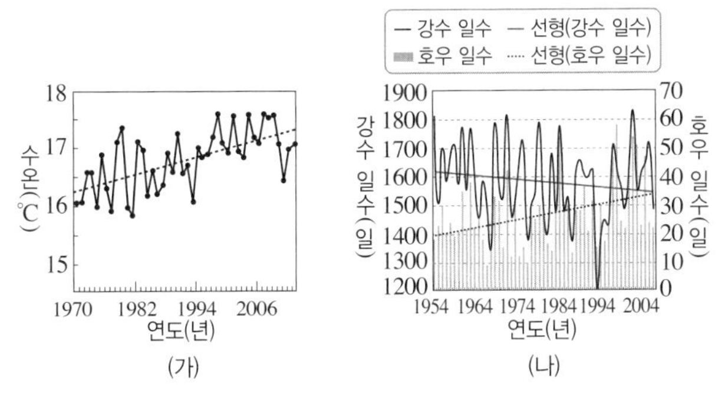

이에 대한 설명으로 옳은 것만을 〈보기〉에서 있는 대로 고른 것은?

〈 보기 〉

ㄱ. 우리나라 근해는 지구 온난화의 영향을 받고 있다.
ㄴ. 우리나라의 강수 경향은 시간당 강수량이 증가하는 추세이다.
ㄷ. 우리나라 근해의 수온 변화는 해수 밀도를 증가시킨다.

① ㄱ ② ㄷ ③ ㄱ, ㄴ
④ ㄴ, ㄷ ⑤ ㄱ, ㄴ, ㄷ

14. 그림은 별의 분광형에 따른 흡수선의 상대적 세기를 나타낸 것이다.

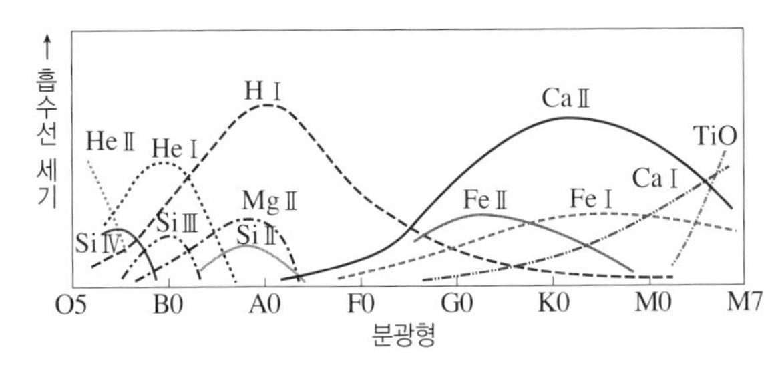

이에 대한 설명으로 옳은 것만을 〈보기〉에서 있는 대로 고른 것은?

〈 보기 〉

ㄱ. 수소 원자의 흡수선의 세기는 A형 별에서 가장 강하게 나타난다.
ㄴ. 표면 온도가 약 4000 K인 별에서는 칼슘 이온의 흡수선이 가장 강하게 나타난다.
ㄷ. 표면 온도가 높은 별일수록 금속 원소의 흡수선이 강하게 나타난다.

① ㄱ ② ㄷ ③ ㄱ, ㄴ
④ ㄴ, ㄷ ⑤ ㄱ, ㄴ, ㄷ

15. 그림 (가)는 질량이 태양보다 매우 큰 별의 진화 과정을, (나)는 (가)의 어느 단계에 해당하는 별의 내부를 나타낸 것이다.

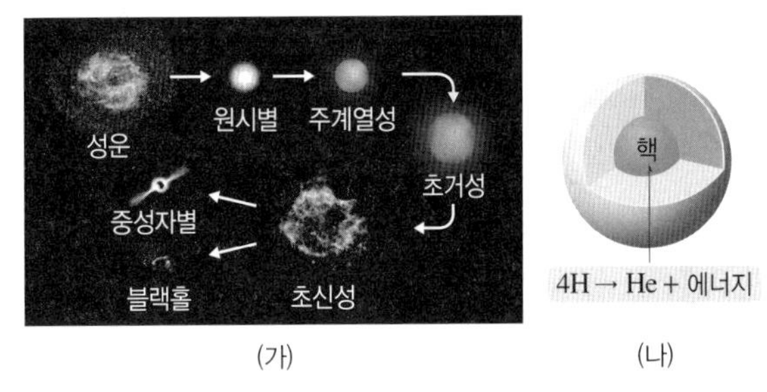

이에 대한 설명으로 옳은 것만을 〈보기〉에서 있는 대로 고른 것은?

〈 보기 〉

ㄱ. (나)는 주계열성이다.
ㄴ. 지구에 존재하는 모든 원소는 초거성 내부에서 핵융합 반응으로 만들어진 것이다.
ㄷ. 블랙홀로 진화하는 별은 중성자별로 진화하는 별보다 질량이 작다.

① ㄱ ② ㄷ ③ ㄱ, ㄴ
④ ㄴ, ㄷ ⑤ ㄱ, ㄴ, ㄷ

16. 그림은 어느 별의 진화 과정에서 별의 중심에서 핵융합 반응이 더 이상 일어나지 않는 단계의 내부 구조를 나타낸 것이다.

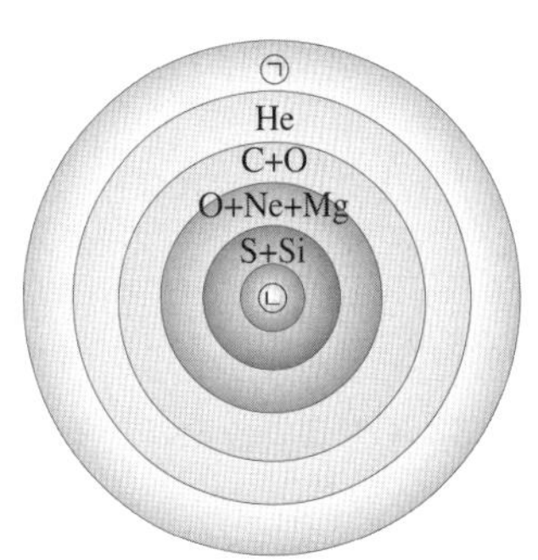

이에 대한 설명으로 옳은 것만을 〈보기〉에서 있는 대로 고른 것은?

〈 보기 〉

ㄱ. ㉠은 ㉡보다 원자량이 작다.
ㄴ. 이 별은 백색 왜성으로 진화할 것이다.
ㄷ. 태양보다 질량이 작은 별의 내부 구조이다.

① ㄱ ② ㄷ ③ ㄱ, ㄴ
④ ㄴ, ㄷ ⑤ ㄱ, ㄴ, ㄷ

17. 그림은 주계열성 (가), (나), (다)를 H−R도에 나타낸 것이다.

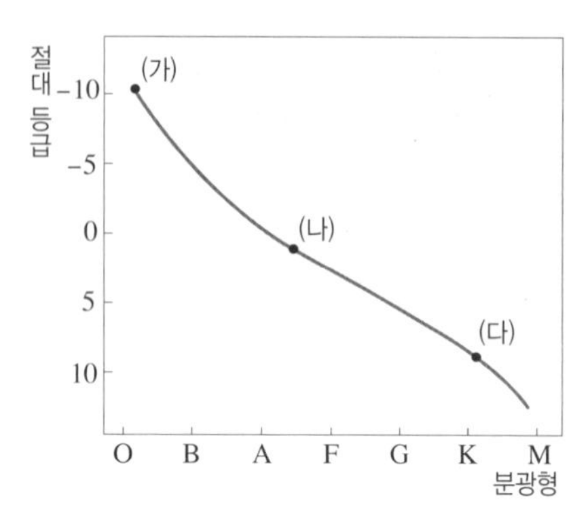

이에 대한 설명으로 옳은 것만을 <보기>에서 있는 대로 고른 것은?

〈 보기 〉
ㄱ. 질량이 가장 큰 것은 (가)이다.
ㄴ. 주계열에 머무는 시간이 가장 짧은 것은 (다)이다.
ㄷ. (다)에서는 CNO 순환 반응이 우세하게 일어난다.

① ㄱ ② ㄴ ③ ㄱ, ㄷ
④ ㄴ, ㄷ ⑤ ㄱ, ㄴ, ㄷ

18. 그림 (가)는 앞쪽 별이 행성을 거느리지 않을 경우, (나)는 앞쪽 별이 행성을 거느릴 경우에 앞쪽 별이 지나갈 때 관측되는 뒤쪽 별의 밝기 변화를 나타낸 것이다.

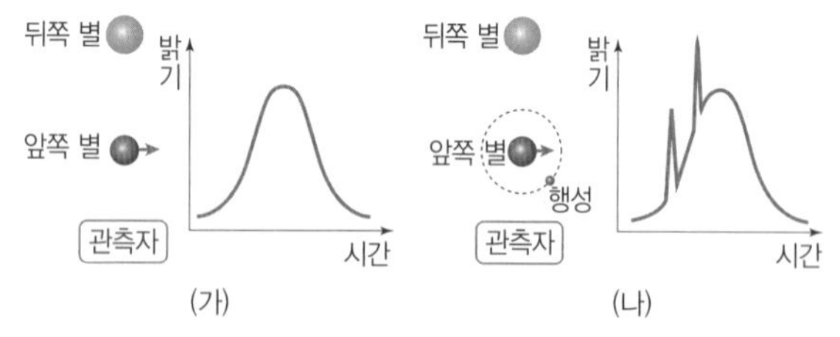

이에 대한 설명으로 옳은 것만을 <보기>에서 있는 대로 고른 것은?

〈 보기 〉
ㄱ. (가)에서 뒤쪽 별의 밝기가 달라지는 까닭은 식 현상 때문이다.
ㄴ. (나)에서 뒤쪽 별의 밝기 변화가 불규칙한 이유는 행성의 중력 때문이다.
ㄷ. 뒤쪽 별의 밝기 변화로부터 앞쪽 별의 행성의 존재 유무를 확인할 수 있다.

① ㄱ ② ㄷ ③ ㄱ, ㄴ
④ ㄴ, ㄷ ⑤ ㄱ, ㄴ, ㄷ

19. 그림 (가)~(다)는 모양에 따라 분류한 서로 다른 종류의 외부 은하의 모습이다.

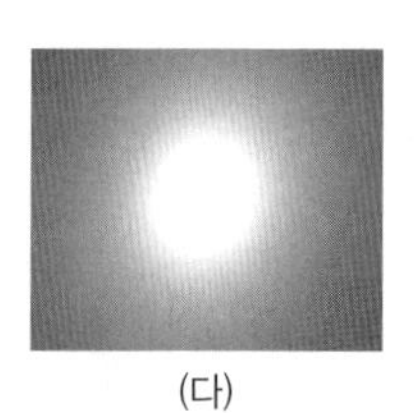

(가) (나) (다)

이에 대한 설명으로 옳은 것만을 <보기>에서 있는 대로 고른 것은?

〈 보기 〉
ㄱ. (가)는 나선 은하에 해당한다.
ㄴ. (나)에는 젊은 별의 비율이 높고, (다)에는 늙은 별의 비율이 높다.
ㄷ. 성간 물질의 비율이 가장 높은 은하는 (다)이다.

① ㄱ ② ㄷ ③ ㄱ, ㄴ
④ ㄴ, ㄷ ⑤ ㄱ, ㄴ, ㄷ

20. 그림은 빅뱅 우주론과 급팽창 이론에서의 빅뱅 이후 시간에 따른 우주의 크기를 순서 없이 (가)와 (나)로 나타낸 것이다.

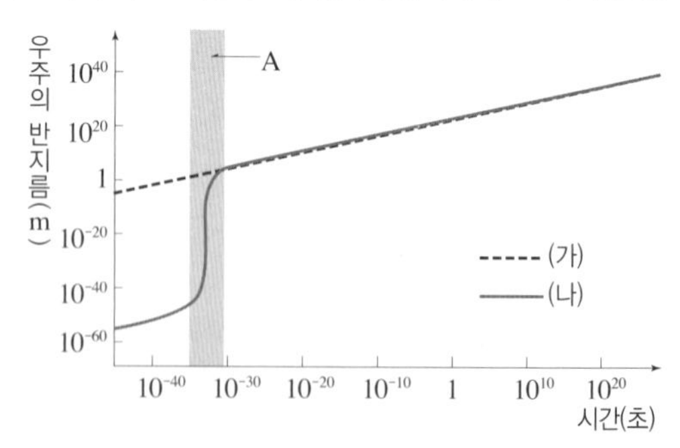

이에 대한 설명으로 옳은 것만을 <보기>에서 있는 대로 고른 것은?

〈 보기 〉
ㄱ. (가)는 빅뱅 우주론, (나)는 급팽창 이론이다.
ㄴ. A 시기에 우주 배경 복사가 방출되었다.
ㄷ. A 시기 이전 초기 우주의 크기는 (가)가 (나)보다 크다.

① ㄱ ② ㄴ ③ ㄱ, ㄷ
④ ㄴ, ㄷ ⑤ ㄱ, ㄴ, ㄷ

실전 예상 모의고사 2회 과학탐구 영역 [지구과학 Ⅰ]

제한 시간 30분

1. 그림은 해령 부근에서 (가), (나), (다)의 시간 순서로 지구 자극의 역전이 일어나는 과정을 나타낸 것이다.

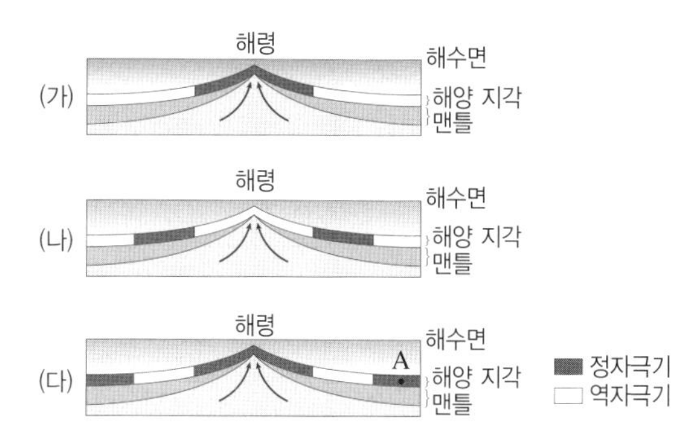

이에 대한 설명으로 옳은 것만을 〈보기〉에서 있는 대로 고른 것은?

〈 보기 〉
ㄱ. 고지자기의 역전 형태는 해령을 중심으로 대칭성을 보인다.
ㄴ. 해양 지각의 암석은 생성 당시의 지구 자기 방향으로 자화된다.
ㄷ. A 지점 암석의 잔류 자기의 자화 방향은 2번 역전되었다.

① ㄱ ② ㄷ ③ ㄱ, ㄴ
④ ㄴ, ㄷ ⑤ ㄱ, ㄴ, ㄷ

2. 그림은 해안에서 먼 바다로 나가면서 해저를 향하여 음파를 발사한 후 되돌아오는 데 걸린 시간을 측정하여 나타낸 것이다.

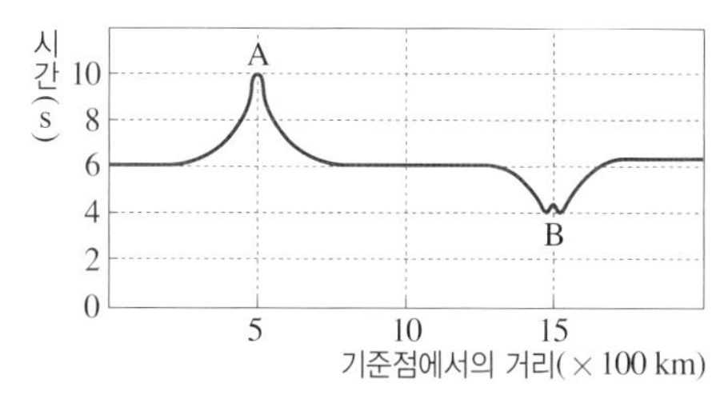

이에 대한 해석으로 옳은 것만을 〈보기〉에서 있는 대로 고른 것은? (단, 물속에서 음파의 왕복 시간은 1500 m/s이고, 측정 구간의 해양에 해령과 해구가 분포한다.)

〈 보기 〉
ㄱ. A의 지형은 섭입형 수렴 경계를 따라 발달한 해저 지형이다.
ㄴ. B의 지형은 맨틀 대류가 하강하는 지역에 발달한다.
ㄷ. A와 B 사이의 수심 변화가 적은 구간은 심해 평원이다.

① ㄱ ② ㄴ ③ ㄷ
④ ㄱ, ㄷ ⑤ ㄴ, ㄷ

3. 그림은 북아메리카판 아래에 위치한 열점에서 분출된 마그마에 의해 형성된 화산섬의 암석 연령을 나타낸 것이다.

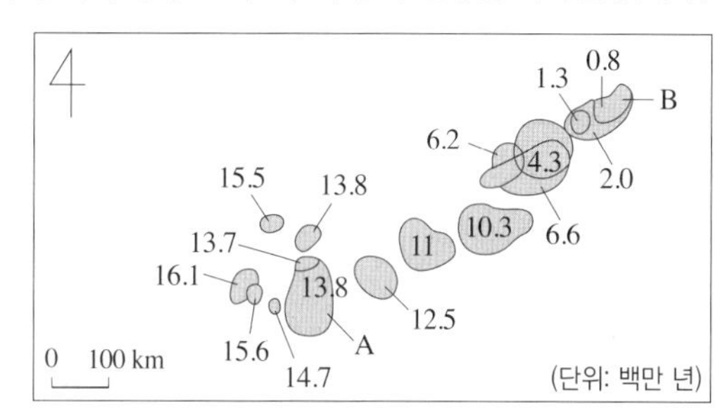

이에 대한 설명으로 옳은 것만을 〈보기〉에서 있는 대로 고른 것은?

〈 보기 〉
ㄱ. 화산 활동은 A섬보다 B섬에서 자주 일어난다.
ㄴ. 최근 약 13.8백만 년 동안 북아메리카판은 남서쪽으로 이동하였다.
ㄷ. 이 자료로부터 판의 평균 이동 속도를 알 수 있다.

① ㄱ ② ㄴ ③ ㄱ, ㄷ
④ ㄴ, ㄷ ⑤ ㄱ, ㄴ, ㄷ

4. 그림의 A~C는 마그마가 생성되는 지역을 나타낸 것이다.

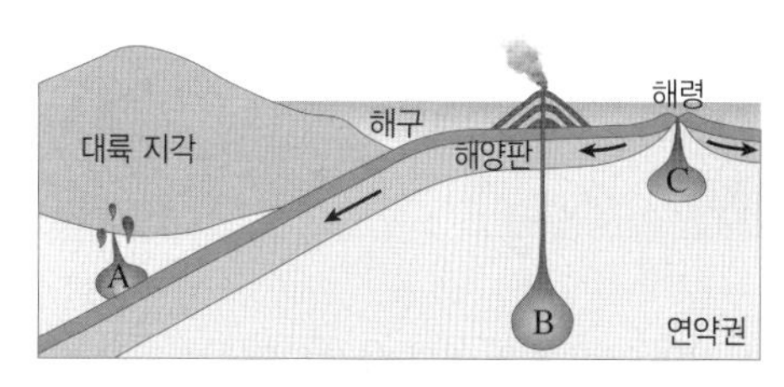

이에 대한 설명으로 옳은 것만을 〈보기〉에서 있는 대로 고른 것은?

〈 보기 〉
ㄱ. A에서 물의 공급으로 암석의 용융점이 낮아진다.
ㄴ. A, B, C에서는 현무암질 마그마가 생성된다.
ㄷ. C에서는 맨틀 물질이 상승하면서 마그마가 생성된다.

① ㄱ ② ㄷ ③ ㄱ, ㄴ
④ ㄴ, ㄷ ⑤ ㄱ, ㄴ, ㄷ

5. 그림 (가)~(라)는 건열, 연흔, 사층리, 점이 층리를 순서 없이 나타낸 것이다.

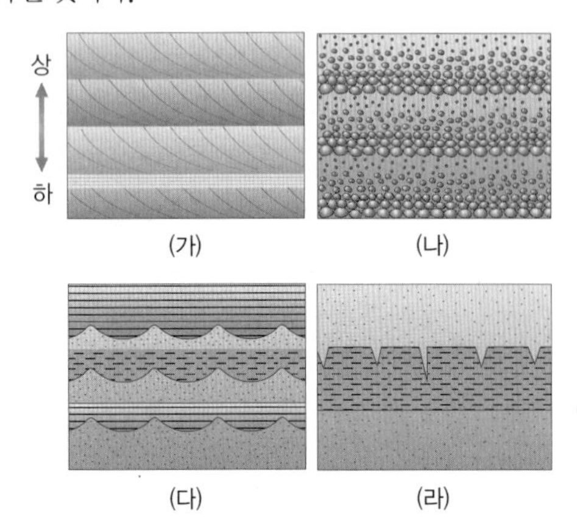

(가) (나)
(다) (라)

이에 대한 설명으로 옳지 않은 것은?

① (가)로 바람이나 물이 흐른 방향을 알 수 있다.
② (나)는 저탁류에 의해 운반된 퇴적물이 대륙대에 쌓일 때 잘 나타난다.
③ (다)는 수심이 얕은 환경에서 만들어진다.
④ (라)는 주로 역암층에서 잘 나타난다.
⑤ (가)~(라) 모두 지층이 역전되지 않은 상태이다.

6. 그림 (가)는 어느 지역의 지질 단면도를, (나)는 화성암 P와 Q에 포함된 방사성 원소 X의 시간에 따른 함량비 변화를 나타낸 것이다. 암석 P, Q에 들어 있는 방사성 원소 X의 양은 각각 처음 양의 $\frac{1}{2}$, $\frac{1}{4}$이다.

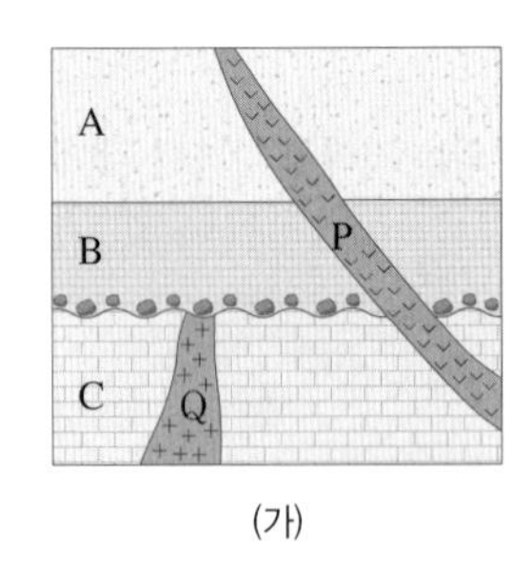

(가)

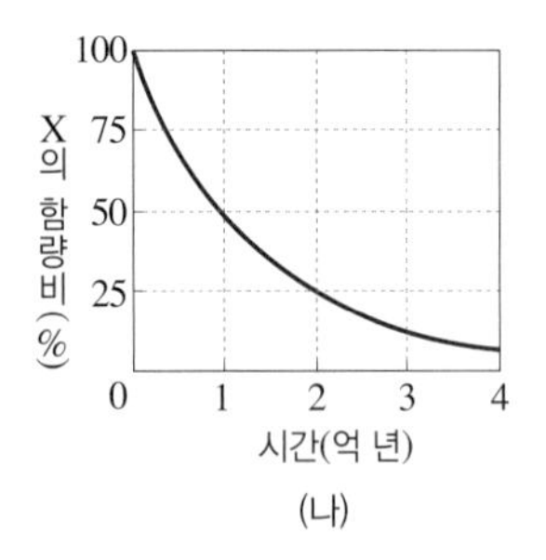

(나)

이에 대한 설명으로 옳은 것만을 〈보기〉에서 있는 대로 고른 것은?

〈보기〉
ㄱ. 암석 Q의 절대 연령은 2억 년이다.
ㄴ. A에서는 암모나이트 화석이 산출될 수 있다.
ㄷ. A와 B가 퇴적되는 동안 지반의 융기, 침식, 침강 작용이 있었다.

① ㄱ ② ㄷ ③ ㄱ, ㄴ
④ ㄴ, ㄷ ⑤ ㄱ, ㄴ, ㄷ

7. 그림은 서로 다른 지층 (가)~(다)에서 산출되는 화석을 나타낸 것이다.

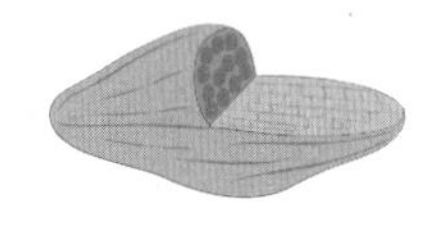
(가) 방추충

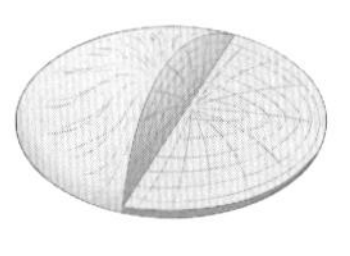
(나) 화폐석

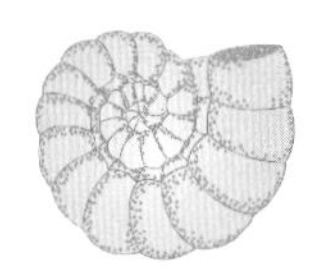
(다) 암모나이트

이에 대한 설명으로 옳은 것만을 〈보기〉에서 있는 대로 고른 것은?

〈보기〉
ㄱ. 지층의 생성 순서는 (가) → (나) → (다)이다.
ㄴ. 공룡과 같은 지질 시대에 살았던 생물의 화석은 (다)에서 산출된 화석이다.
ㄷ. (가)~(다)는 모두 바다에서 생성된 지층이다.

① ㄱ ② ㄷ ③ ㄱ, ㄴ
④ ㄴ, ㄷ ⑤ ㄱ, ㄴ, ㄷ

8. 그림은 태풍의 진로 부근에 위치한 어느 관측소에서 태풍이 지나는 동안 관측한 기상 요소의 변화를 나타낸 것이다.

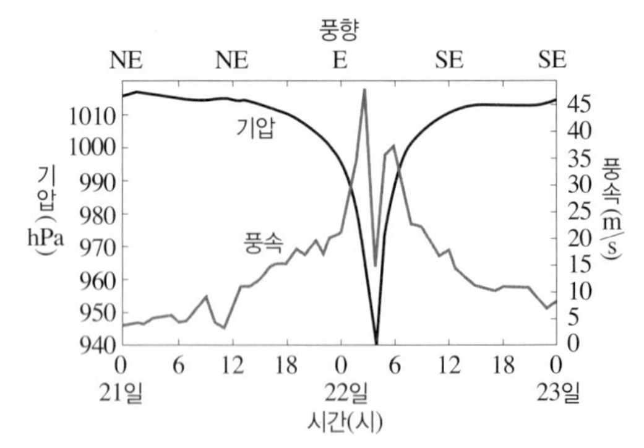

이에 대한 설명으로 옳은 것만을 〈보기〉에서 있는 대로 고른 것은?

〈보기〉
ㄱ. 풍향이 시계 반대 방향으로 변하였다.
ㄴ. 이 관측소는 태풍의 위험 반원에 속해 있었다.
ㄷ. 22일 4시경에 관측소는 태풍의 눈의 영향권 안에 있었다.

① ㄱ ② ㄴ ③ ㄱ, ㄷ
④ ㄴ, ㄷ ⑤ ㄱ, ㄴ, ㄷ

9. 그림 (가)는 어느 날 우리나라 부근의 지상 일기도를, (나)는 이날 인공위성에서 촬영한 가시광선 영상을 나타낸 것이다.

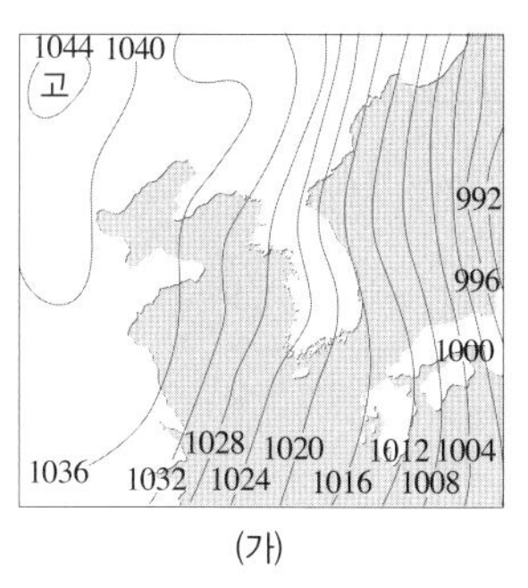

(가)

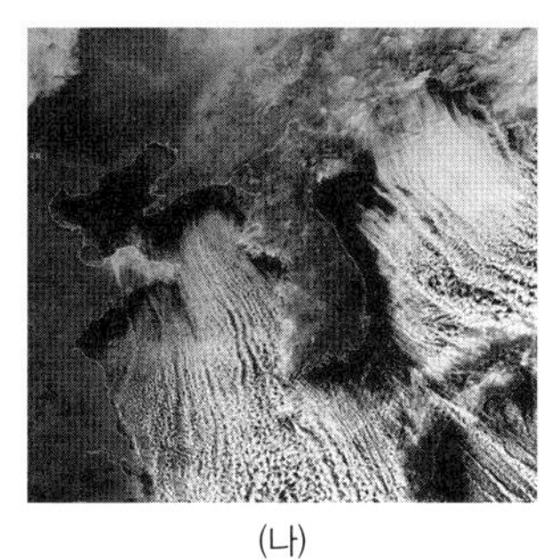
(나)

이에 대한 설명으로 옳은 것만을 〈보기〉에서 있는 대로 고른 것은?

〈 보기 〉

ㄱ. 시베리아 기단이 확장되면서 안정해졌다.
ㄴ. 우리나라 서해안에는 폭설이 내릴 가능성이 크다.
ㄷ. 우리나라는 이동성 고기압의 영향을 받고 있다.

① ㄱ ② ㄴ ③ ㄱ, ㄷ
④ ㄴ, ㄷ ⑤ ㄱ, ㄴ, ㄷ

10. 그림은 어느 해역에서 서로 다른 시기에 수심에 따라 측정한 수온과 염분을 수온 염분도에 나타낸 것이다.

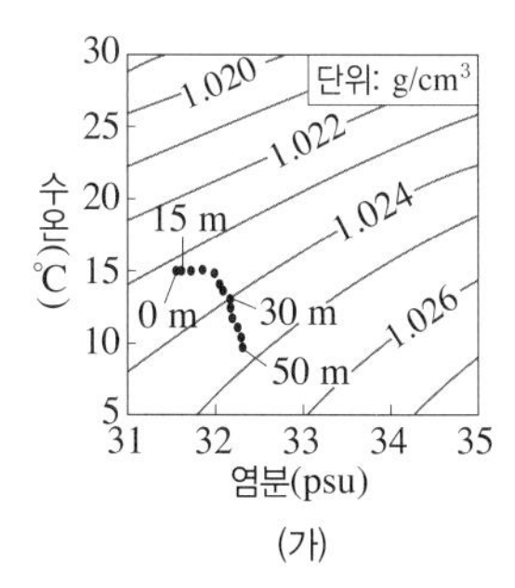

(가)

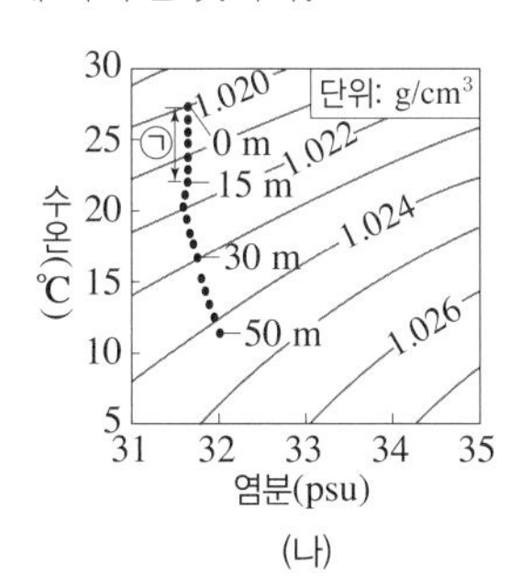

(나)

이에 대한 설명으로 옳은 것만을 〈보기〉에서 있는 대로 고른 것은?

〈 보기 〉

ㄱ. 이 해역의 해수면에 입사하는 태양 복사 에너지양은 (가)보다 (나) 시기에 많다.
ㄴ. (나) 시기에 ㉠ 구간의 밀도 변화는 수온보다 염분의 영향이 크다.
ㄷ. 해수면 위를 부는 바람의 세기는 (나)보다 (가) 시기에 강하다.

① ㄱ ② ㄴ ③ ㄱ, ㄷ
④ ㄴ, ㄷ ⑤ ㄱ, ㄴ, ㄷ

11. 그림은 위도에 따른 대기와 해수에 의한 에너지 수송량과 숨은열(잠열)의 이동량을 나타낸 것이다. (+)는 북쪽으로의 수송량이고, (−)는 남쪽으로의 수송량이다.

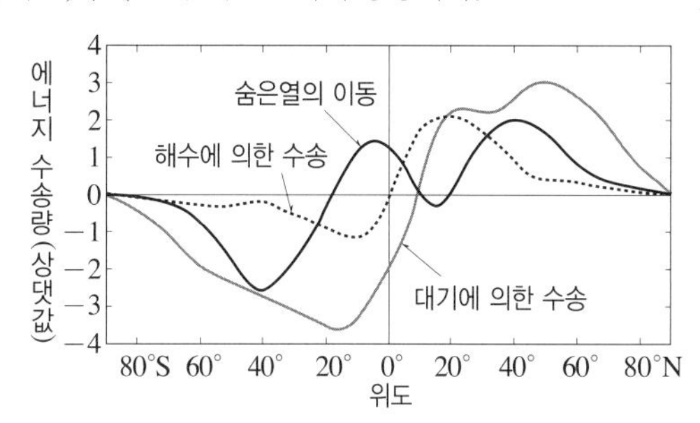

이에 대한 설명으로 옳은 것만을 〈보기〉에서 있는 대로 고른 것은?

〈 보기 〉

ㄱ. 멕시코만류는 20°N~40°N의 에너지 수송에 영향을 준다.
ㄴ. 적도 부근에서 숨은열의 수송량이 많은 것은 적도 해역에 고압대가 형성되기 때문이다.
ㄷ. 남반구에서 에너지 수송에 대한 기여도는 대기가 해수보다 크다.

① ㄱ ② ㄴ ③ ㄱ, ㄷ
④ ㄴ, ㄷ ⑤ ㄱ, ㄴ, ㄷ

12. 다음은 전 세계 해수의 심층 순환을 이해하기 위한 모형 실험이다.

(가) 수온과 염분이 다른 두 소금물 A, B를 각각 용기에 담는다.
(나) 그림과 같이 용기 아래의 콕을 열어 소금물의 이동을 관찰한다.

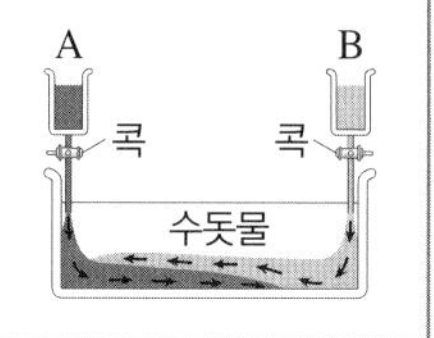

이에 대한 설명으로 옳은 것만을 〈보기〉에서 있는 대로 고른 것은?

〈 보기 〉

ㄱ. 소금물의 밀도는 A가 B보다 크다.
ㄴ. A는 남극 저층수에 해당한다.
ㄷ. A의 위치는 북태평양, B의 위치는 남태평양을 가정한 것이다.

① ㄱ ② ㄷ ③ ㄱ, ㄴ
④ ㄴ, ㄷ ⑤ ㄱ, ㄴ, ㄷ

13. 그림은 지구에 도달하는 태양 복사 에너지를 100이라고 할 때 복사 평형 상태에서 지구가 방출하는 에너지의 흐름을 나타낸 것으로, A~E는 에너지양이다.

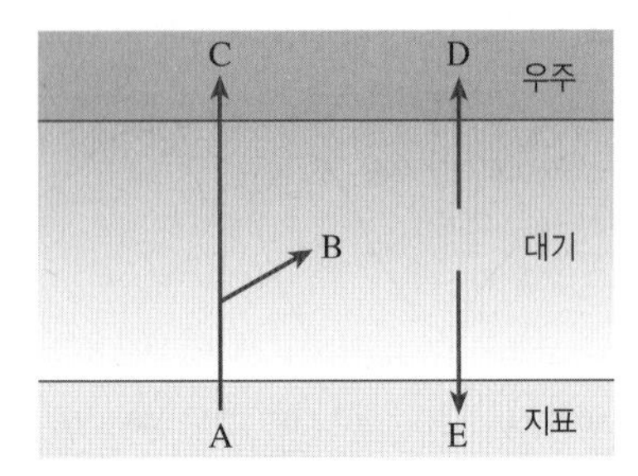

이에 대한 설명으로 옳은 것만을 〈보기〉에서 있는 대로 고른 것은?

〈 보기 〉

ㄱ. 지구의 반사율(%)은 100−(C+D)이다.
ㄴ. B의 파장은 주로 가시광선, C의 파장은 주로 적외선이다.
ㄷ. 대기 중에 온실 기체가 증가하면 A가 감소한다.

① ㄱ ② ㄴ ③ ㄱ, ㄷ
④ ㄴ, ㄷ ⑤ ㄱ, ㄴ, ㄷ

14. 표는 별 A~D의 표면 온도와 절대 등급을 나타낸 것이고, 그림은 이 별들의 특성을 알아보기 위해 H−R도에 표시한 것이다.

별	표면 온도(K)	절대 등급
A	4500	0
B	9000	2
C	4500	7
D	9000	12

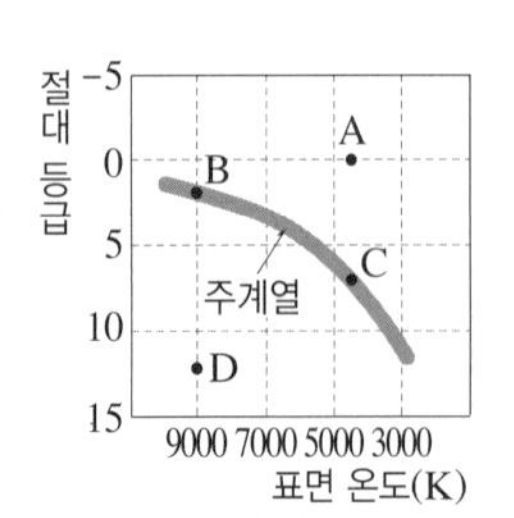

별 A~D에 대한 설명으로 옳은 것만을 〈보기〉에서 있는 대로 고른 것은?

〈 보기 〉

ㄱ. A는 거성이다.
ㄴ. B는 C보다 실제로 약 100배 밝다.
ㄷ. A~D 중 반지름이 가장 큰 별은 B이다.

① ㄱ ② ㄷ ③ ㄱ, ㄴ
④ ㄴ, ㄷ ⑤ ㄱ, ㄴ, ㄷ

15. 그림 (가)는 질량이 다른 별의 진화 과정 A~C를, (나)는 어떤 별의 마지막 단계의 내부 구조를 나타낸 것이다.

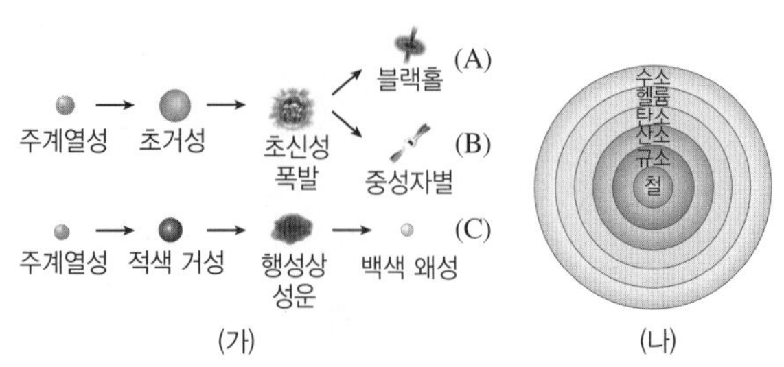

이에 대한 설명으로 옳은 것만을 〈보기〉에서 있는 대로 고른 것은?

〈 보기 〉

ㄱ. A는 B보다 질량이 큰 별의 진화 과정이다.
ㄴ. C 과정으로 (나)와 같은 별이 생성될 수 있다.
ㄷ. 별의 진화 과정을 통해 다양한 원소가 생성된다.

① ㄱ ② ㄴ ③ ㄱ, ㄷ
④ ㄴ, ㄷ ⑤ ㄱ, ㄴ, ㄷ

16. 그림 (가)와 (나)는 동일한 별의 서로 다른 진화 단계의 내부 구조를 순서 없이 나타낸 것이다.

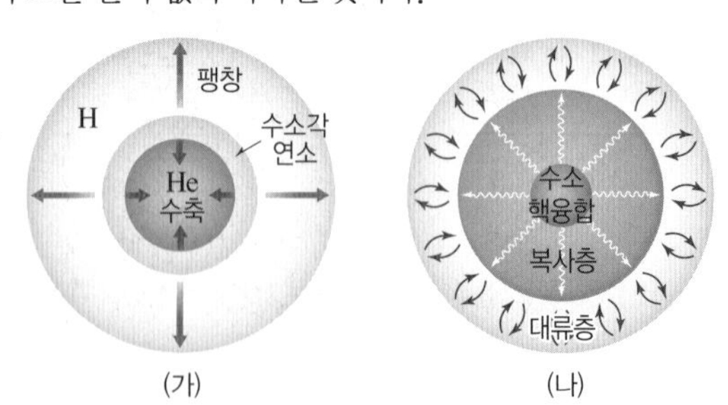

이에 대한 설명으로 옳은 것만을 〈보기〉에서 있는 대로 고른 것은?

〈 보기 〉

ㄱ. (나)는 (가)보다 진화한 단계이다.
ㄴ. (가)는 (나)보다 평균 밀도가 작다.
ㄷ. (가)는 (나)보다 광도가 더 클 것이다.

① ㄱ ② ㄴ ③ ㄷ
④ ㄱ, ㄴ ⑤ ㄴ, ㄷ

17. 그림 (가)와 (나)는 외계 행성을 탐사하는 두 가지 방법으로 관측한 중심별과 배경별의 겉보기 밝기 변화를 나타낸 것이다.

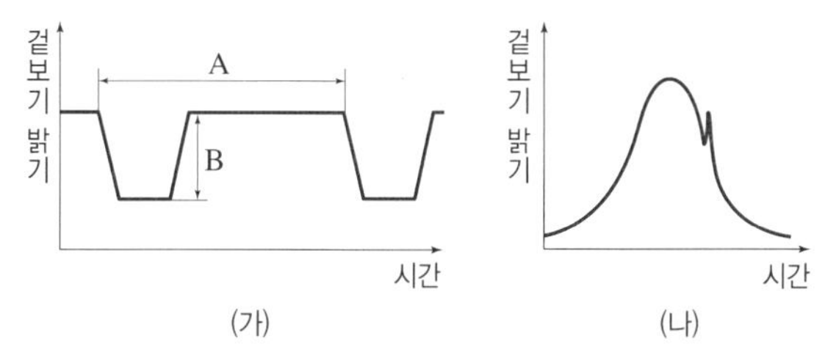

이에 대한 설명으로 옳지 않은 것은?

① (가)에서 A는 행성의 공전 주기이다.
② (가)에서 행성의 반지름이 클수록 B는 커진다.
③ (가)는 반지름이 큰 행성을 탐사하는 데 유리한 방법이다.
④ (나)에서 시선 방향에 대해 배경별과 일직선을 이루는 시기는 별이 행성보다 빨랐다.
⑤ (가)와 (나) 모두 행성의 공전 궤도면과 시선 방향이 수직을 이룰 때는 탐사할 수 없다.

18. 그림은 C 은하에서 다른 은하를 관측했을 때 각 은하들의 이동 방향과 후퇴 속도를 나타낸 것이다.

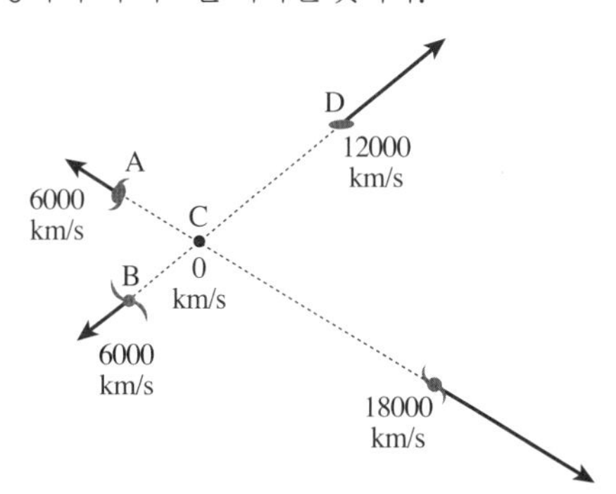

이에 대한 설명으로 옳은 것만을 〈보기〉에서 있는 대로 고른 것은?

〈보기〉

ㄱ. A 은하에서 B 은하를 관측하면 적색 편이가 나타난다.
ㄴ. B 은하에서 관측한 D 은하의 후퇴 속도는 18000 km/s 이다.
ㄷ. C 은하와 D 은하 사이의 거리는 A 은하와 C 은하 사이 거리의 2배이다.

① ㄱ ② ㄷ ③ ㄱ, ㄴ
④ ㄴ, ㄷ ⑤ ㄱ, ㄴ, ㄷ

19. 다음은 퀘이사 3C 279를 촬영한 모습과 주요 물리량을 나타낸 것이다.

거리(억 광년)	53
적색 편이량 $\left(z=\dfrac{\Delta\lambda}{\lambda_0}\right)$	0.53
겉보기 등급	17.8

3C 279에 대한 설명으로 옳은 것만을 〈보기〉에서 있는 대로 고른 것은?

〈보기〉

ㄱ. 항성이다.
ㄴ. 도플러 효과가 없을 때 400 nm에서 나타나던 흡수선이 3C 279 스펙트럼에서는 약 612 nm에서 나타날 것이다.
ㄷ. 현재로부터 적어도 53억 년 전 이전에 생성되었다.

① ㄱ ② ㄴ ③ ㄱ, ㄷ
④ ㄴ, ㄷ ⑤ ㄱ, ㄴ, ㄷ

20. 그림은 시간에 따른 우주 팽창의 모식도를, 표는 우주를 구성하는 물질과 에너지의 비율을 나타낸 것이다.

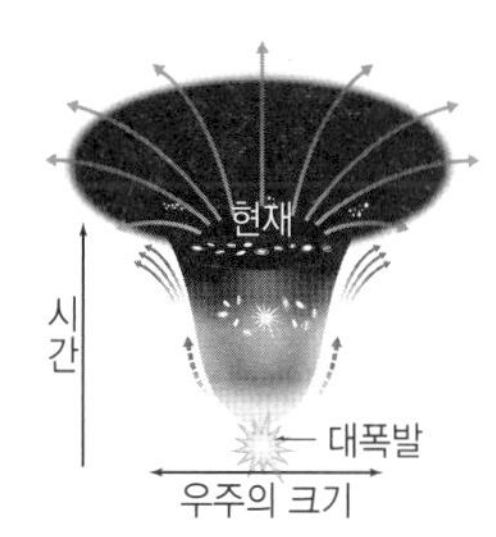

종류	비율(%)
보통 물질	4.9
암흑 물질	26.8
암흑 에너지	68.3

이에 대한 설명으로 옳은 것만을 〈보기〉에서 있는 대로 고른 것은?

〈보기〉

ㄱ. 우주의 팽창 속도는 일정하다.
ㄴ. 우주에는 빛과 상호 작용하는 물질의 양이 더 많다.
ㄷ. 현재 우주의 팽창 속도는 암흑 물질보다 암흑 에너지의 영향을 더 많이 받는다.

① ㄱ ② ㄷ ③ ㄱ, ㄴ
④ ㄴ, ㄷ ⑤ ㄱ, ㄴ, ㄷ

1. 그림은 태평양과 대서양에서 해양 지각의 나이에 따른 해령으로부터의 거리를 나타낸 것이다.

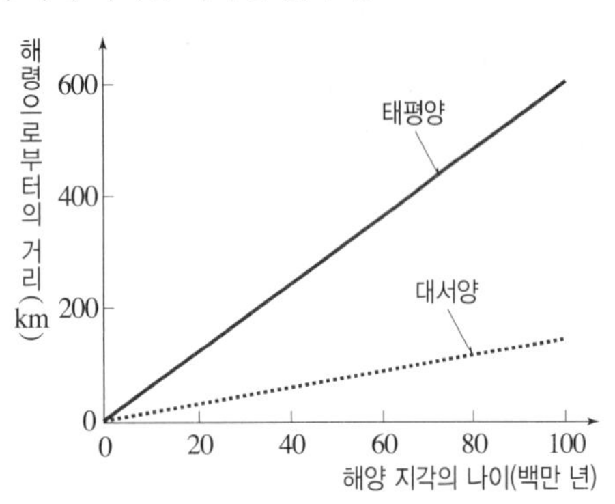

이에 대한 설명으로 옳은 것만을 〈보기〉에서 있는 대로 고른 것은?

〈보기〉
ㄱ. 해양 지각의 나이가 같으면 해령으로부터 거리가 같다.
ㄴ. 해양판의 이동 속도는 대서양이 태평양보다 빠르다.
ㄷ. 태평양과 대서양에서 해양 지각의 나이가 같으면, 고지자기 역전 여부는 같다.

① ㄱ ② ㄷ ③ ㄱ, ㄴ
④ ㄴ, ㄷ ⑤ ㄱ, ㄴ, ㄷ

2. 그림 (가)~(라)는 판게아 형성 이후 대륙의 분포 변화를 순서 없이 나타낸 것이다.

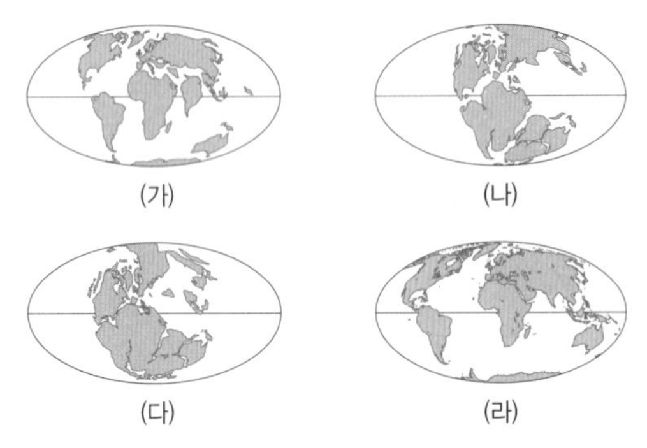

이에 대한 설명으로 옳은 것만을 〈보기〉에서 있는 대로 고른 것은?

〈보기〉
ㄱ. 대륙의 분포는 (다) → (가) → (나) → (라) 순서로 변하였다.
ㄴ. (나)에서 로라시아 대륙이 곤드와나 대륙에서 분리되었다.
ㄷ. (다)가 형성될 때 애팔래치아산맥이 형성되었다.

① ㄱ ② ㄷ ③ ㄱ, ㄴ
④ ㄴ, ㄷ ⑤ ㄱ, ㄴ, ㄷ

3. 그림은 남아메리카 대륙의 태평양 연안과 대서양의 해저 단면을 나타낸 것이다.

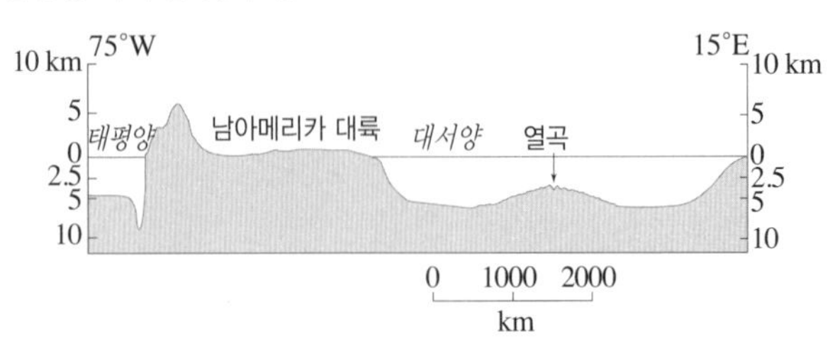

이에 대한 설명으로 옳은 것만을 〈보기〉에서 있는 대로 고른 것은?

〈보기〉
ㄱ. 대서양 중앙에서는 화산 활동이 활발하다.
ㄴ. 남아메리카 대륙은 대서양의 해령으로부터 멀어지고 있다.
ㄷ. 남아메리카 대륙에서 심발 지진은 동해안보다 서해안 쪽에서 자주 발생한다.

① ㄱ ② ㄴ ③ ㄱ, ㄷ
④ ㄴ, ㄷ ⑤ ㄱ, ㄴ, ㄷ

4. 그림은 어느 지역의 지질 단면을 나타낸 것이다.

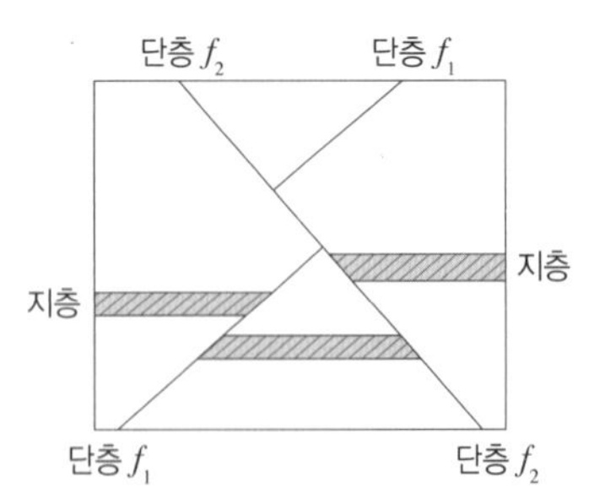

이에 대한 설명으로 옳은 것만을 〈보기〉에서 있는 대로 고른 것은?

〈보기〉
ㄱ. 단층 f_1은 정단층이고, 단층 f_2는 역단층이다.
ㄴ. 이 지역은 단층 f_1과 f_2가 형성될 당시에 모두 횡압력을 받았다.
ㄷ. 단층 f_1이 단층 f_2보다 먼저 형성되었다.

① ㄱ ② ㄷ ③ ㄱ, ㄴ
④ ㄴ, ㄷ ⑤ ㄱ, ㄴ, ㄷ

5. 그림 (가)와 (나)는 서로 다른 두 지역의 지질 단면을 나타낸 것으로, 화성암 A, C의 절대 연령은 같다.

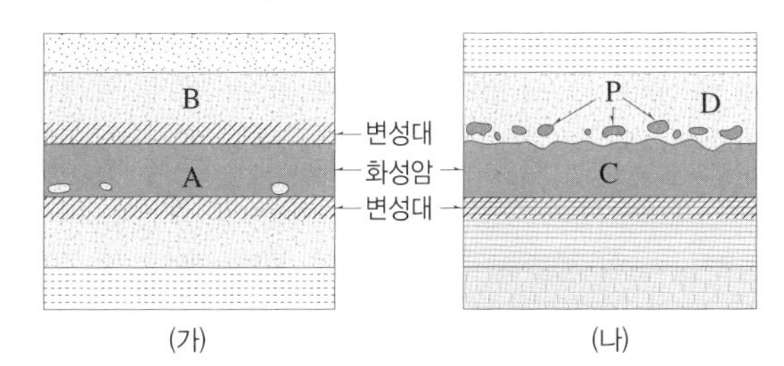

(가) (나)

이에 대한 설명으로 옳은 것만을 〈보기〉에서 있는 대로 고른 것은?

〈보기〉
ㄱ. B가 D보다 오래된 지층이다.
ㄴ. P는 D의 포획암이다.
ㄷ. 화성암을 경계로 (나)는 (가)보다 상하 지층 사이의 시간 간격이 더 크다.

① ㄱ ② ㄴ ③ ㄱ, ㄷ
④ ㄴ, ㄷ ⑤ ㄱ, ㄴ, ㄷ

6. 그림은 어느 지역의 지질 단면도와 퇴적 구조 및 산출 화석을 나타낸 것이다.

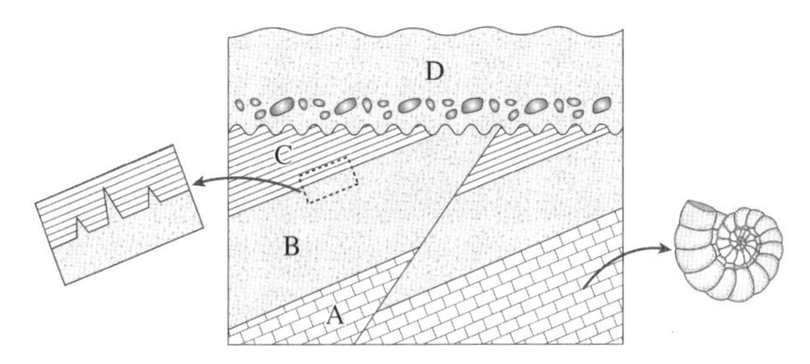

이에 대한 설명으로 옳은 것만을 〈보기〉에서 있는 대로 고른 것은?

〈보기〉
ㄱ. A는 퇴적된 후 횡압력을 받았다.
ㄴ. B에서는 화폐석이 산출될 수 있다.
ㄷ. C와 D의 생성 순서를 밝히는 데는 부정합의 법칙이 적용된다.

① ㄱ ② ㄴ ③ ㄱ, ㄷ
④ ㄴ, ㄷ ⑤ ㄱ, ㄴ, ㄷ

7. 그림 (가)와 (나)는 인공위성에 같은 시각에 찍은 가시광선 영역과 적외선 영역의 구름 사진이다.

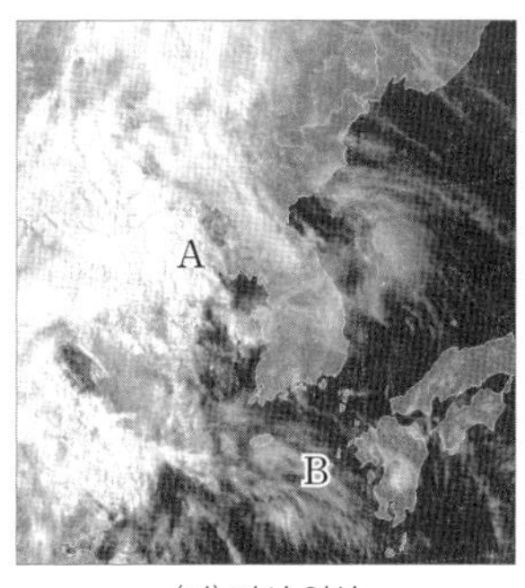

(가) 가시 영상

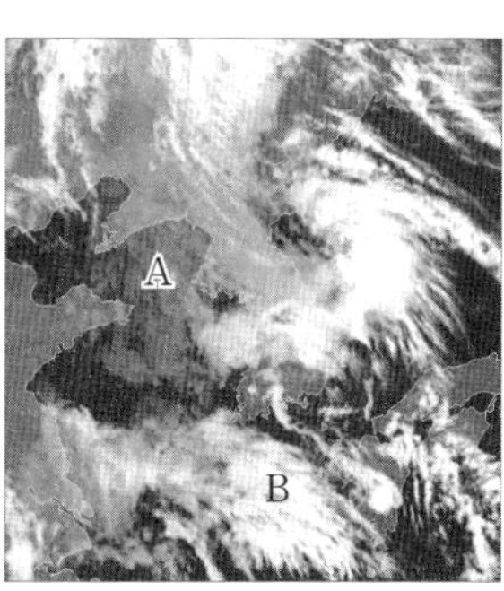

(나) 적외 영상

이에 대한 설명으로 옳은 것만을 〈보기〉에서 있는 대로 고른 것은?

〈보기〉
ㄱ. (가)는 밤에 촬영한 것이다.
ㄴ. A 구름은 B 구름보다 높이가 높다.
ㄷ. A 구름은 B 구름보다 비를 내릴 가능성이 크다.

① ㄱ ② ㄷ ③ ㄱ, ㄴ
④ ㄴ, ㄷ ⑤ ㄱ, ㄴ, ㄷ

8. 그림은 어느 날 우리나라 주변의 지상 일기도이다.

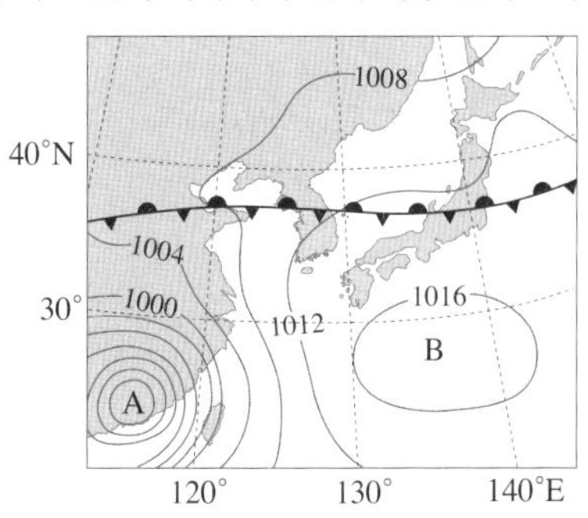

이에 대한 설명으로 옳은 것만을 〈보기〉에서 있는 대로 고른 것은?

〈보기〉
ㄱ. 앞으로 A의 중심 기압은 낮아질 것이다.
ㄴ. B의 세력이 강해지면 우리나라에는 폭염이 나타날 수 있다.
ㄷ. 정체 전선의 영향으로 우리나라 남부 지방보다 북부 지방에 강수량이 많을 것이다.

① ㄱ ② ㄷ ③ ㄱ, ㄴ
④ ㄴ, ㄷ ⑤ ㄱ, ㄴ, ㄷ

9. 그림 (가)는 발달 단계가 서로 다른 뇌우 A~C를, (나)는 뇌우와 관련된 기상재해를 나타낸 것이다.

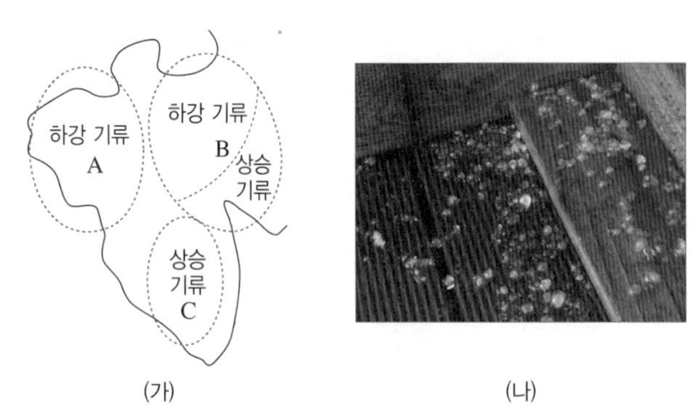

이에 대한 설명으로 옳은 것만을 〈보기〉에서 있는 대로 고른 것은?

〈 보기 〉
ㄱ. A에서는 적운이 활발하게 생성된다.
ㄴ. B는 뇌우 발달 단계 중 성숙 단계에 있다.
ㄷ. (나)는 B보다 C에서 잘 일어난다.

① ㄱ ② ㄴ ③ ㄱ, ㄷ
④ ㄴ, ㄷ ⑤ ㄱ, ㄴ, ㄷ

10. 그림은 어느 해역에서 깊이에 따른 수온과 염분을 측정하여 수온 염분도에 나타낸 것이다.

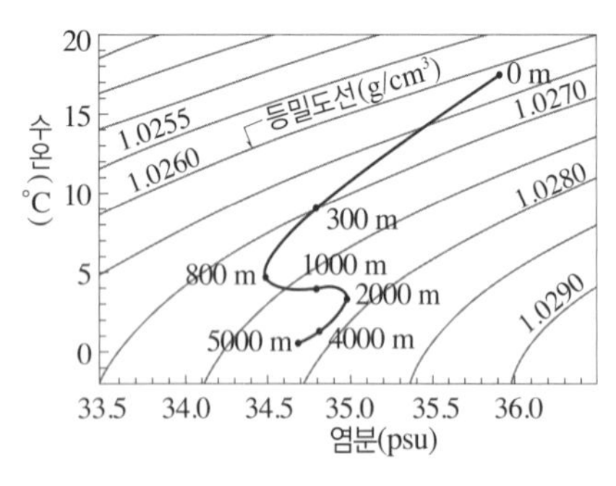

이에 대한 설명으로 옳은 것만을 〈보기〉에서 있는 대로 고른 것은?

〈 보기 〉
ㄱ. 표층~800 m 구간에서는 해수의 연직 혼합이 활발하게 일어난다.
ㄴ. 800 m~2000 m 구간의 밀도 변화는 수온보다 염분의 영향이 크다.
ㄷ. 깊이에 따른 밀도 변화는 1000 m~2000 m 구간보다 2000 m~4000 m 구간에서 작다.

① ㄱ ② ㄷ ③ ㄱ, ㄴ
④ ㄴ, ㄷ ⑤ ㄱ, ㄴ, ㄷ

11. 그림은 북대서양과 남태평양의 해역 A~D를 나타낸 것이다.

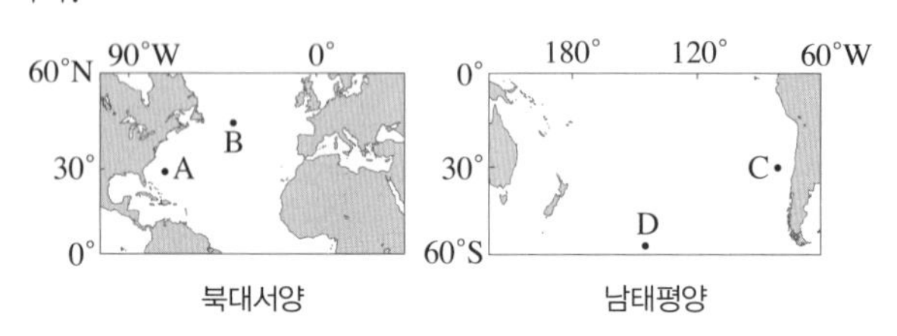

이에 대한 설명으로 옳은 것만을 〈보기〉에서 있는 대로 고른 것은?

〈 보기 〉
ㄱ. 고위도로의 열 수송량은 C보다 A에 흐르는 해류가 많다.
ㄴ. 용존 산소량은 D보다 A에 많다.
ㄷ. B의 해수는 동쪽으로, D의 해수는 서쪽으로 흐른다.

① ㄱ ② ㄴ ③ ㄱ, ㄷ
④ ㄴ, ㄷ ⑤ ㄱ, ㄴ, ㄷ

12. 그림은 1979년부터 2010년까지 엘니뇨 시기와 라니냐 시기의 강수량을 관측하여 평균 강수량의 편차(A 시기의 값 −B 시기의 값)을 나타낸 것이다. A, B는 각각 엘니뇨와 라니냐 중 하나이다.

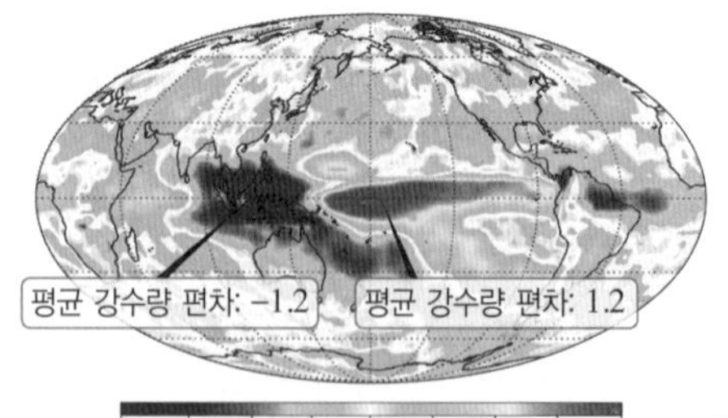

A, B 시기에 대한 설명으로 옳은 것만을 〈보기〉에서 있는 대로 고른 것은?

〈 보기 〉
ㄱ. A는 엘니뇨, B는 라니냐이다.
ㄴ. 적도 부근 동태평양의 용승은 A 시기에 더 활발하다.
ㄷ. 적도 부근 태평양에서 동서 방향의 해수면 높이 차이는 B 시기에 더 크다.

① ㄱ ② ㄴ ③ ㄱ, ㄷ
④ ㄴ, ㄷ ⑤ ㄱ, ㄴ, ㄷ

13. 그림은 지구 자전축의 세차 운동 주기와 방향을 나타낸 것이다.

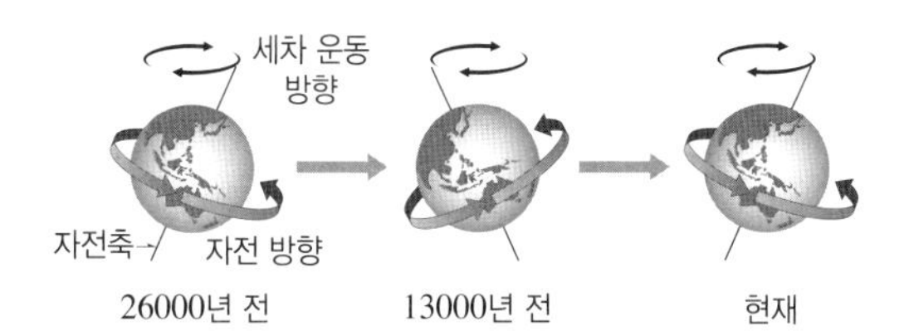

현재로부터 6500년 후의 지구 기후에 대한 설명으로 옳은 것만을 〈보기〉에서 있는 대로 고른 것은? (단, 세차 운동 이외의 기후 변화 요인은 일정하다.)

〈 보기 〉
ㄱ. 근일점에서 북반구는 봄이다.
ㄴ. 남반구의 겨울 기온은 현재보다 높다.
ㄷ. 북반구는 기온의 연교차가 현재보다 크다.

① ㄱ ② ㄴ ③ ㄱ, ㄷ
④ ㄴ, ㄷ ⑤ ㄱ, ㄴ, ㄷ

14. 표는 1981년부터 2010년까지 한반도의 기온과 강수량 변화 추세를 나타낸 것이다.

구분		연	봄	여름	가을	겨울
기온 변화 (℃/10년)	한반도	0.41	0.25	0.24	0.49	0.56
	남한	0.36	0.23	0.11	0.43	0.57
	북한	0.45	0.28	0.39	0.52	0.47
강수량 (mm/10년)	한반도	25.87	10.34	28.07	−7.70	2.20
	남한	54.28	16.95	48.26	−11.85	1.99
	북한	−25.19	−3.20	−5.54	−3.24	−1.40

이에 대한 설명으로 옳은 것만을 〈보기〉에서 있는 대로 고른 것은?

〈 보기 〉
ㄱ. 기온 상승이 큰 지역이 강수량 증가도 컸다.
ㄴ. 한반도 전체 강수량의 계절적인 차이가 증가하였다.
ㄷ. 시베리아 기단이 한반도에 미치는 영향이 증가하였다.

① ㄱ ② ㄴ ③ ㄱ, ㄷ
④ ㄴ, ㄷ ⑤ ㄱ, ㄴ, ㄷ

15. 그림은 반지름이 같은 두 별 a, b의 파장에 따른 에너지 분포를 나타낸 것이다.

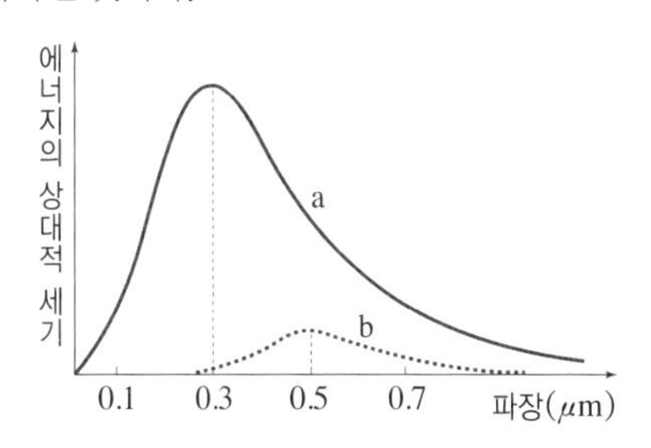

두 별에 대한 설명으로 옳은 것만을 〈보기〉에서 있는 대로 고른 것은? (단, B 필터는 0.42 μm, V 필터는 0.54 μm 파장의 빛을 통과시킨다.)

〈 보기 〉
ㄱ. 광도는 a가 b보다 작다.
ㄴ. 표면 온도는 a가 b보다 높다.
ㄷ. a의 색지수(B−V)는 0보다 작다.

① ㄱ ② ㄴ ③ ㄱ, ㄷ
④ ㄴ, ㄷ ⑤ ㄱ, ㄴ, ㄷ

16. 그림 (가)는 별 A와 B의 표면 온도와 절대 등급을, (나)는 별 A와 B의 표면 온도와 겉보기 등급을 나타낸 것이다.

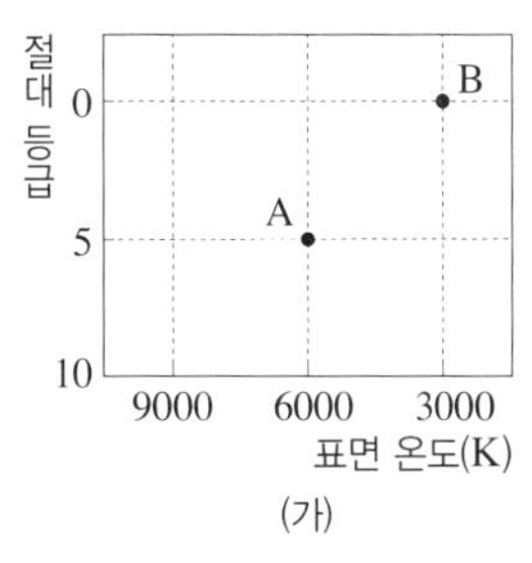

(가)

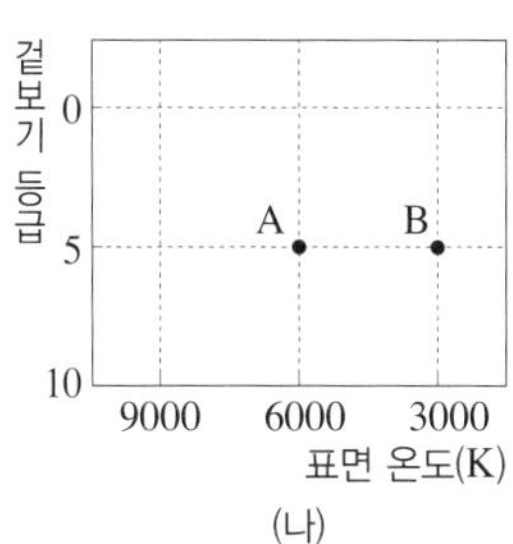

(나)

이에 대한 설명으로 옳은 것만을 〈보기〉에서 있는 대로 고른 것은?

〈 보기 〉
ㄱ. 광도는 A가 B보다 100배 크다.
ㄴ. 반지름은 B가 A보다 40배 크다.
ㄷ. 지구로부터의 거리는 B가 A보다 멀다.

① ㄱ ② ㄷ ③ ㄱ, ㄴ
④ ㄴ, ㄷ ⑤ ㄱ, ㄴ, ㄷ

17. 그림 (가)는 어떤 외계 행성계의 모습을, (나)는 행성 A, B에 의한 중심별의 밝기 변화를 나타낸 것이다.

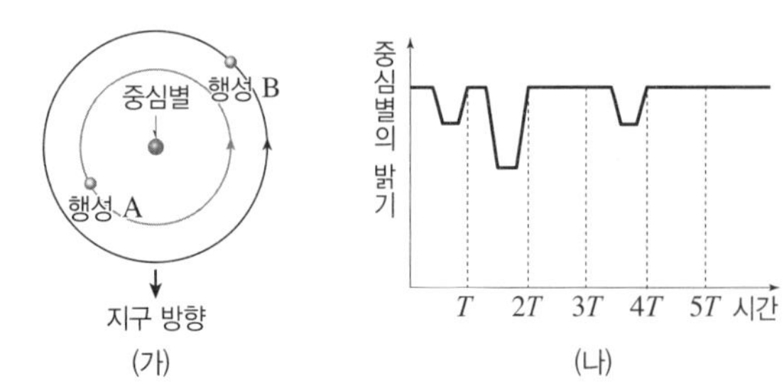

이에 대한 설명으로 옳은 것만을 ⟨보기⟩에서 있는 대로 고른 것은? (단, 중심별에 가까울수록 행성의 공전 주기는 짧다.)

⟨보기⟩

ㄱ. A의 공전 주기는 $3T$이다.
ㄴ. A는 B보다 반지름이 크다.
ㄷ. $2T$일 때, 중심별의 스펙트럼을 관측하면 청색 편이가 나타난다.

① ㄱ ② ㄴ ③ ㄱ, ㄷ
④ ㄴ, ㄷ ⑤ ㄱ, ㄴ, ㄷ

18. 그림은 두 주계열성 태양과 글리제 581의 상대적인 크기와 질량을 비교한 것이다.

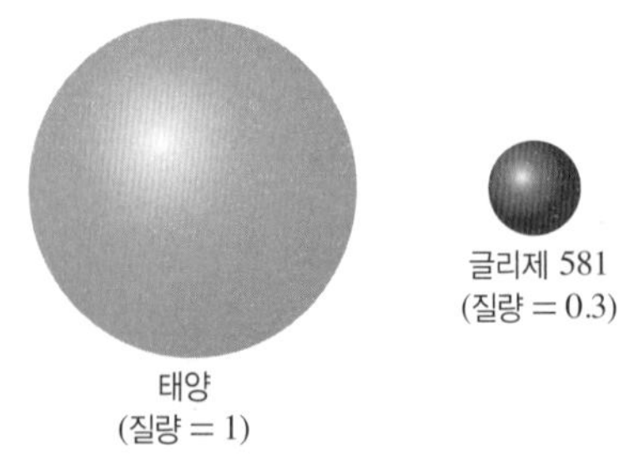

이에 대한 설명으로 옳은 것만을 ⟨보기⟩에서 있는 대로 고른 것은?

⟨보기⟩

ㄱ. 광도는 태양이 글리제 581보다 크다.
ㄴ. 글리제 581로부터 1 AU 거리에 있는 행성 표면에는 액체 상태의 물이 존재할 수 있는 가능성이 크다.
ㄷ. 생명 가능 지대의 폭은 태양보다 글리제 581에서 더 넓다.

① ㄱ ② ㄷ ③ ㄱ, ㄴ
④ ㄴ, ㄷ ⑤ ㄱ, ㄴ, ㄷ

19. 다음은 은하 A, B를 관측한 내용이다.

관측 내용	은하 A	은하 B
가시광선 관측	규칙적인 모양을 나타내지 않는다.	은하 중심부를 가로지르는 막대 모양 구조의 끝 부분에서 나선팔이 뻗어 나와 있다.
전파 관측	우리은하보다 수백 배 이상 강한 전파를 방출한다.	우리은하와 비슷한 세기의 전파를 방출한다.
스펙트럼 흡수선의 위치 (λ_0: 400 nm)	480 nm	404 nm

이에 대한 설명으로 옳은 것만을 ⟨보기⟩에서 있는 대로 고른 것은?

⟨보기⟩

ㄱ. A는 세이퍼트은하이다.
ㄴ. B는 Sa, Sb, Sc 중 하나로 나타낸다.
ㄷ. A는 B보다 우리은하로부터 20배 멀리 떨어져 있다.

① ㄴ ② ㄷ ③ ㄱ, ㄴ
④ ㄱ, ㄷ ⑤ ㄱ, ㄴ, ㄷ

20. 그림은 절대 등급이 일정한 Ia형 초신성을 관측한 등급을 후퇴 속도로 예상한 등급과 비교하여 나타낸 것이다.

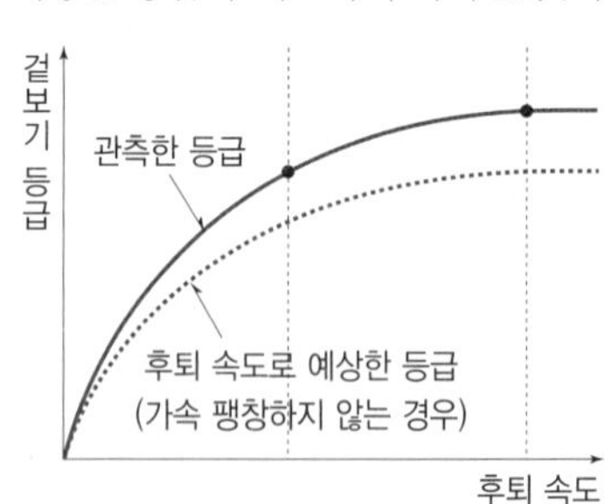

이에 대한 설명으로 옳은 것만을 ⟨보기⟩에서 있는 대로 고른 것은?

⟨보기⟩

ㄱ. Ia형 초신성은 어둡게 보일수록 빠르게 멀어진다.
ㄴ. Ia형 초신성은 후퇴 속도로 예상한 것보다 밝게 관측되었다.
ㄷ. 우주는 일정한 속도로 팽창하고 있다.

① ㄱ ② ㄴ ③ ㄷ
④ ㄱ, ㄷ ⑤ ㄴ, ㄷ

실전 기출 모의고사 1회

6쪽~10쪽

1. ②	2. ③	3. ③	4. ⑤	5. ③
6. ②	7. ③	8. ③	9. ②	10. ①
11. ①	12. ④	13. ③	14. ②	15. ⑤
16. ③	17. ⑤	18. ④	19. ①	20. ③

1. 판 구조론의 정립 과정

학생 C. ㉡은 해양저 확장설이다. 해령에서 생성된 해양 지각은 해령을 축으로 양쪽으로 멀어지므로 해령에서 멀어질수록 해양 지각의 연령이 증가하는 것은 ㉡의 증거이다.

바로알기 학생 A. 초대륙 판게아의 분리와 대륙의 이동에 의한 수륙 분포 변화를 주장한 학설은 베게너가 주장한 대륙 이동설이다.

학생 B. 베게너는 여러 가지 증거를 제시하여 대륙 이동을 주장하였지만 대륙을 움직이는 힘을 옳게 설명 하지 못하였다. 맨틀 대류에 의해 대륙이 움직인다고 설명한 학설은 홈스가 주장한 맨틀 대류설이다.

2. 판의 운동과 지각 변동

ㄱ. ⓐ는 해령과 해령 사이 구간에 발달한 변환 단층이므로 지진이 활발하게 일어나지만, ⓑ는 판의 경계가 아닌 단열대이므로 지진이 거의 발생하지 않는다.

ㄴ. (나)에서 ㉠과 ㉡은 해령으로부터의 거리와 암석 연령이 같으므로 해령에서 동일한 시기에 형성되어 해령의 양쪽으로 이동한 것이다. 따라서 ㉠과 ㉡의 고지자기 방향은 같다.

바로알기 ㄷ. (나)에서 판 A, B의 이동 속력은 $\frac{200 \times 10^5 \text{ cm}}{10 \times 10^6 \text{ 년}} = 2 \text{ cm/년}$이다. ㉢과 ㉣은 해령에 대해 양쪽으로 멀어지므로 ㉢은 ㉣에 대해 4 cm/년의 속도로 멀어진다.

3. 플룸 구조론

ㄱ. 촛불로 비커 바닥의 착색된 물을 가열하면 밀도가 감소한 물이 위로 떠오르는 모습을 볼 수 있다. 이는 맨틀과 핵의 경계에서 가열되어 상승하는 플룸에 대비되는 개념이므로 '뜨거운 플룸'은 A에 해당한다.

ㄴ. 착색된 물이 가열되면 밀도가 감소하므로 상승한다. 따라서 '상승'은 B에 해당한다.

바로알기 ㄷ. 수렴형 경계에서 섭입한 판의 물질이 맨틀과 외핵의 경계에 도달하면 물질의 교란이 일어나면서 뜨거운 플룸이 생성된다. 따라서 플룸은 맨틀과 외핵의 경계에서 생성된다.

4. 퇴적 구조

ㄱ. (가)는 지층을 이루는 퇴적 입자의 크기가 상부로 갈수록 점차 작아지므로 점이층리이다.

ㄴ. (나)는 사층리이다. 사층리는 지층의 하부로 갈수록 층리와 수평면이 이루는 각도가 작아지므로 이를 이용하면 지층의 역전 여부를 판단할 수 있다.

ㄷ. (다)는 물결 자국이 지층에 남아 있는 연흔이다. 수면에서 생기는 물결이 바닥의 퇴적물에 자국을 만들기 위해서는 입자의 크기가 작아야 한다. 따라서 (다)는 역암층보다 사암층에서 주로 나타난다.

5. 절대 연령

ㄱ. 현재의 X의 양이 95 %이면 절대 연령은 0.5억 년이다. 속씨식물은 중생대 백악기에 출현하여 신생대에 번성하였으므로 속씨식물이 존재하던 시기에 화성암이 생성되었다.

ㄴ. X의 양이 100 % → 75 %로 감소하는 데 걸리는 시간이 3억 년이지만 75 % → 50 %로 감소하는 데는 3억 년보다 오래 걸린다. 따라서 X의 반감기는 6억 년보다 길다.

바로알기 ㄷ. X의 양은 80 %보다 크고, Y의 양은 20 %보다 작아야 한다. 문제의 그림에서 X의 양이 80 % 남아 있을 때 화성암의 절대 연령은 약 2.2억 년에 해당한다. 따라서 약 2.2억 년 전~2.52 억 년 전에 해당하는 중생대 초기의 화성암에서는 현재의 $\frac{\text{X의 양(\%)}}{\text{Y의 양(\%)}}$이 4보다 작다.

6. 생물 대멸종

ㄴ. B는 고생대 페름기 말이고, C는 중생대 백악기 말이다. 판게아는 중생대 초기까지 지속되었다가 분리되기 시작하였으므로 B와 C 사이에 판게아가 분리되기 시작하였다.

바로알기 ㄱ. 방추충은 고생대 페름기 말에 멸종하였으므로 B에 멸종하였다.

ㄷ. 팔레오기와 네오기는 신생대에 속한다. C는 중생대 백악기와 신생대 팔레오기의 지질 시대 경계이다.

7. 온대 저기압의 이동에 따른 날씨 변화

ㄱ. $T_1 \rightarrow T_4$ 동안 번개의 분포를 보면 한랭 전선이 A 지역을 통과하였으므로 이 기간 중 A의 상공에는 전선면이 나타났다.

ㄴ. $T_2 \sim T_3$ 동안 발생한 번개의 분포를 보면, 이 기간 중 A는 한랭 전선 뒤쪽에 위치하였으므로 적운형 구름이 발달하였다.

바로알기 ㄷ. A는 $T_1 \sim T_2$ 동안 한랭 전선 앞쪽에 위치하였고, $T_2 \sim T_4$ 동안에는 한랭 전선 뒤쪽에 위치하였다. 따라서 전선이 통과하는 동안 A의 풍향은 남서풍 → 북서풍으로 시계 방향으로 바뀌었다.

8. 태풍과 날씨

ㄱ. 이 기간 동안 풍향이 남동풍 → 남풍 → 남서풍으로 시계 방향으로 변하였으므로 관측소는 태풍의 위험 반원에 위치하였다.

ㄴ. 관측소에 태풍 중심이 가까워질수록 기압은 낮아지고, 태풍 중심이 관측소로부터 멀어지면 기압은 높아진다. 자료에서 기압은 t_2가 t_4보다 낮으므로 관측소와 태풍 중심 사이의 거리는 t_2가 t_4보다 가깝다.

바로알기 ㄷ. 태풍 중심 부근 해역에서는 시계 반대 방향으로 부는 저기압성 바람에 의해 표층 해수가 발산하여 용승이 일어나며, 태풍에 의한 강한 바람으로 해수의 혼합이 활발하게 일어난다. 따라서 $t_2 \rightarrow t_4$ 동안 수온 변화는 태풍에 의한 표층 해수 발산(용승)과 해수의 혼합에 의해 발생하였다.

9. 태풍 통과에 따른 일기 요소 변화

ㄴ. 01~23시 동안 최저 기압은 B가 A보다 낮고, 최고 기압은 A와 B가 비슷하므로 이 기간 동안 기압의 변화 폭은 A가 B보다 작다.

바로알기 ㄱ. 13~19시 동안 A의 풍향은 시계 반대 방향(북동풍 → 북풍 → 북서풍)으로 변했으므로, A는 안전 반원에 위치하였다.

ㄷ. 관측소에 태풍 중심이 가까워질수록 태풍의 관측 기압은 낮아진다. 09시에 관측한 기압이 B가 A보다 낮으므로 태풍 중심까지의 최단 거리는 B가 A보다 가깝다.

10. 대기 대순환과 해수의 표층 순환

ㄱ. 우리나라에서 북서 계절풍이 불고 있으므로 자료는 1월에 해당한다.

바로알기 ㄴ. 표층 해류는 주로 지표 부근의 바람에 의해 발생한다. 따라서 A의 표층 해류는 고위도에서 저위도 방향으로 흐른다.

ㄷ. 적도 해상에 위치한 C의 북쪽에서는 북동 무역풍에 의해 표층 해수가 북서쪽으로 이동하고, C의 남쪽에서는 남동 무역풍에 의해 표층 해수가 남서쪽으로 이동하여 C에서는 표층 해수가 발산한다.

11. 해수의 염분 변화 요인

ㄱ. A의 소금물에 증류수를 섞으면 염분이 낮아지므로, (다)는 담수의 유입에 의한 해수의 염분 변화를 알아보기 위한 과정에 해당한다.

바로알기 ㄴ. 염분이 35 psu인 A의 소금물에 염류가 녹아 있지 않은 증류수를 섞으면 염분이 35 psu보다 낮아진다. 또한 염분이 35 psu인 B의 소금물을 표층이 얼 때까지 천천히 냉각시키면 물이 얼 때 염류가 빠져나가므로 소금물의 염분은 35 psu보다 높아진다. 따라서 ㉠은 ㉡보다 작다.

ㄷ. 해수의 결빙이 있는 해역에서는 해수의 염분이 증가한다. 따라서 '감소한다'는 ㉢에 해당하지 않는다.

12. 심층 순환

ㄱ. 표층 해류는 저위도의 에너지를 고위도로 수송하는 역할을 한다. 따라서 표층 해류인 A에 의해 에너지가 수송된다.

ㄴ. ㉠ 해역은 표층 해수의 침강이 일어나는 고위도 해역으로, 용존 산소가 풍부한 ㉠ 해역의 해수는 침강하여 심해층에 산소를 공급한다.

바로알기 ㄷ. 심층 순환은 표층 순환에 비해 유속이 매우 느리다. 따라서 평균 이동 속력은 표층 해류인 A가 심층 해류인 B보다 빠르다.

13. 기후 변화의 천문학적 요인

ㄱ. ㉠ 시기는 자전축 경사 방향이 현재와 같고 자전축 경사각은 현재보다 작다. 자전축 경사각이 현재보다 작아지면 북반구와 남반구 모두 중위도와 고위도의 태양의 남중 고도가 여름철에는 낮아지고, 겨울철에는 높아져 여름철의 기온은 낮아지고, 겨울철의 기온은 높아진다.

ㄴ. ㉡ 시기는 자전축 경사 방향이 현재와 반대이고 자전축 경사각은 현재보다 크다. 현재 우리나라는 원일점에서 여름철이고, 근일점에서 겨울철인데, 자전축 경사 방향이 현재와 반대가 되면 근일점에서 여름철, 원일점에서 겨울철이 되어 기온의 연교차가 커진다. 또한 자전축 경사각이 현재보다 커지면 우리나라에서 태양의 남중 고도가 여름철에는 높아지고, 겨울철에는 낮아진다. 그 결과 여름철의 기온은 높아지고, 겨울철의 기온은 낮아져 기온의 연교차가 커진다. 따라서 우리나라에서 기온의 연교차는 ㉡ 시기가 현재보다 크다.

바로알기 ㄷ. 자전축 경사 방향이 현재와 같은 ㉠ 시기에는 지구가 근일점에 위치할 때 우리나라는 겨울철이다. 자전축 경사 방향이 현재와 반대인 ㉡ 시기에는 지구가 근일점에 위치할 때 우리나라는 여름철이다. 따라서 지구가 근일점에 위치할 때 우리나라에서 낮의 길이는 여름철인 ㉡ 시기가 겨울철인 ㉠ 시기보다 길다.

14. 별의 물리량

ㄴ. 광도는 표면 온도의 4제곱과 반지름의 제곱에 비례하므로 (다)의 광도를 $L_{(다)}$라고 하면, (가)의 광도는 $\frac{16}{100}L_{(다)}$이다. 그런데 (가)의 겉보기 등급이 (다)의 겉보기 등급보다 5등급 작으므로 겉보기 밝기는 (가)가 (나)의 100배이다. 밝기는 광도에 비례하고, 거리의 제곱에 반비례하므로 $l_{(가)}=\frac{L_{(가)}}{r^2_{(가)}}=\frac{\frac{16}{100}L_{(다)}}{r^2_{(가)}}$이고, $l_{(다)}=\frac{L_{(다)}}{r^2_{(다)}}$이다. (가)와 (다)의 밝기의 비$\left(\frac{l_{(가)}}{l_{(다)}}\right)$는 100이므로 $\frac{0.16r^2_{(다)}}{r^2_{(가)}}=100$, $r_{(다)}=25r_{(가)}$이다. 따라서 지구로부터의 거리는 (다)가 (가)의 20배보다 멀다.

바로알기 ㄱ. (나)는 (다)보다 표면 온도가 2배 크므로 복사 에너지를 최대로 방출하는 파장은 (나)가 (다)의 $\frac{1}{2}$배이다.

ㄷ. (나), (다)가 주계열성이므로 표면 온도로 절대 등급을 비교하면 (나)< 태양(+4.8)< (다)이다. (나)의 광도는 (가)의 $\frac{10000}{16}$배이며 광도가 10000배이면 절대 등급은 10등급 작아지고, $\frac{1}{16}$배이면 절대 등급은 약 3등급 커지므로 (나)의 절대 등급은 (가)의 절대 등급보다 약 7등급 작다. (나)의 절대 등급은 태양보다 작으므로 (나)의 절대 등급의 최댓값은 +4.8이고, (가)는 이보다 7등급 크므로 (가)의 절대 등급의 최댓값은 +11.8이다.

15. 별의 물리량과 H−R도

(가)는 초거성, (나)는 거성, (다)는 주계열성, (라)는 백색 왜성이다.

ㄴ. O형에서 M형으로 갈수록 표면 온도가 낮으므로, 별의 평균 표면 온도는 (나)가 (라)보다 낮다.

ㄷ. 평균 밀도는 백색 왜성인 (라)가 가장 크고, 초거성인 (가)가 가장 작다.

바로알기 ㄱ. 평균 광도는 초거성인 (가)가 백색 왜성인 (라)보다 크다.

16. 외계 행성계 탐사 방법 – 시선 속도 변화 이용

ㄱ. 행성이 A에 있을 때 중심별의 시선 속도가 (−) 값을 가지므로 중심별은 지구에 가까워지는 방향으로 이동하고, 행성은 지구에서 멀어지고 있다. 따라서 행성은 A → B → C 방향으로 공전한다.

ㄷ. 시선 방향과 공통 질량 중심, 중심별 사이의 각도는 B일 때 45°이고, C일 때 30°이다. 중심별의 최대 시선 속도를 v라고 하면, 중심별의 시선 속도는 행성이 B에 위치할 때 $v\cos45°=\frac{v}{\sqrt{2}}$이고, 행성이 C에 위치할 때 $v\cos60°=\frac{v}{2}$이다. 따라서 중심별의 시선 속도는 행성이 B를 지날 때가 C를 지날 때의 $\sqrt{2}$배이다.

바로알기 ㄴ. 중심별의 최대 시선 속도는 ±60 m/s이므로 $\Delta\lambda=\frac{v}{c}\times\lambda_0=\frac{60}{3\times10^8}\times500\text{ nm}=0.0001\text{ nm}$이다.

17. 생명 가능 지대

ㄱ. 주계열성에서는 별의 질량이 클수록 광도가 크다. A가 B보다 질량이 크므로 광도는 A가 B보다 크다.

ㄴ. A가 B보다 광도가 크므로 생명 가능 지대에 위치한 행성의 공전 궤도 반지름은 ㉠이 ㉡보다 크다.

ㄷ. A가 B보다 광도가 크므로 생명 가능 지대의 폭은 ㉢이 ㉣보다 넓다.

18. 외부 은하

ㄴ. (나)의 스펙트럼에는 복사 에너지의 상대적 세기가 급격하게 강해지는 방출선이 나타난다.

ㄷ. 타원 은하는 은하를 구성하는 별들이 대부분 나이가 많고, 질량이 작으므로 표면 온도가 낮은 붉은 별들이 많다. 반면에 우리은하는 나이가 젊고 파란 별들이 나선팔에 많이 분포한다. 따라서 은하를 구성하는 주계열성의 평균 표면 온도는 (가)가 우리은하보다 낮다.

바로알기 ㄱ. 동일한 파장 영역에서 (가)와 (나)의 스펙트럼을 비교해 보면 (나)에서 폭이 넓은 방출선이 나타나므로 (가)는 타원 은하, (나)는 세이퍼트은하이다.

19. 우주의 구성 요소

A는 암흑 물질, B는 암흑 에너지, C는 보통 물질이다.

ㄱ. (가)는 은하 뒤에 놓여 있는 퀘이사가 중력 렌즈 현상에 의해 4개로 보이는 현상이다. 암흑 물질이 분포하는 곳에서는 중력의 효과로 빛의 경로가 휘어져서 이와 같은 현상이 나타난다. 따라서 (가)를 이용하여 암흑 물질인 A의 존재를 추정할 수 있다.

바로알기 ㄴ. B는 암흑 에너지로, 무엇으로 구성되어 있는지 현재는 알려지지 않았다. 한편, 양성자는 보통 물질(C)에 해당한다.

ㄷ. T 시기에는 암흑 물질과 보통 물질을 합친 양이 암흑 에너지에 비해 매우 많다. 따라서 T 시기에는 우주의 팽창 속도가 감소하였으며, 이후 우주의 팽창 속도가 점차 증가하였다.

20. 허블 법칙

ㄱ. A와 B 사이의 거리는 30 Mpc이고, A에서 측정한 B의 후퇴 속도는 2100 km/s이므로, 허블 법칙($v=H\cdot r$)에 따라 2100 km/s $=H\times$30 Mpc이다. 따라서 허블 상수(H)는 70 km/s/Mpc이다.

ㄴ. A에서 측정한 C의 후퇴 속도는 2800 km/s이므로, A에서 C까지의 거리(r)는 허블 법칙에 따라 2100 km/s=70 km/s/Mpc$\times r$, r=40 Mpc이다. 한편, A에서 관측할 때 B와 C의 시선 방향은 90°를 이루고 있으므로 피타고라스 정리를 이용하여 B와 C 사이의 거리를 구하면 50 Mpc이다. 따라서 B에서 측정한 C의 후퇴 속도는 v=70 km/s/Mpc×50 Mpc=3500 km/s이다.

바로알기 ㄷ. B에서 측정한 A의 후퇴 속도는 2100 km/s이고, 빛의 속도는 3×10^5 km/s이므로

$$\frac{\text{관측 파장}-\text{기준 파장}}{\text{기준 파장}}=\frac{2100\ \text{km/s}}{3\times10^5\ \text{km/s}}=0.007$$이다.

실전(기출)모의고사 2회 11쪽~15쪽

1. ⑤	2. ②	3. ③	4. ④	5. ④
6. ⑤	7. ④	8. ②	9. ④	10. ①
11. ②	12. ④	13. ③	14. ④	15. ⑤
16. ⑤	17. ⑤	18. ⑤	19. ②	20. ②

1. 고지자기와 대륙의 이동

ㄱ. A에서 구한 ㉠, ㉡ 시기의 고지자기극은 각각 현재의 지리상 북극에서 60°, 30° 떨어져 있으므로 ㉠ 시기에 지괴 A는 현재 위치에서 남쪽으로 60° 이동한 적도(0°)에 위치하였고, ㉡ 시기에 지괴 A는 현재 위치에서 남쪽으로 30° 이동한 30°N에 위치하였다. 따라서 고지자기 복각의 절댓값은 ㉠이 ㉡보다 작다.

ㄴ. B에서 구한 ㉠, ㉡ 시기의 고지자기극은 각각 현재의 지리상 북극에서 45°, 15° 떨어져 있으므로 ㉠ 시기에 지괴 B는 현재 위치에서 남쪽으로 45° 이동한 적도(0°)에 위치하였고, ㉡ 시기에 지괴 B는 현재 위치에서 남쪽으로 15° 이동한 30°N에 위치하였다. 따라서 ㉠에서 ㉡에 이르는 시기 동안 지괴 A와 B는 서로 붙어 있었고, 그 후 분리되었으므로 A와 B는 북반구에서 분리되었다.

ㄷ. ㉡ 시기에 지괴 A와 B는 30°N에 위치하였으므로 현재의 지괴 위치와 비교해 보면 평균 이동 속도는 A가 B보다 빠르다.

2. 플룸 구조론

ㄴ. B는 뜨거운 플룸이다. 뜨거운 플룸이 상승하면 물질의 부분 용융이 일어나 열점이 생성되고, 판의 이동에 의해 화산 열도가 만들어진다. 따라서 B에 의해 여러 개의 화산이 형성될 수 있다.

바로알기 ㄱ. A는 섭입하는 해양판이 상부 맨틀과 하부 맨틀의 경계에 쌓여 있다가 침강하는 플룸 하강류이므로 차가운 플룸이다.

ㄷ. 차가운 플룸이 외핵과 맨틀의 경계에 도달하면 그 영향으로 B(뜨거운 플룸)가 상승한다. 따라서 B는 외핵과 맨틀의 경계에서 생성된다.

3. 마그마의 생성 조건

ㄷ. ㉠은 안산암질 마그마로 SiO_2 함량이 52~63 %이고, ㉡은 현무암질 마그마로 SiO_2 함량이 52 % 이하이다. 따라서 SiO_2 함량(%)은 ㉠이 ㉡보다 높다.

바로알기 ㄱ. ㉠은 섭입대에서 상승한 현무암질 마그마와 대륙 지각의 가열에 의해 생성된 유문암질 마그마가 혼합되어 만들어진 안산암질 마그마이다. 이 마그마가 지표로 분출하여 굳으면 주로 안산암이 된다.

ㄴ. ㉡은 해양 지각의 섭입 과정에서 방출된 물이 맨틀에 공급되어 맨틀의 용융점이 낮아져 생성된 현무암질 마그마이다. 맨틀의 용융점이 낮아지는 과정은 b → b′에 해당한다.

4. 퇴적 구조

ㄴ. B는 층리가 기울어진 상태로 퇴적된 사층리이다. 사층리에서 층리의 기울어진 각도가 아래로 갈수록 완만해지므로 이를 통해 지층의 역전 여부를 판단할 수 있다.

ㄷ. C는 수심이 얕은 물밑의 퇴적물이 수면 위로 드러나면서 말라 갈라진 건열이다. 따라서 C가 형성되는 동안 건조한 환경에 노출된 시기가 있었다.

바로알기 ㄱ. A는 수면에서 생긴 파동이 퇴적물에 흔적으로 남은 것이므로 연흔이다.

5. 지질 단면도 해석

X에서 점선을 따라 단층까지 갈 때 퇴적층의 연령은 계속 적어지며, 중간의 화성암의 경계에서는 연령이 불연속적으로 적어진다. 한편 단층에서는 연령은 다른 두 지층이 접촉하므로 연령이 불연속적으로 많아지며, 단층에서 점선을 따라 Y까지 갈 때 퇴적층의 연령은 계속 많아진다. 이러한 경향을 보이는 것은 ④와 ⑤이고, 단층면과 X 지점의 연령을 비교하면 ④의 그래프가 옳다.

6. 상대 연령과 절대 연령

(가)는 셰일 → 화강암 A, (나)는 화강암 B → 셰일 순으로 생성되었다. (다)에서 X의 반감기는 1억 년, Y의 반감기는 0.5억 년이다.

ㄱ. (가)에서 화강암 A 속에 셰일의 암석 조각이 포함되어 있는 것은 마그마가 셰일을 관입하는 동안 암석 조각을 포획하였기 때문이다.

ㄴ. 만약 B에 포함된 방사성 원소가 X이고, 현재 함량이 12.5 %라면 절대 연령은 3억 년이므로 셰일에서 고생대의 삼엽충 화석이 산출될 수 있다. 따라서 B에 포함되어 있는 방사성 원소는 X이고, 현재 함량은 12.5 %이다.

ㄷ. 현재 A에는 Y가 25 %, B에는 X가 12.5 % 포함되어 있다. 현재로부터 1억 년 후에는 A에 포함된 Y는 2회의 반감기를 거쳐 6.25 %가 되고, B에 포함된 X는 1회의 반감기를 거쳐 6.25 %가 된다.

7. 지질 시대의 생물과 환경

지질 시대의 상대적인 길이는 원생 누대(A)>시생 누대(B)>고생대(C)>중생대(D)>신생대(E) 순이다.

ㄴ. 최초의 척추동물인 어류는 고생대 오르도비스기에 출현하였으므로 C 시기에 출현하였다.

ㄷ. 히말라야 산맥은 인도 대륙이 북상하여 유라시아 대륙과 충돌한 신생대에 형성되었으므로 E 시기에 형성되었다.

바로알기 ㄱ. 최초의 다세포 동물은 원생 누대 후기에 출현하였으므로 A 시기에 출현하였다.

8. 지상 일기도와 위성 영상 해석

ㄴ. (가)의 온대 저기압은 편서풍의 영향으로 서쪽에서 동쪽으로 이동하므로 이 기간 동안 관측소 A에는 한랭 전선이 통과하게 된다. 따라서 전선이 통과하는 동안 A의 풍향은 남서풍에서 북서풍으로 바뀌어 시계 방향으로 변한다.

바로알기 ㄱ. (가)에서 관측소 A는 온난 전선과 한랭 전선 사이에 위치한다. 온난 전선면은 온난 전선 앞쪽의 상공에, 한랭 전선면은 한랭 전선 뒤쪽의 상공에 나타나므로, (가)에서 A의 상공에는 전선면이 나타나지 않는다.

ㄷ. 가시 영상에서는 구름이 반사하는 태양 복사 에너지의 세기가 강할수록 밝게 나타난다. 따라서 구름이 반사하는 태양 복사 에너지의 세기는 영역 ㉡이 영역 ㉠보다 강하다.

9. 뇌우

ㄴ. 뇌우에 동반되어 나타나는 번개는 적란운 내에서 분리된 양전하와 음전하가 구름 속에 쌓였다가 방전이 일어나면서 발생하는 것으로, 뇌우가 크게 발달하는 성숙 단계에서 잘 나타난다. 따라서 번개 발생 빈도는 성숙 단계인 (가)가 적운 단계인 (나)보다 대체로 높다.

ㄷ. 성숙 단계인 (가)는 적운 단계인 (나)보다 구름 최상부의 고도가 높고, 온도가 낮으므로 구름의 최상부가 단위 시간당 단위 면적에서 방출하는 적외선 복사 에너지양은 (가)가 (나)보다 적다.

바로알기 ㄱ. (가)는 상승 기류와 하강 기류가 함께 나타나며, 천둥, 번개, 소나기, 우박 등이 동반되는 성숙 단계이고, (나)는 강한 상승 기류에 의해 적운이 발달하는 적운 단계이다.

10. 해수의 성질 – 연직 수온 분포와 용존 산소량

(나), (다)에서 모두 수심이 깊어질수록 감소하는 ㉠은 수온에 해당하고, ㉡은 용존 산소량에 해당한다.

ㄱ. (가)에서 표층 수온은 중위도에 위치한 A가 저위도에 위치한 B보다 낮다. (나)는 (다)보다 표층 수온(㉠)이 낮으므로 A에 해당한다.

바로알기 ㄴ. 표층에서 용존 산소량(㉡)은 (나)가 (다)보다 크므로 A가 B보다 크다.

ㄷ. 수온 약층은 표층 수온이 높은 B가 A보다 뚜렷하게 나타난다.

11. 대기 대순환과 표층 순환

ㄴ. 위도 0° 부근에서는 가열된 공기가 상승하여 고위도로 이동하고, 위도 30° 부근에서 하강하여 해들리 순환을 형성한다. 따라서 A에서는 해들리 순환의 상승 기류가 나타난다.

바로알기 ㄱ. 저위도와 중위도 해역에서 표층 해수의 평균 염분은 대체로 (증발량−강수량) 값에 비례한다. 따라서 표층 해수의 평균 염분은 (증발량−강수량) 값이 작은 A 해역이 큰 B 해역보다 낮다.

ㄷ. 캘리포니아 해류는 북태평양의 아열대 순환을 이루는 해류이고, B 해역은 남반구의 아열대 해역에 위치한다. 따라서 캘리포니아 해류는 B 해역에서 나타나지 않는다.

12. 해수의 심층 순환 발생

ㄴ. 수온 염분도 상의 등밀도선을 보면, 수온 약 5 ℃에 의한 밀도 차는 염분 약 1 psu에 의한 밀도 차와 같다. A와 B는 수온 차가 3 ℃이고, 염분 차가 0.25 psu이므로 A와 B의 수온에 의한 밀도 차는 A와 B의 염분에 의한 밀도 차보다 크다.

ㄷ. 수온 염분도에서 ㉡은 ㉠보다 밀도가 크다. C의 수온(13 ℃)과 염분(38.0 psu)을 (다)에 표시하면 C는 ㉡에 해당한다. 따라서 C의 수괴(㉡)가 서쪽으로 이동하면 B의 수괴(㉠) 아래쪽으로 이동한다.

바로알기 ㄱ. B의 수온(14 ℃)과 염분(36.0 psu)을 (다)에 표시하면 B는 ㉠에 해당한다.

13. 엘니뇨와 라니냐

ㄱ. 동태평양 적도 부근 해역에서 해수면 높이는 엘니뇨 시기에는 평년보다 높아 편차가 (+) 값, 라니냐 시기에는 평년보다 낮아 편차가 (−) 값으로 나타나므로 (나)는 라니냐 시기인 B에 관측한 것이다.

ㄴ. 엘니뇨 시기는 라니냐 시기보다 동태평양 적도부근 해역에서의 용승이 약해지므로 수온 약층이 형성되는 깊이가 깊다. 따라서 동태평양 적도 부근 해역에서 수온 약층이 나타나기 시작하는 깊이는 엘니뇨 시기인 A가 라니냐 시기인 B보다 깊다.

바로알기 ㄷ. 적도 부근 해역에서 해면 기압 편차는 엘니뇨 시기에는 동태평양이 (−) 값, 서태평양이 (+) 값으로 나타나고, 라니냐 시기에는 동태평양이 (+) 값, 서태평양이 (−) 값으로 나타난다. 따라서 적도 부근 해역에서 (동태평양 해면 기압 편차−서태평양 해면 기압 편차) 값은 라니냐 시기인 B가 엘니뇨 시기인 A보다 크다.

14. 기후 변화의 여러 가지 요인

ㄱ. ㉠에 의한 기온 변화는 약 0.9 ℃이고, 자연적 요인에 의한 기온 변화는 0.1 ℃ 이하이다.

ㄷ. 태양 활동의 변화로 인해 지구의 기온 변화가 일어날 수 있으며 이는 지구 기온 변화의 자연적 요인에 해당한다.

바로알기 ㄴ. ㉡에 의한 기온 변화는 음(−)의 값으로 나타나므로 인위적 요인 중 ㉡은 기온을 하강시킨다.

15. 별의 물리량

(다)는 태양보다 복사 에너지를 최대로 방출하는 파장이 짧으므로 태양보다 표면 온도가 높지만, 절대 등급이 5등급 크므로 광도는 작다. 주계열성은 표면 온도가 높을수록 광도도 크기 때문에 (다)는 주계열성이 아니고, (가)와 (나)는 주계열성이다.

ㄴ. (나)는 복사 에너지를 최대로 방출하는 파장이 태양의 $\frac{1}{5}$이므로 표면 온도는 태양의 5배이다. 주계열성은 표면 온도가 높을수록 질량이 크므로 (나)는 태양보다 질량이 매우 크다. 따라서 (나)에서는 CNO 순환 반응이 우세하게 일어난다.

ㄷ. (나)의 반지름은 태양의 4배, 표면 온도는 태양의 5배이므로 광도는 태양의 10000배이다. (다)는 절대 등급이 태양보다 5등급 크므로 광도는 태양의 0.01배이다. 따라서 광도는 (나)가 (다)의 1000000배이다. 한편, (나)와 (다)의 겉보기 밝기가 같고, 겉보기 밝기는 광도에 비례하고 거리의 제곱에 반비례하므로 지구로부터의 거리는 (나)가 (다)의 1000배이다.

바로알기 ㄱ. (가)의 절대 등급은 태양보다 5등급 작으므로 광도는 태양의 100배이고, 반지름은 태양의 2.5배이다. 따라서 (가)의 표면 온도는 태양의 2배이다. 복사 에너지를 최대로 방출하는 파장은 표면 온도에 반비례하므로 ㉠은 0.25이다.

16. 별의 에너지원

ㄱ. (가)는 질량이 태양과 같은데 광도가 태양의 60배로 크므로 적색 거성이다. 적색 거성은 중심핵에서 헬륨 핵융합 반응이 일어나므로 주계열성인 (나)보다 중심핵의 온도가 높다. 한편 (가)는 태양보다 표

면 온도가 낮고, (나)는 태양보다 표면 온도가 높으므로 표면 온도는 (가)가 (나)보다 낮다. 따라서 $\frac{\text{표면 온도}}{\text{중심핵 온도}}$는 (가)가 (나)보다 작다.
ㄴ. (가)는 (다)보다 광도가 크므로 단위 시간당 에너지 생성량은 (가)가 (다)보다 많다.
ㄷ. 주계열성은 질량이 클수록 단위 시간당 에너지 생성량이 많으므로 질량의 평균 감소 속도가 빠르다. (나)는 (다)보다 질량이 크므로 주계열 단계 동안 별의 질량의 평균 감소 속도는 (나)가 (다)보다 빠르다.

17. 외계 행성계 탐사 방법·도플러 효과

ㄱ. 행성이 A에 있을 때 중심별은 시선 방향과 나란하므로 청색 편이나 적색 편이의 최댓값이 나타나는 시기이다. 그런데 행성이 A에 있을 때의 중심별의 파장은 B에 있을 때의 파장에 비해 짧으므로 청색 편이일 때의 최댓값이 나타날 때이다. 따라서 이 외계 행성계의 공전 방향은 시계 방향이다. 그러므로 행성이 B에 있을 때 중심별은 적색 편이가 나타난다.
ㄴ. 행성이 B에 있을 때의 시선 방향과 공통 질량 중심, 중심별이 이루는 각도는 30°이므로 $v \times \sin 30°$로부터 중심별의 시선 속도는 중심별의 공전 속도의 $\frac{1}{2}$임을 알 수 있다. 또한 표의 관측 파장을 이용하여 기준 파장(λ_0)을 구하면 다음과 같다.

A: $-\frac{v}{c}=\frac{\Delta\lambda_A}{\lambda_0}$ …① B: $-\frac{\frac{1}{2}v}{c}=\frac{\Delta\lambda_B}{\lambda_0}$ …②

(단, $\Delta\lambda_A=\lambda_A-\lambda_0$, $\Delta\lambda_B=\lambda_B-\lambda_0$)
①과 ②를 연립해서 풀면, $\lambda_0=500$ nm이다. 한편, 행성이 C에 있을 때 중심별의 시선 속도는 B에 있을 때의 $\frac{1}{\sqrt{2}}$배이다. $\frac{1}{\sqrt{2}}>\frac{1}{2}$이므로, 시선 방향의 속도에 해당하는 파장 변화량은 행성이 B에 있을 때의 파장 변화량(500.005−500=0.005)보다 크다. 따라서 ㉠은 499.005보다 작다.
ㄷ. 행성이 A에 있을 때 파장 변화량은 0.01이므로, 중심별의 공전 속도는 $\frac{0.01\text{ nm}}{500\text{ nm}}=\frac{v}{3\times10^5\text{ km/s}}$로부터 $v=6$ km/s이다.

18. 외계 행성계 탐사 방법, 생명 가능 지대

ㄱ. 중심별에서 생명 가능 지대까지의 거리가 태양계보다 가까우므로 생명 가능 지대의 폭은 이 외계 행성계가 태양계보다 좁다.
ㄷ. $t_1 \rightarrow t_2 \rightarrow t_3$ 동안 외계 행성은 관측자 쪽으로 다가오고 있으며, 중심별은 관측자로부터 멀어져 적색 편이가 나타난다. 이때 t_1에서 t_2로 가면서 중심별의 이동 방향은 관측자의 시선 방향에 대해 수직한 방향에 더 가까워지므로 시선 방향의 속도는 감소하여 0에 가까워진다. 따라서 t_1보다 t_2일 때 적색 편이량이 작고, 흡수선의 파장은 t_2일 때가 t_1일 때보다 짧다.
바로알기 ㄴ. (나)에서 감소한 중심별의 밝기가 0.008이므로 $\frac{\text{행성의 단면적}}{\text{중심별의 단면적}}$은 $0.008\left(=\frac{1}{125}\right)$이다. 따라서 $\frac{\text{행성의 반지름}}{\text{중심별의 반지름}}$은 $\sqrt{\frac{1}{125}}$이다.

19. 은하의 분류와 특징

ㄴ. 타원 은하는 주로 표면 온도가 낮은 붉은색의 늙은 별들로 구성되어 있고, 막대 나선 은하의 나선팔에는 상대적으로 젊고 표면 온도가 높은 파란색 별들의 비율이 높다. 한편, 주계열성은 표면 온도가 높을수록 광도가 크다. 따라서 주계열성의 평균 광도는 (가)가 (나)보다 크다.
바로알기 ㄱ. (나)는 편평도에 따라 세분할 수 있으므로 타원 은하, 나선팔이 있는 (가)는 막대 나선 은하, (다)는 불규칙 은하에 해당한다. ㉠의 분류 기준에 막대 나선 은하인 (가)와 타원 은하인 (나)가 모두 해당되므로, '중심부에 막대 구조가 있는가?'는 ㉠으로 적절하지 않다.
ㄷ. 성간 물질의 상대적인 함량은 불규칙 은하가 나선 은하보다 크다. 따라서 은하의 질량에 대한 성간 물질의 질량비는 (다)가 (나)보다 크다.

20. 외부 은하의 적색 편이, 암흑 물질과 암흑 에너지

ㄴ. (나)에서 우주가 팽창함에 따라 암흑 물질과 보통 물질의 비율은 감소하고, 암흑 에너지의 비율은 증가하므로 T_2가 T_1보다 과거이고, a는 암흑 에너지이다. 보통 물질의 비율은 암흑 물질의 비율보다 작으므로 b는 암흑 물질, c는 보통 물질이다. (가)에서 은하의 $\frac{\text{관측 파장}-\text{기준 파장}}{\text{기준 파장}}$이 클수록 후퇴 속도가 더 빠르고 더 과거의 은하가 관찰된 것이므로 B가 A보다 더 과거의 은하이다. 따라서 B는 T_2 시기의 천체이다.
바로알기 ㄱ. A의 후퇴 속도는 $\frac{132\text{ nm}-120\text{ nm}}{120\text{ nm}}\times(3\times10^5\text{ km/s})$ $=3\times10^4$ km/s이다.
ㄷ. 우주를 가속 팽창시키는 요소는 암흑 에너지인 a이다.

실전 예상 모의고사 1회 16쪽~20쪽

1. ②	2. ③	3. ①	4. ②	5. ①
6. ①	7. ②	8. ⑤	9. ④	10. ⑤
11. ③	12. ④	13. ③	14. ③	15. ①
16. ①	17. ①	18. ④	19. ③	20. ③

1. 해양저 확장설

ㄷ. B를 경계로 양쪽의 고지자기 줄무늬가 대칭성을 보이는데, 이는 B에서 생성된 해양 지각이 이동하여 해양저가 확장되었기 때문이다.
바로알기 ㄱ. B에서 A와 C 쪽으로 갈수록 해양 지각의 나이가 많아지므로 B에 해령이 분포하고, A의 해양판은 C의 반대쪽으로 이동한다.
ㄴ. B에서 생성되는 해양 지각은 그 당시의 지구 자기 방향으로 자화되고 A와 C 쪽으로 멀어진다. 따라서 지질 시대 동안 B의 지구 자기는 현재와 같은 정자극과 현재와 반대인 역자극이 반복되었다.

2. 플룸 구조론

ㄱ, ㄴ. 차가운 플룸은 A로, 섭입대에서 침강한 해양 지각이 냉각·압축되어 하강하면서 형성된다. 뜨거운 플룸은 B로, 핵과 맨틀의 경계 부근에서 뜨거운 물질이 상승하면서 생성된다.
바로알기 ㄷ. 뜨거운 플룸인 B보다 차가운 플룸인 A에서 온도가 낮고 밀도가 크므로 지진파의 속도가 더 빠르게 나타난다.

3. 마그마의 생성 조건

ㄱ. 맨틀의 용융점이 낮아져서 지하의 온도 분포 곡선과 맨틀의 용융 곡선이 만나 마그마가 생성되는 경우이다.
바로알기 ㄴ. 섭입대에서는 해양 퇴적물과 해양 지각에서 방출되는 물이 맨틀(연약권)에 공급되어 맨틀의 용융점을 낮춘다.
ㄷ. 깊이 50 km 지점에서는 지하의 온도보다 맨틀의 용융점이 높으므로 마그마가 생성되지 않는다.

4. 퇴적 구조

ㄷ. (나)의 점이 층리는 위로 갈수록 입자의 크기가 커지므로 뒤집혀 산출된 상태이다. 따라서 (나)의 퇴적층은 퇴적된 후에 역전되었다.

바로알기 ㄱ. (가)는 사층리로, 수심이 얕은 환경에서 잘 형성된다. (나)는 점이 층리로, 수심이 깊은 환경에서 잘 형성된다.

ㄴ. 사층리에서 층리의 두께가 얇아지는 방향으로 퇴적물이 운반되었다. 따라서 (가)에서 퇴적물은 B → A 방향으로 운반되었다.

5. 화석을 이용한 과거의 해석

ㄱ. 암모나이트 화석이 산출되는 두 지층은 같은 시대(중생대)의 지층이며, 지층의 역전이 없었으므로 B층이 가장 먼저 퇴적되었다.

바로알기 ㄴ. A층은 중생대나 그 이후에 퇴적된 지층이므로 고생대 생물인 삼엽충 화석이 산출될 수 없다.

ㄷ. 고사리 화석이 산출되는 지층은 육지 환경에서 퇴적되었다.

6. 지질 시대 환경과 생물

A는 고생대, B는 중생대, C는 신생대이다.

ㄱ. 고생대(A)에 오존층이 두껍게 형성되어 육지에 생물이 살 수 있을 정도로 자외선이 차단되었고, 육상 식물이 처음 등장하였다.

바로알기 ㄴ. 대체로 온난한 기후로 빙하기가 없었던 중생대에는 대륙 빙하의 분포 범위가 축소되었다.

ㄷ. A와 B의 경계 시기에 가장 큰 생물의 대멸종이 있었다.

7. 전선과 날씨

ㄴ. 17시경에 한랭 전선이 통과한 직후이므로 소나기가 내렸을 것이다.

바로알기 ㄱ. 16시~17시에 풍향이 남서풍에서 북서풍으로 바뀌었으므로 한랭 전선이 통과하였다.

ㄷ. 17시 이후로 저기압 중심부에서 멀어져 기압은 높아졌을 것이다.

8. 태풍과 뇌우

ㄴ, ㄷ. (가)와 (나)에서는 모두 강한 상승 기류에 의해 적란운이 발달하므로 강수 현상이 나타난다.

ㄹ. (나) 뇌우는 강한 상승 기류에 의한 적란운에서 발생하므로 강한 상승 기류가 발달하는 (가) 태풍에 동반되어 나타날 수 있다.

바로알기 ㄱ. A는 B보다 태풍의 중심에 가까우므로 기압이 더 낮다.

9. 해수의 표층 수온

ㄴ. 한류가 흐르는 해역은 등온선이 저위도 쪽으로 볼록하므로 B와 C 해역의 수온 분포는 한류의 영향을 받는다.

ㄷ. 고위도로 갈수록 태양의 고도가 낮아지면서 해수면에 입사하는 태양 복사 에너지양이 적어지므로 등온선은 대체로 위도와 나란하다.

바로알기 ㄱ. A에는 난류인 쿠로시오 해류가, B에는 한류인 캘리포니아 해류가 흐르므로 용존 산소량은 수온이 낮은 B 해역이 더 많다.

10. 해수의 성질과 표층 순환

ㄱ. C는 가장 저위도이므로 수온이 가장 높다. A는 난류가, B는 한류가 흐르는 해역이므로 수온은 A가 B보다 높다. 따라서 A는 ㉡, B는 ㉢, C는 ㉠에 해당하므로 표층 염분은 B가 가장 낮다.

ㄴ. 표층 해수가 B에서 C로 이동하면 해수의 밀도는 ㉢에서 ㉠으로 변하므로 밀도가 작아진다.

ㄷ. 고위도로의 열에너지 수송량은 난류가 한류보다 많으므로 ㉡의 해역이 ㉢의 해역보다 많다.

11. 용승

ㄱ. A는 남반구 해역이므로 표층 해수의 평균적인 이동 방향은 풍향의 왼쪽 직각 방향인 남쪽이다.

ㄷ. 적도에서는 산소가 풍부한 찬 해수의 용승이 일어나므로 표층 해수의 용존 산소량은 적도가 B보다 많다.

바로알기 ㄴ. A와 B에서 표층 해수가 각각 고위도로 이동하여 적도에서 용승이 일어나므로 수온 약층의 깊이는 A나 B보다 적도에서 얕다.

12. 엘니뇨와 라니냐

(가)는 동태평양의 표층 수온이 평상시보다 높아진 엘니뇨 시기이고, (나)는 동태평양의 표층 수온이 평상시보다 낮아진 라니냐 시기이다.

ㄴ. 평상시에는 서태평양에서 저기압, 동태평양에서 고기압이 형성되지만, (가) 엘니뇨 시기에는 동태평양의 기압이 낮아지고, (나) 라니냐 시기에는 동태평양의 기압이 높아진다. 따라서 동태평양과 서태평양의 해수면 기압 차는 (가)보다 (나)에서 크다.

ㄷ. 평상시에는 따뜻한 해수가 동 → 서로 흘러 서태평양의 해수면 높이가 동태평양보다 높다. (가) 엘니뇨 시기에는 따뜻한 해수가 서→동으로 흘러 해수면 높이 차가 작아지고, (나) 라니냐 시기에는 따뜻한 해수가 평상시보다 더 강하게 동 → 서로 흘러 해수면 높이 차가 커진다. 따라서 동태평양과 서태평양의 해수면 높이 차는 (나)에서 크다.

바로알기 ㄱ. 동태평양에서 (가) 엘니뇨 시기에는 용승이 약화되어 수온 약층의 깊이가 평상시보다 깊어지고, (나) 라니냐 시기에는 용승이 강화되어 수온 약층의 깊이가 평상시보다 얕아진다.

13. 한반도의 기후 변화

ㄱ. 우리나라 근해의 연평균 수온이 상승하는 것은 전 지구적인 온난화의 영향을 받기 때문이다.

ㄴ. 강수 일수는 감소하지만 호우 일수가 증가하므로 시간당 강수량이 증가하는 추세이다.

바로알기 ㄷ. 수온 상승은 해수의 밀도를 감소시키는 요인이 된다.

14. 별의 스펙트럼 흡수선의 세기

ㄱ. 수소 원자(H I)의 흡수선의 세기는 A0에서 가장 강하게 나타난다.

ㄴ. 표면 온도가 약 4000 K인 별은 분광형이 K이므로, 칼슘 이온(Ca Ⅱ)의 흡수선이 가장 강하게 나타난다.

바로알기 ㄷ. M7에서 O5 쪽으로 갈수록 별의 표면 온도가 높고, 철(Fe), 칼슘(Ca)의 금속 원소의 흡수선은 표면 온도가 상대적으로 낮은 별에서 주로 강하게 나타난다.

15. 별의 진화

ㄱ. 별의 중심부에서 수소 핵융합 반응을 하는 단계는 주계열성이다.

바로알기 ㄴ. 초거성 내부에서는 별의 핵융합 반응으로 철(Fe)까지 만들어지고, 더 무거운 원소는 초신성 폭발 과정에서 만들어진다.

ㄷ. 블랙홀로 진화하는 별은 중성자별로 진화하는 별보다 질량이 크다.

16. 별의 내부 구조

ㄱ. ㉠은 수소, ㉡은 철이다. 원자량은 수소보다 철이 더 크다.

바로알기 ㄴ. 이 별은 중성자별이나 블랙홀로 진화할 것이다.

ㄷ. 태양과 질량이 비슷한 별은 중심에서 탄소(C), 산소(O)까지만 생성되므로 그림은 태양보다 질량이 매우 큰 별의 내부 구조이다.

17. 별의 진화와 에너지원

ㄱ. 주계열성은 질량이 클수록 광도가 크므로 절대 등급이 작다.

바로알기 ㄴ. 주계열성은 질량이 클수록 핵융합 반응 속도가 빨라 빠르게 진화하여 수명이 짧다. H−R도의 왼쪽 위에 있을수록 주계열성의 질량이 크므로 주계열에 머무는 시간이 가장 짧은 것은 (가)이다.

ㄷ. 수소 핵융합 반응에서 CNO 순환 반응은 태양보다 질량이 약 2배 이상 큰 별에서 중심부의 온도가 약 1800만 K 이상일 때 우세하게 일어난다. (다)는 분광형이 G, 절대 등급이 4.8인 태양보다 질량이 작으므로 P−P 반응이 우세하게 일어난다.

18. 외계 행성 탐사 방법 – 미세 중력 렌즈 현상

ㄴ. (나)에서 뒤쪽 별의 밝기 변화가 불규칙하게 변하는 까닭은 앞쪽 별의 중력에 행성의 중력이 추가로 작용했기 때문이다.

ㄷ. 앞쪽 별이 행성을 거느릴 경우 뒤쪽 별의 밝기 변화에서 행성의 중력에 의한 추가적인 미세 변화가 나타나므로 이를 관측하여 행성의 존재를 확인할 수 있다.

바로알기 ㄱ. (가)에서 뒤쪽 별의 밝기가 달라지는 까닭은 앞쪽 별의 중력 때문이다. 식 현상이 일어나면 별의 밝기가 감소한다.

19. 외부 은하의 분류와 특징

ㄱ. (가)는 은하의 중심부를 나선팔이 감고 있는 나선 은하이다.

ㄴ. (나)는 불규칙 은하로, 불규칙 은하에는 젊고 파란 별의 비율이 높다. (다)는 타원 은하로, 늙고 붉은 별의 비율이 높다.

바로알기 ㄷ. 성간 물질은 나선 은하의 원반부와 불규칙 은하에 많이 분포하며, 나선 은하의 중심부와 타원 은하에는 적다.

20. 빅뱅 우주론과 급팽창 이론

ㄱ. A 시기에 (나)에서 우주의 크기가 급격하게 증가하므로 (나)는 급팽창 이론이고, (가)는 빅뱅 우주론이다.

ㄷ. 급팽창이 있었던 A 시기 이전의 초기 우주의 크기는 빅뱅 우주론의 경우가 급팽창 이론의 경우보다 크다.

바로알기 ㄴ. 우주 배경 복사는 빅뱅 후 약 38만 년이 되었을 때 방출되었다.

실전 예상 모의고사 2회

21쪽~25쪽

1. ③	2. ④	3. ⑤	4. ⑤	5. ④
6. ③	7. ④	8. ④	9. ②	10. ③
11. ③	12. ③	13. ①	14. ③	15. ③
16. ⑤	17. ⑤	18. ⑤	19. ④	20. ②

1. 해양저 확장설

ㄱ. 해령에서 생성된 화성암은 해령을 축으로 양쪽으로 멀어지므로 고지자기의 역전 형태는 해령을 중심으로 대칭성을 보인다.

ㄴ. 해령에서 고온의 마그마가 식어서 암석이 될 때 자성을 띠는 광물은 당시의 지구 자기 방향으로 자화된다.

바로알기 ㄷ. 해저가 확장되는 동안 지구 자극이 역전되더라도 생성 당시 암석에 기록된 자성을 띠는 광물의 자화 방향은 변하지 않는다.

2. 해저 지형 탐사 – 음향 측심법

ㄱ. A는 음파의 왕복 시간이 10 s이므로 수심은 1500 m/s × $\left(\frac{10}{2}\right)$ s=7500 m이다. 수심이 6000 m 이상인 골짜기이므로 A의 지형은 해구이며, 섭입형 수렴 경계를 따라 발달한다.

ㄷ. A와 B 사이는 수심이 약 4500 m이고 기울기 변화가 거의 없이 평탄한 심해 평원이다.

바로알기 ㄴ. B는 해저면에서 약 1500 m 솟아 있는 해저 산맥인 해령으로, 맨틀 대류가 상승하는 지역에 발달한다.

3. 열점

ㄱ. 열점은 연령이 가장 적은 B섬 아래에 존재하고, 이곳에서 화산 활동이 활발하게 일어난다.

ㄴ. 열점 위에서 생성된 화산은 판에 실려 이동하므로, 약 13.8백만 년 동안 북아메리카판은 암석 연령이 증가하는 남서쪽으로 이동하였다.

ㄷ. 화산섬의 나이와 열점으로부터의 거리로 판의 평균 이동 속도를 알 수 있다.

4. 마그마의 생성 장소

ㄱ. 섭입대인 A에서는 해양 지각과 퇴적물에서 공급되는 물에 의해 맨틀의 용융점이 낮아진다.

ㄴ. 섭입대(A), 열점(B), 해령(C)에서는 모두 맨틀 물질의 부분 용융이 일어나 현무암질 마그마가 생성된다.

ㄷ. 해령인 C에서는 맨틀 대류의 상승류를 따라 맨틀 물질이 상승하면서 압력 감소로 마그마가 생성된다.

5. 퇴적 구조

① (가)는 사층리로, 바람이나 물이 흐른 방향을 알 수 있다.

② (나)는 점이 층리로, 저탁류에 의해 퇴적물이 쌓일 때 잘 나타난다.

③ (다)는 연흔으로, 수심이 얕은 환경에서 만들어진다.

⑤ (가)~(라) 모두 퇴적 구조가 뒤집히지 않은 상태이다.

바로알기 ④ (라)는 건열로, 퇴적물 입자가 작은 셰일층에서 잘 나타난다.

6. 절대 연령과 상대 연령

지층과 암석이 생성된 순서는 C → Q → 부정합 → B → A → P이다.

ㄱ. 암석 Q는 반감기가 2번 경과되어 절대 연령이 2억 년이다.

ㄴ. 암석 P의 절대 연령이 1억 년이므로 A는 중생대에 퇴적되었다.

바로알기 ㄷ. A와 B는 정합 관계이므로 퇴적되는 동안 지반의 융기, 침식, 침강 작용은 일어나지 않았다.

7. 지질 시대 환경과 생물

ㄴ. 공룡과 암모나이트는 모두 중생대에 살았던 생물이다.

ㄷ. 방추충, 화폐석, 암모나이트는 모두 바다에서 살았던 생물이다.

바로알기 ㄱ. 방추충은 고생대, 화폐석은 신생대, 암모나이트는 중생대 표준 화석이므로 지층이 생성된 순서는 (가) → (다) → (나)이다.

8. 태풍의 이동에 따른 기상 요소 변화

ㄴ. 풍향이 시계 방향으로 변했으므로 위험 반원에 속해 있었다.

ㄷ. 22일 4시경에 기압이 가장 낮았고 풍속이 급격히 감소하였으므로 이때 관측소는 태풍의 눈의 영향권 안에 있었다.

바로알기 ㄱ. 태풍이 통과하는 동안 풍향이 북동풍(NE) → 동풍(E) → 남동풍(SE)으로 변했으므로 시계 방향으로 변하였다.

9. 기단의 변질과 폭설

ㄴ. 기단의 확장으로 생성된 구름에 의해 우리나라 서해안에는 많은 눈이 내릴 가능성이 크다.

바로알기 ㄱ. 시베리아 기단이 우리나라 쪽으로 확장되어 황해를 지나면서 기단의 하층이 가열되어 불안정해지고 많은 구름이 형성되었다.
ㄷ. 우리나라는 북서쪽에 있는 정체성 고기압의 영향을 받고 있다.

10. 수온 염분도 해석

ㄱ. (가)보다 (나) 시기에 표층 수온이 높았으므로 해수면에 입사하는 태양 복사 에너지양이 많다.
ㄷ. 혼합층은 바람에 의한 혼합 작용으로 수심에 따른 수온이 일정한 층으로, 바람이 강할수록 혼합층의 두께가 두껍다. (나)보다 (가) 시기에 혼합층의 두께가 두꺼우므로 바람의 세기가 강하다.

바로알기 ㄴ. (나) 시기에 ㉠ 구간은 염분이 거의 일정하고 수온은 감소하므로, ㉠ 구간의 밀도 변화는 염분보다 수온의 영향이 크다.

11. 대기와 해수에 의한 에너지 수송

ㄱ. 멕시코만류는 북대서양에서 아열대 순환을 이루는 난류로, 수온이 높아 숨은열의 방출이 많고 고위도로 이동하는 해류이므로 20°N ~40°N의 에너지 수송에 영향을 준다.
ㄷ. 남반구에서는 에너지 수송 방향이 남쪽이며, 해수에 의한 수송량보다 대기에 의한 수송량이 많다.

바로알기 ㄴ. 적도 해역은 수온이 높아 숨은열의 방출이 활발하고, 상승 기류가 우세하여 저압대가 형성되므로 숨은열의 수송량이 많다.

12. 심층 순환의 발생

ㄱ. 밀도가 다른 두 해수가 만나면 밀도가 큰 해수가 아래로 이동하므로 소금물의 밀도는 A가 B보다 크다.
ㄴ. 대서양에서는 북대서양 심층수 아래로 남극 저층수가 흐르므로 A는 남극 저층수, B는 북대서양 심층수에 해당한다.

바로알기 ㄷ. 태평양에는 심층 순환이 일어나는 침강 해역이 존재하지 않는다. 북대서양 심층수는 북반구에 침강 해역이 있고, 남극 저층수는 남반구에 침강 해역이 있으므로 A의 위치는 남극 부근, B의 위치는 북대서양을 가정한 것이다.

13. 지구 열수지

ㄱ. 지구는 복사 평형을 이루므로 태양 복사 에너지 흡수량은 지구 복사 에너지 방출량(C+D)과 같다. 태양 복사 에너지 100 중에서 반사된 나머지가 흡수량이므로 반사율은 100−(C+D)이다.

바로알기 ㄴ. 지표가 방출하는 복사 에너지의 파장은 대부분 적외선이므로 B와 C의 파장은 모두 주로 적외선이다.
ㄷ. 대기 중에 온실 기체가 증가하면 B가 증가하므로 대기가 지표로 재복사하는 E도 증가하고, 지표가 흡수하는 에너지의 양이 증가하므로 지표가 방출하는 A도 증가한다.

14. 별의 특성과 H−R도

ㄱ. A는 거성, B와 C는 주계열성, D는 백색 왜성이다.
ㄴ. B는 C보다 절대 등급이 5등급 작으므로 실제 밝기가 C보다 약 100배 밝다.

바로알기 ㄷ. 별의 광도는 반지름의 제곱과 표면 온도의 네제곱에 비례한다. 따라서 A는 C보다 반지름이 크고, B는 D보다 반지름이 크다. A는 B보다 표면 온도가 낮은데도 광도가 크므로 반지름이 B보다 크다.

15. 별의 진화

ㄱ. (가)에서 질량이 태양 정도인 별은 C와 같이 진화하고, 질량이 태양보다 큰 별은 A나 B와 같이 진화한다. 질량이 태양의 약 25배 이상 매우 큰 별은 A와 같이 진화한다. ➡ 별의 질량: A>B>C
ㄷ. 별의 진화 과정에서 핵융합 반응 등으로 다양한 원소가 생성된다.

바로알기 ㄴ. C 과정에서는 탄소, 산소까지 생성되며, 철과 같은 무거운 원소를 만들 수 없다. (나)는 질량이 큰 별의 진화 과정에서 나타나는 내부 구조이고, A 또는 B 과정에서 생성될 수 있다.

16. 별의 내부 구조

ㄴ, ㄷ. 동일한 별에서 주계열성인 (나)보다 거성이 되는 (가)의 반지름이 매우 크기 때문에 밀도는 (가)가 (나)보다 작고, 광도는 (가)가 (나)보다 더 클 것이다.

바로알기 ㄱ. (가)는 중심의 수소 핵융합 반응이 끝나고 수소각 연소가 나타나 바깥층이 팽창하므로 주계열성이 거성으로 진화하는 단계이다. (나)는 중심핵에서 수소 핵융합 반응이 일어나므로 주계열성이다.

17. 외계 행성 탐사 방법

(가)는 식 현상을, (나)는 미세 중력 렌즈 현상을 이용한 방법이다.
① A는 식 현상이 반복되는 주기이므로, 행성의 공전 주기와 같다.
② B는 행성에 의해 가려진 별의 면적이 클수록 크다. 행성의 단면적은 반지름의 제곱에 비례하므로 행성의 반지름이 클수록 B는 커진다.
③ 행성의 반지름이 클수록 식 현상이 일어날 때 별의 밝기가 크게 감소하므로 (가)는 큰 행성을 탐사하는 데 유리하다.
④ (나)에서 미세 중력 렌즈 현상으로 인한 밝기 증가는 별에 의한 밝기 증가가 행성에 의한 밝기 증가보다 먼저 나타났으므로, 시선 방향에 대해 배경별과 일직선이 되는 시기는 별이 행성보다 빨랐다.

바로알기 ⑤ 행성의 공전 궤도면이 시선 방향에 수직일 때는 행성에 의한 식 현상이 일어나지 않기 때문에 (가)는 외계 행성 탐사에 이용할 수 없지만, 미세 중력 렌즈 현상은 나타나므로 (나)는 이용할 수 있다.

18. 허블 법칙

ㄱ. 우주가 팽창하기 때문에 은하는 서로 멀어지므로 A 은하에서 B 은하를 관측하면 적색 편이가 나타난다.
ㄴ. B 은하에서 관측한 D 은하의 후퇴 속도는 12000 km/s+6000 km/s=18000 km/s이다.
ㄷ. 은하의 후퇴 속도는 거리에 비례한다. C 은하와 D 은하 사이의 후퇴 속도가 12000 km/s이고, A 은하와 C 은하 사이의 후퇴 속도가 6000 km/s이므로 C 은하와 D 은하 사이의 거리는 A 은하와 C 은하 사이 거리의 2배이다.

19. 퀘이사

ㄴ. 퀘이사 3C 279의 적색 편이량은 0.53이다. 도플러 효과가 없을 때 나타나는 흡수선의 파장을 λ_0, 적색 편이된 파장을 λ라고 하면, $0.53=\frac{\Delta\lambda}{400}=\frac{\lambda-400}{400}$이다. 따라서 $\lambda=612$이므로 3C 279 스펙트럼에서는 이 흡수선이 약 612 nm에서 나타날 것이다.
ㄷ. 지구로부터 3C 279까지의 거리가 53억 광년이므로 3C 279로부터 빛이 출발하여 지구까지 도달하는 데에는 53억 년이 걸린다. 현재 이 퀘이사가 관측되고 있으므로 이 퀘이사는 적어도 현재로부터 53억 년 전 이전에 생성되었다.

바로알기 ㄱ. 퀘이사는 별(항성)처럼 보이지만 은하이다.

20. 암흑 물질과 암흑 에너지

ㄷ. 보통 물질과 암흑 물질은 중력 작용을 유발하고, 암흑 에너지는 척력으로 작용하여 우주를 팽창하게 만든다. 최근의 연구 결과, 우주의 가속 팽창은 암흑 에너지에 의한 것으로 추정된다.

바로알기 ㄱ. 그림에서 현재로 올수록 우주가 급격히 팽창하고 있으므로 우주의 팽창 속도는 일정하지 않다.

ㄴ. 우주에서 빛과 상호 작용하는 별, 행성, 성간 물질 등의 보통 물질의 양은 약 4.9 %에 불과하고, 광학적 방법으로 검출하기 어려운 암흑 물질과 암흑 에너지가 약 95.1 %를 차지하고 있다.

실전 예상 모의고사 3회

26쪽~30쪽

1. ②	2. ④	3. ⑤	4. ④	5. ③
6. ③	7. ②	8. ④	9. ②	10. ④
11. ①	12. ③	13. ⑤	14. ②	15. ④
16. ④	17. ③	18. ①	19. ②	20. ①

1. 해양저 확장

ㄷ. 태평양과 대서양에서 해양 지각의 나이가 같으면 같은 시기에 형성되었으므로 고지자기 역전 여부는 같다.

바로알기 ㄱ. 해양 지각의 나이가 같더라도 해저 확장 속도가 빠르면 해령으로부터 거리가 멀다.

ㄴ. 같은 나이의 해양 지각이 해령으로부터 더 먼 거리에 있는 태평양이 대서양보다 해양판의 이동 속도가 빠르다.

2. 지질 시대 대륙 분포의 변화

ㄴ. 판게아가 형성될 때 테티스해를 사이에 두고 북반구에는 로라시아 대륙이, 남반구에는 곤드와나 대륙이 분포하였다. (나)에서 판게아가 분리되면서 로라시아 대륙이 곤드와나 대륙에서 분리되었다.

ㄷ. (다)에서 판게아가 형성되면서 대륙의 충돌로 애팔래치아산맥과 같은 습곡 산맥이 형성되었다.

바로알기 ㄱ. (다) 판게아 → (나) 판게아 분리, 대서양 형성 → (가) 인도 대륙 북상→ (라) 현재와 비슷한 수륙 분포 순서로 변하였다.

3. 판 경계의 지각 변동

ㄱ. 대서양 중앙에는 열곡이 발달한 해령이 있으므로 마그마가 분출하면서 화산 활동이 활발하게 일어난다.

ㄴ. 해저가 확장되면서 남아메리카 대륙은 대서양의 해령으로부터 멀어지고 있다.

ㄷ. 남아메리카 대륙의 서해안은 섭입형 경계인 해구가 발달되어 있어 심발 지진이 자주 발생한다. 남아메리카 대륙의 동해안은 판의 경계가 아니므로 지진이 일어나지 않는다.

4. 지질 구조

ㄴ. 단층 f_1과 단층 f_2는 모두 역단층이므로 단층이 형성될 당시에 지층이 횡압력을 받았다.

ㄷ. 단층 f_1이 단층 f_2에 의해 절단되었으므로 단층 f_1이 단층 f_2보다 먼저 형성되었다.

바로알기 ㄱ. 단층 f_1과 f_2는 모두 단층면을 경계로 상반이 하반보다 위로 이동하였으므로 역단층이다.

5. 지층의 대비

ㄱ. (가)는 화성암의 상부와 하부가 변성된 것으로 보아 원래 있던 지층을 화성암이 관입한 것으로, 지층 B는 화성암 A보다 먼저 생성되었다. (나)는 변성대가 화성암의 하부에서만 관찰되므로 마그마가 분출하여 화성암 C가 된 후 윗부분이 침식을 받고 지층 D가 퇴적된 것으로, 지층 D는 화성암 C보다 나중에 형성되었다. 화성암 A와 C의 연령이 같으므로 B가 D보다 오래된 지층이다.

ㄷ. (가)는 마그마의 관입이 일어났고, (나)에서는 마그마가 분출한 후 부정합이 만들어졌다. 따라서 (가)보다 (나)에서 화성암을 경계로 상하 지층 사이의 시간 간격이 더 크다.

바로알기 ㄴ. C와 D는 부정합 관계이므로 P는 기저 역암이다.

6. 퇴적 구조, 지질 구조, 상대 연령

ㄱ. A층은 단층에 의해 절단되어 있으며, 상반이 위로 이동한 역단층이 생성되었으므로 횡압력을 받았다.

ㄷ. C와 D는 부정합 관계이므로 생성 순서를 밝히는 데 부정합의 법칙이 적용된다.

바로알기 ㄴ. B층과 C층 사이에서 관찰되는 건열의 모양으로 보아 지층은 역전되었다. A층에서 중생대 암모나이트가 산출되므로 A층보다 먼저 생성된 B층에서는 신생대의 화폐석이 산출될 수 없다.

7. 기상 위성 영상 해석

ㄷ. A 지역의 구름은 가시 영상에서 밝게, 적외 영상에서 어둡게 나타나므로 두께가 두껍고 높이가 낮은 구름이다. B 지역의 구름은 가시 영상에서 어둡게, 적외 영상에서 밝게 나타나므로 두께가 얇고 높이가 높은 구름이다. 따라서 A가 B보다 비를 내릴 가능성이 크다.

바로알기 ㄱ. 가시 영상은 햇빛을 이용하므로 낮에 촬영한 것이다.

ㄴ. 적외 영상에서는 밝게 보일수록 구름의 고도가 높다. (나)에서 A보다 B 구름이 더 밝게 나타나므로 구름의 높이가 더 높다.

8. 일기도 해석

ㄴ. 북태평양 고기압인 B의 세력이 강해지면 정체 전선이 북상하고 우리나라는 고온 다습한 북태평양 기단의 영향을 받아 폭염이 나타날 수 있다.

ㄷ. 정체 전선의 남쪽보다 북쪽에 주로 강수 구역이 형성되므로 우리나라 남부 지방보다 북부 지방에 강수량이 많을 것이다.

바로알기 ㄱ. A는 등압선이 동심원으로 조밀하게 분포하고 있는 태풍이다. 태풍이 육지에 상륙하였으므로 수증기의 공급이 차단되어 세력이 약화될 것이므로 앞으로 A의 중심 기압은 높아질 것이다.

9. 뇌우

ㄴ. B는 상승 기류와 하강 기류가 공존하고 있으므로 성숙 단계이다.

바로알기 ㄱ. A는 하강 기류만 존재하는 소멸 단계로, 적운이 소멸되고 있다.

ㄷ. 우박은 강한 상승 기류와 하강 기류가 나타나는 B에서 잘 발생한다.

10. 수온 염분도

ㄴ. 800 m~2000 m 구간에서는 수온 변화는 거의 없고 염분과 밀도는 증가하므로 밀도 변화는 수온보다 염분의 영향이 크다.

ㄷ. 2000 m~4000 m 구간에서는 밀도가 거의 변하지 않는다.

바로알기 ㄱ. 표층~800 m 구간은 깊어질수록 수온이 낮아지고 밀도가 커지는 안정한 층이므로 해수의 연직 혼합이 일어나기 어렵다.

11. 해수의 표층 순환

ㄱ. A는 북대서양의 아열대 순환이 형성된 서쪽 연안이므로 고위도로 난류(멕시코만류)가 흐르고, C는 남태평양의 아열대 순환이 형성된 동쪽 연안이므로 저위도로 한류(페루 해류)가 흐른다. 따라서 고위도로의 열 수송량은 A가 C보다 많다.

바로알기 ㄴ. 수온이 낮을수록 용존 산소량이 많다. A는 D보다 저위도에 있으므로 용존 산소량은 A보다 D에 많다.

ㄷ. B의 해수는 북반구 편서풍에 의해 동쪽으로 흘러 북대서양 해류가 된다. D의 해수는 남반구의 편서풍에 의해 동쪽으로 흘러 남극 순환 해류가 된다.

12. 엘니뇨와 라니냐

ㄱ. 서태평양에서 강수량 편차가 (−)이므로 A 시기 강수량이 B 시기 강수량보다 작다. 서태평양에서는 엘니뇨 시기에 강수량이 감소하고, 라니냐 시기에 강수량이 증가하므로 A는 엘니뇨, B는 라니냐이다.

ㄷ. 라니냐(B) 시기에는 무역풍이 강하여 동서 방향의 해수면 높이 차이가 엘니뇨(A) 시기보다 더 크다.

바로알기 ㄴ. 엘니뇨(A) 시기에는 동태평양의 용승이 약해진다.

13. 기후 변화의 천문학적 요인

세차 운동의 주기가 26000년이므로 6500년 후에는 지구 자전축이 현재를 기준으로 시계 방향으로 90° 회전한다.

ㄱ. 북반구는 현재 원일점에서 여름이다. 자전축이 시계 방향으로 90° 회전하면, 북반구는 원일점에서 공전 궤도를 따라 시계 반대 방향으로 90°인 지구 위치에서 겨울이 되고, 근일점에서 봄이 된다.

ㄴ. 남반구는 현재 원일점에서 겨울이다. 자전축이 시계 방향으로 90° 회전하면, 남반구는 원일점에서 공전 궤도를 따라 시계 방향으로 90°인 지구 위치에서 겨울이 되므로 겨울에 태양과 지구 사이의 거리가 현재보다 가까워져 남반구의 겨울 기온은 현재보다 높다.

ㄷ. 현재와 비교하여 6500년 후 북반구는 겨울에는 태양에서 멀어지고 여름에는 태양에 가까워지므로 기온의 연교차가 커진다.

14. 한반도의 기후 변화

ㄴ. 한반도의 강수량은 연 증가량에 비해 여름에는 강수량 증가량이 컸고, 나머지 계절에는 강수량 증가량이 작았으므로 한반도 전체 강수량의 계절적인 차이가 증가하였다.

바로알기 ㄱ. 남한보다 북한의 기온 상승이 크지만, 남한은 강수량이 증가하였고 북한은 강수량이 감소하였다. 강수량의 지역적인 편중이 일어나므로 각 지역의 기온 상승과 강수량 증가는 상관 관계가 없다.

ㄷ. 한반도의 겨울 기온이 크게 상승하였으므로 한반도에 미치는 시베리아 기단의 영향은 감소하였다.

15. 별의 표면 온도와 색지수

ㄴ. 별의 표면 온도가 높을수록 최대 에너지를 방출하는 파장이 짧아지므로 a가 b보다 표면 온도가 높다.

ㄷ. a는 B 필터로 측정한 복사 에너지의 세기가 V 필터로 측정한 복사 에너지의 세기보다 강하므로 B 등급이 V 등급보다 작다. 따라서 a의 색지수(B−V)는 0보다 작다.

바로알기 ㄱ. 별의 광도는 반지름의 제곱과 표면 온도의 네제곱에 비례한다. a와 b의 반지름은 같은데, 표면 온도는 a가 b보다 높으므로 광도는 a가 b보다 크다.

16. 별의 물리량

ㄴ. 별의 광도(L)는 $L=4\pi R^2\sigma T^4$(R: 반지름, T: 표면 온도)이다. B는 A보다 광도가 100배, 표면 온도가 $\frac{1}{2}$배이므로 반지름이 40배이다.

ㄷ. B는 A보다 광도가 크지만, 겉보기 등급이 같으므로 B는 A보다 지구로부터의 거리가 먼 별이다.

바로알기 ㄱ. 별의 절대 등급이 작을수록 광도가 크고, 절대 등급이 5등급 차이가 나면 별의 광도는 100배 차이가 난다.

17. 외계 행성 탐사 방법

ㄱ. 식 현상의 주기는 행성의 공전 주기와 같다. (나)에서 중심별의 밝기 감소가 작게 나타나는 주기는 $3T$이고, 밝기 감소가 크게 나타나는 주기는 $3T$보다 길다. 따라서 중심별에서 가까운 A의 공전 주기가 $3T$이다.

ㄷ. $2T$일 때, 행성 A와 B는 식 현상 이후이므로 지구로부터 멀어지고 있다. 행성 A와 B가 모두 멀어지므로 중심별은 지구로 접근하고 있다. 따라서 중심별의 스펙트럼에서 청색 편이가 나타난다.

바로알기 ㄴ. 행성의 반지름이 클수록 중심별을 가리는 면적이 넓어 중심별의 밝기 감소량이 크다. (나)에서 A에 의한 밝기 감소량이 B에 의한 밝기 감소량보다 작으므로 행성의 반지름은 A가 B보다 작다.

18. 생명 가능 지대

ㄱ. 주계열성은 질량이 클수록 광도가 크다. 태양은 글리제 581보다 질량이 크기 때문에 광도가 더 크다.

바로알기 ㄴ. 글리제 581은 태양보다 광도가 작으므로 글리제 581의 생명 가능 지대는 태양의 생명 가능 지대보다 중심별에서 가까워 1 AU보다 안쪽에 존재한다. 따라서 1 AU 거리에 있는 행성은 생명 가능 지대 바깥쪽에 있으므로 행성 표면에서 물이 고체 상태로 존재할 가능성이 크다.

ㄷ. 생명 가능 지대의 폭은 광도가 더 큰 태양에서 더 넓다.

19. 외부 은하의 특징

ㄷ. 은하 A의 후퇴 속도$=c\times\frac{\lambda-\lambda_0}{\lambda_0}=c\times\frac{480-400}{400}=\frac{80}{400}c$,

은하 B의 후퇴 속도$=c\times\frac{\lambda-\lambda_0}{\lambda_0}=c\times\frac{404-400}{400}=\frac{4}{400}c$,

허블 법칙에 따라 은하까지의 거리와 후퇴 속도는 비례하므로 A는 B보다 우리은하로부터 20배 멀리 떨어져 있다.

바로알기 ㄱ. A는 일반 은하보다 강한 전파를 방출하는 전파 은하이다.

ㄴ. B는 막대 나선 은하로, 나선팔이 감긴 정도와 은하핵의 상대적인 크기에 따라 SBa, SBb, SBc 중 하나로 나타낸다.

20. 가속 팽창 우주

ㄱ. 그림에서 Ia형 초신성의 겉보기 등급이 클수록 후퇴 속도가 크므로 Ia형 초신성들은 어둡게 보일수록 빠르게 멀어진다.

바로알기 ㄴ. Ia형 초신성을 관측하여 얻어진 등급은 일정한 속도로 팽창하는 우주 모형에서 계산된 등급보다 크므로 예상한 것보다 어둡게 관측되었다.

ㄷ. 가속 팽창하지 않는 우주에서 후퇴 속도를 이용하여 이론적으로 계산한 겉보기 등급보다 Ia형 초신성의 겉보기 등급이 더 크게 측정되었다. 이는 Ia형 초신성이 예상보다 먼 곳에 있으며, 우주의 팽창 속도가 점점 빨라지고 있음을 의미한다.

생생한 과학의 즐거움!
과학은 역시!

15개정 교육과정

오투

지구과학 I

정답과 해설

책 속의 가접 별책 (특허 제 0557442호)
'정답과 해설'은 본책에서 쉽게 분리할 수 있도록 제작되었으므로
유통 과정에서 분리될 수 있으나 파본이 아닌 정상제품입니다.

visang

우리는 남다른 상상과 혁신으로
교육 문화의 새로운 전형을 만들어
모든 이의 행복한 경험과 성장에 기여한다

지구과학 I

정답과 해설

고체 지구

1. 지권의 변동

01. 판 구조론의 정립 과정

개념 확인 본책 9쪽, 11쪽

(1) 판게아 (2) 유사성 (3) 원동력 (4) 맨틀 대류설 (5) ① 분리되어 ② 제시하지 못하였다 (6) ① 수심 ② 깊어 (7) 생성되고, 소멸한다 (8) 해령 (9) ① 대칭 ② 많아진다 ③ 얇아진다 ④ 변환 단층 ⑤ 깊어진다 (10) ① 암석권, 연약권 ② 얇고, 크다 (11) 맨틀 대류설

수능 자료 본책 12쪽

자료❶ 1 × 2 ○ 3 × 4 ○ 5 ×

자료❷ 1 × 2 ○ 3 ○ 4 ×

자료❶ 음향 측심법

1 수심$=\frac{1}{2}\times7.70\ \mathrm{s}\times1500\ \mathrm{m/s}=5775\ \mathrm{m}$

2 수심이 깊을수록 음파가 해저면에 반사되어 되돌아오는 데 오래 걸린다. P_4는 음파가 해저면에 반사되어 되돌아오는 데 걸리는 시간이 $P_1\sim P_6$ 지점 중 가장 짧으므로 수심이 가장 얕다.

3 P_1-P_6 구간에서 P_4 지점 부근으로 갈수록 수심이 얕아지므로 이 구간에는 해령이 발달해 있다. 해구는 수심이 6000 m 이상인 깊은 골짜기이다.

4 수심이 가장 얕은 P_4 부근에 해령이 있고, P_2는 P_3보다 해령에서 멀리 떨어져 있으므로 해양 지각의 나이가 많다.

5 P_5는 P_6보다 해령에 가까우므로 해양 지각의 나이가 적고, 해저 퇴적물의 두께가 얇다.

자료❷ 해양저 확장설의 증거 - 해양 지각의 나이

1 해령과 변환 단층을 경계로 판이 구분되므로 A와 B는 서로 다른 판에 위치한다.

2 해령을 축으로 해양 지각이 양쪽으로 이동한다.

4 해령에서 멀어질수록 해양 지각의 나이는 많아지고, 해양 지각의 나이가 많아지면 해저 퇴적물의 두께가 두꺼워진다. 따라서 A-B 구간에서 해저 퇴적물의 두께 변화는 해양 지각의 나이 변화와 마찬가지로 A점에서 변환 단층까지는 두꺼워지고, 변환 단층에서 해령까지는 얇아지며, 해령에서 변환 단층까지는 두꺼워지고, 변환 단층에서 B점까지는 얇아진다.

수능 1점 본책 12쪽

1 ⑤ 2 해구>심해 평원>대륙붕 3 (나) → (가)
4 B 5 ② 6 ㉠ 맨틀, ㉡ 지각 변동

1 바로알기 ⑤ 해령에서 멀어질수록 해양 지각의 나이와 두께가 증가하는 것은 해양저 확장설의 증거이다.

2 수심이 깊을수록 음파의 왕복 시간이 길다. 평균 수심은 해구가 가장 깊고, 심해 평원, 대륙붕 순서이다.

3 지구 자기 줄무늬는 지구 자기장의 역전이 반복되고 해저가 확장되면서 나타나므로 줄무늬 개수가 많은 (가)가 (나)보다 나중 시기이다.

4 해령에서 멀어질수록 해양 지각의 나이가 많아지므로 해양 지각의 나이가 가장 적은 B가 해령에 가장 가깝다.

5 ① 해령에서 해양 지각이 생성되어 양쪽으로 멀어지므로 해령에서 멀어지면서 해양 지각의 나이가 많아진다.
③ 해령에서 해양 지각이 생성될 때 광물이 당시 지구 자기장의 방향으로 배열되어 줄무늬가 생기고, 해양 지각이 해령에서 양쪽으로 멀어지므로 고지자기 줄무늬가 해령을 축으로 대칭적이다.
④ 해저 확장 속도 차이로 해령과 해령 사이에 변환 단층이 형성된다.
⑤ 섭입대에서는 어느 판이 다른 판 밑으로 섭입하여 소멸되므로 해구에서 대륙 쪽으로 갈수록 진원의 깊이가 깊어진다.
바로알기 ② 해령에서 멀어지면서 해양 지각의 나이가 많아지므로 퇴적물의 두께는 두꺼워진다.

6 지구 표면은 여러 개의 크고 작은 판으로 이루어져 있으며, 판들의 상대적인 운동에 의해 지진, 화산 활동, 조산 운동 등의 지각 변동이 일어난다는 이론을 판 구조론이라고 한다.

수능 2점 본책 13쪽~15쪽

1 ④	2 ③	3 ②	4 ⑤	5 ③	6 ③
7 ③	8 ③	9 ①	10 ①	11 ①	12 ③

1 대륙 이동설의 증거

선택지 분석
① 멀리 떨어져 있는 양쪽 대륙에서 발견된 고생대 말 습곡 산맥의 분포에 연속성이 있다.
② 여러 대륙에 나타나는 빙하 퇴적층의 분포에 연속성이 있다.
③ 멀리 떨어져 있는 양쪽 대륙에서 메소사우루스의 화석이 발견된다.
~~④~~ 대서양 중앙 해령을 중심으로 고지자기 줄무늬가 대칭적으로 나타난다. - 해양저 확장설의 증거
⑤ 남아메리카 대륙의 동부 해안선과 아프리카 대륙의 서부 해안선의 형태가 유사하다.

①, ②, ③, ⑤ 베게너는 멀리 떨어져 있는 양쪽 대륙의 습곡 산맥의 분포에 연속성이 있고, 여러 대륙에 나타나는 고생대 말 빙하 퇴적층의 분포에 연속성이 있으며, 멀리 떨어진 양쪽 대륙에서 메소사우루스, 글로소프테리스 등 같은 종의 화석이 발견되고, 남아메리카 대륙의 동부 해안선과 아프리카 대륙의 서부 해안선의 형태가 유사하다는 것을 대륙이 이동한 증거라고 제시하였다.

바로알기 ④ 해령을 중심으로 고지자기 줄무늬가 대칭으로 분포하는 것은 대륙 이동을 뒷받침하는 내용이지만, 베게너 이후에 고지자기의 연구 결과 해양저 확장설의 증거로 제시된 내용이다.

2 대륙 이동설의 증거 – 과거 빙하의 흔적 분포

선택지 분석
㉠ 빙하 퇴적층은 판게아 형성 시기에 생성되었다.
✕ 고생대 말에는 빙하가 적도까지 분포하였다.
㉢ 고생대 말에 인도 대륙의 기후는 현재보다 한랭하였다.

ㄱ. 베게너의 주장대로 현재 대륙들을 고생대 말에 형성된 초대륙으로 모으면 빙하 퇴적층이 분포하는 곳이 모아진다. 이는 빙하 퇴적층이 판게아 형성 시기에 생성되었음을 의미한다.
ㄷ. 고생대 말에 인도 대륙은 남극 부근에 있었으므로 기후는 현재보다 한랭하였다.
바로알기 ㄴ. 현재 적도 부근에 있는 인도나 아프리카 대륙에서 고생대 말의 빙하 흔적이 발견되는 까닭은 고생대 말에 남극 부근에 있었던 대륙이 이동하였기 때문이다.

3 맨틀 대류설

선택지 분석
✕ A에서는 대륙이 소멸된다. 해양 지각이
㉡ B에서는 해양 지각이 생성된다.
✕ 맨틀 대류의 증거를 제시하여 대륙 이동의 원동력 문제를 해결하는 데 기여하였다.

ㄴ. B에서는 맨틀 물질이 상승하면서 해양 지각이 생성된다.
바로알기 ㄱ. 맨틀 물질이 하강하는 A에서는 해양 지각이 소멸된다.
ㄷ. 홈스는 맨틀 대류로 대륙 이동의 원동력을 설명하였지만, 지질학적인 증거를 제시하지는 못하였다.

4 해저 지형 탐사

자료 분석

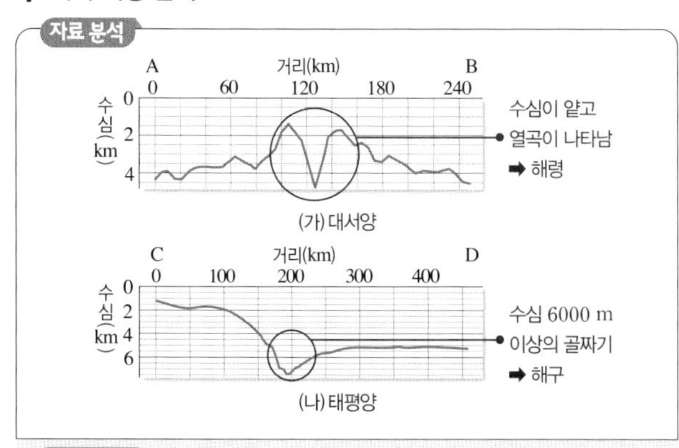

선택지 분석
㉠ 구간 A–B 중앙의 깊은 협곡은 열곡이다.
㉡ 구간 C–D에서는 판이 소멸되는 지형이 발달한다.
㉢ 두 지역의 해저 지형은 해양저 확장설이 등장하는 데 바탕이 되었다.

ㄱ. 구간 A–B 중앙에는 높이 2 km~4 km의 해저 산맥인 해령이 발달되어 있고, 해령 중심에 V자 형태의 깊은 협곡인 열곡이 형성되어 있다.
ㄴ. 구간 C–D에서 판이 소멸되는 지형인 해구가 발달하여 수심이 6000 m 이상으로 급격히 깊어진다.
ㄷ. 해령과 해구의 존재는 해령에서 해양 지각이 생성되어 확장되고 해구에서 소멸되어 사라진다는 해양저 확장설의 바탕이 된다.

5 해저 지형 탐사 – 음향 측심법

자료 분석

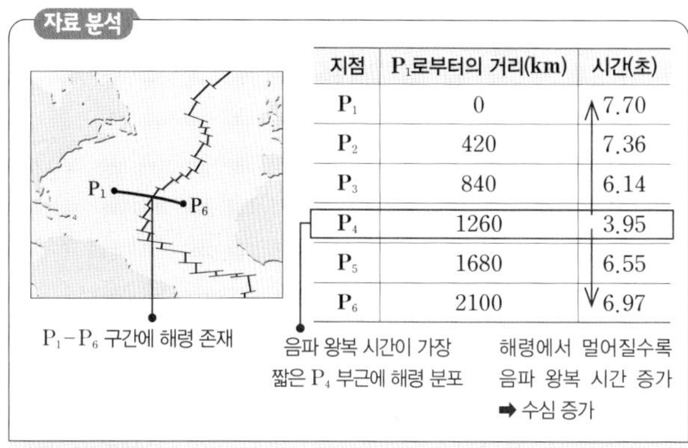

지점	P_1로부터의 거리(km)	시간(초)
P_1	0	7.70
P_2	420	7.36
P_3	840	6.14
P_4	1260	3.95
P_5	1680	6.55
P_6	2100	6.97

선택지 분석
㉠ 수심은 P_6이 P_4보다 깊다.
㉡ P_3–P_5 구간에는 발산형 경계가 있다.
✕ 해양 지각의 나이는 P_4가 P_2보다 많다. 적다

ㄱ. 수심이 깊을수록 음파가 해저면에 반사되어 되돌아오는 데 걸리는 시간이 길다. 음파가 해저면에 반사되어 되돌아오는 데 걸리는 시간은 P_6이 P_4보다 길기 때문에 수심은 P_6이 P_4보다 깊다.
ㄴ. 그림에서 P_1–P_6 구간에 해령이 존재한다. 해령은 해저 산맥이므로 주변 지형에 비해 수심이 얕고, 표에서 P_3–P_5 구간에 수심이 얕은 지점이 분포하므로 이 구간에 해령이 존재하며, 해령은 발산형 경계에서 발달하는 해저 지형이다.
바로알기 ㄷ. 해양 지각의 나이는 해령에서 멀어질수록 증가하므로 해령에 가까운 P_4가 P_2보다 적다.

6 해양저 확장설의 증거 – 고지자기 줄무늬 분포

자료 분석

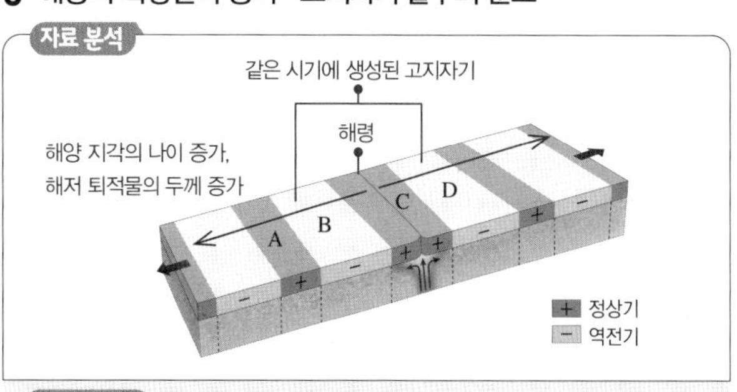

선택지 분석
㉠ 고지자기 줄무늬는 해령을 중심으로 대칭으로 분포한다.
㉡ B와 D에 분포하는 해양 지각은 비슷한 시기에 해령에서 생성되었다.
✕ A~D 중 해양 지각의 나이가 가장 많은 지점은 C이다. A

ㄱ. 해령에서 해양 지각이 생성되어 양쪽으로 확장되기 때문에 고지자기 줄무늬는 해령을 중심으로 대칭으로 나타난다.
ㄴ. B와 D에 분포하는 해양 지각은 해령에서 거리가 비슷하고 고지자기 방향이 같으므로 비슷한 시기에 해령에서 생성되었다.
바로알기 ㄷ. 해령과의 사이에 줄무늬 수가 가장 많은 A 지점의 나이가 가장 많고, C 지점의 나이가 가장 적다.

7 암석의 연령 분포와 고지자기 줄무늬 분포

자료 분석

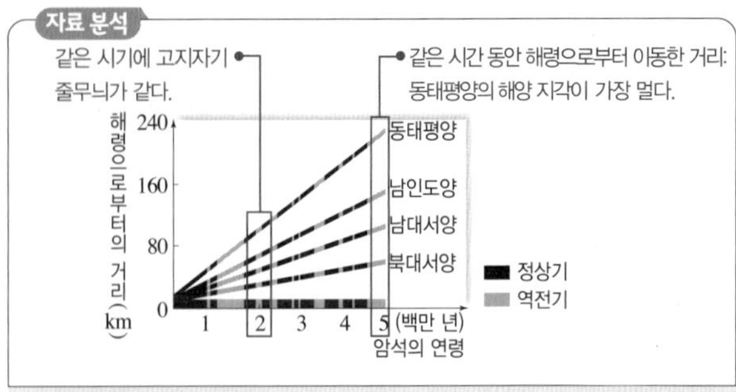

선택지 분석

✗ 해양 지각의 나이가 같으면 해령으로부터 거리가 같다.
ⓛ 해양저 확장 속도는 남인도양보다 동태평양에서 빠르다.
✗ 지구 자기는 일정한 주기로 정상기와 역전기가 반복된다.
ⓔ 해양 지각의 나이가 같으면 고지자기 역전 여부는 같다.

ㄴ. 같은 시간 동안 이동한 거리가 멀수록 속도가 빠르므로 해양저 확장 속도는 북대서양 < 남대서양 < 남인도양 < 동태평양이다.
ㄹ. 해양 지각이 생성될 때 암석 속에 기록된 자화 방향은 일정하게 유지되므로 해양 지각의 나이가 같으면 고지자기 역전 여부는 같다.

바로알기 ㄱ. 해령에서 멀어질수록 해양 지각의 나이는 증가하지만 해양저 확장 속도가 다르므로 해양 지각의 나이가 같아도 해령으로부터 거리는 같지 않다.
ㄷ. 지구 자기는 정상기와 역전기가 반복되는데, 고지자기 줄무늬의 두께가 일정하지 않으므로 일정한 주기가 나타나지는 않는다.

8 해양저 확장설의 증거-해양 지각의 나이

자료 분석

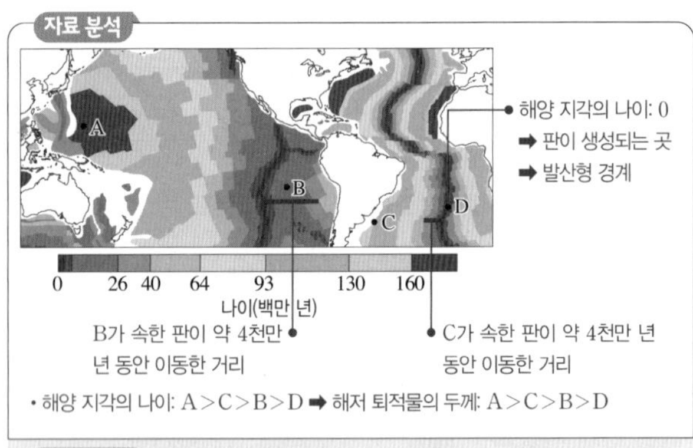

• 해양 지각의 나이: A > C > B > D ➡ 해저 퇴적물의 두께: A > C > B > D

선택지 분석

ⓖ 해저 퇴적물의 두께는 A가 B보다 두껍다.
ⓛ 최근 4천만 년 동안 평균 이동 속력은 B가 속한 판이 C가 속한 판보다 크다.
✗ 지진 활동은 C가 D보다 활발하다. D가 C보다

ㄱ. A는 B보다 해양 지각의 나이가 많으므로 해저 퇴적물의 두께가 두껍다.
ㄴ. 해양 지각의 나이가 0인 지점부터 4천만 년인 지점까지의 평균 거리가 B가 속한 판이 C가 속한 판보다 크므로 최근 4천만 년 동안 평균 이동 속력은 B가 속한 판이 C가 속한 판보다 크다.

바로알기 ㄷ. C는 남아메리카판의 내부에 위치하며 판의 경계가 아니다. D는 해양 지각의 나이가 0이므로 판의 발산형 경계에 위치한다. 지진 활동은 판의 내부보다 판의 경계 지역에서 활발하므로 D가 C보다 활발하다.

9 해양저 확장설의 증거-해양 지각의 나이

자료 분석

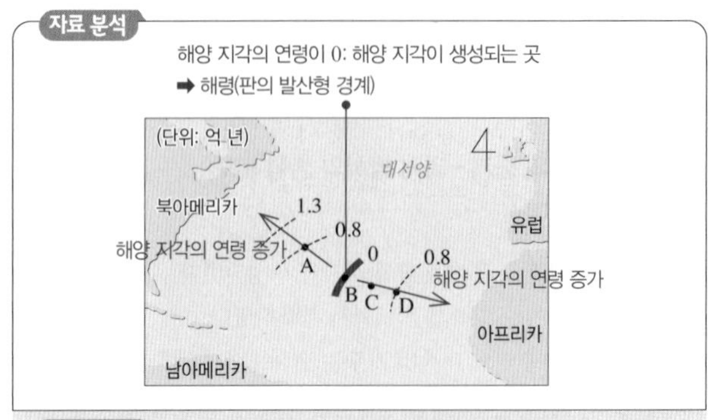

선택지 분석

ⓖ A에서 B로 갈수록 퇴적물 최하층의 나이는 적어진다.
✗ A와 C는 서로 같은 판에 위치한다. 다른
✗ 앞으로 C와 D 지점 사이의 거리는 점점 멀어진다. 유지된다

ㄱ. B는 해양 지각의 나이가 0이므로 해령에 위치한다. 따라서 A에서 B로 갈수록 해양 지각의 나이가 적어지고, 그에 따라 퇴적물 최하층의 나이도 적어진다.

바로알기 ㄴ. A와 C 지점 사이에 판의 발산형 경계가 존재하므로 A와 C는 서로 다른 판에 위치한다.
ㄷ. 해령에서는 새로운 해양 지각이 생성되어 양쪽으로 멀어지면서 해저가 확장되지만, 이미 생성된 해양 지각은 그대로 존재하므로 C와 D 지점 사이의 거리는 유지된다.

10 해양저 확장설의 증거-해령과 변환 단층

자료 분석

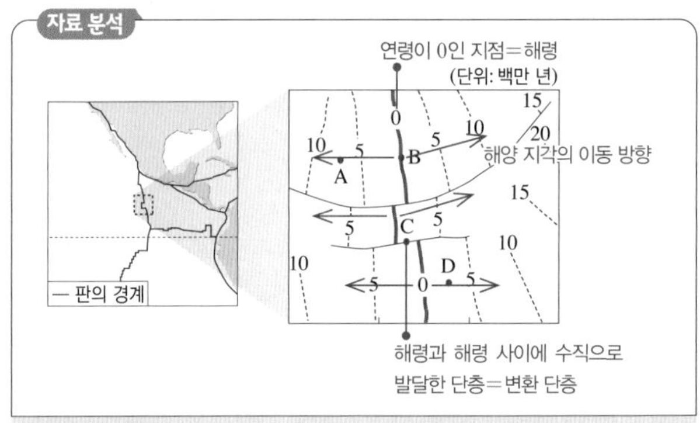

선택지 분석

ⓖ A~D 중 퇴적물의 두께가 가장 두꺼운 지점은 A이다.
ⓛ B에는 열곡이 발달한다.
✗ C에서는 해양 지각이 생성된다. 생성되지 않는다
✗ C를 경계로 인접한 두 판은 서로 같은 방향으로 이동한다. 반대

ㄱ. A~D 중 해양 지각의 연령이 가장 많은 A 지점이 퇴적물의 두께가 가장 두껍다.
ㄴ. B 지점에는 해양 지각이 해령을 중심으로 양쪽으로 멀어지면서 열곡이 발달한다.

바로알기 ㄷ. C는 해령과 해령 사이의 변환 단층에 해당하는 지점이다. 변환 단층은 보존형 경계로, 해양 지각이 생성되지 않는다.
ㄹ. 판은 발산형 경계에서 수직 방향으로 양쪽으로 멀어진다. C를 경계로 인접한 북쪽의 판은 해령의 오른쪽에, 남쪽의 판은 해령의 왼쪽에 있으므로 두 판은 서로 반대 방향으로 이동한다.

11 판의 구조

선택지 분석

ㄱ. A는 판에 해당한다. (○)

ㄴ. 판의 평균 두께는 대륙보다 해양에서 두껍다. (×) → 얇다

ㄷ. B는 A보다 밀도가 작기 때문에 물질의 대류가 일어난다. (×) → 유동성이 있기

ㄱ. A는 지각과 상부 맨틀의 일부를 포함하는 암석권으로, 판에 해당한다.

바로알기 ㄴ. 판은 지각을 포함하며 대륙 지각이 해양 지각보다 두꺼우므로 판의 평균 두께는 대륙보다 해양에서 얇다.

ㄷ. 판의 아래에 있는 B는 연약권이다. 연약권은 고체이지만 부분 용융이 일어나 유동성이 있으므로 물질의 대류가 일어난다.

12 판 구조론의 정립 과정

자료 분석

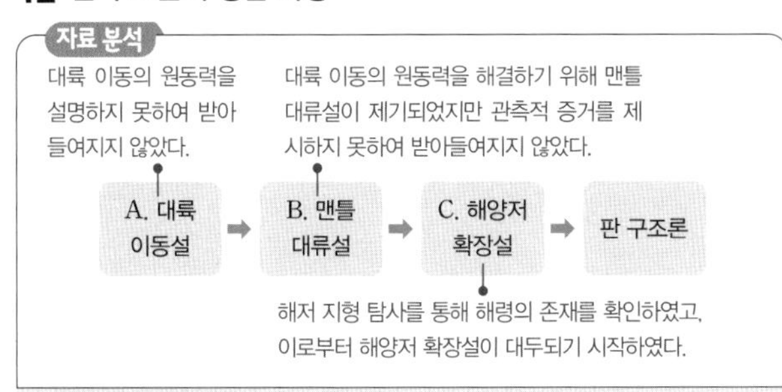

선택지 분석

ㄱ. 베게너는 A를 주장하였다. (○)

ㄴ. B가 발표되면서 당시에 대륙 이동의 원동력 문제가 해결되었다. (×)

ㄷ. 해저 탐사 기술로 발견된 해저 지형은 C를 지지한다. (○)

ㄱ. 베게너는 여러 가지 관측 사실을 증거로 들어 대륙 이동설을 주장하였다.

ㄷ. 음파를 이용한 새로운 해저 탐사 기술이 개발되면서 발견된 해령, 해구와 같은 해저 지형은 해양저 확장설을 뒷받침한다.

바로알기 ㄴ. 맨틀 대류설은 대륙 이동설의 원동력으로 발표되었으나, 당시에는 받아들여지지 않았다.

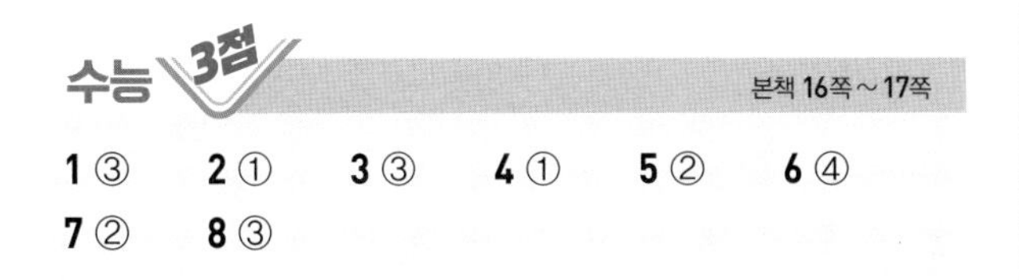

수능 3점

본책 16쪽~17쪽

1 ③ **2** ① **3** ③ **4** ① **5** ② **6** ④ **7** ② **8** ③

1 대륙 이동설의 증거

선택지 분석

ㄱ. A, B 지역의 지질학적 특성은 비슷할 것이다. (○)

ㄴ. 대서양은 A와 B 지역에 파충류가 번성하기 전에 형성되었다. (×) → 번성한 후에

ㄷ. 중생대 초기에 남아메리카와 아프리카 대륙은 붙어 있었을 것이다. (○)

ㄱ, ㄷ. 두 대륙의 해안선이 잘 들어맞으면서 같은 종류의 화석 분포지가 연결되므로 두 대륙은 중생대 초기에 붙어 있었을 것이다. 그에 따라 A, B 지역의 지질학적 특성도 비슷할 것이다.

바로알기 ㄴ. 두 대륙이 붙어 있을 때 파충류가 번성하였고 이후 대륙이 분리되면서 대서양이 형성되어 현재와 같은 모습이 되었다.

2 해저 지형 탐사 - 음향 측심법

자료 분석

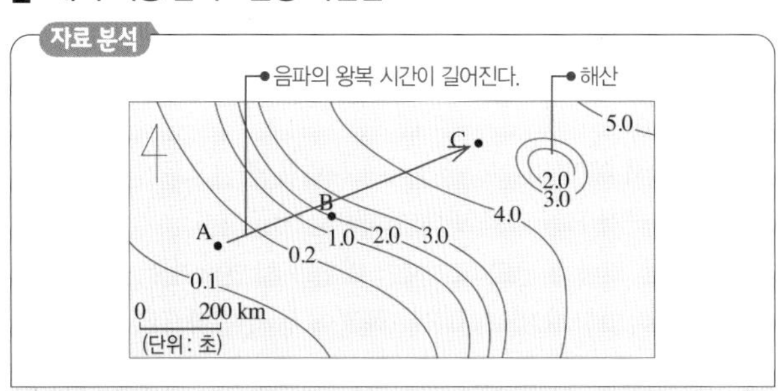

선택지 분석

ㄱ. A → C로 갈수록 수심은 깊어진다. (○)

ㄴ. B 지점의 수심은 약 3000 m이다. (×) → 1500

ㄷ. 수심은 B보다 C 지점에서 급격히 깊어진다. (×) → 완만하게

ㄱ. A → C로 갈수록 음파의 왕복 시간이 길어지므로 수심은 깊어진다.

바로알기 ㄴ. B 지점의 수심은 $\frac{1}{2} \times 2.0\ \text{s} \times 1500\ \text{m/s} = 1500\ \text{m}$이다.

ㄷ. B 지점은 수평 거리에 따른 수심 변화가 크므로 수심이 급격히 깊어지고, C 지점은 수평 거리에 따른 수심 변화가 작으므로 수심이 완만하게 깊어진다.

3 해양저 확장설의 증거 - 고지자기 줄무늬 분포

자료 분석

A를 중심으로 고지자기 줄무늬가 대칭적으로 분포한다. ➡ 고지자기 줄무늬의 대칭적 분포는 해령을 중심으로 나타나므로 해령은 A에 위치한다.

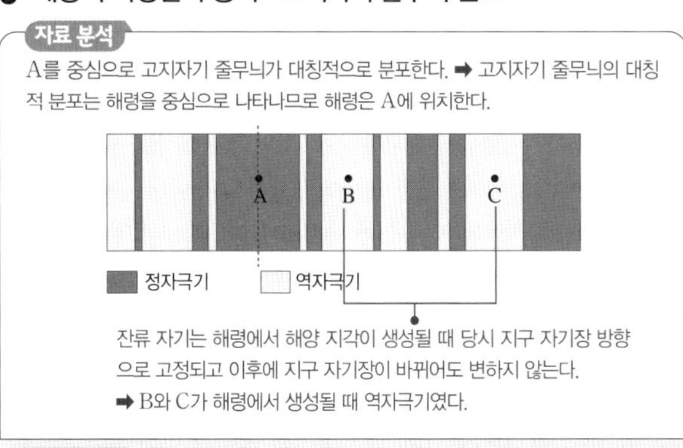

잔류 자기는 해령에서 해양 지각이 생성될 때 당시 지구 자기장 방향으로 고정되고 이후에 지구 자기장이 바뀌어도 변하지 않는다. ➡ B와 C가 해령에서 생성될 때 역자극기였다.

선택지 분석

ㄱ. 해령은 A에 위치한다. (○)

ㄴ. B의 잔류 자기는 생성된 이후 역전되었다. (×) → 역전되지 않았다

ㄷ. B에서 C로 가면서 해저 퇴적물의 두께는 두꺼워진다. (○)

ㄱ. 해령을 중심으로 고지자기 줄무늬가 대칭적으로 분포하므로 해령은 A에 위치한다.

ㄷ. 해령에서 새로운 지각이 생성되어 이동하였으므로 B에서 C로 가면서 해양 지각의 연령이 증가하고 그에 따라 해저 퇴적물의 두께는 두꺼워진다.

바로알기 ㄴ. B의 잔류 자기는 현재와 반대로 역전되어 있지만, 이는 생성 당시 지구 자기장의 방향이 현재와 반대였기 때문이며 생성된 이후 역전된 것이 아니다.

4 해양저 확장설의 증거 – 고지자기 줄무늬 분포

선택지 분석

- ㉠ A는 B보다 먼저 생성되었다.
- ㉡ B는 A와 반대 방향으로 이동한다.
- ✕ C는 B와 같은 방향으로 이동한다. **다른**
- ✕ C 지점 암석의 자화 방향은 2번 역전되었다. **변하지 않았다**

ㄱ. 고지자기 줄무늬는 해령을 중심으로 대칭적으로 분포한다. A는 B보다 해령과의 사이에 고지자기 줄무늬 개수가 많으므로 먼저 생성되었다.

ㄴ. 해령에서 해양 지각이 생성되어 해령을 중심으로 양쪽으로 이동한다. 따라서 B는 A와 반대 방향으로 이동한다.

바로알기 ㄷ. 해령 부근의 고지자기 방향을 보면, (가)는 해령이 남북 방향으로 발달해 있고, (나)는 해령이 동서 방향으로 발달해 있다. 해양 지각은 해령의 수직 방향으로 이동하므로 B는 동서 방향으로 이동하고, C는 남북 방향으로 이동한다.

ㄹ. 지구 자기가 변하여도 암석에 기록된 자화 방향은 변하지 않는다. 따라서 C 지점 암석의 자화 방향은 역전되지 않았으며, C 생성 후 지구 자기장의 방향이 2번 역전되었다.

5 암석의 연령 분포와 고지자기 줄무늬 분포

자료 분석

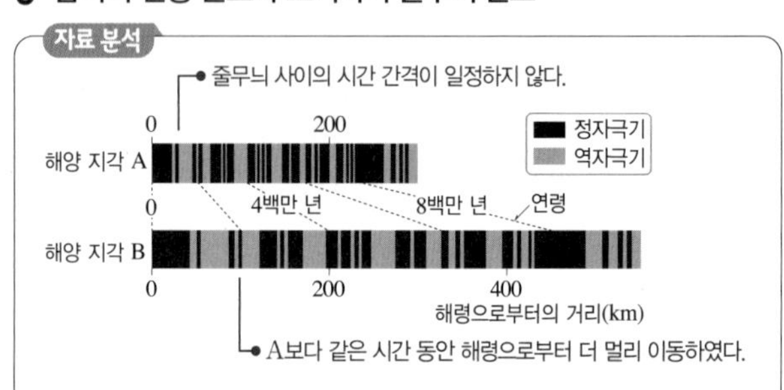

선택지 분석

- ✕ 고지자기의 역전 주기는 일정하다. **일정하지 않다**
- ㉡ 8백만 년 전부터 현재까지 지구 자기 역전 양상은 A와 B에서 같다.
- ✕ 해양 지각의 이동 속도는 A가 B보다 빠르다. **느리다**

ㄴ. 같은 연령이면 고지자기의 역전 양상은 같으므로 8백만 년 전부터 현재까지 지구 자기 역전 양상은 A와 B에서 같다.

바로알기 ㄱ. 고지자기 줄무늬의 간격이 시간에 따라 일정하지 않은 것은 고지자기 역전 주기가 일정하지 않기 때문이다.

ㄷ. 해령으로부터 같은 시간 동안 해양 지각이 이동한 거리는 B가 A보다 멀다. 따라서 해양 지각의 이동 속도는 B가 A보다 빠르다.

6 해양저 확장설의 증거 – 암석의 연령 분포

자료 분석

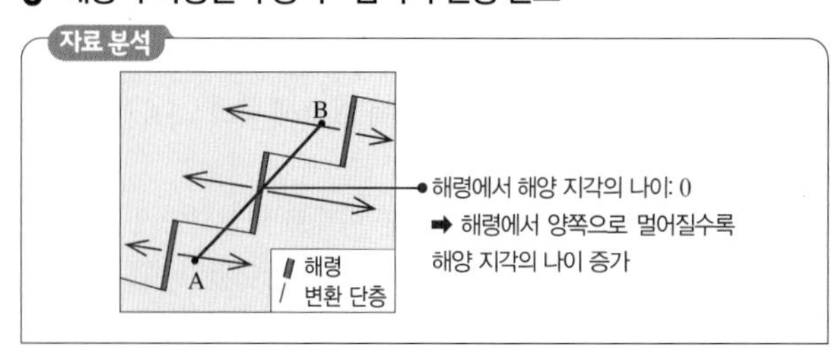

선택지 분석

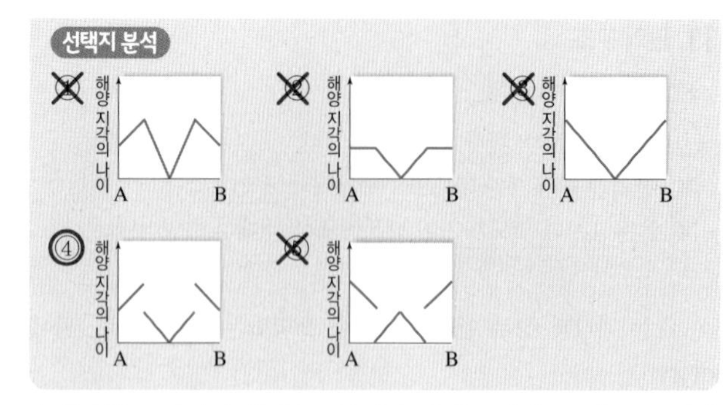

A에서 B로 가면서 해령으로부터의 거리는 증가 → 감소 → 증가 → 감소한다. 또한 변환 단층을 경계로 해령으로부터의 거리가 불연속적으로 변하므로 해양 지각의 나이도 불연속적으로 변한다.

7 해양저 확장설의 증거 – 섭입대에서 진원 깊이 분포

자료 분석

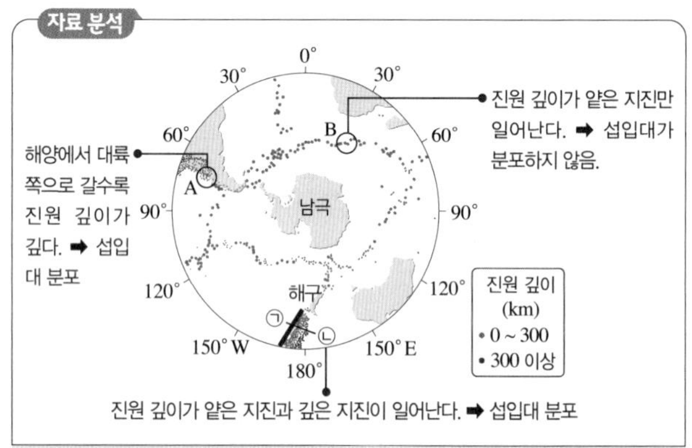

선택지 분석

- ✕ A에는 변환 단층이 분포한다. **해구가**
- ㉡ B에는 새로운 해양 지각이 생성된다.
- ✕ ㉠－㉡에서 판의 경계는 진원의 깊이가 깊은 쪽에 가깝다. **얕은**

ㄴ. B는 진원 깊이가 얕은 지진만 발생하는 판의 경계로, 해령과 변환 단층이 분포하며, 해령에서 새로운 해양 지각이 생성된다.

바로알기 ㄱ. A는 해양판과 대륙판이 만나는 수렴형 경계로, 해구가 분포한다. 변환 단층은 보존형 경계에 분포한다.

ㄷ. ㉠－㉡은 판이 섭입하는 경계로, 해구에서부터 섭입대를 따라 진원 깊이가 깊어지므로 ㉠－㉡에서 판의 경계는 진원 깊이가 얕은 쪽에 가깝다.

8 판 구조론의 정립 과정

선택지 분석

- ㉠ 해령 부근에서 나타나는 고지자기 줄무늬의 대칭성은 (다)의 증거가 될 수 있다.
- ㉡ 등장한 순서는 (가) → (다) → (나)이다.
- ✕ (가)에서 판게아를 분리시킨 원동력은 맨틀 대류라고 주장하였다. **(가) 이후 맨틀 대류설에서**

ㄱ. 해령에서 고지자기 줄무늬가 생성된 후 해양 지각이 해령을 축으로 양쪽으로 이동하면서 고지자기 줄무늬가 대칭을 이룬다.

ㄴ. (가)는 대륙 이동설, (나)는 판 구조론, (다)는 해양저 확장설이므로 등장한 순서는 (가) → (다) → (나)이다.

바로알기 ㄷ. (가)는 대륙 이동설로, 대륙을 움직인 원동력은 설명하지 못하였다.

02. 대륙 분포의 변화

개념 확인 본책 19쪽, 21쪽

(1) ① 커진다 ② 커진다 ③ 변하지 않는다 (2) 위도 (3) 이동
(4) ① 남반구 ② 복각 ③ 유라시아판 (5) ① - Ⓔ - ⓒ
②-Ⓛ-ⓐ ③-㉠-ⓒ ④-㉣-ⓑ (6) ① 로디니아, 판게아
② 고생대 ③ 로라시아, 곤드와나 ④ 수렴 (7) 초대륙, 열곡대

수능 자료 본책 23쪽

자료❶	1 ×	2 ×	3 ○	4 ○	5 ×		
자료❷	1 ×	2 ○	3 ○	4 ○	5 ×		
자료❸	1 ○	2 ×	3 ×	4 ×	5 ○	6 ×	
자료❹	1 ○	2 ×	3 ○	4 ○	5 ○	6 ○	7 ×

자료❶ 고지자기 해석

1 정자극기에서 A의 해양 지각의 복각이 $-65°$이므로 이 해령은 남반구에 위치하고 있다.

2 B의 해양 지각이 생성될 당시는 역자극기이므로 지구 자기장의 방향이 현재와 반대였다. 이때 복각이 (+)였으므로 B의 해양 지각은 생성 당시 남반구에 있었다.

3 C에서 고지자기로 추정한 진북 방향이 그림의 왼쪽을 향하고 있으므로 왼쪽이 북쪽, 오른쪽이 남쪽이다. 해양 지각은 해령을 중심으로 양쪽으로 이동하므로 C의 해양 지각은 생성된 후 남쪽으로 이동하였다.

4 자극에 가까울수록 복각의 크기가 크므로 생성 당시 자극에 가장 가까이 위치한 해양 지각은 복각의 크기가 가장 큰 C이다.

5 정자극기인 A와 C 중 C의 복각이 A보다 크므로 C가 남반구의 더 고위도에서 생성되었다.

자료❷ 고지자기와 대륙의 이동

1 200 Ma에 고지자기극의 위치와 지괴의 위치가 위도 약 15° 차이가 나므로 이 지괴는 북반구(북위 약 75°)에 위치하였다.

2 150 Ma~100 Ma 동안 이 지괴는 고지자기극에서 더 멀어졌으므로 북반구 고위도에서 저위도로 이동하였다.

3 150 Ma~100 Ma 동안 이 지괴는 북반구 고위도에서 저위도로 이동하였고, 복각은 저위도로 갈수록 작아지므로 감소하였다.

4 200 Ma~150 Ma 동안 지괴가 이동한 거리는 50 Ma~0 Ma 동안 지괴가 이동한 거리보다 길다.

5 200 Ma~0 Ma 동안 50 Ma 간격으로 지괴가 이동한 거리가 점점 짧아졌으므로 지괴의 이동 속도는 점점 느려졌다.

자료❸ 전 세계의 판 경계와 지각 변동

2 A와 C는 수렴형 경계이므로 맨틀 대류의 하강부이고, B는 발산형 경계이므로 맨틀 대류의 상승부이다.

3 A에서는 대륙판과 대륙판이 충돌하여 히말라야산맥이 발달한다.

4 B는 발산형 경계이므로 B에서는 해령이 발달하고 새로운 해양 지각이 생성된다.

6 C에서는 판 경계를 따라 해구가 발달하고, 해구의 동쪽에 습곡 산맥인 안데스산맥이 발달한다.

자료❹ 판의 이동과 판 경계의 지각 변동

1 A는 대륙 쪽으로 갈수록 진원 깊이가 깊어지므로 섭입대가 분포하는 섭입형 수렴 경계이고, 해구가 발달한다.

2 판 경계에서 밀도가 작은 판 쪽으로 갈수록 진원이 깊어지고 화산 활동이 활발하므로 A를 경계로 북쪽의 판이 남쪽의 판보다 밀도가 작고 화산 활동이 활발하다.

3 C 지역에서 천발 지진만 발생하고 C를 경계로 북쪽의 판이 대체로 남북 방향으로 이동하므로 C는 발산형 경계이다.

4 해양 지각의 나이는 해령에서 멀어질수록 많아지므로 해령이 발달하는 C보다 해구가 발달하는 A 지역에서 많다.

7 B 지역은 인접한 두 판이 어긋나는 보존형 경계이므로 화산 활동이 일어나지 않는다. 발산형 경계인 C 지역은 화산 활동이 활발하다.

본책 24쪽

1 (1) '자북극 → 자기 적도' 또는 '0° → +90°' (2) 자북극이 두 개였기 → 대륙이 이동하였기 **2** (1) A (2) C **3** ④ **4** (1) (가) 수렴형 경계 (나) 보존형 경계 (다) 발산형 경계 (2) (가), (다) (3) (다) **5** ④ **6** (가) → (다) → (나) **7** (다) → (나) → (가)

1 (1) 복각은 나침반의 자침이 수평면과 이루는 각으로, 나침반의 자침은 지구 자기력선의 방향과 나란하게 배열된다. 지구 자기력선은 자기 적도에서 수평면과 나란하므로 고지자기 복각이 0°인 암석은 과거에 자기 적도 부근에서 형성된 암석이다. 자북극은 복각이 $+90°$이다.
(2) 유럽과 북아메리카 대륙에서 각각 측정한 고지자기로 추정한 자북극의 이동 경로가 일치하지 않는 것은 대륙이 이동하였기 때문이다.

2 (1) 남반구에서는 자기장 방향이 지표면에서 위를 향하므로 A는 인도 대륙이 남반구에 위치할 때 생성되었다.
(2) 고위도로 갈수록 복각의 크기가 커지므로 C가 B보다 상대적으로 고위도에서 생성되었다.

3 A는 섭입형 수렴 경계로, 해구, 습곡 산맥이 발달하고, B는 발산형 경계로 해령이 발달하며, C는 보존형 경계로 변환 단층이 발달한다.
바로알기 ④ B는 발산형 경계이고 습곡 산맥은 수렴형 경계에서 발달한다.

4 (1) (가)는 두 판이 서로 모이므로 수렴형 경계이고, (나)는 두 판이 서로 어긋나므로 보존형 경계이며, (다)는 두 판이 서로 멀어지므로 발산형 경계이다.
(2) 보존형 경계에서는 화산 활동이 일어나지 않는다.
(3) 열곡은 장력이 작용하는 발산형 경계에서 발달한다.

5 태평양 가장자리를 따라 주로 섭입형 수렴 경계가 발달하였으며, 열점은 판 경계와 관계없다.

6 (가) 약 2억 년 전에 판게아가 분리되기 시작하여 로라시아 대륙이 북아메리카 대륙과 유라시아 대륙으로 분리되었다.
(다) 약 1억5천만 년 전에 대서양이 부분적으로 열리면서 남아메리카 대륙과 아프리카 대륙이 분리되기 시작하였다.
(나) 약 9천만 년 전 남대서양이 확장되기 시작한 이후, 인도 대륙이 오스트레일리아 대륙에서 분리되어 이동하다가 신생대 초기~중기에 유라시아판과 충돌하여 히말라야산맥을 형성하였다.

7 (다)는 고생대 말에 초대륙 판게아가 형성된 모습이다. → (나)는 중생대에 판게아가 분리되어 이동하는 모습이다. → (가)는 현재와 비슷한 수륙 분포이다.

수능 2점

본책 25쪽~27쪽

1 ④	2 ①	3 ⑤	4 ②	5 ②	6 ②
7 ③	8 ⑤	9 ②	10 ③	11 ③	12 ⑤

1 지구 자기장

선택지 분석
ㄱ. A 지점은 자기 적도 부근에 위치한다. (○)
ㄴ. C 지점은 B 지점보다 복각이 크다. (○)
ㄷ. D 지점은 지리상 북극에 위치한다. (×) 자북극

ㄱ. A 지점은 자침이 수평이므로 복각이 0°인 자기 적도 부근이다.
ㄴ. 복각의 크기는 자기 적도에서 자극으로 갈수록 크다. C 지점은 B 지점보다 자북극에 가까우므로 복각이 크다.
바로알기 ㄷ. D 지점은 자침이 수평면과 수직을 이루고 있으므로 복각이 +90°인 자북극에 위치한다.

2 복각

선택지 분석
① A>B>C (○)
② A>B=C (×)
③ B>C>A (×)
④ B=C>A (×)
⑤ C>B>A (×)

자북극으로부터의 거리는 A<B<C이다. 복각의 크기는 자북극에서 멀어질수록 작아지므로 A>B>C이다.

3 복각

선택지 분석
ㄱ. 고위도로 갈수록 복각은 커진다. (○)
ㄴ. 서울이 부산보다 자북극에 가깝다. (○)
ㄷ. 부산에서 자침의 N극은 지표면 쪽으로 약 50° 기울어진다. (○)

ㄱ. 고위도로 갈수록 자북극에 가까워지면서 복각은 커진다.
ㄴ. 서울이 부산보다 복각이 크므로 자북극에 가깝다.
ㄷ. 부산은 복각이 약 +50°이므로 자침의 N극은 수평면에서 지표면 쪽으로 약 50° 기울어진다.

4 고지자기와 대륙의 이동

자료 분석

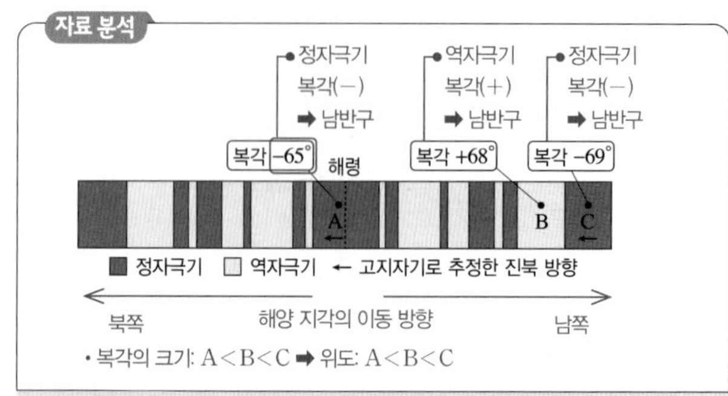

선택지 분석
ㄱ. A의 해양 지각은 생성된 후 남쪽으로 이동하였다. (×) 북쪽
ㄴ. B 시기에는 해령이 북반구에 있었다. (×) 남반구
ㄷ. A가 C보다 저위도에서 생성되었다. (○)

ㄷ. 고위도로 갈수록 복각의 크기가 커진다. A의 고지자기 복각은 −65°, C의 고지자기 복각은 −69°이므로 A가 C보다 저위도에서 생성되었다.
바로알기 ㄱ. 고지자기로 추정한 진북 방향이 왼쪽을 가리키고 해령을 중심으로 해양 지각은 양쪽으로 이동하므로 A의 해양 지각은 생성된 후 북쪽으로 이동하였다.
ㄴ. B 시기는 역자극기이고 고지자기 복각이 +68°이므로 해령이 남반구에 있었다.

5 지자기 북극의 이동 경로와 대륙의 이동

자료 분석

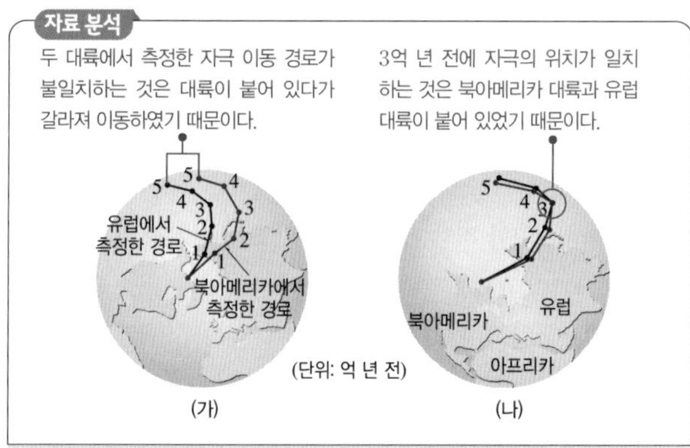

선택지 분석
ㄱ. 지질 시대 동안 지자기 북극이 2개이었던 시기가 있었다. (×) 항상 1개였다
ㄴ. 과거에 북아메리카 대륙과 유럽 대륙은 서로 붙어 있었다. (○)
ㄷ. 약 3억 년 전 이후로 계속 북아메리카 대륙과 유럽 대륙 사이에는 수렴형 경계가 존재하였다. (×) 발산형

ㄴ. 유럽과 북아메리카 대륙에서 측정한 자극의 이동 경로를 일치시켰을 때 (나)와 같이 대륙이 분포하므로 과거에 북아메리카 대륙과 유럽 대륙은 서로 붙어 있었다.
바로알기 ㄱ. 지구에 지자기 북극은 하나만 존재할 수 있다. 따라서 과거에도 지자기 북극은 하나였다.
ㄷ. 대륙이 갈라져 이동하려면 대륙 사이에 발산형 경계가 발달해야 한다. 약 3억 년 전에 붙어 있었던 북아메리카 대륙과 유럽 대륙이 이후 점점 멀어지는 방향으로 이동하였으므로 약 3억 년 전 이후로 북아메리카 대륙과 유럽 대륙 사이에 발산형 경계가 형성되었다.

6 고지자기와 인도 대륙의 이동

자료 분석

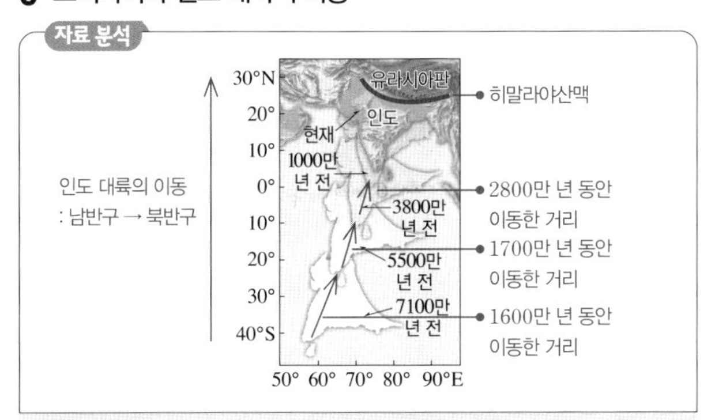

선택지 분석

ㄱ. 인도 대륙의 이동 속도는 점차 빨라졌다. 느려졌다
ㄴ. 판게아가 분리되는 과정에서 이동하였다.
ㄷ. 이 기간 동안 인도 대륙의 고지자기 복각의 크기는 계속 증가하였다. 감소하다가 증가하였다

ㄴ. 판게아가 분리되는 과정에서 인도 대륙이 북상하여 유라시아판과 충돌하면서 히말라야산맥이 형성되었다.

바로알기 ㄱ. 인도 대륙이 7100만 년 전부터 5500만 년 전까지 이동한 거리는 3800만 년 전부터 1000만 년 전까지 이동한 거리보다 길다. 따라서 인도 대륙의 이동 속도는 점차 느려졌다.
ㄷ. 이 기간 동안 인도 대륙은 남반구에서 북반구로 이동하면서 자기 적도를 통과하므로 복각의 크기는 감소하다가 증가하였다.

7 판 경계의 분류

자료 분석

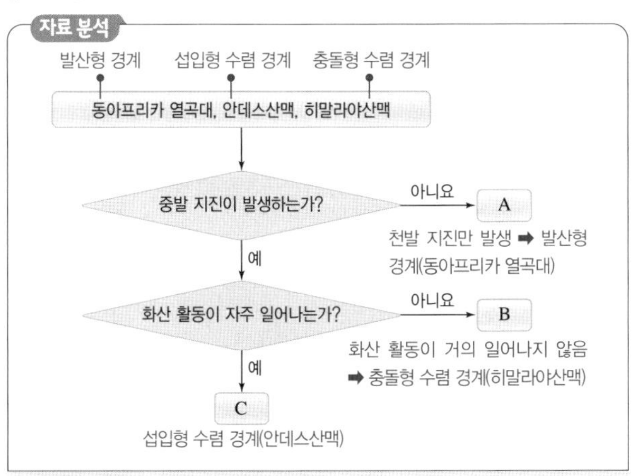

선택지 분석

ㄱ. A는 동아프리카 열곡대이다.
ㄴ. 해구와 나란하게 발달한 지형은 B이다. C
ㄷ. B와 C는 수렴형 경계에 형성된 지형이다.

ㄱ. A는 세 지역 중 천발 지진만 발생하는 곳이므로 발산형 경계인 동아프리카 열곡대이다.
ㄷ. B는 중발 지진은 발생하지만 화산 활동은 거의 일어나지 않는 곳이므로 두 대륙판이 충돌하는 수렴형 경계에 형성된 히말라야산맥이고, C는 섭입형 수렴 경계이므로 B와 C는 모두 수렴형 경계에 형성된 지형이다.

바로알기 ㄴ. C는 중발 지진과 화산 활동이 활발하게 일어나는 곳으로 판이 섭입하면서 해구가 발달하고 이와 나란하게 안데스산맥이 발달하였다. B는 대륙판과 대륙판이 충돌하는 경계에 발달한 곳이므로 해구가 발달하지 않는다.

8 판 경계와 지각 변동

자료 분석

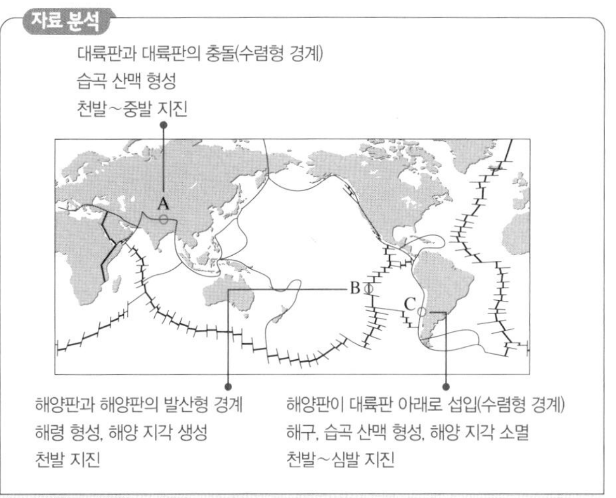

선택지 분석

ㄱ. A에서는 습곡 산맥이 발달한다.
ㄴ. B에서는 새로운 해양 지각이 생성된다.
ㄷ. C에서는 지진 활동이 활발하다.

ㄱ. A는 두 대륙판이 충돌하면서 습곡 산맥이 발달한다.
ㄴ. B는 해령으로, 새로운 해양 지각이 생성된다.
ㄷ. C는 섭입형 수렴 경계로, 지진 활동이 활발하다.

9 판 경계의 변화

자료 분석

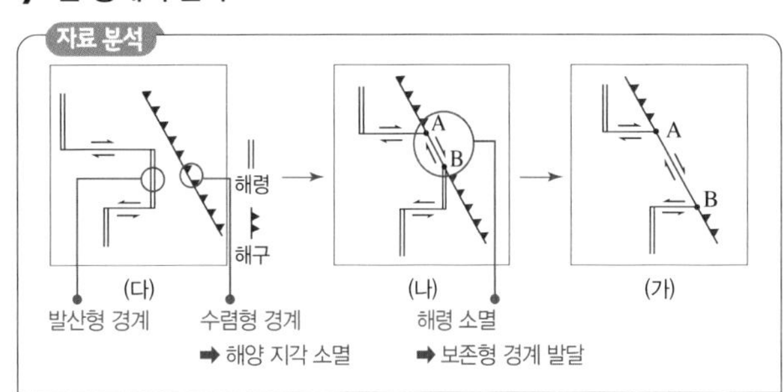

선택지 분석

ㄱ. 변화 순서는 (가) → (나) → (다)이다. (다) → (나) → (가)
ㄴ. (나)에서 해령의 일부가 섭입하여 소멸된다.
ㄷ. 구간 A－B는 발산형 경계이다. 보존형

ㄴ. (나)에서 해령의 일부가 해구 아래로 섭입하여 소멸된다.

바로알기 ㄱ. 해령이 해구 쪽으로 밀리면서 보존형 경계가 형성되는 과정으로, 변화 순서는 (다) → (나) → (가)이다.
ㄷ. 구간 A－B는 판이 서로 어긋나 이동하는 보존형 경계이다.

10 지질 시대 대륙 분포의 변화

선택지 분석

ㄱ. (가)가 (나)보다 먼저 형성되었다.
ㄴ. (나)가 형성되는 과정에서 습곡 산맥이 형성되었다.
ㄷ. (가)와 (나) 시기 사이에 대서양이 형성되었다. (나) 시기 이후에

ㄱ. (가)는 약 12억 년 전, (나)는 약 2억4천만 년 전에 형성되었다.
ㄴ. 초대륙이 형성되는 과정에서 대륙의 충돌이 일어나므로 애팔래치아산맥과 같은 습곡 산맥이 형성되었다.

바로알기 ㄷ. 대서양은 (나) 시기 이후에 판게아가 여러 대륙으로 분리되어 이동하는 과정에서 형성되었다.

11 지질 시대 대륙 분포의 변화

선택지 분석

ㄱ (가)는 (나)보다 이전의 대륙 분포이다.
ㄴ (나) 이후에 대서양의 면적은 더 넓어졌다.
✕ (가)와 (나) 시기 사이에 발산형 경계보다 수렴형 경계가 많이 발달하였다. (→ 수렴형 경계보다 발산형 경계가)

(가)는 중생대 초기, (나)는 중생대 중기의 대륙 분포이다.
ㄱ. 고생대 말에 판게아가 형성되었고, 중생대 초 이후로 분리되어 이동하였으므로 (가)가 (나)보다 이전의 대륙 분포이다.
ㄴ. (나) 이후에 북아메리카와 유럽 대륙이 갈라지고, 남아메리카와 아프리카 대륙이 멀어지면서 대서양의 면적은 더 넓어졌다.
바로알기 ㄷ. (가) 이후에 대륙이 분리되는 것은 대륙 내부에 발산형 경계가 발달하면서 대륙이 갈라져 이동했기 때문이다.

12 초대륙의 형성과 분리

자료 분석

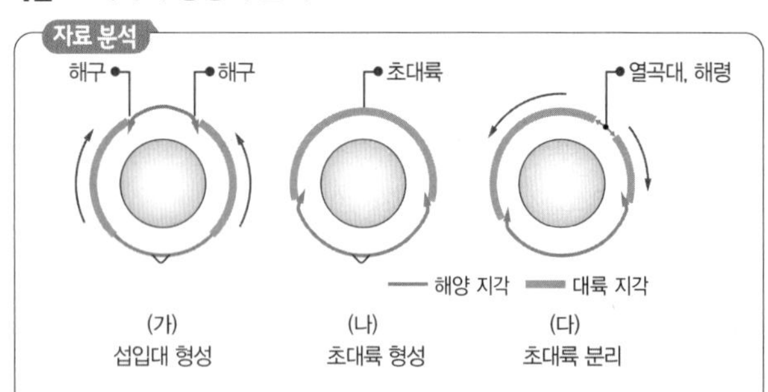

선택지 분석

ㄱ (가)~(나) 과정에서 대륙과 대륙의 충돌이 일어난다.
ㄴ (나)에서 초대륙이 형성되었다.
ㄷ (다)에서는 해령이 형성될 수 있다.

ㄱ. (가)~(나) 과정에서 대륙과 대륙이 충돌하면서 한 덩어리로 되어 초대륙이 형성되었다.
ㄴ. (나)는 대륙이 한 덩어리이므로 초대륙이 형성되었다.
ㄷ. (다)에서는 대륙이 갈라지고 해저가 확장되므로 해령이 형성될 수 있다.

수능 3점 본책 28쪽~29쪽

1 ④ 2 ② 3 ① 4 ③ 5 ③ 6 ⑤
7 ④ 8 ⑤

1 지구 자기장

자료 분석

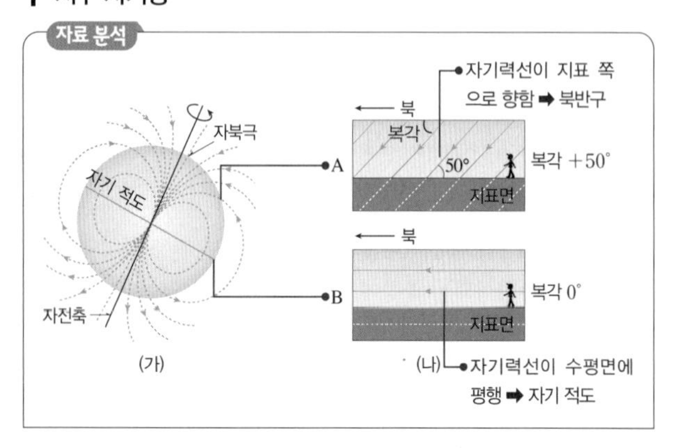

선택지 분석

✕ A는 남반구에 위치한다. (→ 북반구)
ㄴ B는 자기 적도에 위치한다.
ㄷ B에서 A로 가면 복각은 커진다.

ㄴ. B는 자기력선이 지표면과 나란하여 복각이 0°이므로 자기 적도에 위치한다.
ㄷ. 복각은 나침반의 자침이 수평면과 이루는 각으로, 나침반의 자침은 자기력선을 따라 기울어진다. (나)에서 B에서 A로 가면 자기력선이 수평면에 대해 기울어지므로 복각은 커진다.
바로알기 ㄱ. A는 자기력선이 지표면 쪽으로 기울어져 있으므로 북반구에 위치한다.

2 고지자기와 대륙의 이동

자료 분석

고지자기극이 고지자기 방향으로부터 추정한 지리상 북극이고 실제 진북은 변하지 않았다고 할 때, 고지자기극이 이동하는 것은 겉보기 이동이며 대륙이 이동하여 지리상 북극의 위치가 변한 것처럼 보이는 것이다.

두 대륙에서 측정한 5억 년 전 고지자기극의 위치: 적도 부근
➡ 진북이 변하지 않았으므로 대륙이 적도 부근에 있었다.

북아메리카에서 측정한 고지자기극은 ㉠ 시기보다 ㉡ 시기에 더 고위도에 있었다.
➡ 북아메리카 대륙은 ㉠ 시기보다 ㉡ 시기에 지리상 북극에 가까웠다(더 고위도에 위치하였다).
➡ 복각: ㉠ 시기 < ㉡ 시기

5억 년 전 / 5억 년 전 / ㉠ / ㉡ / ㉢ / ㉢60°N / 30°N / 유럽 / 북아메리카

—유럽에서 측정한 겉보기 극 이동 경로
—북아메리카에서 측정한 겉보기 극 이동 경로

유럽 대륙은 ㉡ 시기보다 ㉢ 시기에 지리상 북극에 가까웠다.
➡ 고위도 방향으로 이동하였다.

선택지 분석

✕ 5억 년 전에 지자기 북극은 적도 부근에 위치하였다. (→ 지리상 북극)
ㄴ 북아메리카에서 측정한 고지자기 복각은 ㉡ 시기가 ㉠ 시기보다 크다.
✕ 유럽은 ㉡ 시기부터 ㉢ 시기까지 저위도 방향으로 이동하였다. (→ 고위도)

ㄴ. 진북은 변하지 않았는데 북아메리카에서 고지자기 방향으로부터 추정한 지리상 북극의 위치가 ㉠ 시기보다 ㉡ 시기에 더 고위도 있는 것처럼 보이는 것은 북아메리카 대륙이 ㉠ 시기보다 ㉡ 시기에 지리상 북극에 가까운 곳(고위도)에 있었기 때문이다. 복각의 크기는 고위도로 갈수록 커지므로 고지자기 복각은 ㉡ 시기가 ㉠ 시기보다 크다.
바로알기 ㄱ. 지질 시대 동안 지자기 북극은 항상 지리상 북극 부근에 위치하였고 진북이 변하지 않았다고 하였으므로 5억 년 전에도 지자기 북극은 지리상 북극 부근에 위치하였다. 5억 년 전의 고지자기극이 적도 부근에서 나타나는 것은 대륙이 5억 년 전에는 지리상 북극에서 멀리 떨어진 곳에서 있었기 때문이다.
ㄷ. 유럽 대륙은 ㉡ 시기부터 ㉢ 시기까지 지리상 북극에 가까워졌으므로 고위도 방향으로 이동하였다.

3 인도 대륙의 이동

자료 분석

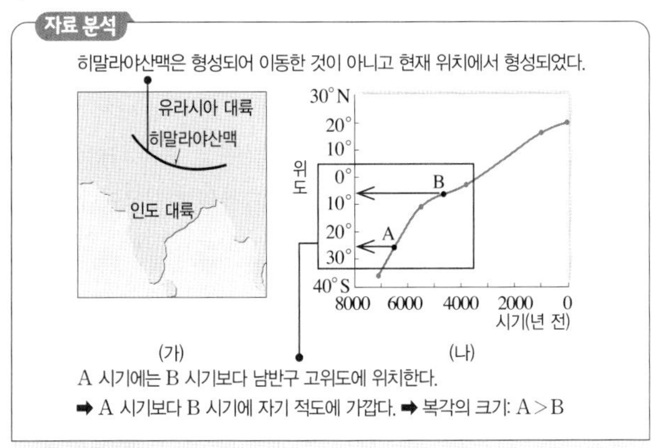

선택지 분석

ㄱ. 인도 대륙의 잔류 자기 복각의 크기는 A보다 B에서 작다.
~~ㄴ.~~ 히말라야산맥은 한때 적도 부근에 위치한 적이 있다. **없다**
~~ㄷ.~~ 히말라야산맥은 판게아가 형성되는 과정에서 발달하였다. **인도 대륙과 유라시아 대륙이 충돌하는**

ㄱ. 복각의 크기는 고위도로 갈수록 커지므로 A보다 B에서 작다.

바로알기 ㄴ. 히말라야산맥은 인도 대륙이 북상하여 유라시아 대륙과 충돌한 곳에서 형성되었으므로 적도 부근에 위치한 적이 없다.

ㄷ. 인도 대륙은 판게아가 분리될 때 갈라져 나와 이동한 대륙 중 하나이고, 이 대륙이 이동하여 유라시아 대륙과 충돌하면서 히말라야산맥이 형성되었으므로 히말라야산맥은 판게아가 형성되는 과정에서 발달한 산맥이 아니다. 판게아는 고생대 말에 형성되었고, 히말라야산맥은 신생대 초기~중기에 형성되었다.

4 판의 이동과 판 경계의 종류

선택지 분석

ㄱ. 두 해양판의 경계에는 변환 단층이 있다.
ㄴ. 해령에서 두 해양판은 1년에 각각 5 cm씩 생성된다.
~~ㄷ.~~ 해령은 1년에 2 cm씩 동쪽으로 이동한다. **1 cm**

ㄱ. 두 해양판이 서로 멀어지는 곳에서는 해령이 발달하고, 해령을 가로질러 두 판이 어긋나는 경계에서는 변환 단층이 발달한다.

ㄴ. 고지자기 줄무늬가 해령을 축으로 대칭이므로 해령에서 해양판이 같은 속도로 생성된다. 해령에서 생성된 해양판이 서쪽으로 4 cm/년, 동쪽으로 6 cm/년으로 멀어지면 두 판이 서로 10 cm/년의 속도로 멀어지는데, 해령에서 판이 생성되는 속도는 같으므로 해령에서 두 해양판은 각각 5 cm/년씩 생성된다.

바로알기 ㄷ. 판의 이동 속도가 4 cm/년인 서쪽 판이 1년에 5 cm가 생성되려면 해령이 동쪽으로 1 cm씩 이동하여야 한다.

5 수렴형 경계의 지각 변동과 진원 깊이

자료 분석

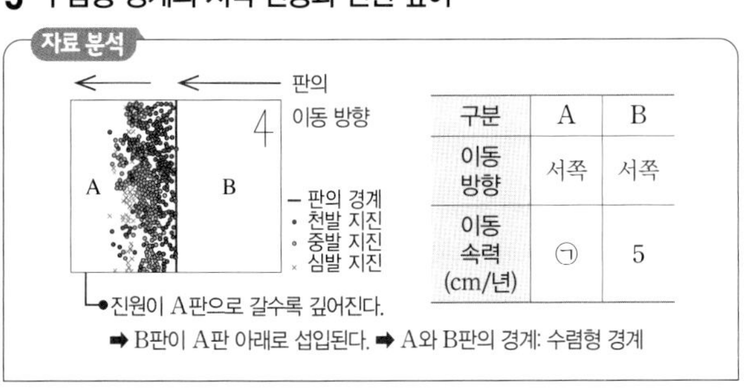

구분	A	B
이동 방향	서쪽	서쪽
이동 속력 (cm/년)	㉠	5

선택지 분석

ㄱ. ㉠은 5보다 작다.
ㄴ. 판의 경계는 맨틀 대류의 하강부에 해당한다.
~~ㄷ.~~ 판의 경계를 따라 습곡 산맥이 발달한다. **해구, 호상 열도**

ㄱ. 지진 분포로 미루어 해양판 B가 해양판 A 아래로 섭입하고 있는 판의 경계이다. 따라서 판의 이동 속력은 B가 A보다 빨라야 하므로 ㉠은 5보다 작다.

ㄴ. 섭입형 수렴 경계에 해당하는 판의 경계이므로 맨틀 대류의 하강부에 해당한다.

바로알기 ㄷ. 해양판이 다른 해양판 아래로 섭입하는 수렴형 경계에서는 해구와 호상 열도가 발달한다.

6 판의 이동과 판 경계의 지각 변동

자료 분석

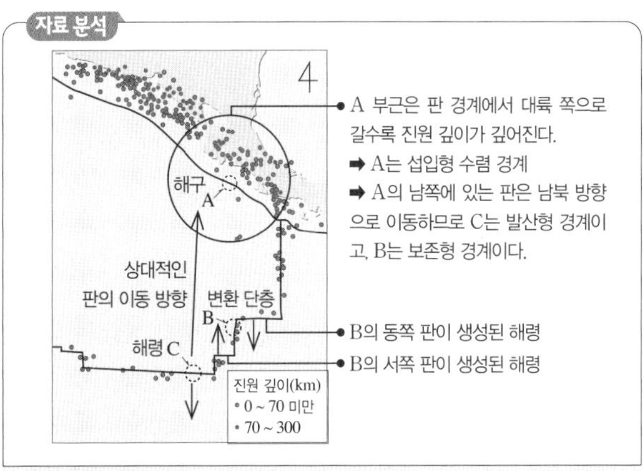

선택지 분석

~~ㄱ.~~ C에서 인접한 두 판의 이동 방향은 대체로 동서 방향이다. **남북**
ㄴ. 인접한 두 판의 밀도 차는 A가 C보다 크다.
ㄷ. 인접한 두 판의 나이 차는 B가 C보다 크다.

ㄴ. A는 대륙판과 해양판의 경계이고, C는 해양판과 해양판의 경계이므로 인접한 두 판의 밀도 차는 A가 C보다 크다.

ㄷ. B의 서쪽에 있는 판은 B의 동쪽에 있는 판보다 발산형 경계(해령)에서 더 멀리 떨어져 있으므로 나이가 더 많다. C는 발산형 경계로 같은 시기에 생성된 판이 해령을 경계로 양쪽으로 멀어지고 있으므로 인접한 두 판의 나이 차가 거의 없다.

바로알기 ㄱ. 진원 깊이가 깊은 곳까지 분포하는 A는 수렴형 경계고, 천발 지진만 발생하는 B와 C는 발산형 경계 또는 보존형 경계이다. A가 수렴형 경계이면 A의 남쪽의 판이 남북 방향으로 이동해야 하므로 C는 발산형 경계이고, B는 보존형 경계이다. 따라서 C에서 인접한 두 판의 이동 방향은 대체로 남북 방향이다.

7 판 경계의 지각 변동

선택지 분석

~~ㄱ.~~ 지각의 나이는 A가 B보다 많다. **적다**
ㄴ. B와 C 사이에는 수렴형 경계가 존재한다.
ㄷ. 화산 활동은 C가 A보다 활발하다.

ㄴ. B와 C 사이에 수심이 매우 깊은 해구가 분포하고, 대륙판인 C 쪽에 진앙이 분포하므로 A 쪽의 해양판이 대륙판 아래로 섭입하는 수렴형 경계가 존재한다.

ㄷ. 수렴형 경계에서 진앙은 밀도가 작은 판 쪽에 분포하므로 해구를 경계로 A 쪽의 판이 C 쪽의 판보다 밀도가 크다. 따라서 A 쪽의 판이 섭입하면서 마그마가 생성되므로 화산 활동은 C가 A보다 활발하다.

바로알기 ㄱ. (가)에서 진앙이 B의 동쪽에 분포하고, (나)에서 B의 동쪽에 해구가 존재하므로 A 쪽의 판은 A → B 방향으로 이동하며 해양 지각의 나이는 B가 A보다 많다.

8 초대륙의 형성과 분리

자료 분석

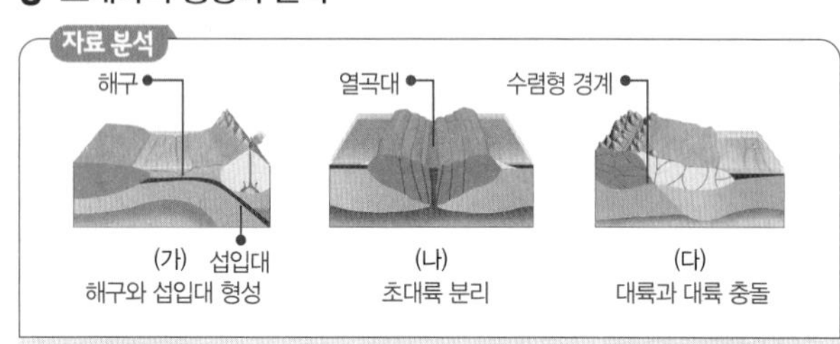

선택지 분석

ㄱ 과정이 일어난 순서는 (나) → (가) → (다)이다.
ㄴ (나) 이후에 분리된 대륙 사이에서 해저 확장이 일어난다.
ㄷ (가)와 (다) 과정에서 수렴형 경계가 형성된다.

ㄱ. (나) 초대륙 중심에서 열곡대가 발달한 후, 바다가 만들어지고 해령이 형성되어 해저 확장이 일어난다. → (가) 대륙 주변부에 해구와 섭입대가 형성되어 해양 지각이 소멸된다. → (다) 대륙이 다시 가까워지면 대륙끼리 충돌하여 초대륙이 형성된다.
ㄴ. (나) 이후에 분리된 대륙 사이에서 바다가 형성되고 해령이 만들어지면 해저 확장이 일어난다.
ㄷ. (가) 과정에서 해구와 섭입대가 형성되는 수렴형 경계가 발달하고, (다) 과정에서 대륙판끼리 충돌하여 수렴형 경계가 형성된다.

03 마그마 활동과 화성암

개념 확인

본책 31쪽, 33쪽, 35쪽

(1) 연약권 (2) 밀어내는, 잡아당기는 (3) ① 차가운 ② 뜨거운 ③ 큰 ④ 느리다 (4) 열점 (5) ① 증가 ② 변하지 않는다 (6) 플룸 구조론 (7) ① 적다 ② 높다 ③ 작다 ④ 완만하다 (8) 상승, 감소, 물 (9) ①-㉠ ②-㉢ ③-㉡ (10) 감소, 현무암질 (11) 안산암질 (12) SiO_2 (13) ① 냉각 속도 ② 심성, 화산 ③ 크고, 작다 (14) ① 유문암 ② 반려암 (15) ① 화강암 ② 적다 ③ 작고, 밝다 ④ 작고, 밝다 (16) ① 화강암 ② 중생대, 신생대 ③ 많다

수능 자료

본책 36쪽

자료❶ 1 ○ 2 ○ 3 ○ 4 × 5 × 6 × 7 ○
자료❷ 1 ○ 2 × 3 ○ 4 × 5 ○ 6 ×
자료❸ 1 × 2 ○ 3 ○ 4 × 5 ○ 6 ○
자료❹ 1 × 2 × 3 × 4 × 5 ○ 6 ○ 7 ○

자료❶ 플룸 구조론

2 지진파 단층 촬영 영상에서 주변보다 온도가 높은 지역은 지진파 속도가 느리다. A 지점은 B 지점보다 P파의 속도 편차가 작으므로 B 지점보다 고온 지역이다.

3 이 지역은 P파의 속도 편차가 대각선으로 크게 나타나는 곳을 따라 차가워진 판이 섭입하는 맨틀 대류의 하강부이다. B 지점이 속한 판은 A 지점이 속한 판의 아래로 섭입하고 있으므로 A 지점이 속한 판보다 밀도가 더 크다.

4 A 지점에서는 섭입된 해양판에서 빠져나온 물이 맨틀에 공급되어 맨틀 물질의 용융점을 낮추면서 마그마가 생성된다.

5 A 지점에서는 맨틀 물질이 부분 용융되어 현무암질 마그마가 생성된다.

6 ㉠의 하부에는 주변보다 온도가 높은 열기둥이 보이지 않으므로 ㉠은 뜨거운 플룸에 의해 형성된 화산섬이 아니고, 호상 열도를 이루는 화산섬이다.

7 섭입대에서 생성된 마그마가 상승하면서 지각을 용융시키거나 성질이 변하여 지표에서는 주로 안산암질 마그마가 분출된다.

자료❷ 마그마의 생성 조건과 생성 장소

1 ㉠은 물이 포함된 화강암의 용융 곡선이다.

2 ㉡은 물이 포함된 맨틀의 용융 곡선이고, ㉢은 물이 포함되지 않은 맨틀의 용융 곡선이다.

3 섭입대 부근의 대륙 지각 하부에서 생성되는 유문암질 마그마는 섭입대에서 생성되어 상승하는 마그마에 의해 열을 공급받아 암석이 용융되는 a-a′ 과정으로 생성된다.

4 A는 열점에서 형성된 화산섬(하와이 열도)으로, 태평양판의 안쪽에 위치한다.

5 A에서는 뜨거운 플룸을 따라 맨틀 물질이 상승하면서 압력이 감소하는 b → b′ 과정으로 맨틀 물질이 부분 용융되면서 현무암질 마그마가 생성되어 분출된다.

6 B의 섭입대(페루 해구 부근)에서 마그마는 주로 맨틀에 물이 공급되어 맨틀의 용융점이 낮아지는 c → c′ 과정으로 생성된다.

자료❸ 마그마의 화학 조성

1 A는 SiO_2의 함량이 52 % 이하이므로 현무암질 마그마에 가깝고, B는 SiO_2의 함량이 63 % 이상이므로 유문암질 마그마에 가깝다.

4 A에서는 Ca, Fe, Mg 등 금속 원소가 포함된 유색 광물이 많이 정출되므로 A가 식어 생성된 암석은 어두운색을 띠고, 밀도가 크다.

자료❹ 한반도의 화성암 지형

1 마그마가 식어 굳은 암석은 화성암으로, (가) 화강암과 (다) 현무암이 화성암에 해당한다. (나) 규암은 변성암이다.

2 화강암은 유문암질 마그마가 지하 깊은 곳에서 천천히 냉각되어 생성되었다.

3 현무암은 현무암질 마그마가 지표로 분출하여 급격히 냉각되어 생성되었다.

4 (가)는 심성암이 지표로 드러나면서 판상 절리가 발달하였고, (다)는 화산암이 생성되면서 주상 절리가 발달하였다.

5 화강암은 산성암이므로 색이 밝고, 심성암이므로 구성 광물 결정의 크기가 크다.

6 현무암은 SiO_2 함량이 52 % 이하인 염기성암이고, 마그마가 지표로 분출하여 생성된 화산암이다.

본책 37쪽

1 A: 차가운 플룸, B: 뜨거운 플룸 **2** ⑤ **3** (1) 하와이섬 (2) 북서쪽 **4** 현무암질 마그마 **5** (1) 증가 → 감소 (2) 높아져 → 낮아져 (3) 해양 지각 → 대륙 지각 **6** ③ **7** ⑤ **8** (가) 화강암 (나) 현무암

1 섭입대 하부에서 하강하는 플룸(A)은 차가운 플룸이고, 외핵과 맨틀의 경계에서 상승하는 플룸(B)은 뜨거운 플룸이다.

2 바로알기 ⑤ 뜨거운 플룸은 맨틀과 핵의 경계에서 생성되어 상승하며, 차가운 플룸은 수렴형 경계에서 섭입된 판의 물질이 상부 맨틀과 하부 맨틀의 경계에 쌓여 있다가 가라앉으면서 생성된다.

3 (1) 나이가 가장 적은 화산섬이 열점에 가까우므로 화산 활동이 가장 활발하게 일어난다.
(2) 태평양판은 나이가 적은 화산섬에서 나이가 많은 화산섬 방향(북서쪽)으로 이동하였다.

4 해령, 열점, 섭입대에서는 공통적으로 맨틀 물질이 부분 용융되어 현무암질 마그마가 생성된다.

5 (1) 해령 하부에서는 맨틀 물질이 상승하면서 압력이 감소하여 마그마가 생성된다.
(2) 섭입대에서 연약권에 물이 공급되면 맨틀의 용융점이 낮아져 마그마가 생성된다.
(3) 섭입대에서 생성된 마그마가 상승하여 공급하는 열로 대륙 지각이 용융되어 유문암질 마그마가 생성된다.

6 ③ A는 B보다 구성 광물의 크기가 크므로 마그마가 지하 깊은 곳에서 천천히 냉각되어 생성되었다.
바로알기 ① 마그마의 냉각 속도가 빠를수록 구성 광물 입자의 크기가 작다. A와 B는 구성 광물의 크기 차이가 크므로 냉각 속도가 다르다.
②, ④ A와 B는 색의 차이가 크므로 구성 광물이 다르다. A는 유색 광물의 함량이 높아서 어두운색을 띠고, B는 유색 광물의 함량이 낮아서 밝은색을 띤다.
⑤ A는 B보다 어두운색을 띠므로 SiO_2 함량이 낮다.

7 암석의 색이 어둡고 SiO_2 함량이 약 52 % 미만이므로 염기성암이고, 광물 입자의 크기가 크므로 심성암이다. 화성암 중 염기성암이면서 심성암인 암석은 반려암이다.

8 (가) 북한산 인수봉은 화강암으로 되어 있다. (나) 암석의 색이 어둡고 주상 절리가 발달한 제주도 화성암은 현무암이다.

수능 2점

본책 38쪽~40쪽

1 ③ **2** ② **3** ③ **4** ③ **5** ⑤ **6** ①
7 ④ **8** ④ **9** ① **10** ⑤ **11** ① **12** ③

1 판을 움직이는 힘

선택지 분석
ㄱ. A는 맨틀 대류에 의해 생성된 힘이다.
ㄴ. B는 판이 소멸하는 경계에서 작용하는 힘이다. 생성되는
ㄷ. C는 저온, 고밀도의 판에 의해 발생하는 힘이다.

ㄱ. A는 맨틀의 대류에 의해 판이 끌려가는 힘이다.
ㄷ. C는 무거워진 저온, 고밀도의 해양판이 중력에 의해 침강하면서 기존의 판을 해구 쪽으로 잡아당기는 힘이다.
바로알기 ㄴ. B는 해령에서 판을 양쪽으로 밀어내는 힘이고, C는 무거워진 해양판이 중력에 의해 섭입되면서 판을 잡아당기는 힘이다. 따라서 판이 소멸하는 수렴형 경계에서 작용하는 힘은 C이고, B는 판이 생성되는 발산형 경계에서 작용하는 힘이다.

2 플룸 구조론

자료 분석

뜨거운 플룸: 외핵과 하부 맨틀의 경계에서 맨틀 상부까지 맨틀 물질 상승

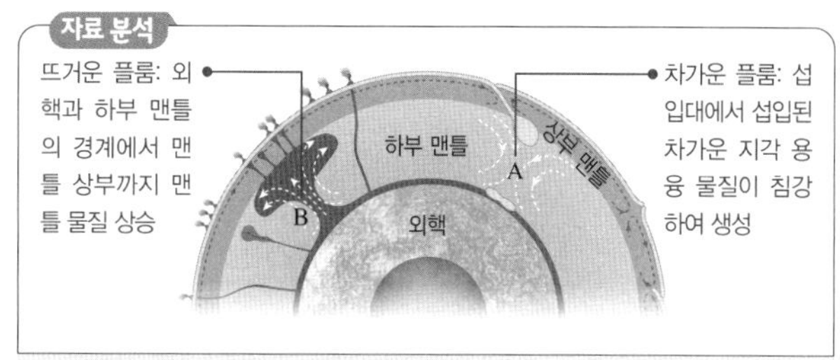

차가운 플룸: 섭입대에서 섭입된 차가운 지각 용융 물질이 침강하여 생성

선택지 분석
ㄱ. 온도: $A>B$ $A<B$
ㄴ. 밀도: $A>B$
ㄷ. 지진파 속도: $A<B$ $A>B$

ㄴ. 밀도는 뜨거운 플룸(B)이 차가운 플룸(A)보다 작다.
바로알기 ㄱ. A는 해양판이 냉각 압축되어 무거워진 물질이 핵 쪽으로 가라앉은 것이고, B는 핵과 맨틀의 경계에서 상승한 것이므로 B의 온도가 A보다 높다.
ㄷ. 지진파의 전달 속도는 온도가 높은 지역일수록 느리다. 따라서 온도가 높아서 밀도가 작은 뜨거운 플룸(B)보다 온도가 낮아서 밀도가 큰 차가운 플룸(A)을 통과할 때 지진파의 속도가 더 빠르다.

3 차가운 플룸의 형성

선택지 분석
ㄱ. 섭입대 하부에서 형성된다.
ㄴ. 주로 대륙판이 냉각, 압축되어 형성된다. 해양판
ㄷ. 침강한 물질은 맨틀과 외핵의 경계면까지 도달한다.

ㄱ, ㄷ. 섭입대 하부에서 냉각, 압축된 판 덩어리가 상부 맨틀과 하부 맨틀의 경계에 쌓여 있다가 침강하여 맨틀과 외핵의 경계면까지 도달하면서 차가운 플룸을 형성한다.
바로알기 ㄴ. 주로 대륙판보다 밀도가 큰 해양판이 섭입되면서 냉각, 압축되어 형성된다.

4 열점

자료 분석

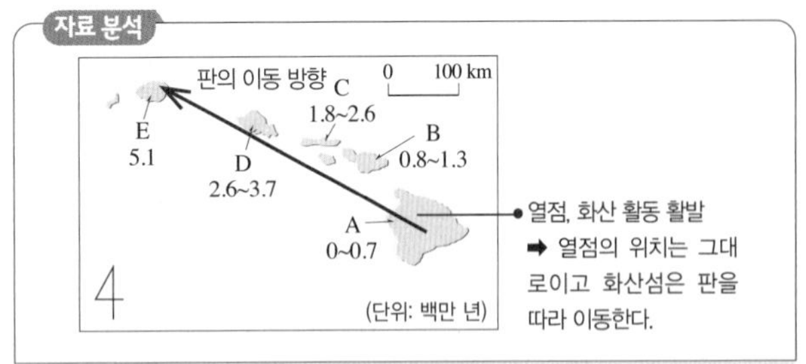

선택지 분석

ㄱ 열점 위에 위치한 섬은 A이다.

✕ A~E의 섬이 형성되는 동안 판은 남동쪽으로 이동하였다. 북서쪽

ㄷ 앞으로 화산 활동은 A의 남동쪽에서 더 활발하게 일어날 것이다.

ㄱ. 열점 위에 위치한 섬은 나이가 0으로, 현재 화산 활동이 일어나고 있는 A이다.

ㄷ. 판이 북서쪽으로 이동하여 A가 열점에서 서서히 벗어나면서 앞으로 화산 활동은 A의 남동쪽에서 더 활발하게 일어날 것이다.

바로알기 ㄴ. 남동쪽으로 오면서 섬의 나이가 적어지므로 섬이 형성되는 동안 판은 북서쪽으로 이동하였다.

5 플룸 구조의 조사 방법 – 지진파 단층 촬영

자료 분석

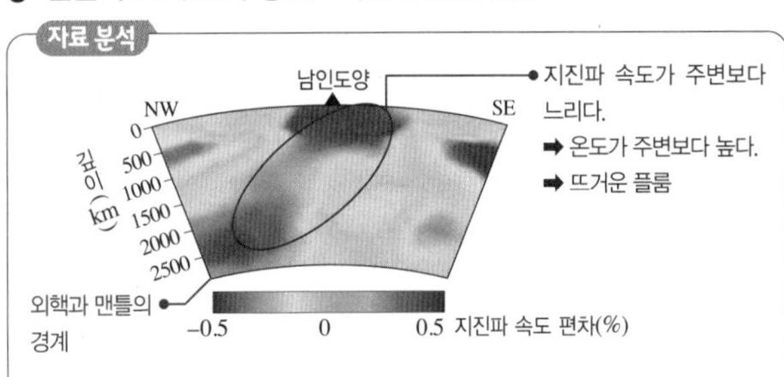

선택지 분석

ㄱ 해령 부근의 지진파 속도는 주변보다 느리다.

✕ 차가운 플룸이 형성된 지역에 위치한다. 뜨거운

ㄷ 플룸은 외핵과 맨틀의 경계 부근에서 상승하고 있다.

ㄱ. 남인도양 해령 부근은 주변보다 지진파 속도가 느리므로 온도가 높다.

ㄷ. 플룸은 깊이 약 2900 km인 외핵과 맨틀의 경계 부근에서 상승하고 있다.

바로알기 ㄴ. 주변보다 온도가 높은 물질이 기둥 모양으로 분포하므로 뜨거운 플룸이 형성된 지역에 남인도양 해령이 위치한다.

6 마그마의 종류

자료 분석

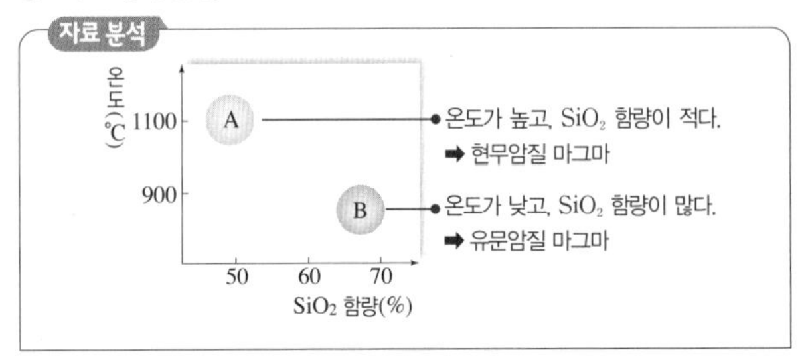

선택지 분석

ㄱ A는 B보다 조용히 분출한다.

✕ A는 B보다 점성이 크다. 작다

✕ A는 B보다 경사가 급한 화산체를 형성한다. 완만한

ㄱ. A는 현무암질 마그마로, 유문암질 마그마인 B보다 휘발 성분이 적어 조용히 분출한다.

바로알기 ㄴ. A는 B보다 SiO_2의 함량이 적고 온도가 높으므로 점성이 작다.

ㄷ. A는 B보다 점성이 작아 유동성이 크므로 경사가 완만한 화산체를 형성한다.

7 마그마의 생성 조건

자료 분석

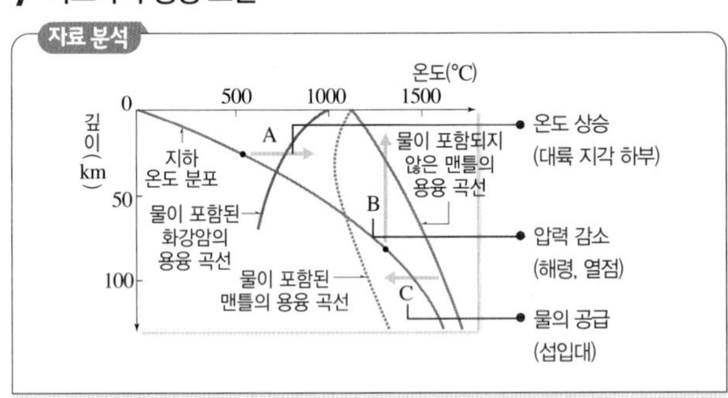

선택지 분석

✕ 열점에서 마그마는 A 과정으로 생성된다. B

ㄴ 해령에서 마그마는 B 과정으로 생성된다.

ㄷ 섭입대에서 현무암질 마그마는 C 과정으로 생성된다.

ㄴ. 해령에서는 맨틀 대류의 상승류를 따라 맨틀 물질이 상승하면서 압력 감소로 부분 용융되어 마그마가 생성된다.

ㄷ. 섭입대에서 현무암질 마그마는 섭입되는 해양 지각의 함수 광물에서 빠져나온 물이 맨틀에 공급되면서 맨틀의 용융점이 낮아져 부분 용융이 일어나 생성된다.

바로알기 ㄱ. 열점에서는 뜨거운 플룸의 상승류를 따라 맨틀 물질이 상승하면서 압력 감소로 부분 용융되어 마그마가 생성된다.

8 마그마의 생성 장소

자료 분석

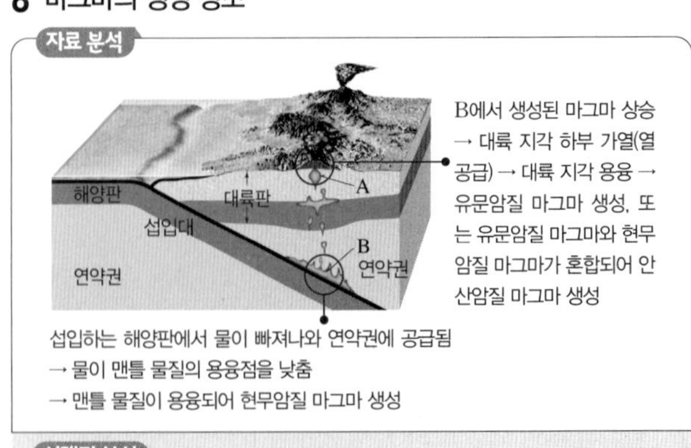

선택지 분석

✕ A는 압력이 낮아지면서 맨틀 물질이 용융되어 생성된다. 온도가 높아져 대륙 지각이 용융되어

ㄴ B가 생성될 때, 물은 맨틀의 용융점을 낮추는 역할을 한다.

ㄷ A는 B보다 SiO_2 함량이 높다.

ㄴ. B는 섭입하는 해양판에서 빠져나온 물이 연약권에 공급되어 맨틀 물질의 용융점이 낮아지면서 맨틀 물질이 용융되어 생성되는 마그마이다.

ㄷ. A는 안산암질 마그마나 유문암질 마그마이므로 현무암질 마그마인 B보다 SiO_2 함량이 높다.

바로알기 ㄱ. A는 B에서 생성되어 상승하는 마그마에 의해 가열되어 온도가 높아진 대륙 지각이 용융되어 생성된 마그마이다. 압력이 낮아지면서 맨틀 물질이 용융되어 생성되는 마그마는 해령이나 열점에서 생성되는 마그마이다.

9 마그마의 생성 조건과 생성 장소

자료 분석

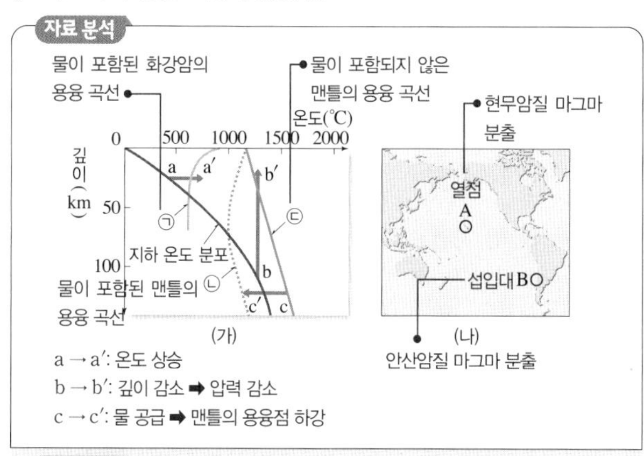

선택지 분석

㉠ (가)에서 물이 포함된 암석의 용융 곡선은 ㉠과 ㉡이다.
✕ B에서는 주로 현무암질 마그마가 분출된다. 안산암질
✕ A에서 분출되는 마그마는 주로 c → c′ 과정에 의해 생성된다. b → b′

ㄱ. (가)에서 ㉠은 물이 포함된 화강암의 용융 곡선, ㉡은 물이 포함된 맨틀의 용융 곡선, ㉢은 물이 포함되지 않은 맨틀의 용융 곡선이다.

바로알기 ㄴ. B는 섭입대가 발달하는 수렴형 경계로, 이 지역에서는 주로 안산암질 마그마가 분출된다.

ㄷ. A에서 분출되는 마그마는 열점에서 생성된 마그마이다. 뜨거운 플룸을 따라 맨틀 물질이 상승하여 압력이 감소(b → b′)하면 맨틀 물질이 부분 용융되어 마그마가 생성된다.

10 화성암의 조직

자료 분석

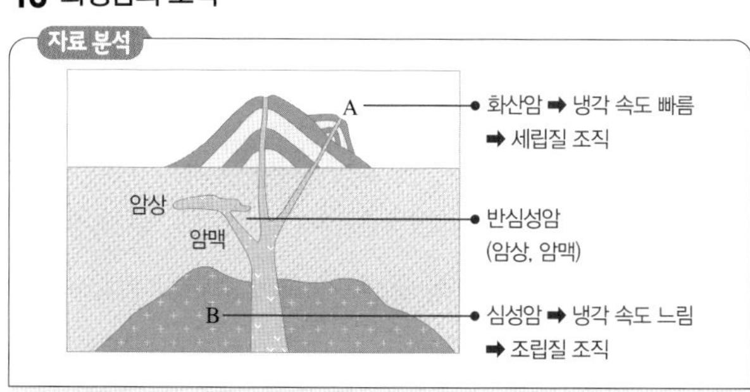

선택지 분석

㉠ A는 화산암에 해당한다.
㉡ 암석이 생성될 당시 마그마의 냉각 속도는 A가 B보다 빨랐다.
㉢ 조립질 조직은 A보다 B에 잘 발달한다.

ㄱ. A는 마그마가 지표로 분출하여 급격히 식어 굳은 암석이므로 화산암에 해당한다.

ㄴ. B는 마그마가 지하 깊은 곳에서 서서히 식어 굳은 암석이므로 심성암에 해당한다. 마그마는 지표 부근에서 빠르게 식으므로 암석이 생성될 당시 마그마의 냉각 속도는 A가 B보다 빨랐다.

ㄷ. 조립질 조직은 마그마가 천천히 냉각되면서 결정이 자랄 시간이 충분하여 광물 결정이 크게 자란 조직이다. 따라서 지표 부근에서 생성된 A보다 지하 깊은 곳에서 생성되어 마그마의 냉각 속도가 느린 B에 조립질 조직이 잘 발달한다.

11 화성암의 분류

자료 분석

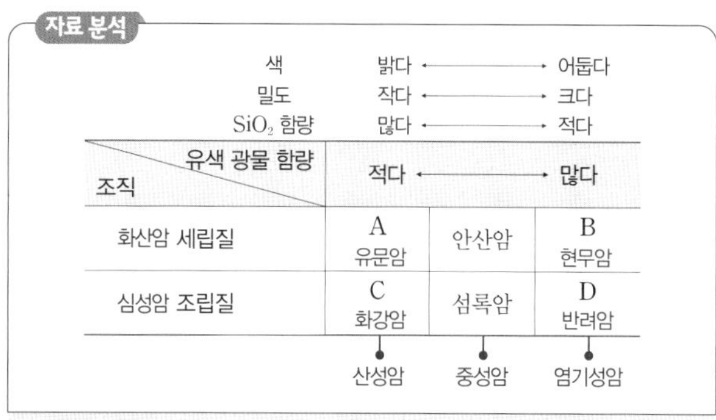

색	밝다 ↔ 어둡다		
밀도	작다 ↔ 크다		
SiO_2 함량	많다 ↔ 적다		
조직 \ 유색 광물 함량	적다 ↔ 많다		
화산암 세립질	A 유문암	안산암	B 현무암
심성암 조립질	C 화강암	섬록암	D 반려암
	산성암	중성암	염기성암

선택지 분석

㉠ A는 B보다 SiO_2의 함량이 많다.
✕ A는 C보다 마그마가 천천히 냉각되었다. 빠르게
✕ C는 D보다 평균 밀도가 크다. 작다

ㄱ. A는 유색 광물의 함량이 적은 산성암이므로 염기성암인 B보다 SiO_2의 함량이 많다.

바로알기 ㄴ. 세립질 조직인 A는 구성 광물의 결정이 작고, 조립질 조직인 C는 구성 광물의 결정이 크므로 A가 C보다 마그마가 빠르게 냉각되었다.

ㄷ. 산성암인 C는 염기성암인 D보다 Fe, Mg 등 밀도가 큰 광물의 함량이 낮으므로 평균 밀도가 작다.

12 한반도의 화성암 지형

선택지 분석

㉠ (가)는 (다)보다 지하 깊은 곳에서 생성되었다.
✕ (나)와 (다)는 모두 화성암이다. (가)와 (다)
㉢ (가), (나), (다) 모두 절리가 나타난다.

ㄱ. (가)의 화강암은 마그마가 지하 깊은 곳에서 천천히 식어 생성된 심성암이고, (다)의 현무암은 마그마가 지표 부근에서 급격하게 식어 생성된 화산암이다.

ㄷ. 절리는 암석에 존재하는 불연속면(틈)으로, 힘 또는 냉각 등에 의해 발생하며 (가)~(다) 암석에 모두 나타난다.

바로알기 ㄴ. (가)와 (다)는 마그마가 식어서 생성된 화성암이고, (나)는 암석이 열이나 압력을 받아 성질이 변하여 생성된 변성암이다.

수능 3점

본책 41쪽~43쪽

1 ③	2 ②	3 ④	4 ③	5 ④	6 ①
7 ①	8 ③	9 ②	10 ⑤	11 ③	12 ②

1 판을 움직이는 힘

자료 분석

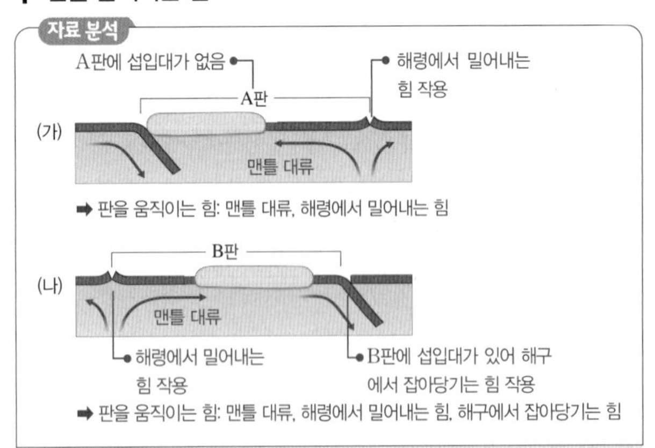

선택지 분석

ㄱ. A판과 B판을 이동시키는 공통적인 힘은 맨틀 대류와 해령에서 밀어내는 힘이다.

~~ㄴ.~~ 판의 이동 속도는 A판이 B판보다 빠르다. 느리다

ㄷ. 판의 이동 속도는 판이 섭입되는 판 경계의 유무에 따라 달라진다.

ㄱ. A판은 섭입되지 않으므로 맨틀 대류와 해령에서 밀어내는 힘에 의해 이동한다. B판은 해구에서 섭입되므로 맨틀 대류와 해령에서 밀어내는 힘 외에도 해구에서 잡아당기는 힘이 작용한다.

ㄷ. 판의 이동 속도는 섭입되는 판 경계가 있는 경우가 없는 경우보다 빠르다.

바로알기 ㄴ. 판의 이동 속도는 A판보다 해구에서 잡아당기는 힘까지 작용하는 B판이 더 빠르다.

2 플룸 구조론

자료 분석

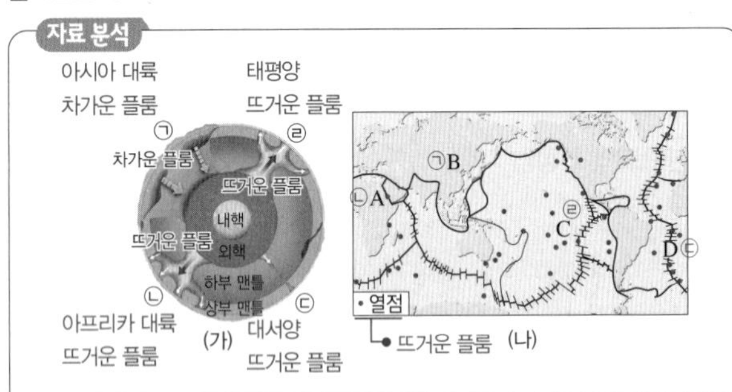

선택지 분석

~~ㄱ.~~ A는 ㉠에 해당한다. ㉡

~~ㄴ.~~ 열점은 판과 같은 방향과 속력으로 움직인다.

ㄷ. 대규모의 뜨거운 플룸은 맨틀과 외핵의 경계부에서 생성된다.

㉠은 아시아 대륙의 섭입대 부근에서 형성된 차가운 플룸이므로 B에, ㉡은 아프리카 대륙 부근의 뜨거운 플룸이므로 A에, ㉢은 대서양의 뜨거운 플룸이므로 D에, ㉣은 태평양의 뜨거운 플룸이므로 C에 대응한다.

ㄷ. 차가운 플룸이 맨틀과 외핵의 경계 쪽으로 하강하면 그 영향으로 맨틀과 외핵의 경계부에서 뜨거운 플룸이 상승한다.

바로알기 ㄱ. A는 열점이 위치한 곳이고, 열점은 뜨거운 플룸이 상승하는 곳에서 생성되므로 차가운 플룸이 하강하는 곳인 ㉠에 해당하지 않는다.

ㄴ. 열점은 맨틀과 외핵의 경계부에서 상승하는 뜨거운 플룸에 의해 생성되므로 판이 이동해도 열점의 위치는 변하지 않는다.

3 플룸 구조론 – 지진파 단층 촬영

자료 분석

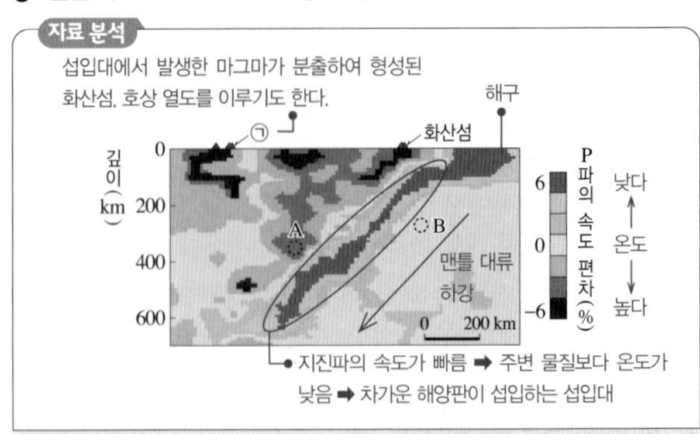

선택지 분석

~~ㄱ.~~ ㉠은 열점이다. 수렴형 경계 부근에서 생성된 화산섬

ㄴ. A 지점에서는 주로 SiO_2의 함량이 52 %보다 낮은 마그마가 생성된다. (현무암질 마그마)

ㄷ. B 지점은 맨틀 대류의 하강부이다.

ㄴ. A 지점과 B 지점 사이에서 지진파 속도가 빠른 영역은 차가운 해양판이 섭입하면서 형성된 섭입대이다. A 지점은 섭입되는 판 부근의 연약권이다. 해양판이 섭입하면서 온도와 압력이 상승하면 해양 지각 등에 포함되어 있던 물이 빠져나와 맨틀의 용융점을 낮추므로 A 지점에서는 맨틀 물질이 부분 용융되어 현무암질 마그마가 생성된다.

ㄷ. 섭입대 부근에 위치한 B 지점은 맨틀 대류의 하강부이다.

바로알기 ㄱ. 주변보다 상대적으로 온도가 높은 지역은 지진파 속도가 느리게 나타난다. 열점은 뜨거운 플룸에 의해 생성되며, 뜨거운 플룸은 지진파 단층 촬영 사진에서 지진파 속도가 느린 부분이 기둥 모양으로 나타난다. ㉠의 하부에는 뜨거운 플룸이 나타나지 않으므로 ㉠은 열점이 아니며, 섭입대가 발달하는 수렴형 경계 부근에서 생성된 화산섬으로, 호상 열도를 이루기도 한다.

4 열점과 하와이섬의 형성 과정

자료 분석

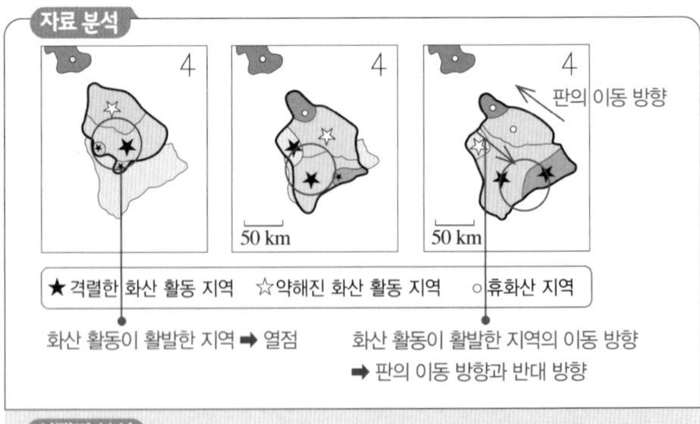

선택지 분석

ㄱ. 시간이 지나면서 격렬한 화산 활동 지역은 남동쪽으로 이동하였다.

ㄴ. 현재 태평양판은 북서쪽으로 이동하고 있다.

~~ㄷ.~~ 앞으로 새로운 화산섬은 하와이섬의 북서쪽에서 생길 것이다. 남동쪽

ㄱ. 하와이섬은 현재 섬 아래에 위치한 열점에서 분출하는 마그마에 의해 형성된 화산섬이다. 처음에는 하와이섬의 북서쪽에서 격렬한 화산 활동이 일어났지만, 그 지역이 대체로 남동쪽으로 이동하고 있으며 그에 따라 섬도 남동쪽으로 확장되고 있다.

ㄴ. 격렬한 화산 활동이 일어났던 지역은 시간이 지나면서 화산 활동이 점차 약해지다가 나중에는 휴화산 지역이 된다. 화산 활동이 활발한 지역은 남동쪽으로 이동하는데, 이는 열점은 하와이섬 아래의 맨틀 속에 고정되어 있지만 섬들이 얹혀 있는 태평양판이 북서쪽으로 이동하기 때문이다.

바로알기 ㄷ. 태평양판이 북서쪽으로 이동하고 열점의 위치는 변하지 않으므로 새로운 화산섬은 하와이섬의 남동쪽에서 생길 것이다.

5 마그마의 생성 조건

자료 분석

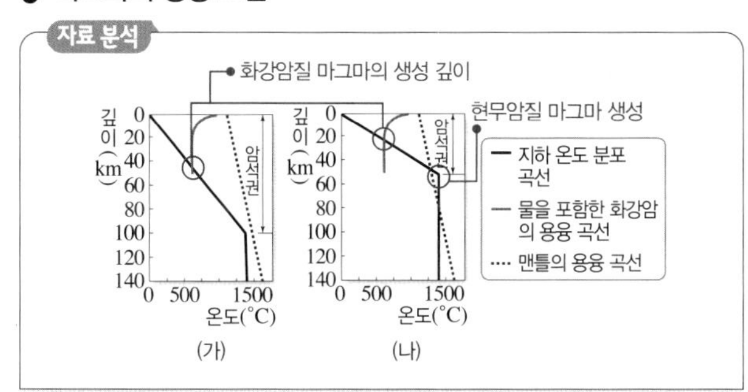

선택지 분석

✗ 암석권에서의 깊이에 따른 온도 증가율은 작아졌다. 커졌다

ㄴ 화강암질 마그마가 더 얕은 곳에서 생성될 수 있다.

ㄷ 지하 60 km 깊이에서 현무암질 마그마가 생성된다.

ㄴ. 지하 온도 분포 곡선과 암석의 용융 곡선이 만나는 곳에서 마그마가 생성되므로 (나)에서 화강암질 마그마가 생성되는 깊이는 더 얕아진다.

ㄷ. (나)의 지하 60 km 깊이에서 지하 온도가 맨틀의 용융점보다 높아지므로 맨틀이 용융되어 현무암질 마그마가 생성된다.

바로알기 ㄱ. (나)는 (가)보다 같은 깊이의 암석권에서 온도가 더 높으므로 깊이에 따른 온도 증가율이 더 크다.

6 마그마의 생성 장소와 생성 조건

자료 분석

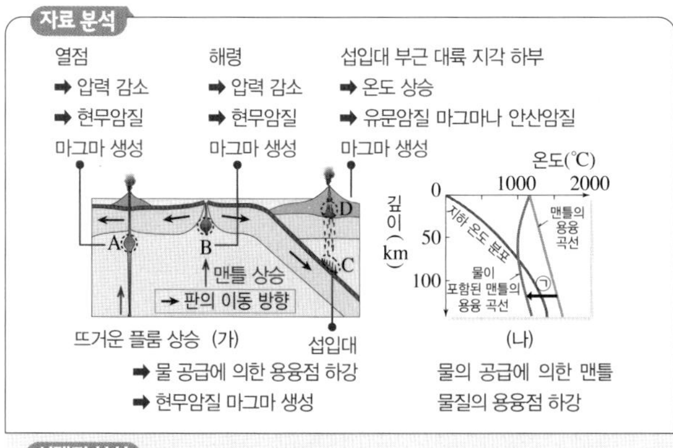

선택지 분석

ㄱ A의 하부에는 플룸 상승류가 있다.

✗ (나)의 ㉠ 과정에 의해 마그마가 생성되는 지역은 B이다. C

✗ 생성되는 마그마의 SiO_2 함량(%)은 C에서가 D에서보다 높다. 낮다

ㄱ. A는 뜨거운 플룸이 상승하여 마그마가 생성되는 열점이므로 A의 하부에는 플룸 상승류가 있다.

바로알기 ㄴ. ㉠은 맨틀에 물이 공급되어 맨틀 물질의 용융점이 낮아져 마그마가 생성되는 과정이다. C에서 섭입하는 해양 지각에서 빠져나온 물이 연약권에 공급되면 ㉠ 과정으로 마그마가 생성된다. B는 해령 하부로, 맨틀 대류를 따라 맨틀 물질이 상승하면서 압력이 감소하여 마그마가 생성된다.

ㄷ. C에서는 현무암질 마그마가 생성된다. D에서는 C에서 생성된 현무암질 마그마에 의해 대륙 지각이 가열되어 유문암질 마그마가 생성되거나 이 유문암질 마그마와 현무암질 마그마가 혼합되어 안산암질 마그마가 생성될 수 있다. 따라서 C에서 생성되는 마그마는 D에서 생성되는 마그마보다 SiO_2 함량이 낮다.

7 마그마의 생성 장소와 화성암

자료 분석

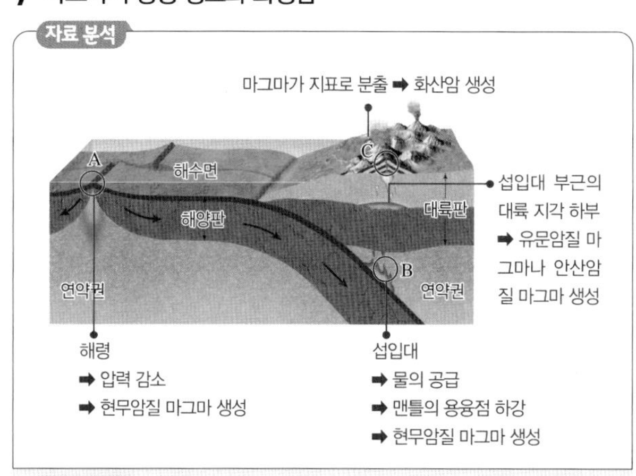

선택지 분석

ㄱ A~C 중 주로 현무암질 마그마가 생성되는 곳은 A, B이다.

✗ A와 B에서 맨틀 물질의 용융점이 낮아지는 원인은 같다. 다르다

✗ C에서 마그마가 지표로 분출하여 생성된 화성암은 반려암이다. 안산암이나 유문암

ㄱ. A와 B에서는 맨틀 물질이 부분 용융되어 현무암질 마그마가 생성된다.

바로알기 ㄴ. A 해령 하부에서 맨틀 물질이 상승하면 압력이 낮아지면서 마그마가 생성된다. B에서는 섭입대를 따라서 섭입하는 해양 지각에 포함된 함수 광물에서 물이 빠져나와 맨틀에 공급되면 맨틀 물질의 용융점이 낮아져서 마그마가 생성된다.

ㄷ. C에서는 안산암질 마그마나 유문암질 마그마가 분출하여 안산암이나 유문암이 생성된다. 반려암은 현무암질 마그마가 식어서 생성되는 심성암이므로 지하 깊은 곳에서 생성된다.

8 판 경계와 마그마의 성질

자료 분석

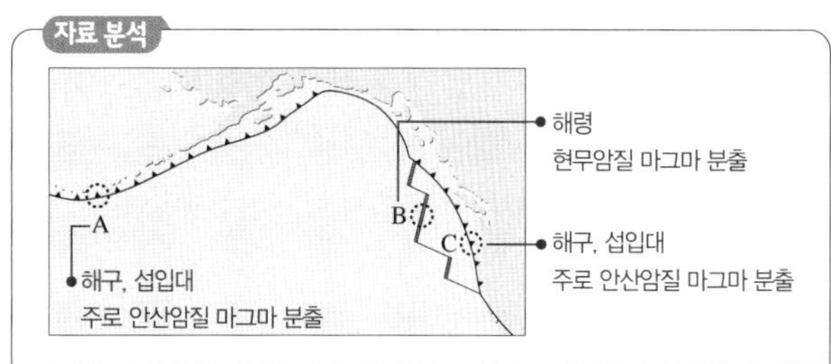

선택지 분석

ㄱ 판의 두께가 가장 얇은 곳은 B이다.

ㄴ 분출된 용암의 평균 점성은 B가 A보다 작다.

✗ 인접한 두 판의 밀도 차는 C가 B보다 작다. 크다

ㄱ. 판의 두께는 해령에서 해구 쪽으로 갈수록 두꺼워진다. A와 C는 해구이고, B는 해령이므로 판의 두께는 B에서 가장 얇다.
ㄴ. 해령인 B에서는 현무암질 마그마가 분출하고, 해구 부근인 A에서는 주로 안산암질 마그마가 분출한다. 현무암질 마그마는 안산암질 마그마보다 점성이 작으므로 분출된 용암의 평균 점성은 B가 A보다 작다.
바로알기 ㄷ. 해양판은 대륙판보다 밀도가 크다. B는 해양판과 해양판이 경계를 이루고, C는 해양판과 대륙판이 경계를 이루므로 인접한 두 판의 밀도 차는 C가 B보다 크다.

9 마그마의 종류

선택지 분석
- ✕ A는 유문암질 마그마이다. 현무암질
- ㄴ CaO의 질량비는 A가 B보다 크다.
- ✕ 유색 광물은 A보다 B에서 많이 정출된다. 적게

ㄴ. 그림에서 CaO의 질량비는 A가 B보다 크다.
바로알기 ㄱ. 현무암질 마그마는 유문암질 마그마에 비해 상대적으로 SiO_2의 함량이 적다. 따라서 A가 현무암질 마그마이고, B가 유문암질 마그마이다.
ㄷ. Ca, Mg, Fe 등의 원소가 포함된 유색 광물은 유문암질 마그마인 B보다 현무암질 마그마인 A에서 더 많이 정출된다.

10 마그마의 생성 장소와 화학 조성

자료 분석

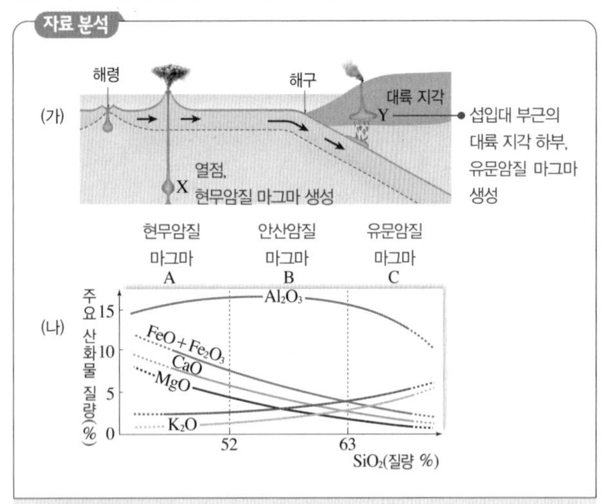

선택지 분석
- ✕ (가)에서 마그마의 생성 온도는 X보다 Y가 더 높다. 낮다
- ㄴ (가)에서 X의 마그마는 (나)의 A 조성을 갖는다.
- ㄷ Y보다 X의 마그마에서 Fe, Mg의 비율이 높다.

ㄴ. (가)에서 열점인 X에서는 현무암질 마그마가 생성되므로 (나)의 A 조성을 갖는다.
ㄷ. Y에서는 유문암질 마그마(C)가 생성되고 X에서는 현무암질 마그마(A)가 생성되므로, Y보다 X의 마그마에 Fe, Mg의 비율이 높다.
바로알기 ㄱ. X에서는 현무암질 마그마가 생성되고, Y에서는 유문암질 마그마가 생성된다. 마그마의 생성 온도는 현무암질 마그마가 유문암질 마그마보다 높으므로 X가 Y보다 더 높다.

11 화성암의 분류

자료 분석

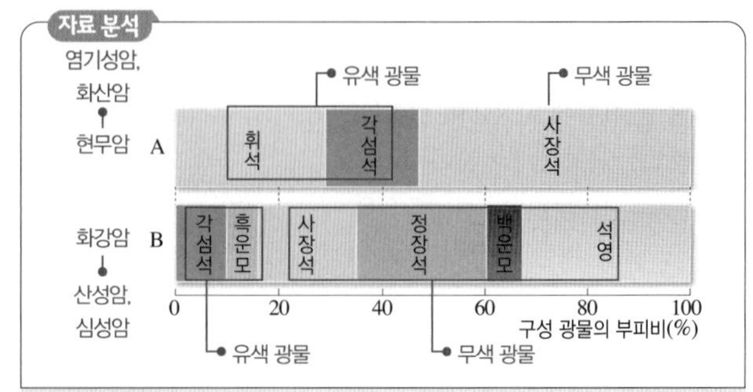

선택지 분석
- ㄱ 유색 광물의 부피비는 A가 B보다 높다.
- ㄴ A는 염기성암, B는 산성암이다.
- ✕ 구성 광물 결정의 크기는 A가 B보다 크다. 작다

ㄱ. 유색 광물에는 감람석, 휘석, 각섬석, 흑운모 등이 있고, 무색 광물에는 사장석, 석영, 정장석, 백운모 등이 있다. A는 유색 광물의 부피비가 40 % 이상이고, B는 유색 광물의 부피비가 20 % 미만이다.
ㄴ. 염기성암은 산성암보다 유색 광물의 함량이 많고 유색 광물의 부피비는 A가 B보다 높으므로 A는 염기성암, B는 산성암이다. 화강암은 산성암이고, 현무암은 염기성암이므로 A는 현무암, B는 화강암이다.
바로알기 ㄷ. 현무암(A)은 화산암이고 화강암(B)은 심성암이다. 화산암은 심성암보다 마그마가 빨리 냉각되어 광물 결정이 작으므로 구성 광물 결정의 크기는 A가 B보다 작다.

12 한반도의 화성암 지형

자료 분석

선택지 분석
- ㄱ (가)의 절리는 압력의 감소로 형성되었다.
- ✕ (나)는 지하 깊은 곳에서 생성된 후 지표로 노출된 것이다. (가)
- ㄷ (가)는 (나)보다 먼저 형성되었다.
- ✕ 우리나라 전역에는 (가)보다 (나)와 같은 암석이 많이 분포한다. (나)보다 (가)

ㄱ. (가)의 판상 절리는 심성암이 지표로 노출되면서 압력이 감소하여 형성되었다.
ㄷ. (가)는 중생대에, (나)는 신생대에 형성되었다.
바로알기 ㄴ. (나)는 현무암으로, 마그마가 지표로 분출하여 빨리 냉각되어 생성된 것이다.
ㄹ. 우리나라 전역에는 (가)와 같은 화강암이 (나)와 같은 현무암보다 많이 분포한다.

2. 지구의 역사

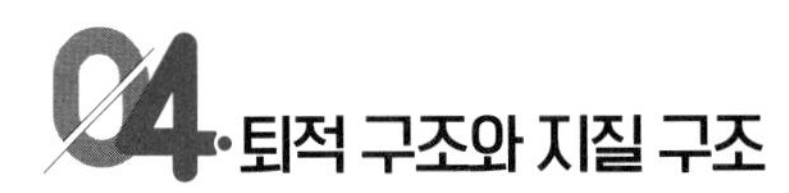

04 퇴적 구조와 지질 구조

개념 확인

본책 45쪽, 47쪽

(1) 속성 (2) 교결 (3) 화학적 (4) 깊은, 얕은 (5) 방향
(6) ① 건열 ② 건조한 ③ 역전되었다 (7) 연안 (8) 점이 층리
(9) 역암 (10) 배사 (11) 정단층 (12) 횡압력 (13) 절리 (14) 판상 절리 (15) 부정합 (16) 침식 (17) 부정합면 (18) 포획암

수능 자료

본책 48쪽

자료❶ 1 ○ 2 ○ 3 × 4 ○ 5 ○ 6 ○ 7 × 8 ○ 9 ×
자료❷ 1 × 2 × 3 ○ 4 ○ 5 × 6 ○ 7 ×
자료❸ 1 × 2 ○ 3 × 4 × 5 ○ 6 ○ 7 ○
자료❹ 1 ○ 2 ○ 3 ○ 4 × 5 × 6 ○

자료❶ 퇴적 구조 - 그림

3 점이 층리인 (가)는 심해 환경에서 잘 형성된다.

7 건열인 (다)는 건조한 기후 환경에서 잘 생성된다.

9 퇴적 구조로 보아 (가)~(다)는 모두 지층이 역전되지 않았다.

자료❷ 퇴적 구조 - 사진

1 (가)는 연흔으로 주로 수심이 얕은 물 밑에서 생성된다.

2 (가)는 파도가 해저 퇴적물에 영향을 주어서 생성된다. 퇴적물 입자의 크기에 따른 퇴적 속도 차이에 의해 생성되는 것은 점이 층리이다.

5 건열은 건조한 환경에서 퇴적물 표면이 갈라진 퇴적 구조로, 자갈로 이루어진 역암보다는 점토로 이루어진 셰일에서 잘 나타난다.

7 (다)는 사층리로 층리가 휘어진 방향이나 층리의 두께 변화를 이용하여 지층의 상하를 판단할 수 있다.

자료❸ 지질 구조 - 단층

1 A와 C는 하반이고, B는 상반이다.

3 이 지역에는 상반이 위로 이동한 역단층이 나타나지 않는다.

4 A와 B 사이의 단층은 정단층으로 장력에 의해 형성되었다.

자료❹ 지질 구조 - 습곡, 절리, 포획

4 (나)는 마그마가 지표로 분출하여 급격히 냉각·수축하면서 형성되는 주상 절리이다.

5 (다)에서 암석 B를 형성한 마그마 안에 기존 암석의 조각 A가 포함되어 굳어서 형성되었으므로 A는 포획암이다.

수능 1점

본책 49쪽

1 (1) 유기적 퇴적암 (2) ㉠ 사암, ㉡ 역암 **2** ② **3** 쇄설성 퇴적암, 육지 환경 **4** 습곡, 역단층 **5** ① **6** (가) 주상 절리 (나) 습곡, 생성 깊이: (가)<(나) **7** 침강 **8** 습곡, 역단층, 경사 부정합

1 (1) A의 석탄과 처트는 생물체의 유해나 골격의 일부가 쌓여서 만들어진 유기적 퇴적암이다.
(2) 모래가 퇴적되어 만들어진 퇴적암은 사암(㉠)이고, 역암(㉡)은 쇄설성 퇴적암 중 입자의 크기가 2 mm 이상인 자갈의 함량이 많은 암석이다.

2 퇴적물 표면이 갈라진 퇴적 구조는 건조한 기후에서 생성된 건열이다.

3 이 지역에 분포하는 퇴적암은 주로 셰일이므로 쇄설성 퇴적암으로 분류되며, 생성 당시의 퇴적 환경은 공룡 발자국이 발견되므로 육지 환경이었다.

4 습곡과 역단층은 지층이 횡압력을 받아 형성된 지질 구조이다. 정단층은 지층이 장력을 받아 형성된 것이고, 평행 부정합은 지반의 융기와 침강으로 형성된다.

5 주어진 단층은 상대적으로 상반이 아래로 이동한 정단층으로, 장력을 받아 형성된다.

6 (가)는 기둥 모양의 주상 절리이고, (나)는 지층이 횡압력을 받아 휘어진 습곡이다. 주상 절리는 지표로 분출한 용암이 식는 과정에서 생성되고, 습곡은 지하에서 지층이 횡압력을 받아 생성된다.

7 부정합은 '퇴적 → 융기 → 풍화·침식 → 침강 → 퇴적'의 과정을 거치면서 형성된다.

8 이 지역의 지층이 퇴적된 후 횡압력을 받아 지층이 휘어지면서 습곡이 형성되었고, 더 큰 힘을 받아 역단층이 형성되었다. 이후 지반이 융기되어 침식이 일어나고, 다시 침강하여 새로운 지층이 퇴적되면서 경사 부정합이 형성되었다.

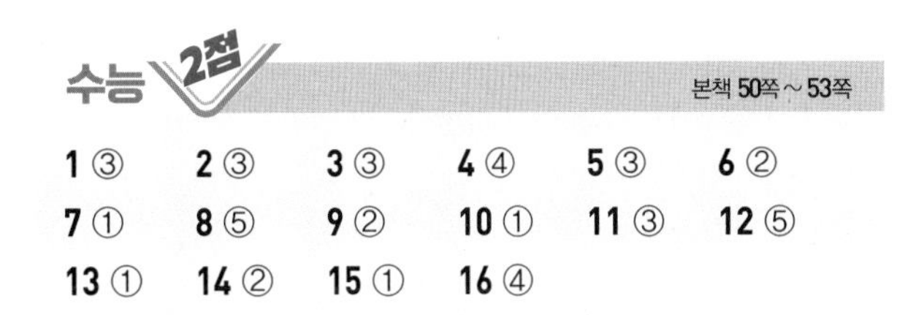

수능 2점

본책 50쪽~53쪽

1 ③	2 ③	3 ③	4 ④	5 ③	6 ②
7 ①	8 ⑤	9 ②	10 ①	11 ③	12 ⑤
13 ①	14 ②	15 ①	16 ④		

1 퇴적암의 형성 과정

자료 분석

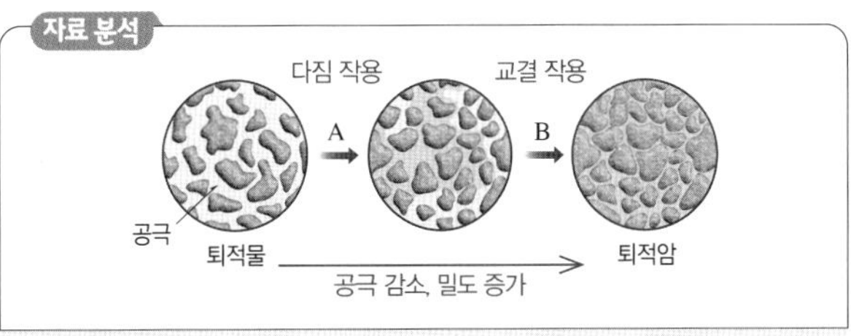

선택지 분석

✗ ㄱ. A 과정에서 퇴적물 사이의 공극의 부피는 증가한다. 감소

✗ ㄴ. A 과정을 교결(→다짐) 작용, B 과정을 다짐(→교결) 작용이라고 한다.

ⓒ B 과정은 석회 물질이나 규질 성분이 침전하면서 일어난다.

ⓔ A와 B 과정을 거치는 동안 퇴적물의 밀도는 증가한다.

ㄷ. B 과정은 퇴적물 사이의 빈 공간(공극) 속에 녹아 있는 석회 물질, 규질, 산화 철 등이 침전하면서 입자들을 단단히 연결시키는 교결 작용이다.
ㄹ. A는 다짐 작용으로, 퇴적물의 무게에 의해 아래에 있는 퇴적물이 눌리면서 퇴적물 입자 사이의 간격이 좁아져 퇴적물의 밀도는 증가한다.
바로알기 ㄱ. A 과정에서 퇴적물이 압축되므로 퇴적물 사이의 공극의 부피는 감소한다.
ㄴ. A 과정은 퇴적물이 다져지는 다짐 작용, B 과정은 교결 물질이 퇴적물 입자들을 단단히 연결시키는 교결 작용이라고 한다.

2 퇴적암의 분류

선택지 분석
ㄱ A는 화산 활동의 분출물로 형성된다.
X B는 바다에서만 형성된다. 바다, 하천, 호수 등에서
ㄷ C는 유기적 퇴적암이나 화학적 퇴적암으로 분류된다.

ㄱ. A는 쇄설성 퇴적암인 응회암이다. 응회암은 화산 활동의 분출물인 화산재가 퇴적되어 형성된다.
ㄷ. C는 석회암으로, 석회질 생물체의 유해가 퇴적된 유기적 퇴적암이나 탄산 칼슘이 침전되어 형성된 화학적 퇴적암으로 분류된다.
바로알기 ㄴ. B는 건조한 기후에서 물의 증발로 잔류한 염류가 퇴적되어 굳은 화학적 퇴적암인 암염이다. 암염은 건조한 기후 조건에 있는 육지의 하천, 호수 등에서도 형성된다.

3 퇴적암과 퇴적 구조 - 사층리, 연흔

선택지 분석
X (가)의 퇴적층 중 가장 얕은 수심에서 형성된 것은 이암층이다. 역암층
X (나)의 A와 B는 주로 역암층에서 관찰된다. 사암층
ㄷ (나)의 A와 B 중 층리면에서 관찰되는 퇴적 구조는 B이다.

ㄷ. 연흔은 층리면과 단면 모두에서 관찰할 수 있지만, 사층리는 층리면에서는 관찰할 수 없고 단면에서만 관찰할 수 있다.
바로알기 ㄱ. 해수면이 하강하는 과정에서 수심은 점차 낮아지므로 (가)의 퇴적층에서 가장 얕은 수심에서 형성된 지층은 가장 나중에 퇴적된 역암층이다.
ㄴ. A는 사층리, B는 연흔이다. 사층리와 연흔은 입자 크기가 큰 자갈(역암)이 퇴적될 때보다 입자 크기가 작은 모래(사암)나 점토(셰일)가 퇴적될 때 주로 형성된다.

4 퇴적 구조 - 건열

자료 분석

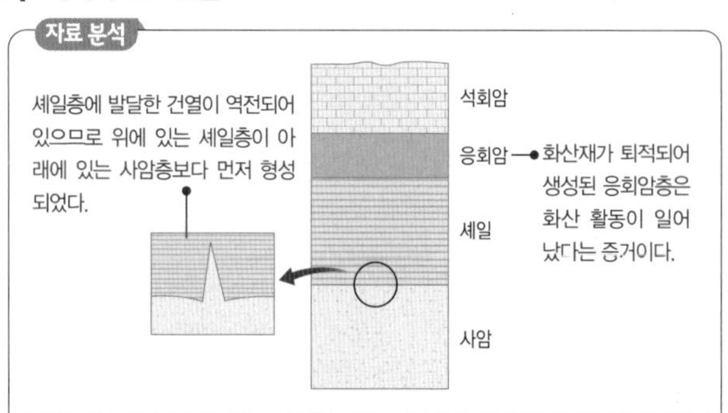

선택지 분석
X 사암층은 셰일층보다 먼저 퇴적되었다. 나중에
ㄴ 셰일층이 퇴적된 후 건조한 대기 중에 노출된 적이 있다.
ㄷ 이 지역 부근에서 화산 활동이 일어난 적이 있다.

ㄴ. 셰일층에 건열이 형성되어 있으므로 셰일층이 퇴적된 후 건조한 기후로 변하여 건열이 만들어졌다.
ㄷ. 응회암층은 화산재가 퇴적되어 생성된 지층이므로 이 지역 부근에서 과거에 화산 활동이 일어난 적이 있다.
바로알기 ㄱ. 사암층과 셰일층의 경계에서 건열이 역전되어 있으므로 셰일층이 사암층보다 먼저 퇴적되었다.

5 퇴적 구조 - 연흔, 건열, 사층리

자료 분석

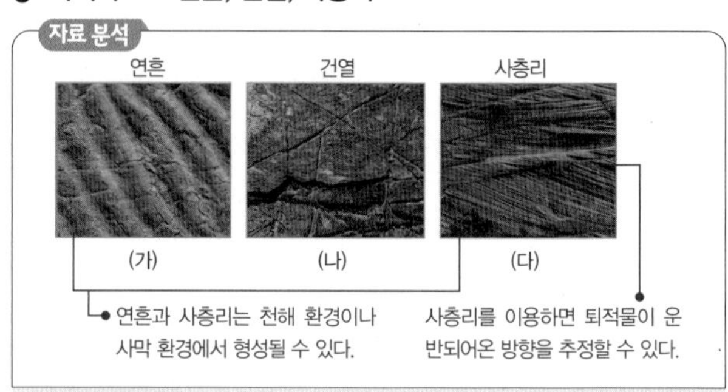

선택지 분석
ㄱ (가)는 연흔이다.
X (나)는 심해 환경에서 생성된다. 건조한 기후
ㄷ (다)에서는 퇴적물의 공급 방향을 알 수 있다.

ㄱ. (가)는 잔물결이나 파도 등에 의해 퇴적물의 표면에 생긴 물결 모양의 퇴적 구조인 연흔이다.
ㄷ. (다)는 물이 흐르거나 바람이 부는 방향 쪽으로 퇴적물이 이동하여 형성된 사층리로, 퇴적물의 공급 방향을 알 수 있다.
바로알기 ㄴ. (나)는 건조한 기후에 노출되는 환경에서 퇴적물의 표면이 갈라져 표면에 쐐기 모양의 틈이 생긴 구조인 건열이다. 건열은 심해 환경에서는 생성되지 않는다.

6 퇴적 환경

자료 분석

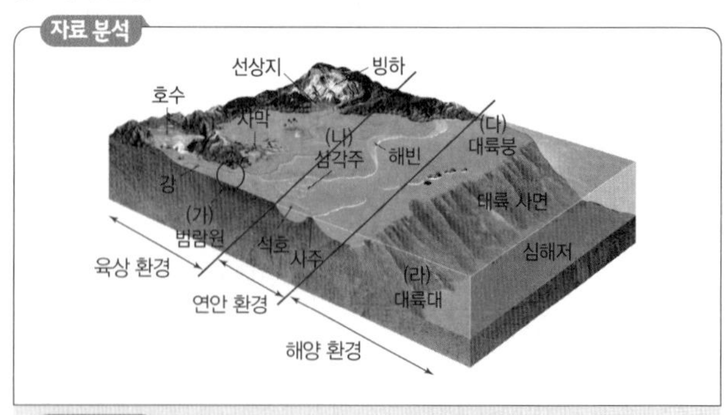

선택지 분석
X (가)와 (나)는 육상 환경이다. (가)
X (다)의 얕은 물 밑에서 사층리가 잘 형성된다. 연흔이
ㄷ (라)에서 잘 형성되는 퇴적 구조는 퇴적물 입자의 크기가 위로 갈수록 작아진다.

ㄷ. (라)에서는 저탁류에 의해 퇴적물 입자의 크기가 위로 갈수록 작아지는 점이 층리가 잘 형성된다.

바로알기 ㄱ. (가)는 육상 환경, (나)는 연안 환경이다.
ㄴ. (가)와 (나)에서는 흐르는 물에 의해 사층리가, (다)에서는 얕은 물 밑에서 연흔이 잘 형성된다.

7 우리나라의 대표적 퇴적 지형

선택지 분석
ㄱ (가)에는 층리가 발달해 있다.
✕ (나)의 지층은 화산 쇄설물이 쌓여 형성되었다. (가)
✕ 지층의 형성 시기는 (가)가 (나)보다 먼저이다. 나중

ㄱ. 쇄설성 퇴적암인 응회암이 분포하는 (가)에는 줄무늬가 보이므로 층리가 발달해 있다.
바로알기 ㄴ. (나)의 지층은 바다에서 형성된 석회암층으로, 탄산 칼슘이 침전되거나 석회질 생물체의 유해가 쌓여 형성되었다.
ㄷ. (가)는 신생대에 형성되었고, 삼엽충 화석이 산출되는 (나)는 고생대에 형성되었다.

8 우리나라의 대표적인 퇴적암 지형

선택지 분석
ㄱ 세 지역은 모두 퇴적암으로 이루어져 있다.
ㄴ (가)~(다) 중 암석이 형성될 당시에 해양 환경이었던 지역은 (다)이다.
ㄷ (나) 지역의 암석보다 (다) 지역의 암석이 먼저 형성되었다.

ㄱ. 역암, 셰일, 석회암은 모두 퇴적암에 속하므로 세 지역 모두 퇴적암 지역이다.
ㄴ. (가) 지역과 (나) 지역은 육상 환경에서, (다) 지역의 석회암은 해양 환경에서 형성되었다.
ㄷ. (가)와 공룡 발자국 화석이 발견되는 (나) 지역의 암석은 중생대에 형성되었다. (다) 지역의 석회암은 고생대에 형성되었다.

9 단층의 종류와 습곡

자료 분석

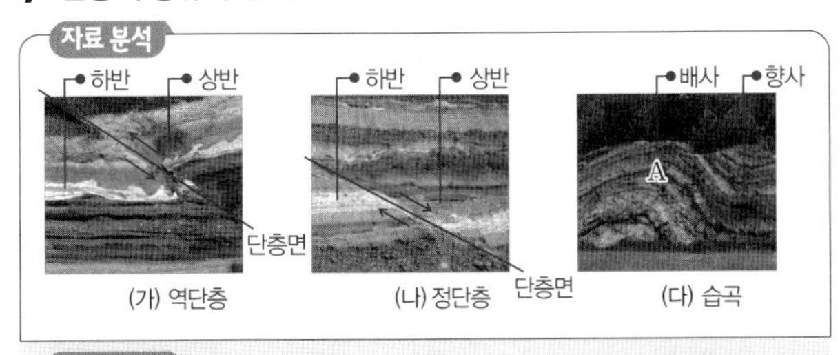

(가) 역단층 (나) 정단층 (다) 습곡

선택지 분석
✕ (가)는 정단층이다. 역단층
ㄴ (나)는 장력을 받아 형성되었다.
ㄷ (다)에서 A는 배사이다.
✕ (나)와 (다)는 판의 충돌대에서 잘 발달한다. (가)와 (다)

ㄴ. (나)는 상대적으로 상반이 하반에 대해 아래로 이동한 정단층이다. 정단층은 장력을 받아 형성된다.
ㄷ. (다)에서 A는 지층이 위로 볼록하게 휘어진 배사이다. 지층이 아래로 오목하게 휘어진 부분은 향사이다.

바로알기 ㄱ. (가)는 상대적으로 상반이 하반에 대해 위로 이동한 역단층이다. 역단층은 횡압력을 받아 형성된다.
ㄹ. (다)는 지층이 횡압력을 받아 휘어진 습곡이다. 횡압력을 받아 형성된 (가)와 (다)는 판의 충돌대에서 잘 발달하지만, 장력을 받아 형성된 (나)는 발산형 경계에서 잘 발달한다.

10 단층

자료 분석

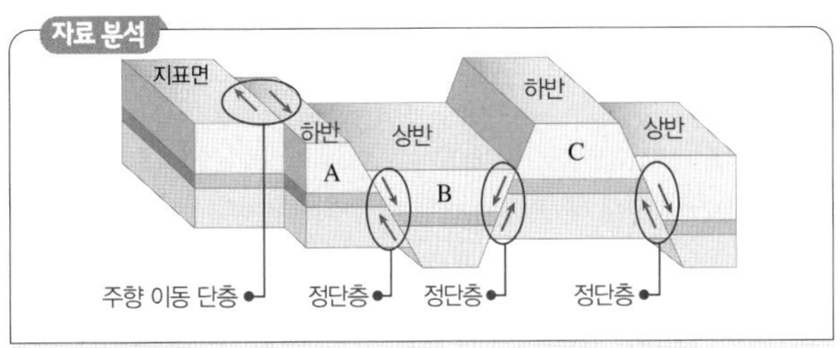

선택지 분석
ㄱ A와 B 사이의 단층은 장력에 의해 형성되었다.
✕ C는 상반이다. 하반
✕ 주향 이동 단층, 정단층, 역단층이 모두 나타난다. 주향 이동 단층, 정단층이

ㄱ. A와 B 사이의 단층은 상반이 단층면을 따라 상대적으로 아래로 이동했으므로 장력에 의해 형성된 정단층이다.
바로알기 ㄴ. C는 단층면을 경계로 아래쪽 부분이므로 하반이다.
ㄷ. 이 지역에서는 주향 이동 단층, 정단층이 나타난다.

11 절리의 종류

선택지 분석
ㄱ (가)는 주상 절리이다.
ㄴ (나)는 주로 심성암이 지표로 노출되면서 형성된다.
✕ 암석이 생성된 깊이는 (가)가 (나)보다 깊다. 얕다

ㄱ. (가)는 기둥 모양으로 발달한 주상 절리이다.
ㄴ. (나)는 얇은 판 모양으로 발달한 판상 절리로, 지하 깊은 곳에서 생성된 심성암이 지표로 노출되면서 압력 감소로 형성된다.
바로알기 ㄷ. (가)는 화산암에서 잘 나타나고, (나)는 심성암에서 잘 나타난다. 따라서 암석이 생성된 깊이는 (가)가 (나)보다 얕다.

12 부정합의 형성 과정

선택지 분석
① (가)와 (나) 사이에 지층의 융기가 있었다.
② (나)에서 지층이 습곡 작용을 받았다.
③ (다)에서 풍화와 침식 작용이 일어났다.
④ (라)에서 B층과 D층 사이에 긴 시간 간격이 있다.
✕⑤ 평행 부정합이 형성되는 과정이다. 경사

① (가)와 (나) 사이에 물 밑에서 퇴적물이 쌓여 형성된 지층이 수면 위로 노출되었으므로 지층의 융기가 있었다.
② (나)에서 지층이 휘어져 있으므로 습곡 작용을 받았다.
③ (다)에서 C층의 일부가 풍화와 침식 작용으로 깎였다.
④ (라)에서 B층과 D층은 부정합 관계이므로 두 지층 사이에 긴 시간 간격이 있다.
바로알기 ⑤ 부정합면을 경계로 상하 지층의 층리가 나란하지 않으므로 경사 부정합이 형성되는 과정이다.

13 지질 구조 – 역단층, 정단층, 부정합

자료 분석

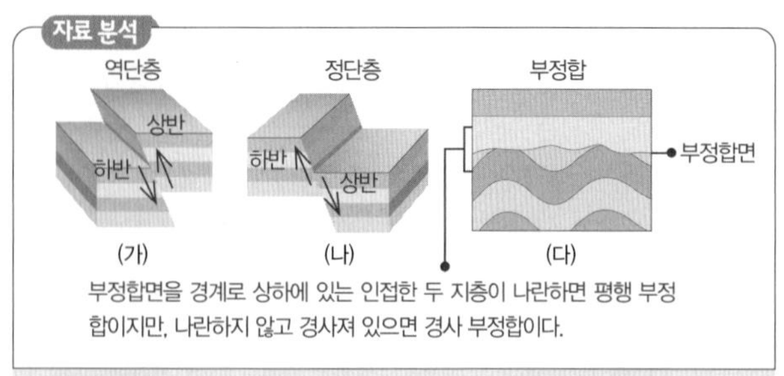

부정합면을 경계로 상하에 있는 인접한 두 지층이 나란하면 평행 부정합이지만, 나란하지 않고 경사져 있으면 경사 부정합이다.

선택지 분석

㉠ (가)는 역단층이다.
✕ (나)가 생성될 때 작용한 힘은 횡압력이다. 장력
✕ (다)에 나타난 부정합은 평행 부정합이다. 경사

ㄱ. (가)는 상반이 하반에 대해 위로 이동한 역단층이다.

바로알기 ㄴ. (나)는 상반이 하반에 대해 아래로 이동한 정단층으로, 지층에 장력이 작용하여 형성된다.
ㄷ. (다)에 나타난 부정합은 부정합면을 경계로 상하에 있는 인접한 두 지층이 나란하지 않고 경사져 있으므로 경사 부정합이다.

14 변동대에서의 지질 구조

자료 분석

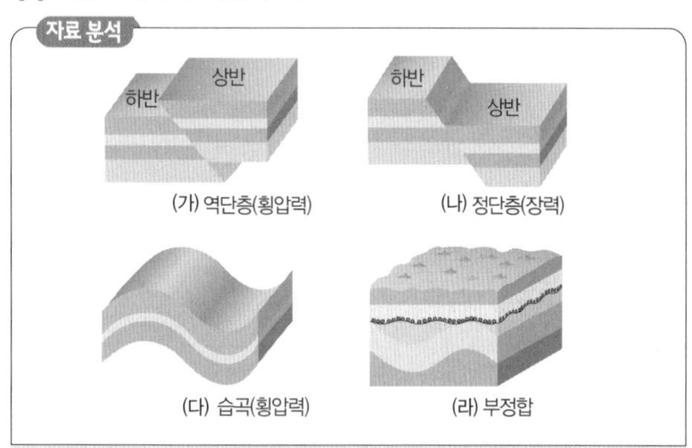

선택지 분석

✕ (가)는 열곡대에서 잘 발달한다. (나)
✕ (나)와 (다)는 습곡 산맥에서 잘 발견된다. (가)와 (다)
㉢ (라)는 지층이 융기한 후 침식을 받고 침강한 다음 새로운 지층이 쌓이면서 형성된다.

ㄷ. (라)는 부정합으로, 지층이 융기한 후 침식을 받고 침강한 다음 새로운 지층이 쌓이면서 형성된다.

바로알기 ㄱ. 열곡대는 장력이 작용하는 발산형 경계에서 나타나므로 정단층인 (나)가 열곡대에서 잘 발달한다.
ㄴ. 역단층인 (가)와 습곡인 (다)는 횡압력이 작용하는 습곡 산맥 지역에서 잘 발견되지만, 정단층인 (나)는 장력에 의해 발달하므로 습곡 산맥에서 잘 발견되지 않는다.

15 관입과 관입암

자료 분석

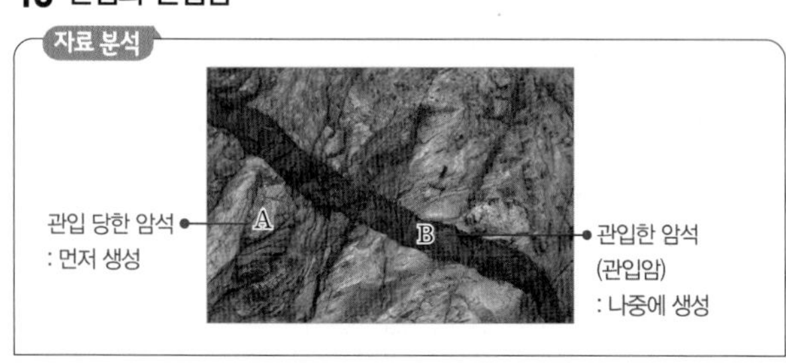

선택지 분석

✕ 관입암은 A이다. B
㉡ A는 B보다 먼저 형성되었다.
✕ B는 퇴적암이다. 화성암

ㄴ. B가 A를 관입하였으므로 A는 B보다 먼저 형성되었다.

바로알기 ㄱ. B가 A를 관입하여 형성되었으므로 관입암은 B이다.
ㄷ. B는 A를 관입한 마그마가 식어서 굳어진 암석이므로 화성암이다.

16 포획과 포획암

자료 분석

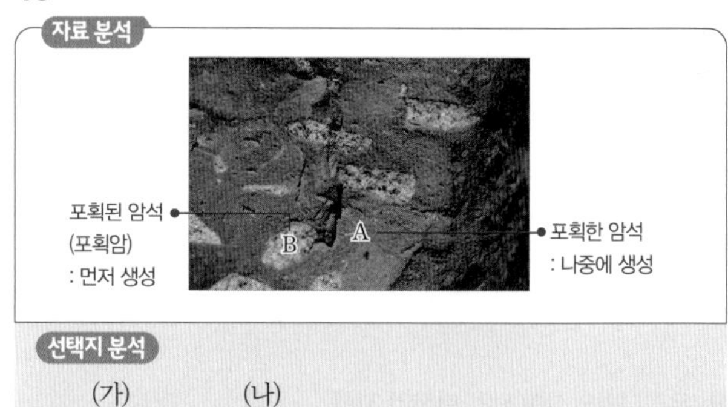

선택지 분석

	(가)	(나)
✕①	A	A>B
✕②	A	A<B
✕③	B	A>B
④	B	A<B
✕⑤	B	A=B

(가) 암석 A를 형성한 마그마 안에 기존 암석의 조각 B가 포함되어 굳어서 형성되었으므로 B가 포획암이다.
(나) 포획암인 B가 먼저 형성된 후 A를 형성한 마그마에 포획되므로 암석의 나이는 B가 A보다 많다.

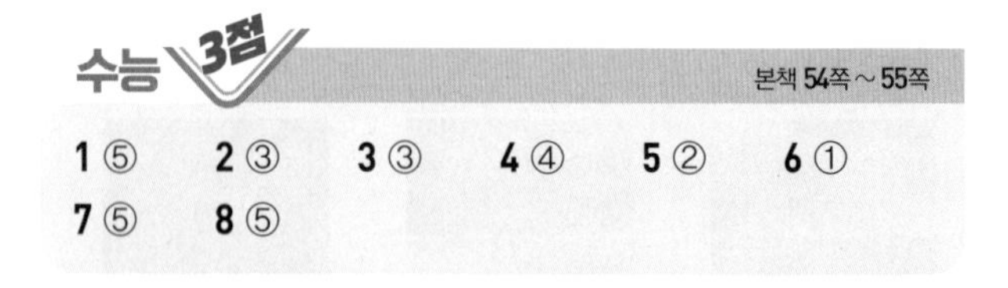

1 ⑤　2 ③　3 ③　4 ④　5 ②　6 ①
7 ⑤　8 ⑤

1 퇴적암의 분류

선택지 분석

㉠ A는 직경 2 mm 이상의 입자를 포함한다.
㉡ '화학적 퇴적암인가?'는 ㉠에 해당한다.
㉢ B는 주로 규질 생물체가 퇴적되어 생성된다.

ㄱ. A는 자갈 등이 퇴적되어 이루어진 역암으로, 자갈은 직경 2 mm 이상인 퇴적물이다.
ㄴ. 규조토는 유기적 퇴적암에, 암염은 화학적 퇴적암에 속하므로 '화학적 퇴적암인가?'는 두 암석을 구분하는 기준이 될 수 있다.
ㄷ. B는 규조토로, 주로 규질 생물체가 기원 물질이다.

2 퇴적암의 형성 과정과 종류

선택지 분석

ㄱ 화학적 기원의 석회암은 A와 C를 거쳐 형성된 암석이다.
ㄴ B와 C를 거쳐 형성된 암석은 퇴적물 입자의 크기에 따라 분류한다.
✗ㄷ C에서는 퇴적물의 화학 성분과 밀도가 변화한다. 밀도가

ㄱ. 화학적 기원의 석회암은 침전 작용 A와 속성 작용 C를 거쳐 형성된 암석이다.

ㄴ. 퇴적 작용 B와 속성 작용 C를 거쳐 형성된 암석은 쇄설성 퇴적암으로, 퇴적물 입자의 크기에 따라 역암, 사암, 이암 등으로 분류한다.

바로알기 ㄷ. C는 퇴적물이 퇴적암으로 되는 과정으로, 다짐 작용과 교결 작용을 통해 밀도가 증가하지만, 퇴적물의 화학 성분의 변화는 일어나지 않는다.

3 쇄설성 퇴적암의 종류

선택지 분석

ㄱ (가), (나), (다)는 모두 쇄설성 퇴적암에 해당한다.
ㄴ (다)는 구성 입자의 평균 크기가 가장 작다.
✗ㄷ (나)는 (다)보다 수심이 깊은 환경에서 생성된다. 얕은

ㄱ. (가), (나), (다)는 모두 자갈, 모래, 점토 등이 퇴적되어 생성된 쇄설성 퇴적암에 해당한다.

ㄴ. (가)는 자갈이 포함되어 생성된 역암, (나)는 모래, 점토가 쌓여 생성된 사암, (다)는 점토가 쌓여 생성된 셰일이므로 구성 입자의 평균 크기는 (다)가 가장 작다.

바로알기 ㄷ. 퇴적물 입자의 크기가 작을수록 수심이 깊은 환경에서 생성된다. 따라서 (나) 사암은 (다) 셰일보다 수심이 얕은 환경에서 생성된다.

4 퇴적 구조 – 사층리, 건열, 연흔

자료 분석

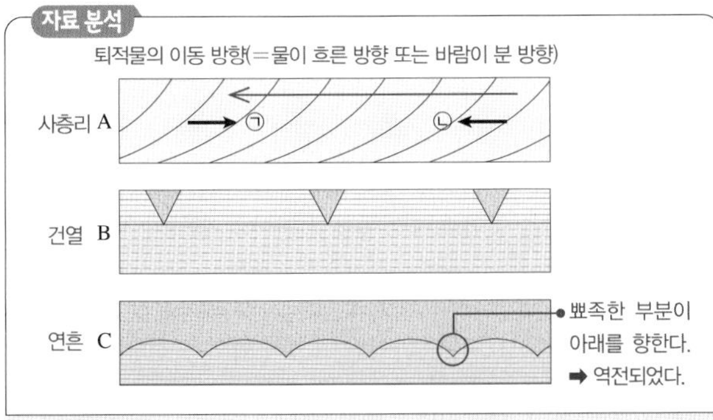

선택지 분석

✗ㄱ A가 형성될 당시 퇴적물은 ㉠ 방향으로 운반되었다. ㉡ 방향
ㄴ B는 건조 기후에서 형성되었다.
ㄷ C는 퇴적된 후에 역전되었다.

ㄴ. B는 건열로, 건조 기후에서 형성되었다.

ㄷ. C는 연흔으로, 물결의 뾰족한 부분이 아래를 향하고 있으므로 지층이 퇴적된 후에 역전되었다.

바로알기 ㄱ. A가 형성될 당시 퇴적물은 층리면의 경사각이 감소하는 방향인 ㉡ 방향으로 운반되었다.

5 지질 구조 – 습곡, 단층

자료 분석

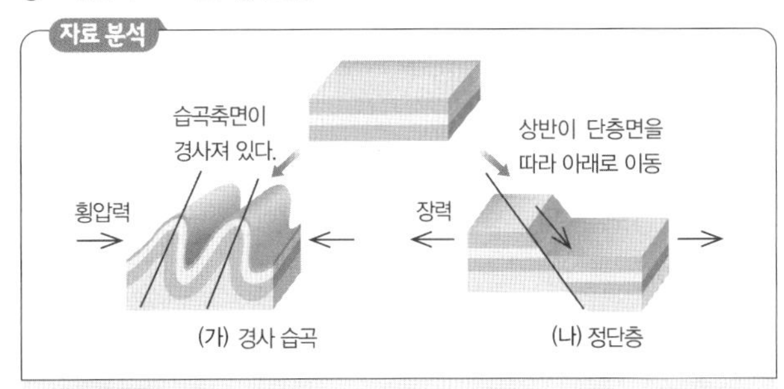

선택지 분석

✗ㄱ (가)는 정습곡, (나)는 정단층이다. 경사 습곡
✗ㄴ (가)를 형성한 힘에 의해 지층이 끊어지면 (나)가 형성된다. 역단층이
ㄷ 판의 발산형 경계에는 (가)보다 (나)가 잘 발달한다.

ㄷ. 장력이 작용하는 판의 발산형 경계에는 (가) 습곡보다 (나) 정단층이 잘 발달한다.

바로알기 ㄱ. (가)는 습곡축면이 경사져 있는 경사 습곡, (나)는 상대적으로 상반이 하반에 대해 아래로 이동한 정단층이다.

ㄴ. (가) 습곡을 형성한 횡압력에 의해 지층이 끊어지면 역단층이 형성된다.

6 지질 구조 – 습곡, 역단층, 부정합

자료 분석

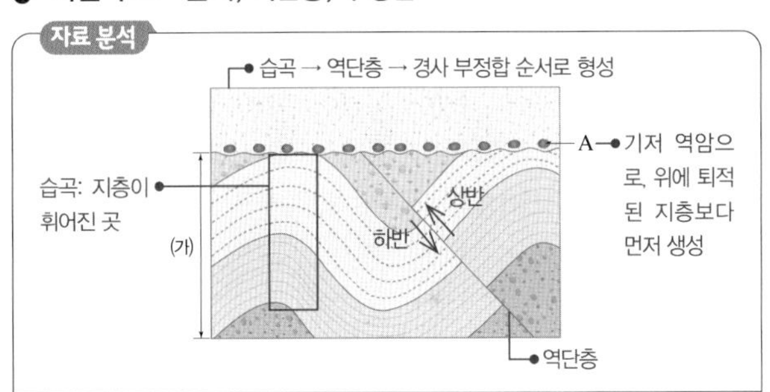

선택지 분석

ㄱ (가) 지층에 형성된 지질 구조는 판의 수렴형 경계에서 발달할 수 있다.
✗ㄴ A는 포획암에 해당한다. 기저 역암
✗ㄷ 이 지역에 형성된 부정합은 난정합이다. 경사 부정합

ㄱ. (가) 지층에 형성된 지질 구조는 횡압력을 받아 형성되는 습곡과 역단층으로 판의 수렴형 경계에서 발달할 수 있다.

바로알기 ㄴ. A는 (가) 지층이 퇴적된 후 융기하여 침식당하는 과정에서 형성된 기저 역암이다. 포획암은 마그마가 관입할 때 마그마 속에 포획된 암석 조각이다.

ㄷ. 이 지역에는 부정합면을 경계로 상하 지층의 층리가 나란하지 않고 서로 경사진 경사 부정합이 형성되어 있다.

7 지질 구조 – 절리

선택지 분석

ㄱ '색이 어둡고 입자의 크기가 매우 작다.'는 ㉠에 해당한다.
ㄴ ㉡은 '육각형'이다.
ㄷ 기둥 모양을 형성하는 절리는 용암이 급격히 냉각 수축하는 과정에서 만들어진다.

ㄱ. 영희가 조사한 암석은 주상 절리가 발달한 현무암으로, 현무암은 색이 어둡고 입자의 크기가 매우 작다.
ㄴ. 다각형의 모양에 따른 빈도수 그래프에서 '육각형'의 빈도수가 가장 많다.
ㄷ. 용암이 지표 부근에서 식을 때 급격히 냉각 수축하는 과정에서 기둥 모양의 절리(주상 절리)가 만들어진다.

8 지질 구조 - 습곡, 절리, 포획

자료 분석

선택지 분석
ㄱ (가)는 (나)보다 깊은 곳에서 형성되었다.
ㄴ (나)는 수축에 의해 형성되었다.
ㄷ (다)에서 A는 B보다 먼저 생성되었다.

ㄱ, ㄴ. (가)는 암석이 비교적 온도가 높은 지하 깊은 곳에서 횡압력을 받아 휘어진 습곡이며, (나)는 지표로 분출한 용암이 식을 때 부피가 수축하여 단면이 오각형이나 육각형 등의 긴 기둥 모양으로 갈라진 주상 절리이다.
ㄷ. 마그마가 관입할 때 주변 암석의 일부가 떨어져 나와 마그마 속으로 유입되는 것을 포획이라 하고, 포획된 암석을 포획암이라고 한다. 이때 포획암(A)은 포획암을 감싸고 있는 암석(B)보다 먼저 생성되었다.

05 지층의 나이

개념 확인
본책 57쪽, 59쪽

(1) ① 동일 과정 ② 수평 퇴적 ③ 먼저 ④ 동물군 천이 ⑤ 부정합 ⑥ 먼저 (2) ① A, C, B ② 관입 (3) 지층의 대비 (4) 건층 (5) 표준 (6) 상대, 절대 (7) 상대 (8) 모원소, 자원소 (9) 변하지 않는다, 절대 (10) 감소, 증가 (11) ① 1억 ② 3 ③ 3, 3억 (12) 긴, 짧은

수능 자료
본책 60쪽

자료❶ 1 ○ 2 ○ 3 × 4 × 5 ○ 6 ○ 7 × 8 × 9 ○ 10 ×
자료❷ 1 ○ 2 × 3 ○ 4 ○ 5 ×

자료❶ 지사학 법칙과 지층의 대비

3 (가) 지역의 C 지층에서 화강암의 기저 역암이 발견되는 것으로 보아 C는 화강암보다 나중에 퇴적되었다.

4 (가) 지역의 화강암은 C 지층을 관입한 것이 아니고 화강암이 풍화, 침식 작용을 받은 후 C 지층이 퇴적된 것이다. 따라서 지층과 암석의 생성 순서 결정에 관입의 법칙이 적용되지 않는다.

7 점이 층리가 발견되는 E는 심해에서 퇴적된 지층이고, 건열이 발견되는 D는 지층이 퇴적된 후 지표로 드러난 적이 있다. 따라서 (나)의 퇴적층은 해수면이 하강하는 동안 퇴적되었다.

8 (나) 지역에서 E 지층을 화강암이 관입한 것이므로 E는 화강암보다 먼저 퇴적되었다.

10 두 지역에서 화강암의 절대 연령은 같으므로, E → 화강암 → C의 순으로 생성되었다.

자료❷ 상대 연령과 절대 연령

2 B와 C는 부정합으로 접하고 있으므로 C가 B보다 나중에 생성되었다. B가 C보다 나중에 생성되었다면 부정합이 될 수 없다.

3 방사성 원소의 반감기는 방사성 원소의 양이 처음 양의 50 %일 때이므로 X가 약 0.5억 년, Y가 약 2억 년이다.

4 A의 연령이 B의 연령보다 적어야 한다. A에 방사성 원소 X가 20 % 포함되어 있을 때 연령이 약 1억 년이고, B에 방사성 원소 Y가 50 % 포함되어 있을 때 연령이 약 2억 년이다.

5 B는 연령이 약 2억 년이므로 중생대에 생성되었다.

수능 1점

본책 60쪽

1 ⑤ 2 A, 동물군 천이의 법칙 3 ④ 4 (1) B → D → A → C (2) 관입의 법칙, 부정합의 법칙, 지층 누중의 법칙 5 ②

1 ① 부정합이 존재하므로 부정합의 법칙이 적용된다.
② 화성암이 관입하였으므로 관입의 법칙이 적용된다.
③ 과거에 지각 변동을 받아 지층이 기울어져 있지만 지층이 수평으로 쌓여 있으므로 수평 퇴적의 법칙이 적용된다.
④ 여러 지층이 퇴적되어 있으므로 지층 누중의 법칙이 적용된다.
바로알기 ⑤ 각 지층에서 발견되는 화석이 없으므로 동물군 천이의 법칙을 적용할 수 없다.

2 지층이 역전되었으므로 아래 지층에 있는 화석 A가 B보다 더 진화된 생물의 화석이다. 화석의 진화 정도를 이용하여 지층이 역전되었다는 것을 알았으므로 동물군 천이의 법칙이 적용되었다.

3 화석을 이용하여 멀리 떨어진 지역의 지층을 대비할 때는 표준 화석을 이용하므로 시상 화석인 고사리 화석은 적당하지 않다.

4 (1) 'B 퇴적 → D 관입 → 부정합 → A 퇴적 → C 관입'의 순서로 생성되었다.
(2) C, D가 관입하였으므로 관입의 법칙이 적용되었다. 부정합이 형성되어 있으므로 D와 A 사이에 융기, 침식, 침강하는 지각 변동이 있었다는 부정합의 법칙이 적용되었다. 아래에 있는 B가 A보다 먼저 생성되었다는 지층 누중의 법칙이 적용되었다.

5 ^{14}C의 함량을 측정한 결과 처음 양의 $\frac{1}{16}$로 줄었으므로 반감기가 4회 지났다. 따라서 이 유물의 연령은 5730년×4회=22920년이다.

수능 2점 본책 61쪽~63쪽

1 ④	2 ④	3 ③	4 ③	5 ④	6 ④
7 ②	8 ⑤	9 ③	10 ⑤	11 ⑤	12 ②

1 지사학 법칙

선택지 분석

✗ B가 A보다 먼저 생성되었다. – 지층 누중의 법칙 관입의 법칙
ⓛ C와 D는 지각 변동을 받았다. – 수평 퇴적의 법칙
ⓒ D와 E는 생성 시기에 차이가 크다. – 부정합의 법칙

지층과 암석의 생성 순서: B → A → C → D → E → F
ㄴ. C와 D는 지층이 기울어져 있으므로 수평 퇴적의 법칙을 적용하여 지각 변동을 받았다고 해석할 수 있다.
ㄷ. D와 E는 부정합 관계이므로 부정합의 법칙을 적용하여 생성 시기에 차이가 크다고 해석할 수 있다.
바로알기 ㄱ. A 주변에 변성 흔적이 나타나므로 A가 B를 관입하였고, 관입의 법칙을 적용하여 B가 A보다 먼저 생성되었다고 해석할 수 있다.

2 암상에 의한 지층의 대비

자료 분석

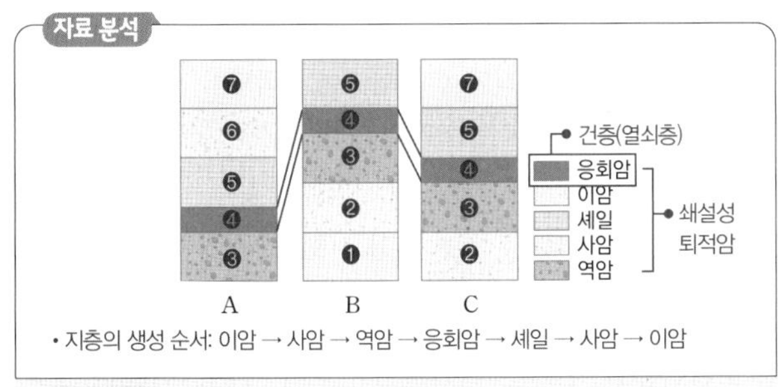

선택지 분석

✗ A와 C 지역의 사암층은 같은 시기에 퇴적되었다. 다른
ⓛ 가장 오래된 암석층은 B 지역에 있다.
ⓒ 이 지역에는 화학적 퇴적암이 존재하지 않는다.

ㄴ. 동일한 시기에 분출된 화산재가 쌓여 만들어진 응회암층을 건층으로 세 지역의 지층을 대비하면, 가장 오래된 암석층은 B 지역의 가장 아래에 있는 이암층이다.
ㄷ. 이 지역에 존재하는 모든 퇴적암은 쇄설성 퇴적암이고, 화학적 퇴적암은 존재하지 않는다.
바로알기 ㄱ. A 지역의 사암층은 응회암층보다 나중에 퇴적되었고, C 지역의 사암층은 응회암층보다 먼저 퇴적되었다. 따라서 A 지역의 사암층이 C 지역의 사암층보다 나중에 퇴적되었다.

3 암상에 의한 지층의 대비

자료 분석

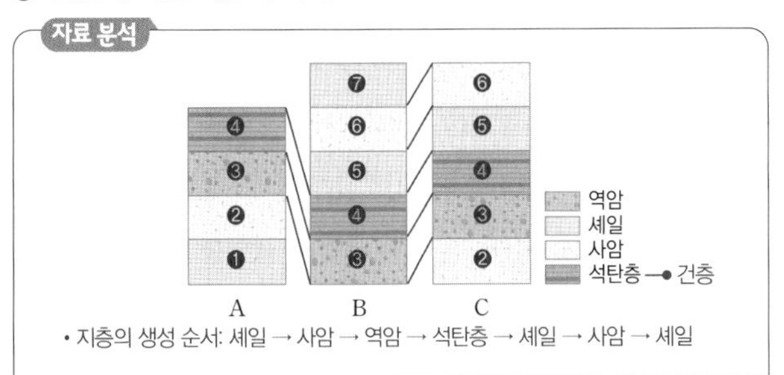

선택지 분석

ⓖ A, B, C 지역에는 7개의 서로 다른 시기에 퇴적된 지층이 분포한다.
ⓛ A와 B 지역의 사암층은 다른 시기에 생성되었다.
✗ C 지역에서는 퇴적 중간에 부정합이 형성되었다. 형성되지 않았다

ㄱ. 지층을 대비하면 셰일 → 사암 → 역암 → 석탄층 → 셰일 → 사암 → 셰일의 순서로 퇴적되어 총 7개의 서로 다른 시기에 퇴적된 지층이 분포한다.
ㄴ. A 지역의 사암층은 석탄층보다 먼저 생성되었고, B 지역의 사암층은 석탄층보다 나중에 생성되었으므로 A 지역의 사암층이 B 지역의 사암층보다 먼저 생성되었다.
바로알기 ㄷ. C 지역에는 퇴적 중간에 침식되어 없어진 결층이 없으므로 부정합이 형성되지 않았다.

4 화석에 의한 지층의 대비

자료 분석

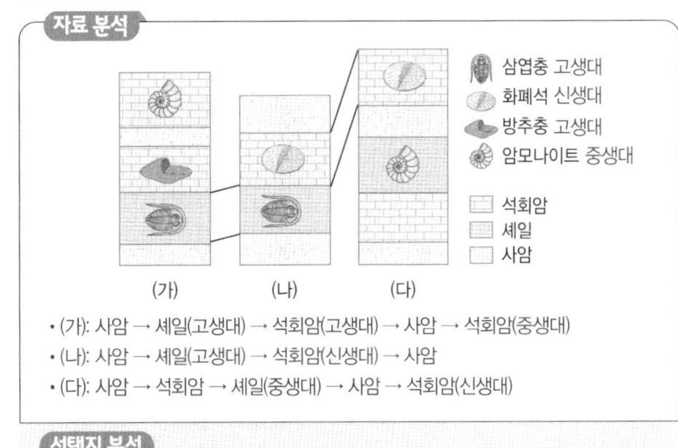

선택지 분석

ⓖ 가장 젊은 지층은 (나) 지역에 분포한다.
✗ 세 지역의 셰일층은 서로 비슷한 시기에 퇴적되었다.
(다) 지역의 셰일층은 (가), (나)의 셰일층과 다른
ⓒ 화폐석 화석이 산출되는 석회암층의 생성 전후로 사암층이 퇴적되었다.

ㄱ. 가장 젊은 지층은 (나) 지역의 신생대 표준 화석인 화폐석 화석이 산출되는 지층 위에 있는 사암층이다.
ㄷ. (나)와 (다) 지역에서 화폐석 화석이 산출되는 석회암층의 생성 전후로 사암층이 퇴적되었다.
바로알기 ㄴ. (가), (나) 지역의 셰일층에서는 같은 시대의 표준 화석이 산출되지만, (다) 지역에서는 다른 시대의 표준 화석이 산출되므로 비슷한 시기에 퇴적되지 않았다.

5 화석에 의한 지층의 대비

자료 분석

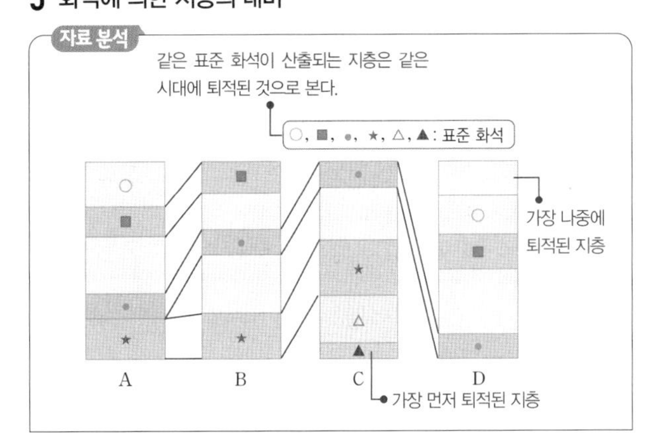

선택지 분석

~~ㄱ.~~ 가장 나중에 퇴적된 지층은 A 지역에서 나타난다. D

ㄴ. 가장 먼저 퇴적된 지층은 C 지역에서 나타난다.

ㄷ. A~D 지역에서 산출되는 표준 화석 중 가장 최근에 살았던 생물의 화석은 ○이다.

ㄴ. 가장 먼저 퇴적된 지층은 C 지역의 ▲ 화석이 산출되는 지층이다.

ㄷ. A~D 지역에서 산출되는 표준 화석 중 가장 최근에 살았던 생물의 화석은 A 지역의 가장 위에 있는 지층과 D 지역의 위에서 두 번째 지층에서 발견되는 ○이다.

바로알기 ㄱ. 가장 나중에 퇴적된 지층은 D 지역의 가장 위에 있는 지층이다.

6 지층의 상대 연령

자료 분석

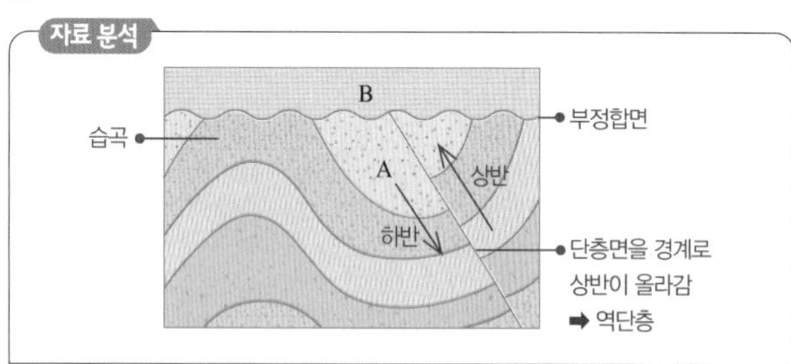

선택지 분석

~~①~~ A 퇴적 → B 퇴적 → 습곡 → 역단층 → 부정합(융기, 침강)

~~②~~ A 퇴적 → B 퇴적 → 습곡 → 정단층 → 부정합(융기, 침강)

~~③~~ A 퇴적 → 정단층 → 습곡 → 부정합(융기, 침강) → B 퇴적

④ A 퇴적 → 습곡 → 역단층 → 부정합(융기, 침강) → B 퇴적

~~⑤~~ A 퇴적 → 습곡 → 부정합(융기, 침강) → 역단층 → B 퇴적

지층 A까지 퇴적된 후 횡압력을 받아 습곡이 형성되었다. → 횡압력이 작용하여 역단층이 형성되었다. → 지층이 융기한 후 침식 작용이 일어나고 다시 침강하였다(부정합). → 지층 B가 퇴적되었다.

7 지층의 상대 연령

자료 분석

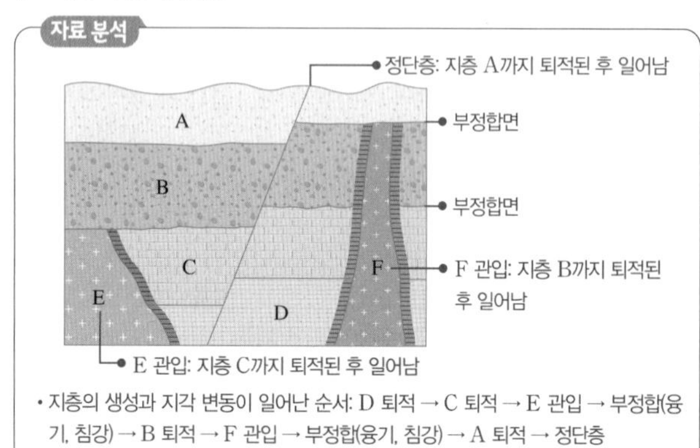

• 지층의 생성과 지각 변동이 일어난 순서: D 퇴적 → C 퇴적 → E 관입 → 부정합(융기, 침강) → B 퇴적 → F 관입 → 부정합(융기, 침강) → A 퇴적 → 정단층

선택지 분석

~~ㄱ.~~ A가 퇴적된 후 횡압력이 작용하여 단층이 형성되었다. 장력

ㄴ. B의 퇴적 시기는 E와 F의 관입 시기 사이이다.

~~ㄷ.~~ 이 지역의 지층이 퇴적되는 기간 동안 지반의 융기와 침강이 1회 있었다. 최소 융기 3회, 침강 2회

ㄴ. B는 E가 관입하고 퇴적되었으며, 그 후 F가 관입하였다.

바로알기 ㄱ. A가 퇴적된 후 장력이 작용하여 정단층이 형성되었다.

ㄷ. 퇴적 기간 동안 부정합이 2번 형성되었고, 현재 지표면에 침식 작용이 일어나므로 최소 지반의 융기는 3회, 침강은 2회 있었다.

8 지층의 상대 연령

자료 분석

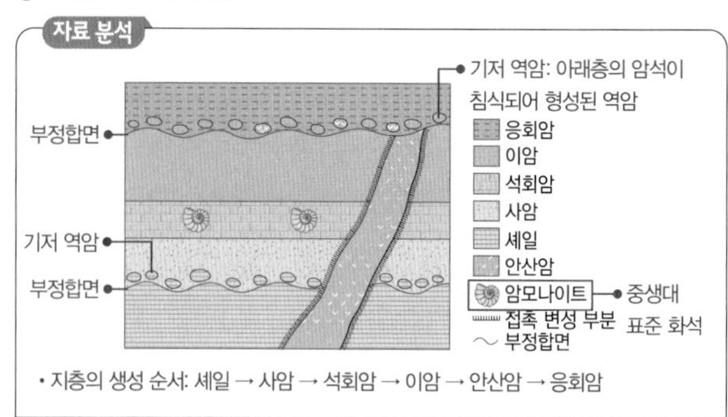

• 지층의 생성 순서: 셰일 → 사암 → 석회암 → 이암 → 안산암 → 응회암

선택지 분석

~~ㄱ.~~ 석회암층은 고생대에 퇴적되었다. 중생대

ㄴ. 안산암은 응회암층보다 먼저 생성되었다.

ㄷ. 셰일층과 사암층 사이에 퇴적이 중단된 시기가 있었다.

ㄴ. 안산암이 관입한 후 이 지역은 오랜 기간 동안 침식 작용을 받았으며 그 후에 응회암층이 퇴적되었다.

ㄷ. 셰일층과 사암층 사이에는 부정합면이 있다. 그러므로 이 지역에서는 셰일층이 퇴적된 후 사암층이 퇴적되기 전에 지층의 융기 → 침식 → 침강의 과정을 거쳤으며, 이 기간 중에 퇴적이 중단된 시기가 있었다.

바로알기 ㄱ. 지층에 포함된 표준 화석을 통해 지층이 퇴적된 지질 시대를 알 수 있다. 이 지역의 석회암층에서 중생대 표준 화석인 암모나이트 화석이 산출되었으므로 이 지역의 석회암층은 중생대에 퇴적되었다.

9 지층의 절대 연령

자료 분석

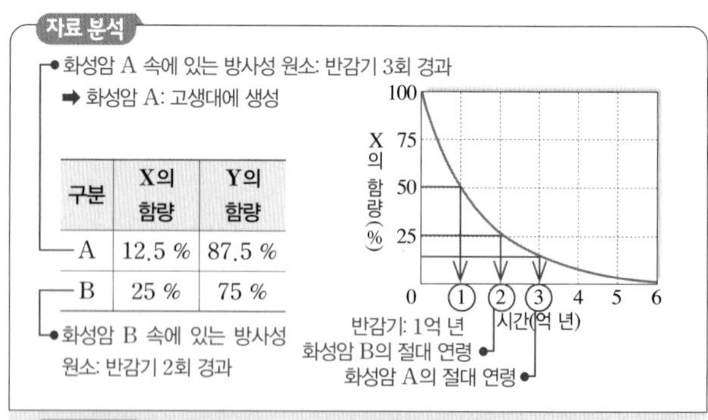

구분	X의 함량	Y의 함량
A	12.5 %	87.5 %
B	25 %	75 %

선택지 분석

ㄱ. 화성암 B의 절대 연령은 2억 년이다.

~~ㄴ.~~ 화성암 A는 중생대에 생성되었다. 고생대

ㄷ. 암석의 나이는 A가 B보다 많다.

ㄱ. 화성암 B의 X의 함량은 처음 양의 $\frac{1}{4}$(25 %)로, 반감기가 2회 경과하였으므로 절대 연령은 1억 년(반감기)×2회=2억 년이다.

ㄷ. 화성암 A의 X의 함량은 처음 양의 $\frac{1}{8}$(12.5 %)로, 반감기가 3회 경과하였으므로 절대 연령은 1억 년(반감기)×3회=3억 년이다. 따라서 암석의 나이는 A가 B보다 많다.

바로알기 ㄴ. 화성암 A는 절대 연령이 3억 년이므로 고생대에 생성되었다.

10 지층의 상대 연령과 퇴적 구조

선택지 분석
ㄱ (가)는 해수면이 상승하는 경우에 해당한다.
ㄴ 지층 D는 생성 과정 중 대기에 노출된 적이 있다.
ㄷ 지층 A~E 중 가장 오래된 것은 지층 E이다.

ㄱ. (가)의 암석과 지층의 생성 순서는 화강암 → C(연흔) → B(점이 층리) → A이다. 연흔은 얕은 물속에서 생성되고, 점이 층리는 심해저에서 생성되므로 (가)는 수심이 깊어지면서 퇴적되었다. 따라서 (가)는 해수면이 상승하는 경우에 해당한다.
ㄴ. 지층 D에서 건열이 관찰되므로 대기에 노출된 적이 있다.
ㄷ. (가) 지역에서 화강암 조각이 지층 C에 기저 역암으로 발견되는 것으로 보아 지층 C는 화강암 이후에 퇴적되었고, (나) 지역에서 지층 E의 조각이 화강암에 포획된 것으로 보아 지층 E는 화강암 이전에 퇴적되었다. 두 지역에서 화강암의 절대 연령이 같으므로 지층 C보다 E가 더 오래된 지층이다(E → 화강암 → C).

11 방사성 동위 원소의 붕괴 곡선

선택지 분석
ㄱ A는 방사성 동위 원소, B는 자원소이다.
ㄴ 방사성 동위 원소의 반감기는 T이다.
ㄷ $\frac{A}{A+B}$의 값이 $\frac{1}{8}$인 화성암의 절대 연령은 $3T$이다.

ㄱ. 시간이 지날수록 방사성 동위 원소(모원소)의 양은 감소하고, 자원소의 양은 증가하므로 A는 방사성 동위 원소이고, B는 자원소이다.
ㄴ. 반감기는 방사성 동위 원소의 양이 처음 양의 $\frac{1}{2}$이 되는 데 걸리는 시간이다. 따라서 이 방사성 원소의 반감기는 T이다.
ㄷ. 방사성 동위 원소의 처음 양은 (A+B)이고, 현재 양은 A이다. 따라서 $\frac{A}{A+B}$의 값이 $\frac{1}{8}$이 되면 반감기는 3회 경과한 것이므로 이 암석의 절대 연령은 $3T$이다.

12 지층의 상대 연령과 절대 연령

자료 분석

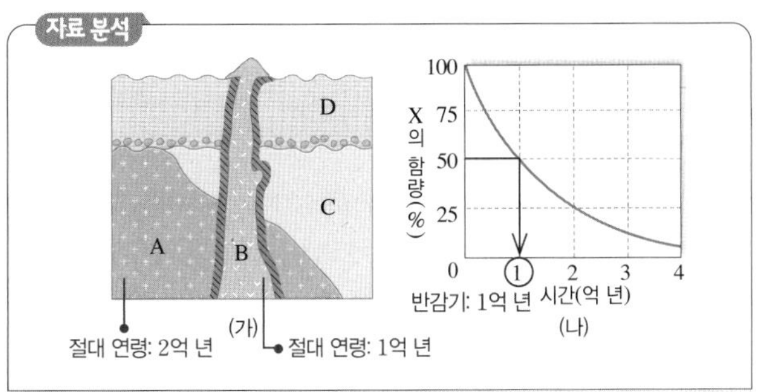

선택지 분석
✕ 지층과 암석의 생성 순서는 A → C → B → D이다. C → A → D → B
✕ X의 반감기는 0.5억 년이다. 1억
ㄷ D의 절대 연령은 1억 년과 2억 년 사이이다.

ㄷ. 화성암 A의 X의 함량은 처음 양의 $\frac{1}{4}$(25 %)로, 반감기가 2회 경과하였으므로 절대 연령은 2억 년이다. 화성암 B의 X의 함량은 처음 양의 $\frac{1}{2}$(50 %)로, 반감기가 1회 경과하였으므로 절대 연령은 1억 년이다. 따라서 D의 절대 연령은 1억 년과 2억 년 사이이다.
바로알기 ㄱ. 지층과 암석의 생성 순서는 C → A → D → B이다.
ㄴ. X의 반감기는 (나)에서 X의 함량이 50 %가 되는 1억 년이다.

수능 3점
본책 64쪽~65쪽

1 ③ 2 ③ 3 ④ 4 ④ 5 ③ 6 ③
7 ② 8 ④

1 지사학 법칙

선택지 분석
ㄱ (가)에서는 화성암이 생성된 후 융기, 침강 작용이 일어났다.
ㄴ A~D 중 가장 나중에 퇴적된 지층은 A이다.
✕ 두 지역이 융기하여 침식을 받은 시기는 같다. 다르다

ㄱ. (가)에서 화성암이 침식되었고 기저 역암이 분포하므로 부정합이 형성되어 있다. 따라서 화성암이 생성된 후 융기, 침강 작용이 일어났다. ➡ 생성 순서: B → 화성암 → A
(나)에서는 'D → C → 화성암' 순으로 형성되었다.
ㄴ. 두 지역에서 화성암의 절대 연령은 같고, 지층 A는 화성암보다 나중에 퇴적되었으며, 지층 C는 화성암보다 먼저 퇴적되었으므로 가장 나중에 퇴적된 지층은 A이다.
바로알기 ㄷ. (가) 지역은 부정합이 화성암보다 나중에 형성되었고, (나) 지역은 부정합이 화성암보다 먼저 형성되었다. 따라서 융기하여 침식을 받은 시기(부정합이 형성된 시기)는 (가) 지역보다 (나) 지역이 먼저이다.

2 화석에 의한 지층의 대비

자료 분석

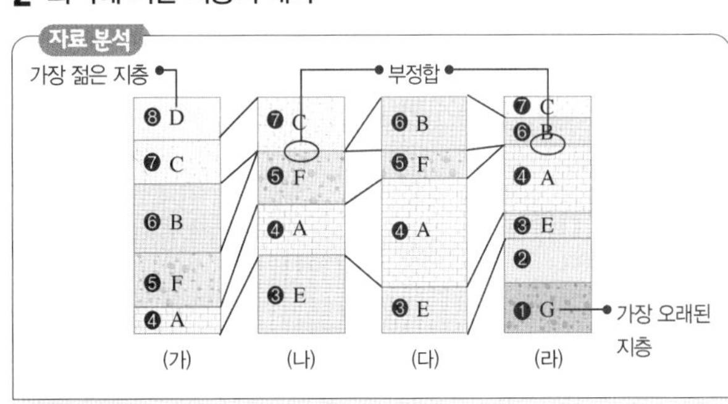

선택지 분석
ㄱ 나이가 가장 젊은 지층은 D가 산출되는 지층이다.
✕ (가) 지역에는 부정합이 발견된다. 발견되지 않는다
ㄷ 가장 오래된 표준 화석은 G이다.

ㄱ. 표준 화석을 이용하여 이 지역의 지층을 대비해 보면, 나이가 가장 젊은 지층은 (가) 지역의 가장 상부 지층으로, 화석 D가 산출된다.
ㄷ. 가장 오래된 표준 화석은 가장 먼저 퇴적된 지층에서 산출되는 (라) 지역의 G이다.

바로알기 ㄴ. (나)와 (라) 지역에는 각각 지층 F와 C 사이, 지층 A와 B 사이에 결층이 있으므로 부정합이 존재한다. (가) 지역에는 결층이 없으므로 부정합이 발견되지 않는다.

3 지사학 법칙과 지층의 상대 연령

자료 분석

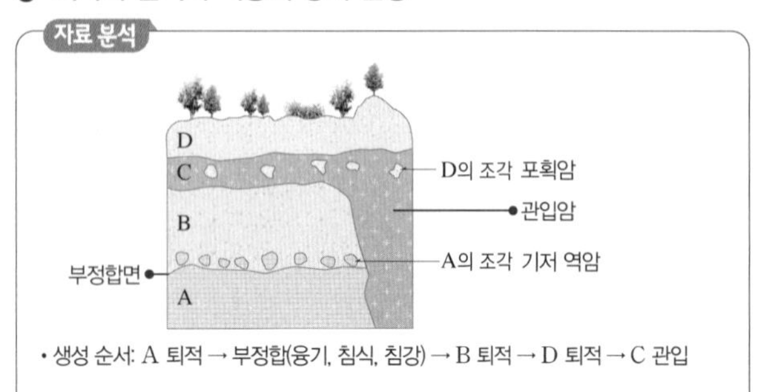

• 생성 순서: A 퇴적 → 부정합(융기, 침식, 침강) → B 퇴적 → D 퇴적 → C 관입

선택지 분석

ㄱ A는 과거에 침식 작용을 받았다.
ㄴ 지층의 생성 순서는 A → B → D → C이다.
ㄷ C는 용암이 지표로 분출하여 생긴 화산암이다. 마그마가 지하에서 관입하여 생긴 심성암 또는 반심성암

ㄱ. A와 B가 부정합 관계인 것으로 보아 A가 지표로 노출되어 침식된 후에 B가 퇴적되었다.
ㄴ. A의 조각이 기저 역암으로 나타났으므로 A가 B보다 먼저 생성되었다. C가 B를 관입하였으므로 C가 B보다 나중에 생성되었다. C에 D의 조각이 포획되었으므로 C가 D를 관입하였다.
바로알기 ㄷ. 화성암 C에 D의 암석 조각이 포획되었으므로 화성암 C는 지층 D를 관입하여 생긴 심성암 또는 반심성암이다.

4 방사성 원소의 붕괴 곡선

자료 분석

방사성 원소가 처음의 50 %로 감소하는 데 걸리는 시간(반감기): A는 5000만 년, B는 1억 년, C는 2억 년

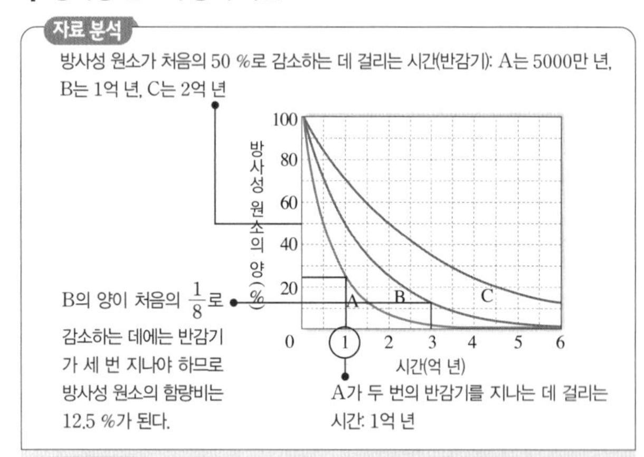

선택지 분석

ㄱ 반감기는 C가 A의 3배이다. 4배
ㄴ A가 두 번의 반감기를 지나는 데 걸리는 시간은 1억 년이다.
ㄷ 암석에 포함된 B의 양이 처음의 $\frac{1}{8}$로 감소하는 데 걸리는 시간은 3억 년이다.

ㄴ. 방사성 원소 A의 반감기는 5000만 년이므로 반감기가 2회 지나는 데 걸리는 시간은 1억 년이다.
ㄷ. 방사성 원소 B의 양이 처음 양의 $\frac{1}{8}$로 감소했다는 것은 반감기를 세 번 지났다는 뜻이다. B의 반감기가 1억 년이므로 반감기를 세 번 지나는 데 걸리는 시간은 3억 년이다.

바로알기 ㄱ. 주어진 자료에서 A의 반감기는 5000만 년, B의 반감기는 1억 년, C의 반감기는 2억 년이다. 따라서 C의 반감기는 A의 4배이다.

5 상대 연령과 절대 연령

자료 분석

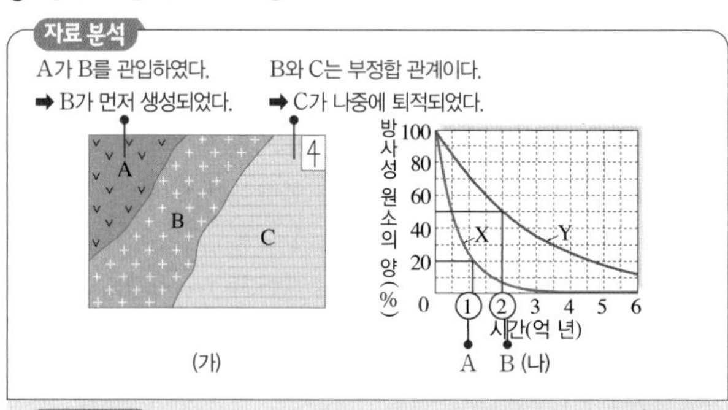

선택지 분석

ㄱ A에 포함된 방사성 원소의 붕괴 곡선은 X이다.
ㄴ 가장 오래된 암석은 B이다.
ㄷ C는 고생대 암석이다. 중생대 이후의

ㄱ. A가 B를 관입하였으므로 화강암의 연령은 B가 A보다 많다. 따라서 A에는 방사성 원소 X가 20 % 포함되어 있어야 연령이 1억 년보다 약간 많고, B에는 방사성 원소 Y가 50 % 포함되어 있어야 연령이 약 2억 년으로 B가 A보다 연령이 많다.
ㄴ. B와 C는 부정합 관계이므로 부정합의 법칙으로부터 연령은 B가 C보다 많다. C가 B보다 먼저 생성되었다면, B가 C를 관입한 것이므로 부정합 관계가 될 수 없다. 따라서 가장 오래된 암석은 B이다.
바로알기 ㄷ. 가장 먼저 생성된 B는 연령이 약 2억 년이므로 중생대에 생성되었다. 따라서 C는 중생대 이후에 생성되었다.

6 지질 구조와 지층의 절대 연령

자료 분석

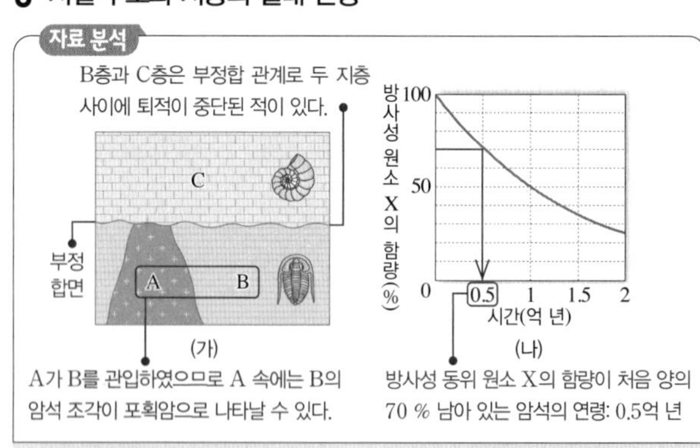

선택지 분석

ㄱ 화성암 A 속에는 B의 암석 조각이 포획암으로 나타날 수 있다.
ㄴ B층과 C층의 퇴적 시기 사이에 퇴적이 중단된 적이 있다.
ㄷ 화성암 A에는 방사성 동위 원소 X의 함량이 처음 양의 75 % 이상 들어 있을 것이다. 70 % 미만

ㄱ. A가 B를 관입하고 그 위에 C가 퇴적되었으므로 A 속에는 B의 암석 조각이 포획암으로 나타날 수 있다.
ㄴ. 산출되는 화석으로 보아 B층과 C층은 각각 고생대와 중생대에 퇴적되었으므로 B층과 C층은 부정합 관계이다. 따라서 B층과 C층의 퇴적 시기 사이에 퇴적이 중단된 적이 있다.

바로알기 ㄷ. 화성암 A는 고생대와 중생대 사이에 생성되었으므로 절대 연령은 최소 약 6600만 년 이상이다. (나)에서 5000만 년이 지났을 때 방사성 동위 원소 X의 함량은 처음 양의 70 %가 암석 속에 남아 있으므로, 6600만 년 이상이면 남아 있는 방사성 동위 원소 X의 함량은 처음 양의 70 %보다 적을 것이다.

7 지층의 상대 연령과 절대 연령, 지층의 대비

자료 분석

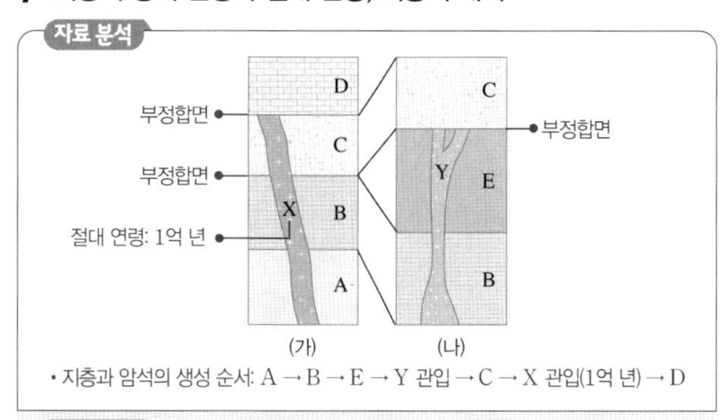

• 지층과 암석의 생성 순서: A → B → E → Y 관입 → C → X 관입(1억 년) → D

선택지 분석

✕ (가)의 B층과 C층은 정합 관계이다. 부정합

ⓛ 관입암 Y의 절대 연령은 1억 년보다 많다.

✕ (나)의 E층에서는 신생대의 화석이 산출될 수 있다. 없다

ㄴ. 관입암 Y는 지층 C보다 먼저 형성되었고, 관입암 X는 지층 C보다 나중에 형성되었으므로 관입암 Y가 관입암 X보다 오래되었다. 따라서 관입암 Y의 절대 연령은 1억 년보다 많다.

바로알기 ㄱ. (가)의 B층과 C층 사이에 E층이 결층되어 있다. 따라서 B층과 C층은 부정합 관계이다.

ㄷ. (나)의 E층은 관입암 Y보다 먼저 형성되었다. 따라서 E층은 1억 년보다 오래되었으므로 신생대의 화석이 산출될 수 없다.

8 지층의 상대 연령

자료 분석

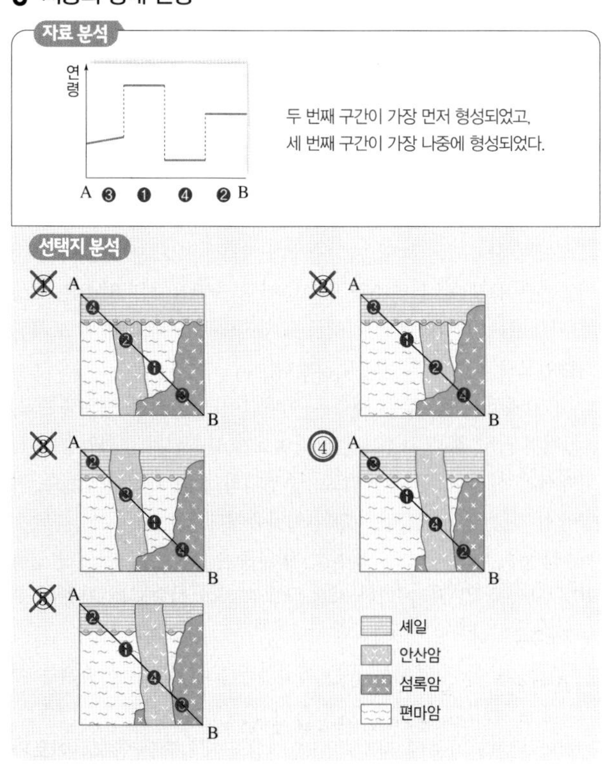

④ 지질 단면도에서 지층과 암석의 생성 순서는 편마암 → 섬록암 → 셰일 → 안산암이다.

06 지질 시대 환경과 생물

개념 확인 본책 67쪽, 69쪽

(1) ① B, A ② B ③ A (2) ① 생물계 ② 대 ③ 원생 ④ 3 (3) 선캄브리아 시대 (4) ① 높다 ② 넓다 (5) 중생대 (6) ① 고생대 ② 양치 ③ 겉씨 ④ 파충류 ⑤ 신생대 (7) 고생대 (8) ①-㉣ ②-㉢ ③-㉠ ④-㉡ (9) 어류, 파충류

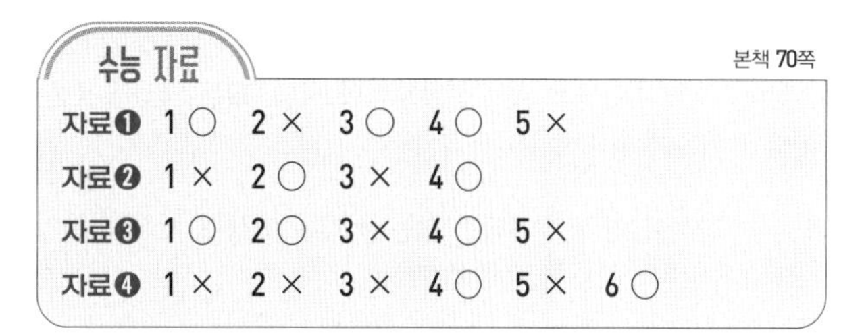

수능 자료 본책 70쪽

자료❶	1 ○	2 ×	3 ○	4 ○	5 ×	
자료❷	1 ×	2 ○	3 ×	4 ○		
자료❸	1 ○	2 ○	3 ×	4 ○	5 ×	
자료❹	1 ×	2 ×	3 ×	4 ○	5 ×	6 ○

자료❶ 표준 화석과 지층의 대비

2 (가)의 석회암층에는 화폐석 화석이 산출되므로 신생대에 퇴적되었다.

3 신생대의 표준 화석인 화폐석을 기준으로 (가)와 (나)의 지층을 대비하면, '석회암층(중생대) → 역암층 → 사암층 → 석회암층(신생대) → 셰일층' 순으로 형성되었다. 따라서 (가)에서 역암층은 중생대와 신생대 사이에 퇴적되었다.

5 암모나이트와 화폐석은 모두 바다에 살았던 생물이므로, (가)와 (나)의 석회암층은 모두 바다 환경에서 퇴적된 해성층이다.

자료❷ 지질 시대의 수륙 분포 변화

1 판게아의 분리는 중생대에 시작되었다.

3 (나) 시기는 고생대 말~중생대 초이고, 공룡이 전멸한 시기는 중생대 말이다.

자료❸ 지질 시대 환경과 생물

2 해양 무척추동물의 가장 큰 멸종은 약 2억 5천 2백만 년 전인 고생대 말에 있었다.

3 고생대 말인 A 시기 말에는 삼엽충, 방추충 등이 멸종하였고, 중생대 말인 B 시기 말에는 암모나이트, 공룡 등이 멸종하였다.

5 각 시대의 경계에서 육상 식물보다 해양 무척추동물의 생물 과의 수 변화가 뚜렷하기 때문에 지질 시대를 구분하는 데는 육상 식물보다 해양 무척추동물이 더 유용하다.

자료❹ 지질 시대 생물과 대멸종

1 삼엽충은 고생대 표준 화석이고, 완족류는 지금도 생존하고 있는 생물이다. 따라서 고생대 말에 멸종한 A가 삼엽충이다.

2 ㉠은 약 4.5억 년 전 오르도비스기 말의 대멸종을 나타낸 것이고, 방추충은 고생대 말에 멸종하였다.

3 B의 과의 수는 고생대 말인 약 2.5억 년 전에 가장 많이 감소하였고, 공룡은 중생대 말인 약 0.66억 년 전에 멸종하였다.

5 완족류인 B는 지금도 생존하고 있는 생물이므로 고생대 표준 화석이 될 수 없다.

 본책 71쪽

1 ④ 2 ① 3 A → D → C → B 4 ⑤ 5 (가) → (다) → (나) 6 고생대, 감소 7 신생대 8 (다) → (가) → (나) 9 ④

1 지층 D와 E를 경계로 생물의 급격한 멸종과 출현이 나타나므로, 지질 시대 구분 경계로 가장 적합한 것은 D와 E 사이이다.

2 지질 시대 구분 단위는 누대 → 대 → 기로 세분하므로 원생누대가 가장 큰 단위의 지질 시대이다.

3 지질 시대의 길이를 비교하면, 선캄브리아 시대>고생대>중생대>신생대이므로 A는 선캄브리아 시대, D는 고생대, C는 중생대, B는 신생대이다.

4 ① 화석이 거의 발견되지 않는 시대는 고생대 시작 이전인 선캄브리아 시대이므로 A에 해당한다.
② 신생대(B)에는 화폐석이 번성하였다.
③ 중생대(C)에는 빙하기가 없었다.
④ 지질 시대의 길이는 선캄브리아 시대>고생대>중생대>신생대이므로 A는 선캄브리아 시대, D는 고생대, C는 중생대, B는 신생대이다.
바로알기 ⑤ 고생대인 D 시대 말에 판게아가 형성되었고, 중생대 트라이아스기 말에 판게아가 분리되기 시작하였다.

5 (가) 삼엽충은 고생대에 번성하였고, (나) 화폐석은 신생대에 번성하였으며, (다) 암모나이트는 중생대에 번성하였으므로 (가) → (다) → (나) 순으로 번성하였다.

6 판게아가 형성된 지질 시대는 고생대 말이며, 이 과정에서 대륙의 충돌에 따른 지각 변동의 증가와 천해 환경의 감소로 생물종의 수가 감소하였다.

7 매머드를 비롯한 포유류와 속씨식물이 번성한 신생대 환경에 해당한다.

8 (가)는 중생대, (나)는 신생대, (다)는 고생대이다. 따라서 시간 순서대로 나열하면 (다) → (가) → (나)이다.

9 대기와 해양의 산소량 증가는 생물의 증가를 촉진시키는 역할을 한다.

수능 2점 본책 72쪽~75쪽

1 ① 2 ② 3 ④ 4 ③ 5 ② 6 ④
7 ③ 8 ② 9 ⑤ 10 ① 11 ③ 12 ③
13 ② 14 ③ 15 ① 16 ④

1 표준 화석과 시상 화석

선택지 분석
ㄱ 표준 화석으로 가장 적합한 화석은 A이다.
✕ B가 C보다 시상 화석으로 적합하다. C가 B보다
✕ C의 생물은 다양한 환경에 살 수 있다. 특정한

ㄱ. 표준 화석은 지질 시대를 구분하는 데 기준이 되는 화석으로, 생존 기간이 짧고, 분포 면적이 넓으며, 개체 수가 많아야 한다. 따라서 표준 화석으로 가장 적합한 화석은 A이다.
바로알기 ㄴ. 시상 화석은 생존 기간이 길고, 분포 면적이 좁으며, 환경 변화에 민감해야 하므로 C가 B보다 시상 화석으로 적합하다.
ㄷ. C의 생물은 지리적 분포가 좁은 것으로 보아 다양한 환경보다는 특정한 환경에서 살 수 있는 생물이다.

2 표준 화석과 시상 화석

선택지 분석
✕ 화성암 A는 고생대에 관입하였다. 중생대 이후
✕ B층과 C층은 퇴적 시기에 차이가 거의 없다. 크다
ㄷ D층은 따뜻하고 얕은 바다에서 퇴적되었다.

삼엽충 화석이 산출되는 B층은 고생대에, 암모나이트 화석이 산출되는 C층은 중생대에 퇴적되었다. 지층과 암석의 생성 순서는 B층 퇴적(고생대) → 부정합 형성 → C층 퇴적(중생대) → D층 퇴적 → A 관입이다.
ㄷ. D층에서는 산호 화석이 산출되므로 D층은 따뜻하고 얕은 바다에서 퇴적되었다.
바로알기 ㄱ. 화성암 A는 D층이 퇴적된 이후(중생대 이후)에 관입하였다.
ㄴ. B층과 C층은 부정합 관계이므로 퇴적 시기에 차이가 크다.

3 표준 화석 이용 - 지층의 대비

선택지 분석
✕ 두 지역의 셰일은 동일한 시대에 퇴적되었다. 다른
ㄴ 가장 젊은 지층은 (가)에 나타난다.
ㄷ 화석이 산출되는 지층은 모두 해성층이다.

화폐석이 산출되는 셰일층은 신생대, 암모나이트가 산출되는 석회암층은 중생대, 삼엽충과 방추충이 산출되는 석회암층은 고생대 지층이다. (가)와 (나) 지역은 모두 아래층으로 갈수록 오래된 지층이므로 지층이 역전되지 않았다.
ㄴ. (가)에서 가장 젊은 지층은 화폐석이 산출되는 셰일층이고, (나)에서 가장 젊은 지층은 암모나이트가 산출되는 석회암층이다. 화폐석은 신생대, 암모나이트는 중생대의 표준 화석이므로 두 지역에서 가장 젊은 지층은 (가)의 셰일층이다.
ㄷ. 삼엽충, 암모나이트, 화폐석, 방추충은 모두 바다에서 번성하였던 고생물이므로 이러한 생물들의 화석이 산출되는 지층은 모두 해성층이다.
바로알기 ㄱ. 두 지역에서 표준 화석인 암모나이트가 산출되는 석회암층을 연결해 보면, (가)의 셰일층은 암모나이트가 산출되는 석회암층보다 나중에 퇴적되었고, (나)의 셰일층은 암모나이트가 산출되는 석회암층보다 먼저 퇴적되었으므로 두 지역의 셰일은 퇴적된 시기가 다르다.

4 지질 시대의 길이

선택지 분석

ㄱ 1억 년의 기간은 하루 길이 중 약 31분에 해당한다.

ㄴ 전체 지질 시대 중 선캄브리아 시대가 차지하는 비율은 80 % 보다 크다.

✕ 육상 생물이 처음 출현한 시기는 21시 이전이다. 이후

ㄱ. 24시간이 46억 년에 대응하므로 1억 년은 24시간÷46억 년 ≒31분에 해당한다.

ㄴ. 전체 지질 시대 중 선캄브리아 시대가 차지하는 비율을 구하면, $\frac{46억-5.41억}{46억}\times100≒88$ %이므로 80 %보다 크다.

바로알기 ㄷ. 육상 생물이 처음 출현한 시기는 고생대이므로 21시 이후이다.

5 고기후 연구 방법

선택지 분석

✕ (가)의 폭이 좁은 시기는 고온 다습한 기후였다. 넓은

✕ (나)를 이루는 물 분자의 산소 안정 동위 원소비$\left(\frac{^{18}O}{^{16}O}\right)$는 빙하기가 간빙기보다 높다. 낮다

ㄷ (다) 화석이 산출되는 지역은 과거에 따뜻한 바다 환경이었다.

ㄷ. 산호 화석이 산출되는 지역은 과거에 따뜻한 바다 환경이었다.

바로알기 ㄱ. 기온이 높고 강수량이 많을수록 나무의 생장 속도가 빨라 나이테의 폭이 넓어진다. 나이테의 폭이 좁은 시기는 저온 건조한 기후에서 나무의 생장이 더딘 시기이다.

ㄴ. 기온이 높을수록 빙하 속 산소 안정 동위 원소비$\left(\frac{^{18}O}{^{16}O}\right)$는 높다. 따라서 빙하를 이루는 물 분자의 산소 안정 동위 원소비$\left(\frac{^{18}O}{^{16}O}\right)$는 빙하기가 간빙기보다 낮다.

6 고기후 연구 방법

선택지 분석

✕ 기온이 높을 때보다 낮을 때 고위도 지역에서 구름 속의 $\frac{^{18}O}{^{16}O}$ 값이 더 크다. 작다

ㄴ 수온이 낮아지면 해양 생물 화석 속의 $\frac{^{18}O}{^{16}O}$ 값은 커진다.

ㄷ 빙하 속의 $\frac{^{18}O}{^{16}O}$ 값이 작을수록 빙하 형성 당시 기온은 낮았다.

ㄴ. 수온이 낮아지면 해수 속의 $\frac{^{18}O}{^{16}O}$ 값이 커지므로 해양 생물 화석 속의 $\frac{^{18}O}{^{16}O}$ 값은 커진다.

ㄷ. 기온이 낮을수록 산소 안정 동위 원소비$\left(\frac{^{18}O}{^{16}O}\right)$가 낮은 눈이 내려 쌓이므로 빙하 속의 $\frac{^{18}O}{^{16}O}$ 값이 작다.

바로알기 ㄱ. 기온이 높을 때보다 낮을 때 고위도 지역에서 대기 중 수증기의 $\frac{^{18}O}{^{16}O}$값이 더 작으므로 수증기가 응결하여 생성된 구름 속의 $\frac{^{18}O}{^{16}O}$ 값이 더 작다.

7 지질 시대의 기후

자료 분석

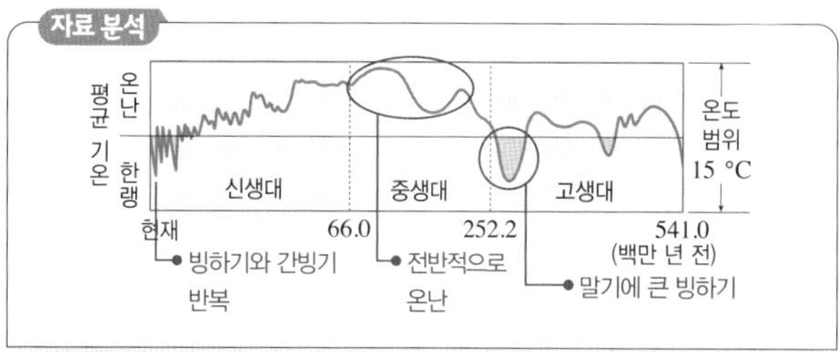

선택지 분석

ㄱ 중생대는 온난한 기후가 지속되었다.

✕ 신생대에 평균 해수면의 높이는 전기보다 후기에 높았다. 낮았다

ㄷ 고생대에는 말기에 빙하기가 있었다.

ㄱ. 중생대에는 빙하기가 없이 평균 기온이 높은 온난한 기후가 지속되었다.

ㄷ. 고생대의 말기에 평균 기온이 매우 낮은 시기가 있었다.

바로알기 ㄴ. 신생대 후기에는 전기보다 기온이 낮고 빙하기가 있었으므로 평균 해수면의 높이는 전기보다 낮았다.

8 지질 시대의 수륙 분포와 생물

자료 분석

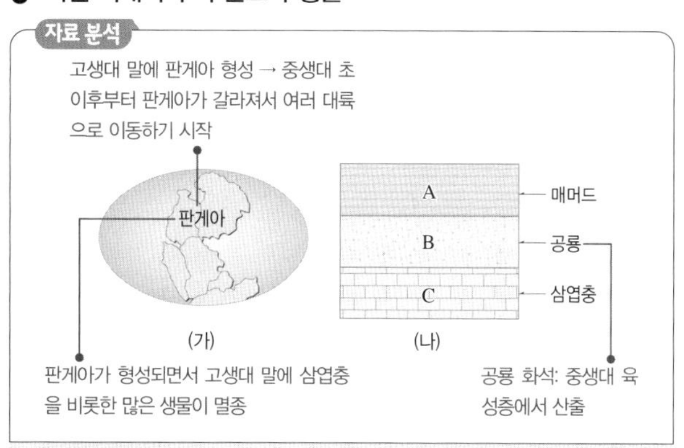

선택지 분석

✕ 판게아가 형성되면서 지층 C에서 산출된 화석 생물이 크게 번성하였다. 멸종

✕ 판게아는 지층 A가 퇴적된 지질 시대에 분리되기 시작하였다. B

ㄷ (나)의 지층 B에서는 암모나이트 화석이 산출될 수 없다.

ㄷ. (나)의 지층 B는 중생대의 공룡 화석이 산출되는 육성층이므로, 해양 생물인 암모나이트 화석이 산출될 수 없다.

바로알기 ㄱ. 고생대 말에 여러 대륙이 모여 판게아가 형성되었고, 삼엽충은 고생대 말에 멸종하였다.

ㄴ. 중생대 트라이아스기 말에 판게아가 분리되기 시작하였고, 지층 A가 퇴적된 지질 시대는 신생대이다.

9 지질 시대 환경과 생물

자료 분석

(가) 화폐석이 크게 번성하였다. 신생대 팔레오기, 네오기 ❸

(나) 양치식물이 번성하면서 큰 숲을 이루었고, 석탄층을 형성하였다. 고생대 석탄기 ❷

(다) 원시적인 다세포 생물이 출현하였고, 에디아카라 동물군 화석을 형성하였다. 원생 누대 ❶

선택지 분석

~~①~~ (가) → (나) → (다)
~~②~~ (나) → (가) → (다)
~~③~~ (나) → (다) → (가)
~~④~~ (다) → (가) → (나)
⑤ (다) → (나) → (가)

(가)는 신생대, (나)는 고생대, (다)는 원생 누대에 해당한다. 따라서 시간 순서대로 나열하면 (다) → (나) → (가)이다.

10 지질 시대의 수륙 분포의 변화

선택지 분석

ㄱ (가)는 고생대 말~중생대 초의 수륙 분포이다.
~~ㄴ~~ B 사건은 (다) 시기에 일어났다. (나)
~~ㄷ~~ 사건이 일어난 순서는 A → C → B이다. A → B → C

ㄱ. (가)는 모든 대륙이 하나로 붙어 있었던 판게아이다. 판게아는 고생대 말에 형성되었고 중생대 트라이아스기에 분리되기 시작하였다. (나)는 중생대, (다)는 신생대의 수륙 분포이다.

바로알기 ㄴ. 대서양은 판게아가 갈라져 이동하면서 형성되기 시작하였으므로 B 사건은 (나) 시기에 일어났다.

ㄷ. A는 고생대에, B는 중생대에, C는 신생대에 일어난 사건이다. 따라서 사건이 일어난 순서는 A → B → C이다.

11 지질 시대 환경과 생물 - 중생대

선택지 분석

ㄱ 표준 화석에 해당한다.
ㄴ 중생대 말에 멸종되었다.
~~ㄷ~~ 바다에서 퇴적된 지층에서 발견된다.
(가)는 육지에서, (나)는 바다에서

ㄱ. (가)는 공룡 화석, (나)는 암모나이트 화석이다. (가)와 (나)는 중생대 지층에서만 산출되므로 중생대의 표준 화석이다.

ㄴ. (가)와 (나)는 모두 중생대 말에 멸종되었다.

바로알기 ㄷ. 암모나이트는 바다에서, 공룡은 육지에서 살았던 생물이므로 (가)가 산출되는 지층은 육지 환경에서 퇴적되었다.

12 지질 시대 환경과 생물 - 고생대, 중생대

자료 분석

선택지 분석

ㄱ (가) 시대에 육상 생물이 처음으로 출현하였다.
ㄴ (나) 시대는 전반적으로 온난한 기후가 지속되었다.
~~ㄷ~~ (가)보다 (나)의 시대가 더 오래 지속되었다. 짧게

ㄱ. (가)는 삼엽충이 번성한 고생대로, 고생대 실루리아기에 오존층이 자외선을 차단하여 육상 생물이 처음으로 출현하였다.

ㄴ. (나)는 중생대로, 빙하기가 없이 전반적으로 온난한 기후였다.

바로알기 ㄷ. 현생 누대의 길이는 고생대 > 중생대 > 신생대이다. 고생대인 (가)는 약 288.8(=541.0−252.2)백만 년 동안 지속되었으며, 중생대인 (나)는 약 186.2(=252.2−66.0)백만 년 동안 지속되었다. 따라서 (가)는 (나)보다 지속 기간이 길다.

13 지질 시대 환경과 생물

선택지 분석

~~ㄱ~~ A는 B보다 짧다. 길다
~~ㄴ~~ 히말라야산맥은 B 동안에 형성되었다. C 이후에
ㄷ 중생대는 C에 포함된다.

삼엽충의 출현 시기는 고생대 초기(캄브리아기), 육상 식물의 출현 시기는 고생대 중기(실루리아기), 화폐석의 번성 시기는 신생대 전기(팔레오기, 네오기)이다.

ㄷ. C는 고생대 중기부터 신생대 전기까지의 기간이므로 중생대는 C에 포함된다.

바로알기 ㄱ. A는 지구의 탄생부터 삼엽충의 출현까지의 기간이므로 선캄브리아 시대에 해당하고, B는 고생대 초기~중기까지의 기간이므로 A는 B보다 길다.

ㄴ. 히말라야산맥은 신생대에 인도 대륙이 유라시아 대륙과 충돌하여 형성되었으므로 고생대 기간인 B 동안에 형성되지 않았다.

14 지질 시대 수륙 분포 변화

자료 분석

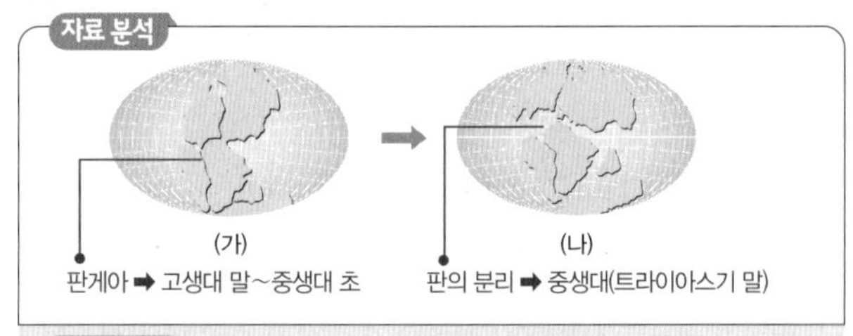

선택지 분석

ㄱ 전반적으로 온난하였으며 빙하기는 없었다.
ㄴ 대서양과 인도양이 형성되기 시작하였다.
~~ㄷ~~ 화폐석과 매머드가 번성하였다. 공룡과 암모나이트

ㄱ. (나) 시대는 중생대로, 전반적으로 온난하였으며 빙하기는 없었다.

ㄴ. 판게아가 분리되어 이동하면서 대서양과 인도양이 형성되기 시작하였다.

바로알기 ㄷ. 화폐석과 매머드는 신생대에 번성하였다.

15 지질 시대 생물의 대멸종

자료 분석

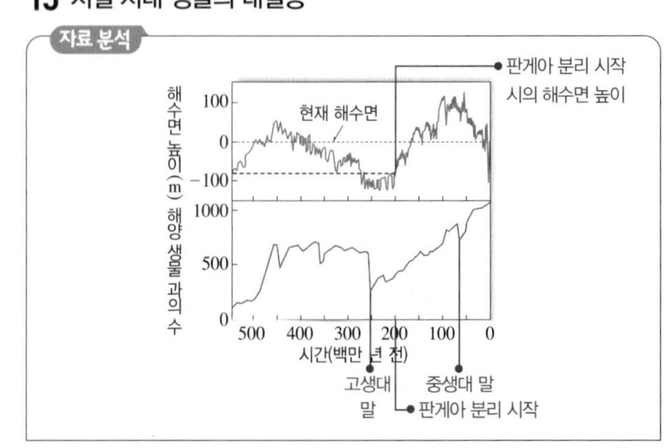

선택지 분석

ㄱ 최초의 다세포 생물은 캄브리아기 전에 출현하였다.

ㄴ ✗ 중생대 말에 감소한 해양 생물 과의 수는 고생대 말보다 크다. → 작다

ㄷ ✗ 판게아가 분리되기 시작했을 때의 해수면은 현재보다 높았다. → 낮았다

ㄱ. 캄브리아기는 고생대가 시작되는 시기이다. 최초의 다세포 생물은 선캄브리아 시대 말기에 출현하였으므로 캄브리아기 전에 출현하였다.

바로알기 ㄴ. 그래프에서 해양 생물 과의 수 감소 폭을 보면 약 2억 5천만 년 전(고생대 말)이 약 7천만 년 전(중생대 말)보다 크다.
ㄷ. 판게아는 중생대 트라이아스기 말(약 2억 년 전)에 분리되기 시작하였고, 2억 년 전의 해수면 높이는 현재보다 낮았다.

16 지질 시대 생물의 대멸종

자료 분석

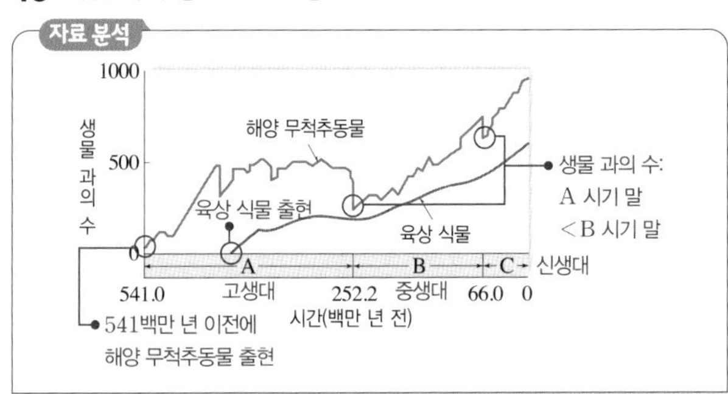

선택지 분석

ㄱ ✗ 육상 식물이 해양 무척추동물보다 먼저 출현하였다. → 나중에

ㄴ 해양 무척추동물의 과의 수는 A 시기 말이 B 시기 말보다 적었다.

ㄷ C 시기에는 화폐석이 번성하였다.

지질 시대 동안에 대멸종의 시기가 있었지만, 생물 과의 수는 대체로 증가해 왔으며, 생물은 육지보다 바다에서 먼저 출현하였다.
ㄴ. 해양 무척추동물의 과의 수는 평균적으로 A 시기 말에는 500보다 적었고, B 시기 말에는 500보다 많았다.
ㄷ. C 시기는 신생대로, 신생대의 바다에서는 화폐석이 번성하였다.

바로알기 ㄱ. 육상 식물은 A 시기 중기에, 해양 무척추동물은 A 시기 이전에 출현하였다.

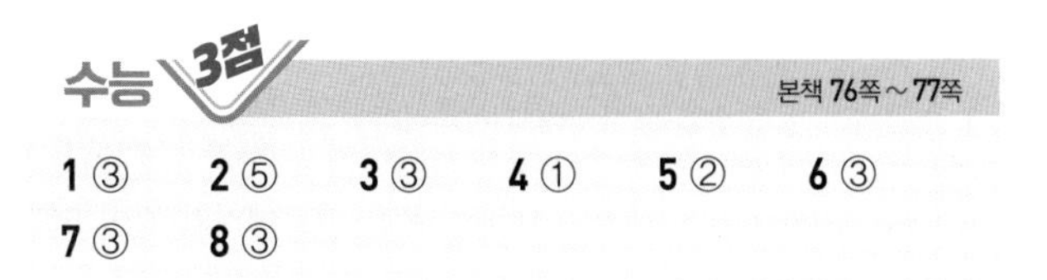

1 ③ 2 ⑤ 3 ③ 4 ① 5 ② 6 ③
7 ③ 8 ③

1 표준 화석과 시상 화석

선택지 분석

ㄱ A와 B는 고생대에 퇴적되었다.

ㄴ C는 육지에서 퇴적되었다.

ㄷ ✗ D가 퇴적될 당시에 이 지역에 빙하가 형성되었다. → 형성되지 않았다

ㄱ. 삼엽충, 필석, 방추충은 고생대의 표준 화석이다. 따라서 A와 B는 고생대에 퇴적되었다.
ㄴ. 공룡은 육상 생물이므로 C는 육지에서 퇴적되었다.

바로알기 ㄷ. 고사리는 온난 습윤한 환경에서 서식하므로 D가 퇴적될 당시에 이 지역은 따뜻한 기후였다.

2 표준 화석의 이용 – 지층의 대비

선택지 분석

ㄱ A와 C는 고생대에 퇴적되었다.

ㄴ B와 D의 화석은 지질 시대를 알아내는 데 이용된다.

ㄷ 퇴적 시기의 간격은 A와 B 사이가 C와 D 사이보다 크다.

ㄱ. A와 C의 삼엽충은 고생대에 번성했던 생물이다. 따라서 A와 C는 고생대에 퇴적되었다.
ㄴ. B의 매머드와 D의 암모나이트는 표준 화석이므로 지질 시대를 알아내는 데 이용된다.
ㄷ. 매머드는 신생대, 암모나이트는 중생대의 표준 화석이다. 따라서 A와 B 사이(고생대~신생대)가 C와 D 사이(고생대~중생대)보다 시간 간격이 크다.

3 표준 화석의 이용 – 지층의 대비

자료 분석

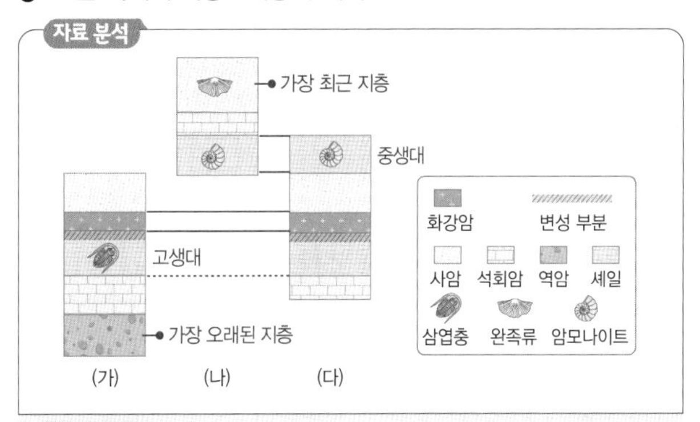

선택지 분석

ㄱ 가장 먼저 퇴적된 지층은 (가)의 역암이다.

ㄴ (다)의 아래쪽 셰일층은 고생대에 퇴적되었다.

ㄷ ✗ 화강암은 신생대에 생성되었다. → 고생대나 중생대

ㄱ. 지층을 대비해 보면 가장 먼저 퇴적된 지층은 (가)의 역암이다.
ㄴ. (다)의 아래쪽 셰일층은 (가)에서 삼엽충 화석이 발견되는 셰일층과 같은 시대에 퇴적되었으므로 고생대에 퇴적되었다.

바로알기 ㄷ. 화강암은 고생대의 표준 화석인 삼엽충 화석이 산출되는 셰일층과 중생대의 표준 화석인 암모나이트 화석이 산출되는 셰일층 사이에 생성되었으므로 고생대나 중생대에 생성되었다.

4 고기후 연구 방법

선택지 분석

ㄱ ㉠은 빙하가 형성되는 과정에서 포함된다.

ㄴ ✗ 해수에서 증발하는 수증기의 ㉡은 A 시기가 B 시기보다 높다. → 낮다

ㄷ ✗ 대륙 빙하의 면적은 A 시기가 B 시기보다 좁다. → 넓다

ㄱ. 빙하가 형성될 때 그 당시 대기가 미세한 공기 방울 형태로 빙하에 갇힌다. 이 공기 방울을 분석하면 과거 대기 중 이산화 탄소의 농도를 알 수 있다.

바로알기 ㄴ. 기온이 높을수록 해수에서 증발하는 수증기의 산소 동위 원소비가 높고, 이 수증기의 일부가 눈으로 내려 빙하를 형성하므로 빙하의 산소 동위 원소비도 높다. 따라서 해수에서 증발하는 수증기의 산소 동위 원소비는 A 시기보다 B 시기에 높다.
ㄷ. 기온이 높을수록 빙하의 산소 동위 원소비가 높으므로 기온은 A 시기보다 B 시기에 높다. 대륙 빙하는 기온이 낮을수록 더 넓게 분포하므로 대륙 빙하의 면적은 A 시기가 B 시기보다 넓다.

5 지질 시대 환경과 생물

선택지 분석

✕ (가)가 번성한 시대에 속씨식물이 번성하였다. 양치식물
ㄴ (가)와 (나)가 발견되는 지층은 모두 바다에서 퇴적되었다.
✕ (가)보다 (나)의 생물종이 지구상에 더 오랜 기간 동안 분포하였다. (나)보다 (가)의

ㄴ. (가)와 (나)는 모두 바다에 살았던 생물이므로 두 화석이 발견되는 지층은 모두 바다에서 퇴적되었다.
바로알기 ㄱ. (가)는 삼엽충 화석으로, 삼엽충은 고생대에 번성한 생물이다. 고생대에 양치식물이 번성하였고, 속씨식물은 신생대에 번성하였다.
ㄷ. (가) 삼엽충은 고생대 전 기간에, (나) 암모나이트는 중생대 전 기간에 지구상에 분포하였다. 고생대가 중생대보다 오랫동안 지속되었으므로 (나)보다 (가)의 생물종이 지구상에 더 오랜 기간 동안 분포하였다.

6 지질 시대의 수륙 분포와 생물 변화

자료 분석

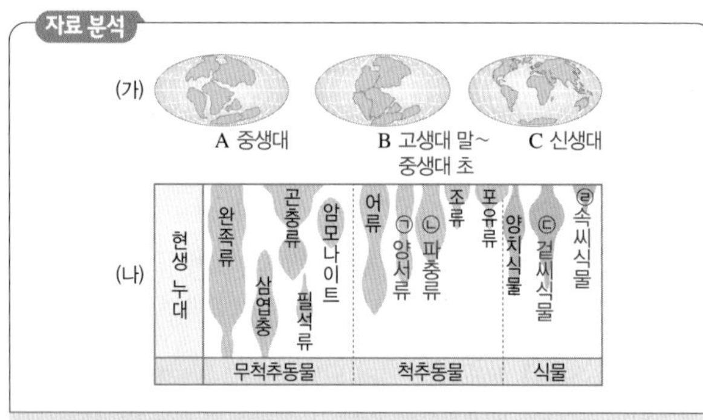

선택지 분석

✕ 수륙 분포의 변화 순서는 C → B → A이다. B → A → C
ㄴ 매머드가 번성한 시기의 수륙 분포는 C이다.
ㄷ ㉠은 양서류이고, ㉡은 파충류이다.
✕ ㉢은 속씨식물이고, ㉣은 겉씨식물이다. (겉씨 / 속씨)

ㄴ. 매머드는 신생대에 번성하였으므로 신생대의 수륙 분포는 C이다.
ㄷ. ㉠은 어류 다음으로 출현하여 번성한 양서류이고, ㉡은 그 이후로 출현하여 번성한 파충류이다.
바로알기 ㄱ. B는 판게아가 형성된 고생대 말~중생대 초, A는 판게아가 분리되는 중생대, C는 현재와 비슷한 신생대의 수륙 분포이므로 변화 순서는 B → A → C이다.
ㄹ. ㉢은 양치식물 다음으로 출현하여 번성한 겉씨식물이고, ㉣은 그 이후로 출현하여 번성한 속씨식물이다.

7 지질 시대 생물과 멸종

자료 분석

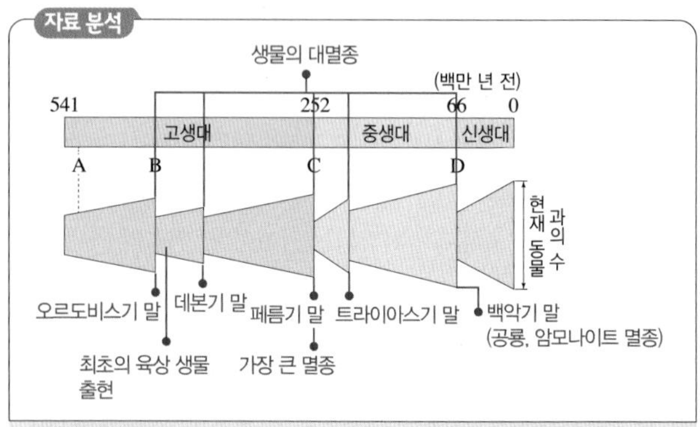

선택지 분석

✕ A 시기에 육상 동물이 출현하였다. 출현하지 않았다
✕ 동물 과의 멸종 비율은 B 시기가 C 시기보다 크다. C 시기가 B 시기보다
ㄷ D 시기에 공룡이 멸종하였다.

ㄷ. 지질 시대 동안 생물의 대멸종은 고생대 오르도비스기 말(B), 데본기 말, 페름기 말(C), 중생대 트라이아스기 말, 백악기 말(D)에 있었다. D 시기는 중생대 백악기 말로, 이 시기에 공룡과 암모나이트 등이 멸종하였다.
바로알기 ㄱ. 육상 생물은 고생대 실루리아기에 최초로 출현하였다. A는 고생대 초기로 다양한 생물이 급증하였으나 육상 동물은 아직 출현하지 않았다.
ㄴ. 동물 과의 멸종 비율은 C 시기가 B 시기보다 크다. C 시기는 고생대 페름기 말로, 이 시기에 삼엽충이 멸종하였으며, 완족류 과의 수가 급격히 감소하는 등 지질 시대 중 가장 큰 멸종이 있었다.

8 지질 시대 생물의 대멸종

자료 분석

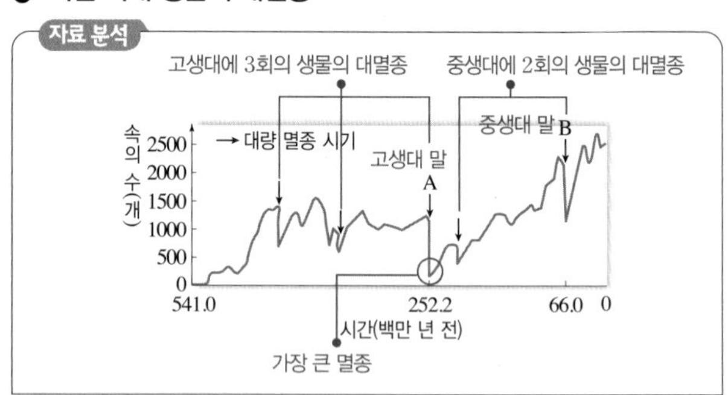

선택지 분석

ㄱ 현생 누대 동안 생물의 대량 멸종은 5회 있었다.
✕ A 시기에 판게아가 분리되기 시작하였다. 형성되었다
ㄷ B 시기는 중생대와 신생대의 경계이다.

ㄱ. 현생 누대 동안에 생물의 대량 멸종은 자료에서와 같이 5회 있었다.
ㄷ. B 시기는 중생대 말로, 중생대와 신생대의 경계가 된다.
바로알기 ㄴ. A 시기는 고생대 말에 해당하며, 이 시기에 판게아가 형성되었다.

Ⅲ 대기와 해양

1. 대기와 해양의 변화

07 기압과 날씨 변화

개념 확인 본책 81쪽, 83쪽

(1) 상승, 흐리다 (2) ① 고, 시계 ② 저, 시계 반대 (3) 높다
(4) 시베리아 (5) 적운형 (6) ① 크다 ② 정체성 ③ 이동성
(7) ① 두꺼운, 낮 ② 높은 (8) ① 빠르다 ② 하강, 상승 ③ 층운, 적운 ④ 정체 ⑤ 북태평양 (9) 서, 동 (10) 온난 (11) ① 적운
② 맑, 높 ③ 남동 (12) 서쪽

수능 자료 본책 84쪽

자료❶ 1 ○ 2 ○ 3 × 4 ○ 5 × 6 ○
자료❷ 1 × 2 × 3 ○ 4 ○ 5 × 6 × 7 ○

자료❶ 전선과 기단

2 (가)에서 ㉡ 시기(15시~18시)를 기준으로 기온이 급격히 변화하였으므로 이 시기에 전선이 통과하였음을 알 수 있다. ㉡ 시기 이전보다 이후의 기온이 낮아졌으므로 이 시기에 한랭 전선이 관측소를 통과하였다.

3 한랭 전선이 통과하면 기압은 높아지므로 관측소의 지상 평균 기압은 전선이 통과한 후인 ㉢ 시기가 ㉠ 시기보다 높다.

4 A 지역의 기단은 고위도 대륙에서 발생하여 한랭 건조하다.

5 A 지역의 기단은 한랭한 성질이 있으므로 이 기단의 영향을 받는 시기는 기온이 낮은 ㉢ 시기이다.

6 한랭 전선에서는 적운형 구름이 발달하므로 전선이 통과하면 소나기성 비가 내릴 수 있다.

자료❷ 온대 저기압과 날씨

1 온대 저기압은 편서풍에 의해 서에서 동으로 이동하므로 저기압 중심이 상대적으로 서쪽에 있는 (나)가 먼저 작성된 일기도이다.

2 저기압은 중심부의 기압이 낮을수록 세력이 강하다. (나)에서 (가)로 이동하면서 온대 저기압 중심부의 기압이 더 낮아졌으므로 온대 저기압의 세력은 강해졌다.

3 (나)와 (가) 사이에 P 지역에 한랭 전선이 통과하였다. 한랭 전선에서 적운형 구름이 발달하므로 이 기간 중 P 지역에 소나기가 내렸다.

4 P 지역에 한랭 전선이 통과하여 찬 기단이 지나므로 전선이 통과한 후 기온은 낮아졌다.

5 (다)에서 풍향은 풍향계가 가리키는 방향이므로 북서풍이다.

6 P 지역에서 풍향은 (가)일 때 북서풍이고, (나)일 때 남서풍이므로 (다)는 (가)일 때 풍향이다.

7 P 지역은 저기압 중심의 진행 방향에 대하여 오른쪽에 위치하므로 저기압이 통과하면서 풍향이 시계 방향으로 변하였다.

수능 1점 본책 84쪽

1 ④ 2 한랭 전선, 21시경 3 B 4 (가) → (다) → (라) → (나)
5 (1) 북서풍 (2) 7 m/s (3) 소나기 (4) 10 ℃ (5) 1003.0 hPa

1 ④ C는 북태평양 기단으로 저위도 해양에서 발생하여 고온 다습하고, 주로 여름에 영향을 준다.

바로알기 ① A는 시베리아 기단으로 고위도 대륙에서 발생하여 한랭 건조하고, 주로 겨울에 영향을 준다.
② B는 양쯔강 기단으로 저위도 대륙에서 발생하여 온난 건조하고, 주로 봄·가을에 영향을 준다.
⑤ D는 오호츠크해 기단으로 고위도 해양에서 발생하여 한랭 다습하고, 주로 초여름에 영향을 준다.

2 전선 통과 전후로 기온, 기압, 풍향 등이 급격히 변화한다. 21시경에 이 지역의 풍향이 남서풍에서 북서풍으로 바뀌었으며 기온이 급격히 낮아졌으므로 한랭 전선이 통과하였다.

3 현재 대체로 맑고 남서풍이 불고 있는 지역은 B 지역으로, 앞으로 한랭 전선이 통과하면서 강한 소나기가 내리고 북서풍이 불며 찬 공기의 영향을 받아 기온이 내려갈 것이다.

4 (가) 찬 공기와 따뜻한 공기가 만나 정체 전선이 형성되고 (다) 파동이 일어나면, (라) 한랭 전선과 온난 전선이 형성되면서 온대 저기압이 발달한다. (나) 이동 속도가 빠른 한랭 전선이 온난 전선과 겹쳐져 폐색 전선이 형성되면서 온대 저기압이 소멸한다.

5 (1) 일기 기호의 깃이 가리키는 방향이 풍향이다.
(2) 긴 깃은 5 m/s, 짧은 깃은 2 m/s이므로 풍속은 7 m/s이다.
(3) 🌦은 소나기를 의미한다.
(4) 강수 기호 위쪽의 숫자가 기온을 의미하므로 10 ℃이다.
(5) 030이 기압을 나타낸다. 기압은 천의 자리와 백의 자리를 생략하고 소수점 아래 첫째 자리까지 나타내므로 1003.0 hPa이다.

수능 2점 본책 85쪽~87쪽

1 ①	2 ③	3 ②	4 ③	5 ⑤	6 ⑤
7 ⑤	8 ⑤	9 ⑤	10 ①	11 ⑤	12 ②

1 고기압과 저기압

자료 분석

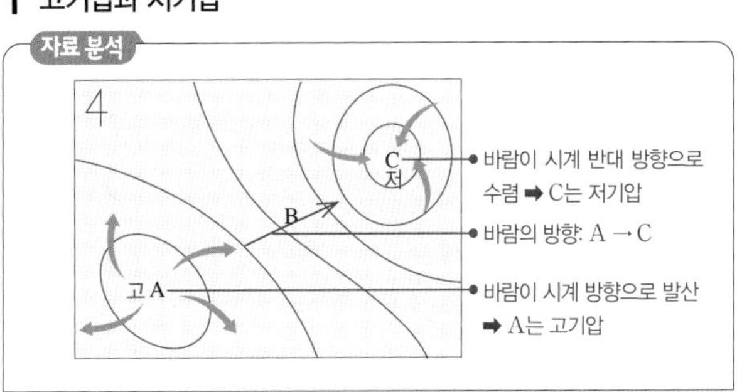

선택지 분석

㉠ A 지역에서 B 지역으로 갈수록 기압이 낮아진다.
~~㉡~~ C 지역은 하강 기류가 발달한다. 상승 기류
~~㉢~~ B 지역에서는 동풍이 우세하게 불 것이다. 서풍

ㄱ. A 지역은 지상에서 공기가 발산하므로 고기압이 분포하고, C 지역은 지상에서 공기가 수렴하므로 저기압이 분포한다.

바로알기 ㄴ. C 지역은 저기압이 분포하므로 상승 기류가 발달한다.
ㄷ. B 지역의 남서쪽에 고기압이 있고, 북동쪽에는 저기압이 있으므로 B 지역에서는 서풍이 우세하게 불 것이다.

2 우리나라에 영향을 주는 기단

선택지 분석

~~①~~ A는 양쯔강 기단이다. 시베리아 기단
~~②~~ B는 한랭 건조한 특성을 나타낸다. 온난 건조
③ C는 차가운 바다에서 형성된다.
~~④~~ D가 영향을 미치는 시기에는 우리나라에 이동성 고기압이 자주 통과한다. B
~~⑤~~ A와 D는 육지에서 형성된 기단이다. A는

③ C는 고위도에 위치하는 오호츠크해에서 발생한 기단이다.

바로알기 ① 겨울철에 영향을 주는 A는 시베리아 기단, 봄철과 가을철에 영향을 주는 B는 양쯔강 기단, 초여름에 영향을 주는 C는 오호츠크해 기단, 여름철에 영향을 주는 D는 북태평양 기단이다.
② B는 중국 대륙의 양쯔강 유역에서 발달한 온대 대륙성 기단이므로 온난 건조한 특성을 나타낸다.
④ D는 북태평양 기단으로, 정체성 고기압이다.
⑤ A는 육지에서 형성되고, D는 바다에서 형성된다.

3 기단의 변질

선택지 분석

~~ㄱ~~ 전선이 만들어지면서 풍속이 강해진다. 만들어지지 않는다
ㄴ 공기의 상하 혼합이 활발해지고 적운형 구름이 발달한다.
~~ㄷ~~ 북태평양 기단이 북상할 때 잘 나타나는 현상이다. 시베리아 기단이 남하할 때

ㄴ. 차고 건조한 기단이 따뜻한 바다를 지나면 열과 수증기를 공급받아 기층이 불안정해지고 공기의 상하 혼합이 활발해지면서 적운형 구름이 발달한다.

바로알기 ㄱ. 전선은 성질이 다른 두 기단이 만났을 때 형성된다.
ㄷ. 북태평양 기단이 북상하면 기층이 안정해지고 층운형 구름이나 안개가 형성된다.

4 기상 영상 해석

선택지 분석

~~ㄱ~~ 두 영상은 밤에 촬영한 것이다. 낮에
~~ㄴ~~ A 지역의 구름은 고도가 낮고 두껍다. 높고 얇다
ㄷ B 지역의 구름은 적란운에 가깝다.

ㄷ. B 지역의 구름은 가시 영상과 적외 영상에서 모두 밝게 나타나므로 두께가 두껍고 고도가 높은 구름인 적란운에 가깝다.

바로알기 ㄱ. 가시 영상은 햇빛을 이용하므로 밤에 촬영할 수 없다. 따라서 두 영상은 낮에 촬영한 것이다.
ㄴ. 가시 영상에서는 구름이 두꺼울수록 밝게 보이고, 적외 영상에서는 구름의 고도가 높을수록 밝게 보인다. A 지역의 구름은 가시 영상에서는 어둡게 보이고 적외 영상에서는 밝게 보이므로, 두께가 얇고 고도가 높은 구름이다.

5 기상 위성 영상과 정체 전선

자료 분석

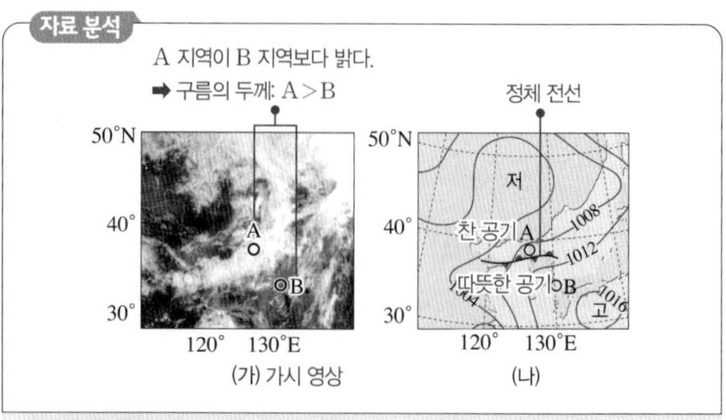

선택지 분석

ㄱ 구름의 두께는 A 지역이 B 지역보다 두껍다.
ㄴ A 지역의 구름을 형성하는 수증기는 주로 전선의 남쪽에 위치한 기단에서 공급된다.
ㄷ B 지역의 지상에서는 남풍 계열의 바람이 분다.

ㄱ. 가시 영상은 구름과 지표면에서 반사된 햇빛의 세기에 따라 나타낸 영상으로, 구름이 두꺼울수록 햇빛을 강하게 반사하여 밝게 보인다. (가)에서 A 지역은 B 지역보다 밝게 보이므로 구름의 두께가 두껍다.
ㄴ. 정체 전선은 북쪽의 찬 공기와 남쪽의 따뜻한 공기가 만나 형성되며, 전선면이 찬 공기 쪽으로 기울어져 있어 남쪽에 위치한 수증기를 많이 포함한 따뜻한 기단이 북쪽의 찬 기단 위로 상승하면서 구름이 형성된다. 따라서 구름대가 보통 전선의 북쪽에 형성되므로 A 지역의 구름을 형성하는 수증기는 주로 전선의 남쪽에 위치한 따뜻한 기단에서 공급된 것이다.
ㄷ. B 지역의 남동쪽에 고기압이 위치한다. 북반구 고기압의 지상에서는 바람이 시계 방향으로 불어나가므로 B 지역의 지상에서는 남풍 계열의 바람이 분다.

6 온난 전선의 특징

자료 분석

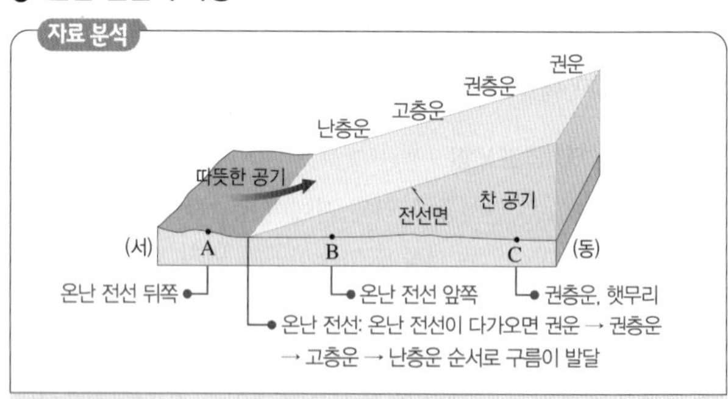

선택지 분석

ㄱ A 지점은 날씨가 맑고, 기온이 가장 높다.
ㄴ B 지점에서는 층운형 구름이 발달하고, 비가 내린다.
ㄷ 전선이 동쪽으로 이동하면, 앞으로 비가 내릴 가능성은 A보다 C 지점이 크다.

ㄱ. A 지점은 온난 전선 뒤쪽으로, 대체로 날씨가 맑고 따뜻한 공기의 영향으로 기온이 가장 높다.
ㄴ. B 지점은 온난 전선 앞쪽으로, 층운형 구름이 발달하여 넓은 지역에 지속적인 비가 내린다.
ㄷ. 전선이 동쪽으로 이동하면 C 지점은 앞으로 난층운이 다가오므로 비가 내릴 것이다. A 지점은 이미 온난 전선이 통과하여 날씨가 맑다.

7 한랭 전선과 온난 전선

자료 분석

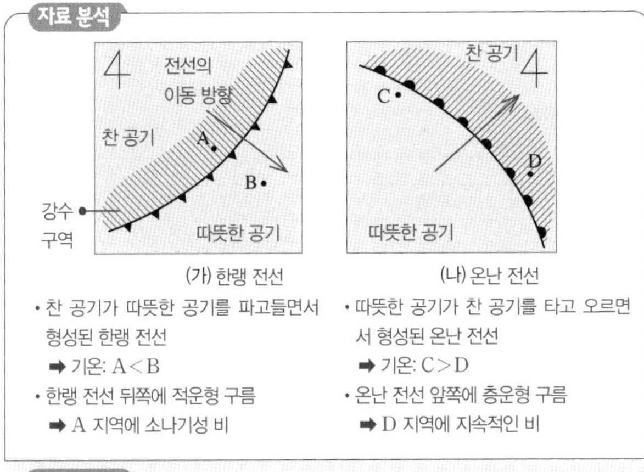

선택지 분석

ㄱ. 기온은 B가 A보다 높다.
ㄴ. A와 D에는 강수 현상이 있다.
ㄷ. 기압은 C가 D보다 낮다.

ㄱ. 한랭 전선의 앞쪽에는 따뜻한 공기가 분포하고 뒤쪽에는 찬 공기가 분포하므로 B가 A보다 기온이 높다.
ㄴ. 한랭 전선의 뒤쪽인 A에는 적운형 구름이, 온난 전선의 앞쪽인 D에는 층운형 구름이 발생하므로 강수 현상이 일어난다.
ㄷ. 온난 전선은 북서-남동으로 뻗어 있고 북서쪽이 저기압 중심에 가까우므로 기압은 저기압 중심에 더 가까운 C가 D보다 낮다.

8 온대 저기압의 날씨와 일기 기호

자료 분석

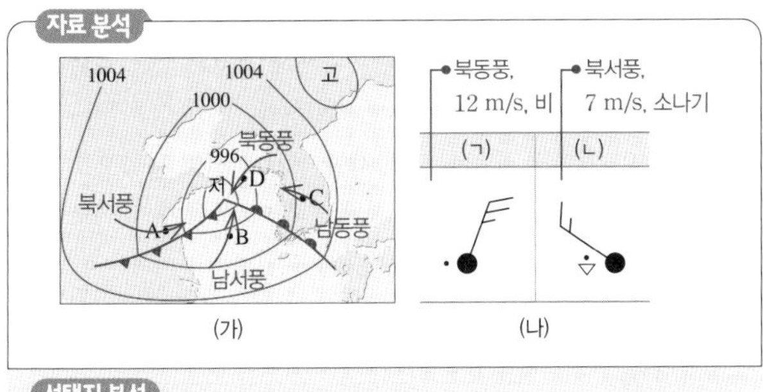

선택지 분석

	(ㄱ)	(ㄴ)		(ㄱ)	(ㄴ)
~~①~~	A	C	~~②~~	B	A
~~③~~	B	D	~~④~~	C	B
⑤	D	A			

(ㄱ): 북동풍이 불고, 비가 내리며, 풍속이 (ㄴ)보다 강하므로 저기압 중심에 가까운 D 지점에 해당하는 일기 기호이다.
(ㄴ): 북서풍이 불고, 소나기가 내리고 있으므로 한랭 전선의 뒤쪽인 A 지점에 해당하는 일기 기호이다.

9 온대 저기압과 날씨 변화

선택지 분석

ㄱ. 저기압의 세력은 (가)가 (나)보다 약하다.
~~ㄴ~~. (가)에서 (나)로 변하는 동안 A에서는 비가 지속적으로 내렸다. → 소나기성 비가
ㄷ. 우리나라를 지나는 온대 저기압은 봄철이 여름철보다 형성되기 쉽다.

ㄱ. 온대 저기압의 중심 기압은 (가)보다 (나)에서 더 낮으므로 저기압의 세력은 (가)가 (나)보다 약하다.
ㄷ. 온대 저기압은 찬 기단과 따뜻한 기단이 만나는 곳에서 잘 형성된다. 우리나라 여름철에는 고온 다습한 북태평양 기단의 영향을 주로 받으므로 여름철보다 봄철에 온대 저기압이 형성되기 쉽다.
바로알기 ㄴ. (가)에서 A는 온난 전선과 한랭 전선 사이에 위치하므로 날씨가 비교적 맑지만, (나)에서 A는 한랭 전선 뒤쪽에 위치하므로 적운형 구름이 형성되어 소나기성 비가 내린다.

10 연속된 일기도 해석

선택지 분석

ㄱ. (가)는 (나)보다 먼저 작성된 일기도이다.
~~ㄴ~~. (나)에서 A~E 중 소나기성 비가 내릴 가능성이 가장 큰 지점은 D이다. → C
~~ㄷ~~. 이 기간 동안 저기압의 세력은 약화되었다. → 강화

ㄱ. 온대 저기압은 서에서 동으로 이동하므로 저기압 중심이 상대적으로 서쪽에 위치한 (가)가 (나)보다 먼저 작성된 일기도이다.
바로알기 ㄴ. 소나기성 비가 내린 지점은 한랭 전선 뒤쪽에 위치한 C이다. D는 온난 전선 앞쪽에 위치하므로 지속적인 비가 내린다.
ㄷ. 저기압의 중심 기압이 더 낮아졌으므로 세력은 강화되었다.

11 온대 저기압의 일기도와 일기 기호 해석

자료 분석

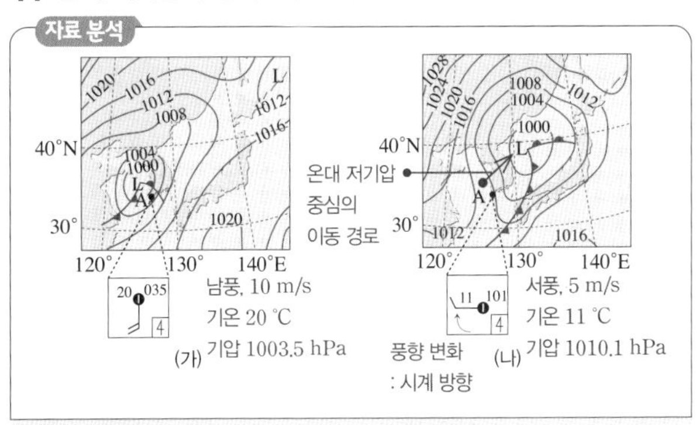

선택지 분석

ㄱ. A 지점의 풍향은 시계 방향으로 바뀌었다.
ㄴ. 한랭 전선이 통과한 후에 A에서의 기온은 9 ℃ 하강하였다.
ㄷ. 온난 전선면과 한랭 전선면은 각각 전선으로부터 지표상의 공기가 더 차가운 쪽에 위치한다.

ㄱ. A 지점의 풍향은 (가)에서 남풍이었다가 (나)에서 서풍이 되었다. A 지점은 저기압 중심의 진행 방향의 오른쪽에 위치하므로 풍향이 시계 방향으로 바뀌었다.
ㄴ. (가)와 (나) 사이에 한랭 전선이 A 지점을 통과하였고 기온은 20 ℃에서 11 ℃로 9 ℃ 낮아졌다.
ㄷ. 온난 전선은 따뜻한 공기가 찬 공기를 타고 오르면서 형성되기 때문에 찬 공기 쪽으로 전선면이 기울어져 있고, 한랭 전선은 찬 공기가 따뜻한 공기를 파고들면서 형성되기 때문에 찬 공기 쪽으로 전선면이 기울어져 있다.

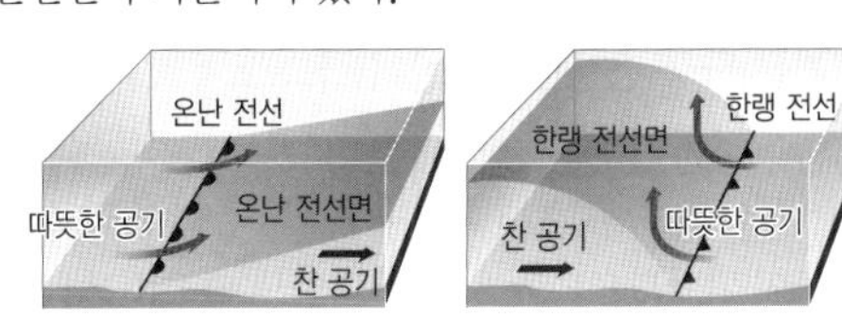

12 온대 저기압의 이동

자료 분석

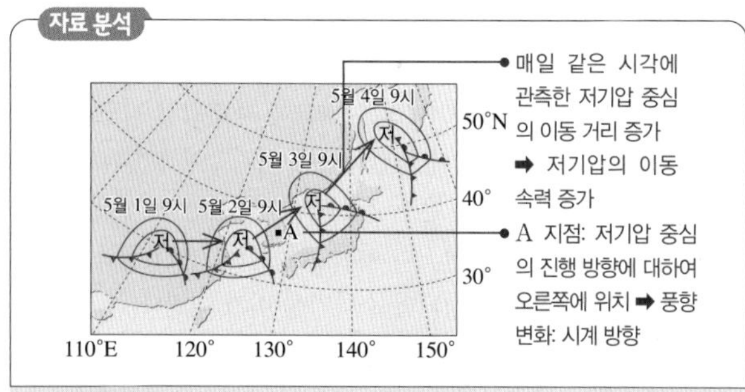

선택지 분석

✗ 저기압의 이동 방향과 속력은 일정하게 유지되었다. 일정하지 않았다

ㄴ A 지점의 풍향은 시간에 따라 시계 방향으로 변하였다.

✗ 5월 2일 9시부터 5월 3일 9시까지 A 지점은 맑은 날씨가 지속되었다. 비가 오는 날씨가 있었다

ㄴ. A 지점은 저기압 중심의 진행 방향에 대하여 오른쪽에 위치하므로 풍향은 시간에 따라 시계 방향으로 변하였다.

바로알기 ㄱ. 하루 동안 저기압이 이동한 거리가 달라졌고 이동 방향도 조금씩 달라졌으므로, 이동 방향과 속력은 일정하지 않았다.
ㄷ. 5월 2일 9시부터 5월 3일 9시 사이에 온난 전선과 한랭 전선이 차례로 A 지점을 통과하였다. 전선 부근에서 구름이 발생하므로 전선이 통과하면서 비가 오는 날씨가 있었다.

수능 3점

본책 88쪽~89쪽

1 ③ 2 ④ 3 ② 4 ③ 5 ⑤ 6 ②
7 ④ 8 ③

1 기단의 변질

선택지 분석

ㄱ 기단 내에서 대류가 활발해진다.

✗ 층운형 구름이 형성된다. 적운형

ㄷ 강한 강수 현상이 나타난다.

ㄱ. 고위도 대륙에서 발원한 기단이 해양을 지나 저위도로 이동하는 동안 수증기와 열을 공급받으므로 기단 하층부의 온도가 상승하면서 기단 내에서 대류가 활발해진다.
ㄷ. 적운형 구름이 발달하므로 강한 강수 현상이 나타난다.

바로알기 ㄴ. 대류가 활발해지면서 기층이 불안정해지고 그에 따라 강한 상승 기류가 발달하여 적운형 구름이 형성된다.

2 전선과 기단

선택지 분석

✗ 관측소를 통과한 전선은 온난 전선이다. 한랭

ㄴ 관측소의 지상 평균 기압은 ㉢ 시기가 ㉠ 시기보다 높다.

ㄷ ㉢ 시기에 관측소는 A 지역 기단의 영향을 받는다.

ㄴ. ㉢ 시기는 한랭 전선이 통과한 후이므로 지표면의 기온이 낮아지고, 기압이 높아졌다.
ㄷ. A 지역 기단은 고위도 대륙에서 형성되어 한랭 건조하다. ㉢ 시기에 기온이 낮아졌으므로 A 지역 기단의 영향을 받았다.

바로알기 ㄱ. ㉠ 시기에는 지표면 부근의 기온이 대체로 높았지만, ㉡ 시기 이후에 지표면 부근의 기온이 크게 낮아졌다. 따라서 관측소를 통과한 전선은 한랭 전선이다.

3 정체 전선

자료 분석

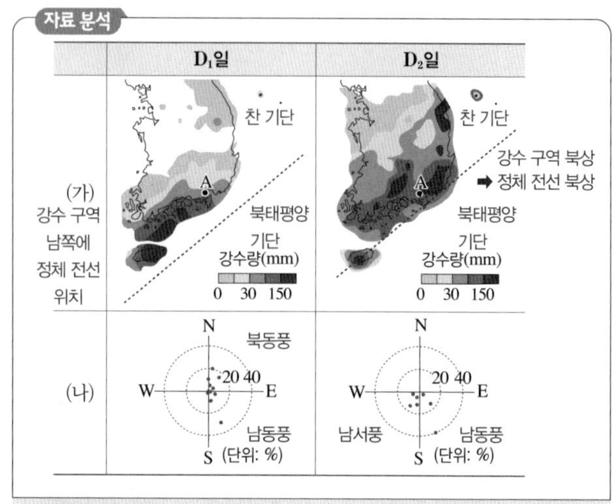

선택지 분석

✗ D_1일 때 정체 전선의 위치는 D_2일 때보다 북쪽이다. 남쪽

ㄴ D_2일 때 남동풍의 빈도는 남서풍의 빈도보다 크다.

✗ D_1일 때가 D_2일 때보다 북태평양 기단의 영향을 더 받는다. 덜

ㄴ. D_2일 때 A 지점에서의 풍향 빈도는 남서풍이 20 % 미만으로 4회 관측되었고 남동풍이 20 % 미만으로 2회, 40 %로 1회 관측되었다. 따라서 총 빈도는 남동풍이 남서풍보다 크다.

바로알기 ㄱ. 정체 전선의 북쪽에서 주로 비가 내리고, (가)에서 강수 구역은 D_1일 때가 D_2일 때보다 남쪽에 분포하므로 정체 전선은 D_1일 때가 D_2일 때보다 남쪽에 위치한다.
ㄷ. 북태평양 기단의 세력이 강해지면 정체 전선이 북쪽으로 이동한다. D_2일 때가 D_1일 때보다 정체 전선이 북쪽에 있으므로 A 지점이 북태평양 기단의 영향을 더 받는다.

4 온대 저기압과 일기도 해석

자료 분석

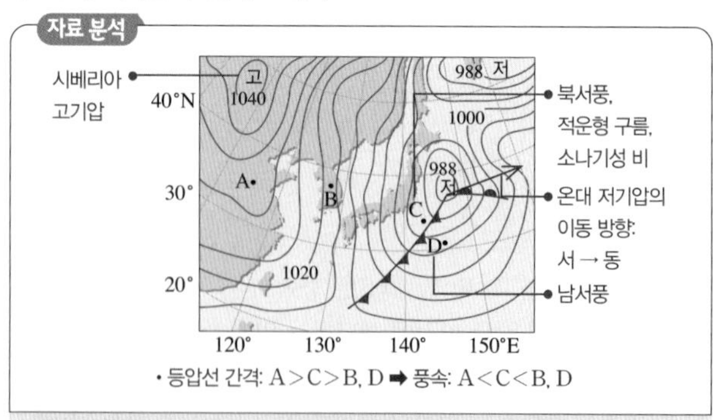

선택지 분석

ㄱ A~D 지점 중 풍속은 A 지점에서 가장 작다.

✗ 우리나라 여름철에 잘 나타나는 일기도이다. 겨울철

ㄷ D 지점은 앞으로 전선이 통과한 후 북서풍이 불 것이다.

ㄱ. 등압선의 간격이 좁을수록 풍속이 크므로 A~D 지점 중 등압선 간격이 가장 넓은 A 지점에서 풍속이 가장 작다.
ㄷ. D 지점은 앞으로 한랭 전선 뒤쪽에 위치하여 북서풍이 불 것이다.

바로알기 ㄴ. 우리나라 서쪽에 시베리아 고기압이 있고 동쪽에 저기압이 있는 일기도는 겨울철에 잘 나타난다.

5 온대 저기압 주변의 바람

자료 분석

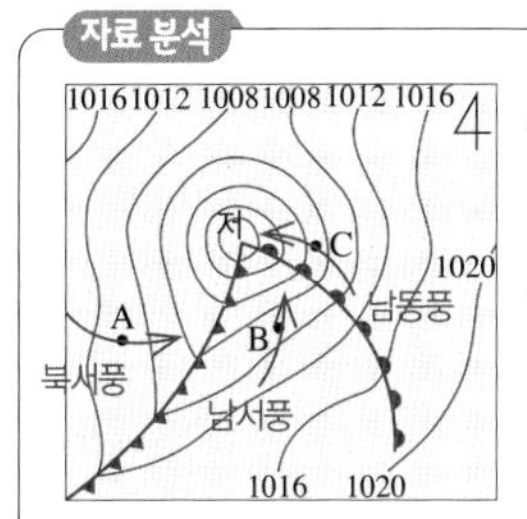

- 풍향: 북반구 저기압 중심에서는 바람이 시계 반대 방향으로 불어들어가며, 등압선에 오른쪽으로 비스듬히 휘어져 불어들어간다.
- 등압선 간격: A > B > C
  ➡ 풍속은 등압선 간격이 좁을수록 빠르므로 C > B > A이다.

선택지 분석

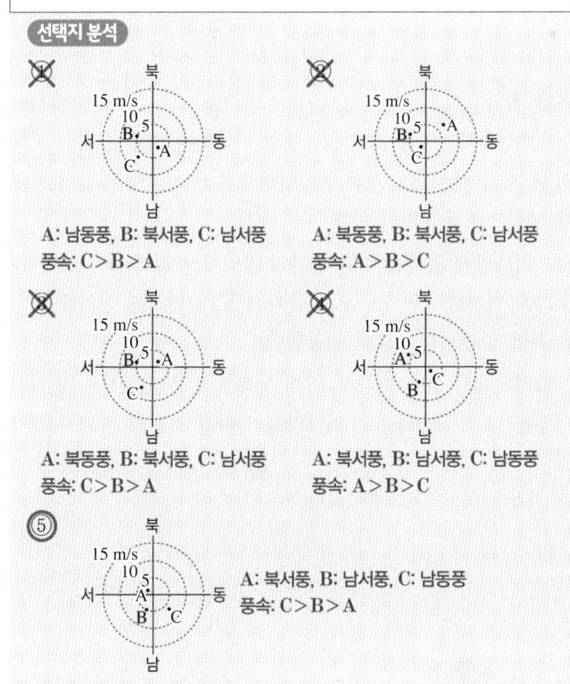

6 온대 저기압의 통과

자료 분석

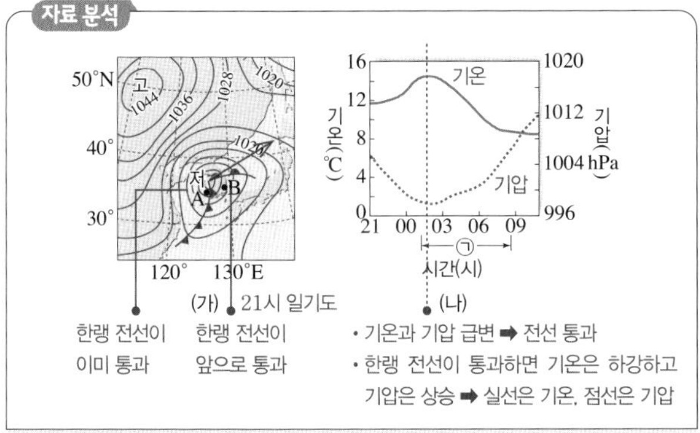

- 기온과 기압 급변 ➡ 전선 통과
- 한랭 전선이 통과하면 기온은 하강하고 기압은 상승 ➡ 실선은 기온, 점선은 기압

선택지 분석

~~ㄱ. (가)에서 A의 상층부에는 주로 층운형 구름이 발달한다.~~ (층운형 → 적운형)

ⓛ (나)는 B의 관측 자료이다.

~~ㄷ. (나)의 관측소에서 ㉠ 기간 동안 풍향은 시계 반대 방향으로 바뀌었다.~~ (시계 반대 방향 → 시계 방향)

ㄴ. (나)에서 02시 전후로 기온과 기압이 급격히 변하였으므로 전선이 통과하였다. 온대 저기압은 서에서 동으로 이동하므로 21시 이후 A는 전선이 통과하지 않고, B는 한랭 전선이 통과한다.

다른 해설 (가)에서 21시에 A와 B는 모두 기압이 1008 hPa보다 작으므로, (나)에서 21시에 기압 값이 1008 hPa보다 작은 점선은 기압이고 실선은 기온이다. 02시경 이후 기온이 하강하므로 한랭 전선이 통과하는 B의 관측 자료이다.

바로알기 ㄱ. A와 같은 한랭 전선의 뒤쪽에서는 전선면의 기울기가 급하여 공기가 강하게 상승하면서 적운형 구름이 발달한다.
ㄷ. ㉠ 기간 동안 (나)의 관측소(B)는 저기압 중심의 진행 방향의 오른쪽에 위치하므로 풍향은 시계 방향으로 바뀌었다.

7 온대 저기압의 통과

자료 분석

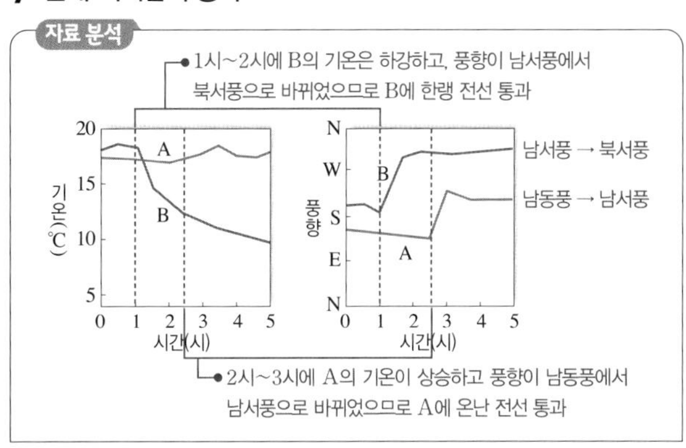

선택지 분석

~~ㄱ. B 관측소에는 1시~2시에 온난 전선이 통과하였다.~~ (온난 → 한랭)

ⓛ 전선이 통과한 시기는 A 관측소보다 B 관측소가 빠르다.

ⓒ A 관측소에 2시경에 흐리거나 비가 내렸다.

ㄴ. A 관측소에서는 2시~3시에 기온이 상승하고, 풍향이 남동풍에서 남서풍으로 바뀌었으므로 온난 전선이 통과하였다. B 관측소에서 한랭 전선이 1시~2시에 통과하였으므로 전선이 통과한 시기는 A 관측소보다 B 관측소가 빠르다.
ㄷ. 2시경에는 온난 전선이 A 관측소에 가까워졌으나 통과하기 전이므로 A 관측소는 흐리거나 비가 내렸다.

바로알기 ㄱ. B 관측소에서는 1시~2시에 기온이 하강하고, 풍향이 남서풍에서 북서풍으로 바뀌었으므로 한랭 전선이 통과하였다.

8 온대 저기압의 일생

자료 분석

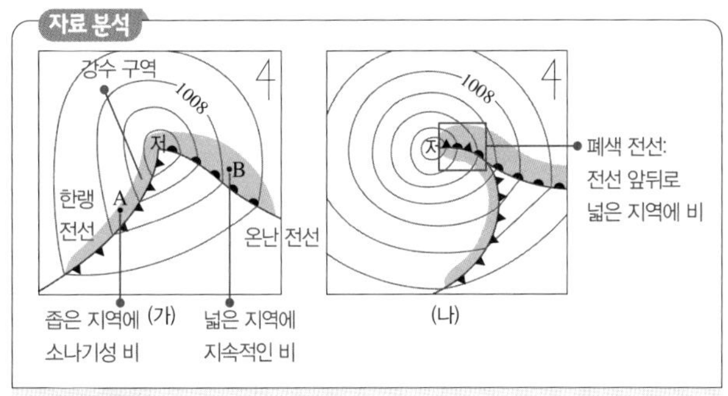

선택지 분석

ⓞ (가)는 온대 저기압이 통과하기 전의 모습이다.

ⓛ (가)에서 뇌우가 발생할 가능성은 B 지점보다 A 지점이 크다.

~~ㄷ. (나)에서 정체 전선이 형성되면서 넓은 지역에 비가 내린다.~~ (정체 전선 → 폐색 전선)

ㄱ. 이동 속도가 빠른 한랭 전선이 온난 전선과 겹쳐져 폐색 전선이 형성된다. 따라서 폐색 전선이 형성된 (나)가 온대 저기압이 우리나라를 통과한 후의 모습이고 (가)는 통과하기 전의 모습이다.
ㄴ. 뇌우는 적란운이 발달할 때 나타난다. A 지점에서는 적운형 구름이 형성되고, B 지점에서는 층운형 구름이 형성되므로 A 지점이 B 지점보다 뇌우가 발생할 가능성이 크다.

바로알기 ㄷ. (나)는 폐색 전선의 앞뒤로 전선면이 형성되어 넓은 지역에 비가 내린다.

개념 확인

본책 91쪽, 93쪽

(1) ① 17 ② 숨은열 ③ 열대 ④ 조밀 ⑤ 전선 (2) ① 상승, 적운형 ② 낮아, 강해 ③ 하강 (3) 빨라 (4) 위험, 시계 (5) 약해, 높아 (6) ① 상승 ② 한랭 ③ 가열 (7) 적운, 성숙 (8) 좁다 (9) 30, 80, 적란운 (10) 강풍 (11) 폭설 (12) 봄철, 증가

수능 자료

본책 94쪽

자료❶ 1 ○ 2 × 3 ○ 4 × 5 × 6 ○
자료❷ 1 × 2 × 3 ○ 4 × 5 ○ 6 × 7 ○
자료❸ 1 ○ 2 × 3 × 4 ×
자료❹ 1 ○ 2 × 3 × 4 ○ 5 ○

자료❶ 태풍의 이동과 관측소의 기온, 기압, 풍향 변화

1 태풍이 다가오면 태풍 중심부에 가까워지면서 기압은 낮아지고 풍속은 증가한다. 따라서 값이 낮아졌다 증가하는 실선이 기압을 나타내므로 (가)에서 기압은 T_4에 가장 낮았다.

2 (나)에서 T_1~T_2 사이에 기압이 가장 낮았으므로 태풍의 중심이 가장 가까이 접근하였다.

3 태풍이 지나가는 동안 풍향은 시계 방향 또는 시계 반대 방향으로 변하므로 (가)에서 풍향은 N에서 E로 변하는 점들이다. T_1~T_4에서 풍향은 북풍 → 북동풍 → 동풍(시계 방향)으로 변하였다.

4 (나)에서 태풍이 지나가는 동안 풍향은 SE(남동풍)에서 S(남풍)으로 변하였으므로 풍향은 시계 방향으로 변하였다.

5 태풍 진행 방향의 오른쪽인 위험 반원에서는 풍향이 시계 방향으로 변한다. (가)와 (나)는 모두 풍향이 시계 방향으로 변하였으므로 위험 반원에 있었다.

6 그림에서 가는 점선이 기온을 나타내므로 T_1일 때 기온은 (나)가 약 26 ℃, (가)가 약 24 ℃였다.

자료❷ 태풍의 이동과 세력 변화

1 태풍의 눈이 통과하면 최대 풍속이 나타날 때 풍속이 급격히 감소하였다 증가하는 시기가 있다. A 시기와 B 시기는 모두 최대 풍속이 나타날 때 풍속이 급격히 감소하였다 증가하는 시기가 없었으므로 태풍의 눈이 관측소를 통과하지 않았다.

2 A 시기에 태풍의 눈이 관측소를 통과하지 않았으므로 최대 풍속이 나타난 직후에 맑고 약한 하강 기류가 나타나지 않는다.

3 A 시기에 태풍의 중심이 가까이 지날 때 풍향이 동풍 → 남동풍 → 남서풍(시계 방향)으로 변하였으므로 관측소는 태풍의 위험 반원에 있었다.

4 B 시기에 풍향이 동풍 → 북동풍 → 북서풍(시계 반대 방향)으로 변하였으므로 관측소는 태풍의 안전 반원에 있었다.

6 최대 풍속이 A 시기가 B 시기보다 크므로 A 시기에 통과한 태풍의 세력이 더 강하여 중심 기압이 낮았을 것이다.

7 A 시기에 표층 수온이 급격히 하강하였으므로 수증기의 공급량이 감소하여 B 시기에 통과하는 태풍을 약화시켰다.

자료❸ 뇌우와 우박

1 열대 저기압에서 강한 상승 기류가 발달할 때 뇌우가 발생할 수 있으므로 태풍의 강한 상승 기류는 ㉠에 해당한다.

2 뇌우는 대기가 매우 불안정할 때 발생하는데, 북태평양 고기압이 북상하면 대기가 안정해지므로 ㉠에 해당하지 않는다.

3 우리나라는 여름철의 기온이 높으므로 집중 호우 시 우박이 거의 동반되지 않으며, 초여름이나 가을에 우박이 주로 발생한다.

4 뇌우의 성숙 단계에서 상승 기류와 하강 기류가 함께 나타날 때 천둥, 번개, 소나기, 우박 등을 동반한다.

자료❹ 황사

1 고기압 부근인 A 지역에는 하강 기류가 발달하고 저기압 부근인 B 지역에는 상승 기류가 발달하므로 B 지역에서 발생한 황사가 상층으로 올라가기 쉽다.

2 우리나라에 영향을 미친 황사의 발원지는 편서풍대(위도 30°~60°)에 위치하므로 상층으로 올라간 모래 먼지는 편서풍을 타고 동쪽에 있는 우리나라로 이동한다.

3 발원지에서 상승 기류에 의해 상층으로 올라간 모래 먼지가 편서풍을 타고 이동하여 우리나라에서 하강 기류를 타고 지표에 유입되므로 하강 기류가 발달하는 고기압이 우리나라에 분포할 때 황사가 일어날 가능성이 크다.

본책 95쪽

1 (1) 상승 → 하강 (2) 약해지고 → 강해지고, 높아진다 → 낮아진다 (3) 낮아진다 → 높아진다 (4) 왼쪽 → 오른쪽 **2** ③ **3** (1) B (2) A (3) C **4** (1) 4시~6시 (2) 안전 반원 **5** (1) 안정 → 불안정 (2) 하강 기류 → 상승 기류 (3) 우리나라 → 중국과 몽골, 중국과 몽골 → 우리나라 **6** (가) → (나) → (다) **7** ③

1 (1) 태풍의 눈에서는 약한 하강 기류가 나타나 구름이 잘 발생하지 않으므로 맑고 바람이 약하다.
(2) 태풍이 수온이 높은 바다를 지나면 수증기 공급이 활발해지므로 세력이 강해지고, 태풍의 세력은 중심 기압이 낮을수록 강해지므로 중심 기압은 낮아진다.
(3) 태풍이 육지에 상륙하면 수증기 공급이 감소하므로 세력은 약해지고, 중심 기압은 높아진다.

2 ①, ② 태풍은 열대 기단 내에서 회전력이 생겨 발생하므로 전선을 동반하지 않으며, 등압선이 원형에 가깝다.
④ 태풍은 수증기를 많이 공급받을 수 있는 수온이 높은 열대 해상에서 발생한다.
⑤ 태풍의 대부분은 상승 기류가 강하게 발달하지만, 태풍의 눈에서는 약한 하강 기류가 발달하여 구름이 발생하지 않는다.
바로알기 ③ 태풍은 수증기가 응결할 때 나오는 숨은열을 에너지원으로 하므로 수증기를 계속 공급받아야 그 세력이 더 강해진다. 태 풍이 육지에 상륙하면 수증기 공급이 차단되므로 세력이 급격히 약해진다.

3 태풍이 북반구에서 북상하고 있으므로 A는 태풍 진행 방향의 왼쪽, B는 태풍의 눈, C는 태풍 진행 방향의 오른쪽이다.
(1) 기압은 태풍의 중심에서 가장 낮으므로 B에서 가장 낮다.
(2) 태풍 진행 경로의 왼쪽 부분(A)은 안전 반원에 속하고, 태풍 진행 경로의 오른쪽 부분(C)은 위험 반원에 속한다.
(3) 바람은 태풍의 눈(B)에서 약하고, 태풍의 눈벽(A, C)에서 가장 강하다. A와 C는 태풍의 중심으로부터 같은 거리에 있으므로 안전 반원에 위치한 A보다 위험 반원에 위치한 C의 풍속이 더 강하다.

4 (1) 태풍의 중심이 가까워질수록 기압이 낮아지고, 풍속은 강해지므로 이 지점은 4시~6시에 태풍의 중심에 가장 가까웠다.
(2) 풍향이 동풍 → 북동풍 → 북서풍 → 서풍으로 시계 반대 방향으로 변하고 있으므로 이 지점은 태풍의 안전 반원에 위치한다.

5 (1) 집중 호우는 대기가 불안정하여 상승 기류가 강할 때 잘 나타난다.
(2) 뇌우의 발달 단계 중 적운 단계에서는 상승 기류만 나타나고, 소멸 단계에서는 하강 기류가 우세하게 나타난다.
(3) 중국과 몽골에서 발생한 황사가 편서풍을 타고 우리나라에 영향을 미친다. 중국과 몽골의 사막화가 진행되면 발원지에서 발생하는 황사가 증가하므로 우리나라에 황사가 발생하는 횟수는 증가한다.

6 (가)는 상승 기류가 발달하여 구름이 발생하는 적운 단계, (나)는 상승 기류와 하강 기류가 존재하는 성숙 단계, (다)는 하강 기류가 우세해지면서 구름이 점차 소멸하는 소멸 단계이므로 발달 순서는 (가) → (나) → (다)이다.

7 뇌우에는 대기가 불안정할 때 적란운이 발달하면서 우박, 천둥, 돌풍, 강한 소나기가 동반된다.
바로알기 안개는 대기가 안정할 때 발생한다.

수능 2점

본책 96쪽~99쪽

1 ③	2 ①	3 ③	4 ④	5 ④	6 ①
7 ②	8 ③	9 ①	10 ②	11 ①	12 ⑤
13 ③	14 ③	15 ⑤	16 ②		

1 태풍의 발생

선택지 분석
ㄱ. 태풍은 위도 5°~25° 사이의 열대 해상에서 발생한다. (O)
ㄴ. 편서풍대에서 태풍은 북동쪽으로 이동한다. (O)
~~ㄷ.~~ 적도 부근의 해역에서는 수온이 높기 때문에 태풍이 발생하지 않는다. → 전향력이 약하기

ㄱ. 태풍은 수온이 높고 지구 자전 효과에 의한 전향력이 작용하는 위도 5°~25° 사이의 열대 해상에서 발생한다.
ㄴ. 편서풍대(위도 30°~60°)에서 태풍은 편서풍의 영향으로 북동쪽으로 이동한다.
바로알기 ㄷ. 적도 부근의 해역은 수온은 높지만, 소용돌이를 만드는 데 필요한 전향력이 약하기 때문에 태풍이 발생하지 않는다.

2 태풍의 구조

자료 분석

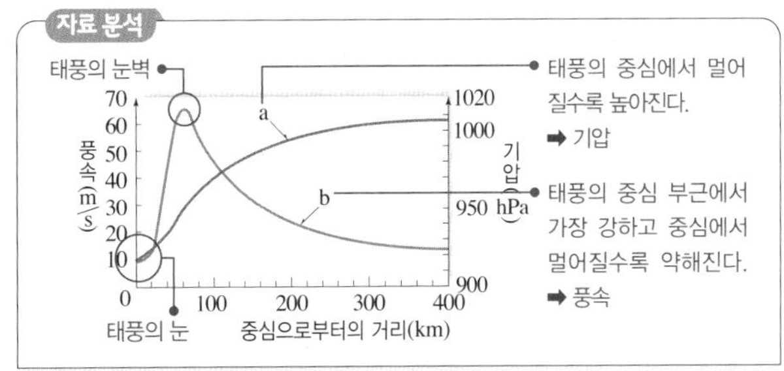

선택지 분석
ㄱ. a는 기압이다. (O)
~~ㄴ.~~ 태풍의 눈에서 풍속이 가장 강하다. → 약하다
~~ㄷ.~~ 태풍이 육지에 상륙하면 b의 최댓값은 더 커진다. → 작아진다

ㄱ. 태풍의 중심으로 갈수록 기압은 낮아지므로 a는 기압 변화를 나타낸 것이다. 풍속은 태풍의 중심 부근(눈벽)에서 가장 강하므로 b는 풍속 변화를 나타낸 것이다.
바로알기 ㄴ. 풍속(b) 변화를 보면 태풍의 중심 부근(눈벽)에서 풍속이 가장 강하고, 태풍의 눈에서는 풍속이 약하다.
ㄷ. 태풍이 육지에 상륙하면 수증기를 공급받지 못하고 육지와의 마찰에 의해 세력이 약해지므로 풍속이 감소한다. 따라서 풍속(b)의 최댓값이 작아진다.

3 태풍의 일기도 해석

자료 분석

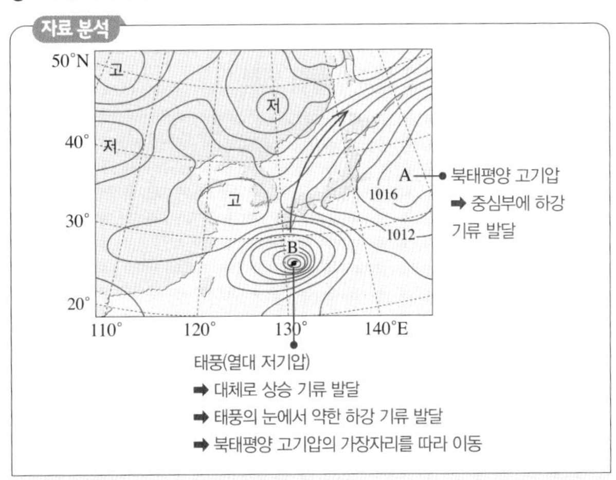

선택지 분석
ㄱ. 중심 기압은 A보다 B가 낮다. (O)
~~ㄴ.~~ B는 A의 해역으로 이동할 것이다. → 이동할 수 없다
ㄷ. A와 B의 중심에는 하강 기류가 발달한다. (O)

ㄱ. A는 북태평양 고기압이고, B는 열대 저기압인 태풍이므로 중심 기압은 A보다 B가 낮다.
ㄷ. A는 고기압이므로 중심부에 하강 기류가 발달한다. B는 저기압이므로 상승 기류가 발달하지만, 태풍의 눈에서는 약한 하강 기류가 발달한다.
바로알기 ㄴ. B는 위도 30°N 부근을 지나면 편서풍의 영향을 받아 북동쪽으로 이동한다. 이때 A 해역에 고기압이 발달하므로 우리나라의 남쪽에 위치한 태풍은 A 해역을 향해 이동하지 못하고 A 해역에 발달한 고기압의 가장자리를 따라 북동쪽으로 이동할 것이다.

4 태풍의 이동 경로, 안전 반원과 위험 반원

자료 분석

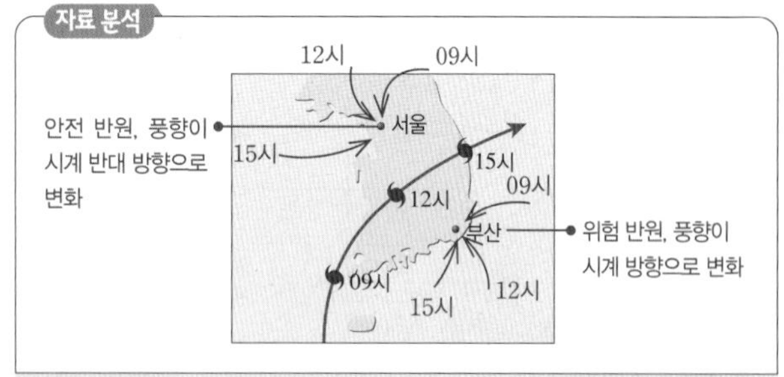

선택지 분석

✗ 우리나라를 통과하는 태풍의 이동 방향은 무역풍의 영향을 받는다. (무역풍 → 편서풍)

ㄴ 태풍 통과 시 최대 풍속은 서울이 부산보다 약하다.

✗ 서울의 풍향은 시계 방향으로 바뀐다. (시계 → 시계 반대)

ㄹ 태풍의 눈이 지나는 지역은 바람이 약하고 날씨가 맑다.

ㄴ. 서울은 태풍 진행 방향의 왼쪽에 위치하므로 안전 반원에 속하고, 부산은 태풍 진행 방향의 오른쪽에 위치하므로 위험 반원에 속한다. 따라서 태풍 통과 시 최대 풍속은 서울이 부산보다 약하다.

ㄹ. 태풍의 눈에는 약한 하강 기류가 나타나므로 바람이 약하고 날씨가 맑다.

바로알기 ㄱ. 우리나라는 편서풍대에 위치하므로 태풍은 편서풍의 영향을 받아 북동쪽으로 이동한다.

ㄷ. 서울은 태풍 진행 방향의 왼쪽에 위치하므로 풍향은 시계 반대 방향으로 바뀐다.

5 태풍의 이동에 따른 풍속과 풍향 변화

자료 분석

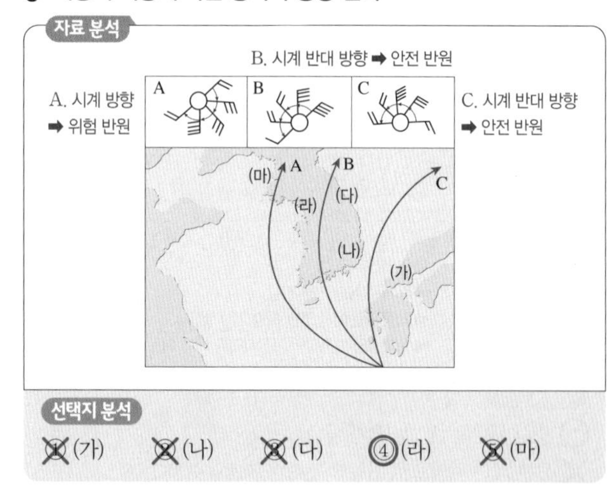

선택지 분석

✗(가) ✗(나) ✗(다) ④(라) ✗(마)

태풍 A가 통과할 때 풍향이 시계 방향으로 변하였으므로 관측 지점은 위험 반원(태풍 진행 방향의 오른쪽 부분)에 속한다. 태풍 B와 C가 통과할 때 풍향이 시계 반대 방향으로 변하였으므로 관측 지점은 안전 반원(태풍 진행 방향의 왼쪽 부분)에 속한다. 따라서 관측 지점은 (라)이다.

구분	A 통과 시	B 통과 시	C 통과 시
(마)	안전 반원	안전 반원	안전 반원
(라)	위험 반원	안전 반원	안전 반원
(다)	위험 반원	위험 반원	안전 반원
(나)	위험 반원	위험 반원	안전 반원
(가)	위험 반원	위험 반원	위험 반원

6 태풍의 이동과 관측소의 풍속, 풍향, 기압 변화

자료 분석

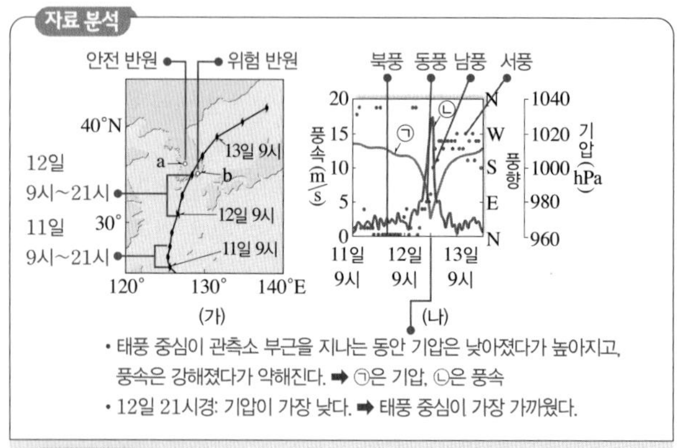

선택지 분석

ㄱ 9시~21시 동안 태풍의 이동 속도는 12일이 11일보다 빠르다.

✗ (나)는 a의 관측 자료이다. (a → b)

✗ (나)에서 12일에 측정된 기압은 9시가 21시보다 낮다. (낮다 → 높다)

ㄱ. 9시~21시 동안 태풍이 이동한 거리는 12일이 11일보다 멀다. 따라서 태풍의 이동 속도는 12일이 11일보다 빠르다.

바로알기 ㄴ. (나)에서 태풍이 관측소 부근을 지나는 동안 풍향은 시계 방향(북풍 → 동풍 → 남풍 → 서풍)으로 변하였다. 따라서 (나)는 태풍의 위험 반원에 속한 b에서 관측한 자료이다.

ㄷ. (나)에서 기압을 나타낸 자료는 ㉠이다. 따라서 12일 9시에 측정된 기압보다 12일 21시에 측정된 기압이 더 낮다.

7 태풍의 이동과 관측소의 기압, 풍향 변화

자료 분석

• 기압: 태풍의 중심이 다가오면 기압이 낮아졌다가 태풍의 중심이 멀어지면 기압이 높아진다. ➡ 빨간 실선은 기압

• 풍향: 태풍의 중심이 지나는 동안 안전 반원에서는 시계 반대 방향으로, 위험 반원에서는 시계 방향으로 변한다. ➡ 파란 굵은 점선은 풍향

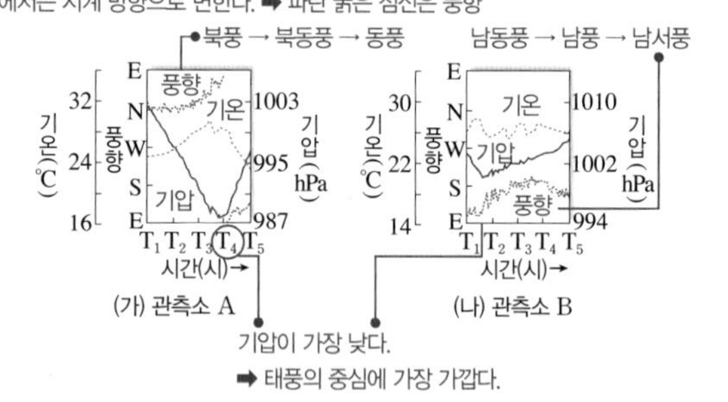

선택지 분석

✗ T_1~T_4 동안 A는 위험 반원, B는 안전 반원에 위치한다. (안전 반원 → 위험 반원)

ㄴ 태풍의 중심이 가장 가까이 통과한 시각은 A가 B보다 늦다.

✗ T_4~T_5 동안 A와 B의 기온은 상승한다. (상승한다 → 하강한다)

ㄴ. 태풍이 통과하는 동안 태풍의 중심이 관측소에 가장 가까워졌을 때 기압이 가장 낮아지므로 A에서는 T_4 부근에, B에서는 T_1~T_2 사이에 태풍의 중심이 가장 가까이 통과하였다.

바로알기 ㄱ. T_1~T_4 동안 A는 풍향이 북풍 → 북동풍 → 동풍(시계 방향)으로 변하였으므로 위험 반원에 위치하였고, B는 풍향이 남동풍 → 남풍 → 남서풍(시계 방향)으로 변하였으므로 위험 반원에 위치하였다.

ㄷ. T_4~T_5 동안 A와 B의 기온(초록색 점선)은 모두 하강한다.

8 태풍의 이동과 소멸

선택지 분석

ㄱ 12일 0시에 태풍은 편서풍의 영향을 받는다.
✕ 11일 0시부터 13일 0시까지 제주도에서는 풍향이 시계 반대 방향으로 변한다. **시계 방향**
ㄷ 해양에서 이 태풍으로 공급되는 에너지양은 12일이 10일보다 적다.

ㄱ. 11일에 전향점을 통과한 후 태풍은 12일 0시에 편서풍의 영향을 받아서 북동쪽으로 이동하였고 이동 속도도 빨라졌다.
ㄷ. 12일에 태풍은 10일보다 해양 열용량이 적은 지역을 통과하므로 해수면에서 태풍으로 공급되는 에너지양은 적어졌다.
바로알기 ㄴ. 11일 0시부터 13일 0시까지 제주도는 태풍 진행 방향의 오른쪽에 위치하였으므로 풍향이 시계 방향으로 변한다.

9 태풍의 이동과 중심 기압 변화

자료 분석

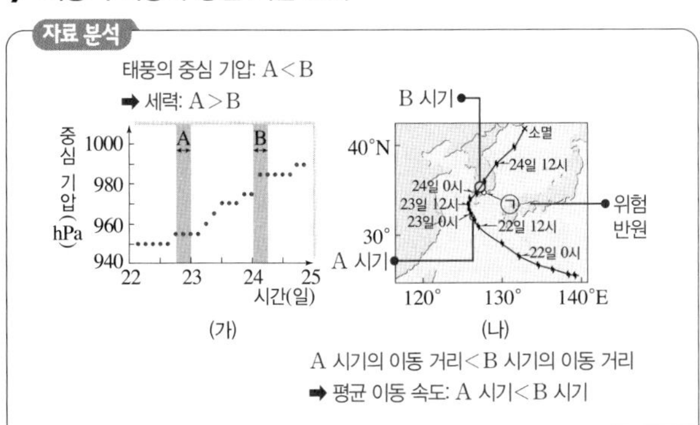

선택지 분석

ㄱ 태풍의 세력은 A 시기가 B 시기보다 강하다.
✕ 태풍의 평균 이동 속도는 A 시기가 B 시기보다 빠르다. **느리다**
✕ 23일 18시부터 24일 06시까지 ㉠ 지점에서 풍향은 시계 반대 방향으로 변한다. **시계 방향**

ㄱ. 태풍은 중심 기압이 낮을수록 세력이 강하다. A 시기는 B 시기보다 태풍의 중심 기압이 낮으므로 태풍의 세력이 더 강하다.
바로알기 ㄴ. (나)에서 A 시기(22일 18시~23일 0시)에 약 6시간 동안 이동한 거리는 B 시기(24일 0시~24일 6시)에 약 6시간 동안 이동한 거리보다 작다. A 시기는 B 시기보다 같은 시간 동안 이동한 거리가 작으므로 태풍의 평균 이동 속도가 느리다.
ㄷ. 23일 18시부터 24일 06시까지 태풍이 지나가는 동안 ㉠ 지점은 태풍 진행 방향의 오른쪽(위험 반원)에 위치하였으므로 풍향이 시계 방향으로 변한다.

10 뇌우

자료 분석

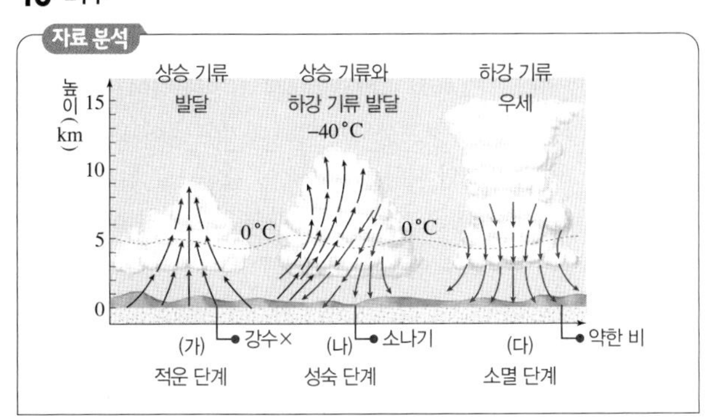

선택지 분석

✕ (가) 단계에서 (다) 단계까지 보통 수 일이 걸린다. **수 분~수 시간**
ㄴ 뇌우는 겨울철 새벽보다 여름철 한낮에 잘 발생한다.
✕ (다) 단계에서는 강수 현상이 나타나지 않는다. **나타난다**

(가)는 적운 단계, (나)는 성숙 단계, (다)는 소멸 단계이다.
ㄴ. 뇌우는 기층이 매우 불안정할 때 발생하므로 기층이 안정된 겨울철 새벽보다 여름철 한낮에 잘 발생한다.
바로알기 ㄱ. 뇌우는 수 분~수 시간 동안 지속되는 현상이므로 (가) 단계에서 (다) 단계까지의 시간은 1일 이내로 짧다.
ㄷ. (다) 단계에서는 약한 강수 현상이 나타나다가 멈춘다.

11 우박

선택지 분석

ㄱ 뇌우는 발달 단계 중 성숙 단계였을 것이다.
✕ 피해 지역이 수백 km 정도로 넓었을 것이다. **좁았을**
✕ 우박이 떨어진 때는 무더운 여름철의 한낮이었을 가능성이 크다. **작다**

ㄱ. 우박은 뇌우의 발달 단계 중 상승 기류와 하강 기류가 함께 존재하는 성숙 단계에서 잘 만들어진다.
바로알기 ㄴ. 우박은 적란운이 형성된 지역에 내리므로 수 km의 좁은 지역에 걸쳐 피해를 준다.
ㄷ. 우박은 무더운 여름철의 한낮에는 지표면으로 떨어지는 도중 녹기 때문에 잘 떨어지지 않으며, 주로 초여름이나 가을에 떨어진다.

12 뇌우

선택지 분석

A. 뇌우는 적란운에서 발생한다. 열대 저기압의 강한 상승 기류는 적란운을 형성하므로 뇌우의 발생 조건에 해당한다.
B. 우박은 적란운 내에서 얼음 덩어리가 상승과 하강을 반복하면서 성장하여 형성되므로 뇌우는 우박을 동반할 수 있다.
C. 우리나라 월별 평균 우박 일수는 겨울철이 여름철보다 많다. 여름철에는 지표 부근의 기온이 높아 우박이 쉽게 녹기 때문이다.

13 국지성 호우와 폭설

선택지 분석

ㄱ (가)로 인해 산사태가 발생할 가능성이 커진다.
✕ (가)는 반경 수백 km의 넓은 지역에 내린다. **좁은 지역**
ㄷ (나)의 발생이 예상될 때 신속한 제설 작업이 필요하다.

ㄱ. (가) 많은 비가 내리면 토양이 물로 포화되어 산사태가 발생할 가능성이 커진다.
ㄷ. (나) 폭설이 예상될 때 단시간에 많은 눈이 쌓이므로 눈의 무게 등에 의한 피해를 받지 않도록 신속한 제설 작업이 필요하다.
바로알기 ㄴ. (가) 국지성 호우는 반경 10 km~20 km의 좁은 지역에 내린다.

14 폭설

선택지 분석

㉠ 시베리아 고기압이 남쪽으로 확장되었다.
㉡ 기단이 황해를 지나면서 불안정해졌다.
✗ 우리나라에는 남동풍이 우세하게 불었다. 북서풍

ㄱ. 위성 사진을 보면 동해와 황해 등의 지역에 북서－남동 방향으로 적운형 구름이 발달해 있다. 이러한 현상은 겨울철 시베리아 고기압이 남쪽으로 확장될 때 잘 나타나는 현상이다.
ㄴ. 폭설이 내린 까닭은 시베리아 고기압이 확장하면서 찬 공기가 상대적으로 따뜻한 바다를 지날 때 기층이 불안정해지고 강한 상승 기류가 발달하면서 적운형 구름이 형성되었기 때문이다.
바로알기 ㄷ. 우리나라 북서쪽에 위치한 시베리아 고기압이 확장되어 나타나는 현상이므로 우리나라에는 북서풍이 우세하게 불었다.

15 황사

선택지 분석

✗ 발원지의 지표면에 식물 군락 등이 형성되어 있어야 한다.
㉡ 발원지 부근에서 강한 상승 기류가 있어야 한다.
㉢ 상공에 강한 편서풍이 불어야 한다.
㉣ 고기압이 한반도에 위치하여 하강 기류가 발생해야 한다.

ㄴ, ㄷ. 우리나라에 황사가 발생하기 위해서는 우선 발원지 부근에서 강한 상승 기류가 있어 토양 입자가 높은 상공으로 올라간 후 우리나라까지 이동해 올 수 있는 강한 편서풍이 불어야 한다.
ㄹ. 고기압이 한반도에 위치하여 하강 기류가 발생하면 공중에 떠 있던 토양 입자가 서서히 내려오면서 황사가 발생한다.
바로알기 ㄱ. 발원지의 지표면에 식물 군락 등이 형성되어 있으면 토양 입자들이 상층으로 떠오르는 것을 방해하므로 황사가 발생하기 어렵다.

16 황사의 발생

선택지 분석

✗ 봄철 황사 일수는 서울보다 부산이 많다. 적다
㉡ 황사의 발생은 지권과 기권의 상호 작용에 해당한다.
✗ 황사는 발원지가 한랭 건조한 기단의 영향을 받는 계절에 주로 관측된다. 온난 건조

ㄴ. 황사는 사막이나 황토 지대의 모래 먼지(지권)가 대기 중으로 상승하여 편서풍(기권)에 의해 이동하는 현상이다.
바로알기 ㄱ. (가)에서 봄철인 3월~5월에 관측된 황사 일수는 서울이 부산보다 많다.
ㄷ. 한랭 건조한 시베리아 기단은 겨울철에 발달하지만, 황사는 주로 발원지의 지표가 얼었다 녹는 봄철에 발생하여 관측된다. 봄철에는 온난 건조한 양쯔강 기단의 영향을 받는다.

1 태풍의 구조와 관측소의 풍속 변화

자료 분석

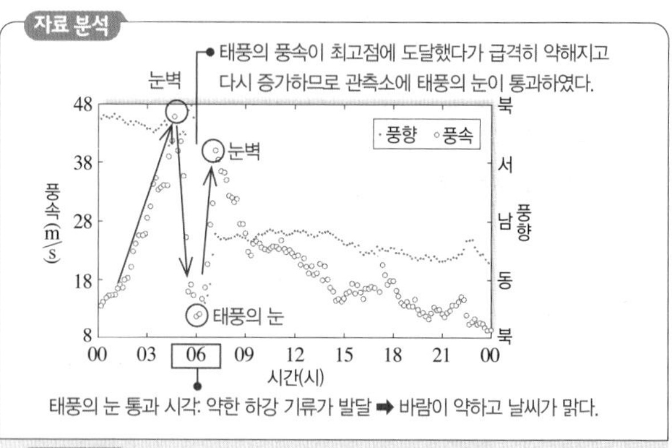

선택지 분석

㉠ 태풍의 중심이 이 관측소를 통과하였다.
✗ 06시경에 강한 강수 현상이 있었다. 없었다
✗ 08시 이후로 이 관측소의 기압은 낮아졌다. 높아졌다

ㄱ. 태풍의 중심이 다가오면 풍속이 점점 증가하고 태풍의 눈의 가장 자리에서 최고 풍속에 도달하였다가 태풍의 눈에 들어가면 풍속이 급격히 약화된다. 이 지역의 풍속 변화가 이와 같이 나타나므로 이 지역은 06시경에 태풍의 눈이 통과하였다.
바로알기 ㄴ. 06시경에는 풍속이 매우 약하므로 태풍의 눈의 영향을 받고 있다. 따라서 약한 하강 기류가 나타나 구름이 소멸하기 쉬우므로 강수 현상은 거의 일어나지 않는다.
ㄷ. 06시경에 태풍이 눈이 통과한 이후 관측소가 태풍의 중심에서 점차 멀어지므로 08시 이후로 기압은 높아졌을 것이다.

2 태풍의 위험 반원과 안전 반원

자료 분석

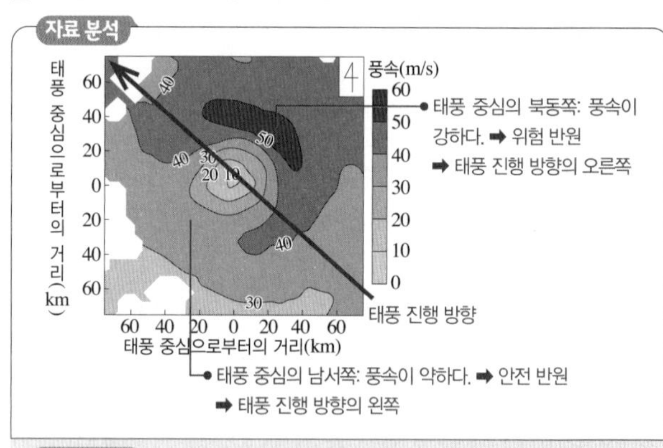

선택지 분석

✗ 태풍은 북동 방향으로 이동하고 있다. 북서
㉡ 태풍 중심 부근의 해역에서 수온 약층의 차가운 물이 용승한다.
✗ 태풍의 상층 공기는 반시계 방향으로 불어 나간다. 시계

ㄴ. 북반구 태풍(저기압)에서는 시계 반대 방향으로 지속적으로 바람이 불고 바람의 오른쪽 방향으로 해수가 이동하여 표층 해수의 발산이 일어나며, 이를 보충하기 위해 차가운 물이 용승한다.
바로알기 ㄱ. 태풍 중심의 북동쪽은 풍속이 강하므로 위험 반원이고, 태풍 중심의 남서쪽은 풍속이 약하므로 안전 반원이다. 따라서 태풍은 북서 방향으로 이동하고 있다.
ㄷ. 태풍은 저기압이므로, 지표에서는 저기압 중심으로 시계 반대 방향으로 바람이 불어 들어가 상승하고, 중심부에서 상승한 공기는 상층에서 전향력의 영향으로 시계 방향으로 불어 나간다.

3 태풍의 이동과 중심 기압, 최대 풍속, 이동 방향 변화

선택지 분석

㉠ 중심 기압이 낮을수록 중심 최대 풍속이 크다.
㉡ 5일 이후 태풍의 이동 속도는 빨라졌을 것이다.
~~ㄷ~~. 6일~8일 동안 태풍은 수온이 더 높은 바다를 지나갔다. 낮은

ㄱ. 중심 기압이 낮을수록 태풍의 세력은 강해지므로 중심 최대 풍속은 증가한다.
ㄴ. 5일 이후 전향점을 통과하여 편서풍대에서 북동 방향으로 이동하므로 편서풍의 영향을 받아 이동 속도는 빨라졌을 것이다.
바로알기 ㄷ. 태풍이 수온이 더 높은 바다를 지나갔다면 세력이 강해져야 하는데, 6일~8일 동안 중심 기압이 높아지면서 세력이 약해졌으므로 태풍은 수온이 높은 바다를 지나가지 않았다.

4 태풍의 이동과 중심 기압, 이동 방향, 이동 속도 변화

자료 분석

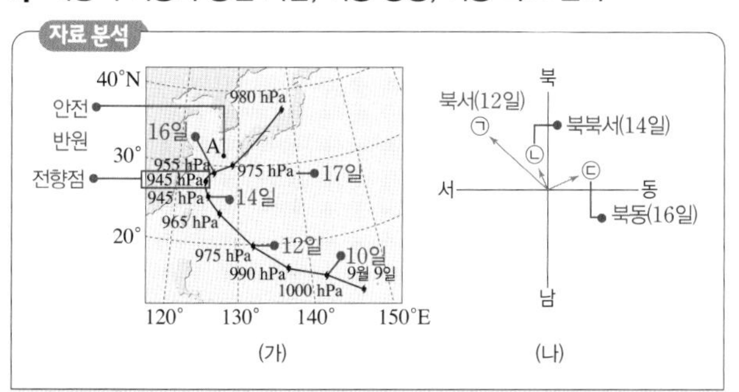

선택지 분석

㉠ 태풍의 세력은 10일이 16일보다 약하다.
㉡ 14일 태풍 중심의 이동 방향과 이동 속도는 ㉡에 해당한다.
㉢ 16일과 17일 사이에는 A 지점의 풍향이 반시계 방향으로 변한다.

ㄱ. 태풍의 중심 기압은 10일에 1000 hPa, 16일에 955 hPa이므로 태풍의 세력은 10일이 16일보다 약하다.
ㄴ. 태풍이 12일과 14일에는 북서쪽으로 이동하였고, 16일에는 전향점을 지나 북동쪽(㉢)으로 이동하였다. 하루 간격의 태풍 위치 변화를 보면 태풍의 이동 속도가 14일보다 12일에 더 빨랐으므로 ㉠은 12일, ㉡은 14일에 해당한다.
ㄷ. 16일과 17일 사이에 A 지점은 태풍 진행 방향의 왼쪽(안전 반원)에 위치하므로 풍향은 반시계 방향으로 변한다.

5 태풍의 이동과 중심 기압, 최대 풍속, 관측소의 풍향 변화

선택지 분석

~~ㄱ~~. A → B로 이동하는 동안 편서풍의 영향을 받았다. C 이후
~~ㄴ~~. 전향점 통과 후 태풍의 세기는 점점 강해졌다. 약해졌다
㉢ 태풍은 P의 북쪽을 통과하였다.

ㄷ. 태풍이 통과하면서 P에서 풍향이 시계 방향(남동풍 → 남풍 → 남서풍)으로 변하였으므로 P는 태풍 진행 방향의 오른쪽에 위치하였다. 따라서 태풍의 중심은 P의 북쪽을 통과하였다.
바로알기 ㄱ. A → B로 이동하는 동안 무역풍의 영향을 받았고, C 이후에는 편서풍의 영향을 받았다.
ㄴ. B와 C 지점 사이에 전향점을 통과하였고, 그 후 중심 기압이 높아지고 중심 최대 풍속이 작아졌으므로 태풍의 세력은 약해졌다.

6 태풍의 이동과 세력 변화

자료 분석

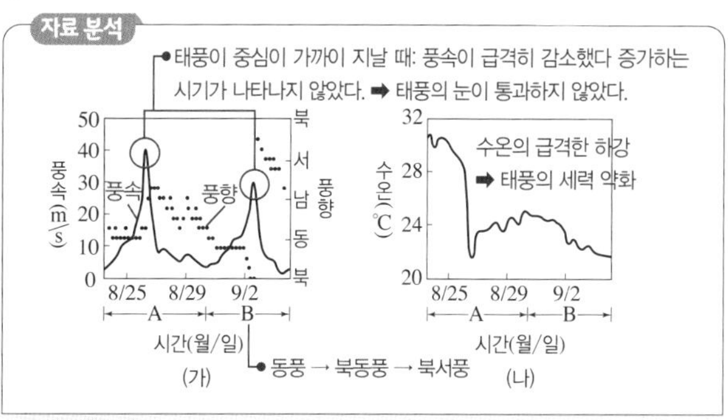

선택지 분석

~~ㄱ~~. A 시기에 태풍의 눈은 관측소를 통과하였다. 통과하지 않았다
㉡ B 시기에 관측소는 태풍의 안전 반원에 위치하였다.
~~ㄷ~~. A 시기의 급격한 수온 하강은 B 시기에 통과하는 태풍을 강화시켰다. 약화시켰다

ㄴ. B 시기에 관측소는 풍향이 동풍 → 북동풍 → 북서풍(시계 반대 방향)으로 변하였으므로 태풍의 안전 반원에 위치하였다.
바로알기 ㄱ. 태풍의 눈이 통과하면 최대 풍속이 나타나는 시기의 중간에 풍속이 급격히 약해졌다 강해진다. A 시기에 이러한 구간이 나타나지 않았으므로 태풍의 눈은 관측소를 통과하지 않았다.
ㄷ. 태풍의 주요 에너지원은 수증기의 숨은열이므로 수온이 낮아지면 수증기 공급이 적어져 태풍의 세력이 약해진다. 따라서 A 시기의 급격한 수온 하강은 B 시기에 통과하는 태풍을 약화시켰다.

7 황사와 뇌우

선택지 분석

㉠ (가)는 편서풍을 타고 이동해 온다.
~~ㄴ~~. 피해 범위는 (나)가 (가)보다 넓다. (가)가 (나)보다
~~ㄷ~~. (가)와 (나)는 우리나라에 강한 상승 기류가 발달할 때 일어난다. (나)는

ㄱ. 황사는 중국에서 발생하여 편서풍을 타고 우리나라에 온다.
바로알기 ㄴ. 황사는 뇌우보다 수평 규모가 크므로 피해 범위가 넓다.
ㄷ. 뇌우는 강한 상승 기류에 의해 적란운이 발달할 때, 황사는 우리나라에 고기압이 분포하여 하강 기류가 발달할 때 잘 일어난다.

8 황사의 이동

선택지 분석

~~ㄱ~~. (가)에서 황사의 발원지는 B 지역보다 A 지역일 가능성이 크다. A 지역보다 B 지역일
㉡ 3월 6일에 백령도에는 하강 기류가 상승 기류보다 강했을 것이다.
㉢ 사막의 면적이 줄어들면 황사의 발생 횟수는 감소할 것이다.

ㄴ. 3월 6일에 백령도의 황사 농도가 급격히 증가하였으므로 이 시기에 황사 발원지에서 편서풍을 타고 우리나라로 이동하던 모래 먼지가 하강 기류를 따라 백령도에 유입되었을 것이다.
ㄷ. 사막의 면적이 줄어들면 황사 발생 가능 지역의 면적이 줄고, 황사의 발생량도 줄기 때문에 황사의 발생 횟수가 감소할 것이다.
바로알기 ㄱ. 황사가 발생하기 위해서는 발원지에서 상승 기류의 영향을 받아 모래 먼지가 상층으로 이동해야 한다. 따라서 (가)에서 황사의 발원지는 저기압이 분포하는 B 지역일 가능성이 크다.

09 해수의 성질

개념 확인

본책 103쪽, 105쪽

(1) 1 (2) 34 (3) 염분비 일정 (4) ① 높아진다 ② 낮아진다 ③ 저압대, 적어, 낮다 ④ 많아, 높다 (5) 증가한다 (6) 많고, 적다 (7) 증가한다 (8) 위도 (9) 높다 (10) ① 두꺼워 ② 높을 ③ 심해층 (11) ①-㉠ ②-㉢ ③-㉡ (12) 감소, 증가

수능 자료

본책 106쪽

자료❶ 1 × 2 × 3 ○ 4 × 5 ○
자료❷ 1 × 2 ○ 3 × 4 × 5 ○ 6 ○
자료❸ 1 ○ 2 × 3 ○ 4 × 5 × 6 ○
자료❹ 1 ○ 2 × 3 × 4 × 5 ×

자료❶ 해수의 화학적 성질 - 표층 염분

1 한류는 난류에 비해 염분이 낮다. A 해역은 한류의 영향을 받아 같은 위도의 다른 해역보다 염분이 낮다.

2 B 해역은 적도에 위치하여 증발량이 강수량보다 적고, C 해역은 중위도 부근에 위치하여 증발량이 강수량보다 많으므로 (증발량－강수량) 값은 B 해역보다 C 해역에서 크다. 따라서 표층 염분이 B 해역보다 C 해역에서 높다.

3 대륙의 연안은 육지에서 담수가 유입되므로 대양의 중앙부보다 표층 염분이 낮다.

4 A, B, C 해역의 염분은 다르지만 염분비 일정 법칙이 성립하므로 해수에 녹아 있는 주요 염류의 질량비는 같다.

5 해수의 밀도는 수온이 낮을수록 염분이 높을수록 크다. 따라서 B 해역보다 수온이 낮고 염분이 높은 C 해역에서 표층 해수의 밀도가 더 클 것이다.

자료❷ 해수의 화학적 성질 - 용존 기체

1 A는 수심 약 1000 m까지 깊어질수록 감소하므로 산소이고, B는 수심이 깊어질수록 증가하므로 이산화 탄소이다.

3 표층에서 이산화 탄소(B) 농도가 낮은 것은 생물의 광합성에 이용되기 때문이다.

4 표층에서 용존 기체 농도는 산소가 약 8 ppm, 이산화 탄소가 약 90 ppm으로, 용존 이산화 탄소 농도가 매우 높다. 이는 산소보다 이산화 탄소가 해수에 잘 용해되기 때문이다.

5 수심이 깊어질수록 광합성량이 줄어들고, 수온이 낮아지고 수압이 커져 용해도가 증가하기 때문에 이산화 탄소(B) 농도가 계속 증가한다.

자료❸ 해수의 물리적 성질 - 수온, 염분, 밀도

1 A 구간은 깊이에 따라 수온이 급격히 낮아지므로 수온 약층이 분포한다.

2 D 구간은 수온이 낮고 깊이에 따른 수온 변화가 거의 없는 심해층이므로 A 구간보다 태양 복사 에너지의 영향이 작다.

3 깊이 500 m의 해수의 밀도는 1.025 g/cm^3와 1.026 g/cm^3 사이에 위치하므로 약 1.0256 g/cm^3이다.

4 B 구간에서 깊이 들어갈수록 해수의 밀도는 증가하고 수온은 감소하므로 밀도 변화는 수온 변화와 반대로 나타난다.

5 C 구간에서 해수의 염분은 일정하고 수온 변화가 나타나므로 해수의 밀도 변화는 염분보다 수온의 영향을 더 크게 받는다.

6 D 구간에서 해수의 수온이 일정하므로 해수의 밀도는 염분이 증가하면서 커진다.

자료❹ 해수의 물리적, 화학적 성질

1 (가)에서 수온은 A>B>C이고, 염분은 A<C<B이다.

2 해수의 밀도는 수온이 낮을수록, 염분이 높을수록 크므로 A~C 중 수온이 가장 높고 염분이 가장 낮은 A의 밀도가 가장 작다.

3 기체의 용해도는 수온이 낮을수록, 염분이 낮을수록, 수압이 클수록 높다. A는 B보다 수온이 높은데 용존 산소량이 많으므로 A가 B보다 용존 산소량이 많은 원인은 수온이 아니다.

4 밀도는 A가 가장 작고 C가 가장 큰데 용존 산소량은 B가 가장 적고 C가 가장 많으므로 밀도와 용존 산소량은 관계가 없다.

5 해수 표면에 가까울수록 수온이 높으므로 C는 표면에 가장 가까운 해수가 아니다. C의 용존 산소량이 많은 까닭은 용존 산소가 풍부한 표층의 해수가 심층으로 침강하기 때문이다.

수능 1점

본책 107쪽

1 A: 24 psu, B: 72 psu **2** A **3** (가) 산소 (나) 이산화 탄소 **4** ② **5** ⑤ **6** A **7** B>C>A **8** A: 수온, B: 염분, C: 밀도

1 과정 Ⅱ에서 A 비커에 순수한 증류수 500 g을 넣으면 해수 1500 g 속에 염류량이 36 g이므로 염분은 24 psu이다.

A: $\frac{36\ g}{1000\ g+500\ g}\times 1000=24\ psu$

과정 Ⅲ에서 물을 증발시켜 해수의 총 질량을 500 g으로 만들면 해수 500 g 속에 염류량이 36 g이므로 염분은 72 psu이다.

B: $\frac{36\ g}{500\ g}\times 1000=72\ psu$

2 (증발량－강수량) 값이 클수록 염분이 높으므로 증발량이 가장 많고 강수량이 가장 적은 A 해역의 염분이 가장 높다.

3 표층에서 농도가 높고 수심 1000 m까지 농도가 감소하는 (가)는 산소이고, 표층에서 농도가 가장 낮고 수심이 깊어질수록 농도가 증가하는 (나)는 이산화 탄소이다.

4 ④ 계절에 따라 태양의 남중 고도가 달라지므로 단위 면적에 입사하는 태양 복사 에너지양이 변하여 표층 수온의 분포가 달라진다.

바로알기 ② 태양 복사 에너지는 위도에 따라 변하므로 등온선은 대체로 위도와 나란하게 나타난다.

5 A는 고위도, B는 중위도, C는 저위도 해역의 연직 수온 분포이다. 적도에 가장 가까운 해역은 표층 수온이 가장 높은 C이고, 바람이 가장 강한 해역은 혼합층의 두께가 가장 두꺼운 B이다.

6 해수의 수온이 낮을수록, 염분이 높을수록 밀도가 크다. 따라서 수온이 가장 낮고 염분이 가장 높은 A의 밀도가 가장 크다.

7 해수의 밀도는 수온이 낮을수록, 염분이 높을수록 크다. 해수의 밀도는 A가 C보다 작고, C가 B보다 작으므로 B>C>A이다.

8 A는 적도에서 가장 높으므로 수온이고, B는 위도 30° 부근에서 가장 높으므로 염분이며, C는 수온에 반비례하므로 밀도이다.

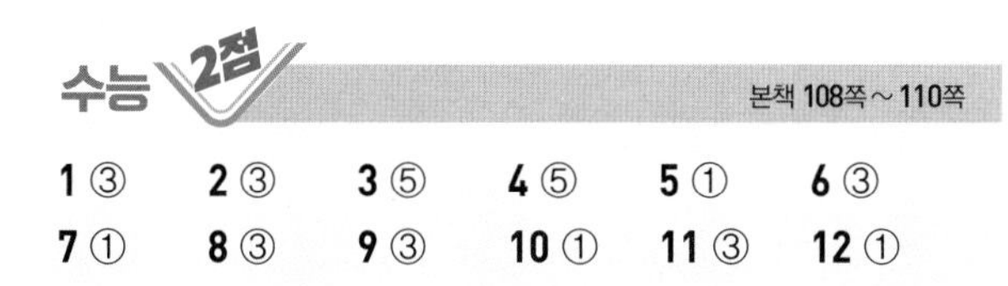

본책 108쪽~110쪽

1 ③	2 ③	3 ⑤	4 ⑤	5 ①	6 ③
7 ①	8 ③	9 ③	10 ①	11 ③	12 ①

1 해수의 염분

선택지 분석

X 해수에 녹아 있는 총 염류의 양은 34 g이다. 68 g

X 가열 후 해수의 염분은 34 psu이다. 68 psu

ⓒ 해수에 녹아 있는 각 염류 사이의 비율은 가열 전과 같다.

ㄷ. 해수 중에 녹아 있던 각 염류의 양은 변하지 않고 물의 양만 변하였으므로 각 염류 사이의 비는 변하지 않고 가열 전과 같다.

바로알기 ㄱ. 염분이 34 psu인 해수 1 kg 속에는 총 34 g의 염류가 녹아 있으므로 가열하기 전 해수 2 kg에 녹아 있는 염류의 양은 68 g이다. 물을 증발시켜 해수의 양을 1 kg으로 만들었으므로 녹아 있는 염류의 양은 변함없이 68 g이다.

ㄴ. 가열 후 물의 양만 줄어들어 해수 1 kg에 녹아 있는 총 염류의 양이 68 g이 되었으므로 염분은 2배가 높아진 68 psu이다.

2 염분의 변화 요인

자료 분석

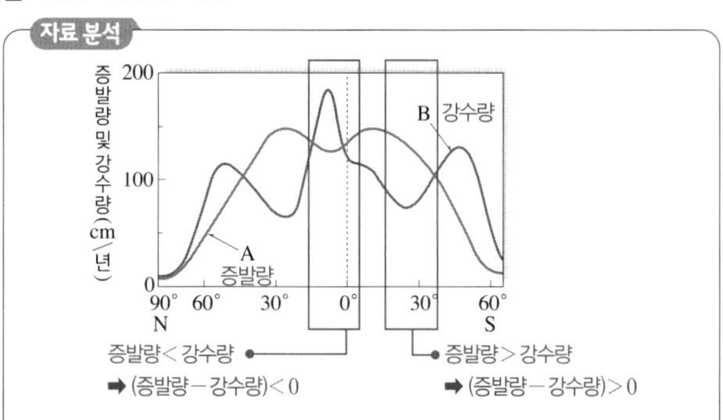

선택지 분석

ⓐ A는 증발량에 해당한다.

X (증발량－강수량) 값은 적도에서 가장 크다. 위도 30° 부근

ⓒ 위도 30° 해역이 적도 해역보다 표층 염분이 높다.

ㄱ. B는 저압대인 적도와 위도 60° 부근에서 값이 크므로 강수량이고, A는 고압대인 위도 30° 부근에서 값이 크므로 증발량이다.

ㄷ. 위도 30° 해역은 적도 해역보다 (증발량－강수량) 값이 크므로 표층 염분이 높다.

바로알기 ㄴ. (증발량－강수량) 값은 고압대가 발달한 위도 30° 부근의 중위도 해역에서 가장 크다.

3 해수의 표층 염분

선택지 분석

X 적도 지역은 증발량이 강수량보다 많다. 적다

ⓑ 표층 염분은 적도보다 중위도 해역에서 높을 것이다.

ⓒ 표층 염분이 높은 해역의 위도대에 위치한 육지에는 사막이 잘 발달할 것이다.

ㄴ. 표층 염분은 (증발량－강수량) 값이 큰 해역에서 높게 나타나므로 적도보다 중위도 해역에서 높을 것이다.

ㄷ. (증발량－강수량) 값이 큰 위도대는 기후가 건조하므로 육지에는 사막이 잘 발달한다.

바로알기 ㄱ. 적도 지역은 (증발량－강수량) 값이 (－)이므로 강수량이 증발량보다 많다.

4 태평양의 표층 염분 분포

선택지 분석

ⓐ A는 한류의 영향을 받는다.

ⓑ (증발량－강수량) 값은 B가 C보다 작다.

ⓒ A, B, C의 해수에 녹아 있는 주요 염류의 질량비는 일정하다. －염분비 일정 법칙

ㄱ. A의 염분은 32.8 psu~33.2 psu 사이이지만, 같은 위도의 태평양 중앙부의 염분은 약 34.0 psu이다. 한류는 난류보다 염분이 낮고, A 해역에는 한류인 캘리포니아 해류가 흐르므로 같은 위도의 다른 해역보다 염분이 낮다.

ㄴ. 표층 염분은 (증발량－강수량) 값에 비례한다. B는 C보다 염분이 낮으므로 (증발량－강수량) 값이 작다.

ㄷ. 시간과 장소에 따라 증발량 및 강수량이 달라져 염분이 달라지지만 염류 사이의 비율은 일정하다.

5 해수의 용존 기체

자료 분석

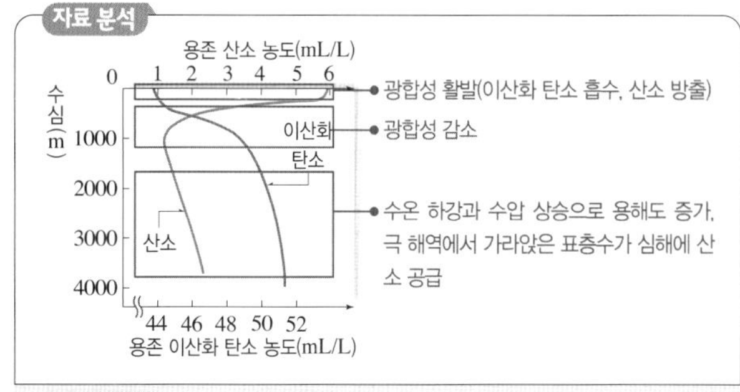

선택지 분석

ⓐ 용존 산소의 농도는 해수의 표층 부근에서 가장 높다.

X 1000 m 이상의 깊이에서 용존 산소의 농도가 증가하는 까닭은 광합성량의 증가 때문이다.
극 해역에서 침강한 표층수의 산소 공급

X 표층 해수에서 용존 이산화 탄소의 농도가 낮은 까닭은 생물의 호흡 작용이 활발하기 때문이다. 광합성

ㄱ. 용존 산소의 농도는 대기로부터 산소가 공급되고 생물의 광합성이 활발히 일어나는 해수의 표층 부근에서 가장 높다.

바로알기 ㄴ. 1000 m 이상의 깊이에서 용존 산소 농도가 증가하는 까닭은 극 해역에서 침강한 표층수가 산소를 공급하기 때문이다.

ㄷ. 표층 해수에서 용존 이산화 탄소 농도가 낮은 까닭은 생물의 광합성 작용에 이산화 탄소가 이용되기 때문이다.

6 전 세계 해양의 표층 수온 분포

자료 분석

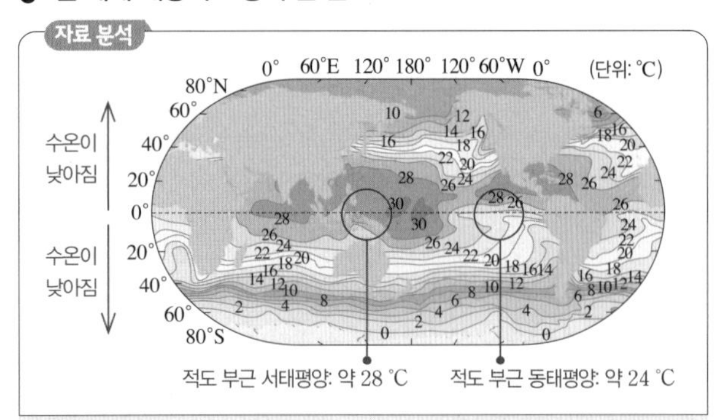

선택지 분석

ㄱ 표층 수온은 저위도에서 고위도로 갈수록 대체로 낮아진다.
ㄴ 등온선은 북반구보다 남반구 해양에서 더 위도와 나란하게 분포한다.
✕ 적도 부근의 표층 수온은 동태평양이 서태평양보다 높다. 낮다

ㄱ. 태양 복사 에너지의 흡수량이 적도에서 고위도로 갈수록 감소하므로 표층 수온은 적도 부근에서 가장 높고 고위도로 갈수록 낮아진다.

ㄴ. 위도에 따라 태양 복사 에너지의 흡수량이 달라지므로 등온선이 위도와 대체로 나란하며 북반구보다 대륙이 적은 남반구에서 더 나란한 분포를 보인다.

바로알기 ㄷ. 적도 부근의 표층 수온은 동태평양이 서태평양보다 낮게 나타나는데 이는 동태평양에서 용승의 영향을 받기 때문이다.

7 동해의 층상 구조

선택지 분석

ㄱ 바람의 세기는 A가 B보다 강하다.
✕ 혼합층 두께는 B가 C보다 두껍다. 얇다
✕ A의 혼합층 두께는 겨울이 여름보다 얇다. 두껍다

혼합층의 두께는 A>C>B 순이다.

ㄱ. 혼합층의 두께는 A가 B보다 두껍고, 바람이 강할수록 혼합층이 두꺼워지므로 바람의 세기는 A가 B보다 강하다.

바로알기 ㄴ. 혼합층 두께는 B가 40 m~60 m이고, C가 60 m~80 m이므로 B가 C보다 얇다.

ㄷ. 우리나라는 겨울이 여름보다 평균 풍속이 강하므로 A의 혼합층 두께는 겨울이 여름보다 두껍다.

8 깊이에 따른 해수의 성질 – 수온, 염분, 밀도

자료 분석

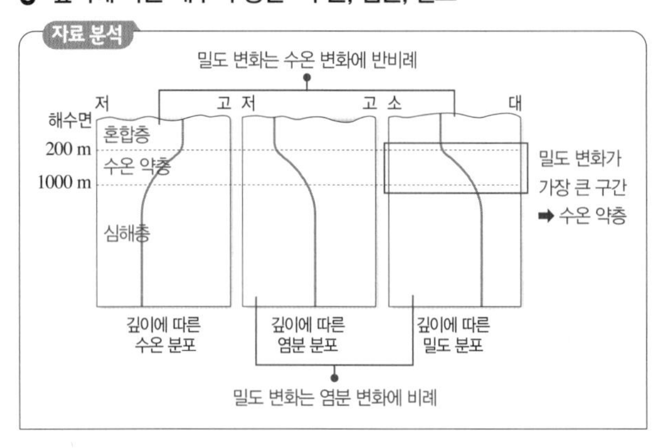

선택지 분석

ㄱ 해수의 밀도는 수온에 반비례한다.
✕ 깊이에 따른 밀도 변화는 혼합층에서 가장 크다. 수온 약층
ㄷ 200 m~1000 m 구간에서는 수심이 깊어질수록 밀도가 증가한다.

ㄱ. 깊이에 따른 세 물리량의 변화를 보면 해수의 밀도는 수온에 반비례하고 염분에 비례한다.

ㄷ. 200 m~1000 m 구간에서는 수심이 깊어질수록 수온이 낮아지고 염분이 높아져 밀도는 증가한다.

바로알기 ㄴ. 깊이에 따른 밀도 변화는 수온 변화가 가장 큰 수온 약층에서 가장 크게 나타난다.

9 수온 염분도

자료 분석

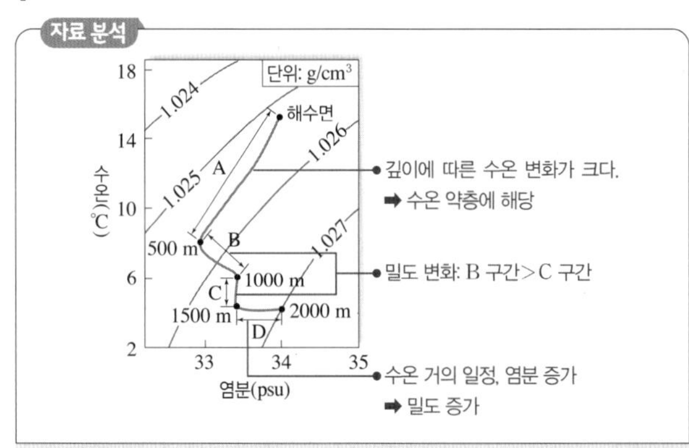

선택지 분석

✕ A 구간은 혼합층이다. 수온 약층
✕ 해수의 밀도 변화는 C 구간이 B 구간보다 크다. B 구간이 C 구간보다
ㄷ D 구간에서 해수의 밀도 변화는 수온보다 염분의 영향이 더 크다.

ㄷ. D 구간에서 수온은 거의 일정하지만 밀도는 증가하였다. 따라서 밀도 변화는 수온보다 염분의 영향을 크게 받았으며, 염분이 증가함에 따라 밀도가 증가하였다.

바로알기 ㄱ. 혼합층은 깊이에 따른 수온 변화가 거의 없는 층이다. 수온 염분도에서 A 구간은 수심이 깊어짐에 따라 수온이 급격히(약 7 ℃) 감소하였으므로 수온 약층에 해당한다.

ㄴ. B 구간은 등밀도선을 수직으로 가로지르며 500 m에 약 0.001 g/cm³ 증가하였고, C 구간은 등밀도선을 비스듬히 가로지르며 500 m에 약 0.00025 g/cm³ 증가하였다. 따라서 밀도 변화는 B 구간이 C 구간보다 크다.

10 해수의 성질 – 수온, 염분, 밀도, 용존 산소량

자료 분석

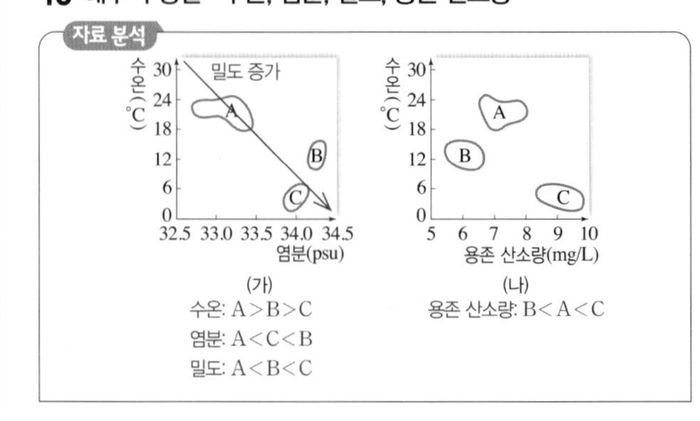

선택지 분석

ㄱ 밀도는 A가 가장 낮다.

ㄴ ✕ 염분이 높은 수괴일수록 용존 산소량이 많다.

ㄷ ✕ B는 A와 C가 혼합되어 형성되었다. 형성되지 않았다

ㄱ. 해수의 밀도는 수온이 낮을수록, 염분이 높을수록 크므로 A~C 중 수온이 가장 높고 염분이 가장 낮은 A의 밀도가 가장 낮다.

바로알기 ㄴ. 염분은 A<C<B 순으로 높은데, 용존 산소량은 B<A<C 순으로 높으므로 염분이 높은 수괴일수록 용존 산소량이 많은 것은 아니다. 기체의 용해도는 염분이 낮을수록, 수온이 낮을수록 높다.

ㄷ. A와 C를 혼합한 해수의 염분은 A와 C 사이의 값이어야 하는데 B의 염분은 A, C보다 높으므로 B는 A와 C의 혼합으로 형성된 수괴가 아니다.

11 우리나라 주변 해수의 표층 수온 분포

선택지 분석

ㄱ (가)는 겨울철에 해당한다.

ㄴ 연평균 수온은 남해가 가장 높다.

ㄷ ✕ 수온의 연교차는 황해가 동해보다 작다. 크다

ㄱ. 표층 수온이 평균적으로 낮게 나타나는 (가)는 태양 복사 에너지를 적게 받는 겨울철에 해당한다.

ㄴ. 연평균 수온은 연중 난류가 흐르는 남해가 가장 높다.

바로알기 ㄷ. 수온의 연교차는 대륙의 영향을 많이 받는 황해가 동해보다 크다.

12 우리나라 주변 해수의 성질-수온 염분도

자료 분석

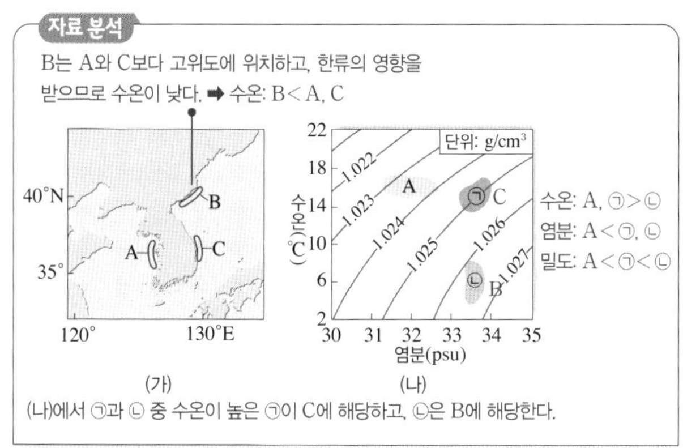

선택지 분석

ㄱ ㉡은 B에 해당한다.

ㄴ ✕ 해수의 밀도는 A가 C보다 크다. 작다

ㄷ ✕ B와 C의 해수 밀도 차이는 수온보다 염분의 영향이 더 크다. 염분보다 수온의

ㄱ. 고위도에 위치하고 한류의 영향을 받는 B가 난류의 영향을 받는 C보다 표층 수온이 낮으므로 (나)에서 수온이 낮은 ㉡이 B에 해당하고, 수온이 높은 ㉠이 C에 해당한다.

바로알기 ㄴ. 해수의 밀도는 A가 1.023 g/cm^3~1.024 g/cm^{3}이고, C는 ㉠에 해당하므로 약 1.025 g/cm^{3}이다. 따라서 A가 C보다 작다.

ㄷ. B(㉡)와 C(㉠)는 염분이 거의 같고 수온 차이가 크므로 B와 C의 밀도 차이는 염분보다 수온의 영향이 더 크다.

수능 3점

본책 111쪽~113쪽

1 ⑤	2 ①	3 ①	4 ③	5 ③	6 ①
7 ②	8 ⑤	9 ⑤	10 ②	11 ⑤	12 ④

1 염분비 일정 법칙

선택지 분석

ㄱ ✕ 세 해역 해수의 염분은 모두 같다. 다르다

ㄴ 세 해역 해수에 녹아 있는 염류들의 성분비는 일정하다.

ㄷ 해수 1 kg을 증발시키면 C 해역 해수에서 가장 많은 양의 염류를 얻을 수 있다.

ㄴ. 세 해역의 염분은 다르지만 염분비 일정 법칙에 따라 해수에 녹아 있는 염류들의 성분비는 일정하다.

ㄷ. 해수 1 kg을 증발시키면 염분이 가장 높은 C 해역 해수에서 가장 많은 양의 염류를 얻을 수 있다.

바로알기 ㄱ. 세 해역 중 같은 양의 해수에 녹아 있는 염류의 양이 가장 많은 C 해역 해수의 염분이 가장 높다.

2 전 세계 해양의 표층 염분 분포

선택지 분석

ㄱ 북반구 중위도 해역의 표층 염분은 태평양보다 대서양에서 높다.

ㄴ ✕ (증발량-강수량) 값은 위도 30°N 부근 지역보다 적도 지역에서 클 것이다. 작을

ㄷ ✕ 해수 중에 녹아 있는 염류 중 NaCl의 비율은 중위도 해역에서 가장 높다. 해역에 관계없이 일정하다

ㄱ. 북반구 중위도 해역의 표층 염분은 태평양에서 33 psu~35.5 psu, 대서양에서 36 psu~37 psu로 나타난다.

바로알기 ㄴ. (증발량-강수량) 값이 클수록 표층 염분이 높으므로 적도보다 염분이 높은 위도 30°N 부근 지역에서 (증발량-강수량) 값이 클 것이다.

ㄷ. 염분은 중위도 해역에서 가장 높지만, 해수 중에 녹아 있는 NaCl과 같은 각 염류의 비는 전 해양에서 거의 일정하다.

3 해수의 용존 기체

선택지 분석

ㄱ (가)는 용존 산소량에 해당한다.

ㄴ ✕ 해수 표층에서는 용존 산소량이 용존 이산화 탄소량보다 많다. 적다

ㄷ ✕ 수심 약 1000 m에서 깊어질수록 (가)가 증가하는 까닭은 생물의 광합성 때문이다. 극 해역의 산소가 풍부한 표층 해수가 가라앉기

ㄱ. 표층에서 수심이 깊어질수록 농도가 감소하는 (가)는 용존 산소량이고, 증가하는 (나)는 용존 이산화 탄소량이다.

바로알기 ㄴ. 해수 표층에서 용존 산소 농도는 약 6 mL/L, 용존 이산화 탄소 농도는 약 44 mL/L로, 산소가 이산화 탄소보다 용해도가 낮아 용존 산소량이 용존 이산화 탄소량보다 적다.

ㄷ. 산소가 풍부하게 녹아 있는 극 해역의 표층 해수가 가라앉아 심해에 산소를 공급하기 때문에 수심 약 1000 m에서 깊어질수록 (가) 용존 산소량이 증가한다.

4 해수의 용존 산소

자료 분석

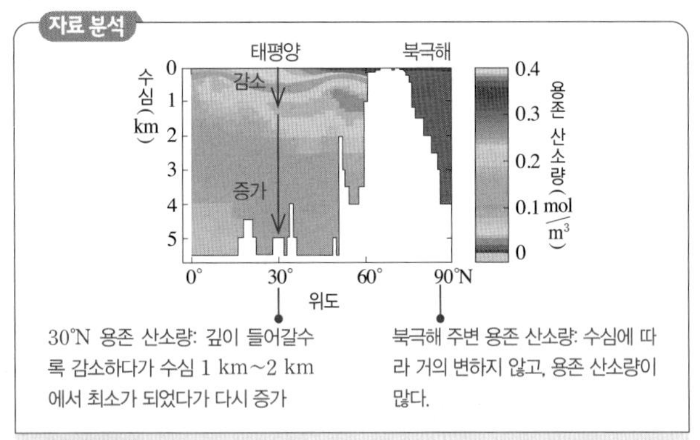

선택지 분석

ㄱ 30°N에서 용존 산소량은 수심이 깊어지면서 감소하다가 증가한다.

ㄴ 3 km 깊이의 용존 산소량은 극 주변이 적도 주변보다 많다.

✗ 북극해의 심해에서 용존 산소량이 많은 것은 심해 생물의 광합성 때문이다. 산소가 풍부한 표층 해수의 침강

ㄱ. 30°N에서 용존 산소량은 수심이 깊어질수록 감소하다가 수심 1 km~2 km에서 생물의 호흡으로 산소가 소비되어 최소가 되고, 다시 증가한다.

ㄴ. 3 km 깊이에서 적도 주변의 용존 산소량은 0.1~0.2(mol/m³)이고, 북극 주변의 용존 산소량은 0.25~0.3(mol/m³)이다.

바로알기 ㄷ. 심해 생물은 빛이 공급되지 않기 때문에 광합성을 하지 않는다. 북극해는 산소가 풍부한 표층 해수가 침강하기 때문에 표층과 심해의 용존 산소량 차이가 적고 용존 산소량이 많다.

5 북태평양 해역의 표층 수온과 표층 염분

선택지 분석

ㄱ 대양의 중심부에서 등온선은 대체로 위도와 나란하다.

✗ 해수면에 도달하는 태양 복사 에너지의 양은 B 해역보다 A 해역에서 많다. B 해역과 A 해역이 거의 같다

ㄷ 표층 염분은 A 해역이 B 해역보다 높다.

ㄱ. 위도별로 입사하는 태양 복사 에너지양이 달라지므로 대륙의 영향이 적은 대양의 중심부에서 등온선은 위도와 대체로 나란하다.

ㄷ. A 해역에는 저위도에서 고위도로 난류가 흐르고, B 해역에는 고위도에서 저위도로 한류가 흐른다. 따라서 고온 고염분의 난류가 흐르는 A 해역이 같은 위도의 B 해역보다 표층 염분이 높다.

바로알기 ㄴ. A와 B 해역은 위도가 같으므로 해수면에 도달하는 태양 복사 에너지의 양은 거의 같다.

6 계절별 연직 수온 분포

자료 분석

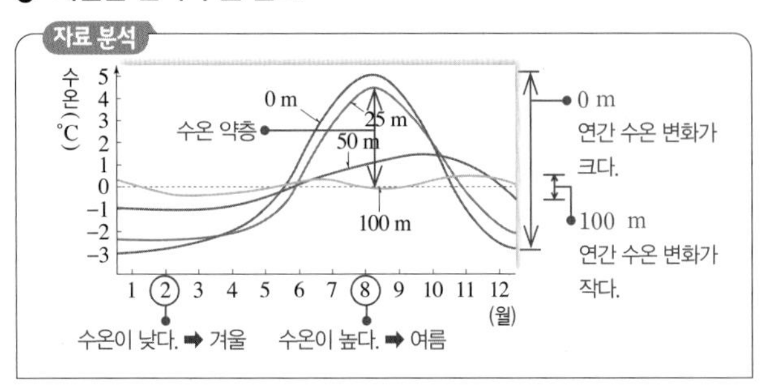

선택지 분석

ㄱ 이 해역은 북반구에 위치하고 있다.

✗ 수온 변화에 따른 해수 밀도의 연 변화는 수심이 깊어질수록 크다. 작다

✗ 8월에는 해수의 연직 혼합이 전 수심에 걸쳐 활발하게 일어난다. 활발하게 일어나지 않는다

ㄱ. 8월의 수온이 대체로 높고, 2월의 수온이 대체로 낮은 분포를 보이므로 8월이 여름, 2월이 겨울인 북반구에 위치한 해역이다.

바로알기 ㄴ. 해수의 밀도는 수온에 반비례한다. 수심이 깊어질수록 수온의 연 변화 폭이 작아지므로 밀도의 연 변화도 작아진다.

ㄷ. 8월에는 표층 수온이 높아 심해층과 표층의 수온 차가 크므로 수온 약층이 뚜렷하게 발달하여 해수의 연직 혼합이 활발하지 않다.

7 깊이에 따른 해수의 성질

자료 분석

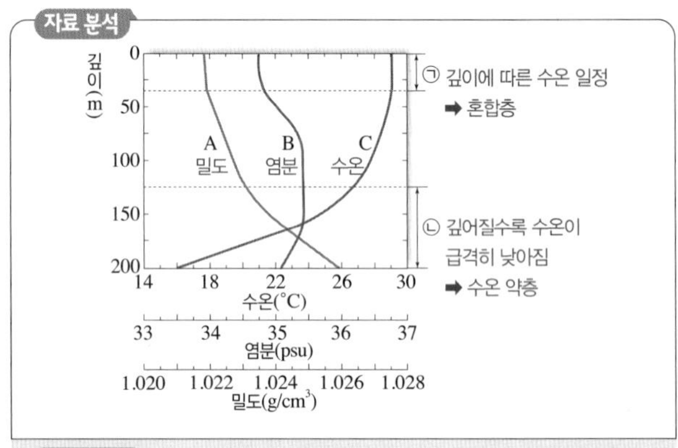

선택지 분석

✗ A는 염분이다. 밀도

ㄴ 해수 표면의 바람이 강해지면 ㉠층의 두께가 증가한다.

✗ ㉡층에서 깊이에 따른 밀도 변화는 수온 변화보다 염분 변화에 더 큰 영향을 받는다. 염분 변화보다 수온 변화에

ㄴ. ㉠은 혼합층으로, 바람의 혼합 작용으로 수온이 일정한 층이다. 따라서 바람이 강해지면 ㉠층의 두께는 증가한다.

바로알기 ㄱ. C는 수심이 깊어질수록 감소하므로 수온이다. A는 수온과 반비례하므로 밀도이다. 따라서 B는 염분이다.

ㄷ. ㉡층에서는 깊어질수록 밀도(A)가 증가하고 염분(B)과 수온(C)이 감소한다. 해수의 밀도는 염분이 높을수록, 수온이 낮을수록 증가하므로 이 층에서 밀도 변화는 수온 변화의 영향이 더 크다.

8 동해에서 해수의 성질과 층상 구조

선택지 분석

ㄱ 표층 해수의 밀도는 8월보다 2월에 크다.

ㄴ 수온 약층은 2월보다 8월에 더 뚜렷하게 발달한다.

ㄷ 계절에 따른 염분 차이는 수심 0 m보다 300 m에서 작다.

ㄱ. 해수의 밀도는 수온이 낮을수록, 염분이 높을수록 크므로 표층 해수의 밀도는 8월보다 수온이 낮고 염분이 높은 2월에 크다.

ㄴ. 수심 300 m에서 수온은 2월과 8월에 거의 같지만, 수심 0 m의 수온은 8월이 2월보다 높으므로 수온 약층은 2월보다 8월에 뚜렷하게 발달한다.

ㄷ. 계절에 따른 2월과 8월의 염분 차이가 수심 0 m에서는 크지만, 수심 300 m에서는 거의 없다.

9 수온 염분도

자료 분석

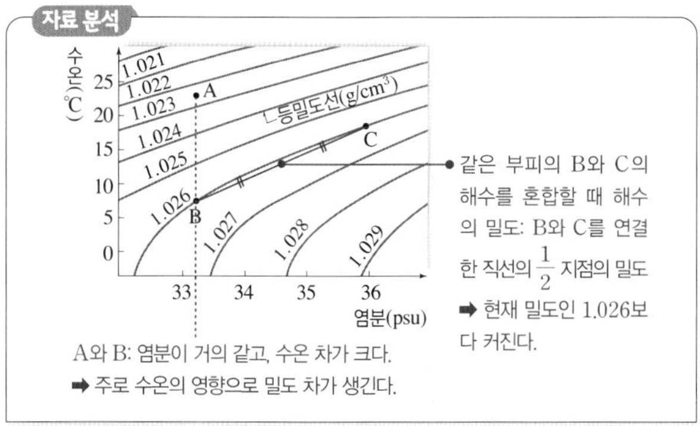

선택지 분석

㉠ A와 B의 밀도 차이는 염분보다 수온의 영향이 크다.

㉡ 같은 부피의 B와 C의 해수를 혼합하면 밀도는 1.026 g/cm³ 보다 커진다.

㉢ (증발량－강수량) 값은 C에서 가장 크다.

ㄱ. 해수의 밀도는 수온이 낮을수록, 염분이 높을수록 크다. A와 B는 염분은 거의 같지만 수온이 다르므로 A와 B의 밀도 차이는 염분보다 수온의 영향이 크다.

ㄴ. 수온 염분도에서 같은 부피의 B와 C를 혼합한 해수의 밀도 값은 B와 C를 연결한 직선의 가운데 지점의 값에 해당한다. 따라서 밀도는 1.026 g/cm³보다 커진다.

ㄷ. (증발량－강수량) 값이 클수록 염분이 높다. A~C 중 C의 염분이 가장 높으므로 (증발량－강수량) 값은 C에서 가장 크다.

10 해수의 성질과 수온 염분도

자료 분석

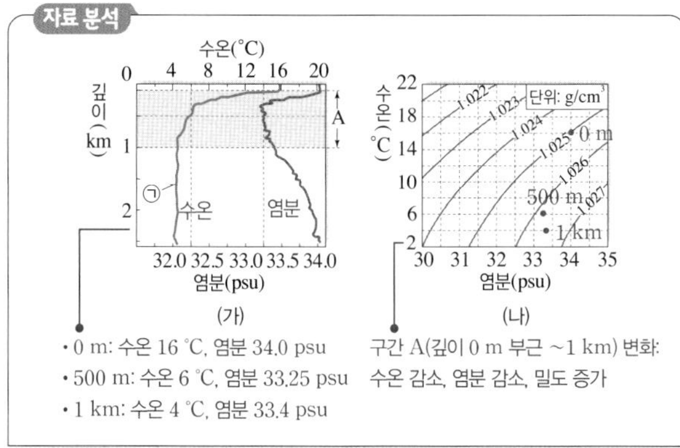

선택지 분석

✕ ㉠은 염분을 나타낸다. 수온

㉡ 깊이 500 m의 해수 밀도는 1.026 g/cm³보다 크다.

✕ 구간 A에서 해수의 밀도 변화는 수온보다 염분에 더 영향을 받는다. 염분보다 수온에

ㄴ. (가)에서 깊이 500 m의 수온은 약 6 ℃, 염분은 약 33.25 psu이다. 이를 (나) 수온 염분도에 표시하면 깊이 500 m의 해수 밀도는 1.026 g/cm³보다 크다.

바로알기 ㄱ. ㉠은 표층에서 가장 높고 깊이에 따라 그 값이 감소하다가 심해에서는 거의 일정해지므로 수온에 해당한다.

ㄷ. 구간 A에서 수온과 염분이 대체로 감소하였는데 밀도는 증가하였다. 해수의 밀도는 수온이 낮을수록, 염분이 높을수록 커지므로 이 구간의 밀도 증가는 염분보다 수온에 더 영향을 받는다.

11 위도별 해수의 성질과 수온 염분도

자료 분석

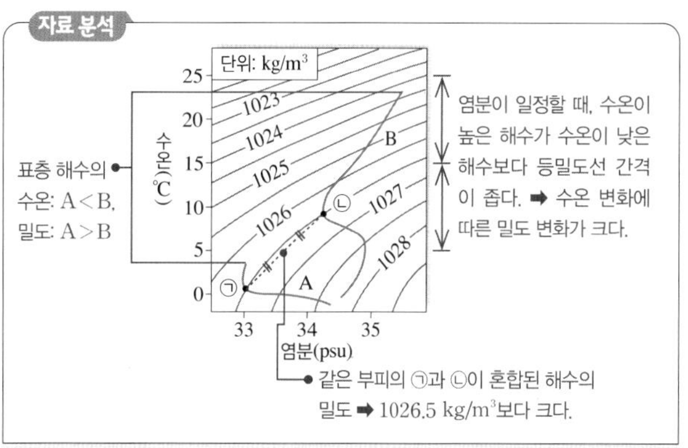

선택지 분석

✕ A는 저위도 해역이다. 고위도

㉡ 같은 부피의 ㉠과 ㉡이 혼합되어 형성된 해수의 밀도는 ㉠ 보다 크다.

㉢ 염분이 일정할 때, 수온 변화에 따른 밀도 변화는 수온이 높을 때가 낮을 때보다 크다.

ㄴ. 같은 부피의 ㉠과 ㉡이 혼합되어 형성된 해수의 밀도 값은 수온 염분도에서 두 지점을 연결한 직선의 가운데 지점의 값이므로 ㉠(1026.5 kg/m³)보다 크다.

ㄷ. 염분이 일정할 때, 수온이 높은 해수가 수온이 낮은 해수보다 등밀도선 사이의 간격이 좁으므로 수온 변화에 따른 밀도 변화가 크다.

바로알기 ㄱ. 고위도 해역에서 저위도 해역으로 갈수록 표층 해수의 수온은 높아지고 밀도는 작아진다. A는 B보다 표층 해수의 수온이 낮고 밀도가 크므로 고위도 해역이다.

12 해수의 성질과 수온 염분도

자료 분석

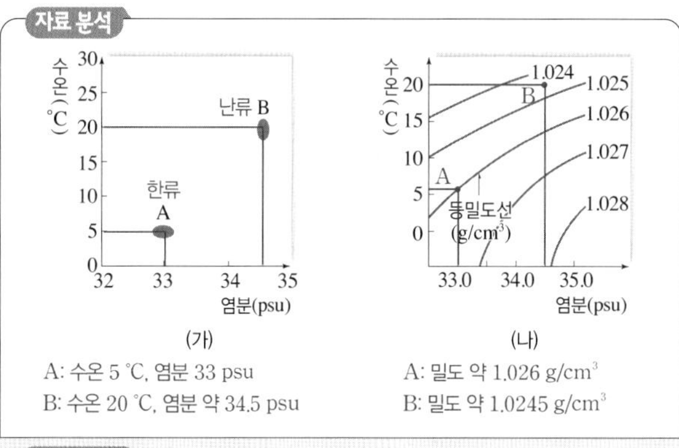

선택지 분석

㉠ A 해역 해수의 밀도는 약 1.026 g/cm³이다.

㉡ 두 해역의 해수가 만나면, A 해역의 해수가 B 해역의 해수 아래로 가라앉는다.

✕ A 해역은 난류의 영향을 받는다. 한류

ㄱ. A 해역의 수온은 약 5 ℃이고, 염분은 약 33 psu이므로 (나)의 수온 염분도에 표시해 보면 밀도는 약 1.026 g/cm³이다.

ㄴ. B 해역의 수온은 약 20 ℃이고, 염분은 약 34.5 psu이므로 밀도는 약 1.0245 g/cm³이다. 따라서 두 해역의 해수가 만나면 밀도가 큰 A 해역의 해수가 B 해역의 해수 아래로 가라앉는다.

바로알기 ㄷ. A 해역은 B 해역보다 수온과 염분이 낮으므로 한류의 영향을 받는다.

2. 대기와 해양의 상호 작용

10 해수의 순환

개념 확인

본책 115쪽, 117쪽

(1) ①-㉡ ②-㉠ ③-㉢ (2) ① T ② W ③ N ④ T ⑤ N ⑥ W (3) ① 대칭 ② 시계 ③ 작다 (4) 쿠로시오 해류, 연해주 한류 (5) 밀도 (6) 침강 (7) 느리다 (8) ①-㉡ ②-㉢ ③-㉠ (9) 북대서양 심층수, 남극 저층수 (10) 약해진다

수능 자료

본책 118쪽

자료❶ 1 × 2 ○ 3 × 4 ○ 5 × 6 ○ 7 ○
자료❷ 1 ○ 2 × 3 ○ 4 × 5 ×
자료❸ 1 ○ 2 × 3 ○ 4 × 5 ○
자료❹ 1 ○ 2 ○ 3 × 4 × 5 ×

자료❶ 대기 대순환

A는 위도 60°S 부근, B는 적도 부근, C는 위도 30°N 부근이다.

1 A(위도 60°S 부근)는 저위도에서 불어온 편서풍과 고위도에서 불어온 극동풍이 만나는 한대 전선대이고, C(위도 30°S 부근)는 상층에서 공기가 하강하여 저위도와 고위도로 바람이 불어나가는 아열대 고압대이므로 남북 방향의 온도 차는 A가 C보다 크다.

2 B(적도 저압대)에서는 해들리 순환의 상승 기류가 나타난다.

3 C(아열대 고압대)에서는 상층에서 모여든 공기가 하강하여 고기압이 형성된다. 지표면 냉각에 의한 고기압은 극 지역에서 형성된다.

4 B와 C 사이(해들리 순환)의 지표 부근에서는 북동 무역풍이 분다.

5 A에서는 극동풍과 편서풍이, B에서는 남동 무역풍과 북동 무역풍이 수렴한다. C에서는 무역풍과 편서풍으로 발산한다.

6 B는 상승 기류가 발달하는 저압대이고, C는 하강 기류가 발달하는 고압대이므로 (증발량−강수량) 값은 B보다 C에서 크다.

7 A보다 고위도에서는 극순환이 나타나므로 지표 부근의 바람은 남극(90°S)에서 A 쪽으로 남풍 계열의 바람이 우세하게 분다.

자료❷ 해수의 표층 순환

1 A 지점은 위도 30°보다 고위도 지역이므로 편서풍대에 위치하며, 서에서 동으로 흐르는 북대서양 해류의 영향을 받아 A 지점을 항해할 때는 서에서 동으로 이동하였다.

2 B 지점은 위도 30°보다 저위도 지역이므로 무역풍대에 위치하며, 동에서 서로 부는 무역풍의 영향을 받아 B 지점을 항해할 때는 동에서 서로 항해하였다.

3 C 지점은 대양의 동안으로, 고위도에서 저위도로 흐르는 한류(카나리아 해류)를 이용하여 고위도에서 저위도로 항해하였다.

4 A에서는 서에서 동으로, B에서는 동에서 서로, C에서는 고위도에서 저위도로 흐르는 해류를 따라 항해하였다. 따라서 유럽에서 출발한 항해 경로는 C → B → A 순서로 통과하였다.

5 C 지점은 한류인 카나리아 해류가 흐르므로 주변의 열을 흡수하여 같은 위도의 다른 지역에 비해 한랭한 기후가 나타난다.

자료❸ 대서양의 심층 순환

1 (가)의 9°S에서 북대서양 심층수는 남극 저층수보다 염분이 높으므로 (나)에서 A는 북대서양 심층수, B는 남극 저층수이다.

2 남극 중층수는 60°S 부근의 표층에서 침강하여 형성되는 수괴로, 이 해역의 표층에서는 남극 저층수와 북대서양 심층수가 만나지 않는다.

3 (나)의 a 구간에서 수온은 거의 일정하고 염분의 변화가 뚜렷하게 나타나므로 밀도 변화는 수온보다 염분에 더 영향을 받는다.

4 수괴의 밀도가 클수록 수심이 깊은 곳에서 흐르므로 밀도는 남극 저층수>북대서양 심층수>남극 중층수 순으로 크다.

5 대서양 북반구에서는 그린란드 주변 해역에서 해수가 침강하여 북대서양 심층수가 형성되고, 남반구에서는 웨델해에서 해수가 침강하여 남극 저층수가 형성된다.

자료❹ 심층 순환과 표층 순환

1 ㉠은 그린란드 주변의 노르웨이해로, 냉각에 의해 밀도가 커진 해수가 침강하여 북대서양 심층수가 형성된다. ㉡은 웨델해로, 남극 저층수가 형성된다.

3 ㉠에서 형성된 북대서양 심층수는 ㉡에서 형성된 남극 저층수보다 밀도가 작다. (나)에서 A는 B보다 밀도가 작으므로 A는 ㉠에서 형성된 수괴이고 B는 ㉡에서 형성된 수괴이다.

4 극 해역에서 해수의 침강이 약해지면 심층 순환이 약화되고, 이와 연결된 표층 순환도 약화된다.

5 심층 순환과 표층 순환은 연결되어 전 지구를 순환하고 있으며, 한 번 순환하는 데 약 1000년이 걸린다.

본책 119쪽

1 (1) B>A>C (2) 약 38° **2** ㉠ 해들리 순환, ㉡ 페렐 순환, ㉢ 극순환 **3** ⑤ **4** ⑤ **5** 수온, 염분 **6** ③ **7** ㄱ, ㄴ **8** (1) A: 남극 중층수 B: 북대서양 심층수 C: 남극 저층수 (2) C>B>A **9** ③

1 (1) A: 태양 복사 에너지=지구 복사 에너지 ➡ 태양 복사 에너지−지구 복사 에너지=0
B: 태양 복사 에너지>지구 복사 에너지 ➡ 태양 복사 에너지−지구 복사 에너지>0
C: 태양 복사 에너지<지구 복사 에너지 ➡ 태양 복사 에너지−지구 복사 에너지<0
(2) 위도 약 38°에서는 태양 복사 에너지 흡수량과 지구 복사 에너지 방출량이 같아 에너지 평형을 이룬다.

2 ㉠ A(적도 저압대)와 B(아열대 고압대) 사이의 대기 순환을 해들리 순환이라고 한다. ㉡ B(아열대 고압대)와 C(한대 전선대) 사이의 대기 순환을 페렐 순환이라고 한다. ㉢ C(한대 전선대)와 D(극고압대) 사이의 대기 순환을 극순환이라고 한다.

3 ③, ④ A와 B 사이의 지표에는 북동 → 남서 방향의 무역풍이, B와 C 사이의 지표에는 남서 → 북동 방향의 편서풍이 분다.
바로알기 ⑤ B에서는 상층에서 수렴한 공기가 하강하여 아열대 고압대가 형성된다.

4 ⑤ 멕시코만류는 대서양의 서쪽 연안을 따라 남 → 북으로 흐르는 난류이다.
바로알기 ① 북적도 해류는 동 → 서로 흐른다.
② 캘리포니아 해류는 고위도 → 저위도로 흐르는 한류이다.
③ 북태평양 해류는 편서풍에 의해 서 → 동으로 흐른다.
④ 쿠로시오 해류는 태평양 서쪽 연안(대양의 서안)을 따라 북상하는 난류이다.

5 A는 저위도에서 고위도로 흐르는 난류이고, B는 고위도에서 저위도로 흐르는 한류이다. 난류는 한류보다 수온과 염분이 높고, 용존 산소량과 영양 염류가 적다.

6 ① A는 중위도 해역에서 무역풍과 편서풍에 의해 형성되는 아열대 순환이다.
② B는 편서풍에 의해 남극 대륙 주위를 순환하는 남극 순환 해류이다.
④ 대기 대순환에 의해 동서 방향의 표층 해류가 형성되고, 대륙에 막힌 해류가 남북 방향으로 흘러 표층 순환을 형성한다.
⑤ 적도를 기준으로 남반구와 북반구에서 대기 대순환의 방향이 대칭적이므로 표층 순환의 방향도 적도에 대해 대칭적이다.
바로알기 ③ 무역풍에 의해 형성되는 해류는 북반구의 북적도 해류와 남반구의 남적도 해류이다.

7 ㄱ. 표층 해수가 냉각되면 밀도가 커지므로 해수의 침강이 일어날 수 있다.
ㄴ. 표층 해수가 결빙되면 남아 있는 해수의 염분이 증가하므로 밀도가 커져 해수의 침강이 일어날 수 있다.
바로알기 ㄷ. 대륙으로부터 하천수가 유입되면 해수의 염분이 감소하므로 밀도가 작아져 해수의 침강이 일어나기 어렵다.

8 (1) 남극 중층수(A)는 위도 50°S~60°S 해역에서 형성되어 북쪽으로 이동하고, 그 아래를 북대서양 심층수(B)가 남쪽으로 흐른다. 남극 저층수(C)는 북대서양 심층수 아래를 흐른다.
(2) 남극 중층수, 북대서양 심층수, 남극 저층수는 수온과 염분이 모두 달라서 밀도가 다르며, 해수의 밀도가 클수록 아래로 흐르므로 밀도는 C>B>A이다.

9 ③ 표층 순환은 수 년 이내에 일어나지만 심층 순환은 약 1000년 정도 걸리므로 심층 순환의 시간적 규모가 크다.
바로알기 ① 심층 순환은 매우 느리게 일어나므로 직접 관측하기 어려우며, 수온 염분도를 이용한 수괴 분석을 통해 간접적으로 알아낸다.
② 심층 순환의 침강 해역은 북대서양의 그린란드 주변 해역과 남극 대륙 주변 해역에 있으며, 태평양에는 침강 해역이 없다.
④ 심층 순환이 일어나는 과정에서 해수가 용승하면 표층 순환과 연결되어 전 지구적인 순환을 형성한다.
⑤ 심층 순환이 약해지면 고위도로 이동하는 표층 순환이 약해지므로 고위도로의 열에너지 수송이 약화된다.

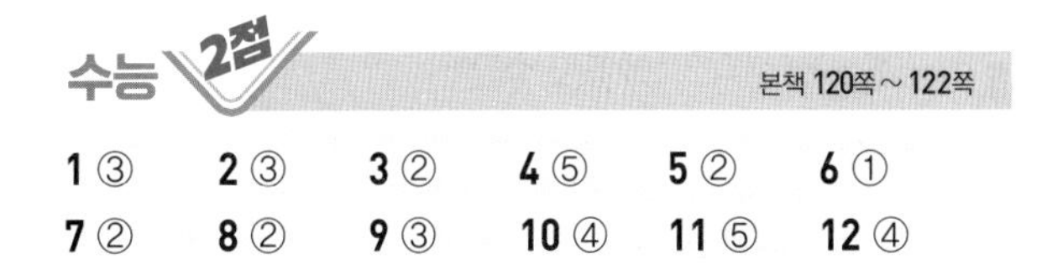

1 ③	2 ③	3 ②	4 ⑤	5 ②	6 ①
7 ②	8 ②	9 ③	10 ④	11 ⑤	12 ④

1 위도에 따른 복사 에너지

자료 분석

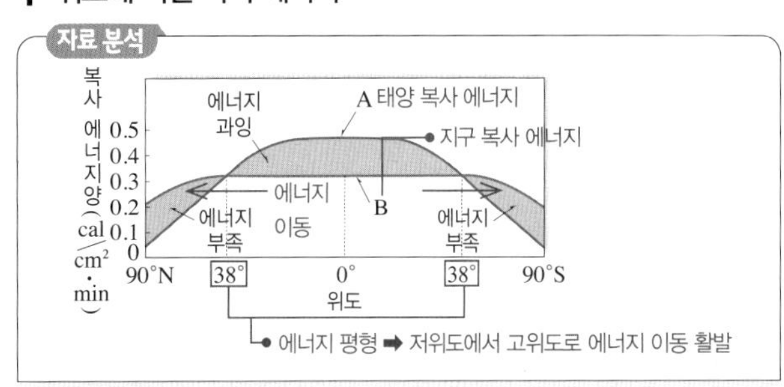

선택지 분석
ㄱ 위도에 따라 A의 양이 다른 것은 지구가 구형이기 때문이다.
✗ 위도 약 38°에서는 저위도나 고위도로 에너지 이동이 일어나지 않는다. 활발하다
ㄷ 대기나 해수의 순환이 없다면 적도 지역은 실제보다 연평균 기온이 높을 것이다.

ㄱ. A는 저위도에서 B보다 많고, 고위도로 갈수록 감소하므로 위도에 따른 태양 복사 에너지 흡수량이다. 지구가 구형이기 때문에 위도에 따라 태양 복사 에너지의 입사각이 달라져 태양 복사 에너지 흡수량이 다르다.
ㄷ. 대기와 해수의 순환이 없다면 저위도는 과잉된 에너지에 의해 실제보다 연평균 기온이 더 높아지고, 고위도는 부족한 에너지에 의해 실제보다 연평균 기온이 더 낮아질 것이다.
바로알기 ㄴ. 저위도의 남는 에너지는 위도 약 38°를 거쳐 에너지가 부족한 고위도로 이동하므로 위도 약 38°에서 에너지 이동량이 가장 많다.

2 대기 대순환

자료 분석

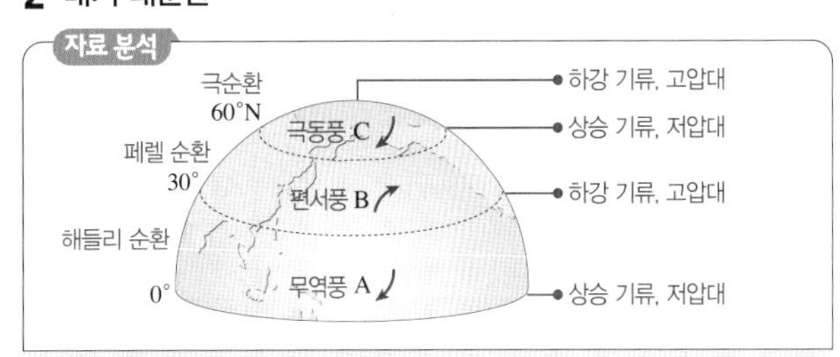

선택지 분석
ㄱ A에서 해들리 순환, C에서 극순환이 형성된다.
ㄴ B의 지표면 부근에서는 편서풍이 형성된다.
✗ B와 C 사이에서는 하강 기류가 우세하게 나타난다. 상승 기류

ㄱ. A는 0°와 위도 30° 사이의 대기 순환이므로 해들리 순환이고, C는 위도 60°와 극 사이의 대기 순환이므로 극순환이다.
ㄴ. B의 지표면에서는 위도 30° 부근에서 하강한 공기가 남에서 북으로 이동하며 전향력의 영향을 받아 휘어져 북동쪽으로 부는 편서풍이 형성된다.
바로알기 ㄷ. 극에서 하강한 공기는 저위도로 이동하고, 위도 30° 부근에서 하강한 공기는 고위도로 이동하여 위도 60° 부근(B와 C 사이)에서 만나 상승한다.

3 대기 대순환

자료 분석

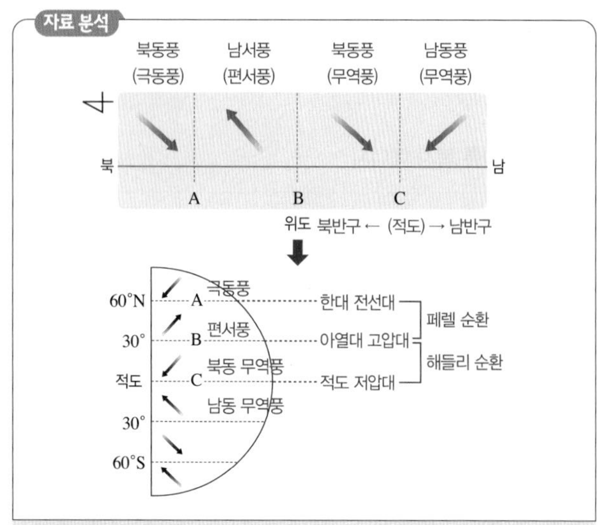

선택지 분석

~~ㄱ~~. A－B 구간은 북반구, B－C 구간은 남반구이다. 북반구

ⓛ A－B 구간에는 페렐 순환이 나타난다.

~~ㄷ~~. 해수면 평균 기압은 B보다 C에서 높다. 낮다

ㄴ. A－B 구간은 북반구이고 남서풍이 불므로 위도 30°N~60°N에 해당하며, 대기 순환은 페렐 순환이 나타난다.

바로알기 ㄱ. C를 경계로 왼쪽에는 북동풍이 불고, 오른쪽에는 남동풍이 불므로 C는 적도이고, 각각 북동 무역풍과 남동 무역풍이 부는 모습이다. 따라서 C의 왼쪽 구간은 북반구, C의 오른쪽 구간은 남반구이다.

ㄷ. B는 하강 기류가 발달하는 아열대 고압대이고, C는 상승 기류가 발달하는 적도 저압대이므로 해수면 평균 기압은 B보다 C에서 낮다.

4 태평양의 표층 순환

자료 분석

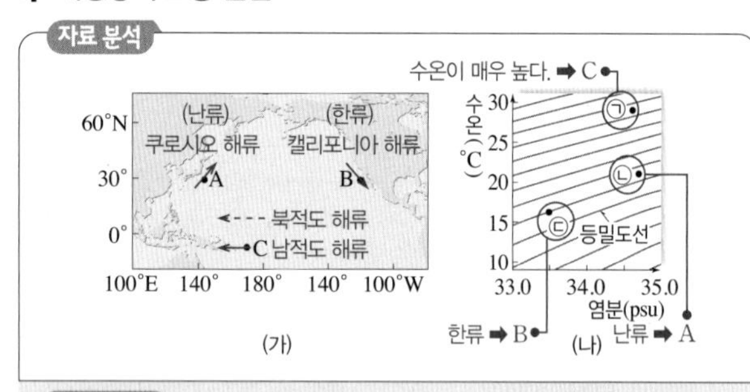

선택지 분석

㉠ A의 관측값은 ⓛ이다.

ⓛ A, B, C 중 해수의 밀도가 가장 큰 해역은 B이다.

ⓒ C에 흐르는 해류는 무역풍에 의해 형성된다.

ㄱ. 적도에서 고위도로 갈수록 표층 수온이 낮아지므로 세 해역 중 수온이 가장 높은 ㉠은 C의 값이다. A는 B와 동일한 위도에 있지만, A에는 난류가 흐르고 B에는 한류가 흐르므로 A의 수온이 더 높다. 따라서 A의 값은 ㉡, B의 값은 ㉢이다.

ㄴ. 해수의 밀도는 수온이 낮을수록, 염분이 높을수록 크므로 (나)에서 등밀도선이 오른쪽 아래에 위치할수록 밀도가 크다. 따라서 밀도가 가장 큰 해수는 ㉢이고, B 해역의 해수이다.

ㄷ. C는 남반구에서 무역풍이 부는 해역으로, 무역풍에 의해 형성된 남적도 해류가 동에서 서로 흐른다.

5 북반구의 표층 순환

자료 분석

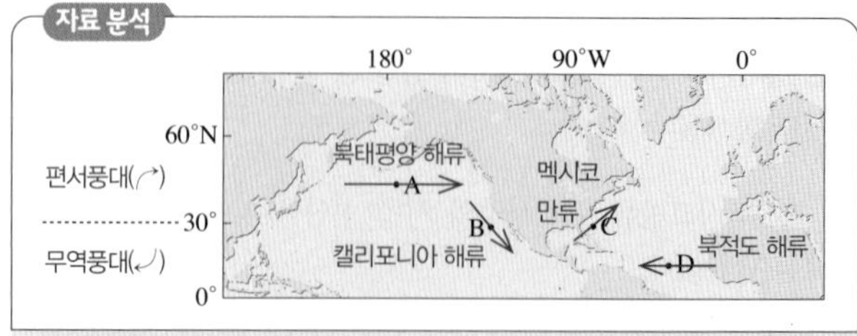

선택지 분석

~~ㄱ~~. A의 해류는 무역풍, D의 해류는 편서풍의 영향으로 형성된다. (편서풍 / 무역풍)

~~ㄴ~~. 남극 순환 해류의 방향은 A의 해류의 방향과 반대이다. 같다

ⓒ 해수면에서 대기로 단위 면적당 방출되는 숨은열의 양은 B보다 C에서 많다.

ㄷ. B와 C는 동일한 위도에 있고 B에는 한류가, C에는 난류가 흐른다. 난류가 흐르는 C에서 해수의 온도가 더 높고, 해수면에서 대기로 단위 면적당 방출되는 숨은열의 양이 많다.

바로알기 ㄱ. A는 중위도에 있으므로 편서풍에 의해 해류가 흐르고, D는 저위도에 있으므로 무역풍에 의해 해류가 흐른다.

ㄴ. 남극 순환 해류는 남반구의 편서풍에 의해, A의 해류(북태평양 해류)는 북반구의 편서풍에 의해 서에서 동으로 흐른다.

6 북반구의 표층 순환

자료 분석

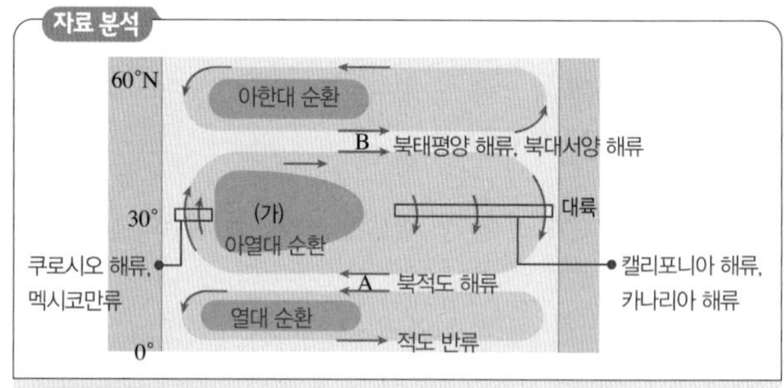

선택지 분석

㉠ A는 북적도 해류이다.

~~ㄴ~~. B는 극동풍에 의해 형성된 해류이다. 편서풍

~~ㄷ~~. 남반구에서 (가)의 순환은 시계 방향으로 일어난다. 시계 반대

ㄱ. 북반구에서 북동 무역풍에 의해 동에서 서로 흐르는 해류(A)는 북적도 해류이다.

바로알기 ㄴ. B는 편서풍에 의해 서에서 동으로 흐르는 해류이다.

ㄷ. (가)는 아열대 순환이며, 아열대 순환은 북반구에서 시계 방향으로, 남반구에서는 시계 반대 방향으로 일어난다.

7 우리나라 주변의 해류

자료 분석

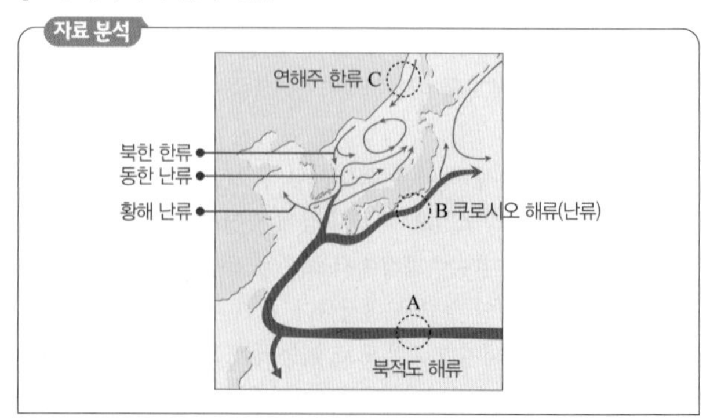

선택지 분석

✕ A는 편서풍에 의해 형성된 해류이다. 무역풍

㉡ B의 해수는 C의 해수보다 염분이 높다.

✕ C는 북태평양 해류에서 갈라진 해류이다.

ㄴ. 난류는 한류보다 염분이 높다. B는 위도 30°N 부근을 거쳐 북상하는 난류이고, C는 위도 60°N 부근에서 남하하는 한류이므로 해수의 염분은 B가 C보다 높다.

바로알기 ㄱ. A는 북동 무역풍에 의해 동에서 서로 흐르는 북적도 해류이다.

ㄷ. C는 오호츠크해에서 기원하여 연해주를 따라 남하하는 연해주 한류이므로 북태평양 해류와는 직접 관련이 없다.

8 심층 순환의 발생 원인

선택지 분석

✕ P에 도달하는 시간은 A가 B보다 짧다. 길다

㉡ B의 소금물 농도를 20 %로 높이면 P에 도달하는 시간이 짧아질 것이다.

✕ 침강 해역에서 해빙이 일어나면 해수의 침강이 활발해질 것이다. 약해질

ㄴ. 소금물의 염분이 높을수록 밀도가 크므로 B의 소금물 농도를 20 %로 높이면 밀도가 커진 소금물이 더 빨리 침강하여 P에 도달하는 시간이 짧아질 것이다.

바로알기 ㄱ. 소금물의 온도가 낮을수록 밀도가 크므로 밀도는 B가 A보다 크다. 밀도가 커지면 소금물이 더 빨리 침강하므로 P에 도달하는 시간은 밀도가 큰 B가 A보다 짧다.

ㄷ. 침강 해역에서 해빙이 일어나면 해수의 염분이 낮아지므로 밀도가 작아져 해수의 침강이 약해질 것이다. 반면에, 결빙이 일어나면 해수의 염분이 높아지므로 밀도가 커져 해수의 침강이 활발해질 것이다.

9 북대서양 심층 순환

선택지 분석

㉠ A는 B보다 밀도가 크다.

✕ A와 B는 중위도에서 혼합되어 고위도로 흐른다. 혼합되지 않고 저위도로

㉢ 북대서양의 침강 해역에서 해수의 냉각이 일어나면 C의 흐름은 강해진다.

해수의 밀도가 A>B>C이므로 A는 남극 저층수, B는 북대서양 심층수, C는 표층수이다.

ㄱ. 밀도가 서로 다른 두 수괴가 만나면 밀도가 큰 수괴가 아래로 흐른다. A(남극 저층수)와 B(북대서양 심층수)가 만나면 A가 아래로 흐르므로 A가 B보다 밀도가 크다.

ㄷ. 북대서양의 침강 해역에서 해수의 냉각이 일어나면 수온이 낮아지고, 염분이 높아져 밀도가 커지므로 침강이 활발해진다. 해수의 침강이 활발해지면 이와 연결되어 있는 C의 흐름도 강해진다.

바로알기 ㄴ. 밀도가 서로 다른 두 수괴는 혼합되기 어려우며, A와 B가 중위도에서 만나면 각각 저위도 쪽으로 이동한다.

10 해수의 연령 분포와 심층 순환

자료 분석

해수의 연령은 태평양에서는 대체로 1000년 이상으로 많고, 대서양에서는 대체로 500년 이하로 적다. ➡ 해수의 기원이 대서양이기 때문

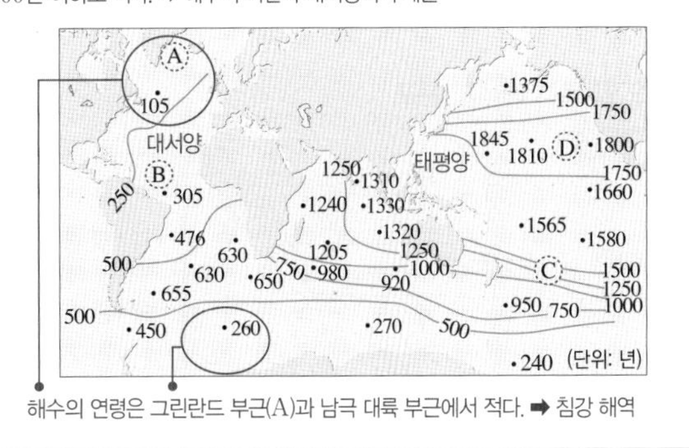

해수의 연령은 그린란드 부근(A)과 남극 대륙 부근에서 적다. ➡ 침강 해역

선택지 분석

㉠ A~D 중 해수의 침강이 활발한 해역은 A이다.

㉡ 수심 4000 m에서 해수는 A에서 B 방향으로 이동하였다.

✕ 수심 4000 m에서 해수의 흐름은 C가 D보다 빠르다. 느리다

ㄱ. 해수의 연령이 가장 적은 해역에서 침강이 일어나므로 침강이 가장 활발한 해역은 A이다.

ㄴ. 수심 4000 m에서 해수의 연령은 B가 A보다 많으므로, 해수는 A에서 B 방향으로 이동하였다.

바로알기 ㄷ. 속력$=\frac{거리}{시간}$이므로 등연령선의 간격이 넓은 D가 C보다 해수의 흐름이 빠르다.

11 해수의 표층 순환과 심층 순환

선택지 분석

✕ A 해역에서 침강이 강해지면 이 순환이 약화된다. 강화된다

㉡ 이 순환은 열에너지를 고위도로 수송한다.

㉢ 이 순환의 변화는 지구의 기후에 영향을 준다.

ㄴ, ㄷ. 심층 순환은 표층 순환과 연결되어 저위도의 열에너지를 고위도로 수송하므로, 순환의 변화가 일어나면 빙하기가 도래하는 등의 기후 변화가 일어날 수 있다.

바로알기 ㄱ. A 해역에서 침강이 강해지면 심층 순환이 강해지고, 이와 연결되어 있는 표층 순환도 강해진다.

12 심층 순환과 빙하기

선택지 분석

✕ 북대서양 해수의 밀도가 증가하였다. 감소

㉡ 북대서양에서 해수의 침강이 약해졌다.

㉢ 북대서양으로 수송되는 저위도의 열에너지가 감소하였다.

A 시기는 영거드라이아스 빙하기이다.

ㄴ. 담수의 유입으로 해수의 밀도가 감소하므로 북대서양에서 해수의 침강은 약해진다.

ㄷ. 해수의 침강이 약화되어 심층 순환이 약해지면, 이와 연결된 표층 순환도 약해지므로 저위도에서 북대서양으로 수송되는 열에너지가 감소하고, 이로 인해 빙하기가 나타난다.

바로알기 ㄱ. 북대서양에 담수가 유입되면 염분이 낮아지므로 해수의 밀도는 감소한다.

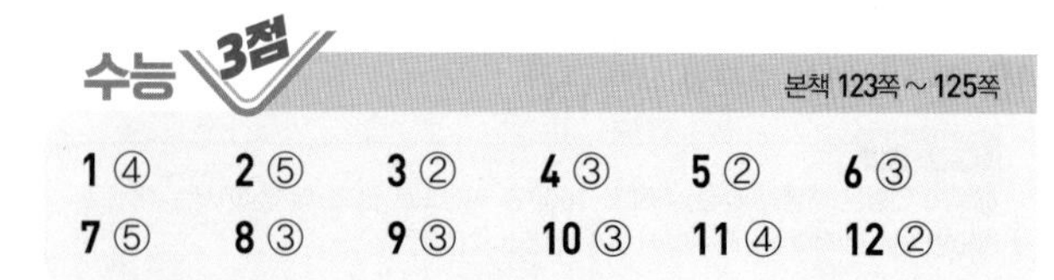

1 ④	2 ⑤	3 ②	4 ③	5 ②	6 ③
7 ⑤	8 ③	9 ③	10 ③	11 ④	12 ②

1 위도별 복사 에너지 분포

자료 분석

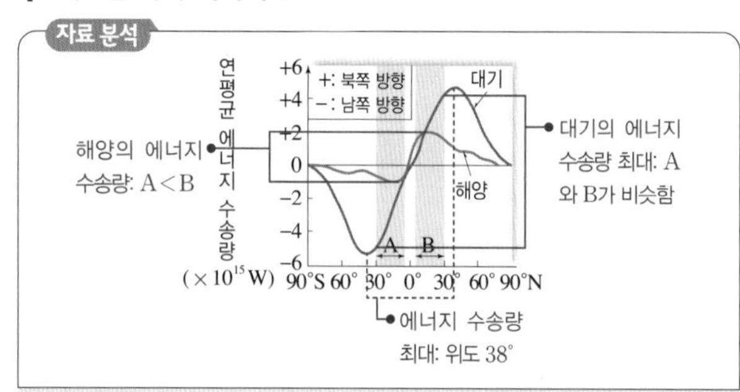

선택지 분석

✕ 흡수하는 태양 복사 에너지양과 방출하는 지구 복사 에너지양의 차는 38°S가 0°보다 크다. 작다

ㄴ $\frac{\text{대기에 의한 에너지 수송량}}{\text{해양에 의한 에너지 수송량}}$은 A 지역이 B 지역보다 크다.

ㄷ 위도별 에너지 불균형은 대기와 해양의 순환을 일으킨다.

ㄴ. 대기에 의한 수송량은 A와 B 지역이 비슷하지만 해양에 의한 수송량은 A 지역이 B 지역보다 적으므로 해양에 대한 대기의 에너지 수송량 비율은 A 지역이 B 지역보다 크다.

ㄷ. 저위도와 고위도의 에너지 불균형은 대기와 해수의 순환을 일으켜 에너지 불균형을 완화시킨다.

바로알기 ㄱ. 위도 0°는 태양 복사 에너지 흡수량이 지구 복사 에너지 방출량보다 크다. 그러나 위도 38°는 복사 평형을 이루는 곳이므로 태양 복사 에너지 흡수량이 지구 복사 에너지 방출량과 같다. 따라서 에너지양의 차이는 위도 0°가 38°S보다 크다.

2 대기 대순환

자료 분석

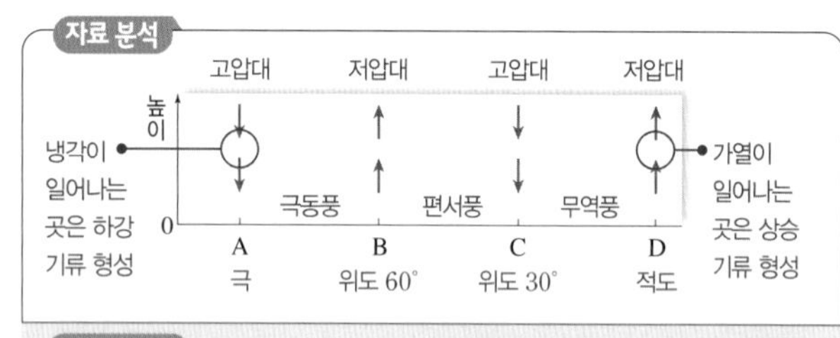

선택지 분석

✕ A에서 D로 갈수록 위도가 높아진다. 낮아진다

ㄴ B와 C 사이의 지표 부근에서는 서풍 계열의 바람이 분다.

ㄷ 북태평양 고기압은 C 부근에서 형성된다.

ㄴ. B는 상승 기류가 나타나므로 위도 60°의 한대 전선대이고, C는 하강 기류가 나타나므로 위도 30°의 중위도 고압대이다. B와 C 사이의 지표 부근에서는 서풍 계열의 편서풍이 분다.

ㄷ. 북태평양 고기압은 중위도 고압대인 C 부근에서 형성된다.

바로알기 ㄱ. A에서 하강 기류, D에서 상승 기류가 나타나므로 A에서는 공기가 냉각되고 D에서는 공기가 가열된다. 따라서 A는 극 지역, D는 적도 지역이므로 A에서 D로 갈수록 위도가 낮아진다.

3 북서태평양의 표층 해류

자료 분석

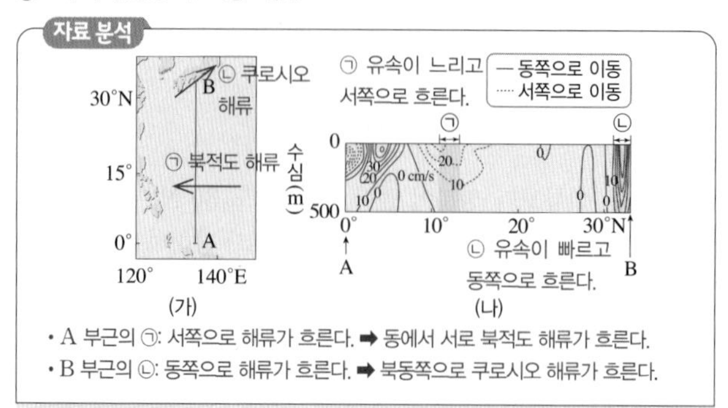

• A 부근의 ㉠: 서쪽으로 해류가 흐른다. ➡ 동에서 서로 북적도 해류가 흐른다.
• B 부근의 ⓛ: 동쪽으로 해류가 흐른다. ➡ 북동쪽으로 쿠로시오 해류가 흐른다.

선택지 분석

✕ 무역풍에 의한 해류 유속의 영향은 ㉠ 구간보다 ⓛ 구간에서 크다. ⓛ 구간보다 ㉠ 구간에서

ㄴ ⓛ 구간의 표층 해류는 저위도의 열에너지를 고위도로 수송한다.

✕ 쿠로시오 해류는 북적도 해류보다 유속이 작다. 크다

ㄴ. ⓛ 구간에서는 동쪽 방향의 유속이 매우 크므로 북태평양의 아열대 순환 중 쿠로시오 해류가 서쪽 연안을 따라 북동쪽으로 흐르는 구간이다. 난류인 쿠로시오 해류는 저위도의 열에너지를 고위도로 수송한다.

바로알기 ㄱ. ㉠ 구간은 무역풍대에 있고 해류가 서쪽으로 흐르지만, ⓛ 구간은 무역풍대와 편서풍대의 경계부에 있고 해류가 동쪽으로 흐른다. 따라서 동에서 서로 부는 무역풍이 해류 유속에 미치는 영향은 ㉠ 구간이 더 크다.

ㄷ. ㉠ 구간에는 무역풍에 의해 형성된 북적도 해류가 흐르고 ⓛ 구간에는 쿠로시오 해류가 흐르며, ⓛ 구간의 유속이 더 크므로 쿠로시오 해류는 북적도 해류보다 유속이 크다.

4 북태평양의 표층 순환

자료 분석

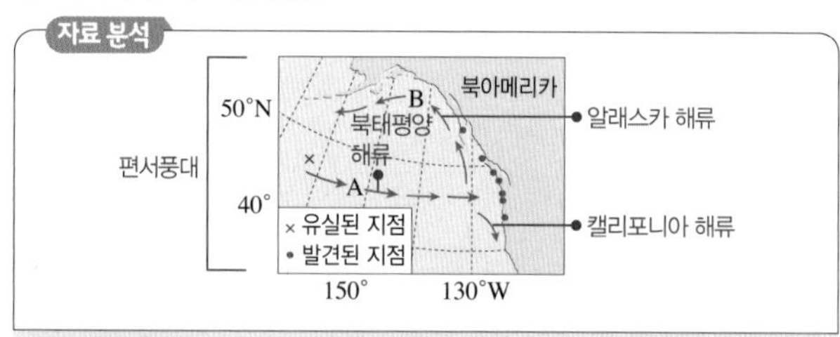

선택지 분석

ㄱ A는 편서풍의 영향을 받는다.

✕ B는 아열대 순환의 일부이다. 아한대

ㄷ 북아메리카 해안에서 발견된 운동화는 북태평양 해류의 영향을 받았다.

ㄱ. A는 위도 40°N~50°N에서 서에서 동으로 흐르는 해류이므로 편서풍에 의해 형성된 북태평양 해류이다.

ㄷ. 운동화가 유실된 지점은 북태평양 해류가 흐르는 해역이고, 발견된 지점은 유실된 지점의 동쪽에 있는 대륙 연안이므로 운동화는 서에서 동으로 흐르는 북태평양 해류를 타고 이동하였다.

바로알기 ㄴ. 북태평양에서 아열대 순환은 북적도 해류 → 쿠로시오 해류 → 북태평양 해류 → 캘리포니아 해류로 이어진다. B는 알래스카 해류로, 북태평양의 동쪽 연안에서 북태평양 해류에서 갈라져 북상하여 아한대 순환을 이룬다.

5 북대서양의 표층 순환

자료 분석

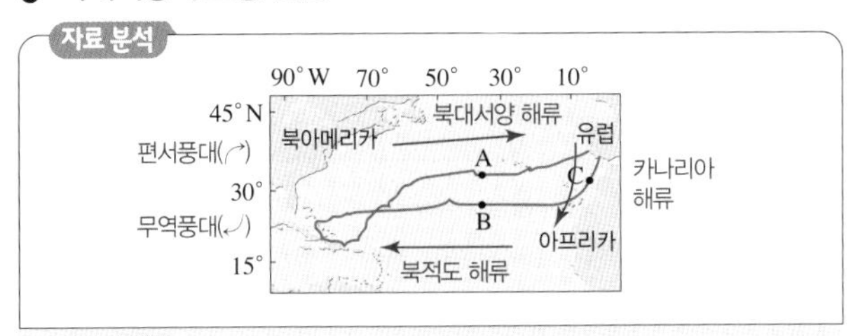

선택지 분석

✕ A를 항해할 때는 무역풍을 이용하였다. 편서풍
(ㄴ) B를 통과할 때는 동쪽에서 서쪽으로 항해하였다.
✕ C에 흐르는 해류는 난류이다. 한류

ㄴ. B는 저위도 해역으로, 무역풍이 불고 북적도 해류가 흐르는 곳이다. 무역풍과 북적도 해류의 방향은 모두 동쪽에서 서쪽이므로 B를 통과할 때는 동쪽에서 서쪽으로 항해하였다.

바로알기 ㄱ. A는 위도 약 35°N 해역에 위치하므로 편서풍의 영향을 받는다. 따라서 A를 항해할 때는 편서풍을 이용하여 서쪽에서 동쪽으로 항해하였다.

ㄷ. 북대서양의 아열대 순환에서 대양의 동쪽 해역인 C에는 고위도에서 저위도로 한류인 카나리아 해류가 흐른다.

6 북대서양의 표층 순환

자료 분석

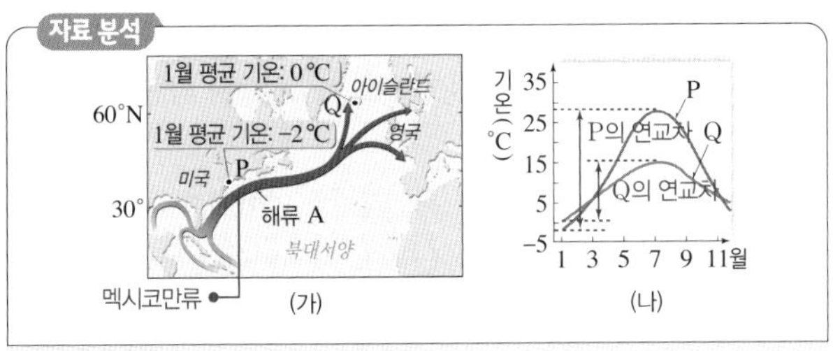

선택지 분석

(ㄱ) 기온의 연교차는 P가 Q보다 크다.
(ㄴ) 해류 A는 Q에 열에너지를 전달한다.
✕ 해류 A는 무역풍에 의해 발생한 북적도 해류이다. 멕시코만류

ㄱ. (나)에서 여름과 겨울의 기온 차가 P는 약 30 ℃이고, Q는 약 15 ℃이므로 기온의 연교차는 P가 Q보다 크다.

ㄴ. 해류 A는 난류이므로 저위도에서 고위도로 에너지를 전달한다. 따라서 해류 A는 Q에 열에너지를 전달한다.

바로알기 ㄷ. 해류 A는 대서양의 서쪽 연안을 따라 북상하는 멕시코만류이다.

7 우리나라 주변의 해류

선택지 분석

(ㄱ) A와 B의 근원은 쿠로시오 해류이다.
(ㄴ) B와 C에 의해 조경 수역이 형성된다.
(ㄷ) 동해에서 난류는 한류보다 유속이 빠르다.

ㄱ. A는 쓰시마 난류, B는 동한 난류로, 두 해류의 근원은 쿠로시오 해류이다.

ㄴ. B는 북상하는 동한 난류이고, C는 남하하는 북한 한류이므로 두 해류가 만나는 곳에서 조경 수역이 형성된다.

ㄷ. 동해에서 수온이 높은 남쪽이 수온이 낮은 북쪽보다 유속이 빠르므로 동해에서 난류는 한류보다 유속이 빠름을 알 수 있다.

8 우리나라 주변의 해류

선택지 분석

(ㄱ) A는 북태평양 아열대 표층 순환의 일부이다.
(ㄴ) B는 겨울에 주변 대기로 열을 공급한다.
✕ 용존 산소량은 C가 B보다 적다. 많다

ㄱ. A는 북태평양의 서쪽 연안을 따라 북상하는 쿠로시오 해류로, 북태평양 아열대 순환의 일부이다. 북태평양 아열대 순환은 북적도 해류 → 쿠로시오 해류 → 북태평양 해류 → 캘리포니아 해류로 이어진다.

ㄴ. B는 동한 난류로, 주변 해수보다 수온이 높아 겨울에 주변 대기로 열을 공급한다.

바로알기 ㄷ. 수온이 낮을수록 용존 산소량이 많으므로 C(북한 한류)가 B(동한 난류)보다 용존 산소량이 많다.

9 심층 순환의 발생 모형실험

선택지 분석

(ㄱ) 실험 결과에서 ㉠은 8보다 크다.
(ㄴ) 소금물은 극지방의 침강하는 표층 해수에 해당한다.
✕ 실험 Ⅱ에서 소금물의 농도를 낮춘 것은 극지방 표층 해수가 결빙되는 경우에 해당한다. 해빙

ㄱ. 실험 Ⅱ는 실험 Ⅰ보다 소금물의 농도가 낮으므로 밀도가 작기 때문에 소금물이 느리게 이동한다. 따라서 ㉠은 8보다 크다.

ㄴ. 소금물은 수조의 물보다 밀도가 커서 수조에서 침강한 후 바닥을 따라 이동하므로 극지방의 침강하는 표층 해수에 해당한다.

바로알기 ㄷ. 결빙이 일어나면 해수의 염분은 높아지고, 해빙이 일어나면 해수의 염분은 낮아진다. 실험 Ⅱ에서 소금물의 농도를 낮춘 것은 해빙에 해당한다.

10 대서양의 심층 순환과 수온 염분도

자료 분석

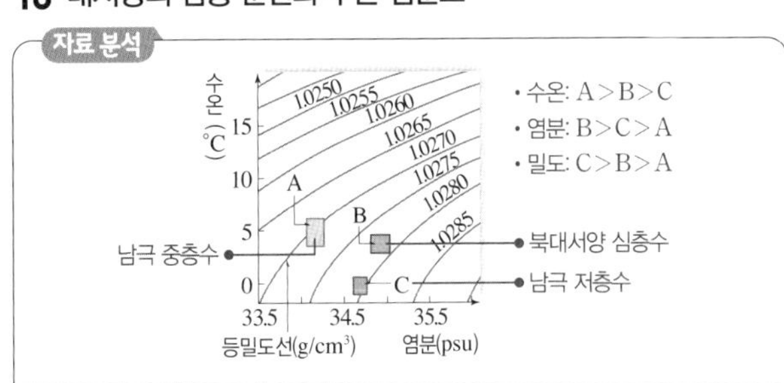

선택지 분석

(ㄱ) A는 남극 중층수이다.
(ㄴ) C는 웨델해에서 결빙에 의해 침강하였다.
✕ 남극 저층수는 북대서양 심층수보다 염분이 높다. 낮다

ㄱ. 대서양의 심층 순환을 이루는 해수의 밀도는 남극 저층수>북대서양 심층수>남극 중층수이고, 수온 염분도에서 해수의 밀도는 C>B>A이므로 A는 남극 중층수, B는 북대서양 심층수, C는 남극 저층수이다.

ㄴ. C(남극 저층수)는 남극 대륙 주변의 웨델해에서 결빙에 의한 밀도 증가로 침강하여 형성된다.

바로알기 ㄷ. 남극 저층수(C)는 북대서양 심층수(B)보다 염분이 낮지만, 수온이 낮아서 평균 밀도가 더 크다.

11 표층 순환과 심층 순환

자료 분석

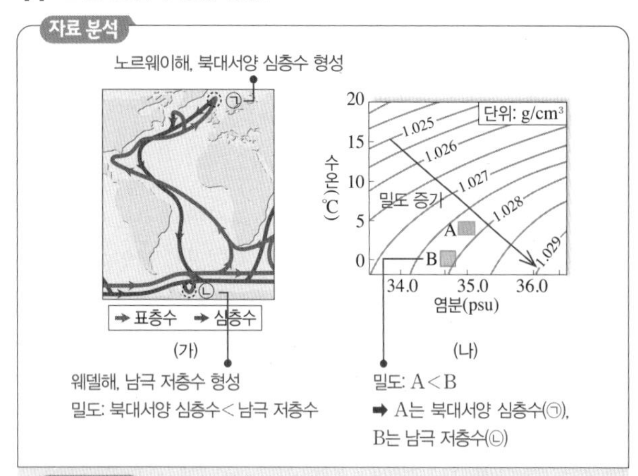

선택지 분석

✗ ㉠에서 형성되는 수괴는 A에 해당한다. B

ⓛ A와 B는 심층 해수에 산소를 공급한다.

ⓒ 심층 순환은 표층 순환보다 느리다.

ㄴ. A(북대서양 심층수)와 B(남극 저층수)는 대기로부터 산소를 공급받아 침강하여 심층 해수에 산소를 공급한다.

ㄷ. 표층 순환은 수 년 이내의 시간 규모이지만 심층 순환은 약 1000년의 시간 규모이므로 심층 순환은 표층 순환보다 느리다.

바로알기 ㄱ. ㉠에서 침강하는 해수는 북대서양 심층수를 형성하고, ㉡에서 침강하는 해수는 남극 저층수를 형성한다. 남극 저층수는 북대서양 심층수보다 저온 저염분이고 밀도가 크므로, (나)에서 A보다 밀도가 더 큰 B에 해당한다.

12 심층 순환과 빙하기

자료 분석

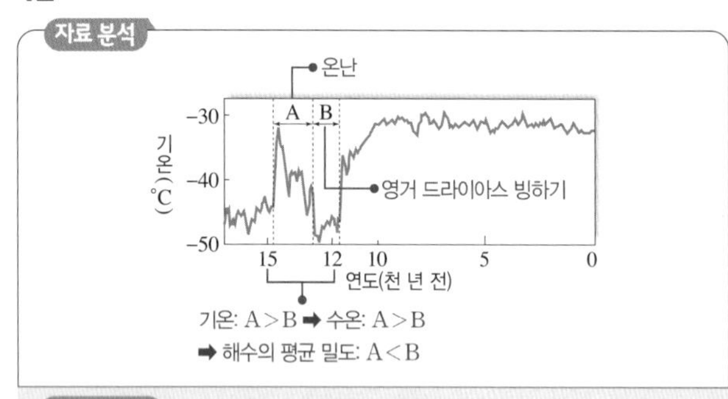

선택지 분석

✗ 그린란드 주변 해역에서 해수의 평균 밀도는 A 시기가 B 시기보다 컸다. 작았다

✗ A 시기는 온난하여 해수의 심층 순환이 강해졌다. 약해졌다

ⓒ B 시기에 빙하기가 생긴 것은 해수의 표층 순환이 약해졌기 때문이다.

ㄷ. B 시기에 빙하기가 생긴 것은 A 시기에 심층 순환이 약해지면서 표층 순환도 약해져 고위도로의 열 수송이 약화되어 기온이 낮아졌기 때문이다.

바로알기 ㄱ. A 시기에는 B 시기보다 기온이 높았으므로 해수의 수온도 높아서 해수의 밀도가 작았다. 따라서 해수의 평균 밀도는 B 시기가 A 시기보다 컸다.

ㄴ. A 시기에는 기후가 온난하여 해수의 밀도가 작아졌으므로 해수의 심층 순환이 약해졌다.

11. 대기와 해양의 상호 작용

개념 확인

본책 127쪽, 129쪽

(1) 45°, 직각(90°) (2) 용승 (3) ① 연안, 침강 ② 먼 바다, 용승 (4) 북쪽, 남쪽, 용승 (5) 바깥쪽, 용승 (6) 동, 서 (7) 엘니뇨 (8) 상승, 약하게, 깊어진다 (9) 워커 순환 (10) 고, 저 (11) 저, 고 (12) B, A (13) 홍수

수능 자료

본책 130쪽

자료❶ 1 × 2 ○ 3 ○ 4 ○ 5 ×

자료❷ 1 ○ 2 ○ 3 × 4 ○ 5 × 6 ○ 7 ×

자료❶ 용승과 침강

1 A와 C 해역은 모두 동일 위도의 먼 바다보다 수온이 낮게 나타나므로 심층의 찬 해수가 상승하는 용승이 일어난다.

2 A 해역에서 용승이 일어날 때 심층의 영양 염류가 표층에 공급되므로 먼 바다에서 대륙 쪽으로 갈수록 플랑크톤의 농도가 높다.

3 C 해역에서는 표층의 해수가 먼 바다 쪽으로 이동하여 이를 채우기 위해 용승이 일어난다.

4 C 해역에서 표층 해수는 먼 바다 쪽으로 이동하고, 남반구에서 표층 해수는 풍향의 왼쪽 방향으로 이동하므로 남풍 계열의 바람이 분다.

5 용승이 일어나면 수온 약층의 깊이가 얕아지고, 침강이 일어나면 수온 약층의 깊이가 깊어진다. C 해역에서는 용승이 일어나므로 B 해역에 비해 수온 약층이 나타나는 깊이가 얕다.

자료❷ 엘니뇨와 라니냐

1 ㉠ 시기에 해수면 기압 차(동태평양 기압−서태평양 기압)가 (+) 값이므로 동태평양은 서태평양보다 기압이 높다.

2 ㉠ 시기에 동태평양은 서태평양보다 기압이 높았으므로 표층 수온은 낮다.

3 ㉠은 동태평양 해역의 표층 수온이 낮았으므로 라니냐 시기이고, ㉡은 엘니뇨 시기이다.

4 라니냐(㉠)는 무역풍이 강해질 때 발생하고, 엘니뇨(㉡)는 무역풍이 약해질 때 발생한다.

5 (나)는 적도 부근 동태평양에서 따뜻한 해수층의 두께가 두꺼워졌으므로 평년보다 수온이 상승한 엘니뇨 시기이다.

6 (나) 엘니뇨 시기에는 따뜻한 해수가 서태평양에서 동태평양으로 이동하였으므로 동태평양의 해수면 높이가 평년보다 높다.

7 (나)에서 서태평양은 평년보다 따뜻한 해수층의 두께가 얇아졌으므로 표층 수온이 하강하여 강수량이 감소한다.

본책 130쪽

1 ⑤ **2** (1) 동 → 서 (2) A < B **3** (1) 하강 (2) 강화 (3) 하강 (4) 상승 (5) 증가

1 바로알기 ⑤ 평균적인 표층 해수의 이동 방향은 북반구에서 풍향의 오른쪽 직각 방향, 남반구에서 풍향의 왼쪽 직각 방향이다.

2 (1) 남반구에서 이 해역의 표층 해수는 남풍의 왼쪽 직각 방향으로 이동하므로 먼 바다에서 대륙 쪽인 동 → 서로 흐른다.
(2) 북반구에서 이 해역의 표층 해수는 남풍의 오른쪽 직각 방향으로 이동하므로 대륙에서 먼 바다 쪽으로 이동하고, 이를 채우기 위해 A에서 연안 용승이 일어나 표면 수온은 A가 B보다 낮다.

3 (1), (2) 라니냐 시기에는 무역풍이 강해져 B에서 A쪽으로 이동하는 따뜻한 해수가 증가하므로 B 해역의 수온이 하강하고, 용승이 평상시보다 강해진다.
(3), (4) 엘니뇨 시기에는 무역풍이 약해져 A에서 B로 따뜻한 해수가 이동하므로 A의 해수면의 높이가 낮아지고, 표층 수온이 낮아져 기압은 상승한다.
(5) 엘니뇨 시기에 B 해역은 수온이 상승하여 강수량이 증가한다.

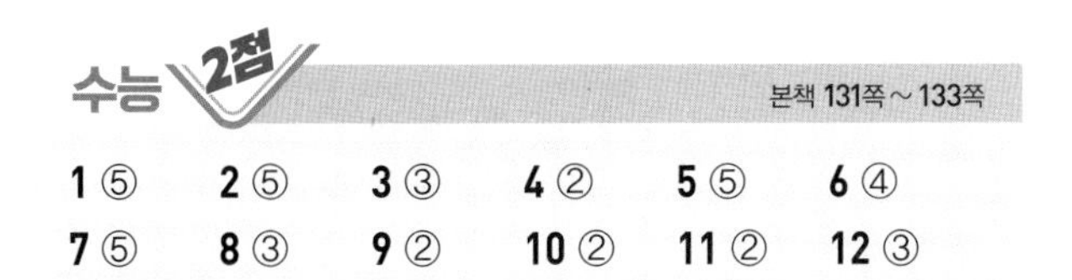

1 ⑤	2 ⑤	3 ③	4 ②	5 ⑤	6 ④
7 ⑤	8 ③	9 ②	10 ②	11 ②	12 ③

1 표층 해수의 이동

선택지 분석
ㄱ 북반구의 해양이다.
ㄴ A와 B의 방향 차이는 지구의 자전 때문에 생긴다.
ㄷ 깊이 h까지의 해수는 평균적으로 C의 방향으로 흐른다.

ㄱ. 표층 해수가 풍향의 오른쪽으로 이동하므로 북반구의 해양이다.
ㄴ. 표면에서 해수 A는 풍향의 오른쪽 45°로 이동하고, 그 아래 층의 해수인 B는 A보다 오른쪽으로 더 편향되어 이동하는데, 이는 북반구에서 전향력이 오른쪽으로 작용하기 때문이다.
ㄷ. 북반구에서 깊이 h까지의 해수는 평균적으로 풍향의 오른쪽 직각 방향인 C의 방향으로 흐른다.

2 연안 용승과 연안 침강

자료 분석

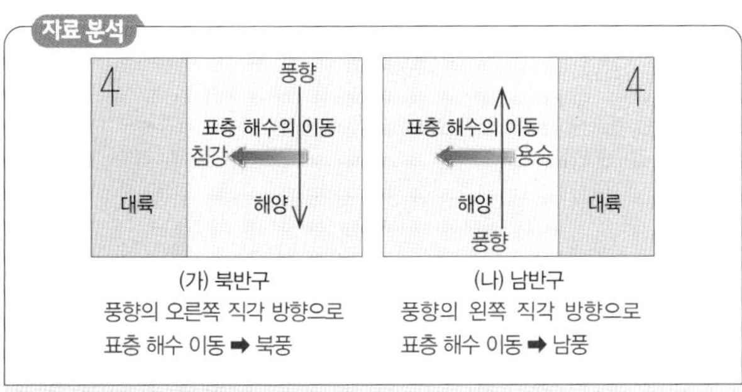

(가) 북반구
풍향의 오른쪽 직각 방향으로 표층 해수 이동 ➡ 북풍
(나) 남반구
풍향의 왼쪽 직각 방향으로 표층 해수 이동 ➡ 남풍

선택지 분석
ㄱ (가)와 (나)에서 풍향은 서로 반대이다.
ㄴ (가)에서 수온 약층의 깊이는 평상시보다 깊어진다.
ㄷ (나)에서 연안의 표층 수온은 평상시보다 낮아진다.

ㄱ. 북반구에서는 풍향의 오른쪽 직각 방향으로 표층 해수가 이동하므로 (가)는 북풍이 불고, 남반구에서는 풍향의 왼쪽 직각 방향으로 표층 해수가 이동하므로 (나)는 남풍이 분다.
ㄴ. (가)에서 표층 해수가 연안 쪽으로 이동하여 쌓이면 연안 침강이 일어나므로 수온 약층의 깊이가 깊어진다.
ㄷ. (나)에서 표층 해수가 먼 바다 쪽으로 이동하면 이를 채우기 위해 연안 용승이 일어나므로 연안의 표층 수온이 낮아진다.

3 연안 용승

자료 분석

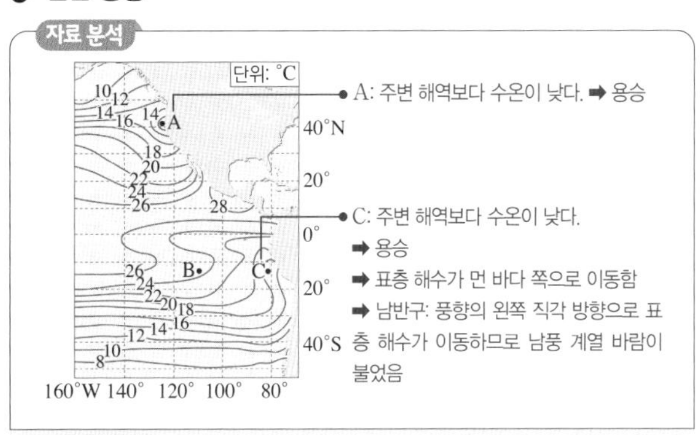

선택지 분석
ㄱ A 해역에서는 용승이 나타난다.
ㄴ B 해역에서 C 해역으로 갈수록 수온 약층이 나타나는 깊이는 얕아진다.
✕ C 해역에서는 북풍 계열의 바람이 지속적으로 불고 있다. 남풍

ㄱ. A 해역에서 주변보다 표층 수온이 낮은 까닭은 심층의 차가운 해수가 상승하는 용승이 나타나기 때문이다.
ㄴ. C 해역에서는 연안 용승이 일어나고, 용승이 활발하면 수온 약층이 나타나는 깊이가 얕아지므로 B 해역에서 C 해역으로 갈수록 수온 약층이 나타나는 깊이는 얕아진다.
바로알기 ㄷ. 남반구에서는 풍향의 왼쪽 직각 방향으로 표층 해수의 이동이 일어난다. 용승이 일어나는 C 해역에서는 표층 해수가 먼 바다 쪽(서쪽)으로 이동하고 있으므로 남풍 계열의 바람이 지속적으로 불고 있다.

4 저기압에 의한 용승과 적도 용승

자료 분석

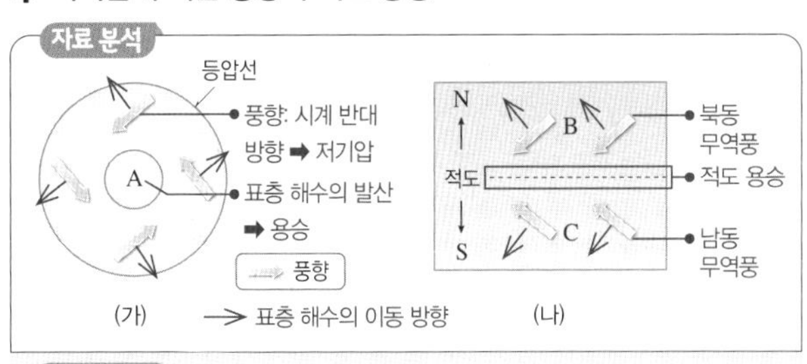

선택지 분석
✕ A에서는 침강이 일어난다. 용승
✕ B와 C에서 표층 해수가 이동하는 방향은 서로 같다. 다르다
ㄷ B에서 C로 가면 표층 수온은 낮아지다가 높아진다.

ㄷ. B에서는 북쪽으로 표층 해수가 이동하고 C에서는 남쪽으로 표층 해수가 이동하여 적도에서 용승이 일어나므로 B에서 C로 가면 표층 수온은 낮아지다가 높아진다.
바로알기 ㄱ. (가)는 북반구의 저기압 중심이므로 풍향의 오른쪽 방향으로 표층 해수가 이동하여 A에서 용승이 일어난다.
ㄴ. (나)에서 B는 북반구이므로 풍향의 오른쪽인 북쪽으로 표층 해수가 이동하고, C는 남반구이므로 풍향의 왼쪽인 남쪽으로 표층 해수가 이동한다.

5 전 세계 주요 용승 해역

자료 분석

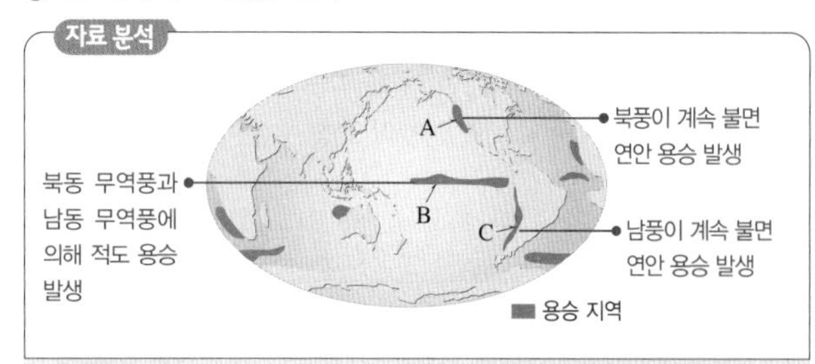

선택지 분석

ㄱ A에서는 북풍 계열의 바람이 불 때 용승이 일어난다.
ㄴ B에서는 북동 무역풍과 남동 무역풍에 의해 용승이 일어난다.
ㄷ 표층 해수의 플랑크톤 농도는 C가 먼 바다보다 높게 나타난다.

ㄱ. A는 북반구에 있으므로 A에서는 북풍 계열의 바람에 의해 표층 해수가 풍향의 오른쪽 직각 방향인 먼 바다로 이동하여 용승이 일어난다.
ㄴ. B에서는 북동 무역풍에 의해 표층 해수가 북쪽으로 이동하고, 남동 무역풍에 의해 표층 해수가 남쪽으로 이동하므로 적도 용승이 일어난다.
ㄷ. C에서는 연안 용승이 일어나므로 영양 염류가 풍부한 심층의 해수가 표층으로 이동하여 플랑크톤의 농도가 높아진다.

6 용승의 영향

자료 분석

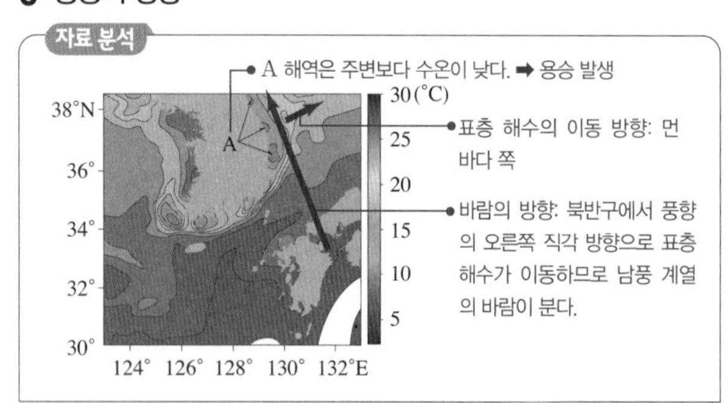

선택지 분석

✕ 북서풍이 우세하게 분다. 남풍 계열의 바람
ㄴ 해수면 부근에 안개가 자주 발생하였을 것이다.
ㄷ 주변 해역보다 수온 약층의 깊이가 얕았을 것이다.

ㄴ. A 해역의 표층 수온은 주변보다 낮으므로 해수면 위의 대기가 냉각되어 안개가 자주 발생하였을 것이다.
ㄷ. 연안 용승이 일어나면 심층의 찬 해수가 상승하므로 수온 약층의 깊이는 얕아진다.

바로알기 ㄱ. A 해역은 주변 해역에 비해 수온이 낮으므로 이 해역에서는 연안 용승이 일어나 표층 해수는 먼 바다 쪽으로 이동하였다. 북반구에서 표층 해수는 풍향의 오른쪽 직각 방향으로 이동하므로 이 해역에는 남풍 계열의 바람이 우세하게 분다.

7 엘니뇨와 라니냐 시기의 표층 수온 분포

선택지 분석

ㄱ 무역풍의 세기
ㄴ 남적도 해류의 세기
ㄷ 동태평양에서의 용승

(가)는 동태평양 적도 부근 해역의 수온이 높고 (나)는 동태평양 적도 부근 해역의 수온이 낮으므로 (가)는 엘니뇨 시기이고, (나)는 라니냐 시기이다.
ㄱ. (가) 엘니뇨 시기에는 무역풍이 약하여 서태평양의 따뜻한 해수가 동쪽으로 이동하고, (나) 라니냐 시기에는 무역풍이 강하여 서태평양으로 따뜻한 해수가 강하게 이동한다.
ㄴ. 남적도 해류는 남동 무역풍에 의해 발생하여 동에서 서로 이동하므로 (나) 라니냐 시기에 더 강하게 나타난다.
ㄷ. (나) 라니냐 시기에는 엘니뇨 시기보다 무역풍이 강하므로 동태평양의 연안에서 용승이 더 활발하게 일어난다.

8 엘니뇨와 라니냐 시기의 연직 수온 분포

자료 분석

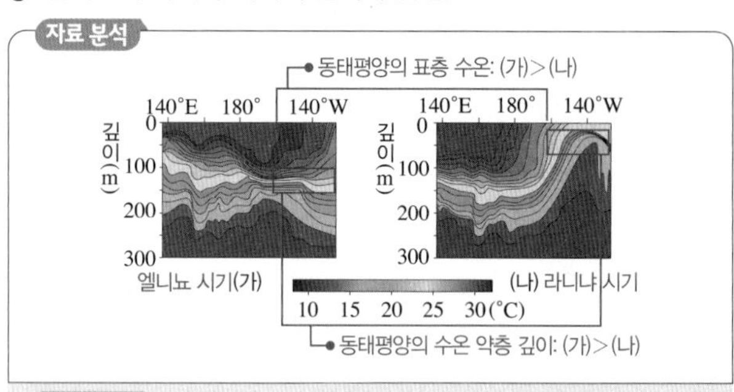

선택지 분석

ㄱ (가)는 엘니뇨 시기이다.
✕ 동태평양의 수온 약층 깊이는 (가)보다 (나)에서 깊다. 얕다
ㄷ 동태평양에서 플랑크톤의 농도는 (가)보다 (나)에서 높을 것이다.

ㄱ. 동태평양의 해수면 온도가 (가)가 (나)보다 높으므로 (가)는 엘니뇨 시기, (나)는 라니냐 시기이다.
ㄷ. 라니냐 시기인 (나)에서는 동태평양에서 용승이 활발하게 일어나 영양 염류가 풍부한 심층의 해수가 표층으로 올라오므로 플랑크톤의 농도가 (가)보다 높다.

바로알기 ㄴ. 연직 수온 분포에서 등온선 간격이 조밀하게 나타나는 구간이 수온 약층이므로 동태평양의 수온 약층 깊이는 (가)보다 (나)에서 얕다.

9 평상시, 엘니뇨 시기, 라니냐 시기의 워커 순환

자료 분석

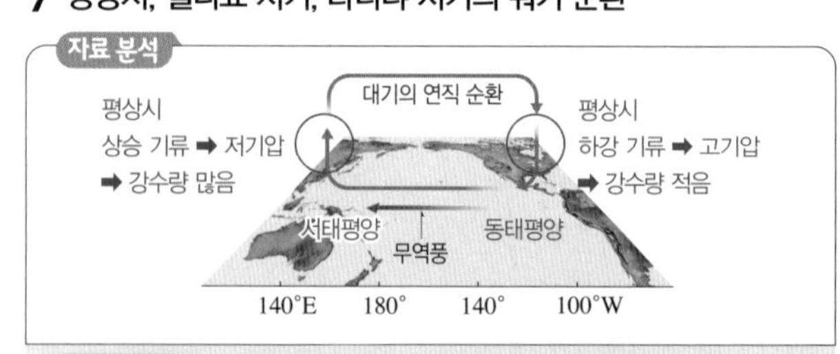

선택지 분석

✕ 서태평양에 고기압, 동태평양에 저기압이 형성된다. (저기압, 고기압)
✕ 무역풍이 강해지면 워커 순환의 상승 영역은 동쪽으로 이동한다. (약해지면)
ㄷ 무역풍이 약해지면 서태평양에서는 가뭄 피해가 생길 수 있다.

ㄷ. 평상시보다 무역풍이 약해지면 워커 순환의 상승 영역은 동쪽으로 이동하고 서태평양에서는 하강 기류가 형성되어 강수량이 감소하므로 가뭄 피해가 생길 수 있다.

바로알기 ㄱ. 평상시 서태평양에는 상승 기류 발달로 저기압이 형성되고, 동태평양에는 하강 기류 발달로 고기압이 형성된다.
ㄴ. 무역풍이 강해지면 워커 순환이 더 강해지므로 서태평양에서는 강한 저기압, 동태평양에서는 강한 고기압이 형성된다. 무역풍이 약해지면 워커 순환의 상승 영역이 동쪽으로 이동하여 동태평양에 저기압이 형성된다.

10 남방 진동 지수

자료 분석

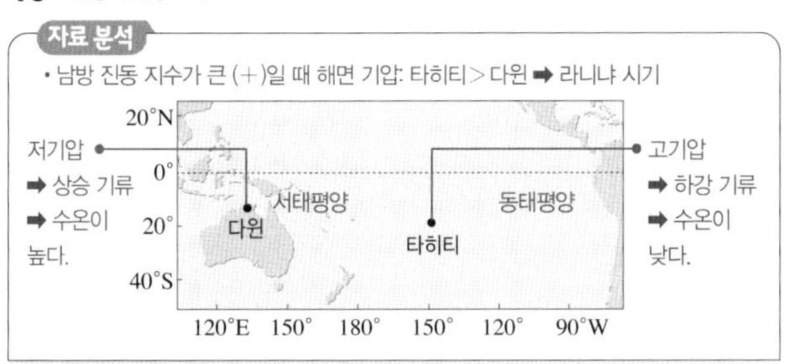

선택지 분석
- ㄱ. ✕ 무역풍이 약하다. 강하다
- ㄴ. ○ 서태평양에서 상승 기류가 강하다.
- ㄷ. ✕ 적도 부근 동서 방향의 해수면 높이 차이가 작다. 크다

남방 진동 지수가 평상시보다 큰 (+) 값이면, 타히티의 해면 기압이 평상시보다 높아진 시기로, 동태평양의 해수면 온도가 낮아진 라니냐 시기에 해당한다.
ㄴ. 라니냐 시기에 서태평양에서는 해면 기압이 낮아지므로 상승 기류가 강해진다.
바로알기 ㄱ. 라니냐 시기에 무역풍은 평상시보다 강하다.
ㄷ. 라니냐 시기에는 무역풍이 강하여 서태평양의 따뜻한 해수층이 두꺼워지므로 동서 방향의 해수면 높이 차이가 커진다.

11 엘니뇨 남방 진동

자료 분석

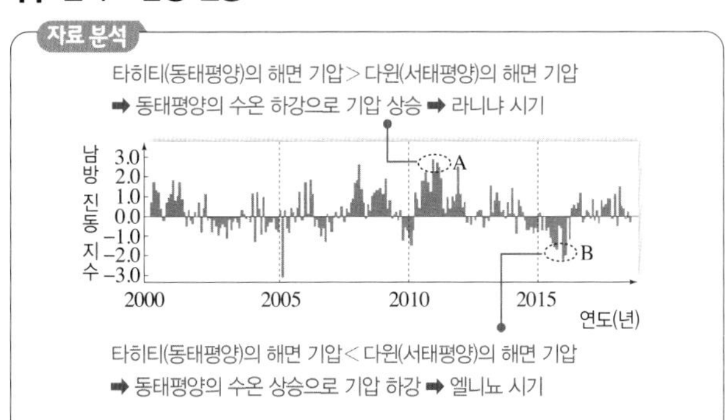

선택지 분석
- ㄱ. ✕ 동태평양에서 용승이 활발하다. 약해진다
- ㄴ. ✕ 서태평양에서 강수량이 증가한다. 감소한다
- ㄷ. ○ 서태평양과 동태평양의 해수면 높이 차이가 작다.

A는 평상시보다 무역풍이 강해지면서 따뜻한 표층 해수가 서태평양으로 이동하여 타히티의 해면 기압이 높아진 시기이므로 라니냐 시기이다. B는 평상시보다 무역풍이 약해지면서 서태평양의 따뜻한 표층 해수가 동쪽으로 이동하여 타히티의 해면 기압이 낮아진 시기이므로 엘니뇨 시기이다.
ㄷ. B 엘니뇨 시기에는 무역풍이 약해져 동태평양에서 서태평양으로 흐르는 해수의 이동이 약해지고, 동태평양의 용승이 약해지므로 서태평양과 동태평양의 해수면 높이 차이가 작아진다.

바로알기 ㄱ. B 엘니뇨 시기에는 무역풍이 약해져 동태평양에서 용승이 약해진다.
ㄴ. B 엘니뇨 시기에 서태평양에서는 표층 수온이 낮아지면서 하강 기류가 형성되므로 강수량이 감소한다.

12 라니냐의 영향

선택지 분석
- ㄱ. ○ A 지역에서는 홍수 피해가 생긴다.
- ㄴ. ○ B 지역은 평상시보다 서늘한 기후가 된다.
- ㄷ. ✕ 라니냐는 적도 부근 지역의 기후에만 영향을 미친다. 전 지구적인 기후에

ㄱ. 라니냐 시기에 A 지역은 평상시보다 강한 저기압이 발달하여 홍수 피해가 생긴다.
ㄴ. 라니냐 시기에 B 지역은 강화된 용승의 영향으로 한랭 건조해지므로 서늘한 기후가 된다.
바로알기 ㄷ. 엘니뇨나 라니냐는 적도 부근에서 일어나는 대기와 해양의 상호 작용이지만 그 영향은 전 지구적으로 나타난다.

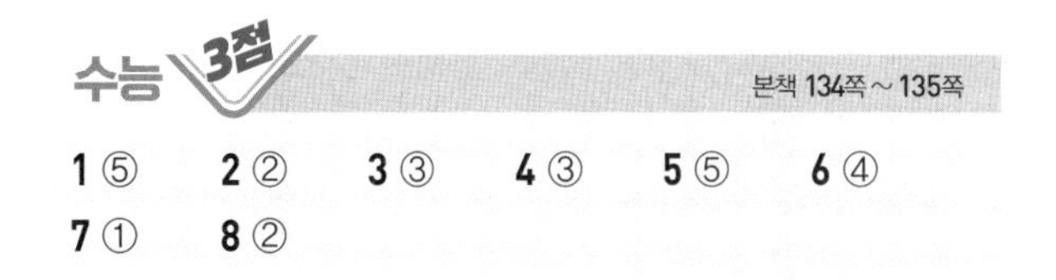

수능 3점

본책 134쪽~135쪽

1 ⑤ 2 ② 3 ③ 4 ③ 5 ⑤ 6 ④
7 ① 8 ②

1 남반구의 연안 용승

자료 분석

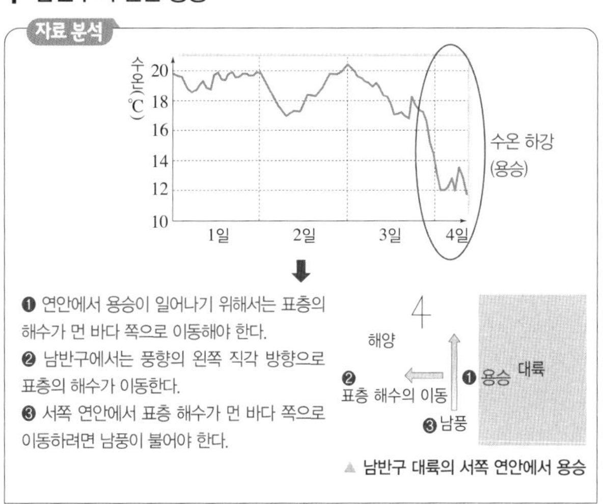

선택지 분석
- ㄱ. ○ 연안 용승이 일어났다.
- ㄴ. ○ 남풍 계열의 바람이 우세하게 불었다.
- ㄷ. ○ 연안에서 먼 바다로 갈수록 해수면 높이가 높아졌다.

ㄱ. 4일에는 표층 수온이 크게 낮아졌으므로 심층의 찬 해수가 솟아오르는 용승이 일어났다.
ㄴ. 남반구에서는 바람이 지속적으로 불 때 표층 해수의 이동 방향이 풍향에 대해 왼쪽 직각 방향이므로, 대륙의 서쪽 연안에서는 남풍이 불 때 표층 해수가 먼 바다로 이동하여 용승이 일어난다.
ㄷ. 연안 용승이 일어나면 심층의 찬 해수가 솟아오르면서 표층의 따뜻한 해수는 먼 바다로 이동하므로 연안에서는 해수면 높이가 낮고 먼 바다로 갈수록 해수면 높이가 높아진다.

2 고기압과 저기압에 의한 용승과 침강

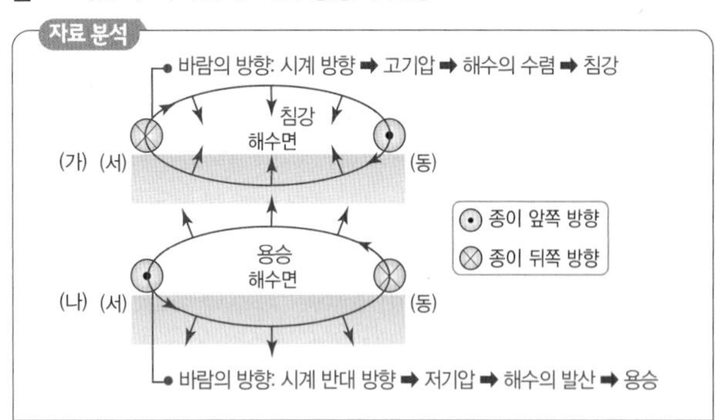

선택지 분석

✕ (가)에서 표층 해수는 기압 중심에서 멀어지는 방향으로 이동한다. (→ 기압 중심)

✕ (가)에서는 용승, (나)에서는 침강이 일어난다. (→ 침강, 용승)

ⓒ (나)에서 해수면 온도는 기압 중심이 주변보다 낮다.

(가)는 바람이 시계 방향으로 불고 있으므로 고기압이고, (나)는 바람이 시계 반대 방향으로 불고 있으므로 저기압이다.

ㄷ. (나)에서는 용승이 일어나므로 기압 중심으로 갈수록 해수면 온도가 낮아진다.

바로알기 ㄱ. (가)에서 표층 해수는 풍향의 오른쪽 직각 방향으로 이동하므로 기압의 중심 방향으로 이동한다.

ㄴ. (가)에서는 기압 중심으로 표층 해수가 모여들어 침강하고, (나)에서는 기압 주변부로 표층 해수가 발산하여 용승이 일어난다.

3 용승과 침강의 영향

선택지 분석

ⓐ 먼 바다보다 해수면 높이가 낮았다.

ⓑ 북풍 계열의 바람이 지속적으로 불었다.

✕ 먼 바다로부터 연안 쪽으로 영양 염류가 공급되었다. (→ 심층에서 표층으로)

ㄱ. A 해역의 표층 수온이 낮은 것은 연안 용승이 일어났기 때문이다. 용승은 먼 바다로 이동한 표층 해수를 채우기 위해 심층의 찬 해수가 표층으로 이동하므로 용승이 일어나는 해역의 해수면 높이는 먼 바다보다 낮았다.

ㄴ. 북반구에서 표층 해수의 이동 방향은 풍향의 오른쪽 직각 방향이므로 A 해역에서 용승을 일으킨 바람은 북풍 계열이다.

바로알기 ㄷ. 심층에서 용승하는 찬 해수에는 영양 염류가 풍부하므로 (나)와 같이 A 해역에서 플랑크톤 농도가 높아졌다.

4 엘니뇨와 라니냐 시기의 해수면 온도 편차

선택지 분석

ⓐ 동태평양의 용승은 B보다 A 시기에 강하였다.

✕ A 시기에 동태평양의 해면 기압은 평상시보다 낮았다. (→ 높았다)

ⓒ 관측 해역에서 동서 방향의 해수면 기울기는 B보다 A 시기에 컸다.

A는 동태평양의 해수면 온도가 낮으므로 라니냐 시기이고, B는 동태평양의 해수면 온도가 높으므로 엘니뇨 시기이다.

ㄱ. A 시기는 B 시기보다 동태평양의 해수면 온도가 낮았으므로 동태평양의 용승은 A 시기에 강했다.

ㄷ. A 시기는 무역풍이 강하여 동서 방향의 해수면 기울기가 평상시보다 컸으나, B 시기는 무역풍이 약하여 동서 방향의 해수면 기울기가 평상시보다 작았다.

바로알기 ㄴ. A 시기에 동태평양의 해수면 온도가 평상시보다 낮았으므로 해면 기압은 평상시보다 높았다.

5 엘니뇨와 라니냐 시기의 워커 순환

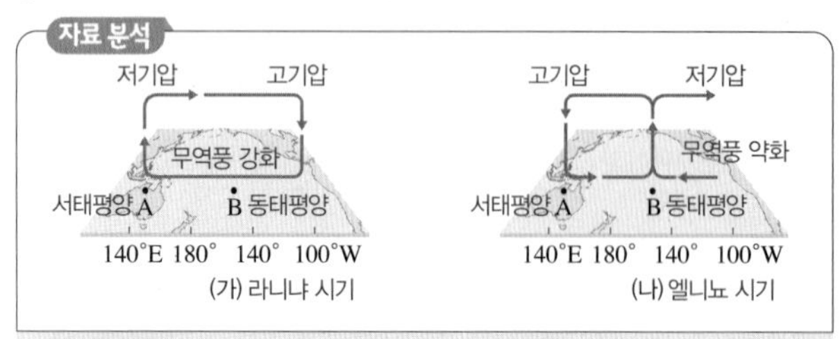

선택지 분석

ⓐ 서태평양 적도 부근 무역풍의 세기는 (가)가 (나)보다 강하다.

ⓑ 동태평양 적도 부근 해역의 용승은 (가)가 (나)보다 강하다.

ⓒ (B 지점 해면 기압－A 지점 해면 기압)의 값은 (가)가 (나)보다 크다.

(가)는 무역풍이 평상시보다 강해지면서 서쪽으로 이동하는 따뜻한 해수가 증가하여 서태평양에 상승 기류, 동태평양에 하강 기류가 형성되므로 라니냐 시기이고, (나)는 무역풍이 평상시보다 약해지면서 서쪽의 따뜻한 해수가 동쪽으로 이동하여 상승 기류가 형성되는 해역이 동쪽으로 이동한 모습이므로 엘니뇨 시기이다.

ㄱ. 동에서 서로 부는 무역풍의 세기는 (가)가 (나)보다 강하다.

ㄴ. 라니냐 시기에 동태평양에서는 평상시보다 용승이 강해져 하강 기류가 강해지므로 용승은 (가)가 (나)보다 강하다.

ㄷ. (가) 라니냐 시기에는 A 해역에 강한 상승 기류가 형성되어 평상시보다 해면 기압이 낮아지므로 (B 지점 해면 기압－A 지점 해면 기압) 값이 증가한다. 그러나 (나) 엘니뇨 시기에는 A 해역에 하강 기류가 형성되면서 평상시보다 해면 기압이 높아지고, B 해역에 상승 기류가 형성되면서 평상시보다 해면 기압이 낮아지므로 (B 지점 해면 기압－A 지점 해면 기압) 값은 감소한다.

6 엘니뇨와 라니냐

선택지 분석

✕ (나)는 A에 해당한다. (→ B)

ⓑ B일 때는 서태평양 적도 부근 해역이 평년보다 건조하다.

ⓒ 적도 부근에서 $\frac{\text{서태평양 해면 기압}}{\text{동태평양 해면 기압}}$은 A가 B보다 작다.

엘니뇨 시기에는 서태평양에서 해면 기압이 높아져 구름양이 감소하므로 표층에 도달하는 태양 복사 에너지 편차가 증가하여 B에 해당하고, 라니냐 시기에는 서태평양에서 해면 기압이 낮아져 구름양이 증가하므로 표층에 도달하는 태양 복사 에너지 편차가 감소하여 A에 해당한다.

ㄴ. B는 엘니뇨 시기이므로 워커 순환이 약해지면서 서태평양에서는 해면 기압이 높아지고, 평년보다 건조해진다.

ㄷ. 엘니뇨 시기의 해면 기압은 동태평양에서 낮아지고 서태평양에서 높아지며, 라니냐 시기의 해면 기압은 동태평양에서 높아지고 서태평양에서 낮아진다. 따라서 $\frac{\text{서태평양 해면 기압}}{\text{동태평양 해면 기압}}$은 엘니뇨 시기(B)보다 라니냐 시기(A)에 더 작다.

바로알기 ㄱ. (나)는 동태평양에서 20 ℃ 등수온선 깊이가 깊어졌으므로 따뜻한 해수층이 두꺼워졌다. 따라서 엘니뇨 시기(B)에 해당한다.

7 엘니뇨와 라니냐 시기의 해면 기압 편차

자료 분석

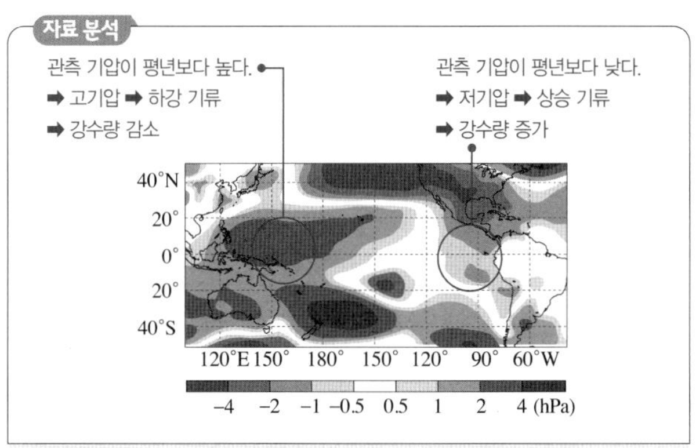

선택지 분석

㉠ 엘니뇨 시기이다.

✕ 동태평양에서 가뭄의 피해가 증가하였다. 홍수

✕ 서태평양에서 상승 기류가 평상시보다 강하였다. 하강 기류

ㄱ. 동태평양에서 기압이 낮아졌으므로 동태평양의 해수면 온도가 상승한 엘니뇨 시기이다.

바로알기 ㄴ. 동태평양에는 저기압이 형성되므로 강수량이 증가하여 홍수의 피해가 증가한다.

ㄷ. 서태평양에서는 기압이 높아졌으므로 하강 기류가 발달한다.

8 엘니뇨와 라니냐 시기의 해수면 기압 편차와 따뜻한 해수층의 두께 편차

자료 분석

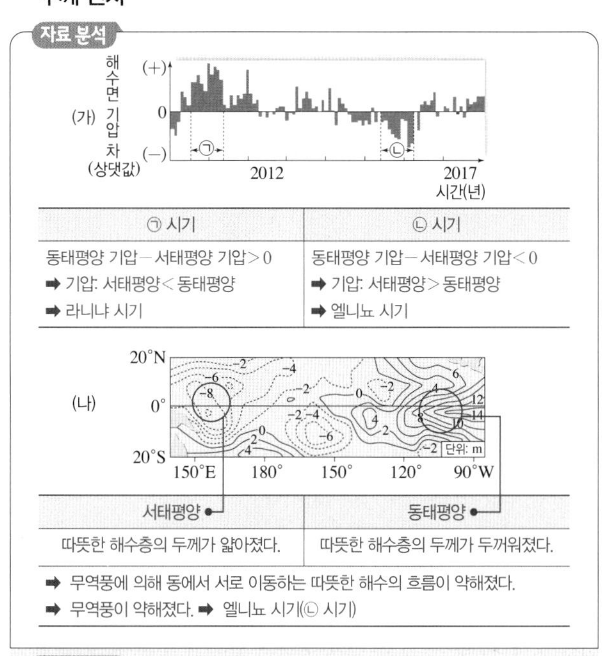

㉠ 시기	㉡ 시기
동태평양 기압 − 서태평양 기압 > 0 ➡ 기압: 서태평양 < 동태평양 ➡ 라니냐 시기	동태평양 기압 − 서태평양 기압 < 0 ➡ 기압: 서태평양 > 동태평양 ➡ 엘니뇨 시기

서태평양	동태평양
따뜻한 해수층의 두께가 얇아졌다.	따뜻한 해수층의 두께가 두꺼워졌다.

➡ 무역풍에 의해 동에서 서로 이동하는 따뜻한 해수의 흐름이 약해졌다.
➡ 무역풍이 약해졌다. ➡ 엘니뇨 시기(㉡ 시기)

선택지 분석

✕ (나)는 ㉠에 해당한다. ㉡

㉡ 서태평양 적도 해역과 동태평양 적도 해역 사이의 해수면 높이 차는 ㉠이 ㉡보다 크다.

✕ 동태평양 적도 부근 해역에서 구름양은 ㉠이 ㉡보다 많다. 적다

엘니뇨 시기에는 평상시보다 서태평양 기압이 상승하고, 동태평양 기압이 하강하므로 (동태평양 기압 − 서태평양 기압) 값은 감소한다. 라니냐 시기에는 평상시보다 서태평양 기압이 하강하고, 동태평양 기압이 상승하므로 (동태평양 기압 − 서태평양 기압) 값은 증가한다. 따라서 ㉠은 라니냐 시기, ㉡은 엘니뇨 시기이다.

ㄴ. 엘니뇨 시기에는 서태평양의 따뜻한 해수가 동쪽으로 이동하므로 동서 방향의 해수면 높이 차가 작아지고, 라니냐 시기에는 서태평양 쪽으로 이동하는 따뜻한 해수가 증가하므로 동서 방향의 해수면 높이 차가 커진다. ㉠은 라니냐 시기, ㉡은 엘니뇨 시기이므로 해수면 높이 차는 ㉠이 ㉡보다 크다.

바로알기 ㄱ. (나)는 동태평양의 따뜻한 해수층의 두께가 두꺼워졌으므로 동태평양의 표층 수온이 평상시보다 상승하였다. 따라서 엘니뇨 시기인 ㉡에 해당한다.

ㄷ. 동태평양 적도 해역에서는 라니냐 시기에 표층 수온이 낮아지고, 엘니뇨 시기에 표층 수온이 높아진다. 따라서 엘니뇨 시기에 상승 기류가 발달하여 구름이 잘 발생하므로 구름양은 엘니뇨 시기인 ㉡이 ㉠보다 많다.

12. 지구 기후 변화

개념 확인 본책 137쪽, 139쪽

(1) 세차 운동 (2) 기울기(경사각) (3) 이심률 (4) ① 겨울 ② 반대가 된다 ③ 높아진다 ④ 가까워진다 ⑤ 상승 (5) 감소, 상승 (6) 감소, 하강 (7) 증가, 하강 (8) 가시광선, 적외선 (9) 30 (10) 지구 복사 (11) 상승 (12) ① 증가, 상승 ② 증가 (13) ① 크다 ② 증가, 길어 ③ 증가, 감소

수능 자료 본책 140쪽

	1	2	3	4	5	6	7
자료❶	○	×	×	○	×	×	○
자료❷	×	○	×	○	×	○	×
자료❸	×	○	○	○	×	○	×
자료❹	○	○	○	×	○	×	

자료❶ 기후 변화의 요인

2 지구 공전 궤도 이심률 변화로 인해 기온 변화가 나타나지만, 계절이 정반대로 나타나지는 않는다. 계절이 현재와 반대로 나타나는 변화는 세차 운동에 의해 일어난다.

3 지질 시대 동안 대륙의 이동에 의해 수륙 분포가 계속 변하였지만 주기가 일정하지는 않았다.

5 이산화 탄소는 온실 기체이므로 대기 중 이산화 탄소 농도가 증가하면 대기가 지표 복사 에너지를 흡수하는 비율이 높아진다.

6 대기 중의 이산화 탄소는 오존층을 파괴하지는 않는다.

7 식물성 플랑크톤의 광합성 과정에 이산화 탄소가 이용되므로 해수 중에 식물성 플랑크톤의 양을 늘리는 것은 대기 중 이산화 탄소 농도를 감소시키는 데 도움이 된다.

자료❷ 기후 변화의 지구 외적 요인

1 우리나라(북반구)는 현재 원일점보다 근일점에서 태양의 남중 고도가 낮으므로 근일점에서 겨울, 원일점에서 여름이다.

2 13000년 후 우리나라는 원일점보다 근일점에서 태양의 남중 고도가 높으므로 근일점에서 여름, 원일점에서 겨울이다.

3 우리나라는 현재 근일점에서 겨울, 원일점에서 여름이고, 13000년 후에는 근일점에서 여름, 원일점에서 겨울이다. 따라서 현재보다 겨울의 기온은 낮아지고 여름의 기온은 높아지므로 기온의 연교차가 커진다.

4 13000년 후 남반구는 근일점보다 원일점에서 태양의 남중 고도가 높으므로 원일점에서 계절은 여름이다.

5 13000년 후 북반구 계절은 지구가 원일점에 있을 때 겨울, 근일점에 있을 때 여름이므로 공전 방향을 고려하면 ㉠ 방향에 있을 때 봄, ㉡ 방향에 있을 때 가을이다.

6 13000년 후 남반구 계절은 지구가 원일점에 있을 때 여름, 근일점에 있을 때 겨울이므로 공전 방향을 고려하면 ㉠ 방향에 있을 때 가을, ㉡ 방향에 있을 때 봄이다.

7 타원은 이심률이 클수록 찌그러진 모양이다. (나)는 (가)보다 공전 궤도 모양이 원에 가까우므로 이심률이 작다.

자료❸ 지구의 열수지

1 지구로 들어오는 태양 복사 에너지 100 중 A+B가 지표와 대기에 반사되는 양이고, C+D는 지표와 대기에서 우주로 방출되는 지구 복사 에너지의 양이다.

2 $\frac{E+H-C}{D}=1$에서 E+H=C+D이다. E+H는 태양 복사 에너지 중 지구가 흡수한 에너지의 양이고, C+D는 지구에서 우주로 방출된 지구 복사 에너지의 양이다. 지구는 (E+H)와 (C+D)가 같아 복사 평형을 이루므로 $\frac{E+H-C}{D}=1$이 성립한다.

3 대기가 흡수하는 에너지의 양은 태양 복사(E)+대류, 전도, 숨은열(F)+지표 방출(G)이다.

4 지구 복사 에너지는 대부분 적외선 영역에 해당한다.

5 C는 대기에 흡수되지 않고 지표에서 우주로 직접 방출되는 지구 복사 에너지이다. ㉠과 ㉢은 온실 기체에 대부분 흡수되지만 ㉡은 흡수도가 낮으므로 C는 ㉡으로 방출되는 에너지양이다.

6 대규모 산불이 진행되면 다량의 이산화 탄소가 발생한다. 이산화 탄소는 지구 복사 에너지 흡수도가 높으므로 대규모 산불은 대기의 지구 복사 에너지 흡수도를 증가시킨다.

7 CO_2, H_2O, O_3는 지구 복사 에너지의 흡수도가 높은 온실 기체이므로 대기 중의 CO_2, H_2O, O_3 농도가 증가하면 대기가 지구 복사 에너지를 흡수하였다가 재복사하는 J가 증가한다.

자료❹ 지구 온난화

2 ㉡ 시기는 ㉢ 시기보다 CO_2 평균 농도가 낮고, 전 지구의 기온도 낮으므로 지구 온난화의 영향이 ㉢ 시기보다 작다.

3 빙하는 태양 빛의 반사율이 크다. 전 지구의 평균 기온이 상승하면 북극해의 얼음 면적이 감소하므로 ㉡ 시기는 ㉢ 시기보다 반사율이 크다.

4 전 지구의 평균 기온은 ㉡ 시기가 ㉢ 시기보다 낮았다. 기온이 상승하면 해수의 열팽창 및 빙하의 해빙으로 해수면이 높아지므로 해수면 평균 높이는 ㉡ 시기가 ㉢ 시기보다 낮다.

5 ㉠ 시기에 우리나라의 평균 기온은 상승하였으므로 동해 표층의 20 ℃ 수온선은 북쪽으로 이동하였다.

6 ㉢ 시기에 우리나라의 평균 기온은 상승하였으므로 아열대 기후대는 북쪽으로 이동하였다.

수능 1점

본책 141쪽

1 ㄱ, ㄴ, ㅁ **2** (1) A (2) A (3) 상승 **3** ㉠ 높아진다, ㉡ 낮아진다 **4** ② **5** ⑤ **6** (1) A: 30, B: 23, C: 58 (2) 152 (3) 94 **7** ㄷ, ㄹ **8** ㄷ

1 바로알기 ㄷ, ㄹ. 지구 자전축의 기울기 변화, 지구 공전 궤도 이심률 변화는 지구 외적 요인에 해당한다.

2 (1) 현재 북반구는 B보다 A에서 태양의 남중 고도가 높으므로 A에서 여름, B에서 겨울이다.

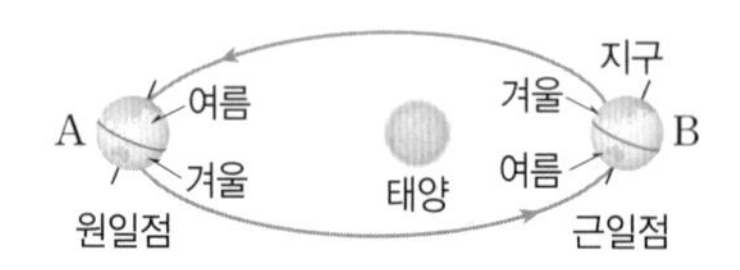

(2) 13000년 후에 자전축 경사 방향은 현재의 정반대가 되므로 남반구에서 태양의 남중 고도가 가장 높은 지구의 위치는 A이고, 이 위치에서 남반구가 여름이 된다.
(3) 북반구 여름은 현재는 A 위치이지만, 13000년 후에는 B 위치이다. 따라서 여름일 때 태양과의 거리가 현재보다 가까워지므로 13000년 후의 여름 기온은 현재보다 상승한다.

3 θ 값이 커지면 북반구와 남반구 모두 여름에는 태양의 남중 고도가 높아지고, 겨울에는 태양의 남중 고도가 낮아진다.

4 ㉠ 지구 공전 궤도 이심률이 증가하면 더 납작한 타원 모양이 되므로 원일점의 거리는 증가하고 근일점의 거리는 감소한다.
㉡ 현재 북반구는 원일점에서 여름이고, 원일점의 거리가 증가하면 여름 기온은 현재보다 하강한다.

5 바로알기 ⑤ 대기 중의 에어로졸은 햇빛을 차단하므로 지구 기온을 하강시킨다.

6 (1) A: 태양으로부터 입사한 에너지(100) 중 대기와 지표에서 반사된 양이므로 25+5=30이다.
B: 지표면이 태양과 대기로부터 흡수한 에너지(50+94=144)에서 지표면 복사와 대류와 전도(114+7=121)를 제외한 양이므로 144−121=23이다.
C: 우주로 방출되는 지구 복사 에너지 중 지표면 복사(12)를 제외한 양이므로 70−12=58이다.
(2) 대기는 태양 복사(20), 물의 증발(B=23), 대류와 전도(7), 지표면 복사(102)를 흡수하므로 총 흡수량은 152이다.
(3) 대기가 흡수한 에너지 중 지표로 재복사한 94는 온실 효과를 일으켜 지표의 온도를 높인다.

7 ㄷ. 온실 기체의 농도가 증가하여 지구 기온이 상승하였다.
ㄹ. 지구 온난화로 극지방과 고산 지대의 빙하가 감소하였다.
바로알기 ㄱ. 이 기간 동안 지구의 기온은 상승하였으며 최근으로 올수록 기온 상승이 더 가파르게 나타난다.
ㄴ. 수온이 상승하면서 연증발량이 증가하고, 이에 따라 연강수량도 증가하였다.

8 ㄷ. 지구 온난화에 의한 수온 상승으로 해수의 부피가 증가하므로 한반도 주변 해양의 해수면이 상승한다.
바로알기 ㄱ. 아열대 기후대가 북상한다.
ㄴ. 겨울이 짧아지면서 봄꽃의 개화 시기가 점차 빨라진다.

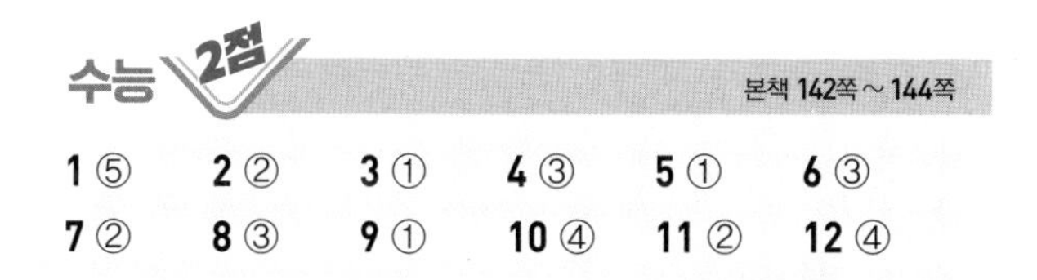

본책 142쪽 ~ 144쪽

1 ⑤	2 ②	3 ①	4 ③	5 ①	6 ③
7 ②	8 ③	9 ①	10 ④	11 ②	12 ④

1 세차 운동

자료 분석

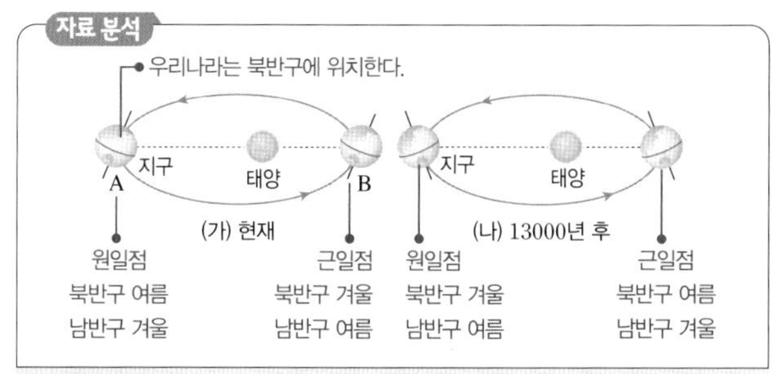

선택지 분석
ㄱ (가)일 때 A에서는 여름, B에서는 겨울이다.
ㄴ (가) → (나)로 변하면 여름의 기온이 높아진다.
ㄷ (가) → (나)로 변하면 기온의 연교차가 커진다.

ㄱ. (가)에서 A는 남반구보다 북반구에서 태양의 남중 고도가 높고, B는 북반구보다 남반구에서 태양의 남중 고도가 높으므로 우리나라는 A에서 여름, B에서 겨울이다.
ㄴ. 우리나라는 (가)일 때는 원일점에서, (나)일 때는 근일점에서 여름이므로 (가) → (나)로 변하면 여름의 기온이 높아진다.
ㄷ. (가) → (나)로 변하면 우리나라는 여름의 기온이 높아지고, 겨울의 기온이 낮아지므로 기온의 연교차가 커진다.

2 지구 자전축의 기울기 변화

선택지 분석
✗ (가)의 지구 위치가 원일점이면 북반구는 겨울이다. 여름
✗ (가) → (나)로 변하면 우리나라에서 하짓날 태양의 남중 고도는 증가한다. 감소한다
ㄷ (가) → (나)로 변하면 남반구에서 기온의 연교차는 작아진다.

ㄷ. 자전축 기울기가 감소하면 북반구와 남반구 모두 여름 기온은 낮아지고 겨울 기온은 높아져 기온의 연교차가 작아진다.
바로알기 ㄱ. (가)에서 북반구는 남반구보다 태양의 남중 고도가 높으므로 태양과의 거리와 관계없이 여름이고, 남반구는 겨울이다.
ㄴ. (가) → (나)로 변하면 자전축 기울기가 감소하므로 북반구에 있는 우리나라에서 하짓날(여름) 태양의 남중 고도는 감소한다.

3 지구 자전축의 기울기(경사각) 변화

자료 분석

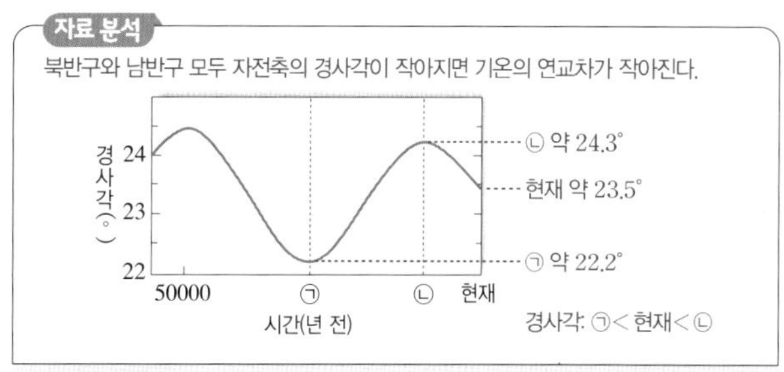

선택지 분석
ㄱ 30°S에서 기온의 연교차는 현재가 ㄴ 시기보다 작다.
✗ 30°N에서 겨울철 태양의 남중 고도는 현재가 ㄱ 시기보다 높다. 낮다
✗ 1년 동안 지구에 입사하는 평균 태양 복사 에너지양은 ㄱ 시기가 ㄴ 시기보다 많다. 같다

ㄱ. 현재는 ㄴ 시기보다 자전축 경사각이 작다. 남반구는 원일점에서 겨울, 근일점에서 여름이다. 자전축 경사각이 작아지면 남반구의 겨울은 남중 고도가 높아져 기온이 상승하고, 여름은 남중 고도가 낮아져 기온이 하강하므로 기온의 연교차가 작아진다. 따라서 30°S에서 기온의 연교차는 현재가 ㄴ 시기보다 작다.
바로알기 ㄴ. 현재는 ㄱ 시기보다 자전축 경사각이 크다. 북반구는 원일점에서 여름, 근일점에서 겨울이다. 자전축 경사각이 커지면 여름철 태양의 남중 고도가 높아지고 겨울철 태양의 남중 고도가 낮아진다. 따라서 30°N에서 겨울철 태양의 남중 고도는 현재가 ㄱ 시기보다 낮다.
ㄷ. 태양과 지구 사이의 평균 거리가 변하지 않으면, 지구가 1년 동안 받는 평균 태양 복사 에너지양은 변하지 않으므로 ㄱ과 ㄴ 시기가 같다.

4 지구 공전 궤도 이심률 변화

자료 분석

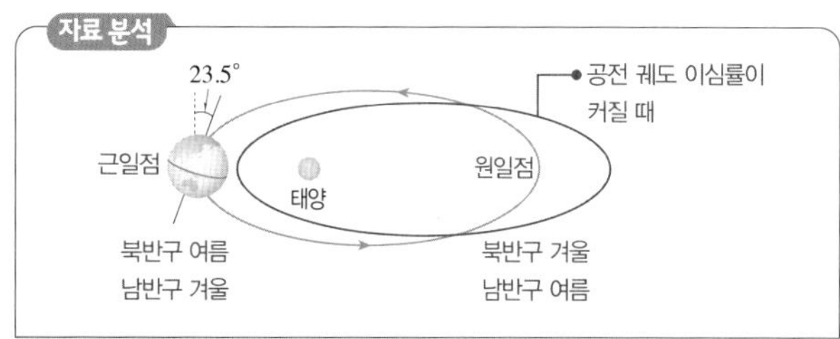

선택지 분석
ㄱ 북반구는 근일점에서 여름이다.
ㄴ 남반구 기온의 연교차는 감소한다.
✗ 북반구에서 일 년 중 태양의 남중 고도 최댓값이 증가한다. 일정하다

ㄱ. 지구 공전 궤도 이심률의 변화로 계절이 정반대로 바뀌지 않으므로 공전 궤도 이심률이 증가한 시기에도 북반구는 근일점에서 여름이다.
ㄴ. 남반구는 근일점에서 겨울이므로 지구 공전 궤도 이심률이 증가하여 태양과 근일점 사이의 거리가 가까워지면 겨울 기온이 상승한다. 또한, 원일점에서 여름이므로 지구 공전 궤도 이심률이 증가하여 태양과 원일점 사이의 거리가 멀어지면 여름 기온이 하강한다. 따라서 남반구 기온의 연교차는 감소한다.
바로알기 ㄷ. 지구 자전축의 기울기가 변하지 않으므로 일 년 중 태양의 남중 고도 최댓값은 일정하다.

5 태양 활동의 변화

자료 분석

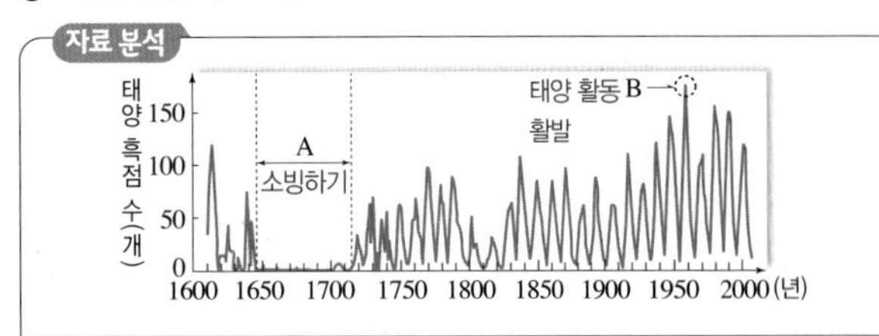

선택지 분석

ㄱ. 태양 활동이 약했다.

ㄴ. 태양에서 방출되는 복사 에너지양이 많았다. 적었다

ㄷ. 지구 기온이 상승하여 빙하 면적이 감소하였다. (상승 → 하강, 감소 → 증가)

ㄱ. 태양 흑점 수가 많은 시기에 태양 활동이 활발하므로 B보다 흑점 수가 적은 A 시기에 태양 활동이 약했다.

바로알기 ㄴ, ㄷ. A 시기에는 태양 활동이 약해지면서 태양에서 방출되는 복사 에너지양이 감소하여 지구 기온이 하강하였고, 빙하 면적이 증가하였다.

6 기후 변화의 지구 내적 요인 – 대기 투과율 변화

선택지 분석

ㄱ 화산 폭발은 일시적으로 지구의 기온을 낮춘다.

ㄴ 화산 폭발로 태양 복사 에너지의 대기 투과율이 감소하였다.

ㄷ. 화산 폭발에 의해 기온 변화를 일으킨 주된 요인은 이산화 탄소의 방출이다. (이산화 탄소 → 화산재)

ㄱ, ㄴ. 화산 폭발이 일어나면 다량의 화산재가 대기로 방출된다. 화산재는 태양 빛을 산란시켜 대기의 투과율을 감소시키므로 지구의 기온을 일시적으로 낮춘다.

바로알기 ㄷ. 이산화 탄소는 지구의 기온을 높이는 역할을 하므로 피나투보 화산 폭발 후의 기온 변화 경향과는 일치하지 않는다.

7 기후 변화의 지구 내적 요인

선택지 분석

ㄱ. (가)는 극지방의 지표면 반사율을 증가시키는 요인이다. 감소

ㄴ (나)에 의한 해류 분포 변화로 기후가 변한다.

ㄷ. (다)는 기온을 상승시키는 요인이다. 하강

ㄴ. 판게아가 분리되어 여러 대륙으로 나뉘면 난류와 한류의 분포가 다양해지므로 기후가 변한다.

바로알기 ㄱ. 빙하는 태양 빛을 잘 반사시키므로 빙하 면적이 감소하면 극지방의 지표면 반사율은 감소한다.

ㄷ. 밀림 지역이 농경지로 변하여 지표면 반사율이 증가하면 지표에서 흡수되는 태양 복사 에너지양이 감소하여 기온이 낮아진다.

8 기후 변화의 요인

선택지 분석

ㄱ 지구 자전축의 세차 운동은 ⓐ에 영향을 준다.

ㄴ 인위적 요인에는 지구 기온을 상승시키는 요인이 있다.

ㄷ. 미래의 기후 변화를 예측하기 위해 인위적 요인만을 고려해야 한다. (인위적 요인만을 → 자연적 요인과 인위적 요인을 모두)

ㄱ. 자연적 요인에는 지구 외적 요인(천문학적 요인)과 지구 내적 요인이 있으며, 세차 운동은 지구 외적 요인에 해당하므로 ⓐ에 영향을 준다.

ㄴ. 자연적 요인만을 고려할 때의 기온은 실제 기온보다 낮은 경향을 보이므로 인위적 요인에는 지구 기온을 상승시키는 요인(예 대기 중의 이산화 탄소 농도 증가 등)이 있다.

바로알기 ㄷ. 자연적 요인과 인위적 요인을 모두 고려한 모델 ⓑ가 자연적 요인만 고려한 모델 ⓐ보다 실제 기온 변화에 잘 맞으므로 미래의 기후 변화를 예측하기 위해서는 자연적 요인과 인위적 요인을 모두 고려해야 한다.

9 지구의 열수지

선택지 분석

ㄱ A<B이다.

ㄴ. (A+B)는 지표가 방출하는 복사 에너지양과 같다. 보다 많다

ㄷ. $\frac{\text{가시광선 영역 에너지의 양}}{\text{적외선 영역 에너지의 양}}$은 ㉠이 ㉡보다 작다. 크다

ㄱ. A는 100−30−25=45이고, B는 대기 흡수량(25+29+100)−대기의 우주 공간 방출량(66)=88이다.

바로알기 ㄴ. 지표가 흡수하는 에너지양(A+B)은 지표가 대류·전도·숨은열로 방출하는 에너지양과 지표가 방출하는 복사 에너지양을 더한 값과 같으므로, (A+B)는 지표가 방출하는 복사 에너지양보다 많다. ➡ 45+88=29+지표 방출, 지표 방출=104

ㄷ. ㉠은 태양 복사 에너지의 지표 흡수량이므로 대부분 가시광선 영역 에너지의 양이고, ㉡은 대기가 방출하는 복사 에너지 중 지표 흡수량이므로 대부분 적외선 영역 에너지의 양이므로 $\frac{\text{가시광선 영역 에너지의 양}}{\text{적외선 영역 에너지의 양}}$은 ㉠이 ㉡보다 크다.

10 지구 온난화

자료 분석

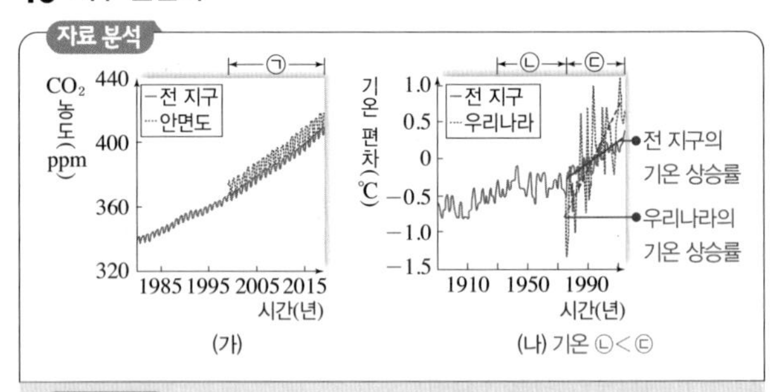

선택지 분석

ㄱ. ㉠ 시기 동안 CO_2 평균 농도는 안면도가 전 지구보다 낮다. 높다

ㄴ ㉢ 시기 동안 기온 상승률은 전 지구가 우리나라보다 작다.

ㄷ 전 지구 해수면의 평균 높이는 ㉡ 시기가 ㉢ 시기보다 낮다.

ㄴ. (나)에서 기온 상승률은 그래프의 기울기에 해당하므로 ㉢ 시기 동안 기온 상승률은 전 지구가 우리나라보다 작다.

ㄷ. 지구 기온이 상승하면 해수 온도가 높아지고, 극지방과 고산 지대의 빙하가 녹아 바다로 유입되어 해수면이 높아진다. ㉡ 시기가 ㉢ 시기보다 기온이 낮으므로 평균 해수면 높이가 낮다.

바로알기 ㄱ. ㉠ 시기 동안 CO_2 평균 농도는 안면도가 전 지구보다 높다.

11 한반도의 기후 변화

자료 분석

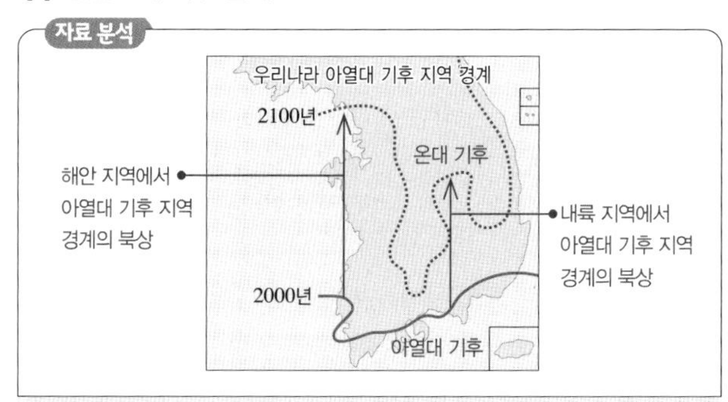

선택지 분석

~~ㄱ.~~ 4계절의 변화가 뚜렷해진다. 희미해진다
㉡ 난류성 어류의 서식지가 북상한다.
~~ㄷ.~~ 아열대 기후의 영향은 내륙 지역이 해안 지역보다 크다. 작다

ㄴ. 2000년과 비교하여 2100년에 아열대 기후 지역 경계가 북쪽으로 이동한 것은 한반도가 지구 온난화의 영향을 받기 때문이다. 이로 인해 우리나라 주변 해양의 수온이 상승하므로 난류성 어류의 서식지가 북상한다.

바로알기 ㄱ. 우리나라에 아열대 기후 지역이 확대되면 여름의 길이는 길어지고, 겨울의 길이는 짧아지므로 4계절의 변화가 점차 희미해진다.
ㄷ. 아열대 기후 지역 경계는 북쪽으로 이동하며, 2100년에는 해안 지역이 내륙 지역보다 더 북쪽으로 치우쳐 있으므로 아열대 기후의 영향은 해안 지역이 내륙 지역보다 크다.

12 지구 온난화의 대책

선택지 분석

~~ㄱ.~~ (가)는 태양 복사 에너지의 대기 투과율을 높이는 방법이다. 낮추는
㉡ (나)는 기권에서 수권으로 이동하는 이산화 탄소의 양을 증가시킬 수 있다.
㉢ (다)는 이산화 탄소를 지속적으로 생성하는 산업 시설에 설치하는 것이 효율적이다.

ㄴ. (나) 방법으로 식물성 플랑크톤의 광합성량을 늘리면 해수 중의 이산화 탄소가 감소하므로 기권에서 수권으로 이동하는 이산화 탄소의 양을 증가시킬 수 있다.
ㄷ. (다)는 이산화 탄소 배출 지점이 뚜렷하고 지속적으로 이산화 탄소를 배출하는 산업 시설에 설치하는 것이 효율적이다.

바로알기 ㄱ. (가)의 대기 중 에어로졸은 태양 복사 에너지를 산란시키므로 대기의 투과율을 낮추어 지표에서 흡수되는 태양 복사 에너지양을 줄인다.

수능 3점

본책 145쪽~147쪽

1 ⑤	2 ③	3 ①	4 ④	5 ④	6 ③
7 ②	8 ⑤	9 ⑤	10 ①	11 ②	12 ③

1 세차 운동, 지구 자전축의 기울기 변화

자료 분석

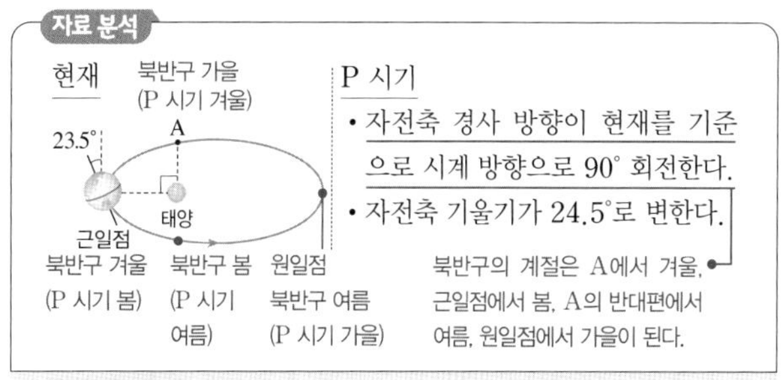

선택지 분석

㉠ 근일점에서 봄이다.
㉡ 원일점에서 기온이 현재보다 낮다.
㉢ 기온의 연교차가 현재보다 크다.

ㄱ. 자전축 경사 방향이 시계 방향으로 90° 회전하면 우리나라는 A에서 겨울이 되므로 근일점에서는 봄이다.
ㄴ. 원일점에서 우리나라의 계절은 현재 여름이지만, P 시기에는 가을이므로 현재보다 기온이 낮아진다.
ㄷ. 우리나라는 현재 지구가 근일점에 있을 때 겨울이고 P 시기에는 A 위치에서 겨울이므로 겨울에 지구와 태양 사이의 거리가 멀어지며, 기울기가 24.5°로 커져 겨울 기온은 현재보다 낮아진다. 또한, 현재 지구가 원일점에 있을 때 여름이고 P 시기에는 A의 정반대 위치에서 여름이므로 여름에 지구와 태양 사이의 거리가 가까워지며, 기울기가 24.5°로 커져 여름 기온은 현재보다 높아진다. 따라서 P 시기에는 기온의 연교차가 현재보다 커진다.

2 지구 자전축의 기울기 변화, 지구 공전 궤도 이심률 변화

자료 분석

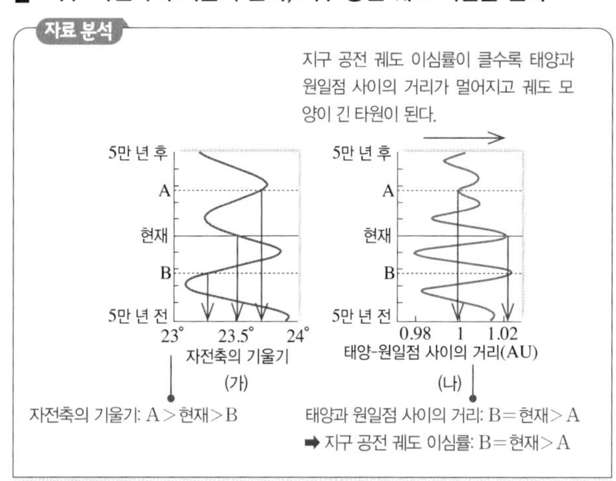

선택지 분석

㉠ A 시기에 지구 공전 궤도 이심률은 현재보다 작다.
㉡ A 시기에 북반구 여름의 기온은 현재보다 높다.
~~ㄷ.~~ B 시기에는 현재보다 계절 변화가 크게 나타난다. 작게

ㄱ. A 시기에 태양과 원일점 사이의 거리가 현재보다 가까우므로 공전 궤도 이심률은 현재보다 작아 공전 궤도가 원에 가까워진다.
ㄴ. 현재 북반구는 원일점에서 여름이다. A 시기에 현재보다 태양과 원일점 사이의 거리가 가까워지고, 자전축 기울기가 커지므로 여름의 기온이 높아진다.

바로알기 ㄷ. B 시기에는 태양과 원일점 사이의 거리가 현재와 같고, 자전축 기울기가 현재보다 작으므로 북반구와 남반구는 모두 기온의 연교차가 감소하여 현재보다 계절 변화가 작게 나타난다.

3 세차 운동과 지구 공전 궤도 이심률 변화

자료 분석

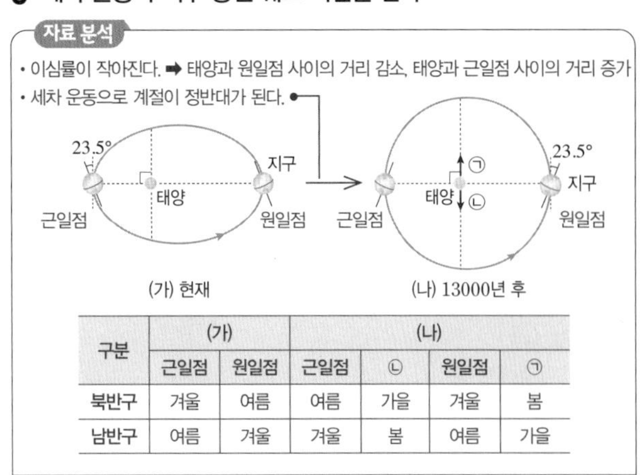

구분	(가)		(나)			
	근일점	원일점	근일점	㉡	원일점	㉠
북반구	겨울	여름	여름	가을	겨울	봄
남반구	여름	겨울	겨울	봄	여름	가을

선택지 분석

㉠ 북반구 위도 30°에서 하짓날 지표에 도달하는 태양 복사 에너지양은 (가)가 (나)보다 작다.
✕ 남반구 위도 30°에서 기온의 연교차는 (가)가 (나)보다 작다. 크다
✕ (나)에서 북반구가 봄이 되는 지구의 위치는 ㉡ 방향이다. ㉠ 방향

ㄱ. (가)는 원일점에서 북반구가 여름이고, (나)는 근일점에서 북반구가 여름이므로 북반구 위도 30°에서 하짓날 지표에 도달하는 태양 복사 에너지양은 (가)가 (나)보다 작다.

바로알기 ㄴ. 남반구에서 (가)는 근일점에서 여름이고, (나)는 원일점에서 여름이므로 (가)는 (나)보다 여름 기온이 높다. 또한, 남반구에서 (가)는 원일점에서 겨울이고 (나)는 근일점에서 겨울이므로 (가)는 (나)보다 겨울 기온이 낮다. 따라서 기온의 연교차는 (가)가 (나)보다 크다.

ㄷ. (나)에서 지구가 원일점에 있을 때 북반구가 겨울이므로 지구의 공전 방향을 고려하면 지구가 ㉠ 방향에 있을 때 봄이 된다.

4 기후 변화의 요인

자료 분석

(가) 1991년 피나투보 화산에서 분출한 많은 양의 화산재는 성층권까지 도달하여 지구 전체로 확산되었다.
• 태양 빛 산란 → 대기 투과율 감소 → 기온 하강

(나) 화석 연료의 연소와 산업화로 대기 중에 에어로졸이 증가하였다.
태양 빛 산란, 응결핵으로 작용하여 구름의 양 증가 → 대기의 반사율 증가 → 기온 하강

(다) 흑점 수가 많을 때는 태양 활동이 활발하여 지구에 도달하는 태양 복사 에너지양이 증가한다.
기온 상승

선택지 분석

✕ (가), (나), (다)는 기후 변화의 자연적 요인에 해당한다. (가), (다)
㉡ (가)와 (다)는 지구 기온 변화에 서로 반대의 영향을 미치는 요인이다.
㉢ (나)의 에어로졸은 대기의 반사율을 증가시킨다.

ㄴ. 성층권에 도달한 화산재는 태양 빛을 차단하므로 (가)는 지구 기온을 낮춘다. 태양 활동이 활발해지면 지구에 도달하는 태양 복사 에너지양이 증가하므로 (다)는 지구 기온을 높인다.

ㄷ. 대기 중의 에어로졸은 태양 빛을 산란시키고, 응결핵으로 작용하여 구름의 양을 증가시키므로 대기의 반사율을 증가시킨다.

바로알기 ㄱ. (나)는 인간 활동에 의해 일어나므로 인위적 요인이다.

5 기후 변화의 지구 내적 요인 – 수륙 분포의 변화

선택지 분석

✕ 건조한 기후 지역이 증가한다. 감소
㉡ 난류와 한류의 흐름이 복잡해진다.
㉢ 해령이 형성되면서 방출되는 화산 기체는 기후 변화를 일으킨다.

ㄴ. 동서 방향으로 흐르는 해류가 대륙에 막히면 남북 방향으로 이동하여 난류나 한류가 된다. 초대륙이 여러 대륙으로 분리되면 난류와 한류의 흐름이 복잡해진다.

ㄷ. 해령이 형성되면서 화산 활동이 일어나며, 화산 기체 중에서 이산화 탄소 등은 온실 기체이므로 기후 변화를 일으킨다.

바로알기 ㄱ. (가)는 대륙의 내부에서 건조한 대륙성 기후가 발달하지만, (나)에서 대륙이 분리된 후에는 대륙성 기후가 감소하고 해양성 기후가 증가한다.

6 지구의 열수지

선택지 분석

㉠ A+E=D+F+G이다.
㉡ D는 지표에서 우주로 직접 방출되는 에너지양이다.
✕ 적외선 영역에서 대기가 흡수하는 에너지양은 방출하는 에너지양과 같다. 양보다 적다

ㄱ, ㄴ. 지표가 방출하는 복사 에너지(E) 중 일부는 대기에 흡수(C)되고, 나머지는 우주로 직접 방출(D)된다. 따라서 E=C+D이다. 대기가 흡수하는 에너지의 총량은 A+C이고, 대기가 방출하는 에너지의 총량은 F+G이므로 A+C=F+G이고, C=E−D를 대입하면, A+E=D+F+G이다.

바로알기 ㄷ. 대기는 주로 적외선 영역의 에너지를 흡수하지만, 태양 자외선 영역의 에너지도 흡수하며, 흡수한 양만큼 적외선 영역의 에너지로 방출한다. 따라서 적외선 영역에서 대기가 흡수하는 에너지양은 방출하는 에너지양보다 적다.

7 온실 효과

자료 분석

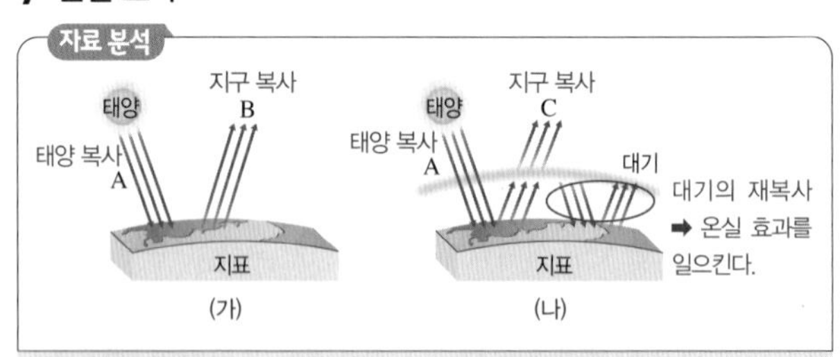

선택지 분석

✕ 복사 에너지 파장은 주로 A가 B보다 길다. 짧다
✕ B는 C보다 복사 에너지의 양이 적다. 같다
㉢ 지표의 온도는 (가)보다 (나)의 경우가 높다.

ㄷ. (나)는 대기가 지표로 재복사하는 에너지양에 의해 지표가 흡수하는 에너지양이 (가)보다 많으므로 지표의 온도가 더 높다.

바로알기 ㄱ. A는 태양 복사이므로 주로 파장이 짧은 가시광선이고, B는 지구 복사이므로 주로 파장이 긴 적외선이다.

ㄴ. (가)와 (나)는 지표에 도달하는 태양 복사 에너지의 양이 같고, 모두 복사 평형을 이루므로 복사 에너지양은 A=B=C이다.

8 온실 기체와 지구 온난화

선택지 분석

㉠ A 시기보다 B 시기에 지구 온난화의 영향을 크게 받았다.
㉡ B 시기의 기체 농도 증가율은 이산화 탄소가 메테인보다 컸다.
㉢ B 시기의 기온 상승은 메테인보다 이산화 탄소의 영향이 컸다.

ㄱ. (나)에서 기온 편차의 변화를 보면 A 시기보다 B 시기에 기온 상승률이 컸으므로 지구 온난화의 영향은 B 시기가 더 컸다.
ㄴ. (가)에서 기체 농도 증가율은 그래프의 기울기에 해당하므로 B 시기의 기체 농도 증가율은 이산화 탄소가 메테인보다 컸다.
ㄷ. (가)에서 B 시기에 메테인 농도의 증가율은 감소하지만 이산화 탄소 농도는 급격히 증가하는 경향을 보이므로 (나)에서 B 시기의 기온 상승은 메테인보다 이산화 탄소의 영향이 컸다.

9 기후 모형

자료 분석

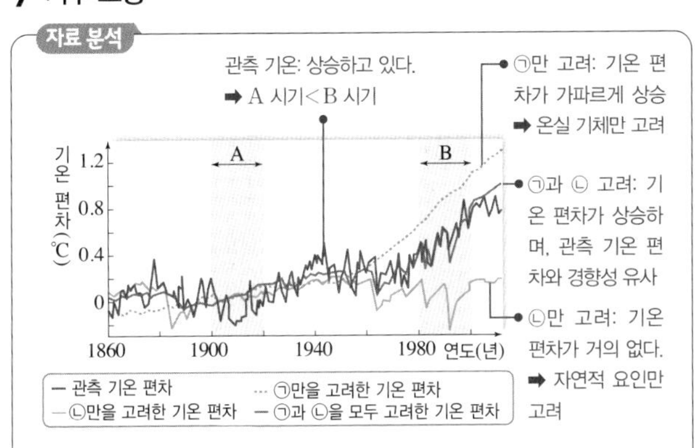

선택지 분석

㉠ 지구 해수면의 평균 높이는 B 시기가 A 시기보다 높다.
㉡ 대기권에 도달하는 태양 복사 에너지양의 변화는 ㉡에 해당한다.
㉢ B 시기의 관측 기온 변화 추세는 자연적 요인보다 온실 기체에 의한 영향이 더 크다.

약 150년 동안 관측한 기온이 상승하는 추세를 보이는 것은 지구 온난화 때문이다. A 시기보다 B 시기에 관측된 기온이 높은 것은 B 시기에 지구 온난화의 영향이 더 크기 때문이다.
ㄱ. A 시기보다 B 시기에 관측된 기온이 높으므로 해수의 열팽창과 해빙 등이 일어나 지구 해수면의 평균 높이는 B 시기가 A 시기보다 높다.
ㄴ. 1950년 이후의 기온 편차를 보면 ㉠만을 고려한 기온 편차와 관측 기온 편차는 상승하는 경향을 보이지만, ㉡만을 고려한 기온 편차는 기온 상승이 거의 나타나지 않는다. 온실 기체에 의한 온난화의 효과를 제외하면 지구의 평균 기온은 거의 일정하게 나타날 것이므로 ㉠은 온실 기체, ㉡은 자연적 요인이다. 대기권에 도달하는 태양 복사 에너지양의 변화는 자연적 요인이므로 ㉡에 해당한다.
ㄷ. B 시기에 ㉠의 온실 기체는 지구 기온을 크게 상승시키고, ㉡의 자연적 요인은 지구 기온 상승에 거의 영향을 주지 않는다. 따라서 B 시기의 관측 기온 변화 추세(기온 상승)는 자연적 요인보다 온실 기체에 의한 영향이 더 크다.

10 지구 온난화의 영향

자료 분석

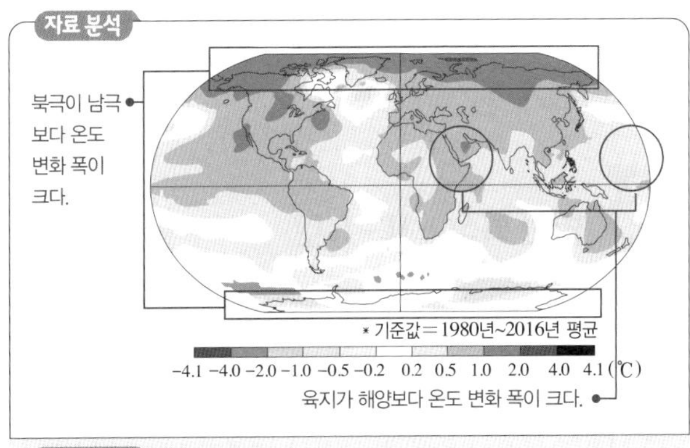

선택지 분석

~~㉠~~ 육지보다 해양에서 온도가 더 크게 상승하였다. 작게
㉡ 지구 온난화의 영향은 북반구가 남반구보다 크게 받았다.
~~㉢~~ 지표면 반사율의 변화는 남극 주변이 북극 주변보다 더 클 것이다. 작을

ㄴ. 북반구가 남반구보다 지구 온난화에 의한 온도 상승이 더 크다.
바로알기 ㄱ. 육지는 해양보다 열용량이 작아서 온도가 크게 상승한다.
ㄷ. 북극 주변의 빙하 면적이 남극 주변보다 더 크게 감소하였을 것이므로 지표면 반사율의 변화는 북극 주변이 더 클 것이다.

11 한반도의 기후 변화

선택지 분석

~~㉠~~ 북태평양 기단의 영향이 점차 감소하였을 것이다. 증가
㉡ 집중 호우에 의한 피해가 증가하였을 것이다.
~~㉢~~ 한류성 어종의 서식지가 남하하였을 것이다. 북상

ㄴ. 강수 일수는 감소하는데 호우 일수가 증가하였으므로 집중 호우에 의한 피해가 증가하였을 것이다.
바로알기 ㄱ. 북태평양 기단은 우리나라에 무더위를 가져오는 기단이므로 한반도의 기온 상승에 이 기단의 영향이 점차 증가하였다.
ㄷ. 연평균 기온 상승으로 우리나라 부근의 수온이 상승하여 한류성 어종의 서식지가 북상하였을 것이다.

12 지구 온난화의 원인, 영향, 대책

선택지 분석

㉠ 지구의 평균 기온은 1950년 이전보다 이후에 더 크게 상승하였을 것이다.
~~㉡~~ 이러한 추세가 지속된다면 지구 전체의 강수량은 감소할 것이다. 증가
㉢ 지구 온난화의 억제 방안은 자연 환경의 이용 활동보다 산업 생산 활동을 조절하는 것이 효율적이다.

ㄱ. 1950년 이후 이산화 탄소 배출량이 급격하게 증가했으므로 지구의 평균 기온은 1950년 이후에 더 크게 상승하였을 것이다.
ㄷ. 1950년 이후 산림 및 기타 토지 이용에 의한 이산화 탄소 배출량보다 화석 연료, 시멘트, 플레어링에 의한 이산화 탄소 배출량이 더 크게 증가했으므로 자연 환경의 이용 활동보다 산업 생산 활동을 조절하는 것이 지구 온난화의 억제에 효율적이다.
바로알기 ㄴ. 이산화 탄소의 배출량이 계속 증가하면 해수 온도 상승으로 증발량이 증가하여 지구 전체의 강수량도 증가할 것이다.

우주

1. 별과 외계 행성계

13 별의 특성과 H－R도

개념 확인 본책 151쪽, 153쪽

(1) 파란, 붉은 (2) 작아 (3) 흡수 (4) 높은, 낮은 (5) HI (6) 반지름, 표면 온도 (7) 표면 온도 (8) 작다 (9) ① 높 ② M형 ③ 큰 ④ 작은 ⑤ 큰 ⑥ 큰 (10) 주계열성 (11) 높고, 크며, 짧다 (12) 낮고, 크다 (13) 낮고, 작다 (14) 주계열성 (15) V (16) 크고, 크다

본책 154쪽

Q1 100배 **Q2** 100 pc

Q1 5등급 차이가 나므로 100배 밝기 차이가 난다.

Q2 별의 등급과 거리의 관계는 $m-M=5\log r-5$이므로 $6-1=5\log r-5$이다. 따라서 별까지의 거리(r)는 100 pc이다.

수능 자료 본책 155쪽

자료❶ 1 ○ 2 × 3 × 4 ○ 5 ○
자료❷ 1 × 2 × 3 ○ 4 ○ 5 × 6 ○ 7 ×
자료❸ 1 × 2 ○ 3 ○ 4 ○ 5 ×
자료❹ 1 × 2 ○ 3 ○ 4 ○ 5 ○ 6 × 7 ○

자료❶ 별의 분광형과 흡수선의 세기

2 이온의 흡수선은 고온의 별에서 강하게 나타나며, 저온의 별에서는 분자나 금속의 흡수선이 강하게 나타난다.

3 철(Fe), 칼슘(Ca) 등의 금속 원소는 표면 온도가 낮은 별에서 흡수선이 강하게 나타난다.

4 중성 수소(HI)의 흡수선이 가장 강하게 나타나는 분광형은 A0형이다.

5 태양의 분광형은 G형이다. 따라서 태양에서는 Ca Ⅱ 흡수선이 가장 강하게 나타난다.

자료❷ 별의 물리량

1 별의 분광형은 별의 표면 온도에 따라 스펙트럼에 나타나는 흡수선의 종류와 세기를 기준으로 하여 고온에서 저온 순으로 O, B, A, F, G, K, M형으로 분류하므로, 표면 온도가 가장 높은 별은 (나)이다.

2 광도가 가장 큰 별은 절대 등급이 가장 작은 (가)이다.

3 별의 광도는 반지름의 제곱에 비례하고, 표면 온도의 4제곱에 비례한다. (가)는 (나)보다 표면 온도는 낮은데 광도가 크므로 반지름이 크다.

5 (가)는 태양과 비교했을 때 분광형이 같으므로 표면 온도는 비슷하지만 광도가 매우 큰 것으로 보아 거성이다.

6 최대 에너지를 방출하는 파장이 가장 긴 별은 표면 온도가 가장 낮은 (다)이다.

7 슈테판·볼츠만 법칙에 따르면 단위 시간에 단위 면적당 방출하는 에너지양은 표면 온도의 4제곱에 비례하므로 표면 온도가 가장 높은 (나)가 가장 많다.

자료❸ H-R도와 별의 물리량

1 광도는 절대 등급이 작을수록 크다. 따라서 a는 d보다 광도가 크다.

2 a와 d는 표면 온도가 같은데 광도는 a가 d보다 크다. 따라서 a는 d보다 반지름이 크다.

3 표면 온도가 높은 별일수록 색지수가 작다.

4 주계열성은 H－R도의 왼쪽 위에 분포할수록 표면 온도가 높고, 광도가 크며, 반지름과 질량이 크다.

5 주계열성의 질량이 클수록 수소 핵융합 반응이 빠르게 일어나 광도가 크지만, 수소를 급격히 소모해 수명은 짧다. 따라서 c는 d보다 수명이 짧다.

자료❹ 별의 물리량과 H-R도

1 A는 D보다 광도는 크지만 표면 온도는 낮다.

2 적색 거성의 광도는 태양 광도의 약 10배~1000배이고, 초거성의 광도는 태양 광도의 수만 배~수십만 배이다. A와 B의 광도는 태양 광도의 10^5배 정도이므로 A와 B는 초거성이다.

3 B는 C보다 표면 온도가 낮지만 광도가 크므로 반지름은 B가 C보다 크다.

6 태양과 C는 모두 주계열성으로, 주계열성은 H－R도의 왼쪽 위에 분포할수록 표면 온도가 높고, 광도가 크며, 반지름과 질량이 크다. 또한, 질량이 클수록 주계열 단계에 머무르는 시간과 수명이 짧다.

7 백색 왜성은 태양 정도의 질량을 가진 별의 최종 진화 단계이다.

본책 156쪽

1 색, 분광형, 색지수 **2** O형, B형, A형, F형, G형, K형, M형 **3** ③ **4** 절대 등급, 표면 온도 **5** (1) 100 (2) 2.5배 **6** 1배 **7** 분광형, 색지수, 표면 온도 **8** (가) 초거성 (나) 거성 (다) 주계열성 (라) 백색 왜성 **9** ③ **10** (1) A<B (2) B>C

1 별의 표면 온도와 관련 있는 물리량은 색, 분광형, 색지수이다. 거리 지수는 별의 거리와 관계가 있다.

2 별의 분광형(스펙트럼형)은 별의 표면 온도에 따라 스펙트럼에 나타나는 흡수선의 종류와 세기를 기준으로 하여 고온에서 저온 순으로 O, B, A, F, G, K, M형으로 분류하고, 각 분광형은 고온의 0에서 저온의 9까지 세분한다.

3 별은 표면 온도에 따라 스펙트럼에 나타나는 흡수선의 종류와 세기가 다르며, 이를 기준으로 별들을 분류할 수 있다.

③ 별의 스펙트럼을 분석하여 분광형을 알아내면, 분광형으로 별의 표면 온도를 추정할 수 있다.

바로알기 ① 분광형은 별의 표면 온도에 따라 달라진다.
② 태양의 분광형은 G형이므로 K형 별은 태양보다 표면 온도가 낮다.
④ O형 별은 파란색을 띠며, M형 별로 갈수록 붉은색을 띤다.
⑤ 별은 표면 온도에 따라 스펙트럼에 나타나는 흡수선의 종류와 세기가 달라진다.

4 별의 광도(L)는 $L=4\pi R^2\cdot\sigma T^4$($R$: 반지름, T: 표면 온도)이므로 $R\propto\frac{\sqrt{L}}{T^2}$이다. 따라서 별의 광도($L$)와 표면 온도($T$)를 알면 별의 반지름($R$)을 구할 수 있으며, 별의 광도는 절대 등급을 알면 구할 수 있다.

5 (1) 별의 밝기는 거리의 제곱에 반비례한다. A가 B보다 거리가 10배 더 멀리 있는데도 겉보기 등급이 같으므로(같은 밝기로 보이므로), A의 광도는 B의 100배이다.
(2) 별의 광도(L)는 $L=4\pi R^2\cdot\sigma T^4$($R$: 반지름, T: 표면 온도)이므로 $R\propto\frac{\sqrt{L}}{T^2}$이다. 따라서 A는 B보다 광도가 100배, 표면 온도가 2배이므로, A의 반지름은 B의 2.5배가 된다.

6 별의 광도(L)는 $L=4\pi R^2\cdot\sigma T^4$으로 반지름($R$)의 제곱과 표면 온도($T$)의 4제곱에 비례한다. 따라서 별의 반지름은 태양의 $\frac{1}{4}$이고, 별의 표면 온도는 태양의 2배이므로 광도$\propto\frac{1}{4^2}\times2^4$이다. 따라서 별의 광도는 태양과 동일하다.

7 H-R도에서 가로축에 해당하는 물리량은 분광형, 색지수, 표면 온도이고, 세로축에 해당하는 물리량은 광도, 절대 등급이다.

8 (가)는 H-R도에서 오른쪽 위에 분포하는 별로, 광도와 크기가 매우 큰 초거성이다.
(나)는 H-R도에서 주계열 오른쪽 위에 분포하는 별로, 광도와 크기가 주계열성에 비해 큰 거성이다.
(다)는 가장 많은 별이 분포하며, H-R도에서 왼쪽 위에서 오른쪽 아래로 내려가는 대각선에 분포하므로 주계열성이다.
(라)는 H-R도에서 왼쪽 아래에 분포하는 별로, 표면 온도가 높지만 광도와 크기가 매우 작은 백색 왜성이다.

9 ③ 별은 일생의 대부분을 주계열 단계에서 보내므로 관측되는 별들 중 주계열성이 가장 많다.

바로알기 ① H-R도에서 거성 (나)는 초거성 (가)보다 아래쪽에 위치하므로 광도가 작다.
② H-R도에서 왼쪽에 위치할수록 표면 온도가 높은 별이므로 백색 왜성 (라)는 거성 (나)보다 표면 온도가 높다.
④ 표면 온도가 높은 별일수록 색지수는 작다. 백색 왜성 (라)에 속한 별들은 대부분 분광형이 B형과 A형이며, 태양의 분광형은 G형이다. 따라서 표면 온도는 (라)가 태양보다 높고, 색지수는 (라)가 태양보다 작다.
⑤ 백색 왜성 (라)는 거성 (나)에 비해 평균 밀도가 크다.

10 (1) A의 분광형은 K5형이고, B의 분광형은 G2형이므로, 별의 표면 온도는 A가 B보다 낮다.
(2) B와 C는 분광형이 같아서 표면 온도가 같지만 광도 계급을 비교하면 B가 C보다 광도가 크다. 따라서 별의 반지름은 광도가 큰 B가 C보다 크다.

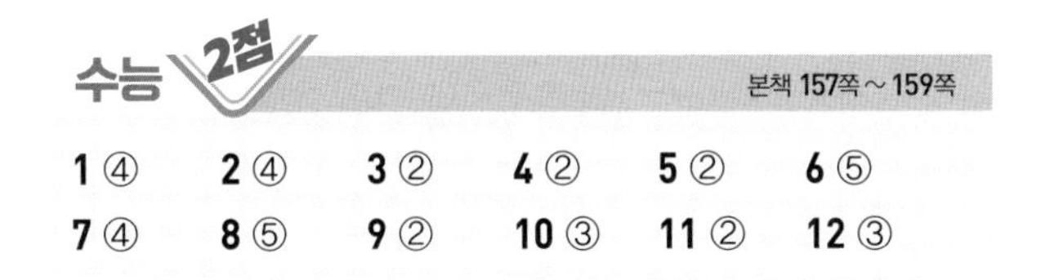

1 별의 색과 표면 온도

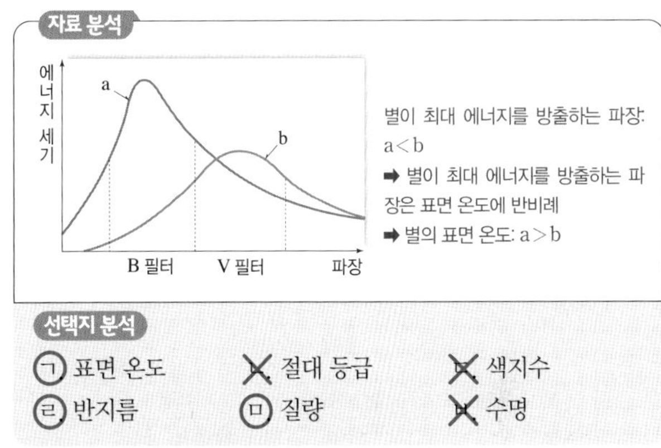

선택지 분석
ㄱ 표면 온도 / ~~ㄴ 절대 등급~~ / ~~ㄷ 색지수~~
ㄹ 반지름 / ㅁ 질량 / ~~ㅂ 수명~~

ㄱ. 빈의 변위 법칙 $\lambda_{\max}=\frac{a}{T}$($a$: 빈의 상수)에 따르면, 흑체가 최대 에너지를 방출하는 파장($\lambda_{\max}$)은 표면 온도(T)에 반비례한다. 별은 흑체에 가깝게 복사하므로 별의 표면 온도는 최대 에너지를 방출하는 파장이 짧은 a가 b보다 높다.
ㄹ. 표면 온도가 높은 주계열성일수록 별의 반지름이 크다. 따라서 표면 온도가 높은 a가 b보다 반지름이 크다.
ㅁ. 질량이 큰 주계열성일수록 표면 온도가 높으므로 표면 온도가 높은 a가 b보다 질량이 크다.

바로알기 ㄴ. 주계열성은 표면 온도가 높을수록 광도가 크므로 표면 온도가 높은 a가 b보다 광도가 크다. 절대 등급은 광도가 클수록 작으므로 광도가 큰 a가 b보다 절대 등급이 작다.
ㄷ. 색지수는 표면 온도가 높을수록 작으므로 표면 온도가 높은 a가 b보다 색지수가 작다.

다른 해설 a는 B 필터로 관측하는 것이 V 필터로 관측하는 것보다 더 밝으므로 색지수(B−V)의 값은 (−)이다. 반면에, b는 B 필터로 관측하는 것이 V 필터로 관측하는 것보다 더 어두우므로 색지수(B−V)의 값은 (+)이다. 따라서 색지수는 b가 a보다 크다.
ㅂ. 표면 온도가 높은 주계열성일수록 별의 질량이 크고, 수명이 짧다. 따라서 표면 온도가 높은 a가 b보다 수명이 짧다.

2 스펙트럼의 종류

선택지 분석
~~ㄱ~~ (가)에서는 특정 파장의 에너지가 기체에 흡수되어 스펙트럼이 불연속적으로 나타난다. (에너지를 방출하여)
ㄴ (나)는 별의 분광형을 분류하는 데 이용된다.
ㄷ (가)와 (나)에 있는 기체의 원소가 같다면, 흡수선이나 방출선이 같은 파장에서 나타난다.

(가)에서는 방출 스펙트럼, (나)에서는 흡수 스펙트럼이 나타난다.
ㄴ. 별빛의 스펙트럼은 (나)와 같이 흡수 스펙트럼으로 나타나며, 흡수선의 종류와 세기를 별의 분광형을 분류하는 데 이용한다.
ㄷ. 동일한 기체라면 이온화하는 데 동일한 파장의 에너지를 흡수하거나 방출하므로 스펙트럼에서 흡수선이나 방출선이 나타나는 파장이 같다.

바로알기 ㄱ. (가)에서는 가열된 고온·저밀도의 기체가 특정 파장의 에너지를 방출하여 스펙트럼에서 방출선이 불연속적으로 나타난다.

3 별의 스펙트럼 관측

자료 분석

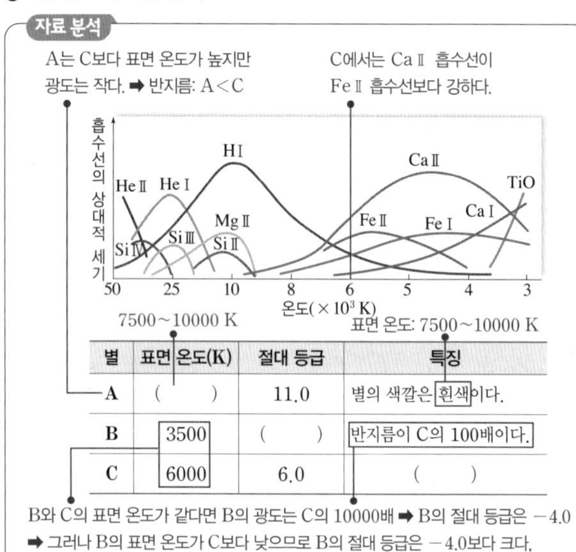

별	표면 온도(K)	절대 등급	특징
A	( )	11.0	별의 색깔은 흰색이다.
B	3500	( )	반지름이 C의 100배이다.
C	6000	6.0	( )

B와 C의 표면 온도가 같다면 B의 광도는 C의 10000배 ➡ B의 절대 등급은 −4.0
➡ 그러나 B의 표면 온도가 C보다 낮으므로 B의 절대 등급은 −4.0보다 크다.

선택지 분석

✕ 반지름은 A가 C보다 크다. 작다
② B의 절대 등급은 −4.0보다 크다.
✕ 세 별 중 Fe Ⅰ 흡수선은 A에서 가장 강하다. 약하다
✕ 단위 시간당 방출하는 복사 에너지양은 C가 B보다 많다. B가 C보다
✕ C에서는 Fe Ⅱ 흡수선이 Ca Ⅱ 흡수선보다 강하게 나타난다. Ca Ⅱ 흡수선이 Fe Ⅱ 흡수선보다

② B는 반지름이 C의 100배이므로 만약 B의 표면 온도가 C와 같았다면 B의 광도는 C의 10000배이다. 광도가 10000배 큰 별은 절대 등급이 10등급 작으므로 B의 절대 등급은 −4.0이 될 것이다. 하지만 B의 표면 온도는 C보다 낮으므로 B의 광도는 C의 10000배보다는 작다. 별의 광도가 작을수록 절대 등급은 커지므로, B의 절대 등급은 −4.0보다 크다.

바로알기 ① A는 색깔이 흰색인 별이므로 표면 온도는 7500~10000 K이다. A는 C보다 표면 온도가 높지만 절대 등급이 큰 것으로 보아 광도는 작다. 별의 광도는 (표면 온도^4×반지름^2)에 비례하므로 반지름은 A가 C보다 작다.
③ A는 표면 온도가 7500~10000 K이다. 세 별의 표면 온도를 고려하여 그림에서 Fe Ⅰ 흡수선의 상대적 세기를 비교하면 A에서 가장 약하다.
④ 별이 단위 시간당 방출하는 복사 에너지양을 광도라고 한다. 광도는 B가 C보다 크므로 단위 시간당 방출하는 복사 에너지양은 B가 C보다 많다.
⑤ C의 표면 온도는 6000 K이므로 그림에서 흡수선의 상대적 세기를 비교하면 Ca Ⅱ 흡수선이 Fe Ⅱ 흡수선보다 강하게 나타난다.

4 H-R도

자료 분석

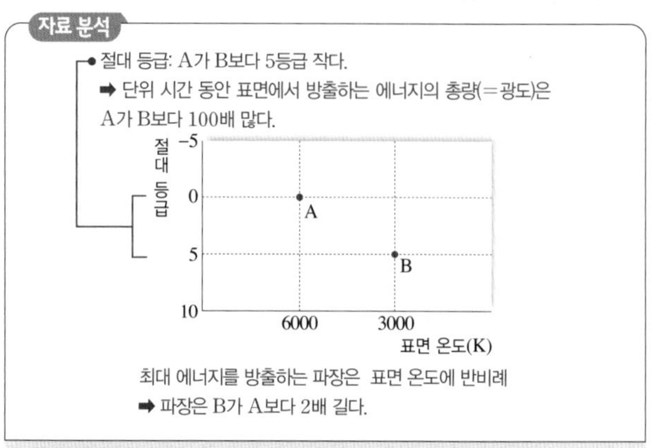

선택지 분석

✕ 최대 세기의 에너지를 방출하는 파장은 A가 B보다 2배 길다. B가 A보다
ㄴ 별이 단위 시간 동안 표면에서 방출하는 에너지의 총량은 A가 B보다 100배 많다.
✕ 별의 반지름은 A가 B보다 4배 크다. 2.5배

ㄴ. 절대 등급은 A가 B보다 5등급이 작으므로 광도는 A가 B보다 100배 크다. 따라서 별이 단위 시간 동안 표면에서 방출하는 에너지의 총량(=광도)은 A가 B보다 100배 많다.

바로알기 ㄱ. 최대 세기의 에너지를 방출하는 파장은 별의 표면 온도에 반비례하므로 B가 A보다 2배 길다.
ㄷ. 별의 반지름을 R, 표면 온도를 T, 광도를 L이라고 할 때, 슈테판·볼츠만 법칙을 이용하여 이들 사이의 관계를 나타내면 다음과 같다.

$$L=4\pi R^2\cdot\sigma T^4 \ (\sigma\text{: 슈테판·볼츠만 상수})$$

$$R=\sqrt{\frac{L}{4\pi\sigma}}\cdot\frac{1}{T^2} \quad \therefore\ R\propto\frac{\sqrt{L}}{T^2}$$

$$\frac{R_A}{R_B}=\sqrt{\frac{L_A}{L_B}}\times\left(\frac{T_B}{T_A}\right)^2=10\times\frac{1}{4}=2.5$$

따라서 별의 반지름은 A가 B보다 2.5배 크다는 것을 알 수 있다.

5 별의 물리량(반지름, 등급, 광도, 별까지의 거리)

자료 분석

별	A	B
반지름(태양=1)	2	1
절대 등급	(−4.0보다 작다)	−4.0
겉보기 등급	+1.0	+1.0

- 표면 온도: A=B
- 반지름: A=2B
- 광도: $L=4\pi R^2\cdot\sigma T^4$에서 표면 온도($T$)는 같고, 반지름($R$)이 A가 B의 2배이므로, 광도($L$)는 A가 B의 4배이다.

선택지 분석

✕ 광도는 A가 B보다 2배 크다. 4배
ㄴ A의 절대 등급은 −4.0보다 작다.
✕ 별까지의 거리는 A가 B보다 가깝다. 멀다

ㄴ. A의 광도는 B보다 크며, 광도가 클수록 절대 등급이 작으므로 A의 절대 등급은 B의 절대 등급인 −4.0보다 작다.

바로알기 ㄱ. 별의 광도는 반지름의 제곱에 비례하고, 표면 온도의 4제곱에 비례한다. 따라서 A는 B와 표면 온도가 같고, A의 반지름은 B보다 2배 크므로 A의 광도는 B보다 $2^2=4$배 크다.

ㄷ. A와 B의 겉보기 밝기는 같은데도 불구하고 광도는 A가 B보다 크다. A의 광도가 B보다 크지만 지구에서 같은 밝기로 보이는 것은 A가 B보다 멀리 떨어져 있기 때문이다.

6 별의 물리량(등급, 색지수, 표면 온도, 광도)

자료 분석

별	겉보기 등급	절대 등급	색지수(B−V)	겉보기 등급 −절대 등급
A	(−1.5)	1.4	0.00	−2.9
B	1.3	(−7.2)	(0.09)	(8.5)
C	1.0	−3.6	0.23	4.6
	가장 밝게 보인다.	광도가 가장 크다.	표면 온도가 가장 낮다.	별까지의 거리가 가장 멀다.

선택지 분석

✗ 거리가 가장 먼 별은 A이다. B
✗ 가장 밝게 보이는 별은 B이다. A
✗ 표면 온도가 가장 낮은 별은 C이다. B
✗ 광도는 B가 C보다 작다. 크다
⑤ 반지름은 A가 B보다 작다.

⑤ 별의 광도는 반지름의 제곱에 비례하고, 표면 온도의 4제곱에 비례한다. 절대 등급은 A가 B보다 크므로 광도는 A가 B보다 작고, 색지수는 A가 B보다 작으므로 표면 온도는 A가 B보다 높다. A가 B보다 표면 온도가 높은데도 불구하고 광도가 작은 것은 B보다 반지름이 작기 때문이다.

바로알기 ① B는 절대 등급이 가장 작아서 광도가 가장 크지만, 겉보기 밝기는 가장 어두우므로 별까지의 거리가 가장 멀다.

다른 해설 B는 (겉보기 등급−절대 등급)의 값이 가장 크므로 별까지의 거리가 가장 멀다.

② 가장 밝게 보이는 별은 겉보기 등급이 가장 작은 A이다.

③ 표면 온도가 높을수록 색지수가 작다. 따라서 표면 온도가 가장 낮은 별은 색지수가 가장 큰 B이다.

④ 광도가 클수록 절대 등급이 작다. 따라서 광도는 B가 C보다 크다.

7 별의 물리량(광도, 반지름, 분광형, 표면 온도)

자료 분석

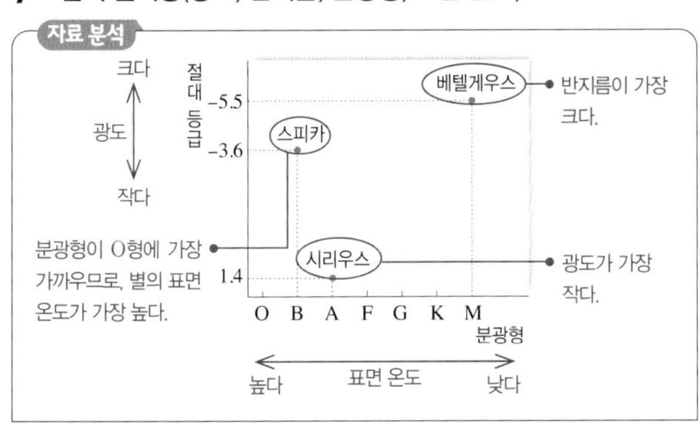

선택지 분석

✗ 광도가 가장 큰 별은 시리우스이다. 작은
㉡ 반지름이 가장 큰 별은 베텔게우스이다.
㉢ 표면 온도가 가장 높은 별은 스피카이다.

ㄴ. H−R도에서 오른쪽 위에 위치한 별일수록 반지름이 큰 별이므로, 베텔게우스의 반지름이 가장 크다.

다른 해설 별의 반지름은 $L=4\pi R^2\cdot\sigma T^4$에서 $R=\sqrt{\dfrac{L}{4\pi\cdot\sigma T^4}}$이다. 따라서 분광형이 M형이어서 표면 온도(T)가 가장 낮고, 절대 등급이 가장 작아 광도(L)가 가장 큰 베텔게우스가 반지름(R)이 가장 크다.

ㄷ. 분광형이 O형인 별의 표면 온도가 가장 높고, 분광형이 M형 쪽으로 갈수록 별의 표면 온도가 낮아진다. 따라서 표면 온도가 가장 높은 별은 스피카이다.

바로알기 ㄱ. H−R도에서 위로 갈수록 절대 등급이 작아지므로 광도가 크다. 따라서 광도가 가장 큰 별은 베텔게우스이고, 광도가 가장 작은 별은 시리우스이다.

8 H-R도

자료 분석

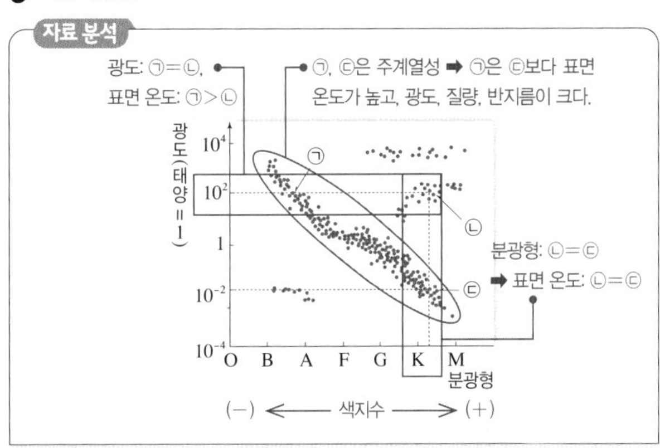

선택지 분석

✗ 별의 색지수는 ㉠이 가장 크다. 작다
㉡ 별의 반지름은 ㉡이 ㉢보다 100배 크다.
㉢ ㉠은 ㉢보다 질량이 크다.

ㄴ. $L=4\pi R^2\cdot\sigma T^4$에서 $R=\sqrt{\dfrac{L}{4\pi\cdot\sigma T^4}}$이므로, 별의 반지름($R$)은 광도($L$)의 제곱근에 비례하고, 표면 온도($T$)의 제곱에 반비례한다. ㉡과 ㉢은 분광형이 같으므로 표면 온도가 같고, 광도는 ㉡이 ㉢보다 10000배 크므로 반지름은 ㉡이 ㉢보다 100배 크다.

ㄷ. 주계열성은 질량이 클수록 광도가 크고, 표면 온도가 높으며, 반지름이 크다. ㉠과 ㉢은 H−R도에서 왼쪽 위에서 오른쪽 아래로 이어지는 대각선에 분포하는 주계열성이다. 따라서 ㉠이 ㉢보다 광도가 크므로 질량이 더 크다.

바로알기 ㄱ. 별의 색지수는 표면 온도가 낮을수록 크다. 분광형에서 표면 온도는 O형으로 갈수록 높고, M형으로 갈수록 낮다. 따라서 ㉠의 표면 온도가 가장 높고, ㉡과 ㉢의 표면 온도는 같으므로 색지수는 ㉠이 가장 작고, ㉡과 ㉢은 서로 같다. ➡ 색지수: ㉠<㉡=㉢

9 H－R도와 별의 진화

자료 분석

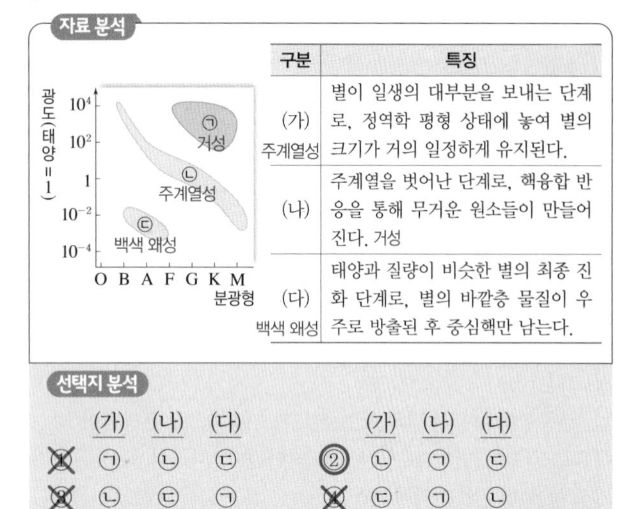

구분	특징
(가) 주계열성	별이 일생의 대부분을 보내는 단계로, 정역학 평형 상태에 놓여 별의 크기가 거의 일정하게 유지된다.
(나)	주계열을 벗어난 단계로, 핵융합 반응을 통해 무거운 원소들이 만들어진다. 거성
(다) 백색 왜성	태양과 질량이 비슷한 별의 최종 진화 단계로, 별의 바깥층 물질이 우주로 방출된 후 중심핵만 남는다.

선택지 분석

	(가)	(나)	(다)
~~①~~	㉠	㉡	㉢
~~③~~	㉡	㉢	㉠
~~⑤~~	㉢	㉡	㉠
②	㉡	㉠	㉢
~~④~~	㉢	㉠	㉡

H－R도의 왼쪽 위에서 오른쪽 아래로 대각선을 따라 분포하는 별들인 ㉡은 주계열성, H－R도에서 주계열성의 오른쪽 위에 분포하며 표면 온도는 낮으나 반지름이 매우 커 광도가 큰 ㉠은 거성, H－R도에서 주계열성의 왼쪽 아래에 분포하며 표면 온도가 높지만 반지름이 매우 작아 광도가 작은 ㉢은 백색 왜성이다.
표에서 (가)는 주계열성, (나)는 거성, (다)는 백색 왜성의 특징을 나타내므로 H－R도에서 (가), (나), (다)에 해당하는 별의 집단은 각각 ㉡, ㉠, ㉢이다.

10 주계열성의 질량-광도 관계와 H－R도

자료 분석

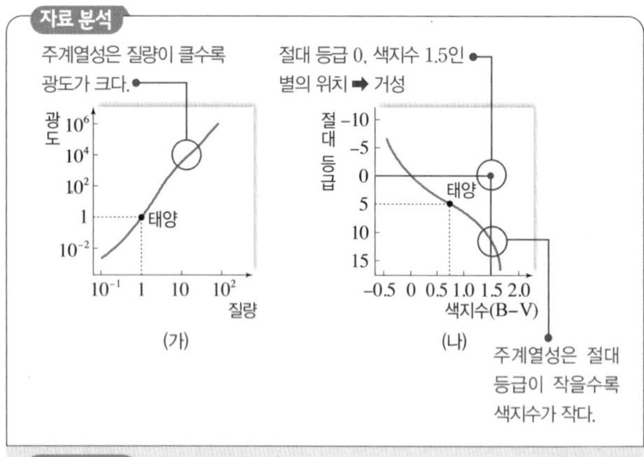

선택지 분석

㉠ 질량이 큰 주계열성일수록 실제 밝기가 밝다.
㉡ 질량이 큰 주계열성일수록 표면 온도가 높다.
~~㉢~~ 절대 등급이 0등급이고, 색지수가 1.5인 별은 주계열성에 속한다. 거성

ㄱ. (가)에서 질량이 클수록 광도가 크므로 질량이 큰 주계열성일수록 실제 밝기가 밝다.
ㄴ. (가)에서 질량이 큰 주계열성일수록 광도가 크고, 광도가 클수록 절대 등급이 작다. (나)에서 주계열성은 절대 등급이 작을수록 색지수가 작으므로 표면 온도가 높다.
바로알기 ㄷ. (나)에서 절대 등급이 0등급이고, 색지수가 1.5인 별은 주계열의 오른쪽 위에 분포하므로 거성에 속한다.

11 광도 계급과 H－R도

자료 분석

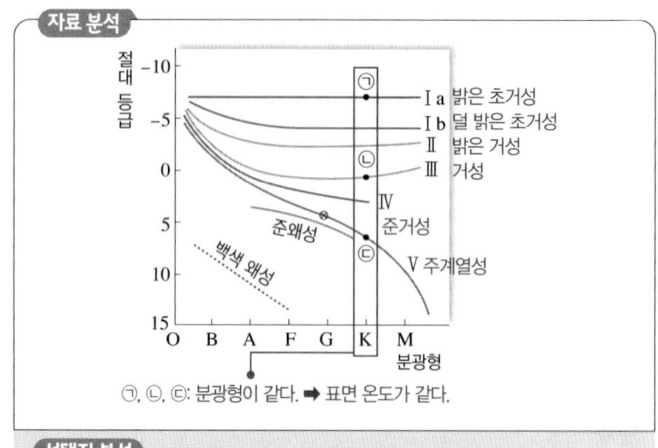

선택지 분석

~~ㄱ~~ 광도는 ㉢이 가장 크다. ㉠
~~ㄴ~~ 표면 온도는 ㉡이 ㉢보다 높다. ㉡과 ㉢이 같다
ㄷ 반지름은 ㉠이 가장 크다.

ㄷ. 표면 온도가 같을 때, 별의 크기가 클수록 광도가 크다. 따라서 광도 계급이 가장 작은 ㉠이 별의 반지름이 가장 크다.
바로알기 ㄱ. 별 ㉠, ㉡, ㉢은 분광형이 K형으로 같고, 광도 계급은 숫자가 작을수록 밝은 별이므로 광도는 ㉠이 가장 크고, ㉢이 가장 작다.
다른 해설 ㉠은 절대 등급이 가장 작으므로 광도가 가장 크다.
ㄴ. 별 ㉠, ㉡, ㉢은 분광형이 같으므로, 표면 온도가 모두 같다.

12 M-K 분류법

자료 분석

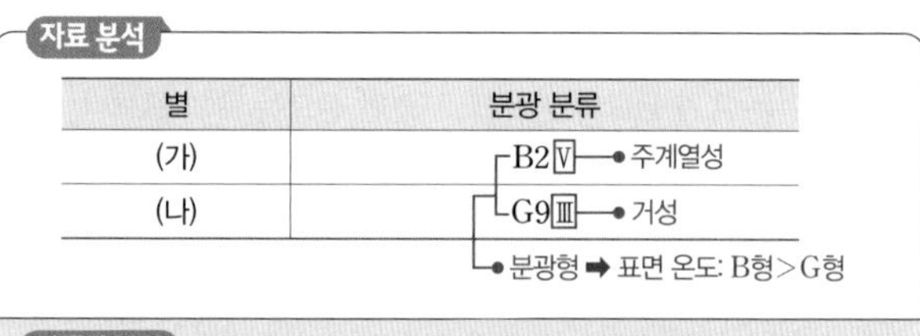

별	분광 분류
(가)	B2Ⅴ ― 주계열성
(나)	G9Ⅲ ― 거성

선택지 분석

ㄱ (가)는 (나)보다 표면 온도가 높다.
ㄴ (가)는 B형 별 중에서 주계열성에 해당한다.
~~ㄷ~~ (나)는 G형 별 중에서 표면 온도가 가장 높다. 낮다

ㄱ. 별의 분광형은 O > B > A > F > G > K > M 순으로 표면 온도가 높다. (가)의 분광형은 B형, (나)의 분광형은 G형이므로 (가)의 표면 온도가 (나)보다 높다.
ㄴ. (가)는 광도 계급이 Ⅴ이므로, B형 별 중에서 주계열성에 해당한다. (나)는 광도 계급이 Ⅲ이므로, G형 별 중에서 거성에 해당한다.
바로알기 ㄷ. 각 분광형은 고온의 0에서 저온의 9까지 10단계로 세분한다. (나)의 분광형은 G9이므로, G형 별 중에서 표면 온도가 가장 낮다.

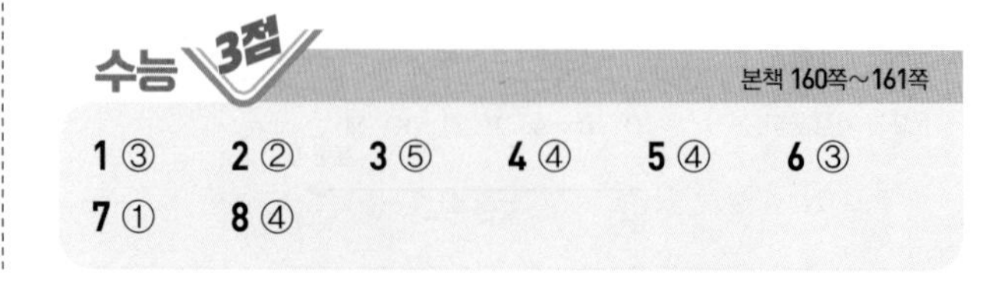

수능 3점 본책 160쪽~161쪽

1 ③　2 ②　3 ⑤　4 ④　5 ④　6 ③
7 ①　8 ④

1 별의 색지수와 표면 온도

선택지 분석

ㄱ (가)에서 a의 색지수(B−V)는 0보다 작다.
ㄴ (나)에서 a의 위치는 P이다.
~~ㄷ~~ a는 b보다 수명이 길다. 짧다

ㄱ. (가)에서 a는 B 필터 영역의 면적이 V 필터 영역의 면적보다 크므로 B 필터 영역에서의 밝기가 V 필터 영역에서의 밝기보다 밝다. 따라서 B 등급이 V 등급보다 작으므로 색지수(B−V)는 0보다 작다.
ㄴ. (가)에서 a는 b보다 최대 에너지를 방출하는 파장이 짧으므로 표면 온도가 더 높다. 따라서 (나)에서 a의 위치는 P이고, b의 위치는 Q이다.
바로알기 ㄷ. a는 P, b는 Q이고, 절대 등급이 작을수록 광도가 크므로 a는 b보다 광도가 크다. 주계열성은 질량이 클수록 광도가 크고, 수명이 짧다. 따라서 a는 b보다 수명이 짧다.

2 별의 색지수와 표면 온도

자료 분석

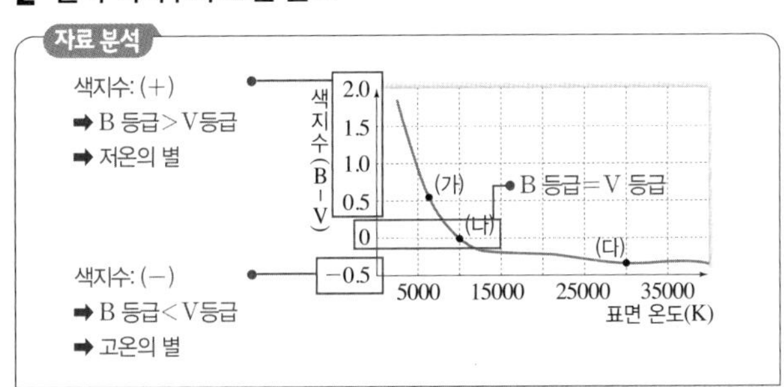

선택지 분석

~~ㄱ~~ (가)는 노란색 영역보다 파란색 영역에서 밝게 보인다. 파란색 영역보다 노란색 영역에서
ㄴ (나)는 B 등급과 V 등급이 같다.
~~ㄷ~~ (다)는 (가)보다 붉은색으로 보인다. 파란색

ㄴ. (나)는 색지수(B−V)가 0이므로, B 등급과 V 등급이 같다.
바로알기 ㄱ. (가)는 색지수가 (+)이므로 파란색 영역의 밝기인 B 등급이 노란색 영역의 밝기인 V 등급보다 크다. 따라서 파란색 영역보다 노란색 영역에서 밝게 보인다.
ㄷ. 색지수는 별의 색을 양적으로 나타낸 값으로, 색지수가 작을수록 파란색으로 보인다. (다)는 색지수가 (−)이고, (가)는 색지수가 (+)이므로, (다)는 (가)보다 파란색으로 보인다.

3 분광형에 따른 흡수선의 종류와 세기

선택지 분석

ㄱ 별의 표면 온도는 ㉠ 쪽으로 갈수록 높다.
ㄴ 수소 흡수선은 A형에서 가장 세다.
ㄷ 태양보다 저온인 별에서는 헬륨 흡수선이 나타나지 않는다.

ㄱ. 흡수선의 종류와 세기는 별의 표면 온도에 따라 다르기 때문에 이를 이용하여 분광형으로 별을 분류할 수 있는데, O형으로 갈수록 표면 온도가 높고, M형으로 갈수록 표면 온도가 낮다. 따라서 O형이 있는 ㉠ 쪽으로 갈수록 별의 표면 온도가 높다.
ㄴ. 중성 수소(HI)의 흡수선은 A형에서 가장 세게 나타난다.
ㄷ. 분광형이 G형인 태양보다 저온인 K형, M형 별에서는 헬륨 흡수선이 나타나지 않는다. 헬륨 흡수선이 나타나려면 헬륨 원자의 전자가 광자를 흡수하여 들떠야 하는데, 헬륨 원자의 전자는 헬륨 원자핵에 강하게 속박되어 있어 큰 에너지를 갖는 광자를 흡수해야 들뜰 수 있다. 큰 에너지를 갖는 광자는 표면 온도가 높은 별에서 많이 나온다. 따라서 헬륨의 흡수선은 고온의 별에서만 나타난다.

4 별의 광도, 반지름, 표면 온도의 관계

선택지 분석

ㄱ 색지수는 A가 B보다 작다.
ㄴ A와 C의 분광형은 서로 같다.
~~ㄷ~~ B의 광도가 가장 크다. C
ㄹ C의 절대 등급은 −0.2등급이다.

ㄱ. 별의 색지수는 표면 온도가 높을수록 작다. 따라서 A의 색지수가 B의 색지수보다 작다.
ㄴ. 분광형은 별의 표면 온도에 따라 별을 분류한 것이다. 따라서 표면 온도가 같은 A와 C의 분광형은 서로 같다.
ㄹ. C는 반지름과 표면 온도가 태양과 같은 A에 비해 표면 온도가 같고 반지름이 10배 크므로 광도는 100배 크다. C의 광도가 태양보다 100배 크므로, C의 절대 등급은 태양보다 5등급이 작은 4.8−5=−0.2등급이다.
바로알기 ㄷ. 별의 광도는 반지름의 제곱에 비례하고, 표면 온도의 4제곱에 비례한다. 따라서 C의 광도가 가장 크다.

5 별의 절대 등급과 분광형

자료 분석

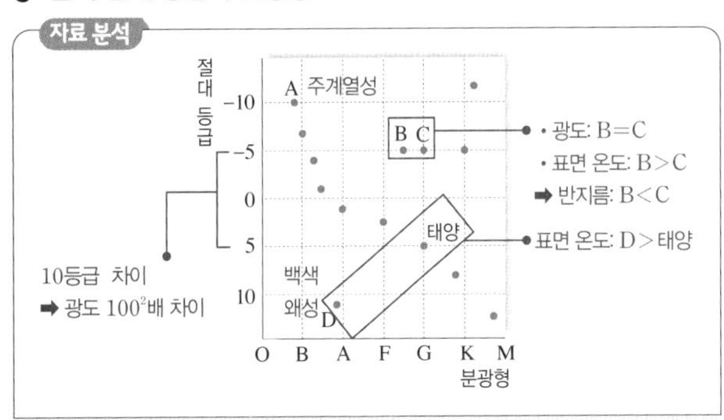

선택지 분석

~~①~~ A는 초거성이다. 주계열성
~~②~~ B는 태양보다 광도가 100배 크다. 10000배
~~③~~ B는 C보다 반지름이 크다. 작다
④ C는 태양보다 반지름이 약 100배 크다.
~~⑤~~ D는 태양보다 표면 온도가 낮다. 높다

④ C는 태양보다 절대 등급이 10등급 작으므로, 광도는 10000배 크다. 광도는 표면 온도의 4제곱에 비례하고 반지름의 제곱에 비례하는데, C는 태양과 분광형이 같아 태양과 표면 온도가 같으므로 반지름은 태양보다 약 100배 크다.
바로알기 ① A는 H−R도에서 왼쪽 위에서 오른쪽 아래로 이어지는 대각선에 위치하므로 주계열성이다.
② B는 태양보다 절대 등급이 10등급 작으므로 광도가 100^2배 크다.

③ 별의 반지름은 표면 온도의 제곱에 반비례하고, 광도의 제곱근에 비례한다. B는 C보다 O형에 가까워 표면 온도가 높지만, 절대 등급이 같아서 광도가 C와 같기 때문에 B의 반지름이 C보다 작다.
⑤ H-R도에서 왼쪽으로 갈수록 표면 온도가 높으므로 D는 태양보다 표면 온도가 높다.

6 H-R도와 별의 물리량

자료 분석

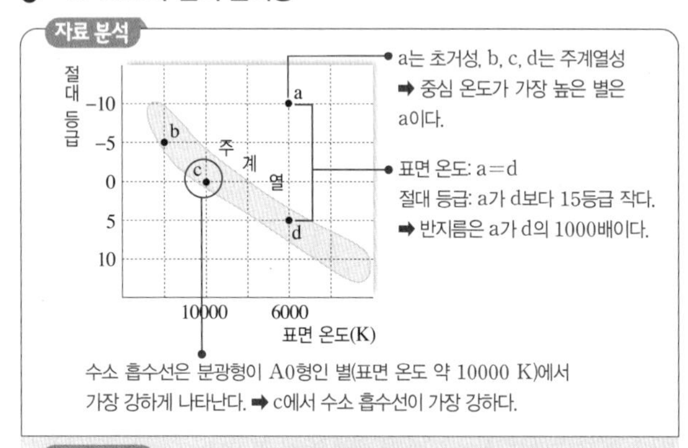

선택지 분석
㉠ 반지름은 a가 d의 1000배이다.
✕ 중심 온도가 가장 높은 별은 b이다. a
㉢ 수소 흡수선이 가장 강한 별은 c이다.

ㄱ. a는 d보다 절대 등급이 15등급 작으므로 광도는 a가 d의 10^6배이다. a와 d의 표면 온도가 같으므로 반지름^{2}의 값은 a가 d의 10^6배이다. 따라서 반지름은 a가 d의 1000배이다.
ㄷ. 수소 흡수선은 분광형이 A0형인 별(표면 온도: 약 10000 K)에서 가장 강하게 나타나므로 별 c에서 수소 흡수선이 가장 강하다.
바로알기 ㄴ. 주계열 단계에서 초거성 단계로 진화할 때 중심부 수축이 일어나 중심부 온도가 높아진다. a는 초거성이고, b, c, d는 주계열성이므로, a~d 중 중심 온도가 가장 높은 별은 a이다.

7 별의 물리량

자료 분석

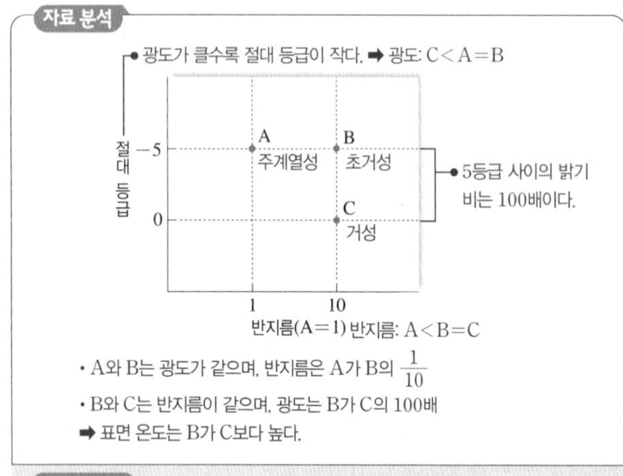

선택지 분석
㉠ 표면 온도는 A가 B의 $\sqrt{10}$배이다.
✕ 복사 에너지를 최대로 방출하는 파장은 B가 C보다 길다. 짧다
✕ 광도 계급이 Ⅴ인 것은 C이다. A

주계열성은 거성이나 초거성보다 크기가 작으므로 A는 주계열성이다. B와 C 중에서 광도가 더 큰 B가 초거성이고, C는 거성이다.
ㄱ. A와 B는 절대 등급이 같으므로 광도가 같으며, 반지름은 A가 B의 $\frac{1}{10}$이다.
별의 광도(L)와 표면 온도(T), 반지름(R) 사이에는
$L=4\pi R^2\cdot\sigma T^4$의 관계가 성립하므로
$\left(\frac{1}{10}\right)^2\times(T_A)^4=(1)^2\times(T_B)^4$,
$(T_B)^4=\left(\frac{1}{\sqrt{10}}\times T_A\right)^4$으로부터 $T_A=\sqrt{10}T_B$이다.
따라서 표면 온도는 A가 B의 $\sqrt{10}$배이다.
바로알기 ㄴ. 빈의 변위 법칙에 의하면, 최대 복사 에너지를 방출하는 파장은 표면 온도가 높을수록 짧아진다. B와 C는 반지름이 같고, 광도는 B가 C보다 크므로 $L=4\pi R^2\cdot\sigma T^4$의 관계식으로부터 표면 온도는 B가 C보다 높다. 따라서 복사 에너지를 최대로 방출하는 파장은 B가 C보다 짧다.
ㄷ. 광도 계급이 Ⅴ인 것은 주계열성이므로 A이다.

8 별의 물리량과 H-R도

자료 분석

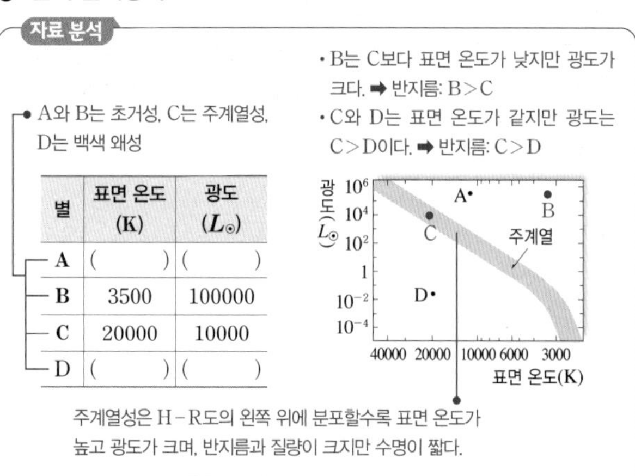

별	표면 온도 (K)	광도 ($L_\odot$)
A	(　　)	(　　)
B	3500	100000
C	20000	10000
D	(　　)	(　　)

선택지 분석
✕ A와 B는 적색 거성이다. 초거성
㉡ 반지름은 B>C>D이다.
㉢ C의 나이는 태양보다 적다.

ㄴ. B는 C보다 표면 온도가 낮지만 광도가 크므로 반지름은 B가 C보다 크다. C와 D는 표면 온도가 같지만 광도는 C가 D보다 크므로 반지름도 C가 D보다 크다. 따라서 반지름은 B>C>D이다.
ㄷ. 태양과 C는 모두 주계열성으로, 주계열성은 H-R도의 왼쪽 위에 분포할수록 표면 온도가 높고, 광도가 크며, 반지름과 질량이 크다. 또한, 질량이 클수록 주계열 단계에 머무르는 시간과 수명이 짧다. 따라서 태양보다 질량이 큰 C는 태양보다 나이가 적다.
바로알기 ㄱ. 적색 거성의 광도는 태양 광도의 약 10배~1000배이고, 초거성의 광도는 태양 광도의 수만 배~수십만 배이다. A와 B의 광도는 태양 광도의 10^5배 정도이므로 A와 B는 초거성이다.

14 별의 진화와 에너지원

개념 확인

본책 163쪽, 165쪽

(1) 높고, 낮은 (2) 주계열성 (3) 짧다 (4) 수소 핵융합 (5) 중력 (6) 주계열 (7) 질량 (8) 적색 거성, 백색 왜성 (9) 초신성 (10) 무거운 (11) 중성자별, 블랙홀 (12) 중력 수축 (13) 수소 (14) 수소, 헬륨, 에너지 (15) 양성자·양성자 반응(P－P 반응) (16) 탄소·질소·산소 순환 반응(CNO 순환 반응) (17) 중력, 정역학 평형 (18) 대류, 복사 (19) 헬륨 (20) 철

수능 자료

본책 166쪽

자료❶ 1 ○ 2 × 3 ○ 4 × 5 × 6 ○
자료❷ 1 × 2 ○ 3 × 4 × 5 ○
자료❸ 1 × 2 ○ 3 ○ 4 × 5 ×
자료❹ 1 ○ 2 ○ 3 ○ 4 × 5 ×

자료❶ 별의 진화

2 별의 질량이 클수록 진화 속도가 빠르므로 주계열 단계에 머무르는 기간이 짧다. (가)는 (나)보다 질량이 큰 별의 진화 과정이므로 주계열 단계에 머무르는 기간은 (가)가 (나)보다 짧다.

4 질량이 큰 별은 성운에서 주계열성으로 진화할 때 생성되는 중력 수축 에너지의 양이 많아서 주계열 단계에서 별의 중심부 온도가 높다.

5 질량이 큰 별의 진화 과정인 (가)에서는 주계열성 단계와 초거성 단계를 거치면서 수소와 헬륨이 연소되어 탄소, 산소 등 더 무거운 원소들이 차례로 만들어진다. 또한, 초신성 폭발 과정에서는 철보다 무거운 원소들이 만들어질 수 있다.

자료❷ 주계열성의 에너지원

1 주계열성의 온도는 핵융합 반응이 일어나는 중심부에서 가장 높고, 표면으로 갈수록 점점 낮아지므로 B는 온도이고, A는 수소 함량 비율이다.

2 분광형이 G2인 주계열성은 질량이 태양과 비슷하여 태양과 동일한 내부 구조를 갖는다. 따라서 ㉠은 복사층, ㉡은 대류층에 해당한다.

3 (가)의 별은 분광형이 G2이므로 태양과 표면 온도가 유사하다.

4 주계열성은 질량이 큰 별일수록 광도가 크고, 표면 온도가 높다. 따라서 분광형이 G2인 별은 태양과 표면 온도가 유사하고, 질량과 광도 또한 비슷하다.

5 태양의 경우에는 중심부 온도가 약 1500만 K이므로 CNO 순환 반응보다 P－P 반응에 의해 생성되는 에너지의 양이 많다.

자료❸ H－R도와 별의 내부 구조

1 색지수는 표면 온도가 높은 별일수록 작다.

2 광도는 절대 등급이 작을수록 크다. 따라서 절대 등급은 B가 C보다 작다.

4 주계열성(C)의 내부에서는 수소 핵융합 반응에 의해 바깥쪽으로 향하는 기체 압력 차로 발생한 힘과 중심 쪽으로 향하는 중력이 평형을 이루어 일정한 크기를 안정적으로 유지한다. (나)는 주계열성에서 적색 거성으로 진화할 때의 내부 구조이다.

5 (나)의 내부는 중심부는 수축하고 바깥층은 팽창하므로 정역학 평형 상태가 아니다.

자료❹ H－R도와 별의 내부 구조

3 주계열성은 왼쪽 위에 분포할수록 표면 온도가 높고, 광도, 질량, 반지름이 크다.

4 H－R도에서 오른쪽 위로 갈수록 반지름이 크고, 밀도가 작다. 따라서 ㉡(백색 왜성)은 ㉣(거성)보다 밀도가 크다.

5 질량이 태양 정도인 주계열성은 수소 핵융합 반응이 일어나는 중심핵을 복사층과 대류층이 차례로 둘러싸고 있다. 질량이 태양의 약 2배보다 큰 주계열성의 경우 중심부의 온도가 매우 높기 때문에 중심부에 대류가 일어나는 대류핵이 나타나고, 바깥쪽에 복사층이 나타난다.

수능 1점

본책 167쪽

1 밀도, 중심부 온도 2 ① 3 ④ 4 ② 5 ㄴ, ㄷ 6 블랙홀＞중성자별＞백색 왜성 7 (가) 중력 수축 에너지 (나) 수소 핵융합 반응 8 ㄱ 9 (가)＜(나)

1 원시별이 중력 수축하게 되면 반지름이 줄어들면서 별의 밀도는 증가하게 된다. 또한, 중력 수축할 때 감소한 위치 에너지의 일부가 열에너지로 전환되므로 중심부의 온도가 상승하게 된다.

2 별은 생성될 당시 질량에 따라 중심부의 온도가 달라지고, 그에 따라 핵융합 반응의 정도가 달라지면서 진화 경로가 결정된다.

3 태양 정도의 질량을 가진 별들은 주계열성 → 적색 거성 → 행성상 성운 → 백색 왜성 단계를 거치면서 진화한다.

바로알기 ④ 초신성은 태양보다 질량이 매우 큰 별이 주계열성 → 초거성 단계를 지나 폭발할 때 형성된 것이다.

4 주계열성에서 수소 핵융합 반응이 끝나면 중심핵이 헬륨 핵으로 바뀐다. 그 후 헬륨 핵의 중력 수축에 의해 발생하는 열로 헬륨 핵 주위에 분포하던 수소가 핵융합 반응을 하기 시작하여 에너지를 방출한다. 이때 발생한 에너지로 별의 바깥층이 팽창하면서 적색 거성이 된다.

5 ㄴ, ㄷ. 철은 별의 내부에서 핵융합 반응으로 생성되는 가장 무거운 원소이며, 주계열성의 중심에서는 수소 핵융합 반응이 일어나므로 헬륨이 생성된다.

바로알기 ㄱ. 수소는 가장 가벼운 원소로, 가장 낮은 온도에서 핵융합 반응이 일어난다.
ㄹ. 우라늄은 철보다 무거운 원소이므로 별의 내부에서 생성될 수 없으며, 초신성 폭발 과정에서 생성된다.

6 블랙홀은 가장 무거운 별(태양 질량의 약 25배 이상)의 마지막 진화 단계에서 형성되며, 백색 왜성은 상대적으로 가벼운 별(태양 정도 질량)의 마지막 진화 단계에서 형성된다.

7 (가)는 원시별에서 주계열성으로 진화 중인 별이다. 원시별은 자체 중력에 의해 수축할 때 기체 입자의 위치 에너지가 감소하고, 감소한 위치 에너지만큼 내부 에너지가 증가하여 중심부의 온도가 상승한다. 따라서 원시별의 주요 에너지원은 중력 수축 에너지이다. (나)는 정역학 평형 상태를 유지하는 주계열성이다. 주계열성은 중심부에서 수소 핵융합 반응이 일어나고, 이로 인해 발생된 에너지를 방출한다. 따라서 주계열성의 주요 에너지원은 수소 핵융합 반응이다.

8 ㄱ. 수소 핵융합 반응은 수소 원자핵 4개가 융합하여 헬륨 원자핵 1개를 생성하는 반응이다.

바로알기 ㄴ. 헬륨 원자핵 1개의 질량은 수소 원자핵 4개의 질량을 합친 것보다 작다. 따라서 핵융합 반응 후에 질량이 줄어드는데, 이 줄어든 질량이 에너지로 전환된다.

ㄷ. 질량이 태양과 비슷한 별들은 P−P 반응이 우세하게 일어나고, 태양보다 질량이 2배 이상 큰 별들은 CNO 순환 반응이 우세하게 일어난다.

9 (가)보다 (나)의 중심부에서 더 무거운 원소가 생성되므로 (나)는 (가)보다 질량이 큰 별의 내부 구조이다. 질량이 큰 별일수록 중심부 온도가 높으므로 더 무거운 원소를 생성하는 핵융합 반응이 일어난다.

수능 2점

본책 168쪽~170쪽

1 ③	2 ④	3 ②	4 ④	5 ⑤	6 ⑤
7 ④	8 ②	9 ②	10 ①	11 ⑤	12 ③

1 질량에 따른 원시별의 진화 경로

자료 분석

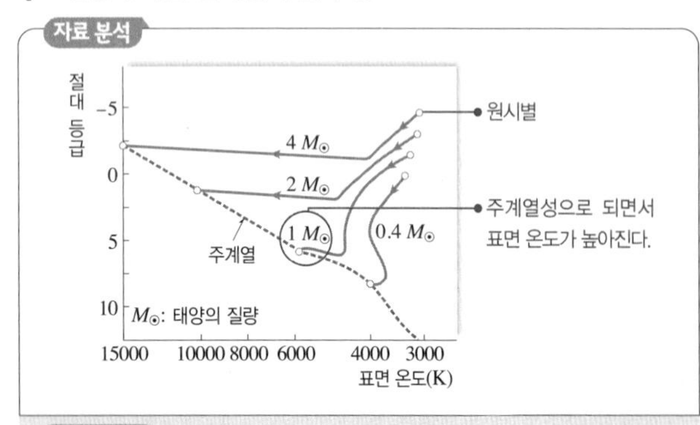

선택지 분석

㉠ 질량이 큰 원시별일수록 광도가 큰 주계열성이 된다.

✕ 질량이 $1\,M_\odot$인 원시별이 주계열에 도달하는 동안 표면 온도는 낮아진다. 높아진다

㉢ 원시별이 주계열에 도달하는 과정에서 중력 수축이 일어난다.

ㄱ. 원시별의 질량이 클수록 주계열에 도달했을 때 절대 등급이 더 작으므로, 광도가 큰 주계열성이 된다.

ㄷ. 원시별이 주계열에 도달하는 과정에서 중력 수축에 의해 내부 온도가 상승한다.

바로알기 ㄴ. 질량이 $1\,M_\odot$인 원시별이 주계열에 도달하는 동안 H−R도의 왼쪽으로 이동하므로, 표면 온도는 점차 높아진다.

2 별의 진화

자료 분석

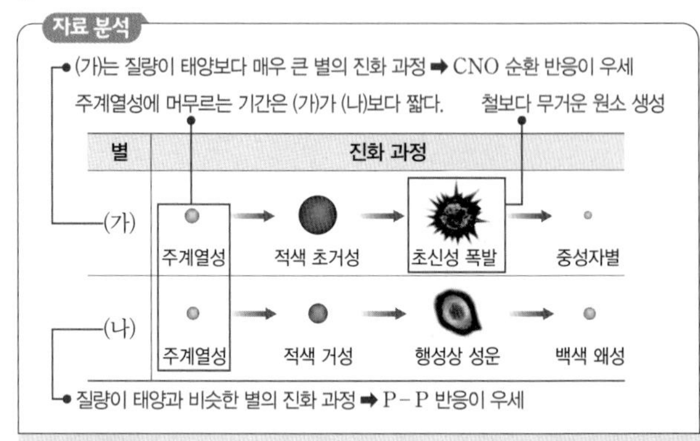

선택지 분석

✕ 주계열 단계에 머무르는 기간은 (가)가 (나)보다 길다. 짧다

㉡ 주계열 단계의 수소 핵융합 반응 중에서 CNO 순환 반응이 차지하는 비율은 (가)가 (나)보다 크다.

㉢ (가)의 진화 과정에서 철보다 무거운 원소가 생성된다.

ㄴ. 질량이 큰 주계열성일수록 수소 핵융합 반응 중 P−P 반응보다 CNO 순환 반응이 우세하게 일어난다. 따라서 (가)에서는 CNO 순환 반응이, (나)에서는 P−P 반응이 우세하게 일어난다.

ㄷ. (가)의 진화 과정 중 초신성 폭발 과정에서 철보다 무거운 원소가 생성된다.

바로알기 ㄱ. (가)는 별의 진화 과정의 마지막 단계가 중성자별이므로 질량이 태양보다 매우 큰 별의 진화 과정이고, (나)는 별의 진화 과정의 마지막 단계가 백색 왜성이므로 질량이 태양과 비슷한 별의 진화 과정이다. 별의 질량이 클수록 에너지의 소모가 커서 수명이 짧아지므로 주계열 단계에 머무르는 기간은 (가)가 (나)보다 짧다.

3 별의 진화 과정

선택지 분석

✕ 이 별의 질량은 태양의 10배 이상이다. 태양 정도

㉡ A는 주계열성이다.

✕ 별의 나이가 약 50억 년일 때 중심부에서는 헬륨 핵융합 반응이 일어난다. 수소

ㄴ. 질량과 관계없이 별의 일생 중 가장 긴 시기를 보내는 단계는 주계열성(A)이다.

다른 해설 적색 거성이 되기 전(A)에는 주계열성이다.

바로알기 ㄱ. 별의 진화 단계에서 적색 거성과 행성상 성운을 거친 후에 백색 왜성으로 최후를 맞는 별들은 태양 정도의 질량을 가진 별이다.

ㄷ. 별의 나이가 약 50억 년일 때는 주계열성 단계이며, 주계열성의 중심부에서는 수소 핵융합 반응이 일어난다.

4 H-R도상에서 태양의 진화 과정

자료 분석

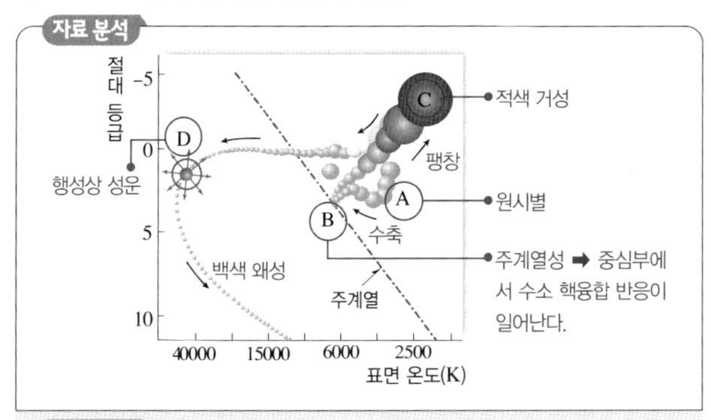

선택지 분석

①A→B 과정에서는 중력 수축에 의해 중심부 온도가 높아진다.
②B에서는 수소 핵융합 반응이 일어난다.
③B→C 과정에서 중심부는 수축하고, 바깥층은 팽창한다.
~~④~~ 태양의 일생 중 가장 오랫동안 머무르는 단계는 C이다. B
⑤D에서는 행성상 성운이 형성된다.

① A→B 과정에서 원시별(A)이 중력 수축에 의해 중심부 온도가 높아져서 약 1000만 K에 도달하면 수소 핵융합 반응이 일어나서 주계열성(B)이 된다.
② B는 주계열성이므로 별의 중심부에서 수소 핵융합 반응이 일어난다.
③ B→C 과정에서는 헬륨으로 이루어진 중심부는 중력 수축하며, 이때 발생한 에너지에 의해 헬륨 핵 바깥쪽의 수소층이 가열되어 수소 핵융합 반응이 일어난다. 따라서 별의 바깥층이 급격히 팽창하면서 적색 거성(C)으로 진화한다.
⑤ C→D 과정에서 별은 팽창과 수축을 반복하는 불안정한 상태가 되다가 별의 바깥층이 우주 공간으로 방출되어 행성상 성운(D)이 만들어진다.
바로알기 ④ 태양이 진화하면서 가장 오랫동안 머무르는 단계는 주계열성(B)이다.

5 행성상 성운과 초신성 잔해

선택지 분석

~~ㄱ~~ (가)의 중심핵은 블랙홀로 진화한다. 백색 왜성
ㄴ (나)에서는 철보다 무거운 원소가 만들어진다.
ㄷ (나)는 (가)보다 질량이 큰 별에서 진화하였다.

ㄴ. 별의 중심부에서 핵융합 반응으로 생성될 수 있는 가장 무거운 원소는 철이며, 철보다 무거운 원소는 (나) 초신성 폭발 과정에서 생성된다.
ㄷ. (가)는 질량이 태양 정도인 별, (나)는 질량이 태양보다 매우 큰 별의 진화 단계이다.
바로알기 ㄱ. 질량이 태양 정도인 별은 적색 거성 단계 이후에 별이 팽창과 수축을 반복하는 과정에서 별의 바깥층이 우주 공간으로 방출되어 (가)와 같은 행성상 성운이 만들어지며, 중심부는 더욱 수축하여 백색 왜성으로 진화한다. 태양보다 질량이 약 25배 이상인 별이 진화하는 과정에서 (나) 초신성 폭발 후 별의 중심핵이 계속 수축하여 블랙홀이 된다.

6 수소 핵융합 반응

자료 분석

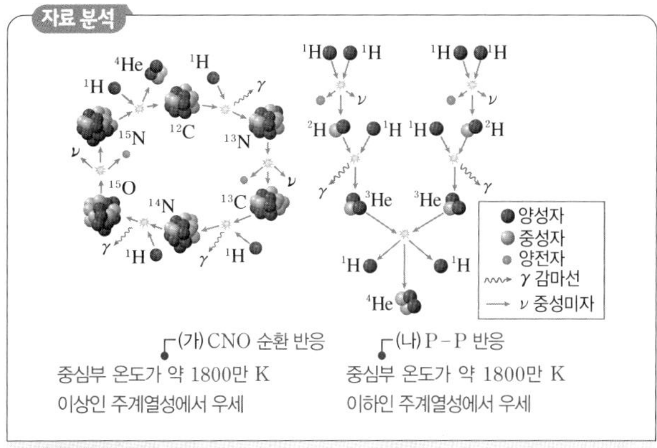

선택지 분석

ㄱ 별의 내부 온도는 A가 B보다 높다.
ㄴ (가)에서 ^{12}C는 촉매이다.
ㄷ (가)와 (나)에 의해 별의 질량은 감소한다.

(가)는 CNO 순환 반응, (나)는 P-P 반응이다.
ㄱ. 중심부 온도가 약 1800만 K 이하인 주계열성은 양성자·양성자 반응(P-P 반응)이 우세하고, 중심부 온도가 약 1800만 K 이상인 주계열성은 탄소·질소·산소 순환 반응(CNO 순환 반응)이 우세하게 일어난다. 별 A에서는 (가)가, 별 B에서는 (나)가 우세하게 일어나므로 별의 내부 온도는 A가 B보다 높다.
ㄴ. CNO 순환 반응은 4개의 수소 원자핵이 1개의 헬륨 원자핵으로 바뀌면서 에너지를 생성하는 과정에서 탄소, 질소, 산소가 촉매 역할을 한다. 따라서 (가)에서 ^{12}C는 촉매로 작용한다.
ㄷ. (가)와 (나) 모두 수소 핵융합 반응이다. 수소 핵융합 반응 과정에서 반응물의 질량은 생성물의 질량보다 크고, 이 과정에서 결손된 질량이 에너지로 전환된다. 따라서 (가)와 (나)에 의해 별의 질량은 감소한다.

7 주계열성의 에너지원

자료 분석

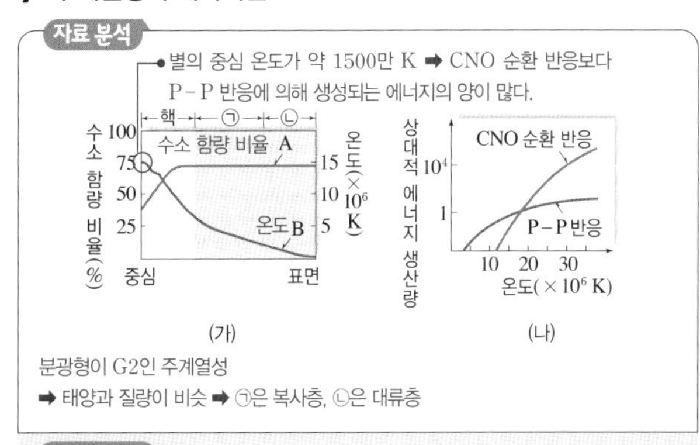

선택지 분석

~~ㄱ~~ A는 온도이다. 수소 함량 비율
ㄴ (가)의 핵에서는 CNO 순환 반응보다 P-P 반응에 의해 생성되는 에너지의 양이 많다.
ㄷ 대류층에 해당하는 것은 ㉡이다.

ㄴ. (가)에서 별의 중심 온도가 약 1500만 K 정도이므로 (가)의 핵에서는 CNO 순환 반응보다 P-P 반응에 의해 생성되는 에너지의 양이 많다.

ㄷ. (가)의 별은 분광형이 G2인 주계열성이므로 태양과 질량이 비슷하다. 태양 정도의 질량을 가진 주계열성은 태양과 동일한 내부 구조를 갖는다. 즉, 중심핵을 복사층과 대류층이 차례로 둘러싸고 있다. 따라서 ㉠은 복사층, ㉡은 대류층에 해당한다.

바로알기 ㄱ. 별의 온도는 중심에서 가장 높고, 표면으로 갈수록 점점 낮아진다. 따라서 B가 온도이고, A는 수소 함량 비율이다.

8 별의 진화 과정

선택지 분석
- ㉠ (가)의 에너지원은 중력 수축 에너지이다.
- ✕ (나)의 중심에서는 헬륨 핵융합 반응이 일어난다. 수소
- ✕ (다)의 내부에서는 핵융합 반응에 의해 철이 생성된다. 탄소가
- ㉣ (라)는 크기가 작지만, 밀도는 매우 크다.

ㄱ. (가) 원시별은 중력 수축에 의해 에너지가 발생하여 중심부의 온도가 상승하며, 온도가 약 1000만 K에 이르면 수소 핵융합 반응이 일어나 주계열성이 된다.

ㄹ. (라) 백색 왜성은 적색 거성의 중심부가 수축되어 만들어진 별로, 밀도가 매우 크다.

바로알기 ㄴ. (나) 주계열성에서는 수소 핵융합 반응이 일어난다.

ㄷ. (다) 태양 정도의 질량을 가지는 별의 진화 과정 중 적색 거성의 내부에서는 탄소가 생성된다. 철은 질량이 태양보다 매우 큰 별의 진화 과정 중에서 생성된다.

9 별의 내부 구조

자료 분석

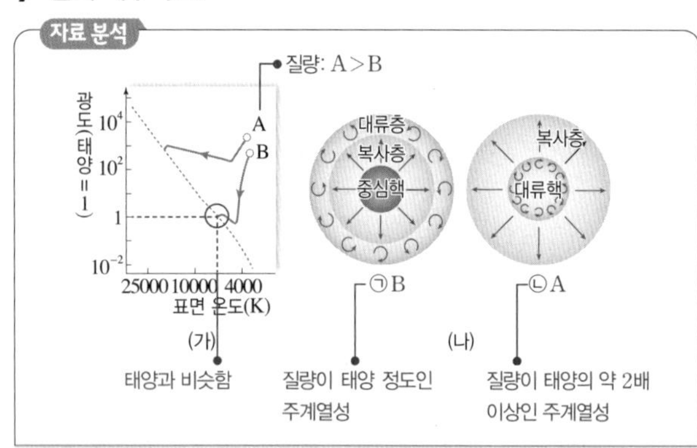

선택지 분석
- ✕ 주계열성이 되는 데 걸리는 시간은 A가 B보다 길다. 짧다
- ㉡ A가 주계열 단계에 있을 때의 내부 구조는 ㉡이다.
- ✕ 핵에서의 CNO 순환 반응은 ㉠이 ㉡보다 우세하다. ㉡이 ㉠보다

주계열성일 때 A는 B보다 광도가 크므로, A는 B보다 질량이 크다.

ㄴ. 질량이 큰 주계열성의 중심핵에서는 대류로 에너지를 전달하므로, A는 ㉡이다.

바로알기 ㄱ. 원시별의 질량이 클수록 중력 수축이 빨리 일어나 주계열성이 되는 데 걸리는 시간이 짧다. 따라서 질량이 더 큰 A가 B보다 주계열성이 되는 데 걸리는 시간이 짧다.

ㄷ. 핵에서의 CNO 순환 반응은 질량이 큰 주계열성에서 우세하다. ㉡이 ㉠보다 질량이 큰 별이므로 핵에서의 CNO 순환 반응은 ㉡이 ㉠보다 우세하다.

10 H-R도와 별의 내부 구조

자료 분석

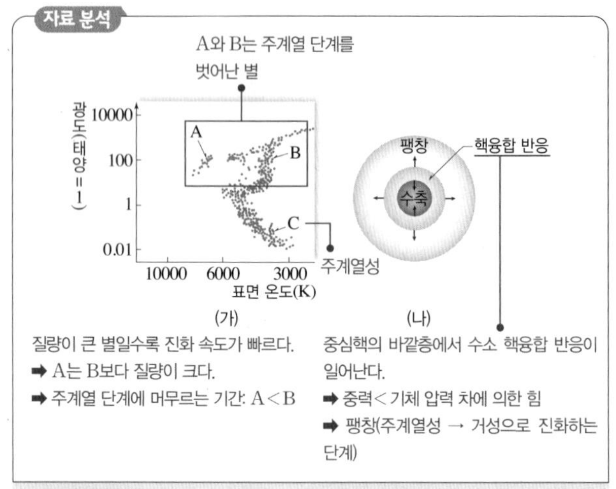

선택지 분석
- ㉠ 주계열 단계에 머무르는 기간은 A가 B보다 짧다.
- ✕ (나)의 내부는 정역학 평형 상태이다. 정역학 평형 상태가 아니다
- ✕ (나)는 C의 내부 구조이다. 내부 구조가 아니다

(가)에서 별 A, B, C는 동일한 성단 내에 있으므로 탄생 시기가 비슷하다. C는 주계열성이고, A와 B는 주계열 단계를 벗어난 별이다.

ㄱ. A는 B보다 질량이 큰 주계열성이 진화한 것이므로 주계열 단계에 머무르는 기간이 짧다.

바로알기 ㄴ. (나)는 중심핵의 바깥층에서 수소각 연소가 일어나 중력보다 기체 압력 차에 의한 힘이 더 커서 팽창하므로 정역학 평형 상태가 아니다.

ㄷ. C는 주계열성이고, (나)는 주계열성에서 적색 거성으로 진화하는 단계이므로 (나)는 C의 내부 구조가 아니다.

11 별의 마지막 단계에서의 내부 구조

선택지 분석
- ㉠ 질량
- ㉡ 중심부의 온도
- ㉢ 진화 속도

(가)의 중심에는 탄소(C)와 산소(O)가 분포하고, (나)의 중심에는 철(Fe)이 분포하므로 (나)가 (가)보다 무거운 원소를 생성하였다. 별의 질량이 클수록 중심부에서 무거운 원소를 생성하므로 (가)는 질량이 태양 정도인 별의 마지막 단계, (나)는 질량이 태양보다 매우 큰 별의 마지막 단계의 내부 구조이다.

ㄱ. 헬륨 핵융합 반응으로 탄소와 산소로 구성된 중심핵이 생성된 (가)보다 여러 핵융합 반응을 거쳐 철(Fe)로 이루어진 중심핵이 생성된 (나)의 질량이 더 크다.

ㄴ. 질량이 큰 별일수록 별의 중심부 온도가 높아서 무거운 원소의 핵융합 반응이 일어난다. 따라서 중심부의 온도는 더 무거운 원소를 생성한 (나)가 (가)보다 높다.

ㄷ. 별의 질량이 클수록 더 많은 에너지를 빠르게 소모하므로 진화 속도가 빠르다. 따라서 별의 진화 속도는 (나)가 (가)보다 빠르다.

12 별의 내부 구조와 핵융합 반응

선택지 분석

ㄱ 이 별은 질량이 태양보다 매우 크다.

~~ㄴ~~ 이 별은 초신성 폭발 후 행성상 성운을 만들 것이다. 중성자별이나 블랙홀

ㄷ 규소 핵융합 반응은 탄소 핵융합 반응보다 더 높은 온도에서 일어난다.

ㄱ. 태양과 질량이 비슷한 별의 내부에서는 헬륨 핵융합 반응으로 탄소, 산소까지 생성하고, 질량이 태양보다 매우 큰 별의 내부에서는 중심핵의 온도가 더 상승하여 탄소 핵융합 반응을 비롯하여 더 무거운 원소의 핵융합 반응이 일어나 철까지 생성된다. 이 별은 중심핵에서 철이 생성되었으므로 질량이 태양보다 매우 큰 별이다.

ㄷ. 규소는 탄소보다 원자 번호가 커서 무거운 원소이므로, 규소 핵융합 반응은 탄소 핵융합 반응에 비해 더 높은 온도에서 일어날 것이다.

바로알기 ㄴ. 별의 중심핵에서 철이 생성된 별은 질량이 태양보다 매우 큰 별이며, 이러한 별은 초신성 폭발 후 남은 중심핵의 질량에 따라 블랙홀이나 중성자별이 된다. 행성상 성운은 질량이 태양과 비슷한 별들의 진화 마지막 단계에서 나타난다.

수능 3점

본책 171 쪽~173 쪽

1 ②	2 ④	3 ③	4 ①	5 ②	6 ③
7 ③	8 ③	9 ④	10 ②	11 ②	12 ③

1 H-R도와 별의 진화

자료 분석

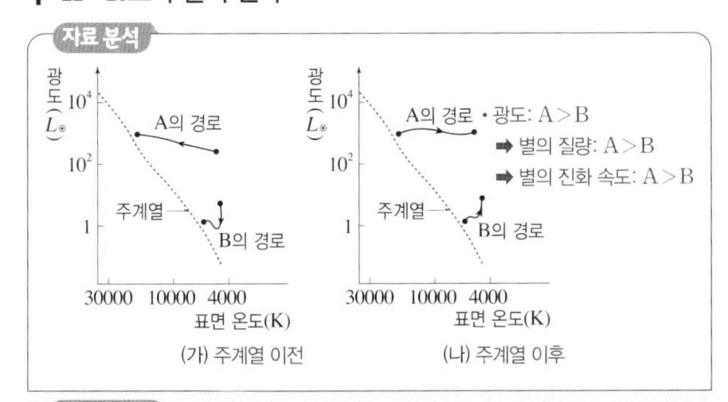

선택지 분석

~~ㄱ~~ 주계열에 머무르는 시간은 B보다 A가 길다. 짧다

~~ㄴ~~ (가)에서 A가 진화하는 동안의 주요 에너지원은 핵융합 반응이다. 중력 수축 에너지

ㄷ (나)에서 B가 진화하는 동안 중심부는 수축한다.

주계열일 때 A는 B보다 광도가 크므로, A는 B보다 질량이 큰 별이다. 별은 질량이 클수록 진화 속도가 빠르다.

ㄷ. (나)에서 B가 진화하는 동안 중심부에서는 수소 핵융합 반응이 일어나지 않아서 헬륨으로 된 중심부에서 중력 수축이 일어난다.

바로알기 ㄱ. 질량이 클수록 별의 진화 속도가 빠르므로, 주계열에 머무르는 시간은 질량이 작은 B보다 질량이 큰 A가 짧다.

ㄴ. (가) 주계열 이전의 주요 에너지원은 중력 수축 에너지이다.

2 별의 진화 경로

자료 분석

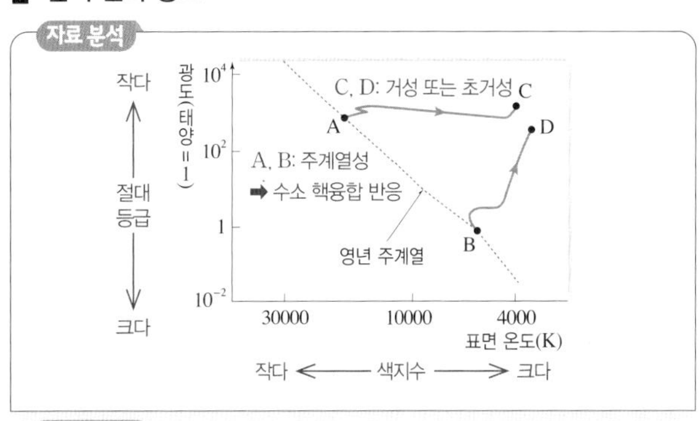

선택지 분석

~~①~~ 색지수는 A가 C보다 크다. 작다

~~②~~ 질량은 B가 A보다 크다. 작다

~~③~~ 절대 등급은 D가 B보다 크다. 작다

④ 주계열에 머무는 기간은 B가 A보다 길다.

~~⑤~~ B의 중심핵에서는 헬륨 핵융합 반응이 일어난다. 수소

④ 주계열성은 질량이 클수록 수명이 짧다. B가 A보다 질량이 작으므로 주계열에 머무는 기간이 길다.

바로알기 ① 표면 온도가 높을수록 색지수가 작다. A가 C보다 표면 온도가 높으므로 색지수가 작다.

⑤ 중심핵에서 헬륨 핵융합 반응이 일어나는 별은 거성이나 초거성인 C와 D이다.

3 시간에 따른 별의 내부 구성 원소의 비율 변화

선택지 분석

ㄱ (가)~(다)의 시기는 주계열성 단계이다.

~~ㄴ~~ (나)~(다) 시기에는 별의 표면 온도가 낮아지고, 반지름이 증가한다. 표면 온도와 반지름이 일정하다

ㄷ (다) 이후 중심핵에서는 내부의 압력보다 중력이 더 커진다.

ㄱ. (가)는 원시별에서 주계열성이 되었을 때이고, (다)는 (나)를 거치면서 중심핵에서 수소가 고갈되는 때이다. 따라서 중심핵에서 수소 핵융합 반응이 일어나는 (가)~(다)의 시기는 주계열성 단계이다.

ㄷ. (다) 시기 이후에 중심핵에서 수소가 완전히 고갈되면 헬륨으로 이루어진 중심핵에서는 핵융합 반응에 의한 에너지가 생성되지 않으므로 내부의 압력이 감소한다. 따라서 내부의 압력과 중력이 이루던 평형 상태는 깨지고, 내부 압력보다 중력이 우세하여 중심핵이 수축한다.

바로알기 ㄴ. (나)에서 (다)로 변해가는 기간은 중심핵에 수소가 아직 남아 있어서 수소 핵융합 반응이 진행되는 상태이므로, 주계열성 단계이다. 주계열성에서는 정역학 평형을 이루어 별의 크기가 일정하고, 표면 온도가 일정하다. 별의 표면 온도가 낮아지고, 반지름이 증가하는 것은 (다) 시기 이후에 적색 거성으로 변해가는 때이다.

4 원시별과 주계열성

자료 분석

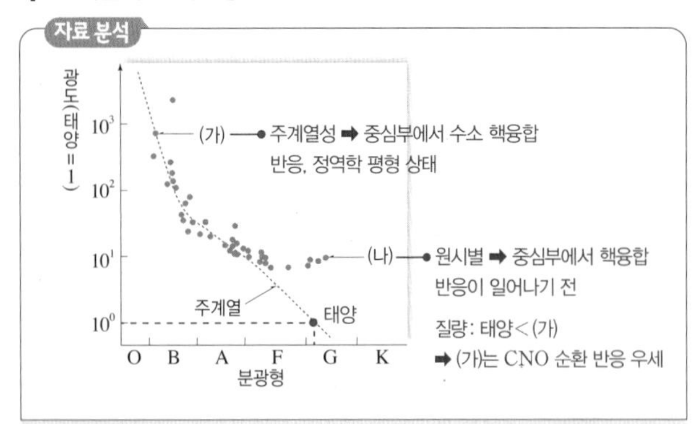

선택지 분석

ㄱ. (가)의 중심에서는 CNO 순환 반응이 나타난다.

✕ㄴ. (나)는 정역학적 평형 상태에 있다. (가)

✕ㄷ. 중심부의 온도는 (가)보다 (나)가 높다. 낮다

ㄱ. 별의 질량이 태양과 비슷한 경우는 P−P 반응(양성자·양성자 반응)이 우세하며, 별의 질량이 태양의 약 2배 이상인 경우는 CNO 순환 반응(탄소·질소·산소 순환 반응)이 우세하다. 따라서 태양의 분광형은 G형이고 광도는 1이므로, (가)는 태양보다 질량이 매우 크기 때문에 CNO 순환 반응이 우세하다.

바로알기 ㄴ. (나)는 주계열 이전 단계의 원시별로, 중력 수축이 일어나며 정역학 평형 상태가 아니다.

ㄷ. (가)는 중심부에서 수소 핵융합 반응이 일어나는 주계열성이고, (나)는 중심부에서 수소 핵융합 반응이 일어나기 전의 원시별이다. 따라서 중심부의 온도는 (가)가 (나)보다 높다.

5 H−R도와 별의 종류

선택지 분석

✕① A의 중심핵은 철(Fe)로 이루어져 있다. 탄소, 산소

② B의 중심핵에서는 P−P 반응이 일어나고 있다.

✕③ 색지수는 C가 가장 작다. 크다

✕④ 밀도는 B보다 A가 작다. 크다

✕⑤ 겉보기 등급은 C보다 B가 작다. 비교할 수 없다

별 A는 백색 왜성, B는 주계열성, C는 적색 거성이다.

② B는 태양(약 5800 K, 4.8등급)과 표면 온도, 절대 등급이 비슷하므로 질량이 태양 정도인 주계열성이다. 따라서 이 주계열성의 중심핵에서는 수소 핵융합 반응이 주로 P−P 반응으로 일어날 것이다.

바로알기 ① A는 백색 왜성으로, 중심핵은 탄소(C)와 산소(O)로 이루어져 있다. 중심핵이 철(Fe)로 이루어진 별은 백색 왜성으로 진화하지 않고, 최종 단계에서 중성자별이나 블랙홀이 된다.

③ 색지수는 표면 온도가 낮을수록 크다. C는 A, B, C 중 표면 온도가 가장 낮으므로 색지수가 가장 크다.

④ H−R도에서 밀도는 왼쪽 아래로 갈수록 크고, 오른쪽 위로 갈수록 작다. 따라서 밀도는 백색 왜성 A가 가장 크고, 적색 거성 C가 가장 작다.

⑤ 절대 등급은 제시되어 있지만 별까지 거리를 알 수 없으므로 겉보기 등급을 비교할 수 없다.

6 별의 진화 단계별 내부 구조

자료 분석

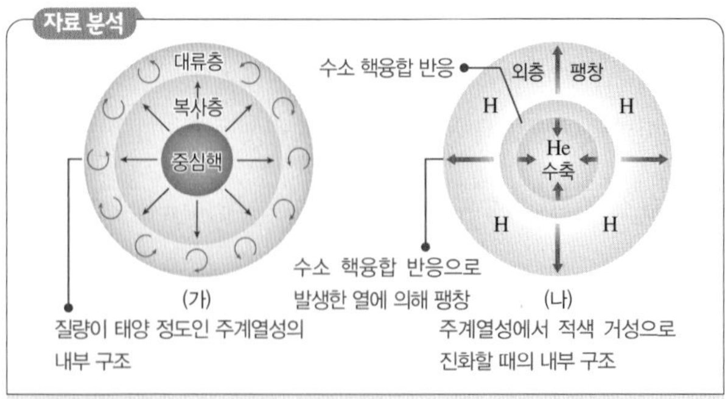

선택지 분석

ㄱ. (가) → (나)의 순서로 진화한다.

✕ㄴ. (가)는 (나)보다 표면 온도가 낮고(높고), 광도가 크다(작다).

ㄷ. (가)와 (나)는 모두 별의 내부에서 수소 핵융합 반응이 일어난다.

(가)는 중심에서 수소 핵융합 반응이 일어나며, 복사 형태로 에너지를 전달하고 있으므로 질량이 태양과 비슷한 주계열성이다. (나)는 수소각 연소로 인해 별이 팽창하고 있으므로, 주계열성에서 적색 거성으로 진화하고 있는 별의 내부 구조이다.

ㄱ. 헬륨 핵 수축은 중심부에서 수소 핵융합 반응이 끝난 후 일어나므로, (가)에서 (나)로 진화한다.

ㄷ. (가) 주계열성의 중심부에서는 수소 핵융합 반응이 일어난다. (나)의 중심부에서는 수소 핵융합 반응이 일어나지 않지만, 수소각에서는 수소 핵융합 반응이 일어난다.

바로알기 ㄴ. 주계열성에서 적색 거성으로 진화하면 H−R도에서 오른쪽 위로 이동한다. 이 과정에서 별의 크기는 증가하고, 표면 온도는 낮아지며, 광도는 커진다. 따라서 (나)는 (가)보다 크기가 크고, 표면 온도가 낮으며, 광도가 크다.

7 주계열성의 내부 구조

자료 분석

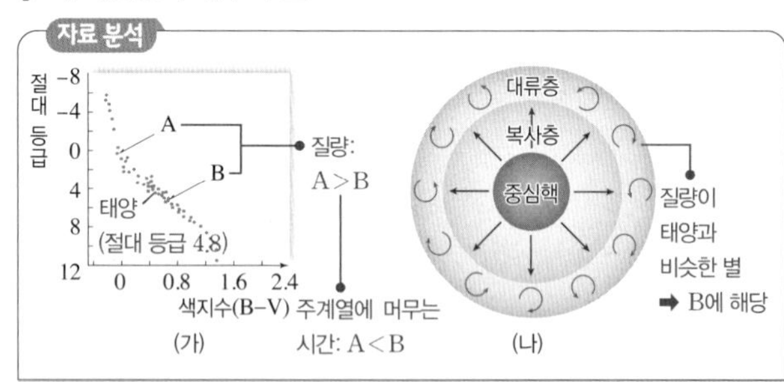

선택지 분석

ㄱ. 주계열에 머무는 시간은 B가 A보다 길다.

✕ㄴ. (나)는 A의 내부 구조를 나타낸 것이다. B

ㄷ. B의 중심핵에서는 양성자·양성자 반응(P−P 반응)이 우세하게 일어난다.

ㄱ. H−R도에서 A는 B보다 왼쪽 위에 있으므로 질량이 크다. 질량이 큰 주계열성일수록 중심핵에서 에너지의 생성이 활발하다. 따라서 주계열에 머무는 시간은 B가 A보다 길다.

ㄷ. B는 질량이 태양 정도인 주계열성이므로 중심핵에서 양성자·양성자 반응(P−P 반응)이 우세하게 일어난다.

바로알기 ㄴ. (나)는 질량이 태양과 비슷한 주계열성의 내부 구조이므로, B의 내부 구조를 나타낸 것이다.

8 별의 진화와 내부 구조

자료 분석

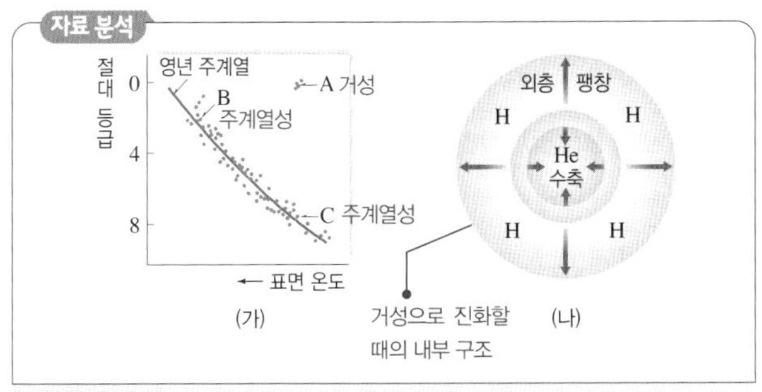

선택지 분석

ㄱ 별 A는 C보다 광도와 반지름이 모두 크다.

ㄴ 별 B는 C보다 수명이 짧다.

~~ㄷ~~ (나)와 같은 변화가 일어나고 있는 별은 C이다. B → A

ㄱ. 별 A는 C보다 절대 등급이 작으므로, 광도가 크다. A는 C와 표면 온도가 같은데도 광도가 크므로, A는 C보다 반지름이 크다.
ㄴ. 주계열성은 질량이 클수록 광도가 크다. 따라서 별 B는 C보다 질량이 큰 주계열성이므로 수명이 짧다.
바로알기 ㄷ. (나)와 같은 내부 변화는 주계열성에서 거성으로 진화할 때 나타나므로, 별 B에서 A로 변해갈 때의 모습이다.

9 별의 최종 진화 단계

선택지 분석

~~ㄱ~~ 주계열성 단계에 머무는 시간은 (가)가 (나)보다 짧다. 길다

ㄴ (다)의 중심부에서는 CNO 순환 반응이 일어난다.

ㄷ A는 백색 왜성이다.

ㄴ. 주계열성의 중심부에서는 수소 핵융합 반응이 일어나는데, 질량이 태양과 비슷한 별에서는 P-P 반응이 우세하고, 질량이 태양보다 약 2배 이상인 별에서는 CNO 순환 반응이 우세하다. 따라서 질량이 태양 질량의 25배 이상인 (다)의 중심부에서는 CNO 순환 반응이 활발하게 일어난다.
ㄷ. 질량이 태양 질량 정도인 별의 최종 진화 단계(A)는 백색 왜성이다.
바로알기 ㄱ. 질량이 큰 별일수록 수소 핵융합 반응이 빨리 일어나므로 수명이 짧다. 따라서 주계열성 단계에 머무는 시간은 질량이 작은 (가)가 (나)보다 길다.

10 행성상 성운과 백색 왜성

선택지 분석

~~ㄱ~~ 성운은 초신성 폭발의 잔해이다. 행성상 성운

ㄴ 별 S의 밀도는 태양보다 클 것이다.

~~ㄷ~~ 별 S 내부에서는 현재 탄소 핵융합 반응이 활발하다. 핵융합 반응이 일어나지 않는다

성운과 그 중심부에 별이 함께 존재하는 경우, 그 성운은 행성상 성운이거나 초신성 폭발의 잔해일 가능성이 높다.
ㄴ. 표에서 별 S의 질량이 태양의 0.6배이고, 중심핵의 주요 구성 성분이 탄소와 산소인 것으로 보아 별 S는 백색 왜성이거나 백색 왜성이 되어 가는 별이다. 백색 왜성은 질량이 태양과 유사하지만, 크기가 매우 작아 밀도가 크다.

바로알기 ㄱ. 고리 성운이 초신성 폭발의 잔해일 경우, 성운 중심부의 별은 중성자별이거나 블랙홀이어야 한다. 별 S의 중심핵 물질은 탄소와 산소이므로, 이 성운은 초신성 폭발의 잔해가 아니다.
ㄷ. 중심별과 그 주변을 성운이 감싸고 있는 모습은 별 진화 단계의 마지막에 해당한다. 행성상 성운 중심부의 백색 왜성은 더 이상 핵융합 반응이 일어나지 않고 서서히 식어간다.

11 별의 진화 과정과 내부 구조

자료 분석

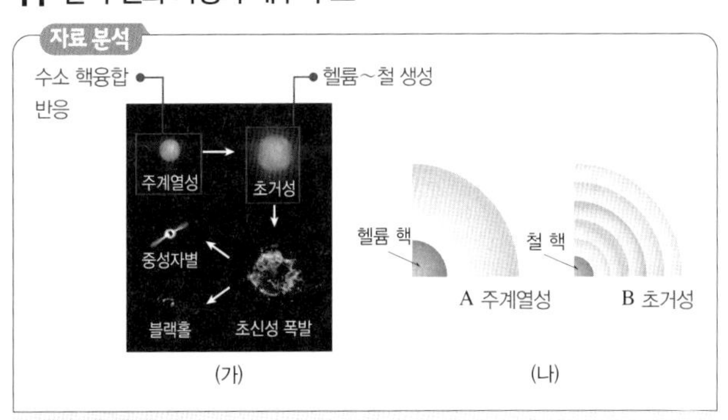

선택지 분석

~~ㄱ~~ B는 주계열성이다. 초거성

~~ㄴ~~ 중심부의 온도는 A가 B보다 높다. 낮다

ㄷ 초신성이 폭발할 때, 철보다 무거운 원소가 만들어진다.

ㄷ. 초신성이 폭발할 때, 막대한 양의 중성자가 원자핵과 충돌하여 철보다 무거운 원소들이 만들어진다.
바로알기 ㄱ. 주계열성에서는 수소 핵융합 반응을 통해 헬륨을 생성하며, 초거성에서 핵융합 반응으로 생성되는 가장 무거운 원소는 철이다. 따라서 A는 주계열성, B는 초거성이다.
ㄴ. 별의 중심부 온도가 높을수록 더 무거운 원소를 생성하는 핵융합 반응이 일어나므로, 중심부의 온도는 A가 B보다 낮다.

12 별의 진화 경로와 내부 구조

선택지 분석

ㄱ 질량이 큰 별일수록 진화 속도가 빠르다.

ㄴ 태양보다 질량이 큰 별은 광도보다는 표면 온도가 크게 변하는 진화를 한다.

~~ㄷ~~ $0.5\,M_{\odot}$의 별은 진화 과정에서 (나)와 같은 내부 구조가 나타난다. 나타나지 못한다

ㄱ. (가)에서 질량이 큰 별일수록 빠른 진화 구간의 비중이 크므로, 진화 속도가 빨라 주계열성 단계에 머무는 시간이 짧다.
ㄴ. (가)에서 태양보다 질량이 큰 별은 거성 또는 초거성으로 진화하는 과정에서 반지름이 커지지만 표면 온도가 많이 낮아져서 광도 변화가 작다.
바로알기 ㄷ. 태양보다 질량이 작은 별은 중심부의 온도가 철을 생성하는 핵융합 반응이 일어날 만큼 높아지지 않는다. 따라서 (나)와 같은 내부 구조가 나타나지 않는다.

15 외계 행성계와 외계 생명체 탐사

개념 확인 본책 175쪽, 177쪽

(1) 청색 (2) 클, 크 (3) 없다 (4) 감소, 식 현상 (5) 뒤쪽, 앞쪽, 미세 중력 렌즈 (6) 밝기 (7) 작다 (8) 생명 가능 (9) 멀어지고, 넓어진다 (10) 멀어지고, 넓어진다 (11) 지구 (12) 물, 대기 (13) 자기장 (14) 짧 (15) 전파 망원경

수능 자료 본책 178쪽

자료❶ 1 ○ 2 ○ 3 × 4 × 5 ○
자료❷ 1 ○ 2 × 3 × 4 ○ 5 ×
자료❸ 1 × 2 ○ 3 ○ 4 × 5 ×
자료❹ 1 ○ 2 × 3 ○ 4 ○ 5 ○ 6 ×

자료❶ 외계 행성 탐사 방법 - 식 현상, 시선 속도 변화

1 행성의 반지름이 클수록 행성에 의해 가려지는 중심별의 면적이 크므로 밝기 변화가 크다.

2 행성이 A를 지날 때 중심별은 지구로부터 멀어지므로 적색 편이가 관측된다.

3 중심별의 겉보기 밝기가 최소인 시기는 행성에 의해 중심별이 가려질 때이다. 이때 중심별은 시선 방향에 거의 직각으로 운동하므로 스펙트럼에서 나타나는 흡수선의 파장 변화가 거의 없다.

4 중심별과 행성은 공통 질량 중심을 중심으로 서로 반대쪽에서 같은 방향으로 공전한다. 따라서 중심별의 공전 속도 방향은 행성이 A를 지날 때에는 시선 방향과 나란하며, 행성이 A′를 지날 때에는 시선 방향과 60°를 이룬다.

5 행성이 A를 지날 때 중심별은 시선 방향과 나란하게 운동하며, A′를 지날 때 중심별은 시선 방향과 60°의 각도를 이루며 운동한다. 중심별의 공전 속도를 v라고 할 때, 행성이 A를 지날 때 중심별의 시선 속도는 공전 속도 v와 같고, 행성이 A′를 지날 때 중심별의 시선 속도는 $v \times \cos 60° = \frac{1}{2}v$이다. 따라서 중심별의 시선 속도는 행성이 A를 지날 때가 A′를 지날 때의 2배이다.

자료❷ 외계 행성 탐사 방법-시선 속도 변화, 식 현상

1 (가)에서 T_1일 때는 중심별이 가장 빠르게 지구에 접근할 때이므로 청색 편이가 관측된다.

2 (가)에서 T_2는 중심별이 지구에 접근하다가 후퇴하기 시작하는 시점이고, T_4는 중심별이 지구로부터 후퇴하다가 접근하기 시작하는 시점이다. 따라서 지구로부터 중심별까지의 거리는 T_2일 때가 T_4일 때보다 가깝다.

3 (나)에서 t_2는 중심별의 겉보기 밝기가 어두워졌다가 다시 밝아진 시기이므로 식 현상이 일어난 이후 시기에 해당한다. 따라서 t_2일 때 외계 행성은 지구로부터 멀어지고 있다.

4 (나)에서 (t_5-t_1)은 행성에 의해 식 현상이 일어났다가 다시 식 현상이 일어난 시간이므로 행성의 공전 주기에 해당한다.

5 중심별의 시선 속도 변화를 이용한 외계 행성 탐사와 중심별의 겉보기 밝기 변화를 이용한 외계 행성 탐사는 행성의 공전 궤도면이 관측자의 시선 방향과 수직일 때는 이용할 수 없다.

자료❸ 외계 행성 탐사 방법 – 미세 중력 렌즈 현상

1 외계 행성계가 먼 천체 앞을 여러 번 지나가지 않는다.

2 미세 중력 렌즈 현상은 거리가 다른 두 개의 별이 같은 방향에 있을 경우, 뒤쪽 별의 별빛이 앞쪽 별의 중력에 의해 미세하게 굴절되어 뒤쪽 별의 밝기가 변하는 현상이다.

4 (나)의 ㉠ 시기에 나타나는 밝기 변화는 A 주위를 도는 행성의 중력에 의해 B의 추가적인 밝기 증가가 나타난 것이다.

5 행성의 공전 궤도면이 관측자의 시선 방향과 수직일 때에도 행성에 의한 미세 중력 렌즈 현상이 나타난다.

자료❹ 생명 가능 지대

1 태양에서 생명 가능 지대까지의 거리는 약 1 AU이고, S에서 생명 가능 지대까지의 거리는 약 1 AU보다 가깝다. 주계열성인 중심별의 질량이 클수록 생명 가능 지대는 중심별로부터 멀어지므로 S의 질량은 태양보다 작다.

2 주계열성은 질량이 클수록 광도가 크므로, S의 광도는 태양보다 작다.

4 주계열성인 중심별의 질량이 클수록 생명 가능 지대의 폭은 넓어진다.

5 질량이 큰 별일수록 중심부의 온도가 높아 수소 핵융합 반응이 빠르게 일어나 수소를 빨리 소모하기 때문에 수명이 짧다. 따라서 별의 수명은 S가 태양보다 길다.

6 중심별의 질량이 작으면 연료 소모율이 작아서 중심별의 수명이 길기 때문에 행성은 오랜 시간 동안 생명 가능 지대에 머물 수 있다. S는 태양보다 질량이 작아 수명이 태양보다 길다. 따라서 a는 지구보다 생명 가능 지대에 머물 수 있는 기간이 길다.

수능 1점 본책 179쪽

1 (1) 외계 행성 (2) 도플러 효과 (3) 청색 편이 (4) 식 현상 (5) 미세 중력 렌즈 현상 2 ① 3 ㉠ 4 4배 5 (1) 미세 중력 렌즈 현상 (2) B 6 ⑤ 7 ㄴ, ㄷ 8 ㄴ, ㄹ, ㅁ 9 ㄱ, ㄷ

1 (2) 소리나 빛과 같은 파동이 관측자로부터 멀어지면 파장이 길어지고, 가까워지면 파장이 짧아지는 현상을 도플러 효과라고 한다.

(5) 관측자의 시선 방향에 두 별이 앞뒤로 놓일 때, 앞쪽 별의 중력에 의해 뒤쪽 별의 별빛이 미세하게 휘어지면서 뒤쪽 별의 밝기가 변하는데, 이를 미세 중력 렌즈 현상이라고 한다.

2 ② 태양으로부터의 거리가 매우 가까운 경우 천체 망원경을 이용하여 직접 행성을 촬영할 수 있다.
③ 행성에 의한 중심별의 시선 속도 변화로 나타나는 별빛의 파장 변화로부터 행성의 존재 여부를 확인할 수 있다.
④ 행성에 의해 중심별의 밝기가 감소하는 현상을 관측하여 행성의 존재 여부를 확인할 수 있다.

⑤ 중심별과 행성의 중력에 의한 멀리 있는 배경별의 밝기 변화를 측정하면 행성의 존재 여부를 확인할 수 있다.

바로알기 ① 별의 표면 온도와 광도를 측정하면 별의 반지름을 알아낼 수는 있지만, 행성의 존재 여부를 확인할 수는 없다.

3 (나)를 보면 A에서 청색 편이가 가장 크게 나타나고 이후 파장이 길어지다가 다시 짧아지므로 중심별이 처음에 지구와 가까워졌다가 멀어진 후 다시 가까워져야 한다. 따라서 (가)에서 행성은 ㉠ 방향으로 공전해야 한다.

4 행성의 반지름이 2배가 되면 식 현상이 일어날 때 행성이 중심별을 가리는 면적은 4배가 되므로 a는 4배로 커진다.

5 (1) 미세 중력 렌즈 현상이란 두 천체가 같은 시선 방향에 있을 때 뒤쪽에 있는 천체에서 오는 빛이 앞쪽에 있는 별의 중력에 의해 미세하게 굴절되는 현상을 말한다. 앞쪽 별이 행성을 가지고 있다면 행성의 중력에 의해 추가적인 밝기 증가가 나타나 먼 천체의 밝기 변화가 불규칙해지며 이를 이용하면 외계 행성의 존재를 확인할 수 있다.
(2) 미세 중력 렌즈 현상을 이용한 외계 행성 탐사 방법은 거리가 다른 두 별에서 행성이 있는 앞쪽의 별(A)이 이동할 때 뒤쪽에 있는 별(B)의 밝기가 미세하게 변하는 것을 이용한다.

6 생명 가능 지대에서 가장 중요한 요인은 액체 상태의 물이 존재할 수 있는지 여부이다. 액체 상태의 물은 다양한 물질을 녹일 수 있을 뿐만 아니라 비열이 커서 급격한 온도 변화를 막아 주므로 생명체가 탄생하고 진화하는 데 필요한 환경을 제공해 준다.

7 ㄴ, ㄷ. 주계열성의 질량이 클수록 광도가 커서 행성에 입사되는 에너지양이 증가하므로 생명 가능 지대까지의 거리가 별에서 멀어지고, 생명 가능 지대의 폭도 넓어진다.

바로알기 ㄱ. 생명 가능 지대는 별로부터 적당한 거리만큼 떨어져 있어서 액체 상태의 물이 존재할 수 있는 영역이다.

8 ㄴ. 행성에 생명체가 존재하기 위해서는 행성이 생명 가능 지대에 속해 액체 상태의 물이 존재해야 한다.
ㄹ. 행성에 생명체가 존재하기 위해서는 온실 효과를 일으켜 행성의 온도를 알맞게 유지하고, 우주에서 오는 생명체에 해로운 자외선을 차단하는 적절한 두께의 대기가 있어야 한다.
ㅁ. 행성에 생명체가 존재하기 위해서는 우주에서 오는 유해한 우주선으로부터 생명체를 보호하는 자기장이 형성되어 있어야 한다.

바로알기 ㄱ. 행성에 생명체가 존재하기 위해서는 행성이 중심별에서 적당한 거리에 있어야 한다.
ㄷ. 행성이 형성된 후 생명체가 탄생하고 진화하기까지 충분한 시간이 필요하므로 중심별의 진화 속도가 느리고, 수명이 충분히 길어야 한다.

9 ㄱ. 세티(SETI) 프로젝트는 전파를 발사할 수 있을 정도로 문명을 가진 외계의 지적 생명체를 찾는 프로젝트이다.
ㄷ. 세티(SETI) 프로젝트에서는 외계에서 오는 전파 중에서 인공적으로 만들어진 것을 찾는다.

바로알기 ㄴ. 세티(SETI) 프로젝트는 외계에서 날아오는 전파 신호를 찾는 프로젝트이므로 전파 망원경을 이용하며, 전파는 지구 대기를 잘 통과하므로 주로 지상에서 관측한다.

수능 2점

본책 180쪽~182쪽

1 ②	2 ①	3 ②	4 ③	5 ④	6 ⑤
7 ①	8 ①	9 ⑤	10 ①	11 ①	12 ③

1 중심별의 시선 속도 변화를 이용한 외계 행성 탐사

선택지 분석
- ✕ 공통 질량 중심에 대한 행성의 공전 방향은 ㉠이다. ㉡
- ⓛ 행성의 질량이 클수록 (나)에서 a가 커진다.
- ✕ 행성이 A에 위치할 때 (나)에서는 $T_3 \sim T_4$에 해당한다. $T_4 \sim T_5$

ㄴ. 행성의 질량이 클수록 중심별이 공통 질량 중심에 대해 회전하는 속도가 커지므로 시선 속도의 변화량이 커져 (나)에서 a가 커진다.

바로알기 ㄱ. 행성과 중심별은 서로의 만유인력에 의해 공통 질량 중심을 중심으로 공전한다. 따라서 두 천체의 공전 방향은 같으므로 행성의 공전 방향은 ㉡이다.
ㄷ. 행성이 A에 위치할 때 중심별은 후퇴 시선 속도가 최대인 지점을 지나 점차 감소하고 있으므로 (나)에서 $T_4 \sim T_5$에 해당한다.

2 식 현상을 이용한 외계 행성 탐사

자료 분석

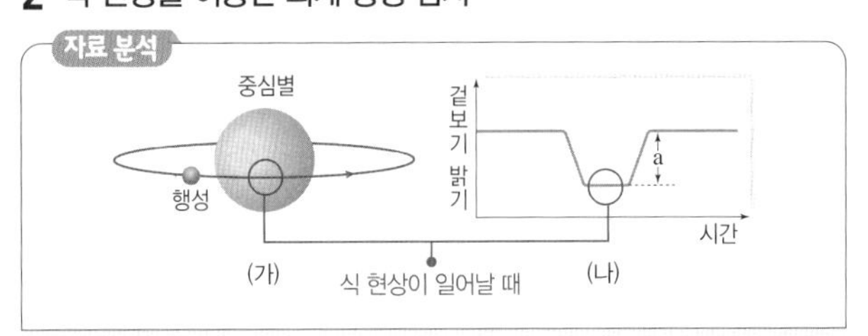

선택지 분석
- ㉠ (나)는 관측자의 시선 방향이 행성의 공전 궤도면과 나란할 때 관측할 수 있는 현상이다. 식 현상
- ✕ 행성이 중심별의 앞을 지날 때 겉보기 밝기가 최대이다. 최소
- ✕ 행성의 반지름이 커지면 a는 작아진다. 커진다

ㄱ. (나)의 겉보기 밝기 변화는 중심별 주위를 도는 행성에 의해 생기는 식 현상 때문에 나타난다. 관측자의 시선 방향이 행성의 공전 궤도면과 나란할 경우에 식 현상이 일어나므로, (나)와 같은 밝기 변화가 나타난다.

바로알기 ㄴ. 행성은 중심별에 비해 어두우므로 행성이 중심별의 앞을 가리면서 식 현상이 일어날 때는 중심별의 겉보기 밝기가 최소가 된다.
ㄷ. 행성의 반지름이 커지면 중심별을 가리는 면적이 커지므로, 중심별 밝기의 변화 폭인 a가 커진다.

3 식 현상과 시선 속도 변화를 이용한 외계 행성 탐사

선택지 분석
- ✕ (가)에서 외계 행성의 반지름이 작을수록 외계 행성 탐사에 유리하다. 클수록
- ⓛ (나)에서 외계 행성의 질량이 클수록 외계 행성 탐사에 유리하다.
- ✕ 외계 행성의 공전 궤도면이 시선 방향에 나란할 때는 (가) 방법만 이용할 수 있다. 두 방법 모두

(가)는 식 현상을, (나)는 시선 속도 변화를 이용하여 외계 행성을 탐사하는 방법이다.

ㄴ. (나)에서 외계 행성의 질량이 클수록 중심별의 시선 속도 변화가 커지기 때문에 도플러 효과에 의한 별빛의 파장 변화가 커서 외계 행성 탐사에 유리하다.

바로알기 ㄱ. (가)에서 외계 행성의 반지름이 작으면 별이 가려지는 면적이 줄어들기 때문에 별의 밝기 변화가 작아져 외계 행성의 존재를 확인하기 어려워진다.

ㄷ. 외계 행성의 공전 궤도면이 시선 방향에 나란하면, 식 현상과 도플러 효과가 모두 일어날 수 있으므로 (가)와 (나) 방법을 모두 이용할 수 있다.

4 시선 속도 변화와 식 현상을 이용한 외계 행성 탐사

선택지 분석

ⓞ ㉠ (가)와 같이 별과 행성이 위치하면 청색 편이가 나타난다.
ⓞ ㉡ (가)와 (나) 모두 행성의 공전 주기를 구할 수 있다.
✕ ㉢ (가)와 (나) 모두 행성의 공전 궤도면이 시선 방향과 수직일 때 이용할 수 있다. 없다

(가)는 시선 속도 변화를, (나)는 식 현상을 이용하여 외계 행성을 탐사하는 방법이다.

ㄱ. (가)에서 중심별이 시선 방향에서 관측자에게 다가오고 있으므로, 별빛의 파장이 짧아져 스펙트럼에서 흡수선이 파장이 짧은 쪽으로 치우치는 청색 편이가 나타난다. 반면에, 중심별이 시선 방향에서 관측자로부터 멀어지면 별빛의 파장이 길어져 스펙트럼에서 흡수선이 파장이 긴 쪽으로 치우치는 적색 편이가 나타난다.

ㄴ. (가)에서는 별빛의 파장이 변하는 주기로, (나)에서는 식 현상이 일어나는 주기(별빛의 밝기가 변하는 주기)로 외계 행성의 공전 주기를 구할 수 있다.

바로알기 ㄷ. 외계 행성의 공전 궤도면이 시선 방향과 수직일 때는 시선 속도 변화가 나타나지 않고, 식 현상이 일어나지 않는다.

5 미세 중력 렌즈 현상을 이용한 외계 행성 탐사

자료 분석

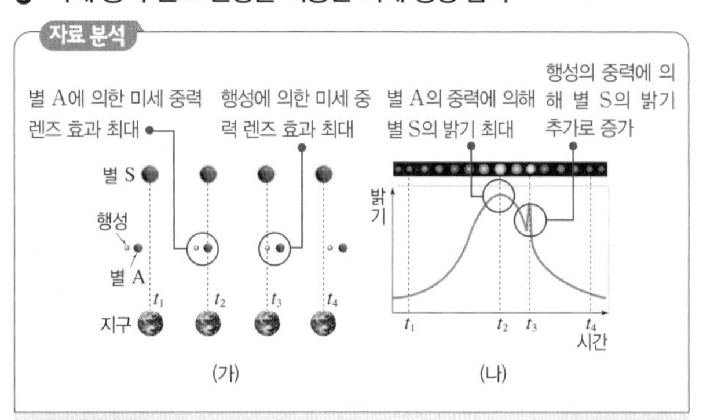

선택지 분석

✕ ㉠ 별 A의 빛에 대해 별 S의 미세 중력 렌즈 현상이 나타난 것이다. 별 S의 빛에 대해 별 A의

ⓞ ㉡ (나)에서 t_3일 때 나타나는 추가적인 밝기 변화는 행성의 중력에 의한 것이다.

ⓞ ㉢ 별 A에 속한 행성의 질량이 더 크면 t_3일 때 별 S의 밝기가 더 밝아질 것이다.

ㄴ. (가)에서 별 S, 행성, 지구가 일직선으로 배열되는 t_3일 때 (나)에서 별 S의 밝기가 크게 변한다. 따라서 t_3일 때 나타나는 별 S의 추가적인 밝기 변화는 행성의 중력에 의한 것으로 유추할 수 있다.

ㄷ. 미세 중력 렌즈 현상은 천체의 중력에 의해 나타나고, 중력은 '질량×중력 가속도'이다. 따라서 행성의 질량이 더 크면 중력이 커져 t_3일 때 별 S의 밝기가 더 밝아질 것이다.

바로알기 ㄱ. 미세 중력 렌즈 현상을 이용한 외계 행성 탐사는 거리가 다른 두 개의 별이 같은 방향에 있을 경우 뒤쪽 별(별 S)의 빛이 앞쪽 별(별 A)의 중력에 의해 미세하게 굴절되어 휘어지는 현상을 이용한 것이다.

6 여러 외계 행성 탐사 방법

선택지 분석

ⓞ ㉠ (가)는 행성의 반지름이 클수록 행성을 탐사하기에 유리하다.
ⓞ ㉡ (나)는 가시광선보다 적외선 영역의 관측이 효과적이다.
ⓞ ㉢ (다)에서는 뒤쪽 별의 밝기 변화를 관측한다.

ㄱ. (가)와 같이 별 주위를 공전하는 행성이 중심별 앞쪽을 지날 때 별의 일부가 가려진다. 이때 행성의 반지름이 클수록 별의 밝기 변화가 크므로 외계 행성의 존재를 확인하기 쉽다.

ㄴ. 별에 비해 표면 온도가 낮은 행성은 주로 적외선을 방출한다. 따라서 (나)에서 망원경과 같은 관측 도구를 이용하여 외계 행성을 직접 관측하는 경우에는 가시광선보다 적외선 영역의 전자기파를 이용하는 것이 효과적이다.

ㄷ. (다)에서 미세 중력 렌즈 현상을 이용하는 방법은 행성을 거느린 별의 중력에 의해 뒤쪽 별의 밝기가 추가적으로 변하는 것을 통해 행성의 존재를 확인할 수 있으므로 뒤쪽 별의 밝기 변화를 관측한다.

7 외계 행성계의 탐사 결과

자료 분석

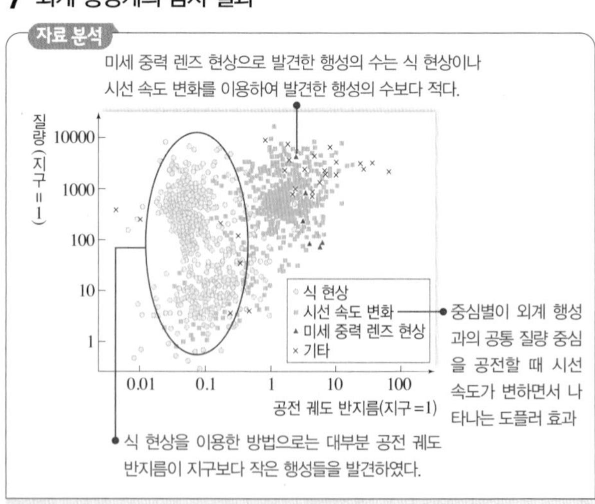

선택지 분석

ⓞ ㉠ 시선 속도 변화 방법은 도플러 효과를 이용한다.
✕ ㉡ 중력에 의한 빛의 굴절 현상을 이용하여 발견한 행성의 수가 가장 많다. 적다
✕ ㉢ 행성의 공전 궤도 반지름의 평균값은 식 현상을 이용한 방법이 시선 속도를 이용한 방법보다 크다. 작다

ㄱ. 중심별의 시선 속도 변화를 이용한 외계 행성 탐사 방법은 중심별이 외계 행성과의 공통 질량 중심을 공전할 때 시선 속도가 변하면서 나타나는 도플러 효과를 이용한다.

바로알기 ㄴ. 중력에 의한 빛의 굴절 현상을 이용한 탐사 방법은 미세 중력 렌즈 현상을 이용한 것으로, 미세 중력 렌즈 현상으로 발견한 행성의 수는 식 현상이나 시선 속도 변화를 이용하여 발견한 행성의 수보다 적다.

ㄷ. 식 현상을 이용한 방법으로는 대부분 공전 궤도 반지름이 지구보다 작은 행성들을 발견하였고, 시선 속도 변화를 이용한 방법으로는 공전 궤도 반지름이 지구보다 큰 행성들도 많이 발견하였다.

8 발견된 외계 행성의 특징

선택지 분석

㉠ 외계 행성은 대부분 태양과 비슷한 질량을 가진 별에서 발견되었다.

✗ 중심별의 질량이 클수록 외계 행성의 존재를 확인하기가 쉽다. 어렵다

✗ 발견된 외계 행성은 대부분 지구보다 질량이 작다. 크다

ㄱ. 외계 행성이 많이 발견되는 중심별의 질량은 대부분 태양 질량의 0.8배~1.4배이므로 태양과 질량이 비슷하다.

바로알기 ㄴ. 그림에서 중심별의 질량이 태양보다 매우 큰 경우, 주변에서 발견된 행성의 수가 감소한다. 중심별의 질량이 너무 크면 주변에 행성이 존재하더라도 행성의 존재를 확인하기 어렵다.

ㄷ. 외계 행성의 밀도가 거의 일정하므로 반지름이 큰 외계 행성일수록 질량이 크다고 할 수 있다. 표에서 발견된 외계 행성들은 대부분 지구보다 반지름이 크므로, 지구보다 질량이 크다고 추정할 수 있다.

9 생명 가능 지대

자료 분석

중심별의 광도가 클수록 중심별로부터 생명 가능 지대까지의 거리가 멀어진다.
➡ S의 광도는 태양보다 작다.
➡ S의 질량은 태양보다 작다. (질량-광도 관계)

중심별로부터의 거리 (AU) 0.0 0.2 0.4
S a
생명 가능 지대

주계열성은 질량이 클수록 주계열에 머무는 기간(수명)이 짧아진다.
➡ S의 수명이 태양보다 길다.
➡ a는 지구보다 생명 가능 지대에 머물 수 있는 기간이 길다.

선택지 분석

㉠ S의 광도는 태양의 광도보다 작다.

㉡ a는 액체 상태의 물이 존재할 수 있다.

㉢ 생명 가능 지대에 머물 수 있는 기간은 지구가 a보다 짧다.

ㄱ. 태양에서 생명 가능 지대까지의 거리는 약 1 AU이고, S에서 생명 가능 지대까지의 거리는 약 1 AU보다 가깝다. 중심별의 광도가 클수록 중심별로부터 생명 가능 지대까지의 거리가 멀어지므로 S의 광도는 태양의 광도보다 작다.

ㄴ. a는 생명 가능 지대에 위치하는 행성이므로 액체 상태의 물이 존재할 수 있다.

ㄷ. 주계열성은 질량이 클수록 방출하는 에너지양이 많아 연료를 빨리 소모하기 때문에 주계열에 머무는 기간과 수명이 짧아진다. S는 태양보다 광도가 작은 주계열성이므로 질량이 작아 수명이 태양보다 길다. 따라서 a는 지구보다 생명 가능 지대에 머물 수 있는 기간이 길다.

10 별의 질량에 따른 생명 가능 지대

자료 분석

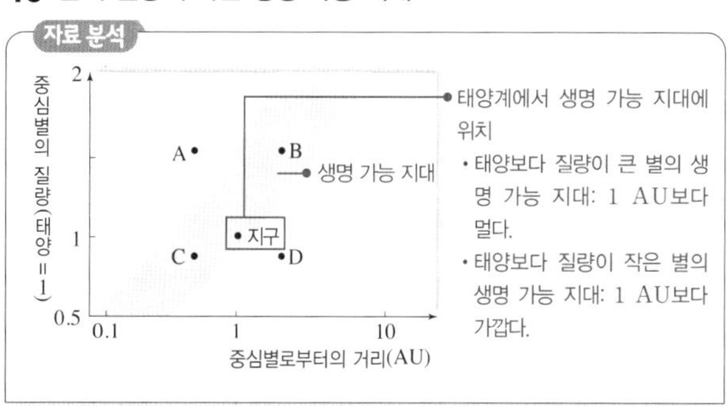

선택지 분석

㉠ 생명체가 존재할 가능성은 A보다 C가 크다.

✗ 액체 상태의 물이 존재할 가능성은 C보다 D가 크다. D보다 C가

✗ B의 중심별 수명은 D의 중심별 수명보다 길다. 짧다

ㄱ. 생명체가 존재할 가능성은 A보다 생명 가능 지대에 위치한 C가 크다. A는 C보다 주계열성인 중심별의 질량이 커서 광도가 크므로, 표면 온도가 높아서 생명체가 존재할 가능성이 작다.

바로알기 ㄴ. 액체 상태의 물이 존재할 가능성은 D보다 생명 가능 지대에 있는 C가 크다. D는 온도가 낮아서 물이 얼어 있을 것이다.

ㄷ. 주계열성의 수명은 질량이 클수록 짧으므로, B의 중심별은 D의 중심별보다 수명이 짧다.

11 별의 탄생과 진화 시 생명 가능 지대의 위치 변화

선택지 분석

㉠ t_0~t_1 동안 별의 광도는 증가하였다.

✗ t_0일 때, 행성 C에서 물은 대부분 기체 상태로 존재한다. 고체

✗ 생명체가 탄생하여 진화할 수 있는 가장 유리한 시간 조건을 가진 행성은 A이다. B

ㄱ. t_0~t_1 동안 중심별로부터 생명 가능 지대까지의 거리가 멀어지고 폭이 넓어졌으므로, 별의 광도는 증가하였다.

바로알기 ㄴ. t_0일 때 행성 C는 생명 가능 지대의 바깥쪽에 위치하므로, 물은 대부분 고체 상태로 존재할 것이다.

ㄷ. 행성에서 생명체가 탄생하여 진화하는 데는 매우 긴 시간이 필요하고, 행성 B가 가장 오랫동안 생명 가능 지대에 머무르고 있다. 따라서 생명체가 탄생하여 진화할 수 있는 가장 유리한 시간 조건을 가진 행성은 B이다.

12 주계열성의 물리량과 생명 가능 지대의 특징

선택지 분석

㉠ O형에서 M형으로 갈수록 별의 수명이 길다.

✗ O형 별의 행성은 지적 생명체가 존재할 가능성이 매우 크다. 작다

㉢ O형에서 M형으로 갈수록 생명 가능 지대가 중심별에 가까워진다.

ㄱ. O형에서 M형으로 갈수록 별의 질량이 작아지므로, 별의 수명이 길어진다.
ㄷ. O형에서 M형으로 갈수록 광도가 작아지므로, 생명체가 존재할 수 있는 생명 가능 지대가 중심별에 가까워진다.
바로알기 ㄴ. O형 별은 수명이 짧기 때문에 생명체가 탄생하고 진화할 시간이 충분하지 않으므로, 행성에 지적 생명체가 존재할 가능성이 작다.

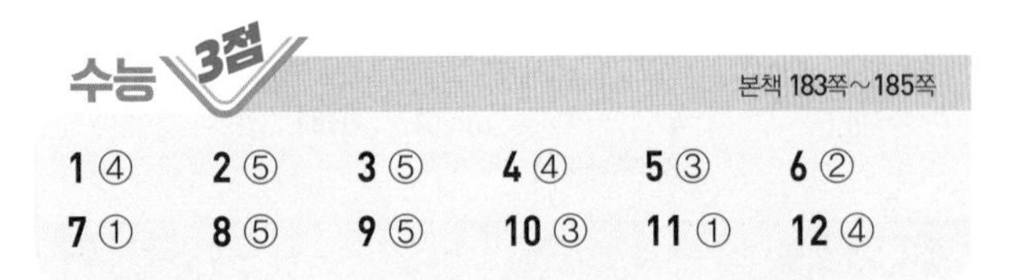

수능 3점

본책 183쪽~185쪽

1 ④	2 ⑤	3 ⑤	4 ④	5 ③	6 ②
7 ①	8 ⑤	9 ⑤	10 ③	11 ①	12 ④

1 중심별의 시선 속도 변화를 이용한 외계 행성 탐사

자료 분석

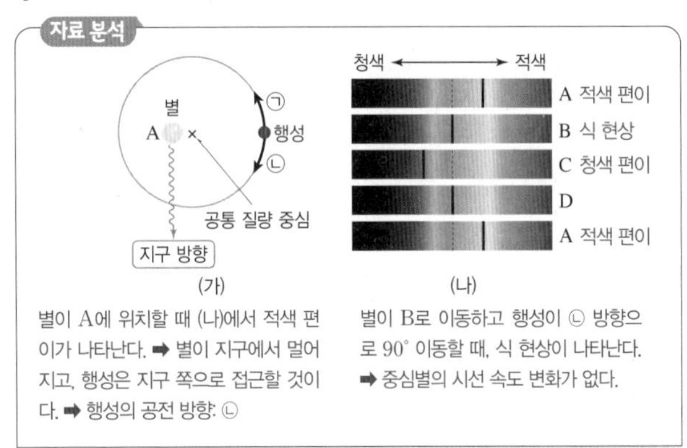

별이 A에 위치할 때 (나)에서 적색 편이가 나타난다. ➡ 별이 지구에서 멀어지고, 행성은 지구 쪽으로 접근할 것이다. ➡ 행성의 공전 방향: ㉡

별이 B로 이동하고 행성이 ㉡ 방향으로 90° 이동할 때, 식 현상이 나타난다. ➡ 중심별의 시선 속도 변화가 없다.

선택지 분석

✗ 행성의 공전 방향은 ㉠이다. ㉡
ⓛ 중심별의 겉보기 밝기는 B보다 D일 때 밝다.
ⓒ 중심별의 질량이 더 컸다면, 스펙트럼의 편이량은 더 작았을 것이다.

ㄴ. 행성이 ㉡ 방향으로 90° 공전하면 B일 때 식 현상이 나타나므로 중심별의 밝기가 가장 어두워진다.
ㄷ. 중심별의 질량이 더 컸다면 공통 질량 중심의 위치는 중심별에 더 가까워지고, 중심별의 회전 속도는 더 줄어든다. 따라서 도플러 효과에 의한 스펙트럼의 편이량은 감소한다.
바로알기 ㄱ. (가)에서 별이 A에 위치할 때 (나)의 스펙트럼에서는 적색 편이가 나타나므로, 별은 지구에서 멀어지고 행성은 지구 쪽으로 접근할 것이다. 따라서 행성의 공전 방향은 ㉡이다.

2 중심별의 시선 속도 변화를 이용한 외계 행성 탐사

자료 분석

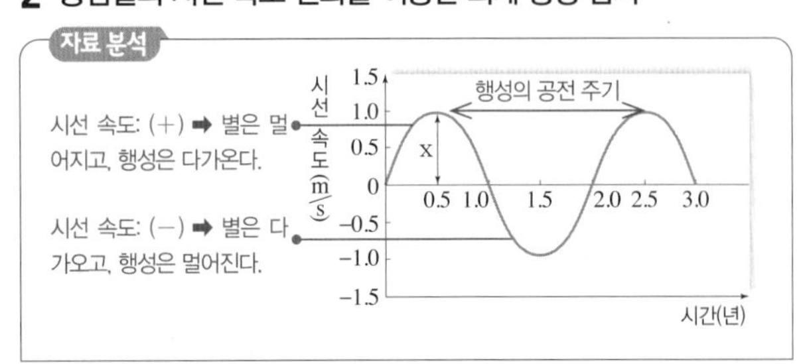

선택지 분석

ⓖ 행성의 공전 주기는 2년이다.
ⓛ 관측 시작 후 6개월(0.5년)이 되는 날 행성은 지구에 가까워지고 있다.
ⓒ 행성의 질량이 더 컸다면, x는 더 커질 것이다.

ㄱ. 별과 행성은 공통 질량 중심을 같은 주기로 회전하므로, 별의 시선 속도 변화 주기가 곧 행성의 공전 주기가 된다. 따라서 행성의 공전 주기는 2년이다.
ㄴ. 관측 시작 후 6개월(0.5년)이 되는 날은 별의 시선 속도가 (+)이므로 별은 지구에서 멀어지고 있고, 행성은 공통 질량 중심을 기준으로 별의 반대쪽에서 회전하고 있으므로 지구에 가까워진다.
ㄷ. 행성의 질량이 클수록 행성과 별의 공통 질량 중심은 별에서 멀어진다. 별이 공통 질량 중심에서 멀어질수록 별이 궤도 운동하는 반지름이 커지므로, 시선 속도 변화(x)가 크게 나타난다.

3 별빛의 도플러 효과와 외계 행성 탐사

자료 분석

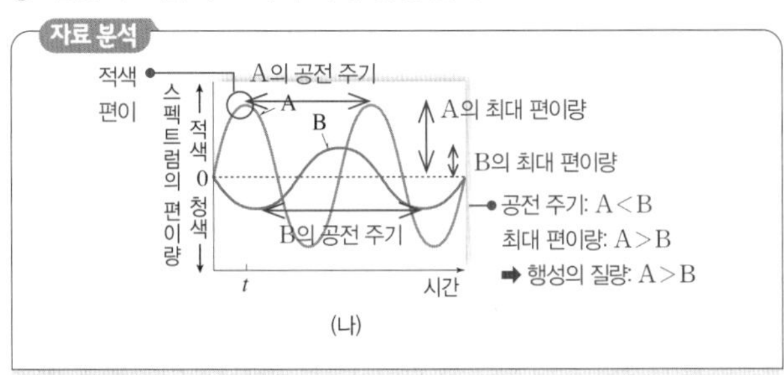

선택지 분석

ⓖ t일 때, A의 행성은 지구에 가까워지고 있다.
ⓛ A의 행성이 B의 행성보다 공전 주기가 짧다.
ⓒ A의 행성이 B의 행성보다 질량이 크다.

ㄱ. 시간이 t일 때 A의 중심별은 적색 편이가 나타나므로 지구로부터 멀어지고 있고, A의 행성은 지구에 접근하고 있다.
ㄴ. 중심별의 스펙트럼 편이량의 변화가 반복되는 주기가 행성의 공전 주기에 해당한다. 따라서 A의 행성이 B의 행성보다 공전 주기가 짧다.
ㄷ. A와 B의 중심별은 질량이 같으므로 행성의 질량이 클수록 공통 질량 중심이 중심별로부터 멀어져서 스펙트럼의 최대 편이량이 커진다. 따라서 A의 행성이 B의 행성보다 질량이 크다.

4 식 현상에 의한 중심별의 겉보기 밝기 변화

자료 분석

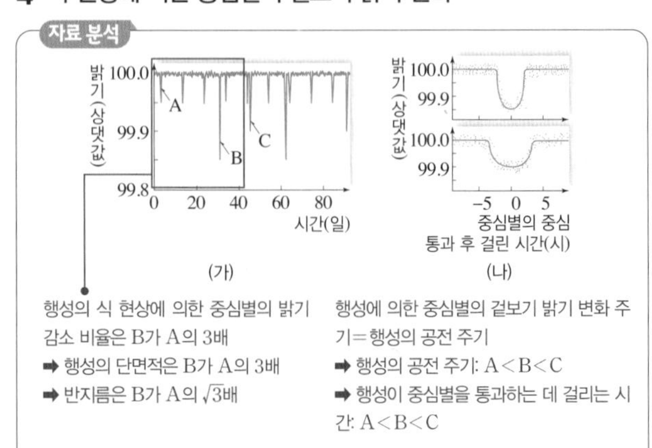

행성의 식 현상에 의한 중심별의 밝기 감소 비율은 B가 A의 3배
➡ 행성의 단면적은 B가 A의 3배
➡ 반지름은 B가 A의 $\sqrt{3}$배

행성에 의한 중심별의 겉보기 밝기 변화 주기=행성의 공전 주기
➡ 행성의 공전 주기: A<B<C
➡ 행성이 중심별을 통과하는 데 걸리는 시간: A<B<C

선택지 분석

✕ 행성의 반지름은 B가 A의 3배이다. $\sqrt{3}$배
ㄴ 행성의 공전 주기는 C가 가장 길다.
ㄷ 행성이 중심별을 통과하는 데 걸리는 시간은 C가 B보다 길다.

ㄴ. 각 행성에 의한 중심별의 겉보기 밝기 변화 주기가 각 행성의 공전 주기에 해당한다. 따라서 행성의 공전 주기는 A<B<C이다.
ㄷ. (나)에서 중심별의 밝기가 감소한 시간 간격은 행성이 중심별을 통과하는 데 걸리는 시간에 해당하며, 이 시간은 행성의 공전 주기가 길수록 길다. 행성의 공전 주기는 A<B<C이므로 행성이 중심별을 통과하는 데 걸리는 시간은 C가 B보다 길다.
바로알기 ㄱ. A에 의한 중심별의 겉보기 밝기 감소는 약 0.05이고, B에 의한 중심별의 겉보기 밝기 감소는 약 0.15로 행성 A, B의 식 현상에 의한 중심별의 밝기 감소 비율은 B가 A의 3배이다. 중심별의 밝기 감소 비율은 행성의 단면적(πR^2(R: 반지름))에 비례하므로 행성의 단면적은 B가 A의 3배이며, 반지름은 B가 A의 $\sqrt{3}$배이다.

5 외계 행성 탐사 방법

자료 분석

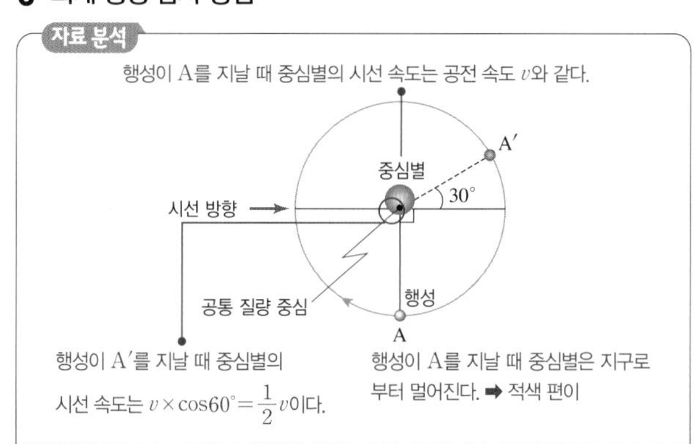

선택지 분석

ㄱ 식 현상을 이용하여 행성의 존재를 확인할 수 있다.
✕ 행성이 A를 지날 때 중심별의 청색 편이가 나타난다. 적색
ㄷ 중심별의 어느 흡수선의 파장 변화 크기는 행성이 A를 지날 때가 A′를 지날 때의 2배이다.

ㄱ. 행성의 공전 궤도면이 관측자의 시선 방향과 나란하므로 식 현상을 이용하여 행성의 존재를 확인할 수 있다.
ㄷ. 행성이 A를 지날 때 중심별은 시선 방향과 나란하게 운동하며, 행성이 A′를 지날 때 중심별은 시선 방향과 60°의 각도를 이루며 운동한다. 중심별의 공전 속도를 v라고 할 때, 행성이 A를 지날 때 중심별의 시선 속도는 공전 속도 v와 같고, 행성이 A′를 지날 때 중심별의 시선 속도는 $v\times\cos60° = \frac{1}{2}v$이다.

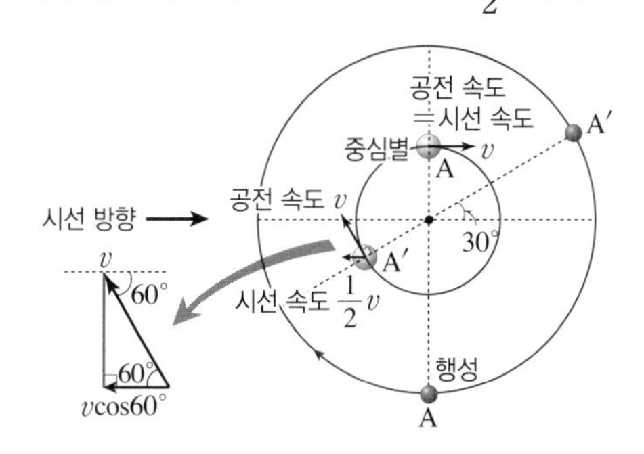

중심별의 어느 흡수선의 파장 변화 크기는 중심별의 시선 속도 크기에 비례하므로 행성이 A를 지날 때가 A′를 지날 때의 2배이다.
바로알기 ㄴ. 공통 질량 중심을 중심으로 공전하는 중심별과 행성의 공전 방향이 같으므로, 행성이 A를 지날 때 중심별은 지구로부터 멀어지고 있다. 따라서 이때 중심별의 적색 편이가 나타난다.

6 중심별의 시선 속도 변화와 겉보기 밝기 변화

선택지 분석

✕ (가)에서 T_1일 때 (나)에서 겉보기 밝기는 최소이다.
ㄴ (가)에서 지구로부터 중심별까지의 거리는 T_2일 때가 T_3일 때보다 가깝다.
✕ (나)에서 t_4일 때 외계 행성은 지구로부터 멀어지고 있다. 지구에 가까워지고

ㄴ. 중심별은 T_1일 때 지구에 접근하다가 T_2일 때 지구에서 가장 가깝다. T_3일 때는 중심별이 최대 속도로 멀어질 때이므로 T_2보다 지구에서 중심별까지의 거리가 멀다.
바로알기 ㄱ. 겉보기 밝기가 최소일 때는 식 현상이 일어날 때이다. (가)에서 식 현상은 중심별이 후퇴하다 접근하고 행성은 접근하다 후퇴하는 시점인 T_4일 때 일어난다. T_1일 때 중심별은 시선 속도가 최대로 접근할 때이므로 식 현상이 일어나지 않아서 겉보기 밝기가 줄어들지 않는다.
ㄷ. (나)에서 t_4일 때는 식 현상이 일어나기 직전이므로, 외계 행성은 지구에 가까워지고 있다.

7 미세 중력 렌즈 현상에 의한 먼 천체의 밝기 변화

선택지 분석

ㄱ 행성의 질량이 클수록 행성을 탐사하는 데 유리하다.
✕ ㉠ 시기에 나타난 별 A의 밝기 변화는 별 B에 의한 미세 중력 렌즈 현상 때문이다. 별 B의 행성
✕ 행성의 공전 궤도면이 관측자의 시선 방향에 수직인 경우에는 행성의 존재를 탐사할 수 없다. 있다

ㄱ. 미세 중력 렌즈 현상을 이용하여 외계 행성을 탐사하는 경우에는 행성의 질량이 클수록 중력(=질량×중력 가속도)이 크게 작용하여 미세 중력 렌즈 현상이 크게 나타나므로, 외계 행성의 존재를 확인하는 데 유리하다.
바로알기 ㄴ. ㉠ 시기에 나타난 별 A의 밝기 변화는 별 B의 주위를 공전하는 행성에 의해 추가적으로 발생한 미세 중력 렌즈 현상 때문이다.
ㄷ. 미세 중력 렌즈 현상을 이용하여 외계 행성을 탐사할 경우에는 행성의 공전 궤도면이 관측자의 시선 방향에 수직이어도 행성에 의한 미세 중력 렌즈 현상으로 추가적인 뒤쪽 별의 밝기 변화가 나타나므로 행성의 존재를 탐사할 수 있다.

8 생명 가능 지대의 특징

선택지 분석

ㄱ 별의 광도는 A가 B보다 크다.
ㄴ A에서 생명 가능 지대의 폭은 0.8 AU보다 크다.
ㄷ 생명 가능 지대에 머무르는 기간은 B의 행성이 C의 행성보다 길다.

생명 가능 지대에 속하는 행성의 공전 궤도 반지름이 B<C<A 이므로, 주계열성의 광도와 질량은 B<C<A이다.

ㄱ. 세 행성 모두 생명 가능 지대에 위치하고, 행성의 공전 궤도 반지름이 A가 B보다 크므로, 생명 가능 지대의 거리는 A가 B보다 멀다. 별의 광도가 클수록 생명 가능 지대의 거리가 멀기 때문에 별의 광도는 A가 B보다 크다.

ㄴ. A의 질량이 C보다 커서 광도가 크기 때문에 생명 가능 지대의 폭이 A가 C보다 넓다. 따라서 C의 생명 가능 지대의 폭이 0.8 AU(=2.0−1.2)이므로, A의 생명 가능 지대의 폭은 0.8 AU보다 클 것이다.

ㄷ. 주계열성의 질량이 작을수록 별의 진화 속도가 느리기 때문에 생명 가능 지대에 머무르는 기간이 길다. 따라서 B의 행성과 C의 행성 중 생명 가능 지대에 머무르는 기간이 더 긴 행성은 중심별의 질량이 작은 B의 행성이다.

9 생명 가능 지대의 특징

선택지 분석

✕ 단위 시간당 단위 면적에서 받는 복사 에너지양은 B가 A보다 많다. 적다
ㄴ A의 공전 궤도 반지름은 1 AU보다 작다.
ㄷ 생명 가능 지대의 폭은 B 행성계가 태양계보다 좁다.

행성 A, B, 지구는 모두 생명 가능 지대에 위치하고, 중심별의 광도는 태양>B 행성의 중심별>A 행성의 중심별이다.

ㄴ. A의 중심별은 태양보다 광도가 작은 별이다. 따라서 중심별의 광도가 클수록 생명 가능 지대의 거리는 멀어지므로 생명 가능 지대에 위치한 A의 공전 궤도 반지름은 지구의 공전 궤도 반지름(1 AU)보다 작다.

ㄷ. 중심별의 광도가 작을수록 생명 가능 지대의 폭이 좁으므로, B 행성계가 태양계보다 생명 가능 지대의 폭이 좁다.

바로알기 ㄱ. 단위 시간당 단위 면적에서 받는 복사 에너지양은 A가 1.0이고, B가 0.75이다.

10 태양의 연령에 따른 광도 변화와 생명 가능 지대의 변화

자료 분석

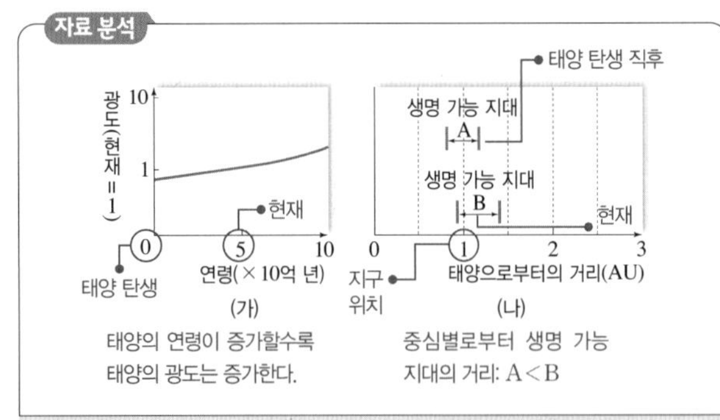

선택지 분석

ㄱ 태양의 광도는 태양 탄생 직후가 현재보다 작았다.
✕ (나)에서 태양 탄생 직후의 생명 가능 지대는 B이다. A
ㄷ 지구는 태양 탄생 직후부터 현재까지 생명 가능 지대에 속한다.

ㄱ. (가)에서 태양의 연령이 증가할수록 태양의 광도가 증가하였으므로 태양의 광도는 태양 탄생 직후가 현재(태양 탄생 약 50억 년 후)보다 작았다.

ㄷ. (나)에서 태양으로부터의 거리가 1 AU인 곳, 즉 지구가 위치한 곳은 태양 탄생 직후부터 현재까지 생명 가능 지대에 속한다.

바로알기 ㄴ. 중심별의 광도가 증가할수록 중심별에서 생명 가능 지대까지의 거리가 멀어진다. (가)에서 태양의 연령이 증가할수록 태양의 광도가 증가하였으므로 태양 탄생 직후의 생명 가능 지대는 A이고, 현재의 생명 가능 지대는 B이다.

11 생명 가능 지대

자료 분석

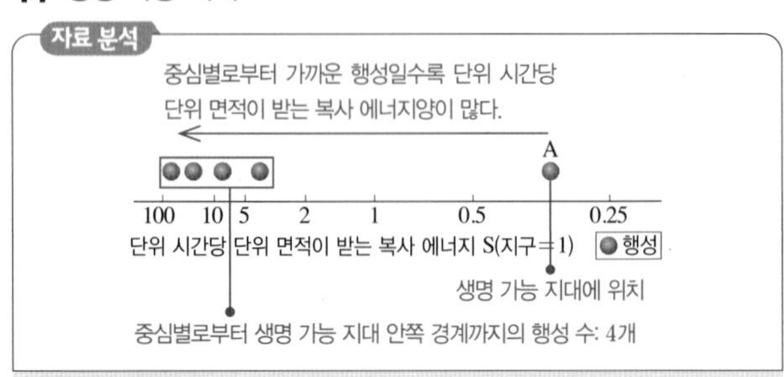

선택지 분석

ㄱ 중심별로부터 생명 가능 지대 안쪽 경계까지의 행성 수 — 4개
✕ S=1인 위치에서 중심별까지의 거리
✕ 생명 가능 지대에 존재하는 행성의 S 값 — A

ㄱ. 태양계는 중심별로부터 생명 가능 지대 안쪽 경계까지의 행성 수가 2개(수성, 금성)이고, 이 행성계는 중심별로부터 생명 가능 지대 안쪽 경계까지의 행성 수가 4개이므로 더 많다.

바로알기 ㄴ. S=1인 위치는 단위 시간당 단위 면적이 받는 복사 에너지가 지구와 같은 위치이다. 이 행성계의 중심별은 태양보다 질량이 작은 주계열성이므로 광도가 태양보다 작다. 따라서 S=1인 위치에서 중심별까지의 거리는 이 행성계가 태양계보다 가깝다.

ㄷ. 생명 가능 지대에 존재하는 행성은 A이다. A의 S 값은 0.25 ~0.5 사이로 S=1인 지구보다 작다.

12 중심별의 분광형, 행성의 공전 궤도 반지름과 생명 가능 지대

선택지 분석

✕ (가)의 중심별은 주계열성이다. 백색 왜성
ㄴ 생명 가능 지대의 폭은 (나)가 (다)보다 좁다.
ㄷ 앞으로 (나)는 (다)보다 생명 가능 지대에 오래 머문다.

ㄴ. 생명 가능 지대에 위치한 행성의 공전 궤도 반지름이 (다)가 (나)보다 크므로 생명 가능 지대의 폭은 (다)가 (나)보다 넓을 것이다.

ㄷ. (나)의 중심별은 분광형과 생명 가능 지대까지의 거리가 태양과 비슷하므로 주계열성이다. (다)의 중심별은 표면 온도가 태양보다 낮지만, 중심별에서 생명 가능 지대까지의 거리를 고려하면 태양보다 광도가 크므로 거성이다. 따라서 중심별이 주계열성인 (나)가 (다)보다 앞으로 생명 가능 지대에 오래 머문다.

바로알기 ㄱ. (가)의 중심별은 분광형이 A0형이므로, 분광형이 G형인 태양보다 표면 온도가 높다. 한편, 생명 가능 지대에 위치한 (가)의 행성 공전 궤도 반지름이 0.1 AU이므로 중심별에서 생명 가능 지대까지의 거리가 매우 가깝다. 따라서 (가)의 중심별은 태양보다 표면 온도가 높지만 광도가 작으므로, 백색 왜성이다.

2. 외부 은하와 우주 팽창

16 외부 은하

개념 확인 본책 187쪽

(1) 모양(형태) (2) 붉은색 (3) 막대 나선, 정상 나선 (4) ①-㉡, ②-㉢, ③-㉠ (5) ①-㉠, ②-㉢, ③-㉡ (6) 거의 없다

수능 자료 본책 188쪽

자료❶ 1 ○ 2 × 3 × 4 ○ 5 ○ 6 ○

자료❷ 1 × 2 ○ 3 ○ 4 ○ 5 × 6 ○ 7 ○

자료❶ 은하의 분류

2 타원 은하(A)가 시간이 흘러 불규칙 은하(B)로 진화하는 것은 아니다. 허블의 은하 분류는 별의 진화와는 관계가 없다.

3 우리은하는 막대 나선 은하에 해당한다.

5 타원 은하(A)는 성간 물질이 매우 적으므로 새로운 별의 탄생이 거의 없어 비교적 늙고 붉은 별들로 이루어져 있다. 불규칙 은하(B)는 성간 물질이 많고, 이로 인해 새로운 별들의 탄생 비율이 높아 젊은 별들이 많이 분포한다.

6 타원 은하(A)는 불규칙 은하(B)보다 별의 평균 연령이 높고, 붉은 별의 비율이 높아 색지수가 크다. 따라서 색지수는 (나)의 ㉠에 적합한 물리량이다.

자료❷ 특이 은하

1 세이퍼트은하는 대부분 나선 은하의 형태로 관측되며, 전체 나선 은하 중 약 2 %가 세이퍼트은하로 분류된다.

2 퀘이사는 수많은 별들로 이루어진 은하이지만 너무 멀리 있어 하나의 별처럼 보인다.

5 퀘이사는 적색 편이가 매우 크게 나타나며, 이를 통해 구한 후퇴 속도가 빛의 속도의 약 0.1배~0.82배나 된다. 적색 편이가 크다는 것은 퀘이사가 매우 먼 거리에서 빠른 속도로 멀어지고 있다는 뜻이다.

6 전파 은하는 보통의 은하보다 수백~수백만 배 이상의 강한 전파를 방출하는 은하로, 관측하는 방향에 따라 핵이 뚜렷한 전파원으로 보이거나 제트(jet)로 연결된 로브(lobe)가 핵의 양쪽에 대칭으로 나타나는 모습으로 관측된다.

7 허블의 분류 체계로는 분류하기 어려운 전파 은하, 퀘이사, 세이퍼트은하 등을 특이 은하라고 한다.

본책 188쪽

1 (1) (가) 타원 은하 (나) 정상 나선 은하 (다) 막대 나선 은하 (라) 불규칙 은하 (2) ㉠ (가), ㉡ (라), ㉢ (다) **2** ⑤ **3** A: 퀘이사, B: 전파 은하, C: 세이퍼트은하 **4** (1) 작고 → 크고 (2) 퀘이사 → 세이퍼트은하

1 (1) 허블은 외부 은하를 형태에 따라 타원 은하, 나선 은하(정상 나선 은하, 막대 나선 은하), 불규칙 은하로 분류하였다.
(2) 타원 은하는 나선팔 구조가 없으며, 타원체 모양이다. 나선 은하는 은하핵과 나선팔이 있다. 불규칙 은하는 특별한 모양을 이루고 있지 않은 은하이다.

2 ⑤ 나선 은하는 은하 중심부를 나선팔이 감싸고 있는 은하로, 은하핵을 가로지르는 막대 모양 구조의 유무에 따라 정상 나선 은하(S)와 막대 나선 은하(SB)로 구분한다.

바로알기 ① 나선 은하는 납작한 원반 형태로 나선팔에는 성간 물질이 많아 젊고 파란색의 별들이 주로 분포하고, 은하핵에는 늙고 붉은색의 별들이 주로 분포한다.
② 편평도에 따라 은하를 E0에서 E7까지 분류하는 것은 타원 은하이다.
③ 나선 은하의 나선팔에는 성간 물질이 많아 새로운 별의 탄생이 활발하다.
④ 나선 은하는 크기가 다양하며, 나선팔이 감긴 정도와 은하핵의 상대적인 크기에 따라 다양하게 세분된다.

3 A는 퀘이사로, 수많은 별들로 이루어진 거대한 은하이지만 매우 멀리 있어서 하나의 별처럼 보인다. B는 보통의 은하보다 수백~수백만 배 이상의 강한 전파를 방출하는 전파 은하이다. C는 세이퍼트은하로 보통 은하에 비해 아주 밝은 핵과 넓은 방출선을 보인다.

4 (1) 퀘이사는 거대한 은하이지만 매우 멀리 있어서 하나의 별처럼 보이는 은하로, 은하 전체의 광도에 대한 중심부의 광도가 세이퍼트은하보다 크다. 퀘이사는 우주 탄생 초기의 천체이며, 매우 큰 적색 편이가 나타난다.
(2) 세이퍼트은하는 보통의 은하들에 비하여 아주 밝은 핵과 넓은 방출선을 보인다.

수능 2점 본책 189쪽~191쪽

1 ⑤	2 ③	3 ③	4 ③	5 ②	6 ③
7 ②	8 ⑤	9 ③	10 ③	11 ④	12 ③

1 은하의 분류

선택지 분석

㉠ 은하의 질량에 대한 성간 물질의 질량비는 (가)가 (다)보다 작다.
㉡ 은하를 구성하는 별의 평균 표면 온도는 (나)가 (라)보다 높다.
㉢ A는 (라)에 해당한다.

(가)는 막대 나선 은하, (나)는 정상 나선 은하, (다)는 불규칙 은하, (라)는 타원 은하이다.
ㄱ. 불규칙 은하는 나선 은하에 비해 성간 물질이 많으므로 은하의 질량에 대한 성간 물질의 질량비는 (가)가 (다)보다 작다.
ㄴ. 나선 은하의 은하핵에는 표면 온도가 낮은 붉은색 별들이 많지만, 나선팔에는 표면 온도가 높은 파란색 별들이 많다. 타원 은하는 대부분 표면 온도가 낮은 붉은색 별들로 이루어져 있다.
ㄷ. A는 타원 은하이므로 (라)에 해당한다.

2 허블의 은하 분류

선택지 분석
ㄱ. A는 B보다 붉은색 별의 비율이 높다.
ㄴ. A는 C보다 나이가 많은 별들의 비율이 높다.
~~ㄷ.~~ B에는 은하핵이 있지만, C에는 은하핵이 없다. 있다

정상 나선 은하는 나선을 의미하는 S(Spiral)와 나선팔이 감긴 정도와 은하핵의 크기를 나타내는 a, b, c를 결합하여 Sa, Sb, Sc로 표현한다. 막대 나선 은하는 정상 나선 은하를 나타내는 기호에 막대를 의미하는 B(Bar)를 추가하여 SBa, SBb, SBc로 표현한다. 타원 은하는 타원을 의미하는 E(Ellipse)와 편평도를 의미하는 숫자 0~7을 결합하여 E0, …, E7로 나타낸다.
ㄱ, ㄴ. 타원 은하(A)는 나선 은하(B, C)보다 붉은색 별의 비율이 높고, 나이가 많은 별들의 비율이 높다.
바로알기 ㄷ. 정상 나선 은하(B)와 막대 나선 은하(C)에는 모두 은하핵이 있다.

3 외부 은하의 특징

선택지 분석
ㄱ. (가)는 타원 은하에 해당한다.
ㄴ. (나)의 나선팔에는 중심부보다 파란색 별이 많다.
~~ㄷ.~~ 젊은 별들의 비율은 (가)가 (나)보다 높다. 낮다

(가)는 타원 은하, (나)는 나선 은하이다.
ㄱ. (가)의 은하는 완전한 공 모양은 아니지만 둥근 타원체 형태로 나타나고 있으므로 타원 은하이다.
ㄴ. (나)의 나선팔은 중심부보다 성간 물질이 많은 부분으로, 이곳에서 주로 파란색을 띠는 별들이 분포한다.
바로알기 ㄷ. 타원 은하는 대체로 나선 은하에 비해 성간 물질의 양이 적고, 새로운 별들이 거의 생성되지 않는다. 반면, 나선 은하의 나선팔에서는 성간 물질로부터 새로운 별들이 생성된다. 따라서 젊은 별들의 비율은 (나)가 (가)보다 높다.

4 허블의 은하 분류

자료 분석

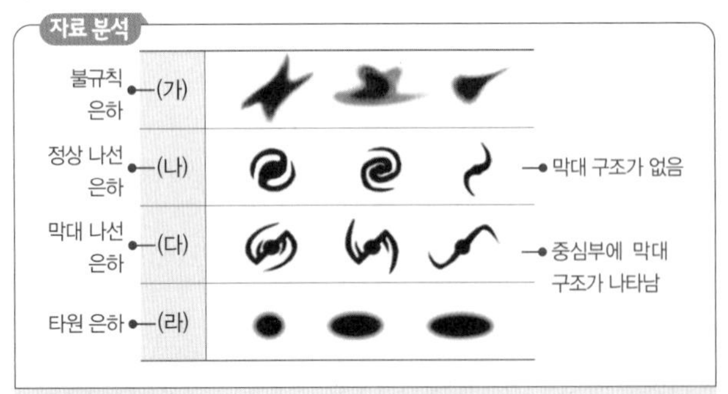

선택지 분석
① 우리은하는 (다)에 속한다.
② (가)는 규칙적인 모양을 갖지 않는다.
~~③~~ (나)는 은하의 진화 정도에 따라 세분화된다. 은하핵의 상대적 크기와 나선팔이 감긴 정도
④ (나)와 (다)는 막대 구조의 유무에 따라 구분된다.
⑤ (라)는 편평도에 따라 세분화된다.

① 우리은하는 (다)와 같은 막대 나선 은하에 속한다.
② (가)는 규칙적인 모양을 갖지 않는 불규칙 은하이다.
④ (나)는 막대 구조가 없는 정상 나선 은하이고, (다)는 은하 중심부에 막대 구조가 나타나는 막대 나선 은하이다.
⑤ (라)의 타원 은하는 편평도에 따라 E0에서 E7까지로 세분화된다.
바로알기 ③ (나)와 (다)의 나선 은하는 은하핵의 상대적 크기와 나선팔이 감긴 정도에 따라 Sa, Sb, Sc와 SBa, SBb, SBc로 세분화된다.

5 허블의 은하 분류와 외부 은하의 특징

선택지 분석
~~ㄱ.~~ (다)는 나선 은하이다. 불규칙 은하
~~ㄴ.~~ (가)는 시간이 지나면 (나)로 진화한다.
ㄷ. 나선팔의 유무에 따라 (가)와 (다)를 (나)와 구분할 수 있다.

(가)는 타원 은하, (나)는 정상 나선 은하, (다)는 불규칙 은하이다.
ㄷ. 나선팔 구조를 가지는 은하는 (나) 정상 나선 은하이다.
바로알기 ㄱ. (다)는 비대칭적이고, 규칙적인 모양을 보이지 않는 불규칙 은하이다.
ㄴ. 허블은 새로 태어난 은하는 타원 은하에서 출발해 나이를 먹어감에 따라 나선 은하로 바뀌며 불규칙 은하로 일생을 마감한다고 제안했었다. 그러나 나선 은하와 불규칙 은하도 타원 은하만큼 오래된 별을 갖고 있는 경우가 있고, 타원 은하들은 별의 탄생에 필요한 먼지와 기체가 거의 없어 은하 진화의 첫 단계가 될 수 없다. 따라서 허블의 분류는 가시광선 영역에서 관측한 은하의 모양에 따른 분류일 뿐 은하의 진화 과정과 특별한 관계가 있는 것은 아니다.

6 허블의 은하 분류와 외부 은하의 특징

자료 분석

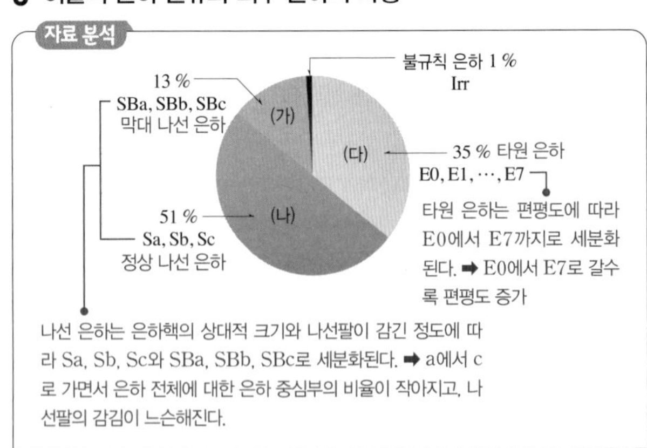

선택지 분석
ㄱ. 우리은하는 (가)에 속한다.
ㄴ. (나)에서 Sa는 Sc보다 나선팔이 은하핵에 가깝게 감겨 있다.
~~ㄷ.~~ (다)에서 E0은 E7보다 편평도가 크다. 작다

ㄱ. 우리은하는 막대 모양의 구조와 나선팔을 가지고 있는 막대 나선 은하이다.
ㄴ. Sa는 나선팔이 은하핵에 가깝게 감겨 있고, Sc는 나선팔이 은하핵에서 벌어져 있다.

바로알기 ㄷ. 타원 은하는 편평도에 따라 E0에서 E7까지로 세분하는데, E0에서 E7로 갈수록 편평도가 크다. 타원 은하에서 모양이 구에 가까운 것은 E0, 가장 납작한 것은 E7로, E0은 E7보다 구형에 가깝다.

7 허블의 은하 분류와 외부 은하의 특징

자료 분석

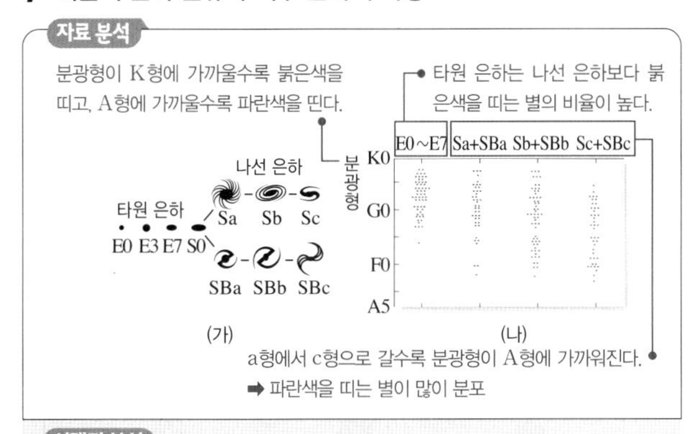

선택지 분석

✗ 타원 은하에는 나선 은하보다 파란색(→ 붉은색)을 띠는 별의 비율이 높다.

✗ 나선 은하는 a형 → b형 → c형으로 갈수록 붉은색을 띠는 별들이 많다(→ 적다).

㉢ 나선 은하는 a형 → b형 → c형으로 갈수록 은하 전체에 대한 은하핵의 비율이 작다.

ㄷ. 나선 은하에서 a형은 나선팔이 팽팽하게 감겨 있고 은하핵의 크기가 크며, c형은 나선팔이 느슨하게 감겨 있고 은하핵의 크기가 작다. b형은 a형과 c형의 중간 정도이다. 따라서 a형 → b형 → c형으로 갈수록 은하 전체에 대한 은하핵의 비율이 작다.

바로알기 ㄱ. 그림 (나)에서 분광형이 K형에 가까울수록 붉은색을 띠고, A형에 가까울수록 파란색을 띤다. 따라서 타원 은하는 K형에 가까우므로 나선 은하보다 붉은색을 띠는 별의 비율이 높다.

ㄴ. 그림 (나)에서 나선 은하의 분광형 분포를 보면 a형에서 c형으로 갈수록 분광형이 A형에 가까워진다. 따라서 나선 은하는 a형 → b형 → c형으로 갈수록 붉은색을 띠는 별들이 적게 분포한다.

8 특이 은하

자료 분석

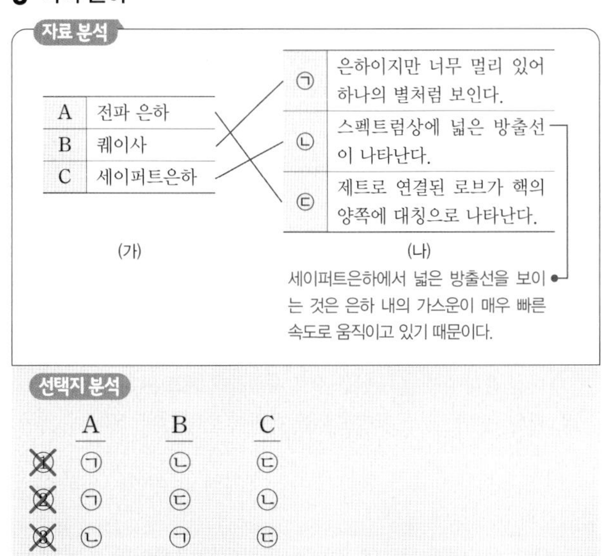

선택지 분석

	A	B	C
✗①	㉠	㉡	㉢
✗②	㉠	㉢	㉡
✗③	㉡	㉠	㉢
✗④	㉡	㉢	㉠
⑤	㉢	㉠	㉡

A: 전파 은하는 보통의 은하보다 수백~수백만 배 이상의 강한 전파를 방출하는 은하로, 관측하는 방향에 따라 핵이 뚜렷한 전파원으로 보이거나 제트로 연결된 로브가 핵의 양쪽에 대칭으로 나타나는 모습으로 관측된다. ➡ ㉢

B: 퀘이사는 적색 편이가 매우 크게 나타나는 천체인데, 이는 지구로부터 매우 멀리 떨어져 있기 때문이다. ➡ ㉠

C: 세이퍼트은하는 대부분 나선 은하의 형태로 관측되며, 보통 은하에 비해 아주 밝은 핵을 가지고 있고, 빠른 회전으로 인해 생기는 넓은 방출선이 나타난다. ➡ ㉡

9 세이퍼트은하

자료 분석

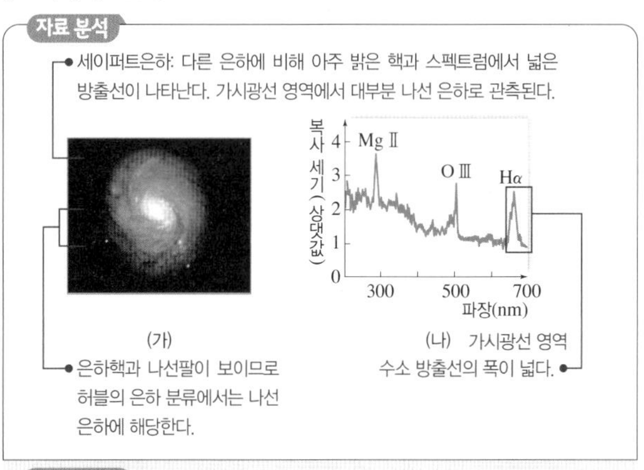

선택지 분석

㉠ (가)는 허블의 은하 분류에서 나선 은하에 해당한다.

✗ (나)는 전파(→ 가시광선) 영역에서 관측된 스펙트럼이다.

㉢ (나)에는 폭이 넓은 수소 방출선이 나타난다.

ㄱ. (가)에서 보면, 가시광선 영역에서 관측했을 때 나선팔이 나타나므로 허블의 은하 분류에서 나선 은하에 해당한다.

ㄷ. 세이퍼트은하는 다른 은하에 비해 스펙트럼상에 폭이 넓은 방출선을 보인다. (나)에서 H_α를 보면 상대적으로 폭이 넓은 수소 방출선이 나타난다.

바로알기 ㄴ. 스펙트럼 파장으로 보면 (나)는 파장이 약 300 nm~700 nm의 전자기파 영역으로 나타나므로 가시광선 영역에서 관측한 것이다. 전파 영역은 스펙트럼의 파장이 수 cm~수십 cm 단위로 나타난다.

10 전파 은하

선택지 분석

㉠ 이 은하는 강한 전파를 방출한다.

㉡ 중심핵에서는 물질이 분출되고 있다.

✗ 이 은하를 모양에 따라 분류하면 나선 은하(→ 타원 은하)에 해당한다.

ㄱ. (나)에서 강한 전파가 방출되고 있음을 관찰할 수 있다.

ㄴ. (나)의 중심핵에서 물질이 분출되고 있음을 관찰할 수 있다.

바로알기 ㄷ. (가)에서 이 은하는 나선팔이 없고, 원에 가까운 타원 은하에 해당하는 것을 알 수 있다.

11 퀘이사

자료 분석

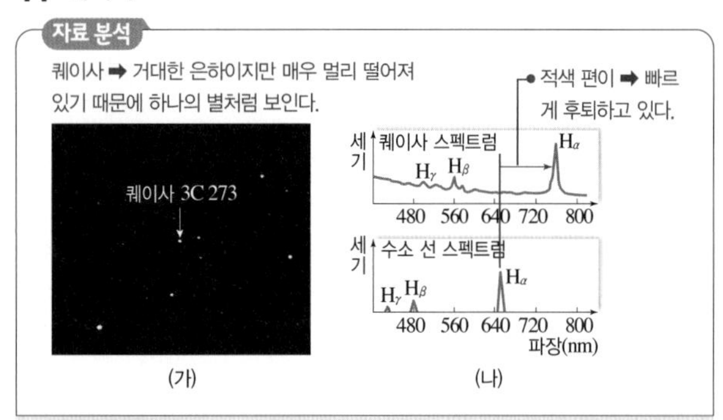

선택지 분석

ㄱ (가)에서 퀘이사 3C 273은 별처럼 보인다.

ㄴ 퀘이사는 매우 먼 거리에 있는 천체이다.

✕ (나)의 퀘이사 스펙트럼에는 수소 방출선이 청색(→적색) 편이 되어 있다.

ㄹ 퀘이사는 우리은하 밖에 있는 천체이다.

ㄱ. (가)에서 퀘이사와 주변에 있는 별들을 비교해 보면 퀘이사는 별처럼 보인다.

ㄴ. 퀘이사는 매우 먼 거리에 있는 천체로, 빠르게 후퇴하고 있으므로 적색 편이가 매우 크게 나타난다.

ㄹ. 퀘이사는 거대한 은하이지만 매우 멀리 있기 때문에 하나의 별처럼 보이는 천체이다. 따라서 퀘이사는 우리은하 밖에 있는 천체이다.

바로알기 ㄷ. (나)에서 수소 선 스펙트럼의 H_α, H_β, H_γ 파장을 퀘이사 스펙트럼과 비교해 보면 퀘이사 스펙트럼의 파장이 각각 길어져 있으므로 적색 이동(적색 편이) 되어 있다.

12 세이퍼트은하, 전파 은하, 충돌 은하

선택지 분석

ㄱ 허블의 은하 분류에 의하면 (가)는 나선 은하에 해당한다.

ㄴ (가)와 (나)는 특이 은하에 해당한다.

✕ (다)에서는 수많은 별들이(→거대한 분자 구름이) 충돌하여 새로운 별이 한꺼번에 탄생한다.

ㄱ. 허블의 은하 분류에 의하면 (가)는 나선팔을 가지고 있으므로 나선 은하에 해당한다.

ㄴ. (나)는 강한 전파를 방출하는 전파 은하이다. (가)와 (나)는 특이한 유형의 스펙트럼을 나타내거나 특정 파장의 전자기파를 방출하기 때문에 특이 은하로 분류된다. 특이 은하는 일반 은하에 비해 중심부에서 강한 전파나 X선 등 막대한 양의 에너지를 방출하는 특징이 있다.

바로알기 ㄷ. (다) 충돌 은하에서는 거대한 분자 구름이 충돌하면서 많은 별이 한꺼번에 탄생하지만, 별들끼리 충돌하는 경우는 거의 없다.

수능 3점

본책 192쪽~193쪽

1 ⑤ 2 ② 3 ① 4 ⑤ 5 ③ 6 ③ 7 ② 8 ②

1 허블의 은하 분류

자료 분석

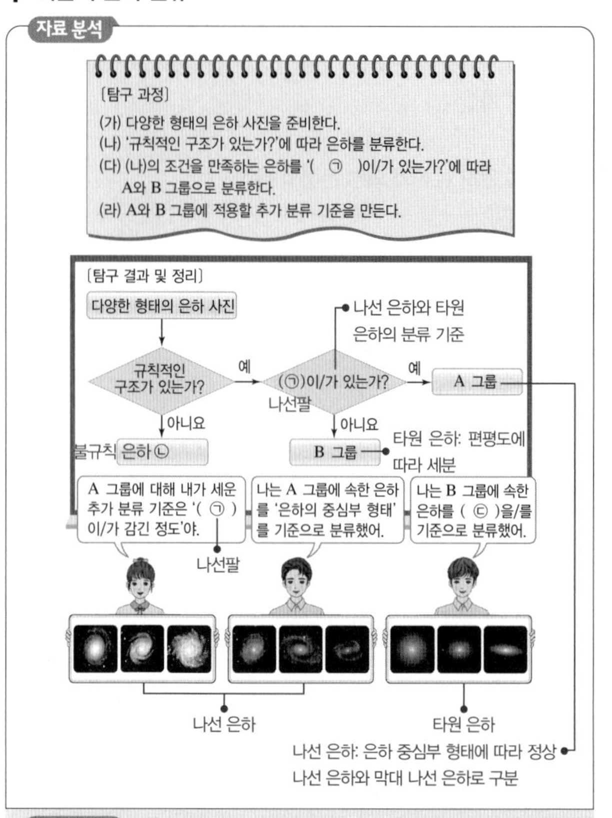

선택지 분석

ㄱ 나선팔은 ㉠에 해당한다.

ㄴ 허블의 분류 체계에 따르면 ㉡은 불규칙 은하이다.

ㄷ '구에 가까운 정도'는 ㉢에 해당한다.

허블은 외부 은하를 가시광선 영역에서 관측되는 형태에 따라 타원 은하, 나선 은하, 불규칙 은하로 분류하였다.

ㄱ. 허블의 은하 분류 체계에서 규칙적인 구조를 보이는 은하는 타원 은하와 나선 은하이다. 나선팔의 존재 유무가 타원 은하와 나선 은하를 구분하는 기준이 될 수 있으므로 나선팔은 ㉠에 해당한다.

ㄴ. ㉡은 규칙적인 구조가 없는 은하이므로 허블의 은하 분류 체계에서 불규칙 은하에 해당한다.

ㄷ. B 그룹은 규칙적인 구조가 있고, 나선팔이 없는 타원 은하이다. 타원 은하는 편평도에 따라 E0~E7까지 세분하므로 '구에 가까운 정도'는 ㉢에 해당한다.

2 형태에 따른 은하의 특징

선택지 분석

✕ 거대한 규모의 은하는 주로 불규칙한 모양(→타원 모양)을 띠고 있다.

ㄴ 나선 은하에서 젊은 별은 주로 나선팔에 분포한다.

✕ 타원 은하는 성간 물질이 다른 은하에 비해 많다(→적다).

ㄴ. 나선 은하에서 젊은 별은 주로 나선팔에 분포하고, 늙은 별은 중심부와 헤일로에 많다.

바로알기 ㄱ. 거대한 규모의 은하는 주로 타원 은하이다.

ㄷ. 타원 은하는 성간 물질이 다른 은하에 비해 적기 때문에 새로 생성되는 젊은 별이 거의 없다.

3 은하의 분류와 특징

자료 분석

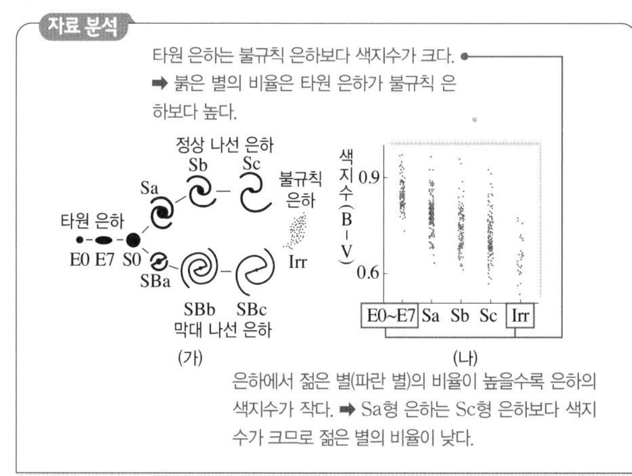

선택지 분석

ㄱ. 붉은 별의 비율은 타원 은하가 불규칙 은하보다 높다.

~~ㄴ.~~ 젊은 별의 비율은 Sa형 은하가 Sc형 은하보다 높다. 낮다

~~ㄷ.~~ 타원 은하에서 별의 탄생은 현재가 은하 형성 초기보다 활발하다. 은하 형성 초기가 현재보다

허블은 외부 은하를 가시광선 영역에서 관측되는 모양에 따라 타원 은하, 나선 은하, 불규칙 은하로 분류하였다.

ㄱ. 타원 은하는 불규칙 은하보다 색지수가 크므로, 붉은 별의 비율은 타원 은하가 불규칙 은하보다 높다.

바로알기 ㄴ. 은하에서 젊고 파란 별의 비율이 높을수록 은하의 색지수가 작다. (나)에서 Sa형 은하의 색지수는 Sc형 은하보다 크므로, 젊은 별의 비율은 Sa형 은하가 Sc형 은하보다 낮다.

ㄷ. 새로운 별의 탄생은 은하 형성 초기에는 비교적 활발하지만 시간이 지남에 따라 별이 탄생할 수 있는 성간 물질의 양이 줄어들어 은하 초기보다 별의 탄생이 활발하지 않다.

4 은하의 분류와 특징

자료 분석

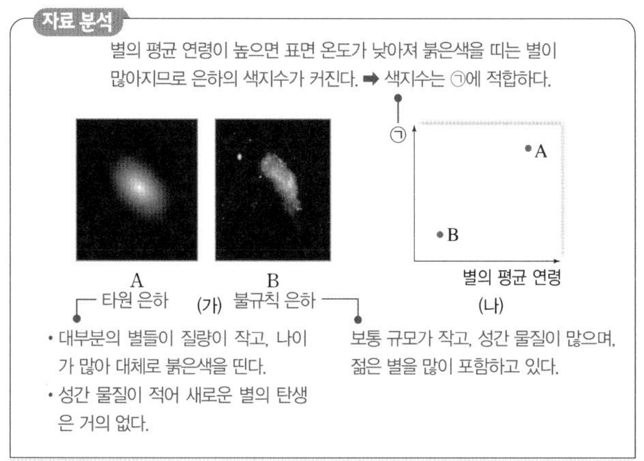

선택지 분석

~~ㄱ.~~ 허블의 은하 분류에 의하면 A는 E0에 해당한다. 해당하지 않는다

~~ㄴ.~~ 은하는 B의 형태에서 A의 형태로 진화한다.

ㄷ. 은하의 질량에 대한 성간 물질의 비는 A가 B보다 작다.

ㄹ. 색지수는 (나)의 ㉠에 해당한다.

A는 타원 은하이고, B는 불규칙 은하이다.

ㄷ. 성간 물질은 별의 평균 연령이 높은 타원 은하(A)보다 별의 평균 연령이 낮은 불규칙 은하(B)에 더 많이 분포한다.

ㄹ. 색지수가 클수록 표면 온도가 낮은 별이다. 별의 평균 연령이 높으면 표면 온도가 낮아져 붉은색을 띠는 별이 많아지므로 은하의 색지수가 커진다. 따라서 색지수는 (나)에서 ㉠에 해당할 수 있다.

바로알기 ㄱ. 타원 은하는 E0은 구에 가깝고, E7로 갈수록 편평도가 커져 납작한 타원 모양이다. A는 편평도가 크므로 E0에 해당하지 않는다.

ㄴ. 은하의 형태는 은하의 진화와 관련이 없다.

5 특이 은하

선택지 분석

ㄱ. (가)의 ㉠은 회전 속도가 빠르기 때문에 나타나는 현상이다.

~~ㄴ.~~ (나)는 주로 우리은하로부터 가까운 거리에서 발견된다. 먼

ㄷ. (나)는 비교적 우주 생성 초기에 형성되었다.

(가)는 세이퍼트은하이고, (나)는 퀘이사이다.

ㄱ. 다른 보통의 은하와는 달리 세이퍼트은하의 스펙트럼에 나타나는 넓은 방출선은 은하의 빠른 회전에 의한 것으로 해석된다.

ㄷ. 우리은하로부터 매우 먼 거리에 떨어져 있는 퀘이사는 빅뱅 후 비교적 이른 시기에 형성된 것으로 추정되는 천체이다.

바로알기 ㄴ. (나)는 퀘이사로, 적색 편이가 매우 큰 퀘이사는 우리은하로부터 매우 먼 거리에 떨어져 있다.

6 퀘이사와 세이퍼트은하

자료 분석

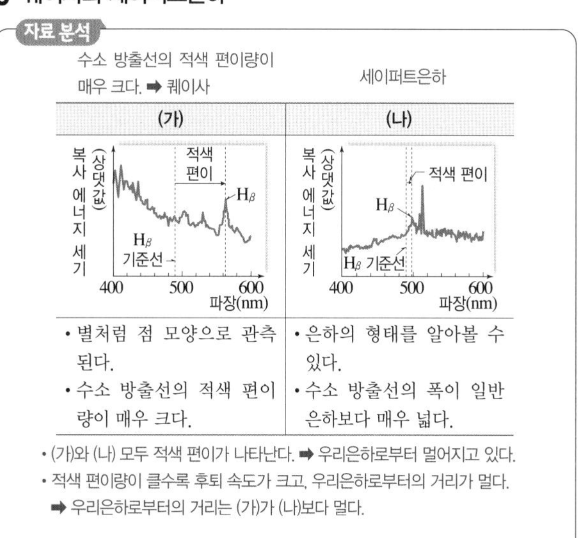

선택지 분석

ㄱ. (가)는 퀘이사이다.

ㄴ. (나)는 우리 은하로부터 멀어지고 있다.

~~ㄷ.~~ 우리 은하로부터의 거리는 (가)보다 (나)가 멀다. 가깝다

ㄱ. (가)는 수소 방출선의 적색 편이량이 매우 크게 나타나므로 우주 탄생 초기에 생성된 퀘이사이다.

ㄴ. (가)와 (나)는 모두 적색 편이가 나타나므로 우리은하로부터 멀어지고 있다.

바로알기 ㄷ. 허블 법칙에서 적색 편이량이 클수록 후퇴 속도가 크고, 우리은하로부터의 거리가 멀다. 따라서 우리은하로부터의 거리는 (가)가 (나)보다 멀다.

7 퀘이사

자료 분석

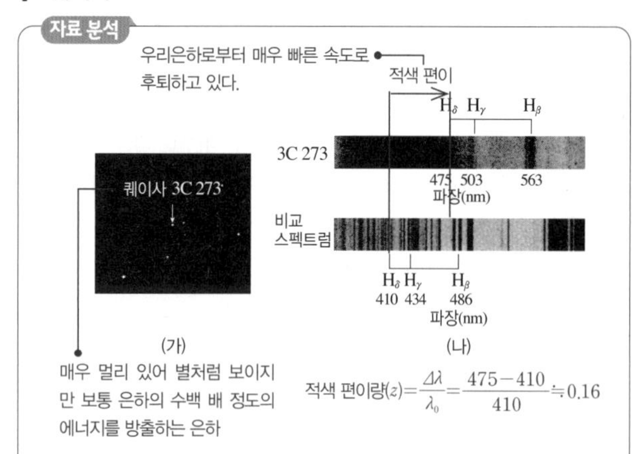

선택지 분석

✕ (가)에서 별처럼 보이는 것은 방출하는 에너지가 적기 때문이다. → 너무 멀리 있기

✕ 우리은하에 빠르게 접근하고 있다. → 후퇴하고

ㄷ 스펙트럼의 적색 편이량은 0.1보다 크다.

ㄷ. (나)에서 H_δ가 비교 스펙트럼에서는 410 nm에서 나타나고 3C 273 스펙트럼에서는 475 nm에서 나타난다. 따라서 3C 273의 적색 편이량(z)은 $z=\frac{\Delta\lambda}{\lambda_0}=\frac{475-410}{410}\fallingdotseq 0.16$이다.

바로알기 ㄱ. 3C 273과 같은 퀘이사에서 방출되는 에너지는 보통 은하의 수백 배나 되지만 너무 멀리 있어 하나의 별처럼 보인다.

ㄴ. 3C 273의 스펙트럼에서 적색 편이가 크게 나타나는 것으로 보아 우리은하로부터 매우 빠른 속도로 후퇴하고 있다.

8 특이 은하

자료 분석

(가) 세이퍼트은하
보통 은하에 비해 아주 밝은 핵과 넓은 방출선을 보이는 은하로, 가시광선 영역에서 대부분 나선 은하로 관측됨

(나) 퀘이사
수많은 별들로 이루어진 은하지만 너무 멀리 있어 하나의 별처럼 보인다. 적색 편이가 매우 크게 나타난다. 은하 전체의 광도에 대한 중심부의 광도가 세이퍼트 은하보다 크다.

(다) 전파 은하
전파 영역에서 보면 중심 핵 양쪽에 강력한 전파를 방출하는 로브가 있고, 중심핵에서 로브로 이어지는 제트가 대칭적으로 관측됨

선택지 분석

✕ (가)와 (다)의 은하 중심부 별들의 회전축은 관측자의 시선 방향과 일치한다. → 일치하지 않는다

ㄴ 각 은하의 $\frac{\text{중심부의 밝기}}{\text{전체의 밝기}}$는 (나)의 은하가 가장 크다.

✕ (다)의 제트는 은하의 중심에서 방출되는 별들의 흐름이다.

ㄴ. (나)의 퀘이사는 매우 멀리 있어서 하나의 별처럼 관측되므로 $\frac{\text{중심부의 밝기}}{\text{전체의 밝기}}$는 (가)와 (다)에 비해 (나)의 은하가 크다.

바로알기 ㄱ. 전파 은하에서 제트는 블랙홀 주변에 형성된 회전하는 원반에서 수직한 방향으로 뻗어 나가므로 은하 중심부 별들의 회전축과 나란하게 뻗어 나간다. (다)에서 제트가 뻗어 나가는 방향은 시선 방향에 거의 수직하므로 (다)의 은하 중심부 별들의 회전축은 관측자의 시선 방향과 일치하지 않는다.

ㄷ. (다)의 전파 은하에서는 중심핵을 기준으로 강력한 물질(이온화된 기체)의 흐름인 제트가 대칭적으로 관측된다. 제트는 은하 중심에서 방출되는 별들의 흐름이 아니라 이온화된 기체로 이루어진 매우 높은 에너지의 빛줄기이다.

17 빅뱅 우주론

개념 확인 본책 195쪽, 197쪽, 199쪽

(1) 적색 (2) 크게 (3) 비례 (4) 팽창 (5) 빠르게 (6) 팽창 (7) 길어 (8) 없다 (9) 작은 (10) 빅뱅 우주론 (11) ① 일정, 감소 ② 증가, 일정 (12) 된다 (13) 3000 (14) 2.7 (15) 3 : 1 (16) 지평선 (17) ①-㉠ ②-㉢ ③-㉡ (18) 가속 (19) 암흑 물질 (20) 닫힌 우주 (21) 암흑 에너지

수능 자료 본책 200쪽

자료❶	1 ○	2 ○	3 ○	4 ×	5 ○	6 ×	7 ×
자료❷	1 ×	2 ×	3 ×	4 ○	5 ×		
자료❸	1 ○	2 ×	3 ○	4 ○	5 ×		
자료❹	1 ○	2 ○	3 ×	4 ○	5 ×		

자료❶ 외부 은하의 후퇴 속도와 적색 편이

1 우리은하에서 A까지의 거리(r)가 20 Mpc이고, 허블 법칙으로부터 A의 후퇴 속도(v)는 $v=H\times r=70$ km/s/Mpc$\times$20 Mpc$=$1400 km/s이다.

3 $v=c\times\frac{\Delta\lambda}{\lambda_0}$($c$: 빛의 속도, λ_0: 원래의 흡수선 파장, $\Delta\lambda$: 흡수선의 파장 변화량)에서 기준 파장이 동일한 흡수선의 파장 변화량$(\Delta\lambda)$은 은하의 후퇴 속도(v)에 비례한다.

4 우리은하에서 관측한 A와 B의 후퇴 속도는 각각 1400 km/s, 2800 km/s이다. 후퇴 속도는 은하까지의 거리에 비례하므로 우리은하로부터의 거리는 B가 A의 2배(40 Mpc)이다.

5 A에서 관측한 B의 스펙트럼에서, 후퇴 속도는 $v=c\times\frac{\Delta\lambda}{\lambda_0}=3\times10^5\ \text{km/s}\times\frac{507-500}{500}=4200\ \text{km/s}$이다.

6 A에서 관측한 B의 후퇴 속도가 4200 km/s이므로 A와 B 사이의 거리(r)는 $r=\frac{v}{H}=\frac{4200\ \text{km/s}}{70\ \text{km/s/Mpc}}=60\ \text{Mpc}$이다.

7 A와 B 사이의 거리가 우리은하에서 A까지의 거리와 B까지의 거리를 합한 값과 같으므로, 우리은하에서 관측할 때, A의 시선 방향과 B의 시선 방향은 정반대 방향이다.

자료❷ 우주 팽창

1 어느 단추(은하)를 기준으로 하더라도 다른 단추(은하)는 모두 기준 단추(은하)로부터 멀어지고, 먼 은하일수록 빠른 속도로 멀어진다. 이는 우주에 특별한 팽창의 중심이 없다는 것을 의미한다.

2 허블 법칙에 의하면 멀리 있는 은하일수록 더 빠른 속도로 멀어진다. 따라서 B에서 A 사이의 거리는 B에서 C 사이의 거리보다 가까우므로 B로부터 멀어지는 속도는 A가 C보다 작다.

3 대폭발 우주론에 의하면 우주가 팽창하더라도 우주의 총 질량은 일정하므로 우주의 밀도는 점점 감소한다.

4 우주가 팽창함에 따라 우주 배경 복사가 적색 편이되어 파장이 점점 길어진다.

5 풍선이 부풀면서 풍선 위에 붙은 단추 사이의 거리가 멀어지지만 단추 자체가 커지는 것은 아니다. 이로부터 우주의 팽창으로 은하 사이의 거리는 멀어지지만 은하 내의 별들 사이의 거리는 변하지 않음을 비유적으로 설명할 수 있다.

자료❸ 빅뱅 우주론의 증거

2 ㉠은 수소, ㉡은 헬륨이며, 헬륨은 수소 핵융합으로부터 만들어지는 원소이다.

4 우주는 대부분 수소와 헬륨으로 이루어져 있고 수소와 헬륨의 질량비는 약 3 : 1임을 알아내었다. 이는 빅뱅 우주론에서 계산한 값과 일치하므로 빅뱅 우주론의 증거가 된다.

5 빅뱅 우주론에서 우주의 온도는 시간이 지날수록 점점 감소한다. 우주의 온도가 시간에 관계없이 항상 일정한 상태를 유지한다는 우주론은 정상 우주론이다.

자료❹ 우주론

2 급팽창 우주론(A)에서는 우주가 팽창함에 따라 우주의 밀도는 점차 감소하고, 정상 우주론(B)에서는 우주가 팽창함에 따라 우주의 밀도는 일정하다.

3 정상 우주론(B)에서는 우주가 팽창하면서 새로운 물질이 만들어지므로 우주 전체의 질량은 증가한다.

4 급팽창 우주론은 대폭발 우주론에서 설명할 수 없었던 몇몇 문제들을 보완하기 위해 제안된 우주론이다. (가)의 ㉠ 시기는 급팽창 시기로, 우주 배경 복사가 우주의 양쪽 반대편 지평선에서 거의 같게 관측되는 것(=지평선 문제)은 (가)의 ㉠ 시기에 일어난 급팽창으로 설명할 수 있다.

5 우주 배경 복사는 대폭발 우주론(빅뱅 우주론)을 지지해 주는 증거이다.

본책 201쪽

1 ④ **2** (1) 3×10^4 km/s (2) 약 429 Mpc **3** ㉠ 허블 상수: A>B, ㉡ 우주의 나이: A<B **4** ① **5** ㄱ, ㄷ **6** 우주의 지평선 문제, 우주의 편평성 문제, 자기 홀극 문제 **7** (1) C (2) A (3) B **8** ④

1 ④ 멀리 있는 외부 은하일수록 거리에 비례하여 적색 편이 값이 커지며, 은하의 적색 편이량을 측정하면 은하의 후퇴 속도를 알 수 있다.

바로알기 ① 우주가 팽창할 때 팽창의 중심은 없다.
② 우주가 팽창하더라도 은하 자체는 팽창하지 않는다.
③ 거리가 먼 은하일수록 적색 편이량이 크다.
⑤ 은하의 거리가 멀어짐에 따라 후퇴 속도도 비례하여 커진다.

2 (1) 외부 은하의 후퇴 속도(v)는 다음과 같이 구할 수 있다.

$$v=3\times10^5\ \text{km/s}\times\frac{(440-400)\ \text{nm}}{400\ \text{nm}}=3\times10^4\ \text{km/s}$$

(2) 허블 법칙을 이용하여 외부 은하까지의 거리(r)를 구하면 다음과 같다.

$$r=\frac{\text{후퇴 속도}(v)}{\text{허블 상수}(H)}=\frac{3\times10^4\ \text{km/s}}{70\ \text{km/s/Mpc}}\fallingdotseq 429\ \text{Mpc}$$

3 그래프에서 기울기는 거리에 따른 후퇴 속도, 즉 허블 상수에 해당한다. 그래프의 기울기가 A>B이므로 허블 상수는 A>B이다. 우주의 나이는 허블 상수의 역수에 해당하므로 A<B이다.

4 ① 그림은 빅뱅(대폭발)으로 시작된 우주가 점차 팽창하고 있는 모습을 나타낸 것이다. 초기에 초고온·초고밀도 상태였던 우주는 팽창함에 따라 점차 온도와 밀도가 감소한다.

바로알기 ② 우주의 크기는 증가하고 있다.
③ 우주의 온도는 감소하고 있다.
④ 우주 팽창의 중심은 알 수 없거나 존재하지 않는다.
⑤ 멀리 있는 은하일수록 더 빠른 속도로 멀어지므로 후퇴 속도가 크다.

5 ㄱ, ㄷ. 우주 배경 복사는 대폭발 이후 우주의 온도가 약 3000 K으로 식었을 때 형성된 복사 에너지이며, 빅뱅 우주론의 가장 강력한 증거이다.

바로알기 ㄴ. 우주 배경 복사는 전체적으로 거의 균일하지만 방향에 따라 $\frac{1}{10\text{만}}$ 정도의 미세한 온도 차이가 있다. 우주 배경 복사의 미세한 온도 차이는 밀도 차이를 의미하며, 이 밀도 차이로 인해 별과 은하가 만들어질 수 있었다.

6 기존의 빅뱅 우주론이 설명하지 못했던 세 가지 문제점은 우주의 지평선 문제, 우주의 편평성 문제, 자기 홀극 문제이다.

7 (1) A는 암흑 에너지, B는 암흑 물질, C는 보통 물질이다. 이중 광학적으로 관측 가능한 것은 보통 물질이다.
(2) 우주를 구성하는 요소 중 중력과 반대인 척력으로 작용하면서 우주 팽창을 가속시키는 것은 암흑 에너지이다.
(3) 암흑 물질은 빛을 방출하지 않아 보이지 않지만 질량이 있으므로 중력적인 방법으로 그 존재를 추정할 수 있는 물질이다. 암흑 물질의 존재는 나선 은하의 회전 속도 곡선이나 중력 렌즈 현상 등을 통해 추정할 수 있다.

8 암흑 에너지를 고려하지 않을 때, 우주가 계속 팽창할 것인지, 팽창하다 수축할 것인지, 팽창하다 정지할 것인지를 결정짓는 가장 중요한 물리량은 우주의 밀도이다.

수능 2점 본책 202쪽~204쪽

1 ①	2 ⑤	3 ②	4 ③	5 ④	6 ④
7 ⑤	8 ③	9 ②	10 ②	11 ①	12 ⑤

1 외부 은하의 적색 편이

자료 분석

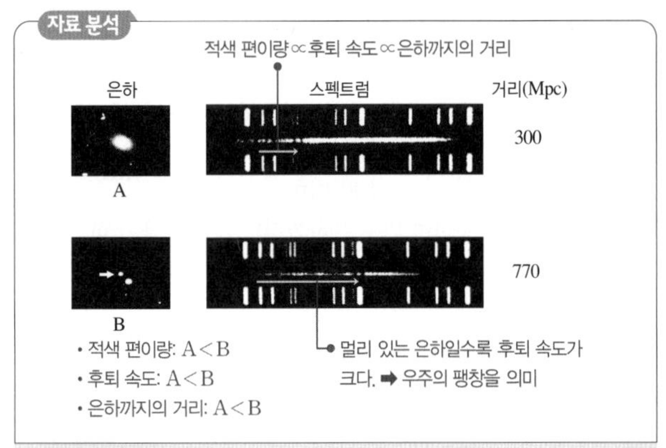

선택지 분석

㉠ A, B 모두 적색 편이가 나타난다.
~~ㄴ~~ A는 B보다 빠른 속도로 멀어진다. 느린
~~ㄷ~~ 이로부터 우주의 크기는 일정하게 유지됨을 알 수 있다. 우주는 팽창하고 있음을

A보다 B는 우리은하로부터의 거리가 멀고, 스펙트럼에 나타나는 적색 편이량이 크다.

ㄱ. 그림에서 A, B 모두 후퇴하고 있으므로 적색 편이가 나타난다.

바로알기 ㄴ. A는 300 Mpc, B는 770 Mpc 거리에 있다. 허블 법칙에 따르면 거리가 멀수록 후퇴 속도가 빠르므로 A는 B보다 느린 속도로 멀어진다.

ㄷ. 외부 은하의 스펙트럼 분석을 통해 우주는 팽창하고 있음을 알 수 있다.

2 허블 법칙

자료 분석

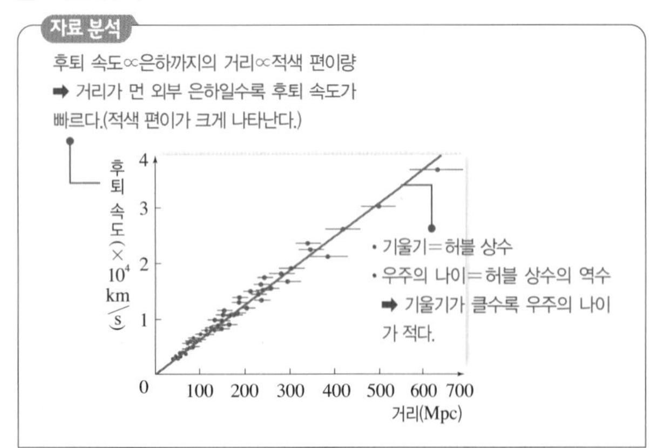

선택지 분석

① 기울기는 허블 상수에 해당한다.
② 기울기가 클수록 우주의 나이는 적어진다.
③ 멀리 있는 외부 은하일수록 후퇴 속도가 빠르다.
④ 후퇴 속도가 빠른 외부 은하일수록 적색 편이가 크다.
~~⑤~~ 이 자료에 의하면 우리은하를 중심으로 우주가 팽창하고 있다. 우주 팽창의 중심은 없다

① 허블 법칙은 $v=H\cdot r$(v: 후퇴 속도, H: 허블 상수, r: 은하까지의 거리)이므로, 그래프에서 기울기는 $\frac{v}{r}=H$에 해당한다.

② 우주의 나이는 허블 상수의 역수$\left(\frac{1}{H}\right)$로 나타낼 수 있으므로 그래프에서 기울기, 즉 허블 상수(H)가 클수록 우주의 나이는 적어진다.

③ 그림을 해석하면 거리와 후퇴 속도가 비례한다. 즉, 멀리 있는 외부 은하일수록 후퇴 속도가 빠르다.

④ 후퇴 속도가 빠른 외부 은하들은 스펙트럼 관측에서 적색 편이가 크게 나타난다.

바로알기 ⑤ 허블 법칙에 의하면 멀리 있는 은하일수록 더 빠른 후퇴 속도를 가진다. 이는 우주가 팽창하기 때문이다. 또한, 어떤 은하를 기준으로 하더라도 멀리 있는 은하일수록 더 빠른 속도로 멀어진다는 허블 법칙이 성립하는데, 이는 우주에 팽창의 중심이 없다는 것을 의미한다.

3 허블 법칙

선택지 분석

~~ㄱ~~ 멀리 있는 외부 은하일수록 후퇴 속도가 느리게 나타난다. 빠르게
㉡ B에서 관측하면 A와 C는 모두 후퇴한다.
~~ㄷ~~ 20억 년 전 우리은하에서 본 C의 후퇴 속도는 현재와 동일하다. 현재보다 느렸다

ㄴ. 외부 은하들의 거리가 멀어지는 것은 우주의 팽창에 의해 공간이 확장되기 때문이다. 따라서 어느 은하에서 다른 은하를 관측하더라도 후퇴하는 것으로 관측된다. 즉, B에서 관측하면 A와 C는 모두 후퇴한다.

바로알기 ㄱ. 은하까지의 거리는 A<B<C이고, 후퇴 속도는 A<B<C이다. 따라서 멀리 있는 외부 은하일수록 후퇴 속도가 빠르게 나타난다.

ㄷ. 우주의 팽창에 의해 20억 년 전에는 우리은하와 C 사이의 거리가 현재보다 가까웠다. 따라서 20억 년 전 우리은하에서 본 C의 후퇴 속도는 현재보다 느렸다.

4 우주의 팽창과 은하의 거리

자료 분석

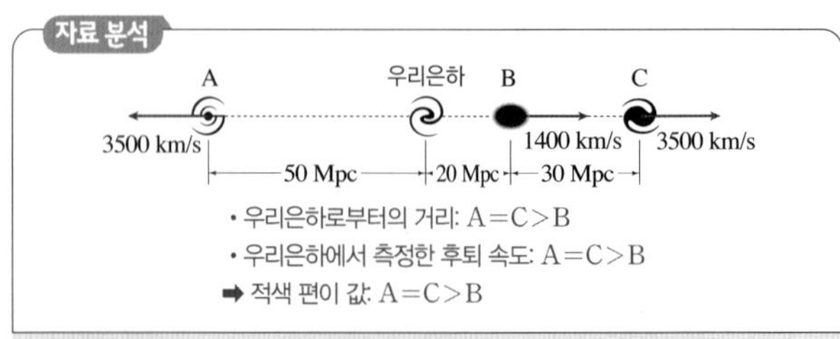

선택지 분석

~~ㄱ~~ 우리은하가 우주의 중심이다. 중심은 없다
㉡ 우리은하에서 측정한 적색 편이 값은 B가 C보다 작다.
㉢ C에서 측정한 후퇴 속도는 A가 우리은하의 2배이다.
~~ㄹ~~ 은하까지의 거리가 멀수록 후퇴 속도가 느리다. 빠르다

ㄴ. 거리가 먼 은하일수록 후퇴 속도가 빠르므로 적색 편이 값이 크게 나타난다. 우리은하로부터의 거리는 B가 C보다 가까우므로 우리은하에서 측정한 적색 편이 값은 B가 C보다 작다.
ㄷ. 은하 C로부터의 거리는 우리은하가 50 Mpc, 은하 A는 100 Mpc이다. 즉, C로부터의 거리는 A가 우리은하의 2배이므로, C에서 측정한 후퇴 속도도 A가 우리은하의 2배이다.
바로알기 ㄱ. 팽창하는 우주의 중심은 따로 존재하지 않으며, 어느 지점에서 관측하더라도 거리가 먼 은하일수록 후퇴 속도가 빠르게 관측된다.
ㄹ. 허블 법칙에 의하면 은하의 후퇴 속도는 거리에 비례한다. 따라서 은하까지의 거리가 멀수록 후퇴 속도가 빠르다.

5 우주의 팽창

자료 분석

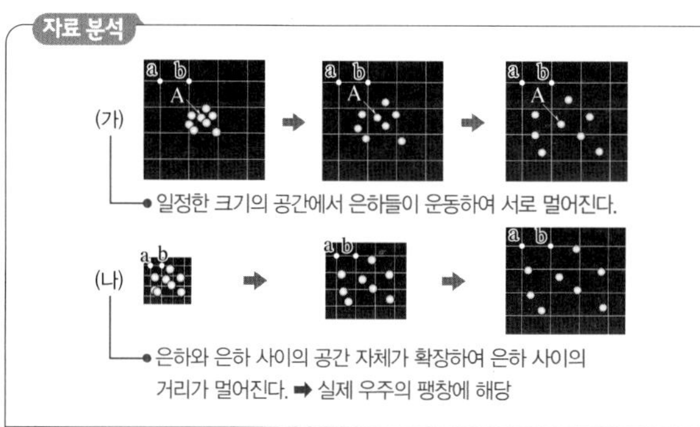

선택지 분석
✗ (가)의 은하 A에서 관측한 다른 은하의 스펙트럼에서는 청색 편이가 나타난다. 적색 편이
ㄴ (나)는 은하와 은하 사이의 공간이 확장하는 것이다.
ㄷ (가)와 (나) 중에서 실제 우주의 팽창은 (나)에 해당한다.

ㄴ. (가)와 달리 (나)는 공간상의 기준이 되는 a점과 b점 사이의 거리도 멀어지고 있다. (나)에서 은하가 서로 멀어지는 것은 은하와 은하 사이의 공간 자체가 확장하고 있기 때문이다.
ㄷ. 실제 우주의 팽창은 일정한 크기의 공간에서 은하들이 서로 멀어지는 것이 아니라 은하가 놓여 있는 공간 자체가 확장하는 것이므로 (가)보다 (나)가 실제 우주의 팽창에 가깝다. 이때 멀리 있는 은하일수록 더 빠르게 멀어져 간다.
바로알기 ㄱ. (가)와 (나) 모두 은하 간의 거리는 서로 멀어지고 있으며, 멀리 있는 은하의 후퇴 속도가 더 빠르다. 따라서 (가)에서도 어느 한 은하, 예를 들어 은하 A에서 관측한 다른 은하의 스펙트럼에서 적색 편이가 나타난다. 단, (가)처럼 우주 공간이 일정한 크기를 유지한 상태에서 은하들의 운동이 일어날 때 어떤 한 은하를 중심으로 그 은하로부터 먼 은하일수록 더 빠르게 멀어지는 것은 확률적으로 매우 어렵다.

6 빅뱅 우주론

자료 분석

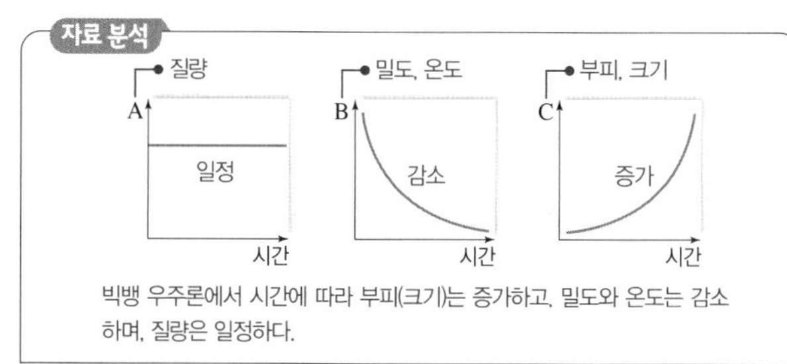

빅뱅 우주론에서 시간에 따라 부피(크기)는 증가하고, 밀도와 온도는 감소하며, 질량은 일정하다.

선택지 분석

	A	B	C
✗①	부피	밀도	온도
✗②	부피	온도	질량
✗③	온도	질량	부피
④	질량	온도	부피
✗⑤	질량	밀도	온도

빅뱅 우주론에서 우주의 질량(A)은 시간에 관계없이 일정하다. 시간이 흐를수록 우주 공간이 팽창하므로 부피(C)는 증가하고, 밀도와 온도(B)는 감소한다.

7 빅뱅 우주론의 증거 – 우주 배경 복사

선택지 분석
ㄱ 우주 배경 복사는 빅뱅 우주론의 증거가 된다.
✗ 우주 배경 복사가 방출되었던 시기에 우주의 온도는 약 2.7 K이었다. 현재
ㄷ 복사 강도가 최대인 파장은 우주 탄생 초기보다 현재가 길다.

ㄱ. 빅뱅 우주론에서는 초고온의 원시 우주에서 빛과 물질이 분리되어 우주가 투명해졌을 때 발생한 복사가 우주의 팽창과 함께 식어 우주 전체에 고르게 퍼져 있을 것이라고 주장했으며, 펜지어스와 윌슨이 처음으로 우주 배경 복사를 발견함으로써 이를 입증하였다. 따라서 우주 배경 복사는 빅뱅 우주론을 지지하는 증거가 된다.
ㄷ. 우주 탄생 초기보다 현재의 우주 온도가 낮으므로 복사 강도가 최대인 파장은 우주 탄생 초기보다 현재가 길다.
바로알기 ㄴ. 우주 배경 복사가 최초로 방출된 당시에 우주의 온도는 약 3000 K으로 현재보다 훨씬 뜨거웠다. 이후 우주가 팽창함에 따라 온도가 점차 낮아져서 현재는 약 2.7 K 흑체가 내는 복사 에너지 분포와 비슷해졌다.

8 급팽창 이론과 정상 우주론

자료 분석

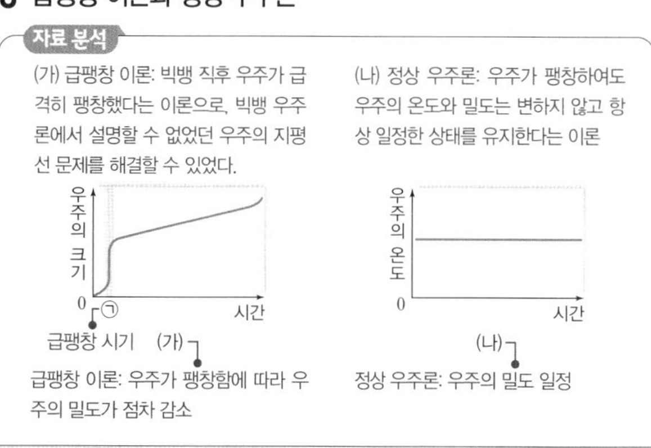

선택지 분석
ㄱ 우주 배경 복사가 우주의 양쪽 반대편 지평선에서 거의 같게 관측되는 것은 (가)의 ㉠ 시기에 일어난 팽창으로 설명된다.
ㄴ A는 수소와 헬륨의 질량비가 거의 3 : 1로 관측되는 결과와 부합된다.
✗ 우주의 밀도 변화는 B가 A보다 크다. 작다

A는 급팽창 이론, B는 정상 우주론이다.

ㄱ. (가)의 ㉠ 시기는 급팽창 시기로, 우주 배경 복사가 우주의 양쪽 반대편 지평선에서 거의 같게 관측되는 것(=우주의 지평선 문제)은 (가)의 ㉠ 시기에 일어난 급팽창으로 설명된다.

ㄴ. 급팽창 이론은 기존 빅뱅 우주론에서 설명할 수 없었던 세 가지 문제점을 보완하기 위해 제안된 이론이다. 따라서 급팽창 이론 A는 빅뱅 우주론의 증거인 수소와 헬륨의 질량비가 거의 3 : 1로 관측되는 결과와 부합된다.

바로알기 ㄷ. 급팽창 이론에서는 우주가 팽창함에 따라 우주의 밀도가 점차 감소하지만, 정상 우주론에서 우주의 밀도는 변하지 않는다. 따라서 우주의 밀도 변화는 A가 B보다 크다.

9 급팽창 우주

자료 분석

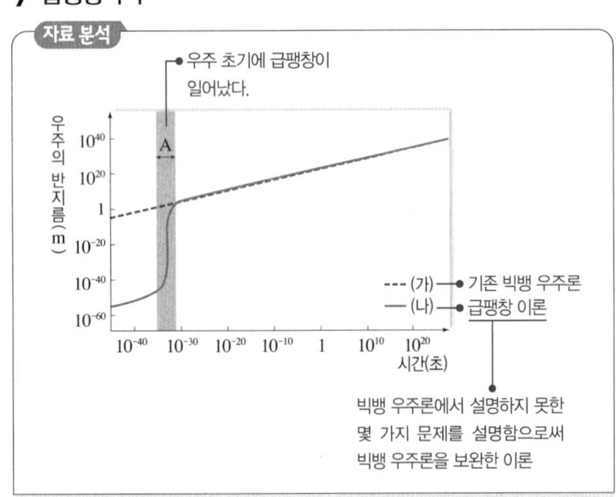

선택지 분석

✗ (가) 이론은 (나) 이론의 문제점인 우주의 지평선 문제를 설명할 수 있다. (나) 이론은 (가) 이론의

✗ (나) 이론에서 A 시기에 우주의 밀도는 증가한다. 감소

ⓒ 우주 배경 복사의 파장은 점점 길어진다.

급팽창 이론(인플레이션 이론)은 우주의 나이가 10^{-36}초부터 10^{-34}초 사이에 우주의 크기가 10^{50}배 정도 급격히 팽창했다는 이론으로 1979년 구스가 제안하였다. 우주의 크기가 급팽창하기 전에는 우주의 지평선보다 작았고, 급팽창 이후에는 우주의 지평선보다 크다고 가정하여 빅뱅 우주론의 한계인 우주의 지평선, 우주의 편평성 문제 등을 해결하여 빅뱅 우주론을 보완하였다.

ㄷ. 우주는 계속 팽창하고 있으므로 우주의 온도는 점점 낮아지고 있다. 빅뱅 후 약 38만 년이 지났을 무렵 우주 배경 복사가 방출되었고, 그 이후 파장은 점점 길어진다.

바로알기 ㄱ. (가)는 빅뱅 우주론이고, (나)는 급팽창 이론이다. 따라서 (나) 이론은 (가) 이론의 문제점인 우주의 지평선 문제를 설명할 수 있다. 급팽창 이론에 따르면 급팽창 이전의 우주의 크기는 우주의 지평선보다 작아 정보의 교환이 가능하여 우주 배경 복사가 균일할 수 있었다.

ㄴ. 급팽창 이론에서는 A 시기에 급격한 팽창이 일어나므로 우주의 밀도는 급격히 감소한다.

10 우주 배경 복사와 우주를 구성하는 요소

자료 분석

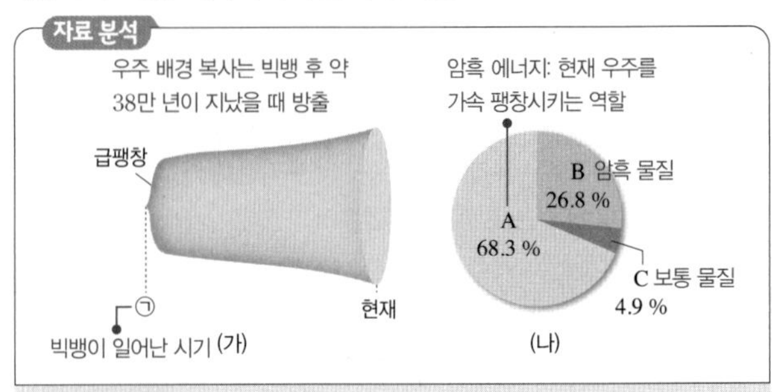

선택지 분석

✗ 우주 배경 복사는 ㉠ 시기에 방출된 빛이다. ㉠ 시기 이후에

ⓛ 현재 우주를 가속 팽창시키는 역할을 하는 것은 A이다.

✗ B에서 가장 큰 비율을 차지하는 것은 중성자이다. 중성자는 C에 속한다.

(나)에서 A는 암흑 에너지, B는 암흑 물질, C는 보통 물질에 해당한다.

ㄴ. 척력으로 작용하여 현재 우주를 가속 팽창시키는 역할을 하는 것은 암흑 에너지인 A이다.

바로알기 ㄱ. 우주 배경 복사는 빅뱅 후 약 38만 년이 지났을 때 방출되었다. ㉠ 시기는 빅뱅이 일어난 시기이다. 따라서 우주 배경 복사는 ㉠ 시기 이후에 방출된 빛이다.

ㄷ. 보통 물질을 구성하는 원자는 원자핵과 전자로 이루어졌는데, 중성자는 양성자와 함께 원자핵을 구성하는 물질이다. 암흑 물질은 전자기파로 관측되지 않아 우리 눈에 보이지 않기 때문에 중력적인 방법으로만 존재를 추정할 수 있는 미지의 물질이다. 따라서 중성자는 암흑 물질인 B가 아니라 보통 물질인 C에 해당한다.

11 Ia형 초신성과 가속 팽창 우주

자료 분석

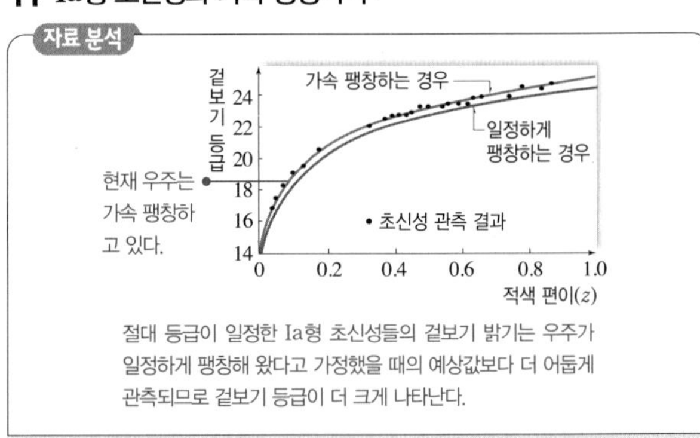

절대 등급이 일정한 Ia형 초신성들의 겉보기 밝기는 우주가 일정하게 팽창해 왔다고 가정했을 때의 예상값보다 더 어둡게 관측되므로 겉보기 등급이 더 크게 나타난다.

선택지 분석

ⓖ 먼 거리의 Ia형 초신성일수록 빠른 속도로 멀어진다.

✗ Ia형 초신성은 일정하게 팽창하는 경우에서 예상했던 밝기보다 밝게 관측되었다. 어둡게

✗ 현재 우주는 감속 팽창하고 있다. 가속

절대 등급이 일정한 Ia형 초신성의 겉보기 등급을 측정하면 별까지의 실제 거리를 알 수 있다.

ㄱ. Ia형 초신성의 겉보기 등급이 클수록, 즉 어두울수록 적색 편이가 크고 후퇴 속도가 빠르다. 따라서 Ia형 초신성들은 먼 거리에 있어 어두울수록 빨리 멀어진다.

바로알기 ㄴ. Ia형 초신성을 관측하여 얻어진 겉보기 등급은 일정하게 팽창하는 경우에서 계산된 겉보기 등급보다 더 크다. 즉, 더 어둡게 관측되었다.

ㄷ. 후퇴 속도를 이용하여 일정하게 팽창하는 우주에서 예상되는 겉보기 등급을 이론적으로 계산한 것보다 실제 관측한 Ia형 초신성의 겉보기 등급이 더 크게 측정되었다. 이는 우주가 가속 팽창하지 않는다는 가정이 실제와 맞지 않고 우주의 팽창 속도가 점점 빨라지고 있음을 의미한다. 즉, 현재 우주는 가속 팽창하고 있다.

12 암흑 물질과 암흑 에너지

자료 분석

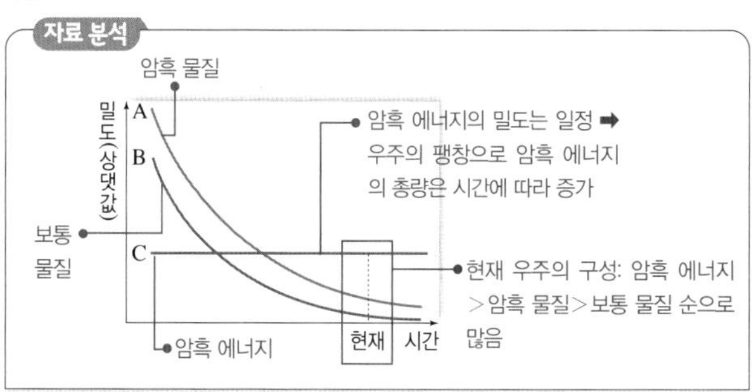

선택지 분석

㉠ A는 암흑 물질이다.

㉡ 우주에 존재하는 암흑 에너지의 총량은 시간에 따라 증가한다.

㉢ 보통 물질이 차지하는 비율은 시간에 따라 감소한다.

ㄱ. A는 현재 두 번째로 많으므로 암흑 물질이다.
ㄴ. 우주가 팽창하고 있는데 암흑 에너지인 C의 밀도는 일정하므로 암흑 에너지의 총량은 시간에 따라 증가한다.
ㄷ. 그림에서 보통 물질인 B가 차지하는 비율은 시간에 따라 감소하고 있다.

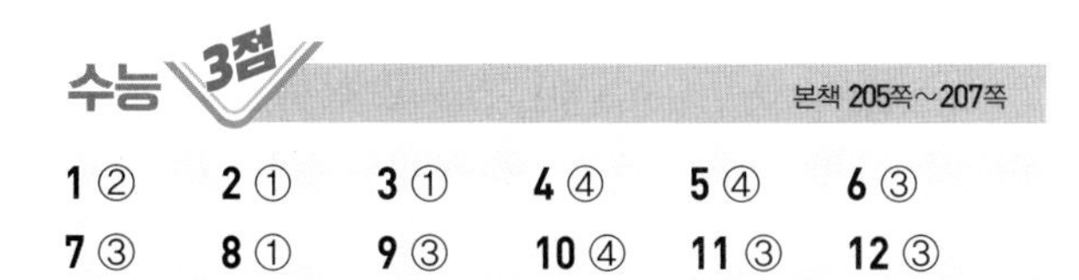

수능 3점 본책 205쪽~207쪽

1 ②	2 ①	3 ①	4 ④	5 ④	6 ③
7 ③	8 ①	9 ③	10 ④	11 ③	12 ③

1 외부 은하의 적색 편이와 허블 법칙

선택지 분석

✕ 멀리 있는 외부 은하일수록 $\Delta\lambda$는 작아진다. 커진다

㉡ X의 후퇴 속도는 15000 km/s이다.

✕ X를 이용하여 구한 허블 상수는 75 km/s/Mpc이다. 50

ㄴ. 은하의 후퇴 속도는 $c\times\frac{\Delta\lambda}{\lambda_0}$($c$: 빛의 속도, $\Delta\lambda$: 파장 변화량, λ_0: 원래 파장)로 구할 수 있다. c는 3×10^5 km/s, $\Delta\lambda$는 200 Å, λ_0는 4000 Å이므로 X의 후퇴 속도는 15000 km/s이다.

바로알기 ㄱ. 허블 법칙에 의하면 멀리 있는 외부 은하일수록 후퇴 속도가 빠르게 나타나므로 적색 편이량$\left(\frac{\Delta\lambda}{\lambda_0}\right)$이 크다. 따라서 멀리 있는 외부 은하일수록 $\Delta\lambda$는 커진다.

ㄷ. 허블 법칙 $v=H\cdot r$에서 v는 15000 km/s, r은 300 Mpc이므로 이를 통해 구한 허블 상수는

$H=\frac{15000\text{ km/s}}{300\text{ Mpc}}=50$ km/s/Mpc이다.

2 허블 법칙

선택지 분석

㉠ 멀리 있는 은하일수록 후퇴 속도가 빠르다.

✕ A에서 B를 관측하면 청색 편이가 나타난다. 적색 편이

✕ 겉보기 등급은 A가 B보다 크다. 작다

허블 법칙은 멀리 있는 은하일수록 후퇴 속도가 빠르다는 법칙이다. 광도가 같으면 절대 등급이 같고, 절대 등급이 같은 별은 가까이 있을수록 겉보기 등급이 작다.

ㄱ. 허블 법칙에서 거리와 후퇴 속도가 비례하므로 멀리 있는 은하일수록 후퇴 속도가 빠르다.

바로알기 ㄴ. 우주는 팽창하므로 어떤 은하에서 관측하더라도 상호 간의 은하들은 서로 멀어지므로 A에서 B를 관측하면 적색 편이가 나타난다.

ㄷ. 광도가 같은 은하는 절대 등급이 같다. 절대 등급이 같은 은하는 거리가 가까이 있을수록 겉보기 등급이 작으므로 A의 겉보기 등급은 B보다 작다.

3 외부 은하의 적색 편이

자료 분석

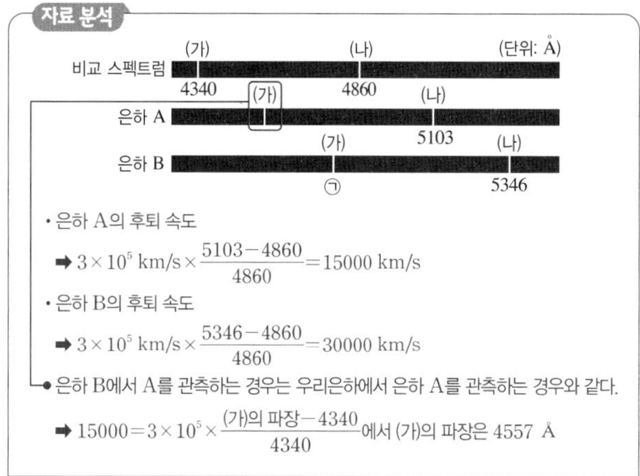

• 은하 A의 후퇴 속도

➡ $3\times10^5\text{ km/s}\times\frac{5103-4860}{4860}=15000$ km/s

• 은하 B의 후퇴 속도

➡ $3\times10^5\text{ km/s}\times\frac{5346-4860}{4860}=30000$ km/s

은하 B에서 A를 관측하는 경우는 우리은하에서 은하 A를 관측하는 경우와 같다.

➡ $15000=3\times10^5\times\frac{(가)의\ 파장-4340}{4340}$에서 (가)의 파장은 4557 Å

선택지 분석

㉠ 은하 A의 후퇴 속도는 1.5×10^4 km/s이다.

✕ ㉠은 4826이다. 4774

✕ 은하 B에서 A를 관측한다면, 방출선 (가)의 파장은 4991 Å으로 관측된다. 4557 Å

외부 은하의 후퇴 속도는 $c\times\frac{\Delta\lambda}{\lambda_0}$($c$: 빛의 속도, λ_0: 원래의 흡수선 파장, $\Delta\lambda$: 흡수선의 파장 변화량)로 구할 수 있다.

ㄱ. 비교 스펙트럼과 은하 A의 관측 스펙트럼에서, 은하 A의 후퇴 속도는 $3\times10^5\text{ km/s}\times\frac{5103-4860}{4860}=15000$ km/s이다.

바로알기 ㄴ. 은하 A의 후퇴 속도와 같은 방법으로 구하면, 은하 B의 후퇴 속도는 $3\times10^5\text{ km/s}\times\frac{5346-4860}{4860}=30000$ km/s이고, $3\times10^5\times\frac{㉠-4340}{4340}=30000$에서 ㉠은 4774이다.

ㄷ. 은하 B에서 A를 관측하는 경우는 우리은하에서 은하 A를 관측하는 경우와 같다. 즉, $15000=3\times10^5\times\frac{(가)의\ 파장-4340}{4340}$에서 방출선 (가)의 파장은 4557 Å이다.

4 우주의 팽창

자료 분석

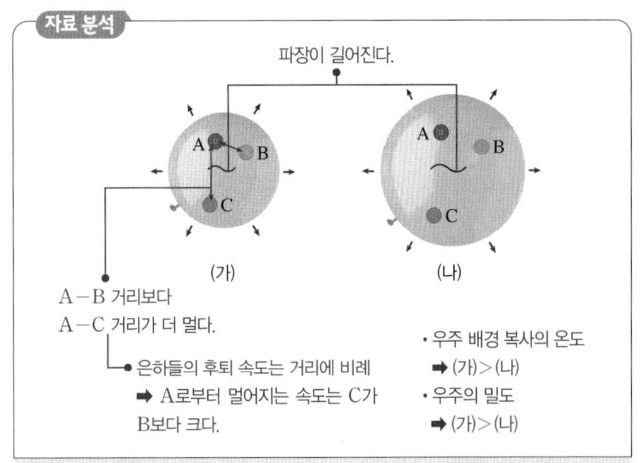

선택지 분석

✗ A로부터 멀어지는 속도는 B가 C보다 크다. 작다

ⓛ 우주 배경 복사의 온도는 (가)에 해당하는 우주가 (나)보다 높다.

ⓒ 우주의 밀도는 (가)에 해당하는 우주가 (나)보다 크다.

ㄴ. 우주가 팽창하면서 우주의 온도가 낮아졌으므로 우주 배경 복사의 온도는 (가)에 해당하는 우주가 (나)보다 높다.

ㄷ. 우주가 팽창하면서 우주의 밀도는 작아졌으므로 우주의 밀도는 (가)에 해당하는 우주가 (나)보다 크다.

바로알기 ㄱ. 허블 법칙에 따르면 은하들의 후퇴 속도는 거리에 비례하여 커진다. 따라서 A로부터 멀어지는 속도는 B가 C보다 작다.

5 우주 배경 복사

자료 분석

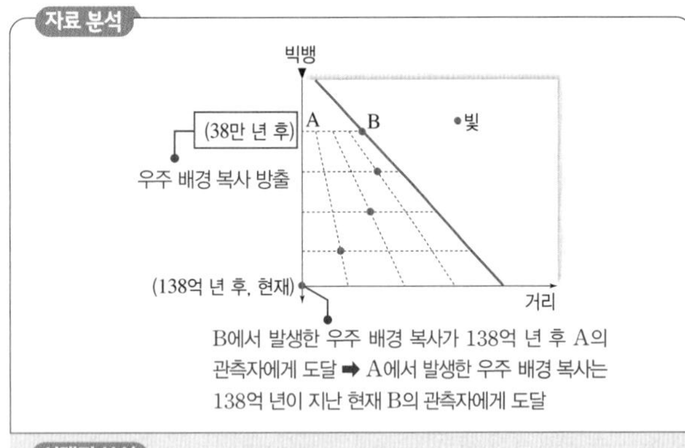

선택지 분석

ⓣ 공간의 팽창에 의해 빛의 파장이 길어졌다.

✗ 공간의 팽창에 의해 빛의 속도가 느려졌다. 일정하다

ⓒ 빅뱅 후 38만 년에 A 지점을 출발한 우주 배경 복사는 현재 B 관측자에게 도달했을 것이다.

ㄱ. 우주의 팽창에 의해 공간 자체가 늘어나기 때문에 그 속에 있는 빛의 파장도 길어진다.

ㄷ. 주어진 그림은 B 지점에서 발생한 우주 배경 복사가 138억 년 후 A의 관측자에게 도달하는 모습을 나타낸 것이다. 이와 반대의 경우도 마찬가지로, A 지점에서 발생한 우주 배경 복사는 138억 년이 지난 현재 B의 관측자에게 도달했을 것이다.

바로알기 ㄴ. 공간이 늘어나더라도 그 공간을 지나가는 빛의 속도는 300000 km/s로 항상 일정하다.

6 빅뱅 우주론과 정상 우주론

자료 분석

(가)와 (나) 모두 우주가 팽창하고 있다는 사실을 전제로 하고 있다.
➡ (가)와 (나) 모두에서 허블 법칙이 적용된다.

크기
질량
온도
밀도
0
현재 우주
(가)
(나)

(가)는 현재 우주에서 밀도와 온도가 감소하고 질량은 변하지 않으면서 팽창하여 크기가 커짐 ➡ 빅뱅 우주론

(나)는 현재 우주에서 밀도와 온도가 변하지 않고 질량이 증가하면서 팽창하여 크기가 커짐 ➡ 정상 우주론

선택지 분석

ⓣ 우주 배경 복사는 (가)의 근거가 된다.

✗ (나)에서는 은하들 사이의 간격이 일정하므로 적색 편이가 나타나지 않는다. 나타난다

ⓒ 허블 법칙은 (가)와 (나) 모두에서 적용된다.

(가)는 현재 우주와 비교하여 밀도와 온도가 감소하고 질량은 변하지 않으면서 팽창하여 크기가 커지므로 빅뱅 우주론이고, (나)는 현재 우주와 비교하여 밀도와 온도가 변하지 않고 질량이 증가하면서 팽창하여 크기가 커지므로 정상 우주론이다.

ㄱ. 우주 배경 복사는 빅뱅 약 38만 년 후 원자가 형성되면서 물질로부터 빠져나와 우주 전체에 균일하게 퍼져 있는 빛이다. 우주의 온도가 약 3000 K일 때 물질에서 빠져나와 생성되었으며, 우주의 부피가 팽창하여 온도가 낮아지면서 파장이 길어져 현재는 약 2.7 K의 온도를 나타내는 파장으로 관측된다. 빅뱅 우주론에서 예측했던 우주 배경 복사가 실제로 관측되면서 빅뱅 우주론의 결정적인 증거가 되었다.

ㄷ. 허블 법칙은 멀리 떨어져 있는 은하일수록 더 빠른 속도로 후퇴한다는 것이며, 이것은 우주가 팽창한다는 증거가 된다. (가)와 (나) 모두 우주가 팽창하고 있다는 사실을 기본 전제로 하고 있으므로 허블 법칙은 (가)와 (나) 모두에서 적용된다.

바로알기 ㄴ. 은하들의 적색 편이는 실제로 관측된 것이므로 빅뱅 우주론이나 정상 우주론 모두 이를 인정하고 있다. 정상 우주론에서는 은하들 사이의 간격이 일정한데, 이는 우주가 팽창하면서 과거의 은하들은 멀어지고 그 사이에 새로운 은하가 생성되었기 때문이다. 따라서 과거의 은하들은 서로 멀어지고 있기 때문에 적색 편이를 관측할 수 있다.

7 급팽창 이론

선택지 분석

ⓣ 매우 짧은 시간 동안 우주는 급격히 팽창했다.

✗ 급팽창 이전에 우주는 전체적으로 정보를 교환하기 어려웠다. 교환할 수 있었다

ⓒ 급팽창 이후 우주의 곡률은 거의 평탄해졌다.

급팽창(인플레이션) 이론은 빅뱅 우주론의 지평선 문제, 편평성 문제 등을 해결해 주었다.

ㄱ, ㄷ. 급팽창 이론은 빅뱅 직후의 초기 우주에서 매우 짧은 시간 동안 우주의 크기가 급격히 팽창했다는 이론이다. 이 이론에서는 급팽창 이전에는 우주의 크기가 매우 작아 전체적으로 정보를 교환할 수 있었고, 급팽창 이후 관측 가능한 우주의 곡률은 거의 평탄해졌다고 주장한다.

바로알기 ㄴ. 급팽창 이전에는 우주의 크기가 작아 정보를 교환할 수 있었다.

8 암흑 물질과 암흑 에너지

자료 분석

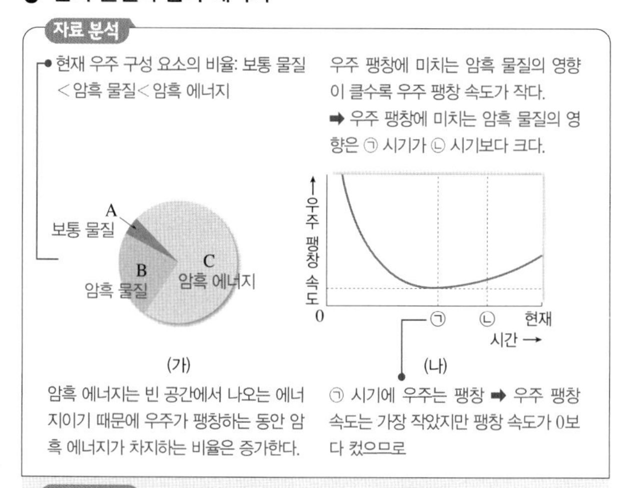

선택지 분석

㉠ 우주가 팽창하는 동안 C가 차지하는 비율은 증가한다.
✕ ㉠ 시기에 우주는 팽창하지 않았다. 팽창하였다
✕ 우주 팽창에 미치는 B의 영향은 ㉡ 시기가 ㉠ 시기보다 크다. 작다

현재 우주 구성 요소의 비율은 암흑 에너지가 가장 많고, 그 다음으로 암흑 물질, 보통 물질의 순이다. 따라서 A는 보통 물질, B는 암흑 물질, C는 암흑 에너지이다.

ㄱ. 우주가 팽창함에 따라 우주에 존재하는 암흑 에너지의 총량은 증가하지만, 보통 물질과 암흑 물질의 총량은 일정하다. 따라서 우주가 팽창하는 동안 암흑 에너지인 C가 차지하는 비율은 증가하고, 보통 물질인 A와 암흑 물질인 B가 차지하는 비율은 감소한다.

바로알기 ㄴ. ㉠은 우주 팽창 속도가 감소하다가 증가했던 시기로, 이 시기에 우주 팽창 속도는 가장 작았다. 하지만 팽창 속도가 0보다 컸으므로, ㉠ 시기에 우주는 팽창하였다.

ㄷ. 우주 팽창에 미치는 암흑 물질의 영향이 클수록 우주 팽창 속도가 작으므로, 우주 팽창에 미치는 B의 영향은 ㉠ 시기가 ㉡ 시기보다 크다.

9 암흑 물질과 암흑 에너지

선택지 분석

㉠ 계산한 질량과 관측한 질량의 차이는 은하 중심으로부터 멀어질수록 커진다.
㉡ 암흑 물질은 주로 태양계 바깥쪽에 분포한다.
✕ 태양계 외곽으로 갈수록 은하의 회전 속도는 급격히 감소할 것이다. 감소하지 않을 것이다

우주는 보통 물질 약 4.9 %, 암흑 물질 약 26.8 %, 암흑 에너지 약 68.3 %로 구성되어 있다.

ㄱ. 우리은하의 질량 분포 곡선을 살펴보면 태양계 안쪽보다 바깥쪽으로 갈수록 관측값과 계산값의 차이가 증가한다. 따라서 계산한 질량과 관측한 질량의 차이는 우리은하 중심으로부터 멀어질수록 커진다.

ㄴ. 관측값과 계산값이 차이가 나는 주요 원인은 중심에서 멀어질수록 암흑 물질이 많이 존재하기 때문이다.

바로알기 ㄷ. 은하 중심부 이외의 바깥에 관측되지 않는 암흑 물질에 의한 인력이 작용하여 우리은하의 회전 속도는 은하 중심으로부터의 거리가 멀어지더라도 감소하지 않을 것이다.

10 우주 모형

자료 분석

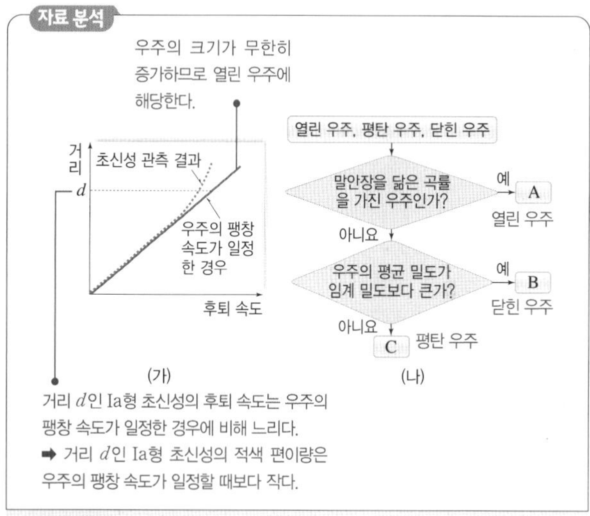

선택지 분석

✕ 거리 d인 Ia형 초신성의 적색 편이량은 우주의 팽창 속도가 일정할 때보다 크게 관측되었다. 작게
㉡ (가)에서 팽창 속도가 일정한 경우의 우주는 (나)의 A~C 중 A에 해당한다.
㉢ Ia형 초신성 관측 결과에 따르면 우주의 팽창 속도는 현재가 과거보다 빠르다.

말안장을 닮은 곡률은 우주의 곡률이 0보다 작은 경우이므로 A는 열린 우주이다. B는 우주의 평균 밀도가 임계 밀도보다 큰 닫힌 우주이고, C는 우주의 평균 밀도가 임계 밀도와 같은 평탄 우주이다.

ㄴ. 평탄 우주는 우주의 팽창 속도가 점차 줄어들다가 팽창 속도가 0에 수렴하는 우주 모형이다. (가)에서 팽창 속도가 일정한 경우의 우주는 우주의 크기가 무한히 증가하므로 열린 우주(A)에 해당한다.

ㄷ. 가로축에 후퇴 속도, 세로축에 거리를 나타낸 그래프에서 기울기가 클수록 우주의 팽창 속도가 작음을 의미한다. (가)의 그림을 보면, 초신성 관측 자료가 나타나는 부분에서 기울기가 크게 나타난다. 그래프에서 초신성을 포함하는 은하들까지의 거리가 매우 먼 것으로부터 이 초신성 자료가 우주 초기의 상황을 나타내고 있는 것으로 해석할 수 있다. 즉, 우주 초기는 현재보다 팽창 속도가 느렸고, 이는 우주 초기에 비해 현재 우주 팽창 속도는 더 빨라진 것으로 해석할 수 있다.

바로알기 ㄱ. 외부 은하의 후퇴 속도(v)는 $c\times\frac{\Delta\lambda}{\lambda_0}$($c$: 빛의 속도, λ_0: 원래의 흡수선 파장, $\Delta\lambda$: 흡수선의 파장 변화량)으로, 적색 편이량$\left(\frac{\Delta\lambda}{\lambda_0}\right)$이 클수록 후퇴 속도가 빠르다. 그림 (가)에서 거리 d인 Ia형 초신성의 후퇴 속도는 우주의 팽창 속도가 일정한 경우에 비해 느리게 관측되었다. 따라서 거리 d인 Ia형 초신성의 적색 편이량은 우주의 팽창 속도가 일정할 때보다 작게 관측되었다.

11 우주 팽창과 암흑 물질, 암흑 에너지

자료 분석

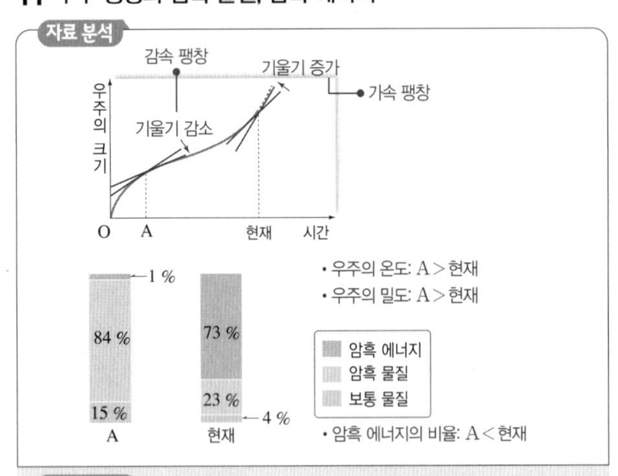

선택지 분석

ㄱ 현재 시점에서 우주의 팽창 속도는 증가하고 있다.
ㄴ 암흑 에너지의 비율은 A 시점보다 현재가 크다.
~~ㄷ~~ 우주의 평균 밀도는 A 시점보다 현재가 크다. 작다

ㄱ. 우주의 팽창 속도는 시간 변화에 따른 우주의 크기 변화율을 나타내므로 제시된 그래프의 접선의 기울기에 해당한다. 현재 시점에서 그래프의 기울기가 커지고 있으므로 우주의 팽창 속도는 점점 증가하고 있다.

ㄴ. A 시점에서 암흑 에너지의 비율은 1 %이지만 현재는 암흑 에너지의 비율이 73 %이므로, 암흑 에너지의 비율은 A 시점보다 현재가 크다.

바로알기 ㄷ. 우주는 시간이 지남에 따라 계속 팽창했으므로 우주의 평균 밀도는 A 시점보다 현재가 작다.

12 가속 팽창 우주론

자료 분석

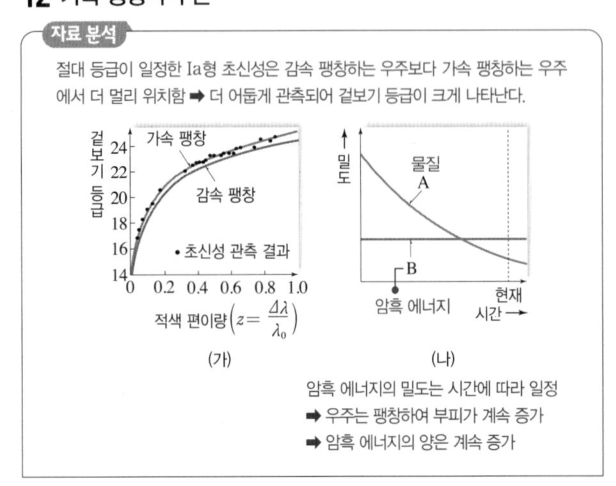

선택지 분석

ㄱ 현재 우주는 가속 팽창하고 있다.
ㄴ 현재 우주의 팽창 속도는 A보다 B의 영향을 많이 받는다.
~~ㄷ~~ 앞으로 우주 전체에서 B의 양은 일정하게 유지된다. 증가한다

ㄱ. 절대 등급이 일정한 Ia형 초신성은 감속 팽창하는 우주보다 가속 팽창하는 우주에서 더 멀리 위치하고 있어야 하므로 더 어둡게 관측되어 겉보기 등급이 크게 나타난다. (가)에서 초신성의 관측 결과는 가속 팽창하는 우주 모형에 잘 일치하므로 현재 우주는 가속 팽창하고 있다고 할 수 있다.

ㄴ. 우주가 팽창하면서 물질의 밀도는 감소하나, 암흑 에너지의 밀도는 일정하게 유지된다. 따라서 A는 물질이고, B는 암흑 에너지이다. 암흑 에너지는 우주에 널리 퍼져 있고 척력으로 작용해 우주를 가속 팽창시키는 역할을 하며, 반대로 물질은 끌어당기는 힘으로 작용하여 팽창을 억제하는 역할을 하고 있다. 현재 우주는 가속 팽창하고 있으므로 물질보다 암흑 에너지의 영향을 많이 받고 있다.

바로알기 ㄷ. 암흑 에너지의 밀도는 시간에 따라 일정하게 유지되는데 우주는 팽창하여 부피가 계속 커지므로 우주 전체에서 암흑 에너지의 양은 계속 증가하게 된다.